Das Mittelmeer

Fauna, Flora, Ökologie

Band I

Robert Hofrichter (Hrsg.)

Das Mittelmeer

Fauna, Flora, Ökologie

Band I: Allgemeiner Teil

Spektrum Akademischer Verlag
Heidelberg · Berlin

Vorschau Band II (Bestimmungsführer)

Die systematische Übersicht der Flora und Fauna des Mittelmeeres ist Gegenstand von Band II, der in zwei Lieferungen erscheint.
Band II/1: Bakterien, Mikroflora, Mikrofauna, marine Flora und Teile der Fauna (ursprünglichere Taxa)
Erscheinungstermin: April 2002
ISBN 3-8274-1090-8
Band II/2: Fauna bis zu den Säugetieren
Erscheinungstermin: September 2002
ISBN 3-8274-1170-X

Abbildungen bis Seite 10 (alle Robert Hofrichter)
Umschlag, vorne: Sandgrund in 8 m Tiefe, Zypern.
1 *(Seite 1) Große Tümmler (Tursiops truncatus).*
2 *(Seite 3) Fadenschnecken (Cratena peregrina).*
3 *(diese Seite) Küstenlandschaft bei La Spezia.*
4 *(Seite 6) Frühjahrsaspekt der Küstenlandschaft im Toskanischen Archipel.*
5 *(Seite 10) Die im gesamten Mittelmeer verbreitete, stark nesselnde Wachsrose (Anemonia sulcata, Anthozoa, Cnidaria) ist eine der auffälligsten und häufigsten Anemonenarten der küstennahen Zone.*

Impressum

Die Deutsche Bibliothek – CIP-Einheitsaufnahme

Das Mittelmeer : Fauna, Flora, Ökologie / Robert Hofrichter (Hrsg.). – Heidelberg ; Berlin : Spektrum, Akad. Verl.

Bd.1. Allgemeiner Teil. – 2001
ISBN 3-8274-1050-9

ISBN für das Gesamtwerk (3 Bände):
3-8274-1188-2

Illustrationen, digitale Kartengrafiken, Grafik:
Martin Greguš, L.E.B.O. advertising GmbH, Preßburg
Layout, grafische Gestaltung:
Zuzana Miskolczi, L.E.B.O. advertising GmbH, Preßburg
Gesetzt aus der 9/12 Punkt 1Stone Serif von Zuzana Miskolczi, Inge Domnig, Robert Hofrichter
Redaktion, Lektorat: ProText Verlagsservice
Inge Domnig
Technische Leitung: Andreas Zankl

Lektorat: Frank Wigger, Bettina Saglio
Produktion: Katrin Frohberg
Umschlaggestaltung: WSP Design, Heidelberg
Druck und Bindung: Appl, Wemding
Gedruckt auf chlorfrei gebleichtem Papier
Printed in Germany

ISBN 3-8274-1050-9
ISBN für das Gesamtwerk (3 Bände):
3-8274-1188-2

Inhalt

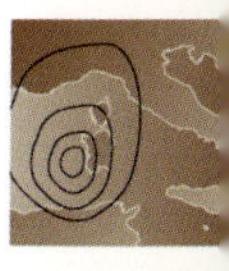

Exkurse

Die Autoren

Dr. Robert HOFRICHTER (Hrsg.)
Dr. Wolfgang PETZ
Prof. Dr. Alfred GOLDSCHMID
Inge DOMNIG
Andreas ZANKL
Mag. Kathrin HERZER
Axel HEIN
Institut für Zoologie, Universität Salzburg
Hellbrunnerstraße 34, A-5020 SALZBURG

Prof. Dr. Wolfgang KERN
Institut für Geographie, Universität Salzburg
Hellbrunnerstraße 34, A-5020 SALZBURG

Prof. Dr. Gottfried TICHY
Prof. Dr. Čestmír TOMEK
Institut für Geologie und Paläontologie
Universität Salzburg
Hellbrunnerstraße 34, A-5020 SALZBURG

Doz. Dr. Lothar BECKEL
Geospace, Remote Sensing and Satellite
Cartography
Jakob-Haringer-Straße 1, A-5020 SALZBURG

Prof. Dr. Dr. h. c. Kenneth J. HSÜ
Frohburgstraße 96, CH-8006 ZÜRICH

Dr. Michael TÜRKAY
Forschungsinstitut Senckenberg
Senckenberganlage 25, D-60325 FRANKFURT AM MAIN

Priv.-Doz. Dr. Andreas VILCINSKAS
Spezielle Zoologie und Evolutionsbiologie
Universität Potsdam
Villa Liegnitz, Linnéstraße 7a, D-14471 POTSDAM

Priv.-Doz. Dr. Roland R. MELZER
Dr. Martin HESS
Yvonne MANNES
Zoologisches Institut der LMU München
Luisenstraße 14, D-80333 MÜNCHEN

Dr. Birgit KLEIN
Prof. Dr. Wolfgang ROETHER
Universität Bremen
Institut für Umweltphysik
Abteilung Ozeanographie
Kufsteiner Straße Geb. NW, D-28334 BREMEN

Dipl.-Ing. (FH) Michael WILKE
Dr. Monika MÜLLER
Laboratoire d'Ichtyoécologie Tropicale
et Méditerranéenne
EPHE – Université de Perpignan
108, Avenue du Puig del Mas
F-66650 BANYULS-SUR-MER

Prof. Dr. Herbert REISIGL
Eibenweg 5, A-6064 INNSBRUCK-RUM

Thilo MAACK
Dipl.-Biol. Verena RADEMAKER-WOLFF
Greenpeace Germany
Große Elbstraße 39, D-22767 HAMBURG

Prof. Dr. C. Dieter ZANDER
Zoologisches Institut und Museum
Universität Hamburg
Martin-Luther-King-Platz 3, D-20146 HAMBURG

Dr. Matthias GLAUBRECHT
Institut für Systematische Zoologie
Museum für Naturkunde
Invalidenstraße 43, D-10115 BERLIN

Dipl.-Biol. Stephan PFANNSCHMIDT
HYDRA Institut für Meereswissenschaften
Bothmerstraße 21, D-80634 MÜNCHEN

Dipl.-Ing. Herbert FREI
Gustav-Stresemann-Straße 12, D-75180 PFORZHEIM

Jeannine DIETZ
Schliemannstraße 30, D -10437 BERLIN

Dr. Iris M. SCHMIDT
IfmB, Institut für marine Biologie,
Dr. Claus Valentin, CAMPESE, Giglio

Dr. Daniel GOLANI
Dept. of Evolution, Systematics, and Ecology
The Hebrew University of Jerusalem
91904-JERUSALEM/ISRAEL

Prof. Dr. Rainer MARTIN
Universität Ulm, Sektion Elektronenmikroskopie
Albert Einstein-Allee 11, D-89069 ULM

Marzia SIDRI
Universität Stuttgart,
Biologisches Institut, Zoologie
Pfaffenwaldring 57, D-70569 STUTTGART

Dr. Adriana ZINGONE
Stazione Zoologica A. Dohrn
Villa Comunale, I-80121 NAPOLI

Weitere Autoren des Gesamtwerkes (Stand: Ende 2001)

Dr. Wilko H. AHLRICHS (Ulm). Dr. Christos ARVANITIDIS (Kreta), Dr. Christian BAAL (Wien), Dr. Lorenza BABBINI (Mailand), Dr. Ruth BARNICH (Frankfurt am Main), Prof. Dr. Thomas BARTOLOMÄUS (Bielefeld), Dipl.-Biol. Jens BOHN (München), Dr. Sigurd von BOLETZKY (Banyuls-sur-Mer), Peter BRANDHUBER (München), Prof. Dr. Guido BRESSAN (Triest), Priv.-Doz. Dr. habil. Franz BRÜMMER (Stuttgart), Prof. Dr. Alberto CASTELLI, Prof. Dr. Ulrich EHLERS (Göttingen), Dipl.-Biol. Alexander FAHRNER (München) Dr. Annalisa FALACE (Triest), Dr. Dieter FIEGE (Frankfurt am Main), Dipl.-Biol. Günter FÖRSTERRA (München), Stefan FRIEDRICH (München), Prof. Dr. Patrick GILLET, Dipl.-Biol. Peter GROBE (Bielefeld), Dipl.-Biol. Verena HÄUSSERMANN (Hohenbrunn), Prof. Dr. Gerhard HASZPRUNAR (München) Prof. Dr. Johann HOHENEGGER (Wien), Prof. Dr. Ivan JARDAS (Split), Dipl.-Biol. Helga KAPP (Hamburg), Dr. Markus KOCH (Bielefeld), Dr. Franz KRAPP (Bonn), Dr. Traudl KRAPP-SCHICKEL (Bonn), Dr. Bruno P. KREMER (Köln), Prof. Dr. Reinhardt Møbjerg KRISTENSEN (Kopenhagen), Mag. Andreas R. LEITNER (London, Puebla), Dr. Robert LINDNER (Salzburg), DDr. Hans-Jürg MARTHY (Banyuls-sur-Mer), Dr. Daniel MARTIN, Dr. Ramon MASSANA (Barcelona), Dr. Bruno MIES (Köln), Dr. Horst MOOSLEITNER (Salzburg), Dr. Ivka Marija MUNDA (Ljubljana), Dr. G.-V. V. MURINA (Sevastopol), Dr. Michael NICKEL (Stuttgart), Prof. Dr. Claus NIELSEN (Kopenhagen), Dr. M. A. PANCUCCI-PAPADOPOULOU (Athen), Prof. Dr. Robert A. PATZNER (Salzburg), Dr. Carlos PEDRÓS-ALIÓ (Barcelona), Marjan RICHTER (Ljubljana), Dr. Bernhard RUTHENSTEINER (München), Priv.-Doz. Dr. Wolfgang SCHÄFER (Sindelfingen), Dr. Andreas SCHMIDT-RHAESA (Bielefeld), Dipl.-Biol. Michael SCHRÖDL (München), Dr. Peter SCHUCHERT (Genf), Enrico SCHWABE (München), Dr. Helmut ZIBROWIUS (Marseille),

Danksagung

Ein Buch dieser Dimension konnte nur durch freundliche und uneigennützige Hilfe und Unterstützung zahlreicher Fachkollegen und Institutionen zustande kommen.

Hervorheben möchte ich den Verlag und seine Mitarbeiter, die sich mit mir auf das Wagnis „Mittelmeer" eingelassen haben. Die Zusammenarbeit war sehr kooperativ und konstruktiv. Entscheidende Aufgaben hatten die im Impressum genannten Grafiker, Lektoren und technischen Verantwortlichen zu erfüllen – ohne sie wäre das Fertigstellen des Werkes nicht möglich gewesen: Zuzana Miskolczi, Martin Gregus (dessen Werk die schönen Grafiken, Illustrationen und Karten sind) und Andreas Zankl, alle gute Kenner des Computers und seiner Anwendungsmöglichkeiten, ferner Inge Domnig als Redakteurin, Lektorin und Korrektorin. Die Hilfe von Dr. Wolfgang Petz (Salzburg) möchte ich besonders hervorheben – neben seinen eigentlichen Aufgaben als Autor hat er als vorzüglicher Lektor etliche Fehler im Manuskript ausgemerzt. Auch Dipl.-Biol. Stephan Pfannschmidt (München) übernahm zusätzliche „Aufträge" als Grafiker und Fachlektor. Dr. Ivka Maria Munda (Ljubljana) und Dr. Bruno Kremer (Köln) haben mit aktuellen Informationen zur Taxonomie mariner Algen und Seegräser und Korrekturvorschlägen ausgeholfen. Prof. Dr. Alfred Goldschmid (Salzburg) unterstützte mich unter anderem durch seine umfassende Sammlung an Fachliteratur zum Mittelmeer.

Mein größter Dank gebührt den auf den Seiten 9 und 10 angeführten Mitautoren, die ihr Fachwissen zur Verfügung gestellt haben; „Das Mittelmeer" ist ein gemeinsames Werk von ihnen allen. Selbst in einer Zeit zunehmender Spezialisierung ist es schwer, entsprechende Fachleute zu finden. Den Autoren ist es zu verdanken, dass dieses Werk im Band II für jede im Mittelmeer vorkommende Organismengruppe einen in taxonomisch-systematischer Hinsicht aktuellen Überblick bieten kann – selbst wenn das Taxon für eine vollständige Darstellung sämtlicher im Mittelmeer vorkommender Arten zu groß ist.

Dass dieses Werk großzügig mit informativen und ansprechenden Fotografien ausgestattet werden konnte, ist das Verdienst von zahlreichen Kollegen (siehe „Bildnachweise"), die ihre Fotos freundlicherweise zur Verfügung gestellt haben. Besonders bedanken möchte ich mich bei Herrn Marjan Richter (Ljubljana), dessen in Jahrzehnten aufgebaute einmalige Bildsammlung länderübergreifend Seltenheitswert besitzt.

Bei verschiedenen zeitraubenden Arbeiten am Computer und Scanner sowie bei technischen Problemen geholfen haben mir Ing. Roman Babuscak (Preßburg) und Julia Hartmann (Salzburg).

Besonderer Dank gilt dem Bundesamt für Seeschiffahrt und Hydrographie in Hamburg für die freundliche Erlaubnis, Daten, Kartenmaterial und Illustrationen als Vorlagen zu benützen. Auch die FAO (Food and Agricultural Organization of the United Nations) unterstützte unser Projekt großzügig mit der Freigabe sämtlicher Zeichnungen aus der Publikation „Méditerranée et Mer Noire" für dieses Werk (siehe „Bildnachweis").

Für Hilfe, Informationen und die Erlaubnis, Quellen verwenden zu können, danke ich folgenden Fachkollegen und Institutionen: Dr. Burkart Engesser (Basel), Dr. Marcel Schoch, IFREMER, Dr. Barbro Lundberg (Jerusalem), GEOSPACE (Dr. Lothar Beckel, Salzburg), Stazione Zoologica A. Dohrn (Neapel), Dr. Fabrizio Antonioli (Rom), Vincenzo De Palmis (CNR Taranto) und Dr. Ronald C. Blaky (Northern Arizona University, Flagstaff, Arizona).

Ein besonderer Dank für große Verdienste an diesem Werk gebührt Ruth (obwohl sämtliche Gründe dafür hier nicht aufgezählt werden können) und meiner Frau Maria für ihre Unterstützung in äußerst stressreichen Zeiten.

Vorwort

Das vorliegende dreibändige Werk – durch gemeinsame Anstrengung von etwa 80 Autoren (S. 9–10) und zahlreichen Fotografen (s. Bildnachweis) zustande gekommen – trägt mit Absicht einen weit gefassten Haupttitel: „Das Mittelmeer". Ob darin ausschließlich marine oder auch terrestrische Aspekte behandelt werden, verrät dieser Titel vorerst nicht. Erst ein Blick in das Inhaltsverzeichnis zeigt, dass neben der marinen Organismenwelt auch das Meer an sich und das umgebende Land dargestellt werden: Geologie und Entstehungsgeschichte, Geographie und Klima, Ökologie und Ozeanographie, all das also, was die Rahmenbedingungen des Ökosystems „Mittelmeer" ausmachen. Erstmals wird eine vollständige systematische Übersicht der marinen Fauna und Flora mit einem umfassenden einführenden Teil über das Mittelmeer in einem einzelnen Werk verknüpft. Damit soll auch dem nicht ausschließlich biologisch interessierten Leser ein Buch zur Verfügung stehen, das breit gefächerte Fragen rund um das Mittelmeer beantwortet.

Manche Ansätze in Band I des Werkes scheinen über die im Untertitel skizzierte „Fauna, Flora, Ökologie" hinauszugehen; eine kurze Erklärung für die Themenwahl halte ich daher für angebracht. Da ist zuerst einmal ein einfacher, pragmatischer Grund: Es hat bisher kein derartiges Buch gegeben. Ein zweiter: Meeresbiologische Exkursionen an die Küsten des Mittelmeeres befassen sich zumindest marginal auch mit terrestrisch-ökologischen Fragestellungen bezüglich des

__6 und 7__ Das Langschnäuzige Seepferdchen (Hippocampus guttulatus, Syngnathidae; Bild unten) ist ein charakteristischer Bewohner von Seegraswiesen (linke Seite: das im Mittelmeer endemische Neptungras Posidonia oceanica). Der bedrohte Lebensraum der Seepferdchen ist für die Gesamtökologie des Mediterrans von großer Bedeutung. Bemerkenswert ist die Reproduktionsbiologie der Seepferdchen: Die befruchteten Eier werden von den Männchen in einer bauchseitigen Bruttasche ausgetragen. Die schlüpfenden Jungfische sehen bereits wie die Adulttiere aus.

Mittelmeerraumes: mit der Vegetation, dem Klima, mit Umweltfragen und weiteren Aspekten. Bereits eine einfache Beschreibung des Naturraumes (der sich hier kaum vom Kulturraum trennen lässt) wäre aber ohne Einbeziehung von historischen, anthropogenen Einflüssen nicht erschöpfend oder geradezu unmöglich. Der Mittelmeerraum bietet – so reizvoll er von uns auch wahrgenommen wird – praktisch überall „Natur aus zweiter Hand", Natur, die vielfach dramatisch verändert wurde und auch in der Gegenwart verändert wird.

Ein Blick in die Zukunft liefert einen noch gewichtigeren Grund für eine breit gefächerte Auffassung des Themas: Die Sorge um die ökologische Zukunft des Mittelmeeres verbindet alle seine Anrainerstaaten, darüber hinaus die Europäische Union, zahlreiche weitere Länder und nicht zuletzt viele engagierte Natur-, Umwelt- und Artenschutz-NGOs (Nicht-Regierungs-Organisationen). Unabhängig davon, ob Erste oder Dritte Welt, ob reiches oder armes, römisch-katholisches, orthodoxes oder moslemisches Land, das Mittelmeer ist Lebensgrundlage und wichtiger Wirtschaftsfaktor für alle hier lebenden Menschen und ihre Länder. Ihr Kapital, mit dem auch künftige Generationen ihren Lebensunterhalt sichern können, ist Sonne, Wärme und „klares, sauberes Wasser".

Etwa 170–220 Millionen Menschen besuchen jährlich die Region, davon ungefähr 160 Millionen auf eine Art, die man abwertend als Massentourismus bezeichnet (was die meisten Menschen nicht daran hindert, ein Teil von ihm zu werden und oft auch das Umweltbewusstsein zu Hause zu vergessen). Damit ist die Zahl der Besucher grob gerechnet etwa gleich hoch wie die Zahl der in der Küstenregion lebenden Menschen. Sie alle brauchen Wasser: die Bewohner, um zu überleben und um die landwirtschaftliche Produktion aufrecht zu erhalten, aber auch, um den verwöhnten Besuchern jeden Komfort zu bieten (Wasser zum Duschen, Wasser für Swimmingpools, Wasser, das für frisches Grün auf Golfplätzen sorgt, um nur einige Beispiele zu nennen). Die Abwässer der vielen Millionen Besucher fließen zusätzlich zum Abwasser der Bewohner zum größten Teil (im globalen Maßstab etwa 65–75 Prozent) ungeklärt ins Meer. In nur 20 oder 25 Jahren (bis 2025) könnte die Zahl der Touristen laut Studien auf knapp 350 Millionen anwachsen. Immer mehr Menschen verbringen hier die in Nord- und Mitteleuropa ungemütlichen Wintermonate. Das Ökosystem Mittelmeer droht zu kippen (über weitere bedrohende Faktoren informiert Kapitel 9) und ist in vielen Küstenbereichen schon längst über den Zustand hinaus, bei dem man es für ein „reines" Badevergnügen empfehlen könnte.

Ohne sein klares, blaues Wasser haben aber die Bewohner der Küsten und ihre Länder ihr Kapital mit Sonne, Wärme und Wasser größtenteils verspielt, denn wen locken schon mit Krankheitserregern und klebrigen Algenteppichen geschmückte Fluten und Strände? Der geschichtlich-kulturelle Aufschwung der Mittelmeerregion – und damit der ganzen Welt, die von hier ausgehend entscheidend geprägt wurde – war nicht zuletzt ein Verdienst des Meeres; die Zukunft der Küstenregion hängt nicht weniger vom Meer ab. Wasser ist und wird zunehmend zur Mangelware – sowohl das klare, saubere Wasser des Meeres, ohne das der Tourismus nicht funktionieren wird, als auch das Wasser, das für das Überleben der Bewohner und den Luxus der Besucher notwendig ist. Es wäre unangebracht und unverantwortlich, ein Buch mit dem Titel „Das Mittelmeer. Fauna, Flora, Ökologie" in dieser Dimension herauszubringen, ohne auf den drohenden Kollaps hinzuweisen, ohne zu unterstreichen, dass dieses Meer zu den am stärksten bedrohten der Welt gehört, ohne zu fordern, dass breit angelegte Initiativen sich mit dem akuten Problem beschäftigen. Einige Bilder sollen dem Leser eine Vorstellung davon vermitteln, wie ein schwer geschädigter oder sogar zerstörter mariner* Lebensraum aussehen kann – kein erfreulicher Anblick. Solche Bilder könnten das Bewusstsein für die Dringlichkeit der Problematik schärfen.

Es ist jedoch nichts Neues, wenn das Mittelmeer in düsteren Farben gezeichnet und ohne Zukunftsperspektiven dargestellt wird. Schon vor Jahrzehnten wurde es häufig totgesagt. „Jauchekübel Europas", „Meer ohne Hoffnung" und „Müllkippe Mittelmeer" sind nur einige wenige der bereits in den siebziger und achtziger Jahren verwendeten Schlagworte, die in den Medien häufig auf sich aufmerksam machten. Jacques-Yves Cousteau war eine der warnenden Stimmen. Kompetente Kenner dieses Meeres haben mit Nachdruck auf seine Gefährdung hingewiesen. Ihre dramatischen Prognosen haben sich zum Glück bisher nicht (ganz) bewahrheitet – das ist jedoch kein Grund, übermütig zu werden und die Dinge zu verharmlosen, was manchen Tourismuskonzernen und Bauträgern für ihre Pläne ins Konzept passen könnte. Es ist mehr auf die gewaltige Selbstreinigungskraft des Meeres als auf Verdienste der Menschen zurückzuführen, wenn der Kollaps bisher ausgeblieben ist. Das Mittelmeer ist ein mit dem Weltmeer nur begrenzt in Verbindung stehendes Nebenmeer, das eigene Gesetzmäßigkeiten und eine störungsanfällige Ozeanographie und Ökologie hat.

Zu Beginn des dritten Jahrtausends können wir zwar feststellen, dass das Mittelmeer noch nicht – wie seinerzeit vorausgesagt – „ein toter, schmutziger See, in dem nur Viren und Bakterien existieren" ist; gleichzeitig aber müssen wir unterstreichen, dass die Warnrufe keine leeren Drohungen waren. Quantitative Angaben mögen ungenau

8 Algenpest und Badefreuden im Mittelmeer (Nordadria, 1989). Das unter natürlichen Bedingungen oligotrophe und produktionsarme System kann als Folge der massiven Eutrophierung mit 360 000 Tonnen Phosphat- und über einer Million Tonnen Nitrateintrag jährlich regional kippen. Eine explosionsartige Entwicklung bestimmter Mikroalgen und eine drastische Abnahme des Sauerstoffgehalts im Wasser ist die Folge. In anderen Fällen führen „red-tide"-Katastrophen (massenhafte Entwicklung bestimmter Toxin produzierender Kieselalgen und Dinoflagellaten (vgl. Exkurs S. 503) zum massiven Fischsterben.

9 Der von den Menschen ins Meer gekippte Müll wird selbst in den abgelegensten und unberührtesten Buchten der Mittelmeerregion – hier auf Elba – wieder an die Ufer gespült. Unverrottbarer Kunststoff unterschiedlichster Art macht einen großen Teil davon aus. Auf ihm haften kleine schwarze Teerklümpchen, ein winziger Teil jener bis zu 600 000 Tonnen Erdöl, die jährlich über die Atmosphäre, durch industrielle und kommunale Abwässer, Tanker und den Schiffsverkehr ins Mittelmeer gelangen. Es braucht also keine Übertreibungen, wenn man auf die Sonderstellung des Mittelmeeres aufmerksam macht.

und schwer zu belegen sein, die Darstellung kausaler Zusammenhänge unzulänglich und die bloße Wiederholung von ungesicherten Horrorszenarien, um den Verantwortlichen „Angst einzujagen", nicht zweckdienlich. Die Grundaussage der seit Jahrzehnten ertönenden Warnrufe bleibt trotz all dem stichhaltig: Die Belastung des Mittelmeeres liegt bis zum Zehn- bis Dreißigfachen über der des durchschnittlichen Weltmeeres. 20 Prozent der weltweiten Ölbelastung passiert hier, auf einer Fläche, die nur ein Prozent der gesamten Meeresfläche ausmacht.

Den von Menschen verursachten negativen Einflüssen trägt das Kapitel „Umweltsituation: Gefährdung und Schutz" Rechnung. Einen bedeutenden Anteil am ökologischen Niedergang hat sicher das rasante Bevölkerungswachstum, die Verstädterung und die fortschreitende Industrialisierung des 20. Jahrhunderts. Nicht vergessen werden soll aber die schon seit der Antike betriebene Veränderung der angrenzenden Küstenregionen – womit wir wieder bei der Frage der Berechtigung eines breit konzipierten allgemeinen Teiles angelangt sind –, etwa durch das Abholzen der Wälder, das sich natürlich durch Bodenabschwemmung auch auf den angrenzenden Meeresbereich ausgewirkt und in den Küstenebenen zur Ausbreitung der Malaria beigetragen hat. Nur weniges an der mediterranen Region wäre verständlich, ohne auf das Wirken des Menschen einzugehen, das sie seit Jahrtausenden prägt.

Die vielfältige Verzahnung des Gesamtsystems „Mittelmeer" mit dem umgebenden Land, die unzähligen Wechselwirkungen zwischen marinen und terrestrischen Ökosystemen, der Mensch und sein Tun als entscheidender störender Faktor und nicht zuletzt der Bedarf an einer solchen Darstellung ließen es als sinnvoll erscheinen, das Thema Mittelmeer über eine rein systematische Abhandlung der marinen Organismenwelt hinausgehend breiter anzulegen. Um es mit den Worten des französischen Historikers Fernand Braudel (1902 bis 1985) auszudrücken: „Das Mittelmeergebiet hat mindestens zwei Seiten. Es besteht zunächst aus einer Reihe kompakter, gebirgiger Halbinseln, durchsetzt mit lebenswichtigen Ebenen: Italien, die Balkanhalbinsel, Kleinasien, Nordafrika, die Iberische Halbinsel. Doch zum anderen schiebt das Meer seine weiten, komplizierten, zerstückelten Räume zwischen diese Miniaturkontinente; denn das Mittelmeer ist weniger eine einheitliche Meeresmasse als vielmehr ein ‚Meereskomplex'. Halbinseln und Meere: dies sind die beiden Schauplätze, die wir zunächst betrachten wollen, um die allgemeinen Lebensbedingungen der Menschen zu bestimmen. Doch damit wird es nicht getan sein ..." Bereits Plinius d. Ä. (23–79 n. Chr.) hat einen solchen „Meereskomplex" aus Land und Meer, eine mediterrane Region definiert, indem er im Olivenbaum einen Grenzzieherbaum oder „Bioindikator-Baum" erkannte.

Es war jedoch unmöglich, die ganze Fülle der Informationen in allen Fachdisziplinen wiederzugeben. Selbst die drei Bände dieses Werkes sind dafür viel zu wenig. Eine auch nur annähernde thematische Vollständigkeit war völlig unrealis-

__10__ Artenreiche Hartboden-Lebensgemeinschaft in 10 m Tiefe direkt vor dem Laboratoire Arago in Banyuls-sur-Mer: Diplodus cervinus (große Brasse in der Bildmitte, Sparidae), Diplodus annularis (kleinere Brassen in der oberen Bildhälfte), Coris julis (Meerjunker, Labridae), Eunicella singularis (Weiße Gorgonien), Echinaster sepositus (Seestern).

tisch, eine Selektion notwendig. Jede Auswahl trägt allerdings die Handschrift dessen, der sie getroffen hat. Ein gewisser Grad an Subjektivität ist wohl vorhanden. Das ausführliche, aktuelle Literaturverzeichnis führt den Leser zu weiteren Quellen.

Der Hauptgegenstand des dreibändigen Gesamtwerkes ist und bleibt trotz aller Exkurse und trotz der breit angelegten Einführung eine aktuelle Darstellung der mediterranen (marinen) Biodiversität – in einer Vollständigkeit, wie sie bisher in keinem Einzelwerk vorhanden war. Die systematische Übersicht der Flora und Fauna ist Gegenstand von Band II/1 (Mikroflora, Mikrofauna, marine Flora und die ursprünglichen Stämme des Tierreiches) und Band II/2 (Fauna bis zu den Säugetieren). Einen zusammenfassenden Überblick der mediterranen Biodiversität im Vergleich zum Weltmeer bringt bereits Band I.

Auch für Fachleute ist es oft schwierig, auf die Schnelle zuverlässige Informationen über eine bestimmte Art, ein Taxon oder ein spezifisches Thema zu finden. Die überaus reichlich vorhandene Sekundärliteratur in Form verschiedener Bestimmungswerke und Führer bietet vielfach wenig taxonomisch Aktuelles oder grundsätzlich Neues und geht meist nur begrenzt auf eigene Forschung der Autoren zurück. Das vorliegende, von Experten in ihrem jeweiligen Fach verfasste Werk soll Abhilfe schaffen und schnell greifbare, auf den neuesten Stand des Wissens gebrachte Information liefern. Es kann aber natürlich nicht immer – vor allem bei artenreichen Taxa mit vielen Hunderten oder sogar Tausenden beschriebenen Arten – mit spezifischen Monographien konkurrieren und diese ersetzen. Ausführlichere Informationen zu Aufbau, Anspruch und Konzept des Werkes und Hinweise für seine Verwendung gibt das nachfolgende Kapitel („Hinweise für den Leser“).

Obwohl „Das Mittelmeer“ ein wissenschaftliches Buch ist, sei im Vorwort doch ein etwas emotionaler Schluss erlaubt: Für viele Biologen gehörten die meeresbiologischen Exkursionen ans Mittelmeer in der Studentenzeit zu den schönsten, prägenden Erlebnissen. Meeresbiologische Kurse sind oft an Küstenstationen gebunden, deren Gründung bis ins (romantische) 19. Jahrhundert zurückgeht, eine Aufbruchszeit in der Meeresbiologie und den Naturwissenschaften überhaupt. Sie stammen aus einer Zeit vor dem Massentourismus, vor einer wuchernden und ausufernden Urbanisierung und Industrialisierung. Die einstige Klarheit des Wassers und die Schönheit der Unterwasserwelt haben sich auch in unmittelbarer Nähe der Stationen drastisch verändert, nahegelegene wogende Braunalgenwälder und Seegraswiesen mit riesigen Schwärmen von Goldstriemen sind verschwunden oder auf traurige Reste zusammengeschmolzen.

Von der Initiative und der Vorgehensweise der Verantwortlichen in nationalen und übernationalen Institutionen – wie etwa der EU –, aber auch von der breiten Öffentlichkeit (Stichwort „Massentourismus“) wird es abhängen, ob auch künftige Generationen von Studenten, Schülern und Naturliebhabern an den Küsten des Mittelmeeres noch unvergessliche Eindrücke seiner Unterwasserwelt und seiner Küstenlandschaft sammeln werden können. Der 1975 von den meisten Anrainerstaaten der Region erstellte Mediterranean Action Plan (MAP) ist leider lange Zeit mehr Plan geblieben als Aktion geworden (wobei sich diese Kritik nicht gegen die Menge des produzierten Papiers und die darin enthaltenen guten Ideen richtet, sondern vielmehr gegen die zögerliche praktische Umsetzung der Pläne selbst seitens der reichen westeuropäischen Staaten).

Herausgeber und Autoren hoffen, mit diesem Werk für die nächsten Jahrzehnte einen hilfreichen Beitrag zu leisten für ein geändertes Bewusstsein und ein neues Verständnis des Mittelmeeres.

Salzburg, Oktober 2001 Robert Hofrichter

Hinweise für den Leser

Bei aller Mühe um Korrektheit lassen sich angesichts der hier präsentierten Fülle an Informationen und beschriebenen Arten Fehlangaben nicht ganz vermeiden. Herausgeber, Autoren und Verlag sind für entsprechende Hinweise von Lesern und Anwendern dankbar.

Die mit einem Sternchen (*) gekennzeichneten Ausdrücke werden im Glossar erläutert (S. 540); viele Fachbegriffe sind direkt im Text oder in den Bildlegenden erklärt.

Wenn namentlich nicht anders bezeichnet, ist in diesem Buch mit dem Wort „Mittelmeer" das Europäische Mittelmeer gemeint (vgl. S. 26).

Aufbau und Homogenität des Werkes

Dieses dreibändige Werk gliedert sich in einen allgemeinen Teil (Band I) und einen zweiteiligen Bestimmungsführer (Band II/1 und II/2).

Band I liefert umfassende Informationen zu Geologie und Entstehungsgeschichte des Mit-

***11** Küstenlandschaft auf Capri. Charakteristische Vegetationsformen aus zum Teil eingeschleppten Arten (Agave, Opuntia) prägen viele mediterrane Küsten. Im Mittelmeerraum wachsen heute bis zu 10 Prozent aller bekannten Pflanzenarten der Welt.*

telmeeres, zu Plattentektonik, Topographie des Meeresbodens, Vulkanismus, Geographie, Klima, zu angrenzenden terrestrischen Lebensräumen (Überblick), Ozeanographie, Biogeographie, zur Gliederung der Lebensräume des Mittelmeeres, Ökologie, Nahrungsnetzen, Schadstoffeintrag, zur aktuellen Umweltsituation und Bedrohung des Mittelmeeres, Aquakultur und Fischerei.

Der Bestimmungsführer beschreibt in Band II/1 die Bakterien, die Mikroflora und -fauna (Protisten*), obwohl in ihrer Darstellung die systematisch-deskriptive Betrachtungsweise schwer von einer ökologischen zu trennen ist, die Meeresbotanik (Algen und Seegräser) und Teile der Zoologie. Die Bilateria, zu denen alle höheren Stämme des Tierreiches gehören, sind in Band II/2 dargestellt. Die breite systematische Übersicht ist nach dem gegenwärtigen Stand des wissenschaftlichen Systems der Organismen geordnet.

Das Mittelmeer in all seiner Vielfalt darzustellen, ist ein aufwändiges Unterfangen. Mehr als 80 Autoren aus 10 europäischen Ländern und dem Nahen Osten haben sich am Erstellen der Texte beteiligt. Eine gewisse inhaltliche Redundanz in den einzelnen Kapiteln war bei dieser Zahl an Mitarbeitern nicht zu vermeiden.

Die Zuordnung mancher Themen zu einem der 10 Kapitel war in mehreren Fällen subjektiv, andere Zuordnungen wären ebenso gut möglich. Kapitel 3 (Geographie und Klima) überschneidet sich etwa mit Kapitel 4 (Landschaften und Vegetation der Küstenregion): Die Vegetation ist ein Spiegelbild des Klimas; auch historische Aspekte der Landschaftsdegradation wurden berücksichtigt. Die in Kapitel 3 behandelten geomorphologischen Formen (Relief) könnten ebenso im Kapitel „Geologie und Entstehungsgeschichte" beschrieben werden. Ähnliche Überschneidungen gibt es zwischen Kapitel 6 (Lebensräume und Lebensgemeinschaften) und 7 (Ökologie) sowie in vielen weiteren Fällen. Querverweise im Text führen den Leser zu Erklärungen und Abhandlungen über verwandte Themenbereiche in anderen Kapiteln.

Themenauswahl und Ziele

Die Themenauswahl verfolgt ein vorrangiges Ziel: das Mittelmeer über die Vorstellung seiner marinen* Organismenwelt hinaus möglichst in seiner Gesamtheit darzustellen. Das schließt die ganze Vielfalt der abiotischen* und biotischen* ökologischen Faktoren ein, die dieses Meer und das umgebende Land prägen und durch deren Kenntnis sein „Funktionieren" erst verständlich gemacht werden kann. Es wird versucht, die Geographie, Geologie, Ozeanologie und andere Themenbereiche mit der im Mittelmeer lebenden Organismenwelt und ihrer Ökologie in Verbindung zu bringen. Ausgewählte markante Themen in Form kurzer Exkurse („Lesekästen", Essays) runden die Themenpalette ab.

Anspruch und Vollständigkeit

Die Vielfalt der Themen musste in Band I (Allgemeiner Teil) auf Kosten der Vollständigkeit gehen. Ein breites Spektrum an Informationen erschien zielführender als der ohnehin hoffnungslose Versuch, mit Spezialwerken zu konkurrieren. Viele Themen konnten nur kurz angeschnitten bzw. angedeutet werden.

Anders verhält es sich mit Band II/1 und II/2 (Bestimmungsführer). Unser Ziel war es, die Vielfalt der mediterranen Organismenwelt in einem einzelnen Werk in bisher nicht erreichter Vollständigkeit zu präsentieren. Bei Taxa* überschaubarer Größe stellen wir sämtliche bis Ende des Jahres 2000 im Mittelmeer beschriebenen Arten (taxonomisch-systematisch gut abgesicherte, so genannte „gute Arten") dar. So findet der Leser in diesem Werk z. B. eine Übersicht aller Spezies von Stachelhäutern, Chaetognathen und Chordaten aus dem Mittelmeer.

Bei anderen Taxa war eine absolute Vollständigkeit illusorisch und eine Selektion notwendig. Von den insgesamt etwa 3 200 Arten von Hydrozoen (Cnidaria) weltweit sind aus dem Mittelmeer bis zu 320 bekannt, viele davon aber taxonomisch unsicher. 180 Arten wurden in unsere Übersicht aufgenommen. Die tatsächliche Artenzahl der weltweit insgesamt 15 000–25 000 Nematodenarten im Mittelmeer kennt niemand. Ebenso schwierig wäre eine vollständige Darstellung jener Vielfalt, die früher als Protozoa* zusammengefasst wurde; allein die weltweite Artenzahl der Foraminiferen wird auf 10 000 – 40 000 geschätzt. Das vollständige Auflisten aller Mollusken (von den etwa 80 000 bekannten Arten von Schnecken, Gastropoda, kommen im Mittelmeer etwa 2 500 vor, davon mehr als 470 Arten Opistobranchier), Anneliden (Polychaeta mit etwa 1 100 Arten im Mittelmeer), Crustaceen und weiteren Gruppen war unmöglich.

Eine bloße Auflistung der unzähligen Arten (schwierig) ohne Verständnis ihrer Lebensweise und ökologischen Rolle im Gesamtökosystem (praktisch unmöglich) wäre wenig sinnvoll. Bei den artenreichen Taxa haben wir uns daher bemüht, eine Auswahl zu treffen, die den praktischen Bedürfnissen der meisten Leser entgegenkommt (häufigere, auffällige Arten aus Tiefen, die von SCUBA-Tauchern erreicht werden können; biologisches Material, das bei meeresbiologischen Kursen durch die gängigen Fang- und Sammelmethoden erreichbar und zugänglich ist). Die Kurzdiagnose des Taxons bietet ein klares Bild der mediterranen Biodiversität im Vergleich zu der weltweit bekannten Anzahl und Vielfalt der Arten; zusätzliche Informationen über die geschätzten Artenzahlen der einzelnen Taxa weltweit vermittelt das Kapitel „Biogeographie und Biodiversität". Die aktuelle Bibliographie führt zur Spezialliteratur zum entsprechendem Taxon oder Thema.

Hinsichtlich der Korrektheit der Angaben ist man in einem derartigen Werk auf unzählige wissenschaftliche Quellen angewiesen. Sie unterscheiden sich jedoch in ihren Angaben zum Teil beträchtlich. Die maximale Tiefe des Mittelmeeres, die Beschaffenheit des Meeresgrundes einer bestimmten Region in 4 000 Meter Tiefe oder die Anzahl der Bakterienarten im Meer sind nur einige Beispiele für Informationen, die von Autor, Herausgeber und Verlag nicht wirklich überprüft werden können. Nach gewissenhaften Vergleichen einzelner Arbeiten und Abwägen der Fakten muss letztlich einer Quelle Vertrauen geschenkt werden. Wie einleitend betont, sind Autoren und Verlag für Hinweise auf inkorrekte Angaben dankbar.

Illustrationen und Bildlegenden

Viele Illustrationen und Tabellen wurden im Rahmen der Recherchen eigens für dieses Werk erarbeitet. Wir haben aber auch Grafiken in kaum oder leicht veränderter Form von anderen Quellen übernommen – vor allem in Fällen, wo die Illustration in ihrer Klarheit und Übersichtlichkeit kaum noch verbesserungsfähig ist; die Quelle ist in solchen Fällen stets in der Bildlegende angegeben. Vielfach wurden Illustrationen auf der Grundlage anderer Werke entwickelt, ergänzt und stark verändert. In solchen Fällen informiert die Bibliographie über sämtliche zu Rate gezogenen Arbeiten. Es war uns ein Anliegen, Informationen durch Illustrationen, Karten und Fotos anschaulich zu vermitteln.

Die Bildlegenden sind aus demselben Grund in den meisten Fällen ausführlich gehalten. Damit wollten wir auch jenen Lesern möglichst viele Informationen vermitteln, die nicht den gesamten Lauftext lesen. Gewisse Wiederholungen waren dadurch aber unvermeidbar.

Bibliographie und Referenzen

Die in der Literaturübersicht angegebenen Quellen sind nur eine kleine Auswahl der existierenden Arbeiten. Wie schon betont, ist die Vielfalt und Menge der Publikationen zum Themenkreis Mittelmeer so groß, dass sie von einem Autor kaum erfasst werden können. Wenn wichtige Quellen übersehen und nicht erwähnt wurden, geschah das nicht mit Absicht; die Auswahl soll keine Wertung darstellen.

Das Internet

Das Internet ist das bei weitem schnellste Medium der Gegenwart. Es spielt für den raschen Wissenstransfer der modernen Naturwissenschaft eine wichtige Rolle. Im Gegensatz zu klassischen wissenschaftlichen Publikationen in gedruckter Form, in denen mindestens zwei Gutachter und ein fachkundiger Redaktionsbeirat für ein möglichst hohes Maß an Korrektheit sorgen und die dargebotene Information damit bereits bewertet dem Leser vorgelegt wird, stehen die Eintragungen des Internet unkontrolliert und unkontrollierbar jedem offen. Die Verantwortung, die bei gedruckten Wissenschaftsmagazinen oder Büchern bei den Gutachtern und der Redaktion liegt, muss im Falle Internet der Anwender selbst übernehmen. Vielfach sind die gefundenen Informationen ungesichert, fraglich oder auch schlicht falsch. Dort, wo wir in den Referenzen auf Web-Seiten hinweisen, geht es um Informationen von wissenschaftlichen Institutionen, von Universitäten und renommierten Arbeitsgruppen, von staatlichen und internationalen (EU-) Stellen und NGOs, deren seriöse Arbeit allgemeine Anerkennung findet und in deren Angaben ein möglichst hoher Grad an Korrektheit zu erwarten ist. Wir haben uns bemüht, gut abgesicherte, überprüfte Angaben zu übernehmen; Fehler sind trotzdem nicht auszuschließen.

Ein Problem ist auch die (potenzielle) „Kurzlebigkeit" von Web-Seiten. Wir haben nur Quellen berücksichtigt, bei denen man regelmäßige Aktualisierungen und damit eine relative „Langlebigkeit" (beides natürlich dehnbare Begriffe) erwarten kann.

Systematik – eine Wissenschaft im Fluss

Der Bestimmungsführer des vorliegenden Werkes versucht ein möglichst vollständiges Bild von der Organismenwelt des Mittelmeeres zu geben, nicht aber in die (dynamische) Diskussion über verschiedene Auffassungen zur Systematik einzugreifen (etwa streng evolutionäre oder konsequent kladistische* Systematik). Es würde den Rahmen dieses Werkes bei weitem sprengen, hier auch nur annähernd auf solche Streitfragen einzugehen. Ausführliche und leicht verständliche Informationen zu den Problemen der Phylogenetik, Systematik und Taxonomie findet der Leser z. B. bei Sudhaus und Rehfeld, 1992.

Nähere Informationen zu systematisch-taxonomischen Fragestellungen und Problemen bieten die „Hinweise für den Leser" am Anfang des Bestimmungsführers sowie die Kurzdiagnosen der einzelnen Stämme (bzw. Taxa) in Band II/1 und II/2, wo auf die Schwierigkeiten bei der Klassifizierung der einzelnen Gruppen hingewiesen wird.

Allgemeiner Teil

__12__ Sanddünen im Süden Sardiniens. Ein Großteil der Küstenlinie des Mittelmeeres ist stark gegliedert: Bei einer Maximaldistanz von 3 800 Kilometern zwischen Gibraltar und Libanon erreicht die Küste 50 000 Kilometer Gesamtlänge. Mit eingerechnet sind die Küsten der größeren mediterranen Inseln; ihre Gesamtzahl beträgt annähernd 5 000. Die Verzahnung zwischen terrestrischen Lebensräumen und dem Meer hat eine Vielzahl von ökologischen Wechselwirkungen und eine hohe Biodiversität zur Folge. In den terrestrischen und marinen Lebensräumen der mediterranen Region kommen etwa 25 000 Pflanzenarten vor; die gesamte Biodiversität der Region wird auf 400 000 bis 600 000 Pflanzen- und Tierarten geschätzt, was ungefähr einem Zwölftel der weltweiten Biodiversität entspricht.

Robert Hofrichter

1. Einführung

Dieses Kapitel liefert das begriffliche und historische Fundament, auf dem die nachfolgenden, spezielleren Kapitel aufbauen. Es soll dem Leser bei der richtigen Einordnung jenes immensen Wissens helfen, das die verschiedensten naturwissenschaftlichen Disziplinen zum Thema „Mittelmeer" zusammengetragen haben und dessen wichtigste Facetten im vorliegenden Werk präsentiert werden.

Dabei gilt es zunächst, einige grundlegende Begriffe in ihrer Bedeutung zu klären und – soweit möglich – voneinander abzugrenzen. Die Termini Ozeanologie, Ozeanographie, Meereskunde und Meeresbiologie sind gute Beispiele für Unschärfen und Überlappungen in den Definitionen. Warum die Ozeanologie eine so wichtige Disziplin darstellt, ist im anschließenden Abschnitt kurz umrissen. Des Weiteren schien es für dieses einführende Kapitel sinnvoll, dem Leser bewusst zu machen, was der Begriff „Mittelmeer" eigentlich bedeutet, geht er doch wissenschaftlich über das hinaus, was der „Mann auf der Straße" darunter versteht. Auch die Stellung des Europäischen Mittelmeeres in Beziehung zum Weltmeer wird hier erläutert. Einen spannenden Blick zurück erlaubt die Frage, wie sich der Begriff „Mediterran" entwickelt hat. Den breitesten Raum in diesem Kapitel nimmt schließlich ein geschichtlicher Abriss der Mittelmeerforschung ein – quasi von Aristoteles bis zum Jahr 2001. Wer die Geschichte der Mythen und Hypothesen, Beobachtungen und Entdeckungen, Expeditionen und Experi-

1.1 *Der Borstenwurm Hermodice carunculata (Polychaeta, Annelida). Wie die Polychaeten sind zahlreiche höhere Taxa ausschließlich marin.*

mente rund um die mediterranen Lebensräume und Lebensformen Revue passieren lässt, bekommt bereits eine Ahnung von der biologisch-geologisch-geographischen Vielfalt dieses schon seit Jahrtausenden im Blickpunkt der Naturforschung stehenden ökologischen Systems. Mit einer Übersicht über die zahlreichen Forschungsstationen, die sich an den Küsten der Mittelmeer-Anrainerstaaten aneinander reihen, findet diese Einführung einen sinnvollen Abschluss.

Meeresbiologie, Ozeanologie, Ozeanographie

In diesem Werk geht es hauptsächlich um „Meeresbiologie" – so wie man dieses Wort landläufig verwendet; „Meereskunde" wäre in vielen Fällen jedoch der korrektere Ausdruck. Band I behandelt auch Themen, die über die Ozeanographie des Mittelmeeres (weit) hinausgehen. Was aber bedeuten die erwähnten Begriffe genau und wie sind sie definiert? Die Antworten auf diese Fragen gestalten sich nicht einfach.

Für die Geburtsstunde der wissenschaftlichen Ozeanographie wird vielfach der Beginn der „Challenger"-Expedition gehalten (S. 49), die Terminologie rund um die Ozeanographie, „Thalassographie", wie die Amerikaner und Italiener des 19. Jahrhunderts diese Wissenschaft vielfach genannt haben, und „Meeresbiologie" wurde jedoch in den etwa 150 Jahren der Wissenschaft vom Meer nicht einheitlich verwendet. Die wichtigsten Begriffe sollen daher kurz definiert werden, wodurch andere Definitionen nicht ausgeschlossen sind (!). In verschiedenen Werken findet man Erklärungen mit durchaus abweichender „innerer Logik". In der deutschsprachigen Literatur wurde vielfach nicht zwischen Ozeanologie und Ozeanographie unterschieden oder überhaupt nur der letztere der beiden Begriffe verwendet. Unter Ozeanographie hat man hauptsächlich die Physik, Chemie und Geologie der Meere verstanden; die „Meeresbiologie", die der biologischen Ozeanographie nahekommt, wurde mehr oder weniger ausgeklammert.

Etwas breiter wurde der Begriff „Meereskunde" (als Gegenstück zu „Erdkunde") aufgefasst; er konnte sowohl physikalisch-chemische als auch biologische Aspekte einschließen. „Verbindung der Geographie des Meeres mit der Physik und Chemie", „Küstengeographie", „Physiographie des Meeres", „Hydrographie" und „maritime Meteorologie" sind nur einige Buchtitel oder angestrebte Namenskreationen aus der zweiten Hälfte des 19. Jahrhunderts. Sie zeigen, dass der Terminus „Ozeanographie" nicht auf geradem Weg entstanden ist, und erklären zum Teil die bis heute anhaltende Unsicherheit bei der Verwendung der abgehandelten Begriffe.

Zusätzliche Verwirrung stiftete der unterschiedliche Gebrauch bzw. die Bewertung der einzelnen Termini in anderen europäischen Sprachen. Im Französischen etwa werden Ozeanologie und Ozeanographie vielfach gleichbedeutend gebraucht. Älter noch als die bisher genannten Begriffe und einst häufig verwendet ist das erwähnte Wort Thalassographie *(thalassography, talassografia)* oder auch Thalassobiologie (vor allem im Italienischen als *talassobiologia*). Die Begriffe leiten sich aus dem griechischen (vorhellenischen) Wort *thálassa* ab, unter dem die Griechen vor allem das Mittelmeer verstanden haben, im Gegensatz zum mythenumwobenen Okeanos jenseits der Grenzen der ihnen damals gut vertrauten Welt innerhalb der „Säulen des Herakles" (Gibraltar, Abb. 1.9).

Spuren hinterlassen hat der historisch gewachsene Unterschied zwischen der Erforschung des Benthals und jener des Pelagials. Etwas vereinfacht dargestellt: Das stark von Organismen geprägte Reich des Meeresgrundes (Benthal; Abb. 6.4) wurde seit dem Aufschwung der Meereswissenschaft im 19. Jahrhundert vor allem von Zoologen bzw. Biologen studiert; das Reich des offenen Wasserkörpers (Pelagial; Abb. 6.4 und S. 298), dessen Hauptmasse „nur aus Wasser" besteht, von Ozeanographen verschiedener Fachdisziplinen (vgl. „Ozeanographie"). Die zwei „Reiche" sind in der Tat recht verschiedenartig, und ihre Erforschung verlangt nach entsprechend unterschiedlichen Methoden.

Ozeanologie (Meereskunde i. w. S., Hydrologie des Meeres)

Eher selten verwendeter Oberbegriff, Teilbereich der Hydrologie (Gewässerkunde). Die Gewässerkunde umfasst die Gesamtheit aller Wissenschaften rund um das Wasser, die Lehre von sämtlichen Erscheinungsformen, Zusammenhängen und Wechselwirkungen des Wassers, einschließlich des Süßwassers auf und unter der Erdoberfläche. Hydrologie wird aber ebenso wie Ozeanologie oder Ozeanographie nicht einheitlich und oft als Synonym für Hydrographie verwendet.

Die Ozeanologie hat zahlreiche Teilgebiete, wie Ozeanographie, Meeresgeologie (geologische Ozeanographie), Meeresbiologie und andere. Die Meereskunde galt früher als Teilbereich der Geographie (und wird auch heute noch in manchen Werken als Wissenszweig der Geographie und Geophysik dargestellt), ist aber schon seit langem ein selbstständiges Wissensgebiet. In moderneren Lehrbüchern der physischen Geographie findet man daher selten erschöpfende Darstellungen der Ozeanologie (bzw. Ozeanographie).

Der Begriff Ozeanologie trägt die Nachsilbe -logos, wodurch eine Wissenschaft, ein Wissensgebiet angedeutet wird. Man könnte somit dieses Wort für das passendere bzw. allgemeinere für

„Meereskunde" halten. Trotzdem hat es sich in den meisten Sprachen nicht gegen Ozeanographie durchgesetzt.

Ozeanographie (Meereskunde i. e. S.)

Teilbereich der Ozeanologie, der die Physik und Chemie der Meere untersucht, also etwa Fragen des Wasserhaushalts, der Temperaturverhältnisse, der Salinität, der unterschiedlichen Wasserkörper, der Wasserbewegungen wie Strömungen und Zirkulationen (darunter die äußerst wichtigen thermohalinen Konvektionen*), Wellen und Gezeiten – alle Bewegungserscheinungen und physikalisch-chemischen Eigenschaften des Meerwassers also. Auch die Meteorologie steht wegen der vielfachen Wechselwirkungen zwischen Weltmeer und Atmosphäre in engem Zusammenhang mit der Ozeanographie.

Die genannten Wissensgebiete werden als allgemeine Ozeanographie zusammengefasst. Im Wesentlichen geht es um alle abiotischen ökologischen Faktoren, die Umweltbedingungen, die auf die marine Organismenwelt wirken und die Rahmenbedingungen ihrer Existenz schaffen. Unter spezieller Ozeanographie wird die Beschreibung und Erfassung der einzelnen Meeresräume im Sinne der Großgliederung des Meeres verstanden.

Die Ozeanographie ist – obwohl sie sich streng genommen mit physikalisch-chemischen, hydrographischen Phänomenen und Parametern befasst – aus zahlreichen Gründen eng mit biologischen Aspekten der Erforschung des Pelagials verknüpft. Beide Bereiche sind verzahnt, abiotische und biotische Aspekte der pelagischen Ökologie können schwer voneinander getrennt werden. Ozeanographen (die etwa Physiker oder Chemiker sein konnten) wurden vielfach zu „ozeanographischen Biologen". Im Englischen spricht man oft von biologischer Ozeanographie, wenn biologische Aspekte und Fragestellungen im Mittelpunkt ozeanographischer Forschung stehen (als dritte „Sphäre" nach der physikalischen und chemischen Ozeanographie; zusätzlich spricht man noch von geologischer Ozeanographie).

Erste Ansätze einer „Ozeanographie", wenngleich noch nicht unter diesem Namen, gehen auf den griechischen Philosophen Poseidonios (135–51 v. Chr.) zurück, der auf Rhodos eine Schule leitete. Er erkannte den Einfluss des Mondes auf die Gezeiten und beschäftigte sich unter anderem mit Strömungen (vgl. S. 36). Als Begriff wurde die Ozeanographie aber erst viel später –

__1.2__ Nach dem Zweiten Weltkrieg hat – mit einer Erfindung, die im Mittelmeer entscheidend mitgeprägt wurde – ein neuer Zeitabschnitt der Meeresforschung begonnen: das SCUBA-Tauchen (vgl. S. 52).

Mitte des 19. Jahrhunderts – geläufig. Das erste deutschsprachige *Lehrbuch der Oceanographie* ist 1857 in Wien erschienen (von August Jilek), ab den sechziger Jahren des 19. Jahrhunderts war der Begriff in deutschen Lexika geläufig.

Etwas später und aus dem Deutschen kommend hat sich *oceanography (= marine science)* in der englischsprachigen Fachwelt und in weiteren europäischen Sprachen durchgesetzt – wie schon vorhin dargestellt. Ozeanographie wurde als Analogie bzw. als Gegenstück zur Geographie verstanden.

Meeresgeologie

Teilbereich der Ozeanologie (auch geologische Ozeanographie), der die Entstehung, Dynamik, Struktur und Zusammensetzung des Meeresbodens untersucht, wobei die Meeresgeophysik noch tiefer geht und sich mit dem Untergrund des Meeresbodens einschließlich der Plattentektonik befasst. Die Sedimentation spielt für den gesamten marinen Raum und seine Ökologie eine entscheidende Rolle. Verschiedene Formen der Erosion und Sedimentation finden ununterbrochen und praktisch an jedem Ort im Meer (und an Land) statt. Der größte Teil des Meeresbodens – nach verschiedenen Schätzungen bis zu 90 Prozent – ist von Sedimenten bedeckt.

Meeresbiologie (Marinbiologie) oder Biologische Meereskunde

Teilbereich der Ozeanologie, der sich mit sämtlichen Aspekten der Biologie der im Meer lebenden Organismen beschäftigt (Meeresmikrobiologie, Meeresbotanik, Meereszoologie, Meeresökologie). Manchmal wird die Meeresbiologie als „Biologische Meereskunde" mit einer rein ökologischen Betrachtungsweise (etwa Produktion und Stoffkreisläufe im Meer) von der Meeresmikrobiologie, Meeresbotanik und Meereszoologie abgegrenzt.

Die Ozeanologie und ihre Teilbereiche bedienen sich heute unzähliger anderer Wissenschaften, einer kaum überblickbaren Menge wissenschaftlicher Methoden und modernster Technologien, die bis zu Satellitenfernerkundung und -messungen reichen. Sie können hier nicht alle ausführlich aufgezählt werden.

Zur Bedeutung der Ozeanologie

Das große Interesse für das Meer und die Meeresbiologie beruht zu einem guten Teil auf der tief verwurzelten Faszination, die das Wasser an sich und das Meer im speziellen auf die meisten Menschen ausübt, sowie darauf, dass die Erde zu mehr als zwei Drittel vom Meer bedeckt ist und damit im Bewusstsein der Menschen als „Blauer Planet" existiert. Neben dieser emotionalen Ebene gibt es auch ganz objektive Gründe, wobei hier das Meer mit seinem Energiepotenzial, als Regulator des Klimas, als künftige Quelle lebenswichtiger Ressourcen wie Nahrung und Rohstoffe nicht berücksichtigt ist:

- Das Weltmeer ist der größte und einheitlichste zusammenhängende Lebensraum der Erde. Es bedeckt 367,1 Millionen Quadratkilometer der Erdoberfläche (70,8 Prozent) und reicht bis in 11 033 Meter Tiefe (Abb. 6.4). In ihm sind unvorstellbare Wassermassen gespeichert (sie werden auf 1,375 Milliarden Kubikkilometer geschätzt), so dass sich nach dem Einebnen aller Erhebungen der Erdoberfläche und Gräben am Meeresgrund ein Globus bilden würde, der von einem bis zu etwa 2 500 Meter tiefen Ozean bedeckt wäre, dessen Meeresspiegel 245 Meter über dem heutigen läge (vgl. hypsographische Kurve, Abb. 2.37).
- Das Meer ist allein durch seine Größe und die räumliche Ausdehnung, aber auch wegen der Schwierigkeit, in seiner Tiefe länger dauernde Untersuchungen durchführen zu können, der am wenigsten bekannte Lebensraum der Erde.
- Das Leben hat seinen Anfang zweifellos im Meer genommen. Hier haben sich die bekannten Baupläne entwickelt, und hier entstand die Basis der heutigen Diversität der Organismenwelt (vgl. Kapitel „Biogeographie und Biodiversität").
- Im Meer findet man alle höheren systematischen Kategorien (Stämme und Klassen) des Pflanzen- und Tierreichs. Etliche von ihnen sind fast ausschließlich auf das Meer beschränkt, beispielsweise Rotalgen (Rhodophyta) und Braunalgen (Phaeophyta) unter den Pflanzen oder etwa die Stachelhäuter (Echinodermata) unter den Tieren. Bis auf wenige Ausnahmen sind Schwämme (Porifera), Nesseltiere (Cnidaria, Abb. S. 10), Moostierchen (Bryozoa), Borstenwürmer (Polychaeta, Abb. 1.1) und weitere Gruppen rein marin.
- Wenn man die Insekten – als artenreichste Organismengruppe unter den Landbewohnern und der gesamten Erde – ausschließt, sind 65 Prozent der verbleibenden Tierarten Meeresbewohner.
- Die meisten „lebenden Fossilien" gibt es im Meer, das offenbar eine „konservierende Wirkung" haben kann, obwohl es im Kambrium gerade hier eine enorme Radiation* des Lebens gegeben hat. Die Lebensräume und Lebensbedingungen der Tiefsee waren im Laufe der Erdgeschichte im Vergleich zu terrestrischen Lebensräumen außergewöhnlich stabil. Einige dieser Organismen haben sich seit frühesten erdgeschichtlichen Perioden kaum oder wenig verändert und besiedeln als „lebende Fossilien" seit vielen Millionen Jahren marine Lebensräume (der Urmollusk *Neopilina*, das marine Spinnentier *Limulus*, der mit den fossilen Ammoniten verwandte *Nautilus* oder der seit 60 Millionen Jahren fast unveränderte Quastenflosser *Latimeria;* im Mittelmeer kommen diese Arten nicht vor).

• Das marine Ökosystem ist – man kann ohne Übertreibung sagen: weltweit – aus dem Gleichgewicht geraten, wobei das Europäische Mittelmeer in Hinblick auf die Meeresverschmutzung im negativen Spitzenfeld liegt (vgl. Kapitel 9 und 10). Globale Veränderungen können unabsehbare (etwa klimatische) Folgen für die Menschheit nach sich ziehen. Die intensive Erforschung des Meeres ist daher von entscheidender Bedeutung.

Was ist ein Mittelmeer?

Im Weltmeer sind mehr als 94 Prozent der gesamten Wassermenge der Erde gespeichert. Es bedeckt 70,8 Prozent der Erdoberfläche und umfasst ein Volumen von geschätzten 1,375 Mrd. Kubikkilometer. Wegen der besseren geographischen Überschaubarkeit wie der tatsächlich bestehenden geomorphologischen und topographischen Gegebenheiten wird das Weltmeer in natürliche, zum Teil aber auch künstliche Einheiten unterteilt. Diese Teilung geht auf die Royal Geographical Society of London und das Jahr 1846 zurück.

Die drei großen zusammenhängenden Bereiche des Weltmeeres, die Ozeane – der Pazifik oder Pazifische/Stille Ozean, der Atlantik oder Atlantische Ozean, dem man das Arktische Eismeer bzw. Mittelmeer zuordnet, und der zu vier Fünftel auf der Südhalbkugel liegende Indik oder Indische Ozean – bilden Becken, die zum größten Teil durch Kontinente voneinander abgetrennt sind (etwa Atlantik und Indik durch Afrika und Eurasien), zum Teil aber auch über große Bereiche miteinander verbunden und nur durch Inselketten (Indopazifik oder indopazifischer Raum; in biogeographischer Hinsicht aber eine Einheit) oder untermeerische Schwellen (der Pazifik vom Nördlichen Eismeer in der Beringstraße) getrennt sind. Die südlichen Bereiche der Ozeane in Richtung Antarktis sind durch eine Strömung (Antarktische Konvergenz) voneinander getrennt. Die

Tabelle 1.1 *Übersicht der Gliederung des Weltmeeres in Ozeane und Randmeere (Nebenmeere und/oder Mittelmeere) mit der eingenommenen Fläche, dem geschätzten Volumen (Wasserinhalt) und den mittleren und maximalen Tiefen. Zusätzlich angeführt ist das Kaspische Meer als das größte vom Weltmeer getrennte Binnengewässer (Meer oder See? – siehe S. 28). O – Ozean, M – Mittelmeer, R/N – Randmeer/Nebenmeer, B – Binnenmeer. Nicht angeführt ist der mit etwa 10 ‰ Salinität weitgehend ausgesüßte Aralsee (S. 170 f.); er gehört zwar biogeographisch zur Sarmatischen Provinz der Mediterran-Atlantischen bzw. Lusitanischen Region, seine Fauna leitet sich jedoch weitgehend von Süßwasserarten ab. Eine Übersicht der interkontinentalen Mittelmeere bieten Abb. 1.3 und Tabelle 1.2. Ergänzt nach Tardent, 1993.*

	geographische Bezeichnungen	Typ	Fläche (km^2)	Wasserinhalt (km^3)	Tiefen (m)	
					mittl.	max.
	Atlantischer Raum		**106 460 000**	**354 734 000**	**3 332**	**9 219**
R	Atlantischer Ozean, Atlantik	O	82 440 000	323 610 000	3 926	9 219
	Arktisches Eismeer (Arkt. Mittelmeer)	M	14 090 000	18 000 000	1 205	5 449
	Hudson Bay	M	1 233 000	160 000	128	218
E	Amerikanisches Mittelmeer (Karibisches Meer und Golf von Mexiko)	M	4 320 000	9 570 000	2 216	7 448
	Europäisches Mittelmeer	M	2 505 000	3 700 000	1 429	5 102
E	Schwarzes Meer	R/N	461 000	540 000	1 300	2 245
	Nordsee	R/N	600 000	54 000	94	665
	Ostsee (Baltische See)	M	420 000	20 000	55	459
M	übrige Bereiche		391 000	100 000		
	Indischer Raum		**74 120 000**	**291 940 000**	**3 897**	**7 724**
	Indischer Ozean	O	73 440 000	291 720 000	3 963	7 724
T	Persischer Golf	M	240 000	10 000	25	84
	Rotes Meer	M	440 000	210 000	491	2 359
	Pazifischer Raum		**174 864 000**	**727 700 000**	**4 028**	**11 033**
L	Pazifischer (Stiller) Ozean, Pazifik	O	165 250 000	707 560 000	4 282	11 033
	Beringmeer	R/N	2 269 000	3 259 000	1 437	5 091
	Ochotskisches Meer	R/N	1 528 000	1 279 000	838	3 379
E	Japanisches Meer	R/N	1 008 000	1 361 000	1 350	4 225
	Gelbes Meer	R/N	1 243 000	k. A.	k. A.	91
	Ostchinesisches Meer	R/N	1 248 000	235 000	188	2 719
W	Südchinesisches Meer	M	2 318 000	k. A.	k. A.	5 559
	übrige Bereiche	M	6 917 000	11 477 000		7 440
	Kaspisches Meer	B	**386 400**	**78 700**	**170**	**1 030**

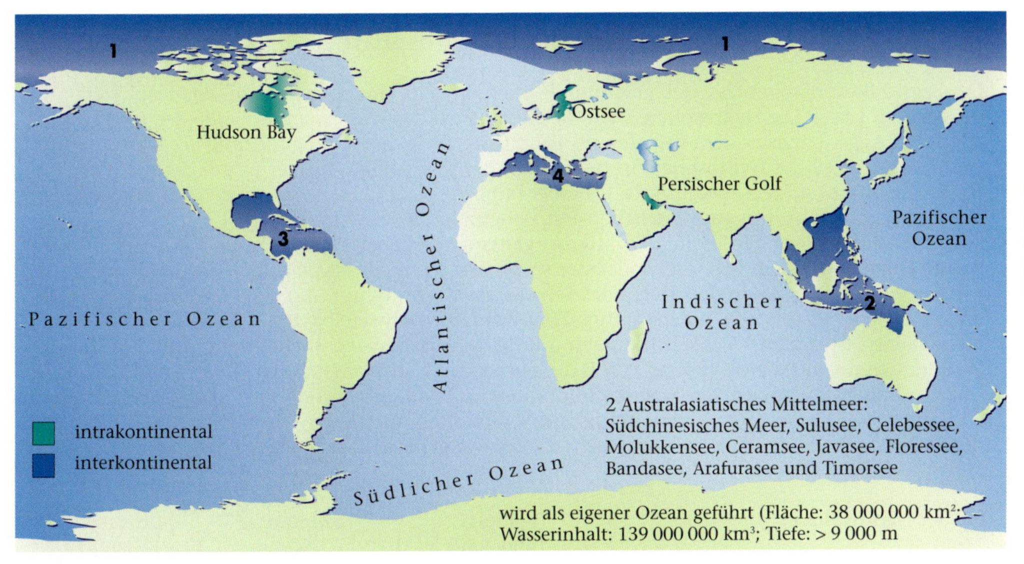

Mittelmeer	Fläche (Mio. km²)	Wasserinhalt (Mio. km³)	maximale Tiefe (m)	mittlere Tiefe (m)
1 Arktisches	14,09	18,00	5 449	1 205
2 Australasiatisches	8,14	9,89	7 440 (Webertiefe in der östl. Bandasee)	1 100
3 Amerikanisches	4,32	9,57	7 448 (Caymangraben)	2 216
4 Europäisches	2,51	3,70	5 102 (Matapangraben)	1 429

1.3 und Tabelle 1.2 *Übersicht der interkontinentalen (dunkelblau) und interkontinentalen (grün) Mittelmeere der Erde mit Flächenangabe, Wasserinhalt, maximaler Tiefe und mittlerer Tiefe. Wie aus der Tabelle ersichtlich, ist das Europäische Mittelmeer unter den interkontinentalen Mittelmeeren das kleinste.*

durch die Südspitzen der Kontinente verlaufenden Meridiane gelten nach einer Konvention als Grenzen.

Durch Kontinente, Halbinseln, Landmassen, Inseln oder Inselketten vom Ozean topographisch getrennte Bereiche des Weltmeeres bezeichnet man als Randmeere oder auch als Nebenmeere; die Verwendung dieser Termini ist nicht immer einheitlich. Randmeere können weitgehend ohne natürliche Barrieren mit dem Ozean oder dessen Ausbuchtungen in die Kontinente verbunden sein; sie können durch Inseln oder Inselketten etwas abgegrenzt – so genannte Nebenmeere – oder aber weitgehend von Landmassen eingeschlossen, von untermeerischen Schwellen abgeschnürt und durch schmale Meerengen mit dem Ozean verbunden sein – dann spricht man von Mittelmeeren. Das Europäische Mittelmeer war für sie namensgebend (zur historischen Entwicklung der Bezeichnung „Mittelmeer", „Mittelländisches Meer", *Mare mediterraneum,* vgl. S. 29 ff.). Im allgemeinen Sprachgebrauch und auch in diesem Werk – soweit nicht genauer bezeichnet – wird unter dem „Mittelmeer" das Europäische verstanden. Im klimatischen Sinn bezeichnet man mit dem Adjektiv „mediterran" vier weitere Regionen in anderen Teilen der Erde (Abb. 3.74).

Die Mittelmeere können – wie beim Europäischen – von mehreren Kontinenten eingeschlossen sein, man spricht dann von interkontinentalen Mittelmeeren: Arktisches Mittelmeer oder Nordpolarmeer, Amerikanisches Mittelmeer (Golf von Mexiko, Yucatánmeer und Karibisches Meer), Europäisches Mittelmeer (diese ersten drei Mittelmeere gehören als Nebenmeere zum Atlantik) und Australasiatisches Mittelmeer (es gehört als Nebenmeer zum Indopazifik). Die vier interkontinentalen Mittelmeere wurden früher wegen ihrer Größe und ihrer geographischen Bedeutung neben den drei Ozeanen als selbstständige Meeresgebiete angesehen, man hat daher (nicht zuletzt in kolonialistischem Sinn) von den „sieben Weltmeeren" gesprochen.

Wenn ein Mittelmeer von einem einzigen Kontinent umschlossen ist, spricht man von einem intrakontinentalen Mittelmeer, z. B. die Ostsee, der Persische Golf oder die Hudson Bay in Nordamerika (Abb. 1.3). Durch die schmale Verbindung zum Weltmeer unterscheidet sich ihre Salinität oft von jener des angrenzenden Ozeans.

Biosphäre und Hydrosphäre

Der Begriff Biosphäre umfasst den gesamten Bereich, in dem Mikroorganismen, Pflanzen, Tiere und der Mensch leben. Die Hydrosphäre stellt die Gesamtheit des Wassers auf der Erde dar, und zwar in allen drei Aggregatzuständen: gefroren als Eis, flüssig als Wasser und gasförmig als Wasserdampf. Der marine Anteil der Hydrosphäre ist bei weitem der größte (Tab. 1.3); er ist mit der marinen Biosphäre identisch. Anders ausgedrückt: Leben kommt im Meer überall vor. Bis in die größten Tiefen der Tiefseegräben und in den unwirtlichsten, scheinbar „lebensfeindlichen" Umgebungen findet man – zumindest auf der Ebene von Mikroorganismen – Lebewesen, so in und um die *hot vents* (heiße Quellen auf dem Meeresgrund) oder so genannten *mud volcanoes* (Schlammvulkanismus). Die besondere Situation in den Tiefen des Schwarzen Meeres ist auf Abb. 3.65 und 3.66 dargestellt; die für andere Organismen äußerst giftige Zone wird von Schwefelbakterien besiedelt. Die marine Biosphäre ist trotz aller Wechselwirkungen mit der limnischen – z. B. anadrome* und katadrome* Wanderungen von Fischen, Eintrag von Sedimenten und Nährstoffen durch Flüsse – und der terrestrischen Sphäre – Eiablage von Meeresschildkröten an Land, „Kollisionszone" des Meeres mit dem Festland in der Litoralzone, Verfrachtung von Sedimenten durch den Wind, Export von Biomasse durch Seevögel, die im Meer Nahrung suchen – ein weitgehend in sich abgeschlossenes Ökosystem.

Teil der Hydrosphäre	Volumen (Mio. km³)	Prozentanteil %	Umsatzzeit (Jahre)
Ozeane und Meere	1 350	96,80	3 850
Grundwasser	8	0,58	5 000
Inlandeis (inkl. Antarktis), Gletscher	36,5	2,60	10 000–15 000
Oberflächengewässer	0,23	0,016	4,6
Bodenfeuchtigkeit	0,082	0,006	1
Atmosphäre	0,014	0,001	0,027
Hydrosphäre gesamt	1 394,826	100	2 800

Tabelle 1.3 *Schätzung des Wasserbestands der Erde und Verteilung des Wassers in der Hydrosphäre (in Mio. km³). Der weitaus größte Teil des Wassers befindet sich in den Ozeanen und seinen Randmeeren (nahezu 97 Prozent), Oberflächensüßgewässer machen weniger als zwei Hundertstelprozent der Gesamtwassermenge der Biosphäre aus. Der größte Teil des Süßwassers ist im Grundwasser sowie in den Polkappen und Gletschern gespeichert. Über den Ozeanen verdunsten 351 000 km³ im Jahr, 27 000 km³ davon werden durch die Atmosphäre zu den Kontinenten transportiert, wo sie als Niederschlag und Festlandabfluss den globalen Kreislauf des Wassers in Gang halten. Die Umsatz- oder Residenzzeit drückt aus, wie lange ein Wasserteilchen im jeweiligen Bereich der Hydrosphäre verweilt. Im Falle der Ozeane bedeutet es, dass in 3 850 Jahren die gesamte Wassermenge einmal verdampft bzw. am Wasserkreislauf beteiligt ist. Verändert nach Ott, 1993.*

Sie werden auch Binnenmeere genannt, womit sich jedoch etwa dem Kaspischen Meer als dem einzigen größeren vom Weltmeer völlig getrennten See oder Meer keine eindeutige Bezeichnung zuordnen lässt.

Wie sollte das Kaspische Meer mit seiner Salinität von 12–13 ‰ und einer Ionenzusammensetzung, die sich vom Meer unterscheidet, bezeichnet werden? Die Frage nach seiner Klassifizierung ist heute durchaus nicht nur von akademischer, sondern auch von handfester wirtschaftlicher Relevanz. Die fünf Anrainerstaaten, davon vier Nachfolgerstaaten der ehemaligen UdSSR (Aserbaidschan, Russland, Kasachstan, Turkmenistan) und der Iran, definieren das größte Binnengewässer der Erde aus verständlichen Gründen unterschiedlich: Wenn es sich um ein Meer handelt, haben alle Anrainerstaaten gleiche Rechte an den Bodenschätzen; ist es hingegen ein See (eine Auffassung, die von Aserbaidschan und Kasachstan favorisiert wird, liegen hier doch die größten Erdölvorkommen), wird das Gebiet in Sektoren eingeteilt, deren Größe der eingenommenen Küstenlänge entspricht.

Was seine Entstehungsgeschichte betrifft, war das Kaspische Meer einst als Teil der Tethys bzw. später Paratethys eindeutig ein Meer und Teil des Weltmeeres. Seine Sedimente aus dem Mittleren Miozän (14,5–13,5 Mio. Jahre) sind noch ausschließlich marin, in den vor 12 oder 11 Mio. Jahren abgelagerten Sedimenten macht sich bereits eine Separation der Paratethys vom „Urmittelmeer" bemerkbar, und während des Messinians (6,5–6 Mio. Jahre; siehe S. 86 ff.) war die Paratethys ein vom mediterranen Becken völlig isoliertes und teilweise ausgesüßtes (Binnen-)Meer (vgl.

Das Weltmeer und das Mittelmeer

Die 510 Millionen Quadratkilometer der Erdoberfläche sind zu 70,8 Prozent – das sind 360,8 Millionen Quadratkilometer – vom Meer bedeckt. Der Planet Erde ist durch diese enorme Wassermasse relativ hoher Salinität entscheidend geprägt und in unserem Sonnensystem einmalig. Obwohl man geomorphologisch mit Ozeanen, Randmeeren und Mittelmeeren verschiedene Meeresbecken unterscheidet, sind sie alle in einem Kontinuum, dem Weltmeer, verbunden. Die einzige Ausnahme ist das Kaspische Meer. Das Europäische Mittelmeer ist dank der Straße von Gibraltar auch ein Teil dieses Gesamtsystems, ebenso das Schwarze Meer (mit dem Asowschen Meer) durch die Meerengen von Bosporus und Dardanellen und das Marmarameer. Durch den Suezkanal steht das Mittelmeer seit 1869 nun auch in südöstlicher Richtung mit dem Indopazifik und damit einer unterschiedlichen biogeographischen Region in Verbindung. Das Meer bzw. Weltmeer ist sowohl in seiner horizontalen als auch seiner vertikalen Ausdehnung mit einer maximalen Tiefe von 11 033 Meter, einer mittleren Tiefe von 3 800 Meter und einem Volumen von 1 375 Millionen Kubikkilometer der weitaus größte zusammenhängende Lebensraum der Erde. Das Mittelmeer ist nur ein kleiner Teil davon: es hat eine Fläche von etwa 2 505 000 Quadratkilometer, eine mittlere Tiefe von 1 400 Meter und ein geschätztes Volumen von 3,7 Millionen Kubikkilometer.

Abb. 3.61). Das heutige Schwarze Meer, das Kaspische Meer und der Aralsee sind Reste dieser Paratethys. Über die biogeographischen Aspekte bzw. Folgen dieser Entwicklung informiert das Kapitel „Biogeographie und Biodiversität".

Die in Tabelle 1.1 präsentierte „systematische" Einteilung der Ozeane und Meere ist nicht frei von Widersprüchen, handelt es sich doch um eine Klassifizierung, die sich größtenteils auf geographische und weniger auf maßgebliche geologische Grundlagen stützt. Die Bezeichnung „Mittelmeer" verrät nichts über die Natur des Meeresbeckens – ob der Meeresgrund etwa aus ozeanischer Kruste besteht und damit gleichartig beschaffen ist wie jener der großen Ozeane, oder ob er vom Meer bedeckte Ränder kontinentaler Kruste darstellt. Das Europäische Mittelmeer umfasst beides: seichte, nur um die 40–70 m tiefe Schelfmeere wie die Nordadria oder den Golf von Gabès und über 3 000 – 4 000 m tiefe ozeanische Becken *(abyssal plains)* mit gegenwärtig stattfindendem *seafloor-spreading* (vgl. S. 59 ff.) wie das Tyrrhenische Meer sowie Tiefseegräben bis 5 120 m Tiefe.

Die Dimension eines Meeres allein und seine geographisch-topographische Abgrenzung müssen infolgedessen nichts über seine geologische Natur verraten. Das Rote Meer wird manchmal als Rand- bzw. Nebenmeer des Indischen Ozeans bezeichnet (es steht nur über eine 27 Kilometer breite und 200 Meter tiefe Meerenge mit ihm in Verbindung), in anderen Werken meist als Mittelmeer, manchmal sogar als „intrakontinental", obwohl es von zwei Kontinenten bzw. tektonischen Platten eingeschlossen ist. Korrekter ist die Bezeichnung „Ozean im frühesten Stadium der Entstehung", wie in einigen meeresbiologischen Lehrbüchern betont wird (Ott, 1993). Das Kapitel "Geologie und Entstehungsgeschichte" (S. 56 ff.) informiert ausführlich über Fragen bezüglich der Plattentektonik und der Entstehung des Meeresbodens.

Historische Entwicklung des Begriffs „Mediterran" (Mittelländisches Meer)

Der erstmals in der spätrömischen Zeit im 3. Jahrhundert verwendete Name Mittelländisches Meer (*Mare mediterraneum* bei C. Julius Solinus, Isidorus Origines und Guido von Pisa) spiegelt die besondere eingeschlossene Lage dieses (fast) Binnenmeeres zwischen Europa, Asien und Afrika wider. Den Hochkulturen der Antike war diese Bezeichnung aber noch nicht geläufig. Sie sahen im Mittelmeer vielfach „Das Meer", denn es war oft das einzige, das sie – von Volk zu Volk unterschiedlich gut – kannten.

Der geographische Horizont der Küstenvölker wurde über Jahrtausende von diesem Meer geprägt und stand im Mittelpunkt ihres Weltbildes, was auf zahlreichen Darstellungen von der Antike bis ins Mittelalter deutlich zu erkennen ist (Abb. 1.4 und 1.5). Rund um „Das Meer" befand sich ein mehr oder weniger schmaler Streifen Land und dahinter der weite, kaum bekannte Okeanos. Ein gemeinsamer Name im Sinne des heutigen fehlte jedoch genauso wie die Betrachtungsweise, die Vorstellung, das Konzept des „Mediterrans" als einer vielschichtigen Einheit.

Erst in den letzten Jahrhunderten, vor allem seit dem 19. Jahrhundert, hat man angefangen, die mediterrane Region verstärkt als einheitlichen Raum aufzufassen. In einem namhaften Reisehandbuch aus dem Jahr 1909 liest man: „Es ist eine erfreuliche Erscheinung, daß das Mittelmeergebiet, statt wie früher nur in einzelnen Teilen, jetzt immer häufiger auch in seiner Gesamtheit besucht wird." Der damalige Reisetrend spiegelte die Entwicklung des Konzepts wider, das Mittelmeergebiet als mehr oder weniger homogene Region zu sehen, eine Ansicht, die allerdings einer kritischen Analyse unterzogen werden muss (siehe folgende Seite).

Die Ursprünge dieser Auffassung gehen auf das Römische Reich zurück. Zum ersten und letzten Mal in der Geschichte wurde der gesamte Mittelmeerraum und das Mittelmeer selbst unter eine Herrschaft gebracht (Abb. 1.6) und damit eine kulturgeographische und geoökologische Vereinheitlichung bewirkt. Das Imperium Romanum brachte nicht nur politische und militärische Stabilität und Sicherheit, sondern auch eine einheitliche Wirtschaftsstruktur des gesamten Raumes, wie etwa im Agrarbereich, und eine Vereinheitlichung der Kulturwelt, des Lebensstils und des Denkens. Der mediterrane Naturraum ist zum Teil bis heute durch gemeinsame, aus der römischen Zeit stammende Elemente geprägt: bestimmte Kulturpflanzen wie Oliven, Getreide, Wein, Obstbäume, ähnliche landwirtschaftliche Anbaumethoden bzw. dadurch entstandene Landschaftsformen.

Nach dem Vordringen festländischer, nicht mediterraner Stämme in das Becken (Germanen, Araber und anderer) und dem Zerfall des Römischen Reichs wurde diese Einheitlichkeit für Jahrhunderte gestört. Einzelne mächtige Stadtstaaten wie Venedig und Genua erlangten später die Oberhand über große Teile des Mittelmeeres, nach dem Aufschwung der Seefahrt und der Entdeckung der transozeanischen Seewege verlor jedoch das Mittelmeer an Bedeutung. Erst die Eröffnung des Suezkanals 1869 erneuerte seine einstige Stellung für den Welthandel, der hier eine seiner wichtigsten Durchgangsstraßen hat. Durch den Kolonialismus europäischer Großmächte trat wiederum eine geopolitische, strategische, wirtschaftliche und kulturelle Vereinheitlichung des Gesamtraumes ein: Franzosen (und Spanier) in Marokko, Tunesien und Algerien, Italiener (und Osmanen) in Libyen, Briten in Ägypten und auf Malta. Die südlichen Anrainer des Mittelmeeres wurden zum Spielball europäischer Mächte.

Die Naturwissenschaft bestätigte im 20. Jahrhundert aufgrund von geologisch-plattentektonischen, geographischen, klimatischen, biogeographischen und weiteren Analysen, was sich bereits lange Zeit abgezeichnet hatte: Die mediterrane Region kann tatsächlich als eine Einheit aufgefasst werden. Ähnlichkeiten bestehen in physisch-geographischen Strukturen, im Landschaftshaushalt, in der historischen Kulturlandschaftsgenese, in den wirtschaftsräumlichen Grundstrukturen und in vielen anderen Aspekten. Das Aufkommen des (Massen-)Tourismus besiegelte diese Entwicklung, indem es den Mittelmeerraum zur bedeutendsten Fremdenverkehrsregion der Welt machte (zu den Auswirkungen vgl. Kapitel 9). Eine bemerkenswerte „Nebenwirkung“ dieser Entwicklung: Viele wegen der langen sommerlichen Trockenheit und Hitze einst als „unnütz“ geltende, siedlungsfeindliche Küstenlandstriche sind heute attraktive Standorte mit massiver Urbanisierung.

Allerdings zeigt eine differenzierte Betrachtung, dass die Einheitlichkeit der mediterranen Region kritisch hinterfragt werden muss. Räumliche Kontraste wiegen vielfach die vereinheitlichenden Aspekte auf oder dominieren sogar. Diese Problematik wurde aktuell durch Wagner (2001) ausführlich und treffend analysiert.

Einzelne Teile und Regionen des Mittelmeeres und des Mittelmeerraumes trugen in den verschiedenen Sprachen Namen, von denen manche bis heute zumindest in Teilen oder in veränderter Form erhalten geblieben sind. Sie sind für Meeresbiologen und Naturwissenschaftler insofern von Interesse, als viele Fachbegriffe der Ozeanographie, Biogeographie und weiterer Wissenschaften von ihnen abgeleitet sind. Die Griechen nannten das ihnen bekannte Meer *é thálassa;* daraus leiten sich etwa die Bezeichnungen des Urozeans, Panthalassa, oder der geowissenschaftliche Ausdruck thalassogen (im oder aus dem Meer entstanden) ab. Das Ägäische Meer nannte man *Aigaion pélagos,* woraus die Venezianer später den Ausdruck Archipelago (Inselgruppe) abgeleitet haben. Pelagial, Pelagos oder pelagisch gehören zu den elementarsten Fachbegriffen der Ozeanologie. Das

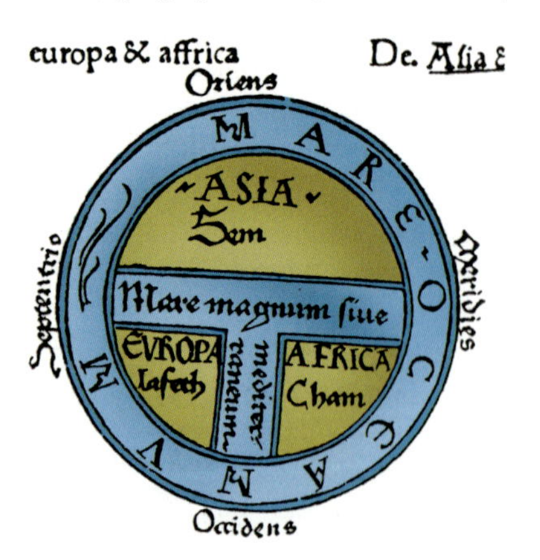

1.4 „T im O-Karte“, deren Ursprung in das 9. Jahrhundert zurückgeht. Bis in das spätere Mittelalter hielt sich die auf dieser Abbildung dargestellte Sicht der Welt: Das Mare magnum (das große Meer) bzw. das Mare mediterraneum (das Mittelmeer) liegt zwischen Orient und Okzident, zwischen den drei Kontinenten, die Sem, Ham und Jafeth zugeordnet werden, den drei Söhnen des biblischen Noah. Die Araber sprengten das alte Weltbild, indem sie ihre Handels- und Kulturbeziehungen weit nach Osten ausdehnten, wodurch der Indische Ozean (das „Ostmeer“) für sie an Bedeutung gewann. Ab dem Ende des 15. Jahrhunderts sollte die Verbindung des „Westmeeres“ mit dem Atlantik nicht nur über die Geschichte des Mittelmeeres, sondern die Eroberung ferner Küsten und ganzer Kontinente entscheiden.

Schwarze Meer, an dessen Küsten viele griechische Kolonien lagen, trug den Namen *Ageinos póntos,* in der latinisierten Form *Pontus Euxinus.* „Pontisch“ bedeutet, daraus abgeleitet, die entsprechende Region betreffend (biogeographisch: pontische Region, pontische Floren- oder Faunenelemente; geologisch: Pont, älteste Stufe des Pliozäns). Auch den antiken Namen des Marmarameeres leitete man davon ab: Propontis = vor dem Pontos liegend.

Unter Syrte verstand man zeitweilig entweder die ganze große Einbuchtung an der afrikanischen Mittelmeerküste zwischen dem heutigen Tunesien und Algerien (*Mare Syrticum*) oder zwei unterschiedliche Teilbereiche davon (Kleine und Große Syrte, vgl. S. 157 ff.). Die Vorstellung von der Syrte als einheitlicher Einbuchtung entstand in der Zeit Strabos (Strabon, 64 v. Chr. bis um 20 n. Chr.) und schon vor ihm, als man sich die gesamte afrikanische Mittelmeerküste von Alexandrien bis zu den Säulen des Herakles (lat. Herkules; Gibraltar) als mehr oder weniger gerade Linie gedacht hat. Die einzige Ausnahme bildete nach dieser Vorstellung die Syrte.

Andere Mittelmeervölker nannten das Mittelmeer einfach „Großes Meer“ (ägypt. *wat-ur;* assyr. *tihamti-rabiti;* hebr. *jam-hag-gadol*). Für Assyrer und Hebräer war es auch das hintere, das westliche Meer, im Gegensatz zum vorderen, dem östlichen Meer.

Die verschiedenen Namen und Bezeichnungen für das Mittelmeer und seine Teilbereiche änderten sich in Raum und Zeit ständig. Mit dem wachsenden Wissen über die Gestalt und Dimensionen des Mittelmeeres, vor allem aber mit der Erkenntnis, dass hinter den Säulen des Herakles ein großes Weltmeer beginnt, erhielt das Mittelmeer als Ganzes die Bezeichnung „inneres Meer“, *Mare internum* bei Plinius. Bei den Römern etablierte sich der aus der Sicht des Imperium Romanum (Abb. 1.6) einleuchtende Name *Mare nostrum* oder *nostrum mare*, unser Meer. Das Mittelmeer spielte eine zentrale Rolle; ohne seine Leistung – militärische Macht wurde auf ihm genauso transportiert wie Getreide aus der Kornkammer Ägypten – wäre diese Expansion und das Aufrechterhalten des riesigen Gefüges nicht möglich gewesen.

Das bereits erwähnte *Mare mediterraneum* prägte die Namen in anderen Sprachen, auch das deutsche Mittelländische Meer, „ein Wort, welches fast nur noch allein von demjenigen Theile des atlantischen Weltmeeres gebraucht wird, welcher als ein großer Meerbusen zwischen Europa, Asien und Afrika lieget ... ehedem auch das Wendelmeer, oder Endelmeer, weil es gegen Morgen keinen Ausgang hat“ (Adelung, *Grammatisch-kritisches Wörterbuch,* Leipzig 1798). Erst in jüngerer Zeit, Ende des 19. Jahrhunderts, hat sich aus dem „mittellandig Mere“, dem Mittelländischen Meer, das vereinfachte Mittelmeer ergeben.

Nicht nur die römischen Bezeichnungen waren eurozentrisch. Das Mittelmeer wird in der Ozeanographie oder Geographie allgemein kaum exakt – da zu umständlich – als europäisch-asiatisch-afrikanisches Mittelmeer bezeichnet, sondern kurz als Europäisches Mittelmeer.

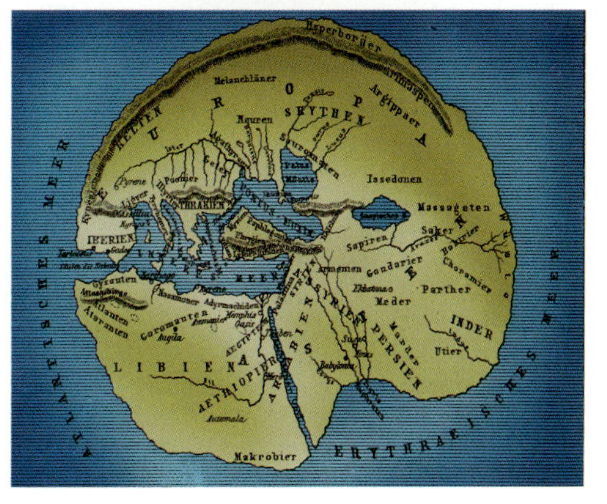

1.5 Weltsicht der Antike auf der „Erdkarte des Herodot“ (rechts unten) und der „Erdscheibe des Homer“ (oben): das Mittelmeer in der „Mitte der Welt“, umgeben vom Okeanos, dem Weltmeer. Ähnlich waren die Vorstellungen des Hekataios von Milet um 500 v. Chr.: Atlantik, Mittelmeer und Schwarzes Meer umspülen Europa, den Osten ausgenommen, von allen Seiten, so dass es wie eine große Halbinsel wirkt. Die Dominanz des Meeres ist offensichtlich. Der Okeanos jenseits der Kontinente ist das Mare externum, das Äußere Meer, im Gegensatz zum Mare internum oder Mare mediterraneum, dem Inneren Meer. In diesem Licht war die Vorstellung verständlich, wonach „die Erde“ (= Europa) einer vom Ozean umspülten Scheibe glich – eine Vorstellung, die sich von der Antike bis ins Mittelalter gehalten hat.

__1.6__ Das Römische Reich und seine Ausdehnung gegen Ende des 1. Jahrhunderts n. Chr. Ausgehend von der strategisch günstigen zentralen Position des italienischen „Stiefels" in der Mitte des Mittelmeeres, bauten die Römer ihre Herrschaft in alle Richtungen aus (Friedensordnung der Pax Romana über drei Jahrhunderte). Das Römische Reich – mit seinem Straßennetz von 85 000 Kilometern – war für die Entwicklung des Konzepts einer geographischen „Lebensgemeinschaft", eines kulturell einheitlichen Raumes, sicher von entscheidender Bedeutung; es war ein „kulturell-wirtschaftlicher Aktionsraum, ein erstes globales Weltsystem" (Wagner, 2001). Aus dem Lateinischen stammt auch der Name Mare mediterraneum, das Mittelländische Meer, ebenso wie die Bezeichnung Mare nostrum, unser Meer.

Vom Mittelmeerraum abgeleitet, versteht man unter einem „mediterranen Klima" in Küstengebieten Nord- und Südamerikas, Südafrikas und Südaustraliens einen bestimmten Klimatyp mit warmen, trockenen Sommern und milden, regenreichen Wintern (mediterrane Subtropen; vgl. S. 172 ff.). Das letztere Merkmal – die milden Winter – spielt für die Biogeographie und die Verbreitungsareale vieler Arten eine entscheidende Rolle.

In der Zeit, in der Venedig eine mediterrane Großmacht war, degradierte man die gesamte Adria schlicht zur „Bucht von Venedig" (Golfo di Venezia, Abb. 1.7). Lange vorher war die Adria unter dem Namen Ionisches Meer bekannt – das war ihr erster, ursprünglicher Name, und es ist bemerkenswert, dass sich im Volksmund der Name *Mare Ionio* für das gesamte Meer östlich der Apenninenhalbinsel fallweise bis heute erhalten hat.

Die Bezeichnungen der Teilbecken (Abb. 3.49 bis 3.62) sind zum Teil sehr alt, wurden in bestimmten Zeiträumen verwendet, um später in Vergessenheit zu geraten und aufs Neue entdeckt und eingeführt zu werden. Seit dem 5. Jahrhundert überliefert ist *ó Iónos* für das Becken westlich von Griechenland: Ionisches Meer. Bei Lysias erscheint *ó Adrias*, das sich von Atria, dem Land der

__1.7__ Darstellungen des Mittelmeeres bzw. seiner Teilbereiche im Mercator-Atlas aus dem Jahr 1623. Oben: das Heilige Land, das Mare Syriacum und der fliehende Prophet Jona mit dem großen Fisch. Rechts oben: der östliche Teil der Adria mit Dalmatien aus der Sicht einer der bedeutendsten mediterranen Großmächte als „Bucht von Venedig" (Golfo di Venezia). Rechts: das nördliche Ägypten mit dem Nildelta und Teilen des Levantinischen Beckens. Bis zur Fertigstellung des Assuan-Hochdammes im Jahr 1970 war der Nil der bei weitem bedeutendste Zufluss des Mittelmeeres mit über 90 km³ Wasserspende jährlich; heute sind es nur noch 3–6 km³.

Veneter, ableitet. Beide Namen gebrauchte man über längere Zeit gleichbedeutend; sie umfassten fallweise sowohl das heutige Adriatische als auch das Ionische Meer als Gesamtraum.

Das Tyrrhenische Meer wurde von den Römern *Mare inferum* genannt, später *Mare Tyrrenum*, die lateinische Form des griechischen *Tyrréniké thalassa* oder *Tyrrénikon pélagos*, benannt nach dem lydischen Seeräubervolk der Tyrrhener. Das gesamte Westbecken nannten die Griechen ursprünglich nach der Insel Sardinien *Sardonion pélagos*. Später, mit dem Anwachsen der Kenntnisse über die Geographie des Westbeckens, tauchten neue Namen auf: *Mare Gallicum, Mare Ibericum, Mare Libycum, Mare Africum* und *Mare Balearicum* – auch heute noch der Name für das Balearenbecken.

Die hier dargestellte kleine Auswahl an historischen Aspekten soll nur die Richtung für eigene Nachforschungen des Lesers weisen; die im Literaturverzeichnis vor allem unter „Allgemeines" angeführten Werke ermöglichen einen vertiefenden Einblick. Die „reizvollste Region der Welt", das wichtigste Urlaubsziel Europas – und der Welt – und zusätzlich eine der wichtigsten Wiegen der Zivilisation hat eine entsprechende und kaum vergleichbare Bibliographie aufzuweisen, deren Auflistung Bände füllen würde.

Aus der Geschichte der Ozeanographie und Meeresforschung im Mittelmeer

Eine erschöpfende Darstellung des Themas war aus Platzgründen unmöglich – nur kleine Ausschnitte der Wissenschaftsgeschichte über das Meer können hier exemplarisch präsentiert werden (einen guten Überblick bietet Schefbeck, 1991). Der Mittelmeerraum ist nicht nur die Wiege der europäischen Zivilisation; mit Aristoteles kann er sich auch des ersten Meeresbiologen rühmen, der von vielen mediterranen Organismen, ihrer Physiologie und auch schon manchen Wechselwirkungen zwischen ihnen sehr konkrete Vorstellungen hatte (Exkurs S. 38 ff.). Obwohl die Fläche des Mittelmeeres weniger als ein Prozent des Weltmeeres einnimmt, wurden hier viele wichtige Entdeckungen der Ozeanographie und Meereskunde gemacht. Deutsche und österreichische Wissenschaftler – in der Zeit der Doppelmonarchie war Österreich auch ein „Mittelmeerland" – haben am Aufschwung der Meereskunde maßgeblichen Anteil.

Die nachfolgende Übersicht bietet eine kleine, unvollständige Auswahl von Namen, Jahreszahlen und Ereignissen, die entweder einen direkten mediterranen Bezug haben oder aber wichtige Meilensteine in der Entwicklung der Ozeanographie bzw. Meereskunde im globalen Maßstab darstellen.

Bereits die griechische Mythologie zeigt, wie intensiv sich die frühen Bewohner der Mittelmeerküsten mit dem Meer beschäftigt haben. Das Mittelalter – man hat als Ursache der Gezeiten riesige Seeungeheuer angenommen und die Ozeane für bodenlos gehalten – brachte kaum neues Wissen zur Erkenntnis des Meeres; es ist daher hier weitgehend ausgeklammert. Die Naturwissenschaften, speziell die Biologie war durch das Festhalten an den Lehren des Aristoteles geprägt. Das bedeutet nicht, dass kein Wissen gesammelt wurde; das Mittelalter war nicht in jeder Hinsicht so „finster", wie man immer meint. So berichtete 703 der britische Mönch Beda Venerabilis, dass der Unterschied zwischen Ebbe und Flut im Winter größer ist als im Sommer. Gegen Ende des Mittelalters und mit Beginn der Neuzeit war das Interesse am Meer hauptsächlich pragmatischer und weniger akademischer Natur – motiviert durch die Reichtümer an anderen Meeresufern, die nur über das Meer erreicht werden konnten. Erst mit dem Beginn der Renaissance und ihrem neuen Gedankengut erwachte auch das (vor-)wissenschaftliche Interesse am Meer.

Die Seefahrt war auf hydrographische Informationen über Gezeiten, Winde, Strömungen und Ähnliches angewiesen; solches Wissen wurde lange Zeit nur mündlich überliefert. Spätestens ab dem Jahr 1290 hat es Vorgänger der Nautischen Handbücher gegeben, die Portolane oder Portolankarten. Diese Hafenbücher enthielten Informationen über Küstenverläufe und Riffe, Wassertiefen, Häfen und Ankerplätze, Winde und Strömungen. Ihre Angaben dienten aber wie bereits betont keinem wissenschaftlichen Zweck, sondern allein dazu, die Kapitäne vor Untiefen zu warnen und sicher in die Häfen zu führen. Später war das *Liber Insularum Archipelagi* im Gebrauch. Um 1700 sind durch die Seefahrernationen erstmals hydrographische Dienste und Ämter eingerichtet worden. Das Denken der Seefahrer war aber aus verständlichen Gründen – das Meer mit seinen Bewohnern war eine völlig unbekannte, fremde und gefährliche Welt – lange Zeit durch eine abergläubische Scheu vor dem Meer und der Welt unter Wasser geprägt.

Eine systematische, nach wissenschaftlichen Kriterien vorgehende Ozeanographie hat es erst mit dem Beginn der Neuzeit gegeben. Seit dem 19. Jahrhundert haben drei entscheidende Faktoren zu einem rasanten Fortschritt, einem markanten Schub in der Entwicklung der Ozeanographie und Meereskunde beigetragen: die ozeanographischen Expeditionen bzw. Forschungsfahrten mit speziell dafür ausgerüsteten Schiffen („Probably the most important oceanographic instrument is the research ship"; David A. Ross), die Gründung meeresbiologischer Stationen, wobei der zweite Faktor zeitlich eng dem ersten folgte, und letztlich die Entwicklung des SCUBA-Tauchens gegen

Mittelländische Meer, Mittelländ. See, Mare Nostrum, Mare mediterraneum, wird dasjenige Meer genennet, welches Europa, Asia und Africa von einander theilet. Seinen Namen hat es daher, weil es mitten in dem Lande der alten Welt lieget. Dieses Meer fänget sich an bey Spanien, oder der Enge von Gibraltar, bey den Seulen Hercules, und erstrecket sich von Abend gegen Morgen, bis an das Königreich Syrien, über tausend und mehr Meilen. An demselben liegen folgende Königreiche. Gegen der rechten Hand in Africa, gantz Mauritanien, oder die Barbarey, gegen Spanien und Franckreich über; das Königreich Carthago, jetzo Tunis, gegen Italien über; und Egypten gegen Klein-Asia über. Auf der lincken Hand in Europa, Spanien, Franckreich, Italien, Dalmatien und Griechenland; in Asien aber, Klein-Asien, Syrien, Phönicien und das gelobte Land. Desgleichen sind in selbigem viel schöne Inseln. Bey Spanien sind die Balearischen, und andere. Zu Franckreich gehören die Stecades, gemeiniglich die Inseln d' Itieres genannt, von einer Stadt dieses Nahmens so dabey lieget, und sich von Abend gegen Morgen an derselben Seite erstrecket. Eine jede dieser Inseln hat ihren besondern Nahmen, welche hier anzuführen zu weitläufftig fallen würde, und daher unter ihren besondern Titeln nachzusuchen sind. Unter den an Italien liegenden sind die vornehmsten Sicilien, Sardinien, Corsica und Elba, deren die drey ersten besondere Königreiche ausmachen, die vierdte aber gehöret theils den Spaniern, theils dem Groß-Hertzog von Toscana, und Fürsten von Piombino. Ferner sind zu mercken die Insel Malta, welche wegen der darauf wohnenden Johanniter- jetzo Malthesen-Ritter bekannt ist. Desgleichen weiter gegen Morgen, Creta, jetzo Candia, so vormahls den Venetianern gehörete, jetzo aber der Türckischen Bothmäßigkeit unterworffen ist. Gegen Mitternacht ist der Archipelagus, in welchem die Cycladischen Inseln, Negroponte, Chio und Pathmus für die merckwürdigsten zu halten sind. Gegen Klein-Asien

ist die Insel Rhodus, und ferner Cypern, gegen Africa die Insel Trebarque und andere mehr. Endlich ist bey dem Anfange des Adriatischen Meers insonderheit die Insel Corfu zu mercken, von welchen allen an besondern Orten theils schon gehandelt worden, theils künfftig wird gesaget werden. Dieses Mittelländische Meer begreifft zwey andere grosse Seen in sich, nehmlich die Adriatische, welche von der Insel Corsica, und dem Capo d' Otrento zwischen Dalmatien und Italien bis nach Venedig gehet, und das Egeische Meer, welches von der Insel Creta gegen Mitternacht gehet bis an die Dardanellen, allwo es das grosse oder schwartze Meer, Pontus Euxinus mit seinem Wasser, so durch den Canal bey Constantinopel laufft, auffänget. Desgleichen ergiessen sich in selbiges von allen Seiten sehr viel und grosse Flüsse. In Egypten der berühmte Nil, welcher aus den Monden-Bergen entspringet, und in sieben Ausflüssen in das Mittelländische Meer stürtzet; In Syrien der Orontes, aus Deutschland die Donau, welche sich erstlich in das schwartze Meer, und darnach durch eben dasselbe in den Canal bey Constantinopel ergeust; In Italien der Po, die Tyber; In Franckreich die Rhone; In Spanien der Ebro, und andere Flüsse mehr, welche nicht so berühmt, auch alle, nahmhafftig zu machen, gar zu weitläufftig seyn würde. Dieses Mittelländische Meer bringet auch verschiedene köstliche Dinge herfür, insonderheit an der Africanischen Küste und den Stecadischen Inseln rothe Corallen. Es führet auch viele und schöne Fische mit sich, unter welchen insonderheit zu mercken der Thymnus, der Spata, oder Degen-Fisch, welcher also genennet wird, weil er auf dem Kopfe ein spitziges Bein hat, so einem Degen nicht ungleich, und drey Spannen lang, ingleichen drey Finger breit ist, womit er den Seehund verfolget, und selbigen offtmahls tödtet. Dieser Fisch wird in der Enge zu Meßina gefangen. Desgleichen giebet es in selbigem Wallfische, Delphine, und insonderheit im Monat Mertz in der Revier von Genua, gewisse kleine Fischlein, welche wegen ihrer Weisse Bianchetti genennet werden.

***1.8** Eine der ersten ausführlichen Beschreibungen des Mittelmeeres in einem deutschen Lexikon: Johann Heinrich Zedlers „Großem vollständigen Universallexicon aller Wissenschaften und Künste". Das monumentale Werk mit 64 Bänden ist 1732 in Halle und Leipzig erschienen. Manche Angaben sind nicht exakt („Dieses Meer … erstrecket sich … über tausend und mehr Meilen"), insgesamt war die gebotene Information aber der damaligen Zeit angemessen. Der „Degen-Fisch" oder „Spata" (Schwertfisch, Xiphias gladius) wird immer noch häufig in der Straße von Messina gefangen (Abb. 10.2), die Geschichte gehört aber wohl ins Reich der Phantasie: „ … weil er auf dem Kopfe ein spitziges Bein hat …, womit er den Seehund verfolget, und selbigen offtmahls tödtet." Unter „Seehund" ist die damals im Mittelmeer noch häufige und heute vom Aussterben bedrohte Mönchsrobbe (Monachus monachus) zu verstehen.*

Ende des Zweiten Weltkriegs (→ 1943). Die Errichtung meeresbiologischer Stationen sollte den schnellen und möglichst unkomplizierten Zugang zum biologischen Untersuchungsmaterial aus dem Meer sichern. Adolf Steuer, Zoologe an der Universität Innsbruck, kommentierte diesen verständlichen Wunsch der Biologen allerdings so: „Material verarbeiten ist wichtiger, freilich auch schwieriger, als Material fischen." Er hatte recht: In den Museen und Instituten der Welt lagern viele im 19. Jahrhundert gesammelte und nie untersuchte marine Organismen. Eine neue Ära – etwa seit 1980 – ist durch die Entwicklung der Satellitenfernerkundung eingeleitet worden.

10. – 3. Jahrtausend v. Chr.

Beginn der Seefahrt im Mittelmeerraum und damit erste intensive Kontakte zum Mittelmeer und seinen Bewohnern: Bereits vor mehr als 12 000 Jahren haben Fahrten zu den Inseln der griechischen Inselwelt stattgefunden. Das so gesammelte Wissen wurde vorerst nur mündlich überliefert. Die Überwindung kleinerer Distanzen zwischen dem Festland und den Inseln ist durch vom Festland stammende Mikrolithe auf der ägäischen Insel Skyros und der ionischen Insel Zakynthos belegt. Beim heutigen Atlit-Yam in Palästina liegt etwa 30 m unter dem jetzigen Meeresspiegel eine altsteinzeitliche Küstensiedlung (vgl. Eiszeiten, S. 94 ff.); ihre Bewohner haben bereits Fischfang im Meer betrieben und Muscheln gesammelt. Zwischen Pamphylien in Kleinasien und den Küsten Syriens und Palästinas wurde um 8 300 v. Chr. ein reger Handel mit Obsidian betrieben. Spätestens ab dem 7. Jahrtausend v. Chr. wurden hochseetaugliche Boote – Plankenboote oder große Fellboote – gebaut und Schifffahrt auch außerhalb des Sichtkontakts mit Küsten betrieben; Zypern (Funde von Messern aus Obsidian, den es auf der Insel nicht gibt), Kreta, Sardinien und Malta waren ständig besiedelt. Obsidian wurde regelmäßig von Milos nach Thessalien gehandelt, Schmirgel zur Steinpolitur von der Insel Thera exportiert; eine der ältesten bekannten städtischen Siedlungen: Cayönü, heute bei Diyarbakir, hatte ständigen Kontakt zu den Mittelmeerküsten (Reste von Meeresmuscheln).

In der Adria zeigte sich schon im 7. Jahrtausend v. Chr. eine Verwandtschaft der Keramik zwischen Apulien, Dalmatien und den Tremiti-Inseln. Zur selben Zeit haben die Bewohner des östlichen Peloponnes Hochseefischerei betrieben (Reste von Großfischen in der Franchthi-Höhle nördlich von Porto Cheli), in Catal Hüyük in Kleinasien wurden Kaurischnecken aus dem Roten Meer gefunden. Durch den Schiffsverkehr wurde nicht nur Ware, sondern auch Wissen verbreitet. Unzählige weitere Beispiele könnten angeführt werden (eine gute Übersicht über das Thema bietet Pemsel, 2000).

1000 – 400 v. Chr.

Die ersten ozeanographischen Erkenntnisse sind im Mittelmeerraum sicherlich mit dem Aufkommen der Schiff- bzw. Seefahrt verknüpft. Die Phönizier waren in den letzten beiden vorchristlichen Jahrtausenden die erste mediterrane Seefahrernation – später abgelöst durch die Griechen –, obwohl es schon in der vorphönizischen Zeit brauchbare Wasserfahrzeuge und Erkundungen von fernen Küsten und Inseln gegeben haben muss. Die Phönizier waren sehr wahrscheinlich die ersten, die das Mittelmeer – und damit die Grenzen der damals bekannten Welt (vgl. Abb. 1.4 und 1.5) – über die Straße von Gibraltar („Säulen des Herakles") verlassen haben und entlang

1.9 Oben: Gibraltar, die „Lebensader des Mittelmeeres", auf einer Karte aus dem Jahr 1638. Darunter: schematische Darstellung der vermuteten seefahrerischen Leistung der Phönizier vor mehr als 2 500 Jahren. Ein solches Überwinden der Säulen des Herakles setzte die Kenntnis eines der wichtigsten ozeanographischen Phänomene des Mittelmeeres voraus, das für viele seiner Eigenheiten verantwortlich ist und es am Leben erhält: den Wasseraustausch zwischen Atlantik und Mediterran. Es stellt sich die Frage, wie die frühen Seefahrer von der aus dem Mittelmeer fließenden Unterströmung wissen konnten. Möglicherweise haben weit in die Tiefe hinabgelassene Fischernetze sie zu dieser Erkenntnis geführt.

der afrikanischen Küste nach Süden gesegelt sind. Um 650 v. Chr. umsegelten die Phönizier im Auftrag des Pharao Necho das Kap der Guten Hoffnung und die Südspitze Afrikas mit Kap Agulhas, ein Unterfangen, das den Europäern erst 2 000 Jahre später wieder gelungen ist, und zwar durch den Portugiesen Bartolomeu Diaz.

Man vermutet – und das wäre für jene Zeit eine ungeheure Leistung –, dass die Phönizier die Strömungsverhältnisse zwischen den Säulen des Herakles, also die in entgegengesetzte Richtung fließende Oberflächen- und Tiefenströmung in der Straße von Gibraltar kannten. Wenn das zutrifft, so nutzten sie in diesem für Seefahrer extrem schwierigen Terrain (vgl. Winde, S. 184 ff.) das in der Tiefe ausströmende Mittelmeerwasser und ließen sich durch in die Tiefe hinabgelassene „Segel" (Treibanker) mit der Tiefenströmung aus dem Mittelmeer ziehen (Abb. 1.9). Wiederum dauerte es Jahrhunderte bzw. mehr als zwei Jahrtausende, bis man im Bosporus eine vergleichbare Leistung wiederholen konnte (→ 1681).

Um 625 – um 547 v. Chr.
Thales von Milet hielt das Wasser für den Urgrund aller Dinge. Gesichertes Wissen über Thales ist rar, aber nach Aristoteles war er der Begründer der ionischen Naturphilosophie. Das Meer spielte in seiner Kosmologie eine zentrale Rolle.

Um 610 – um 546 v. Chr.
Anaximander von Milet, Schüler des Thales, nahm an, dass alles Leben ursprünglich aus dem Wasser (Meer?) hervorgegangen sei. Mit seinem Entwicklungsgedanken, wonach alle Tiere zunächst eine fischartige Gestalt besessen hätten, beeinflusste er später Aristoteles.

384 – 322 v. Chr.
Aristoteles, der Gründer der Peripatetischen Philosophenschule in Athen, näherte sich durch seinen empirischen Ansatz der modernen naturwissenschaftlichen Methodik. Er verließ sich nicht auf metaphysische Spekulationen, sondern suchte nach empirischer Erfahrung und wurde damit zum „Vater der induktiven Wissenschaft" und „Begründer der Meeresbiologie" (Exkurs S. 38 ff.).

Um 330 v. Chr.
Der griechische Geograph und Astronom Pytheas aus Massalia (Marseille) unternahm von seinem Geburtsort aus eine Schifffahrt zu den Britischen Inseln. Er hat als einer der Ersten den Einfluss des Mondes auf die Gezeiten erkannt, schätzte aber den beträchtlichen Tidenhub im Nordatlantik mit bis zu 40 m weit übertrieben ein. Dass er so beeindruckt war, wird verständlicher, wenn man die geringen Gezeitenunterschiede an seinen heimatlichen Küsten am Mittelmeer bedenkt.

Um 284 – um 202 v. Chr.
Eratosthenes von Kyrene, einer der brillantesten Denker der Antike, ein Freund von Archimedes und seit 264 v. Chr. Leiter der großen Bibliothek von Alexandria, errechnete den Erdumfang. Er kam auf etwa 46 000 km (nach anderen Angaben auf 41 000 km; der heute anerkannte Wert liegt bei 40 006 km Polumfang). Durch die Festlegung eines Koordinatennetzes schuf er die Voraussetzung für den Entwurf einer Gradnetzkarte der antiken Welt. Er stellte fest, dass der Wechsel zwischen Ebbe und Flut zweimal täglich stattfindet.

Um 135 – um 51 v. Chr.
Poseidonios ermittelte nach Angaben des griechischen Geographen Strabo bei Sardinien die „Tiefe des Meeres" mit etwa 1 800 – 2 000 m oder 6 000 Fuß. Er erkannte den Einfluss des Mondes auf die Gezeiten und berechnete wie Eratosthenes vor ihm den Erdumfang – mit 29 000 km allerdings wesentlich ungenauer als sein Vorgänger.

23/24 – 79 n. Chr.
Plinius der Ältere (Gaius Plinius Secundus) verfasste in dem erhaltenen 37-bändigen Werk *Naturalis historiae libri* ein Kompendium des ganzen naturkundlichen Wissens seiner Zeit. Das Mittelmeer (vgl. Abb. 1.6) bezeichneten die Römer damals als *Mare internum* oder *Mare intestinum*. Plinius kannte – wie auch schon Aristoteles vor ihm – die Strömung, die durch das ins Mittelmeer einströmende Atlantikwasser entsteht *(limen maris interni)* und die sich bis weit ins östliche Mittelmeer bemerkbar macht; er beschäftigte sich auch mit den Gezeiten und ihrem Zusammenhang mit den Mondphasen. Plinius ist im Jahr 79 n. Chr. beim Ausbruch des Vesuvs (S. 83 ff.) ums Leben gekommen.

Um 100 – um 160 n. Chr.
Claudius Ptolemäus (gr. Klaudius Ptolemaios) beeinflusste maßgeblich die Naturwissenschaft von mehr als 13 Jahrhunderten – vor allem die Geographie und Astronomie. Bis gegen Ende des Mittelalters gehörten seine Werke zu den wich-

1.10 Das Mittelmeer auf der Ptolemäischen Weltkarte in einer Ausgabe aus dem Jahr 1486. Die Mappe mit Holzschnitten aus der „Geographie" umfasst Afrika, Europa und Asien. Wie sich der alexandrinische Geograph im 2. Jahrhundert die Welt vorstellte, hatte bis ins 16. Jahrhundert Bestand.

tigsten Quellen des Wissens in der Welt der Gelehrten. Das *Almagest,* sein 13-bändiges Hauptwerk *Megale syntax,* wurde um 800 zuerst ins Arabische, später ins Lateinische übersetzt und 1496 in Venedig gedruckt. Sein zweites Hauptwerk, *Geographike hyphegesis,* bot die vollkommenste antike Länderkunde und Kartographie. Bis ins Mittelalter waren die Ptolemäischen Werke die wichtigsten geographischen Lehrbücher. Das Mittelmeer und der gesamte mediterrane Raum, das Schwarze und das Rote Meer, der Persische Golf wie auch große Teile Europas, Asiens und Afrikas sind darin verblüffend genau eingezeichnet. Nach Süden hin postulierte er ein großes, unbekanntes Land, die *Terra australis incognita*. Sein Atlas gab für 8 000 Orte die geographische Länge und Breite an, enthielt aber auch einen fatalen Fehler: Ptolemäus übernahm von Poseidonios den falsch berechneten Erdumfang von 29 000 km. Das führte bis in die Zeit von Kolumbus zu Verwirrung: Es wurden wesentlich kleinere Distanzen auf dem Globus angenommen, was Kolumbus zur irrigen Annahme verleitete, er habe Indien erreicht. Spätestens mit Fernando Magellan wurde dieser Fehler aufgedeckt.

1.11 *Seefahrt und Entdeckungsreisen in einem Stich aus dem Jahr 1620: Begegnung mit fliegenden Fischen. „Nach dem er vierzehen Tage mit glücklichem Windt geschiffet / fern der Nacht etliche fliegende Fische etwan einer Spannen lang in das Schiff gefallen und gefangen worden / diese Vögel haben Flügel / schier gleichförmig wie die Fledermäuse ...“*

15. und 16. Jahrhundert

Das Zeitalter der Seefahrt, der Entdeckung neuer Kontinente und Ozeane, die Expansion Europas nach Übersee hatte, wie schon betont, in erster Linie koloniale und weniger wissenschaftliche Intentionen. Als „Nebeneffekt“ der seefahrerischen Anstrengungen gab es dennoch wichtige ozeanographische Entdeckungen über die Strömungs- und Windsysteme des Weltmeeres. Nur mit diesem Wissen ausgestattet konnten transozeanische Fahrten erfolgreich durchgeführt werden. Das Mittelmeer war bei all dem nur eine Durchfahrtsstraße, das Hauptinteresse galt dem Weltmeer, den Ozeanen. Eine der häufig angewandten ozeanographischen Methoden jener Zeit waren Lotungen, die allerdings manchmal zu recht skurrilen Erkenntnissen und Ansichten führten. Wie Abbildung 1.11 zeigt, war auch das damalige zoologische Wissen noch sehr unzureichend.

1516–1565

Konrad Gessner, einer der bedeutendsten schweizerischen Universalgelehrten und Naturforscher, vielfach als „Vater der europäischen Zoologie“ und „deutscher Plinius“ hervorgehoben, publizierte in den Jahren 1551–1558 sein Werk *Historia animalum* (auf Deutsch: *Allgemeines Thierbuch,*

1.12 *Ausschnitte aus den Karten von Piri Reis: a) Rovinj (Rovigno) auf der Halbinsel Istrien in der Nordadria (Kroatien), heute bedeutendes touristisches Zentrum und Sitz einer meeresbiologischen Forschungsstation. b) Korfu im Ionischen Meer, 1537 unter ottomanische Herrschaft gekommen, südlich davon die kleinere Insel Paxos. c) Bucht von Kotor (Boka Kotorska, Cattaro), vorzüglicher natürlicher Hafen, war lange Zeit unter venezianischer Vorherrschaft, kam 1487 zum Ottomanischen Reich. Die Stadt an der Einfahrt zur Bucht ist Herzeg Novi (Castelnuovo di Cattaro, Yenihisar).*

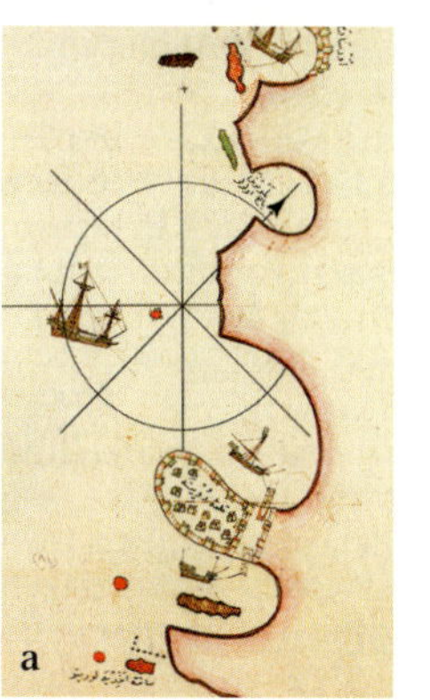

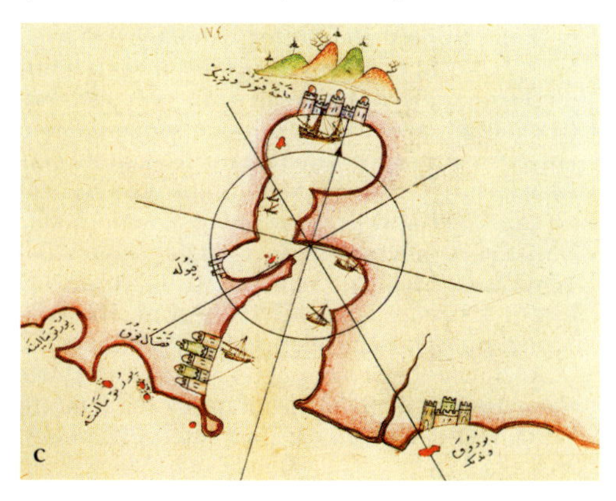

Aristoteles: der erste mediterrane Meeresbiologe

Roland Melzer und Yvonne Mannes

***1.13** Aristoteles (384–322 v. Chr.), neben Plato der bedeutendste Philosoph der Antike und „Begründer der Zoologie". Er bezog sein Wissen nicht nur von Seeleuten und Fischern – bis in die Neuzeit eine entscheidende Informationsquelle –, sondern machte viele Beobachtungen selbst, manche von ihnen an den Küsten der Insel Lesbos.*

Die Küsten des Mittelmeeres waren seit Urzeiten ein Ort, an dem sich Hochkulturen entwickelten; entsprechend intensiv setzte man sich mit dem Meer auseinander. Man nutzte es als Nahrungsquelle, betrieb Schifffahrt und etablierte Handelsrouten. Die Schönheit und die Macht des Meeres wurden besungen und mystifiziert. Man hat aber auch schon damit begonnen, sich mit dem Meer wissenschaftlich zu befassen. Neben Plinius dem Älteren (23–79 n. Chr.) gehört Aristoteles (384–322 v. Chr.) zu den wichtigsten frühen Naturforschern – oder ist überhaupt der wichtigste. Für ihn, der seine Erkenntnisse durch Abstraktion gewann, war die Welt im Gegensatz zu seinem Lehrer Plato ein einziger Kosmos des Geistes und der Materie. Durch die Sammlung des Andronikos sind manche seiner naturwissenschaftlichen Schriften überliefert, so die *Physik, Naturgeschichte, Die Bewegung der Tiere, Vom Leben der Tiere* (mit über 400 Tierbeschreibungen), *Die Meteorologie, Vom Himmelgebäude* und andere. Antike Autoren schreiben ihm zwischen 400 und 1 000 Schriften zu. Sie wurden für die europäische Philosophie, was die Bibel für die Theologie war: ein nahezu unfehlbarer Text, der die Lösung aller Fragen enthält. Kein anderer Geist hat auf so lange Zeit hinaus, nämlich für 2 000 Jahre, die Naturwissenschaft beherrscht.

Aristoteles hat als Biologe hauptsächlich durch seine Theorie der Urzeugung (noch 1870 schrieb Ernst Haeckel, dass „die Urzeugung auch jetzt noch beständig fortdauert") und durch seinen frühen Versuch einer Gliederung des Tierreiches – in einer Zeit, wo man nur zwischen essbaren und nicht essbaren Tieren unterschied – Berühmtheit erlangt. Seine Systematik wird oft als unwissenschaftlich verworfen, obwohl ein beträchtlicher Teil der aufgeführten Arten bzw. Gruppen noch heute gültige Taxa sind. Insgesamt beschrieb Aristoteles 581 Tierarten, von denen 550 wissenschaftlich identifiziert werden konnten; 180 davon sind Meerestiere. Verblüffend ist, dass der fast 400 Jahre später lebende Römer Plinius nur noch 176 Arten beschrieben hat und dennoch stolz verkündete, „er habe alle erfasst" (Schefbeck, 1991).

Weniger bekannt ist, dass Aristoteles detaillierte Beobachtungen an Meerestieren beschrieben hat, und das in einer Zeit ohne optische, mathematische und physikalische Instrumente. Besonders seine Tierkunde liest sich wie ein früher Almanach der Mittelmeerfauna. Wenngleich sich eine Menge von zum Teil grotesken, aber historisch erklärbaren Irrtümern findet, so ist doch faszinierend, was bereits an korrekten Darstellungen besonders über die Autökologie* der besprochenen Arten zusammengetragen ist. So finden sich in seiner Tierkunde Darstellungen des Fressverhaltens von *Torpedo marmorata* (Zitterrochen) und *Lophius piscatorius* (Seeteufel) mit richtiger Deutung des elektrischen Organs bzw. des Köders. Die Biologie des Muschelwächters *Pinnotheres pinnotheres*, der in Steckmuscheln (*Pinna*, mit über 80 cm die größten Muscheln des Mittelmeeres) lebt, ist ihm ebenso bekannt wie die Wanderungen des Weidegängers *Patella* (Napfschnecke) und die Lebensweise von Seeanemonen. Der Stagirit, wie Aristoteles nach seiner Geburtsstadt Stageira in Thrakien (im Norden des heutigen Griechenland) auch genannt wurde, kannte den Zug der Tunfische und suchte nach seinen Ursachen. Er wusste detailreich über Tintenfische zu berichten, kannte die Tinte und deren Funktion. Sepiazeichnungen mit ihren warmen, braunen bis schwarzbraunen Farbtönen sind bis heute populär. Künstler benutzen hierfür eine der ungewöhnlichsten Farben des Meeres, das aus Tintenfischen gewonnene Sepiapigment. Sepiatinte wurde schon früh zum Malen und Zeichnen verwendet; Plinius hat sie als *atramentum sepiae* erwähnt. Die Tintenfarbe ist artspezifisch: Kalmare haben braune und Sepien blauschwarze oder „auberginenfarbene" Tinte, die von *Octopus* ist schwarz.

Aristoteles beschrieb auch den Begattungsarm des Tintenfisch-Männchens, den so genannten Hectocotylus, mit dem die Spermatophoren (Samenpakete) in die Mantelhöhle des Weibchens übertragen werden, und den Farbwechsel durch Chromatophoren. In der Cutis (Lederhaut) der „Tintenfische" –

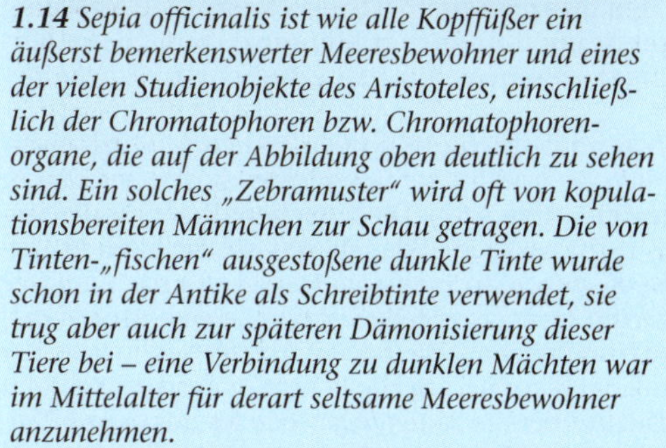

1.14 *Sepia officinalis ist wie alle Kopffüßer ein äußerst bemerkenswerter Meeresbewohner und eines der vielen Studienobjekte des Aristoteles, einschließlich der Chromatophoren bzw. Chromatophorenorgane, die auf der Abbildung oben deutlich zu sehen sind. Ein solches „Zebramuster" wird oft von kopulationsbereiten Männchen zur Schau getragen. Die von Tinten-„fischen" ausgestoßene dunkle Tinte wurde schon in der Antike als Schreibtinte verwendet, sie trug aber auch zur späteren Dämonisierung dieser Tiere bei – eine Verbindung zu dunklen Mächten war im Mittelalter für derart seltsame Meeresbewohner anzunehmen.*

dieser irreführende Name ist tief verwurzelt, zoologisch korrekter wäre Tintenschnecke oder Kopffüßer – sind mehrere Schichten von Chromatophorenorganen eingebettet und durch so genannte Iridocyten (Flitterzellen) unterlegt, die stark lichtreflektierende Guaninplättchen enthalten. Die Pigmente der Chromatophorenorgane werden zentralnervös gesteuert durch Muskelfasern ausgebreitet – zusammen mit den Iridocyten ergibt das den extrem raschen Farb- und Musterwechsel. Diese Details konnte Aristoteles zwar nicht wissen, er musste aber doch Tintenfische seziert haben, um zu seinen Erkenntnissen zu gelangen. Sogar die nach der Fortpflanzung einsetzende Seneszenz* sowie die Altersstruktur von *Sepia*-Populationen stellt Aristoteles richtig dar. Auch über *Argonauta argo*, das Papierboot, gibt er genauestens Auskunft; allerdings heißt *Argonauta* bei ihm noch *Nautilos* – keine Schande, wenn man an die ständigen taxonomischen Namensänderungen der modernen Zeit denkt. Hierunter versteht man heute das Perlboot *(Nautilus)*, das nur im Indopazifik vorkommt – ein interessantes historisches Beispiel für den Namenswandel in der zoologischen Nomenklatur.

Aristoteles hatte exakte Kenntnisse über Wale und Delfine. Er erkannte, dass Fische durch Kiemen atmen und Delfine lungenatmende Warmblüter sind, die ihre Jungen lebend gebären und säugen – aufgrund dieser Eigenschaften trennte er sie von den Fischen. Dies leitet zu seinen zum Teil sehr exakten morphologischen Beschreibungen über. Ein Beispiel: Das Plazenta- und Nabelschnuranalogon sowie die Entwicklung und Geburt bei lebendgebärenden Plattenkiemern (Elasmobranchier: Haie und Rochen) sind mit einer Genauigkeit dargestellt, die erst im 19. Jahrhundert wieder erreicht wurde.

In seiner Tierkunde beschreibt Aristoteles, wie Purpurschnecken (Muricidae) mit ihrem Rüssel „Vielfüßler" – also Krebse – und Muscheln durchbohren. Er weiß, dass sich Purpurschnecken an Aas

1.15 *Octopusse waren Aristoteles ebenso gut vertraut wie Sepien. Sie hatten bereits in der spätminoisch-mykenischen Zeit eine große symbolische Bedeutung und wurden oft auf Goldplättchen dargestellt. Das bizarre Meerestier – wie auch seine Verwandten, die zehnarmigen Sepien und Kalmare – lieferte Stoff für Legenden. Zu den berühmtesten gehört zweifellos die Skylla Homers. Die zwei großen Augen, die hoch entwickelt sind und jenen der Wirbeltiere ähneln, und die den Kopf umgebenden, an Schlangen erinnernden Tentakel wurden später mit der Vorstellung des Medusenhauptes in Verbindung gebracht – Perseus hat bekanntlich der Gorgone Medusa den Kopf abgeschlagen.*

sammeln, was er als einen Beleg für das Vorhandensein von Geruchs- und Geschmackssinn ansieht. Aristoteles berichtet, dass man mit Aas und Muscheln bestückte Fangkörbe oder Reusen auf den Meeresgrund hinabgelassen hat. Dies ist eine auch heute noch gängige Fangmethode, allerdings nicht um Purpur zu gewinnen, sondern um an die vielerorts als Delikatesse geltenden Schnecken heranzukommen.

Aristoteles hat sich wie ein echter Zoologe der Neuzeit seinem Thema angenähert. Er hat nicht nur „philosophiert", sondern auch gesammelt, präpariert und Habitus- sowie Situsbilder gezeichnet, er hat die Küsten Griechenlands bereist und bei den Fischern Informationen eingeholt. Man kann Aristoteles daher mit Recht als den ersten profunden Kenner der mediterranen Meereskunde bezeichnen. Er interessierte sich auch für ozeanographische Phänomene. Salzgehalt vermutete er allerdings nur in den obersten Wasserschichten – ein Irrtum, dem die wissenschaftliche Welt fast bis in die Neuzeit gefolgt ist.

Auch die Winde als auslösende Ursache von Oberflächenströmungen und Wellen waren Gegenstand seiner Überlegungen. Für Aristoteles eher unüblich: Er vernachlässigte die Gezeiten und schenkte dieser im Mittelmeer lediglich an wenigen Küsten ausgeprägten Naturerscheinung eher wenig Aufmerksamkeit, ganz im Gegensatz zu den Ägyptern vor ihm, die im Mündungsbereich des Nils mit so genannten „Nilometern" – durch Markierungen versehene Stangen – die Schwankungen des Meeresspiegels verfolgten.

Die Etesien, äußerst beständige nordöstliche bis nordwestliche Winde im östlichen Mittelmeerraum (vgl. Winde, S. 184 ff.), beeinflussten maßgeblich die griechische Geschichte. Aristoteles kannte sie gut, ebenso den Wechsel zwischen Land- und Seewind (Abb. 3.87). Die Ursachen dieser für die Seefahrt so wichtigen Phänomene konnte er aber noch nicht wirklich erklären. Was die Tiefe des Mittelmeeres anbelangt, gab er 1 000 m für das Sardonische Meer (bei Sardinien) an, weniger für das Schwarze und das Asowsche Meer. Allerdings hat er im Schwarzen Meer eine Stelle vermutet – eine Ausnahme, wie er annahm –, die „so tief ist, dass kein Lot zum Grund reiche". Die Bedeutung der Sedimente, der Ablagerungen aus Flussschlamm, war ihm bewusst. Bemerkenswert ist die bereits in der antiken Welt geäußerte Vermutung, dass „das Mittelmeer früher nicht über die Säulen des Herakles mit dem Atlantik, sondern über flache Teile Ägyptens und Arabiens mit dem Indischen Ozean in Verbindung stand" (Schefbeck, 1991), eine Hypothese, die in manchen Ansätzen dem heutigen Wissen entspricht (vgl. „Tethys", S. 82; Abb. 2.18 bis 2.23).

Das Ende seines Lebens ist legendenumwoben: Krankheit in der Verbannung in Chalkis nach dem Tod von Alexander dem Großen, nach Diogenes Laertius Selbstmord durch Schierling (?). Es ist wohl kein Zufall, dass eine der Legenden hauptsächlich unter Natur- und weniger unter Geisteswissenschaftlern erzählt wird, sie dokumentiert aber zumindest die Liebe des Aristoteles zum Meer und seine unbeirrbare wissenschaftliche Neugier: Nach Prokopios und anderen Quellen ist er aus Verärgerung über sein Unvermögen, Unregelmäßigkeiten in den Strömungen während der Tiden zu erklären, gestorben bzw. hat Selbstmord verübt.

Literatur: • Aristoteles (1957) Tierkunde; herausgegeben und übertragen von P. Gohlke. Ferdinand Schöningh, Paderborn • Durant W (1992) Die großen Denker: Die Geschichte der Philosophie von Plato bis Nietzsche. Gondrom, Bindlach • Taylor GR (1963) The science of life: a pictorial history of biology. Thames & Hudson, London.

***1.16** Darstellung von Meerestieren in der griechischen Antike: Delphinus delphis, Sepia officinalis, Octopus vulgaris und wahrscheinlich ein Zackenbarsch (Serranidae) neben der Skylla, die hier nicht als Verderben bringendes Meeresungeheuer, sondern als ein Meeresbewohner unter anderen dargestellt wird. Fragment einer apulischen Vase bzw. eines Kelches aus dem 4. Jahrhundert v. Chr., Privatsammlung, Basel.*

***1.17** Möglicherweise aus Tarent stammende bemalte Tonfigur aus dem 3. Jahrhundert v. Chr., Privatsammlung. Auf einem Delfin reitende Knaben waren weitum beliebt, wobei der Knabe auch geflügelt als Eros dargestellt und dieses Motiv damit in den aphrodisischen Bereich verlegt wurde. Eine bekannte Geschichte über Delfine liefert Plinius der Ältere (23–79 n. Chr.): Ein Delfin im Golf von Neapel trug einen Knaben regelmäßig von Baiae nach Puteoli – das heutige Pozzuoli – zur Schule.*

1.18 Apulischer Fischteller aus dem späteren 4. Jahrhundert v. Chr., Privatbesitz. Die Fische sind wahrscheinlich Brassen (Sparidae) der Gattung Diplodus, die zu den häufigsten Litoralfischen des Mittelmeeres zählen.

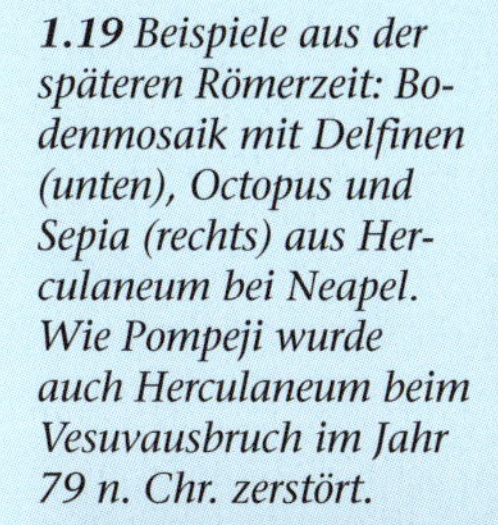

1.19 Beispiele aus der späteren Römerzeit: Bodenmosaik mit Delfinen (unten), Octopus und Sepia (rechts) aus Herculaneum bei Neapel. Wie Pompeji wurde auch Herculaneum beim Vesuvausbruch im Jahr 79 n. Chr. zerstört.

1.20 Ganz oben: Stenella coeruleoalba, der Streifendelfin, ist ein Kosmopolit, der im Mittelmeer meist in kleineren Gruppen (weniger als 100 Tiere) vorkommt. Seit der frühen griechischen Zeit galten Delfine als muntere Meeresbewohner mit „humanen Zügen" und als Freunde des Menschen – ein bis heute anhaltender Trend. Die aus dem Schaum des Meeres geborene Aphrodite wird häufig mit Delfinen dargestellt, ein Ausdruck der Sympathie für diese Meeressäuger. Aristoteles beschäftigte sich mit ihnen wissenschaftlich und erkannte sie als warmblütige, lungenatmende Säugetiere, eine Erkenntnis, die bis heute überraschend vielen Menschen entgangen ist, darunter nicht wenigen Besuchern der umstrittenen Delfinarien. – In der Mittelmeerregion sind Delfine tausendfach auf Mosaiken, Vasen und in Plastiken dargestellt. Unteres Bild: berühmtes Fresko mit Delfinen von Knossos, Kreta. Um 2 500 v. Chr. entwickelten die Minoer auf Kreta die erste europäische Hochkultur. Nach 1 700 v. Chr. wurden viele prächtige Bauwerke dieser Kultur vermutlich durch Erdbeben und Vulkanismus zerstört. In der spätminoischen Phase nach 1 600 v. Chr. wurden die Paläste mit noch prächtigerer Ausstattung als der ursprünglichen erneuert.

1669/70); mediterrane Meerestiere sind mit Zeichnungen und Beschreibungen vertreten. In seiner „Systematik" hielt sich Gessner, wie damals üblich, an Aristoteles.

1521

Der berühmte türkische Seefahrer, Geograph und Kartograph Piri Reis (um 1465/1470–1554) vollendete sein Werk *Kitab-i Bahriye (Das Buch über die Seefahrt),* in dem das Mittelmeer, seine Küsten und ihr genauer Verlauf, seine Buchten, Inseln und Zuflüsse mit höchster Präzision beschrieben sind (Abb. 1.12). Auf Hunderten von Karten und Zeichnungen sind sowohl überraschend genaue topographische Details der Küsten als auch historische, kulturelle, soziale und wirtschaftliche Informationen zu den einzelnen Städten, Regionen und Ländern zu finden – und damit ein moderner geographischer Ansatz. 29 Exemplare der Originalausgabe sind bis heute erhalten.

1648

Georges Fournier (1595–1652), Jesuit, Geograph und Mathematiker, befasste sich in seinem Werk *Geographica orbis notitia per litora maris et ripas fluviorum* (Paris 1648) mit Meeresströmungen, einem der wichtigsten ozeanographischen Phänomene.

1658–1730

Der aus einer Adelsfamilie in Bologna stammende Luigi Ferdinando Conte di Marsigli (oder Marsili) war der „erste Ozeanograph" im modernen Sinn des Wortes, der mit Experimenten und Messungen arbeitete und nach den Ursachen von Phänomenen forschte. Er versuchte das Meer in seiner Gesamtheit zu erfassen. Mit den so gewonnenen Erkenntnissen war er seiner Zeit um mindestens 100 Jahre voraus (→ 1681), denn nach seinem Tod blieb sein weit gefasster ozeanographischer Ansatz für fast 150 Jahre in der Wissenschaft vergessen.

Zwischen 1705 und 1708 lebte Marsigli in der kleinen südfranzösischen Hafenstadt Cassis im Golfe du Lion zwischen Marseille und Toulon. Er widmete sich der Meereskunde, indem er unter Assistenz einheimischer Fischer systematisch die Küstengegend erforschte. 1722 wurde er in London durch Sir Isaac Newton in die Royal Society aufgenommen. 1711 veröffentlichte Marsigli in Venedig seinen *Brieve ristretto del saggio fisico intorno alla storia del mare,* 1725 in Amsterdam die *Histoire physique de la mer.* Er erkannte die regelmäßig auftretenden geomorphologischen Großformen des Meeresbodens mit Schelf, Schelfkante und Kontinentalabhang, womit er seiner Zeit ebenfalls um 100 bis 150 Jahre voraus war. Auch von der Existenz untermeerischer Canyons im Schelf hat er gewusst (vgl. S. 71) – sie wurden erst im 20. Jahrhundert nach der Entwicklung der entsprechenden Technik (Echolot bzw. Sonar) richtig bekannt. Marsigli erahnte das viel später entwickelte Konzept der Fazies* (ohne diesen später geprägten Ausdruck zu verwenden, vgl. S. 136). Physikalisch-chemische (Temperatur, Salzgehalt, spezifisches Gewicht, Farbe und Transparenz des Meerwassers) und dynamische Aspekte (Strömungen, Wellen) der Ozeanographie interessierten ihn genauso wie biologische; hier vertritt er noch den Irrtum seiner Zeit und hält die Korallentiere (Cnidaria, Anthozoa) für Pflanzen, ihre Polypen für Blüten.

1660

Der deutsche Universalgelehrte Athanasius Kircher (1602–1680), Jesuit und Professor in Würzburg, beschrieb zwei wichtige Bewegungsformen im Meer: die Gezeiten, die durch den Mond hervorgerufen werden, und eine generelle Strömung im Weltmeer, die in den Tropen von Ost nach West verläuft und an den Osträndern der Kontinente nach Nord und Süd abgelenkt wird; dadurch entsteht ein Zirkulationssystem, das auf der Nordhalbkugel im Uhrzeigersinn, auf der Südhalbkugel gegen den Uhrzeigersinn verläuft. Kircher stellte als Erster die Hauptmeeresströmungen kartographisch dar. Er suchte nach den Ursachen der Strömungen und sah sie in der Verdunstung des Seewassers unter Einfluss der Sonneneinstrahlung sowie in den daraus resultierenden Niederschlägen. Kircher erkannte, dass auch der Wind zum Entstehen von Strömungen beiträgt.

1674

Sir Robert Boyle (1627–1691), berühmter britischer Physiker und Chemiker und Mitbegründer der Royal Society in London, der als „Wunderkind" mit acht Jahren bereits Latein und Griechisch beherrschte, mit elf seine erste Bildungsreise in den Mittelmeerraum (Italien) machte und mit 14 die Werke Galileis studierte, veröffentlichte seine *Observations and experiments about the saltness of the sea.* Dadurch kann er, wenn man so will, als Begründer der chemischen Ozeanographie angesehen werden, obwohl er nach heutigem Verständnis sicher kein Ozeanograph war, vielleicht kein einziges Mal zur See gefahren ist und der Ozean für ihn insgesamt von geringem Interesse war. Für die Chemie (einschließlich der Salinität) des Meerwassers interessierte sich zu jener Zeit – und bereits seit Aristoteles – kaum jemand. 1662 entdeckte Boyle im Experiment jenes Gesetz, das später als „Boyle-Mariotte-Gesetz" (nach Edme Mariotte, 1620–1684) bekannt geworden und für Pressluft atmende Taucher von größter Bedeutung ist (Gesetz über die Ausdehnung von Gasen: das Produkt aus Druck und Volumen ist bei idealen Gasen und nicht zu schneller Druckänderung konstant). Er entdeckte

Sir Robert Boyle (1627–1691)

auch die so genannte Anomalie des Wassers, beschrieb die Funktion der Schwimmblase bei Fischen und führte die Alkoholkonservierung für zoologische Objekte ein.

1676

Der niederländische Naturforscher Antony van Leeuwenhoek (1632–1723) machte erste mikroskopische Untersuchungen an marinem Phytoplankton. Er war damit seiner Zeit um etwa 200 Jahre voraus, denn die entscheidende Bedeutung pflanzlicher Planktonorganismen für die Photosynthese und Primärproduktion wurde erst nach 1850 allmählich erkannt – erst dann hat man mit einer eingehenden Untersuchung des Planktons begonnen (William Benjamin Carpenter, Paul Regnard, Victor Hensen, Karl Brandt und andere). Leeuwenhoek konstruierte etwa 200 Mikroskope mit 40- bis 275-facher Vergrößerung, er beschrieb Wimper- und Geißeltierchen (Ciliaten und Flagellaten), Rädertiere (Rotatoria), Moostierchen (Bryozoa) und Bakterien.

1681

Luigi Ferdinando Marsigli (→ 1658–1730) publizierte in Rom seine Beobachtungen über die Strömungsverhältnisse im Bosporus: *Osservazioni intorno al Bosforo Tracio*. Mit Hilfe eines in die Tiefe hinabgelassenen Seils mit einem Strömungsmesser bewies er die Existenz einer Tiefenströmung aus dem Mittelmeer ins Schwarze Meer (S. 284 ff.), die den Fischern vor Ort damals schon bekannt war. Marsigli ging noch einen Schritt weiter und suchte nach einer Erklärung für dieses Phänomen. Durch ein Experiment mit zwei Becken, die durch zwei übereinanderliegende Öffnungen verbunden waren, ermittelte er als Ursache der Strömung Dichteunterschiede zwischen zwei Wasserkörpern unterschiedlichen Salzgehalts. Das weniger dichte, leichtere Wasser floss durch die obere Öffnung in das eine Gefäß, das dichtere und damit schwerere Wasser durch die untere Öffnung in die entgegengesetzte Richtung. Marsigli könnte daher mit Recht – wie einige andere auch – als erster Ozeanograph bezeichnet werden, denn er erkannte korrekt die Ursachen dessen, was die moderne Ozeanographie thermohaline Konvektion* nennt.

1687

Sir Isaac Newton (1643–1727) – er gilt als eines der größten wissenschaftlichen Genies aller Zeiten – veröffentlichte seine *Mathematical principles of natural philosophy* (oft nur *Principia* genannt) mit der mathematischen Beschreibung der Gravitationskraft. Damit war zum ersten Mal eine wissenschaftliche Erklärung der Gezeiten möglich, eine entscheidende Leistung der physikalischen Ozeanographie, noch bevor diese als Wissenschaft geboren war. Er schuf auch die Grundlagen der Strömungslehre (Hydro- und Aerodynamik) und stellte eine Lehre von Schwingungen (Wellen) auf.

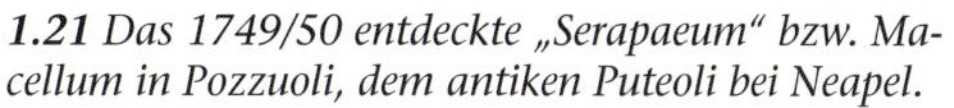

1.21 *Das 1749/50 entdeckte „Serapaeum" bzw. Macellum in Pozzuoli, dem antiken Puteoli bei Neapel.*

1687–1715

Edmund (Edmond) Halley (1656–1742), berühmter britischer Astronom, der dem breiten Publikum vor allem durch den Halleyschen Kometen bekannt ist, beschäftigte sich in einer Reihe von Publikationen mit Meereskunde bzw. mit den Wechselwirkungen zwischen Meer und Atmosphäre und dem globalen Wasserkreislauf. In seinem Werk *An estimate of the quantity of vapour raised out of the sea by the warmth of the sun* wertete er am Mittelmeer gewonnene Erkenntnisse aus. Er schätzte den täglichen Zufluss der neun größten ins Mittelmeer mündenden Flüsse, wobei ihm ein optischer Vergleich mit der Themse als „Maßstab" diente, und kam zum Schluss, dass das Mittelmeer täglich mehr als dreimal so viel Wasser durch Verdunstung verliert, wie es durch die Zuflüsse erhält. Er hat damit als vermutlich Erster die negative Wasserbilanz des Mittelmeeres erkannt (vgl. das Kapitel „Ozeanographie und Wasserhaushalt" S. 258 ff. und Abb. 5.2). Man könnte ihn daher – analog zu Boyle – als Vater der physikalischen Ozeanographie bezeichnen; streng genommen war er jedoch genauso wenig Ozeanograph wie Boyle.

Edmund Halley (1656–1742)

1749–1750

In Pozzuoli bei Neapel, dem alten Puteoli, noch vor Ostia der Hafen Roms, wurde ein – wie man damals glaubte – antiker Tempel ausgegraben, das „Serapaeum". Seine 12 m hohen Säulen waren im unteren Drittel von Vulkanasche bedeckt, zwischen 3,5 und 7,5 m Höhe zeigen die Säulen deutliche Spuren von Bioerosion (vgl. Abb. 2.12). Das seinerzeit nicht erklärbare Phänomen (Exkurs S. 68 f.) hängt mit den geologischen Besonderheiten dieser Region (Phlegräische Felder) zusammen; wiederholte Hebungen und Senkungen des Grundes dauern hier bis heute an.

1772

Antoine Laurent de Lavoisier (1743–1794) veröffentlichte eine erste Analyse des Seewassers; sein Hauptinteresse galt dem Mineralwasser, das Seewasser wurde lediglich als die „konzentrierteste Lösung der Natur" zum Vergleich herangezogen. Durch Verwendung quantitativer Messmethoden war Lavoisier der Mitbegründer der Chemie als Wissenschaft; er bewies im Jahr 1783, dass sich Wasser aus Wasserstoff und Sauerstoff zusammensetzt; er präzisierte die Begriffe „Salz", „Element", „Säure" und „Base" und prägte die Begriffe „Sauerstoff" (1789, Sauerstofftheorie: Verbrennung steht mit Sauerstoffverbrauch in Zusammenhang), „Oxidation", „Reduktion" und „Radikal".

Antoine de Lavoisier (1743–1794)

1777

Erste Planktonnetze zur Gewinnung von schwebenden Kleinstorganismen aus dem Meer wurden durch Otto Frederik Müller (1730–1784) eingesetzt, einen der frühen Mikroskopiker. Die Bedeutung der so gesammelten mikroskopisch kleinen Organismen (sie sind die Hauptproduzenten und -konsumenten der Meere) wurde damals aber noch nicht einmal ansatzweise erkannt, die Planktonorganismen galten eher als Kuriosität. Müller klassifizierte Bakterien und Protozoen; er führte auch die Bezeichnungen „Bacillus" und „Spirillen" ein.

1785 und danach

Der deutsche Geologe und Mineraloge Abraham Gottlob Werner (1749–1817), Professor in Freiberg, und der schottische Geologe, Naturforscher und Privatgelehrte James Hutton (1726–1797) publizierten zwei widersprüchliche geologische Theorien, die für lange Zeit die Grundsatzdiskussion prägten. Werner war Hauptprotagonist des heute widerlegten „Neptunismus", wonach alle Gesteine mit Ausnahme der vulkanischen durch Kristallisation aus dem Urozean entstanden sein sollen und die Erde als eher „fest" und statisch angesehen wurde. Hutton gehörte als einer der ersten bedeutenden „wissenschaftlichen Geologen" zu den Begründern des Aktualismus und Plutonismus; die Erde war für ihn etwas Dynamisches, sich Veränderndes. Die wesentlichen gestaltenden Kräfte der Erde wurden berücksichtigt (Art der Entstehung der Gesteine, Gebirgsbildung, Vulkanismus) und mit Prozessen und Veränderungen im Erdinneren („Zentralfeuer") in Zusammenhang gebracht. Hutton glaubte (unter anderen zusammen mit Sir Charles Lyell), dass Sedimente verschoben bzw. verfrachtet und sowohl das Festland als auch der Meeresgrund gehoben oder abgesenkt werden können. Von der Kontinentaldrift haben die beiden aber noch nichts gewusst, und sie konnten sich auch keine Kraft vorstellen, die kontinentale Krusten über weitere Distanzen hätte verschieben können.

Die entscheidende Rolle der Sedimentation im Meer (Geosynklinalen*) wurde damals noch nicht erkannt, Sedimentgesteine konnten nur an Land beobachtet werden. Erst in der Zeit der „Challenger"-Expedition hat sich die Erkenntnis durchgesetzt, dass Tiefseesedimente über lange Zeiträume äußerst langsam abgelagert werden und dass es zwischen den Ozeanen und Kontinenten dynamische Wechselwirkungen gibt. Aber noch Sir John Murray und Sir Wyville Thomson (→ 1869) glaubten, dass Meeres- bzw. Ozeanbecken dauerhafte, seit frühen geologischen Zeitaltern unveränderte Gegebenheiten darstellen, eine Meinung, die noch 1900 von vielen Geowissenschaftlern akzeptiert wurde. Es gab jedoch auch schon Ansätze einer dynamischeren Vorstellung.

1786

Der amerikanische Politiker und Naturwissenschaftler Benjamin Franklin (1706–1790) – seine gesammelten Schriften wurden in 40 Bänden herausgegeben – publizierte die erste Karte des Golfstroms als Ergebnis von (eher nur deskriptiven) Studien über Meeresströmungen. Der Golfstrom bewirkt eine außerordentliche Klimabegünstigung West- und Nordeuropas; nordeuropäische Häfen bleiben im Winter eisfrei und selbst auf 80 Grad nördlicher Breite kann die Oberflächen-Wassertemperatur noch 10 °C betragen. Franklin ging es hauptsächlich um die navigatorische Nutzung des Golfstroms bei Atlantiküberquerungen. Er beschäftigte sich neben Hydrodynamik auch mit der Wärmelehre (Wärmeleitfähigkeit) und der Meteorologie, so der elektrischen Natur des Blitzes. Er erfand den Blitzableiter.

1831–1836

Die Fahrt der HMS „Beagle" mit Charles Darwin an Bord prägte entscheidend die spätere Entwicklung der Evolutionstheorie.

1833

Sir Charles Lyell (1797–1875) waren aufgrund von paläontologischen Befunden dramatische faunistische Veränderungen im „Urmittelmeer" aufgefallen. Seine ursprüngliche Biozönose* war eine Mischfauna aus dem Atlantischen und dem Indischen Ozean. Zur Zeit der „biologischen Revolution" verließ die Mehrheit der Arten das Mittelmeer in Richtung Atlantik oder starb aufgrund steigender Salinität aus (vgl. „Messinische Salinitätskrise" S. 86 ff., → 1867, → 1959). Lyell gehörte zu den bedeutendsten Geologen des 19. Jahrhunderts. Der durch ihn mitgeprägte

Ein Kabel und die Widerlegung eines Irrtums: die „azoische“ Theorie

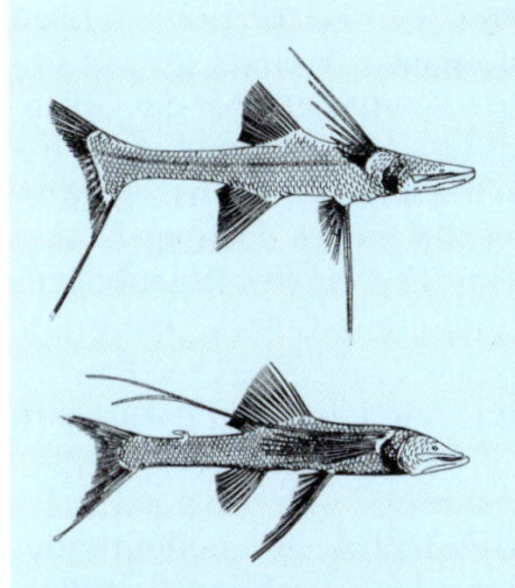

1.22 Bathypterois grallator und der im Mittelmeer endemische B. mediterraneus (Chlorophtalmidae) wurden in Tiefen bis über 4 000 Meter nachgewiesen.

Die „lebensfeindliche“, absolut lichtlose Zone unterhalb von 1 000 m Tiefe, die – wie in Abbildung 6.4 verdeutlicht – den weitaus größten Raum des Weltmeeres umfasst, wurde von vielen Meeresbiologen des 19. Jahrhunderts falsch eingeschätzt. Heute wissen wir: aphotisch (lichtlos) ist nicht gleichbedeutend mit abiotisch bzw. azoisch (= ohne Leben), aber bis zu dieser Erkenntnis war es ein mühsamer Weg. „Die Tiefe des Oceans und des Luftmeeres sind uns beide unbekannt“, schrieb 1845 zur Thematik der Tiefsee Alexander von Humboldt. Zu seiner Zeit strebte man eine vertikale Zonierung des Lebensraumes Meer an – und in diesem Zusammenhang die Festlegung einer „Null-Leben-Tiefengrenze“ nach dem Vorbild einer Isobathe (Punkte gleicher Tiefe verbindende Linie). Führende Wissenschaftler, darunter der junge Edward Forbes (1815–1854), glaubten damals an eine derartige unbelebte Zone in Tiefen unterhalb von etwa 300 Faden (ca. 550 m). Forbes' Forschungen aus dem Jahre 1840 in der Ägäis schienen die Vorstellung zu untermauern, wobei wohl ein wenig Missgeschick im Spiel war: Probenahmen mit der Dredsche erbrachten wenige Lebewesen, da es dort möglicherweise relativ wenige Lebewesen gegeben hat – die Ergebnisse der „Pola“-Expeditionen 1890–1893 deuteten gleichfalls in diese Richtung.

Im Reich der ewigen Dunkelheit mit gewaltigem hydrostatischen Druck und – wie man damals angenommen hat – sehr niedrigen Temperaturen (trifft auf das Mittelmeer nicht zu, da 13 °C selbst in den größten Tiefen nicht wesentlich unterschritten werden), geringen Wasserbewegungen (auch sie gibt es in der Tiefe), das zur damaligen Zeit vermutete geringe Nahrungsangebot und Abwesenheit von Sauerstoff in größeren Tiefen – das alles spielte bei den „azoischen“ Überlegungen eine wichtige Rolle und schien die Existenz von Leben in großen Tiefen unmöglich zu machen. Die Bedeutung großräumiger Umwälzungen von Wassermassen (thermohaline Konvektion, S. 264), durch die unter anderem Sauerstoff in die Tiefe und Nährstoffe an die Oberfläche gelangen, wurde damals noch nicht erkannt.

Forbes und andere ignorierten oder übersahen einige in den Jahren 1810 bis 1826 von Antoine Risso (1777–1845) publizierte Arbeiten, in denen im Golf von Genua und vor Nizza gefangene Fische und Crustaceen aus 600 bis 1 000 Meter Tiefe beschrieben werden. Die Schriften wurden für Dekaden kaum beachtet. Ansichten zahlreicher anderer Wissenschaftler wie John Ross und Sir James Clark Ross blieben ebenfalls unberücksichtigt. Selbst die Kenntnisse der küstennahen Litoralfauna – von der Tiefsee ganz zu schweigen – waren zu jener Zeit nicht wesentlich fortgeschrittener als das damals schon über 2 000 Jahre alte Wissen des Aristoteles.

Die „azoische“ Theorie hat sich spätestens 1860 bei Cagliari auf Sardinien durch den französisch-belgischen Zoologen und Paläontologen Alphonse Milne-Edwards (1835–1900), Sohn von Henri Milne-Edwards und Direktor des Zoologischen Museums in Paris, endgültig als falsch erwiesen. Große Verdienste verbuchte dabei vorerst nicht dieser oder ein anderer Ozeanologe, sondern das Telegraphenkabel zwischen Cagliari und Bône. Es wurde nach drei Jahren auf dem Meeresgrund aus 1 800 – 2 100 Meter Tiefe zu Reparaturzwecken hochgeholt. Das Kabel war – wie der Kabelingenieur Henry Charles Fleeming Jenkin unschwer erkennen konnte – verkrustet und voll mit verschiedensten Aufwuchsorganismen überwachsen, darunter Mollusken, Korallen – mit zwei bis dahin unbekannten Arten – und Bryozoen (Moostierchen). Milne-Edwards, der mit der Untersuchung dieses Materials beauftragt wurde, brachte auch die früheren Arbeiten Rissos wieder ans Licht.

Mehr als 140 Jahre nach dieser Entdeckung und nachdem unser Wissen auf ein Vielfaches des damaligen angewachsen ist, ist klar, dass es in jeder Tiefe des Meeres sowohl pelagische als auch benthische Organismen und Biozönosen gibt, dass aber die tiefen Zonen des Meeres immer noch weitgehend unerforscht und unbekannt sind. Die Tiefsee ist trotz ihrer über weite Bereiche eher einheitlichen Bedingungen kein homogenes Ganzes. Möglicherweise wird man hier mit dem Anwachsen des Wissens mehrere „Lebensräume“ unterscheiden können (*mud volcanoes*, hydrothermale Quellen und anderes).

Eine „azoische“ Zone gibt es nirgendwo im Meer, die Biosphäre (S. 28) reicht bis in die tiefsten Gräben und scheinbar „lebensfeindlichen“ Bereiche des Meeres. Tatsache ist jedoch, dass die „Tiefsee“ des Mittelmeeres im Vergleich zu jener des Atlantiks einige Besonderheiten aufweist (S. 416 ff.).

Aktualismus erkannte die langsam verlaufenden Prozesse der Gesteinsbildung und der nachfolgenden Erosion als Ursachen für die Veränderungen der Erdoberfläche. Lyell beeinflusste das Entstehen der Abstammungslehre Darwins und war nach ihrer Veröffentlichung auch einer der ersten Verfechter des Darwinismus.

1839–1843

Die britische Antarktis-Expedition unter Leitung von Sir James Clark Ross holte Lebewesen aus 732 m Tiefe an die Oberfläche – und griff damit in die Diskussion über die „azoische" Zone in der Tiefe der Meere ein (vgl. Exkurs S. 45).

1840–1842

Die seinerzeit in Fachkreisen heftig diskutierte Frage, ob es in der „Tiefsee", dem so genannten Abyssal (damals noch weniger scharf definiert), Leben geben kann, erhielt einen entscheidenden Hinweis – allerdings in die falsche Richtung. Der Brite Edward Forbes (1815–1854) – und manch andere, die ihn zitierten – postulierte unterhalb von 300 Faden eine „azoische" Zone ohne Leben. Seine Fehlinterpretation führte – zu Unrecht – dazu, dass spätere Meeresbiologen Forbes wenig Anerkennung zollten, wenngleich er sich in vielen Bereichen der Meeresforschung Verdienste erworben hat, so durch die Einführung des Schleppnetzes in die Tiefseeforschung. Das Auswerten des Materials aus mehr als 100 Dredschungen (Probenahmen mit der Dredsche bzw. Dredge, einem kräftigen Stahlrahmen mit Netz) – ausgeführt durch das britische Vermessungsschiff „Beacon" unter Führung von Kapitän Thomas Graves im Jahr 1842 – führte Forbes zum Aufstellen einer vertikalen Zonierung benthischer Lebensräume in der Ägäis mit acht Tiefenstufen.

1843 legte Forbes, der bereits als Student die algerische Küste besucht hatte, der British Association den *Report on the Mollusca and Radiata of the Aegean Sea, and on their distribution, considering as bearing on geology* vor. Später publizierte er mit Sylvanus Hanley die vierbändige *History of British Mollusca and their shells* (1848–1852). Forbes starb noch nicht einmal 40-jährig als einer der angesehensten Meeresbiologen seiner Zeit, kurz nachdem er den Lehrstuhl für Naturgeschichte an der Universität Edinburgh übernommen hatte. Sein Hauptwerk *The Natural History of the European Seas* erschien – von Robert Godwin-Austen vervollständigt – postum 1859. In diesem Werk wurden nur noch vier Tiefenstufen des Benthals präsentiert: Gezeiten-, Laminarien-, Korallinen- und Tiefseekorallen-Zone.

1842

Georges Aimé (1810–1846) führte Studien über Wellen durch und stellte die Tiefe fest, bis zu der sich ihre Auswirkungen bemerkbar machen.

1845

Sir George Biddell Airy (1801–1892) veröffentlichte eines der wichtigsten frühen Werke über die Schwingungstheorie – die Bewegung der Wellen durch das Wasser sah er als Schwingung an. Insgesamt war aber das ozeanographische Wissen über Wellen bis zum Zweiten Weltkrieg recht unzureichend (vgl. Abb. 5.7). Als Direktor des Greenwich-Observatoriums war Airy maßgeblich an der Einführung des Greenwich-Meridians als Nullmeridian beteiligt; 1838 hat er darüber hinaus die erste völlig korrekte Theorie des Regenbogens aufgestellt.

1846

Gründung des Museo civico di storia naturale in Triest.

1856

William Ferrel (1817–1891), ein bedeutender amerikanischer Meteorologe, veröffentlichte die erste streng wissenschaftliche Studie über Meeresströmungen, wobei er den Einfluss der Erdrotation auf durch Wind erzeugte Oberflächenströmungen (und die Luftbewegungen selbst: planetarische Zirkulation bzw. Zirkulation der Atmosphäre) beschrieb. Er beschäftigte sich auch mit dem Zusammenhang zwischen Luftdruck und Wind bzw. zwischen Luftdruckänderungen und Windgeschwindigkeit.

1858

Die HMS „Bulldog" holte im Nordatlantik Seesterne aus 2 305 m Tiefe an die Oberfläche (vgl. „azoische" Theorie, Exkurs S. 45).

1859

Charles Darwin (1809–1882) veröffentlichte sein Werk *On the origin of species by means of natural selection, or the preservation of favored species in the struggle for life.* Es ist weder im Mittelmeerraum geschrieben worden, noch sind entscheidende Hinweise dafür aus dem Mittelmeer gekommen, doch waren seine Auswirkungen auf die weitere Entwicklung der Biologie so stark, dass auch ein enormer Aufschwung der mediterranen Meeresbiologie damit in Zusammenhang steht. Die Euphorie jener Zeit spiegelte sich in den damals häufigen Gründungen von meeresbiologischen Stationen wider (→ 1870 bis heute). Viele berühmte Wissenschaftler wurden durch Darwin stark geprägt, unter ihnen Ernst Haeckel, der im Mittelmeer Radiolarien studierte; auch Edward Forbes hat zu Darwins Vertrauten gehört.

Charles Darwin (1809–1882)

1860

Bergung eines bewachsenen untermeerischen Kabels aus 2 100 m Tiefe bei Sardinien und Widerlegung der „azoischen" Theorie durch Alphonse Milne-Edwards (1835–1900).

1861
Der Breslauer Zoologe Adolf Eduard Grube (1812 – 1880) veröffentlichte die Arbeit *Ausflug nach Triest und dem Quarnero,* die auf viele andere Forscher inspirierend wirkte. Triest wurde zu einem wichtigen Zentrum der mediterranen bzw. adriatischen Meeresforschung – oder genauer noch: Triest war es schon seit jeher. Johann Friedrich Will (1815 – 1868) hielt sich hier 1843 länger auf und verfasste eine Arbeit über Meeresleuchten. Nicht nur für Zoologen aus der k. u. k. Monarchie war Triest der ideale Standort für Materialbeschaffung (großer Fischereihafen, starke Fischereiflotte) und Ausgangspunkt für weitere Exkursionen an die Küsten der Adria. In Triest wurde durch Alexander O. Kowalewskij (1840 – 1901) unter anderem der berühmte Geschlechtsdimorphismus des Igelwurms *Bonelia viridis* entdeckt. Kowalewskij beschäftigte sich eingehend mit dem Lanzettfischchen (Amphioxus, *Branchiostoma lanceolatum*) sowie Ascidien und erkannte die phylogenetische Bedeutung der Chorda dorsalis. Unabhängig von Francis Maitland Balfour schlug er den Stamm Chordata vor.
1863
Der Österreicher Josef Roman Lorenz (von Liburnau) veröffentlichte sein Werk *Physicalische Verhältnisse und Verteilung der Organismen im Quarnerischen Golfe.* Wie viele andere Meeresbiologen seiner Zeit beschäftigte er sich intensiv mit der Frage der Gliederung des Litorals; die Unterscheidung des Supra- und Sublitorals geht auf ihn zurück. Die Kvarner Bucht in der Nordadria war für meeresbiologisch orientierte Forscher der k. u. k. Monarchie eine ihrer wichtigsten Wirkungsstätten.
1865
Der Däne Johann Georg Forchhammer (1794 – 1865) publizierte ein Werk über die Zusammensetzung des Seewassers, das als ein Meilenstein der chemischen Ozeanographie gilt. Er führte den Begriff „Salinität" ein und identifizierte im Seewasser 27 Elemente (heute weiß man, dass praktisch alle natürlichen Elemente – zumindest in Spuren – im Meerwasser enthalten sind). Forchhammer stellte die These auf, dass die Salinität in den einzelnen Meeren zwar variiert, die relativen Mengenverhältnisse der einzelnen Bestandteile aber konstant bleiben.
1866
Die Secchi-Scheibe wurde vom vatikanischen Schiff „Immacolata Concezione" – auch die päpstliche Flotte beteiligte sich an der Meeresforschung – zum ersten Mal eingesetzt. „Erfunden" hatte das kreisrunde, weiße Hilfsmittel mit 30 – 50 cm Durchmesser zur Ermittlung der Sichttiefe Pater Angelo Secchi. Die ersten Beobachtungen ergaben Sichttiefen bis zu 42,5 m. Aus der Sichttiefe kann grob der vertikale Extinktionskoeffizient* ermittelt werden.
1867
Charles Mayer führte den Namen „Messinian" ein. Er leitet sich von besonderen marinen Ablagerungen hoher Salinität nahe der sizilianischen Stadt Messina ab (vgl. S. 86 ff.). Der Name „Messinian" sollte später besondere Bedeutung für die Erforschung der Naturgeschichte des Mittelmeeres erlangen (→ 1970 – 1975).
1868
Anton Felix Dohrn (1840 – 1909) unternahm eine prägende Reise nach Messina, die ihn zu dem Beschluss animierte, eine Station an der italienischen Mittelmeerküste zu gründen (→ 1872 – 1874; Abb. 1.23).

Thomas Henry Huxley (1825 – 1895), gern als „Bulldogge Darwins" bezeichnet, meinte in alkoholkonservierten Grundproben eine Art „Urschleim" (Protoplasma) entdeckt zu haben, einen „Organismus niedrigster Art", den er zu Ehren Ernst Haeckels – und zu dessen großer Freude – *Bathybius haeckelii* nannte. John Buchanan, Chemiker der „Challenger"-Expedition, entlarvte später *Bathybius haeckelii* als gelatinösen Niederschlag von Calciumsulfat bei Zugabe von Alkohol zu Seewasser.
1868 – 1870
Die Fahrten der HMS „Lightning" und der HMS „Porcupine" mit Wyville Thomson und William Carpenter waren wichtige Vorstufen für die „Challenger"-Expedition.
1869
Sir Wyville Thomson (1830 – 1882) und William Benjamin Carpenter (1813 – 1885) holten Lebewesen (unter anderem Foraminiferen und Schwämme) aus 4 458 m Tiefe an die Oberfläche. Die Vorstellung einer leblosen Zone war damit selbst für so extreme Tiefen endgültig widerlegt (vgl. Exkurs S. 45), denn die zwei Wissenschaftler fanden Lebewesen in Dredschenproben aus jeder beliebigen Tiefe. Eine der wichtigen Fragestellungen der biologischen Ozeanographie bzw. Meeresbiologie jener Zeit war: Was ist die Nahrungsquelle der in der Tiefe lebenden Organismen? Gelöste organische Stoffe (heute als DOM bezeichnet, vgl. S. 295 f.) wurden als Existenzgrundlage einer „Anhäufung von Protozoen" in der Tiefe angenommen. J. Gwenn Jeffreys erkannte durch die Menge der Diatomeen in den Sedimenten tiefer Meeresböden, dass sowohl abgestorbene als auch lebende Organismen aus den oberen Wasserschichten in die Tiefe absinken, den Meeresboden erreichen und den dort lebenden Organismen als Nahrungsgrundlage die-

Sir Wyville Thomson (1830–1882)

nen. Wyville Thomson glaubte jedoch noch an eine abgeschwächte Version der „azoischen" Theorie, dass nämlich Leben nur in der euphotischen (lichtdurchfluteten) Zone und dann erst wieder direkt über und auf dem Meeresgrund möglich ist, ähnlich wie Alexander Agassiz, der bis zu seinem Lebensende am „azoischen" Charakter mittlerer Wassertiefen festhielt. Diese mittleren Wasserschichten (mesopelagische und obere bathypelagische Zone) hielten beide für mehr oder weniger unbelebt. Sir John Murray nahm aufgrund der Ergebnisse der „Challenger"-Expedition eine spärliche Besiedelung dieser Wasserschichten an. Carl Chun, Ordinarius der Zoologie in Breslau, und Eugen von Petersen, Techniker der Station in Neapel, fischten 1886 mit Hilfe eines verbesserten Schließnetzes aus dem Golf von Neapel reichlich (bathy-)pelagische Fauna aus Tiefen bis 1 400 m und erkannten auch deren tagesperiodische Vertikalbewegungen (später als *deep scattering layer* mittels Echolot bekannt geworden); sie konnten Agassiz damit jedoch nicht überzeugen. Er führte die Fänge auf die besonderen homothermischen Verhältnisse in den Tiefen des Mittelmeeres zurück; im Gegensatz zum Ozean herrscht hier – selbst in den größten Tiefen – mehr oder weniger konstant eine Wassertemperatur von etwa 13 °C.

Sir John Murray (1841–1914)

1870 bis heute

Ära der meeresbiologischen Stationen; die Gründungen führten zu einem enormen Aufschwung der Meeresbiologie. Manche der Institutionen waren kurzlebig, viele andere sind bis heute bedeutende und traditionsreiche Forschungsstätten geblieben. Nur einige von ihnen können hier erwähnt werden, eine Übersicht heute existierender Stationen bietet Seite 54 f.

Meeresbiologische Stationen wurden meist in Fischereihäfen oder zumindest in deren Nähe eingerichtet. Bevor Presslufttauchen zur Standardmethode der Meeresforschung wurde, waren Fischer und später Helmtaucher wichtige Lieferanten biologischen Untersuchungsmaterials. Niemand, auch nicht die frühen Gründer und Meeresforscher, kannte die Organismen, ihre Aufenthaltsorte und die Methoden, wie man an sie herankommt, zu jener Zeit besser als die Fischer. Ein weiterer Vorteil der Meernähe: Seewasser konnte direkt aus dem Meer in die Aquarien der Stationen gepumpt werden und so Haltung und Lebendbeobachtung von Meeresorganismen ermöglichen. Mit dem Anwachsen der Städte, dem Aufkommen des Massentourismus und der zunehmenden Verschmutzung der Meere (das Materialsammeln direkt vor dem Institut wurde dadurch in manchen – jedoch nicht allen – Stationen nahezu unmöglich) verloren manche Institutionen ihre ursprünglich exklusive Stellung. Die moderne Aquarientechnik ermöglicht heute auch Hunderte Kilometer vom Meer entfernt perfekte Meerwasseraquaristik. Trotzdem behielten die Stationen ihre Bedeutung. Von hier aus operieren Forschungsschiffe, vielfach wurden vorgelagerte Feldstationen in möglichst intakten Meeresgebieten (auf Inseln) gegründet, in denen die Ökologie des Meeres studiert werden konnte. Von hier aus unternehmen auch die heute tauchenden Biologen ihre Ausfahrten: Ära des SCUBA-Tauchens (→ 1943).

1872

Zwischen Juni und Oktober führte das britische Schiff HMS „Shearwater" unter Leitung von William Wharton Messungen der Strömungsverhältnisse im Bosporus und in den Dardanellen durch. Die von Luigi Ferdinando Marsigli schon lange zuvor (→ 1681) erkannte Unterströmung aus dem Mittelmeer ins Schwarze Meer wurde durch diese Forschungsfahrt bestätigt.

1872–1874

Gründung der meeresbiologischen Station in Neapel (Abb. 1.23) durch den deutschen Zoologen Anton Felix Dohrn. Seit Angeregt durch die Veröffentlichung von Darwins *Origin of species* 1859, ist zur Mitte des 19. Jahrhunderts bei Zoologen speziell die Meeresfauna in den Mittelpunkt des Interesses gerückt – sie wurden daher vielfach als „Wasserzoologen" verspottet. Es gab viel zu entdecken und zu beschreiben – auch neue höhere taxonomische Kategorien und womöglich „lebende Fossilien" aus der Tiefsee, nach denen begierig gesucht wurde. Man erhoffte sich neue Erkenntnisse zur Klärung der Verwandtschaftsbeziehungen zwischen den einzelnen Organismengruppen.

Anton Felix Dohrn (1840–1909)

Stationen wie jene in Neapel wurden zu modischen Stützpunkten der Biologie, an denen sich, vom „Goethe-Syndrom" (Liebe zu Italien und dem Mittelmeerraum) befallen, die bekanntesten und namhaftesten Zoologen der damaligen Zeit begegneten: Francis Maitland Balfour und Ray Lancester, de Man, Theodor Boveri, Hans Adolf Eduard Driesch, Carl Chun, Christian Andreas Victor Hensen, Ernst Haeckel, Rudolf Leuckart (unter anderem Arbeiten über Protozoen, Hohltiere und Stachelhäuter, die er erstmalig richtig systematisch unterschied, sowie über Siphono-

1.23 Stazione Zoologica Anton Dohrn in Neapel. Dohrn leitete die Station bis zu seinem Tod im Jahre 1909, danach übernahm sein Sohn Richard und später sein Enkel Peter deren Führung. In der Stazione Zoologica Anton Dohrn befindet sich die größte und bedeutendste meeresbiologische Bibliothek des gesamten Mittelmeerraumes. Die Gründung der Station in Neapel hatte starke Vorbildwirkung (nicht nur im Mittelmeerraum), ihr folgten viele weitere in verschiedenen Teilen der Welt.

phoren), Carl Friedrich Wilhelm Claus (Gründer und Leiter der zoologischen Station in Triest), Karl Gegenbaur (Arbeiten über die vergleichende Anatomie und Morphologie der Wirbeltiere und Studium niederer Meerestiere) und viele andere. Auch Carl Vogt führte seine Studien vielfach an aus dem Mittelmeer stammenden Tieren durch.

1872–1876

„The history of the oceanography as a science began on January 3, 1873." Mit diesem geschichtswissenschaftlich nicht ganz haltbaren Satz wird in der englischsprachigen Literatur die Bedeutung jenes Tages gewürdigt, an dem die Arbeit der „Challenger"-Expedition begann. Zweifellos war sie einer der bedeutendsten Meilensteine in der Geschichte der Meeresforschung (wenngleich diese Fahrt das Mittelmeer gar nicht berührte, möglicherweise weil es den Briten „zu unwichtig" und „zu klein" war). Die HMS „Challenger" umsegelte den Globus, legte dabei 69 000 Seemeilen zurück, dredschte bis fast in 6 000 m Tiefe, sammelte über 13 000 Tier- und Pflanzenarten, nahm Hunderte Wasser- und Sedimentproben, machte unzählige ozeanographische Messungen und Beobachtungen und erkannte die globalen Strömungssysteme der Ozeane und Auftriebsgebiete mit aufsteigendem Tiefenwasser (heute *upwelling* genannt).

Die Ergebnisse wurden auf 29 500 Seiten in 50 Bänden mit einer Auflage von 750 Exemplaren veröffentlicht *(Report on the scientific results of the voyage of H. M. S. „Challenger");* allerdings ist das Material bis heute nicht völlig aufgearbeitet. Die berühmtesten Kapazitäten der wissenschaftlichen Welt waren an der Auswertung des „Challenger"-Materials beteiligt (Alexander Agassiz äußerte sich nach vier Jahren intensiven Studiums von Seeigeln in dem Sinn, dass er von nun an nie wieder einen Seeigel erblicken möchte und die ganze Klasse überhaupt aussterben möge). Den umfassendsten Beitrag lieferte Ernst Haeckel, der 4 318 Spezies von Radiolarien beschrieb, davon 3 508 als neue Arten; dies wurde später von dem Zoologen Ludwig Karl Schmarda (1819–1908) als „die bedeutendste Leistung der Neuzeit auf dem Gebiete der Zoologie" gewürdigt. Die zu jener „Pionierzeit des Darwinismus" von den Biologen sehr begehrten „lebenden Fossilien" wurden bei der „Challenger"-Expedition jedoch nicht entdeckt.

Forschungsfahrt bzw. Weltumsegelung der österreichischen Fregatte „Novara", die unter anderem biologischen Studien gewidmet war.

1873

Der deutsche Zoologe Carl Claus (1835–1899) übernahm nach Rudolf Kern die zoologisch-anatomische Lehrkanzel in Wien. Claus wurde zum Begründer der „Wiener Schule" der Zoologie, die sich sowohl allgemein-zoologisch (starke morphologisch-systematische Tradition) als auch speziell in der Meeresbiologie hervorgetan hat und bis heute aktiv ist. Einige Namen aus mehr als 100 Jahren: Karl Grobben (1854–1945), Zoologieprofessor in Wien (Neubearbeitung des 1880 von Carl Claus begründeten *Lehrbuchs der Zoologie*); Berthold Hatschek (1854–1941), österreichischer Zoologe, zahlreiche meereszoologische Arbeiten (Messina) und grundlegende Untersuchungen zum Ursprung des Wirbeltierbauplans; Wilhelm Marinelli (1894–1973) und Rupert Riedl (→ 1948–1949, → 1952, → 1963). Von Jörg Ott, einem Schüler Riedls und derzeit Professor in Wien, stammt ein aktuelles Lehrbuch *(Meereskunde)*.

Carl Claus und Franz Eilhard Schulze (1840–1921) erhielten vom k. u. k. Unterrichtsministerium den Auftrag, eine zoologische Station in Triest zu errichten – sie wurde 1875 eröffnet –, die sich vor allem mit der Inventarisierung der nordadriatischen Tierwelt beschäftigte *(Übersicht der Seethierfauna des Golfes von Triest;* ab 1900: *Fauna des Golfes von Triest)*. Später Erwerb des Forschungsschiffes „Adria".

1880

Gründung einer meeresbiologischen Station in Villefranche-sur-Mer in Südfrankreich, die vor allem bei russischen Wissenschaftlern beliebt war. Durch die Strömungen in der Bucht sammelten sich dort auch pelagische Organismen, wichtige Studienobjekte, an.

1880–1882

Französische Forschungsfahrten der „Travailleur" zwischen der Biskaya und dem westlichen Mittelmeer unter der Leitung des Marquis de Follin.

1881

Gründung der mit der Sorbonne in Verbindung stehenden meeresbiologischen Station Labora-

1.24 Die Statue zu Ehren von Henri de Lacaze-Duthiers (1821–1901), dem Gründer des Laboratoire Arago in Banyuls-sur-Mer (und der zoologischen Station in Roscoff, Bretagne, im Jahre 1872) steht dem Meer zugewandt direkt hinter der Station. Diese Institution gehört neben der Stazione Zoologica in Neapel zu den traditionsreichsten des Mittelmeerraums. Lacaze-Duthiers, nach 1865 Professor in Paris, hat als Mitbegründer der experimentellen Zoologie auch die Zeitschrift „Archives de zoologie expérimentale" initiiert.

toire Arago in Banyuls-sur-Mer durch Henri de Lacaze-Duthiers (1821–1901; siehe Abb. 1.24).

1884

William Dittmar (1833–1892) publizierte die Auswertungsergebnisse von 77 Seewasser-Probenahmen der „Challenger" – die bis dahin genaueste Analyse des Seewassers. Das Verhältnis der Hauptbestandteile des Seewassers zueinander erwies sich als nahezu völlig konstant, eine Erkenntnis, die schon 1819 von dem französischen Chemiker Alexandre Marcet (1770–1822) und 1865 von dem Dänen Johann Georg Forchhammer angedeutet wurde. Die chemische Ozeanographie hat sich etwa zu dieser Zeit als eigene Disziplin etabliert.

1887

Christian Andreas Victor Hensen (1835–1924) prägte den Begriff „Plankton" anstelle des Begriffs „Auftrieb", wie ihn der Physiologe Johannes Peter Müller (1801–1858) gebraucht hatte. Hensen leitete 1889 die Atlantik-Plankton-Expedition der Humboldtstiftung, bei der er bereits quantitative Methoden zur Erforschung des Planktons einsetzte; nach ihm ist das „Hensennetz" (ein spezielles Planktonnetz) benannt. Für Hensen umfasste Plankton noch tote schwebende Materie (also POM* nach der modernen Terminologie). Erst Ernst Haeckel präzisierte den Begriff Plankton und fügte noch Nekton und Benthos hinzu – heute elementare Begriffe der Meeresbiologie.

1890

Erste Forschungsfahrt der SMS „Pola" ins östliche Mittelmeer. Prinz Albert I. von Monaco und Mitglieder der „Tiefsee-Kommission" der Wiener Akademie der Wissenschaften verabschiedeten die erste k. u. k. ozeanographische Expedition. Nach der bahnbrechenden Weltumsegelung der britischen „Challenger" (1872–1876) wollte kaum eine der großen Nationen bzw. der seefahrenden Mächte in der ozeanographischen Forschung zurückbleiben. Die Forschungsfahrten der „Pola" waren ausgezeichnet geplant: Während das östliche Mittelmeer bis zum Ende des 19. Jahrhunderts ozeanographisch kaum untersucht war („Das östliche Mittelmeer ist ein oceanographisch gesehen noch jungfräuliches Gebiet"; Carl Edler von Bermann, 1883), gehörte es nach den österreichisch-ungarischen Tiefsee-Expeditionen zu den seinerzeit am gründlichsten untersuchten Meeresgebieten. 72 ozeanographische Stationen wurden absolviert (eine „ozeanographische Station" ist eine zuvor festgelegte Meeresstelle, an der ein Forschungsschiff vor Anker geht, um wissenschaftliche Untersuchungen durchzuführen).

1890–1899

Die ozeanographischen Forschungen der kaiserlich russischen Geographischen Gesellschaft mit der „Černomorec" und weiteren Schiffen unter Leitung des Geologen und Paläontologen N. I. Andrusow im Schwarzen Meer führten zu Aufsehen erregenden Ergebnissen. Wasserproben aus mehr als 200 m Tiefe enthielten keinerlei höheres Leben, dafür aber hohe Konzentrationen des hochgiftigen Schwefelwasserstoffs (H_2S), womit die bedeutendste ozeanographische Eigenheit des Schwarzen Meeres entdeckt war. Nach neueren Messungen liegt die Grenze zwischen sauerstoffhaltigen und -freien Wasserschichten zwischen 75 und 250 m (vgl. Abb. 3.66).

1891

Gründung einer kleinen meeresbiologischen Station in Rovigno (Rovinj) durch die Direktion des Berliner Aquariums. Ursprünglich diente die Station vor allem der Beschaffung von Meerestieren für das Aquarium in Berlin, sie hat aber durchaus auch Forschungsaufgaben übernommen. Später wurden mit dem Dampfer „Rudolf Virchow" Sammelexpeditionen in der Adria durchgeführt. Der vor allem in Innsbruck tätige böhmische Zoologe Adolf Steuer (1871–1960), der zu einem der besten Kenner der adriatischen Fauna wurde, hat 1931 die Direktion des deutsch-italienischen Instituts übernommen. Viele mitteleuropäische Universitäten führen hier seit Jahrzehnten traditionell ihre meeresbiologischen Exkursionen für Studenten durch.

Zweite Forschungsfahrt der SMS „Pola" ins östliche Mittelmeer mit 84 ozeanographischen Stationen.

Veröffentlichung von *Deep-sea Deposits* durch John Murray (1841–1914) und Alphonse Renard (1842–1903). Mit geringfügigen Aktualisierungen ist dieses Werk über pelagische Sedimente bis heute ein Klassiker der Meeresgeologie.

1892
Dritte Forschungsfahrt der SMS „Pola" ins östliche Mittelmeer mit 123 ozeanographischen Stationen.

1893
Der in Kiel und Marburg tätige Geograph Theobald Fischer (1846–1910), Mitbegründer der modernen Geographie in Deutschland, der auf Reisen durch die Mittelmeerländer naturwissenschaftlich-geographische Studien betrieb, veröffentlichte die *Länderkunde der südeuropäischen Halbinseln*. Fischer erkannte als Erster das Mittelmeergebiet als große geographische Einheit.

Vierte Forschungsfahrt der SMS „Pola" ins östliche Mittelmeer mit 138 ozeanographischen Stationen.

1894
Forschungsfahrt der SMS „Taurus" ins Marmarameer und weitere Forschungsfahrt der SMS „Pola" in der Adria.

Nach 1900
In der Meeresbiologie kristallisierten sich zwei Forschungstrends heraus. Der eine war hauptsächlich sammelnd, deskriptiv und katalogisierend, mit ersten ökologischen Ansätzen, das Meer als Gesamtheit zu erfassen; die zweite Richtung – durch den Rückgang der Fischbestände in der Nordsee eher pragmatisch motiviert – beschäftigte sich mit wichtigen „ökologischen" Fragen wie Populationsdynamik und Populationsschwankungen, wobei es vielfach mehr um Fischerei-Management ging als um streng wissenschaftliche Untersuchungen. Erst gegen Ende der fünfziger und zu Beginn der sechziger Jahre des 20. Jahrhunderts wurde die Entwicklung der Fischbestände bzw. ihre Populationsschwankungen als Teil der globalen Ökologie der Meere gesehen, als etwas höchst Komplexes, das nur begrenzt verstanden wird und nicht immer durch Überfischung allein erklärt werden kann.

1902
Martin Knudsen, Carl Forch und S. P. L. Sörensen stellten eine gravimetrische Definition der Salinität auf, die auf Chloridgehalt basierte. Sie standardisierten die Methodik zur Bestimmung der Salinität.

1906–1910
Gründung des Institut Océanographique in Paris und des Musée Océanographique in Monaco durch Prinz Albert I. von Monaco (1848–1922). Der Prinz war ein namhafter Meeresforscher, der mit seinen Forschungsschiffen „Hirondelle I", „Princesse Alice I", „Princesse Alice II" und „Hirondelle II" zahlreiche Expeditionen unternahm. Sein Hauptinteresse galt dem Mittelmeer und dem angrenzenden Atlantik, vor allem dem Gebiet um die Azoren. In seiner Laufbahn brachte er es auf über 4 500 meereskundliche Stationen; mit dieser Zahl hat er wohl die überwiegende Mehrzahl hauptberuflicher Ozeanographen (um ein Vielfaches) übertroffen.

1908–1910
Die dänischen Expeditionen der „Michael Sars" (bei Gibraltar), „Dana" und „Thor" waren wichtige Zwischenstufen bei der Erkundung des Mittelmeeres.

1912–1915
Alfred Wegener (1880–1930), Astronom und Meteorologe, der ab 1924 an der Universität Graz als Professor für Meteorologie und Geophysik wirkte, trug 1912 zum ersten Mal seine Vorstellungen über die Kontinentalverschiebung (= Kontinentaldrift) vor, die auch eine Erklärung für die Entstehung des Mittelmeeres liefert (vgl. S. 59 f.). Wenig später, 1915, hat er diese Hypothese in Buchform herausgebracht: *Die Entstehung der Kontinente und Ozeane* (mit zahlreichen weiteren Auflagen und Übersetzungen). Alexander von Humboldt hatte bereits 1807 auf die ineinander passenden Formen der gegenüberliegenden Küstenverläufe von Afrika und Südamerika aufmerksam gemacht.

Alfred Wegener (1880–1930)

1916
Gründung des Istituto Sperimentale Talassografico in Messina. Messina war durch seine Lage an der gleichnamigen Meeresstraße immer schon ein besonderer meeresbiologischer Standort. Durch die enormen Gezeitenströme kommen hier von Zeit zu Zeit bemerkenswerte „Tiefsee"-Organismen an die Oberfläche. Namhafte Naturwissenschaftler (Giovanni Canestrini, Luigi Facciolà, Antoine Risso) und andere haben hier bereits im 19. Jahrhundert unzählige neue Arten aus dem Mittelmeer beschrieben.

Nach 1920
Die Ozeanographen bekamen ein neues, bahnbrechendes Messgerät in die Hand: das Sonar-

1.25 und 1.26 Oben und gegenüberliegende Seite: das von Prinz Albert I. von Monaco (Honoré Charles Grimaldi, 1848–1922) gegründete Musée Océanographique in Monaco. Der Fürst war ein begeisterter und anerkannter Meeresforscher, der zahlreiche ozeanographische Forschungsfahrten finanzierte und organisierte. 1957 wurde Jacques-Yves Cousteau (1910–1997) zum Direktor des Museums bestellt, das er bis 1988 leitete.

gerät (auf Englisch ursprünglich *fathometer* genannt). Es wurde während des Ersten Weltkriegs als strategisch wichtiges Abwehrmittel gegen Unterseeboote entwickelt. Mit dem Sonar konnten Lotungen erstmals durch eine wesentlich schnellere und zuverlässigere Methode ersetzt werden. Das Wissen über die Gestalt des Meeresgrundes und die Tiefen der Ozeane wurde rasch präzisiert.

1925
Die erfolgreiche Expedition der deutschen „Meteor“ im Atlantik lieferte wichtige Erkenntnisse für die Entwicklung der physikalischen Ozeanographie.

1925–1926
Vito Volterra (1860–1940), italienischer Mathematiker und Physiker, beschäftigte sich mit der Ökologie des Meeres und postulierte bis heute geltende ökologische Gesetzmäßigkeiten (Lotka-Volterra-Gleichung zur mathematischen Beschreibung von Räuber-Beute-Beziehungen). Initiiert hat die Untersuchung sein Schwiegervater, der Zoologe Umberto d'Ancona, der sich mit Veränderungen der Fischpopulationen während des Ersten Weltkriegs beschäftigte.

1937–1939
Erste Tauchgänge des Wiener Unterwasserpioniers Hans Hass (geb. 1919) im Mittelmeer. Sein Vorstoß in die Meere beeinflusste maßgeblich die weitere Entwicklung des Tauchens, bewirkte eine breite Popularisierung der Meeresforschung und führte bei vielen jungen Menschen der Nachkriegszeit und später zum Entschluss, sich selbst mit Meeresforschung zu beschäftigen.

1939–1945
Intensivierung ozeanographischer Forschungen, vor allem der physikalischen Ozeanographie, während des Zweiten Weltkriegs aus militärisch-strategischen Gründen.

1942
Harald Ulrik Sverdrup, Richard Fleming und Martin W. Johnson publizierten den ozeanographischen Klassiker *The Oceans*.

1943
Die Entwicklung der so genannten „Aqualunge“, eines von der Oberfläche unabhängigen Atemgeräts, durch Jacques-Yves Cousteau und Emile Gagnan markiert den Beginn einer neuen Ära in der Meeresforschung. Das SCUBA-Tauchen *(Self-Contained Underwater Breathing Apparatus)* erlaubt im Gegensatz zum schwerfälligen und begrenzten Helmtauchen ein freies Bewegen unter Wasser. Diese Entwicklung revolutionierte die Meeresbiologie, und direkte Beobachtungen der Organismen in ihrem natürlichen Lebensraum wurden möglich. Dass es im Mittelmeer einen Putzerfisch *(Symphodus melanocercus)*, einen Anemonenfisch *(Gobius bucchichi)* oder eine Fressgemeinschaft zwischen Meerbarben *(Mullus)* und

verschiedenen Brassen (Sparidae), Lippfischen (Labridae) und weiteren Fischarten gibt, konnte ebenso erst durch die neue Tauchtechnik genau erforscht werden wie unzählige weitere Details zur Lebensweise und Biologie mariner Organismen.

Harald Ulrik Sverdrup und Walter Heinrich Munk von der Scripps Institution of Ozeanography publizierten ihre bahnbrechende Arbeit über Wellen: *Wind, waves and swell: a basic theory for forecasting.*

1947–1948
Die große schwedische Tiefsee-Expedition unter der Leitung von Hans Pettersson erforschte auch das Rote Meer und das Mittelmeer.

1948–1949
Unterwasserexpedition Austria unter der Leitung des Wiener Zoologen und Anthropologen Rupert Riedl (geb. 1925).

1950–1952
Dänische „Galathea"-Expedition zur Erforschung des Weltmeeres.

1952
Tyrrhenia-Expedition unter der Leitung von Rupert Riedl. Schwerpunkt dieser und der früheren Austria-Expedition waren die Meereshöhlen. Die Ergebnisse wurden 1966 in *Biologie der Meereshöhlen* veröffentlicht.

1957
Jacques-Yves Cousteau (1910–1997) wurde Direktor des Ozeanographischen Museums in Monaco. Er blieb bis 1988 in dieser Funktion, die ihm viel Freiraum für Forschungsreisen ließ. Cousteaus Filme über die Forschungsfahrten der „Calypso" („Geheimnisse des Meeres") brachten nicht nur viele junge Menschen zum Tauchen, sondern trugen auch zur Sensibilisierung der Weltöffentlichkeit in Bezug auf die Verschmutzung der Meere und der globalen Bedrohung des marinen Ökosystems und der marinen Organismen bei.

1959
Der ursprünglich nicht ganz klar definierte Begriff „Messinian" (→ 1867) wird zum allgemein anerkannten Namen für den letzten Abschnitt des Miozäns, das zwischen 7,1 und 5,3 Mio. Jahren vor heute anzusetzen ist. Er sollte etwas mehr als ein Jahrzehnt später eine besondere Bedeutung für die Erforschung des Mittelmeeres gewinnen.

1960–1961
Harry Hammond Hess und Robert Sinclair Dietz publizierten die *seafloor-spreading*-Hypothese.

1963
Rupert Riedl veröffentlichte sein Werk *Fauna und Flora der Adria,* in späteren Auflagen erweitert zu *Fauna und Flora des Mittelmeeres,* den bisher umfassendsten Bestimmungsführer für das Mittelmeer, der auch ins Italienische übersetzt wurde.

1970–1975
Bohrungen im Rahmen des weltweiten Tiefsee-Bohrprogramms DSDP *(Deep Sea Drilling Project),* das die Vorstellungen über *seafloor-spreading* und Kontinentaldrift präzisieren sollte, durch die „Glomar Challenger" (bis 1983). Das Schiff wurde nach der berühmten HMS „Challenger" benannt (→ 1872–1876). Diese Bohrungen führten zur Aufstellung der Theorie über die Austrocknung des Mittelmeeres bzw. die „Messinische Salinitätskrise" durch Kenneth J. Hsü und Bill Ryan (ausführliche Beschreibung S. 86 ff.). Später kam die „JOIDES Resolution", ein noch größeres und leistungsfähigeres Bohrschiff, zum Einsatz.

Seit etwa 1980
Die Satellitentechnik leitete ein neues Zeitalter in der physikalischen, chemischen und biologischen Ozeanographie ein. Sowohl im regionalen als auch im globalen Maßstab konnten neue Erkenntnisse in früher unerreichbarer Präzision und Aktualität gewonnen werden. GPS-Messungen ermöglichen genaue Aussagen über die Kontinentaldrift einschließlich der Bewegung von Mikroplatten (vgl. Abb. 2.2). Das Satellite Remote Sensing (Satelliten-Fernerkundung) liefert beeindruckende Bilder, die auch für umweltrelevante Fragestellungen und das Erarbeiten effektiver Maßnahmen von großer Bedeutung sind.

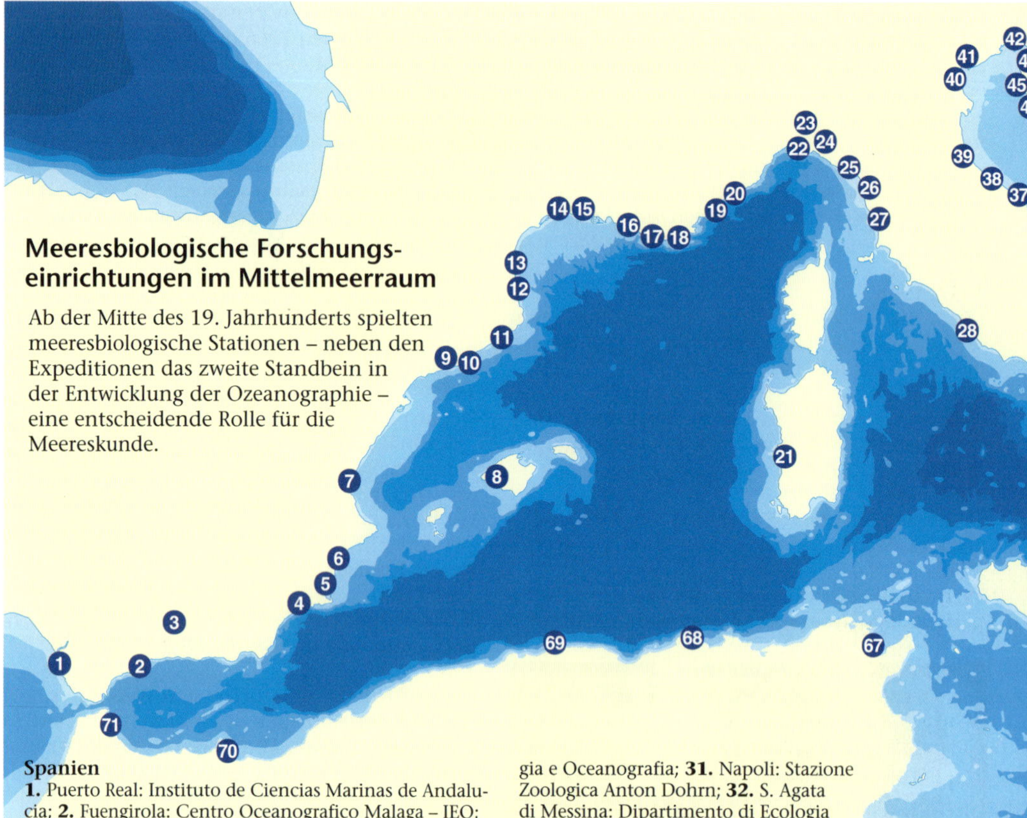

Meeresbiologische Forschungseinrichtungen im Mittelmeerraum

Ab der Mitte des 19. Jahrhunderts spielten meeresbiologische Stationen – neben den Expeditionen das zweite Standbein in der Entwicklung der Ozeanographie – eine entscheidende Rolle für die Meereskunde.

Spanien
1. Puerto Real: Instituto de Ciencias Marinas de Andalucia; **2.** Fuengirola: Centro Oceanografico Malaga – IEO; **3.** Granada: Instituto Andaluz de Ciencias de la Tierra; **4.** Puerto de Mazarron: Centro Oceanografico Murcia – IEO; **5.** San Pedro del Pinatar: Centro Oceanografico Murcia – IEO; **6.** Alicante: Marine Biology Research Laboratory; **7.** Valencia: Laboratory of Marine Zoology; **8.** Palma de Mallorca: Centro Oceanografico Baleares – IEO; **9.** Barcelona: Facultat de Geologia; **10.** Barcelona: Instituto de Ciencias del Mar; **11.** Blanes (Girona): Centro de Estudios Avanzados de Blanes.

Frankreich
12. Banyuls-sur-Mer: Observatoire Océanologique; **13.** Perpignan: C.E.F.R.E.M.; **14.** Sète: Station Ifremer; Station Méditerranéenne de l'Environnement Littoral; **15.** Palavas: Station Ifremer Expérimentale d'Aquaculture; **16.** Marseille: Station Marine d'Endoume; **17.** Six-Fours-les-Plages: Institut Océanographique Paul Ricard; **18.** La Seyne-sur-Mer: Laboratoire Ifremer de Toulon; **19.** Villefranche-sur-Mer: Observatoire Océanologique. **20.** Monaco: Musée Océanographique.

Italien
21. Torregrande – Oristano (Sardinien): International Marine Centre; **22.** Genova: Istituto Idrografico della Marina; **23.** Genova: Istituto di Scienze Ambientali Marine; **24.** Genova: Laboratori di Biologia Marina ed Ecologia Animale; **25.** La Spezia: SACLANT Undersea Research Centre; **26.** Pozzuolo di Lerici: Istituto per lo studio dell' Oceanografia Fisica; **27.** Livorno: Centro Interuniversitare di Biologia Marina G. Bacci; **28.** Roma: ICRAM; **29.** Ischia (Napoli): Laboratorio di Ecologia del Benthos; **30.** Napoli: Istituto di Meteorologia e Oceanografia; **31.** Napoli: Stazione Zoologica Anton Dohrn; **32.** S. Agata di Messina: Dipartimento di Ecologia Marina; **33.** Messina: Istituto Sperimentale Talassografico; **34.** Taranto: Istituto Sperimentale Talassografico Attilio Cerruti; **35.** Valenzano: Istituto di Chimica; **36.** Bari: Laboratorio di Biologia Marina; **37.** Ancona: Istituto di Ricerche sulla Pesca Marittima; **38.** Fano: Laboratorio di Biologia Marina e Pesca; **39.** Cesenatico: Laboratorio di Riferimento Naz. per le Biotossine Marine; **40.** Venezia: Istituto della Dinamica delle Grandi Masse; **41.** Venezia: Istituto di Biologia del Mare; **42.** Trieste: Dipartimento di Oceanologia e Geofisica Ambientale – DOGA; **43.** Trieste: Istituto Talassografico di Trieste; **44.** Trieste: Laboratorio di Biologia Marina.

Slowenien
45. Piran: Marine Biological Station Piran.

Kroatien
46. Rovinj: Center for Marine Research Ruder Boskovic; **47.** Split: Institute of Oceanography and Fisheries; **48.** Dubrovnik: Institute of Oceanography and Fisheries.

Jugoslawien
49. Kotor – Montenegro: Institute of Marine Biology.

Griechenland
50. Athen: National Centre for Marine Research; **51.** Athen: Laboratory of Hydrobiology; **52.** Heraklion: Institute of Marine Biology of Crete; **53.** Thessaloniki: Department of Zoology and Botany; **54.** Kavala: National Agricultural Research Foundation.

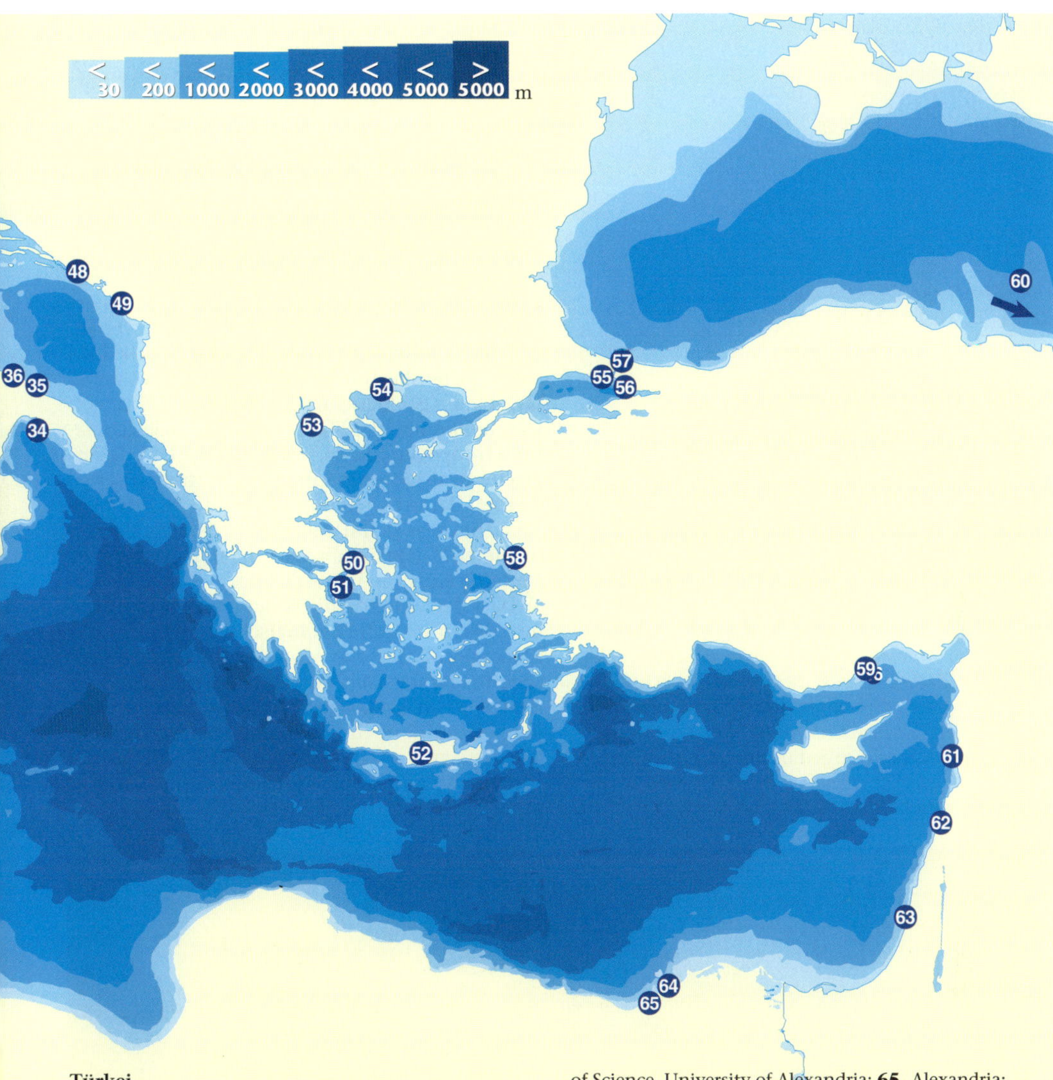

Türkei
Istanbul: **55.** Laleli: Istanbul University Fisheries Laboratory; **56.** Istanbul: Turkish Marine Research Foundation; **57.** Istanbul: Institute of Marine Sciences and Management; **58.** Izmir: Institute of Marine Sciences and Technology; **59.** Erdemli: Institute of Marine Sciences; **60.** Trabzon: Marine Ecology Research Centre.

Syrien
61. Latakia (Al-Ladiqiya): Marine Research Institute, Tishren University.

Libanon
62. Batroun: National Centre for Marine Sciences.

Israel
63. Haifa: The National Institute of Oceanography, Israel Oceanographic and Limnological Research.

Ägypten
64. Alexandria: Department of Oceanography; Faculty of Science, University of Alexandria; **65.** Alexandria: National Institute of Oceanography and Fisheries.

Libyen
66. Tripolis-Tajura: Marine Biology Research Centre.

Tunesien
67. Institut National des Sciences et Technologies de la Mer, Salammbò.

Algerien
68. Annaba: Département des Sciences de la Mer; **69.** Wilaya d'Alger: I.S.M.A.L.

Marokko
70. M'diq: Aquacole Center of the INRH; **71.** Nador: Regional Center of the INRH.

Malta
72. University Marine Laboratory, Department of Biology, University of Malta.

Gottfried Tichy, Čestmír Tomek, Kenneth J. Hsü und Robert Hofrichter

2. Geologie und Entstehungsgeschichte

2.1 Die Kornaten in der dalmatinischen Inselwelt sind ein rezentes Hebungsgebiet entlang der konvergenten Plattengrenze der Adriatischen Platte mit dem Dinarischen Karstgebirge, die von Udine bis Zakynthos reicht. Dieses Aufeinanderrücken ist stark transpressiv (die Aufeinanderkomponente der Bewegung macht nur 20 Prozent aus, die Verschiebungsbewegung 80 Prozent). Die Subduktion (Unterschiebung) ist sehr flach. Ein Beweis dafür ist, dass selbst Teile des Olymps aus eozänen Sedimenten adriatischer Affinität bestehen. Die einzelnen Inseln könnten axiale Teile einer antiklinalen* Falte darstellen.*

Das Europäische Mittelmeer ist weder geologisch noch ozeanographisch oder biogeographisch eine homogene Einheit, ebenso wenig wie das umgebende Land. Es liegt in der Kollisionszone der Afrikanischen und der Eurasischen Platte bzw. der dazugehörigen Lithosphäre und gehört geologisch gesehen zu den komplexesten Regionen der Welt. Die sichtbaren geomorphologischen Ausprägungsformen mediterraner Festlandküsten mit den zahlreichen das Becken umschließenden Gebirgszügen und Inseln (Abb. 2.1), die zu Inselketten, Inselbögen oder Archipelen gruppiert sind, wie etwa in der Ägäischen Inselwelt, werden erst nach einer Erläuterung der Tektonik und Geologie der Region verständlich. Dieses Kapitel bietet auch geologischen Laien ein möglichst verständliches Bild der Plattentektonik. Viele geographisch-topographische, ozeanographische, ökologische und biogeographische Zusammenhänge werden dadurch leichter verständlich, etwa die Tatsache, dass sich das viel ältere östliche Becken in vielerlei Hinsicht vom jüngeren westlichen Mittelmeerbecken unterscheidet.

Dass der Süden Siziliens mit dem Vulkan Ätna und die Insel Malta geologisch gesehen ein Teil Afrikas sind, dass die vermutlich älteste ozeanische Kruste der Welt im östlichen Mittelmeer zu finden ist, dass das gesamte Mittelmeerbecken vor sechs Millionen Jahren einer Salzwüste glich und dass große Teile der Adria vor 15 000 Jahren trockenes Land waren, sind nur einige interessante Themen dieses Kapitels.

Die Erde ist ein hochgradig durch Wasser geprägter Planet – 70,8 Prozent ihrer Oberfläche sind von Wasser bedeckt. Die Dominanz der Meere wird durch die Geologie nochmals stark unterstrichen: Etwa 60 Prozent der Erdkruste bestehen aus ozeanischer Kruste, die nur am Grund der Weltmeere durch *seafloor-spreading** entstehen kann. Die Differenz dieser Zahlen beträgt etwa 10 Prozent; sie zeigt, dass Teile kontinentaler Kruste vom Meer bedeckt sind. Hier liegt der Kontinentalschelf, ein für die Gesamtökologie des Meeres und seine wirtschaftliche Nutzung durch den Menschen enorm wichtiger Bereich.

Die Gestalt der Meere und damit der Küstenlinie des Festlandes ist in ständiger Veränderung begriffen. Ein Großteil dieser Vorgänge – da mit dem Maßstab eines Menschenlebens gemessen zu langsam – verläuft von uns unbemerkt, doch lassen sie sich heute durch moderne wissenschaftliche Methoden eindeutig nachweisen (Abb. 2.2).

Die Gestalt des Mittelmeeres, so wie es sich heute darstellt, ist erdgeschichtlich gesehen jung, nämlich etwa 5,3 Millionen Jahre – wenn man seine später ausführlich beschriebene Austrocknung (Messinische Salinitätskrise) und Wiederauffüllung und damit „zweite Geburt" als Basis nimmt. Bereits Jahrmillionen vor dem Messinian* hatte das Mittelmeer allerdings eine vergleichbare Form und an manchen Stellen auch eine vergleichbare Tiefe. Andererseits hat es nach dem Messinian regional und lokal gewaltige Veränderungen gegeben: Meeresböden sind abgesunken, neue Meeresbereiche entstanden (Ägäis), und an vielen Stellen ist es durch tektonische Vorgänge zu Veränderungen der Küstenlinie gekommen (vgl. Abb. 2.18 bis 2.23). Das Tyrrhenische Meer war beispielsweise am Anfang des Pliozäns (5,3 Millionen Jahre) ein kleineres Flachmeer und das Ionische Meer viel breiter als heute. Während des Pleistozäns ist es zu vielen Transgressionen* und Regressionen des Meeres gekommen (Abb. 2.35).

Grundlagen der Plattentektonik

Der Aufbau der äußeren Hülle unserer Erde, der Lithosphäre, steht am Anfang dieser Einführung

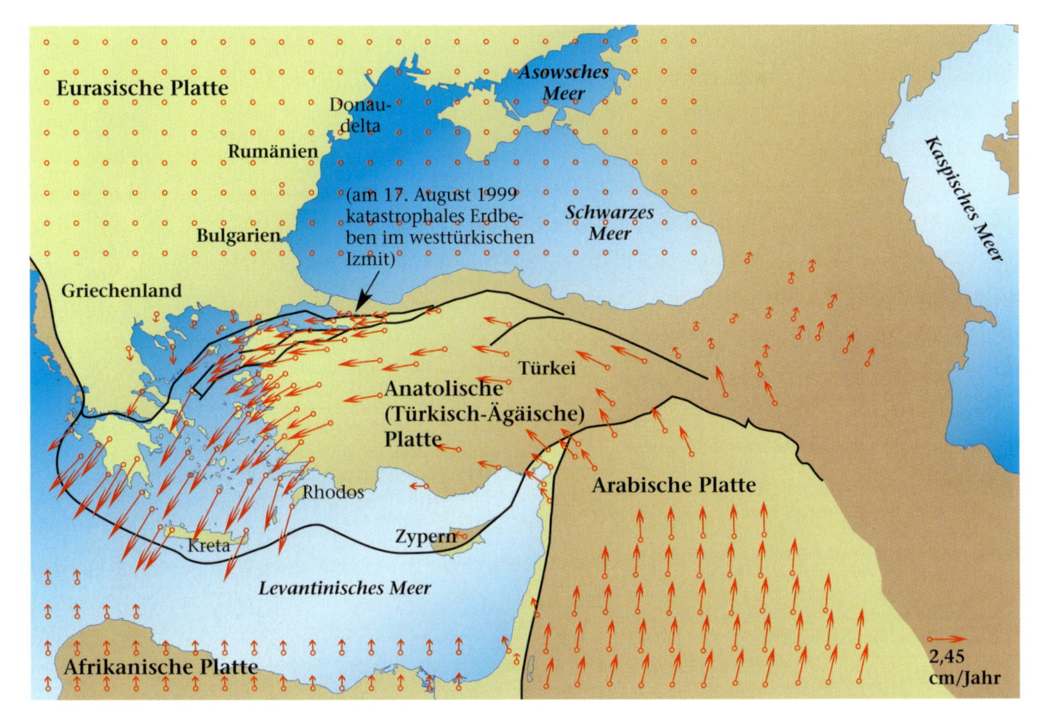

2.2 Die Dynamik plattentektonischer Prozesse im Mittelmeerraum. Die Grafik zeigt die Verschiebung der Anatolischen Subplatte in westlicher und südwestlicher Richtung aufgrund von GPS-Messungen in den Jahren 1988 bis 1999. Die relative Geschwindigkeit Eurasiens gegenüber Afrika ist durch Pfeile angedeutet (alle Pfeile sind relativ zu einem als „stabil" angenommenen Europa zu verstehen). Die Subduktionsgeschwindigkeit zwischen Kreta und Afrika ist wesentlich höher als die konvergente Bewegung zwischen Eurasien und Afrika insgesamt. Der Mittelmeerraum mit Kleinasien gehört zu den seismotektonisch aktivsten Zonen zwischen der Afrikanischen, Arabischen und Eurasischen Platte. Der nördliche Rand Kleinasiens entlang der Nordanatolischen Störung ist durch häufige Erdbeben gekennzeichnet. Nach Kahle et al., 2000.*

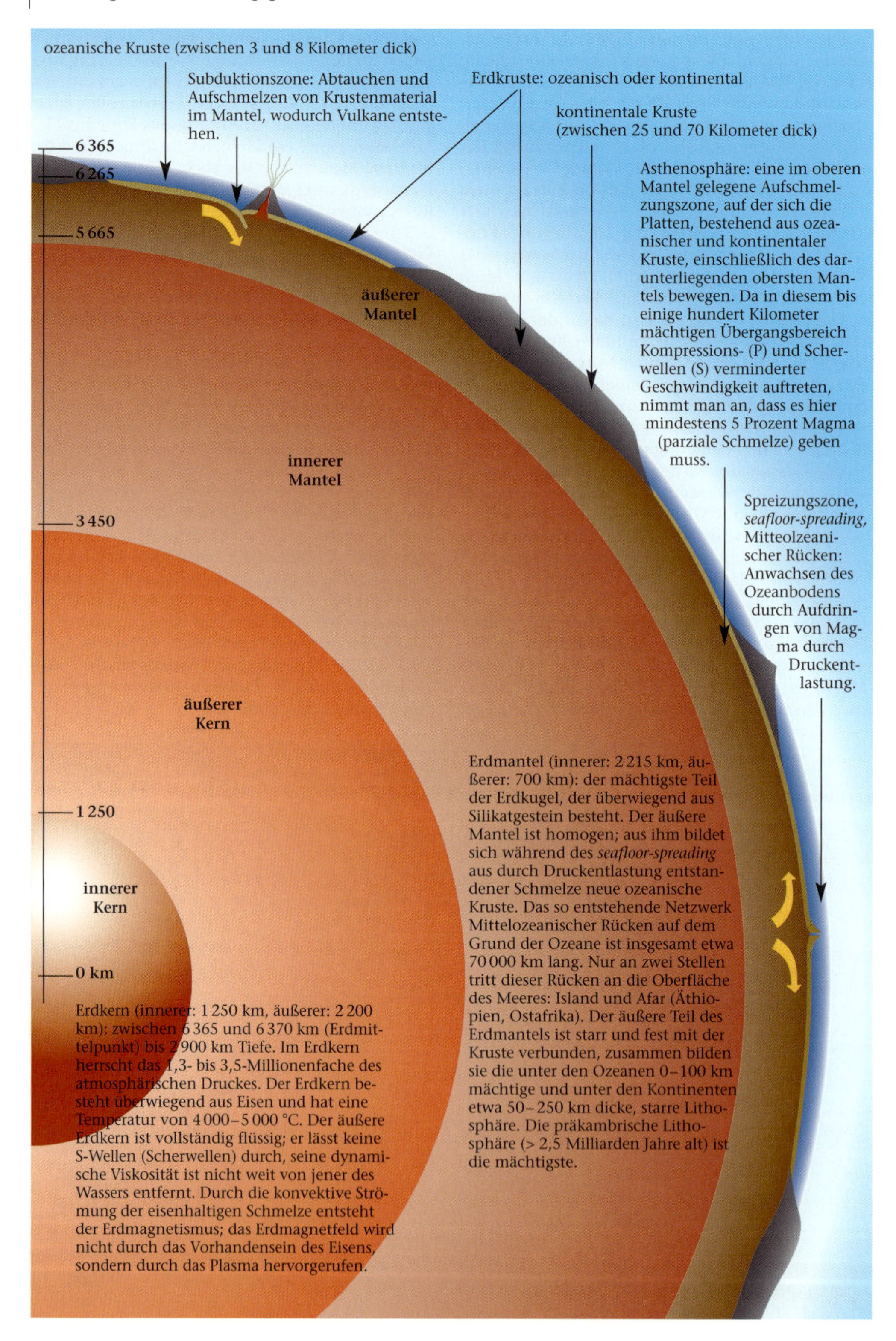

Erdmantel (innerer: 2 215 km, äußerer: 700 km): der mächtigste Teil der Erdkugel, der überwiegend aus Silikatgestein besteht. Der äußere Mantel ist homogen; aus ihm bildet sich während des *seafloor-spreading* aus durch Druckentlastung entstandener Schmelze neue ozeanische Kruste. Das so entstehende Netzwerk Mittelozeanischer Rücken auf dem Grund der Ozeane ist insgesamt etwa 70 000 km lang. Nur an zwei Stellen tritt dieser Rücken an die Oberfläche des Meeres: Island und Afar (Äthiopien, Ostafrika). Der äußere Teil des Erdmantels ist starr und fest mit der Kruste verbunden, zusammen bilden sie die unter den Ozeanen 0–100 km mächtige und unter den Kontinenten etwa 50–250 km dicke, starre Lithosphäre. Die präkambrische Lithosphäre (> 2,5 Milliarden Jahre alt) ist die mächtigste.

Erdkern (innerer: 1 250 km, äußerer: 2 200 km): zwischen 6 365 und 6 370 km (Erdmittelpunkt) bis 2 900 km Tiefe. Im Erdkern herrscht das 1,3- bis 3,5-Millionenfache des atmosphärischen Druckes. Der Erdkern besteht überwiegend aus Eisen und hat eine Temperatur von 4 000–5 000 °C. Der äußere Erdkern ist vollständig flüssig; er lässt keine S-Wellen (Scherwellen) durch, seine dynamische Viskosität ist nicht weit von jener des Wassers entfernt. Durch die konvektive Strömung der eisenhaltigen Schmelze entsteht der Erdmagnetismus; das Erdmagnetfeld wird nicht durch das Vorhandensein des Eisens, sondern durch das Plasma hervorgerufen.

2.3 Querschnitt durch die Erde. Details der Erdkruste sind in Abbildung 2.4 dargestellt. Die Erhebungen (Vulkane) bzw. Meerestiefen sind im Vergleich zur Skala der besseren Übersichtlichkeit halber stark übertrieben gezeichnet.

in die Geologie und Entstehungsgeschichte des Mittelmeerraumes. Der entscheidende Begriff, die Plattentektonik, deutet bereits an, dass die Lithosphäre keine starre, unveränderliche „Haut" unseres Planeten ist, sondern aus sich bewegenden Platten besteht.

Das Denken der europäischen Fachwelt zur Entwicklung der Kontinente und Ozeane war lange Zeit von der aus dem 19. Jahrhundert stammenden Abkühlungs- und Kontraktionshypothese beherrscht. Diese Theorie behauptete, dass die wesentlichen Bewegungen in der Erdkruste nur vertikal, also nach oben oder nach unten vor sich gehen können, wobei es in bestimmten Erdzeiten auch zum Zerbrechen und Auffalten der Erdkruste gekommen sei. Erst seit den sechziger Jahren des 20. Jahrhunderts haben umfangreiche Datenerhebungen (seismische Messungen, Schwerkraftbestimmungen, Bohrungen auf dem Festland und ganz besonders in den Ozeanen) endgültig eine Theorie erhärtet, die die Fachwelt zuvor als unwissenschaftlich abgetan hatte. Ihr Schöpfer war Alfred Wegener, ein aus Berlin stammender Astronom und Meteorologe, der ab 1924 an der Universität Graz als Professor für Meteorologie und Geophysik wirkte. 1912 hat er zum ersten Mal seine Vorstellungen über die Kontinentalverschiebung (= Kontinentaldrift) vorgetragen.

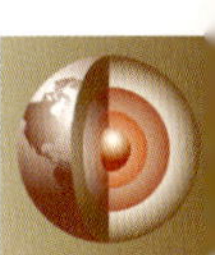

2.4 Aufbau der obersten Schichten der Erde. Kontinentale Kruste: relativ leicht (2,7–2,9 g/cm^3), hohes Alter von bis über 4 Milliarden Jahren, in der Regel 30–40, maximal 70 Kilometer dick. In der oberen Kruste Quarzfeldspatoidgesteine, in der unteren Kruste verschiedene metamorphe Gabbros, Amphibole und Pyroxene. Ozeanische Kruste: dichter als kontinentale Kruste (3–3,1 g/cm^3), relativ niedriges Alter von 200 Millionen Jahren oder wenig darüber, einheitlich in der Zusammensetzung (Basalt* und unterlagernd Gabbro), in der Regel 3–8 Kilometer dick. Die unter der Kruste liegende Schicht nennt man Asthenosphäre.*

Mohorovičić-Diskontinuität (Moho): ca. 4–7 km unter dem Ozeanboden und 30–40 km unter den Kontinenten liegender Bereich, der die Erdkruste vom darunterliegenden Erdmantel trennt und in dem die Dichte der Materie von 2,9 g/cm^3 sprunghaft auf 3,3–3,4 g/cm^3 ansteigt. Diese Ungleichmäßigkeit (= Diskontinuität) wurde 1909 durch den kroatischen Geophysiker Andrija Mohorovičić entdeckt und gehört zu den bedeutendsten geologischen Entdeckungen des 20. Jahrhunderts. Das, was über dieser Diskontinuität liegt, wird als Erdkruste bezeichnet; darunter ist der Erdmantel. Neben der Mohorovičić-Diskontinuität gibt es weitere, tiefer im Erdmantel liegende Diskontinuitätszonen, etwa in 670 km Tiefe zwischen dem oberen und unteren Mantel. Die Erdkruste und die oberste, starre Schicht des Erdmantels bilden die Lithosphäre, die eine relativ einheitliche Stärke von etwa 100 km hat. Die darunterliegende Asthenosphäre ist plastisch.

Ozeanische Kruste ist dünn und nie wesentlich älter als 200 Millionen Jahre. Sie entsteht hauptsächlich in den Mittelozeanischen Rücken und geht einem „Fließband" ähnlich in den Subduktionszonen der Tiefseegräben wieder verloren, im Mittelmeer im Hellenischen Graben.

Kontinentale Kruste unterscheidet sich von ozeanischer durch ihre physikalischen Eigenschaften und chemische Zusammensetzung. Ihr spezifisches Gewicht ist geringer als das der ozeanischen Kruste; sie ist dicker und besteht aus sehr alten Gesteinen (bis mehr als 4 Milliarden Jahre). Die ältesten Gneise wurden in Nordwestkanada auf 4,012 Milliarden Jahre datiert. Kontinentale Kruste entsteht heute noch durch Inselbogen-Magmatismus und kann auf zweierlei Arten verfallen: durch Subduktion kontinentaler Lithosphäre in den Erdmantel (analog zur ozeanischen Kruste) und durch „Erosion von unten" (durch Abbröckeln kontinentaler Plattenränder während der Subduktion ozeanischer Platten). Das Verhältnis von ozeanischer zu kontinentaler Kruste war während der letzten 3 Milliarden Jahre mit 60 : 40 Prozent scheinbar stabil. Die dicksten kontinentalen Krusten liegen unter mächtigen Gebirgszügen, die dünnsten unter den vom Meer bedeckten Rändern der kontinentalen Platten.

Ozeanbecken
kontinentale Kruste
ozeanische Kruste
Asthenosphäre
äußerer Mantel

Wegener erkannte, dass die Konturen der heutigen Kontinente wie Puzzlebausteine ineinanderpassen, den Bruchzonen eines ehemals einheitlichen Festlandblockes entsprechen und dass sich die Kontinente seit diesem Auseinanderbrechen voneinander entfernen (vgl. Abb. 2.5). Wegener stützte sich überwiegend auf geologische und paläontologische Daten, über die Mechanismen und Ursachen der Tektonik wusste man aber damals nur wenig (Abb. 2.6). Obwohl einige seiner Ansichten falsch waren, gebührt ihm das Verdienst für den Entwurf der Kontinentaldrifttheorie. Wegener verstarb im Jahre 1930 während einer Expedition auf Grönland, lange bevor die moderne Meeresgeologie seine Theorie voll bestätigen konnte.

Der Meeresgrund kann aus zwei verschiedenen Arten von Erdkruste bestehen: kontinental oder ozeanisch (Definitionen: Abb. 2.3 und 2.4). Manche Platten der Lithosphäre bestehen nur aus ozeanischer Kruste (Pazifische Platte), andere fast nur aus kontinentaler (Eurasische Platte).

Geowissenschaftler glaubten schon vor langer Zeit in den Tiefseebecken Hinweise auf die erdgeschichtliche Entwicklung des Planeten zu finden. Sie nahmen am Meeresgrund Sedimentdicken bis zu 20 Kilometer an, die voll mit Überresten ausgestorbener Lebewesen sein sollten. Die größten gefundenen Sedimentdicken betrugen aber nur einen Kilometer, was einer Ablagerung über einen Zeitraum von 100–200 Millionen Jahren entspricht. Am Mittelatlantischen Rücken konnten überhaupt keine Sedimentkerne an Deck der Bohrschiffe geholt werden. Stattdessen kamen Kugeln von Kissenlava und anderen Bildungen

__2.5__ Die Hauptplatten der Erdkruste bzw. Lithosphäre und ihre Grenzzonen. a) (blau) Mittelozeanische Rücken mit seafloor-spreading (divergente Bewegung der Platten) und Bildung neuer ozeanischer Kruste; b) transforme Bewegung und damit konservative Plattengrenzen; c) (rot) konvergente Plattengrenzen mit Subduktion; hier entstehen Inselbogen-Systeme, wie in Abbildung 2.7, 2.8 und 2.9 dargestellt. Die Plattengrenzen decken sich mit jenen Linien, auf denen die größte Häufigkeit von Erdbeben und Vulkanismus zu finden sind, am häufigsten dort auf, wo es zu Reibungen zwischen zwei Platten kommt. Sowohl Erbeben als auch Vulkanismus können aber auch innerhalb von Platten vorkommen (z. B. hot spots). Die durch die Epizentren der Erdbeben angedeuteten Linien bzw. Bereiche zeigen jedoch, dass es neben den hier dargestellten großen auch zahlreiche kleinere Platten, so genannte Mikroplatten der Lithosphäre geben muss. Die Anzahl der kleineren Mikroplatten und ihr exakter Verlauf sind nicht genau bekannt; vielfach sind die Grenzen diffus. Auch die durch das Alpen-Himalaya-Gebirgssystem erkennbare Plattengrenze zwischen den Gondwana-Fragmenten Afrika, Arabien und Indien auf der einen Seite und Eurasien auf der anderen Seite ist nicht scharf, sondern diffus; es ist eine bis zu 1 000 km breite oder noch breitere Deformationszone (in der Illustration angedeutet). Die Geschwindigkeit der Plattendrift variiert zwischen 1 und über 10 cm im Jahr (10,4 cm in Teilen der Pazifischen Platte).*

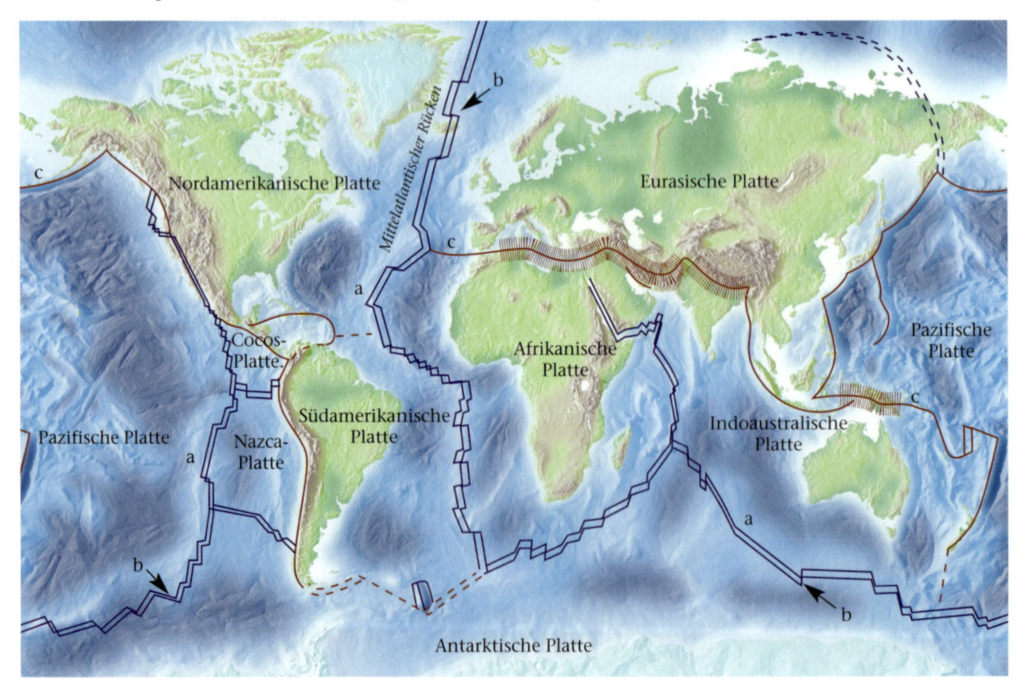

nach oben, wie sie beim Erguss von flüssigem Erdmantelmaterial, dem Magma, und dessen Erstarren unter Wasser entstehen. Eine Erklärung dafür fand man erst in der *seafloor-spreading*-Theorie.

Im westlichen Mittelmeer finden wir ozeanische Kruste im Liguroprovenzalischen Becken und im Balearenbecken. Beide sind verbunden und gleich alt; sie stammen aus dem Oligozän und dem unteren Miozän und sind damit wesentlich jünger als die ozeanische Kruste der Levante. Alle ozeanischen Böden des Westmediterrans sind tertiären Ursprungs und auf alle Fälle jünger als jene des Ostmediterrans. Das Wesen des Tyrrhenischen Beckens war längere Zeit unklar. Es war unsicher, ob hier *seafloor-spreading* stattgefunden hat, gerade stattfindet oder in naher Zukunft stattfinden wird oder ob hier nur eine extrem verdünnte kontinentale Kruste von etwa 8 km Stärke besteht. Heute wird die Existenz ozeanischer Kruste im Tyrrhenischen Meer anerkannt, wenngleich hier die für ozeanische Krusten üblichen magnetischen Anomalien fehlen. Vom Grund des Tyrrhenischen Beckens erheben sich zahlreiche *seamounts,* untermeerische Berge. Hinter dem Kalabrischen Bogen ragen aktive Vulkaninseln über den Meeresspiegel, die Äolischen Inseln. Nicht alle Inseln der Region sind aber vulkanischen Ursprungs: Elba und Capri sind Beispiele für Inseln, die man für Trümmer versunkenen Festlands hält. Die gesamte westapenninische Küste ist eine Küste im Stadium des tektonischen Zerfalls.

Im Ostmediterran findet man ozeanische Kruste im Ionischen Becken, das bis zum Beginn des Quartärs in westlicher Richtung unter Kalabrien

2.6 Schematische Darstellung möglicher Bewegungsformen von Platten der Erdkruste: a) divergente Bewegung, Entstehung neuer ozeanischer Kruste (Beispiel im Mittelmeer: ob es im Tyrrhenischen Meer gegenwärtig seafloor-spreading gibt, war längere Zeit unsicher; in diesem Becken ist es zu einer starken Verdünnung der kontinentalen Kruste gekommen, und wahrscheinlich liegt hier ein jüngeres Stadium von seafloor-spreading vor); b) konvergente Bewegung (Beispiel im Mittelmeer: Hellenischer Bogen); c) transforme Bewegung (Beispiel im Mittelmeer: Nordanatolische Störung): In den meisten Fällen verläuft diese Bewegung nicht absolut parallel; schematisch dargestellt ist sie ein eher seltener Idealfall. Wenn die kompressive Bewegungskomponente dominiert, spricht man von transpressiver Bewegung (z. B. Jordangraben; dieser tektonische Vorgang führte zur Auffaltung des Libanon), bei dominanter Dehnungskomponente von transtensiver Bewegung. Der Zuwachs der Erdkruste an den konstruktiven Plattengrenzen wird durch den Verlust an den destruktiven Plattengrenzen ausgeglichen – sonst müsste es zu einer Vergrößerung der Erdoberfläche kommen. Teile der Erdkruste, die ozeanische Lithosphäre, werden auf diese Weise im Laufe der Zeit „ausgetauscht". An divergenten Grenzen wird Mantelmaterial zu Kruste; an konvergenten Grenzen versinkt Krustenmaterial im Mantel. Damit erklärt sich das – verglichen mit den bis zu über vier Milliarden Jahren alten Gesteinen kontinentaler Lithosphäre – relativ niedrige Alter ozeanischer Kruste am Meeresgrund.

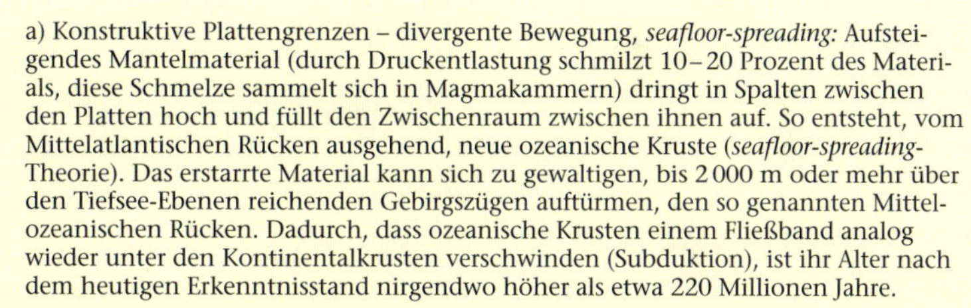

a) Konstruktive Plattengrenzen – divergente Bewegung, *seafloor-spreading:* Aufsteigendes Mantelmaterial (durch Druckentlastung schmilzt 10–20 Prozent des Materials, diese Schmelze sammelt sich in Magmakammern) dringt in Spalten zwischen den Platten hoch und füllt den Zwischenraum zwischen ihnen auf. So entsteht, vom Mittelatlantischen Rücken ausgehend, neue ozeanische Kruste (*seafloor-spreading*-Theorie). Das erstarrte Material kann sich zu gewaltigen, bis 2 000 m oder mehr über den Tiefsee-Ebenen reichenden Gebirgszügen auftürmen, den so genannten Mittelozeanischen Rücken. Dadurch, dass ozeanische Krusten einem Fließband analog wieder unter den Kontinentalkrusten verschwinden (Subduktion), ist ihr Alter nach dem heutigen Erkenntnisstand nirgendwo höher als etwa 220 Millionen Jahre.

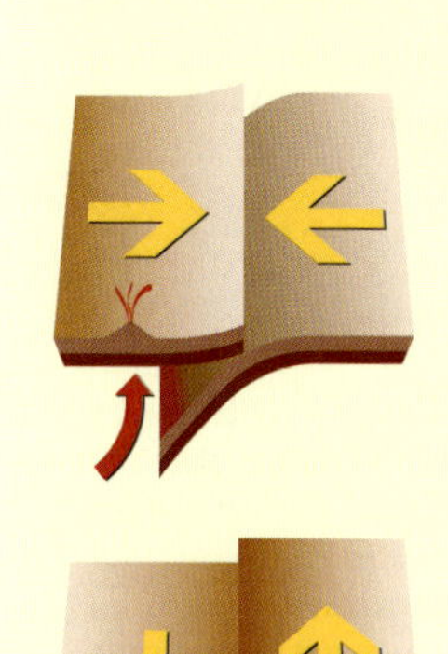

b) Destruktive Plattengrenzen – konvergente Bewegung, Subduktion: Die Platten kollidieren direkt, wobei sich die eine Platte über die andere schiebt und die untere Platte im Erdmantel abtaucht. Besonders bei der Subduktion kontinentaler Kruste unter anderer kontinentaler Kruste (z. B. Indien unter Tibet) und vor allem wenn diese langsam ist (< 6 cm/Jahr), kommt es zur Deformation, Hebung von Landmassen und Gebirgsbildung (Orogenese). Faltengebirge wie der Himalaya und die Alpen (vgl. Abb. 3.41) sind auf diese Weise entstanden. Mehr als 90 Prozent der seismischen Energie entlädt sich entlang von Subduktionszonen (es sind Erdbebenzonen mit oft tiefliegenden Zentren). An den Abtauchstellen einer Platte unter der anderen bilden sich Tiefseegräben, die tiefsten Stellen der Ozeane. Vulkane bilden sich in der Regel auf der vertikalen Linie, an der die subduzierende Platte 80–120 Kilometer Tiefe erreicht. In dieser Tiefe wird Wasserdampf von der untergetauchten Platte frei, was zur Schmelze in der darüberliegenden Platte führt (z. B. kalk-alkalischer Vulkanimus des Hellenischen und Liparischen vulkanischen Bogens).

c) Konservative Plattengrenzen – transforme Bewegung: Zwei Platten bewegen sich aneinander vorbei. Durch Reibung und Scherbewegung – bedingt durch die Krümmung der Erde – werden immer wieder kleinere Bruchstücke abgerissen und versetzt; dadurch entstehen die Terrane.

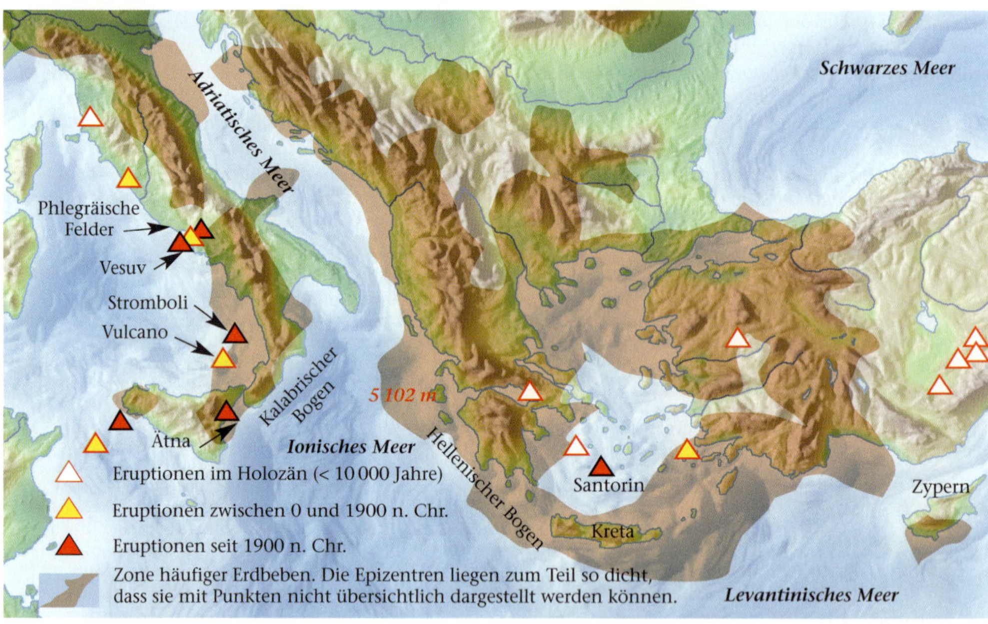

2.7 und 2.8 *Eines der beeindruckendsten Inselbogen-Systeme der Welt als Muster für die Situation im Mittelmeerraum: der Sunda-Banda-Bogen zwischen der Indoaustralischen Platte im Süden, der Eurasischen Platte im Norden und der Pazifischen Platte im Osten (oben). Unten: Kalabrischer und Hellenischer Bogen, zwei Inselbogen-Systeme aus dem Mittelmeer. Hinter den Inselbögen sind zahlreiche kleinere Becken entstanden, so genannte back-arc basins. Diese Abbildung demonstriert eindrucksvoll, dass die Verteilung des Vulkanismus und der Erdbebenaktivität nicht zufällig ist, sondern sich auf bestimmte Bereiche, vor allem die konvergenten Plattengrenzen (Subduktionsgebiete) konzentriert. Diese nicht zu übersehende Tatsache ist bereits früheren Geowissenschaftlern aufgefallen, eine schlüssige Erklärung des Phänomens (Abb. 2.9) gibt es durch die Plattentektonik allerdings erst seit etwa 30–40 Jahren. Rot eingetragen sind die größten Tiefen der Meeresbecken, die jeweils in einem Tiefseegraben liegen. Nach Simkin et al., 1989.*

und Sizilien subduziert ist. Gegenwärtig schiebt sich diese Kruste unter den Hellenischen Bogen, tatsächlich driftet aber auch die Türkisch-Ägäische (Anatolische) Subplatte mit dem auf ihr stehenden Hellenischen Bogen nach Südwesten (Abb. 2.2 und 2.8). Die östlichsten, immer kleiner werdenden Teile ozeanischer Kruste im Levantinischen Becken erstrecken sich zwischen Zypern und der israelisch-palästinensischen Küste. Man nimmt an, dass diese Kruste – es sind Reste des Tethysgrundes – aus dem Trias (245–208 Mio. Jahre) stammen könnte. Damit wäre sie die älteste bekannte, heute vom Meer bedeckte ozeanische Kruste (älteres ozeanisches Krustenmaterial kann man auch in Ophioliten* von Faltengebirgszügen antreffen). Wenn das zutrifft, hätte das Mittelmeer sowohl sehr alte ozeanische Krusten in der Levante als auch erst in Entstehung begriffene im Tyrrhenischen Meer. Zentrale Teile des Schwarzmeergrundes bestehen ebenfalls aus ozeanischer Kruste.

Die Platten der Lithosphäre

Die Lithosphäre der Erde besteht aus acht Hauptplatten (Pazifische, Nazca-, Cocos-, Indoaustralische, Afrikanische, Eurasische, Südamerikanische und Nordamerikanische; Abb. 2.5) und zahlreichen kleineren, öfter schlecht definierten Platten mit diffusen Grenzen. Ihre Anzahl, wahrscheinlich mehrere Dutzend, lässt sich daher nicht mit Sicherheit angeben. Vor allem in der kontinentalen Kruste sind die Plattengrenzen häufig nicht scharf.

In der Mittelmeerregion und daran angrenzend finden wir neben den zwei großen Platten, der Afrikanischen und Eurasischen, zusätzlich einige kleinere: die Anatolische, die Adriatische, die Arabische und (wahrscheinlich) die Iberische.

2.9 Wichtige Elemente von Inselbogen- und Subduktions-Systemen mit Magmatismus und Erdbeben. Dieses plattentektonisch-geologische System macht auch die mediterranen Subduktionssysteme (Kalabrischer und Hellenischer Bogen) verständlich. Bis zum Vulkanbogen (magmatischer Bogen) gehören alle Elemente zum Vorbogen-System (fore-arc system). Bei schräger Subduktion bildet sich entlang des Vulkanbogens oft eine Störungszone (horizontale Verschiebung) aus. Nach Hamilton, 1995.

Auf Darstellungen dieser Art werden die Proportionen des Systems oft nicht realistisch gezeichnet; so werden Tiefseegräben aus praktischen Gründen meist horizontal zusammengestaucht und in der Vertikalen weit übertrieben dargestellt (vgl. Abb. 6.4). Das führt zu falschen Vorstellungen über die geomorphologischen Formen des Meeresbodens. Diese Abbildung bietet ein in den vertikalen und horizontalen Proportionen realistisches Bild vom System: Es zeigt die 150 km dicke oberste Schicht der Lithosphäre mit den entsprechenden Tiefen, in denen die meisten Epizentren der Erdbeben entstehen (Benioff-Zone; diese verlagert sich mit der Tiefe in das Innere der Kruste), und die Zone der Magmabildung unter dem magmatischen Bogen (Vulkanbogen) in etwa 100 km Tiefe. In der Horizontalen ist ein 300 km breiter Bereich eingezeichnet, der einem typischen Inselbogen-System entspricht; ebenso proportional realistisch ist die Darstellung des Tiefseegrabens, an dessen zum Meer gerichteter Seite die Neigung des Meeresgrundes nur 3–5 Grad betragen kann. Seine Form fällt somit in der Regel wesentlich weniger „dramatisch“ aus, als es oft dargestellt wird.

1: Vorbogen-Becken *(fore-arc basin)* mit ozeanischer Kruste (Lithosphäre); im Mittelmeer Ionisches und Levantinisches Becken (alte Tethyskruste)

2: Tiefseegraben *(deep sea trench;* zu beachten ist seine wenig markante Form); im Mittelmeer Kalabrischer und Hellenischer Graben

Hinter dem Inselbogen-System liegen entweder Hinterbogen-Becken *(back-arc basins)* – im Mittelmeer das Tyrrhenische Meer hinter den Äolischen Inseln und die Ägäis hinter dem Hellenischen Bogen – oder alte kontinentale Kruste (im Mittelmeer rezent nicht vorhanden, Beispiel: Sumatra).

3. Akkretionskeil *(accretionary wedge)*

4 Vorbogen-Rücken *(fore-arc ridge)*; im Mittelmeer Kalabrien und Kreta

5. Vulkanbogen, magmatischer Bogen *(magmatic, volcanic arc)*; im Mittelmeer Liparische Inseln, Santorin (Ägäis)

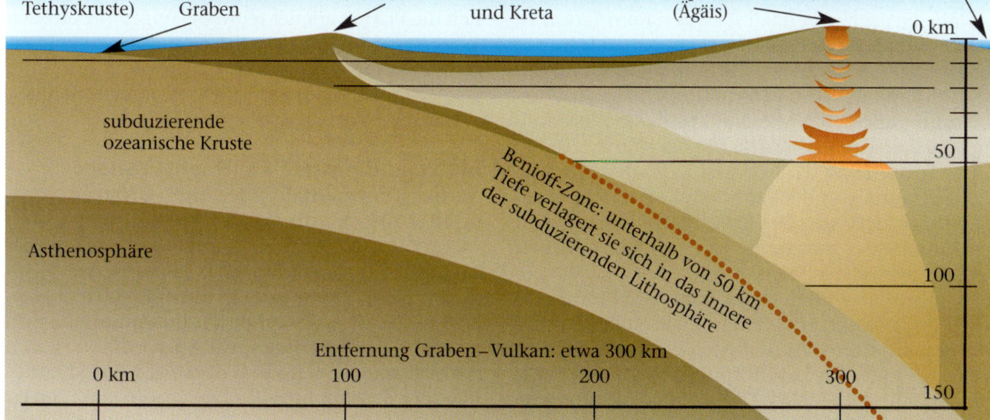

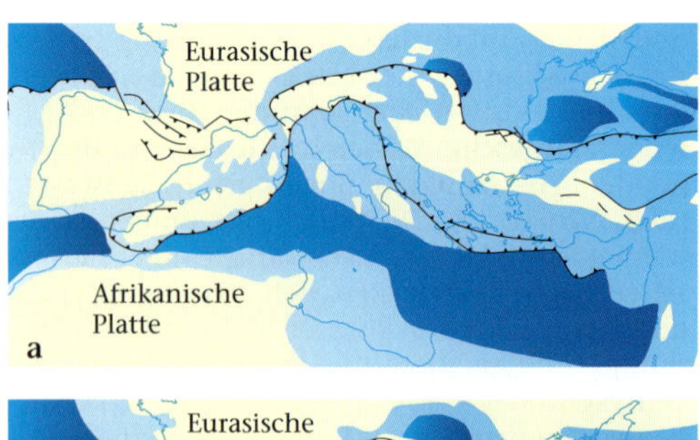

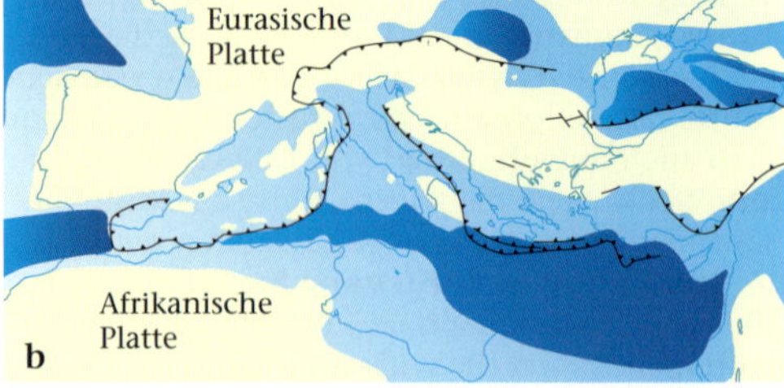

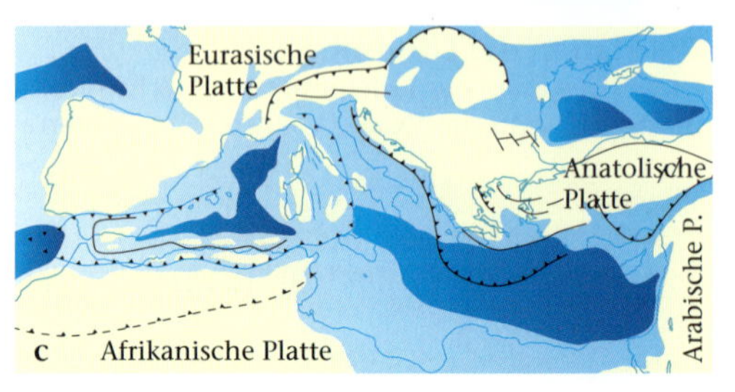

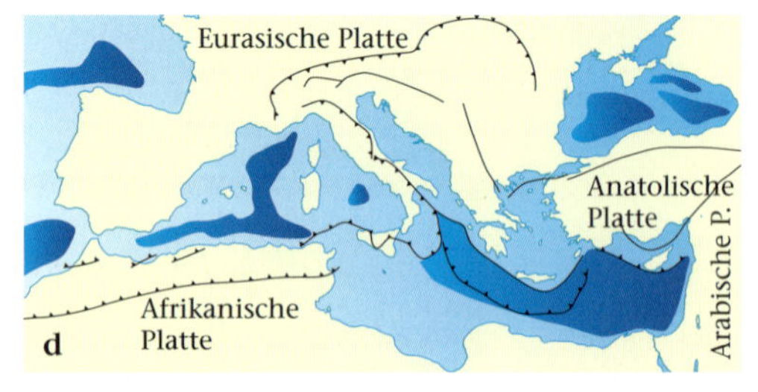

2.10 *Tektonisches Szenarium der mediterranen Region vom Späteozän bis zur Gegenwart. Hellblau: Kontinentalschelf und -abhang, kontinentale Kruste; dunkelblau: mesozoischer Tiefseeboden (abyssal plain) mit ozeanischer Kruste. Subduktion war ein entscheidender treibender Faktor in dieser Entwicklung. a) Späteozän, 35 Mio. Jahre. Am Ende des Eozäns existierte im Mediterran nur sehr alte mesozoisch-ozeanische Kruste, mögliche Reste der Neotethys. Während des Oligozäns und des Miozäns wurde diese Kruste vollständig konsumiert. Im östlichen Mediterran ist sie ebenfalls weitgehend reduziert worden. b) Unteres Miozän, 22 Mio. Jahre. Der ägäische Raum und das westliche Mittelmeer wurden von Extensionsregimes geprägt (Dehnung). Im Liguroprovencalischen Becken bildete sich neue ozeanische Kruste; ein Extensionsbecken entstand in der Alboransee; ozeanische Subduktion setzte in den Karpaten ein. c) Oberes Miozän, 10 Mio. Jahre. Der Karpatenbogen war zu diesem Zeitpunkt ausgebildet, der Bogenvulkanismus klang hier ab. Die Rotation des Korsika-Sardinien-Blocks war abgeschlossen, das Liguroprovencalische und das Balearische Becken waren entwickelt. Im tyrrhenischen Raum setzte Extension (Dehnung) ein, eine Begleiterscheinung der beginnenden Subduktion der ionischen ozeanischen Kruste unter dem Kalabrischen Bogen. d) Gegenwart. Die Subduktion ozeanischer Kruste im Kalabrischen Bogen wurde fortgesetzt und im Quartär abgeschlossen. Östlich von Sardinien entstand ein neues Hinterbogen-Becken (back-arc basin), das Tyrrhenische Meer. Die Subduktion unter dem Hellenischen Bogen setzt sich weiterhin fort. Verändert nach Jolivet 1999.*

Frankreich und der alpine Raum gehören zur Europäischen Platte. Die Existenz der Iberischen Platte würde bedeuten, dass die Iberische Halbinsel nicht wie der Rest Europas zur Eurasischen Platte gehört: Spanien, die Balearen, Sardinien und der Großteil Korsikas (ausgenommen der Norden) sowie die Nordspitze Siziliens mit Monte Nebrodi und Monte Peloritani sowie der Großteil Kalabriens rechnet dazu. Die genauen Grenzen dieser Subplatte sind jedoch nicht ganz klar.

Der Balkan bis zur Insubrischen Linie und der Ostteil Italiens, vom Monte Gargano in Apulien bis zum Capo Santa Maria di Leuca, sind Bestandteil der Adriatischen Platte. Die Apenninen und in ihrer Fortsetzung der Nordteil Kalabriens (Monte Lelo bis zum Capo Rizzuto) stellen das Apenninische Gebirge dar. Der größte Teil Siziliens, mit Ausnahme des Nordteils, ist bereits Bestandteil der Afrikanischen Platte.

Benachbarte Platten der Erdkruste können in ihrer gegenseitigen Position, wie auf Abbildung 2.6 dargestellt, drei verschiedene Bewegungsformen zeigen (wegen der kugelförmigen Gestalt der Erde vereinfacht dargestellt). Die treibende Kraft dieser Bewegungen sind Konvektionsströmungen (= Wärmeströmungen) im Inneren des Erdmantels, wobei sich die Platten auf der teilweise aufgeschmolzenen Asthenosphäre bewegen. Im Gegensatz zu konvergenter und divergenter Plattenbewegung kommt es bei der transformen Drift nicht zu einem Materialaustausch zwischen Kruste und Mantel.

Aktive und passive Kontinentalränder

Aktive Kontinentalränder sind Grenzen ozeanischer und kontinentaler Kruste (oder Lithosphäre), an denen es zur Subduktion ozeanischer Kruste unter kontinentaler Kruste kommt. Im Mittelmeer finden wir sie nur im Hellenischen Bogen. Die aktive Subduktion unter dem Kalabrischen Bogen hörte vor etwa einer Million Jahren auf. Alle anderen Grenzen ozeanischer und kontinentaler Krusten im Mittelmeerraum sind derzeit passiv.

In der äußerlich sichtbaren geomorphologischen Ausprägung der Küstenlandschaft bedeutet dies, dass tektonisch aktive und damit relativ junge Küsten als stark gegliederte Felsküsten ausgeprägt sind, unabhängig davon, welcher tektonische Vorgang, ob Kompression oder Dehnung, vorliegt: afrikanische Mittelmeerküste zwischen Gibraltar und Tunesien (Kompression), andalusische Küste im Süden Spaniens (Kompression), ligurische Küste zwischen Marseille und Genua mit häufigen kompressiven Erdbeben, westliche Küste der Apenninhalbinsel und nördliche Küste Siziliens (Dehnung), dalmatinische Küste (Kompression), Peloponnes und Kreta (aktive ozeanische Subduktion), ägäische Küste Kleinasiens (Dehnung). Aktive Kontinentalränder sind durch einen schmalen bis sehr schmalen Schelf (häufig fehlt er ganz) und steile Kontinentalabhänge gekennzeichnet.

Im früheren Verständnis der Tektonik wurde keine Subduktion kontinentaler Kruste unter andere kontinentale Kruste angenommen. Die Begriffe „aktive" und „passive" Ränder verwendete man daher nur in Zusammenhang mit Grenzen ozeanischer und kontinentaler Krusten. Diese Ansicht hat sich nach neueren Erkenntnissen als unzureichend herausgestellt. Ausgedehnte Subduktionen kontinentaler Krusten unter andere kontinentale Krusten werden heute angenommen. In diesem Sinne stellt auch die gesamte stark gegliederte, felsige dalmatinische Adriaküste einen „aktiven Rand" dar (Abb. 2.1).

Passive Kontinentalränder liegen im Allgemeinen an den Rändern divergierender Platten. Im Mittelmeer findet man sie an den Grenzen ozeanischer und kontinentaler Kruste ohne gegenseitige Bewegungen: an der Ostküste der Apenninhalbinsel (italienische Adriaküste), an der gesamten afrikanischen Mittelmeerküste östlich von Tunesien (Tunis) und an den Küsten des Nahen Ostens bis Syrien. Hier fanden seit dem Mesozoikum (etwa in den letzten 70 Millionen Jahren) kaum große tektonische Prozesse mehr statt, die Küsten sind somit seit langen Zeiträumen tektonisch passiv. Im Laufe der Zeit kommt es zur Einebnung, die Küsten sind flach und feinsandig. Die afrikanische Mittelmeerküste östlich von Tunesien stimmt annähernd mit der alten Küste der Tethys überein, Transgressionen und Regressionen des Meeres haben jedoch wiederholt stattgefunden. Auch Teile der italienischen Adriaküste sind vergleichbar alte, passive, durch Sedimente eingeebnete Küsten, die sich nach dem Ende der Rotationsbewegung der Apenninhalbinsel nicht wesentlich verändert haben.

Für passive Ränder typisch sind ein breiter Schelf bzw. breite Schelfebenen und ausgedehnte, allmählich abfallende Kontinentalabhänge. Die Kontinente wachsen hier langsam gegen das Meer durch Ablagerung terrestrischer, durch Erosion entstandener Sedimente, zum geringeren Teil durch marine Sedimentation (Skelettmaterial der über dem Schelf lebenden Organismen wie Foraminiferen etc.). Auch das aus dem Meerwasser chemisch ausgefällte (authigene) Material spielt eine – allerdings geringere – Rolle.

Im östlichen Mittelmeerraum zwischen Kreta und Libyen (Große Syrte) hat der libysche Passivrand mit einer dünnen kontinentalen Kruste bereits den Hellenischen Graben erreicht. In diesem Bereich wird es in Zukunft zu kontinentaler Subduktion und schließlich wohl zum Andocken des kretischen Aktivrandes und libyschen Passivrandes kommen. Die Geschwindigkeit der Bewegung beträgt nach GPS-Messungen* zwischen 4 und 5 cm im Jahr. Das Areal der ozeanischen Kruste wird im Ostmediterran im Gegensatz zum Westmediterran immer kleiner.

Der Schelf und weitere Formen des Meeresbodens

Könnte man das Wasser aus dem mediterranen Becken entfernen – wie dies während der Messinischen Salinitätskrise bereits passiert ist –, würde eine bemerkenswerte Landschaft zum Vorschein kommen, die neben ausgedehnten, durch dicke Sedimentschichten mehr oder weniger eingeebneten Flächen der Tiefsee *(abyssal plains)* auch vielfältige, stark gegliederte topographische Formen zeigte: Vulkane, steile Berge, lange Gebirgszüge, Schluchten und tiefe Gräben oder Canyons. Als besonders markante Erscheinung würde der küstennahe Schelf sichtbar werden, wie auf Abbildung 2.14 deutlich zu erkennen.

2.11 *Folgende Doppelseite: Schematische Darstellung möglicher Veränderungen (Hebungen und Senkungen) des Meeresspiegels und des Festlandes in ihrer relativen gegenseitigen Position: eustatische, isostatische, magmatische, tektonische (mit zwei Möglichkeiten: orogenetische* Bewegungen und Extensionsbewegungen) und „elastische" Bewegungen. Die heutige Abfolge der Sedimente, Küstenverläufe und -reliefs, die Ausprägung des Schelfs und die Topographie der Landschaft sind eine Folge äußerst komplexer Vorgänge wie wiederholter Hebungen und Senkungen der Lithosphäre und des Meeresspiegels sowie ständig ablaufender Sedimentation und Erosion. Teile kontinentaler Platten waren und sind nicht vollständig und nicht immer Teil des Festlandes; durch Bewegungen geodynamisch unterschiedlicher Natur – wie hier dargestellt – sind sie gebiets- und zeitweise vom Meer bedeckt. Das Meer kann über niedrig liegende Bereiche der Kontinente vordringen (Transgression des Meeres) und sich wieder zurückziehen (Regression des Meeres). Man findet in solchen Regionen abwechselnd marine und terrestrische Sedimente. Für das Verständnis der Vorgänge im Mediterran sind die dargestellten geodynamischen Bewegungsmöglichkeiten von Bedeutung.*

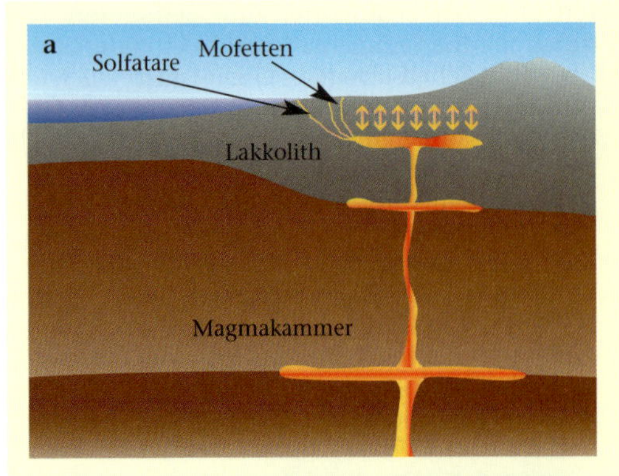

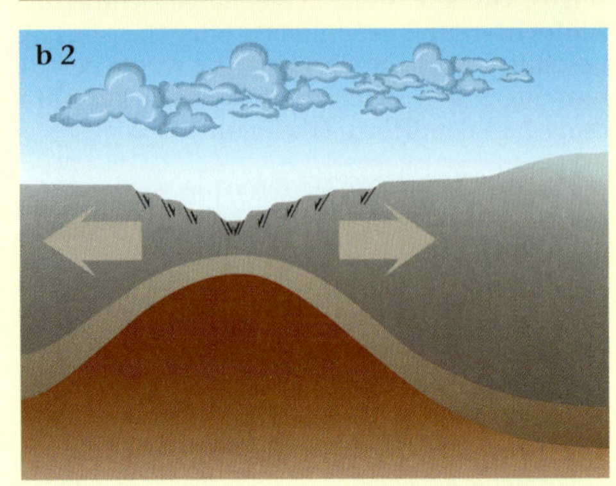

a) Magmatische Bewegungen: sehr schnell ablaufende kleinräumige Bewegungen in Regionen, unter denen in der Kruste – zum Teil in geringer Tiefe – magmatische Kammern liegen. Das berühmteste Beispiel in der Mittelmeerregion sind die Phlegräischen Felder westlich von Neapel (Exkurs S. 68 f., S. 85). Der Grund senkte sich hier im Laufe der letzten 2 000 Jahre um mindestens 8 m und wurde wieder gehoben – auch in weltweitem Maßstab ein sehr seltenes, einmaliges Phänomen. „Nebenwirkungen" dieser Magmakammer sind heiße Quellen, Solfatare (aufsteigende Schwefeldämpfe) und Mofetten (aufsteigendes Kohlendioxid) in dieser Region. Mit dem CO_2 wird hier auch das im Erdinneren vorhandene seltene Helium-3-Isotop freigesetzt, ein ständiger Begleiter magmatischer Aktivität. Ähnliche Phänomene begleiten den Bogenvulkanimus, so z. B. in Methana (Attika).

b) Tektonische Bewegungen (in zwei Varianten):

b 1) Kompressionsbewegungen oder orogenetische Bewegungen: Sie werden durch tangentiale, kompressive Spannungen zwischen lithosphärischen Platten oder innerhalb dieser verursacht – mit dem Ergebnis horizontaler und vertikaler Bewegungen, von denen die Hebung und damit Gebirgsbildung (= Orogenese) die äußerlich sichtbare und daher bekannteste ist. Orogenetische Bewegungen sind relativ schnell (Zeitrahmen: einige Millionen Jahre). Ein gutes rezentes Beispiel dafür ist das Unterschieben der adriatischen Lithosphäre unter die Südalpen in Friaul mit der Folge der Hebung der Alpen und häufigen, katastrophalen Erdbeben. Zu einem solchen Unterschieben kommt es auch entlang der ganzen dalmatinischen Küste bis zum Ionischen Meer (Insel Zakynthos); es ist durch intensive Erdbebenaktivität nachweisbar. Diese tektonische Region reicht bis zum Beginn der hellenischen ozeanischen Subduktionszone. Das Atlasgebirge und die Pyrenäen befinden sich ebenfalls im Prozess einer Kompressionsbewegung und werden dadurch gehoben. Auch der westalpine Bogen, vor allem sein südwestlicher Teil nördlich von Nizza, ist stark kompressiv aktiv. Allerdings ist das tektonische Regime im Fall sehr hoher Gebirgszüge (> 3 500 m), wie beim Westalpen-Hauptkamm, extensiv.

b 2, 3) Extension oder Dehnung: Aufgrund der plastischen Dehnung der Lithosphäre verdünnt sich die kontinentale Kruste; die Dehnung tektonischer Platten führt wie beim Auseinanderziehen von Plastilin zum Dünnerwerden der Kruste. Dadurch senkt sich der Boden, und das Meer kann in diese Region vordringen (= Transgression). Extensionsbewegungen sind geologisch gesehen relativ schnell (Zeitrahmen: einige Millionen Jahre). Sie führen zum Zerfall von Kontinenten wie zum Entstehen von Inseln (Bruchstücke ehemaligen Festlandes) und neuer Meeresbecken. Bestes Beispiel aus dem Mittelmeer ist die Ägäis zwischen der Balkanhalbinsel und Kleinasien. Diese beiden Landmassen gleicher geologischer Beschaffenheit wurden erst vor etwa 5 Millionen Jahren auseinandergerissen, die ägäische Inselwelt mit insgesamt über 2 000 kleineren und größeren Inseln besteht aus Festlandresten. Dieser Prozess setzt sich bis in die Gegenwart fort. An der apenninischen Westküste, im Tyrrhenischen Meer, verlaufen ähnliche Dehnungsprozesse. Die Verdünnung kontinentaler Kruste ist hier so weit fortgeschritten, dass Magma aufsteigen kann, es zu *seafloor-spreading* kommt und sich so neue ozeanische Kruste zu bilden beginnt. Elba und Capri haben als Bruchstücke ehemaligen Festlandes eine vergleichbare Entstehungsgeschichte wie Rhodos oder Lesbos.

c) Isostatische Bewegungen: Vertikale Bewegungen in der Erdkruste, die auf orogenetische Vorgänge als Ausgleichsbewegungen folgen; unter Isostasie versteht man die Theorie vom hydrostatischen Gleichgewicht der obersten Erdkruste. Isostatische Bewegungen sind langsamer als orogenetische Bewegungen (Zeitrahmen: einige zehn Millionen Jahre). Die Bezeichnung „isostatisch" umschreibt das Streben der Lithosphäre nach einem Gleichgewicht – zu vergleichen mit einem Eisberg, von dem nur ein Zehntel aus dem Wasser ragt. Analog dazu ist die kontinentale Kruste unter Gebirgen wesentlich dicker als die dünne ozeanische Kruste am Grund der Meere, um im isostatischen Gleichgewicht bleiben zu können und nicht in der Asthenosphäre zu versinken. Langsame isostatische Vorgänge laufen ständig an vielen Stellen der mediterranen Region ab.

d 1, 2) Eustatische Bewegungen (Schwankungen) des Meeresspiegels: Änderungen des globalen Meeresspiegels, die nicht durch Bewegungen der Erdkruste, sondern durch die Bindung großer Wassermassen in Eismassen während Kaltzeiten (Eiszeit, Glazial) hervorgerufen werden. Gleichzeitig können andere hier dargestellte, beispielsweise tektonische Bewegungsformen ablaufen, was eine genaue Rekonstruktion der Befunde erschwert. Eustatische Schwankungen sind jedoch wesentlich schneller, weil sie von klimatischen Faktoren abhängen. Die letzte Eiszeit – 70 Millionen Kubikkilometer Wasser waren damals im Eis gebunden – ging erst vor 11 000 Jahren zu Ende. Der Meeresspiegel lag um 100 (bis 130, zeitweise vielleicht auch mehr) Meter tiefer als heute. Elba und Sizilien waren mit dem Festland verbunden, ebenso Sardinien mit Korsika. Das heutige südadriatische Tiefenbecken war ein Binnensee, die gesamte mittlere und nördliche Adria, heute ein Flachmeer mit 40–80 m Tiefe, trockenes Land. Die Verbindung zwischen West- und Ostmediterran war so knapp, dass durch den reduzierten Wasseraustausch im östlichen Becken keine Tiefenzirkulation möglich war. Vermutlich bildeten sich in der Tiefe sauerstofffreie, mit Schwefelwasserstoff angereicherte Zonen, wie sie auch im Schwarzen Meer bestehen. Die durchschnittliche Tiefe des heutigen Schelfrandes bei etwa 130 m entspricht an vielen Stellen ungefähr dem Küstenverlauf des Meeres während des letzten eiszeitlichen Tiefststandes des Meeresspiegels. Eustatische Schwankungen haben nicht nur geologische Auswirkungen, sondern beeinflussen auch maßgeblich die Ausbreitung der Fauna und des Menschen. So konnten Asiaten in mehreren Schüben die Beringstraße überqueren und Nordamerika erreichen; die australischen Aborigines konnten am Höhepunkt der letzten Eiszeit (Würm, vor 48 000 Jahren) Australien von Neuguinea aus besiedeln.

e) Der „elastische Rückprall" *(rebound)* soll als letzte, sehr schnelle Bewegungsform (Zeitrahmen: einige tausend Jahre) erwähnt werden. Sie macht sich in den Alpen an der nördlichen Abgrenzung des mediterranen Beckens bemerkbar. Als Folge der Vereisung der Alpen und des dadurch angestiegenen Gewichts während der Eiszeiten versank die Lithosphäre um bis zu einige hundert Meter. Nach dem raschen Abschmelzen der Gletscher kam es zu einer Gewichtsentlastung und elastischer Hebung (= Rückprall) der Lithosphäre. Am bekanntesten ist diese Bewegungsform in Skandinavien und Kanada. Der Bottnische Meerbusen in Schweden wird dadurch ständig kleiner, eine Regression des Meeres geht wortwörtlich vor den Augen der Menschen vor sich. Bereits den Wikingern ist dieser Vorgang aufgefallen, und fossile Strandterrassen zeugen ebenfalls davon.

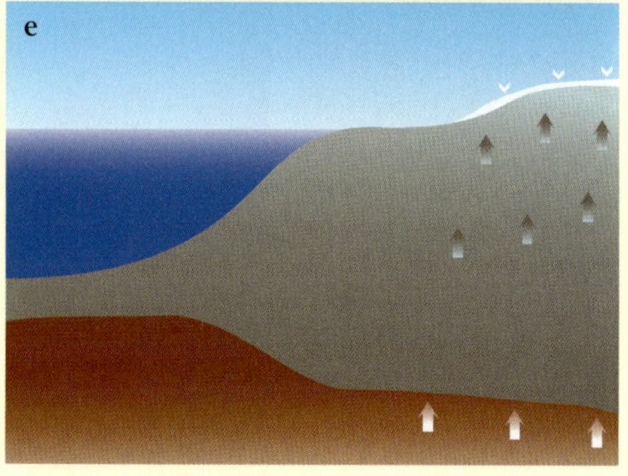

Säulen und Bohrmuscheln erzählen eine geologische Geschichte

Die zwölf Meter hohen Säulen des Macellums („Tempio di Serapide“) in Pozzuoli bei Neapel tragen deutliche Spuren eines längeren Aufenthaltes unter dem Meeresspiegel – ein Rätsel für viele frühere Naturforscher.

Der Mittelmeerraum ist als Entstehungsort abendländischer Zivilisation besonders reich an einmaligen historischen Ausgrabungsstätten und Ruinen – wie etwa Pompeji, Herculaneum und Pozzuoli im Golf von Neapel. Der letztere Ort wurde ab 190 v. Chr. als Puteoli zu einem immer bedeutenderen und schließlich zum wichtigsten Hafen des römischen Imperiums, lange vor dem Ausbau Ostias zum Handelshafen unter Kaiser Claudius. Hier legten die für Rom überlebenswichtigen Getreideschiffe aus Afrika an. Die größten Handelsschiffe waren die *myriophoroi*, Zehntausender, die 10 000 Weinamphoren laden konnten. In dieser Hafenstadt wurde im Jahr 1749/50 ein antikes Bauwerk ausgegraben, dessen zwölf Meter hohe

2.12 a) Detailansicht der Säulen des Macellums mit deutlichen Spuren mariner Bioerosion. Von den 48 Säulen stehen nur mehr drei. b) Schalen der Steindattel (Lithophaga lithophaga) in einem durchlöcherten Kalksteinbrocken. c) und d) Männchen des Gelbwangen-Schleimfisches (Lipophrys canevai) mit Normalfärbung außerhalb der Laichzeit und im Laichkleid. Während der Laichzeit haben die Männchen eine schwarze Gesichtsmaske und zitronengelbe Wangen. Für Schleimfische (Blenniidae), einer an felsigen Mittelmeerküsten in geringen Tiefen häufig vorkommenden Fischfamilie, sind die Löcher der Bohrmuscheln begehrte Wohnräume.

Säulen (Cipollinosäulen) im unteren Drittel von Vulkanasche bedeckt waren. Zahlreiche berühmte Denker und Wissenschaftler der damaligen Zeit wie Johann Wolfgang von Goethe („... unter reinstem Himmel der unsicherste Boden ..."), Johannes Walther, Charles Lyell, Anton Dohrn, der Wiener Geologe Eduard Suess und weitere haben eine Erklärung für jene Bohrmuschellöcher zu finden versucht, die sich zwischen 3,5 und 6,5 Meter Höhe in diesen Säulen finden (Abb. 2.12 und 2.13). Steindatteln haben in diesen antiken Säulen unzählige Wohnröhren hinterlassen, folglich müssen die Säulen über längere Zeiträume im Meer gestanden haben.

Bohrmuscheln *(Lithophaga lithophaga)* sind an den Küsten des Mittelmeeres weit verbreitet. Sie bohren mit einem ätzenden, schwefelhaltigen Sekret den Kalkstein an. So entstehen tiefe, glattwandige Gänge im Stein, in die die Muschel immer genau hineinpasst. Schwer zu erklären waren jedoch derartige Bohrgänge in den Säulen des Macellums. Dass die geringen Gezeiten des Mittelmeeres keine Erklärung dafür liefern konnten, war den Betrachtern von Anfang an klar.

In dieser Region westlich von Neapel, die wegen der vielen Fumarolen und Solfatare den Namen Campi Flegrei bzw. Phlegräische Felder erhielt (griech. *phlegreos* = brennend), hat sich der Boden in den letzten Jahrzehnten zwei bis vier Millimeter täglich (!) gehoben. Pozzuoli erlebte innerhalb weniger Jahre eine Hebung um bis zu 40 Zentimeter. Verantwortlich dafür ist – wie man heute weiß – eine in nur vier bis fünf Kilometer Tiefe liegende magmatische Kammer in der Erdkruste (Abb. 2.11 a) und die durch sie bewirkten magmatischen Bewegungen der Erdoberfläche. Die Kammer wird aus der Tiefe mit Magma gespeist; durch interne Druckveränderung wird der Boden über ihr gehoben und wieder gesenkt. Nach dem Ausbruch des Vesuvs im Jahre 79 n. Chr. war der untere Bereich der Säulen bis etwa drei Meter Höhe mit Vukanasche bedeckt. Diese Asche schützte die Säulen nach dem Absenken des Bodens und damit auch der gesamten Ruinen des Bauwerkes unter den Meeresspiegel vor einer Besiedelung durch Bohrmuscheln und andere bohrende bzw. ätzende Organismen wie etwa Bohrschwämme *(Cliona)*. Oberhalb dieser Zone – bis zu einer Höhe von 6,5 Metern – sind in den Säulen unzählige Bohrmuschelspuren zu sehen. Wie in der Antike, so steht die Anlage noch heute gelegentlich unter Wasser – jetzt allerdings unter Mineralwasser, das immer wieder abgepumpt werden muss.

Die 80 Jahre alt werdende Steindattel wächst sehr langsam: Es dauert bis zu zwanzig Jahre, ehe aus der Larve, die sich in einer kleinen Vertiefung angesiedelt hat, eine etwa fünf Zentimeter lange Bohrmuschel geworden ist, die auch kommerzielle Bedeutung hat. Da diese Muschel in vielen Regionen als Delikatesse gilt und hohe Preise erzielt, zum Abernten jedoch die Kalksteine zertrümmert werden müssen, wurden durch den Raubbau ganze Küstenabschnitte zerstört (Exkurs S. 535).

***2.13** Gesamtansicht des Macellums in Pozzuoli bei Neapel. In einer Nische wurde hier eine Serapis-Statue gefunden, weswegen man das Bauwerk lange Zeit für ein Heiligtum des ägyptischen Gottes Serapis gehalten hat – Puteoli besaß überdies einen Serapis- und einen Isistempel. In der von Säulenhallen umstandenen öffentlichen Markthalle mit ihren vielen kleinen Geschäftskammern gab es nicht zuletzt zwei Latrinen, jede mit 45 Sitzen.*

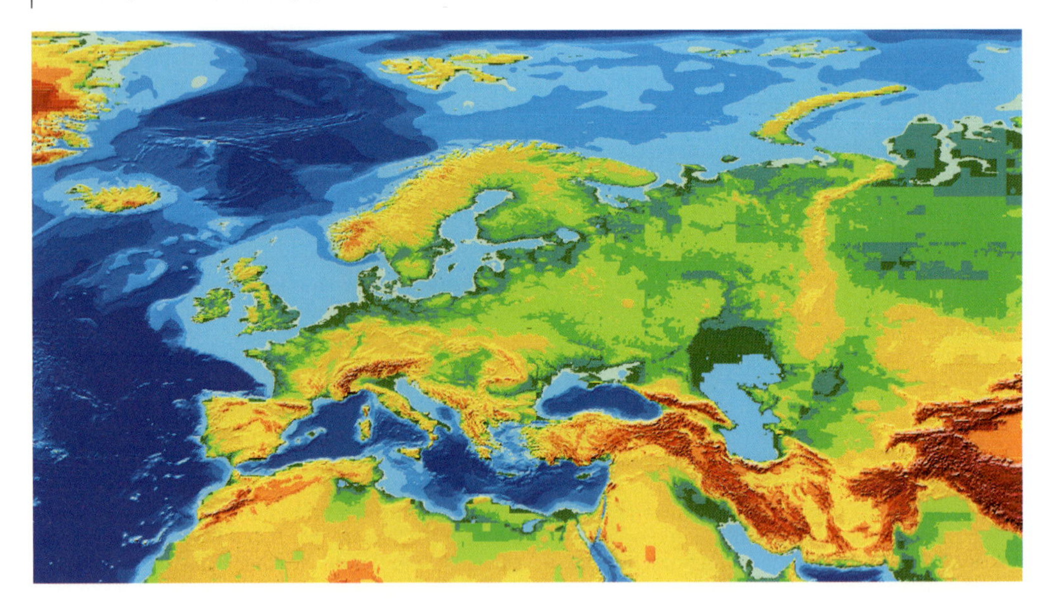

***2.14** Die Schelfbereiche des Mittelmeeres und des angrenzenden Atlantiks in einem auf Satellitenaufnahmen basierenden digitalen Geländemodell. Im Vergleich zu den Randmeeren im Norden und Nordwesten Europas, der Nordsee und der Ostsee, sind im Mittelmeer wenige sehr breite Schelfe ausgebildet, so etwa im Golf von Valencia, im Golfe du Lion, in der Adria, vor dem Nildelta und in den Buchten der Kleinen und Großen Syrte. Die kesselartigen Becken haben zum Teil sehr steile Abhänge. Vor Algerien werden schon 15 Seemeilen von der Küste entfernt Tiefen von über 2 700 m gemessen, bei 37,5° Nord und 4° Ost sogar über 3 000 m, beim Kap Tanairon (35,7° Nord, 21,8° Ost) im Ionischen Meer 4 632 m.*

Obwohl man zwischen dem Ozean und dem Schelfmeer oberflächlich betrachtet keine festen Grenzen ziehen kann, sind dies sowohl in der Zusammensetzung der Sedimente auf dem Meeresgrund als auch ozeanographisch und ökologisch zwei verschiedene Meeresbereiche.

Unter Schelf oder Kontinentalschelf (aus dem engl. *shelf:* Riff, Sandbank, Brett) versteht man den unterschiedlich breiten Festlandsockel, jenen küstennahen Bereich des Meeresgrundes also, der sich von der Küste ausgehend bis etwa 200 m Wassertiefe erstreckt, bevor er als Kontinentalhang (oder Kontinentalabhang) relativ steil in die Tiefe des Meeres abfällt. Die in der Literatur meist angegebene Tiefenausdehnung von 200 m ist ein charakteristischer Durchschnittswert; der Schelf kann von minimal 20 bis maximal 550 m reichen. Allerdings sind das Extremfälle; gegenwärtig liegt der Kontinentalrand nur selten tiefer als 200 m. Die mittlere Durchschnittstiefe des Schelfs ist etwa 130 m, die durchschnittliche Schelfbreite beträgt 50–100 km. Durch Erosion auf der einen und Ablagerung, Zuwachs bzw. Sedimentation auf der anderen Seite werden ursprünglich stark strukturierte Landschaftsformen nach und nach eingeebnet. Der Kontinentalschelf und die Küstenebenen sind ein solches markantes, ständig wachsendes Verebnungsgebiet der Erde.

Die Schelfbereiche der Meere sind wegen ihrer wirtschaftlichen Bedeutung seit langem Gegenstand des nationalen Interesses der einzelnen Länder. Hier wird ein bedeutender Teil des Ertrags in der kommerziellen Fischerei erwirtschaftet, und hier liegen bedeutende Ölvorkommen und weitere noch nicht genutzte Rohstoffe.

Nur etwa 8–10 Prozent der heutigen Meeresfläche liegen über dem Schelf bzw. sind Schelfmeere (neritische Provinz) – das sind 36 000 000 Quadratkilometer. Trotzdem spielen sich hier etwa 25 Prozent der hauptsächlich durch Phytoplankton bewerkstelligten Produktion des Weltmeeres ab. Die Produktivität liegt bei durchschnittlich 100 Gramm Kohlenstoff pro Quadratmeter und Jahr, die gesamte Primärproduktion der neritischen Provinz bei 360 000 000 Tonnen Kohlenstoff pro Jahr.

Nach dem Zerfall von Laurasia und Gondwana haben sich kleinere Kontinentalmassen (Platten) gebildet. Die Randbereiche kontinentaler Kruste, die unter dem Meeresspiegel lagen, wurden nach und nach von Sedimenten bedeckt, die größtenteils durch Erosion von den Kontinenten angespült wurden und nur zu einem geringeren Teil ozeanische Ablagerungen darstellten. So entstand der Kontinentalschelf, der für ozeanographische Vorgänge und in weiterer Folge für die Ökologie der Meere eine entscheidende Bedeutung hat. Die Region des Meeres über dem Schelf, das Schelfmeer, wird als neritische Provinz bezeichnet. Die hier vorherrschenden ozeanographischen Bedingungen unterscheiden sich von jenen in der ozeanischen Provinz, dem Bereich des offenen Meeres, das sich über tiefe Meeresgebiete erstreckt.

Große Teile des Schelfs lagen während der pleistozänen Kaltzeiten trocken. Dafür gibt es zahlreiche Hinweise: durch terrestrische Sedimentation entstandene Fazies, fossile landbewohnende Organismen und fossilisierte terrestrische Landschaftsformen, die nur auf dem Trockenen oder im Küstenbereich entstanden sein konnten, ehemalige Flussdeltas, Strandterrassen und weitere geomorphologische Formen. Das Mittelmeer hatte einen völlig anderen Küstenverlauf; große Gebiete lagen trocken, Inseln waren mit dem Festland verbunden, die Landbrücken ermöglichten deren Besiedelung mit terrestrischer Fauna. Besonders dramatisch waren die eustatischen Seespiegelschwankungen für die Adria, die heute im ganzen nördlichen Bereich nur 40–55 m tief ist. Der trockengefallene Schelf wurde zunächst stark erodiert, später, nach dem Anstieg des Meeresspiegels, aber wieder mit Sedimenten angefüllt.

Eine bemerkenswerte Erscheinung der Unterwasserwelt sind Lawinen, untermeerische Erdrutsche an Steilabhängen der Festlandsockel, bei denen sich Gesteinsbrocken unterschiedlicher Größe, Sand- und Schlammmassen in die Tiefe ergießen. Sie tragen zusammen mit den Trübströmen zur Ausprägung der untermeerischen Reliefs bei. Der Schwerkraft gehorchend fließen diese Massen mit Geschwindigkeiten bis zu 100 km/h in die tiefsten Senken des Meeresbodens, wo sie, nach unterschiedlicher Körnigkeit abgestuft, abgelagert werden: zuerst die gröberen, zum Schluss die feineren, die länger im Wasser treiben. Solche Ablagerungen füllen schließlich die Senken des Meeresbodens und tragen zur Ausbildung von Tiefsee-Ebenen bei. Lawinen und Trübströme können tiefe Canyons mit nahezu senkrechten Wänden in die Schelfe schneiden. Gewaltige Canyons im Schelf sind aber auch in den Kaltzeiten mit tieferliegendem Meeresspiegel und während der Messinischen Salinitätskrise entstanden.

Auf der Suche nach Wasser wurde Ende des 19. Jahrhunderts unter der Ebene von Valence in Südfrankreich eine bemerkenswerte Schlucht entdeckt. Sie ist unterhalb des Meeresspiegels tief in den Granit eingeschnitten und mit marinen, pliozänen Sedimenten angefüllt, über denen Sande und Schotter der Rhône liegen. Auch der Nil hat sich während des Meeresspiegel-Tiefstandes im Bereich des heutigen Assuandammes bis 230 m tief in den Granit eingeschnitten. Er ist bis etwa 30 m unter dem gegenwärtigen Meeresspiegel mit marinen Sedimenten angefüllt, über denen eine 130 m mächtige Folge von Nilsedimenten liegt.

Verfüllte Schluchten und Kanäle fand man auch in Libyen, Algerien, Israel, Syrien, Frankreich, Korsika, Sardinien und anderen mediterranen Ländern. Was veranlasste die Flüsse, sich so tief einzuschneiden, und warum wurden sie mit Beginn des Pliozäns so rasch geflutet? Für eine Antwort auf diese Fragen kam 1961 der Anstoß, als amerikanische Ozeanographen auf den abyssalen Ebenen des Mittelmeeres pfeilerartige Strukturen von einigen Kilometern Durchmesser und einigen hundert Metern Höhe entdeckten, die die Sedimente durchstoßen. Es sind so genannte Salzdome, wie die Bohrungen im Jahr 1970 durch das „Deep Sea Drilling Project" (DSDP) erbrachten.

Eine markante Großstruktur des Meeresgrundes ist der Mittelmeerrücken im Levantinischen Becken. Es ist ein untermeerischer Rücken, der sich vor Jahrmillionen aufgefaltet hat und mehr als 1 000 m über die Tiefsee-Ebene emporgehoben wurde. Das beweisen die ihn bedeckenden Sedimente, die einst in der Tiefsee entstanden sein müssen. Der Mittelmeerrücken ist damit ein Indiz für das Zusammenstoßen Afrikas mit Europa und auch dafür, dass das Levantinische Becken schon über lange Zeiträume ein tiefes Meeresbecken war (Tethys, siehe unten).

Entstehung des Mittelmeeres

Die stark gegliederte und wie aus Puzzlebausteinen zusammengesetzte Topographie des Mittelmeerraumes mit den vielen Gebirgszügen rund um das mediterrane Becken sind eine Folge komplexer tektonischer Vorgänge. Einige von ihnen sind auf den Abbildungen dieses Kapitels dargestellt (Abb. 2.15, 2.18 bis 2.24).

Hinsichtlich des Namens „Tethys", der in Zusammenhang mit dem Mittelmeer auch von nicht fachkundigen Autoren oft erwähnt wird, gibt es für den geologischen Laien einige Unsicherheiten. In der empfohlenen Fachliteratur (siehe die Bibliographie zu diesem Kapitel) findet der Leser zahlreiche Werke, die sich der Frage annehmen. Besonders zu empfehlen ist Sengör (1996). Er schreibt: „ ... war es lange Zeit nicht möglich, ... das ‚Paradoxon der Tethys' aufzuheben. Die Forschungen der letzten Jahre haben ergeben, dass die eigentliche interne Geometrie des Tethys-Raumes viel komplizierter war, als die einfache zweisuturige Vorstellung uns vermuten lässt. Die Hauptaufgabe der heutigen Tethysforschung besteht darin, diejenigen Stellen zu finden, entlang welcher die verschiedenen Ozeane des Tethys-Raumes verschwanden, und die von ihnen umgebenen Blöcke bis zu ihrem Entstehungsort zurückzuverfolgen."

2.15 *Folgende Doppelseite: Verschiebung der Kontinente. Dargestellt sind sechs ausgewählte Phasen – gleichzeitig wichtige Entwicklungen, die zur Bildung des Mittelmeeres führten. Rekonstruktion von Peter A. Ziegler, Basel.*

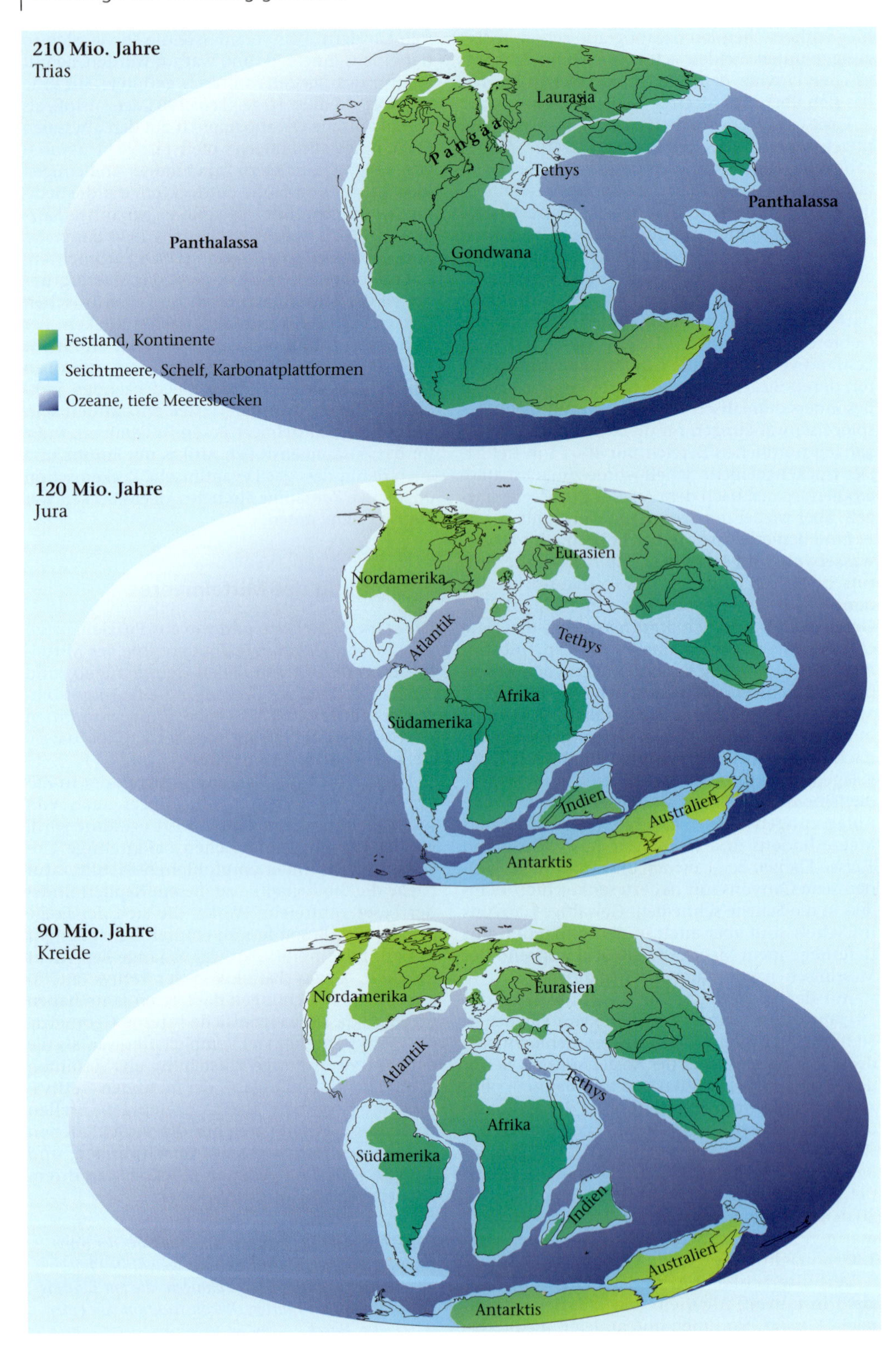
210 Mio. Jahre
Trias
Laurasia
Pangäa
Tethys
Panthalassa
Panthalassa
Gondwana
Festland, Kontinente
Seichtmeere, Schelf, Karbonatplattformen
Ozeane, tiefe Meeresbecken
120 Mio. Jahre
Jura
Eurasien
Nordamerika
Atlantik
Tethys
Afrika
Südamerika
Indien
Australien
Antarktis
90 Mio. Jahre
Kreide
Nordamerika
Eurasien
Atlantik
Tethys
Afrika
Südamerika
Indien
Australien
Antarktis

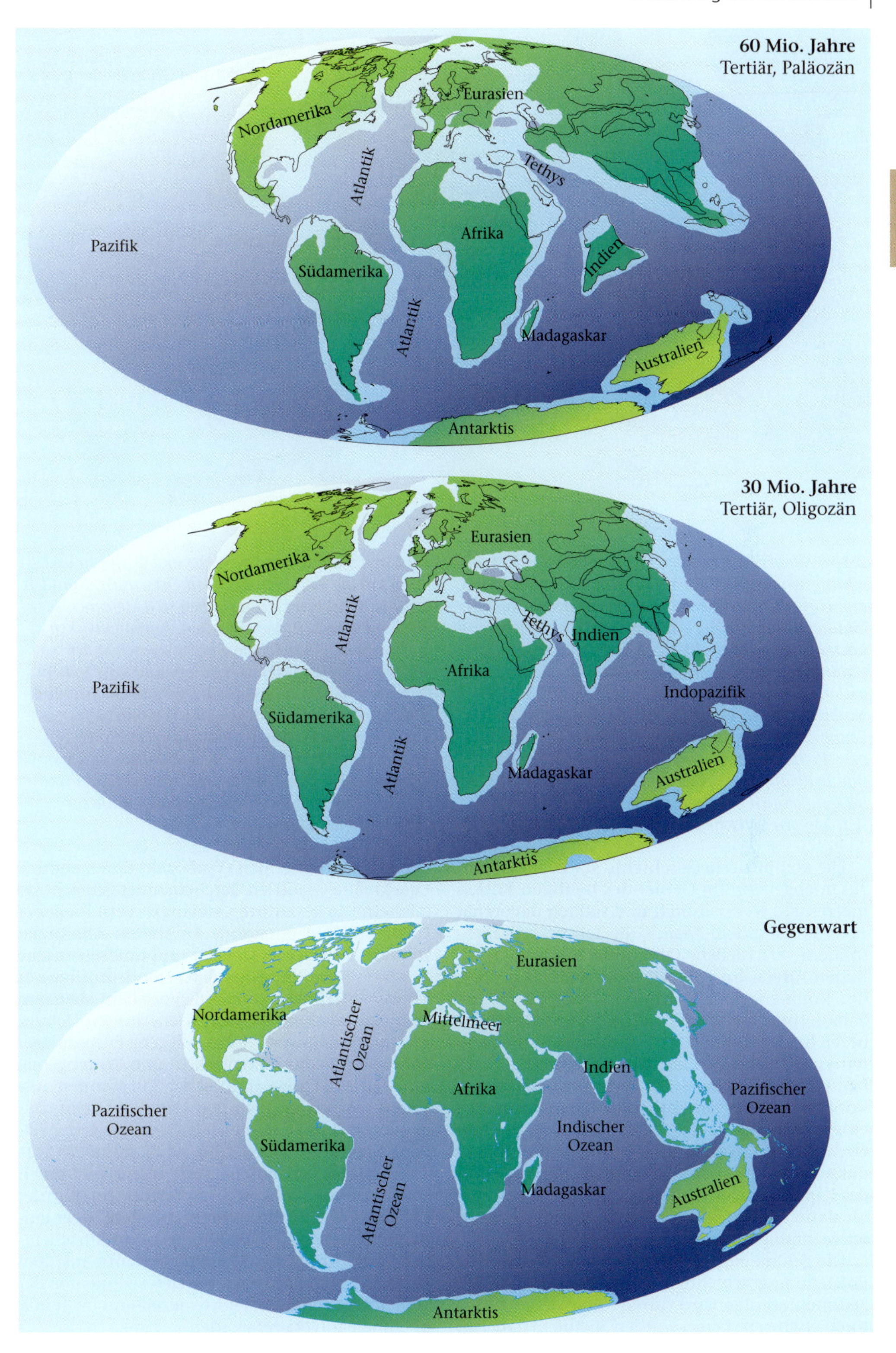
60 Mio. Jahre
Tertiär, Paläozän
Nordamerika
Eurasien
Atlantik
Tethys
Pazifik
Afrika
Südamerika
Indien
Atlantik
Madagaskar
Australien
Antarktis
30 Mio. Jahre
Tertiär, Oligozän
Eurasien
Nordamerika
Atlantik
Tethys
Indien
Pazifik
Afrika
Indopazifik
Südamerika
Atlantik
Madagaskar
Australien
Antarktis
Gegenwart
Eurasien
Nordamerika
Atlantischer Ozean
Mittelmeer
Indien
Afrika
Pazifischer Ozean
Pazifischer Ozean
Indischer Ozean
Südamerika
Atlantischer Ozean
Madagaskar
Australien
Antarktis

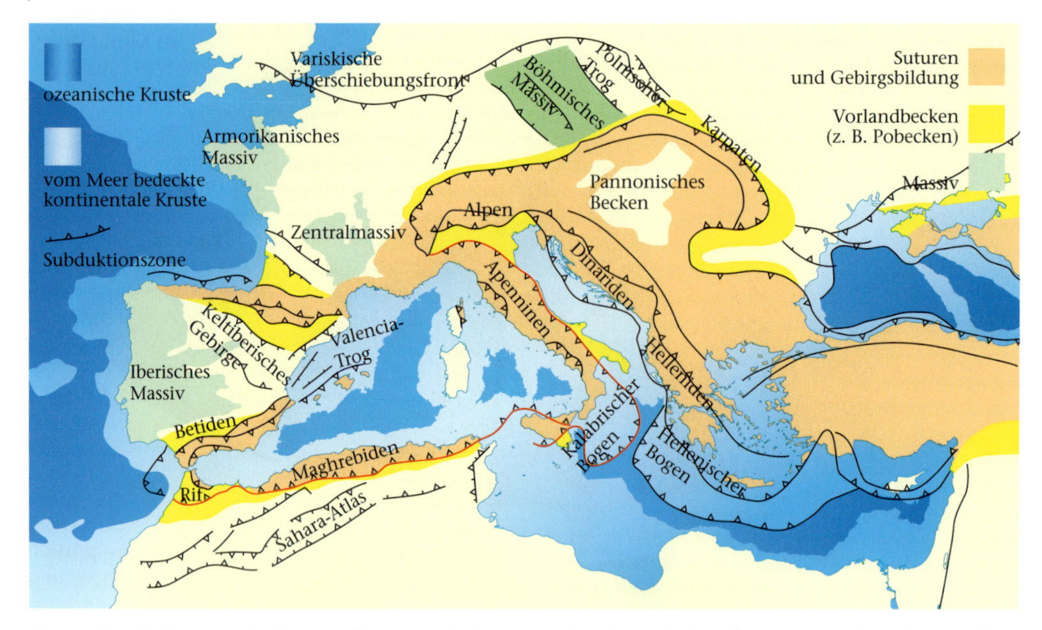

2.16 Tektonische Karte des Westmediterrans mit den wichtigsten orogenetischen Gürteln, Vorlandbecken und Hinterbogenbecken. Zwei entscheidende Narben (Suturen) sind in Farbe eingezeichnet. Die Narbe nach der Subduktion der Neotethys (rot dargestellt) verläuft gegenwärtig zwischen Marokko, Sizilien und entlang der Apenninhalbinsel bis zur Poebene. Die Narbe nach dem Verschlucken des mesozoischen Penninischen Ozeans, einem Ausläufer des Atlantiks bzw. Protoatlantiks in nordöstlicher Richtung (im Bild hellblau dargestellt), und weiterer kleiner Ozeanbecken nördlich des Penninischen Ozeans erstreckt sich von den Betischen Kordilleren über Ostkorsika und weiter zwischen den West- und Ostalpen und rund um die Karpaten bis nach Ostserbien. Nördlich des Penninischen Ozeans haben sich kleinere Ozeanbecken entwickelt: Valaisbecken, Karpatenbecken und vielleicht andere. Sie wurden zwischen der Mittleren Kreide (100 Mio. Jahre) und dem Späten Miozän (10 Mio. Jahre) nach und nach konsumiert. Die junge ozeanische Kruste im Westmediterran ist im Prinzip innerhalb der Europäischen Platte entstanden. Die afrikanische Nordküste zwischen Marokko und Tunesien, der südöstliche Zipfel von Sizilien sowie die Insel Malta gehören noch zur Afrikanischen Platte.

Die komplizierte Geschichte stark vereinfacht zusamengefasst: Im Gebiet des heutigen Mittelmeeres und weiter östlich und südlich davon hat es nicht nur einen Ozean – die Tethys – gegeben, sondern verschiedene Ozeanbecken unterschiedlichen Alters. Im Paläozoikum war es nördlich des Kimmerischen Kontinents (Abb. 2.18) die Paläotethys, manchmal als „Ur-Ur-Mittelmeer" bezeichnet. Ein jüngeres Ozeanbecken, die Neotethys, erstreckte sich im späten Paläozoikum und frühen Mesozoikum südlich des Kimmerischen Kontinents. Von der Tethys spricht man erst in einem späteren Stadium. Die unterschiedlichen Ozeanbecken sind im Laufe der Zeit durch Subduktion verschwunden – Vorgänge, die zu Beginn des Kapitels dargestellt wurden. Ein weiteres, später dann isoliertes Meeresbecken war die Paratethys nördlich der Tethys (Abb. 2.24).

Die genaue Rekonstruktion der geologischen Entstehungsgeschichte und die Interpretation der Sedimentabfolge wird durch verschiedene Faktoren erschwert: Öfters wurden Sedimentstapel an den Subduktionszonen (Vorbogen) durch enorme Druckkräfte chaotisch durcheinander gebracht, so dass eine so genannte „Melange" verschiedener Gesteinstypen entstand. An steilen Abhängen hinuntergerutschte Brocken und untermeerische Lawinen können anhand von Bohrprofilen oft schwer interpretiert werden. Vor allem aber kam es zu zahlreichen, vielfach wiederholten Hebungen und Senkungen. Höher gelegene Evaporitlager auf vielen mediterranen Inseln und Küstengebieten sind einst am Rand flacher Salzpfannen ausgefällt worden und wurden später gehoben. Das ganze Tyrrhenische Becken erreichte erst nach dem Messinian nach und nach seine heutige Tiefe von bis zu 3 600 m. Viele Inseln sind durch starke Hebung des Meeresgrundes im Pliozän (Beginn vor 5,3 Mio. Jahren) aus dem Meer emporgehoben worden, so Rhodos und wahrscheinlich auch Kreta, wo Meeressedimente aus dem Späten Miozän auftreten. Aus den Sedimenten der Tethys sind am Ende der Kreidezeit und im Tertiär die Alpen aufgefaltet worden.

Das heutige Mittelmeer war schon sehr früh, noch vor dem Paläozoikum, auf einer Schwächezone des alten Superkontinents Pangäa angelegt. Entlang dieser Zone spaltete sich der riesige Superkontinent in einen nördlich gelegenen Teil, Laurasia, und einen südlichen Teil, Gondwana. Im Mittleren Jura (Callovian) hat sich Laurasia endgültig von Gondwana getrennt (Gond = südindischer Stamm, *wana* = Land). Zu Laurasia gehörten Nordamerika, Europa und Asien, ausgenommen Indien; zum Gondwanakontinent gehörten Südamerika, Afrika, Australien, Indien und die Antarktis. Infolge dieser Divergenz bildete sich durch *seafloor-spreading* ein neues Ozeanbecken, die Paläotethys, die bis zur späteren Jurazeit bestand. Im Ozean zwischen Süd- und Nordkontinent haben sich die Schichten abgelagert, die heute einen Teil des Baumaterials des Mittelmeergebietes und der umliegenden Gebirgszüge ausmachen.

Im Oberen Jura beginnt auch der Südkontinent Gondwana zu zerfallen – Südamerika, Afrika und die Arabische Halbinsel trennen sich von Indien, der Antarktis und Australien. An der Wende von der Unterkreide zur Oberkreide, etwa vor 100 Mio. Jahren, hörte die divergente Bewegung, das Auseinanderdriften Eurasiens und Afrikas auf, und eine Umkehr der Bewegung setzte ein. In der höheren Unterkreide lösten sich Südamerika und Indien von Afrika, Indien begann seinen Kollisionskurs auf Asien, Afrika mit der Arabischen Halbinsel driftete nach Norden in Richtung Eurasien.

Die konvergente Aufeinanderbewegung Afrikas nach Norden in Richtung Eurasien verkleinerte das Urmeer Tethys, drückte gegen südwestliche Teile Eurasiens und setzte eine Rotationsbewegung von Mikrokontinenten oder mikrotektonischen Platten in Gang. Das sind kleinere Krustenblöcke, die sich von den großen kontinentalen Blöcken gelöst haben. Die Vorgänge, die zur Entstehung des heutigen Mittelmeeres geführt haben, lassen sich als ein ständiges dynamisches Verschieben von kleineren und größeren tektonischen Platten verstehen, das zum Entstehen von Gebirgszügen, Meeresbecken, Tiefseegräben und Inselketten führte. Wichtige Schritte dieser Entwicklung sind nachfolgend erklärt und auf den Abbildungen 2.18 bis 2.23 dargestellt.

- **Obere Trias (Nor/Rhät) 220 Mio. Jahre**

Noch gegen Ende der Triaszeit war die Tethys ein im Westen blind endendes Meer, und Eurasien bildete mit Nordamerika eine Einheit. Dieser Laurasia genannte Großkontinent war noch mit dem Südkontinent, dem Gondwanaland, in enger Verbindung. Gondwana umfasste Afrika, Südamerika, Indien und Australien. Mitten in der Tethys befanden sich verschiedene kontinentale Blöcke, die Teile des heutigen Alpensystems sowie des östlichen und westlichen Mediterranraumes bildeten. Sie hatten sich von Afrika abgespalten. Ein großes Festland, der Kimmerische Kontinent, war noch nicht mit Laurasien kollidiert und trennte die so genannte Paläotethys im Norden von der Neotethys im Süden. Schon damals war die in der Neotethys gelegene Anlage des heutigen Mittelmeeres zweigeteilt: in das östliche Mittelmeerbecken parallel zur Riftzone der Neotethys und in ein westliches Mittelmeerbecken, das damals als schmale Spreiz- (*spreading-*)Zone senkrecht zur Hauptachse ausgebildet war und die Anlage des

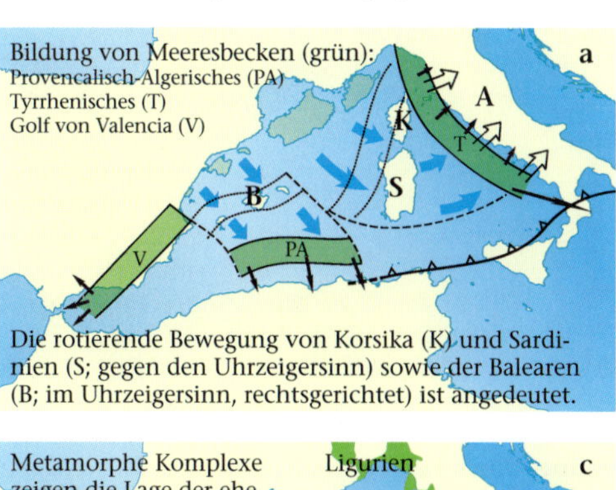

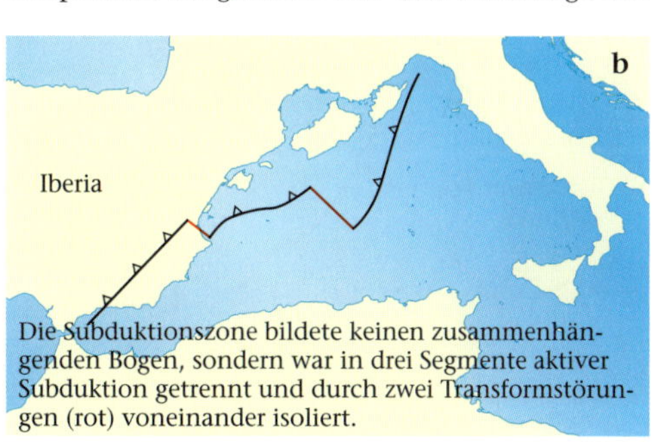

***2.17** Kinematische Evolution des Westmediterrans. a) Dehnungsregime im westlichen Mittelmeerraum während des Miozäns. Daraus wird die Entstehung der Apenninhalbinsel (A), Korsikas (K), Sardiniens (S) und der Balearen (B) ersichtlich. b) Endstadium der Subduktion mit der Iberischen Platte. Diese kollidierte mit der Betisch-Ligurischen kontinentalen Lithosphäre. Die mesozoische ozeanische Lithosphäre der Tethys wurde völlig unter das ostwärts driftende Iberia subduziert. c) Heutiger Zustand mit der Lage der metamorphen Komplexe. Nach Zeck, 1996.*

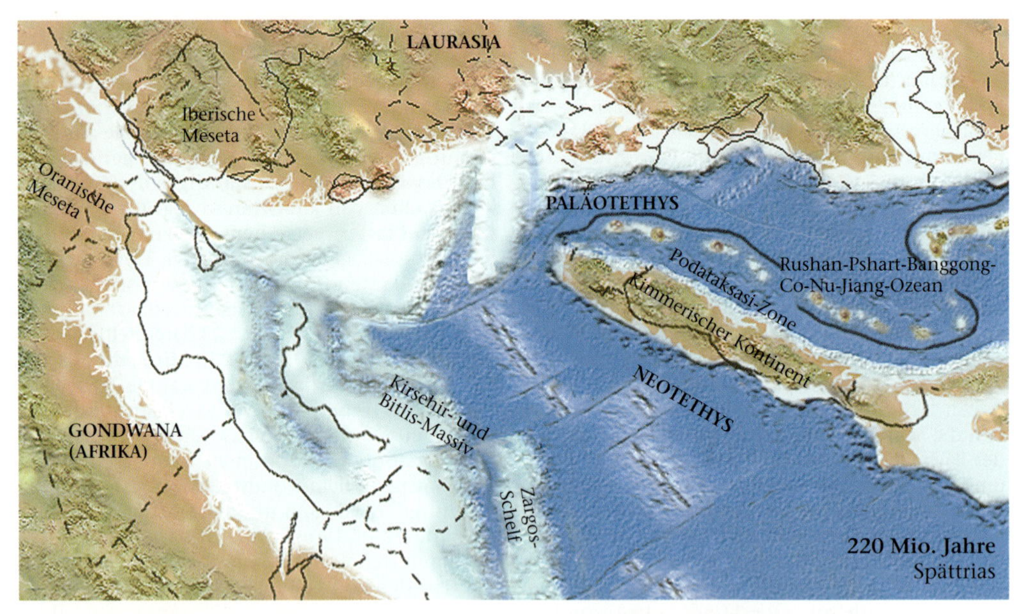

2.18 und 2.19 *Tektonische Entwicklung des Tethysraumes: Spättrias (oberes Bild) und Mitteljura (unteres Bild). © Ronald C. Blaky, Flagstaff, Az.*

Pindos-Ozeans darstellte. Große Teile der spanischen Meseta und Frankreichs waren von einem Litoralmeer bedeckt. Um die schmale Ozeanzone lagen weit ausgedehnte Karbonatplattformen; sie entstanden aus mächtigen Riffketten und dazugehörigen Lagunen, wie sie z. B. in den Kalkalpen und den Dolomiten zu finden sind. Auch um die Ozeanböden des östlichen Mittelmeeres hat es solche Plattformen gegeben. Der Menderes-Taurus-Block bewegte sich nordostwärts entlang zweier Transformverschiebungen. Während dieser Bewegung zerfiel er entlang einer Riftzone in zwei Blöcke. Im südlichen Ast der Neotethys bewegten sich das künftige Kirsehir- und das Bitlis-Massiv entlang einer Spreizungszone von Afrika weg. Nördlich des Menderes-Taurus-Blocks spalteten sich als Teil der Podataksasi-Zone der künftige Sakarya-Kontinent und und die Ostpontiden vom Rest des Kimmerischen Kontinents ab. Die Paläotethys schrumpfte im Norden der Türkei und in

Afghanistan zu einem Restozean, wie das östliche Mittelmeer es heute ist.

- **Unterer Jura (Toarcien) 190 Mio. Jahre**

Der Ozeanboden der Neotethys hat sich weiter ausgeweitet, während jener der Paläotethys nach Süden bis auf einen Rest subduziert wurde. Der Kimmerische Kontinent (die Podataksasi-Zone und der Großblock Helmand – Lhasa – Mount Victoria-Land eingeschlossen) kollidierte im Bereich des heutigen Iran, wobei der östliche Teil des Kimmerischen Kontinents vom westlichen abgeschert wurde. Auch der sich nach Osten fortsetzende Rushan-Pshart-Banggong-Co-Nu-Jiang-Ozean verengte sich. Neben der Verbreiterung der Neotethys setzten auch die parallel dazu aufgerissenen submarinen Spreizzonen ihre Aktivität fort. Die Karbonatplattformen des Menderes-Taurus-Blocks waren durch Tiefseekanäle voneinander getrennt, ebenso vom Sakarya-Kontinent. Auch die Riftzone im westlichen Mittelmeerbecken hat sich verbreitert. Konvergenz begann auch in der Vardarzone innerhalb der ozeanischen Lithosphäre der Neotethys. Entlang einer Blattverschiebung bewegte sich die Podataksasi-Zone parallel zur Nordküste der Neotethys. Im Iran schneidet die Blattverschiebung den Kimmerischen Kontinent durch.

- **Mittlerer Jura (Bajocien) 180 Mio. Jahre**

Die Paläotethys war im Bajocien fast zur Gänze subduziert (Abb. 2.18). Unter den Nebenästen war nur der Banggong Co-Nu Jiang-Ozean noch offen, jedoch erheblich verschmälert. Im Nordteil der Neotethys verbreiterte sich der Alpine Ozean und stand mit dem Ozeanbecken des künftigen Westmediterrans in Verbindung (Abb. 2.19 und 2.20). Der Ozeanbereich des künftigen östlichen Mittelmeeres gewann an Größe (die Reste seiner ozeanischen Kruste sind bis heute erhalten) und ging nach Osten in den Zargos-Schelf über, der zusammen mit dem Arabischen Schelf eine mächtige, zu Afrika gehörende Karbonatplattform darstellte.

- **Oberer Jura (Kimmeridge/Tithon) 150 Mio. Jahre**

Die Paläotethys war im Westen völlig verschwunden und ihre Fortsetzung nach Osten stark eingeengt. Die Apulische Platte trennte den Alpinen Ozean von der Neotethys. Sie stellte um diese Zeit ein tiefes Schelfgebiet dar, das nach Süden, im Langobardischen Becken, seichter wurde und in eine Karbonatplatte überging. Durch den Schub der Afrikanischen Platte nach Norden kam es zugleich zu einer stärkeren Einengung im Bereich der Tethys. Mit Beginn des Späten Jura begann die Subduktion der Neotethys östlich der Vardar-Zone. Die eohellenischen Ophiolithdecken (submarine magmatische Gesteine) der Balkanhalbinsel waren bereits in Bewegung. Neben der schon in der Triaszeit tätigen Subduktionszone, der Podataksasi-Zone, trat zusätzlich eine Subduktion nördlich des Menderes-Taurus-Blocks und südlich des Sakarya-Kontinents auf.

- **Untere Kreide (Hauterive) 130 Mio. Jahre**

Der Alpine Ozean hatte sich indessen noch weiter verbreitert und erstreckte sich in seiner Fortsetzung bis an die Nordküste Afrikas, während der Westteil des Alpinen Ozeans unter die Iberische Scholle und zum Teil unter den Helvetischen Schelf subduziert wurde. Entsprechend dem Nordschub Afrikas hielt auch das Absinken und Abtauchen unter den Sakarya-Kontinent an. Dies

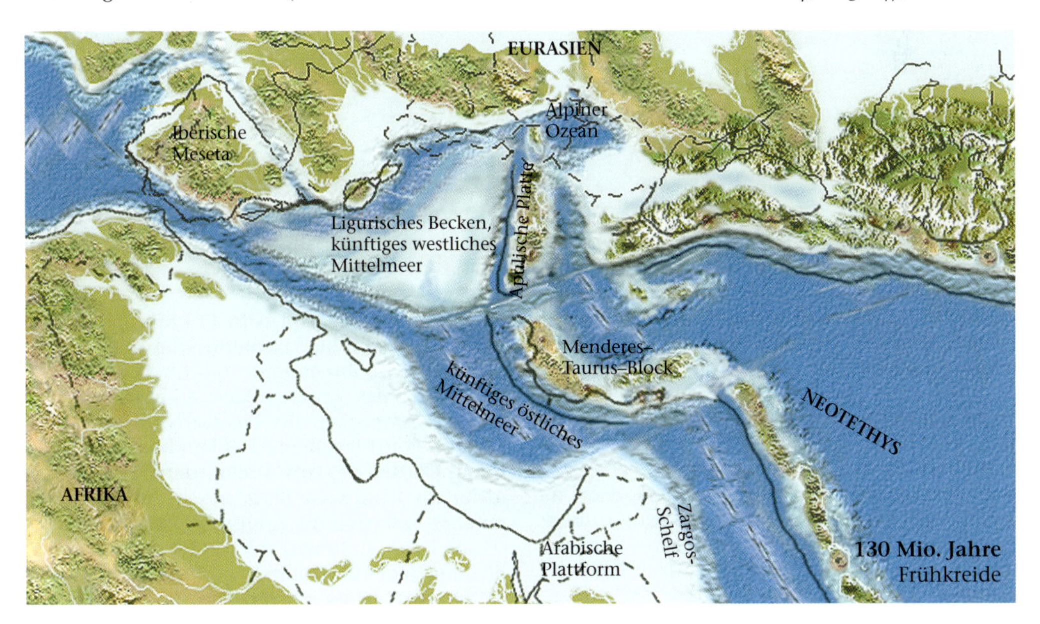

2.20 Tektonische Entwicklung des Tethysraumes: Frühkreide. © Ronald C. Blaky, Flagstaff, Az.

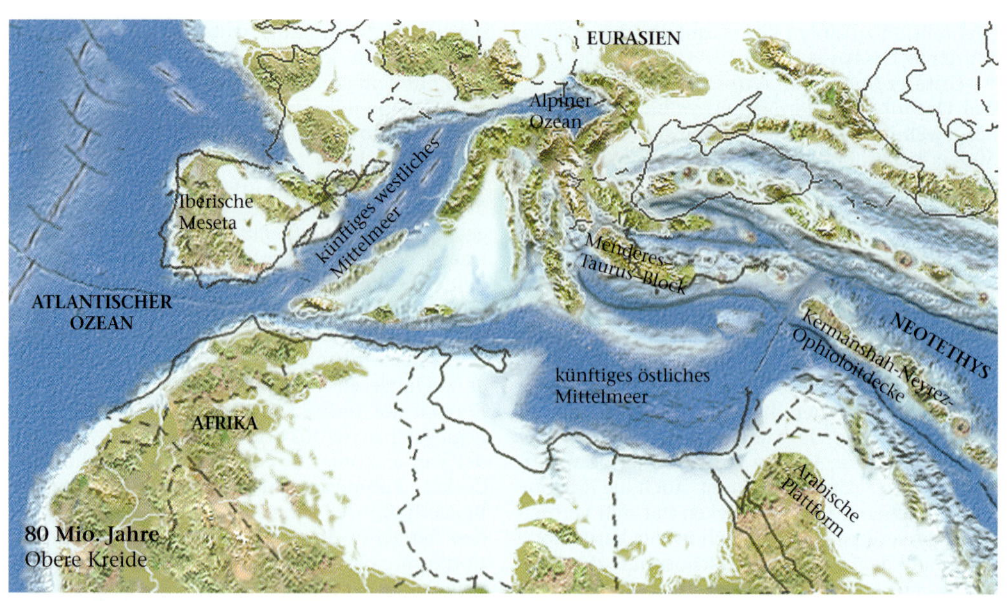

2.21 und 2.22 *Tektonische Entwicklung des Tethysraumes: Spätkreide/Tertiär (oberes Bild) und Späteozän (unteres Bild). © Ronald C. Blaky, Flagstaff, Az.*

hatte eine verstärkte Kompression in den orogenen Gürteln und eine durchgehende Subduktionsfront entlang der Nordküste der Neotethys, vom Atlantischen bis zum Pazifischen Ozean, zur Folge. Gleichzeitig setzte die Loslösung Indiens von Afrika ein. Seit dieser Zeit begann auch der Zerfall des Gondwanalandes in einzelne Blöcke, die heutigen Kontinente.

- **Mittlere Kreide (Apt/Alb) 115 Mio. Jahre**

Im Apt/Alb kam die kimmeridische Konvergenz in Eurasien zu einem Ende. Nördlich der Türkei bildete sich das Schwarze Meer als ein sehr komplexes Randbecken der Neotethys hinter dem Rhodop-Ponti-Fragment. Die Subduktion des Alpinen Ozeans begann, indem der Ozeanboden unter die Apulische Platte nach Süden untertauchte bzw. sich die Apulische Platte darüberschob. Die Verhältnisse im künftigen Mittelmeer blieben gegenüber jenen der Unteren Kreide gleich. Infolge der verstärkten Konvergenz zwi-

schen Eurasien und den Südkontinenten kam es zur intratethydischen Subduktion nahe des Zargos-Oman-Kontinentalrandes.

- **Obere Kreide (Campan) 80 Mio. Jahre**

Durch das Anpressen der Afrikanischen Scholle nach Norden wurde der Tethysbereich noch stärker eingeengt, was sich durch die weitere Herausbildung von Subduktionszonen bemerkbar machte. Eine dieser Zonen verlief durch das östliche Mittelmeergebiet. Viele Subduktionszonen traten im Gebiet des heutigen Griechenland und der Türkei auf. Diese neue intratethydische Subduktionszone breitete sich rasch nach Nordwesten aus und führte zur Obduktion der periadriatischen Ophiolithdecken (Obduktion ist das Gegenteil von Subduktion: Ozeanbodenmaterial wird im Zuge der Gebirgsbildung nach oben verfrachtet, wo es in Form von Ophiolithen studiert werden kann). Im Campan ist auch die Zeit der Obduktion großer tethydischer Ophiolithdecken der Türkei und in den periadriatischen Gebieten. Der nördliche Ast der Neotethys in der Türkei wurde zu einem schmalen Kanal, ähnlich dem Inselbogen im heutigen Südostasien. Im Iran und in Afghanistan war der Seistan-Ozean dabei sich zu schließen, und der asiatische Teil der Neotethys verkleinerte sich zunehmend.

- **Alttertiär (Spät-Eozän: Priavon) 40 Mio. Jahre**

Das Mittelmeer steht immer noch über den Zargos-Schelf, der im Süden einen Tiefwasserschelf darstellte, mit dem Indik in Verbindung. Im Kaukasus war der Schiefer-Diabas-Ozean geschlossen (Abb. 2.22), und Ostanatolien blieb bis zum Miozän unter dem Meeresspiegel. Der Indische Schild kollidierte bereits mit Eurasien und ließ den Helmand-Block nach Westen treiben.

__2.23__ Tektonische Entwicklung des Tethysraumes: Frühmiozän. © Ronald C. Blaky, Flagstaff, Az.

- **Jungtertiär (Frühes Miozän) 24 Mio. Jahre**

Die Verbindung mit dem Indik war über den Seichtwasserschelf, die Karbonatplattform des Zargos-Schelfs, noch aufrecht. Korsika und Sardinien sowie die Balearen waren von der Iberischen Platte losgelöst, wobei Erstere nach links, Letztere nach rechts rotierten (vgl. Abb. 2.17). Dazwischen lag ein schmales Ozeanbecken. Im Aquitän begann die Schließung des Bitlis-Zargos-Ozeans durch die Kollision Arabiens mit Eurasien. Im Spätmiozän verschwanden endgültig die neotethydischen Ozeane des westlichen Mittelmeeres und des periadriatischen Gebietes. Nur im östlichen Mittel-

__2.24__ Folgende Doppelseite: Sedimentkarten der mediterranen Tethys und Paratethys zwischen 24 und 2,5 Millionen Jahren. Dunkelblau: marine Sedimente (entsprechen den Ablagerungen der Tethys mit allen Nebenmeeren); hellblau: brackische Sedimente in Aussüßungsphasen; grünblau: Sedimente der isolierten Paratethys mit endemischer Fauna; rot: Evaporit, der sich nur unter besonderen Bedingungen bilden kann; hellbraun: kontinentale, terrestrische Sedimente (lakustrische und fluviatile* Ablagerungen). Der heutige Nahe Osten ist wiederholt trockengefallen (Evaporite) und wieder vom Meer überflutet worden, bis er endgültig zum Festland und zur östlichen Abgrenzung des Mittelmeeres wurde. Die Karte des Späten Messinian zwischen 6,5 und 6 Millionen Jahren (während der Austrocknungszeit des Mittelmeeres) sowie die Karten jüngerer Perioden zeigen in dieser Region nur noch kontinentale, terrestrische Ablagerungen. Nach Steiniger et al., 1985.*

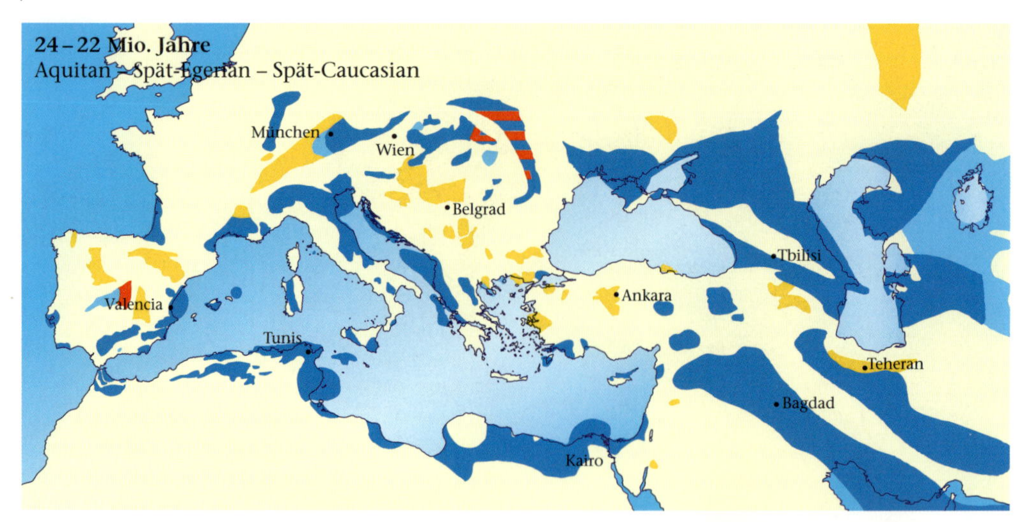
24 – 22 Mio. Jahre
Aquitan – Spät-Egerian – Spät-Caucasian
München
Wien
Belgrad
Tbilisi
Ankara
Valencia
Tunis
Teheran
Bagdad
Kairo

17,5 – 16,5 Mio. Jahre
Spät-Burdigalian – Karpatian – Kozachurian
München
Wien
Belgrad
Tbilisi
Ankara
Valencia
Tunis
Teheran
Bagdad
Kairo

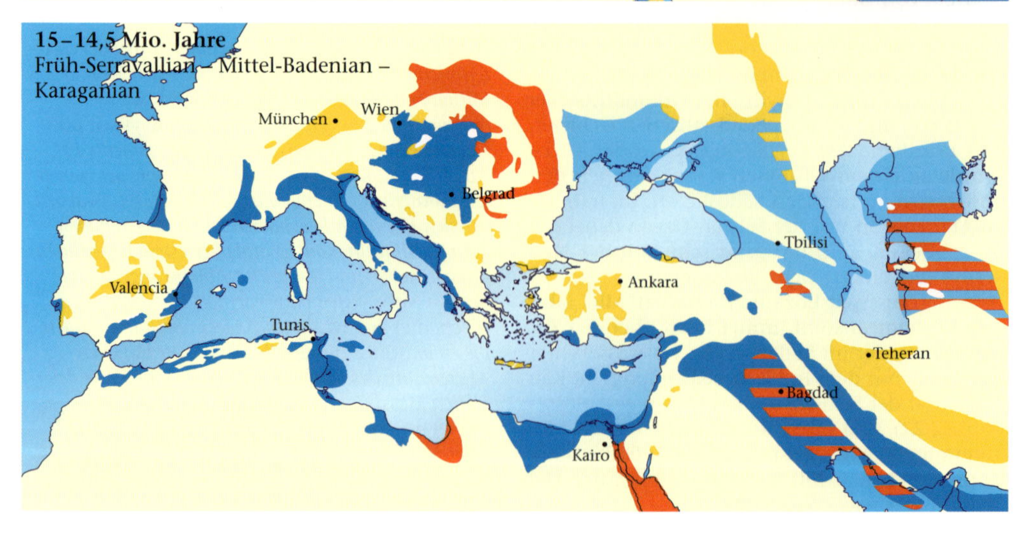
15 – 14,5 Mio. Jahre
Früh-Serravallian – Mittel-Badenian –
Karaganian
München
Wien
Belgrad
Tbilisi
Ankara
Valencia
Tunis
Teheran
Bagdad
Kairo

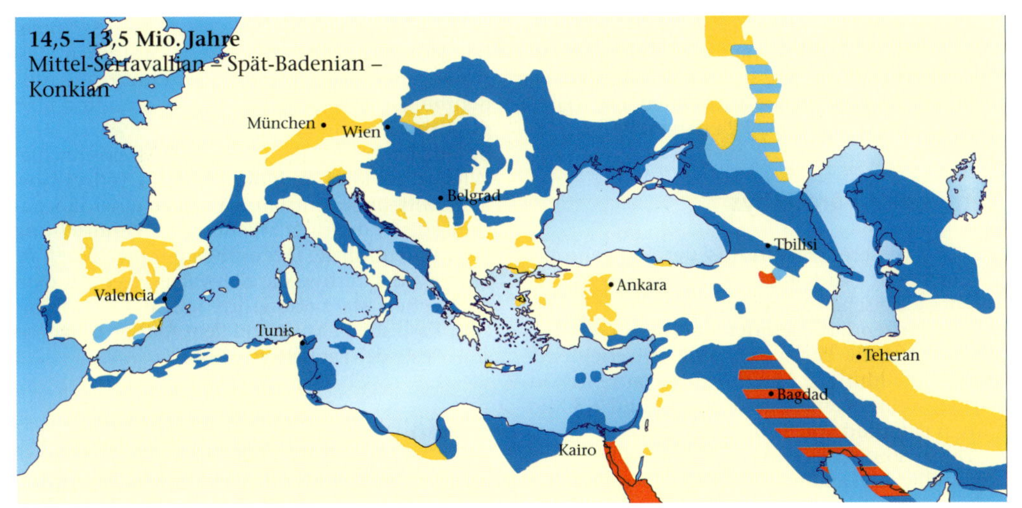
14,5–13,5 Mio. Jahre
Mittel-Serravallian – Spät-Badenian – Konkian
München
Wien
Belgrad
Tbilisi
Ankara
Valencia
Tunis
Teheran
Bagdad
Kairo

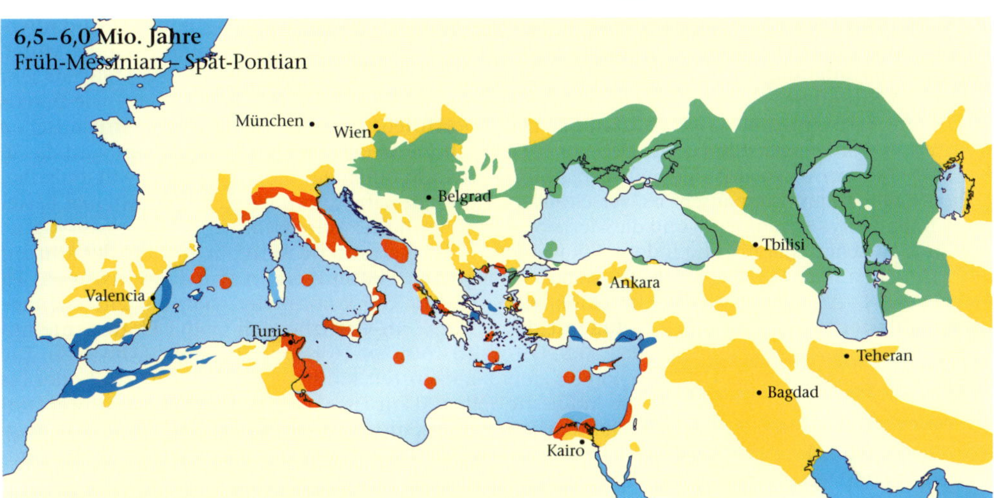
6,5–6,0 Mio. Jahre
Früh-Messinian – Spät-Pontian
München
Wien
Belgrad
Tbilisi
Ankara
Valencia
Tunis
Teheran
Bagdad
Kairo

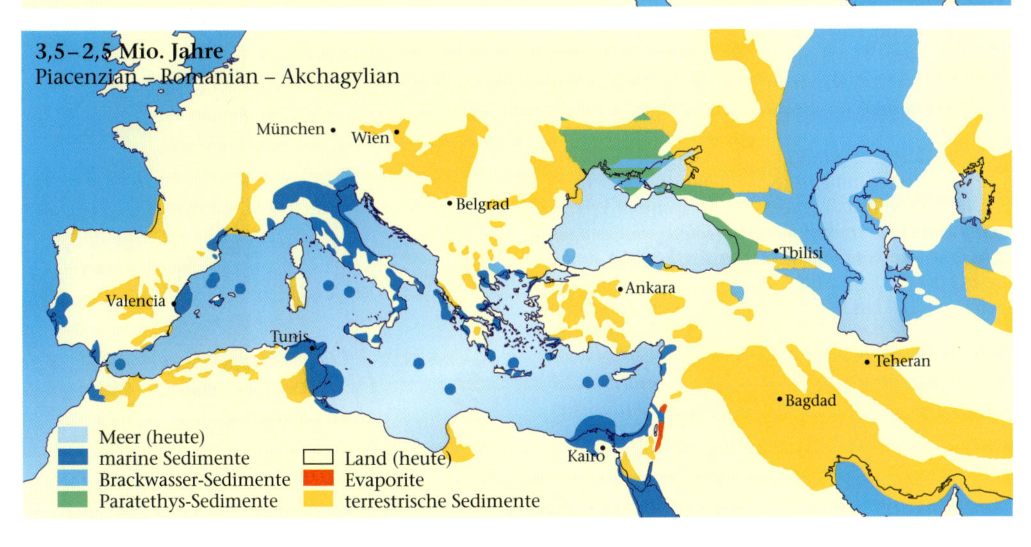
3,5–2,5 Mio. Jahre
Piacenzian – Romanian – Akchagylian
München
Wien
Belgrad
Tbilisi
Ankara
Valencia
Tunis
Teheran
Bagdad
Kairo
Meer (heute)
marine Sedimente
Brackwasser-Sedimente
Paratethys-Sedimente
Land (heute)
Evaporite
terrestrische Sedimente

meer, im Arabischen Meer, im Somalibecken, im Golf von Bengalen und im Vorland der sumatrischen Subduktionszone sind noch Überreste der tethydischen Lithosphäre anzutreffen. Die weitere Entwicklung ist auf Abb. 2.24 dargestellt.

Tethys und Paratethys

Für das bessere Verständnis der Entstehungsgeschichte des Mittelmeeres, des Schwarzen Meeres, des Kaspischen Meeres und des Aralsees sowie der angrenzenden Regionen Eurasiens (vgl. Abb. 3.61) spielt die Paratethys eine entscheidende Rolle. Abbildung 2.24 ermöglicht eine Rekonstruktion ihrer Genese zwischen 24 und 2,5 Mio. Jahren aufgrund von Sedimentkarten.

Die mesozoische Tethys, die die nördlichen von den südlichen Landmassen trennte, begann durch tektonische Bewegungen der großen Platten in kleinere Teilbereiche zu zerfallen. Bereits im Paläogen, im Alttertiär, war die Tethys durch die alpidischen Auffaltungen in zwei Teilbereiche getrennt. Während des Neogens, des Jungtertiärs, war diese Trennung zeitweise vollständig. Die Paratethys wurde eigenständig. Als sich vor etwa 20 Mio. Jahren Afrika mit der heutigen Arabischen Halbinsel an Asien anschloss, verschmälerte sich die Tethys zunehmend, und die Meeresverbindung zwischen Atlantik und Indopazifik wurde unterbrochen. Die Sedimentkarte für den Zeitraum von 24 – 22 Mio. Jahren zeigt für große Teile der mediterranen Region marine Sedimente der Tethys. So in Nordafrika, großen Teilen Süd-, Ost- und Südosteuropas, in der ganzen Region bis zum Aralsee und im Nahen Osten über die Arabische Halbinsel und bis zum Persischen Golf. Zwischen 20 und 10 Mio. Jahren zeigen die Karten eine Abfolge von Meeressedimenten und Evaporiten. Der Nahe Osten bis zum Persischen Golf ist allmählich zum Festland geworden, allerdings mit wiederholten Trans- und Regressionen des Meeres.

Die isolierte, zunehmend brackisch werdende und schließlich ausgesüßte Paratethys entwickelte eine endemische Fauna. Das ist an ihren Sedimenten deutlich abzulesen. Während des frühen Messinians erreichte die Paratethys eine große Ausdehnung, die östlich von Wien begann und über die Pannonische Ebene und das Schwarze Meer bis 500 km östlich des Kaspischen Meeres reichte. Wiederholt sind Verbindungen zur Tethys bzw. zum Mittelmeer entstanden, die zu einer biostratigraphisch deutlich erkennbaren Vermischung der Faunen führte. Das ostmediterrane Becken ist ein Rest der Tethys, das Schwarze Meer mit dem Asowschen Meer und große Teile der Region bis zum Kaspischen Meer und dem Aralsee hingegen sind Reste der Paratethys.

Vulkanismus und Seismizität

Bei der Betrachtung plattentektonischer Karten der Erde mit eingezeichneten Erdbeben und aktiven Vulkanen (vgl. Abb. 2.7 und 2.8) wird offenkundig, dass die tektonische Aktivität der Mittelmeerregion selbst im weltweiten Maßstab sehr hoch ist. Die Ursache dafür liegt – wie bereits beschrieben – in der Kollision der Afrikanischen mit der Eurasischen Platte. Erschwert wird die Situation durch ein Mosaik kleinerer Mikroplatten, die ein sehr kompliziertes tektonisches Bewegungsmuster aufweisen.

Die seismische Aktivität entlang der konvergenten Plattengrenzen (Subduktionszonen) ist enorm. Sie konzentriert sich auf eine schräge Ebene im Grenzbereich beider Platten, die mit 40 – 60° zur Horizontalen steht (Abb. 2.9). Die Epizentren können seicht (0 – 70 km) oder bis in 300 km Tiefe oder mehr liegen. Etwa zwei Drittel des historischen Vulkanismus sind auf konvergente Plattengrenzen konzentriert. Mächtige Erd-

2.25 Tektonische Situation im Jordangraben (links) und das Gebiet auf einer Satellitenaufnahme (rechts). Zum Bruch gehört eine horizontale Verschiebung von etwa 10 mm pro Jahr (rote Pfeile) und eine Abschiebungskomponente (Transtension). So sind der über 1 000 m tiefe Golf von Akaba und der 400 km lange und 10 km breite Jordangraben entstanden. Hier liegt die tiefste Depression der Welt (Totes Meer: Wasserspiegel 397 m unter dem Meeresspiegel, Grund bis 829 m). Gräben dieser Art werden in der Geologie pull-apart basins genannt. Die Arabische Platte bewegt sich vom seafloor-spreading-Zentrum im Süden entlang des Golfes von Akaba und des Jordangrabens nach Norden. Verändert nach EOS – American Geophysical Union 81 50/2000.

2.26 Das im Jahr 79 n. Chr durch den Vesuv zerstörte Pompeji (a, b) und Herculaneum (c, d). Die Eruption des Vesuvs war nach Plinius' Schilderung explosiv. Gestein, Staub und heiße Gase wurden als dunkle Säule bis zu 30 Kilometer hoch in die Atmosphäre geschleudert. Durch die Gravitation fiel die gewaltige Säule in sich zusammen und rollte wie eine Lawine mit hoher Geschwindigkeit die Hänge hinunter („... sehe einen dichten Rauch, der uns folgte und sich über die Erde ergoss wie ein reißender Strom"). Vulkanologen vermuten, dass Herculaneum durch einen pyroklastischen Strom vernichtet wurde.

beben hoher Magnitude treten im Mittelmeerraum auch entlang von transformen Störungen auf. Aufgrund der Krümmung der Erde kann die Bewegung der Platten nie absolut parallel sein; vielmehr tritt neben einer kompressiven (transpressiven) Bewegung auch eine Dehnungskomponente auf (transtensive Bewegung; vgl. Abb. 2.25). Vulkanische Aktivität entlang von transformen Störungen ist seltener. Die Erdbebenaktivität an divergenten (auseinander driftenden) Plattengrenzen ist gering, die ozeanische Kruste ist in diesen Bereichen dünn, und die Epizentren liegen in geringen Tiefen.

Erdbeben können fatale Folgen für die Menschen haben. So wurden das katastrophale Erdbeben in der Region Izmit vom 17. August 1999 sowie das kleinere Erdbeben vom 12. November 1999 durch die Bruchsegmente im Nordanatolischen Störungssystem östlich des Marmarameeres verursacht. Die Bucht von Izmit ist ähnlich wie der Golf von Akaba (Abb. 2.25) ein so genanntes *pull-apart basin,* nur liegt hier eine dextrale (Rechts-) Bewegung vor.

Die hohe seismische Aktivität und der Vulkanismus im Mittelmeerraum haben den Naturraum ebenso geprägt wie die Geschichte des Menschen. Ganze kulturelle Epochen sind zumindest regional den Naturgewalten Erdbeben und Vulkanismus zum Opfer gefallen. Betroffen waren nicht nur die unmittelbar an aktiven vulkanischen und seismischen Zentren lebenden Menschen, sondern durch Ausbreitung vulkanischer Gase oder großer Flutwellen auch weiter entfernt lebende Populationen. Es ist daher nicht überraschend,

2.27 Der Ätna auf Sizilien, mit 3 350 Meter der höchste und zurzeit aktivste Vulkan Europas. Im oberen Bereich der Satellitenaufnahme ist das Tyrrhenische Meer, auf der rechten Seite das Ionische Meer zu sehen. Beide stehen durch die Straße von Messina (ganz oben rechts) in Verbindung. Im Gegensatz zum Vesuv ist der Ätna ein effusiver Vulkan: Das Magma fließt aus dem Vulkan (lat. effusio = Erguss).

dass die ältesten Berichte und Aufzeichnungen über Vulkanausbrüche aus dem Mittelmeerraum, der „Wiege der Zivilisation", stammen. Schon vor 8 000 Jahren haben die Bewohner von Catal Hüyük, einer der ältesten Städte der Welt, Vulkane auf Fresken dargestellt.

Eine der bekanntesten derartigen Katastrophen ist der Vulkanausbruch von Thera (Santorin) im Jahr 1470 v. Chr. Die durch den Ausbruch hervorgerufene Flutwelle (Tsunami) führte nach Ansicht vieler Historiker zum Niedergang der kretisch-minoischen Zivilisation. Der Santorin-Ausbruch war wahrscheinlich die größte vulkanische Katastrophe in der Geschichte der Menschheit. Die Eruption war vermutlich viermal so stark wie jene des Krakatau im Jahr 1883, die 18 Kubikkilometer Material ausgeworfen und eine 35 m hohe Flutwelle verursacht hatte. Die Asche fiel im Umkreis von 5 000 Kilometer nieder. Auf Kreta sind die Städte am Meer und Häfen wie Mochlos, Psyrra, Zakros, Niron, Gournia und vor allem Amnisos vollkommen hinweggefegt worden. Auch auf Chios und Rhodos und in Ugarit in Syrien richtete die Flutwelle großen Schaden an. Nur Knossos blieb unberührt und wurde mykenisch.

Vulkane und Erdbeben in Italien

Von den vier vulkanischen Provinzen Italiens, der Provinz Toskana, Provinz Rom, der Campanischen Provinz und der Provinz Sizilien, sind die letzten beiden bis heute aktiv. Der Vulkanismus Italiens steht mit der Auffaltung der Apenninen und dem Einbrechen des Tyrrhenischen Meeres in engem Zusammenhang. Dass die Auffaltung des Apennins immer noch anhält, belegt die große seismische Aktivität dieses Gebirgszuges in ganz Italien und Sizilien. Die zahlreichen gravimetrischen Unregelmäßigkeiten und die aktiven Vulkane der Region zeigen Magmenherde an. Sie weisen darauf hin, dass sich diese Auffaltung im Stadium des isostatischen Ausgleichs befindet (vgl. Abb. 2.11 c). Dabei bilden sich Horste und Gräben, entlang deren Bruchränder das Magma bevorzugt aufsteigen kann.

Südöstlich von Neapel erhebt sich der Vesuv, ein typischer Doppelvulkan. Der Doppelgipfel besteht aus dem eigentlichen Vesuv, der nach dem Ausbruch des Jahres 79 n. Chr. entstand, und dem submarin angelegten Monte Somma, der als Ur-Somma-Vulkan am Ende der Würmeiszeit vor 12 000 Jahren entstand. Sein phonolithisches* Magma bahnte sich aus 6 km Tiefe den Weg durch die tyrrhenischen Spalten. Das Magma, das auch das Nebengestein, Kalke und Dolomite aufnahm, reicherte sich dadurch mit Calcium und Magnesium an. Vor 8 000 Jahren kam es erneut zu einem Ausbruch, worauf sich der alte Somma in den folgenden 2 500 Jahren zu einem 1 000 m hohen Stratovulkan aufbaute. Vor 5 000 Jahren zerstörte ein Ausbruch den alten Vulkan und bildete den neuen Somma mit einer veränderten Gesteinszusammensetzung. Im 12. Jahrhundert v. Chr. erreichte der Stratovulkan eine Höhe von 2 000 m. Beim vierten und letzten Ausbruch des neuen Somma, im Jahre 79 v. Chr., wurden die römischen Städte Pompeji, Herculaneum und Stabae zerstört (Abb. 2.26).

Ernstzunehmende schriftliche Augenzeugenberichte über historische Vulkanausbrüche sind äußerst rar. Eine Ausnahme ist der in zwei Briefen Plinius des Jüngeren (61/62 – 113 n. Chr.) an den Geschichtsschreiber Tacitus überlieferte Bericht. Der damals Achtzehnjährige war der Neffe des berühmten Plinius des Älteren, der zu dieser Zeit als kaiserlicher Prokurator und Befehlshaber beim Vesuvausbruch in Stabiae (heute Castellammare di Stabia) ums Leben gekommen ist. Das Phänomen, das Plinius der Jüngere geschildert hat, konnte die moderne Vulkanologie lange Zeit nicht nachvollziehen. Erst beim Ausbruch des Mount St. Helen in den USA 1980 wurde der verheerende Vorgang, der den Namen pyroklastischer Strom erhielt, erkannt und beschrieben. Nur einige Jahre später, 1982, konnte dieses Naturereignis in Mexiko abermals beobachtet und gefilmt werden. Zahlreiche Hinweise sprechen dafür, dass auch Herculaneum einem pyroklasti-

schen Strom zum Opfer gefallen ist. Die blühende Stadt hatte zur Zeit der Katastrophe etwa 5 000 Einwohner. Jahrzehntelang waren aus den Ruinen von Herculaneum jedoch nur sechs menschliche Skelette bekannt, und man nahm an, dass die Bewohner der Stadt rechtzeitig fliehen konnten. Doch 1982 wurde eine verschüttete Kammer mit Hunderten von Skeletten entdeckt, die zum Teil starke Verbrennungsspuren aufwiesen. Offenbar flohen viele Menschen in dieses für sicher gehaltene Versteck und wurden hier vom pyroklastischen Strom überrascht.

Puteoli, das heutige Pozzuoli bei Neapel, und die ganzen Phlegräischen Felder sind seit der frühen Antike Ort positiver und negativer Vertikalbewegungen. Man nimmt an, dass sich darunter ein noch nicht ganz erstarrter Magmenkessel befindet (vgl. Abb. 2.11 a), der sich je nach Druck und Temperatur ausdehnt und wieder zusammenzieht. Der so genannte Serapis-Tempel bei Pozzuoli aus dem 2. Jahrhundert v. Chr., der seinen Namen dem Fund eines Statuenfragments des ägyptischen Gottes Serapis verdankt, ist bereits im Exkurs auf Seite 68 f. beschrieben. Seine Säulen stehen derzeit 2 m unter dem Meeresspiegel. Im 10. Jahrhundert sank der Boden 5,80 m unter den Meeresspiegel, und die Säulen, die sich über dem Schutt unter Wasser befanden, wurden von Bohrmuscheln angegriffen. Im Jahr 1538, zur Zeit der Entstehung des Monte Nuovo (133 m), hat sich der Boden wiederum um 6 m angehoben, und ein 300 m breiter Küstenstreifen wurde trockengelegt. Die sieben Äolischen (Liparischen) Inseln erheben sich über dem Grund des Tyrrhenischen Meeres, dessen Tiefe hier zwischen 1 000 und 2 000 m liegt. Im Miozän war dieses Gebiet noch Festland. Der Sockel dieser Zone ist eine untermeerische Fortsetzung der Kalabrischen Masse.

In Kalabrien ist die Verteilung der Beben, die mit dem Vulkanismus in kausalem Zusammenhang stehen (vgl. Abb. 2.9), je nach der Tiefe der Erdbebenherde in drei Zonen aufgeteilt. Im Westen Kalabriens und in Nordsizilien, zu dem auch der Ätna gehört, liegen die Beben im Kalabrischen Bogen in 200 km Tiefe. In der Übergangszone, auf der sich die Äolischen Inseln erheben, liegen die Beben zwischen 200 und 300 km Tiefe. In der weiter westlich gelegenen Bebenzone reichen die Bebenherde unter 300 km Tiefe. Die Beben liegen auf einer halbkegelförmigen Fläche, deren Spitze sich in 700 km Tiefe inmitten des Tyrrhenischen Meeres befindet. Die Richtung der Krümmung gleicht jener des Kalabrischen Bogens. Diese Anordnung entspricht einer Inselbogen-Struktur, wie sie im gesamten vulkanischen Gürtel des Pazifiks verbreitet ist (vgl. Abb. 2.7 bis 2.9). Entsprechend der Anordnung verändert sich auch der Chemismus der Magmen innerhalb dieser Inselbogen-Struktur. Vom ozeanischen Graben gegen das Hinterland werden die Magmen im Regelfall alkalischer und ärmer an Silizium. Hiervon machen die Äolischen Inseln eine Ausnahme. Man findet dort eine große Vielfalt an Gesteinen, so Basanite, Rhyolith, Basalt, Andesit und Trachyt.

Der Ätna (3 350 m, Abb. 2.27) erhebt sich über einem Netz von Störungslinien und baut sich über einem Horst in 1 000 m Tiefe aus vorwiegend tertiären Tonen (Miozän), Sandsteinen (Oberes Pliozän) und auch Tonen des Unteren Pleistozäns auf. Der Sockel gehört zu Kalabrien und den Peloritanischen Bergen. Er entstand während des Einbruchs des Ionischen Meeres und der horstartigen Anhebung des östlichen Sizilien im Pleistozän. Die ersten, submarin entstandenen Effusiva findet man heute bei Acicastello und Acitrezza; erst danach wird der Vulkan subaerisch. In seiner heutigen Form begann sich der Ätna Anfang des Quartärs aufzubauen, wobei sich die magmatische Tätigkeit nach Westen verlagert hat. Das Magma kommt aus sehr tief reichenden Spalten (30 km) direkt aus dem oberen Erdmantel. Eine Magmenkammer scheint hier zu fehlen. Bei raschem Aufstieg werden Basalte gebildet (selten), bei langsamem Aufstieg hingegen meist Trachybasalte und seltener auch Trachyandesite.

Vulkane und Erdbeben in Griechenland

Die griechischen Vulkane bilden eine 400 km lange Inselkette (Kykladen und Südsporaden), die sich durch die Ägäis erstreckt. Der Vulkanismus hat im Miozän begonnen und reicht bis in die Gegenwart (Ausbruch des Santorin 1950). Die Seismizität ist auf den Kykladen immer noch sehr stark, nicht aber der Vulkanismus. Zwischen 1908 und 1967 wurden mehr als 400 Beben von einer Stärke über 4,5 registriert.

Wie die Vulkane Süditaliens liegen die Inseln der Ägäis auf einem vulkanischen Inselbogen. Dieser zieht von der Bucht von Ägina bis zur Insel Kos und ist gegen Süden konvex. Gegen Norden hin, zum Inneren des Bogens, nehmen die Bebenherde von 1 – 200 km Tiefe zu. Das Magma der griechischen Vulkane wird vom Süden nach Norden immer alkalischer und kieselsäureärmer, eine Erscheinung, die auch für Inselbögen von Japan oder Indonesien kennzeichnend ist. Das Meer südlich von Kreta entspricht dem Ozeangraben, die vulkanischen Inseln der Vulkanzone und die Ägäis dem Hinterland (Abb. 2.9). Der ägäische Inselbogen verdankt seine Existenz der Nordwärtsbewegung Afrikas, das sich Europa um 2 cm pro Jahr nähert. Durch den Druck auf das Mittelmeer wird der dazwischenliegende Raum eingeengt. Im Mittleren Pleistozän brach das Kykladenmassiv – das Festland zwischen Griechenland und der Türkei – ein. Die Platte südlich Kretas tauchte nach Norden unter und drang in den Mantel ein. Die entwässerte Kruste schmilzt nun zwischen 120 und 180 km Tiefe auf und steigt im Bereich des Hellenischen Inselbogens wieder auf.

Messinische Salinitätskrise: Als das Mittelmeer austrocknete

Vor etwa sechs Millionen Jahren, an der Wende des Miozäns zum Pliozän, der letzten beiden Epochen des Tertiärs, hat es im Urmittelmeer dramatische faunistische Veränderungen gegeben. Seine ursprüngliche Biozönose war eine Mischfauna aus dem Atlantischen und Indischen Ozean. Bereits dem Begründer der modernen Geologie, Sir Charles Lyell (1797–1875), war im Jahre 1833 aufgefallen, dass es hier eine „biologische Revolution" gegeben haben muss: Die Mehrheit der Arten verließ das Mittelmeer in Richtung Atlantik oder starb aufgrund steigender Salinität aus. Nur wenige widerstandsfähige (euryhaline*) Arten vermochten im konzentrierten Salzwasser zu überleben. Mit dem Beginn des Pliozäns kehrte die in den Atlantik „ausgewanderte" Fauna wieder zurück und mit ihr weitere atlantische Arten. Aus diesen beiden Gruppen entwickelte sich die rezente Fauna des Mittelmeeres mit einem relativ hohen Anteil an Endemiten. Erst im 20. Jahrhundert sind durch den Suezkanal Migranten aus dem Roten Meer und damit indopazifische Faunenelemente erneut ins Mittelmeer eingewandert.

Die geschilderte Geschichte ist in fossiler Form in den Mergeln und Sanden Italiens festgehalten. Erst durch die Bohrungen des Tiefseebohrschiffes „Glomar Challenger" wurde Anfang der siebziger Jahre bewiesen, was italienische und französische Paläontologen schon vorher postuliert hatten: Das Mittelmeer hat im ausgehenden Miozän eine Salinitätskrise durchgemacht. Diese Auffassung war bereits Anfang des Jahrhunderts weit verbreitet und wurde von dem berühmten englischen Schriftsteller H. G. Wells (1866–1946) in folgenden Sätzen reflektiert: „In jenen Tagen, bevor die Wasser des Ozeans in das Mittelmeergebiet eingebrochen waren, legten sich Schwalben und zahlreiche andere Vogelarten die Gewohnheit zu, nach Norden zu fliegen – eine Gewohnheit, die sie noch immer zwingt, den Flug über die gefahrvollen Meeresfluten zu wagen, welche heute die Abgründe des einstigen Mittelmeerraumes und deren Geheimnisse unter sich begraben." (H. G. Wells, *The Grisly Folk*). Wells hatte durch Studien beim Geologieprofessor Vincent Illing in London erdgeschichtliche Kenntnisse erworben.

Was er damals noch nicht wissen konnte: Am Boden des Mittelmeeres liegen mächtige, zum Teil 1 000 m oder sogar 2 000 m mächtige Evaporitablagerungen*. Geologisch gesehen wurden sie in einem relativ kurzen Zeitabschnitt von einigen hunderttausend Jahren zwischen fünf und sechs Millionen Jahre vor heute gebildet.

Dabei können zwei verschiedenen Typen von Evaporiten unterschieden werden. Die erste Phase trat nach einer globalen Abkühlungsperiode zwischen 5,75 und 5,7 Mio. Jahren auf, wobei der Meeresspiegel nur geringfügig abgesenkt wurde. Evaporite bildeten sich nur in den Randbereichen des Beckens. In der darauffolgenden Phase, zwischen 5,6 und 5,32 Mio. Jahren, war das Mittelmeer vom Atlantik abgetrennt, der Meeresspiegel senkte sich über 1 500 m ab, und das Mittelmeerbecken trocknete weitgehend aus. Während dieser Phase bildeten sich auf den tief eingeschnit-

2.28 Bohrstellen des Tiefsee-Bohrprojekts DSDP aus dem Mittelmeer mit eingezeichneten Tiefenlinien. Diese Bohrungen lieferten die entscheidenden Erkenntnisse für die heute allgemein akzeptierte Austrocknungstheorie. Nach Hsü, 1984.

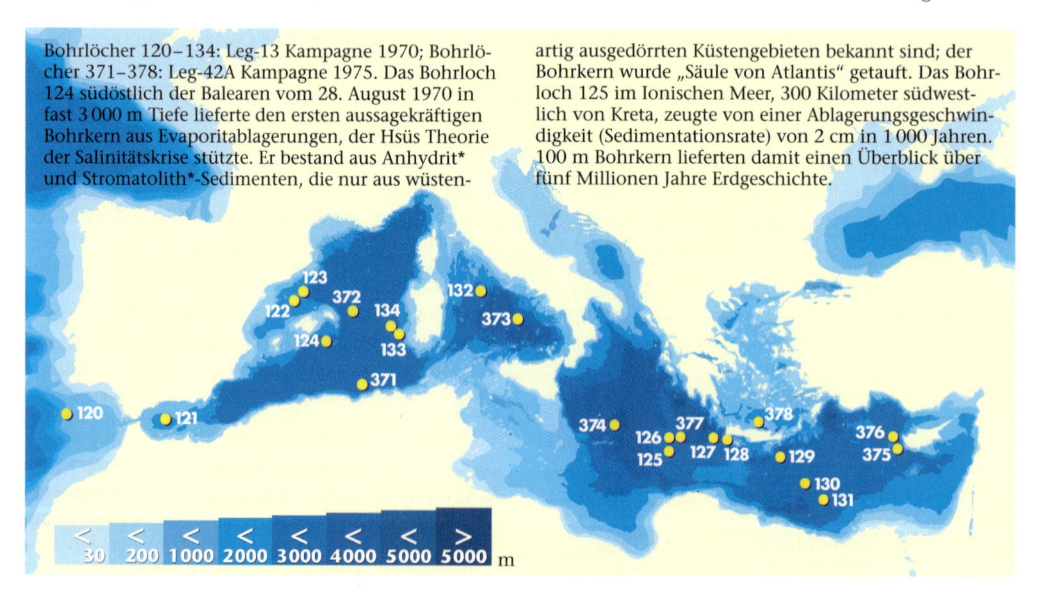

Bohrlöcher 120–134: Leg-13 Kampagne 1970; Bohrlöcher 371–378: Leg-42A Kampagne 1975. Das Bohrloch 124 südöstlich der Balearen vom 28. August 1970 in fast 3 000 m Tiefe lieferte den ersten aussagekräftigen Bohrkern aus Evaporitablagerungen, der Hsüs Theorie der Salinitätskrise stützte. Er bestand aus Anhydrit* und Stromatolith*-Sedimenten, die nur aus wüstenartig ausgedörrten Küstengebieten bekannt sind; der Bohrkern wurde „Säule von Atlantis" getauft. Das Bohrloch 125 im Ionischen Meer, 300 Kilometer südwestlich von Kreta, zeugte von einer Ablagerungsgeschwindigkeit (Sedimentationsrate) von 2 cm in 1 000 Jahren. 100 m Bohrkern lieferten damit einen Überblick über fünf Millionen Jahre Erdgeschichte.

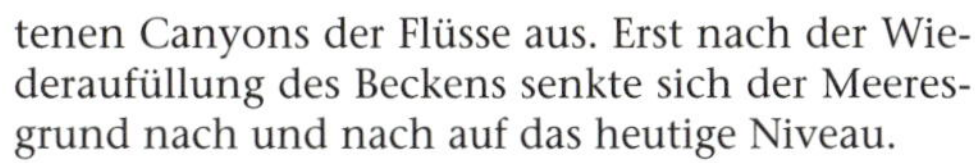

2.29 Das Bohrschiff „JOIDES Resolution" im Jahre 1995 mit dem charakteristischen Bohrturm (links oben); Bohrkrone des Bohrapparats der „Glomar Challenger" (links unten) und die Lagerungsplattform der „Glomar Challenger" im Jahre 1974 mit dem Bohrgestänge (oben).

tenen Canyons der Flüsse aus. Erst nach der Wiederauffüllung des Beckens senkte sich der Meeresgrund nach und nach auf das heutige Niveau.

Beginn und Ende der Entstehungszeit dieser Salzablagerungen sind im gesamten Mittelmeerraum – einer Fläche von etwa 2,5 Millionen Quadratkilometer – nahezu synchron. Das deutet auf katastrophenartige Umweltveränderungen der gesamten Region im Zeitraum zwischen fünf und sechs Millionen Jahren, im so genannten Messinian hin. Die Evaporitlager bildeten sich, als das damals schon viele Millionen Jahre bestehende Mittelmeer durch Hebung der Gibraltarschwelle, Schließung der Meerenge und Verdunstung ausgetrocknet war. Der Name Messinian wurde von Charles Mayer im Jahre 1867 eingeführt. Er leitet sich von besonderen marinen Ablagerungen hoher Salinität nahe der sizilianischen Stadt Messina ab. Doch erst 1959 wurde der ursprünglich nicht ganz klar definierte Begriff zum allgemein anerkannten Namen für den letzten Abschnitt des Miozäns zwischen 7,1 und 5,3 Millionen Jahren.

Der Wasserverlust des Mittelmeeres durch Verdunstung wird von Bethoux und Gentili (*Functioning of the Mediterranean Sea,* 1999) auf jährlich 3 850 km^3 geschätzt. Rund 750 km^3 davon werden durch Niederschläge ersetzt, etwas mehr als 500 km^3 durch den Eintrag von Flüssen, weitere 180 km^3 fließen aus dem Schwarzen Meer zu. Die negative Bilanz beträgt 2 400 km^3; somit kommt der Meerenge von Gibraltar für das Mittelmeer die entscheidende, „lebenserhaltende" Funktion zu, den Wasserverlust zu ersetzen. Ohne diesen Zustrom von Atlantikwasser würde das Mittelmeer innerhalb von geschätzten 2 000 bis 4 000 Jahren, vielleicht auch schneller, wieder austrocknen. Das geschilderte Szenario ist nicht rein theoretisch –

vor fünf oder sechs Millionen Jahren ist es Wirklichkeit geworden. Offenbar war das Mittelmeerbecken damals über weite Strecken eine Wüste mit hochkonzentrierten, seichten Salzseen, gebietsweise sogar Brack- und Süßwasserseen. Die Donau floss zu jener Zeit in das östliche Mittelmeerbecken, wo sich ein großer Süßwassersee bildete.

Diese Extremsituation für Organismen – annähernd die gesamte ursprüngliche Tethys-Fauna und -Flora ist damals ausgestorben – haben Paläontologen aufgrund von fossilführenden Ablagerungen nahe der sizilianischen Stadt Messina bereits um 1880 als „Messinische Salinitätskrise" beschrieben. Damals konnten sie aber nicht wissen, dass es sich um ein panmediterranes und nicht nur ein lokales Phänomen handelte – etwa Ablagerungen in einer Lagune während einer besonders heißen und trockenen Periode. Man wusste, dass es in der Entstehungszeit der Evaporite, darunter Gips, einschneidende Änderungen der Fauna gegeben hat; ihre Ursachen blieben jedoch unbekannt, und man führte sie auf Klimaverschiebungen zurück. Niemand hat damals von einer globalen Salinitätskrise des Mittelmeeres gesprochen.

Vor etwa zwölf Millionen Jahren – so schätzt man – ist die östliche Verbindung zum Indischen Ozean durch die Kollision von Asien und Afrika unterbrochen worden. Das Mittelmeer stand nur noch im Westen mit dem Atlantik und damit dem Weltmeer in Verbindung. Durch das fortschreitende Zusammenrücken Afrikas und Europas wurde diese Verbindung in Südspanien stark eingeengt. Zum Atlantik bestanden schließlich noch zwei tiefe Wasserstraßen: die nördliche Betische Straße über dem heutigen Südspanien und die südliche Rif-Straße über dem heutigen Nordafrika. Vor etwa sieben Millionen Jahren wurden sie durch tektonische Vorgänge noch weiter eingeengt.

Das Wasser des Atlantiks konnte etwa auf der Höhe zwischen dem heutigen Cádiz bis Valencia durch eine Reihe von Seen normaler Salinität – an ihren Küsten gediehen Korallen – ins Mittelmeerbecken fließen. Durch die Verdunstung des Meerwassers bildete sich niedriggradige Sole, die dichter und damit schwerer als das normale Mittelmeerwasser war. Infolge der hohen Dichte sank sie in die Tiefe ab. Auf diese Weise reicherte sich dichte Salzlösung in tieferen Wasserschichten an, und dadurch konnte es zu einer mächtigeren Salzlagerbildung kommen, als es durch das bloße Verdunsten des einmaligen Volumens an Mittelmeerwasser normaler Salinität möglich gewesen wäre. Durch den Nachschub von Atlantikwasser konnten sich so innerhalb einiger 100 000 Jahre mächtige Evaporitablagerungen, die so genannten *lower evaporite,* bilden. Später ist der globale Meeresspiegel wieder angestiegen, so dass die Verbindung und damit der Wasseraustausch zwischen Atlantik und Mittelmeer wieder zustande kam. Während dieser Zeit findet man für eine geologisch kurze Spanne an den Inseln des Ostmediterrans (z. B. Kreta und Zypern) Korallenriffe *(Porites).*

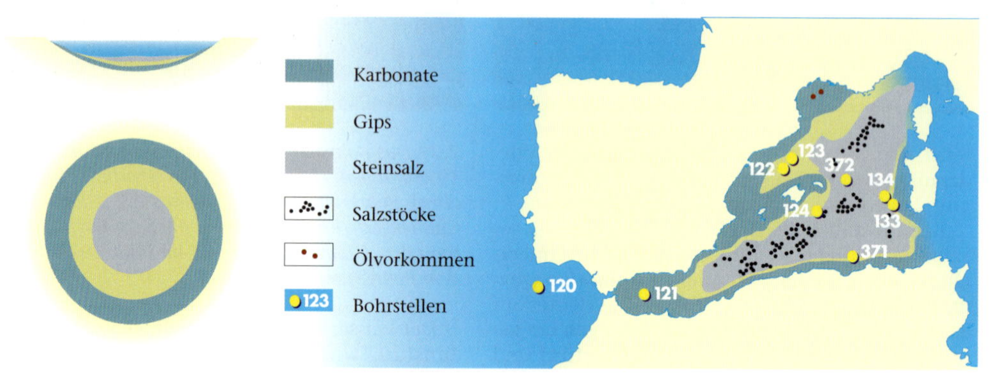

2.30 Links: Schema des so genannten „Stieraugen"-Musters bei Evaporitausfällungen, die in isolierten Becken oder „Salzpfannen" entstanden sind. Sebchas oder Salztonebenen sind muldige bis ebene, mit Salz bedeckte Flachformen in semiariden und ariden Trockenklimaten. Charakteristisch ist die Verteilung der Evaporite: an der Peripherie Karbonate wie Kalkgestein und Dolomit, gefolgt von den Sulfaten Gips und Anhydrit, die nach einem gewissen Absinkeng des Wasserspiegels und Ansteigen der Salzkonzentrationen ausgefällt werden; in der Mitte schließlich Steinsalz und andere leichtlösliche Salze.*

Rechts: Die 1970 bei den Bohrungen der „Glomar Challenger" erschlossene Verbreitung der Evaporite im Balearenbecken. Sie steht in Übereinstimmung mit der Austrocknungstheorie. Ihre Verteilung korrespondiert bemerkenswert mit dem „Stieraugen"-Muster, wie es oben links dargestellt ist. Trotz vieler Hinweise wurde die „Austrocknungstheorie" von manchen Geologen, vor allem in Frankreich, abgelehnt. Sie suchten eine Erklärung in der Entstehung der Evaporite auf dem Festland und einem nachträglichen Versinken von Teilen des Festlandes im Meer oder in der Anreicherung von Sole in der Tiefe.

Später wurde der Zufluss von Atlantikwasser unterbrochen. Im Tyrrhenischen und ostmediterranen Becken entstanden Süßwasser- oder Brackwasserseen. In diesen Seen lebten auch Vertreter einer kaspischen Fauna, deren Relikte man an den nordafrikanischen und südeuropäischen Küsten als Endemiten findet.

Das Tiefsee-Bohrprogramm

Im Rahmen eines weltweiten, mit enormem personellen und finanziellen Aufwand betriebenen Tiefsee-Bohrprogramms (DSDP, Deep Sea Drilling Project), das die neuen Vorstellungen über *sea-floor-spreading* und Kontinentaldrift bestätigen sollte, kam 1970 und 1975 in verschiedenen Orten im Mittelmeer ein speziell dafür ausgerüstetes Schiff, die „Glomar Challenger" zum Einsatz. Die wissenschaftliche Leitung des Mittelmeer-Bohrprogramms hatten Kenneth J. Hsü und Bill Ryan inne. Die spektakuläre Austrocknungshypothese als Ergebnis dieses Projekts wurde rasch von den Medien aufgegriffen und führte zu zahlreichen, zum Teil heftigen Kontroversen. Nicht wenige Wissenschaftler weigerten sich, die neue Vorstellung zu akzeptieren. Eine der viel diskutierten Fragen war die Tiefe des damaligen Mittelmeerbeckens; man dachte sowohl an eine riesige wüstenhafte Depression mit den gleichen Tiefen wie heute, also gut 3 000 Meter und mehr, als auch an die Möglichkeit, dass die Depression zum Atlantikspiegel „nur" einige hundert Meter betragen habe. Heute nimmt man an, dass große Teile des Beckens tatsächlich annähernd die gegenwärtige Tiefe hatten.

Das gewaltige Tiefsee-Bohrprogramm wurde zunächst nur von einigen wenigen großen meeresgeologischen und ozeanographischen Instituten in den USA vorangetrieben (als ausführendes Organ: JOIDES, Joint Oceanographic Institutions Deep Earth Sampling = Vereinigte ozeanographische Institute zur Erforschung von Tiefbodenproben; als Förderer und Geldgeber: National Science Foundation; die Idee stammte von der damaligen American Miscellaneous Society). Bis 1983 stand dafür die „Glomar Challenger" im Dienst, später wurde mit der „JOIDES Resolution" ein noch größeres und leistungsfähigeres Bohrschiff bereitgestellt. Nach 1975 wurden auch europäische Institutionen zur Mitarbeit eingeladen (IPOD, International Phase of Ocean Drilling). Unter internationaler Beteiligung läuft das Programm nach wie vor.

Die „Glomar Challenger" war seinerzeit das einzige Schiff dieser Art, das noch in 6 000 m Tiefe ein 1 000 m tiefes Loch in den Meeresgrund bohren konnte. An Bord waren etwa 10 km Bohrgestänge; der Bohrturm erhob sich fast 60 m über die Wasserlinie. Bis 1983 wurden Bohrkerne in einer Länge von 97 Kilometer gewonnen, von der „JOIDES Resolution" allein bis einschließlich

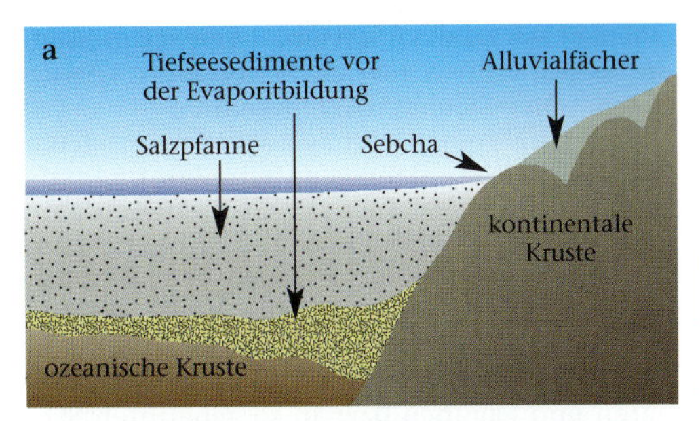

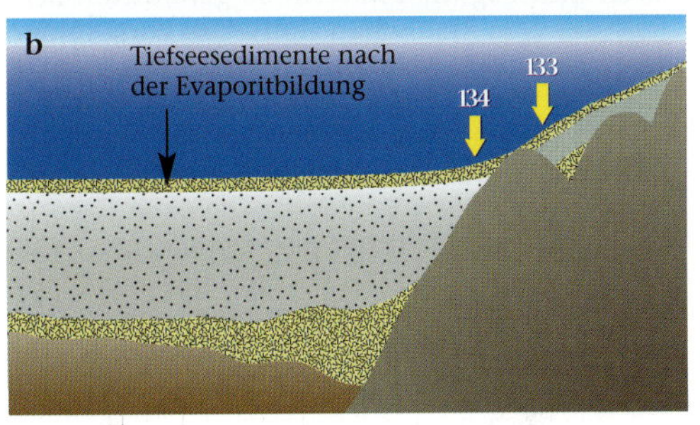

2.31 Schematische Darstellung des Meeresgrundes in der Region der Bohrlöcher 133 und 134 westlich von Sardinien. a) Spätes Miozän (5,5 Millionen Jahre); b) Frühes Pliozän (5,2 Millionen Jahre). Die Position der Bohrungen macht deutlich, dass selbst sehr nahe beieinander liegende Bohrlöcher völlig unterschiedliche Bohrprofile zutage fördern können. Die Variationen der Sedimenttypen sind mit jenen am Rand der Salzseen des Death Valley vergleichbar. In der Mitte ist Natriumchlorid ausgefällt worden, am Rand Gips oder Anhydrit. Weiter oben findet man Flusskies und Wüstenboden.

1993 87,5 Kilometer. Die Bohrkerne wurden der Länge nach halbiert und eine Hälfte in tiefgefrorenem Zustand archiviert.

Bereits aus früheren seismologischen Untersuchungen im Mittelmeer waren harte, reflektierende Schichten unter dem rezenten Sediment bekannt. Man bezeichnete sie als M-Schicht bzw. als M-Reflektor, ohne genau zu wissen, woraus sie bestehen. Wo immer man im Mittelmeer Messungen vornahm, stieß man auf diese M-Schicht. Rätselhaft war die Feststellung, dass die reflektierende Fläche nicht eben war, sondern ziemlich genau den Hebungen und Senkungen des Meeresbodens folgte, diese also wie eine Kruste überzog. Sowohl unterhalb als auch oberhalb der reflektierenden Schicht waren weitere Sedimente. Die oberen bilden den heutigen Meeresgrund des Mittelmeeres; eine plausible Erklärung für die M-Schicht fehlte. Nicht weniger verwirrend war die Existenz so genannter „Salzdome", „Salzstöcke" oder „Salzhorste" in manchen Regionen des mediterranen Meeresbeckens. Sie erinnerten bemerkenswert an Salzlagerstätten aus dem Golf von Mexiko. Solche

„Pfeiler" aus Kubikkilometer großen Salzmassen, die als kleine Hügel aus dem Meeresboden hervortreten, waren Geophysikern bekannt.

Das Vorkommen von Salz wurde von vielen Wissenschaftlern damals als eine kontinentale Triasformation betrachtet und als Nachweis dafür, dass ein Teil des europäischen Kontinents bis zu 2 000 Meter abgesunken ist. Durch die Bohrungen wurde jedoch gezeigt, dass die Evaporite aus dem Miozän stammen und aus küstentypischen Sedimenten bestehen (Evaporite in küstennahen Salinaren und Lagunen bzw. in so genannten Sebchas* aus dem Arabischen Golf). Das Vorkommen dieser Sedimente über älteren Tiefseesedimenten lieferte tatsächlich den Beweis, dass das Mittelmeer einst ausgetrocknet war.

Die Bohrkerne der „Glomar Challenger" waren die entscheidenden Zeugen für die neue Theorie. Sie zeigten, dass es unter den weiten, fast 3 000 Meter tiefen Ebenen des Balearenbeckens Steinsalzlager mit einer Mächtigkeit bis zu 1 000 Meter gibt. Das war auch die gesuchte Erklärung für die M-Schicht, die der Oberfläche der Evaporitformation gleichkommt. Die Randbereiche der Salzlager bestehen aus Anhydrit, einer Form von Calziumsulfat. Solche Salze bilden sich normalerweise am Rande von Salzseen (Ausfällung durch Verdunstung) – sie werden Evaporite genannt. Die Abfolge Anhydrit und Dolomit findet man heute in den Sebchas des Persischen Golfs.

Spätmiozäne Evaporitvorkommen (6 – 5,5 Millionen Jahre) aus Steinsalzen, Gips und Anhydrit mit Mergeleinschlüssen und Fossilien aus dem Messinian waren aus vielen mediterranen Regionen bekannt, so aus Spanien, Piemont, Toskana, Kalabrien, Sizilien (Solfifera siciliana), den Ionischen Inseln, Kreta, Zypern, Israel, Algerien und anderen. Man hielt sie für lokale Lagunen-Ablagerungen einer ungewöhnlich warmen und trockenen Periode; nach den Evaporitfunden auf dem Meeresgrund konnte man sie jedoch nicht mehr als lediglich lokale Phänomene betrachten.

Die Bohrkerne aus der Tiefe erbrachten noch weitere aufschlussreiche Hinweise. Sie enthielten große Mengen an Mikrofossilien, Foraminiferen* und Nannoplankton*, wie sie einst in oberflächennahen marinen Gewässern trieben. Sie wurden ins Mittelmeer gespült, während das ausgetrocknete Meeresbecken vom Atlantikwasser überflutet und wieder gefüllt wurde.

Die in den Sedimenten enthaltenen Diatomeen (Kieselalgen) kamen in einem anderen Lebensraum vor: Sie waren benthische* Bewohner von Süß- bis Brackwasserseen. Ihr Nachweis deutet an, dass die tiefen Becken des Mediterrans über bestimmte Zeiträume von seichten Oberflächengewässern bedeckt waren. In den diatomeenhaltigen Sedimenten wurden auch Überreste kleiner, Brackwasser bewohnender, ausschließlich benthischer Muschelkrebse (Ostracoda) aus der Gattung *Cyprideis* entdeckt. Muschelkrebse sind eine äußerst erfolgreiche Gruppe mit über 40 000 fossilen Arten, von denen nur wenige spezialisierte Arten pelagisch lebten, die Mehrzahl jedoch benthisch war. Auch das deutete auf flache, brackwasserhaltige Gewässer am Grund des heutigen Mittelmeeres hin.

Über der bereits erwähnten Solfifera-Schicht Siziliens liegt ein weißes, ozeanisches Sediment, das als Trubi-Mergel bezeichnet wird. Es enthält Mikrofossilien einer Lebensgemeinschaft, die nur in tieferen Meeren normaler Salinität gedeiht. Die im Trubi-Mergel eingeschlossenen Foraminiferen lebten entweder pelagisch oder benthisch in einem tieferen, kühlen Meer. Die dazugehörige

2.32 *Charakteristische Küste und Landschaft am Toten Meer. Ein ähnliches Bild bot sich wahrscheinlich über längere Zeiträume und über weite Strecken des mediterranen Beckens während der Messinischen Salinitätskrise. Die Randbereiche entsprechen etwa dem Aussehen der so genannten Sebchas, seichten, hypersalinen Becken, in denen sich Evaporite bilden. Allerdings sind viele Fachleute der Meinung, dass nicht das ganze mediterrane Becken wie eine einzige riesige Sebcha ausgesehen hat, dass also derartige Verhältnisse nicht überall und nicht durchgehend geherrscht haben können.*

Ostracodenfauna (Muschelkrebse) war im Gegensatz zu der vorhin erwähnten pelagisch und von einer Zusammensetzung, wie sie auch heute im Atlantik vorkommt. Diese Organismen und Sedimente deuteten somit, im Gegensatz zu den vorhin erwähnten, auf normale ozeanische Verhältnisse hin. Die Evaporitformationen mussten aber nach Ansicht der Sedimentologen in einer flachen Salzpfanne entstanden sein. Das sedimentologische und das paläontologische Zeugnis unterstützen daher die Vorstellung, dass das mediterrane Becken zuerst einer riesigen Salzwüste glich, innerhalb kurzer Zeit aber wieder vom kühlen Atlantikwasser mit der entsprechenden Fauna gefüllt wurde – eine Art Sintflut im mediterranen Becken.

Verteilte man das Wasser des Mittelmeeres in die anderen Meere, so würde der Meeresspiegel des Weltmeeres um elf Meter ansteigen. Das Gewicht mediterraner Wassermassen entspricht grob gerechnet dem Gewicht des Fennoskandischen Eisschildes* während der letzten Kaltzeit. Infolge des dadurch angestiegenen Gewichts versank daraufhin die Lithosphäre um bis zu einige hundert Meter. Nach dem raschen Abschmelzen der Gletscher kam es zu einer Gewichtsentlastung und elastischer Hebung (= Rückprall) der Lithosphäre (vgl. Abb. 2.11 e). Vergleichbare tektonische Bewegungen kann man auch für das mediterrane Becken am Ende des Messinians annehmen: Die Wiederauffüllung des Meeresbeckens muss zum Absinken des Meeresbodens und zur Hebung des umgebenden Landes geführt haben.

Das in den siebziger Jahren des 20. Jahrhunderts ursprünglich dramatisch gezeichnete Bild der Messinischen Salinitätskrise, nach dem praktisch überhaupt keine marinen Organismen überlebt haben, wurde von verschiedenen Fachleuten wiederholt in Frage gestellt. Einbrüche aus dem Atlantik und der Paratethys sowie die Flüsse führten dem ausgetrockneten Becken zum Teil viel Wasser zu, so dass sich in Teilen des Mittelmeerbeckens selbst Brackwasserseen mit relativ niedriger Salinität bilden konnten.

Ende des Miozäns, Anfang des Pliozäns hob sich die Schwelle von Gibraltar, die Straße wurde immer seichter (heute ist sie an der seichtesten Stelle weniger als 400 m tief). Faunenelemente aus den kalten Tiefenzonen des Atlantiks konnten nicht mehr ins Mittelmeer gelangen. Der Wasseraustausch mit dem Atlantik, vor allem das Eindringen kalten Tiefenwassers, wurde eingeschränkt. Die tiefen Zonen des Mittelmeeres erwärmten sich. Die Temperatur beträgt derzeit etwa 13 °C, im Gegensatz zu den konstanten weniger als 4 °C am Grund der Ozeane. Die kalt-

wasseradaptierten benthischen Organismen starben nach und nach aus. Die dazugehörigen Ostracoden – jene pelagischen Arten, die im Atlantik vorkommen – verschwanden vor zwei Millionen Jahren aus dem fossilen Zeugnis des Mittelmeeres.

Bemerkenswerte Ergebnisse brachten die Bohrungen 127 und 128 im Hellenischen Graben und damit an den tiefsten Stellen des Mittelmeeres. Am 6. September 1970 kam aus einer Tiefe von 4 664 m gut lithifizierter Kalkstein mesozoischen Ursprungs zum Vorschein – älter als alle anderen bei diesen Bohrungen bis dahin gefundenen Gesteine. Er enthielt die Foraminiferengattung *Ammobaculites*, die bereits seit dem Karbon etwa 300 Millionen Jahre bis heute nachgewiesen ist, und die Gattung *Orbitolina*, die in der frühen Kreidezeit zwischen 130 und 100 Millionen Jahren gelebt hat.

Manche Bohrkerne der „Glomar Challenger" lieferten deutliche Hinweise auf den Zeitpunkt der Öffnung der Schwelle von Gibraltar Anfang des Pliozäns, auf die etwa 1 000 Jahre dauernde Zeit der Wiederauffüllung des mediterranen Beckens und auf darauffolgende Zeitabschnitte. Wiederum lieferten typische Ostracoden wichtige Hinweise. Während der Auffüllungsphase und in den dazugehörigen dunklen Mergeln fehlten sie größtenteils, ebenso die andere benthische Fauna. Es kamen nur pelagische Formen vor, die mit den hereinbrechenden Strömungen schnell verdriftet wurden. Erst nach und nach – diese Zeit nach dem Wiederauffüllen entspricht einigen Zentimetern der Sedimentschicht – siedelte sich eine benthische Fauna von Ostracoden und Foraminiferen an.

Die letzten Sedimente des Miozäns – der Zeit der Wiederauffüllung – bestanden am Bohrloch 125 im Ionischen Meer aus Karbonatschlamm mit nur wenigen Mikrofossilien. Man betrachtet diese Schicht als Zeugnis der Übergangszeit, als sich das mediterrane Becken mit Wasser füllte. Die Salinität muss damals höher gewesen sein als heute, wo der Austausch salzhaltigen mediterranen Wassers gegen weniger salziges Atlantikwasser durch die Straße von Gibraltar für den stabilen Jetztzustand sorgt. Am Ende des Miozäns aber hat es nur ein Einströmen und kein Ausströmen gegeben, die Verdunstung führte zu höherer Salinität. Nachdem das Becken aufgefüllt war und sich ein Wasseraustausch mit dem Atlantik sowie ein ausgeglichener Salzhaushalt eingestellt hatte, konnte das Mittelmeer wieder in hoher Diversität mit atlantischen Arten besiedelt werden. In weiterer Folge vermochten sich hier ebenso zahlreiche endemische Arten zu entwickeln. An anderen Stellen wurden jedoch auch völlig andere Sedimente festgestellt.

Zu einer Umwälzung der warmen Tiefenwässer kam es nur, wenn stark abgekühltes Oberflächenwasser im Winter in die Tiefe sank. Dazu kann es etwa in der Adria oder im Balearenbecken kommen. Im östlichen Becken blieben Durchmischungen aus, wodurch es während des Pleistozäns mehrmals zu anoxischen Verhältnissen kam (Abb. 2.33). Die gesamte benthische Fauna starb aus, wovon stinkende Schwarzschlammablagerungen auf dem Meeresgrund (= Sapropel) zeugen. Das unterstreicht die für das Mittelmeer lebenswichtige Bedeutung des Wasseraustauschs mit dem Atlantik. Schweres, salzhaltiges Tiefenwasser wird aus dem Binnenmeer hinausbefördert und durch frisches Atlantikwasser ersetzt.

Zeugen der Austrocknung sind auch die heute durch Sedimente zugedeckten Flusstäler der Ur-Rhône und des Ur-Nil, die sich bis über 1 000 Meter Tiefe verfolgen lassen. Sie wurden während der Austrocknungsphase ausgewaschen und reichten fast bis in die Zentren der verbliebenen Meeresbecken. Das östliche Becken war sehr wahrscheinlich während des späten Messinians durch die Malta-Sizilien-Schwelle vom westlichen getrennt (Abb. 3.51). Es wurde immer wieder vom Wasser der Paratethys (Abb. 2.24 und 3.61) gespeist, die durch Gebirgsbildungen des Balkans schon länger vom frühen Mittelmeer getrennt war.

Die Isolierung des Mittelmeeres vom Atlantik dürfte insgesamt weniger als eine Million Jahre gedauert haben. In dieser Zeit haben mehrere größere und kleinere Meereseinbrüche stattgefunden, sie reichten aber nur einmal zur Auffüllung aus (intermessinische Transgression); in den anderen Fällen füllten sie lediglich die Restbecken und trugen dort zur Entstehung der relativ dünnen oberen Evaporitablagerungen bei, der so genannten *upper evaporite*.

Die Ausbildung einer heißen Wüste im Mittelmeerbecken muss starke klimatische Auswirkungen hervorgerufen haben. Während des ausgehenden Miozäns kam es in Mitteleuropa zum Klimawechsel in Richtung warm-arid. Die Wälder um Wien verwandelten sich in Steppen, in der Schweiz wuchsen Palmen. Mit der Rückkehr des Wassers in das mediterrane Becken im Pliozän kühlte das Klima in Zentraleuropa ab, und es wurde feuchter – eine Entwicklung, die bis in die Eiszeit andauerte. Mit Ende des Miozäns begann sich auch die arktische Eiskappe aufzubauen.

Haben höhere Organismen die Salinitätskrise überlebt?

Die dramatischste biologische und biogeographische Folge der Messinischen Salinitätskrise war das fast vollständige Verschwinden höherer Meeresorganismen aus dem mediterranen Becken. Bis heute wird – zum Teil kontrovers – die Frage diskutiert, ob im Mittelmeer (höhere) Organismen der Tethys überlebt haben konnten. Nach dem heutigen Stand des Wissens muss man annehmen, dass der überwiegende Teil der Arten aus dem Becken verschwunden war. Erst nach der

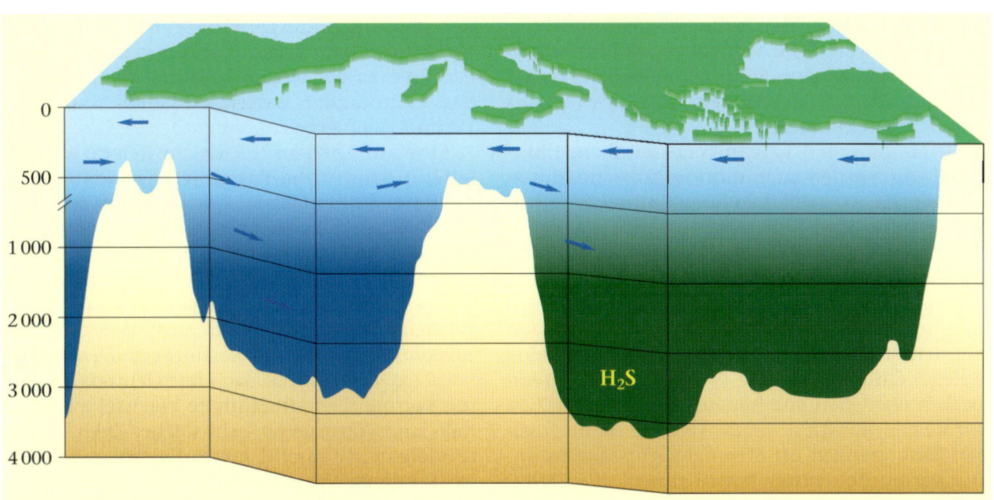

Pfeile: Im Pliozän wird eine Strömungsumkehr in der Straße von Gibraltar angenommen; mit dem Einstrom in der Tiefe konnten Tiefseearten das Mittelmeer besiedeln. In das östlichen Becken sind sie erst in den letzten Jahrtausenden zugewandert. Heute kennt man entlang des Ostmediterranen Rückens sechs anoxische Becken: das Tyro-, Discovery-, Urania- Atalante-, Bannock- und Nadir-Becken, von denen besonders das Tyro-Becken südlich von Kreta und das Bannock-Becken nördlich der Großen Syrte biologisch untersucht wurden.

Wiederauffüllung aus dem Atlantik konnten sich wieder marine Organismen in der üblichen Vielfalt ansiedeln. Die heutigen Meeresorganismen des Mittelmeeres dürften daher – mit Ausnahme der in den letzten 130 Jahren durch den Suezkanal aus dem Roten Meer eingewanderten Arten (Lesseps'sche Migration) – mit nur wenigen Ausnahmen (bzw. Unsicherheiten) aus dem Atlantik stammen. Aus ihnen haben sich zahlreiche endemische mediterrane Arten entwickelt. Der Endemismus zeigt sich aber überwiegend auf dem Niveau von Arten und selten in höheren systematischen Einheiten wie Gattungen oder gar Familien. Das ist ein Hinweis darauf, dass es sich mit geologischen Maßstäben gemessen um jüngere Entwicklungen handelt.

Das bisher Gesagte schließt aber nicht aus, dass einige euryhaline Arten oder nicht allzu artenreiche Lebensgemeinschaften die Salinitätskrise im Mittelmeerbecken überstanden haben könnten. Unter den Fischen werden einige euryhaline* und eurytherme* Arten der Gattung *Aphanius* (Familie Cyprinodontidae) als mögliche, vielleicht sogar einzige „Tethys-Relikte" genannt. Fossile Vertreter der Gattung wurden auch in messinischen Schichten Italiens gefunden. *Aphanius dispar* kommt auch heute in extremen Lebensräumen in Libyen, Israel und Ägypten vor (See- und Süßwasser, Lagunen, selbst in der Region rund um das Tote Meer).

Cyprideis littoralis (Crustacea, Ostracoda) und *Diamysis bahirensis* (Crustacea, Mysidacea) sind zwei Kleinkrebsarten, die in ähnlichen Lebensräumen wie *A. dispar* vorkommen. Auch sie werden zusammen mit einigen Grundeln (Gobiidae), See-

2.33 *Eine ähnliche Situation wie heute im Schwarzen Meer hat es im Pleistozän wie im Holozän und noch vor wenigen tausend Jahren im östlichen Mittelmeerbecken gegeben. Großflächige Faulschlammbildung in der Tiefsee setzte zuletzt vor etwa 8 000 Jahren ein, nachdem der Süßwassereinstrom besonders über den Nil vor etwa 9 000 Jahren signifikant zugenommen hatte. Erst vor etwa 6 000 Jahren begann die Wasserschichtung wieder zu ihren heutigen Bedingungen zurückzukehren, und die Tiefsee wurde langsam für höheres Leben wieder bewohnbar.*

nadeln (Syngnathidae), Leierfischen (Callionymidae) und Schnecken als mögliche „Tethys-Relikte" genannt. Je nachdem, ob sich endemische Arten vor oder nach dem Messinian entwickelt haben, haben manche Autoren eine Unterscheidung in paläoendemische und neoendemische Arten vorgeschlagen.

Messinische Ablagerungen bei Monte Castellaro in Italien enthalten Reste einiger Fischarten (*Atherina boyeri*, Atherinidae, *Epinephelus* sp., Serranidae, *Zeus faber,* Zeidae), die die Messinische Salinitätskrise im Mittelmeer nicht überlebt haben, das heißt am Anfang des Pliozäns fehlen, später aber aus dem Atlantik wieder eingewandert sind. Auf der anderen Seite gibt es aus dem Mittleren Pliozän des Mittelmeeres (lange Zeit nach der Messinischen Salinitätskrise also) Funde von *Sargocetron rubrum* (Holocentridae) und *Hemiramphus far* (Hemiramphidae) – beides indopazifische Arten, die es vor der Eröffnung des Suezkanals im Mittelmeer nicht gegeben hat. Entweder hat es eine post-miozäne Verbindung des Mittelmeeres zum Roten Meer gegeben, oder aber diese im Atlantik fehlenden Arten haben die Salinitätskrise überlebt und sind erst viel später aus dem Mittelmeer verschwunden. Es ist bemerkenswert, dass sie nach 1869 zu den ersten Einwanderern aus dem Roten Meer zählten.

In messinischen Schichten des westlichen Mittelmeeres wurden auch monospezifische (durch eine einzige Art gebildete) Korallenriffe gefunden. Die Erbauer dieser Riffe waren die bereits erwähnten *Porites*-Korallen. Ihr Vorkommen im Mediterran ist vor allem deswegen bemerkenswert, weil es sie im angrenzenden Atlantik während des Messinian nicht mehr gegeben hat; für ein Eindringen aus dem Indischen Ozean gibt es wiederum keine Belege. Offenbar konnte *Porites* im Mittelmeerbecken überleben und bildete – sobald das Milieu für sie günstig wurde – massive Riffe. An die fossilen Riffe grenzen oft Stromatolith*-Matten an, die vermutlich unter hypersalinen, für *Porites* ungünstigen Bedingungen entstanden sind. Die Vorstellung von periodisch wechselnden Bedingungen drängt sich auf. Korallenriffe aus messinischen Schichten wurden auch auf Zypern festgestellt. Ein weiterer Hartbodenbewohner, der als möglicher Paläoendemit genannt wird, ist der Schwamm *Petrobiona massiliana*. Subfossile Reste dieser Art wurden auf Kreta gefunden.

Das Mittelmeer und die Eiszeit

Der Name Eiszeit ist irreführend, suggeriert er doch die Vorstellung einer lebensfeindlichen Periode, in der große Teile der Landschaft von Eismassen bedeckt sind. Eiszeit bedeutet aber vielmehr einen Zyklus von Kalt- und Warmzeiten – mit weitreichenden ökologischen Folgen.

Während der Kaltzeiten breiteten sich die Gletscher stark aus, und ausgedehnte Landstriche waren von Eis und Schnee bedeckt. Der Vorstoß des Eises nach Europa erfolgte jeweils von zwei Seiten: von der Arktis aus und den hohen Gebirgen Europas, den Alpen und den Pyrenäen. Von den Westalpen ausgehend erreichte die Vergletscherung fast die Küsten des Mittelmeeres.

Die herkömmlichen Vorstellungen vom „Eiszeitalter" und dessen Dauer wurden in den letzten Jahrzehnten gründlich revidiert. Hat man vor über 100 Jahren noch von einer einzelnen Vereisungsphase (Monoglazialismus) gesprochen, festigte sich spätestens seit der ersten Dekade des 20. Jahrhunderts die Vorstellung von vier großen Eiszeiten (Polyglazialismus). Die Namen für diese Glaziale (= Eiszeiten), Günz, Mindel, Riss und Würm, wurden von dem deutschen Geologen Albrecht Penck (1858–1945) eingeführt und im klassischen Werk *Die Alpen im Eiszeitalter* in den Jahren 1901–1909 publiziert. Es sind Namen von vier süddeutschen Voralpenflüssen, in deren Umgebung man aufschlussreiche Ablagerungen zu den jeweiligen Kaltperioden gefunden hat. Obwohl diese Namen immer noch verwendet werden, ist es in den letzten 20 Jahren klar geworden, dass es zusätzlich weitere und auch ältere Kalt-Warm-Zyklen gegeben hat.

Eine entscheidende Einsicht liefert, wie einleitend betont, die Formulierung „Kalt-Warm-Zyklen". Kalte Glaziale wechselten sich mit warmen Interglazialen (= Zwischeneiszeiten) ab, Perioden, in denen es wärmer sein konnte als in Mitteleuropa heute und sich eine wärmeliebende Fauna mit Flusspferden *(Hippopotamus antiquus)*, Waldelefanten *(Elephas antiquus)*, Wasserbüffeln *(Bubalus murensis)* und Nashörnern *(Dicerorhinus kirchbergensis)* bis weit nach Mitteleuropa ausbreiten konnte. Der allmähliche Wechsel zwischen Kalt- und Warmzeiten – ein solcher Zyklus konnte viele zehntausend Jahre dauern –, der sich in ständigen Verschiebungen der großen Vegetationsformationen (Wald, Tundra, Gras- und Zwergstrauchsteppen) äußerte, lässt sich an den fossilen Ablagerungen ablesen. In den Kälteperioden bevölkerte eine kälteadaptierte Fauna die Landschaft und drang dabei – ebenfalls allmählich – weit in den Süden vor: Mammuts *(Mammuthus primigenius)*, Wollnashorn *(Coelodonta antiquitatis)*, Ren *(Rangifer tarandus)*, Moschusochse *(Ovibos moschatus)* und viele andere. Neben den spezialisierten Arten hat es ganze Reihen von ubiquitären (lat. *ubique* = überall) Arten ohne enge ökologische Präferenzen gegeben. Solche euryöke* Arten haben eine große Anpassungsbreite und konnten sowohl mit den warmen als auch mit den kälteren Perioden zurechtkommen: z. B. Höhlenbär *(Ursus spelaeus)*, Höhlenlöwe *(Panthera leo spelaea)* und Höhlenhyäne *(Crocuta spelaea)*.

Das Zeitalter der Eiszeiten, während denen große Teile der nördlichen Hemisphäre von bis zu 3 000 m dicken Eismassen bedeckt waren, wurde von Charles Lyell im Jahre 1839 Pleistozän benannt (gr. *pleiston* = das meiste; *kainos* = neu; gemeint hat er die meisten marinen Mollusken). Der deutsche Naturforscher Karl Friedrich Schimper (1803–1867) verwendete schon 1833 den Ausdruck Eiszeit, während der Engländer William Buckland (1784–1856) im Jahr 1823 von Diluvium (= Sintflut) gesprochen hatte. Das Pleistozän ist die ältere Epoche des Quartärs, die in Europa schon vor etwa 2,5 Millionen Jahren begann und bis zum Ende der letzten Kaltzeit, der Würm-Eiszeit, dem Beginn des Holozäns (Jetztzeit) vor etwa 10 000 Jahren dauerte. Sowohl die Anzahl der Eiszeiten als auch die Gesamtdauer des Pleistozäns mussten nach oben korrigiert werden – heute geht man von bis zu 17 Eiszeiten aus. Mit Absinken der durchschnittlichen mittleren Jahrestemperatur um bis zu 15 °C waren ihre Auswirkungen durch die globale Senkung des Meeresspiegels auf der ganzen Welt zu spüren. Ihre Auswirkungen auf das Mittelmeer bzw. den medi-

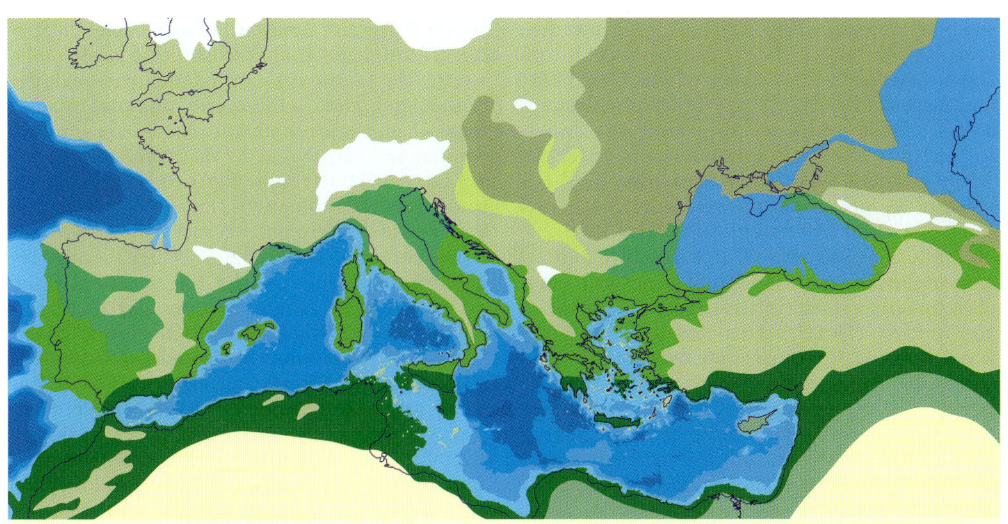

- Gletscher, Vereisung
- Tundra, Gebirgsvegetation
- nordischer Nadelwald
- Mischwald gemäßigter Breiten
- mediterrane Vegetation mit Nadelwaldanteil
- mediterrane Vegetation, trocken
- Prärie mit Hartgräsern
- Steppe

Die Küsten des Mittelmeeres zeigen ringsum treppenartig angeordnete Terrassen, deren höchste heute 200 m über und deren tiefste bis 100 m unter dem jetzigen Meeresspiegel liegt (vgl. Abb. 2.35). Die Terrassen zeigen Strandverschiebungen an, die mit dem Wechsel von Kalt- und Warmzeiten während der so genannten Eiszeit, dem Pleistozän, zusammenfallen. In den Kaltzeiten, in denen große Massen Wasser als Eis gebunden waren, sank der Wasserspiegel, wogegen er durch das Abschmelzen des Eises während der Warmzeiten wieder stark anstieg.

Die Fauna des Calabriums verrät durch das Auftreten nordischer Mollusken eine merkliche Abkühlung des Mittelmeeres gegenüber dem Pliozän, dem Zeitabschnitt davor. Nach Paläotemperaturmessungen dürfte sich das oberflächennahe Wasser um 5 °C abgekühlt haben. Die altersgleichen Ablagerungen am Festland, die in das obere Villafranchiano gestellt werden, zeigen, dass die subtropischen Wälder des Tertiärs durch gemäßigte Nadel- und Laubholzbestände verdrängt wurden. Dies spiegelte sich natürlich auch in der Fauna wider. Elefant, Pferd, Hirsch und Rind bevölkerten zusammen mit den letzten Mastodonten und Hipparion die Mittelmeerregion.

Für die jüngeren Warmzeiten Tyrrhen und Monastir ist die Strombusfauna kennzeichnend; es sind Gäste aus der westafrikanischen Küstenregion enthalten, was auf höhere Wassertemperaturen als heute schließen lässt. Damals waren das Mittelmeer und das Rote Meer zum letzten Mal über die Enge von Suez verbunden; in das seit dem Jungtertiär verbrackte Pontusbecken strömte Meerwasser.

Wie ertrunkene Täler und Karstlandschaften, Flussschotter und Torflager beweisen, lag der Meeresspiegel während der letzten Eiszeit um mehr als 100 m unter dem heutigen Stand. Das Schwarze Meer wurde wieder ausgesüßt und entleerte seinen Wasserüberschuss durch den Bosporus-Dardanellen-Strom ins Mittelmeer. Das Abschmelzen der würmeiszeitlichen Gletscher führte zur heutigen Situation.

terranen Raum waren vielfältig; allerdings waren terrestrische Lebensräume zu Beginn einer Eiszeit wesentlich stärker und unmittelbarer betroffen als marine Bereiche, wo viel konstantere Lebensbedingungen vorherrschten.

Die direkteste und schwerwiegendste Folge für litorale Lebensräume waren zweifellos die eustatischen Schwankungen des Meeresspiegels: das Trockenfallen großer Meeresbereiche (z. B. der gesamten Nordadria) und seichter Schelfgebiete rund um das Mittelmeer. Dadurch entstanden Landbrücken, und die Inseln waren mit dem Festland verbunden – mit allen biogeographischen Folgen. Nicht nur Tiere, auch der frühe Mensch nutzte solche Landbrücken. Wie massiv die Vereisung während einer Eiszeit sein konnte, wurde bereits am Anfang des Kapitels erwähnt: Unvor-

2.34 *Das Mittelmeer im Pleistozän. Auf dem Höhepunkt der Würm-Kaltzeit ist der globale Meeresspiegel über längere Zeit um 100 m oder mehr abgesunken. Dargestellt ist der vermutlich maximale Tiefstand durch eine eustatische Schwankung von 200 m. Seichtere Bereiche des Mittelmeeres sind trockengefallen, die Nordadria, Teile der Ägäis und andere Schelfbereiche waren trockenes Land. Eine der Auswirkungen der letzten Eiszeit war die Trennung des Mittelmeeres vom Schwarzen Meer – die Folge war die Aussüßung des Schwarzen Meeres, die erst im Holozän durch salzreiches Mittelmeerwasser wieder beendet wurde. Die Verbindung zwischen westlichem und östlichem Mittelmeerbecken im Bereich der Sizilienschwelle war sehr schmal. Viele Inseln waren mit dem Festland verbunden oder nur durch enge Kanäle von diesem getrennt.*

stellbare Wassermengen waren als Eis gebunden, und der Meeresspiegel lag zeitweise um bis zu 200 m tiefer als heute. Das waren allerdings Extreme, die nur über eher kurze Zeiträume Bestand hatten; eine längerfristige Absenkung des Meeresspiegels um 90–100 m gilt jedoch als gesichert.

Die globalen eustatischen Senkungen und Hebungen des Meeresspiegels wie auch der Wechsel der Warm- und Kaltzeiten waren sehr langsame Prozesse. Litorale Lebensräume und ihre Bewohnen waren daher in der Regel nicht mit einer plötzlichen, katastrophenartigen Veränderung konfrontiert. Die Lebensgemeinschaften in ihren vertikal strukturierten Lebensräumen konnten sich allmählich und in Einklang mit den Schwankungen des Meeresspiegels nach unten oder oben bewegen. Trockengefallenes Schelf und seichte Meeresbereiche wurden nach dem Anstieg aufs Neue von denselben Arten wie zuvor besiedelt.

Die Eiszeit und die pleistozänen Strandterrassen

Die Rekonstruktion der eiszeitlichen Meeresspiegel in ihrer relativen Position zum Festland ist oft schwierig und nur an bestimmten Küstentypen deutlich nachvollziehbar. Nicht nur der Meeresspiegel bewegte sich, auch Teile der Erdkruste gerieten durch tektonische Bewegungen in unterschiedliche Höhenlagen. Infolge des gewaltigen Gewichts der Eismassen während der Vereisungsphasen versank die Lithosphäre bis einige hundert Meter tief in den Erdmantel. Nach dem raschen Abschmelzen der Gletscher in den warmen Zwischeneiszeiten kam es zu einer Gewichtsentlastung und zur elastischen Hebung der Lithosphäre. Diese vertikale, schnelle Bewegungsform (Zeitrahmen: einige tausend Jahre) wird daher als „elastischer Rückprall" bezeichnet (Abb. 2.11 e). Diese Art der Ausgleichsbewegungen hat den wenig bis gar nicht vergletscherten Mittelmeerraum jedoch kaum betroffen. Durch tektonische Vorgänge konnten ganze Küstenbereiche im Meer absinken oder einstiger Meeresgrund emporgehoben werden. Ob ein bestimmter, einst auf Meeresniveau liegender Küstenstreifen heute 80 m unter oder 200 m über dem Meeresspiegel liegt, hängt somit vom Wechselspiel der eustatischen Schwankung des Meeresspiegels sowie von verschiedenen tektonischen Vorgängen ab.

Sizil, Milazzo, Tyrrhen und Monastir, ehemalige Meereshochstände interglazialer Zeiten, also Warmzeiten mit hohem globalem Meeresspiegel, liegen in verschiedenen Regionen nicht immer auf einem Niveau (vgl. Abb. 2.35). Ein einheitliches Niveau lässt sich auch für die Kalabrische Stufe nicht angeben, da sie in verschiedenen Höhenlagen bis mehr als 1 000 m über dem heutigen Meeresspiegel liegen kann. Tektonische Hebungen sind dafür verantwortlich; ein ursprüngliches Niveau von 180 m abzuleiten, ist praktisch unmöglich. Auf der Apenninhalbinsel spielten spätere tektonische Verschiebungen eine große Rolle, so dass die marinen Strandflächen wie auch die binnenländischen Terrassen nicht immer in jener Höhenlage anzutreffen sind, in der sie gebildet wurden. Die Gliederung der marinen Strandterrassen allein nach der Höhe führt zu Fehlinterpretationen; sedimentologische und paläontologische Untersuchungen müssen berücksichtigt werden.

Die Strandterrassen des Sizil finden sich regelmäßig zwischen 80 und 100 m Seehöhe. Sie gehen auf die Transgression des Günz/Mindel-Interglazials zurück. Die klassische Fundstelle des Sizil ist die Umgebung von Palermo. Die Ufer des altpleistozänen Meeres lagen in etwa 80 – 100 m Höhe. Im tieferliegenden Küstensaum bei Ficarazzi zeigen die Molluskenfaunen „nordische Gäste" an. Sizil-Strandflächen in etwa 80 m über dem Meer sind in weiten Gebieten der Nordküste Siziliens zu finden. Das Tyrrhen geht auf die Mindel/Riss-Zwischeneiszeit zurück. Für die höchsten Niveaus des Monastir muss aus glazial-eustatischen Gründen eine Warmzeit angenommen werden. Die Kalabrische wie auch die Sizilische Transgression sind Bildungen von Zwischeneiszeiten. In den Glazialzeiten muss auch damals der Meeresspiegel abgesenkt gewesen sein, wenngleich in den älteren Kaltzeiten nicht so viel wie in den jüngeren. So wird der untere Teil der Kalabrischen wie der Sizilischen Stufe noch kalt sein („nordische Gäste"), die höheren Schichten beider Stufen wird man in das Interglazial zu stellen haben.

- **Iberische Halbinsel:** Marine Strandflächen sind weit verbreitet. Bei Alicante sind sie in Höhen von 2, 5–6 und 20 m über dem Meeresspiegel entwickelt. Die 20 m hohe Terrasse bei Cabo de Huertas enthält eine reiche Molluskenfauna, der aber die typischen Tyrrhen-Formen fehlen. Möglicherweise gehört diese Ablagerung in eine späte Phase des Tyrrhen I (Mindel/Riss). Fast in der gesamten Umrandung der Iberischen Halbinsel sind Spuren einer Regression nach der Piacentin-Asti-Stufe mit kontinentalen Bildungen, Sanden, Kiesen und Mergel zu sehen.

In der Villafranca-Schicht von Villarroy lassen sich nach pollenanalytischen Untersuchungen fünf Vegetationsphasen erkennen. Reich entwickelt ist die typische *Strombus*-Fauna in der Strandfläche von 4–6 m bei Albufuerta. Sie wird in das Tyrrhen II (= Monastir II) eingestuft. Altersgleiche Strandflächen findet man im Gebiet südöstlich von Palma de Mallorca; sie sind in einer alten, verfestigten Düne eingeschnitten, die wahrscheinlich aus einer risseiszeitlichen Meeresregression stammt. Ältere hochgelegene Strandflächen sind aus dem Gebiet von Port de la Selva in der Provinz Gerona bekannt. Die in 100 m Höhe liegende Fläche wird als Sizil einzustufen sein. Auch am Felsen von Gibraltar ist eine ganze Folge von Küstenlinien entwickelt. Die Linien in etwa

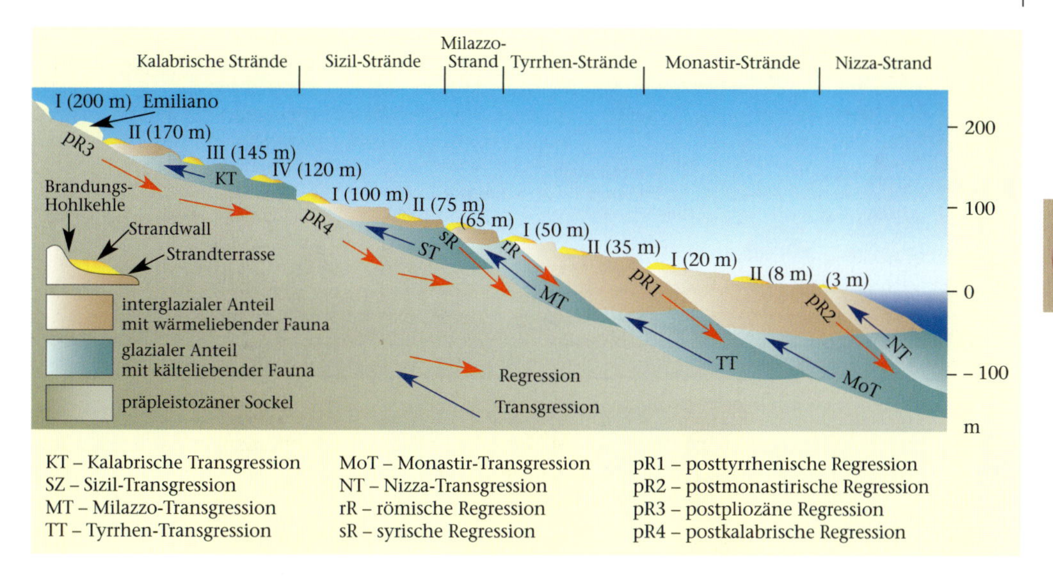

***2.35** Übersicht der pleistozänen Terrassen im Mittelmeerraum. Die angegebenen Bezeichnungen der Terrassen stammen – da besser bekannt – aus der älteren Literatur. Nach Kaiser, 1967.*

210 und 180 m werden als kalabrisch angesehen, eine in 99 m als sizilisch; es folgen weitere in etwa 62 m (Milazzo), 33 m (Tyrrhen), 15 m (Monastir), 8,5 m (Monastir II) und 5 m (Monastir III).

• **Frankreich**: In der weiteren Umgebung von Nizza können in 85 m über dem Meer vereinzelt Niveaus festgestellt werden, die man in das Sizil stellt. An mehreren Orten existieren alte Strandflächen in 55–60 m Höhe; sie entsprechen dem Milazzo und führen eine Fauna mit *Pecten pesfelsis, Lima squamosa* und *Balanus concavus*. In 28–30 m über dem Meer (Tyrrhen) führen die Strandflächen die übliche *Strombus*-Fauna mit *Strombus bubonius, Conus testudinarius* und *Cantharus variegatus*. Zwischen 3 und 13 m treten weitere Strandterrassen auf. Im Gebiet von Antibes sind nach der Asti-Regression als Bildungen des Villafranca die Delta-Konglomerate des Var-Flusses zu erkennen. Es folgt eine mächtige Transgression, deren Ablagerungen bis auf 60–90 m über den heutigen Meeresspiegel hinaufreichen. Sie bestehen hauptsächlich aus Sanden, jenen von Vaugrenier, die eine reiche Molluskenfauna führen, in der aber *Strombus bubonius* und *Conus testudinaris* nicht vorkommen. An der Küste des Languedoc, bei Sète, sind in Jurakalken Karstspalten und Kalkgrotten vorhanden, die eine reiche Fauna enthalten, besonders von Nagern und Insektenfressern. Nach der Asti-Transgression, die hier mindestens 20 m über dem heutigen Meeresspiegel lag, erfolgte eine Regression. Aus dieser Zeit – der Meeresspiegel lag tiefer als heute – datiert ein Großteil der Spaltenfüllungen, deren Fossilien auf Villafranca hinweisen. Damals erstreckte sich hier eine Steppe mit Lössbildung, zugleich begannen in der Gegend des Languedoc Eruptionen. Darauf folgte die sizilische Transgression. Nach der Mindel-Regression stieg das Meer im Mindel/Riss-Interglazial wieder bis etwa 25 m über dem heutigen Meeresspiegel an (Tyrrhen I). Die Muschelanhäufungen in etwa 5 m über dem Meer stammen aus dem letzten Interglazial Tyrrhen II (Monastir).

• **Italien:** Am südlichen Rand der Poebene, bei Castell'Arquato, transgredieren über miozänen Ablagerungen blaue Tone. Sie wurden im tieferen Wasser abgelagert; über ihnen liegen gelbe Sande der Piacentin-Asti-Stufe und Ablagerungen des flacheren Wassers sowie gelbe, litorale Sande mit *Cyprina islandica*. Sie gehören bereits zur Kalabrischen Stufe und bilden die Vorhügelzone des Apennins. Anschließend folgen fluviatile Sande und Kiese; sie führen an vielen Stellen eine reiche terrestrische und limnische Fauna, die nach Villafranca d'Asti (15 km westnordwestlich von Asti) als Villafranchiano bezeichnet werden (= kontinentales Äquivalent der Kalabrischen Stufe). Im unteren Arnotal findet man eine ähnliche Schichtung wie in Castell'Arquato. Über Tonen und Sanden der Piacentin-Asti-Stufe folgen konkordant marin-litorale Sande der Kalabrischen Stufe (Calabrien, das marine Äquivalent des Villafranca). Es umfasst zum größten Teil mediterrane Fauna, der zum ersten Mal einige „nordische Gäste" beigemengt sind: *Cyprina islandica,* die Wellhornschnecken *Buccinum undatum, B. humphrrieysianum, Natica montacuti* und *Trophon muricatus*. Es sind Schichten der Pliozän-Pleistozän-Grenze. Während die Kalabrische Stufe auf der Apenninhalbinsel oft konkordant der Asti-Stufe aufliegt, tritt sie in Sizilien meist transgressiv auf. In den höheren Partien der Kalabrischen Stufe treten

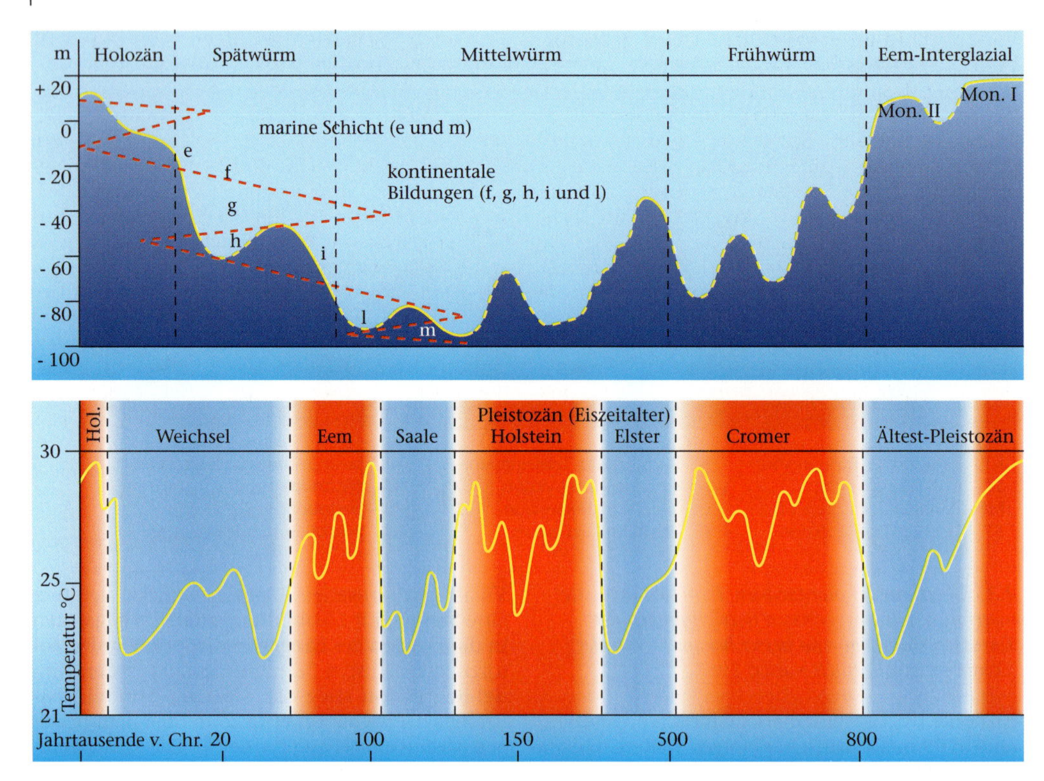

2.36 Oben: Schematische Darstellung der Veränderungen des Meeresspiegels während der Würm-Eiszeit. Nach Woldstedt, 1958. Unten: Temperaturkurve des Weltmeeres vom älteren bis mittleren Quartär. Nach Emiliani, 1992.

Faunen auf, die in einem etwas wärmeren Klima als heute gelebt haben. Dieser Teil wird auch als Emilianische Stufe bezeichnet. Darüber folgen Ablagerungen des Sizil mit „nordischen Gästen", und diese werden durch Sedimente des Milazzo überlagert, die eine der gegenwärtigen ähnliche Fauna führen. Im Mittleren und Jüngeren Pleistozän treten nach dem Beginn der vulkanischen Eruptionen des Bracciano-Gebiets die Zeugen einer weiteren Kaltzeit auf, der Flaminia-Kaltzeit, die zeitlich mit der Mindel-Eiszeit übereinstimmt. Die Schichten werden unterlagert von Flussschottern mit *Elephas antiquus,* und in den höheren Schichten befinden sich Reste der Clacton-Industrie*.

Mit der Mindel-Eiszeit wird ein großer Meeresrückzug, die römische Regression, in Zusammenhang gebracht. Durch die globale Senkung des Meeresspiegels war die Straße von Gibraltar wahrscheinlich trockengefallen. War aber einmal diese Verbindung zum Ozean unterbrochen, so müsste sich der Wasserspiegel gesenkt haben, nachdem im Mittelmeer die Verdunstung den Zufluss überwiegt, wenngleich in der Kaltzeit etwas weniger als in der Warmzeit. Der Meeresspiegel dürfte damals um 200 m tiefer gelegen haben. Mit steigendem Ozeanspiegel brachte das atlantische Wasser seine im subtropischen Atlantik lebende *Strombus*-Fauna mit. Zur Zeit der römischen Transgression war Sizilien mit dem italienischen Festland verbunden, und die Adria war größtenteils Land.

Zwischen dem östlichen und dem westlichen Mittelmeer bestand westlich von Sizilien nur eine schmale Verbindung.

Zum Tyrrhen gehören die marinen Bildungen, die etwa 30 m über dem Meer liegen und die bekannte *Strombus*-Fauna, eine warme Mittelmeerfauna, führen. Sie sind in das Mindel/Riss- oder Holstein-Interglazial zu stellen. Diese „Tyrrhenische Fauna" enthält *Strombus bubonius, Conus testudinarius, Tritonidea viverrata, Natica lactea* sowie weitere Arten. Sie tritt aber auch in den tieferen Niveaus von etwa 15–20 m und etwa 7–8 m über dem Meer auf (Tirreniano II bzw. Tyrrhen II). Ein klassisches Gebiet des Tyrrhens findet sich bei Tarent. Die Küstenlinie lag hier bei 35 m, eine jüngere Küstenlinie bei etwa 15 m (Monastir I). Bei Ravagnese, nahe Reggio, ist der Tyrrhenische Strand durch jüngere Bewegungen auf ca. 100 m gehoben worden. In Apulien liegt der Tyrrhene-Strand bei Gallipoli in 25–30 m. Eine jüngere Strandlinie Monastir I ist bei etwa 15 m über dem Meer ausgebildet. Im Mittelmeergebiet wie auch an der atlantischen Küste ist eine 30 m-Strandlinie weit verbreitet; mancherorts wurde sie aber

tektonisch in unterschiedliche Lagen gebracht. In der Riss-Eiszeit fand wieder ein starker Meeresrückgang statt, die posttyrrhenische Regression, die beachtlich gewesen sein muss (Nomentana-Kaltzeit nach Blanc). Erst mit dem Zurückweichen der Riss-Vereisung stieg der globale Meeresspiegel wieder an. Im Mittelmeergebiet findet man die Niveaus in etwa 15–20 m (Monastir I) und zwischen 7 und 8 m (Monastir II). Sie enthalten die gleiche *Strombus*-Fauna wie das Tyrrhen. Mit der Würmeiszeit folgte die letzte große so genannte postmonastirische Regression, die durch die Flandrische Transgression abgelöst wurde. In der Poebene treten im Querprofil über 2 000 m mächtige Quartär-Sedimente auf. Ein beträchtlicher Teil davon gehört der Kalabrischen Stufe an, die gelegentlich mit einem Transgressionshorizont in mariner Fazies vorliegt. Die Mikrofauna zeigt einen allgemein kühl-gemäßigten Charakter. Typisch dafür sind die Foraminiferen *Cassidulina laevigata* var. *carinata, Bulimina*; die typisch kalten Formen fehlen. In einer oberen Zone treten Küstenformen auf, die auf einen Wechsel von Brackwasser- und Lagunen-Bedingungen hinweisen; charakteristisch ist *Rotalia beccari*.

In den meeresnahen Höhlen Siziliens über der Tyrrhenischen Strandlinie (großteils Monastir) sind meist zwei Niveaus vorhanden, ein unteres Niveau mit „warmer“ Fauna: *Hippopotamus*, Zwergelefanten: *Elephas mnaidriensis, E. melitensis, E. falconieri, Bos, Bison,* Braunbär, Hyäne, Höhlenlöwe usw., sowie ein oberes Niveau mit Wildesel, Wildschwein, *Cervus elaphus* und menschlichen Werkzeugen des Jungpaläolithikums (z. B. in der Grotte von San Teodoro, Provinz Messina).

An der Südostküste von Malta tritt in der Höhle von Ghar Dalam über der ein Meter mächtigen Knochenbreccie mit großer Menge von *Hippopotamus-* und in geringer Anzahl *Elephas*-Resten zwei Meter rote Erde mit Knochenresten von Elefanten, Flusspferden und Cerviden auf. Darauf liegt eine schwarze Schicht mit Kulturresten aus dem Neolithikum. Die Zwergrassen von *Elephas antiquus* haben sich auf Sizilien und Malta wie auch auf den größeren Inseln des östlichen Mittelmeeres entwickelt (vgl. S. 458 ff.).

• **Balkanhalbinsel und nördliches Vorderasien:** An der nordöstlichen Umrahmung des Mittelmeeres sind junge tektonische Bewegungen weit verbreitet. Epirogenetische (langzeitige und großräumige Erdkrustenverbiegungen, die isostatische Ausgleichsbewegungen zur Folge haben) und orogenetische Bewegungen (gebirgsbildende Prozesse) erreichen örtlich ein Ausmaß von über 1 000 m. Einheitliche quartäre Niveaus sind daher selten über größere Strecken zu verfolgen. Aus der Gegend von Alexandrupolis (Mazedonien) kann man Niveaus in 95–105 m (Sizil), 60 m (Milazzo), 30 m (Tyrrhen) sowie in 5 und 15 m (Monastir) erkennen. Strandlinien in gleicher Höhenlage sind auch im Bereich der Meerengen zwischen Samothrake und den Prinzeninseln, an der Ostküste des Marmarameeres ausgebildet. Die höheren Strandlinien sind nicht rein eustatisch entstanden, sondern epirogen gehoben. Bei Hora, am Nordufer der Marmara, sind noch Strandflächen in 123,5 und 135 m vorhanden, die möglicherweise kalabrisch sind. Vor der Küste von Castrosikia, nördlich von Prevenza am Ionischen Meer, treten alte Strände in 5–8, 12–15, 26, 55–65, 90–105, 140 und 170 m auf. Strandflächen des Tyrrhen finden sich auf der Halbinsel Perachora im Golf von Korinth in 28 m Höhe, bei Neu-Korinth stellenweise auf 95 m angehoben; bei Patras liegen sie in 100 m, bei Stimanga in 326 m und weiter westlich gar bei 350 m über dem Meer. Eine im östlichen Mittelmeer weit verbreitete Terrasse liegt in etwa 5 m Höhe und wird in das thermische Optimum des Postglazials gestellt. Die Fauna dieser Tapes- oder Nizza-Terrasse entspricht der des heutigen Mittelmeeres; man findet aber auch neolithische Artefakte. Die Terrasse ist mit weißem Bimsstein bedeckt, was auf den Santorin-Ausbruch vor 3 500 Jahren zurückgeführt wird.

• **Bosporus und Dardanellen:** Am Höhepunkt der Würm-Eiszeit war Europa mit Kleinasien landfest verbunden. Im Gebiet der Dardanellen existierte ein Flusstal – wie auch in der Riss-Eiszeit, die mit der Posttyrrhenischen Regression zusammenfällt. Während der Riss/Würm-Zwischeneiszeit bestand durch die Tyrrhenische Transgression eine marine Verbindung vom Mittelmeer durch die Dardanellen zum Schwarzen Meer (Uzunlarphase); während der vorhergehenden römischen Regression lag die Nordküste des Mittelmeeres südlich von Kreta. Im Marmaragebiet finden sich beim Leuchtturm von Hora zwischen 40 und 46 m Schichten mit *Didacna crassa, Dreissena polymorpha* (Wandermuschel), *Neritina fluviatilis* und anderen Formen des Alt-Euxinus. Die früheren Verbindungen zwischen Mittelmeer und Schwarzem Meer gingen im Sizil, Tyrrhen und Monastir durch den Sakaria-Bosporus, das heißt über die tektonische Senke von Ismid über den Sapanca-See zum Sakaria, der Bithynien von Kleinasien abtrennte. Erst später, mit der Flandrischen Transgression, übernahm der Bosporus die Verbindung zwischen Mittelmeer und Schwarzem Meer.

• **Südliches Vorderasien:** Ende des Pliozäns fanden im östlichen Palästina große, deckenförmige Basaltergüsse statt. In einer darauf folgenden Zerrphase bildete sich der Jordangraben (Abb. 2.25). Die ältesten Schichten im Küstenbereich erscheinen über marinen Ablagerungen, die der postmonastirischen Regression zugeordnet werden *(marine phase D)*. Der damalige Küstensaum befindet sich in einer Tiefe bis zu 90–100 m. Darüber liegen 7–8 m starke terrestrische Schotter, die nach Osten an Mächtigkeit zunehmen und in die Hochterrasse (20–30 m) der Flüsse des palästinensischen Berglandes übergehen. Sie entsprechen der ersten Würm-Phase. Darüber folgen Dünen und lakustrine Bildungen.

- **Syrisch-libanesische Küste:** Zwischen Batrun und Aakkar finden sich längs der Küste marine Strandterrassen. Die jüngste in 3–4 m Höhe ist die Tapes- oder Nizza-Terrasse, jene um 15 m ein Monastir I-Strand, jene zwischen 8 und 6 m ein Monastir II-Strand, und die von 30–35 m gehört zum Tyrrhen. In den Terrassen zwischen 45 und 50 m sind die ersten paläolithischen Werkzeuge zu finden, die in das Mindel/Riss-Interglazial gestellt werden. Die höheren Terrassen in 95–100 m und 55–60 m sind wohl nicht rein eustatisch zu erklären, sondern auch epirogen. Zahlreiche Küstengrotten verdanken ihr Entstehen der Brandungswirkung des Riss/Würm-Interglazial-zeitlichen Meeres, so Batrun, Nahr Ibrahim, Ras el Kelb mit seinen Halbhöhlen in 20,5, 14,5 und 9 m Tiefe, Antelias und Adloun.
- **Ägypten und Niltal:** Im Pliozän wurde das Nildelta von einer marinen Transgression überflutet, die etwa 180 m über den heutigen Meeresspiegel reichte. Es entstand eine lange, schmale Meeresbucht, die bis in die Gegend von Kom Ombo nördlich von Assuan reichte; sie wurde durch den Nil und dessen Zuflüsse langsam aufgefüllt. Der Meeresspiegel ging stufenweise zurück, in den Mündungsgebieten entstanden pleistozäne Flussaufschüttungen, die heute als Schotterterrassen bis 250 m Höhe auftreten. Derartige Terrassen befinden sich in 80–90, 60–65, 45–50, 30, 15–17, 8–10 und in 3 m. Nach der pleistozänen Haupttransgression kam es zu einer Regression, der eine erneute, die Kalabrische Transgression folgte. Eine weitere Regression setzte ein, wobei im Zusammenhang mit der ersten Sizil-Transgression Terrassenschüttungen am Nilunterlauf bei 80–100 m entstanden. Westlich von Alexandria lassen sich im Araber-Golf marine Strandterrassen verfolgen. Zwischen 80 und 103 m finden sich fünf zum Sizil zu rechnende Strände: in 58 m die Strandfläche des Milazzo, in 35 m eine tyrrhenische, zwischen 15 und 20 m die Strandfläche des Monastir I und zwischen 5 und 10 m die des Monastir II. Mit dem Frühwürm schneidet sich der Nil neu ein, und zwar im Deltagebiet bis mindestens 30 m unter dem jetzigen Meeresspiegel. Im Göttweiger Interstadial steigt der Meeresspiegel wieder an, und es kam zu einer erneuten Aufschüttung. In Verbindung mit dem immer stärkeren Absinken des Meeresspiegels nahm das Einschneiden des Nils stark zu, bis mit der tiefsten Absenkung des Mittelmeeres um 90–100 m das Einschneiden auch bis nach Oberägypten zurückgriff. Mit dem Wiederansteigen des Meeresspiegels in der Spätwürmzeit geht die Erosion im Deltagebiet allmählich wieder in Akkumulation über. Die nacheiszeitliche Akkumulationsschicht ist im Nildelta etwa 10 m mächtig.
- **Libyen:** An der Küste der Cyrenaika sind zwischen Ras Aamer und Derma zahlreiche Strandterrassen festzustellen: in 200–140 m die Kalabrische Stufe, 90–70 m Sizil, 55–44 m Milazzo, 35–40 m Tyrrhen, 25–15 m Monastir I und in 6 m Monastir II. Die ausgeprägte Regression im Oberpliozän ist auch im nordwestlichen afrikanischen Küstengebiet nachzuweisen.

Quartäre Geschichte des Schwarzen und des Kaspischen Meeres

Das Kaspische Meer, dessen heutiger Spiegel bei 28 m unter dem Meeresspiegel liegt, hat im Tertiär eine wechselvolle Geschichte hinter sich. Der Wasserhaushalt des abflusslosen Beckens steht und fällt mit Zufluss und Verdunstung. Dass der tiefste Stand bereits vorbei ist, darauf deutet die beachtliche Übertiefung des Wolgabettes unterhalb von Wolgograd auf etwa 400 km Länge hin. Der tiefste nacheiszeitliche Stand mit 20–22 m unterhalb des jetzigen ergab sich während des Klima-Optimums um 4000–2000 v. Chr., im so genannten Mangyschlak-Stadium. Zuvor kam es zu einer Regression, die dem Göttweiger Interstadial entsprochen haben dürfte. Noch früher hatte der Chwalyn-Hochstand bei 73–75 m über dem jetzigen Meeresspiegel gelegen, das sind 45–47 m über dem Meer. Dieser Stand entspricht dem Frühwürm. Im Osten bestand über die Wüste Kara-Kum durch die Aralokaspische Transgression eine Verbindung mit dem Aralsee. Leitfossil dieser Stufe war *Didacna trigonoides*. Den bis 15 m mächtigen braunen Lehmen der Chwalyn-Transgression liegen gelbe bis rötlich-braune terrestrische Sandlehme der so genannten Atel-Stufe zugrunde, die in die Riss/Würm-Interglazialzeit gehören. Dieser Stufe ging die Chosar-Transgression voraus, die mit der Riss-Vereisung altersgleich ist. *Paludina diluviana* lässt auf brackische Seichtwasserablagerungen schließen. Das Niveau liegt 25–28 m über dem jetzigen. In der Astrachan-Phase, die dem Mindel/Riss-Interglazial zuzurechnen ist, hatte der Kaspisee wohl einen noch geringeren Umfang als heute. Mit der Baku-Transgression sind kaspische Brack- und Süßwasserfaunen bis in die Gegend von Saratow an der Wolga nachzuweisen. In den dunklen Lehmen kommt unter anderem *Corbicula fulminalis* vor. Möglicherweise gehören die Küstenlinien in 80–90 m Höhe an der persischen Küste in diese Phase. Den in der vorgehenden Regressionsphase abgelagerten Gurow-Lehmen ging die Abscheron-Transgression voraus, die bis in die Gegend von Wolgograd reichte. Sie ist eventuell mit der Günz-Eiszeit parallel zu setzen. Die vorhergehende Aktschagyl-Transgression, zwischen dem jüngsten Tertiär und dem ältesten Quartär, brachte die größte Ausdehnung des Kaspischen Meeres nach Norden bis nach Kasan hinaus. Über die Manytsch-Niederung bestand eine offene Verbindung mit dem

Schwarzen Meer (Kujalnik-Phase). Durch das Vorkommen von *Mastodon (Anancus) arvernensis* bei Malhobek und *Elephas (Archidoskodon) planifrons* bei Grosny wird diese Phase ins Untere Villafranca eingestuft.

Während das Kaspische Meer durch die klimatischen Gesetze des Binnenbeckens stark beeinflusst war, gilt das für das Schwarze Meer nur für einzelne Phasen. Die Sedimente aus der ältesten Phase, dem Kujalnik-Stadium, enthalten Fossilien des Unteren Villafranca: *Anancus arvernensis, Elephas meridionalis, Hipparion (crassum), Allohippus stenonis*. Sie entsprechen der Aktschagyl-Stufe des Kaspi. Im Günz enthielt der so genannte Tschauda-See eine brackische Fauna mit *Didacna baeri crassa, Didacna tschaudae* und *Dreissena polymorpha* (heute auch in den Seen Mitteleuropas weit verbreitete Wandermuschel). Über die Manytsch-Niederung bestand wahrscheinlich eine Verbindung zum Kaspischen Meer. Seine Ablagerungen findet man noch im Gebiet der Dardanellen, und zwar bei Gelibolu, dem früheren Gallipoli, in 24 m über dem Meer. Über das folgende Post-Tschauda-See-Stadium, das dem Günz/Mindel-Interglazial entspricht, ist wenig bekannt. Pfannenstiel nimmt mit dem Spätsizil des Mittelmeeres einen hohen Spiegelstand des Schwarzen Meeres an. Es folgt ein neuer Hochstand, wodurch der Alt-Euxinus-See geschaffen wurde. Dieser war größer als das heutige Schwarze Meer; seine Küstenlinie lag in 35–40 m Höhe. Wahrscheinlich floss durch die Manytsch-Niederung Wasser dem Schwarzen Meer zu, und der Abfluss erfolgte durch die Dardanellen nach Westen. In der Uzunlar-Phase, während des Mindel/Riss, drang marines Salzwasser mit Mittelmeerfauna in das Schwarze Meer ein. *Cardium edulis, Syndesmya ovata* und *Mytilaster monterosatoi* wanderten vom Mittelmeer ein und lebten dort zusammen mit den Überresten der kaspischen Fauna *(Didacna, Dreissena)*. Es ist die Tyrrhenische Transgression, die ein Niveau von 30–35 m über dem Meer erreichte. Mit der Riss-Eiszeit kam es erneut zu einer Regression, wodurch der Zusammenhang unterbrochen wurde. Das Mittel-Euxinus (nach Graham) ist durch einen Abfluss von süßem Schwarzmeerwasser durch das Meeresengengebiet zum stark abgesenkten Mittelmeer charakterisiert. Eine erneute Transgression, die Monastir-Transgression im Riss-Würm, leitete im Schwarzen Meer das Karangat-Stadium ein. Es hatte einen Umfang wie das heutige Schwarze Meer, war jedoch wärmer, salziger und infolgedessen auch reicher an mediterranen Arten. So gab es verschiedene Echinoiden, die heute fehlen. Aber auch typische Meeresformen wie *Strombus bubonius, Tapes calverti, Cardium tuberculatum* und andere waren damals vertreten. Die Karangat-Terrasse ist in 15 m über dem heutigen Meeresspiegel weit verbreitet. In der postmonastirischen Transgression fiel der Meeresspiegel bis auf 90–100 m unter dem gegenwärtigen. Damit wurde die Verbindung zwischen dem Weltmeer und dem Schwarzen Meer unterbrochen. In dieser Phase des Neu-Euxinus, das einen um 40 m tieferen Wasserspiegel zeigte, kam es zu einer starken Übertiefung des unteren Donaubettes. Mit der Flandrischen Transgression wurde das Schwarze Meer wieder an das Mittelmeer angeschlossen. Dabei entwickelte sich die Tapes- oder Nizza-Terrasse, so z. B. an der Kaukasusküste, die auf etwa 3 500 v. Chr. datiert wurde.

2.37 *Die hypsographische Kurve macht deutlich, wie sich die Gesamtoberfläche der Erde von 510 Millionen Quadratkilometer auf die Meere (70,8 Prozent) und das Festland (29,2 Prozent) verteilt. Die obere Skala gibt die absolute Erdoberfläche in Quadratkilometer an, die untere den prozentualen Anteil dieser Gesamtfläche. Aus den zwei Skalen im Inneren der Graphik lässt sich der prozentuale Anteil einer bestimmten Meereshöhe (oben) oder Meerestiefe (unten) vom gesamten Festlandanteil und Meeresanteil ablesen. Die hypsographische Kurve beginnt links oben mit dem höchsten Punkt der Erdoberfläche und endet rechts unten mit der tiefsten Stelle im Meer. Eingezeichnet ist die mittlere Höhe des Festlandes (840 m), die mittlere Tiefe des Meeres (3 865 m) und die hypothetische Tiefe des Meeres nach der Einebnung der gesamten Erdoberfläche mit allen Bergen und Tiefseegräben. Die ganze Erdkugel wäre dann von einem 2 440 m tiefen Ozean bedeckt.*

Robert Hofrichter, Wolfgang Kern, Lothar Beckel
Inge Domnig, Andreas Zankl und Axel Hein

3. Geographie und Klima

Das Mittelmeer und die mediterrane Region bilden einen nicht zu trennenden Komplex, einen Naturraum, eine Einheit, die für Europa in vielerlei Hinsicht einmalig ist. Es ist jedoch eine Einheit, die – je kleiner, differenzierter der angesetzte Maßstab ist – auf hoher Mannigfaltigkeit beruht.

Eine allumfassende geographische, geologische, klimatische, ökologische oder biogeographische Definition, die sämtliche Aspekte der mediterranen Vielfalt berücksichtigen und den Mittelmeerraum eindeutig abgrenzen würde, gibt es nicht. Unter „mediterran" kann man ein Meer verstehen, eine Region, ein bestimmtes Klima (das noch in vier anderen Regionen der Welt zu finden ist, Abb. 3.74 und Tab. 3.8), einen charakteristischen Naturraum und einiges mehr. Klimatische und vegetationsgeographische Grenzziehungen, etwa durch das Verbreitungsareal des Olivenbaums (Abb. 4.5a) überschneiden sich zwar großräumig, in manchen Fällen weichen aber die in den einzelnen Definitionen vorgegebenen Grenzen erheblich voneinander ab.

Eine auf den ersten Blick offensichtliche Abgrenzung der mediterranen Region bilden die bis über 4 000 m (Atlas, Alpen) hohen alpidischen Gebirgszüge rund um das Becken (Abb. 3.1 und 3.41). Von der gebirgigen Umrahmung ausgenommen sind nur die südöstlichen Küsten des Mittelmeeres, wo die Afro-Arabische Tafel das Mittelmeer direkt berührt. In Ägypten und Libyen grenzt etwa die Wüste bzw. das aride Klima mit mediterranem Klimajahresgang oder sogar voll-

3.1 *Das Mittelmeer und die mediterrane Region auf einer Satellitenaufnahme aus 800 km Höhe.*

3.2 Strand auf Sardinien. Der Tourismus ist einer der wichtigsten Wirtschaftsfaktoren der mediterranen Region. Während man in den Mittelmeerländern nach Angaben der UNEP bis 2025 mit bis über 650 Millionen Besuchern jährlich rechnet, sollen es in den Küstenregionen an die 355 Millionen Gäste werden. Dass derartige Besucherzahlen massive Umweltprobleme nach sich ziehen, ist nicht zu vermeiden. Ohne entsprechendes internationales Umwelt-Management und effektive Kooperation wären weitere schwerwiegende ökologische Folgen für die Region und das Mittelmeer selbst unvermeidbar.*

3.3 Die Celsus-Bibliothek in Ephesus (Kleinasien, Türkei). Ephesus, dessen Gründung in die vorgriechische Zeit zurückgeht, war eine der berühmtesten Städte der antiken Welt; hier stand mit dem Artemision (Tempel der Artemis) eines der „Sieben Weltwunder". Einer der Gründe für die ständig wachsende Besucherzahl der Mittelmeerregion ist das hier zu findende kulturelle Erbe der Menschheit. Das wird offenkundig, wenn man die zwei in Abbildung 3.2 angegebenen Zahlen vergleicht: Annähernd die Hälfte der für 2025 prognostizierten Gäste besuchen die Region nicht wegen des Meeres.

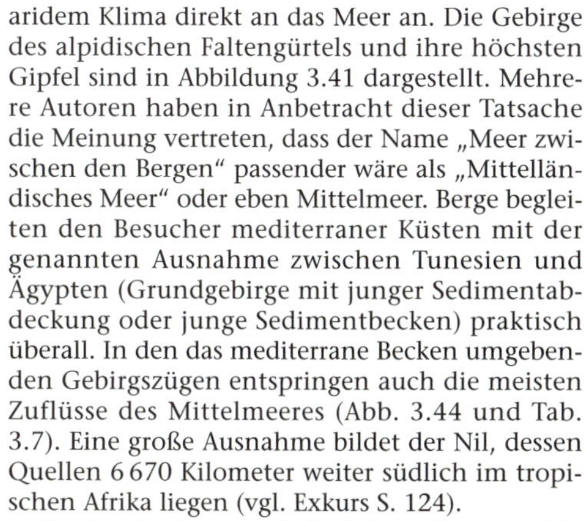

aridem Klima direkt an das Meer an. Die Gebirge des alpidischen Faltengürtels und ihre höchsten Gipfel sind in Abbildung 3.41 dargestellt. Mehrere Autoren haben in Anbetracht dieser Tatsache die Meinung vertreten, dass der Name „Meer zwischen den Bergen" passender wäre als „Mittelländisches Meer" oder eben Mittelmeer. Berge begleiten den Besucher mediterraner Küsten mit der genannten Ausnahme zwischen Tunesien und Ägypten (Grundgebirge mit junger Sedimentabdeckung oder junge Sedimentbecken) praktisch überall. In den das mediterrane Becken umgebenden Gebirgszügen entspringen auch die meisten Zuflüsse des Mittelmeeres (Abb. 3.44 und Tab. 3.7). Eine große Ausnahme bildet der Nil, dessen Quellen 6 670 Kilometer weiter südlich im tropischen Afrika liegen (vgl. Exkurs S. 124).

Bereits die Geomorphologie bzw. Topographie der Region – durch drei große Halbinseln (Iberische, Apenninische und Balkan) geprägt – ist für den Kontinent einmalig. Die Landschaft ist sowohl in ihrer horizontalen als auch in ihrer vertikalen Ausdehnung stark gegliedert, was zur Ausbildung eng angrenzender Abfolgen von klimatisch-ökologischen Kleinräumen führt. Sie bieten Platz für eine Vielzahl von Lebensräumen und Kleinlebensräumen, die wiederum die Entfaltung pflanzlichen und tierischen Lebens hoher Diversität zulassen.

Manche – wohl durch das günstige Klima bedingte – Eigenheiten der Region wie Lebensweise und Lebensgefühl der hier lebenden Menschen lassen sich durch naturwissenschaftliche Zugänge nicht (erschöpfend) erfassen, sie sind daher nicht Gegenstand dieses Buches. Naturwissenschaftliche, humanistische, geographisch-geschichtliche und ästhetische Zugänge schließen einander jedoch nicht aus, vielmehr ergänzen sie sich. Das ist in kaum einer anderen Region der Welt so intensiv zu spüren. Klassische Autoren, die das Wesen des mediterranen Raumes beschrieben und analysiert haben, hielten einen solchen Zugang für wichtig.

Fernand Braudel schrieb in seinem berühmten Werk *Das Mittelmeer* (1998): „Es gibt auf der Welt keinen Raum, der besser beleuchtet, besser inventarisiert wäre als das Gebiet des Mittelmeeres und der Länder, auf die sein Widerschein fällt. Doch auf die Gefahr hin, unseren Vorgängern gegenüber undankbar zu erscheinen, muß man sagen, daß die Masse dieser Veröffentlichungen den Forscher erdrückt wie ein Aschenregen. Zu viele dieser Studien sprechen eine Sprache von gestern, sind in mehr als einer Hinsicht veraltet. Was sie interessiert, ist nicht das weite Meer, sondern ein winziges Steinchen seines Mosaiks; nicht sein großes, bewegtes Leben, sondern die Taten der Fürsten und der Wohlhabenden, ein Staub verstreuter Tatsachen ohne gemeinsames Maß mit der mächtigen und langsamen Geschichte, die uns beschäftigt. Zu viele dieser Studien müßten noch einmal aufgenommen, in den rechten Gesamtmaßstab gebracht und problematisiert werden, wollte man sie zu neuem Leben erwecken." Und: „Kaum ist ein Augenblick vergangen, und schon ist ihr Vokabular alt geworden; was an ihnen neu war, geht in die Vulgata ein; und die gewonnene Erklärung fällt von selbst wieder in Zweifel."

Kaum ein ernstzunehmendes Werk über das Mittelmeer – selbst wenn es sich mit „rein naturwissenschaftlichen" Aspekten befasst – verzichtet darauf, aus dem Werk des Historikers Braudel (nach Ansicht vieler der „letzte Universalgelehrte") zu zitieren. Diese „andere Geographie" liefert Einsichten, ohne die das Mittelmeer in seiner Einheit mit dem umgebenden Land nicht verständlich wäre.

Zweifellos hat sich das Klima des Mediterrans günstig auf die Entfaltung der europäischen Kultur ausgewirkt. In dieser Region, der Wiege der abendländischen Zivilisation, sind große Teile des Kulturgutes der Erde zu finden. Der Mediterran verband seit dem Aufkommen der Schifffahrt Völker und Kulturen zwischen den Säulen des Herakles und dem Pontos Euxeinos, anstatt sie zu trennen, anders als die großen Ozeane, die von Europa aus lange Zeit kaum zu überwinden waren.

Solche Aspekte – und das, was an Spuren der alten Zeit geblieben ist –, gemischt mit landschaftlichen und klimatischen Reizen, erklären zum Teil, warum sich rund um das Mittelmeer ein großer Teil des Welttourismus konzentriert. Die beunruhigenden ökologischen Folgen dieses Tourismusbooms (Abb. 3.2 und 3.3) sind in Kapitel 10 beschrieben.

Der Einflussbereich des Meeres auf das Land reicht in vielen Regionen – so auf der Apenninund der Iberischen Halbinsel – weit ins Landesinnere, an anderen Stellen – wie in Dalmatien – beeinflusst das Meer nur einen schmalen Küstenstreifen. Hohe Gebirgszüge schränken die mediterran geprägte Region ein, die trotz der Einheitlichkeit des Klimas relativ starke regionale Unterschiede zeigt (vgl. Abb. 3.83). Über Definitionen und Grenzen des Mittelmeerraumes informiert neben diesem auch das Kapitel "Vegetationslandschaften und Flora des Mittelmeerraumes".

Kulturraum und Naturraum verschmelzen seit Jahrtausenden in einem Ausmaß, das eine scharfe Trennung beider unmöglich macht. Hier gibt es kaum noch ursprüngliche Naturlandschaften. Die historisch-politische Entwicklung der mediterranen Region mit der dazugehörigen agrarischen Nutzung, der Urbanisierung und Industrialisierung sowie dem Aufkommen des Tourismus wirkten und wirken sich dramatisch auf das Mittelmeer und das umgebende Land aus. Die geographische Darstellung des Mittelmeeres am Anfang dieses Werkes versucht diesen Erkenntnissen Rechnung zu tragen und die Vielschichtigkeit der Region zu skizzieren.

Der Mittelmeerraum und der Mensch

Neben tektonisch-geologischen, geographischen, klimatischen, ozeanographischen, ökologischen und weiteren Aspekten ist der mediterrane Naturraum seit vielen Jahrtausenden vor allem durch einen Faktor geprägt: den Menschen. Dessen Geschichte und die seiner politischen, ökonomischen, demographischen und kulturellen Entwicklung prägt praktisch jeden Quadratmeter der mediterranen Landschaft. Beispiele für die starke Verzahnung von Land, Meer und Mensch sind einerseits das schon früh einsetzende Abholzen der Wälder, gefolgt von Erosion, Verkarstung und fortschreitender Wüstenbildung, das Abweiden durch das Vieh, die rezente Beeinträchtigung mancher Zuflüsse wie etwa des Nils durch den Bau gigantischer Dämme und die intensive Landwirtschaft in ariden Regionen, durch die nicht nur Wasser, sondern auch nährstoffreiche Sedimente dem Meer vorenthalten werden; andererseits ist es der anthropogen verursachte Nährstoffeintrag durch Flüsse wie den Po, durch den Schelfgebiete beeinträchtigt werden (Eutrophierung), und der akute, immer dramatischer werdende Wassermangel der Region – selbst fossile Wasserreservoire werden aufgebraucht.

***3.4** Das Mittelmeer als Geburtsort Europas (aus dem „Atlas linguarum Europae"). An seinem phönizischen Gestade wurde der Legende nach jene Meeresnymphe geboren, die dem Kontinent den Namen gab. Sie pflückte Blumen am Strand, als sie der mächtige Zeus auf dem Rücken eines geflügelten Stieres, dessen Gestalt er angenommen hatte, nach Kreta entführte. Venus richtete nach Horaz folgende Worte an die Nymphe: „Lerne so zu leben, wie es deiner hohen Stellung würdig ist. Die Hälfte der Welt wird dir ihren Namen verdanken." Wesentliche Impulse für die Entwicklung mittel- und nordeuropäischer Völker sind vom Mittelmeerraum ausgegangen.*

Länderkundlicher Überblick

Die regionale Geographie versucht die raum-zeitlichen Interaktionen und Interdependenzen* natur- und kulturräumlicher Phänomene darzustellen. Notwendige Voraussetzung hierfür ist eine Definition des darzustellenden Raumes. Räumlichkeiten sind jedoch selten linear abzugrenzen, die Grenz- und Übergangszonen sind meist sehr breit und je nach analysiertem Parameter unterschiedlich. Das trifft auch auf den europäischen Mediterranraum zu. Die stärkste gemeinsame Klammer der ans Mittelmeer grenzenden Gebiete ist wohl die klimatische. Die hygro-thermischen Charakteristika der sommertrockenen mediterranen Subtropen beeinflussen sowohl Flora und Fauna als auch die sozio-ökonomischen Muster der den Raum nutzenden Bevölkerung. Aus diesem Blickwinkel erscheint die Verwendung des Begriffs „Mediterran" bzw. „Mediterranraum" gerechtfertigt. Andererseits ist aus pragmatischen Gründen für viele wirtschafts- und sozialräumliche sowie politisch-prognostische Aspekte eine Abgrenzung des Raumes nach administrativen Einheiten (meist Staatsgrenzen) sinnvoll. Insofern erscheint die Bezeichnung „Mittelmeerraum" als richtiger. Wie in der regionalen Literatur üblich, sollen hier beide Namen, Mediterran- und Mittelmeerraum, synonym verwendet werden.

Die Teilräume

Landschaftskundlich gesehen zerfällt der Mittelmeerraum in mehrere Teilräume. Die Iberische Halbinsel begrenzt das Mittelmeer gegen Westen und trennt es vom Atlantik. Obwohl mit Barcelona (1,5 Millionen Einwohner) und Valencia (740 000 Einwohner) zwei wirtschaftliche Zentren an der Küste liegen und diese auch intensiv touristisch genutzt werden, erscheint der Großteil der Halbinsel binnen- oder atlantikorientiert. Der spanische Zentralraum und uneingeschränkt Portugal weisen in ihrer historischen Entwicklung und in ihren heutigen wirtschaftlichen und sozialen Verflechtungen enge Beziehungen zu West- und Mitteleuropa wie auch zum amerikanischen (zum geringen Teil afrikanischen) Kontinent auf. Der schmale Küstenstreifen entlang des Mittelmeeres und die wenigen Küstenhöfe mit jungen Sedimenten sind ein Herbstregengebiet. Bedingt durch die Leelage fällt eher wenig Niederschlag (< 600 mm), und die ariden Monate nehmen von zwei im Norden auf sechs im Süden zu.

Der Abschnitt der französischen Küste von den Pyrenäen bis zu den Meeralpen als Ende des Alpenbogens ist traditionell mittelmeerorientiert. Das Klima, die Witterung sowie die Vegetation kann als typisch mediterran angesehen werden. Durch das Hinterland des Golfe du Lion dringen im Winter die kalten maritimen Luftmassen von Nordwesten in den Mittelmeerraum vor und ebenso die kalten Fallwinde – der Mistral ist ein typisches Charakteristikum. Neben dem wirtschaftlichen Zentrum von Marseille (800 000 Einwohner) mit Raffinerien und petrochemischer Industrie wird die Küste vorwiegend touristisch genutzt. Eine starke Belastung der Umwelt ergibt sich außerdem durch den Eintrag der Rhône, einem der wenigen großen Flüsse aus den humiden Breiten mit einer permanent starken Wasserführung.

Die Apenninische Halbinsel ist jene Region, die in vielen Aspekten als vollmediterran gilt. Sie ragt durch ihre schmale, lange Form tief in das Mittelmeer hinein, hat eine sehr lange Küste im Vergleich zur inneren, gebirgigen Landmasse. Sowohl Klima, Vegetation, Landnutzung, Haus- und Siedlungsformen als auch die Mentalität der Bewohner gelten als typisch südländisch-mediterran. Die Niederschläge fallen vorwiegend im Herbst, zeigen deutlich Luv- und Leelage an, womit sich auch die Dauer der Trockenperiode ändert. Die geschichtliche Entwicklung zeigt die starke Orientierung auf das *Mare nostrum:* so beispielsweise der römische Imperialismus und die venezianische Handelsmacht. Mit Ausnahme des oberitalienischen Industriereviers und des Zentralraumes um Florenz liegen fast alle wirtschaftlichen Zentren an der Küste (Rom: 2,7 Millionen Einwohner, Neapel: über eine Million, Palermo: 700 000, Genua: 650 000, Bari: 350 000, Venedig: 300 000 Einwohner).

Die Schifffahrt und der Fischfang spielen eine bedeutende wirtschaftliche Rolle, es ist aber vor allem der sommerliche Badetourismus, der als vom Mittelmeer direkt beeinflusster Wirtschaftssektor große Bedeutung hat. Parallel dazu muss die übermäßige ökologische Belastung der Küstengebiete gesehen werden, deren kontrollierte Verringerung nur sehr zögerlich vor sich geht. Dies gilt vor allem auch für das Mündungsgebiet des Po, dem zweiten großen Fluss mit gleichmäßiger Wasserführung.

Ein an sich sehr inhomogener Raum ist die Balkanhalbinsel. Schmale Küstensäume und kleine Küstenhöfe haben ein vollmediterranes Klima mit bis zu vier ariden Monaten, im gebirgigen Hinterland herrschen vielfach Übergangsformen mit mehr Feuchtigkeit. Auch das Windregime zeigt einen deutlich jahreszeitlichen Wechsel. Die Bora als kalter Fallwind in der Adria im Winterhalbjahr und die Etesien als warmer Wind in der Ägäis im Sommerhalbjahr sind typisch. Die Hauptregenzeit wechselt von Herbst im Norden zu Winter im Süden. Hohe Niederschlagswerte (> 2 000 mm) werden vor allem in den Bergregionen (Luvlage) gemessen. Diese naturräumlichen Determinanten nützt auch die traditionelle Fernweidewirtschaft aus (Exkurs S. 238 f.), während die alten Siedlungsstandorte an der Küste liegen, dort, wo es Häfen gegeben hat bzw. immer noch gibt.

In historischer Zeit waren es vor allem die griechischen Stadtstaaten, dann die römischen Nachfolgesiedlungen, gefolgt von byzantinischen und schließlich den osmanisch besetzten Zentren, von denen eine kulturlandschaftliche Entwicklung ausgegangen ist. Diese trat jedoch punktuell auf, was eine weitgehende Schonung der Umwelt bis weit herauf in die Gegenwart bedingte. Erst mit Einsetzen einer heute gescheiterten ideologisch-politischen Entwicklung nach dem Zweiten Weltkrieg wurde auch die wirtschaftliche Nutzung umgestellt und intensiviert. Stärkere Eingriffe in den Naturhaushalt waren die Folge. Heute wird die Balkanhalbinsel in mehrere kleine Staaten zergliedert, wobei deren schwache wirtschaftliche Struktur kaum eine Berücksichtigung ökologischer Aspekte erlaubt. Es scheint auch, dass der Umweltschutz in der Mentalität der Bewohner noch nicht sehr stark verankert ist. So beginnt jetzt die Verwaltung der Stadt Athen, mit Informationskampagnen diesen Gedanken der Öffentlichkeit bewusst zu machen. Es gibt nur verhältnismäßig wenige direkt an der Küste liegende Industriezentren: Rijeka: 170 000 Einwohner, Split: 200 000 Einwohner, Saloniki: 400 000 Einwohner; die regional verursachte Meeresverschmutzung hält sich davon abgesehen in Grenzen. Massiv ist sie hingegen im griechischen Zentralraum um Athen (3,2 Millionen Einwohner) und im Raum um Istanbul (über 8 Millionen Einwohner).

Die kleinasiatische Halbinsel begrenzt das Mittelmeer im Nordosten und trennt es vom Schwarzen Meer. Ihre orographische Differenzierung zwischen Küstenebenen und den anatolischen Beckenlandschaften lässt vollmediterranen Charakter ebenfalls nur im ersten Bereich finden. Bis sechs aride Monate und ausgiebiger Regen fast ausschließlich im Winter kennzeichnen die kleinasiatische Küste. Schon frühzeitig von Griechen kolonialisiert, finden sich zahlreiche Küstensiedlungen und eine traditionelle Landnutzung. Die größte Hafenstadt ist Izmir (2,1 Millionen Einwohner), gefolgt von Antalya (600 000 Einwohner). Die Industrialisierung erfolgte bis heute nur punktuell, eine starke agrarische Nutzung bildet neben dem Tourismus die wirtschaftliche Basis.

Die Levante, der Küstenabschnitt im Osten, ist durch küstenparallele Gebirgszüge charakterisiert, entsprechend schmal ist auch der mediterran beeinflusste Raum. Außerdem zeigt er deutlichen Übergangscharakter zu den trockenen Gebieten der Arabischen Halbinsel und Nordostafrikas. Seit dem 6. Jahrhundert unter islamischem Einfluss und durch die Protektoratszeit politisch irritiert, stellt die Levante noch heute eine Zone gesellschaftlich-politischer Unsicherheit dar.

Die Küste Nordostafrikas unterliegt voll dem Einfluss der trockenen Landmassen im Süden. Sie hat kaum einen humiden Monat im Jahresdurchschnitt, die Niederschlagsmengen liegen oftmals weit unter 250 mm. So können auch mediterrane Verhältnisse (z. B. in der Vegetation) kaum Platz greifen. Einen Sonderfall bildet der Deltabereich des Nils, ein Gebiet intensivster Nutzung auf Basis künstlicher Bewässerung. Der Nil hat seine Rolle als größter Wasser- und Sedimentspender des Mittelmeeres verloren (Exkurs S. 124), dafür wurde er zu einem großen Schadstoffeinbringer. Letzteres vor allem dadurch, dass alle Wirtschafts- und Industriezentren Ägyptens am Nil liegen und deren Technologie nicht Stand der Technik ist.

Die nordwestlichen Teile der afrikanischen Küstenregion mit Tunesien, Algerien und Marokko zählen zum Maghreb (Exkurs S. 128). Infolge der andersartigen Reliefgestaltung durch den Atlas, ein von Westen nach Osten verlaufendes Gebirgssystem, kann der Einfluss des ariden Südens hintangehalten werden und sich daher wieder eine wenn auch nur schmale mediterrane Küstenzone herausbilden – ein ausgesprochenes Winterregengebiet mit bis zu sechs ariden Monaten. Diese Räume wurden hinsichtlich Stadtentwicklung und Landnutzung durch die vorwiegend französische Protektoratszeit geprägt und sie befinden sich immer noch in unterschiedlichem Maß auf der Suche nach ihrer Identität und selbstständigen Lebens- und Wirtschaftsform. Eine traditionelle landwirtschaftliche, eine noch geringe industrielle und touristische Nutzung, jedoch eine starke Konzentration der Bevölkerung in den urbanisierten Räumen steigern die Umweltgefährdung. Der Raum Tunis (1,7 Millionen Einwohner) und jener um Algier (3,7 Millionen) sind die größten Ballungsräume.

Bevölkerung und Wirtschaft

Die Bevölkerung des Mittelmeerraumes ist hinsichtlich ihrer religiös-kulturräumlichen Zugehörigkeit zweigeteilt: in einen christlichen West- und Nordteil und einen islamischen Ost- und Südteil. Unterschiede zwischen katholischen und orthodoxen Christen oder osmanischen und arabischen Moslems sind kaum landschafts- oder gesellschaftsprägend. Hingegen zeigen sich zwischen den von den beiden monotheistischen Weltreligionen beeinflussten Gebieten wesentliche Unterschiede.

So sind die Siedlungsstrukturen anders. Die europäische Stadt ist geprägt durch die Flucht aus den Innenstädten, die Funktionsverlagerung in die Randbereiche, eine Suburbanisierung und bei entsprechender Größe durch einen modernen Gegentrend der Gentrifikation* von Innenstadtbereichen. Die islamische Stadt, sofern sie noch nicht ganz „verwestlicht" ist, zeigt die Innenstadt noch aktiv als traditionelles Handels- und Dienstleistungszentrum. Wohn- und Arbeitsbereiche sind überwiegend getrennt und die Stadtrandbereiche werden bevorzugt von Zuwanderern bevölkert, häufig mit provisorischen Unterkünften

3.5 Weinberge an der Amalfiküste südlich von Neapel. In Italien tritt der Rebbau als Coltura mista (Mischpflanzung mit Fruchtbäumen) oder zunehmend in spezialisierten Reinkulturen in Erscheinung. Bergregionen und Steilhänge sind mit markanten Terrassierungen meist Standorte des kleinbetrieblichen Rebbaus. Er hat vor allem in Mischkulturen über Jahrhunderte eine wichtige, stabilisierende gesellschaftliche Funktion erfüllt, indem er ganzjährig Arbeit und Existenz für Großfamilien sicherte.

3.6 Die italienische Landwirtschaft ist bei der Wein- und Olivenproduktion weltweit führend. Der Wein ist nach der Olive (1995: 621 000 Tonnen) die flächenmäßig wichtigste Dauerkultur des Mittelmeerraumes. Dauerkulturen reduzieren die klimatisch, pedologisch und durch das Relief bedingten ökologischen Risiken und sind dominante Leitkulturen mediterraner Landschaften. Wein und Oliven symbolisieren Wohlstand – daran hat sich seit der klassischen griechischen Zeit nicht viel geändert.

verbaut und ohne entsprechende Infrastruktur. Die Zunahme des Urbanisierungsgrades der islamischen Länder ist höher als jene der europäischen, die Wirtschaftskraft der Städte und auch der Staaten des Orients niedriger. Dies führt zwangsläufig zu einem stärker werdenden Missverhältnis zwischen Siedlungswachstum und effizienter Infrastruktur (insbesondere durchgängige Kanalisation, neutralisierende Müllentsorgung), was in weiterer Folge eine höhere ökologische Belastung mit sich bringt.

Unterschiede finden sich auch im wirtschaftlich-sozialen System. Dominieren in Europa individuelle Besitzungen oder Unternehmungen und solche von Kapitalgesellschaften, so sind im Orient rentenkapitalistische Strukturen noch weit verbreitet. Dieses primär auf Rendite ausgelegte Unternehmenssystem ist in der vertikalen Struktur systemimmanent innovations- und meliorisierungsfeindlich. Gleichzeitig bringen diese Strukturen einen starken Überhang des Dienstleistungsbereiches mit sich. Zieht man ferner in Betracht, dass – teilweise auch bedingt durch den Kolonialismus – der produktive Wirtschaftssektor noch nicht den europäischen Standard erreicht hat oder in absehbarer Zeit erreichen wird und vor allem auch die durchschnittliche Bildung der Bevölkerung eher niedrig ist, so ist die unterschwellige Angst der islamischen Gesellschaft vor der europäisch-westlichen Welt verständlich. Dies führt jedoch zu Friktionen (und in weiterer Folge auch zum fundamentalistischen Islamismus), was wiederum auf europäischer Seite kaum verstanden wird.

Ein wesentliches weiteres soziales Konfliktpotenzial liegt in der Mobilität der Bevölkerung. Viele Europäer verbringen ihren Urlaub in den islamischen Mittelmeer-Anrainerstaaten, ohne auf die typischen religiös-sozialen Eigenheiten dieser Länder Rücksicht zu nehmen. Andererseits leben zahlreiche Moslems aus diesen Ländern als Gastarbeiter in europäischen Staaten bzw. in den Erdöl fördernden Ländern der Arabischen Halbinsel. In vielen Fällen wird ein Großteil ihres Einkommens aus den Gastländern in die Heimatländer geschickt, so dass Teile dieser Länder als Remissengesellschaft wieder vom Ausland abhängig werden. Sind die Gastarbeiter in ihre Heimatländer zurückgekehrt, fühlen sie sich entwurzelt, also weder in das eine noch das andere Sozialsystem integriert. Auch das führt zu Spannungen, die sich häufig in politischen Reaktionen manifestieren.

Tabelle 3.1 *(nächste Doppelseite): Soziopolitische und -ökonomische Kennziffern der Mittelmeerländer: Währung, Bruttosozialprodukt pro Einwohner in US-Dollar, Erwerbstätigkeit in der Landwirtschaft in Prozent (primärer Wirtschaftssektor); Erwerbstätige in der Industrie in Prozent (sekundärer Wirtschaftssektor), Erwerbstätige im Dienstleistungsbereich in Prozent (tertiärer Wirtschaftssektor), Unabhängigkeit, Anwachsen der städtischen Bevölkerung in Prozent:1950, 1997, Prognose für 2030 und jährliches Wachstum zwischen 1995 und 2000, Arbeitslosigkeit in Prozent, Tourismus und Auslandsgäste in Millionen. Angaben ergänzt nach Fischer Weltalmanach, 2001 und Wagner, 2001.*

Land	Währung	BSP/Kopf (US-$)	Erwerbstätigkeit (Stand 1990) (%)		
			Landwirtschaft	Industrie	Dienstleistung
Spanien	Peseta 1€ = 166,386 Ptas	14 100	w 9,10 / m 12,40	w 15,40 / m 39,80	w 62,20 / m 43,80
Frankreich	Franz. Franc 1€ = 6,5596 FF	24 210	w 4,50 / m 6,30	w 17,00 / m 37,80	w 78,50 / m 55,90
Monaco	Franz.Franc 1€ = 6,5596 FF		k. A.	k. A.	k. A.
Italien	Ital. Lira (LIT) 1€ = 1 936,27 LIT	20 090	w 7,60 / m 8,00	w 18,40 / m 34,10	w 55,80 / m 50,0
Slowenien	1 Tolar (SIT) 1€ = 205,3542 SIT	9 780	w 6,40 / m 5,10	w 39,20 / m 52,10	w 54,40 / m 42,80
Kroatien	1 Kuna (K) 1€ = 7,7127 K	4 620	w 15,20 / m 16,70	w 28,30 / m 37,90	w 56,50 / m 45,40
Bosnien-Herzegowina	1 Konvertible Mark (KM) 1€ = 1,9558 KM	< 760	w 15,60 / m 8,80	w 36,80 / m 54,00	w 47,60 / m 37,30
Jugoslawien (mit Montenegro)	1 Jug. Neuer Dinar (N.Din) 1 € = 11,7819 N.Din	3 030	k. A.	k. A.	k. A.
Albanien	1 Lek 1 € = 133,70 Lek	810	w 60,20 / m 50,80	w 19,40 / m 25,70	w 20,50 / m 23,50
Griechenland	1 Drachme (Dr.) 1€ = 336,80 Dr.	11 740	w 26,80 / m 19,70	w 16,70 / m 32,70	w 47,60 / m 45,00
Türkei	1 Türk. Pfund bzw. Lira (TL.) 1 € = 592 551 TL.	3 160	w 69,80 / m 28,50	w 12,10 / m 27,40	w 19,40 / m 38,00
Syrien	1 Syrisches Pfund (syr £) 1€ = 10,5910 syr £	1 020	w 68,80 / m 21,60	w 6,60 / m 29,70	w 24,90 / m 48,70
Libanon	1 Libanesisches Pfund (L£) 1€ = 1 445,84 L£	3 560	w 10,00 / m 6,30	w 22,00 / m 34,20	w 68,00 / m 59,50
Israel	1 Neuer Schekel (NIS) 1€ = 3,9151 NIS	16 180	w 2,20 / m 5,10	w 13,80 / m 35,60	w 76,30 / m 55,00
Ägypten	1 Ägypt. Pfund (ägypt.L) 1€=3,3828 äg. L	1 290	w 32,10 / m 28,70	w 7,00 / m 22,30	w 36,50 / m 38,70
Libyen	1 Lib. Dinar (LD.) 1€ = 0,4702 LD.	10 460	w 27,50 / m 7,20	w 4,50 / m 27,10	w 68,00 / m 65,80
Tunesien	1 Tunes. Dinar (tD) 1€ = 1,2784 tD	2 060	w 42,00 / m 22,50	w 31,60 / m 33,30	w 26,50 / m 44,20
Algerien	1 Alger. Dinar (DA) 1€ = 70,6537 DA	1 550	w 57,20 / m 17,80	w 7,20 / m 37,70	w 35,60 / m 44,50
Marokko	1 Dirham (DH) 1€ = 9,9811 DH	1 240	w 63,10 / m 35,00	w 18,80 / m 28,00	w 18,20 / m 37,10
Inselstaaten					
Malta	1 Maltesische Lira (Lm) 1€ = 0,4116 Lm	10 100	w 1,30 / m 3,00	w 34,40 / m 34,70	w 64,40 / m 62,30
Zypern	1 Zypern-Pfund (Z£) 1€ = 0,576 Z£	11 920	w 15,40 / m 12,50	w 25,90 / m 32,50	w 58,70 / m 55,00

unabhängig seit	städtische Bevölk. (%) 1950	1997	2030	Wachstum 1995–2000	Arbeitslosigkeit (in Mio.) 1998	einreisende Touristen (in Mio.) 1999
1479	52	80	84	0,4	22,10	47,75
843	56	75	80	0,5	12,60	70
1454	k. A.	k. A.	k. A.	0,28	k. A.	k. A.
1861	54	67	76	0,2	12,10	34,83
1991	20	63	79	1,2	1996: 13,90	0,98
1991	22	64	81	0,9	1996: 15,90	4,11
1992	13	49	70	6,1	k. A.	0,10
	k. A.	k. A.	k. A.	k. A.	25,70	0,28
1912	20	37	56	2,2	k. A.	0,03
1830	38	65	79	1	10,40	10,92
1923	21	80	87	3,5	6,60	8,96
1946	30	53	70	4,3	6,80	1,27
1943	22	92	93	2,3	k. A.	0,63
1948	64	90	93	1,6	7,70	1,94
1922	32	45	62	6,2	11,30	3,21
1951	18	90	92	3,9	k. A.	0,03
1956	31	63	78	2,6	k. A.	4,72
1962	22	56	74	3,5	26,40	0,68
1956	26	53	66	2,9	17,80	3,24
1964	k. A.	k. A.	k. A.	k. A.	k. A.	1,18
1964	30	54	71	1,9	k. A.	2,22

Der mediterrane Raum ist traditionellerweise einer mit häufigen Migrationen. Ein Pullfaktor sind z. B. die besseren Arbeits- und Verdienstmöglichkeiten in anderen Ländern – dies ist wohl die häufigste Ursache für zumindest temporäre Migrationen. Das allgemeine wirtschaftliche Nord-Süd-Gefälle initiierte die Gastarbeiterbewegungen. Heute werden diese Möglichkeiten zunehmend verringert oder gar auf Familienzusammenführung eingeschränkt. Dabei wird aus einer ursprünglich vorübergehenden Arbeitsmigration oftmals eine permanente Auswanderung.

Politisch und religiös motivierte Migration ist leider noch in vielen Mittelmeerländern zu finden. Flüchtlinge vor kriegerischen Repressionen oder religiösen Verfolgungen tendieren zur temporären Migration. Solche Zwangswanderungen gab es schon in der Geschichte (Berber, Kopten) und sie finden leider noch immer statt (z. B. Palästinenser, Kurden, Menschen aus dem ehemaligen Jugoslawien).

Besonders aus islamischen Ländern findet auch eine Wohlstands- und Bildungsmigration statt. Der Wunsch nach höherer Bildung, nach sozialem Aufstieg, nach besseren Lebensbedingungen jener, die schon zu Wohlstand gekommen sind, führt oft zur Migration. Dabei werden aber meist Bindungen zu den Heimatländern aufrecht erhalten. Zur Verdeutlichung der Dimensionen seien einige Zahlen angeführt. In den europäischen Industriestaaten Deutschland, Frankreich, Niederlande, Schweiz, Belgien lebten 1995 (Wagner, 2001) folgende Ausländer: ca. 400 000 Griechen, 1,5 Millionen Italiener, 2,6 Millionen Türken, 900 000 Marokkaner und etwa 250 000 Tunesier.

Eine fast gegenläufige Erscheinung zur Migration ist der Tourismus. Richtet sich die Migration modellartig gesehen von den Mittelmeerländern nach West- und Mitteleuropa, so geht die Stoßrichtung der Urlauber aus West- und Mitteleuropa zu 80 Prozent in die nördlichen und zu 20 Prozent in die südlichen Mittelmeerländer.

Der Tourismus bringt nicht nur weitreichende soziale Konfliktpotenziale mit sich, sondern auch ganz massive finanzielle Gewinne. Südeuropa verzeichnete Ende der neunziger Jahre jährliche Deviseneinnahmen von über 51 Milliarden US-$, Nordafrika, Levante und Türkei von über 16 Milliarden US-$. Auch der Anteil der Tourismusdevisen am Bruttoinlandsprodukt zeigt deutlich die Stellung des Tourismus: für Spanien sind es fast 4 Prozent, für Griechenland 3,3 Prozent, für Ägypten 5 Prozent und für Tunesien 6,3 Prozent (Wagner, 2001).

Dennoch müssen Bedenken angemeldet werden. Sowohl die Gastarbeiterbewegung als auch der Fremdenverkehr haben massive Nachteile, die hier nur stichwortartig erwähnt werden können. Neben zahlreichen sozialen Problemen (Unzufriedenheit, unangepasste Lebensformen, religiöse Verfremdung, Entwurzelung) sind es auch wirtschaftliche (teurer Infrastrukturbedarf, höherer Wasserbedarf, enormer Flächenbedarf, saisonaler Work-Force-Bedarf, Kapitalkonzentration) und vor allem umweltbelastende Probleme (Entsorgung, ökologische Stressfaktoren, Übernutzung, Verschmutzung).

Die zunehmende Verstädterung der Bevölkerung ist auch im mediterranen Raum zu finden. Der Anteil der in Städten wohnenden Bevölkerung übersteigt durchweg die 50-Prozent-Marke, die Städte verdichten sich auch, breiten sich aber vornehmlich flächenhaft aus. Das Wachstum geschieht ohne vorherige Industrialisierung (Arbeitsplätze) und holt jede Planung ein. Agglomerationen wie Barcelona (10 Prozent der Gesamtbevölkerung des Landes), Neapel (10 Prozent), Athen (40 Prozent), Istanbul (15 Prozent), Kairo (30 Prozent) und Tunis (32 Prozent) zeigten ein exponentielles Wachstum nach dem Zweiten Weltkrieg. Ursachen dafür sind eine allgemeine Landflucht, die Hoffnung auf bessere Verdienstmöglichkeiten, der graue Markt in den Städten, bessere Bildungsmöglichkeiten und Infrastruktur und der besonders in den islamischen Ländern überdimensional große Dienstleistungsbereich (Tab. 3.3 verdeutlicht den Anteil der Stadtbevölkerung einzelner Mittelmeerländer sowie deren bis zum Jahr 2030 prognostizierte Zunahme).

Im Gegenzug zur Verstädterung der Bevölkerung nahm der Anteil der Agrarbevölkerung in den letzten 50 Jahren deutlich ab. In den nördlichen Mittelmeerländern sank er von 30 Prozent auf 10 Prozent, in den südlichen von 60 Prozent auf 35 Prozent. Allerdings ist die Landwirtschaft für diese Länder noch von großer Bedeutung, obwohl ein starker sozio-ökonomischer Wandel zu beobachten ist. So finden sich Intensivierungen (Glashauskulturen, Folienbeete) im Nahbereich großer städtischer Zentren neben flächenhaft auftretenden Extensivierungen. Teilweise verfallen arbeitsintensive Terrassenkulturen oder erodierte Brachflächen zu Ödland.

Diese gegensätzlichen Entwicklungen zeugen von den enormen Strukturänderungen in der Landwirtschaft. So nehmen die Großgrundbesitzungen fast überall ab, kleinbäuerliche Strukturen sind entweder traditionell vorhanden oder entstehen durch Agrarreformen. Subsistenzwirtschaft wurde von marktorientierter Wirtschaft abgelöst. In vielen Fällen reicht die Produktion von Grundnahrungsmitteln jedoch nicht zur Versorgung des heimischen Marktes aus. Weitere Probleme sind sich ändernde Konsumgewohnheiten und verstärkte Konkurrenz von anderen Regionen.

Die Antwort seitens der Agrarwirtschaft liegt in zunehmender Spezialisierung (Frühgemüse), Intensivierung (Kunstdüngergaben), im Ausdehnen der Bewässerungsflächen und Aufstocken in der Tierhaltung. Die Intensivierung der Bewässe-

3.7 Politische Karte der Mittelmeerregion. Die Fahnen sind wie die Länder in den Tabellen dieses Kapitels von Spanien beginnend im Uhrzeigersinn angeordnet (einschließlich Montenegro), mit den beiden Inselstaaten Malta und Zypern zum Schluss. Nach Kriterien der WTO (World Trade Organisation) zählt auch Portugal zu den „Mittelmeerländern". In geopolitischer, geschichtlicher, klimatischer und biogeographischer Hinsicht trifft dies zu, obwohl Portugal kein unmittelbarer Anrainerstaat des Mittelmeeres ist.

rungsflächen und Tierhaltung bringt auch eine Übernutzung mit sich. So kann das Sinken des Grundwasserspiegels, das Heraufpumpen mineralstoffreichen Tiefenwassers und mangelnde Entwässerung zu Versalzungen und eine Überstockung der Weideflächen zu Degradationserscheinungen der Vegetation und in weiterer Folge zu Flächenerosionen führen.

Ein wesentlicher Faktor für die skizzierten Erscheinungen der Migration, der Verstädterung und auch der agrarischen Umstrukturierung ist der Bevölkerungsdruck, der in vielen Mittelmeerländern noch zu finden ist. Die Bevölkerungszunahme ist unter anderem auf das durchschnittliche Bildungsniveau, soziale Verhältnisse und religiöse Motive zurückzuführen. Mit steigendem Lebensstandard der einzelnen Länder wird auch die Geburtenrate sinken. Zur Zeit zeigen aber die Alterspyramiden immer noch eine breite Basis (die Tabellen 3.1, 3.3 und 3.4 geben einige wichtige Kennziffern zur sozioökonomischen Charakterisierung der Mittelmeerländer wieder).

Länder des Mittelmeerraumes

Das Europäische Mittelmeer ist geographisch-topographisch gesehen ein Fast-Binnenmeer – praktisch vollständig von Land umschlossen. An seiner Westseite steht es über die Straße von Gibraltar mit dem Atlantischen Ozean in Verbindung – eine zwar relativ enge, dafür aber umso entscheidendere Meerenge. Im Nordosten leiten Dardanellen, Marmarameer und Bosporus in das Schwarze Meer über. Die britische Kolonie Gibraltar außer Acht gelassen, sind es nach dem Zerfall Jugoslawiens 21 Staaten, die zumindest mit einem Teil ihrer Landesgrenze an das Mittelmeer stoßen. Abbildung 3.7 zeigt die politische Übersicht dieser Länder. Sie sind nachfolgend, bei der Straße von Gibraltar mit Spanien beginnend, im Uhrzeigersinn beschrieben. Genauere Details mit einer politischen Informationsübersicht, demographischen, wirtschaftspolitischen, topographischen und umweltrelevanten Informationen sind in den Tabellen 3.1 bis 3.6 zu finden.

Die britische Enklave Gibraltar auf einer 6,5 Quadratkilometer großen Halbinsel an der Südspitze Spaniens gehört zum Commonwealth. Seit dem Anfang des 18. Jahrhunderts ist der strategisch wichtige Punkt britisches Gebiet. Es wird von Spanien beansprucht, die Mehrheit der knapp 30 000 Einwohner lehnt jedoch einen Anschluss an Spanien ab.

Zu Spanien gehören hingegen zwei an der Küste liegende Städte in Marokko: Ceuta direkt an der Meerenge und etwa 230 km östlich davon Melilla.

Spanien

88 Prozent der Landesgrenzen Spaniens, das mit Ausnahme von Portugal, Andorra und Gibraltar die gesamte Iberische Halbinsel einnimmt, verlaufen am Meer. Die Gesamtküstenlänge beträgt

3.8 Die Auffaltungen der Pyrenäen reichen im spanisch-französischen Grenzgebiet mit den Pyrenées Orientales bis an die Mittelmeerküste. Die Pyrenäen gehören – wie alle Umrandungsgebirge des Beckens – zu den jungen Gebirgsketten, die in der alpidischen Gebirgsbildung entstanden sind (Abb. 3.41).

3 144 Kilometer, davon entfallen 2 580 Kilometer auf das Mittelmeer, wobei die durch eine Konvention definierte Grenze des Mittelmeeres etwa auf 6° westlicher Länge zwischen Cap Trafalgar und Cap Spartel westlich von Gibraltar im Atlantik liegt. Die verbleibenden 564 Kilometer gehören bereits zum Golfo de Cádiz an der spanischen Atlantikküste.

Dem Kernraum Spaniens, dem nahezu baumlosen zentralen Hochland der Meseta, sind schmale, in der Regel weniger als 32 Kilometer breite Küstenebenen vorgelagert. Unregelmäßige Gebirgszüge – Sierras – teilen die Meseta in eine Nord- und eine Südregion. Manche dieser von steilen Tälern durchzogenen und von reißenden Flüssen geprägten Gebirgszüge reichen als felsige Steilküsten bis ans Meer, so das verkarstete Andalusische Gebirge, das mit dem Pico de Mulhacén in der Sierra Nevada eine Höhe von 3 477 m erreicht. Der Ebro, der im Nordosten Spaniens in einem bedeutenden Delta ins Mittelmeer mündet, ist neben dem Guadalquivir der einzige Fluss, der zumindest in Abschnitten schiffbar ist, und der größte spanische Zufluss des Mittelmeeres. Ansonsten ist die gesamte Ostküste Spaniens hafenfeindlich. Durch Ablagerungen aufgefüllte ehemalige Strandseen (Albuferas) werden heute landwirtschaftlich genutzt.

Die Costa del Sol westlich der Sierra Nevada, die Costa Bianca östlich davon sowie die zu Spanien gehörende Inselgruppe der Balearen mit Mallorca, Menorca, Ibiza und weiteren über 20 kleineren Inseln mit insgesamt 910 km Küstenlänge verdanken es ihrer landschaftlichen Schönheit und den klimatischen Vorzügen, dass sie zu einem Touristengebiet ersten Ranges geworden sind. Die intensive Verbauung, schlechte Kanalisation und mangelnde Kläranlagen schaffen allerdings große ökologische Probleme.

Regenfälle sind auf der Iberischen Halbinsel selten. An der spanischen Südostküste, im Raum Alicante, liegt das trockenste Gebiet Westeuropas mit nur 300 mm Niederschlag pro Jahr. Die durchschnittliche jährliche Regenmenge Spaniens ist mit 500 mm überhaupt die niedrigste in Westeuropa. Abgesehen vom mediterranen Gebiet an der Mittelmeerküste und in dem am Atlantik gelegenen Golf von Cádiz ist der subtropische Teil Spaniens durch ein wintermildes und sommerheißes kontinentales Klima geprägt. Die Winter an der Mittelmeerküste sind bedeutend milder als im Binnenland (Januar-Mitteltemperatur in Madrid 5 °C, in Valencia 15 °C).

Frankreich

Das größte Land Westeuropas hat eine Nord-Süd-Ausdehnung von nahezu 1 000 Kilometer und eine West-Ost-Ausdehnung von fast 900 Kilometer. Von den 3 427 Kilometer Gesamtküstenlänge entfallen nur 1 337 Kilometer auf die Mittelmeerküste, davon 802 auf Korsika; der größere Teil liegt am Atlantik. Wo das französische Zentralmassiv bzw. die Westalpen zum Mittelmeer abgedacht sind, erstreckt sich von den östlichen Pyrenäen (Abb. 3.8) bis zum Rhônedelta über 180 Kilometer Mittelmeerküste die Großlandschaft Languedoc-Roussillon, östlich der Rhône und südlich der Seealpen bis zum Fürstentum Monaco und zur italienischen Grenze der schmale Küstenstreifen der Provence und der Côte d'Azur mit ihren aus eiszeitlichen Sedimenten aufgebauten Küstenebenen. Das Mündungsgebiet der Rhône, das noch im Mittleren und Jüngeren Tertiär ein Meeresgolf war, beginnt oberhalb von Arles. Die Mündung der Rhône, die hinsichtlich der Wassermenge der größte Fluss Frankreichs ist und jährlich 20 Millionen Kubikmeter Sediment mit sich führt, schiebt sich 10 bis 50 Meter pro Jahr ins Meer vor und verlagert sich zugleich nach Westen. Durch jüngere Ablagerungen sind auch die zwischen Grand Rhône und Petit Rhône gelegene Camargue, ein bedeutendes Naturschutzgebiet, und Crau gekennzeichnet.

Die Cévennen, westlich der Rhône, teilen Frankreich in ein größeres atlantisches und ein wesentlich kleineres mediterranes Klimagebiet. Während im Rhônetal häufig ein heftiger kalter Nordwind weht, der Mistral, herrscht südlich der Seealpen, an der Côte d'Azur und an der Riviera di Ponente, fast subtropisches Klima. In Nizza beträgt das Temperaturmittel im Januar 12,5 °C, im Juli/August 27 °C. Im Bereich des Mediterranklimas erreichen die hier vorwiegend im Frühjahr und Herbst fallenden Niederschläge im Jahresmittel 650–850 mm; Starkregen sind während dieser Zeit typisch.

Zu Frankreich gehört die nördlich von Sardinien im Ligurischen Meer liegende Insel Korsika (rund 8 700 Quadratkilometer), die von Norden

3.9 und 3.10 Die Alpen am nördlichen Rand des mediterranen Beckens (oben) und der Golf von Tarent im Süden der Apenninhalbinsel (rechts) auf Satellitenaufnahmen.

nach Süden von einem geschlossenen Gebirgsmassiv durchzogen ist. Während die Westküste steil ansteigt (höchste Erhebung: Monte Cinto mit 2 707 m), ist der Ostküste eine bis zu 10 Kilometer breite Küstenebene vorgelagert; die Buchten sind zu Strandseen abgeschnürt. Der bis etwa 600 m Höhe reichenden Macchie folgen Kastanienwälder, dann Korkeichen und zuoberst Bergweiden. Das Klima ist an der Küste mediterran, im Inneren jedoch bereits kontinental.

Italien

Die Apennin- (Italienische) Halbinsel mit ihrer sprichwörtlichen Form eines Stiefels hat eine Längenausdehnung von Norden nach Süden von etwa 1 000 Kilometer; die maximale Breite am Bogen der Alpen beträgt 250 Kilometer, die breiteste Stelle der Halbinsel misst rund 240 Kilometer. Von allen Ländern des Mediterrans hat Italien den größten Anteil an umliegenden Meeren bzw. Teilbecken: im Nordwesten das Ligurische, im Westen das Tyrrhenische, im Süden das Ionische Meer, im Osten die Adria. Die italienischen Meeresküsten messen zusammen rund 8 500 Kilometer, mehr als 3 700 km davon entfallen auf Inseln, darunter die zwei größten Mittelmeerinseln (Sizilien: 25 462 km^2, 1 130 km Küstenlinie; Sardinien: 24 090 km^2, 1 390 km Küstenlinie). Der größte Teil Italiens liegt in einem Erdbebengürtel mit aktiven Vulkanen (Vesuv, Ätna, Stromboli, Vulcano; Abb. 2.8 und S. 84 f.). Der Apennin, der am Gran Sasso d'Italia mit 2 914 m seinen höchsten Punkt erreicht, erstreckt sich von südlich des Alpenbogens bis zur Küste am Golf von Tarent, an der Südspitze Kalabriens, und – unterbrochen von der Straße von Messina – weiter nach Sizilien mit dem 3 340 m hohen Ätna. Die größten Flüsse sind der Po, die Etsch/Adige und der Tiber/Tevere.

Die Westküste Italiens ist stark gegliedert und reich an Golfen und Buchten (Abb. 3, 4, 3.11). Beginnend mit dem Golf von Genua im Nordwesten über den Golf von Neapel im Westen und den Golf von Salerno weiter südlich reicht die Kette

3.11 Küstenlandschaft auf Capri. Der Mittelmeerraum ist die wichtigste Urlaubsregion der Welt, in der etwa ein Viertel des weltweiten Geschäfts mit dem Tourismus erzielt wird. Diese Entwicklung setzte schon sehr früh ein, etablierte sich als Modetrend bereits im 19. Jahrhundert in den sozial starken Gruppen der Bevölkerung und wurde nach dem Zweiten Weltkrieg als küstenorientierter Badetourismus zu einer Massenbewegung. Viele Destinationen haben dadurch ihre Ursprünglichkeit längst verloren. Der Anteil am Welttourismus ist seit etwa 1990 wieder rückläufig (1987: 33 Prozent; 1997: 27 Prozent).

3.12 Die Straße von Messina trennt den italienischen Stiefel (Kalabrien) von Sizilien und verbindet das vulkanisch äußerst aktive Tyrrhenische Meer im Norden mit dem Ionischen Meer im Süden. Obwohl die Gezeiten im Mittelmeer allgemein gering ausfallen, reichen sie doch aus, um hier einen täglich zweimal wechselnden, äußerst mächtigen Gezeitenstrom zu erzeugen. Schon in der Antike galt die 3 km breite Meeresstraße als für die Schifffahrt gefährlich (Homers „Scylla und Charybdis"). Das abgebildete, Passerelle genannte Boot mit dem hohen Mast und langen Steg dient dem Schwertfischfang (vgl. Abb. 10.2).

bis zum Golf von Tarent, der den „Stiefelabsatz" von der „Stiefelspitze" Kalabrien trennt. An der Flachküste der Adria erstrecken sich weite Sandstrände; bis auf die Region Venedig ist dieser seichte Meeresabschnitt nur für Wasserfahrzeuge mit wenig Tiefgang schiffbar. Hingegen bildet der in die Adria mündende Po mit seinen Nebenflüssen im Binnenland ein etwa 965 km langes Netz von Wasserwegen.

Klimatisch ist Italien von großen Gegensätzen geprägt: mitteleuropäisches Klima im Alpenraum; Binnenklima mit kalten, nebligen Wintern (bis zu –15 °C) und feuchten, heißen Sommern in der Poebene; gemäßigt mediterranes Klima in Mittelitalien; typisch mediterranes Klima mit feuchten, milden Wintern und trockenen, heißen Sommern in Süditalien und auf den Inseln. Der geringste Niederschlag mit etwa 460 mm im Jahr fällt in der Provinz Foggia/Apulien an der südlichen Adriaküste, der meiste mit 1 530 mm im Jahr in der im Nordosten gelegenen Provinz Udine.

Das am Westrand des Tyrrhenischen Meeres gelegene, mit den Nebeninseln 24 090 km² große Sardinien, 270 km lang und im Mittel 110 km breit, ist durch die Straße von Bonifacio von Korsika getrennt. Geologisch atypisch, besteht Sardinien vor allem aus Granit, daneben Gneis und paläozoischen Sedimenten. Das zentrale Massiv der Monti del Gennargentu steigt bis auf 1 834 m Höhe an. An der stark gegliederten Küste wechseln steile Kliffe mit flachen Ausgleichsküsten ab (Abb. 12), hinter denen häufig versumpfte Ebenen liegen. Das Klima ist sommertrocken und durch den Einfluss des Meeres nicht zu heiß.

Am Südrand des Tyrrhenischen Meeres liegt Sizilien, die mit 25 462 km² größte italienische Insel. 250 Kilometer lang, im westlichen Teil 50 km, im östlichen 180 km breit, ist Sizilien durch die Straße von Messina (Abb. 3.12) vom italienischen Festland getrennt. Zwischen Sizilien und Tunesien verläuft die etwa 100 km breite Meeresstraße von Sizilien; diese Schwelle trennt das westliche vom östlichen Mittelmeerbecken. Südlich des sizilianischen Apennins, der steil zur buchtenreichen Nordküste abfällt, zieht sich ein bis zur Südküste reichendes Hügelland. An der Ostküste der Insel erhebt sich der höchste aktive Vulkan Europas, der 3 340 m hohe Ätna. Das sommertrockene, heiße Klima erlaubt – bei künstlicher Bewässerung – den Anbau von Weizen, Mandeln, Zitrusfrüchten und Wein.

Slowenien

Das im Norden der Balkanhalbinsel liegende Land war bis zum Zusammenbruch des Vielvölkerstaates eine Teilrepublik Jugoslawiens; seit 1991 ist Slowenien unabhängig. Im Norden, an der Grenze zu Österreich, liegen die Karawanken und die Julischen Alpen; höchste Erhebung ist der Triglav mit 2 863 m. Im Triestiner Karst stößt Slowenien mit seiner Westgrenze an Italien und mit einem nur 32–46 km langen Küstenabschnitt südlich von Triest an die Adria. An der Küste herrscht mediterranes Klima, während die Gebirgslandschaft

3.13 und 3.14 *Oben: Mitteldalmatinische Küste und Inselwelt im Frühjahr mit blühendem Pfriemenginster (Spartium junceum). Unten: Die Landschaft bei Zadar auf einer Satellitenaufnahme.*

im Norden durch strenge Winter und regenreiche Sommer geprägt ist (bis zu 3000 mm durchschnittlicher jährlicher Niederschlag in den Julischen Alpen). Die Durchschnittstemperaturen an der Küste betragen 24 °C im Juli und +2 °C im Januar.

Kroatien

Das im Norden an Slowenien und Ungarn, im Osten an die Republik Jugoslawien und im Osten und Süden an Bosnien-Herzegowina grenzende Kroatien hat eine lang gestreckte Westgrenze entlang des Adriatischen Meeres. Der stark gegliederten, 1780 km langen Küste sind mehr als 1000 Inseln vorgelagert (Abb. 3.13 und 3.14), darunter die Inselgruppe des Nationalparks Kornaten (Abb. 3.16). Die Küstenlänge der Inseln liegt bei über 4000 km. Den nordwestlichsten Landesteil Kroatiens bildet die Halbinsel Istrien; außerdem umfasst das Küstenland die Kvarner Bucht und

Tabelle 3.2 *(nächste Seite): Geographisch-politische Informationsübersicht der Anrainerstaaten des Mittelmeeres: Fläche, Einwohner, Bevölkerungsdichte, Staatsform und Hauptstadt.*

Land	Fläche (km²)	Einwohner (in Mio) 1960/1998	Dichte (Einw./km²) 1998	Staatsform	Hauptstadt (Einwohner 1998)
Spanien	499 440	30,455 / 39,371	78,83	Parlamentarische Monarchie	Madrid (2 881 506 Einw.)
Frankreich	550 100	45,684 / 58,847	106,98	Republik seit 1875	Paris (2 115 757 Einw.)
Monaco	2	0,032	16 410	Parlamentarische Monarchie (Fürstentum)	Monaco-Ville (1 234 Einw.)
Italien	294 060	50,200 / 57,589	195,84	Republik seit 1946	Rom (2 643 581 Einw.)
Slowenien	20 120	1,580 / 1,982	98,51	Republik seit 1991	Ljubljana (Laibach mit 276 119 Einw.)
Kroatien	55 920	4,140 / 4,501	80,49	Republik seit 1991	Zagreb (706 770 Einw.)
Bosnien-Herzegowina	51 000; davon Bosnien 42 010, Herzegowina 9 119	3,240 / 3,768	73,88	Republik seit 1992	Sarajewo (383 000 Einw.)
Jugoslawien (mit Montenegro)	102 173; davon 88 361 Serbien einschließlich Vojvodina und 13 812 Montenegro	– / 10,616	104,08	Bundesrepublik seit 1992	Beograd (Belgrad mit 1 168 454 Einw.)
Albanien	27 400	1,607 / 3,339	121,86	Präsidialrepublik seit 1991	Tirane (Tirana mit 427 000 Einw.)
Griechenland	131957; davon 106 788 Festland	8,327 / 10,515	81,57	Parlamentarische Republik seit 1973	Athinai (Athen mit 772 072 Einw.)
Türkei	769 630; davon 23 764 in Europa (Ostthrakien), 745 866 in Vorderasien (Anatolien)	27,509 / 63,451	82,44	Republik seit 1923	Ankara (2 890 025 Einw.)
Syrien	183 780, einschl. der von Israel seit 1967 besetzten Golanhöhen	4,561 / 15,277	83,13	Präsidialrepublik seit 1973	Dimashq (Damaskus mit 1 394 332 Einw.)
Libanon	10 230	1,968 / 4,210	411,57	Republik seit 1926	Bayrut (Beirut mit 1 500 000 Einw.)
Israel	20 620, einschl. Ost-Jerusalem und Golanhöhen	2,114 / 5,963	289,19	Republik seit 1948	Yeruschalayim/ Al-Quds (Jerusalem mit 633 700 Einw.)
Ägypten	995 450	25,922 / 61,401	61,68	Präsidialrepublik seit 1953	Al-Qahira (Kairo mit 6 800 000 Einw.)
Libyen	1 759 540	1,349 / 5,301	3,01	Islamisch-Sozialistische Volksrepublik seit 1976	Tarfbulus (Tripolis mit 591 100 Einw.)
Tunesien	155 360	4,221 / 9,335	60,09	Präsidialrepublik seit 1959	Tunis (674 100 Einw.)
Algerien	2 381 740	10,8 / 29,921	12,56	Präsidialrepublik seit 1962	El Djazair (Algier mit 3 702 000 Einw.)
Marokko	446 300	11,626 / 27,775	62,23	Parl. Monarchie seit 1972	Rabat (1 385 872 Einw.)

Land/ Inselstaaten	Fläche (km²)	Einwohner (in Mio) 1960/1998	Dichte (Einw./km²) 1998	Staatsform	Hauptstadt (Einwohner 1998)
Malta	320 (davon Malta 245,7, Gozo 67,1 und Comino 2,8)	0,329 / 0,377	1 178,13	Republik im Commonwealth seit 1974	Valletta (7 146 Einw.)
Zypern	9 251 (davon griechisch-zypriotisches Gebiet 5 896, türkische Rep. Nordzypern TRNC 3 344)	0,573 / 0,753	81,53	Präsidialrepublik im Commonwealth seit 1960	Levkosia (Lefkosa mit 195 000 Einw.)

Dalmatien, einen unfruchtbaren Landstrich, der vom Dinarischen Gebirge zur Adria hin abfällt. Das Pannonische Becken im Osten wird von den Flüssen Drau und Save entwässert; die Drau ist nur auf einer kurzen Strecke und nur mit kleinen Schiffen befahrbar, während die an der Grenze zwischen Italien und Slowenien entspringende Save über 583 km schiffbar ist.

Im schmalen Küstenstreifen überwiegt mediterranes Klima mit milden, regnerischen Wintern und warmen, trockenen Sommern. Der jährliche Niederschlag an der Küste beträgt etwa 760 mm. Die Nordgebiete haben gemäßigtes Kontinentalklima mit warmen Sommern und schneereichen Wintern. Die frühere jugoslawische Teilrepublik Kroatien war bis zum Bürgerkrieg von 1990 eine der bedeutendsten europäischen Fremdenverkehrsregionen (Dubrovnik, Split, Zadar, Porec, Pula u. a.). Der Tourismusmarkt hat sich teilweise von den Folgen des Bürgerkrieges erholt.

Bosnien-Herzegowina

Der die Hauptstadt Sarajewo durchfließende Fluss Bosna hat dem einen Teil des Landes seinen Namen gegeben: Das im Norden des Staatsgebiets liegende Bosnien (42 010 km²) ist ebenso eine historische Landschaft wie die im Süden gelegene Herzegowina (der Name bedeutet Herzogsland) mit nur 9 119 km² und der Hauptstadt Mostar. Beide Landesteile sind überwiegend gebirgig; höchster Gipfel ist der an der Grenze zu Jugoslawien aufragende Maglic (2 386 m). Die Flüsse des Landes münden fast alle in die Save, die bei Belgrad in die Donau fließt; nur die Neretva mündet in das Adriatische Meer. Bosnien-Herzegowina verfügt über einen 20 km breiten Zugang zur

***3.15** Blick von der Insel Krk auf die südliche Nachbarinsel Rab. Eine vegetationsarme, kahle, verkarstete Landschaft ist das „Markenzeichen" vieler Landstriche entlang der dalmatinischen Küste. Verkarstung kann ein auf Lösungsverwitterung basierender natürlicher Vorgang der Bildung eines geomorphologischen Landschaftstyps sein. Oft versteht man darunter – etwas unscharf definiert – anthropogen verursachte Landschaftszerstörung durch Abholzen, das zur Bodenerosion führt und letztlich kahle Kalkfelsen, seltener andere Gesteine freilegt.*

***3.16** Blick von Levrnaka in westlicher Richtung auf einige Inseln des Nationalparks Kornaten. Gegenüber ist ein Teil von Dugi Otok zu sehen. Solche Inselformen und die typische Canaliküste sind für die dalmatinische Küstenlandschaft charakteristisch. Der Begriff Canaliküste ist eine regionale Bezeichnung; im Prinzip handelt es sich um Riasküsten, stark gegliederte, von länglichen, küstenparallel verlaufenden Buchten und „Kanälen" durchzogene Küstenlandschaften, die durch Hebung und eustatischen Anstieg des Meeresspiegels entstanden sind.*

Land	Einwohner 1998	städtische Bevölkerung (%) 1950/1998/2030	Lebens-erwartung (1998; in Jahren)	Geburten-ziffer 1998 1998 (%)	Sterbe-ziffer 1998 (%)
Spanien	39 371 000	52 / 77,16 / 84	77,91	0,90	0,90
Frankreich	58 847 000	56 / 75,24 / 80	78,31	1,20	0,90
Monaco	32 000	– / 100 / –	–	1,10	1,20
Italien	57 589 000	54 / 66,84 / 76	78,26	0,90	1,00
Slowenien	1 982 000	20 / 50,28 / 79	74,81	0,90	1,00
Kroatien	4 501 000	22 / 56,94 / 81	72,76	1,10	1,10
Bosnien-Herzegowina	3 768 000	13 / 42,16 / 70	73,26	1,00	0,70
Jugoslawien (mit Montenegro)	10 616 000	– / 51,88 / –	72,21	1,30	1,00
Albanien	3 339 000	20 / 40,44 / 56	71,88	2,00	0,60
Griechenland	10 515 000	38 / 59,74 / 79	77,79	0,90	1,00
Türkei	63 451 000	21 / 72,86 / 87	69,26	2,20	0,60
Syrien	15 277 000	30 / 53,58 / 70	69,17	3,00	0,50
Libanon	4 210 000	22 / 88,82 / 93	70,04	2,30	0,60
Israel	5 963 000	64 / 91 / 93	77,51	2,00	0,60
Ägypten	61 401 000	32 / 44,88 / 62	66,54	2,60	0,70
Libyen	5 301 000	18 / 86,68 / 92	70,48	2,90	0,50
Tunesien	9 335 000	31 / 64,06 / 78	72,00	2,00	0,70
Algerien	29 921 000	22 / 58,82 / 74	70,58	2,90	0,60
Marokko	27 775 000	26 / 54,50 / 66	66,89	2,60	0,70
Inselstaaten					
Malta	377 000	– / 90,02 / –	77,17	1,30	0,80
Zypern	753 000	30 / 55,72 / 71	77,67	1,40	0,70

Tabelle 3.3 *Politisch-demographische Informationsübersicht der Anrainerstaaten des Mittelmeeres.*

Adria bei der Halbinsel Peljesac. Kontinentales Klima mit kalten Wintern und warmen, relativ feuchten Sommern kennzeichnet weite Teile des Landes; nur im südlichen schmalen Küstensaum ist das Klima mediterran.

Montenegro/Jugoslawien

Montenegro (Crna Gora) gehört wie Serbien zu der 1992 proklamierten Bundesrepublik Jugoslawien und bildet deren an der Adria verlaufende Südwestgrenze. Es verdankt seinen Namen dem 1 749 m hohen Lovçen, dem „Schwarzen Berg", einem Massiv aus Basaltgestein. Das gebirgige Land erreicht bis zu 2 522 m über dem Meeresspiegel. Das verkarstete Hochland des Dinarischen Gebirges, das sich am Adriatischen Meer entlangzieht, lässt für den Ackerbau nur wenig Raum. Der Küstenbereich ist durch mediterranes Klima mit heißen, trockenen Sommern und milden Wintern geprägt, während die anderen Landesteile Jugoslawiens mit kalten, schneereichen Wintern im Übergangsbereich zwischen mediterranem und kontinentalem Klima liegen.

Albanien

Das ärmste Land Europas, das im Nordwesten an die jugoslawische Teilrepublik Montenegro und im Süden an Griechenland stößt, grenzt im Westen an das Adriatische und das Ionische Meer. Im Süden, an der „albanischen Riviera", stoßen die Kalkketten der Dinariden bis ans Meer vor. Ein relativ breiter, fruchtbarer Schwemmlandstreifen entlang der 316 km langen Küste, nördlich von Vlorë, und einige Flusstäler im Landesinneren sind Tiefland; das angrenzende Hügelland und das Bergland machen mehr als drei Viertel der Landesfläche aus. Zu den Dinarischen Alpen zäh-

***3.17** Kanal zwischen der ägäischen Insel Karpathos und Sária, im Juli aufgenommen. Im Vordergrund ist eine typische Schotterküste mit Dornpolster-Fluren der südostmediterranen Carlina acanthifolia und Euphorbia acanthothamnos zu sehen. Die kräftig grünen Sträucher in Ufernähe sind Mastixsträucher (Pistacia lentiscus).*

len in Albanien 40 Gipfel zwischen 2 000 und 2 400 m Höhe. Das weithin unwegsame Karstgebirge wird von meist nicht schiffbaren, in Schluchten verlaufenden Flüssen durchzogen, die im gebirgigen Osten des Landes entspringen und in Richtung Westen zur Adria fließen. In den zentralen und südlichen Landesteilen ist das Gebirge durch Plateaus und Becken stark zergliedert; großflächige Sümpfe sind weitgehend trockengelegt und in Ackerland umgewandelt worden.

In der adriatischen Küstenregion ist das Klima mediterran, mit milden, feuchten Wintern und heißen, trockenen Sommern. Der jährliche Niederschlag beträgt an der Küste 1 000 mm, während er in den nördlichen Gebirgsregionen mit ihrem kontinentalen Klima bis zu 2 500 mm erreicht. Aufgrund der steil ansteigenden Gebirge vollzieht sich der Übergang von mediterranem zu kontinentalem Klima zum Teil recht abrupt, auch haben die Luvseiten der Gebirge wesentlich mehr Niederschlag zu verzeichnen als die Leeseiten. Die Temperatur erreicht an der Adriaküste im Jahresmittel 16,7 °C, in der Hauptstadt Tirana 15,9 °C, an der östlichen Landesgrenze in 600 m Höhe 11,3 °C.

Griechenland

Griechenland ist mit Ausnahme des Nordens von allen Seiten vom Meer umgeben und hat eine Küstenlänge von über 15 000 km. Davon entfallen knapp 5 000 km auf das Festland, mehr als 10 000 km sind Inselküsten. Zwischen dem Ionischen Meer im Westen und dem Ägäischen Meer im Osten ragt das überwiegend gebirgige Land, das den südlichsten Teil der Balkanhalbinsel umfasst, weit ins Mittelmeer hinein; im Norden und Nordosten verlaufen die Grenzen Griechenlands auf dem Festland: Albanien, Mazedonien, Bulgarien, Türkei. Wenig bewaldete Gebirgsketten durchziehen das Binnenland, so die Helleniden als südliche Fortsetzung der Dinariden; die Gebirgszüge setzen sich über den Peloponnes, Kreta und Rhodos bis zum südlichen Kleinasien fort.

Im Osten Thessaliens, einem der fruchtbarsten Gebiete des Landes, erhebt sich der höchste Berg Griechenlands, zugleich einer der namhaftesten der Alten Welt, der 2 917 m hohe Olymp. Die Westseite des Festlandes, die vorwiegend Flachküsten aufweist, ist hafenfeindlich. Im südlichen Griechenland ist der Peloponnes durch den Golf von Patras, den Golf von Korinth und den Saronischen Golf vom Festland getrennt; die einzelnen Gebirgsketten reichen wie lange Finger ins Meer hinaus. Im Osten ist das Festland durch anhaltende tektonische Bewegungen und vulkanische Tätigkeit (z. B. auf Santorin; zur Tektonik der Region vgl. Abb. 2.8) abgesunken, wodurch tiefe Meeresbuchten und zahlreiche Inseln entstanden sind. Hier erschließen große Häfen das Binnenland. Die 169 bewohnten Inseln machen 24 909 km² der Gesamtfläche aus, die kleinen unbewohnten Inseln – insgesamt sind es über 3 000 – nur 260 km². Die Inseln, deren Küsten durch Buchten, Golfe und Halbinseln reich gegliedert sind, bilden somit nahezu ein Fünftel der Landfläche Griechenlands.

Der im Flachland trockene und heiße Sommer Griechenlands ist durch Nordwinde, die so genannten Etesien geprägt, der Winter durch Regen bringende Westwinde. Teile der Westküste haben jährliche Niederschläge von etwa 1 300 mm aufzuweisen. Hingegen liegt die Ostküste im Niederschlagslee; so hat etwa Thessalien nur 400 bis 600 mm jährlich zu verzeichnen. Darüber hinaus gibt es auch ein Nord-Süd-Gefälle der Niederschläge: Pindus 1 800 mm, Saronischer Golf 400 mm. Gewitterregen bewirken oft ein Abspülen des im Sommer tiefgründig ausgetrockneten Bodens, was besonders im Westen des Landes zur Badlandbildung führt. Die mittlere Jahrestemperatur liegt bei 17 °C in Athen, das durchschnittlich 129 wolkenlose Tage und 2 728 Stunden Sonnenschein jährlich zu verzeichnen hat. Die Extremwerte in Athen bewegen sich zwischen –1 °C im Januar und 37 °C im Juli (bei niederer relativer

3.18 Kas im Süden der Türkei. Das islamisch geprägte Land hat auf dem Weg nach Europa schwerwiegende Probleme zu lösen: Der Lebensstandard ist im Vergleich zu den meisten europäischen Staaten niedrig (durchschnittliche Lebenserwartung 68 Jahre), die Analphabetenrate mit fast 20 Prozent hoch, die politischen Konflikte mit den Nachbarn von überregionaler Bedeutung. Die in der Türkei lebenden Kurden – 40 Prozent dieses etwa 25 Millionen Menschen zählenden Volkes ohne Staat leben hier, sie machen 20 Prozent der Gesamtbevölkerung des Landes aus – werden mit Waffengewalt bekämpft.

Luftfeuchte), doch werden auch 45 °C gemessen. In puncto Luftqualität gehört Athen zu den schlechtesten Regionen weltweit.

Türkei

Neben Russland ist die Türkei das einzige Land, das sich über zwei Kontinente erstreckt. Die strategisch bedeutsame Wasserstraße von Bosporus, Marmarameer und Dardanellen trennt den europäischen Teil der Türkei, das nur 3 Prozent des Staatsgebietes umfassende Ostthrakien, vom asiatischen Teil, Anatolien. Die Türkei grenzt mit etwa 5 200 km Küstenlinie, wovon fast 1 000 km auf Inseln entfallen, an drei Meere bzw. Teilbecken – im Norden das Schwarze Meer, im Süden das Levantinische Becken, im Westen das Ägäische Meer –, und sie lässt sich in sieben topographische Regionen einteilen: Im Inneren des Landes erstreckt sich Westanatolien, das inneranatolische Hochland mit seinen Gebirgszügen vulkanischen Ursprungs (höchster Punkt ist der Ercyas Dagi mit 3 916 m), die schroffe Hochgebirgslandschaft des östlichen Hochlands (höchster Berg der Türkei: Agri Dagi bzw. Ararat mit 5 165 m) sowie das geologisch zum Arabischen Tafelland gehörende Hügelland Südostanatoliens mit Höhen zwischen 1 000 und 1 500 m. Thrakien und das Küstengebiet am Marmarameer mit seinem ebenen bis leicht hügeligen Relief werden im Wesentlichen vom Becken des Flusses Ergene Nehri eingenommen. Die im Westen gelegene Küstenregion, das Gebiet an Ägäis und Mittelmeer, ist durch weit ins Land hinein ziehende Buchten gekennzeichnet, die Mittelmeerküste im Süden durch die Ausläufer des Taurus. An der östlichen Mittelmeerküste, zwischen Taurus und dem Golf von Iskenderun, liegt die fruchtbare Tiefebene der Cukurova. Entlang der südlichen Küste des Schwarzen Meeres erhebt sich das Pontische Gebirge. Der längste Fluss der Türkei ist der ins Schwarze Meer mündende Kizilirmak (1 151 km). Die bedeutendsten Flüsse Anatoliens sind Tigris/Dicle und Euphrat/Firat, die im Süden in den Persischen Golf münden. Der in vielen Schleifen und Windungen ins Ägäische Meer fließende Büyük Menderes hat das Wort Mäander zum festen Begriff werden lassen.

So unterschiedlich wie die Topographie der Türkei ist auch das Klima. An Mittelmeer- und Ägäisküste herrscht subtropisches Mittelmeerklima mit trockenen, heißen Sommern und milden, regenreichen Wintern; die Südküste, die durch den Taurus vor kalten Fallwinden und den Etesien geschützt ist, ist im Winter noch milder. Fast die Hälfte der durchschnittlichen jährlichen Niederschlagsmenge von 700 mm fällt an den Mittelmeerküsten im Winter. An der Schwarzmeerküste herrscht besonders im Osten feuchtwarmes Klima mit ganzjährigen Niederschlägen. Die Hochflächen Zentral- und Ostanatoliens haben im Jahresmittel nur etwa halb so viel Niederschläge zu verzeichnen wie die Gebiete an den Küsten, doch sind sie dort gleichmäßiger über das Jahr verteilt. Durch das kontinentale Steppenklima hat Südostanatolien heiße Sommer (Durchschnittstemperatur im Juli und August 30 °C), das ostanatolische Hochland den längsten, schneereichsten und kältesten Winter: Bei Kars können die Temperaturen bis –40 °C absinken, während zur gleichen Zeit an der anatolischen Südküste (Antalya, Alanya) 15–18 °C gemessen werden.

Manche Bereiche der türkischen Mittelmeerküsten sind durch Schadstoffeinträge aus den Flüssen, verunreinigtes Grundwasser sowie den expandierenden Tourismus mehr und mehr belastet.

Syrien

Das im Norden an die Türkei, im Osten an den Irak, im Süden an Jordanien und Israel grenzende Land stößt im Westen an das Mittelmeer und an den Libanon. Die Ebene entlang der 183 km langen Mittelmeerküste reicht etwa 30 km ins Landesinnere hinein. Parallel dazu zieht sich das Alawitengebirge hin, eine schmale Kette von Hügeln und Bergen mit Höhen bis zu 1 550 m. Entlang der Grenze zum Libanon verläuft der Antilibanon mit dem Berg Hermon, dem höchsten Punkt des Landes (2 814 m). Im Südwesten geht der Antilibanon in das 700–1 200 m hohe Basaltplateau der Golanhöhen über; im vulkanischen Süden erhebt sich das bis zu 1 800 m hohe Drusengebirge. Die ergiebigen Karstquellen aller Gebirge sind wichtig für die Wasserversorgung der Siedlungen

3.19 Libanon auf einer Satellitenaufnahme. Der Landesname bedeutet „Weißes Gebirge“; die Gipfel sind ganzjährig mit Schnee bedeckt.

3.20 Gebirgszug in Israel. Ein kahles, weitgehend vegetationsloses Landschaftsbild ist für große Bereiche im Nahen Osten charakteristisch. Weite Teile der mediterranen Region sind naturbedingt sehr sensibel, was von West nach Ost und Süd zunehmend unter anderem mit der verminderten Menge und Regelmäßigkeit der Niederschläge zusammenhängt. Starkregen (torrentielle Niederschläge) tragen zur Bodenerosion bei, die schneller ist als die hier mögliche Bodenneubildung. Hinzu kommt der Jahrtausende währende anthropogene Einfluss mit massiver Überlastung und Überbeanspruchung der Landschaft.

im Vorland. Der größte Teil Syriens wird durch ein Hochland gebildet, das im Nordosten vom Euphrat (Al Furat) geteilt wird und bis zum Lauf des Tigris abfällt. Der mit 675 km längste Fluss Syriens kommt aus der Türkei im Norden und zieht zum Irak im Osten; er ist eine lebensnotwendige Wasserader für das zu 90 Prozent aus Steppe und Wüste bestehende Land.

Klimatisch ist Syrien ein Übergangsland von mediterran-feuchten zu kontinental-trockenen Regionen. Im Bereich der Mittelmeerküste beträgt der jährliche Niederschlag zwischen 500 und 1 000 mm; landeinwärts nimmt die Trockenheit rasch zu: In der Wüste im Südosten fallen nur noch zwischen 25 und 120 mm Regen jährlich. Großen Temperaturschwankungen zwischen Tag und Nacht stehen relativ geringe Temperaturunterschiede zwischen dem mediterranen Klima der Mittelmeerküste und dem kontinentalen Klima des Landesinneren gegenüber. An der Küste herrscht im August eine mittlere Temperatur von rund 30 °C, im Januar von etwa 16 °C, während die vergleichbaren Temperaturen am Rand der Syrischen Wüste 31 bzw. 6 °C betragen.

Libanon

Der im Norden und Osten an Syrien, im Süden an Israel grenzende Libanon wird im Westen vom Mittelmeer begrenzt. An der 225 km langen Küste erstreckt sich eine etwa 220 km lange Ebene, die im Norden mit 10 km ihre größte Breite erreicht. Dieser schmale Küstensaum wird von der durch tiefe Täler gegliederten Gebirgskette des Libanon überragt (Abb. 3.19), die sich im höchsten Berg des Landes, dem Kurnet es-Sauda, bis 3 083 m erhebt und dann schroff zur Bekaa-Ebene abfällt. Außer dem von Syrien kommenden Orontes fließt hier der wichtigste, weil einzig schiffbare Fluss des Libanon, der Litani, der sich nach Westen wendet und ins Mittelmeer mündet. Die übrigen Flüsse führen meist ausschließlich im Winter Wasser, haben also periodische Wasserführung.

In der schmalen Zone an der Küste und in der Bekaa-Ebene herrscht mediterranes Klima mit heißen, trockenen Sommern und milden, niederschlagsreichen Wintern. In Höhen ab 500 m ist auch Schneefall nicht selten. Der reichliche Regen (an der Küste um 890 mm, in der Bekaa 640 mm, im Gebirge bis über 1200 mm jährlicher Niederschlag) und die im Tiefland herrschenden Durchschnittstemperaturen von 27 °C im Sommer und 10 °C im Winter tragen zur außerordentlichen Fruchtbarkeit großer Teile des Landes bei. Die Mittelmeerküste des Libanon ist durch ungeklärte Industrie- und Haushaltsabwässer stark belastet.

Israel

Wie der Libanon, an den das Land im Norden anschließt, grenzt auch Israel im Westen ans Mittelmeer, während der südlichste Zipfel am Golf von Akaba liegt, einem Ausläufer des Roten Meeres. Die Küstenlänge beträgt etwa 200 km, wovon 40 km auf palästinensische Autonomiegebiete entfallen.

Land	Bevölkerungswachstum (%) (1998)	Flüchtlinge (in Tausend)	Sprachen	Religionen	Analph. über 15 J. (%)
Spanien	0,12	k. A.	Spanisch, Katalanisch, Galizisch, Baskisch (alle als Amtssprachen anerkannt); daneben auch noch Caló	96 % Katholiken Rest Protestanten, Muslime und Juden	2,6
Frankreich	0,41	30	Französisch (Amtssprache); Baskisch, Bretonisch, Elsässisch, Flämisch, Katalanisch, Korsisch, Okzitanisch	81 % Katholiken 3 Mio. Muslime 0,95 Mio. Protestanten 0,7 Mio. Juden 0,12 Mio. Russisch- und Griechisch-Orthodoxe	k. A.
Monaco	k. A.	k. A.	Französisch (Amtssprache); Monegassisch z. T. Englisch und Italienisch	90 % Katholiken 6 % Protestanten Rest Orthodoxe und Juden	k. A.
Italien	0,11	24,9 (davon 17,9 aus Jugoslawien)	Italienisch (Amtssprache); regional auch Deutsch (Trentino-Südtirol) und Französisch (Aostatal) als Amtssprache; Ladinisch (Trentino), Slowenisch, Albanisch, Griechisch und Katalanisch	über 90 % Katholiken Rest Protestanten und Juden	1,7
Slowenien	– 0,20	k. A.	Slowenisch (Amtssprache); Kroatisch, Ungarisch, Italienisch und Sprachen der Minderheiten	70,8 % Katholiken 2,4 % Serb.-Orthodoxe 1 % Protestanten 1,5 % Muslime u. a.	0,4
Kroatien	– 0,77	50 Binnenflüchtlinge; 296 in Jugoslawien, 40 in Bosnien-Herzegowina; 24, davon 23 aus Bosnien-Herzegowina	Kroatisch (Amtssprache); Serbisch (kyrillische Schrift), Sprachen der Minderheiten	76,6 % Katholiken 11,1 % Serbisch-Orthodoxe 1,4 % Protestanten 1,2 % Muslime	2
Bosnien-Herzegowina	3,15	830 Binnenflüchtlinge; 180 in Jugoslawien, 53 in Deutschland, 23 in Kroatien; 40 aus Kroatien, 20 aus Jugoslawien	Serbisch, Kroatisch, Bosnisch (als Amtssprachen)	44 % Muslime 31 % Serbisch-Orthodoxe 17 % Katholiken	k. A.
Jugoslawien(mit Montenegro)	0,11	600 Binnenflüchtlinge; 212 in Deutschland, 66 in der Schweiz, 20 in Belgien, 17,9 in Italien, 17 in Mazedonien; 296 aus Kroatien, 180 aus Bosnien-Herz.	Serbisch (Amtssprache); Albanisch, Montenegrinisch, Magyarisch (Ungarisch)	44 % Serbisch-Orthodoxe 31 % Katholiken 12 % Muslime Minderheiten von Protestanten und Juden	k. A.

***Tabelle 3.4** Demographische Informationen über die Anrainerstaaten des Mittelmeeres: jährliches Bevölkerungswachstum, Flüchtlinge, Sprachen, Religionen, Analphabetenrate.*

Land	Bevölke-rungs-wachstum (%) (1998)	Flüchtlinge (in Tausend)	Sprachen	Religionen	Analph. über 15 J. (%)
Albanien	1,05	k. A.	Albanisch (Toskisch und Gegisch) als Amtssprache; Griechisch, Mazedonisch u. a.	70 % Muslime 20 % Albanisch-Orthodoxe 10 % Orthodoxe	16,5
Griechenland	0,17	k. A.	Griechisch (Amtssprache); griechische Dialekte, Englisch und Französisch als Handelssprache	97 % Griechisch-Orthodoxe, 1,2 % Muslime, Minderheiten von Juden, Protestanten und Katholiken	3,1
Türkei	1,49	500–1 000 Binnenflüchtlinge (Kurden); 11,8 im Irak	Türkisch (Amtssprache); kurdische Sprachen, Arabisch, Sprachen der Minderheiten	99 % Muslime, christliche und jüdische Minderheiten	16
Syrien	2,54	450 Binnenflüchtlinge, davon 374,5 Palästinenser	Arabisch (Amtssprache); Kurdisch, Armenisch, Sprache der Minderheiten	90 % Muslime 9 % Christen u. a.	27,3
Libanon	1,55	350–400 Binnenflüchtlinge, davon 370,1 Palästinenser	Arabisch (Amtssprache); Armenisch, Kurdisch, Französisch, Englisch u. a.	60 % Muslime 40 % Christen	14,9
Israel	2,15	200–250 Binnenflüchtlinge	Hebräisch, Arabisch (Amtssprachen); Jiddisch, und zahlreiche andere, v. a. europäische Sprachen; Englisch (Handelssprache)	78,78 % Juden 15,05 % Muslime 2,11 % Christen 1,62 % Drusen u. a.	4,3
Ägypten	1,73	47, davon 40 Palästinenser	Arabisch (Amtssprache); nubische Sprachen, Berbersprachen; Englisch und Französisch als Handelssprachen	90 % Muslime, 6 Mio. Kopten, Minderheiten von Griechisch-Orthodoxen, Katholiken, Protestanten und Juden	46,3
Libyen	2,18	11	Arabisch (Amtssprache); Berber- und nilosaharan. Sprachen, Englisch und Italienisch als Handelsspr.	97 % Muslime 40 000 Katholiken Kopten und andere Minderheiten	21,9
Tunesien	1,30	k. A.	Arabisch (Amtssprache); Berbersprachen; Französisch (Handels- und Bildungssprache)	99 % Muslime, 20 000 Juden, 18 000 Katholiken, kleine protest. Gruppen	31,3
Algerien	2,10	100–200 Binnenflüchtlinge	Arabisch (Amtssprache); Berbersprachen, Französisch	fast 100 % Muslime Minderheiten von Katholiken und Protestanten	34,5
Marokko	1,69	k. A.	Arabisch (Amtssprache); Berbersprachen; Französisch als Handels- und Bildungssprache, zum Teil auch Spanisch	89 % Muslime 69 000 Christen 7 000 Juden	52,9
Inselstaaten					
Malta	0,53	k. A.	Englisch, Maltesisch (als Amtssprachen); Italienisch	93 % Katholiken protestant. Minderheit	8,5
Zypern	0,88	265 Binnenflüchtlinge	Türkisch, Griechisch (als Amtssprachen); Englisch als Bildungs- und Verkehrssprache	80 % orthodoxe Christen, 19 % Muslime, Minderheiten: armenische Christen, Maroniten, Katholiken, Anglikaner	3,4

Vom Mittelmeer bis zum See Gennesaret erstreckt sich im Norden das Hochland von Galiläa. Daran schließt südlich die 55 km lange und ebenso breite Jesreelebene an, die sich von Haifa an der Mittelmeerküste bis zum Jordantal quer durch Israel zieht. Die schmale, fruchtbare Küstenebene erstreckt sich auf etwa 195 km entlang des Mittelmeeres; sie ist zwischen 16 und 32 km breit. Im tiefen Süden geht diese Ebene in die Negev-Wüste über, die vom Mittelmeer bis zum Toten Meer reicht und rund 60 Prozent des Staatsgebietes von Israel ausmacht. Am 2 814 m hohen Hermon, einem Berg an der libanesisch-syrischen Grenze in den Golanhöhen, entspringt der größte und wichtigste Fluss Israels, der Jordan. Er mündet zunächst in den 209 m unter dem Meeresspiegel liegenden See Gennesaret, führt dann kontinuierlich weiter nach Süden und endet nach insgesamt 330 km im Toten Meer (Abb. 2.25); dieses bildet mit 397 m unter dem Meeresspiegel den tiefsten Punkt der Erdoberfläche.

In Israel gibt es drei Klimazonen: die Küste am Mittelmeer mit mediterranem Klima und Niederschlägen von jährlich ca. 530 mm im Gebiet zwischen Tel Aviv und Jaffa; weiter das Gebirge im Norden und die Wüste im Süden (Abb. 3.22). Wasser ist knapp in Israel: Während die jährlichen Niederschläge im Hochland von Galiläa rund 1 020 mm betragen, machen sie bei Eilat am Roten Meer nur 25 mm jährlich aus. Das Sommerhalbjahr ist überall warm und trocken: 24 bis 26 °C Durchschnittstemperatur in der Küstenebene; die Winter sind kühl: 12–13 °C in der Küstenebene, 9 °C im Bergland; im Gebirge und in der Wüste kann es aber auch zu größerer Kälte kommen.

Ägypten

Als einer der bevölkerungsreichsten und größten Staaten Afrikas (fast dreimal so groß wie Deutschland) besteht Ägypten zu über 90 Prozent aus Wüste. Weniger als 10 Prozent des Landes sind besiedelt. Im Osten grenzt es an Israel und die Sinai-Halbinsel, im Südosten ans Rote Meer mit dem Golf von Akaba; die Nordküste Ägyptens liegt am Mittelmeer. Östlich des Nils steigt die Arabische Wüste bis auf 1 000 m im Norden und 2 000 m im Süden an; mit 2 184 m ist der Djebel Shaib die höchste Erhebung. Die Sinai-Halbinsel östlich des Suezkanals, Verbindung zwischen Afrika und Asien, ist im Norden durch eine Sandwüste, im Süden durch ein Gebirge geprägt, das durch zahlreiche Trockentäler (Wadis) kräftig zerschnitten ist und im Djebel Katrina eine Höhe

Der Nil: ein Fluss, von dem alles abhängt

Die Entstehung und Entwicklung der altägyptischen Hochkultur (ab dem 3. Jahrtausend v. Chr.) wurde nicht zuletzt durch die jährlichen Überschwemmungen des Nils ermöglicht, und auch das moderne Ägypten wäre ohne Nilwasser stark beeinträchtigt. Der insgesamt 6 670 km lange und einst mit etwa 95 km^3 jährlicher Wasserspende bedeutendste Zufluss des Mittelmeeres hat im 20. Jahrhundert dramatische Einbußen erlitten – mit weitreichenden ökologischen Folgen für die südöstlichen Teile des Levantinischen Beckens. Der stark verminderte Zustrom bringt kaum noch Sedimente mit, sondern ist mit schädlichen Einträgen aus der Landwirtschaft belastet; die ursprünglich 120 Millionen Tonnen Sedimenteintrag jährlich sind auf einen Bruchteil zurückgegangen. Die Erosion der Küstenlinie im Bereich des Nildeltas, ja bis nach Israel und dem Libanon hat stark zugenommen (Abb. 3.47), die Produktivität der ganzen Meeresregion hingegen abgenommen – mit teils dramatischen Auswirkungen auf die Fischerei. Die Ursache der bedenklichen Entwicklung ist der 1970 fertiggestellte Assuan-Hochdamm und der dahinter aufgestaute, 490 km lange und bis zu 17 km breite Nassersee sowie die enorme Wasserentnahme für die Landwirtschaft durch den Sudan und Ägypten. Vor einigen Jahren erreichten noch 89 km^3 pro Jahr den Assuandamm, doch mit weniger als 5 km^3 jährlich fließt jetzt nur noch ein Bruchteil der früheren Wassermenge ins Mittelmeer. Der Nil wird nach Angaben der EEA (European Environment Agency, 1999) heute zu den zahlreichen „kleinen Zuflüssen" des Mittelmeeres gezählt; er liegt hinsichtlich der Wasserführung an 46. Stelle. Alle kleineren Zuflüsse des Mittelmeeres bringen jährlich insgesamt etwa 50 km^3 Wasser ein; im Vergleich dazu beträgt die Wasserspende der Rhône 48 km^3 und jene des Po 49 km^3 jährlich (vgl. Tab. 3.7).

3.21 *Der von Wüsten umgebene Nil und das Nildelta auf einer Satellitenaufnahme.*

3.22 Landdegradation in Israel. Die fehlende Vegetationsdecke bestimmt den schnellen Oberflächenabfluss des Wassers, die Bodenerosion und den Grundwasserhaushalt (vgl. Abb. 4.38). Das Potenzial der Bodenneubildung ist gering. Das Roden der Wälder, um Agrarflächen und Brennholz zu gewinnen, die intensive Weidewirtschaft und die künstliche Ausbreitung von bestandsbildenden Kulturgehölzen führte in den letzten 10 000 Jahren zum Verlust von etwa 65 Prozent der ursprünglichen Vegetationsdecke. Dort, wo sie zumindest teilweise erhalten blieb, veränderte sich ihre Zusammensetzung.

3.23 Obwohl manche nordafrikanischen Küstenregionen, vor allem die Gebirge, mit bis zu 1 000 mm noch relativ hohe winterliche Regenmengen erhalten, kämpfen diese Länder grundsätzlich mit einem massiven Wassermangel. Immer größere Anbauflächen müssen bewässert werden; ihr Anteil ist in den letzten 30 Jahren um mehr als 6 Mio. ha gestiegen. In Ägypten sind 100 Prozent der Ackerflächen von Bewässerung abhängig. Besonders bedenklich ist die Nutzung fossilen Grundwassers mit hohem Salzgehalt. Durch die Bewässerung gelangen die Salze auf die Felder und führen zur Degradation des Bodens.

von 2 637 m erreicht. Die rund 2 000 km lange Küste zum Roten Meer ist durch steil abfallende Gebirge geprägt. Westlich des Nils erstreckt sich als Teil der Sahara die Libysche Wüste. Die Geröll- und Sandwüste erreicht in der Kattarasenke mit 134 m unter dem Meeresspiegel den tiefsten Punkt Afrikas.

Bevölkerung und Landwirtschaft sind in den wenigen Oasen, vor allem in der Stromoase des Nils konzentriert. Der Fluss überschreitet bei Wadi Haifa im Sudan die Grenze zu Ägypten. Historisch und geographisch werden im Verlauf des Nils zwei Regionen unterschieden, Oberägypten und Unterägypten. Das über 1 000 km lange, südlich von Idfu kaum 3 km und von Idfu bis Kairo 15–20 km breite Niltal (Oberägypten) geht nördlich von Kairo in das rund 22 000 km^2 umfassende Nildelta (Unterägypten) über. Das von Lagunen und Nehrungen geprägte, etwa 250 km breite Delta ist das fruchtbarste Gebiet des Landes. Dank des Nils ist Ägypten einer der wichtigsten landwirtschaftlichen Produzenten Afrikas.

Die rund 950 km lange Mittelmeerküste ist flach und hat im Bereich des Nildeltas den Charakter einer Ausgleichsküste. Das Mittelmeergebiet ist die feuchteste Region Ägyptens; hier beträgt der durchschnittliche Jahresniederschlag noch um 200 mm. Nach Süden hin nehmen die Niederschläge rasch ab: In Kairo sind es nur noch rund 25 mm Regen im Jahr, und in vielen Wüstengebieten kann es auch mehrere Jahre hindurch gar nicht regnen. In der Küstenregion bewegen sich die Temperaturen zwischen einem mittleren Minimum von 14 °C und einem mittleren Maximum von 37 °C. Abgesehen von Mittelmeerküste und Nildelta liegt Ägypten gänzlich im Bereich des subtropischen Halbwüsten- und Wüstenklimas. Bei großen Gegensätzen zwischen Tag und Nacht sind die Sommer sehr heiß (mittleres jährliches Maximum von 46 °C tagsüber, mittleres jährliches Minimum von 6 °C in der Nacht), während im Winter die Temperaturen in der Wüste auf 0 °C fallen.

Libyen

Im Osten grenzt das flächenmäßig viertgrößte Land Afrikas an Ägypten, im Westen an Algerien, im Nordwesten an Tunesien, im Norden an das Mittelmeer. Die etwa 1 800 km lange Küste verläuft von der tunesischen Grenze zunächst ostwärts bis Misurata; dort bildet die Große Syrte einen tiefen Einschnitt bis Bengasi. Libyen gliedert sich in drei Landschaften: Im Westen geht die teilweise kultivierte Küstenebene in den Tripolitanischen Djabal (bis 968 m) über, weiter südlich in Felswüste. Die Zentralzone südlich der Großen Syrte ist bis an die Küste lebensfeindlich (kaum Niederschläge, salziges Grundwasser), doch ist das Gebiet wegen seiner Erdölfelder bedeutsam. Im östlichen Bogen der Großen Syrte reicht die Terrassenlandschaft des Djabal Achdar (bis 878 m) bis zur Küste; in der östlichen Cyrenaika senkt sich das Gelände landeinwärts bis zur Libyschen Senke (15 m unter dem Meeresspiegel) und geht

3.24 Wüste in Libyen. Ein mediterranes Klima und Landschaftsbild sind im Nahen Osten und entlang der afrikanischen Mittelmeerküste vielfach nur in einem schmalen Küstenstreifen ausgeprägt, in manchen Gebieten fehlen sie ganz. Dahinter beginnt die Wüste. Zwischen dem Norden/Westen und Süden/Osten des Mittelmeerraumes besteht in Bezug auf die Wasserressourcen ein gewaltiger Unterschied: Der Norden verfügt über 80 Prozent, der Süden nur über 20 Prozent des gesamten Wasserangebots.

3.25 Libyen hat unter allen Anrainerstaaten der Mittelmeerregion das größte Wasserproblem: Auf eine Million Kubikmeter erneuerbares Wasser kommen etwa 4 400 Einwohner. Schon jetzt steht einem Einwohner Libyens nur etwa 100 Kubikmeter Wasser pro Jahr zur Verfügung (im Gegensatz dazu sind es in Albanien fast 16 000 Kubikmeter). Bis 2025 wird diese Zahl auf 50 Kubikmeter sinken. Libyen lebt heute von nicht erneuerbaren (fossilen) Wasserreserven, eine bedenkliche Entwicklung.

dann in die ausgedehnte Libysche Wüste über. Im Süden des Landes und im südwestlichen Fezzan, wo das Wüstengebiet bis zum Tibestigebirge (bis 3 250 m) ansteigt, leben weniger als 5 Prozent der Bevölkerung; der Großteil von 65 Prozent lebt im westlichen Tripolitanien, weitere 30 Prozent in der östlichen Cyrenaika.

Libyen besteht zu über 90 Prozent aus unfruchtbaren, von Felsen überzogenen Ebenen und Sandwüsten (Abb. 3.23, 3.24, 3.25). Dabei schreitet die Desertifikation in bedrohlichem Maße fort und gefährdet zunehmend das wenige zur Verfügung stehende Ackerland im schmalen Küstengebiet der Großen und Kleinen Syrte und in den Oasen. In höheren Lagen finden sich vereinzelt mediterrane Wälder.

Das Klima im Norden Libyens ist mild und mediterran (11 °C im Januar, 32 °C im Juli), überall sonst durch extreme Hitze und Trockenheit geprägt. Die Sommertemperaturen zählen zu den höchsten der Welt: bis über 55 °C; im Winter werden durchschnittlich 21–28 °C gemessen, doch treten oft scharfe Nachtfröste auf: in den Höhengebieten bis –12 °C. Während im Küstenstreifen noch 130 – 600 mm (durchschnittlich 380 mm) Niederschlag pro Jahr zu verzeichnen sind, fallen 50 km südlich der Küste bereits weniger als 100 mm jährlich. In der Sahara gibt es nicht jedes Jahr nennenswerte Niederschläge, doch wenn, sind sie wegen ihrer Heftigkeit gefürchtet.

Tunesien

Zwischen Libyen im Südosten und Algerien im Südwesten und Westen gelegen, grenzt Tunesien im Norden und Nordosten ans Mittelmeer. Nur etwa 140 km von Sizilien entfernt, liegt es auf dem nördlichsten Vorsprung Afrikas und markiert die Trennlinie zwischen westlichem und östlichem Mittelmeer (vgl. Abb. 3.51). Der Golf von Tunis, der Golf von Hammamet und der Golf von Gabès gliedern die rund 1 300 km lange Küste, der zum Teil einige größere Inseln vorge-

Land	Küstenlänge einschl. Inseln (km)	MPAs Anzahl und Fläche (ha)	geplante MPAs Anzahl	bestehende und geplante Biosphären-reservate	sonstige Schutzgebiete
Spanien	2 580	6 (42 206)	7	33	Menorca
Frankreich	1 703	5 (10 049)	6	13 (gepl. 263 km)	182 km (11 %)
Monaco	4	2 (51)	k. A.	–	k. A.
Italien	8 800	10 (147 675)	5	15	k. A.
Slowenien	46	2 (496)	k. A.	5	k. A.
Kroatie	5 790	5 (35 950)	1	10	Neretva-Delta
Bosnien-Herzegowina	20	0	k. A.	–	k. A.
Jugoslawien (Montenegro)	280	1 (12 000)	k. A.	1	9 400 ha terr.
Albanien	418	0	k. A.	2	30 000 ha (terr.)
Griechenland	16 600	1 (k. A.)	7	9 (29 000 ha, auch terr.)	unzureichend
Türkei	5 200	8 (385 650)	6	12	1 332 km (25 %)
Syrien	183	0	1	0	1 Projekt geplant
Libanon	225	0	k. A.	1	k. A.
Israel	190	3 (82)	k. A.	7 (1 800 ha, 24 km)	k. A.
Ägypten	950	0	5	3 (nicht nur marin)	MPAs geplant
Libyen	1 770	0	6	3 (20 km, nicht marin)	unzureichend
Tunesien	1 300	2 (5150)	7	3	391 ha terr.
Algerien	1 200	2 (83 000)	6	4	59 km (5 %)
Marokko	512	1 (43 400)	2	1	k. A.
Inselstaaten					
Malta	180	0	k. A.	3	k. A.
Zypern	782	1 (650)	2	3	2 Salzseen

Tabelle 3.5 Naturschutz. MPA: Marine Protected Area (Marine Nationalparks). Für manche Länder ist die Länge der geschützten Küste und der %-Anteil an der gesamten Küstenlänge angegeben, z. B. 59 km (5 %).

lagert sind, so in der Kleinen Syrte die Kerkenna-Inseln und Dscherba (Djerba). Im nördlichen Küstenbereich wird das Land von den Ausläufern des Algerischen Tell-Atlas durchzogen, dessen Höhen von 800–1 200 m steil zum Mittelmeer abfallen. Hier finden sich auch fruchtbare Täler und Ebenen, so die landwirtschaftlich wichtige Ebene des Oued Medjerda, des einzigen größeren, das ganze Jahr über Wasser führenden Flusses; er durchquert den Norden des Landes von Westen nach Osten und mündet in den Golf von Tunis. Der südlich anschließende Höhenzug der Dorsale mit dem höchsten Gipfel des Landes, dem 1 544 m hohen Djebel Chambi, trennt den mediterranen Norden vom ariden Süden. Die Sahara nimmt etwa 40 Prozent der Landesfläche Tunesiens ein.

In dem nördlich der Dorsale gelegenen Gebiet, auf 25 Prozent der Gesamtfläche, lebt mehr als die Hälfte der Bevölkerung. Im Norden und Osten Tunesiens ist die Vegetation typisch mediterran; im Tiefland zwischen Hammamet und Gabès herrschen Ölbaumpflanzungen vor. Das Klima ist mild und mediterran mit 26 °C im Juli, 11 °C im Januar und einer Regenzeit von Oktober bis Mai. Die jährliche Niederschlagsmenge liegt hier bei 600 mm, variiert aber stark. In Zentraltunesien gibt es unregelmäßige, im Süden nur noch episodische Niederschläge. In der Sahara, die bis auf wenige Oasen vegetationslos ist, liegen sie häufig unter 100 mm pro Jahr. Die mittlere Julitemperatur beträgt hier um die 33 °C, die mittlere Jahrestemperatur mehr als 20 °C.

Algerien

Die Demokratische Volksrepublik Algerien, der zweitgrößte Staat Afrikas, grenzt im Osten an

Maghreb: ein Erbe muslimisch-arabischer Expansion

Von Westen nach Osten sind Marokko, Algerien und Tunesien die drei Maghrebstaaten. Der Name „Maghreb" bedeutet „Westen" und geht auf muslimische Araber zurück, die schon im 7. Jahrhundert unserer Zeitrechnung bis zum Atlantik nach Westen vorgedrungen sind. Um 705 eroberten sie den westlichsten Teil Nordafrikas (Maghreb el-Agsa). Barka in Tripolitanien war bereits 642 in arabische Hände gefallen, Tripolis 656, und 698 sind die Herrscher des Byzantinischen Reiches endgültig aus Karthago vertrieben worden. Die Eroberer übernahmen die agrarische ebenso wie die reiche städtische Infrastruktur der Region, gründeten aber auch zahlreiche neue Städte, die eine weitere Expansion des Islams ermöglichten. Eine wichtige Phase der Islamisierung und Orientalisierung des Maghreb spielte sich im 9. Jahrhundert durch die Sanhadja-Berber ab, eine weitere, noch massivere ab dem 11. Jahrhundert. Nomadische Völkergruppen aus dem östlichen Mittelmeerraum prägten den gesamten Südsaum des Mediterrans und die Iberische Halbinsel. Die Eroberungen des Islams zogen einen Schlussstrich unter die Jahrhunderte andauernde hellenistisch-römische und später byzantinische Zeit, verdrängten das Christentum und bewirkten eine massive Orientalisierung Nordafrikas. Die osmanische Herrschaft dauerte von 1519 bis 1830. In der türkischen Zeit wurde die nie ganz einheitlich gebrauchte Bezeichnung „Maghreb" für die gesamte Region wieder üblich.

3.26 Länder des Maghreb und der Süden Spaniens auf einer Satellitenaufnahme.

Tunesien und Libyen, im Westen an Marokko, im Norden an das Mittelmeer.

Hinter der etwa 1 200 km langen, buchtenreichen Küste mit ihrer schmalen, immer wieder unterbrochenen Küstenebene liegt der Tell-Atlas; die gesamte Tell-Region, deren zahlreiche Täler als Kornkammer des Landes fungieren, reicht zwischen 80 und 190 km in das Landesinnere hinein. Südlich davon folgt das Hochland der Schotts (800–1 000 m Seehöhe) mit ihren abflusslosen Salzseen und Salzsümpfen, Schuttfeldern und Dünen. Noch weiter südlich liegt der Sahara-Atlas, dessen höchste Erhebung, der Djebel Chélia im Aurès-Massiv, 2 328 m erreicht. Der Sahara-Atlas fällt steil zur Sahara hin ab, die vier Fünftel der Gesamtfläche Tunesiens einnimmt. Den Großteil der Sahara bilden Geröllwüsten, der Östliche Große Erg und der Westliche Große Erg sind Sandwüsten mit ausgedehnten Dünengebieten. Im Südosten der algerischen Sahara erhebt sich ein Hochgebirge vulkanischen Ursprungs, das Hoggar (Ahaggar) mit dem Tahat als höchstem Berg Algeriens (2 908 m). Im Tell-Atlas entspringt der größte, ins Mittelmeer mündende Fluss Algeriens, der 725 km lange Oued Chelif.

Das Klima der Tell-Region und der Küste ist mediterran mit warmen, trockenen Sommern (Algier hat im Juli eine Durchschnittstemperatur von 29 °C) und milden, regenreichen Wintern (Algier im Januar 15 °C); auch die Vegetation ist hier mediterran geprägt. Im Hochland der Schotts und in der Wüste gibt es große tages- und jahreszeitliche Schwankungen: Tagestemperaturen von mehr als 40 °C im Sommer und Nachtfröste im Winter. Die stärksten Niederschläge mit 700–1 000 mm sind im Osten des Landes zu verzeichnen; sie nehmen nach Westen und nach Süden hin ab: Im Hochland der Schotts und im Sahara-Atlas schwankt der jährliche Niederschlag zwischen 200 und 400 mm, in der Sahara mit ihrem extrem ariden Klima liegt er unter 100 mm. Die Vegetation konzentriert sich hier auf die Wadis und die Dünen-Randgebiete. Die Ausweitung der landwirtschaftlich genutzten Flächen führt zu wachsender Bodenerosion. Trinkwasser ist in Algerien knapp, der Pro-Kopf-Verbrauch dementsprechend niedrig.

Marokko

Im Osten und Südosten des Landes verläuft die Grenze zu Algerien, im Westen stößt Marokko an den Atlantischen Ozean, im Norden an die Straße von Gibraltar, gegenüber von Spanien, und an das Mittelmeer. Parallel zur Mittelmeerküste verläuft das Rif-Gebirge mit Höhen bis zu 2 456 m. Von Südwesten nach Nordosten wird Marokko vom Hohen Atlas durchzogen; die höchste Erhebung ist der Toubkal mit 4 165 m. Im Südwesten schließt der Antiatlas (bis 2 000 m) das Gebirge gegen die Sahara hin ab; entlang der südöstlichen Landesgrenze gehen die Ebenen und Täler des südlichen Atlas in die Sahara über. Das zentrale Tafelland der Meseta fällt in mehreren Stufen zur atlantischen Küstenebene hin ab, die sich ungegliedert über 1 550 km erstreckt. Demgegenüber ist die etwa 500 km lange Mittelmeerküste, wo das Rif-Gebirge steil abfällt, stark gegliedert und weist tiefe Buchten auf. Unter den ganzjährig Wasser führenden Flüssen Marokkos sind der

3.27 Staudamm in Marokko. Während der Kolonialzeit wurden viele Staudämme und Bewässerungsgebiete angelegt, seit 1950 wurden etwa 25 weitere Staudämme gebaut („Politik der Staudämme"). Sie dienen der Stromgewinnung und der Intensivierung der Agrarwirtschaft. Staudämme und ein effizientes Verteilungssystem sind für diese Länder überlebenswichtig, da die Niederschlagsmengen nicht jedes Jahr gleich ausfallen. Gebiete mit Wasserüberschuss müssen mit wasserarmen Gebieten verbunden werden.

3.28 Landschaft im Norden Marokkos. Im Hinblick auf Wasserressourcen ist Marokko unter allen nordafrikanischen Anrainerstaaten das am meisten begünstigte Land. Es versucht traditionelle Agrarstruktur mit moderner Bewässerungstechnik zu verknüpfen. Diese Politik ist ökologisch wesentlich sinnvoller als die zweifelhaften staatlichen Großprojekte in Libyen: In Rohrleitungen von 4 m Durchmesser sollen fossile Grundwasserreserven über 600–800 km weit transportiert werden.

ins Mittelmeer mündende Oued Moulouya und der in den Atlantik fließende Oued Srou am wichtigsten; sie haben zwar keine Bedeutung für die Schifffahrt, werden jedoch für Wasserkraftwerke und zur Bewässerung landwirtschaftlicher Gebiete genutzt (Abb. 3.27 und 3.28).

An der Mittelmeerküste Marokkos herrscht subtropisches Klima, während es an der Atlantikküste durch den Kanarenstrom gemäßigter ist; im Südosten und Süden hingegen herrscht Wüstenklima. Die mittleren Jahrestemperaturen liegen zwischen 17 °C in Casablanca und 21 °C im Landesinneren; in Fes betragen die Temperaturen 10 °C im Januar und 27 °C im August. In hohen Lagen sind Extremwerte bis –18 °C nicht ungewöhnlich. In den Gipfellagen von Atlas und Rif fallen bis 2 000 mm Niederschlag jährlich, im Hohen Atlas auch als Schnee, doch nehmen die Niederschlagsmengen von Norden nach Süden und Südosten hin rapid ab: im nordwestlich gelegenen Tanger fallen etwa 950 mm, in Casablanca, 300 km weiter südlich an der Atlantikküste, nur noch 430 mm, in der Sahara unter 100 mm.

Zu den 21 Staaten, die rings um das Mittelmeer liegen, und den jeweils dazu gehörenden Inseln kommen zwei Inselstaaten, Malta und Zypern:

Malta

93 km südlich von Sizilien, 288 km östlich von Tunis liegt Malta, das aus drei bewohnten Inseln Malta, Gozo/Ghawdex, Comino und einigen unbewohnten Inseln, darunter Cominotto und Filfla besteht. Die 316 km² große Inselgruppe ist der Überrest einer Landbrücke aus Kalkgestein, die vor 15 Millionen Jahren das Mittelmeer zwischen Sizilien und Nordafrika in zwei Teile geteilt hat. Das Landesinnere von Malta besteht vorwiegend aus Kalkhügeln, deren höchster 253 m erreicht. Im Nordosten und Südosten sind die tief eingeschnittenen Küsten reich an Häfen, darunter die Hauptstadt Valletta mit einem der schönsten Naturhäfen Europas; im Süden und Südwesten hingegen ist die steil abfallende Kliffküste unzugänglich.

Da der Untergrund der Inseln sehr wasserdurchlässig ist, hat Malta weder Flüsse noch Seen, noch Wälder aufzuweisen. Das war in der Vergangenheit sicher anders: Auf Malta lebte eine bemerkenswerte Säugetierfauna mit Zwerg- und Riesenwuchs (Zwergelefanten, Exkurs. S. 458 ff.), also muss es hier auch reichlichere Vegetation gegeben haben. Um der Wasserknappheit zu begegnen, die auf Malta von Natur aus herrscht und durch die Anforderungen der Landwirtschaft, die vergleichsweise hohe Bevölkerungszahl und den ständig wachsenden Fremdenverkehr noch verstärkt wird, werden Meerwasserentsalzungsanlagen betrieben.

Auf Malta herrscht typisches subtropisches Mittelmeerklima mit trockenen, heißen Sommern und milden, nicht übermäßig feuchten Wintern. Die mittlere Jahresniederschlagsmenge beträgt knapp 600 mm, davon fallen etwa 150 mm im Oktober, dem feuchtesten Monat; insgesamt gibt es durchschnittlich 77 Regentage im Jahr. Die Temperaturen bewegen sich zwischen 12 °C im Januar und 26–27 °C im August; die Jahresdurchschnittstemperatur beträgt 18,8 °C.

Land	Fläche mit mediterranem Klima (tausend ha)	Wald- und Forstfläche 1960/1995 (tausend ha)	Weidefläche 1960/1995 (tausend ha)
Spanien	40 000	12 900 / 8 388	12 500 / 10 687
Frankreich	5 000	11 614 / 15 034	13 134 / 10 612
Monaco	k. A.	k. A.	k. A.
Italien	10 000	5 847 / 6 496	5 075 / 4 558
Slowenien	k. A.	1 077 (1992) / –	560 (1992) / 502
Kroatien		2 074 (1992) / 1 825	1 079 (1992) / 1 091
	Ex-Jugoslawien gesamt 4 000		
Bosnien-Herzegowina	k. A.	2 100 (1992) / 2 710	1 200 (1992) / –
Jugoslawien (mit Montenegro)	k. A.	1 769 (1992) / –	2 112 (1992) /2 117 (1994)
Albanien	2 000	1 282 / 1 046	753 / 424 (1994)
Griechenland	10 000	2 474 / 6 513	5 210 / 5 250
Türkei	48 000	20 170 / 8 856	11 350 / 12 378 (1994)
Syrien	5 000	402 / 219	8 560 / 8 299 (1994)
Libanon	1 040	92 / 52	7 / 15
Israel	1 000	89 / 102	114 / 145 (1994)
Ägypten	5 000	31 / 34	k. A.
Libyen	10 000	485 / 400	9 200 / 13 300
Tunesien	10 000	405 / 555	3 250 / 4 037
Algerien	30 000	2 800 / 1 861	38 405 / 31 634
Marokko	30 000	7 505 / 3 835	16 400 / 21 000
Inselstaaten			
Malta	32	k. A.	k. A.
Zypern	925	123 / 140	5 / 4 (1994)

Tabelle 3.6 *Natur- und kulturräumliche Kennziffern der Mittelmeerländer und ihre Bodennutzungssysteme. Die Angaben dokumentieren die Entwicklung der letzten 25 bis fast 40 Jahre, unter anderem den starken Anstieg der landwirtschaftlichen Flächen unter künstlicher Bewässerung; nahezu in allen Ländern sind diese Flächen ausgedehnt worden, unter den europäischen Ländern am stärksten in Griechenland. Gleichzeitig ist die Gesamtackerfläche entweder kleiner geworden oder mehr oder weniger unverändert geblieben. Die Waldfläche ist in manchen Ländern dramatisch geschrumpft (Türkei, Spanien), in anderen leicht (Italien) oder stark (Griechenland, Frankreich) angewachsen – ein Erfolg der Wiederaufforstungspolitik. Deutlich zu erkennen ist der enorme Anstieg der* CO_2*-Emissionen in allen Ländern mit Ausnahme Albaniens. Die Länder sind zum Teil nur in einem schmalen Küstensaum mediterran geprägt.*

Zypern

Seit 1974 ist Zypern in einen türkischen Norden und einen griechischen Süden gespalten. Die (nach Sizilien und Sardinien) drittgrößte Insel des Mittelmeeres, 225 km lang und maximal 97 km breit, liegt mit ihrer Nordküste 65 km vom anatolischen Festland (Türkei) entfernt. Die Küstenlänge beträgt rund 650 km. Im Norden ist dem Pentadaktilos-Gebirge ein schmaler Küstensaum vorgelagert. Die parallel zur Küste verlaufende Gebirgskette erreicht im Kyparisso 1 024 m Höhe; ihre Ausläufer reichen bis zur langgezogenen Halbinsel Karpasia im äußersten Nordosten. Eine fruchtbare zentrale Ebene, die Messaria, durchzieht die Mitte der Insel von der nördlichen West- bis zur Ostküste (Bucht von Famagusta). Das stark zerklüftete Troodos-Massiv mit dem 1 953 m hohen Olympus, ein Gebirge vulkani-

Ackerfläche 1970/1997 (tausend ha)	Land unter künstlicher Bewässerung 1970/1997 (tausend ha)	jährlicher Verlust an Boden (Erosion) (Tonnen pro Hektar)	CO_2-Emissionen 1960/1996 (Kilogramm pro Kopf)
15 690 / 14 344	2 379 / 3 603	6,44	1 605,3 / 5 922,4
17 417 / 18 305	539 / 1 670	2,94	5 954,3 / 6 198,2
k. A.	k. A.	k. A.	k. A.
11 984 / 8 283	2 400 / 2 698	80,13	2 194,2 / 7 027
245 (1992) / 231	2 (1992) / 2	k. A.	5 081,4 (1992) / 6 549,6
1 212 (1992) / 1 317	2 (1992) / 3	k. A.	3 353,5 (1992) / 3 677,1
700 (1992) / 500	2 (1992) / 2	k. A.	888,9 (1992) / 1 380,3
3 720 (1992) / 3 707	78 (1992) / 65	k. A.	k. A.
521 / 577	284 / 340	k. A.	633,8 / 591
3 010 / 2 823	730 / 1 385	2,24	1 128,6 / 7 696
24 793 / 26 579	1 800 / 4 200	19,56	608,7 / 2 844,5
5 651 / 4 771	451 / 1 168	19,32	706,9 / 3 053,3
235 / 180	68 / 117	59,65	1 312,3 / 3 474,4
325 / 351	172 / 199	32,95	3 057,4 / 9 193,5
2 725 / 2 834	2 843 / 3 300	3,69	620,1 / 1 651,2
1 725 / 1 815	175 / 470	k. A.	513,3 / 7 987,6
3 250 / 2 900	200 / 380	k. A.	408,8 / 1 782,9
6 248 / 7 525	238 / 560	15,96	581,2 / 3 288
7 076 / 8 749	920 / 1 251	5,3	312,6 / 1 038,4
k. A.	k. A.	6,96	k. A.
13 / 10	1 / 2	k. A.	1 035,7 / 4 695,4
100 / 97	30 / 40	k. A.	1 547,4 / 7 268,6

schen Ursprungs, begrenzt die Ebene im Süden und bedeckt den Großteil des Südwestens der Insel. Über eine Vorgebirgszone geht das Massiv in das hügelige, schließlich ebene Hinterland der Süd- und der Westküste über.

Auf Zypern gibt es zwei große Salzwasserseen (Abb. 6.47) und einige wenige Süßwasserseen, jedoch keinen Fluss, der das ganze Jahr über Wasser führt. Der längste Flusslauf ist der Pedias mit rund 100 km.

Der jährliche Niederschlag erreicht weniger als 500 mm; 60 Prozent davon fallen von Dezember bis Februar. Die Niederschlagsmenge variiert von 300–400 mm im Flachland bis zu etwa 1 100 mm an der Spitze des Troodos-Massivs, wo im Winter Schnee fällt. Bei typischem Mittelmeerklima, das aufgrund der Etesien gelegentlich etwas unscharf als „Etesienklima“ bezeichnet wird, ist der kurze Winter mild, der sehr lange Sommer heiß und trocken mit durchschnittlich elf Stunden Sonnenschein pro Tag. Die Durchschnittstemperaturen liegen im zentralen Flachland im Juli/August bei 36 °C, auf dem Troodos-Gebirge bei 22 °C. Die Wassertemperatur beträgt im Dezember noch 19 °C, im Januar und Februar 17 °C.

An der Südküste Zyperns soll der Überlieferung nach die schaumgeborene Aphrodite an Land gestiegen sein. Sehr bedeutend sind die Fundstellen von Akrotiri-Aetokremnos mit etwa 250 000 Knochen und Knochenfragmenten ausgestorbener Säugerarten, darunter Zwergelefanten und Zwergflusspferden (Exkurs. S. 458 ff.).

Der kräftig zunehmende Fremdenverkehr hat zu einer Reihe von Umweltproblemen geführt, von verschmutzten Küstengewässern bis zu Meerwassereinbrüchen in das Grundwasser.

Kalkstein oder Granit?

Unentbehrlich für das Verständnis geomorphologischer und biologisch-ökologischer Zusammenhänge – sowohl über als auch unter Wasser – ist die Beschäftigung mit Gesteinen. Bei fast allen geo- oder biowissenschaftlichen Fragestellungen steht die Art des Gesteins, aus der das Litoral bzw. die Küstenlandschaft besteht, als entscheidender Faktor im Mittelpunkt.

Tonschieferküsten sind weich und einem raschen Abbau ausgesetzt, ebenso wie Sandsteine hoher Porosität. Sandstein ist ein weitverbreitetes, wasserdurchlässiges und unterschiedlich stark verfestigtes (hartes) Sedimentgestein. Während poröse Sandsteine jeder Form von Erosion und Abrasion stark ausgesetzt sind, können stark verfestigte Sandsteine äußerst hart und beständig sein. Zu den härtesten Gesteinen zählt Quarzit, überwiegend aus Quarz bestehender Sandstein. Eine herausragende Rolle spielt Kalkstein, eines der wichtigsten und am weitesten verbreiteten Sedimentgesteine, das einen beträchtlichen Teil der Mittelmeerküsten prägt und sowohl oberirdisch als auch unterirdisch (Karst) besonders vielfältige Formen entwickelt. Viele als „typisch mediterran" empfundene geomorphologische Küstenformen bestehen aus Kalkstein. Kalk prägt die Landschaft auch geobotanisch: Vorhandensein oder Nichtvorhandensein ist oft die einzig wichtige Frage für Botaniker, die sich mit der Vegetationsdecke einer Region befassen – bestimmte Pflanzen (Kalkpflanzen, Basiphyten, Alkalipflanzen) bevorzugen Standorte, die reich an Calciumcarbonat sind; der Boden reagiert hier schwach alkalisch. Im Mittelmeerraum sind aber auch Inseln aus Extrusivgesteinen (an der Erdoberfläche entstandene Magmagesteine bzw. Vulkanite) zu finden.

Kalkstein besteht hauptsächlich aus Calciumcarbonat (Calzit, $CaCO_3$) und ist überwiegend marinen Ursprungs: entweder direkt durch Ausfällung von Kalk aus dem Meerwasser oder aus Kalkschalen und Skeletten von Organismen (schalentragende Weichtiere wie Muscheln, Schnecken und andere, Korallen, Foraminiferen, Kalkalgen usw.) entstanden. Durch Mineralbeimengung kann dichter Kalk unterschiedliche Farben wie Weiß-Gelblich, Grau, Braun oder fast Schwarz zeigen. Poröser Kalk (Kalksinter, Kalktuff), oolithischer Kalk (Kalkoolith), kristalliner Kalk (Marmor, besonders berühmt ist jener aus Carrara, den Michelangelo für seine Skulpturen bevorzugte; der typischste Marmor aus dem Mittelmeerrum ist jener von der Insel Thassos), Muschelkalk oder Korallenkalk sind nur einige wichtige Begriffe der Geologie, die auf die Vielfalt des Kalksteins, seiner Genese und seiner Entwicklung hinweisen. Kalkstein kann im Widerspruch zu einer weit verbreiteten falschen Ansicht sowohl gegen Erosion (generell: Abtragung) als auch gegen Abrasion* (Abtragung durch Wellen, Abb. 3.39) beständig sein. Anfällig ist er jedoch gegen Bioerosion, durch Organismen verursachte Erosion (auch Biokorrosion) und Lösungsvorgänge durch aussickerndes Süßwasser; beide Aspekte hängen mit der chemischen Natur von $CaCO_3$ zusammen. So werden die zum Teil stark zerklüfteten und bizarren Oberflächenformen der litoralen Kalkfelsen verständlich. An den für das Mittelmeer charakteristischen gezeitenarmen Küsten ist die für diesen Küstentyp ansonsten typische Brandungskehle (Unterhöhlung des Gesteins im Brandungsbereich) relativ schwach ausgebildet. Die Bioerosion durch gesteinbohrende Organismen wie Bohrschwämme und Bohrmuscheln spielt eine um so wichtigere Rolle; sie sorgt dafür, dass immer wieder größere und kleinere Felsbrocken abbrechen.

Vor allem an Kalkküsten zeigt sich eine je nach Stärke der Wellenexposition unterschiedlich breite weiße, graue und schwarze Zone. Die weiße Zone wird nur selten von Spritzwasser, etwas häufiger von Sprühwasser erreicht, die Besiedelung durch epilithische (auf dem Gestein siedelnde) und endolithische (im Gestein bohrende) Blaualgen ist daher gering, und der weiße Kalkstein kommt zum Vorschein. In der regelmäßig von Spritzwasser befeuchteten grauen Zone ist die Besiedelung durch Cyanobakterien, Flechten und Pilzhyphen bereits intensiver und die Farbe dadurch dunkler; in der schwarzen Zone schließlich, im Grenzbereich des Supra- und Mediolitorals, führt die dichte Besiedelung des Kalkgesteins durch die erwähnten Organismen zu einer dunklen Färbung des Gesteins. Diese Zonierung ist auch an Granitküsten – vielleicht etwas weniger deutlich – zu erkennen.

Granit ist ein harter Magmatit (Erstarrungsgestein), das wichtigste Massengestein der Erde mit weltweiter Verbreitung. Er hat eine körnige Struktur, ist meist grau bis rötlich gefärbt und besteht vorwiegend aus Kalifeldspat (Orthoklas), Plagioklas, Quarz und Glimmer, manchmal auch Amphibol. Die Verwitterung hängt von den mineralischen Gemengeteilen des Granits und von äußeren Erosionsfaktoren ab. Granit verwittert häufig zu rundlichen Blöcken (sog. Wollsackverwitterung), die als Felsenburgen oder Blockmeere vergesellschaftet auftreten können und auf chemische Verwitterung zurückgehen. Der an vielen mediterranen Sandstränden geschätzte Quarzsand ist ein Verwitterungsprodukt des Granits: Quarz bleibt als härtester Bestandteil der drei Grundkomponenten erhalten. Granit ist durch seine Härte und chemische Natur wesentlich weniger der biogenen Erosion ausgesetzt als Kalkstein; Bohrschwämme und Bohrmuscheln können ihn nicht besiedeln.

Großrelief, Küstenverlauf und Küstenlandschaft der Mittelmeerregion

In diesem Teilkapitel geht es um einen kurzen Abriss der großräumigeren geomorphologischen Gliederung der Küstenlandschaft, um das Verständnis der wichtigsten Faktoren, die diese Landschaft prägen, und um die Erklärung wichtiger geomorphologischer Begriffe. Lebensräume, die im unmittelbaren Einflussbereich des Meeres liegen und durch dieses geprägt werden (Supralitoral und Medio- oder Eulitoral), sind im Kapitel „Lebensräume" beschrieben; angrenzende terrestrische Lebensräume und ihre Vegetation und Landschaftsformen sind Gegenstand des Kapitels „Flora und Vegetationslandschaften".

Unter „Landschaft" im Sinne der Geo- und Biowissenschaften versteht man meist ein Landschaftsökosystem, in dem sich Geosphäre, Biosphäre und Anthroposphäre in ihrem Wirkungsgefüge überschneiden. Die Definitionen des Begriffs sind jedoch vielfältig, je nachdem welche Betrachtungsschwerpunkte man setzt. Umgangssprachlich versteht man unter Landschaft eine bestimmte Region, die sich in ihren Ausprägungen und ihrer Struktur als mehr oder weniger deutlich erkennbare räumliche Einheit darstellt. Es ist hier aus Platzgründen nicht opportun, auf die Vielfalt der möglichen geographischen Betrachtungsweisen der mediterranen „Landschaft" einzugehen; vielmehr soll eine grobe Gliederung in einige grundlegende „landschaftliche Ökosysteme" geboten werden, wie sie sich dem Betrachter auf den ersten Blick präsentieren.

Die Küstenlandschaft ist – welche Form sie auch entwickelt – der Übergangsbereich zwischen Meer und Festland, zwischen zwei großen und in jeder Hinsicht grundverschiedenen ökologi-

3.29 ***und*** *3.30 Sedimentküsten: Sanddünen auf Sardinien (links) und Sandstrand südlich von Perpignan in Südfrankreich (unten). Sanddünen gehören zu den markantesten Produkten äolischer Geomorphodynamik. Ihre Form hängt in erster Linie von Stärke, Richtung und Richtungswechsel des Windes ab, weiters von der Verfügbarkeit des Feinsediments, wodurch ihr potenzielles Vorkommensgebiet bereits eingeengt wird. Der ausufernde Tourismus gehört zu den wichtigsten Gefährdungsfaktoren für diesen einzigartigen Lebensraum. Sand besteht häufig aus dem gegen Verwitterung widerstandsfähigen Mineral Quarz.*

schen Systemen. Entsprechend vielfältig kann ihre geomorphologische Ausprägung sein und entsprechend spannend ist die Ökologie dieser Grenzzone.

Das Meer als gestaltendes und klimatisch prägendes Element verbindet die Mittelmeerregion mit den anderen vier Regionen der mediterranen Subtropen der Welt (Abb. 3.74 und Tabelle 3.8). Der Mittelmeerraum hat aber seine Eigenheiten: Nur hier ist das küstennahe Tiefland so engräumig gegliedert, dass die Bevölkerung seit jeher ihre Siedlungen und landwirtschaftlich genutzten Flächen auf mehr oder weniger steile Hanglagen ausdehnen musste. An vielen Küstenabschnitten macht sich die geologisch-plattentektonisch junge Entstehungsgeschichte bemerkbar. Infolge der geringen Tiefenerstreckung des europäischen Festlandes bzw. der gebirgigen Umrandung des mediterranen Beckens sind für die Mittelmeerregion die kurzen Distanzen zum Meer charakteristisch. Das führte bereits zu Beginn der Zivilisation zu einem regen Kontakt der hier lebenden Menschen mit dem Meer: Das Mittelmeer blieb keine trennende Schranke, sondern erlangte rasch eine verbindende Funktion zum Austausch von Waren und Ideen.

An den meisten Küsten des Mediterrans tritt die besonders starke Küstengliederung mit enger Verzahnung von Land und Meer ebenso in Erscheinung wie eine insgesamt große Reliefenergie; darunter versteht man eine geomorphologische Charakterisierung aufgrund der Höhendifferenzen und Hangneigungsstärke bzw. „Neigungswinkel" der Landschaft. Eine mannigfaltige horizontale und vertikale Gliederung, die Aufsplitterung in kleine und kleinste Sonderräume und insgesamt ein abwechslungsreiches Landschaftsbild sind für den Mittelmeerraum typisch. Eine Ausnahme bilden die etwa 3000 km der Afro-Arabischen Tafel zwischen Gabès (Tunesien) im Westen und Haifa (Israel) im Osten, mit der der Trockengürtel der Nordhemisphäre mehr oder weniger direkt an das Mittelmeer angrenzt (Abb. 3.24). Hier ist die Küste meist flach, geradlinig und eintöniger; es fehlt der sonst für Mittelmeerküsten so typische Wechsel zwischen Küstenhöfen, Buch-

__3.31__ Landschaft in Libyen. „Von Südtunesien bis zum südlichen Syrien grenzt diese Wüste sogar direkt ans Meer. Sie ist weniger ein Nachbar als vielmehr ein Gast – ein manchmal beschwerlicher und stets anspruchsvoller Gast. So ist also auch die Wüste eines der Gesichter des Mittelmeeres" (Fernand Braudel).

__3.32 und 3.33__ Küstenlandschaften am Mittelmeer. Oben: charakteristische Granitformationen bei Capo Testa im Norden Sardiniens. Unten: bizarre Oberflächenausformung des Kalksteins auf der dalmatinischen Insel Lastavica. Zu den anderen Formen der Verwitterung kommt beim Kalkstein die Kalklösungs- bzw. Kohlensäureverwitterung hinzu.*

ten, Nehrungen, Lagunen, Deltas einerseits und Gebirgsvorsprüngen mit Kaps und abweisenden Steilküsten (Kliffe) andererseits.

Westlich von Tunesien und dann fast überall entlang der verbleibenden über 40 000 km der mediterranen Küstenlinie wie an der Ostküste Spaniens, an der tyrrhenischen Küste der Apenninhalbinsel oder in den Maghrebländern wie auch auf fast allen Inseln tritt die volle, abwechslungsreiche, durch Land-Meer-Verzahnung geprägte Vielfalt der Landschaftsformen hervor: Steilküsten wechseln sich mit Schwemmlandküsten und Buchten ab. Die Küstenlinie löst sich in eine unüberschaubare Menge von Halbinseln und Inseln auf, wodurch die enorme Gesamtlänge der Küste mit annähernd 50 000 km verständlich wird. Das Schema der starken Zerklüftung wiederholt sich, wenn man den Maßstab kleiner ansetzt und die Küstenverläufe einzelner Inseln, Halbinseln und Buchten untersucht.

3.34 *Abrasions- und Verwitterungsformen im Litoralbereich Istriens: a) Abgerundete Felsblöcke schufen durch die Kraft der Wellen und oszillierende Wasserbewegung im Kalkstein eine tiefe Mulde. b) Auf dem gleichen Weg geschaffene runde Vertiefung im exponierten obersten Bereich des Infralitorals. c) In dieser runden Vertiefung in der Spritzwasserzone einer Kalkküste ist deutlich eine „schwarze Zone" in kleinen Dimensionen zu erkennen. Die schwarze Verfärbung des Gesteins geht auf die Besiedelung durch epi- und endolithische Blaualgen, Bakterien, Pilzhyphen und Flechten zurück. d) und e) Die so genannte „Römische Straße" bei Piran ist nur eine bemerkenswerte Verwitterungsform von Flysch. Petrographisch versteht man darunter eine Folge zum Teil kalkiger, überwiegend aber toniger, mergeliger und sandiger Sedimente, die zyklisch abgelagert wurden, in der Regel wenig verfestigt sind und zu Rutschungen neigen.*

Das mediterrane Georelief entspricht dem eines jungen Falten- und Deckengebirges, das während der alpidischen Orogenese (Gebirgsbildung) entstanden ist. Wie eine Kulisse umrahmen mit der bereits genannten Ausnahme hohe Gebirgszüge das Mittelmeer (Auflistung und Höhe der Gebirge siehe Abb. 3.41) und schließen neben dem heutigen Meeresbecken reichgegliederte Hügellandschaften, schmale Küstenhöfe und ausgedehnte Küstenebenen ein – oft die einzigen flachen, durch die Horizontale geprägten Landschaftsreliefs der Mittelmeerregion. Die für tief liegende Küstenlandschaften vielerorts charakteristischen Strandterrassen (Sammelbegriff für in unterschiedlichen Höhen und auch unter Wasser liegende Flachformen der Küsten, die auf Meeresspiegelschwankungen zurückgehen (Abb. 2.35); Abrasionsplattform, Strandplatte, Strandplattform, Abb. 3.33) wurden bereits im Kapitel Geologie ausführlich beschrieben. Bis ins 20. Jahrhundert hinein waren viele Küstenebenen versumpft und malariaverseucht (Exkurs S. 176 f.).

Grundsätzlich unterscheidet man Felsküsten aus anstehendem Fels, in denen durch Erosion und Abrasion ständig Sedimente produziert werden, und Sediment- oder Schwemmlandküsten, an denen diese Sedimente abgelagert werden und die als Flachküsten ausgebildet sind. Flachküsten können entweder aus primär geomorphologischen Flachformen oder aber aus gealterten Abra-

3.35 *Erosionsformen auf der Baleareninsel Ibiza. Solche Formen entstehen generell durch sogenannte Denudation – so werden in der Geomorphologie des deutschen Sprachraums flächenhaft wirkende Abtragungsprozesse bezeichnet; sie sind der linear wirkenden Abtragung durch Fließgewässer entgegengesetzt.*

Küste, Relief, Küstengeomorphologie – kurzer Umriss wichtiger Begriffe

Abrasion: abtragende Wirkung der Wellen.
Auftauchküsten (Hebungsküsten, Regressionsküsten): topographisch bzw. im Relief eher einförmige Küsten, die durch Regression (Rückzug) des Meeres bzw. Hebung der Küste entstanden sind. Dadurch sind einst vom Meer bedeckte, durch Sedimente eingeebnete Landschaften (Schelfflächen) zum Vorschein gekommen (Gegensatz → Untertauchküsten bzw. Transgressionsküsten).
Ausgleichsküsten: „gealterte" Küsten am Ende einer sukzessiven Entwicklung; buchtenarme bis annähernd buchtenfreie Flachküsten, die vor allem auf küstenparallele Sedimentverschiebungen zurückgehen, bei denen aber auch die → Abrasion der aus Lockersedimenten bestehenden Küstenvorsprünge eine Rolle spielt. Insgesamt wird durch die ausgleichenden Vorgänge die Küste kürzer und immer geradliniger. Landvorsprünge können durch → Strandversetzung und Bildung von → Nehrungen miteinander verbunden werden, so dass Haffe entstehen. Ausgleichsküsten bilden sich an gezeitenarmen Küsten bzw. Stränden.
Étang: französische Bezeichnung für Lagunen (vgl. S. 326 ff.).
Fazies: Aus der Sicht der Geoökologie, die sich mit dem Landschaftshaushalt beschäftigt, homogene räumliche Grundeinheit einer Landschaft oder eines Lebensraumes (= Ökotop, Top). In der Biologie bzw. Biozönologie: eine abgeschlossene, kleine Lebensgemeinschaft innerhalb der gesamten Biozönose, die aufgrund von dominanten Charakterarten von anderen abgrenzbar ist (in diesem Sinn auch in der UNEP-Klassifikation der Lebensräume, S. 288 ff.). In der Geologie, Sedimentologie und Geomorphologie: Gesamtheit aller Merkmale eines Sediments (der biogene Inhalt = Biofazies; nur Gestein = Petrofazies). Beispiele für Fazies sind: terrestrische (kontinentale), äolische (durch Wind geprägte), glaziale (Eiszeit), limnische (Süßwasser), fluviale (Flüsse), lakustrine (Seen oder andere stehende Gewässer), marine (Meer), lagunäre (Lagunen), litorale (Küsten), neritische (küstennahe) und abyssische (Tiefsee).
Geoökotop: in Inhalt und Struktur homogene geoökologische Raumeinheit, räumliche Äußerung eines Geoökosystems.
Georelief (Relief): Grenzfläche der festen Erdkruste gegen die Hydro- und Atmosphäre.
Haff: ehemalige Meeresbucht einer Flachküste, die durch eine → Nehrung (Landzunge) vom Meer abgetrennt ist. Durch Süßwasserzuflüsse kann ein Haff aussüßen und zur → Lagune (→ Liman, → Strandsee) werden.
Haffküste: eine Art → Ausgleichsküste mit einer Folge von → Haffen.
Haken (Sandhaken): schmale, langgestreckte Landzungen bzw. Halbinseln (meist aus Sand) an Küstenvorsprüngen (wenn länger: → Nehrung), die als Folge von → Strandversetzungen entstehen. Der Name geht auf die hakenförmige Gestalt zurück, die meist in Richtung der dahinter liegenden Bucht gebogen ist. Der meerseitige Strand des Hakens ist meist geradlinig (oft mit → Dünen), der nach innen, zum → Haff gerichtete Strand ist oft leicht gebuchtet, seicht und Ablagerungsgebiet für Schlick.
Kap: markanter, fast immer felsiger Vorsprung einer Küste. Kaps waren seit jeher wichtige Landmarken für die Seefahrt und tragen oft einen Leuchtturm.
Kliff *(cliff):* Abfall einer Steilküste (siehe Abb. 3.39 und 3.40).
Küste: schmaler Grenzsaum (Ökoton) zwischen dem Festland und dem Meer, dessen Klassifizierung nach verschiedenen Kriterien erfolgen kann (nach geomorphologischen Kriterien, die die jüngere Erdgeschichte widerspiegeln: Flach- und Steilküste, Hebungs- und Senkungsküste, Fels- und Sedimentküste u. a.)
Lagune: ein vom offenen Meer getrenntes Teilbecken, durch → Nehrungen oder eine Reihe von langgestreckten Sandinseln abgetrennte Bucht (→ Liman, → Haff, → Étang).
Lagunenküste: durch → Lagunen charakterisierte Flachküste.
Lido *(barrier island):* ursprünglich regionalgeographische Bezeichnung für eine → Nehrung, heute allgemein für diese verwendet. Unter Lido versteht man eine Kette flacher, langgestreckter Sandinseln bzw. Inselnehrungen, die durch sedimentgefüllte Flachwasserbereiche miteinander verbunden und vom Festland durch eine → Lagune getrennt sind.
Liman: regionalgeographische Bezeichnung für senkrecht zur Küste stehende haffähnliche Buchten, die durch → Nehrungen ganz oder teilweise vom Meer getrennt sind. Sie gehen auf untergetauchte Flussmündungen und Talschluchten zurück und haben daher eine andere Genese als → Haffe.
Limanküste: durch → Limane gekennzeichnete Küstenform.
Marsch (Salzmarsch): geomorphologisch-pedologischer, durch Gezeiten geprägter Landschaftstyp bzw. Lebensraum im Küstenbereich oder Ablagerungen von Feinsand und Schlick (mit organischem Material versetzt); in der Bodensystematik Marschboden. Sobald der in einem Haff oder Strandsee

angeschwemmte oder abgelagerte Sand und Schlick über den Mittelwasserstand wächst, wird er von Halophyten (Salzpflanzen) besiedelt und verfestigt.

Nehrung: eine schmale, langgestreckte Landzunge, die eine Meeresbucht ganz oder annähernd einschließt. Nehrungen entwickeln sich durch → Strandversetzung aus → Haken (die sonstige Morphologie ist den Haken gleich, siehe dort). Wenn lange Nehrungen sekundär durchbrochen werden, entstehen Nehrungsinseln, auch → Lido genannt. Manchmal werden aber auch die Nehrungen selbst als Lido bezeichnet (→ Peressip, → Liman).

Nehrungsküste: durch → Nehrungen gekennzeichnete Küste, auch → Haff- oder → Lagunenküste.

Peressip: Bezeichnung für → Nehrungen an der ukrainischen Schwarzmeerküste.

Priele: verzweigte Abflusssysteme des Gezeitenwassers im Watt.

Relief: gehört zu den elementarsten Begriffen der Geo- und Biowissenschaften, ohne dass es eine vereinfachte allumfassende Definition dafür gäbe. Das Wort wird meist in mehrfacher Bedeutung und etwas unscharf definiert verwendet. Neben der allgemeinen Bedeutung für die Oberflächengestalt einer Landschaft versteht man darunter in der Kartographie ein dreidimensionales Geländemodell (Reliefkarte), das die Formen der Erdoberfläche darstellt. In der Geomorphologie und Geoökologie meint man mit Georelief allgemein die Oberflächenform der Erde, ohne nach deren Ursachen zu fragen – das ist Aufgabenbereich der Geomorphogenese. Vielfach wird aber unter Relief auch nur die Höhendifferenz zwischen der höchsten und der tiefsten Ebene einer Landschaft verstanden. Geomorphologisch versteht man darunter ein → Georelief.

Salzmarsch: → Marsch.

Strandsee: aus einem Haff entstandener, völlig vom Meer getrennter See, der meist an einer Ausgleichsküste liegt und oft rasch verlandet.

Strandversetzung (Küstenversatz bzw. -versetzung, Strandversatz): Sedimentmaterial-Umlagerung durch küstenparallele Strömungen, Wellen (Sog, Schwall) und den schräg zum Strand wehenden Wind. Durch Strandversetzung bilden sich sukzessiv → Haken, → Nehrungen und → Ausgleichsküsten.

Tief: Verbindung („Kanal") zwischen dem Wasserkörper eines → Haffs und dem offenen Meer.

Tomboli: Strandwälle, die vorgelagerte Inseln mit dem Festland verbinden, wodurch ein abgeschlossener Strandsee entstehen kann.

Untertauchküsten (Senkungsküsten, Transgressionsküsten): durch Absenkung des Grundes oder Hebung des Meeresspiegels entstandener, geomorphologisch äußerst formenreicher Küstentypus. Die Eiszeiten und die damit zusammenhängenden eustatischen Meeresspiegelschwankungen spielten bei der Genese der verschiedenen Küstentypen eine wichtige Rolle (Canaliküste in Dalmatien, Schärenküste, Fjordküste, Riasküste).

Watt, Wattküste: bildet sich nur an Küsten mit größerem Gezeitenhub (z. B. Nordsee; im Mittelmeer: Nordadria, Bucht von Gabès).

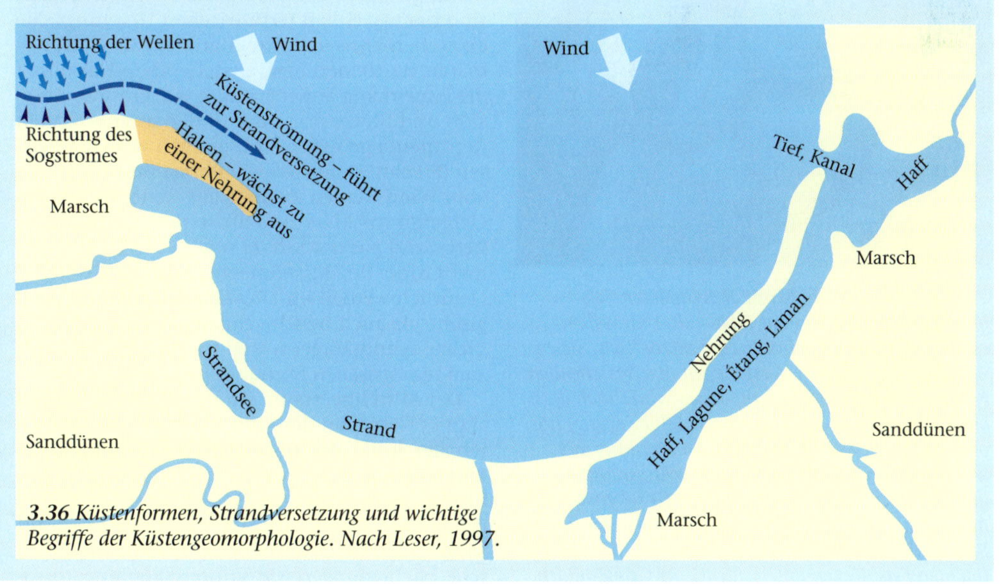

3.36 Küstenformen, Strandversetzung und wichtige Begriffe der Küstengeomorphologie. Nach Leser, 1997.

***3.37 und 3.38** Strände mit abgerundeten Felsblöcken (Geröll) – hier auf Elba – sind für wellenexponierte Küstenabschnitte charakteristisch. Sie entwickeln sich zwischen Vorsprüngen aus anstehendem Fels, die das Material liefern; dieses wird durch die oszillierende Wasserbewegung (Geröllbewegung) hin und her gerollt und abgerundet. An Stränden mit wenig oszillierender Bewegung des Wasserkörpers und mit in eine Richtung ziehenden Gezeitenströmungen können sich im Medio- und Infralitoral Blockfelder aus unregelmäßig geformten oder abgeflachten Felsblöcken unterschiedlicher Größe bilden.*

sionsflächen hervorgehen. Im ozeanischen Bereich (S. 298) des Meeres sind die Sedimente hauptsächlich biogenen Ursprungs und im Pelagial selbst gebildet (etwa durch Foraminiferen und andere Einzeller). Hinzu kommen gebietsweise große Mengen äolischer Sedimente; sie werden etwa in Teilen des Westpazifiks 3 000–4 000 km weit von den Wüsten Asiens durch den Wind herausgetragen. Die Sedimente der Küstenregion sind hauptsächlich terrestrischen Ursprungs. Sie entstehen entweder direkt an der Küste aus primären Hartböden bzw. anstehendem Fels durch die Einwirkung äußerer Kräfte wie Erosion, Abrasion und Bioerosion oder in den angrenzenden Kontinentalgebieten. Von einigen wenigen Flüssen (Fremdlingsflüssen wie Rhône und Nil) sowie vom Wind werden sie auch aus weiter entfernten Gebieten ins Meer und an seine Ufer transportiert. Sand aus der Sahara spielt etwa in der Sedimentation des Mittelmeeres eine große Rolle. Natürlich werden im Litoralbereich sowohl pelagische als auch benthische Sedimente gebildet, ihr mengenmäßiger Anteil ist aber im Vergleich zum terrestrischen Eintrag geringer.

Der Mittelmeerraum ist als plattentektonisch aktives Gebiet an der Kollisionszone großer Platten der Erdkruste und mehrerer Mikroplatten durch rezenten, subrezenten und fossilen Vulkanismus gekennzeichnet, so am Ostrand des Tyrrhenischen Meeres und im Ägäischen Meer mit Santorin. Gebietsweise häufig sind postvulkanische Erscheinungen wie Soffioni (Soffione: toska-

Ein Kliff ist der Abfall einer Steilküste, der hauptsächlich durch marine Brandungserosion und Denudation (Gesamtwirkung der Abtragung an Hängen und/oder flächenhafte Abtragung) entsteht. Eine Kliffhalde aus abgestürztem Material kann sich auch an aktiven Kliffen bilden. Eine solche Halde im Bereich der Brandungskehle, in der sich sonst die stärkste Wirkung der Erosion entfaltet, kann zu einer temporären Stabilisierung des Kliffs führen und es gegen weiteren Abtrag schützen. In der Brandungskehle konzentrieren sich zahlreiche gesteinsabtragende bzw. zersetzende Prozesse: Lösungsvorgänge durch in Spalten und Rissen aussickerndes Süßwasser, durch Organismen verursachte Bioerosion bzw. Biokorrosion und vor allem mechanische Erosion durch enorme Energie der Wellen. Als Kliffküsten werden durch Kliffe gekennzeichnete Küstenabschnitte bezeichnet. Auf gealterten Kliffen, die bereits weit von der Küste zurückgedrängt sind, werden durch den Aufwind an Steilküsten Kliffranddünen gebildet. Das Material stammt vom Kliff selbst oder von benachbarten Stränden und wird als Flugsand (Treibsand) aufgenommen und abgelagert.

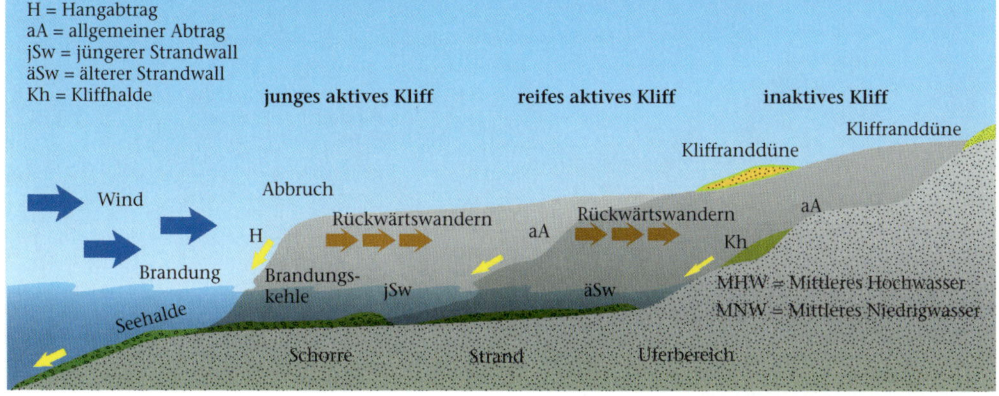

nischer Begriff für Erdspalten, aus denen mit Borsäure versetzter Wasserdampf entweicht), Solfatare (vulkanische Aushauchung schwefelhaltiger Dämpfe von 100–200 °C als Zeichen abklingender Vulkantätigkeit), Fumarolen (Gas- und Wasserdampfaustritt mit 100–800 °C und Beimengung verschiedener Stoffe aus aktiven Vulkanen oder Spaltensystemen vulkanischer Gebiete) und heiße Quellen, die im weiten Umkreis erloschener und aktiver Vulkane angeordnet sind. Häufige Erdbeben sind ebenso ein Charakteristikum der Region. Vulkansimus und Seismizität wurden bereits im Kapitel „Geologie" beschrieben.

Die Felsküste als Sedimentproduzent

Das Alter einer Küste, die Art ihrer Entstehung bzw. Genese (Transgressions- oder Regressionsküste*) und die Art des Gesteins (Ursprung, chemische Zusammensetzung, physikalische Eigenschaften wie Härte usw.), aus dem die Küste besteht, beeinflussen zusammen mit den vorherrschenden äußeren Faktoren die Ausbildung der Landschaft. Weiche Gesteine sind gegen die Einwirkung äußerer Kräfte anfällig, Kalk wird stark durch Bioerosion angegriffen. Regressions- oder Auftauchküsten sind meist flach, eintöniger und reliefärmer – da aus eingeebnetem ehemaligem Schelf entstanden – als Transgressions- oder Untertauchküsten. Allerdings darf man bei der Interpretation einer bestimmten Küstenausprägung nicht voreilig sein, da bei ihrer Genese viele Faktoren eine Rolle gespielt haben können und

***3.39** und **3.40** Ganz oben: Schema eines Kliffs und seines Alterns in drei Stufen: junges aktives Kliff, reifes aktives Kliff und inaktives Kliff (verändert nach Leser 1997). Oben: Die Dingli Cliffs im Süden Maltas fallen aus 253 m Höhe als Steilküste ins Meer ab. Malta war im Mittleren Miozän Teil einer Landbrücke zwischen Nordafrika und Sizilien. Die Insel ist stark verkarstet (Kalk), wegen des wasserdurchlässigen Gesteins können sich keine natürlichen Flüsse oder Seen bilden. Die Küstenterrasse ist von landwirtschaftlichen Kulturflächen geprägt, die nicht nutzbaren Felspartien sind mit Zwergsträuchern bedeckt.*

***3.41** Physische Geographie der Mittelmeerregion und Erklärung einiger wichtigen Begriffe zu seiner Genese. Die Region ist überwiegend vom Steilrelief geprägt, in dem die abtragenden Kräfte (Erosion) voll zum tragen kommen. Die Sedimente, aus denen große Teile dieser Gebirge bestehen, wurden im Tethys-Becken abgelagert. Solche meist von einem Meer bedeckte Senkungsbereiche der Erdkruste und wichtige Sedimentationströge wurden früher Geosynklinalen genannt.*

Alpinotype Gebirgsräume bilden die Abgrenzung des mediterranen Beckens. Sie sind Bestandteile eines großen, west-östlich verlaufenden und weitgehend zusammenhängenden Faltengürtels, der sich über Kaukasus und Himalaya bis weit nach dem Osten und Süden Asiens erstreckt. Unter alpidischer Gebirgsbildung versteht man eine weltweit wirksame Gebirgsbildungsphase, die im Mesozoikum (245–65 Mio. Jahre) einsetzte und in mehreren Phasen während des Tertiärs die heutigen Hochgebirge der Erde schuf. In der alpidische Faltungsära laufen im mediterranen Raum seit dem Ende des Jura vor ca. 140 Mio. Jahren konvergente Bewegungen sowohl des Subduktions- als auch des Kollisionstypus ab. Faltengebirge sind eine gebirgige Großstruktur der Erde und Produkt der Plattentektonik. Sie sind auch in früheren Erdzeitaltern entstanden, jedoch wegen der Abtragung nicht mehr in ihrer Vollform erhalten. Tertiäre und damit jüngere Faltengebirge wie Alpen und Pyrenäen weisen noch eine Vollform mit typisch alpidischen Strukturen auf. Der alpidische Faltungsgürtel steht mit Verlauf und Ausdehnung der Tethys in Beziehung, jenem „Mittelmeer", als dessen Reste man das heutige Europäische Mittelmeer ansieht. Der Zusammenstoß der Eurasiatischen und der Afrikanischen Platte, das Schrumpfen der Tethys und die Bildung der Faltengebirge stehen in kausalem Zusammenhang, denn die alpidischen Gebirge wurden aus den mächtigen Sedimenten der Tethys aufgefaltet. Der Küstenabschnitt zwischen der Kleinen Syrte (Tunesien) und der Bucht von Iskenderun (Türkei) besteht zum Teil aus wesentlich älteren Massen mit ausgedehnten Rumpfflächen. Die Afro-Arabische Tafel grenzt in diesem Küstenbereich direkt an das Mittelmeer. Solche „alte Massen" werden Kraton (früher auch Kratogen, Gegensatz von Orogen) genannt, ihre zum Meer gerichteten Ränder am Mittelmeer mit dem vorgelagerten Schelf sind alte Passivränder der Tethys. Sie bestehen aus nicht mehr faltbaren, verfestigten Bereichen der

Erdkruste, die bei tektonischen Vorgängen auf Druck mit Bruchtektonik reagieren. Bedeutende Kratone, die das Relief prägen und oft mosaikartig zwischen alpidischen Orogenen verstreut liegen, finden sich auf der Iberischen Halbinsel (siehe Meseta) und im ägäischen Randsaum der Türkei (Karisch-Lydische Masse); Reste der Tyrrhenischen Masse sind auf Korsika, Sardinien und in Südkalabrien zu finden. Jüngere Faltungen mussten oft den alten, starren Massen ausweichen, wodurch es zu einer Umrahmung von Landstrichen mit mäßigen Oberflächenformen durch jüngere, schroffe Gebirgszüge gekommen ist.

das Ergebnis selbst Fachleute zu irrigen Schlussfolgerungen verleiten kann.

Etwa 50–55 Prozent der Mittelmeerküsten sind felsig. Das ist im Vergleich zum weltweiten Ausmaß viel, da man den Anteil der Sandstrände im globalen Rahmen – Sande gehören aufgrund ihrer hohen Mobilität zu den häufigsten Küstensedimenten – auf 80 Prozent schätzt, jenen mit anstehendem Fels nur auf 15 Prozent. Unter dem Meeresspiegel zeigt sich die Dominanz der Sedimente noch stärker. Nur ein geringerer Teil des gesamten Meeresbodens wird durch felsige Steilhänge bzw. steilen Küstenabfall aus anstehendem Fels oder aus großen Felsblöcken gebildet – und zwar dort, wo die Hydrodynamik für eine Befreiung von den ständig vom Meer herangetragenen autochthonen (im Meer entstandenen) und allochthonen (terrigenen) Sedimenten sorgt. Der Großteil des Meeresbodens ist jedoch von – zum Teil recht dicken – Sedimentschichten und damit losem Material bedeckt.

Die geomorphologisch gestaltende Kraft der Felsküsten ist zu einem beträchtlichen Teil die Abrasion, die abtragende Wirkung der Brandung (Abb. 3.39). Diese Brandungserosion wirkt sowohl an Locker- als auch an Festgesteinen, im letzteren Fall führt sie zur Ausbildung der Abrasionsplattform (siehe unten). Diese leicht gegen das Meer hin geneigte Fläche wurde von der Brandung selbst oder durch sie bewegte Gerölle (Abb. 3.37 und 3.38) abgeschliffen. Küstennahe Flächen, die durch die Brandung planiert wurden, werden allgemein als Abrasionsflächen bezeichnet. Rezente Abrasionsflächen bzw. die Abrasionsplattform reichen so weit in die Tiefe, wie die Kraft der Wellen noch das Substrat gestalten und umformen kann; vorzeitliche (pleistozäne, eiszeitliche) Abrasionsflächen können sowohl mehr als 100 m unter als auch über dem heutigen Meeresspiegel liegen (vgl. Eiszeiten S. 94 ff.). Marine Strandterrassen als Folge vertikaler tektonischer Bewegungen sind ein markantes Charakteristikum vieler Mittelmeerküsten.

Die Unterspülung der Küste aus anstehendem Fels durch das Meer (bzw. durch Bioerosion) führt zum Abbrechen großer Gesteinsblöcke, wodurch Kliffe *(cliffs)* unterschiedlicher Höhe entstehen – steile bis senkrechte felsige Böschungen und gleichzeitig imposante landschaftliche Kulissen (Abb. 3.40). Das Kliff weicht im Laufe der Zeit landwärts zurück, wodurch sich eine ausgedehnte Brandungsplattform (Abrasionsplattform, auch als Abrasionsplatte, Abrasionsterrasse, Strandplatte oder Schorre, engl. *shore* bezeichnet) bilden kann. Das dadurch entstandene Material wird durch hydrodynamische Kräfte und Bioerosion weiter in große Felsblöcke, Blockfelder, Geröll, Kies, Sand, Schlamm und Ton verkleinert; die letzteren feinpartikulären Substrate werden an hydrodynamisch geschützten Stellen wie seichten Buchten und in Lagunen abgelagert (vgl. Hjulström-Diagramm, Abb. 6.81, S. 384 ff.)

Die weitere Entwicklung der Litoral- bzw. Küstenlandschaft hängt wesentlich vom Grad der Küstenneigung ab. Wenn diese gering ist, kann sich an den Kaps und Kliffe als Ursprungsgebiet eine vollständige, der Größe nach sortierte Sedimentabfolge entwickeln: mit großen Felsblöcken beginnend, über Geröll und Sand bis zum Schlamm. Gesteinshalden setzen sich dann unter Wasser, auf dem so genannten Litoralabhang oder Deklivium, bis in größere Tiefen fort. Wenn der Neigungsgrad des Untergrundes hoch ist, kann sich ein Kap oder Kliff unter Wasser bis in größere Tiefen fortsetzen. Wenn Strömungen die Felswand von Sedimenten frei halten, bilden sich hier die unter Tauchern begehrtesten Unterwasserlandschaften des Mittelmeeres: stark gegliederte, mit Gorgonien bewachsene Steilwände mit Überhängen und Höhlen, die in ihrer Schönheit tropischen Korallenriffen in keiner Weise nachstehen. Solche Steilwände können sich bis 50 oder sogar 80 m Tiefe fortsetzen, bevor sie in den sandigen Sedimentboden übergehen.

Ausprägung, Höhe und Neigungswinkel der Kliffe, die etwa Teile der spanischen Mittelmeerküste prägen, hängen von vielen Faktoren ab, wie: Art des Gesteins bzw. Substrats, Lagerungsart des Substrats und der Exposition der Küste (Dauer und Intensität der einwirkenden Brandung) sowie ganz maßgeblich von seinem Alter und damit erdgeschichtlichen Veränderungen. Kliffe verlieren mit der Zeit seine markante, steile Form, die Substratneigung wird geringer, die Abrasionsplattform breiter (vgl. Abb. 3.39).

Sedimentküsten

Das vom Hinterland durch Flüsse ins Litoral eingebrachte Sediment kann im Mündungsbereich je nach vorherrschenden hydrodynamischen Bedingungen (Strömung, Gezeitenhub, Wellen) entweder Deltas ausbilden (siehe unten) oder sich großräumig entlang der Küste verteilen und so entscheidend die Ausprägung der Küste, den Küstenverlauf verändern.

Unter Sediment versteht man sämtliche von Wasser, Eis und/oder Wind transportierte und abgelagerte Verwitterungsprodukte der Gesteine. Der Begriff umfasst somit nicht nur Feinsedimente (bis 2 mm Korndurchmesser: Grob-, Mittel- und Feinsande und -silte sowie Ton, als Psammite bezeichnet), sondern auch Grobsedimente, zu denen Kies, Brocken und selbst große Felsblöcke (so genannte Psephite: eckige oder runde Felsstücke mit mehr als 20 cm Durchmesser) gehören. Eine Klassifikation der Sediment-Korngrößen bietet die Tabelle 6.23.

Je nach Art und Alter der Felsblöcke und den hydrodynamischen Bedingungen im Litoralbereich können sich Blockstrände aus unterschiedlich geformten und unterschiedlich großen Komponenten ausbilden. An wellenexponierten Stränden entstehen Geröllfelder, deren Zwischenräume eine interessante Fauna beherbergen. Brandungsgeröll ist ein aktueller geomorphogenetischer Materialtyp der Küste, kommt aber auch in vorzeitlichen Sedimenten, im Flysch und auf den pleistozänen marinen Terrassen vor.

Blockstrände entstehen durch Verwitterung aus anstehendem Fels, aus Abtragungsprozessen, die zu Grobmaterialstücken rundlicher Form führen, oder aber durch Freilegung glazialer Geschiebeblöcke durch Brandung und Hangabtrag. Das Wasser wäscht das feinere Sediment zwischen den Blöcken aus, wodurch diese frei werden. Sedimentküsten, ihre Formen und die gestaltenden Kräfte sowie die biologisch-ökologischen Eigenschaften und die hier lebenden Biozönosen sind in Kapitel 6, „Lebensräume“, beschrieben.

Äolisches Georelief

Durch die Wirkung des Windes gebildete Landschaftsformen werden als äolisch bezeichnet. Manchmal können so ganze Inseln entstehen – wie Susak, eine kleine Nachbarinsel von Losinj in der Nordadria (Abb. 3.42) Der Name geht auf die Vorstellungswelt der Antike zurück: Äolus, der Wind, wurde vor allem unter den Griechen, später unter den Römern als lebendiges Wesen angesehen. Der Wohnsitz des Windbeherrschers lag spätestens seit Antiochos von Syrakus auf den Liparischen (Äolischen) Inseln nördlich von Sizilien.

Die modellierende Wirkung des Windes auf die Sedimente und die dadurch hervorgerufene Weiterformung des Reliefs wird äolische Geomorphodynamik genannt. Die Abtragung des Untergrundes durch den Wind nennt man Abblasung oder Deflation; vergleichbar mit der Wirkung eines Sandstrahlgebläses kann es eine landschaftsformende Wirkung als Wind- bzw. Sandschliff haben. Diese Art äolische Abtragung bezeichnet man auch als Korrasion; als Einzelformen entstehen so Pilzfelsen, Korrasionshohlkehlen oder Windkanter. Unter äolischer Fazies versteht man einen Sedimenttyp, der durch Windwirkung entsteht, unter äolischer Akkumulation (Windablagerung) geomorphologische Ablagerungsprozesse, die auf Windwirkung beruhen.

Zu den markantesten äolischen Landschaftsformen zählen die Sanddünen, ein im Mittelmeerraum durch den Tourismus und Verbauung bedrohter und immer mehr im Rückgang begriffener Lebensraum. Größere Dünengebiete gibt es noch in Südspanien, auf Mallorca, in Südfrankreich, auf Korsika und Sardinien, auf der Halbinsel Gargano, auf Kreta und in Nordafrika.

3.42 *Die 4 km lange und 3,73 km² große Insel Susak westlich von Losinj (Kvarner Bucht, Nordadria) ist äolischen Ursprungs – sie besteht größtenteils aus Sand. Ihre ursprüngliche Vegetation wurde überwiegend aus Schilf gebildet, der sandige Boden bietet ideale Bedingungen für den Weinanbau, eine der wichtigsten Einnahmequellen der Bevölkerung.*

Zuflüsse des Mittelmeeres und Probleme des Wasserhaushalts

Dieses Kapitel berührt einen der in vielfacher Hinsicht bedeutendsten ökologischen Aspekte und eines der größten Probleme der mediterranen Region, vor allem des Südens und Ostens: das Wasser. Manche Küstenregionen und viele Inseln müssen zunehmend durch Tankschiffe mit Wasser versorgt werden. Die landwirtschaftliche Nutzung kann in einem Klimagebiet mit ausgeprägter sommerlicher Trockenheit nur mit Hilfe von Bewässerung gesichert werden: Im Mittelmeerraum liegen heute rund 7 Prozent des bewässerten Kulturlandes der Erde mit insgesamt bis zu 20 Millionen Hektar. Natürliche Süßwasserseen haben für das Wassermanagement der Region insgesamt eine geringe Bedeutung, künstliche Stauseen und Rückhaltebecken möglichst großen Fassungsvermögens eine um so größere. Nur sie können die unregelmäßigen Niederschläge in eine gleichmäßigere Wasserspende, verteilt über das ganze Jahr, verwandeln.

Allerdings schaffen Dämme und Rückhaltebecken auch neue Probleme mit schwerwiegenden ökologischen Folgen. Das Erosions-Sedimentations-Regime an den Küsten verändert sich, da große Sedimentmengen als Folge der Abtragung von Land das Meer nicht mehr erreichen. 31 Prozent der Gesamtfläche des mediterranen Beckens weisen Abtragungswerte um 15 Tonnen je Hektar und Jahr auf, manche Gebiete Italiens, Syriens und Marokkos bis zu 250 t/ha und Jahr. Massive Erosion von Küstenstrichen ist mancherorts eine Folge des reduzierten Sedimenteintrags (vgl. Nildelta, Exkurs S. 124, Abb. 3.47).

Der terrestrische Wasserhaushalt der Region ist im Rahmen des Klimas beschrieben (S. 172 ff.), der Gesamtwasserhaushalt des Mittelmeeres im Kapitel „Ozeanographie". Die wichtigste Erkenntnis dieser ausführlicheren Beschreibungen vorweggenommen: Die Zuflüsse des Mittelmeeres können den starken Wasserverlust durch Verdunstung auch nicht annähernd ausgleichen. Man spricht daher bei Nebenmeeren wie diesem von „Konzentrationsbecken". Der jährliche Abfluss vom Festland bzw. der Süßwasserzufluss ins Meer steht einem mindestens doppelt so hohen Wasserverlust gegenüber. Die Hydrographie des Mittelmeeres lässt sich ohne den Beitrag des Schwarzen Meeres und seines Wasserüberschusses nicht verstehen; beide Meere und die Einzugsgebiete ihrer Flüsse werden daher in diesem Überblick berücksichtigt (Abb. 3.44; vgl. Abb. 5.2).

Die markante gebirgige Umrandung, wobei diese Gebirge die eigentlichen Wasserspender der Region sind, und die starke topographische Gliederung des mediterranen Beckens mit ihrer Folge einer gewissen „Kleinräumigkeit" wurden bereits mehrfach betont. Sie resultieren aus der tektonischen Geschichte der Region. Die meisten Zuflüsse des Mittelmeeres – die bedeutendsten sind auf Abb. 3.44 dargestellt und in Tabelle 3.7 aufgelistet – sind infolgedessen eher kurz und bauen keine größeren oberirdischen Flussnetze auf. Anders ausgedrückt: Die Einzugsgebiete der meisten Flüsse sind relativ klein (< 10 000 km²). 60 Prozent der Fläche des mediterranen Beckens werden von Flüssen dieser Kategorie entwässert. Die einzigen markanten Ausnahmen bilden der Fremdlingsfluss Nil, einst bedeutendster Zufluss des Mittelmeeres, dessen Eintrag an Wasser und Sediment in den letzten Jahrzehnten dramatisch gesunken ist, und die drei großen im Nordwesten des mediterranen Beckens liegenden Flüsse: die Rhône, ebenfalls ein Fremdlingsfluss, mit 58 km³/Jahr und einem Einzugsgebiet von 96 000 km², gefolgt vom Po mit 49 km³/Jahr und 69 000 km² und dem Ebro mit ca. 9 km³/Jahr und 84 000 km².

Eine Vielzahl kleinerer Flüsse mit zum Teil periodischer oder sogar episodischer Wasserführung, die relativ geradlinig und mit einem größeren Gefälle dem Meer zuströmen (z. B. ägäischer Randsaum der Türkei, adriatische Seite der Apenninhalbinsel), sind ein Charakteristikum der Region. Längere Laufstrecken können sich nur dort entfalten, wo größere Landmassen entwässert werden (Ebro, Iberische Halbinsel, Poebene am Südrand der Alpen). Die bereits erwähnten Fremdlingsflüsse Rhône (523 km), in Hinblick auf die Wasserführung größter französischer Fluss, und Nil (ca. 6 670 km) sind die einzigen langen Zuflüsse des Mediterrans; Letzterer entspringt weit außerhalb des mediterranen Beckens.

Die Wasserspende der Flüsse ist in den letzten 40–50 Jahren insgesamt um etwa 20–30 Prozent gesunken. Den dramatischsten Wasserverlust erlitt der Nil (bis zu 90 Prozent), gefolgt vom zweitgrößten Zufluss, der Rhône. Nicht weniger markant ist der Rückgang der ins Meer eingebrachten Sedimente durch den ökologisch bedenklichen Dammbau, der allerdings für die Wasserversorgung der Bevölkerung absolut unentbehrlich ist. Nach Angaben der UNEP schätzt man den Rückgang der Sedimentfracht ins Meer auf bis zu 70 Prozent.

Klimatische Aspekte prägen den Oberflächenabfluss noch entscheidender als die Topographie der Region (Größe des Einzugsgebietes, Relief, Hangneigung). Vor allem Menge und Verteilung der Niederschläge weisen beträchtliche Unterschiede zwischen 4 500 mm jährlich in Montenegro und Teilen Albaniens und 200 oder sogar nur 100 mm in semiariden Küstengebieten von Almeria in Spanien auf. Markant ist die regional und lokal unterschiedliche Verdunstungshöhe, die zwischen 800–1 000 und fast 2 000 mm/Jahr variiert. Der Oberflächenabfluss wird durch zahlreiche weitere Faktoren bestimmt: durch die geologische Beschaffenheit des Untergrundes, durch den Grundwasserhaushalt und damit zusammenhängend durch hydrographisch wichtige Eigenschaften des Bodens wie Speicherfähigkeit für Wasser, die Vegetationsdecke, den Grad der Naturraumdegradierung (vgl. Abb. 4.38) und einige weitere.

Die genannten Faktoren ermöglichen nach Wagner (2001) eine Unterscheidung von fünf verschiedenen Zuflusstypen mit abweichenden Jahresgängen ihrer Wasserführung:

1. Größere Zuflüsse aus humiden Gebieten (Fremdlingsflüsse), die den sommerlichen Wassermangel ausgleichen. In das Mittelmeer mündend sind in dieser Kategorie nur der Nil und die Rhône zu nennen; in das Schwarze Meer münden Donau, Dnjestr, Dnjepr, Bug und Don. Eine ganzjährig ausgeglichene Wasserführung wird entweder durch humid-atlantische (Rhône) oder humid-kontinentale (alle anderen genannten Flüsse) Klimabedingungen garantiert – vor allem die ganzjährige Niederschlagsverteilung.

2. Größere autochthone Zuflüsse mit ständiger Wasserführung (pluvial-nivaler Typ; perennierende* Gewässer) und größeren Einzugsgebieten sind im Mittelmeerraum wie schon betont selten. Zu nennen ist der Ebro in Nordspanien (er bezieht sein Wasser vom atlantischen Saum Spaniens und den Pyrenäen mit insgesamt hohen Niederschlagsmengen), der Po, dessen nördliche Zubringer durch die Schneeschmelze in den Alpen ausreichend Wasser liefern (die südlichen hingegen trocknen im Sommer und manchmal auch im Winter aus), das (fast ganzjährig wasserführende) Flusssystem der Medjerda in Nordtunesien (die zum Teil intakte Waldbedeckung sorgt bis in den trockenen Sommer hinein für eine ausgeglichene Wasserzufuhr). Ein eindrucksvolles Beispiel für die verheerenden Auswirkungen torrentieller* Starkregen und das damit verbundene Erosions- sowie Transportvermögen der Flüsse (wobei pluvialnivale Flüsse ebenso betroffen sein können wie solche mit periodischer oder episodischer Wasserführung) lieferte die Hochwasserkatastrophe von Florenz am 4. November 1966. Innerhalb von 17 Stunden stieg die Wasserführung des Arno vom Durchschnittswert um 50 m^3/s auf bis zu 4 500 m^3/s. Die Strömungsgeschwindigkeit betrug 50 km/h; das Wasser stand selbst in der Stadtmitte mehr als 5 m hoch. Am kommenden Morgen waren die Straßen wieder wasserfrei, allerdings waren im Stadtgebiet 600 000 Tonnen Schlamm zurückgeblieben. Diese Zahl verdeutlicht, welches Erosionspotenzial sich in mediterranen Flüssen infolge torrentieller Niederschläge verbergen kann.

3. Karstgewässer – an wasserdurchlässiges Gestein, vor allem Kalksteingebiete und ihre Randzonen gebunden – sind dank ihres besonderen Wasserhaushalts ganzjährig wasserführend und haben daher eine große Bedeutung. In manchen

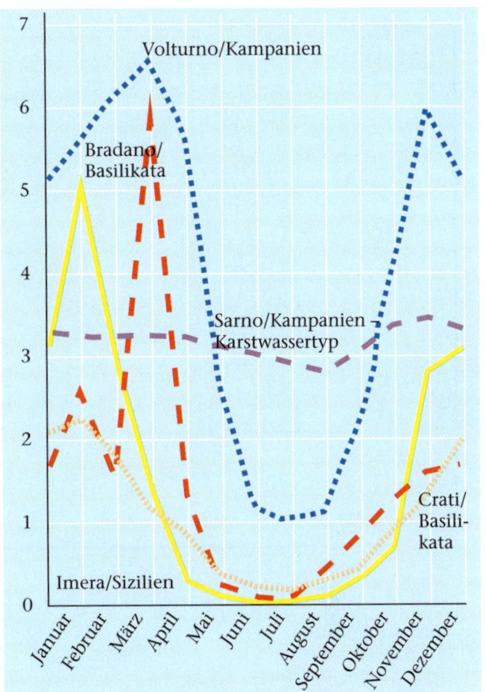

3.43 Beispiele für Abflussrhythmen einiger Flüsse in Italien. Auffallend ist die starke jahreszeitlich geprägte Periodizität der Wasserführung (sowohl ständige als auch periodische Wasserführung sind vertreten). Die einzige markante Ausnahme auf dieser Darstellung ist der Karstfluss Sarno in Kampanien mit seinem für ein Karstgewässer typischen Jahresgang. Nach Wagner, 2001.

Gebieten werden viele ganzjährig wasserführende Flüsse mit ausgeglichenem Jahresgang von Karstquellen gespeist (z. B. Sarno, vgl. Abb. 3.43). Die absolute Abflussmenge ist meist klein. Ein sommerlicher Abfall ist zwar bemerkbar, bleibt aber verhältnismäßig gering; die Amplitude zwischen maximaler und minimaler Wasserführung erreicht selten das Verhältnis 2 : 1. Die unterirdischen Teile des Karstsystems wirken ausgleichend; sie speichern Wasser, gleichen so den unregelmäßigen Jahresgang der Niederschläge aus und machen den Fluss weniger von der sommerlichen Hitze und Trockenheit abhängig (z. B. Pamisos-Quellen in Messenien, Peloponnes; küstennahe Kulturlandschaft Kampaniens im Umkreis des Vesuvs). Der karstische Abflusstyp ist hauptsächlich im östlichen Mittelmeerraum und in Teilen der Adriaküste zu finden, auch untermeerische Schüttung von Karstquellen kommt vor (dalmatinische Küste, Mare Piccolo bei Taranto/Tarent in Apulien; vgl. auch „Süßwasserablaufröhre", S. 150). Es ist kein Zufall, dass alte, seit dem frühen Mittelalter bestehende Bewässerungsgebiete im Umkreis

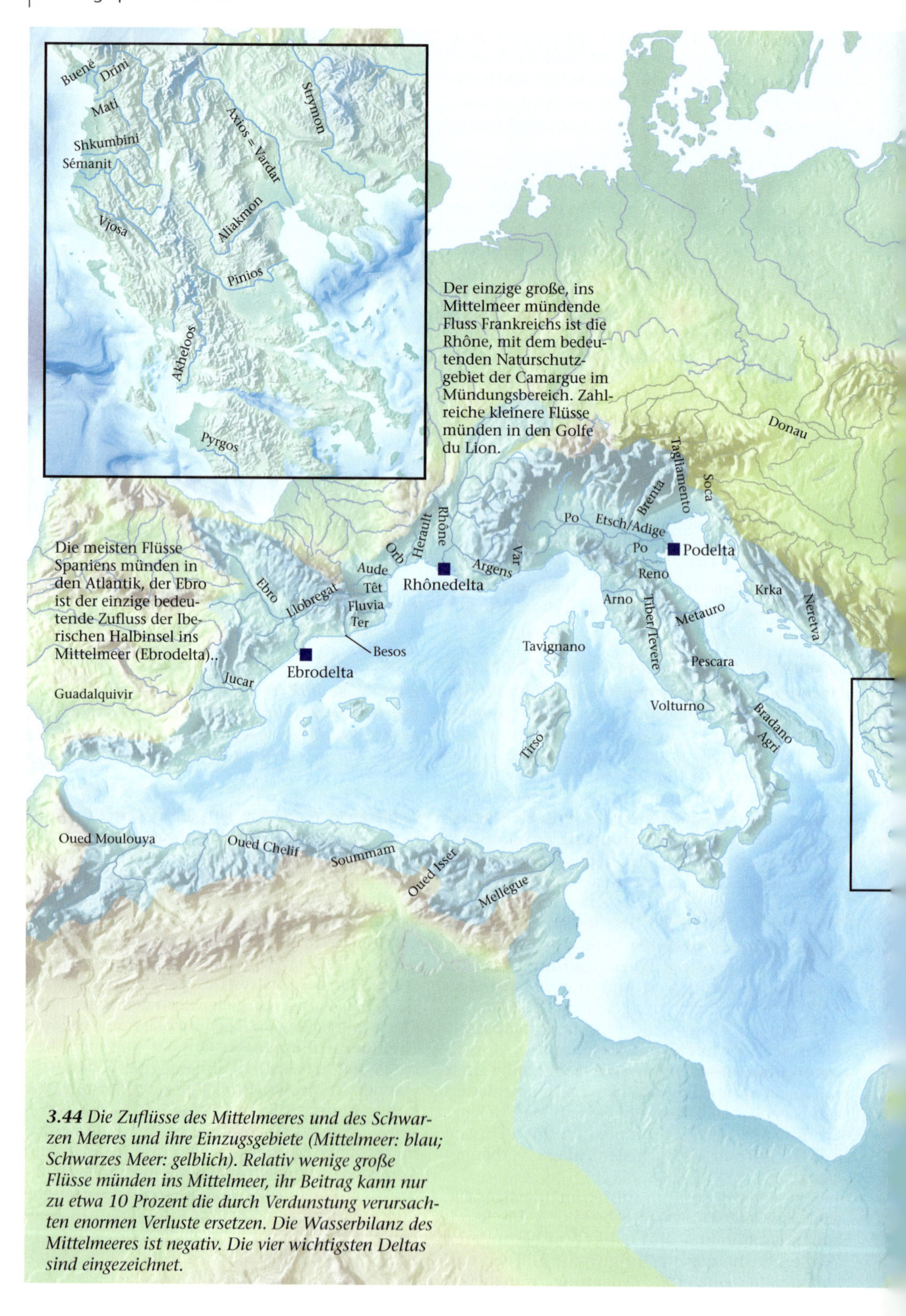

***3.44** Die Zuflüsse des Mittelmeeres und des Schwarzen Meeres und ihre Einzugsgebiete (Mittelmeer: blau; Schwarzes Meer: gelblich). Relativ wenige große Flüsse münden ins Mittelmeer, ihr Beitrag kann nur zu etwa 10 Prozent die durch Verdunstung verursachten enormen Verluste ersetzen. Die Wasserbilanz des Mittelmeeres ist negativ. Die vier wichtigsten Deltas sind eingezeichnet.*

Der Nil war einst mit 95 km³ Wasserspende jährlich der bedeutendste Zufluss des Mittelmeeres. Nach dem Bau des Assuan-Hochdamms und dem Abzweigen großer Wassermengen für die Bewässerung ist er zu einem eher unbedeutenden Wasserspender verkommen; damit sind dem östlichen Mittelmeer auch gewaltige Mengen an Sedimenten und Nährstoffen verloren gegangen.

von Karstquellen liegen, so die Huertas von Murcia und Valencia, die Conca d'Oro von Palermo, die Campagna felix bei Neapel und viele stadtnahe Gärten in Griechenland. Derartige Kulturflächen sind jedoch durch die generell eher geringe Wasserschüttung der Karstquellen limitiert, wenn nicht zusätzlich Wasser herangeführt werden kann.

4. Von Westen nach Osten und von Norden nach Süden zunehmend, der Jahresverteilung der Niederschläge folgend, überwiegen kürzere Flüsse bzw. Schotter- und Schuttbette mit weitgehend flacher Sohle und periodischer (torrentieller) Wasserführung. Die starke Landschaftsdegradierung und die fehlende Vegetationsdecke führen zum schnellen Abfließen der Niederschläge, die Versickerungsrate sinkt, während die Geschwindigkeit des Oberflächenabflusses steigt. Die Abflussrhythmen sind vielfach extrem, die Erosionsgefahr hoch. Die trockenen Talsohlen (*torrenti* und *fiumare* in Italien; *arroyos, ramblas, bajados, esteros* in Spanien; *chimarri* in Griechenland), die in der Trockenzeit vielfach als Verkehrswege und Viehtriften dienen, füllen sich bei einsetzenden Starkregen schnell und führen im Mittelmeerraum alljährlich zu Überflutungen und Hochwasserkatastrophen, oft mit Todesopfern. Genauso schnell kann der Wasserstand wieder sinken und die Flussläufe wieder austrocknen. Im Sommer können gelegentlich durch Hitzegewitter kurzfristig hohe Durchflüsse zustande kommen. Die Unregelmäßigkeit der Abflüsse ist bei diesem Flusstyp seit der Antike anthropogen bedingt zunehmend, eine Folge der Zerstörung der natürlichen Vegetationsdecke.

5. In den ariden, subariden und semiariden Klimagebieten gibt es fast ausschließlich Flüsse mit episodischer Wasserführung. Die zu ihnen gehörenden Wadis (Trockentäler) füllen sich unregelmäßig, manchmal nur einmal in mehreren Jahren. Der Abfluss erfolgt dann meist unterirdisch (und damit gegen hohe Verdunstungsverluste geschützt) durch das oberflächennahe Grundwasser. Torrentielles Fließverhalten charakterisiert diese Flussläufe: eine stoßartige, niederschlagsbedingte Wasserführung. Wie auch bei den Flüssen periodischer Wasserführung treten regelmäßig Hochwasserkatastrophen mit weitreichender Umschichtung des Reliefs auf.

Völlig abflusslose Gebiete sind trotz der geringen Niederschlagsmengen vieler Regionen im Osten und Süden selten und kommen nur in den niederschlagsärmsten Gebieten des Mediterrans vor (beispielsweise in Teilen des spanischen Binnenlandes).

In Zusammenhang mit dem Wasserregime der Flüsse werden – oft in der fremdsprachigen Literatur – die Begriffe ephemer (auch temporär: kurzlebig, vorübergehend) und perennierend (dauernd, beständig, anhaltend) verwendet.

Fluss	Staat	Länge (km)	Wasserführung (km^3/a)	Flusstyp[1]	Einzugsgebiet (km^2)	Nitrate ($N-NO_3^-$) (mg/l)	Ammonium ($N-NH_4^+$) (mg/l)	Phosphate ($P-PO_4^{-3}$) (mg/l)
Po	I	652	48,90	st	74970	25,55	23,333	23,333
Rhône	F	812	48,07	Fr	99000	1,48	0,124	0,101
Drini	AL	285	11,39	st	k. A.	k. A.	k. A.	k. A.
Neretva	HR	218	11,01	st	k. A.	0,269	0,029	k. A.
Bojana/Buna	AL	k. A.	10,09	st	k. A.	k. A.	k. A.	k. A.
Ebro	E	910	9,24	st	83500	2,3	0,167	0,029
Tiber/Tevere	I	405	7,38	st	17164	1,37	1,04	0,26
Etsch/Adige	I	410	7,29	st	12200	1,25	0,111	0,03
Seyhan	TR	560	11,30	st	k. A.	0,43	0,7	0,14
Ceyhan	TR	509	13,30	st	k. A.	1,03	0,13	0,04
Evros/Meric	GR/TR	525	6,80	st	k. A.	1,9	0,05	0,36
Vijose	AL	k. A.	6,15	st	k. A.	k. A.	k. A.	k. A.
Oued Isser	DZ	k. A.	6,12	st	k. A.	k. A.	k. A.	k. A.
Akheloos	GR	k. A.	5,67	st	k. A.	0,60	0,035	0,02
Manavgat	TR	k. A.	3,81	st	k. A.	0,22	k. A.	k. A.
Vradar/Axios	Mz/GR	420	4,90	st	k. A.	1,584	0,065	0,48
Büyük Menderes	TR	584	0,40	st	k. A.	0,75	0,33	0,07
Mati	AL	k. A.	3,25	st	k. A.	k. A.	k. A.	k. A.
Volturno	I	175	3,10	st	5455	k. A.	k. A.	k. A.
Seman	AL	121	3,02	st	k. A.	0,24	k. A.	k. A.
Strymon/Struma	GR	408	2,59	st	k. A.	1,236	0,053	0,11
Göksu	TR	308	3,60	st	k. A.	0,59	0,18	0,06
Brenta	I	174	2,32	st	2300	k. A.	k. A.	k. A.
Arno	I	241	2,10	st	8274	0,912	0,042	0,50
Shkumbin	AL	181	1,94	st	k. A.	0,93	k. A.	k. A.
Gediz	TR	401	3,00	st	k. A.	1,18	0,005	0,14
Aterno/Pescara	I	145	1,70	st	3125	k. A.	k. A.	k. A.
Krka	HR	60	1,61	ka	k. A.	0,45	0,031	0,029
Oued Moulouya	MA	530	1,58	st	k. A.	k. A.	k. A.	k. A.
Var	F	120	1,57	st	k. A.	0,18	0,031	0,006
Reno	I	211	1,40	st	4626	k. A.	k. A.	k. A.
Aude	F	224	1,31	st	k. A.	1,42	0,09	0,09
Oued Chélifj	DZ	690	1,26	st	k. A.	k. A.	k. A.	k. A.
Jucar	E	498	1,26	st	k. A.	k. A.	k. A.	k. A.
Haliakmon	GR	297	1,17	st	k. A.	0,395	0,05	0,10
Nestos	GR	210	1,03	st	k. A.	1,24	0,071	k. A.
Herault	F	160	0,92	st	k. A.	0,61	0,06	0,045
Orb	F	65	0,86	st	k. A.	0,67	0,44	0,14

Fluss	Staat[1]	Länge (km)	Wasser führung (km^3/a)	Flusstyp[1]	Einzugs-gebiet (km^2)	Nitrate ($N\text{-}NO_3^-$) (mg/l)	Ammo-nium ($N\text{-}NH_4^+$) (mg/l)	Phosphate ($P\text{-}PO_4^{3-}$) (mg/l)
Ter	E	209	0,84	st	3 300	k. A.	1,2	k. A.
Pinios	GR	227	0,672	st	k. A.	2,32	0,167	k. A.
Llobregat	E	170	0,466	st	k. A.	1,9	3,2	1,2
Metauro	I	k. A.	0,43	st	k. A.	1,36	0,0	0,005
Tet	F	120	0,40	st	k. A.	1,8	1,5	0,47
Argens	F	k. A.	0,38	st	k. A.	0,74	0,09	0,110
Fluvia	I	k. A.	0,36	st	k. A.	k. A.	0,054	k. A.
Nil	ET	6 671	0,30	Fr	1 900 000	k. A.	k. A.	k. A.
Besos	E	k. A.	0,130	st	k. A.	1,9	3,1	k. A.
Kishon	IL	75	0,063	st	k. A.	k. A.	k. A.	k. A.
Tavignano	F/Kor.	k. A.	0,06	st	k. A.	0,34	k. A.	k. A.

__Tabelle 3.7__ Die größten Zuflüsse des Mittelmeeres und ihre Belastung durch Nitrate, Ammonium und Phosphate. [1] Die Flusstypen sind auf S. 145 bis 147 beschrieben: Fr – Fremdlingsflüsse (große Ströme wie Rhône und Nil, die außerhalb des mediterranen Beckens entspringen); st – autochthone Flüsse mit ständiger Wasserführung; ka – karstisch; pe – periodisch; ep – episodisch. Auffallend ist die für ein kleines Land wie Albanien hohe Anzahl größerer Flüsse mit insgesamt etwa 36 km³ Wasserspende pro Jahr, ein Spiegel der hydrologisch günstigsten Situation im gesamten Mittelmeerraum (1990: fast 16 000 m³ pro Einwohner und Jahr erneuerbare Wasserressourcen). In krassem Gegensatz dazu scheint Libyen (100 m³ pro Einwohner und Jahr) in der Flusstabelle gar nicht auf und Ägypten nimmt mit dem Nil erst einen den letzten Plätze ein.

Da Wasserknappheit bzw. ungleichmäßige Verteilung der Wasserressourcen mit einem deutlichen West-Ost- und Nord-Süd-Gefälle zu den brennendsten Problemen der mediterranen Region zählen – der wesentlich feuchtere Norden verfügt über etwa 80 Prozent, der trockene Süden über 20 Prozent des Wasserangebots –, wurde dieser Frage in den letzten zwei Jahrzehnten viel Aufmerksamkeit geschenkt. Die Ergebnisse kurz zusammengefasst (Wagner, 2001; Stand 1990): Die in das Mittelmeer mündenden Flüsse mit ihren Einzugsgebieten aus dem mediterranen Becken bringen jährlich einen Zufluss von etwa 1 100 km³; hinzu kommen Flusswasserimporte aus Klimaräumen außerhalb des mediterranen Beckens (Rhône, Nil) mit etwa 60–80 km³ jährlich. Von den insgesamt 1 180 km³ gehen 600 km³, also die Hälfte, durch die Gesamtverdunstung verloren (Verdunstung von den Fließgewässern selbst, von den Landoberflächen und über die Vegetation); etwa 20 km³ verdunsten aus Stauseen, Bewässerungskanälen, durch Versickern aus schadhaften Leitungen und durch die Sprühberegnung in der Landwirtschaft. Ein Großteil der verbleibenden Menge, nämlich 520 km³, fließen oberirdisch und über Grundwasser- und Bodenhorizonte ins Meer ab. Nur etwas über 60 km³ bleiben der Nutzung durch den Menschen erhalten. Die verfügbaren Wassermengen pro Person und Jahr nehmen in praktisch allen Ländern der Mittelmeerregion stark ab (Abb. 3.45 und 3.46).

Besonders bedenklich ist, dass immer weniger Wasser in das Grundwasser zurückfließt. Die bewässerten Flächen nehmen ständig zu, die Grundwasserressourcen, die bis zum letzten Tropfen genutzt werden, können sich nicht mehr regenerieren. Das phreatische (oberflächennahe) Grundwasser wird durch Infiltration von Niederschlags- und Flusswasser nicht mehr ausreichend aufgefüllt. Tiefer liegende, aus den letzten Kalt- und Feuchtzeiten stammende Grundwasserhorizonte werden angebohrt. Seit ihrem Einschluss waren diese Wasserreserven nicht mehr am globalen Wasserkreislauf beteiligt, sie werden daher als fossiles Grundwasser bezeichnet. Es geht somit um nicht erneuerbare Wasserressourcen, deren Nutzung weitreichende Folgen haben kann: Die oberen Grundwasserstockwerke können zusammenbrechen, Quellhorizonte absinken und Brunnen austrocknen. Salzwasser dringt – wie auf dem Peloponnes oder an der spanischen Ostküste – in die leergepumpten Süßwasserhorizonte der Küstenebenen ein und führt zu mariner Mineralisierung, die den Boden schädigt und für bestimmte landwirtschaftliche Nutzungen unbrauchbar macht (vgl. Abb. 3.23).

In diesem Zusammenhang sind Hydrogeologen in neuester Zeit im Mittelmeerraum auf ein bemerkenswertes Phänomen gestoßen, das einige Probleme der Wasserversorgung regional entschärfen könnte. Wie so viele andere Phänomene rund um das Mittelmeer steht auch dieses in Zusammenhang mit den Eiszeiten. Auf die mögliche Nutzung untermeerischer Süßwasserquellen hat der Bremer Hydrogeologe Dietmar Ortlam aufmerksam gemacht. Mächtige Süßwasseraustritte sind vor allem in Karstgebieten schon lange bekannt, insgesamt hat man ihnen aber für den globalen Wasserhaushalt der Kontinente keine große Bedeutung beigemessen. Man nahm bisher an, dass mehr als 90 Prozent des an Land gebildeten Grundwassers über die Flussmündungen in das Weltmeer abfließen. Nach neueren Schätzungen fließen jedoch 30 Prozent der gesamten Grundwassermenge über so genannte „Süßwasserablaufröhren" ins Meer. Entstanden ist dieses System als Folge der Eiszeiten, in denen sich der ganze Wasserabfluss auf einen wesentlich tiefer liegenden Meeresspiegel eingestellt hat. Mit dem Schmelzen der Eiszeitgletscher ist der Meeresspiegel um bis zu 100 m angestiegen. Dadurch wurden Süßwasserquellen überflutet (heute liegen sie am Meeresboden), Meerwasser drang außerdem landeinwärts in die Grundwasserhorizonte ein. Gleichzeitig strömte süßes Grundwasser vom Land in Richtung Meer nach; beide Wassermassen konnten sich im Untergrund aber nur schlecht mischen. Die Ausbildung von röhrenförmigen Abläufen war die Folge: Wie durch eine aus salzigem Grundwasser gebildete Röhre fließt Süßwasser dem Meer zu und tritt erst im Meer, oft unweit der Küste, als Süßwasserquelle aus. Erkannt hat man solche Quellen mit Hilfe der Satellitenfernerkundung: An vielen Küstenabschnitten zeigten sich Anomalien in der Wassertemperatur, Temperaturen also, die von den erwarteten zum Teil beträchtlich abwichen. Wärmere oder kältere untermeerische Wasseraustritte in Form von Quellen und Grundwasser lieferten die Erklärung. Allein vor der Küste des Libanon ergießen sich auf diese Weise geschätzte zwei Milliarden Kubikmeter Süßwasser ins Meer, ein gewaltiger Wasservorrat, der der Hälfte des gegenwärtigen Wasserverbrauchs in Deutschland entspricht.

Etwa 80 Zuflüsse des Mediterrans sind signifikant an Eutrophierung und Schadstoffeintrag ins Meer beteiligt. Die Überwachung (Monitoring) der eingebrachten Nähr- bzw. Schadstoffmengen ist aber in vielen Regionen, vor allem den ärmeren Ländern des Nahen Ostens und Nordafrikas, immer noch sehr unzureichend. Der Gehalt an Pflanzennährstoffen, vor allem Phosphat und Nitrat, ist zwar im Durchschnitt etwa viermal geringer als in den meisten westeuropäischen Flüssen, allerdings ist die Tendenz bei Nitrat in allen dokumentierten Fällen steigend. Der Phosphateintrag ist in manchen Ländern, etwa Griechenland, in den letzten Jahren dramatisch gestiegen,

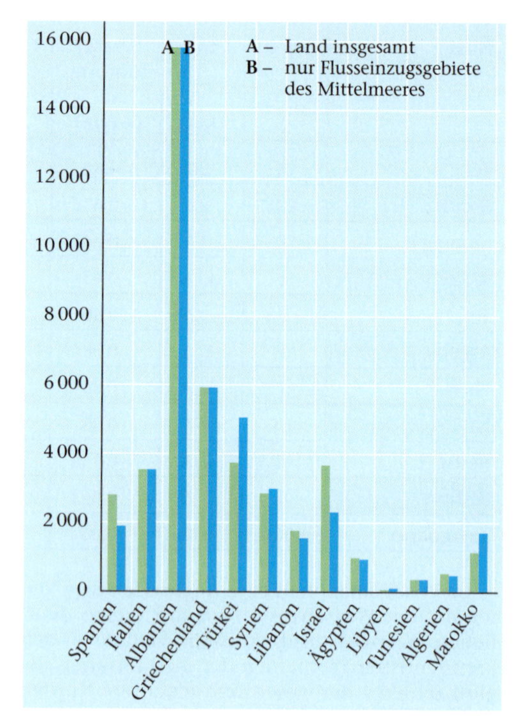

3.45 *Erneuerbare Wasserressourcen in Kubikmeter pro Einwohner und Jahr, 1990. Wie die Abbildung der folgenden Seite zeigt, wird sich die Wasserknappheit in den kommenden Jahrzehnten in den meisten Mittelmeerländern dramatisch verschärfen. Das bei weitem am reichsten mit Wasser gesegnete Land ist Albanien, die ungünstigste Situation hat Libyen, gefolgt von Tunesien. Nach Wagner, 2001.*

in anderen wie Frankreich stagniert er, in Italien konnte er gesenkt werden. Massive Eutrophierungsphänomene sind vor allem in flachen, abgetrennten Meeresteilen (Nordadria), in der Nähe größerer Städte und im Mündungsbereich der Flüsse, in Buchten, Lagunen und Ästuaren zu beobachten, insgesamt also in Teilen der küstennahen neritischen Provinz*. Die Eutrophierung des mediterranen Wasserkörpers als Gesamtheit (der ozeanischen Provinz*) hält sich aber in den letzten Jahrzehnten insgesamt in Grenzen; oligotrophe Bedingungen sind für große Teile der offenen See nach wie vor ein Charakteristikum des Mittelmeeres.

Die Belastung vieler Zuflüsse des Mediterrans durch Schwermetalle (Sammelbezeichnung für Metalle mit einer Dichte in Elementform von über 4,5–6 g/cm³) erreicht zwar nicht das Niveau der meisten westeuropäischen Flüsse, allerdings gestaltet sich die Ermittlung exakter Zahlen als recht schwierig: Das Monitoring ist unzureichend, die Wasserführung der Flüsse ist durch den Bau von Dämmen und den Wasserverbrauch der

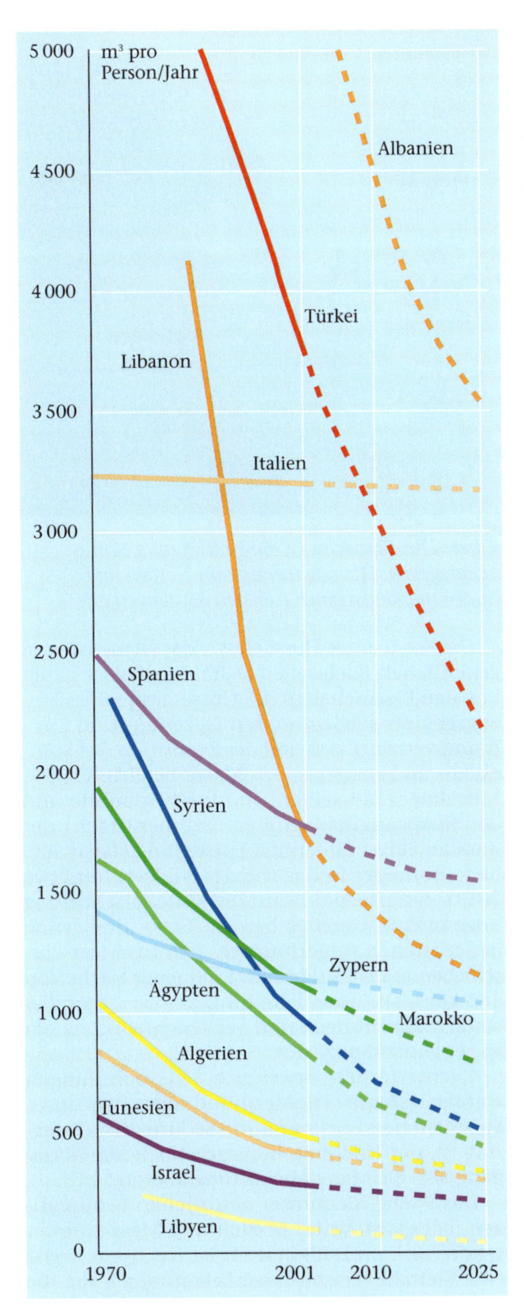

3.46 Prognostizierte Abnahme der zur Verfügung stehenden Wassermenge pro Jahr und Person zwischen 1970 und 2025. Das Nord-Süd- und West-Ost-Gefälle in der Wasserproblematik ist deutlich zu erkennen, noch beunruhigender ist aber die – mit Ausnahme Italiens – insgesamt stark abnehmende verfügbare Wassermenge. In manchen Ländern wie dem Libanon und der Türkei ist diese Entwicklung äußerst dramatisch. Nach Wagner, 2001.

Landwirtschaft insgesamt geringer, Metalle werden oft in partikulärer Form eingebracht und gemeinsam mit Sedimenten in den Staubecken abgelagert, von wo eine unregelmäßige Abgabe je nach Wasserführung erfolgen kann. Viele Flüsse sind durch Pestizide (Schädlingsbekämpfungsmittel verschiedenster, oft von Fluss zu Fluss unterschiedlicher Art) belastet, wobei diese Belastung nicht von der Größe des Flusses, sondern von der regionalen/lokalen Art der landwirtschaftlichen Nutzung im Einzugsgebiet abhängt. Auch kleine Flüsse können stark belastet sein. Relativ stark ist die Belastung der großen Flüsse Ebro, Rhône und Po durch Industrieabwässer mit polychlorierten Biphenylen (PCB), polyzyklischen aromatischen Kohlenwasserstoffen (PAH), verschiedenen Lösungsmitteln und vielen weiteren Stoffen.

Die bakterielle Belastung der Flüsse variiert stark zwischen unbelasteten Gewässern in einigen dünn besiedelten Gebieten bis zu Flüssen mit 100 000 fäkalcoliformen Keimen/100 ml, vor allem in südlichen Teilen des Mediterrans. In den meisten europäischen Ländern ist die bakterielle Belastung in den letzten Jahren durch effektiveres Abwassermanagement zurückgegangen.

Flussmündungen, Deltas, Feuchtgebiete

Durch die Abnahme der Fließgeschwindigkeit des Flusses im Mündungsbereich kommt es zu verstärkter Sedimentablagerung und Bildung von Deltas. In der Folge lässt das eingebrachte Sediment Nehrungen, Lagunen und weitere geomorphologische Formen entstehen (vgl. Abb. 3.36 und 3.47). Im Meer entstehende Deltas dehnen sich in horizontaler Richtung weiter aus als solche in Süßwasserseen: Das leichtere Flusswasser „schwimmt" auf dem dichteren Meerwasser, die vertikale Durchmischung ist geringer, und die Flusssedimente werden über eine größere Distanz transportiert.

Ob ein Fluss ein Delta ausbildet, hängt von zahlreichen Faktoren ab, so von der Menge der Sedimentfracht (es muss mehr Sediment herangetragen werden, als die Wellen und Strömungen wieder abtragen), von der Topographie der Küste (flaches Wasser vor der Flussmündung fördert die Deltabildung), der Exponiertheit der Küste (an relativ geschützten Küsten ist die Deltabildung wahrscheinlicher als an stark exponierten Küsten) und schließlich von den Gezeitenunterschieden (je geringer der Tidenhub, desto wahrscheinlicher ist die Deltabildung). Es geht also um ein Gleichgewicht von ablagernden und abtragenden Prozessen, das durch Einflüsse leicht gestört werden kann.

Deltas werden in lexikographischer Sprache trocken als „Aufschüttungen fluvialer Lockersedimente vor einer Flussmündung ins Meer" definiert. Ökologisch betrachtet kann ihre Bedeutung – wie jene von Feuchtlebensräumen über-

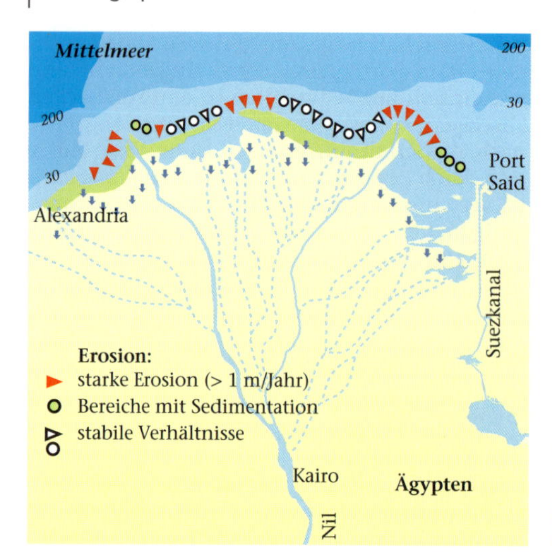

3.47 Das Nildelta, größtes Flussdelta des Mittelmeeres. Wie im Exkurs auf S. 124 dargestellt, spielt es für Ägypten eine entscheidende Rolle.

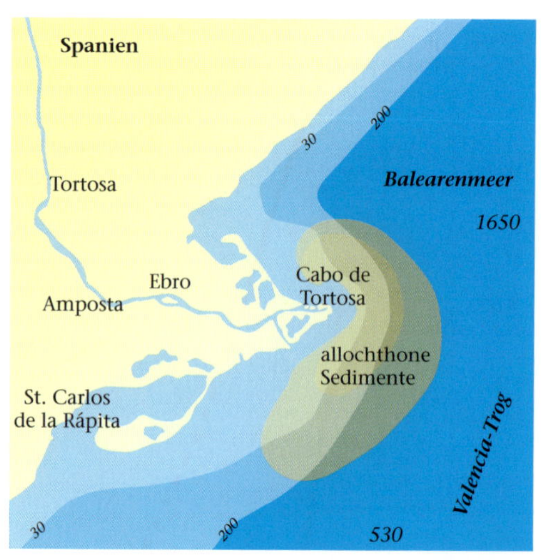

Oben: Das Ebrodelta ist ein bedeutendes Naturschutzgebiet. Die Lagunenufer im Norden und Süden markieren einen früheren Küstenverlauf.

haupt – kaum hoch genug eingeschätzt werden: Mündungsbereiche größerer und selbst kleinerer Flüsse und benachbarte Feuchtlebensräume (Lagunen, Salzmarschen, engl. *wetlands*) gehören zu den wertvollsten und reichhaltigsten Lebensräumen im Küstenbereich des Mittelmeeres.

Etwa die Hälfte der europäischen Vogelfauna sind Bewohner von Feuchtgebieten, auch sind etwa 30 Prozent der Pflanzenarten mehr oder weniger stark an solche Lebensräume gebunden. In den meisten Organismengruppen ist die Biodiversität in Feuchtlebensräumen besonders hoch, so auch bei den Insekten, von denen hunderte Arten in ihrem Lebenszyklus zumindest ein aquatisches Stadium haben. Allein in Italien gibt es in Feuchtgebieten etwa 500 Arten der Käferfamilie Carabidae. Manche Autoren zählen daher die küstennahen Feuchtgebiete des Mittelmeerraumes zu den am stärksten bedrohten Ökosystemen der Welt (Blondel und Aronson, 1999), eine Ansicht, die durch folgende Zahlen gestützt wird: In der Zeit des Römischen Imperiums hat es allein auf der Apenninhalbinsel etwa 3 Mio. ha Feuchtgebiete gegeben, zu Beginn des 20. Jahrhunderts waren es 1,3 Mio. ha, 1991 nur noch 300 000 ha. Im gesamten Mittelmeerraum existierten 1995 2 850 000 ha Feuchtlebensräume.

Die Küstenlinie verschiebt sich dort, wo der Sedimenteintrag dominiert, in Richtung Meer; dadurch liegen viele ehemalige Küstenstädte, beispielsweise Adria (das antike Atria, ein Städtchen im Podelta, von dem das Adriatische Meer den Namen erhielt) heute etliche Kilometer vom Meer entfernt. Nach der Reduzierung der Sedimentfracht kann es jedoch zu einer entgegengesetzten Entwicklung, zur Erosion der Küste kommen.

Die Form eines Flussdeltas – der Name ist vom griechischen Buchstaben Delta abgeleitet – hängt von den Eigenschaften des Flusses und seines Einzugsgebiets sowie von den Gezeiten- und Strömungsverhältnissen und der Exposition des Mündungs- und angrenzenden Meeresbereichs ab. Das Mittelmeer mit seinem geringen Tidenhub und der (ursprünglich) großen Sedimentfracht der meisten Flüsse fördert die Entstehung klassischer, bogenförmiger Deltas wie das Nildelta mit etwa 20 000 km^2 Fläche. Wenn die Materialschüttung hoch und die Gezeiten bzw. die Exposition gering ist, entstehen fingerförmige, sich ins Meer vorschiebende Deltas (Ebrodelta mit einer Fläche von 285 km^2). Das Tiberdelta hingegen ist wegen der starken Strömungen und Welleneinwirkung ein so genanntes Spitzdelta.

Trichterförmig erweiterte Flussmündungen werden Ästuare (Trichtermündungen) genannt. Sie entstehen nur, wenn die Sedimentfracht gering ist, der Tidenhub hingegen hoch, die Abtragung also die Materialschüttung überragt.

Das flache, sich unter natürlichen Bedingungen jedes Jahr weiter in Richtung Meer ausbreitende Land im Deltabereich ist fruchtbar, weist eine Vielzahl verschiedener Lebensräume auf, die in unterschiedlichem Ausmaß vom Salz- und Süßwasser geprägt sind. Die Artendiversität im Mündungs- und Deltabereich ist der Vielfalt der Habitate entsprechend hoch. So kommen im Ebrodelta in Spanien – mit 285 km^2 Fläche ist es das viertgrößte Delta an den Mittelmeerküsten – mehr als 250 Vogelarten vor, was über 60 Prozent der Vogelarten Europas entspricht. Gleichzeitig werden hier etwa 20 Prozent der gesamten spanischen Reisproduktion gewonnen; Fischerei und

Aquakultur (vor allem Muschelzucht) spielen ebenfalls eine wichtige Rolle. Als Folge der hohen Artendiversität und Produktivität stehen Flussdeltas oft im Spannungsfeld zwischen der Nutzung durch den Menschen und dem Umwelt- und Artenschutz.

Die größten Deltas und das gesamte Einzugsgebiet der mediterranen Zuflüsse sind in Abbildung 3.44 dargestellt. Große Deltabereiche – wie auch große Flüsse – sind nicht besonders zahlreich. An den europäischen Küsten sind es vor allem jene des Ebro, der Rhône (1 740 km²), des Tiber und des Po; an der afrikanischen Küste erstreckt sich das größte Deltasystem des Mittelmeeres, jenes des Nils. Auch kleinere Flüsse, so der Llobregat südlich von Barcelona, können ausgedehnte Deltas ausbilden. Die afrikanische Mittelmeerküste ist nur im Bereich des Atlasgebirges reicher an Flussmündungen; dann folgt ostwärts bis zum Nildelta eine nahezu flussfreie Zone, in der sich das aride Wüstenklima dieser Region widerspiegelt.

3.48 *Das Donaudelta, nach dem Wolgadelta (Abb. 3.70) das zweitgrößte Flussdelta Europas, auf einer Satellitenaufnahme. Die Donau ist mit 2 850 Kilometer der zweitlängste Fluss Europas, wiederum nach der Wolga mit 3 530 Kilometern. Der Sedimenteintrag und die im Mündungsbereich gelegenen Nehrungen sind deutlich zu erkennen. Von dem 5 640 Quadratkilometer großen Areal gehören etwa vier Fünftel zu Rumänien, der Rest zur Ukraine. Das Delta wird von drei großen Flussarmen gebildet: Kilija, Sankt Georg und Sulina. Die Landschaft ist durch Schilf und Sumpfpflanzen geprägt; in den einzelnen Armen treiben schwimmende Inseln aus verschlungenen, ineinandergewachsenen Schilfpflanzen. Das Donaudelta gehört zu den bedeutendsten Naturreservaten Europas mit reichlicher Fauna. Zu den Besonderheiten der Vogelwelt zählen Rosa- (Pelecanus onocrotalus) und Krauskopfpelikane (P. crispus), die vom großen Fischreichtum des Deltas profitieren. Die Belastung des Donauwassers mit Schadstoffen und die intensive Landwirtschaft bedrohen jedoch das Naturparadies.*

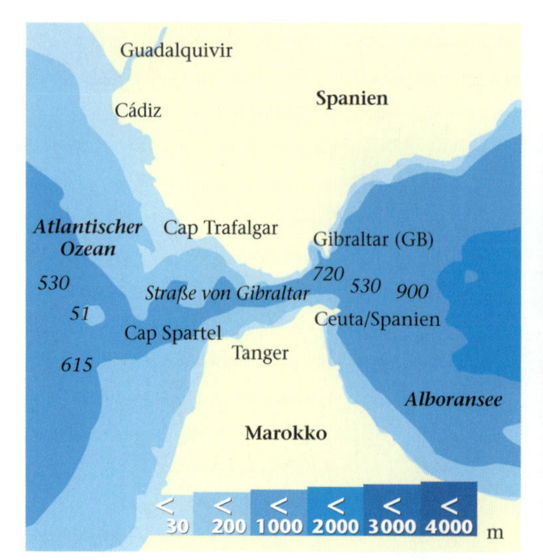

3.49 Die Meerenge von Gibraltar war bereits der antiken Welt gut bekannt – als Ort, der den Mediterran vom Weltmeer (Okeanos) trennt. Für die Antike bildeten die Säulen des Herakles (oder Herkules) – Calpe und Abila als zwei dominante Felsen beiderseits der Meerenge von Gibraltar – die Grenzen der damals bekannten Welt.

3.50 Gibraltar auf einer Satellitenaufnahme (Landsat, 22. Nov. 1985). Die westliche Grenze des Mittelmeeres ist die Lebensader des Mediterrans. Ohne diese Verbindung zum Ozean würde das Mittelmeer – wie im Kapitel „Ozeanographie" beschrieben – austrocknen. Etwa 1200 Milliarden Kubikmeter Atlantikwasser fließen hier jährlich ins Mittelmeer.

Gliederung des Mittelmeeres

Das Mittelmeer erstreckt sich über eine tektonisch aktive Kollisionszone zwischen Europa und Afrika. Seine geographische Grenze nach Westen ist durch die Linie zwischen Kap Trafalgar und Kap Spartel (Ra's Spartel) markiert, das heißt, die ganze Länge der Straße von Gibraltar wird noch zum Mittelmeer gerechnet). Die Gesamtlänge der Küstenlinie des Mittelmeeres beträgt etwas über 48 000 km, die größeren mediterranen Inseln mit etwa 20 000 km Küstenlinie eingeschlossen. Von dieser Gesamtlänge entfallen auf die europäische Küste 36 570 km, auf die asiatische 5 450 km und auf die afrikanische 5 740 km; dazu kommen Zypern mit 780 und Malta mit 180 km Küstenlänge. Die Küstenlängen der einzelnen Länder sind in Tabelle 3.5 angegeben. Die größte West-Ost-Erstreckung des Mittelmeeres beträgt ca. 3 800 km, die größte Nord-Süd-Distanz (zwischen Frankreich und Algerien) 900 km. Die durchschnittliche Tiefe liegt bei 1 500 m, etwa 20 Prozent seiner Fläche sind weniger als 200 m tief und gehören zum Kontinentalschelf.

Die starke topographische Gliederung des Mittelmeeres ist bei einem Blick auf die Karte offensichtlich. Dieses Meer bildet kein homogenes Ganzes, sondern besteht aus einzelnen Teilbereichen – Becken –, die sich sowohl geologisch, in ihrer Entwicklungsgeschichte als auch ozeanographisch und in weiterer Folge zum Teil biogeographisch unterscheiden. Eine Reliefkarte des Meeresbodens (Abb. 2. 14) und Karten mit eingezeichneten Tiefenlinien (3.49 bis 3.62) leisten dabei gute Dienste.

Die einzelnen Becken sind durch Meerengen, Inselketten oder untermeerische Schwellen voneinander getrennt, doch wird diese Trennung nicht immer deutlich. Die Abgrenzungen und Namen haben zum Teil historische Wurzeln und gehen auf eine Zeit zurück, als von ihrer Entstehung und ihrem Charakter noch nicht viel bekannt war (siehe „Historische Entwicklung", S. 29 ff.). Die meisten Teilbecken des Westbeckens sind durch Dehnung, das dadurch bewirkte Dünnerwerden kontinentaler Kruste und die anschließend einsetzende Bildung ozeanischer Kruste durch *seafloor-spreading** entstanden. Diese These schließt nicht aus, dass bei ihrem Entstehen verschiedene Mechanismen und Vorgänge wirksam waren und dass die Genese für jedes Gebiet gesondert analysiert werden muss. Auch das Alter der einzelnen Becken ist unterschiedlich. Die klimatischen (Winde, Temperatur) und ozeanographischen Bedingungen (Strömungen, Gezeiten, thermohaline Konvektion usw.) in den einzelnen Teilbereichen sind im Kapitel „Ozeanographie" dargestellt.

Vom Atlantischen Ozean, der bereits dicht angrenzend Tiefen von 5 000 m erreicht, ist das Mittelmeer durch die Iberische Halbinsel und das marokkanische Eckland getrennt, die einen nur 14 km breiten Durchlass, die Straße von Gibraltar offen lassen (Abb. 3.49, 3.50). Entscheidend ist,

dass dieser Durchlass in seiner vertikalen Dimension stark eingeengt ist: Die untermeerische Gibraltarschwelle ist stellenweise nur zwischen 284 und 320 m tief. Diese ebenso schmale wie seichte Abtrennung prägt entscheidend die Ozeanographie des Mittelmeeres (S. 258 ff.). Analog dazu ist eine weitere vergleichbare Schwelle zu nennen, die das Mittelmeer in ein West- und ein Ostbecken trennt, die Sizilienschwelle.

Die Verdunstung nimmt nach Osten und Süden hin ständig zu und ist mit 156 cm/Jahr um ein Vielfaches höher als der Wassereintrag durch Niederschläge (30 cm/Jahr). Weder die in das Mittelmeer mündenden Flüsse (20,1 cm/Jahr; Tab. 3.7) noch der Nettozufluss aus dem Schwarzen Meer (12 cm/Jahr) vermögen dieses Defizit auszugleichen. Daran ist die Bedeutung des mit etwa 1m/s zuströmenden Atlantikwassers zu messen; der jährliche Zufluss beträgt 95,6 cm/Jahr.

Das West- und Ostbecken

Das Mittelmeer gliedert sich in zwei große Hauptbecken: das mit einer Fläche von etwa 860 000 km^2 kleinere West- und das mit 1 682 000 km^2 größere Ostbecken, sowie in weitere kleinere Teilbecken. Der Einfluss des Atlantiks ist im Westbecken wesentlich stärker als weiter im Osten; die Strömung des Atlantikwassers verzweigt sich in mehrere Kreisläufe, die einzelne Teilbecken wie das Balearenbecken und das Tyrrhenische Meer beeinflussen (vgl. Abb. 5.12 bis 5.14).

Die Aufteilung in zwei Hauptbecken ist nicht nur geographisch begründet, sondern wie gesagt vor allem durch die Topographie des Meeresbodens im Bereich der Straße von Sizilien zwischen Cap Bon in Tunesien und der südwestlichen Spitze Siziliens. Daraus ergeben sich ozeanographische und biogeographische Unterschiede. Die Breite der Straße von Sizilien allein würde die Unterschiede nicht völlig erklären können, entscheidend ist die untermeerische Topographie (Abb. 3.51). Innerhalb der 130–140 km breiten Meeresstraße erstreckt sich von der tunesischen Seite her ein maximal 80 m tiefes Schelf über 30 km; von der sizilianischen Seite ragt die bis zu 80 km breite Banco Avventura (Adventure Bank), ein sehr seichtes Schelfgebiet, vor. Somit ist mehr als die Hälfte der Straße durch seichtes Schelf geprägt.

Eine eustatische* Senkung des Meeresspiegels um 80 m würde eine nur 30 km breite Verbindung zwischen West- und Ostmediterran offen lassen, die an der tiefsten Stelle zwar 380 m tief, an vielen Stellen aber von dicht an die Wasseroberfläche reichenden Untiefen und Bänken unterbrochen wäre. Diese Situation ist im Verlauf der Eiszeiten zweifellos mehrfach eingetreten (vgl. „Das Mittelmeer und die Eiszeit", S. 94 ff.). Die nur 3 km breite Straße von Messina ist die einzige andere Verbindung zwischen dem Tyrrhenischen

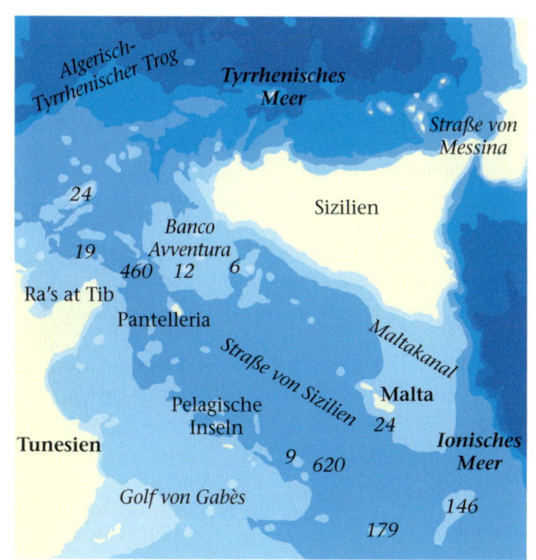

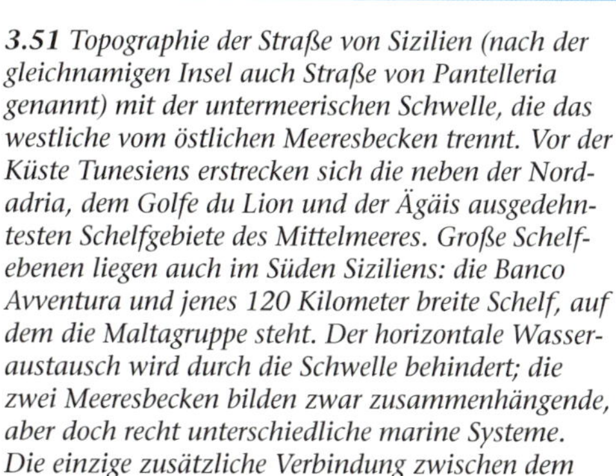

3.51 *Topographie der Straße von Sizilien (nach der gleichnamigen Insel auch Straße von Pantelleria genannt) mit der untermeerischen Schwelle, die das westliche vom östlichen Meeresbecken trennt. Vor der Küste Tunesiens erstrecken sich die neben der Nordadria, dem Golfe du Lion und der Ägäis ausgedehntesten Schelfgebiete des Mittelmeeres. Große Schelfebenen liegen auch im Süden Siziliens: die Banco Avventura und jenes 120 Kilometer breite Schelf, auf dem die Maltagruppe steht. Der horizontale Wasseraustausch wird durch die Schwelle behindert; die zwei Meeresbecken bilden zwar zusammenhängende, aber doch recht unterschiedliche marine Systeme. Die einzige zusätzliche Verbindung zwischen dem West- und Ostmediterran, dem Tyrrhenischen und dem Ionischen Meer, ist die Straße von Messina.*

Meer im Norden und dem Ionischen Meer im Süden und damit zwischen dem Ost- und dem Westbecken. Ihr Nordausgang gilt als Trennlinie der beiden Hauptbecken.

Während das erdgeschichtlich ältere östliche Mittelmeer seine Formung dem gewaltigen Druck verdankt, der durch das Aufrücken der Afrikanischen auf die Eurasiatische Platte zustande gekommen ist, wodurch das ursprüngliche Tethysmeer (vgl. S. 76 ff.) eingeengt wurde, ist das jüngere westliche Mittelmeer in Folge von Dehnungsprozessen entstanden. Bereits früh hat der Schweizer Geologe Emil Argand diese Hypothese formuliert. Der italienische „Stiefel" löste sich demnach von der heutigen Iberischen Halbinsel und driftete gegen den Uhrzeigersinn mit einer Drehung von mehr als 60 Grad nach Osten, bis er mit der Balkanhalbinsel zusammenstieß. Analog dazu sind Korsika und Sardinien entstanden, die heute das Balearenbecken vom Tyrrhenischen Becken trennen, sowie die Inselgruppe der Balearen selbst. Für das östliche Becken als Rest des Tethysmeeres

***3.52** Das Alboranbecken ist maximal 2 260 Meter tief. Über die Alboranschwelle geht es im Osten in das Algerische Becken über, den südlichen Teil des Balearen- oder Algero-Provenzalischen Beckens. Küstenparallel fällt der Meeresgrund sehr steil in die Tiefe ab. Das Schelf ist entlang der gesamten algerischen Küste extrem schmal, im Durchschnitt nur 5–7 Kilometer, an manchen Stellen weniger als 2 Kilometer breit. In einigen Küstenbereichen liegt die 2 000-Meter-Tiefenlinie (Isobathe) nur etwa 10 Kilometer von der Küste entfernt.*

charakteristisch ist eine in Ost-West-Richtung verlaufende untermeerische Gebirgskette, die sich mehr als 2 000 m über die Ebene des Meeresgrundes erhebt. Nördlich dieser submarinen Bergkette liegt der Hellenische Graben, in dem das Mittelmeer mit 5 120 m seine größte Tiefe erreicht; noch weiter nördlich erstreckt sich eine Kette von Inseln und Halbinseln (Ionische Inseln, Peloponnes, Kreta, Rhodos), die man als Inselbogen-System ansehen kann (Abb. 2.8). Derartige Inselbogen-Systeme sind Regionen hoher Erdbebenaktivität; in ihrer Nähe herrscht aktive vulkanische Tätigkeit, die vielfach verheerende Folgen für antike Kulturen hatte (z. B. Santorin).

Die nördliche Steilwand des Hellenischen Grabens wird als Grenze der Europäischen Platte angesehen; am Fuß des Abhangs berührt die Europäische die Afrikanische Platte, die unter der Europäischen verschwindet (Subduktion*, Abb. 2.9). Der Boden des Hellenischen Troges gehört also noch zur Afrikanischen Platte, er schiebt sich langsam unter die Europäische Platte mit ihren zahlreichen Inseln, was zu gesteigerter Erdbebentätigkeit führt. Die Afrikanische Platte wird unter der Subduktionszone wieder eingeschmolzen und liefert das Material für den noch immer aktiven Vulkanismus.

Die zwei Hauptbecken werden in Teilbecken zweiter und dritter Ordnung gegliedert, die – wenn man so will – zum Teil als weitere, kleinere Mittelmeere betrachtet werden können. Allerdings ist die Benennung der Randmeere mehr eine Frage der Konvention als eine Zuordnung nach streng wissenschaftlichen Kriterien Die Adria ist intrakontinental, die Ägäis – wie das gesamte Mittelmeer – interkontinental (zwischen zwei oder mehreren Kontinenten eingekeilt). Das Schwarze Meer könnte man als Nebenmeer des Europäischen Mittelmeeres ebenfalls als interkontinentales Mittelmeer ansehen, obwohl eine derartige Klassifizierung nicht eingebürgert ist.

Westliches Becken

Das fast 70 000 km^2 große und maximal über 2 200 m tiefe Alboranmeer mit dem Alboranbecken zwischen Marokko, dem westlichen Teil Algeriens und Spanien folgt gegen Osten auf die Schwelle von Gibraltar und ist damit eine „Übergangszone" zum Ozean, in vielerlei Hinsicht von diesem beeinflusst und in ozeanographischer Hinsicht besonders bemerkenswert: Unterhalb von 80–100 m Tiefe strömt salzreiches Mittelmeerwasser in Richtung Gibraltar, in den darüber liegenden Schichten strömt Atlantikwasser gegen Osten (Abb. 5.10). Das Algerische Becken geht kontinuierlich in das Balearische über und ist von diesem nicht durch eine markante Schwelle getrennt.

Das Algero-Provenzalische Becken – auch Balearenbecken genannt – zwischen Spanien und dem Sardinien-Korsika-Block in ost-westlicher sowie Frankreich/Italien und Algerien in nord-südlicher Richtung ist das größte und älteste Becken des Westmediterrans (Abb. 3.53). Es hat eine Fläche von etwa 700 000 km^2, ist fast 2 900 m tief und kann in weitere Bereiche unterteilt werden. Die größte Fläche nimmt die Sardinisch-Balearische Ebene ein, ein riesiges Gebiet mit sehr einheitlichen Tiefen zwischen etwa 2 400 und 2 850 m. Vor allem die südliche Hälfte dieser Ebene ist über Tausende Quadratkilometer ziemlich einheitlich zwischen 2 840 und 2 850 m tief. Im Norden und Nordosten führt das Korsisch-Ligurische Becken zum Ligurischen Meer. Das Balearenbecken hat zwei große Zuflüsse: den Ebro und die Rhône, beide mit bedeutenden Deltas (Abb. 3.44). In der Region der Flussmündungen sind auch die weitesten Schelfe des Balearenbeckens ausgebildet. Vor dem Ebrodelta ist es bis 100 km breit; ansonsten sind die Schelfe schmal und durch zahlreiche untermeerische Canyons unterbrochen.

Korsika und Sardinien trennen das Balearenbecken vom jüngeren Tyrrhenischen Becken; nur eine enge Straße zwischen ihnen verbindet die beiden: die 12–13 km breite Straße von Bonifacio. Die beiden großen Inseln liegen auf einem gemeinsamen Schelf, das zwischen Cap Corse am Nordende Korsikas und der toskanischen Insel

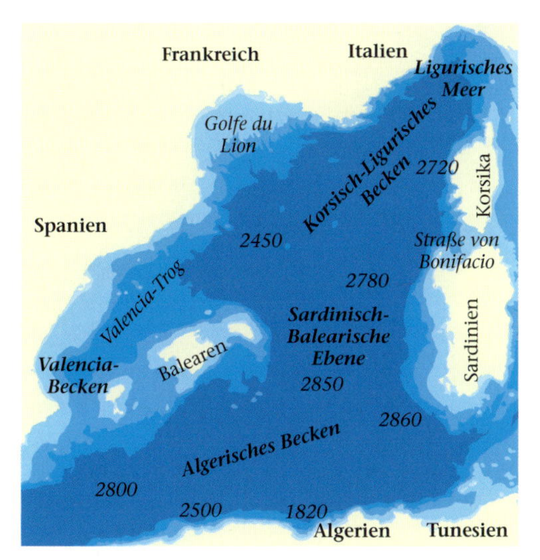

3.53 *Das Balearenbecken ist das größte und älteste Teilbecken des Westmediterrans. Geologisch besonders gut untersucht ist das nördliche Balearisch-Provenzalische Becken, das infolge der rotierenden Bewegung des Sardinien-Korsika-Blocks entstanden ist. Ein bis zu 90 Kilometer breites Schelf ist im Golfe du Lion ausgebildet (Rhône) und entlang der spanischen Küste nördlich von Valencia (Ebro). Der Golf von Genua hat keinen großen Zufluss, ein breiteres Schelf fehlt hier. Der bis 1 900 Meter tiefe Valencia-Trog trennt die Balearen von der Iberischen Halbinsel.*

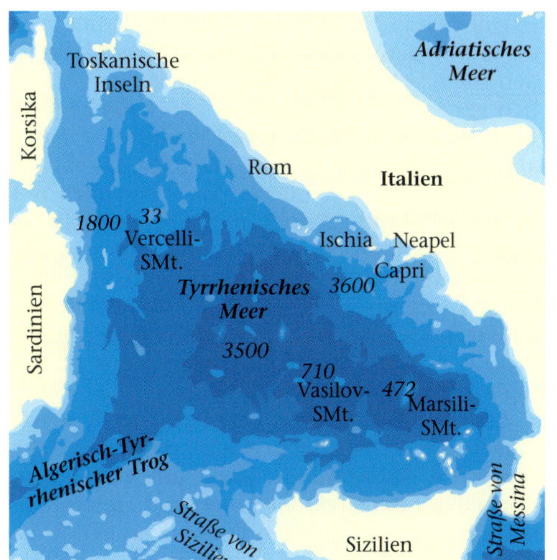

3.54 *Das Tyrrhenische Meer ist ein dynamisches, geologisch äußerst aktives Teilbecken des Westmediterrans mit seafloor-spreading. Aktiver Vulkanismus (Äolische Inseln, Ätna) und häufige Erdbeben in seinem südlichen Teil sind ebenso charakteristisch wie untermeerische Berge (seamounts), die sich steil vom Meeresgrund erheben und mehr als 2 500 Meter hoch sein können. Zwischen dem Norden, dem Golf von Genua, und dem Südosten, dem Ionischen Meer, besteht ein Temperaturgefälle von mehreren Grad (Luft im Jahresmittel um 3,3 °C, Wasser um 2,9 °C).*

Capraia im Osten durch eine nur 6 Kilometer breite und 300 bis 500 m tiefe Rinne (Korsische Straße) vom Schelf der Apenninhalbinsel getrennt ist. Auf diesem breiten Schelfgebiet liegen die Toskanischen Inseln (Toskanischer Archipel, Abb. 3.54).

Südlich von Sardinien, in der etwa 180 km breiten Straße zu Tunesien, leitet der Algerisch-Tyrrhenische Trog zum Tyrrhenischen Becken über, einem tiefen, geologisch sehr aktiven Meeresbecken des Mittelmeeres. Es ist durch junge Bildung ozeanischer Kruste *(seafloor-spreading)*, untermeerische Berge *(seamounts)* und einen äußerst aktiven Vulkanismus gekennzeichnet. Südlich des Algerisch-Tyrrhenischen Troges liegt ein weites, eher flaches Meeresgebiet mit Tiefen zwischen 100 und 400 m und mehreren Erhebungen (Banco della Sentinella, Banco Estafette, Banco Skerki, Banco Silvia). Das flache Gebiet führt in weiterer Folge in die Schelfbereiche der Straße von Sizilien über.

Das Tyrrhenische Becken ist ca. 250 000 km^2 groß und bis zu 3 500 m tief. Das Relief des Meeresgrundes ist sowohl am Sardinien-Korsika-Block im Westen als auch entlang der Apenninhalbinsel im Osten und Sizilien im Süden steil abfallend, das Schelf an den meisten Küsten eher schmal. Nur der bereits erwähnte Toskanische Archipel liegt auf einem breiten Schelf, das sich nach Südosten hin der Küste entlang zwar etwas verengt, über weite Strecken aber immerhin 22–30 km breit bleibt. Die durch den Tiber eingebrachten Sedimente haben zur Entstehung dieses Schelfs beigetragen.

Neben den Toskanischen Inseln Capraia, Elba, Pianosa, Montecristo, Gorgona, Giglio, Giannutri und anderen finden wir im Tyrrhenischen Meer weitere bekannte Inseln, darunter die einzigen aktiven Vulkaninseln des Westmediterrans: Ponza, Palmarola, Ventotene, Procida, Ischia, Capri, etwa 60 km nördlich von Sardinien Ustica und nordwestlich von Messina die Äolischen Inseln: Stromboli, Lipari, Vulcano, Saline, Filicudi und Alicudi. Nicht weniger bemerkenswert sind die untermeerischen Berge des Tyrrhenischen Meeres (Abb. 3.54). Der Gipfel des Marsili Seamount liegt in nur 472 m Tiefe, die ihn umgebende Tiefsee-Ebene erreicht hingegen 3 300 m.

Östliches Becken

Die Straße von Sizilien ist im weiteren Verlauf ostwärts durchschnittlich 300–550 m tief. Zwischen dem ausgedehnten Schelf der Maltagruppe und dem Schelf vor Tunesien (Syrte, siehe unten) gibt es eine knapp 100 km breite, tiefere Verbindung, die kontinuierlich in das Libysche Meer übergeht, den südlichen Teil des Ionischen Beckens. Ziemlich genau in der Mitte dieses Beckens liegt die 4030–4070 m tiefe Ionische Tiefsee-Ebene *(Ionian abyssal plain)*. Das Ionische Meer hat eine Fläche von fast 940000 km² und ist damit von allen Teilbecken das größte. Durch die Sizilienschwelle abgeschwächt, macht sich die Oberflächenströmung nach Osten nicht mehr so stark bemerkbar; ihre mittlere Geschwindigkeit beträgt nur noch 0,5 bis 0,8 sm/h (Seemeilen pro Stunde), selten mehr. Trotzdem ist sie bis zur Küste Ägyptens als vorherrschende Strömung zu erkennen.

Bereits seit der Antike, jedenfalls seit dem griechischen Geschichtsschreiber Polybios (2. Jahrhundert v. Chr.) sind die Große und Kleine Syrte *(Syrtis maior* und *Syrtis minor)* unter diesen Namen bekannt, die zwei größten Buchten an der afrikanischen Mittelmeerküste mit einem bis zu 200 km breiten Schelf. Die Unterschiede zwischen den beiden Buchten sind allerdings beträchtlich; der Begriff wurde vermutlich weiter aufgefasst und allgemein für seichte, durch Gezeiten geprägte, wattartige Meeresbereiche verwendet. Im lateinischen Sprachgebrauch verstand man unter Syrte eine „Sandbank" oder „Trübsand im Meer". Offenbar unterschied man nicht immer zwischen der Bucht von Gabès und der Bucht von Sidra, sondern betrachtete die gesamte große Einbuchtung der nordafrikanischen Küste als „Syrte". Von den Syrten ausgehend nannte man das ganze Hinterland *Syrtica regio*.

Die westliche Kleine Syrte in der Bucht von Gabès zwischen den tunesischen Inseln Djerba und Kerkenna ist ein seichtes Schelfgebiet mit den stärksten Gezeitenhüben und -strömen des Mittelmeeres. Der Tidenhub kann bei Springtiden 2,5 m betragen. Die Kleine Syrte hat zwischen Qábis und Safáqis traditionell eine bedeutende Tunfisch- und Schwammfischerei. Wegen seiner Erdöl- und Erdgasvorkommen ist das Gebiet wirtschaftlich und strategisch bedeutsam. Die Große Syrte (Khalíj Surt mit dem Golf von Sidra) zwischen Tripolis und Bengasi hat ein etwa 35–55 km breites Schelf, das damit wesentlich schmaler ist als jenes der Kleinen Syrte. Hier liegen bedeutende Erdöl-Exporthäfen Libyens: Es-Sidr, Ras Lanuf, Marsa el-Brega, Zwetina und Ajdabija. Hinter dem Kontinentalrand fällt der Meeresgrund rasch auf 1000–2000 m ab.

In der antiken Schifffahrt waren die Syrten wegen zahlreicher Sandbänke (bei Niedrigwasser) sowie der im Winter häufigen West- und der regenreichen Nordstürme (Gregale) gefürchtet („Weil sie fürchteten, in die Syrte zu geraten ...", berichtet die Apostelgeschichte 27,17). In den Syrten findet man ausgedehnte, hauptsächlich durch *Posidonia oceanica* gebildete Seegraswiesen. Sie sind die größten des Mittelmeeres und auch in

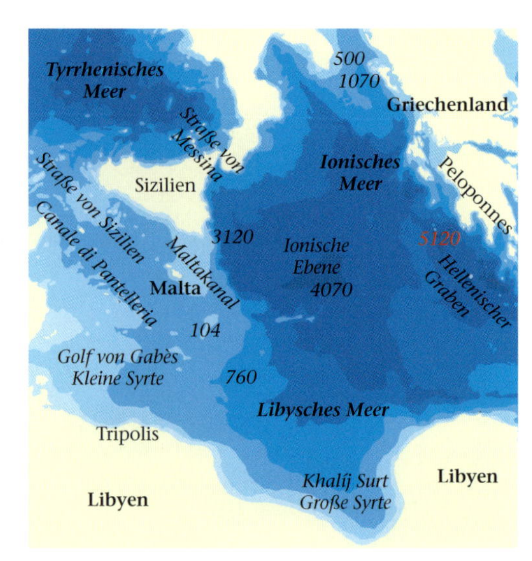

3.55 Mit 5120 m Tiefe im Matapan-Graben ist das Ionische Meer das tiefste des Mittelmeeres. Im Westen ist es durch Sizilien und den südlichen Zipfel des italienischen Stiefels vom Tyrrhenischen Meer getrennt, im Norden steht es über die Straße von Otranto mit der Adria in Verbindung, und im Osten geht es ohne größere Schwellen (Herodotus-Rücken) in das Levantinische Becken mit der Herodotus-Ebene über. Von West nach Ost schwächer werdend, macht sich noch die Strömung aus dem Atlantik bemerkbar. Die Jahresmitteltemperatur des Wassers beträgt 20 °C.

großem Maßstab bedeutend, zählen sie doch zu den weltweit breitesten Seegrasbeständen. Auch *Cymodocea nodosa* und *Zostera noltii* sowie der Halophyt *Spartina maritima* kommen hier vor. Die Syrten sind wichtige Lebensräume der Seeschildkröten und zahlreicher weiterer Tiere, allerdings durch Erdölförderung und Verunreinigungen bedroht. Von Feinsediment (feiner Sand, Schlamm) ausgefüllte Gezeitenbereiche *(intertidal mudflats)* sind im Frühling und Herbst wichtige Lebensräume von Zugvögeln. Die Syrten mit ihrem Schelf und ihren Seegraswiesen liegen im zentralen Teil des Mittelmeeres, in dem weder der Einfluss des Atlantiks noch die Einwanderung aus dem Roten Meer (Lesseps'sche Migration) stark dominieren. Für viele endemische mediterrane Arten könnten sie zu einem wichtigen Rückzugsgebiet werden.

Die Maltagruppe (Malta, Gozo, Comino und einige kleinere Inseln) liegt auf dem Sizilianischen Schelf, durch den nur 40–90 m tiefen und 85 km breiten Maltakanal von Sizilien getrennt. Vom Süden her schiebt sich ihm das Schelf der Kleinen Syrte bzw. das Tunesische Plateau entgegen, so dass nur eine 90–100 km breite Verbindung mit ozeanischem Charakter offen bleibt. Plattentektonisch-geologisch ist Malta wie auch der Süden Siziliens noch ein Teil der Afrikanischen Platte.

3.56 Das Adriatische Meer ist in seiner nördlichen Hälfte ein flaches Schelfmeer. Durch die Erstreckung von Nordwest nach Südost und die Einrahmung durch lange Gebirgszüge ist die Adria und ihre Zirkulation stark durch Winde geprägt. Von großer Bedeutung entlang der dalmatinischen Küste ist die Bora, ein aus Nordosten kommender, kalter und extrem böiger Fallwind. In den Wintermonaten dominiert entlang der Küste Dalmatiens eine nördliche Strömung, entlang der italienischen Küste führt die Oberflächenströmung nach Süden.

3.57 Das Ägäische Meer. Seit 1893 ist das Ionische Meer im Westen mit dem Ägäischen Meer im Osten durch den Kanal von Korinth verbunden, ein Projekt, das bereits 67 n. Chr. unter dem römischen Kaiser Nero geplant war. Im Süden ist die Ägäis durch Kreta, im Südosten durch Rhodos vom Levantinischen Becken getrennt. Das aus dem Schwarzen Meer einströmende salzärmere Wasser prägt die an der Oberfläche vorherrschende südliche Strömung; ein Teil des nach Norden strömenden salzreicheren ostmediterranen Tiefenwassers stammt aus der Ägäis.

Das 780 km lange und mehr als 130 000 km² große Adriatische Meer, das die Form eines von Nordwest nach Südost verlaufenden, durchschnittlich 240 km breiten „Kanals" hat, ist in der nördlichen Hälfte ein Schelfmeer. Es ist vom Po geprägt, den noch vor der Rhône gegenwärtig größten Zufluss des Mittelmeeres mit fast 49 km³ Wassereintrag jährlich. Erst südlich der Linie zwischen der Gargano-Halbinsel in Mittelitalien und Peljesac in Dalmatien (Pelagrosa- oder Palagruza-Schwelle) erreicht das Adriatische Meer 1 000, maximal etwas über 1 300 m Tiefe. Nördlich davon bewegen sich die Tiefen etwa zwischen 60 und 200 m, in der Nordadria gar nur um 40–50 m. Während der letzten Eiszeit war dieses ganze Gebiet trockenes Land (Abb. 2.34). Der starke Gegensatz in der Küstenform zwischen der apenninischen und der dalmatinischen Adriaküste und der küstenparallele Verlauf der unzähligen dalmatinischen Inseln und „Kanäle" (daher der Ausdruck Canaliküste) sind im Kapitel „Geologie" erklärt.

Im Süden geht das Adriatische Meer durch die rund 76 km breite und etwa 700–950 m tiefe Straße von Otranto bzw. die Otrantoschwelle ins Ionische Meer über.

Kreta und der Hellenische Inselbogen trennen das Levantinische Becken vom durchschnittlich 700 km langen und 340 km breiten Ägäischen Meer. Es hat eine Fläche von ca. 215 000 km². Östlich von Kreta gibt es Tiefen bis über 3 500 m, nördlich und nordöstlich der Insel zwischen 1 000 und mehr als 2 000 m tiefe Stellen. Die Topographie des Meeresbodens im Ägäischen Meer, zwischen den etwa 2 000 Inseln, ist äußerst komplex. Schwellen und kleinere Becken lösen einander auf engstem Raum ab. Schelfgebiete sind von Kanälen unterbrochen, die meist zwischen 250 und 500 m tief sind, manchmal aber auch über 1 000 m Tiefe erreichen.

Das 667 000 km² große Levantinische Becken, der östlichste Teil des Mittelmeeres, hat eine gleichmäßige, nahezu quadratische Form, die nur im Nordwesten durch den Hellenischen Bogen und den von Kreta, Kassos, Karpathos und Rhodos gebildeten Inselbogen eine konkave Abrundung erhält. Die Nord-Süd-Ausdehnung liegt im Durchschnitt bei 450–500 km (zwischen Fethiye in der Türkei und Kálij ej Árabi in Ägypten etwa 580 km). Die ost-westliche Ausdehnung beträgt auf dem 34. Breitengrad etwas über 1 000 km. Südlich von Kreta liegt der Pliny-Graben, mit 4 450 m Tiefe eine der tiefsten Stellen des Mittelmeeres. Auch östlich von Rhodos liegt ein bis zu 4 210 m tiefer Bereich, bereits 30 km von der östlichen Küste von Rhodos erreicht das Meer 4 000 m Tiefe.

Einen großen Teil des zentralen Levantinischen Beckens nimmt die Herodotus-Ebene mit durchschnittlichen Tiefen zwischen 2 000 und 2 800 m ein. Die Bezeichnung „Ebene" soll aber nicht darüber hinwegtäuschen, dass es hier sowohl 3 000 bis 3 400 m tiefe Stellen als auch einige untermeerische Berge gibt: Der Eratosthenes-Seamount südlich von Zypern reicht 635 m unter die Oberfläche. Ein immer kleiner werdender Anteil des levantinischen Meeresgrundes besteht aus ozeanischer Kruste, die möglicherweise die älteste der Welt ist (S. 63). Der passive Kontinentalrand Libyens mit einer dünnen kontinentalen Kruste erreicht bereits den Hellenischen Graben; wahrscheinlich wird es hier zum Andocken des kretischen Aktivrandes und des libyschen Passivrandes kommen. Es kann sich hier somit in der Zukunft kontinentale Subduktion einstellen (kontinentale Kruste subduziert unter eine andere kontinentale Kruste).

Das Schelf ist nahezu im gesamten Levantinischen Becken sehr schmal, an manchen Stellen der Südtürkei, im Libanon oder in Ägypten nur 3–5 km breit. Ein bis zu 75 km breites und bis zu 350 km langes, durch die Sedimente des Nils gebildetes Schelf findet man rund um das Nildelta vor der ägyptischen Küste. Vor Port Said, wo der Suezkanal (Abb. 8.14) in das Mittelmeer mündet, ist das Schelf sogar 130 km breit. Der Nil war vor dem Bau des Assuan-Hochdamms mit 95 km³ Wassereintrag jährlich der weitaus bedeutendste Zufluss des Mittelmeeres. In diesem Meeresgebiet findet durch die Einwanderung aus dem Roten Meer eines der weltweit bedeutendsten biogeographischen Experimente statt (Lesseps'sche Migration, S. 494 ff.).

Ein weiteres breites Schelfgebiet liegt in der nordöstlichsten Ecke des Mittelmeeres, in der Bucht von Mersin (Mersin Körfezi) und der Bucht von Iskenderun (Iskenderun Körfezi) in der Türkei. Selbst 40 km von der Küste entfernt ist das Meer hier nur etwas über 50 m tief.

Die einzige größere Insel der östlichen Levante ist Zypern mit einem ähnlich schmalen Schelfsaum wie an den meisten übrigen Küsten des Östlichen Mittelmeeres. Von Syrien ist es durch den knapp 100 km breiten und bis zu 1 300 m tiefen Bacino di Latakia getrennt.

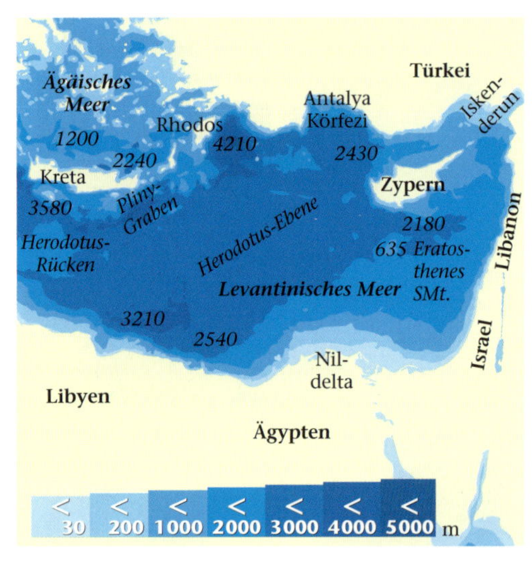

3.58 Das Levantinische Meer und gleichnamige Becken ist der älteste Teil des Mittelmeeres. Im Westen ist es durch den in 1 700 – 1 900 m Tiefe liegenden Herodotus-Rücken mit dem Ionischen Meer verbunden. Das östliche Becken ist in diesem Bereich zwischen dem südwestlichen Zipfel Kretas und der libyschen Küste in der Khalīj al Bun'bah nur etwa 300 km breit. Die mittlere Temperatur im Januar erreicht 17 °C (Nildelta), 17,5 °C (Zypern) bzw. 18 °C (türkische Südküste) und unterscheidet sich damit lediglich um etwa 3 °C von jener im Roten Meer. Diese geringe Differenz erleichtert den aus dem Roten Meer eingewanderten Arten (Lesseps'sche Migration) ihre Ausbreitung im östlichen Mittelmeer.

Das Schwarze Meer

Schwarzes Meer, Asowsches Meer, Kaspisches Meer und Aralsee sind Restmeere der Paratethys (Abb. 3.61). Das Becken wurde früher von manchen Autoren etwas unscharf als Sarmatischer Binnensee bezeichnet; dieser erhielt seinen Namen nach dem Volk der Sarmaten, das im Altertum die Steppengebiete nördlich des Schwarzen Meeres bewohnte. Das Binnengewässer erstreckte sich über Jahrmillionen vom heutigen Ungarn über große Teile der Balkanhalbinsel bis zum Aralsee (Abb. 3.72, 3.73). Unter Sarmatia versteht man den südöstlichen, die Osteuropäische Tafel und Podolien einschließenden Teil des Urkontinents Fennosarmatia, der zusammen mit Fennoskandia (Teile Nordeuropas) den Kern des europäischen Kontinents bildet. Sarmatian ist auch der Name einer geologischen Stufe des Mittleren Miozäns (vor 13 – 11,5 Mio. Jahren) im Bereich der einstigen Paratethys.

Die Paratethys war im Miozän vom Weltmeer abgeschnitten und im Laufe ihrer Geschichte immer wieder weitgehend ausgesüßt, die Aussüßungsphasen wurden jedoch durch Meerwassereinbrüche unterbrochen. Durch die Auffaltung des Kaukasus am Ostufer des heutigen Schwarzen Meeres und weitere Landhebungen im Pliozän wurde der große Binnensee in mehrere kleinere Becken getrennt, von denen das Pontische und das Kaspisch-aralische bis heute existieren. Dramatische Auswirkungen auf die ganze Sarmatische Region hatten die Glaziale des Pleistozäns. Neben der

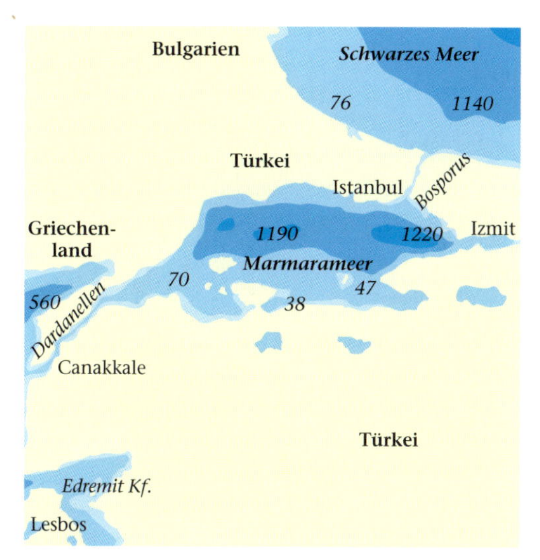

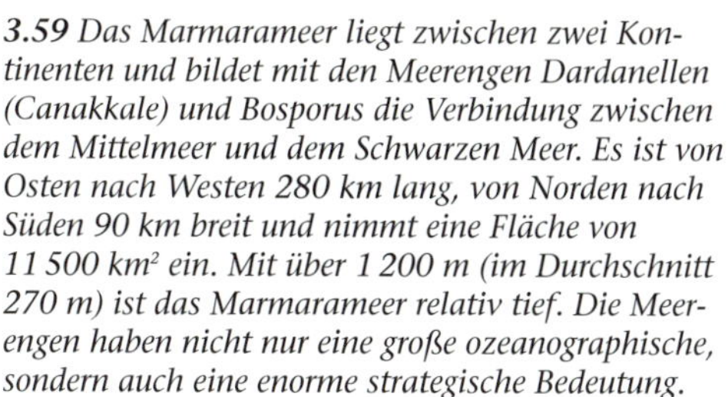

3.59 Das Marmarameer liegt zwischen zwei Kontinenten und bildet mit den Meerengen Dardanellen (Canakkale) und Bosporus die Verbindung zwischen dem Mittelmeer und dem Schwarzen Meer. Es ist von Osten nach Westen 280 km lang, von Norden nach Süden 90 km breit und nimmt eine Fläche von 11 500 km² ein. Mit über 1 200 m (im Durchschnitt 270 m) ist das Marmarameer relativ tief. Die Meerengen haben nicht nur eine große ozeanographische, sondern auch eine enorme strategische Bedeutung.

3.60 Die Brücke über den Bosporus in Istanbul verbindet zwei Kontinente und überbrückt gleichzeitig die Meeresstraße zwischen dem Mittelmeer und dem Schwarzen Meer. Istanbul ist die einzige Stadt der Welt, die auf zwei Kontinenten liegt. Durch die Meerenge fließt salzarmes Wasser aus dem Schwarzen Meer ins Mittelmeer und in der Tiefe salzreiches Mittelmeerwasser in die entgegengesetzte Richtung. Diese „biogeographische Schleuse" ermöglicht einen Austausch pontischer und mediterraner Faunen.

allgemeinen Abkühlung kam es durch Hebungen und Senkungen des Meeresspiegels wiederholt zur Entstehung und Eliminierung von Meeres- und Landverbindungen und zum bereits erwähnten Wechsel der Salinität mit weitreichenden ökologischen Folgen. Zwischen dem Pontischen Becken (Schwarzes Meer) und dem Kaspisch-aralischen Becken (Kaspisches Meer und Aralsee) auf der einen und dem Mittelmeer auf der anderen Seite traten Verbindungen auf, die in geologisch gesehen relativ kurzer Zeit wieder unterbrochen wurden. Die einstigen Verbindungen erklären die biogeographische Verwandtschaft mariner Faunen- und Florenelemente (z. B. *Zostera noltii*) zwischen so unterschiedlichen Gewässern, wie das Mittelmeer und die Aralsee es sind.

Nahe verwandte Relikte limnischer und auch mariner Faunen sind heute in brackischen Randbereichen wie Lagunen, Flussmündungen und Deltas in allen Restgewässern des Sarmatischen Binnensees, im Schwarzen, Asowschen und Kaspischen Meer und im Aralsee zu finden. So leben hier z. B. zahlreiche endemische Arten von Grundeln (Gobiidae) atlantisch-mediterraner Abstammung mit kleinen Verbreitungsarealen.

Eustatische Schwankungen des Meeresspiegels während des Pleistozäns führten auch in erdgeschichtlich neuerer Zeit dazu, dass das Schwarze Meer vom Mittelmeer getrennt und durch seine zahlreichen großen Zuflüsse weitgehend ausgesüßt war. Noch während der letzten Eiszeit waren die Meerengen von Bosporus und Dardanellen trockengefallen, und erst nach dem Ende der letzten Eiszeit (Würm) fand das Schwarze Meer erneut Anschluss an das Mittelmeer. Über die Meerengen gelangte erneut Meerwasser hoher Salinität in das Pontische Becken, mit ihm große Teile der heutigen marinen Fauna, die nahezu ausschließlich atlantisch-mediterranen Ursprungs ist. Über die erwähnten Meerengen und das dazwischenliegende Marmarameer steht das Schwarze Meer mit der Ägäis und dem Östlichen Mittelmeer in Verbindung, über das Mittelmeer und die Straße von Gibraltar mit dem Atlantik und somit dem Weltmeer.

Die Fläche des Schwarzen Meeres, das man als ein Brackwasser-Nebenmeer des Mittelmeeres umschreiben könnte, umfasst mit 452 000 Quadratkilometer nur etwa ein Fünftel des Mittelmeeres. Die größte west-östliche Ausdehnung beträgt 1 148 km, die nord-südliche rund 615 km, wobei die schmalste Stelle zwischen der Südküste der Halbinsel Krim und der anatolischen Küste liegt. Das Schwarzmeer-Becken ist über weite Teile 2 000 m tief, seine mittlere Tiefe beträgt 1 270 m. Entlang weiter Küstenabschnitte, so an der türki-

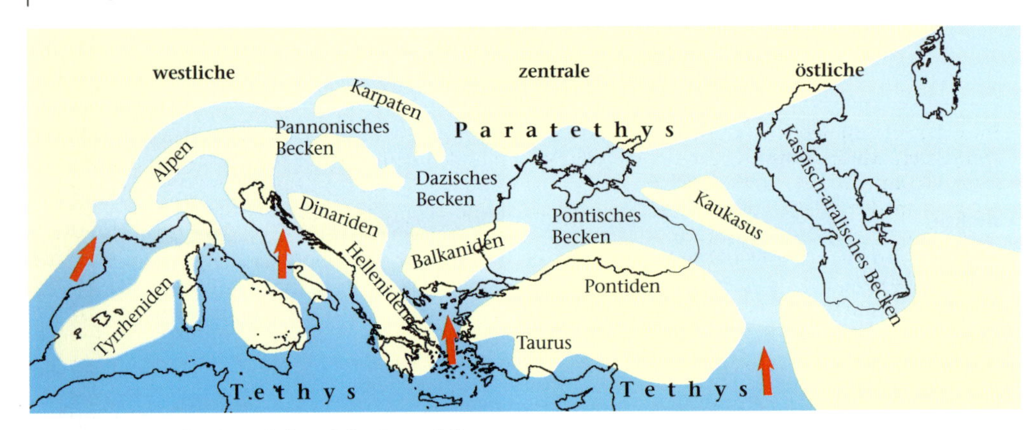

3.61 Die Paratethys im Mittleren Miozän und ihre Verbindungen zur Tethys. Das Gewässer wird in der älteren Literatur manchmal etwas unscharf als Sarmatischer Binnensee bezeichnet. Die Verbindungen zur Tethys (rote Pfeile) im Bereich der Ägäis sind völlig hypothetisch. Weitere Informationen bieten die Abbildungen 2.15, 2.18 bis 2.24.

sche Küste, hat das Schwarze Meer nur ein schmales Schelf und einen steil abfallenden Kontinentalabhang. Hier, im südlichen Teil findet sich die größte Tiefe des Schwarzen Meeres mit mehr als 2 240 m. Im West- und Nordteil gibt es ausgedehnte Schelfzonen mit Tiefen unter 100 m. Die Küste ist im Westen und Norden ebenes Flachland, im Süden und Osten sowie im südöstlichen Teil der Krim ist die Landschaft gebirgig (Abb. 3.62).

Geographie und Wirtschaft

Anrainerstaaten des Schwarzen Meeres sind die Ukraine im Norden, Russland im Nordosten, Georgien im Osten, die Türkei im Süden, Bulgarien und Rumänien im Westen. In der Sprache der Anrainerstaaten heißt das Schwarze Meer *Chorne More* (Ukraine), *Tschernoje More* (Russland), *Kara Deniz* (Türkei) und *Marea Neagra* (Rumänien). Die wichtigsten Flüsse, die ins Schwarze Meer münden, sind Donau, Dnjestr, Dnjepr, Don und Kuban, die beiden letzteren über das Asowsche Meer.

Für die Wirtschaftsbeziehungen und den Handel Russlands und der Ukraine ist das Schwarze Meer von großer Bedeutung. Das gilt für den Handel mit dem Nahen Osten ebenso wie für den Binnenhandel, besteht doch seit 1952 über den Wolga-Don-Kanal und über die Wolga eine Verbindung sowohl mit dem Kaspischen Meer als auch der Ostsee und dem Weißen Meer. Die wichtigsten Schwarzmeerhäfen sind Iljitschowsk, Odessa, Nikolajew, Cherson, Sewastopol und Kertsch in der Ukraine, Rostow am Don und Noworossijsk in Russland, Batumi in Georgien, Trabzon, Samsun und Istanbul in der Türkei, Warna in Bulgarien und Konstanza in Rumänien. Das Schwarze Meer ist einerseits ein wichtiger

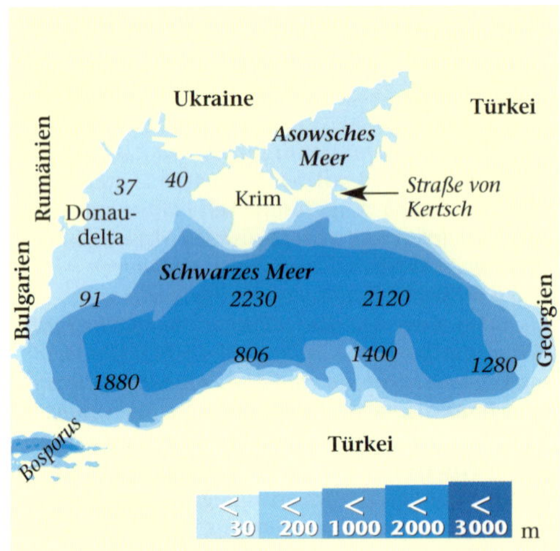

3.62 Das Schwarze Meer hat einen wechselvollen Werdegang und eine besonders abgeschlossene Lage, die sich sowohl auf seine Hydrographie als auch auf seine Biogeographie und Artenvielfalt auswirkt. Unterhalb von 125 – 200 m Tiefe ist es ohne Leben, mit hoher Konzentration an biogenem Schwefelwasserstoff (H_2S). Der zentrale und südliche Teil ist tief, der flache nördliche Teil mit einem ausgedehnten Schelf durch die Halbinsel Krim geteilt: die Bucht von Odessa im Westen und das Asowsche Meer im Osten; dieses ist durch die Straße von Kertsch (im Altertum Kimmerischer Bosporus genannt) mit dem Schwarzen Meer verbunden.

Handelsweg, dessen militärisch-strategische Aspekte nicht zu unterschätzen sind; andererseits ist es nach wie vor für den Fremdenverkehr von Bedeutung, wenngleich das Gebiet nach dem Zerfall des Ostblocks stark an Bedeutung verloren hat. Die klimatisch begünstigte Halbinsel Krim wird von Russen bevorzugt, in Rumänien sind es Mamaia, Eforie und Mangalia, in Bulgarien Goldstrand und Druschba bei Warna sowie der Sonnenstrand bei Nessebar.

Störe und das „Schwarze Gold" der Region

Kathrin Herzer und Herbert Frei

Störe gehören zu den ältesten noch lebenden Süßwasserfischen der Erde – es gibt sie seit 200 Millionen Jahren. Mit ihrer heterocerken* Schwanzflosse und den Reihen von Knochenplatten muten sie recht seltsam an. Die Acipenseriformes (Störartige) sind ein Taxon der Chondrostei (Knorpelganoiden), die zu den Strahlenflossern (Actinopterygii) und Knochenfischen (Osteichthyes) zählen.

Der Fang der Fische, die wegen ihres grätenlosen Fleisches seit langem hoch geschätzt werden, hat eine Jahrtausende alte Tradition. Bereits 3 500 v. Chr. wurde an der Donau eine intensive Störfischerei betrieben, hauptsächlich mit Harpunen und mithilfe von Holzzäunen. Im Bereich der Wolga geht der Störfang auf das 2. Jahrhundert zurück. Der Fang war lange Zeit nur auf die Flüsse beschränkt, erst im 19. Jahrhundert dehnte man ihn auf das Meer aus. Die massive Überfischung hatte einen Rückgang der Bestände zur Folge, der bereits im Mittelalter einsetzte; Ende des 19. Jahrhunderts führten intensive Gewässerverbauung und -verschmutzung zur Gefährdung der Störe. Das Fleisch der Störe wurde im Altertum auch rund um das Mittelmeer geschätzt, dochblieb es meist (jedoch regional unterschiedlich; z. B. nicht im Donauraum) den Speisekarten der Herrscher vorbehalten. In China waren bestimmte Störgerichte ausschließlich für die Tafel des Kaisers bestimmt; im alten Rußland gehörte es zu den Vorrechten der reichen Adeligen und der Herrscher, Störe für sich zu beanspruchen. Nicht nur das geschmackvolle Fleisch, vor allem der wertvolle Rogen macht den Störfang so lukrativ. Die Eier des Hausen oder Beluga gelten als ausgesuchte Delikatesse, die seit Jahrhunderten oft teurer als Gold gehandelt wird. Weibliche Hausen produzieren 6 000–7 000 Eier je Kilogramm Körpergewicht, Störe *(Acipenser sturio)* sogar 12 000 bis 34 000 Eier/kg. Zur Gewinnung des Kaviars werden die Tiere getötet, die Ovarien entnommen, die Eier aus den Eierstöcken getrennt, mit Salzwasser gewaschen und verpackt. Zentrum des Kaviarhandels ist nach wie vor das Kaspische Meer. Ukraine und Russland, die Nachfolgestaaten der Sowjetunion, produzieren etwa 1 300 Tonnen Kaviar pro Jahr, gefolgt vom Iran mit 200 Tonnen. Die Preise lassen Kaviar zu Recht als schwarzes Gold erscheinen: Ein Kilogramm Belugakaviar bester Qualität wird ab 5 000 DM gehandelt.

Der beeindruckendste aller Störverwandten ist der Hausen oder Beluga *(Huso huso)*, der in der Nördlichen Adria, im Kaspischen, Asowschen und Schwarzen Meer und ihren Zuflüssen vorkommt bzw. vorgekommen ist. Als größter Süßwasserfisch der Erde erreicht er über 8 m Länge und ein Gewicht von 1400 kg (heute wohl eine Seltenheit, im Durchschnitt sind die gefangenen Tiere bis 2,6 m lang). Hausen können 100 Jahre alt werden. Weitere wichtige Arten sind der Sternhausen (*Acipenser stellatus;* bis 2,2 m lang und 68 kg schwer; maximales Alter: 35 Jahre), der Waxdick (*A. gueldenstaedti*, bis 2,3 m lang und 110 kg schwer, maximales Alter: 50 Jahre), der Glattdick *(A. nudiventris)*, der eine Sonderstellung einnimmt, da er als Adulter sowohl im Meer als auch im Süßwasser leben kann. Süßwasserstämme dieser Art unternehmen wie der Sterlet *(A. ruthenus)* Laichwanderungen innerhalb der Flusssysteme. Der Gemeine Stör *(A. sturio)* ist die einzige in ganz Europa vorkommende Störart, der Adriastör *(A. naccarii)* wird 2 m lang, große Exemplare sind heute allerdings sehr selten. Beide kommen in Deltabereichen und Flussmündungen vor und wechseln zwischen Meer und Süßwasser. *A. naccarii* lebt in der nördlichen und östlichen Küstenregion der Adria und deren Zuflüssen; in der Laichzeit steigt er in die Flüsse der norditalienischen Tiefebene wie Po, Etsch, Tagliamento auf. *Acipenser gueldenstaedti, A. stellatus* und *Huso huso* halten sich meist im brackigen Meerwasser auf. Die Mehrzahl der Störe sind anadrome* Wanderfische, die aus dem Meer in die Flüsse zum Laichen aufsteigen und dabei bis zu 1 000 Kilometer zurücklegen. Wehrbauten und Kraftwerke behindern ihren Aufstieg und führen letztlich zum Artenrückgang.

***3.63** (oben): Sternhausen (Acipenser stellatus).*
***3.64** (unten): Hausen oder Beluga (Huso huso).*

3.65 Wasserhaushalt, Wasserbilanz und Zirkulationsverhältnisse des Mittelmeeres (a) im Vergleich mit dem Schwarzen Meer (b). In Mittelmeeren bzw. vom Ozean weitgehend abgetrennten Nebenmeeren machen sich durch die abgeschlossene Lage die Einflüsse von Klima, Temperatur, Niederschlag und Zuflüssen sehr stark bemerkbar. Während im Mittelmeer mit seinem mediterranen Klima mehr Wasser verdunstet als durch Niederschlag und Zuflüsse zugeführt wird, liegt das Schwarze Meer in einem humiden Klimabereich und hat viele große Zuflüsse; sein überschüssiges Wasser fließt ins Mittelmeer ab. Das Mittelmeer ist auf den ständigen Wassereinstrom aus dem Atlantik angewiesen.

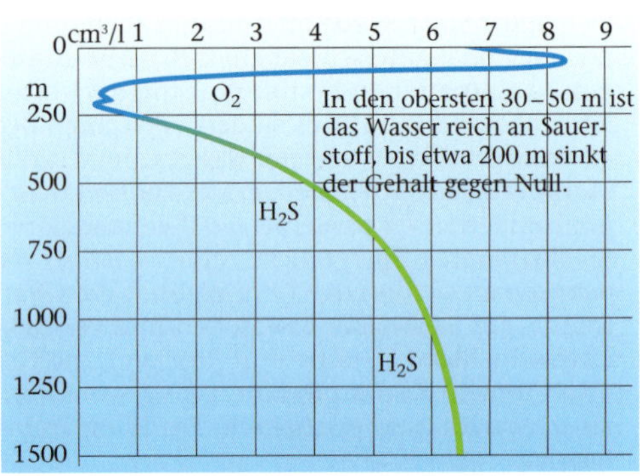

3.66 Unterhalb von 200 Meter ist das Wasser des Schwarzen Meeres mit Schwefelwasserstoff angereichert – ein lebensfeindliches Milieu. Die Konzentration von H_2S steigt mit der Tiefe bis über 6 cm³/l. Solange die Schichtung aufrecht bleibt, ist die Biozönose in der obersten Wasserschicht nicht gefährdet.

Klima

Im südlichen und südöstlichen Teil des Schwarzmeergebietes ist das Klima dem des Mittelmeeres ähnlich – es zeichnet sich durch trockene, heiße Sommer und regenreiche, milde Winter aus. Der nördliche Teil und vor allem der Nordwesten ist jedoch bereits kontinental geprägt. Kalte Nordost- und Nordwinde können im Winter die Temperaturen mit bis zu –30 °C vor allem im Kaukasusgebiet empfindlich nach unten drücken. Die mittleren Temperaturen liegen im Januar zwischen 6 und 9 °C im Südosten und bei –3 °C im Nordwesten; die Werte erreichen im Juli im Norden 22–23 °C, im Süden 24 °C. Die geringsten Niederschlagsmengen fallen an der Nordwestküste mit 300 mm; sie steigen nach Osten und Südosten auf 1 500–2 500 mm pro Jahr an, wobei das Maximum im Winter erreicht wird. Die mittleren Temperaturen an der Wasseroberfläche betragen im August 22–24 °C, in Küstennähe sogar 26–28 °C. Im Februar fällt die Temperatur auf 8 °C im Süden und auf 0 °C im Norden ab, so dass sich hier in Küstennähe für durchschnittlich 50 Tage im Jahr (Januar/Februar) Fest- und Treibeis bildet.

Geschichte und Erforschung

Im 7. Jahrhundert v. Chr. drangen die Griechen in das von ihnen *Pontos Euxeinos* (auf Latein *Pontus Euxinus*) genannte Gebiet um das Schwarze Meer vor, gründeten verschiedene Kolonien, milesische und megarische, und betrieben vor allem entlang der Küste schwunghaften Handel. Getreide und Nüsse, Honig, Hanf, Holz, Holzkohle, Fische und Pferde gehörten zu den Handelswaren – aber auch Sklaven. Skythen, Sarmaten und andere Völker dienten als Arbeitssklaven im alten Griechenland, als Söldner während der hellenistischen Epoche, bis dann die wirtschaftliche und soziale Krise auch die östliche Hälfte des Reiches erfasste. Getreide aus den Kornspeichern Ägyptens und Kleinasiens ließ das Interesse am Schwarzmeermarkt zusehends schrumpfen.

Während die alten Griechen zwar recht gute Kenntnisse über die Küsten des Schwarzen Meeres besaßen, war ihnen das Meer selbst weitgehend unbekannt. Erst im späten Mittelalter, als Venezianer und Genuesen das Gebiet erkundeten, wurden bessere Seekarten erstellt, die so genannten Portolankarten. Die nautische Erforschung des Schwarzen Meeres begann ab dem Ende des 17. Jahrhunderts, als die Großmacht Russland an seinen Küsten erschien. 1856, mit Ende des Krimkrieges, verlor Russland das Recht, im Schwarzen

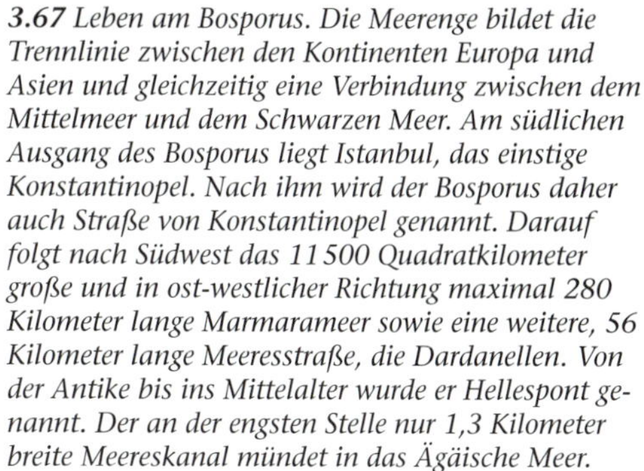

3.67 Leben am Bosporus. Die Meerenge bildet die Trennlinie zwischen den Kontinenten Europa und Asien und gleichzeitig eine Verbindung zwischen dem Mittelmeer und dem Schwarzen Meer. Am südlichen Ausgang des Bosporus liegt Istanbul, das einstige Konstantinopel. Nach ihm wird der Bosporus daher auch Straße von Konstantinopel genannt. Darauf folgt nach Südwest das 11 500 Quadratkilometer große und in ost-westlicher Richtung maximal 280 Kilometer lange Marmarameer sowie eine weitere, 56 Kilometer lange Meeresstraße, die Dardanellen. Von der Antike bis ins Mittelalter wurde er Hellespont genannt. Der an der engsten Stelle nur 1,3 Kilometer breite Meereskanal mündet in das Ägäische Meer.

Oben: Fischverkäufer an der Einmündung des Bosporus in das Schwarze Meer. Der 31 Kilometer lange, bis vier Kilometer breite (Durchschnitt 1,6 km) und 50 bis 70 Meter tiefe (Durchschnitt 36 m) Bosporus war in vielfacher Hinsicht – geopolitisch, militärisch-strategisch und als Handelsweg – immer schon ein wichtiger Punkt. Hinzu kommt seine ozeanographische Bedeutung: An der Oberfläche fließt salzarmes Schwarzmeerwasser in das salzreiche Konzentrationsbecken Mittelmeer. Das Schwarze Meer hat in den letzten Jahrzehnten massive ökologische Veränderungen durchgemacht. Die Eutrophierung ist relativ hoch, durch Klimaverschiebungen wandern immer mehr mediterrane Organismen ein („Mediterranisierung").

Meer eine Kriegsflotte zu unterhalten – womit die nautische Erforschung unterbrochen werden musste –, doch wurde diese Klausel 1870 wieder aufgehoben.

Im Jahr 1890 wurde die erste ozeanographische Schwarzmeerexpedition organisiert; der Seemeteorologe I. B. Spindler aus St. Petersburg und der Hydrologe Friedrich Ferdinand von Wrangel hatten hierzu ein Kanonenboot zur Verfügung. Zahlreiche Ergebnisse dieser Expedition sind noch heute von Bedeutung – sowohl die Erkenntnisse über Ausdehnung und Tiefe des Schwarzen Meeres als auch, was Wassertemperatur, Salzgehalt, Wasserschichten oder Strömungen betrifft.

Die Salinität des Oberflächenwassers liegt durchschnittlich bei 17 ‰ und geht im küstennahen Nordwestteil im Sommerhalbjahr sogar bis auf 13 ‰ zurück. Zur Tiefe hin nimmt der Salzgehalt sehr langsam zu und erreicht am Boden ca. 22 ‰. Am nördlichen Eingang des Bosporus allerdings konnte bereits durch die Expedition Spindler/Wrangel in einer Tiefe von etwa 85 m ein Salzgehalt von 34 ‰ festgestellt werden – annähernd die Salinität von Mittelmeerwasser. Damit war schon im Jahr 1890 klar geworden, dass aus dem Marmarameer bzw. dem Mittelmeer in der Tiefe salzreiches Wasser in das Schwarze Meer strömt. Die Wassertemperatur ist zur Tiefe hin erstaunlich gleichbleibend und beträgt, bedingt durch die stabile Schichtung, ab 200 m Tiefe bis zum Meeresgrund etwa 9 °C. Zwischen dieser 9 °C kalten Tiefenschicht und der im Sommer bis zu 25 °C warmen oberen Schicht ist eine kalte Zwischenschicht mit etwa 7 °C gelagert.

Die Wasserbilanz des Schwarzen Meeres (Abb. 3.65), dessen Volumen insgesamt 547 000 km^3 beträgt, ist im Gegensatz zum Mittelmeer positiv. Der Einstrom salzreichen Mittelmeerwassers (ca. 193 km^3 jährlich), der Zustrom durch die großen Zuflüsse und vom Asowschen Meer (jährlich über 400 km^3) sowie die Niederschläge (humides Klima) führen zu einem beträchtlichen Wasserüberschuss. 245 km^3 gehen durch Verdunstung verloren, 348 km^3 salzarmes Wasser strömt jährlich an der Oberfläche des Bosporus ins Mittelmeer. Durch Wind und Wellen bedingte Schwankungen des Wasserstandes überdecken meist die sehr schwach ausgeprägten Gezeiten (Tidenhub kaum über 10 cm).

Die extreme Schichtung des Wasserkörpers im Schwarzen Meer mit anoxischen* Verhältnissen unterhalb von 200 m ist in Abbildung 3.66 dargestellt. Sie macht klar, welche Bedeutung hydrodynamische Prozesse wie die so genannte thermohaline Konvektion haben; durch sie könnte Sauerstoff in die Tiefen des Schwarzen Meeres gelangen und im Gegenzug dazu wichtige remineralisierte Nährstoffe in die oberflächennahen, lichtdurchfluteten Schichten befördert werden, wo sie den Primärproduzenten zur Verfügung stünden. Ohne eine solche Zirkulation ist jedoch in der Tiefe des

Schwarzen Meeres kein höheres Leben möglich; die Schichtung der Wassermassen ist stabil. In dieser Hinsicht ähnelt das Schwarze Meer der Ostsee, einem weiteren europäischen Nebenmeer niedriger Salinität und positiver Wasserbilanz. Allerdings ist die Schichtung der Wasserkörper in der Ostsee bei weitem nicht so streng, treten dort doch gelegentlich thermohaline Konvektionen auf (zur Ozeanographie siehe S. 284 ff.).

Fauna und Flora

Fauna und Flora sind im Schwarzen Meer auf die obersten Wasserschichten beschränkt und ab etwa 100–150 m Tiefe durch Sauerstoffarmut und zunehmenden Schwefelwasserstoffgehalt nach unten hin begrenzt. In dem weitgehend sauerstofffreien, mit Schwefelwasserstoff angereicherten Tiefenwasser können nur anaerobe Bakterien (Schwefelbakterien) überleben.

Der wiederholte Wechsel zwischen marinem und limnischem Einfluss hatte zum Teil dramatische Auswirkungen auf die jeweils aus dem anderen Bereich stammende Organismenwelt. Als das weitgehend ausgesüßte Wasser des Schwarzen Meeres mit Salzwasser vom Mittelmeer vermischt wurde, veränderten sich Fauna und Flora nicht nur im Meer, sondern auch weit in die Mündungsgebiete der Flüsse hinein. Insgesamt ist die pontische marine Fauna und Flora artenärmer als im Mittelmeer (weniger als 200 Fischarten im Schwarzen Meer, über 650 Fischarten im Mittelmeer) und stellt eine verarmte Ausgabe mediterraner Biozönosen dar, in der sich vor allem kälteverträgliche Arten behaupten konnten. Die Fischpopulationen wurden jedoch ebenso wie verschiedene Arten von Krebs- und Weichtieren gegen Ende des 20. Jahrhunderts durch die Wasserverschmutzung erheblich reduziert. Beträchtliche Mengen von Erdölprodukten und Industrieabwässern werden über Donau, Dnjepr und weitere Flüsse zugeführt; Strände müssen immer wieder gesperrt werden.

Biogeographisch können die Restgewässer des „Sarmatischen Binnensees“ als Provinzen der warmgemäßigten mediterran-atlantischen Region angesehen werden. Im Schwarzen Meer wurden bisher etwa 350 zum Phytoplankton zählende Arten (einzellige Algen) und 280 Arten Makrophyten beschrieben, darunter 130 Arten Rotalgen und je 70 Arten von Grün- und Braunalgen.

Eine weltweit einmalige phykologische* Besonderheit sind die ausgedehnten *Phyllophora*-Wiesen zwischen 10 und 60 m Tiefe. Sie bestehen zu 90 Prozent aus *Phyllophora nervosa,* vor allem im oberen Bereich, die restlichen 10 Prozent in größerer Tiefe aus *P. truncata (= brodiaei),* einer Art, die im Mittelmeer fehlt, aber eine weite Verbreitung in der Arktis und der kaltgemäßigt-atlantischen Region hat. Allein diese zwei *Phyllophora*-Arten sollen etwa 90 Prozent der phytalen Biomasse des Schwarzen Meeres bilden. Im relativ seichten nordwestlichen Schelfgebiet des Schwarzen Meeres entlang der Küsten Rumäniens und der Ukraine bedecken sie 15 000 km² Schlamm- und Muschelboden; mit über 5 Millionen Tonnen Biomasse bilden sie die weltweit größte bekannte

Robben in der Mittelmeerregion und im Kaspischen Meer

Robben sind rund um den Globus in kalten Klimazonen verbreitet. In wärmeren Meeren beschränkt sich ihr Vorkommen auf Gebiete, die durch kalte Strömungen geprägt sind (z. B. Galapagos). Die einzige Ausnahme sind die Mönchsrobben der Gattung *Monachus* (Phocidae, Hundsrobben). Die am Rand der Ausrottung stehende Mittelmeer-Mönchsrobbe *Monachus monachus* kommt im Mittelmeer, Teilen des Schwarzen Meeres und in einem kleinen Gebiet an der Nordwestküste Afrikas vor, *Monachus schauinslandi* lebt als völlig von der Verwandtschaft isolierte Art auf Hawaii. Ringelrobben sind auch im Kaspischen Meer heimisch, das sie von Norden her vermutlich vor- oder zwischeneiszeitlich erreicht haben. Die Population der 1,5 m langen und bis 85 kg schweren Kaspischen Robbe *(Phoca caspica)* zählt noch etwa 550 000–600 000 Tiere (im Aralsee hat es diese Art entgegen irrtümlichen Angaben in der Literatur nicht gegeben). Im Herbst und Winter halten sich die Robben vor allem in den flachen nordöstlichen Gebieten auf, während sie im Sommer in den Süden mit seinen größeren Tiefen ziehen. Die Kaspische Robbe ähnelt der nahe verwandten, endemischen Baikalrobbe *(Phoca sibirica),* einer Süßwasserrobbe, die mit etwa 50 000 Exemplaren im Baikalsee, dem größten und tiefsten (bis 1 600 m) Süßwasserreservoir der Welt, und in angrenzenden Flüssen lebt.

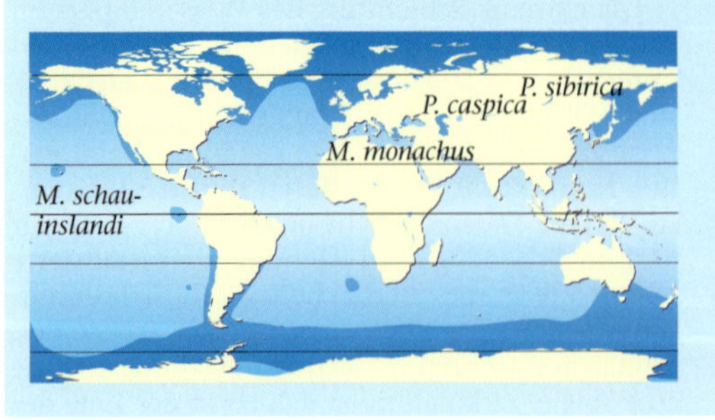

3.68 *Verbreitung der Robben (Pinnipedia) weltweit, im Mittelmeer sowie in der Pontischen und Kaspischen Region. Die Mönchsrobbe der Karibik (Monachus tropicalis) ist praktisch ausgerottet.*

3.69 *Das 37 700 Quadratkilometer große und vom Don, einem der größten Ströme Russlands, gespeiste Asowsche Meer ist der letzte Ausläufer des Weltmeeres inmitten Eurasiens an der geographischen Grenze zwischen den Kontinenten. Obwohl biogeographisch immer noch zum Mittelmeer gehörend, unterscheidet es sich von diesem doch in jeder Hinsicht. Es ist im Gegensatz zum Schwarzen Meer sehr flach und erreicht in der Mitte knapp 15 m Tiefe. Die Verbindung zum Schwarzen Meer, die Straße von Kertsch (im Altertum Kimmerischer Bosporus), ist 41 km lang, 4–15 km breit und 5–13 m tief. An zwei Monaten im Jahr herrscht hier Eisgang.*

Ansammlung von Rotalgen überhaupt. Die Bestände werden nach ihrem Entdecker als „Sernowsche Phyllophora-See" bezeichnet. 9 Prozent der phytalen Biomasse bestehen aus der Braunalge *Cystoseira barbata*. In seichten, schlammigen oder sandigen Buchten wachsen die Seegräser *Zostera marina* und *Z. noltii*. Krustenbildende Kalkrotalgen können bis 100 m Tiefe vorkommen.

Etwa 650 Arten Crustaceen, mehr als 200 Arten Mollusken und weitere 350 Arten wirbellose Tiere sind aus dem Schwarzen Meer bekannt. Von den über 50 Haiarten des Mittelmeeres kommen im Schwarzen Meer nur drei vor (*Squalus acanthias, S. blainvillei, Squatina squatina*), von den fünf Arten der im Mittelmeer nachgewiesenen Meeresschildkröten nur die Unechte Karette (*Caretta caretta*), von den 19 oder 20 Arten Walen und Delfinen des Mediterrans nur der Große Tümmler (*Tursiops truncatus*), der Gemeine Delfin (*Delphinus delphis*), der im Mittelmeer sehr seltene und in der Levante völlig fehlende Schweinswal (*Phocoena phocoena*), äußerst selten der Rundkopfdelfin (*Grampus griseus*) und möglicherweise der Blau-Weiße Delfin (*Stenella coeruleoalba*). Die Mittelmeer-Mönchsrobbe (*Monachus monachus*) wird vereinzelt an Teilen der türkischen Küste gesichtet, sie scheint hier aber nicht zu reproduzieren. Wirtschaftlich bedeutend ist der Fang von kleinen, pelagischen Fischen; im pontischen Becken des endemischen Heringsfisches *Clupeonella cultriventris* (im Kaspischen Meer *C. cultriventris caspia*), von dem nach Angaben der FAO zwischen 120 000 und 130 000 Tonnen gefischt werden, und des bis zu einem Meter langen Steinbutts *Scophthalmus maximus maeoticus* (Scophthalmidae).

Das Asowsche Meer

Das stark gegliederte Asowsche Meer im Nordosten des Schwarzen Meeres ist 37 700 km^2 groß und mit einer mittleren Tiefe von 9 m und größten Tiefe von 14,5 m das seichteste Meer der Welt (Abb. 3.69). Die Bezeichnung mancher Gewässer, ob Meer oder See, ist eine Frage der Konvention – Asowsches „Meer" ist für eine Seitenbucht bzw. Nebenmeer des Schwarzen Meeres etwas übertrieben. Seine größte west-östliche Ausdehnung beträgt 340 km, die größte nord-südliche Distanz 135 km, das Volumen etwa 320 km^3. Abhängig von der Windrichtung und dem Pegel der Zuflüsse, kann der Wasserstand um bis zu 5,5 m variieren.

Das durch die Halbinsel Krim und das Kubangebiet vom Schwarzen Meer getrennte Seichtmeer steht durch die 41 km lange und zwischen 4 und 15 km breite Straße von Kertsch mit diesem in Verbindung. Weitere (künstliche) Verbindungen bestehen durch den Wolga-Don-Kanal mit dem Kaspischen Meer, dem Weißen Meer (einer Ausbuchtung des Nordpolarmeeres östlich von Skandinavien) und der Ostsee. In das Asowsche Meer münden zwei große Flüsse, Don und Kuban. 45 km landeinwärts liegt der wichtigste Zugangshafen des Asowschen Meeres, Rostow am Don; weitere Häfen sind Schdanow und Berdjansk in der Ukraine sowie Taganrog und Jejsk in Russland.

Das Asowsche Meer war früher sehr fischreich, weshalb es bei den Türken *Baluk Deniz* (Fischmeer) hieß. Im Altertum *Palus Maeotis* oder *Maiotis* genannt (der Name erscheint erstmals auf einer phönizisch-hebräischen Weltkarte des Jahres 630 v. Chr.), verdankt das Gewässer seinen heutigen ukrainischen Namen *Asowskoje More* der etwa 85 000 Einwohner zählenden Hafenstadt Asow, die knapp vor der Einmündung des Don ins Asowsche Meer liegt. Bereits im 7. Jahrhundert v. Chr. ist hier die griechische Kolonie Tanais gegründet worden; als vom 3. bis zum 9. Jahrhundert n. Chr. Hunnen, Awaren, Ostgoten und andere Horden das Land verwüsteten, wurde auch Tanais zerstört. Ab dem 13. Jahrhundert war der wirtschaftlich und strategisch wichtige Handelsplatz in Händen der Venezianer und später der Türken; seit 1739 gehört das Gebiet zu Russland.

Dem Asowschen Meer fließen durch den Don 28,5 km^3 und durch den Kuban 11 km^3 Wasser

3.70 Das Wolgadelta im Nordosten des Kaspischen Meeres. Mit 3 530 km Länge ist die Wolga der mächtigste Strom Europas; ihr Einzugsgebiet beträgt 1 360 000 Quadratkilometer.

zu. Die jährliche Niederschlagsmenge bringt etwa 15,5 km³ Wasser, durch Verdunstung gehen 31 km³ verloren. Der Wasserüberschuss fließt in das Schwarze Meer, von dem im Gegenzug große Mengen salzhaltigeres Wasser ins Asowsche Meer einströmen. Der Salzgehalt beträgt durchschnittlich 11–13 ‰, ist aber regional unterschiedlich: im südlichen und westlichen Teil 17,5 ‰, im nordöstlichen Teil, nahe der Mündung des Don nur 2–3 ‰. Die Temperatur des vorwiegend trüben Wassers erreicht im Sommer 25–30 °C, von Ende Dezember bis Ende Februar ist das Meer vor allem an seiner Nordküste mit Eis bedeckt.

Das Asowsche Meer ist dank seiner geringen Tiefe und des hohen Eintrags reich an Nährstoffen. Die Fauna umfasst mehr als 300 Arten von Wirbellosen und mindestens 80 Arten von Fischen, von denen der Stör traditionell zu den wirtschaftlich bedeutendsten gehört (Exkurs S. 163). Viele wirtschaftlich wichtige Fischarten sind Süßwasserfische, die hauptsächlich in den Zuflüssen leben und auch Brackwasser besiedeln: Flußbarsch *(Perca fluviatlis)*, Brachse oder Brasse *(Abramis brama)* und zahlreiche weitere. Fischerei wird besonders an der Südküste betrieben, doch ist der Fischreichtum durch die Wasserverschmutzung und den gestiegenen Salzgehalt stark zurückgegangen.

Das Kaspische Meer

Seit der Zeit der ionischen Geographen, dem 6. Jahrhundert v. Chr., ist der größte abflusslose See der Erde unter dem Namen *Caspium Mare* oder *Hyrcanum Mare* bekannt. Die alten Griechen hielten ihn jedoch für eine Ausbuchtung des die Erdscheibe umfließenden Okeanos und erkannten nicht, dass sein Wasserspiegel etwa 28 m über dem Meer liegt. Er ist in den letzten 400 Jahren um 7 m gesunken, allein von 1878 bis 1950 um etwa 2 m. Einstige Fischerdörfer und Häfen liegen heute 50 km von der Küste entfernt. Während die Oberfläche des Kaspischen Meeres im Jahr 1930 noch 424 300 km² umfasste, sank der Wasserspiegel bis 1971 ständig weiter, doch steigt er seit 1977 aus nicht geklärten Gründen wieder an. Nach neuesten Zahlen umfasst es 386 400 km² mit

3.71 Das Kaspische Meer (Russisch: Kaspiskoje More, Persisch: Darya-e Khazarhat) hat eine negative Wasserbilanz. Der in einer tektonischen Senke etwa 500 km östlich vom Schwarzen Meer liegende See ist von Norden nach Süden etwa 1 210 km lang, 210–436 km breit, durchschnittlich 170 m tief, seine größte Tiefe erreicht er mit 1 025 m im Süden, verflacht jedoch im Norden auf nur 4–8 m. Angrenzende Länder sind Aserbaidschan, Russland, Kasachstan, Turkmenistan und der Iran. Wichtigste Häfen sind Baku in Aserbaidschan, Astrachan in Russland, Aktau in Kasachstan, Turkmenbaschi in Turkmenistan sowie Bender Ansali und Bender Abbas im Iran. Die einstige Verbindung zum Schwarzen Meer zeigt sich in gemeinsamen Faunen- und Florenelementen.

einem Volumen von 78 700 km³. Hauptzufluss ist die Wolga, die etwa 70 Prozent des Wasserzustroms liefert (Abb. 3.70, 3.71; dazu kommen Ural und Terek. Der Salzgehalt beträgt in der Nähe der Wolgamündung etwa 1 ‰, im Südosten durchschnittlich 12–14 ‰, im Kara-Bogas-Gol, einer etwa 12 000 km² großen Lagune am Ostufer des Kaspischen Meeres, bis 30 ‰. Die Wassertemperatur, die im Sommer 25–30 °C erreicht, sinkt im Winter auf 2–13 °C im südlichen Teil, im Norden hingegen unter 0 °C, so dass das Meer dort für zwei bis drei Monate zufriert.

Die Fauna der gesamten Sarmatischen Region war derart massiven Veränderungen ausgesetzt, dass es schwer ist, ein wirklich aktuelles Bild zu zeichnen. Selbst Verbreitungsangaben in zehn oder auch nur fünf Jahre alten Büchern treffen auf manche Arten nicht mehr zu, weil sie durch die Umweltveränderungen aus ihrem ursprünglichen Verbreitungsgebiet verschwunden sind. Die Tierwelt setzt sich aus einigen Arten einer eigenständigen sarmatischen Fauna zusammen, deren Reste hier und im Aralsee teilweise erhalten geblieben sind, während sie aus dem Schwarzen Meer durch das Eindringen salzreichen Mittelmeerwassers weitgehend verschwunden sind. Durch zeitweise bestehende Verbindungen zum Schwarzen Meer konnten jedoch einige marine mediterrane Arten einwandern, darunter eine Herzmuschel (Cardiidae, Bivalvia) und eine Seenadel (Syngnathidae, Osteichthyes).

Etwa 100 Arten Meeresalgen mediterranen oder mediterran-atlantischen Ursprungs kommen im Kaspischen Meer vor, darunter 30 Arten Rotalgen *(Laurencia, Polysiphonia, Ceramium)*, 10 Arten Braunalgen *(Pilayella, Ectocarpus, Stypocaulon)* und zahlreiche Grünalgen. Endemisch sind die Rotalgen *Callithamnion kirillianum, Polysiphonia caspica, Laurencia caspica* und *Dermatolithon caspicum* sowie die Braunalge *Monosiphon caspicus* (Chordariaceae). Auch das Seegras *Zostera noltii (= nana)* kommt im Kaspischen Meer vor. Wesentlich artenärmer ist der Aralsee: Von den marinen Pflanzen ist die Rotalge *Polysiphonia violacea* und das Seegras *Zostera noltii* vertreten; die Grünalgen hingegen sind bereits typische Brack- und Süßwasserarten wie *Ulothrix, Rhizoclonium* und *Vaucheria*.

Selbst aus dem Nördlichen Eismeer stammende Arten sind im Kaspischen Meer zu finden; sie sind über Flusssysteme und Eisrandseen während des Pleistozäns hierher gelangt (Eisrandseen sind durch Rückstau der Flüsse durch große Eismassen und das aus ihnen stammende Schmelzwasser in wärmeren Perioden entstanden). Eine der größten zoologischen Besonderheiten des Kaspischen Meeres ist die Kaspische Robbe (Exkurs S. 166). So wie auch die Baikal-Robbe stammt sie von der in arktischen und subarktischen Gewässern, z. B. im Weißen Meer, weit verbreiteten Eismeer-Ringelrobbe *(Phoca hispida)* ab. In den ausgesüßten Randbereichen und Flussmündungen kommen viele salztolerante Süßwasserarten vor, die ständig oder zeitweise im Brackwasser leben können.

Zander *(Sander lucioperca)*, der in den Zuflüssen des Kaspischen und Schwarzen Meeres und selbst in brackigen Lagunen häufig ist, sein mariner Verwandter *Stizostedion marinum*, der diskontinuierlich im Nordosten des Schwarzen und im Süden des Kaspischen Meeres vorkommt, der bis 190 cm lange Sternhausen *(Acipenser stellatus)*, der früher auch im Aralsee vorgekommen ist, *Alosa caspia (= Caspialosa)*, ein hier endemischer Heringsfisch (Clupeidae) mit großer wirtschaftlicher Bedeutung (bis zu 35 000 Tonnen jährlich) sowie zahlreiche weitere Arten und Unterarten dieser Gattung, Rotaugen oder Plötzen *(Rutilus rutilus)* und deren Verwandter *Rutilus frisii kutum (= Pararutilus)*, Döbel oder Aitel *(Leuciscus cephalus)*, Schleie *(Tinca tinca)*, Brachse *(Abramis brama)* und Karpfen *(Cyprinus carpio)*, der wichtigste Süßwasser-Speisefisch, dessen Ursprünge in der Region liegen, sind nur einige Fische mit großer wirtschaftlicher Bedeutung. Die für die Fischer dieser Region wichtigsten Fischbestände, jene des Störs, sind allerdings stark zurückgegangen.

Gründe hierfür sind einerseits die starke Überfischung der letzten Jahrzehnte, andererseits die Umweltbelastung und Wasserverschmutzung, der intensive Schiffsverkehr – trotz der Hafenarmut und der gefährlichen Stürme führte bereits im Altertum ein Verkehrsweg von Indien über das Kaspische Meer zum Schwarzen Meer – und die Erdgas- und Erdölförderung im Kaspischen Meer. So ist etwa das ölreiche Baku auf der Abscheron-Halbinsel, die Hauptstadt von Aserbaidschan, durch Wasserstraßen und ein Netz von Kanälen mit dem Schwarzen Meer, der Ostsee und dem Weißen Meer verbunden. Geplant ist der Bau einer 1 730 km langen Pipeline von Baku zum türkischen Hafen Ceyhan, die weder über russisches noch über iranisches Gebiet führen wird und bis zum Jahr 2004 fertiggestellt sein soll.

Der Aralsee: Beispiel einer von Menschen verursachten Katastrophe

Ende der achtziger und Anfang der neunziger Jahre gingen erschütternde Bilder von auf dem Trockenen liegenden Schiffen inmitten riesiger Sand- und Salzwüsten um die Welt. Sie machten auf eine der größten durch Menschen verursachten Katastrophen aufmerksam: das Austrocknen des Aralsees (Abb. 3.72 und 3.73).

1960 mit etwa 64 000 km^2 noch der viertgrößte Binnensee der Erde und äußerst fischreich, mit zahlreichen Inseln auch ein landschaftlich reizvolles Gebiet, ist der Aralsee in den letzten knapp 40 Jahren auf 40–50 Prozent seiner ehemaligen Fläche und 20 Prozent seines ehemaligen Volumens geschrumpft. In den letzten 25 Jahren ist sein Wasserspiegel um 16 m gesunken; in weiteren 25 Jahren wird der See vermutlich nahezu ausgetrocknet sein. Die Salinität des schrumpfenden Restwassers ist stark angestiegen (über 27 ‰) und die einst blühende Fischereiwirtschaft ist durch die Austrocknung und Versalzung praktisch zum Erliegen gekommen.

Die katastrophale Entwicklung hat bereits im 19. Jahrhundert ihren Lauf genommen. Die Wüsten Kasachstans, Usbekistans und Turkmenistans boten ideale Bedingungen für den Anbau von Baumwolle, wodurch sich das Zarenreich Unabhängigkeit von Baumwollimporten aus Amerika versprach. Sonnige, heiß-trockene Sommer und reichliches Wasserangebot, das die in den Aralsee mündenden Flüsse Syr-Darja und Amu-Darja herangetragen haben (um 1950: 50 km^3/a; 1980: 10 km^3/a; 1986: zeitweise völlig ausgetrocknet), schienen eine schier unbegrenzte Baumwollproduktion zu ermöglichen. In sowjetischer Zeit wurde dann auch die längste Wasserstraße der Welt fertiggestellt, der 1 445 km lange Karakum-Kanal. Er verbindet den Aralsee-Zufluss Amu-Darja mit dem Kaspischen Meer, raubt dem 2 540 km langen Fluss sein Wasser und versorgt damit einige Großstädte und Industriegebiete. Vor allem aber bewässert er über 500 000 Hektar Wüste bzw. Baumwollfelder – allerdings geht vielleicht die Hälfte des kostbaren Wassers durch Fehlplanung und technisch unzureichende Bewässerungsanlagen in der Wüste verloren. Unter sowjetischer Herrschaft wurden die Baumwollfelder auf über 8 Millionen Hektar ausgeweitet. Der für die kommunistische Planwirtschaft charakteristische, übertriebene und unverantwortliche Chemikalieneinsatz verseuchte jedoch den Boden sowie das Grund- und Oberflächenwasser.

Seit den achtziger Jahren verlandet der Aralsee mehr und mehr; er teilte sich in den nördlichen Kleinen und den südlichen Großen Aralsee. Städte wie Aralsk und Muinak, die noch in den sechziger Jahren am Seeufer lagen, befinden sich heute weit im Landesinneren. Die Fischerei musste aufgegeben werden, weil durch den niedrigen Wasserstand die einstigen Laichplätze stark abgenommen haben und etwa 20 der ursprünglich 24 Fischarten – weitgehend dieselben wie im Kaspischen Meer – verschwunden sind. Bereits 1927 hat der Sowjetstaat im Bemühen, den Fischereiertrag zu steigern, 18 zusätzliche fremde Fischarten eingeführt, von denen sich 15 gehalten haben. Um ihnen die Nahrungsgrundlage zu sichern, wurden auch Wirbellose in den Aralsee eingesetzt, darunter unabsichtlich etliche Fischparasiten. Mit dem Ansteigen der Salinität starb dann ab den frühen sechziger Jahren eine Art nach der anderen wieder aus. Heute – wobei dieser Begriff durch die Dynamik der Katastrophe unscharf ist – leben hier noch Ährenfische (Atherinidae), einige Grundelarten (Gobiidae), Flundern (*Platichthys flesus*, Pleuronectidae) und der aus der östlichen Ostsee stammende Strömling (*Clupea harengus*, eine kleine Form des Herings).

Unter den Wirbellosen bildet ein eingeschleppter Ruderfußkrebs (Copepoda) nahezu das gesamte Plankton; das Benthos wird von einigen fremden Muschelarten dominiert. Eine der Lebensgrundlagen von 1,4 Millionen Bewohnern der Aralsee-Region, der Fischfang, ist weitgehend vernichtet. Auch das Klima um den Aralsee hat sich verändert, Sommer- und Wintertemperaturen sind noch extremer geworden: Wassertemperatur im Sommer 26–30 °C, im Winter 0 °C, so dass der Nordteil des Sees vier bis fünf Monate im Jahr zugefroren ist.

Mit der ökonomischen ging eine ökologische Katastrophe einher. Schädlingsbekämpfungsmittel aus den Baumwollfeldern bedecken nicht nur den trockengefallenen Seeboden; über 100 Millionen Tonnen dieses mit Pestiziden, Entlaubungsmitteln und anderen Chemikalien durchsetzten

Sand-Salz-Gemenges werden jährlich durch den Wind in der gesamten Region vertragen. Das tödliche Gemisch findet sich auf einer Fläche von 200 000 km² bis zum Pamirgebirge. Pro Hektar geht über eine Tonne davon nieder, was zu ständig sinkenden Ertragszahlen in der Landwirtschaft führt. Die Wüsten Karakum („Schwarzer Sand"), mit 350 000 km² eine der größten Wüsten der Welt, und Kysylkum („Roter Sand") haben eine rasch wachsende Nachbarwüste erhalten, die „Ak-Kum" („Weiße Wüste"), wie die Katastrophenzone rund um den See genannt wird.

Das Grund- und damit auch das Trinkwasser ist mit Salzen und Pestiziden verseucht. Die Kindersterblichkeit liegt bei 15 Prozent, Missbildungen bei Neugeborenen nehmen zu. Krebs- und Atemwegserkrankungen sind sprunghaft angestiegen. Bei 80 Prozent der Frauen wurde Anämie (Blutarmut) festgestellt, Magen- und Darmkrebs sind 3- bis 4-mal, Nierenkrebs 10-mal und Hepatitis 7- bis 10-mal häufiger als sonst in den Ländern der ehemaligen Sowjetunion. Die Lebenserwartung der lokalen Bevölkerung ist um mindestens zehn Jahre gesunken.

Neben dieser düsteren Beschreibung der Gegenwart gibt es auch ein Zukunftsszenarium: Den Flüssen Amu-Darja und Syr-Darja soll in Zukunft weniger Wasser zur Bewässerung entnommen werden, doch ist nicht klar, ob das ausreicht, um den See zu retten. Eine Wiederherstellung des ursprünglichen Zustands ist nach Ansicht von Experten unmöglich. Berechnungen zeigen, dass dem Aralsee jährlich 27 km³ zugeführt werden müssten, um die Seespiegelfläche von heute zu erhalten; die Mittel dazu sind aber nicht vorhanden. Nicht umsonst wird das Gebiet rund um den Aralsee von der UNO als „das größte ökologische Katastrophengebiet neben Tschernobyl" bezeichnet.

In Kasachstan lagern tatsächlich viele völlig unsachgemäß aufbewahrte radioaktive Abfälle aus sowjetischen Zeiten. Der Müll aus den einstigen nuklearen Waffenschmieden und der Abraum aus dem Uranbergbau geben Strahlung an die Umgebung ab.

3.72 und 3.73 Der Aralsee. Kasachstan im Norden und Usbekistan im Süden teilen sich den Besitz des bis 1960 viertgrößten Binnensees der Erde. Das in biogeographischer Hinsicht östlichste (Rest-)Gewässer der mediterran-atlantischen marinen Region (nach Briggs, 1995) ist ein ökologisches Notstandsgebiet. Der abflusslose, schrumpfende Salzsee einschließlich seiner Inseln ist derzeit 66 500 km² groß, der Wasserspiegel liegt bei 53 m über dem Meer. Die ohnehin mit massiven wirtschaftlichen Problemen kämpfenden Nachfolgestaaten der Sowjetunion erbten auch das von ihr zurückgelassene Umweltdesaster. Bild links: Der Aralsee in einer Satellitenaufnahme von 1990. Die Inseln sind größer geworden, die fortschreitende Austrocknung ist deutlich zu erkennen.

Klima der Mittelmeerregion

„Kein Tag hat so schlechtes Wetter, dass man nicht wenigstens einige Zeit die Sonne sieht." Diese Ansicht Ciceros (106–43 v. Chr.), der vor allem durch das stabile Witterungsgeschehen in seinem Zweitwohnsitz in Syrakus (Sizilien) zu der Aussage animiert wurde, spiegelt die weit verbreitete Vorstellung über das Mittelmeerklima wider: viel Sonnenschein und selbst im Winter milde Temperaturen. Diesem Umstand verdankt die Mittelmeerregion auch den starken Tourismus mit über 200 Millionen Besuchern jährlich.

Eine differenziertere Betrachtung des Mittelmeerklimas zeigt jedoch, dass man es mit Ciceros Zitat keinesfalls zutreffend charakterisieren könnte – vor allem wenn der Maßstab auf die gesamte Mittelmeerregion ausgedehnt wird. Gegen das Innere der großen Festlandmassen wie Iberische Halbinsel, Balkan oder Anatolien wird das Klima rasch kontinentaler, mit trockenen, heißen Sommern und kalten Wintern mit Frösten bis unter –20 °C. Klimatisch und vegetationskundlich grenzt das Gebiet im Norden an das winterkalte eurasiatische Waldgebiet, im Süden an die Wüste Sahara, im Westen an die atlantisch geprägte Region und im Osten an die kontinentale orientalisch-zentralasiatische Steppen- und Wüstenzone. Ganz allgemein nehmen die Niederschläge von Westen nach Osten und Norden nach Süden ab. Durch die starke horizontale, vor allem aber vertikale Gliederung der Küstenbereiche und Inseln zeigt der Mittelmeerraum ein vielfältiges Mosaik regional sehr unterschiedlicher Klimajahresgänge. Einen guten Überblick bietet Abbildung 3.83. Auch recht nahe beieinander liegende Orte wie Almeria und Barcelona an der spanischen Mittelmeerküste haben völlig unterschiedliche Klimadiagramme. Selbst wenn man sich auf nur eine größere mediterrane Insel beschränkt, kann die klimatische und damit auch vegetationskundliche Zonierung in vertikaler Richtung beträchtlich sein. Das Kapitel „Flora und Vegetationslandschaften" informiert ausführlich über dieses Thema.

Das Mittelmeer hat eine beträchtliche nord-südliche (fast 1 000 km) und vor allem ost-westliche (nahezu 4 000 km) Ausdehnung; es liegt zwischen einem Ozean im Westen und großen kontinentalen Massen im Osten, die zu unterschiedlichen Klimazonen gehören. Der gesamte Raum zählt zu den mediterranen Subtropen. Durch die Umrandung mit hohen Gebirgszügen, die starke vertikale Zonierung, die beträchtliche topographische Gliederung, die Verzahnung von Land und Meer sowie weitere Faktoren hat der Mediterran ein äußerst komplexes Klimageschehen zu verzeichnen.

Das Mittelmeerklima ist ein Übergangssystem zwischen feucht-gemäßigten und tropisch-trockenen Klimabereichen. Im thermischen – Frost tritt in manchen Regionen regelmäßig auf –, vor allem aber im hygrischen (Niederschläge) Jahresverlauf können Unregelmäßigkeiten und beträchtliche Abweichungen von den durchschnittlichen Werten auftreten, oft mit kritischen Folgen für die landwirtschaftliche Nutzung. Zwischen Nord und Süd sowie zwischen West und Ost bestehen beträchtliche klimatische Unterschiede. Die Region ist äußerst windreich, Winterstürme machen Teile des Mittelmeeres zu einem für die Schifffahrt gefährlichen Seegebiet, das z. B. im Golfe du Lion mit Kap Horn verglichen wird. Starkregen führen oft zu Katastrophen in den umgebenden Gebirgen und zu massiver Erosion.

Was ist Klima?

Das Klima ist zweifellos der entscheidendste abiotische Faktor, der die Verteilungsmuster der Organismen auf der Erde prägt. Dass es kaum möglich ist, das gesamte Phänomen „Klima" mit einer einzigen, allgemein anerkannten Definition zu umschreiben, ist angesichts des allumfassenden Begriffs nicht überraschend. Die Erklärung, es handle sich um den „durchschnittlichen Verlauf von Wetter und Witterung über längere Zeiträume", scheint dem komplexen Klimageschehen nicht in jeder Hinsicht gerecht zu werden.

Umgangssprachlich wird dem Unterschied zwischen den drei Begriffen Wetter, Witterung

Tabelle 3.8 *Merkmale der fünf mediterranen Subtropenregionen. Unten: Diversität der Pflanzenwelt. Das artenreichste Gebiet ist der Mediterran, die meisten Arten pro Fläche hat die Kapregion aufzuweisen. Rechte Seite unten: der Faktor „Mensch" und sein Einfluss. Nach Blondel und Aronson, 1999.*

Region	Fläche (1 000 km²)	Anzahl der Arten	Arten/Fläche-Rate	Anzahl der endemischen Arten	Prozentanteil der endemischen Arten	Endemismus als Funktion der Flächengröße
Mittelmeer	2 300	25 000	10,90	12 500	50	5,43
Kalifornien	320	4 300	13,40	1 505	35	4,70
Südafrika	90	8 550	95,00	5 814	68	64,60
Chile	140	2 400	17,10	648	27	4,63
S, SW-Australien	310	8 000	25,80	6 000	75	19,35

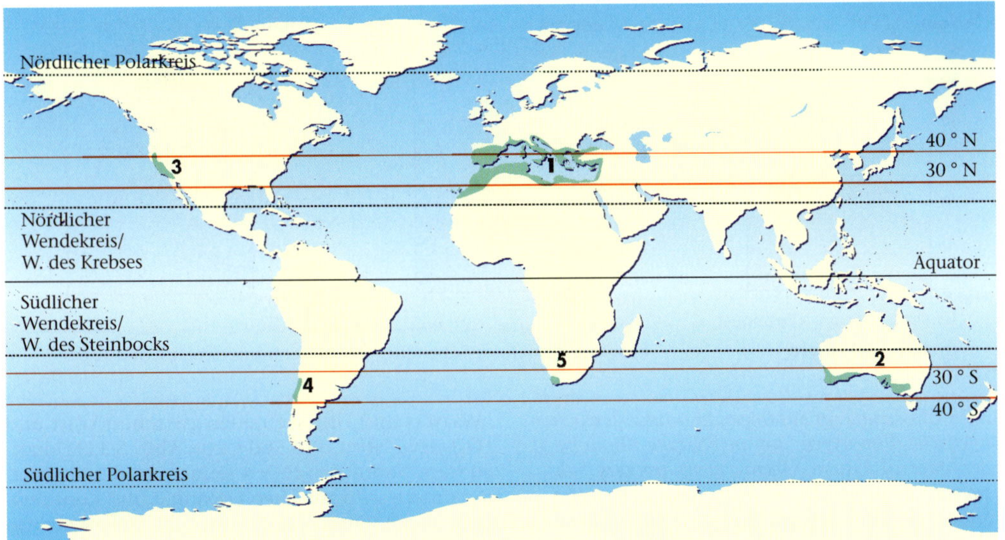

3.74 Das mediterrane Klima mit seinen heißen, trockenen Sommern und milden, regenreichen Wintern ist erdgeschichtlich gesehen jung und nicht auf das Europäische Mittelmeer beschränkt. Fünf Regionen in der Welt weisen ein praktisch identisches Klima auf: neben dem Europäischen Mittelmeer (1 auf der Karte) sind es Kalifornien (3), Chile (4), Südafrika (5) sowie das südwestliche und südliche Australien (2). Ihnen allen ist gemeinsam, dass sie zwischen dem 30. und 40. Breitengrad der nördlichen oder südlichen Hemisphäre liegen, den so genannten Rossbreiten im subtropisch-randtropischen Hochdruckgürtel, einem Übergangssystem zwischen gemäßigtem und tropisch-trockenem Klima. Auch haben sie einen deutlichen Wechsel zwischen regenreichen Wintern und eher trockenen Sommern.

und Klima nicht ausreichend Rechnung getragen. Entscheidend ist die zeitliche Dimension, also der Betrachtungszeitraum, den man als Maßstab anlegt: Wetter ist ein mit ein bis zwei Tagen zeitlich begrenzter Verlauf der Zustände und Prozesse in der Atmosphäre und auf der Erdoberfläche, die Witterung umfasst längere Zeiträume bis zu einigen Wochen (oder Monaten), das Klima erfasst – und das ist entscheidend – den Langzeitverlauf dieser Phänomene im Zeitrahmen von Jahren. Für die Beschreibung des Klimas spielen augenblickliche Phänomene der Klimaelemente wie Sonneneinstrahlung, Temperatur, Luftdruck, Niederschlag, Luftfeuchtigkeit, Wind, Bewölkung, Verdunstung usw. keine wichtige Rolle; vielmehr basiert sie auf der statistischen Auswertung des Wetters bzw. der Witterung mit Ermittlung der Mittelwerte, der Häufigkeit, Dauer, Verteilung und Abweichungen, der Extremwerte und ähnlicher Parameter.

Das Klima ist ein äußerst komplexes Gesamtes, das sich aus Wechselwirkungen zwischen der Atmosphäre oder Lufthülle der Erde, der Hydrosphäre (Weltmeer, Binnengewässer und jedes andere Wasser auf der Erdoberfläche), der Kryosphäre (Eis- und Schneedecke), der Lithosphäre (Erd- bzw. Landoberfläche) und nicht zuletzt der Biosphäre (von Organismen besiedelter Anteil der Erde) ergibt. Wie komplex diese Vorgänge und mögliche langsame Veränderungen des Klimas sind, zeigt die Tatsache, dass es trotz modernster Technik mit Satellitenfernerkundung und Hochleistungscomputern, in denen Jahrzehnte von

Region	Ankunft der Urbevölkerung (vor Jahren)	autochthone Landwirtschaft, Viehbestand	erste europäische Besiedelung (Basis 2001)	Anbau von Kulturgetreide, nicht-heimischer Viehbestand	Einflussfaktor (Zeitfaktor + Habitatzerstörung)
Mittelmeer	> 500 000	10 000	–	10 000	++++++
Kalifornien	10 000	selten	244	156	+++
Kapregion	> 200 000	selten	315	266	+++
Chile	10 000	selten	480	476	+++
S, SW-Australien	40 000	keine	137	116	++

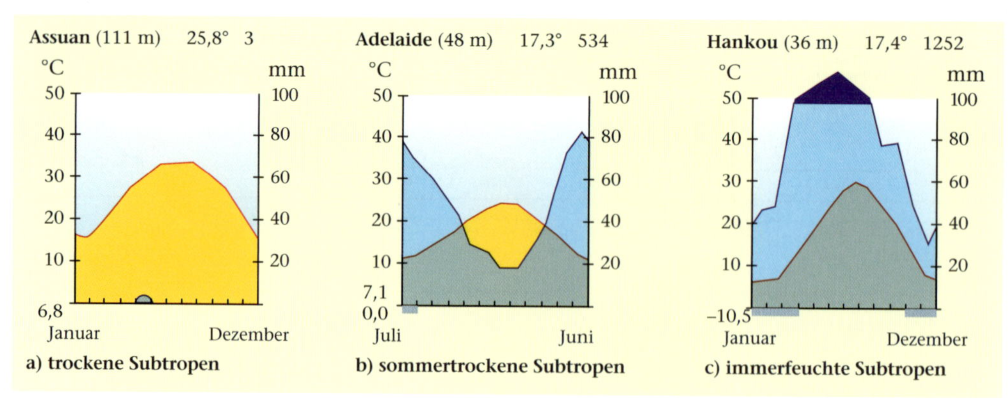

3.75 Gliederung der Subtropen in (mindestens) drei hygrische Klimatypen; das mediterrane Klima ist in der Mitte. a) Assuan (Oberägypten), trockene Subtropen; b) Adelaide (Australien), sommertrockene Subtropen; c) Hankou (Hafen von Wuhan, Provinz Hubei, Zentralchina), immerfeuchte Subtropen. Erklärungen siehe Abb. 3.83. Nach Rother, 1984.

Wetter- und Witterungsverlauf gespeichert sind, den Meteorologen nicht immer möglich ist, exakte Prognosen abzugeben, und Klimaforschern lange Zeit nicht möglich war, den vermuteten Klimawechsel als Folge des Treibhauseffekts „zu beweisen", obwohl es dafür schon lange zahlreiche Indizien gegeben hat.

Das mediterrane Klima

Beim ersten Blick auf die Karte mit den fünf mediterranen Klimaregionen der Welt (Abb. 3.74) ist offenkundig, dass diese immer am Meer, hinsichtlich der geographischen Breite zwischen dem 30. und 40. Breitengrad und immer an den West- oder Südwesträndern der Kontinente liegen. Die milden Wintertemperaturen sind in der ersten der beiden Beobachtungen begründet, sie hängen mit den physikalischen Eigenschaften des Wassers – der häufigsten chemischen Verbindung der Erdoberfläche – zusammen. Durch seine sehr hohe spezifische Schmelzwärme und Verdampfungswärme ist Wasser (bzw. die Meere als gewaltige Wassermassen im Speziellen) ein guter Wärmespeicher, der große Temperaturschwankungen der Luftmassen ausgleicht (Abb. 3.77). Es gehört zu den empirischen Erfahrungen eines jeden Besuchers mediterraner Küsten – und jeden anderen Gewässers –, soweit andere Faktoren wie kalte oder warme Meeresströmungen den Jahresgang der Wassertemperatur nicht maßgeblich beeinflussen, dass das Wasser im Frühjahr lange Zeit braucht, bis es sich aufwärmt bzw. dass nur die oberste, dünne Wasserschicht erwärmt wird, dass das Meerwasser hingegen im Herbst und bis in den Winter hinein lange Zeit warm bleibt (zum Jahresverlauf der Oberflächentemperaturen des Wassers und Unterschieden zwischen West und Ost bzw. Nord und Süd siehe Abb. 5.11). Mediterrane Subtropen liegen immer im klimatischen Spannungsfeld zwischen Ozeanität und Kontinentalität, sind also dem Einfluss des Meeres ebenso ausgesetzt wie jenem großer Landmassen.

Die zweite Feststellung bei einem Blick auf den Globus, die geographische Lage der mediterranen Regionen, spiegelt die älteste und bekannteste Klassifikation der Klimazonen der Erde wider, die sich nach dem Jahresgang des Sonnenstandes orientiert. Daraus ergeben sich fünf klassische (mathematische oder solare) Klimazonen: tropisch innerhalb der beiden Wendekreise (etwa 23,5° nördlich und südlich des Äquators), zwei gemäßigte Zonen zwischen den Wendekreisen und den Polarkreisen (ca. 66,5° nördlich und südlich des Äquators) und zwei polare Klimazonen jenseits der Polarkreise. Die mediterranen Subtropen liegen im Übergangsbereich zwischen der tropischen und gemäßigten Zone.

Während in den Tropen tageszeitliche Temperaturschwankungen dominieren (Tageszeitenklima), sind es im subtropischen Klima bereits jahreszeitliche Schwankungen (Jahreszeitenklima). Die Subtropen haben somit einen anderen Temperaturgang und insgesamt niedrigere Temperaturen als die Tropen. Im Gegensatz zu den polwärts anschließenden Klimazonen empfangen sie aber höhere Wärmesummen und kennen dadurch keine eine ganze Jahreszeit andauernde Kälteruhe. Sie werden daher auch als warm-gemäßigt bezeichnet.

Die mediterranen Subtropen sind nur ein kleiner Ausschnitt der klimatisch definierten Subtropen-Zone (größtenteils zwischen dem 30. und 40. Breitengrad Nord und Süd). Neben dem bisher hervorgehobenen thermischen Aspekt muss vor allem ein weiterer ausschlaggebender Faktor berücksichtigt werden: die Menge und Verteilung der Niederschläge, die hygrischen Verhältnisse also. Sie ermöglichen eine Unterteilung der Subtropen in drei hygrische Varianten, die sehr stark durch Ozeanität und Kontinentalität und die

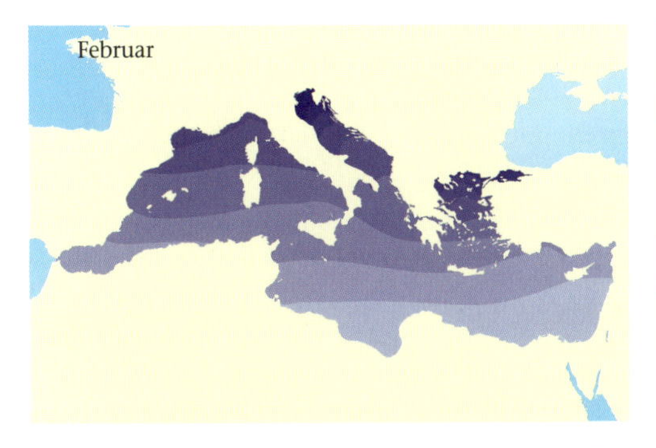

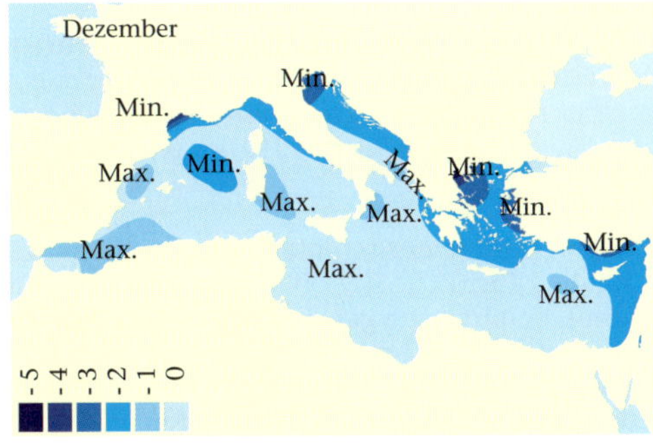

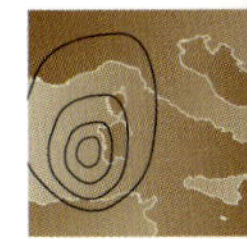

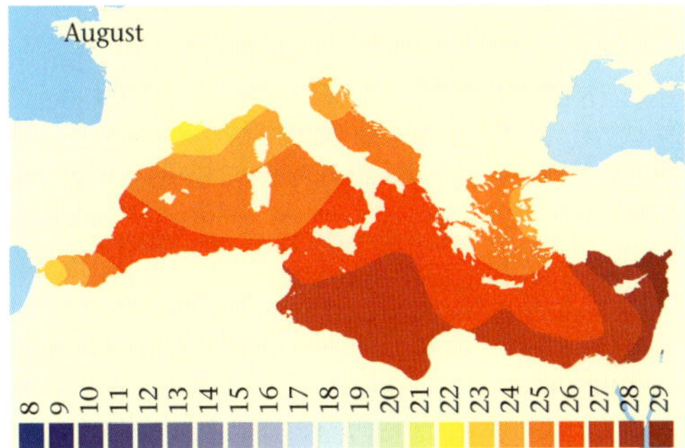

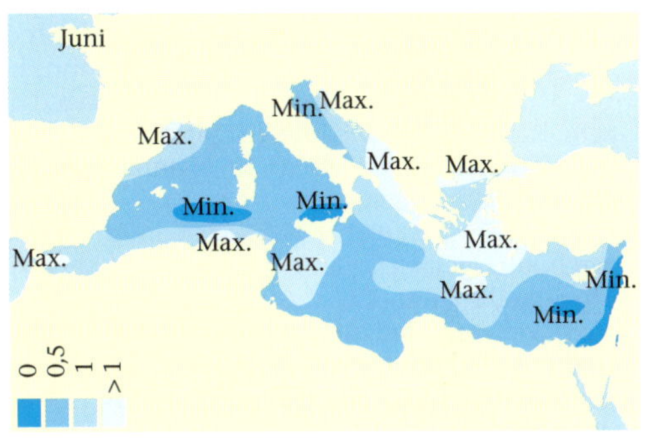

3.76 Mittlere Lufttemperatur in °C im Februar (oben) und August (unten). Diese Temperaturen beziehen sich nur auf das Meeresgebiet, da sich die Temperaturverhältnisse mit zunehmender Entfernung von der Küste rasch ändern. Während über dem Meer kaum Fröste auftreten, liegen die tiefsten Temperaturen an der europäischen Mittelmeerküste bei –10 °C, im Hinterland noch tiefer. Die Minima werden meist im Januar/Februar erreicht, vor der nordafrikanischen Küste vereinzelt erst im März. Die höchsten Temperaturen über dem Mittelmeer werden mit 35 °C zwischen der Türkei und Zypern und an der ägyptischen Levanteküste gemessen. Nach Seehandbüchern des BSH, Hamburg/Rostock.

3.77 Temperaturdifferenz zwischen Luft und Wasser in °C im Dezember (oben) und Juni (unten). Die Temperaturen von Luft und Wasser nehmen grundsätzlich von Nordwest nach Südost zu. Die größte Temperaturdifferenz zwischen Wasser und Luft ist im Januar zu messen, aber auch im Dezember und Februar ist das Wasser deutlich wärmer als die Luft. Die höchste Differenz tritt in den Randbereichen (etwa in der Nordadria) auf, wo kalte Festlandluft auf das wärmere Wasser strömt. Im Mai und Juni ist die Luft in allen Seegebieten wärmer als das Wasser (im Mittel 0,5 °C). Am größten ist die Differenz in der Straße von Gibraltar. Nach Seehandbüchern des BSH, Hamburg/Rostock.

Lage an den West- oder Ostseiten der Kontinente geprägt sind: die trockenen Subtropen (voll- und semiaride Verhältnisse, episodische und periodische Winterniederschläge, umfassen die Wüsten und Steppen der Subtropen, fehlen an den Ostseiten der Kontinente), die immerfeuchten Subtropen an den Ostseiten der Kontinente (mit zwei Typen: sommerliches Niederschlagsmaximum und wintertrockene Subtropen mit einem Niederschlagsminimum in der kalten Jahreszeit) und die sommertrockenen Subtropen an den West- oder Südseiten der Kontinente (winterliche Regenzeit, sommerliche Trockenzeit). Zum letzteren Typus zählt das mediterrane Klima.

Die Subtropen weisen eine große räumliche Vielfalt auf, was sich in differenzierten Vegetations- und Oberflächenformen, verschiedenartigen Böden, in der unterschiedlichen agrarischen Landnutzung sowie in gegensätzlichen Wirtschafts- und Lebensformen äußert.

Merkmale mediterraner Subtropen

Aus der Karte mediterraner Subtropen lassen sich einige bemerkenswerte Details herauslesen. Auf die Einheitlichkeit in der Lage der fünf Regionen (zwischen 30° und 40°) wurde schon hingewiesen. Auf der Nordhalbkugel liegen aber die mediterranen Klimazonen wegen der größeren Landmassen etwas weiter polwärts (32° bis 45° nördlicher Breite) als auf der Südhalbkugel (28° bis 38° südlicher Breite). Die fünf mediterranen Klimazonen sind westwärts orientiert, liegen also an den Westseiten großer Landmassen (Kontinente). Ihre landwärtige Ausdehnung von der Küste weg ist in der Regel sehr beschränkt, in Nord- und Südamerika zusätzlich durch meridional aus-

Malaria, Umweltveränderungen und ein pflanzlicher Fremdling

Das Land wird von Schwärmen von Stechmücken befallen ... Jedermann ist mit einen Netz ausgestattet, welches er tagsüber zum Fischen gebraucht, nachts über seinem Bett festmacht und darunter schläft.
Herodot (484–425 v. Chr.) nach einer Ägyptenreise

Es gibt keine spezifisch mediterranen Krankheiten, die analog zu Tropenkrankheiten ausschließlich auf die klimatische Region der mediterranen Subtropen beschränkt sind. Allerdings haben durch den Menschen in Gang gesetzte Umweltveränderungen dazu geführt, dass manche in den Tropen weit verbreiteten und im Mittelmeerraum zweifellos schon früher vorhandenen Krankheiten epidemisch geworden sind. Die bekannteste ist die Malaria, die bis in die Mitte des 20. Jahrhunderts im Umkreis des Mittelmeeres allgemein verbreitet war. Nur die verkarsteten Kalkgebiete der Balkanhalbinsel, die wasserdurchlässig sind und daher kaum Sümpfe bilden können, sind von der Malaria verschont geblieben. Der Name der Krankheit stammt von dem altitalienischen *mala aria* (schlechte Luft). Lange Zeit fühlte sich der durch die weibliche Anophelesmücke übertragene Erreger *Plasmodium* in Teilen des Mittelmeerraumes derart heimisch, dass die Menschen des Abendlandes die Malaria als „italienische Krankheit" bezeichneten. Malariaepidemien hat es früher aber auch in Mittel- und Nordwesteuropa gegeben, wovon deutsche Namen wie Kaltes Fieber, Wechselfieber, Sumpffieber und Marschenfieber zeugen. C. prolifera

Die Malaria ist wahrscheinlich von Afrika über Sardinien in die Sumpflandschaft des Tiberbeckens nach Rom gelangt, vielleicht bedrohte sie aber schon viel früher den prähistorischen Menschen. Hippokrates (460–377 v. Chr.) schilderte sehr genau die Regelmäßigkeit der Fieberschübe (Drei- und Viertagefieber) und die umfassenden körperlichen Auswirkungen der Krankheit. Dabei stellte er sogar den Zusammenhang zwischen dem Auftreten der Erkrankung und der Nähe der Sumpfgebiete her. Seine klaren Beschreibungen lassen wenig Zweifel daran, dass im 5. Jahrhundert v. Chr. die Malariaerreger in Griechenland verbreitet waren. In der Campagna di Roma entwickelten sich ab 200 v. Chr. wahre Brutstätten der stechenden Plagegeister; darauf weist die Existenz von Tempeln hin, die der Dea Febris, der Fiebergöttin, geweiht waren. Da die Römer erkannten, dass in den Sümpfen des Tibers der Quellherd sein musste, flohen diejenigen, die es sich leisten konnten, während der Sommerzeit in die Berge oder an die Küste. Als Erster hat der römische Schriftsteller Marcus Terrentius Varro (116–27 v. Chr.) das Vorhandensein der Malaria auf kleinste Tierchen, so genannte *bestiolae*, zurückgeführt. In seinem Werk *Res Rustica* empfahl Varro: „Man prüfe auch, ob es dort sumpfigen Boden gibt ..., denn gewisse winzige, für das Auge nicht sichtbare Tierchen brüten dort und gelangen mit der Luft über Mund und Nase in den Körper, wo sie Krankheiten hervorrufen, die schwerlich zu heilen sind."

Vielfach hat man sich bei Aussagen über Malariaepidemien in der Antike auf einige schriftliche Quellen berufen, während der direkte Beweis im Mittelmeerraum fehlte. Ende der achtziger Jahre entdeckte man aber nahe der Stadt Lugnano 110 Kilometer nördlich von Rom einen römischen Kinderfriedhof mit 50 Skeletten aus dem 5. Jahrhundert. Die Forscher fanden erstmals Spuren einer frühen Malaria: Viele Schädelknochen waren porös und narbig, wie dies bei malariainfizierten Kindern zu erwarten wäre. Mit Hilfe der PCR-Methode (Polymerase-Kettenreaktions-Verfahren) konnte man in den Proben die DNA des aggressivsten aller vier Malariaerreger finden: *Plasmodium falciparum*. Damit erhält die schon seit längerem kursierende Theorie, wonach eine tödliche Malariaepidemie im 5. Jahrhundert den Niedergang des Römischen Reiches eingeleitet hat, eine neue Stütze. Nach Ansicht mancher Fachleute wurde dem römischen Imperium der „Todesstich" nicht von wütenden Barbaren germanischer Herkunft versetzt, sondern von wütenden Stechmücken. Im Jahre 452 brach Attila der Hunne seinen Feldzug gegen Rom ab; Forscher spekulieren, dass ihn die Angst vor einer Malariaepidemie zur Umkehr bewogen haben könnte.

Die Zerstörung der Vegetationsdecke, Erosion und Landschaftsdegradation haben die Ausbreitung der Malaria verstärkt. Das in den Bergen und an Hängen erodierte Material wurde in den Ebenen und entlang der Küsten als Sediment abgelagert; seichte Küstenabschnitte, Buchten und Lagunen verlandeten. Um den Ansprüchen der ständig wachsenden Bevölkerung gerecht zu werden, wurde die Landwirtschaft intensiviert; das führte in den Küstenniederungen und Flusstälern zum Versumpfen großer Gebiete mit hohem Grundwasserspiegel, wodurch günstige Lebensräume für den Überträger der Malaria geschaffen wurden. Malariaverseucht waren die Pontinischen Sümpfe südöstlich von Rom, die toskanisch-latischen Maremmen, die Marismas des Guadalquivir in Spanien, die Ebene von Messenien auf dem Peloponnes, die Talebene des Menderes (Mäander) in der westlichen Türkei und die Mitidja-Ebene von Algerien. Gegen Ende des 19./Beginn des 20. Jahrhunderts war kein Mittelmeerland, mit Ausnahme von verkarsteten Teilen der Balkanhalbinsel, ganz frei von Malaria. Die Ausbreitung dieser

Krankheit aufgrund der durch den Menschen verursachten Versumpfung ist insofern paradox, als es im Mittelmeerraum insgesamt und langfristig einen Rückgang der Feuchtgebiete gegeben hat: In der Zeit des römischen Imperiums gab es allein auf der Apenninhalbinsel etwa 3 Mio. ha Sumpfland, zu Beginn des 20. Jahrhunderts 1,3 Mio. ha und 1991 schließlich nur noch 300 000 ha.

Die durch *Plasmodium* (einzelliger Blutparasit mit obligatorischem Wirtswechsel, Haemosporida, Protozoa) ausgelöste Krankheit wird vor allem durch Stechmücken (Culicidae) der Gattung *Anopheles* übertragen (Diptera, Zweiflügler) – sie sind Endwirte von *Plasmodium*. Insgesamt sind etwa 160 *Plasmodium*-Arten bekannt, von denen nur etwa elf human- und veterinärmedizinisch von Bedeutung sind, unter ihnen die vier für den Menschen gefährlichsten Spezies *P. vivax, P. ovale, P. malariae* und *P. falciparum*. Die Sporozoiten, im Darmepithel der Mücken gebildete Stadien im Lebenszyklus von *Plasmodium*, gelangen durch die Stiche von infizierten weiblichen Mücken in den menschlichen Körper, der für den Erreger einen Zwischenwirt darstellt. Dort vermehren sie sich stark und lösen schwere Fieberanfälle, Nierenschädigungen und andere Beschwerden aus, die letal sein können. Nach Schätzung der Weltgesundheitsorganisation (WHO) erkranken weltweit jährlich etwa 200 – 500 Millionen Menschen an Malaria, in 2,3 Millionen Fällen verläuft die Krankheit tödlich.

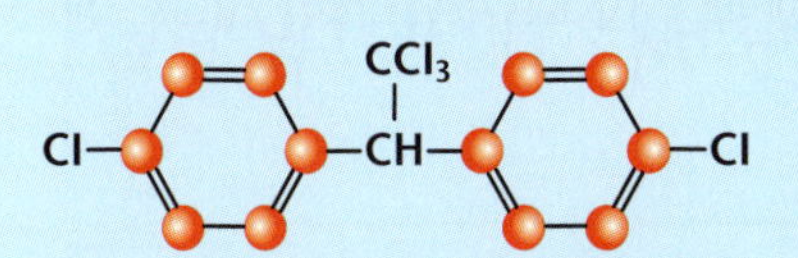

3.78 *DDT (Dichlor-Diphenyl-Trichloräthan), ein 1939 von Paul Hermann Müller entwickeltes Insektizid, wurde seit den späten vierziger Jahren im Kampf gegen die Malaria eingesetzt.*

Die Entwicklung des Erregers in den Mücken ist nur bei Temperaturen über 16 °C gewährleistet, Malaria tritt daher hauptsächlich in tropischen und subtropischen Regionen auf. Im Mittelmeerraum ist der wichtigste Überträger, die Malariamücke *Anopheles maculipennis,* weit verbreitet; ihre Larven entwickeln sich in stehenden und langsam fließenden Gewässern sowie im Brackwasser von Lagunen. Die Gattung zählt über 200 Arten, ungefähr 50 kommen als Malariaüberträger in Frage. *Anopheles labranchiae* findet sich bevorzugt in brackigen Lagunen. Auch andere Mückengattungen wie *Aedes* und sogar *Culex* können Krankheiten übertragen; die bereits 1762 von Linné beschriebene Gelbfiebermücke *Aedes aegypti* ist Überträger von Gelbfieber, einer Virusinfektion, die allerdings im Mittelmeerraum bedeutungslos geworden ist. DDT, von dem bis 1974 geschätzte 2 800 000 Tonnen in die Biosphäre eingebracht wurden, führte zwar in den ersten Jahrzehnten zum Erfolg; allerdings wurden viele der so genannten Schadinsekten gegen das Mittel resistent (*Anopheles* wird auch gegen Malariamedikamente resistent), außerdem werden Nutzinsekten vernichtet. Aufgrund der langen Abbauzeit (> 20 Jahre) reichert sich dieses in Fetten gut lösliche Dauergift, das für Warmblüter erst in sehr großen Mengen oder bei Daueraufnahme gefährlich ist, in der Nahrungskette an; es wurde schließlich selbst in Fischen der Arktis und in der Muttermilch gefunden. Besonders dramatische Auswirkungen hatte DDT auf Vögel am Ende der Nahrungskette (Störung des Kalkstoffwechsels, dünnschalige Eier). Wegen der überwiegenden Nachteile für die Umwelt ist DDT in den meisten Industrieländern (an sich) seit langem verboten. Im Kampf gegen *Anopheles*-Larven wurden neue biologische Mittel entwickelt, so *Bacillus thuringiensis israelensis;* auch einfache Mittel wie mit Insektiziden präparierte Moskitonetze sind hilfreich.

Eine der Maßnahmen zur Trockenlegung der Sümpfe und zur Bekämpfung der Malaria – neben großräumigen Drainagierungen, dem Einsatz von DDT und dem Aussetzen bestimmter, Mückenlarven verzehrender Fischarten – war die Einführung schnellwüchsiger Eukalyptusbäume (Fieberbäume) aus Australien. Bereits Anfang des 19. Jahrhunderts gelangten *Eucalyptus globulus, E. ficifolia* und *E. camaldulensis* in den Mittelmeerraum und breiteten sich schnell aus. Eukalyptusbäume haben einen hohen Wasserverbrauch und trocknen den Boden stark aus, was im Falle der Bekämpfung der Malariasümpfe zwar den erhofften Erfolg brachte, in weiterer Folge jedoch – lange nachdem es keine Malariaepidemien mehr gibt und in Zeiten massiven Wassermangels – unerwünschte ökologische Folgen nach sich zieht.

Literatur: http://www.malaria.org

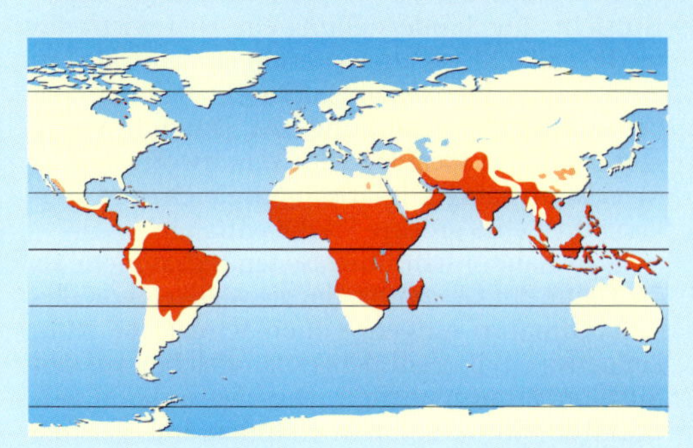

3.79 *Weltweite Ausbreitung der Malaria. Im Nahen Osten strahlt sie über den Iran, Armenien, Aserbaidschan und die Türkei in den östlichen Mittelmeerraum aus; eher selten tritt sie auch in Marokko und Ägypten auf.*

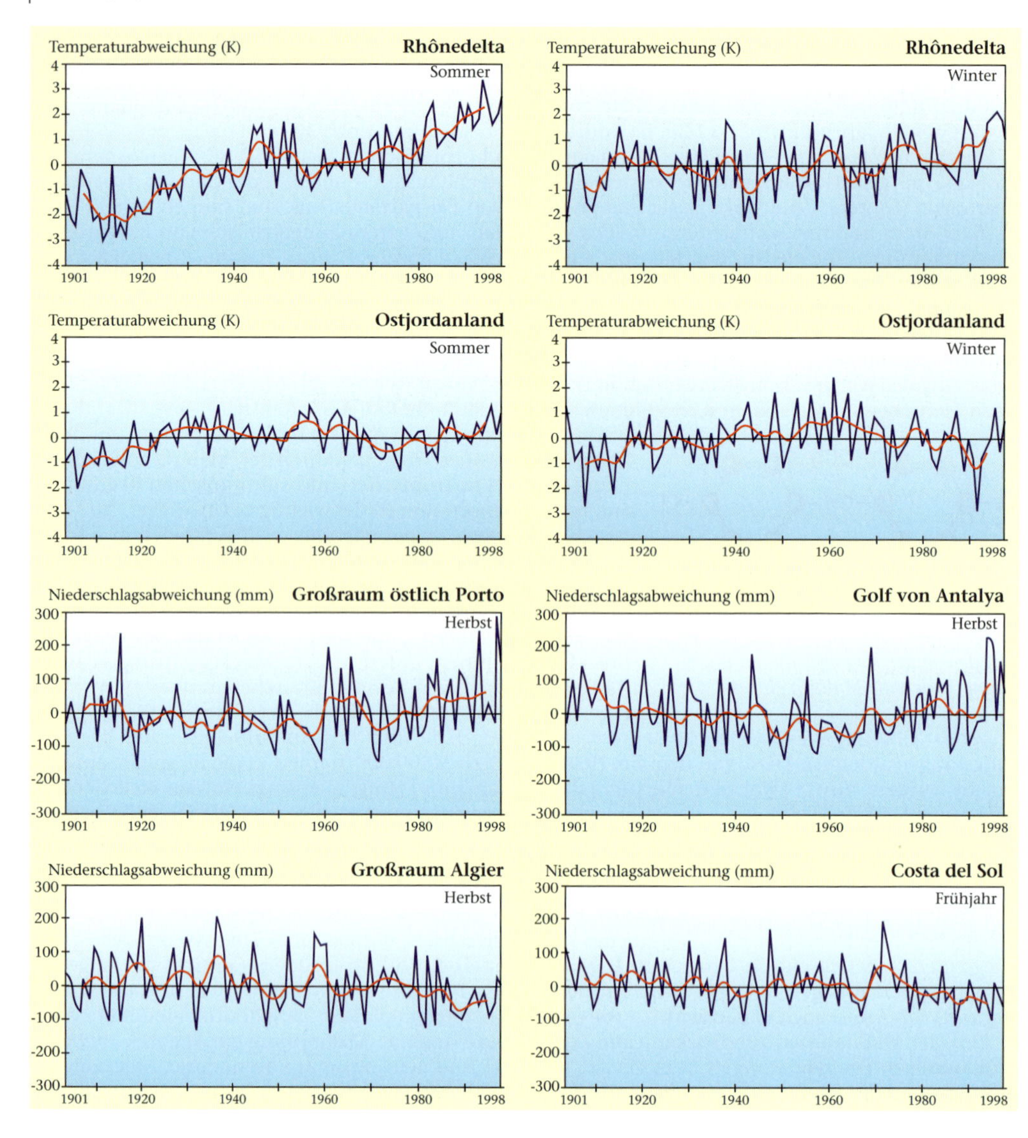

3.80 und 3.81 *Obere vier Grafiken: Abweichungen der saisonalen Temperatur vom Mittelwert des Gesamtzeitraums 1901–1998 in zwei Regionen des Mittelmeerraumes. Das Rhônedelta ist angeführt als Gebiet mit höchster Erwärmung, das Ostjordanland als Gebiet mit winterlicher Abkühlung. Die rote Linie zeigt eine mit einem 10-Jahre-Gauss-Filter gefilterte und damit ausgeglichenere Reihe. Untere vier Grafiken: Abweichungen der saisonalen Niederschläge vom Mittelwert des Gesamtzeitraums 1901–1998 in vier Regionen des Mittelmeerraumes: Porto im portugiesisch-spanischen Grenzgebiet, Golf von Antalya in der Südtürkei, Großraum Algier und Costa del Sol. Die rote Linie zeigt eine mit einem 10-Jahre-Gauss-Filter gefilterte und damit ausgeglichenere Reihe. Nach Jacobeit, 2000.*

gerichtete Gebirgszüge eingeschränkt. Der Mittelmeerraum der Alten Welt nimmt in dieser Hinsicht eine Sonderstellung ein: Hier reicht das mediterrane Klima am weitesten landeinwärts, so etwa auf der Iberischen Halbinsel. Die mehrfach betonte starke Verzahnung bzw. Durchdringung von Land und Meer ist dafür verantwortlich: Das Meer kann seine klimatisch ausgleichende Wirkung über eine größere Fläche entfalten.

Es ist daher nicht überraschend, dass mehr als die Hälfte der Gesamtfläche, die weltweit von diesem Klimatyp eingenommen wird (1,66 Mio. km², etwa ein Prozent der Festlandfläche), auf den Mittelmeerraum entfällt. Die vier anderen verwandten Klimaregionen nehmen nur geringe Flächen ein; das kleinste mediterrane Gebiet liegt in Südafrika. Aber nicht nur die Größe des „klimatischen Mittelmeerraumes" ist außergewöhnlich. Während es in den anderen Fällen größtenteils um schmale, küstenparallele bzw. küstennahe Zonen geht, verteilt sich diese Klimazone dank der komplizierten Topographie der Mittelmeerregion auf küstennahe, aber auch küstenfernere Landstriche unterschiedlicher Breite, auf kleinere und größere Inseln und Inselgruppen.

Zu den immerfeuchten, kühl-gemäßigten Breiten gibt es meist keine breite Zone eines allmählichen Übergangs, die Grenze fällt durch die den Mittelmeerraum umrandenden Gebirgszüge, wie in Abbildung 3.41 dargestellt, scharf aus. Gegen Süden hin ist der Übergang zu den subtropischen Trockenräumen, den Steppen Nordafrikas und Vorderasiens viel breiter. Obwohl es zwischen beiden bestimmte Gemeinsamkeiten gibt, so die winterlichen Niederschläge, handelt es sich um völlig unterschiedliche Klimazonen, die sich daher auch geomorphologisch, pedologisch* und vegetationsgeographisch sowie in der Landnutzung und den Lebens- und Wirtschaftsformen vom Mediterran unterscheiden.

Änderungen der letzten Jahrzehnte

Der Wechsel der Eiszeiten und Zwischeneiszeiten im Pleistozän ist auch für zahlreiche geomorphologische und biogeographische Gegebenheiten des mediterranen Raumes verantwortlich. Klimaänderungen sind somit weder neu noch müssen sie durch den Menschen verursacht sein.

Eine der zentralen Fragen der rezenten Klimaforschung ist: Welche Klimaänderungen sind gegenwärtig im Gange und welche wird es global und regional in der nächsten Zukunft geben? Welche regional unterschiedlichen Erscheinungsformen werden die globalen Änderungen annehmen? Und: Welchen Anteil hat der Mensch mit dem durch ihn induzierten Treibhauseffekt?

Trotz modernster wissenschaftlicher Methoden gibt es auf solche Fragen keine definitiven und unumstrittenen Antworten. Das Problem dieser Fragestellungen ist, dass man nicht exakt angeben kann, welchen Anteil an den Klimaänderungen die verschiedenen, einander überlagernden Einflussfaktoren haben. Niemand kann sicher voraussagen, wie lange bestimmte, sich derzeit vage andeutende Tendenzen anhalten werden. Die gegenwärtigen Änderungen könnten zum Teil Anzeichen einer anthropogen verursachten Klimaverschiebung sein; klimatische Einzelphänomene könnten aber auch einfach auf eine natürliche Klimavariabilität im Zeitrahmen von Jahrzehnten oder noch länger zurückgehen.

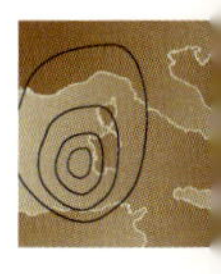

Die Abbildung 3.81 zeigt einen Vergleich der Entwicklung der saisonalen Niederschläge zwischen verschiedenen Regionen des Mittelmeeres. Die Graphiken verdeutlichen die enorme Variabilität der Niederschlagsmengen; auf kurzen Zeitskalen (Beurteilungszeitraum) beruhende Überlegungen sind daher wenig sinnvoll. Die Niederschlagsmenge ist ein heterogenes Klimaelement – wie auch aus Abbildung 3.83 deutlich zu erkennen –, dennoch lassen langfristige Beobachtungen bestimmte Trends erkennen, die sich vor allem in den letzten drei Jahrzehnten abzeichnen. Im Westen der Iberischen Halbinsel und in der Südtürkei ist eine herbstliche Zunahme der Niederschläge zu erkennen; allerdings ist der in der Grafik erfassten Phase in der Region Antalya ein Rückgang der Niederschlagsmengen vorausgegangen. Im Winter

Die Calina: sommerlicher Schleier des Mediterrans

Der Himmel kann in großen Teilen des Mittelmeerraumes im Hochsommer über viele Wochen wolkenfrei bleiben, gehören doch die mediterranen Subtropen neben heißen Wüsten und Steppen zu den sonnenreichsten Regionen der Erde (über 2 500 Sonnenstunden im Jahr). In solchen Schönwetter- bzw. Trockenperioden kann sich über Zentralspanien, Italien, Griechenland und anderen mediterranen Regionen ein dunstiger Schleier ausbilden, der die Luftmassen bzw. den Himmel trübt und die Sichtweite verringert. Diese Erscheinung wird Calina (auf Spanisch auch *calima* bzw. auf Italienisch *affa*) genannt. Durch das starke Erhitzen und Austrocknen des Bodens werden – vor allem bei fehlender horizontaler Luftbewegung (Wind) – feinste Staubpartikel mit der aufsteigenden Luft in die Höhe mitgerissen. Mit zunehmender Hitze im Hochsommer, vor allem im August, wird der „Dunst" bzw. vielmehr der trockene Hitzenebel aus feinem Staub dichter. Erst die starken Herbstregen ab Anfang Oktober lassen die Calina verschwinden und die Luftmassen wieder klar werden.

***3.82** Landschaft in Marokko im Hochsommer.*

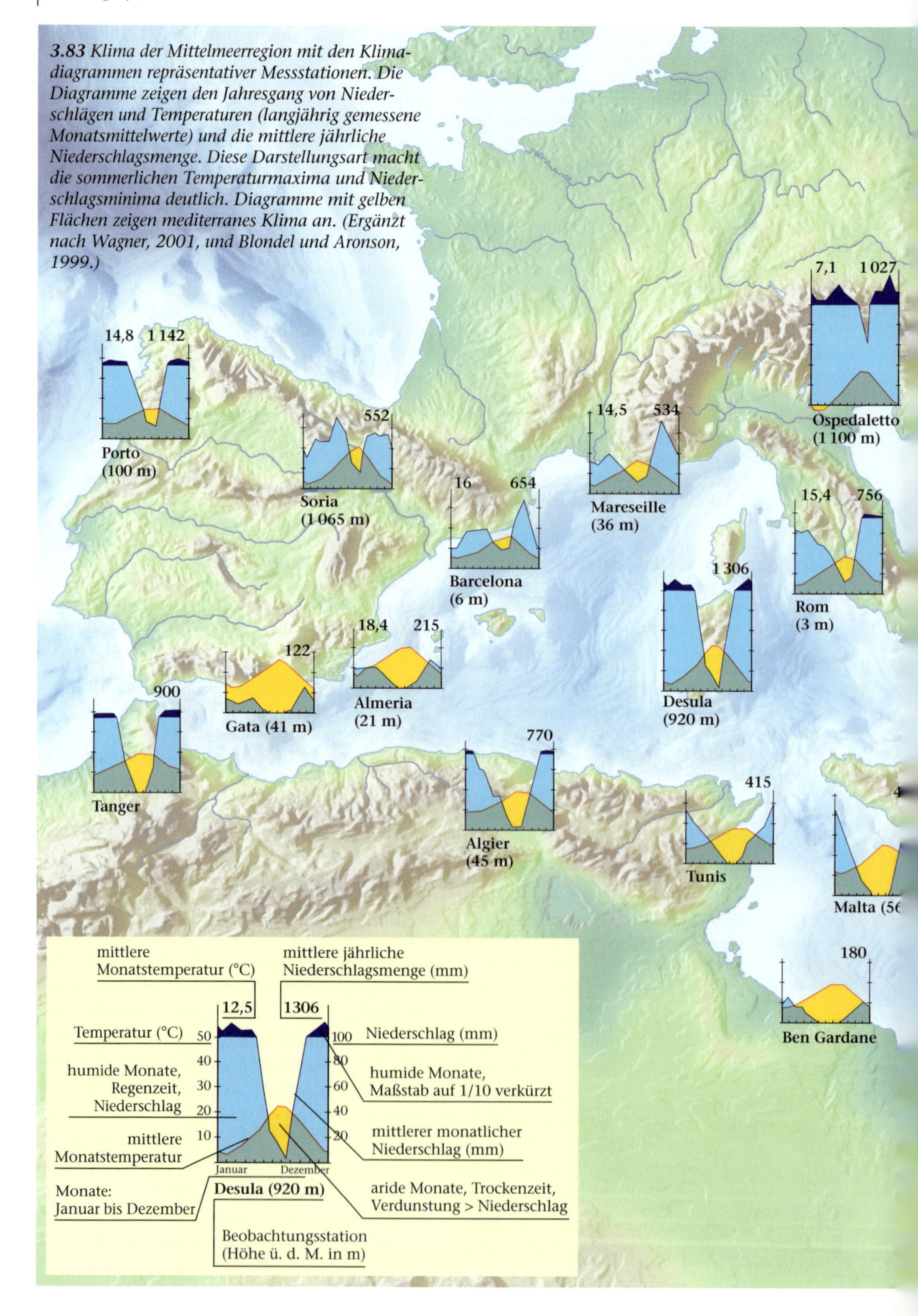

3.83 *Klima der Mittelmeerregion mit den Klimadiagrammen repräsentativer Messstationen. Die Diagramme zeigen den Jahresgang von Niederschlägen und Temperaturen (langjährig gemessene Monatsmittelwerte) und die mittlere jährliche Niederschlagsmenge. Diese Darstellungsart macht die sommerlichen Temperaturmaxima und Niederschlagsminima deutlich. Diagramme mit gelben Flächen zeigen mediterranes Klima an. (Ergänzt nach Wagner, 2001, und Blondel und Aronson, 1999.)*

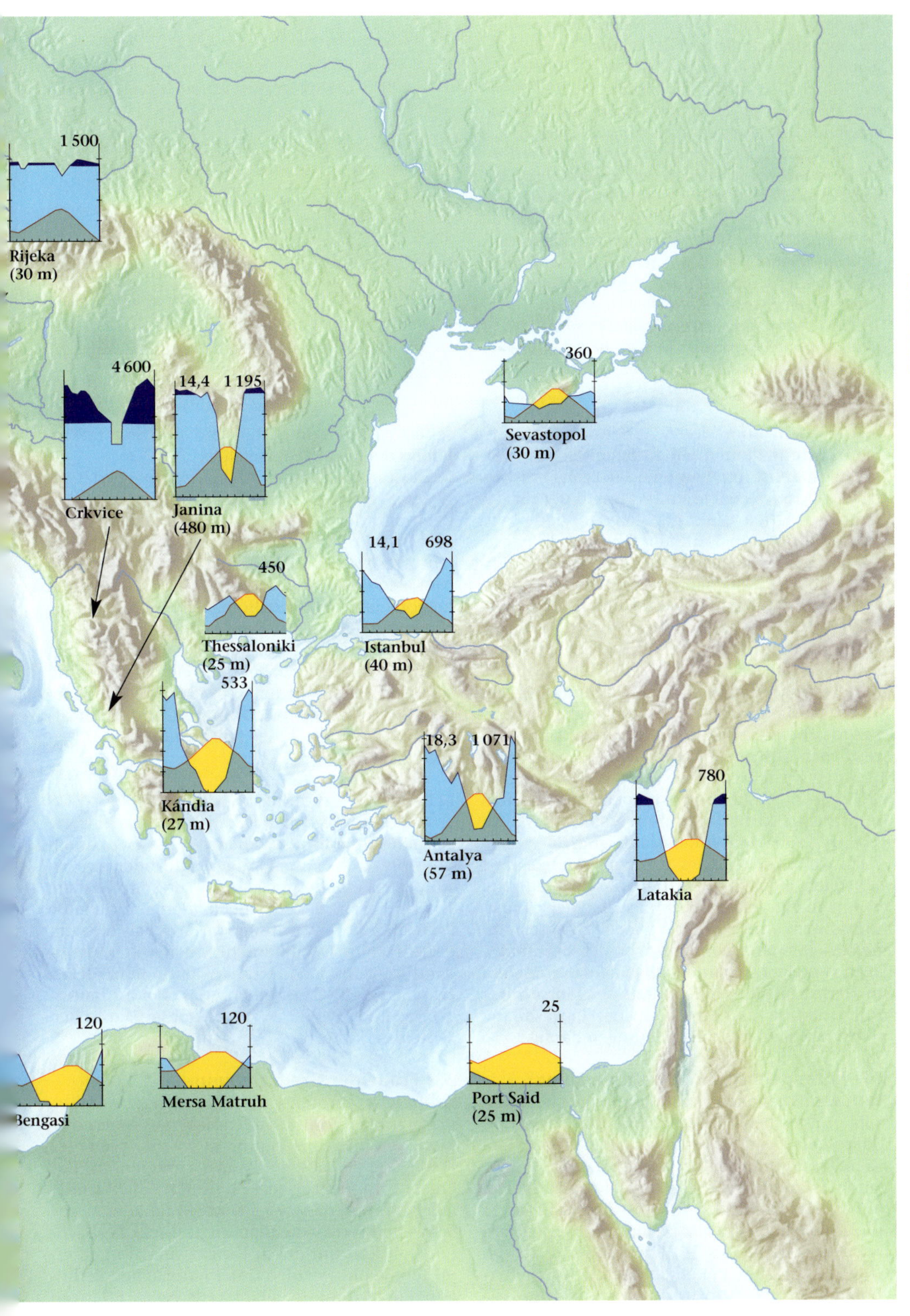
1 500
Rijeka
(30 m)
4 600
Crkvice
14,4
1 195
Janina
(480 m)
360
Sevastopol
(30 m)
450
Thessaloniki
(25 m)
14,1
698
Istanbul
(40 m)
533
Kándia
(27 m)
18,3
1 071
Antalya
(57 m)
780
Latakia
120
Bengasi
120
Mersa Matruh
25
Port Said
(25 m)

3.84 Starke Schwankungen der Niederschlagsmengen, dargestellt am Beispiel der Station Catania auf Sizilien; Angaben in mm/Jahr, das Jahresmittel liegt bei 740 mm, die mittlere Abweichung bei 35 Prozent. Dieser Faktor gehört, nach Süden und Südosten zunehmend, zu den erheblichsten natürlichen Risiken der Mittelmeerregion. Die jährlich tatsächlich fallenden Regenmengen schwanken, wie in der Abbildung deutlich zu sehen, von Jahr zu Jahr beträchtlich (1925: > 200 mm; 1952: fast 2 000 mm und damit das Zehnfache). Im Süden können mehrere Trockenjahre aufeinander folgen, was sowohl für den Feldbau als auch für die natürliche Vegetation trotz aller Anpassungen regionale Katastrophen darstellt. Das Grundwasser sinkt in solchen Jahren beträchtlich ab und kann nicht erneuert werden. In Ostsizilien haben 15 von den mehr als 40 Jahren eine Missernte gebracht. Nach Wagner, 2001.

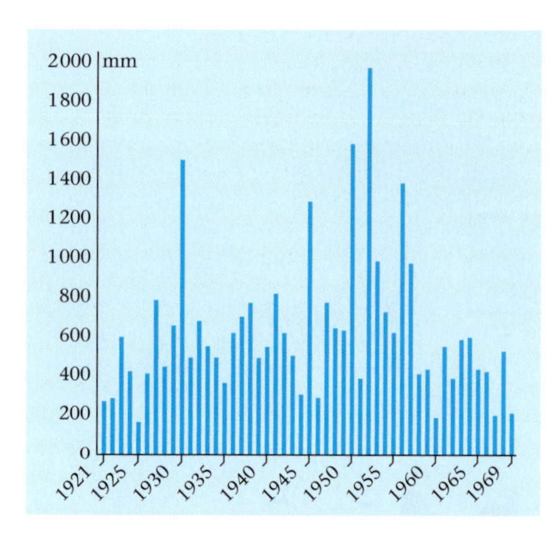

und Frühjahr dominieren Abnahmen; in manchen Küstenregionen wie in Spanien, Marokko und Algerien ist insgesamt ein Rückgang der Niederschläge zu verzeichnen. Während der für das Mittelmeerklima typischen Regenperiode zwischen Herbst und Frühjahr sind zunehmende Niederschläge in den nördlichen und abnehmende in den südlichen und östlichen Regionen des Mittelmeerraumes zu verzeichnen.

Wie aus Abbildung 3.80 hervorgeht, ist die Erwärmungstendenz im Westen wesentlich deutlicher ausgeprägt als im Osten. Im Hinblick auf die jahreszeitliche Verteilung der Erwärmung liegt der Schwerpunkt in den meisten Regionen im Sommer (das heißt, die Sommer werden heißer), im westlichen Mittelmeerraum auch im Frühjahr, in Tunesien bis in den Herbst hinein. Es gibt aber auch saisonale Abkühlungstendenzen, vor allem im östlichen Mittelmeerraum, wo das Frühjahr, vereinzelt auch der Winter, kälter wird.

Für weite Bereiche des Mittelmeerraumes lässt sich nach Jacobeit (2000) ein Zusammenhang erkennen: Ein Vorherrschen meridionaler Zirkulationsformen wird von einer Niederschlagszunahme begleitet, eine Dominanz zonaler Strömungslagen von einer Abnahme. Allgemein dominieren im Herbst Niederschlagszunahmen, im Winter und Frühjahr -abnahmen. In der Jahresbilanz nivellieren sich aber die Änderungen häufig.

Wie homogen ist das Mittelmeerklima?

Nach der räumlichen Skala, dem angelegten Maßstab, muss überall auf dem Globus zwischen Makro- (Groß-), Meso- (Lokal-) und Mikroklima (Kleinklima) unterschieden werden. Damit nicht genug, ist der Mittelmeerraum durch markante klimatische Unterschiede selbst über sehr kurze horizontale und vertikale Distanzen gekennzeichnet. Gegen Ende des 19. Jahrhunderts, als die Côte d'Azur zum beliebten Fremdenverkehrszentrum wurde, sind britischen und französischen Gärtnern die „tausend und ein Mikroklimas der Region" aufgefallen.

Das mediterrane Klima hat, wie beschrieben, generell gewisse Grundeigenschaften, die fünf Regionen der Welt eigen sind. Trotzdem kann es regional und lokal äußerst heterogen sein. Der Jahresverlauf der klimatischen Faktoren in diesen fünf Regionen und innerhalb jeder einzelnen Region zeigt beträchtliche Unterschiede. Die Niederschläge im Mittelmeerraum variieren zwischen etwa 100 mm jährlich oder weniger in den Grenzbereichen der Sahara, in Teilen Syriens und selbst im Süden Spaniens (trockenster Ort Europas: Cabo de Gata mit 122 mm) und mehr als 4 000 mm in Teilen der Balkanhalbinsel (Albanien), 4 600 mm in Crkvice.

Während mindestens zwei Monaten im westlichen und sechs Monaten im östlichen Mittelmeerraum fällt der Regen im Sommer ganz aus, eine Situation, der Pflanzen und Tiere durch physiologische Anpassungen und/oder ein besonderes Verhalten begegnen. Die sommerliche Trockenheit ist der entscheidendere limitierende Faktor für die Ausbreitung von Arten als die winterliche Kälte. Die durchschnittlichen Jahrestemperaturen des mediterranen Raumes variieren zwischen 2 – 3 °C im Hohen Atlas oder im Taurusgebirge und über 20 °C an der nordafrikanischen Mittelmeerküste.

Zur Frage der Grenzziehung

Zahlreiche Autoren wie W. Köppen, H. v. Wissmann und C. Troll/K. Paffen haben es unternommen, den Mittelmeerraum durch eine „genaue" Festlegung der äußeren Ränder abzugrenzen. Das Ergebnis ist vielfach recht unterschiedlich ausgefallen. Als zuverlässige Indikatoren für klimatische Schwellenwerte – die man nicht direkt beobachten, sondern nur durch Langzeitmessungen ermitteln kann – werden unter natürlichen Bedingungen bestimmte charakteristische Pflanzen oder Pflanzengemeinschaften verwendet. Das ausschlaggebende Stichwort ist „natürliche Bedingungen“. Es wurde schon mehrfach darauf hingewiesen, dass der Mittelmeerraum vegetationsgeographisch keine natürliche Region im Sinne von „unberührt“ oder „unverändert“ ist; vielmehr ist er die älteste Kulturlandschaft der Welt, in der ursprüngliche Ausbreitungsgrenzen von Charakterarten mühsam rekonstruiert werden müssen und vielfach trotzdem unsicher bleiben. Man nimmt an, dass die typische Vegetationsform der Zone ein Hartlaubwald war, seine ursprüngliche Ausdehnung kann aber nicht überall rekonstruiert werden. Es musste daher eine Kulturpflanze als Grenzzieher herhalten. Spätestens seit 1904 – der in Kiel und Marburg tätige Geograph Theobald Fischer hat damals die erste umfassende Karte des Verbreitungsareals des Ölbaums veröffentlicht – gilt *Olea europaea* als die mediterranste Charakterpflanze. Wladimir Peter Köppen, Mitarbeiter der Deutschen Seewarte in Hamburg und mit Rudolf Geiger Verfasser eines fünfbändigen *Handbuchs der Klimatologie* (1930–1940), nannte das mediterrane Klima oder Etesienklima einfach Oliven-Klima. Martin Rikli schrieb 1943 über den Ölbaum, er sei „nicht nur der wertvollste Frucht- und Nutzbaum der Mittelmeerregion, sondern auch ihre wichtigste Leit- und Charakterpflanze“, ja „geradezu das Wahrzeichen der mediterranen Küstengebiete“. Die Olivengrenze umschließt ein Gebiet, das nicht nur einen klimatisch mehr oder weniger einheitlichen Naturraum darstellt (mit all der Heterogenität, die in diesem Kapitel dargestellt ist), sondern auch durch kulturhistorische und wirtschaftliche Faktoren gekennzeichnet ist. Eine tiefergehende Analyse dieser Fragen bietet Kapitel 4.

Schnee als Handelsware

Schnee ist dem Mittelmeerraum keinesfalls fremd, obwohl er in Küstenregionen nur selten fällt. Das rare Ereignis schneebedeckter Strände, häufig auf vergilbten Fotografien festgehalten, schmückt oft die Wände örtlicher Lokale. Ganz anders verhält es sich mit den Gebirgszügen, die das mediterrane Becken von nahezu allen Seiten umschließen. Selbst in den Kerngebieten des Mittelmeerraumes gibt es massive vertikale Gradienten mit in der Höhe stark abnehmender Temperatur. Ab 500 m Seehöhe kann sich der Schnee im Winter manchmal kürzere Zeit halten, die höheren Gebirge tragen oft eine mehrmonatige Schneedecke.

Bereits in der Antike hat sich mit dem winterlichen Schnee aus dem Gebirge in mehreren mediterranen Ländern ein reger Handel entwickelt. Bis zum Sommerbeginn bzw. solange auf den Bergen noch Schnee zu holen war, wurde dieser des Nachts mühevoll und über abenteuerliche Pfade auf Maultieren und Eseln in die Täler und Küstenebenen transportiert und in dafür vorgesehenen kühlen Kammern bzw. gemauerten „Brunnen“ gelagert, wo er sich längere Zeit hielt. In Spanien nannte man diese Schneereservoirs *neveras,* in Italien *neviere.*

Schnee wurde auf den Märkten zum Kauf angeboten; man verwendete ihn zum Kühlen von Speisen und Getränken, zur Pflege Malariakranker (vgl. Exkurs S. 176 f.), zur Herstellung von Speiseeis bzw. Eiscreme und als Ergänzung der Wasserversorgung. Erst im Verlauf des 20. Jahrhunderts, mit dem Aufkommen der Elektrizität und der Entwicklung der Kühltechnik, verlor diese Erwerbsmöglichkeit ihre Bedeutung. Bemerkenswert ist, dass sich in den subtropischen Anden in Südamerika und auch in Teilen Nordamerikas – vielleicht aus Europa importiert – eine ähnliche Praxis etabliert hat.

Literatur: Rother K (1984) Mediterrane Subtropen (= Das Geographische Seminar Zonal). Braunschweig.

***3.85** Schneebedeckte Gipfel der Levka Ori (Weiße Berge) auf Kreta, im Vordergrund die endemische Tulipa saxatalis auf aufgelassenen Kulturflächen.*

Windsystem und Winde

Der Mittelmeerraum ist äußerst windreich. Allerdings ist die Region ähnlich wie im Fall des Temperatur- und Niederschlagregimes recht heterogen: Es gibt äußerst wind- und sturmreiche und weniger windreiche bzw. sturmarme Gegenden. Selbst benachbarte Meeres- und Küstenregionen können sich in dieser Hinsicht stark unterscheiden (Abb. 3.93). Besonders windreich ist der Winter, wenn sich der Hochdruckgürtel nach Süden verlagert und das westliche Mittelmeer in die Randzone der Westwinddrift gelangt.

Der ausgeprägte Temperaturgegensatz zwischen Festland und Meer, gepaart mit zahlreichen weiteren Faktoren – sie sind in diesem Kapitel dargestellt –, sind die Ursache typischer regionaler Windsysteme (Abb. 3.86). Die nordwestliche Ecke des Mittelmeeres im Golfe du Lion ist etwa eines der sturm- und orkanreichsten Gebiete der Erde. Die Ursache dafür liegt an der Leitwirkung der Pyrenäen und des Rhônetales bei Polarlufteinbrüchen aus dem Norden und Tiefdruckgebieten über dem Golf von Genua und westlich vor Italien.

Luftdruck und Windgesetz

Die Höhe des Drucks, den die Luft infolge ihrer Schwere auf die Erdoberfläche ausübt, ist von der Höhe der Luftsäule über der Messebene abhängig; der Luftdruck nimmt daher mit zunehmender Höhe ab. Auf dem 45. Breitengrad beträgt das Gewicht von einem Liter Luft 1,293 g. Horizontal ändert sich der Luftdruck von Ort zu Ort nicht sprunghaft, sondern nur allmählich. Mit dem 1644 von Evangelista Torricelli beschriebenen und 1648 von Blaise Pascal experimentell erprobten Quecksilberbarometer kann er sehr genau gemessen werden. Luftdruckkarten bilden die Grundlage jeder wissenschaftlichen Wettervorhersage.

Auf Wetterkarten wurde der Luftdruck lange Zeit in Millibar (mbar) verzeichnet; seit 1982 gilt jedoch nicht mehr das Bar als Einheit, sondern das Pascal (Pa), wobei das Hektopascal (hPa) dem mbar zahlengleich ist (1 mbar = 1 hPa). Die meist im Abstand von 5 zu 5 mbar bzw. hPa gezeichneten Isobaren verbinden Orte mit gleichem Barometerstand. Die unterschiedlichen Formen der Isobarendarstellungen haben typische Bezeichnungen: Hoch, Zwischenhoch, Hochdruckkeil, Hochdruckbrücke bzw. Rücken (Verbindung zwischen zwei Hochdruckgebieten), Tief, Tiefausläufer, Randtief, Tiefdruckrinne (lang gestreckte Verbindung zweier Tiefs). Das typische Kennzeichen eines Tiefs auf der Wetterkarte ist die Verdichtung der Isobaren in einem begrenzten Gebiet.

Die Luftmassen der gesamten Atmosphäre sind ständig in Bewegung. Sie steigen in der Tiefdruckzone am Äquator durch starke Erwärmung auf und werden durch kalte Luft von den Polen her ersetzt. Dabei werden die Bodenwinde auf dem Weg zum Äquator durch die Erdrotation (Corioliskraft) seitlich abgelenkt, und zwar auf der nördlichen Halbkugel nach rechts, auf der südlichen Halbkugel nach links. Das Ergebnis sind Nordost-Passate auf der nördlichen, Südost-Passate auf

***3.86** Regionale Winde im Mittelmeerraum. Nach Seehandbüchern des BSH, Hamburg/Rostock.*

der südlichen Halbkugel. An die Zone der Passatwinde schließt jeweils in 30–35 ° Breite eine subtropische Hochdruckzone an, gefolgt von der Westwindzone, einer polaren Tiefdruckgürtel auf etwa 60 ° Breite (auf der Nordhalbkugel etwa auf der Linie Schottland – Südnorwegen – Südschweden – Finnischer Meerbusen) und schließlich einem Hoch über dem Nord- bzw. Südpol.

Die Luft strömt von Gebieten höheren Drucks nach Gebieten niedrigeren Drucks – durch Unterschiede im Luftdruck und ihren Ausgleich entsteht so Wind. In Bodennähe bewirkt die Reibung an der Erdoberfläche, dass die Luft aus einem Gebiet hohen Luftdrucks (einem Hoch) nicht in Kreisen, sondern spiralförmig in ein Gebiet niederen Luftdrucks (Tief) gelangt. Dabei strömt der Wind auf der Nordhalbkugel der Erde im Uhrzeigersinn um ein Hochdruckgebiet, entgegen dem Uhrzeigersinn um ein Tiefdruckgebiet; dieses so genannte Barische Windgesetz gilt jedoch nur in der freien Atmosphäre, in Höhen ab 1 000 m. Die in bodennahen Schichten in das Tief einfließende Luft kann nur nach oben ausweichen; die aus dem Hoch ausströmende Luft hingegen kann nur von oben her ersetzt werden. So finden sich im Bereich eines Tiefs aufsteigende, im Bereich eines Hochs absteigende Luftbewegungen.

Hoch- und Tiefdruckgebiete verändern darüber hinaus ihren Standort, sie wandern. Auf ihrer meist von West nach Ost gerichteten Wanderung bevorzugen die Tiefdruckgebiete bestimmte Zugstraßen, wobei eine Höhenströmung (nahezu parallel zur 500-hPa-Fläche) die Richtung und Geschwindigkeit des Tiefs steuert. Von praktischer Bedeutung ist folgende Beobachtung: dreht man dem Wind den Rücken zu, so liegt das Tiefdruckgebiet auf der Nordhalbkugel links etwas vorn, das Hochdruckgebiet rechts etwas hinten (auf der Südhalbkugel ist es umgekehrt). Ändert sich die Richtung des Windes, lässt dies auf die Zugbahn des Tiefs schließen.

Land- und Seewind

Das Zusammenspiel von Land- und Seewind ist an den Küsten des Mittelmeeres besonders gut zu beobachten. Das Wasser, das durch Wind und Wellen in ständiger Bewegung ist, wird in verhältnismäßig dicken Schichten erwärmt (Binnenseen in gemäßigten Breiten bis 100 m Tiefe, Meere in warmen Zonen bis 300 m), was langsamer vor sich geht als die Erwärmung des festen Bodens, in den die Sommerwärme bis zu einer Tiefe von 7–8 m eindringt. Daher sind die großen Wasserflächen im Sommer kälter, im Winter aber wärmer als die Kontinente; die jährlichen und auch die täglichen Temperaturschwankungen sind an der Meeresoberfläche wesentlich geringer als über Land (Abb. 3.87).

Am Vormittag erwärmt sich das Land rascher, Luft steigt darüber auf und gleitet in der Höhe zum Meer hin ab. Dort fällt sie abgekühlt auf die Meeresoberfläche und strömt wieder dem Land zu. Dadurch herrscht tagsüber Seewind (vom Meer her), wobei die Brise meist am frühen Nachmittag ihre größte Stärke erreicht. Abends hingegen ist es umgekehrt. Das Land kühlt schneller ab als das Wasser, daher steigt die Luft über dem Meer auf und fällt über dem Land ab. Am Abend bzw. in der Nacht, manchmal erst nach Mitternacht, herrscht somit Landwind (vom Land zum Meer hin), der bis nach Sonnenaufgang anhält. Eine Störung des Land-Seewind-Rhythmus weist auf eine Wetter- und Wind-Änderung (meist am nächsten Tag) hin.

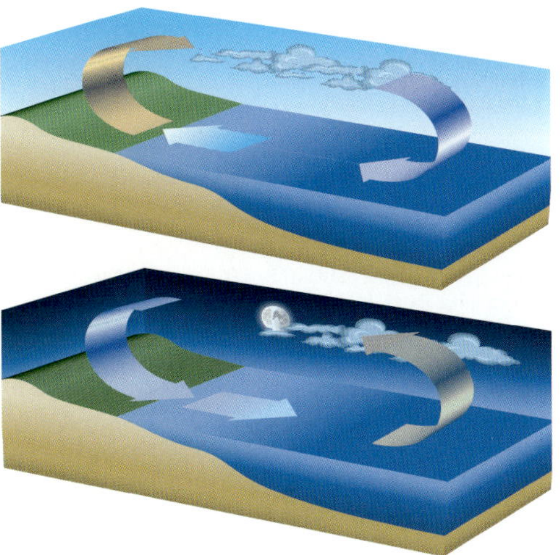

3.87 Land- und Seewind. Unter Seewind (oben) versteht man ein periodisches Land-See-Windsystem, den vom Meer zum Land wehenden Wind, der als Ausgleichsströmung durch das Aufsteigen der über den Landflächen stärker erhitzten Luft entsteht. Die Umkehrung davon ist der Landwind (unten), die nächtliche, eher schwache Luftströmung in die entgegengesetzte Richtung, die durch die stärkere nächtliche Abkühlung der Landfläche entsteht.

In küstennahen Gebirgen, etwa in Südspanien, Kroatien, Griechenland, Algerien und Marokko, kann der talauswärts wehende Bergwind den in die gleiche Richtung ziehenden Landwind so verstärken, dass es zu heftigen Fallböen kommt. Fallwinde sind von Gebirgen herabwehende, trockene Winde, die sich (wie etwa der Föhn) bei größeren Fallhöhen adiabatisch, also ohne Wärmeaustausch erwärmen. Wenn kontinentale Kaltluftmassen über kleinere Höhendifferenzen in den Mittelmeerraum strömen, fällt die Erwärmung gering aus, und es entstehen die typischen kalten Winde.

Die zahlreichen besonderen Wetterlagen im Mittelmeerraum haben zum Teil saisonalen Charakter, zum Teil sind sie auf bestimmte Gebiete

Luftdichte
Die Luftdichte hängt von Luftdruck, Temperatur und Luftfeuchtigkeit ab; sie wird meist in g/cm^3 angegeben. Die Ludftdichte verringert sich mit zunehmender Temperatur und nimmt, wie der Luftdruck, mit zunehmender Höhe exponentiell ab, und zwar in den unteren Schichten stärker als in den oberen. Bereits in einer Höhe von 4 000 – 5 000 Metern ist die Luftdichte und damit der Anteil an Sauerstoff so gering, dass ein nicht angepasster Mensch beim Atmen nicht mehr genügend Sauerstoff erhält; in 8 000 bis 10 000 Meter Höhe führt der Sauerstoffmangel schließlich zum Tod. Bis 5 500 Meter befindet sich die Hälfte, bis 36 000 Meter sogar 99 Prozent der gesamten Masse der Atmosphäre.

Lufttemperatur
Die höchste Lufttemperatur der Erde mit bis zu 55 °C herrscht in der Sahara, Arabien und anderen Wüsten. Mit zunehmender Höhe ändert sich die Lufttemperatur, allerdings nicht stetig, sondern teilweise sprunghaft. Das Temperaturgefälle bei 100 Meter Höhenzuwachs beträgt bei trockener Luft 1 °C pro 100 Meter, bei feuchter Luft weniger. Gelegentlich gibt es eine Unterbrechung des Temperaturgefälles nach der Höhe durch Schichten warmer Luft, so genannte Inversionen. Unterschieden werden Strahlungsinversionen durch kalte Erdausstrahlung, z. B. in klaren Nächten, Höheninversionen durch Erwärmung absinkender Luftmassen und Aufgleitinversionen durch Wärmezufuhr von der Seite her.

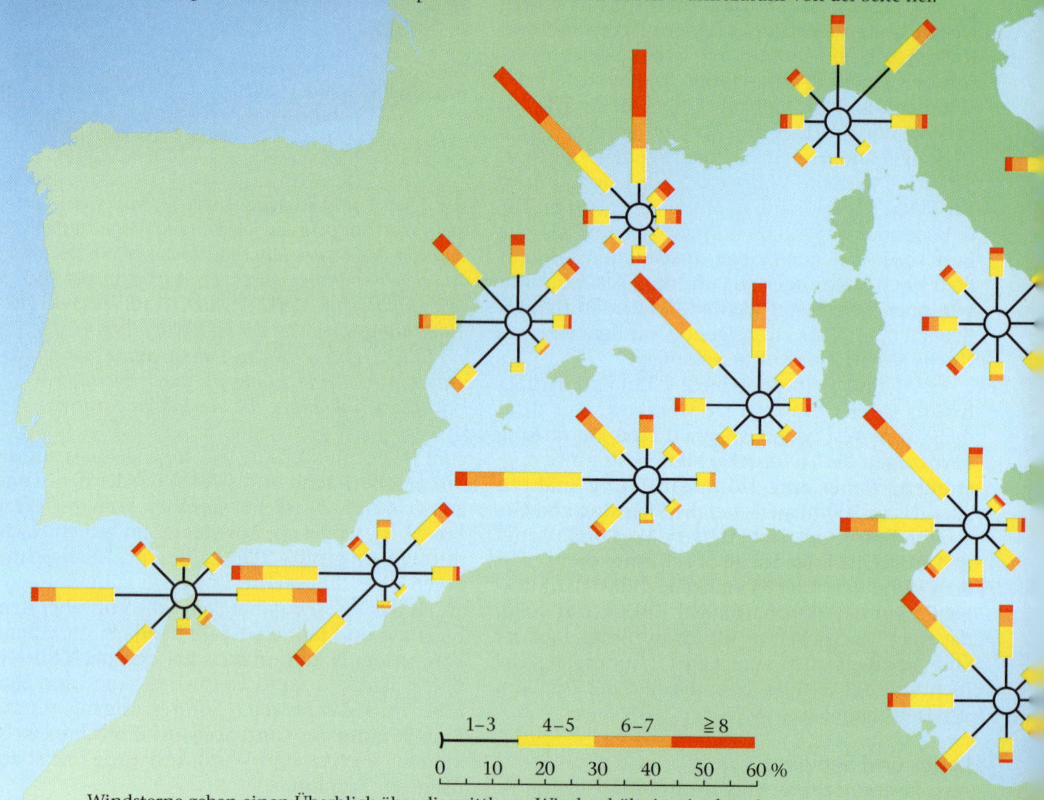

Windsterne geben einen Überblick über die mittleren Windverhältnisse in den einzelnen Seegebieten. Sie zeigen die mittlere Häufigkeit der Windrichtungen für fünf verschiedene Windstärkegruppen (Stille, 1–3, 4–5, 6–7, ≥ 8). Darunter: Maßstab, an dem der prozentuelle Anteil der Tage im Monat mit der jeweiligen Windstärkegruppe abgelesen werden kann.

***3.88** Dominante Windrichtung und Windstärke in den Wintermonaten – der windstärkste Monat ist der Februar – und wichtige Begriffe und Grundlagen der Windkunde. Erklärungen der Windsterne siehe Legende. Charakteristisch für den Mediterran, ausgenommen seinen östlichen Teil, ist die Wechselhaftigkeit des Windes. Im Sommer wird die Windrichtung vorwiegend vom Azorenhochkeil bestimmt, der sich bis ins westliche Mittelmeer erstreckt; im Winter ist die Lage des Mediterrans im südlichen Grenzbereich der Westwinddrift auf der Nordhalbkugel bestimmend für die großräumigen Windverhältnisse. Nordwestliche bis nördliche Winde sind zu allen Jahreszeiten vorherrschend, doch bringt das wechselhafte Wetter in den Wintermonaten entsprechend unbeständige Winde mit sich. Die mittlere Windgeschwindigkeit ist im Winter größer als im Sommer. Nach Seehandbüchern des BSH, Hamburg/Rostock.*

Frontsysteme
Setzen sich Luftmassen in Bewegung, verändert sich ihr Charakter: Kältere Luft erwärmt sich, wärmere kühlt ab. Die Grenze zwischen kalten und warmen Luftmassen wird als Front bezeichnet. An den Grenzlinien kommt es zu Einbuchtungen, Umfassungen und Abschnürungen. Oft wandern abgeschnürte polare Kaltluftmassen in mittlere Breiten. So ergeben sich Kaltlufteinbrüche, die bei Begegnung mit warmer Luft wieder Fronten bilden können. Eine Kaltfront bildet sich, wenn kalte Luft gegen warme Luftmassen vorstößt, wobei sie sich wie ein Keil unter die warme Luft schieben kann; die warme Luft einer Warmfront hingegen gleitet schräg auf die kalte Luft auf und kühlt dabei in der Höhe ab.

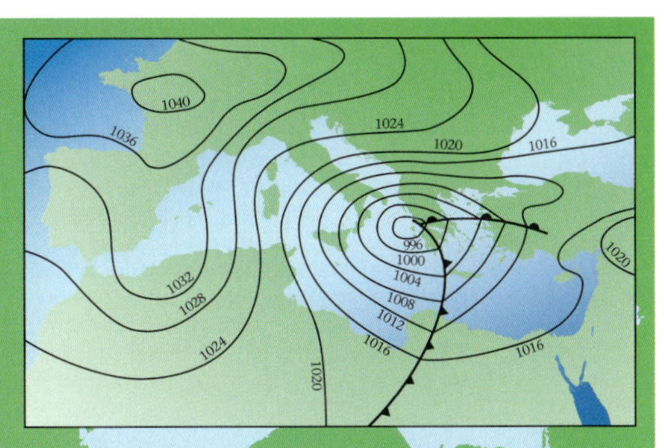

3.89 Der Höhepunkt einer Tiefentwicklung am 31. Dezember 1974 mittags. Diese Situation hat sich nach einem Kaltluftausbruch durch das Rhônetal ergeben. Am 30. Dezember meldeten große Teile des westlichen Mittelmeeres bis nach Tunesien Sturm oder sogar Orkan. Vor der griechischen Westküste hatte das Sturmtief einen Kerndruck von 995 hPa. Zum Hochkern über Frankreich mit etwa 1040 hPa bestand eine Druckdifferenz von 45 hPa, was im Mittelmeergebiet selten ist.

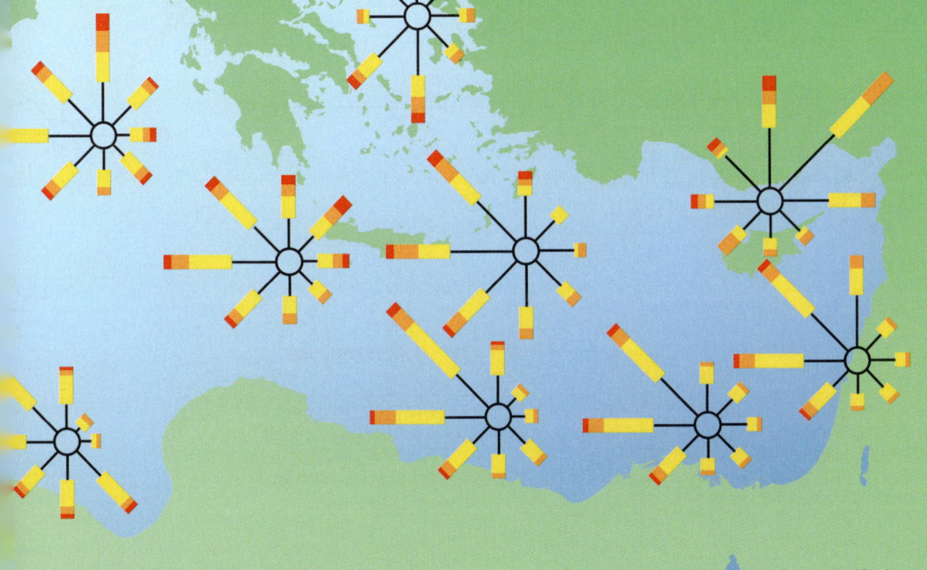

Jahreszeitliche Unterschiede der Windstärke
Das Mittelmeer ist im Winter das stürmischste Meer Europas, es übertrifft die Nordsee ebenso wie die gefürchtete Biskaya. Wie Statistiken belegen, stürmt es jeden sechsten Tag mit einer Windstärke von 5–6 Beaufort. Im Winter und Frühling sind die südlichen Gebiete des Mediterrans windschwächer als die nördlichen; im Sommer wehen im östlichen Teil stärkere Winde als in der Mitte und im Westen. Sommers wie winters wehen die weitaus stärksten Winde im Golfe du Lion westlich von Marseille, wo im Februar mehr als 6 Beaufort erreicht werden. Ein zweites Maximum liegt in der Straße von Sizilien, und auch zwischen Kreta und dem Peloponnes kommt es durch die Düsenwirkung zu einer erheblichen Windverstärkung. Verhältnismäßig schwacher Wind herrscht das ganze Jahr hindurch an der Ostküste Spaniens, um die Balearen, vor der Levanteküste sowie zwischen der Cyrenaika und Tunesien.

Windrichtung und Geschwindigkeit

Die sichtbaren Wettererscheinungen spielen sich hauptsächlich im untersten Stockwerk der Atmosphäre ab, der bis in etwa 11 000 Meter Höhe reichenden Troposphäre. Luftströmungen sind Ausgleichsbewegungen von Luftmassen infolge von Luftdruckunterschieden. Sie bewegen sich meist horizontal, mit Geschwindigkeiten von wenigen Zentimetern bis zu mehr als 50 Meter pro Sekunde. Richtung und Geschwindigkeit sind die beiden Größen, nach denen der Wind eingestuft wird; als Windrichtung gilt dabei die Richtung, aus der der Wind weht; die Geschwindigkeit wird nach der Beaufortskala (Tab. 3.9), in Meter pro Sekunde, in Stundenkilometer oder auch in Knoten angegeben.

Wetterküchen und Frontsysteme

Eine große Luftmasse bis in größere Höhen hinauf aufzuheizen oder abzukühlen, dauert zumindest mehrere Tage. Dazu muss die Luft längere Zeit gleichförmigen Verhältnissen ausgesetzt sein, wie dies über dem Meer, in weit ausgedehnten Landschaften und bei einheitlichen Reliefverhältnissen der Fall ist. Für das Wetter in Europa und damit auch im Mediterran sind vor allem die „Wetterküchen" im subtropischen Teil des Atlantischen Ozeans von Bedeutung, in dem etwa die Azoren liegen (Azorenhoch), weiters die subarktischen Teile des Atlantiks um Grönland – Island – Nordskandinavien (Islandtief), das Nördliche Eismeer und schließlich Sibirien mit den benachbarten Teilen des europäischen Kontinents.

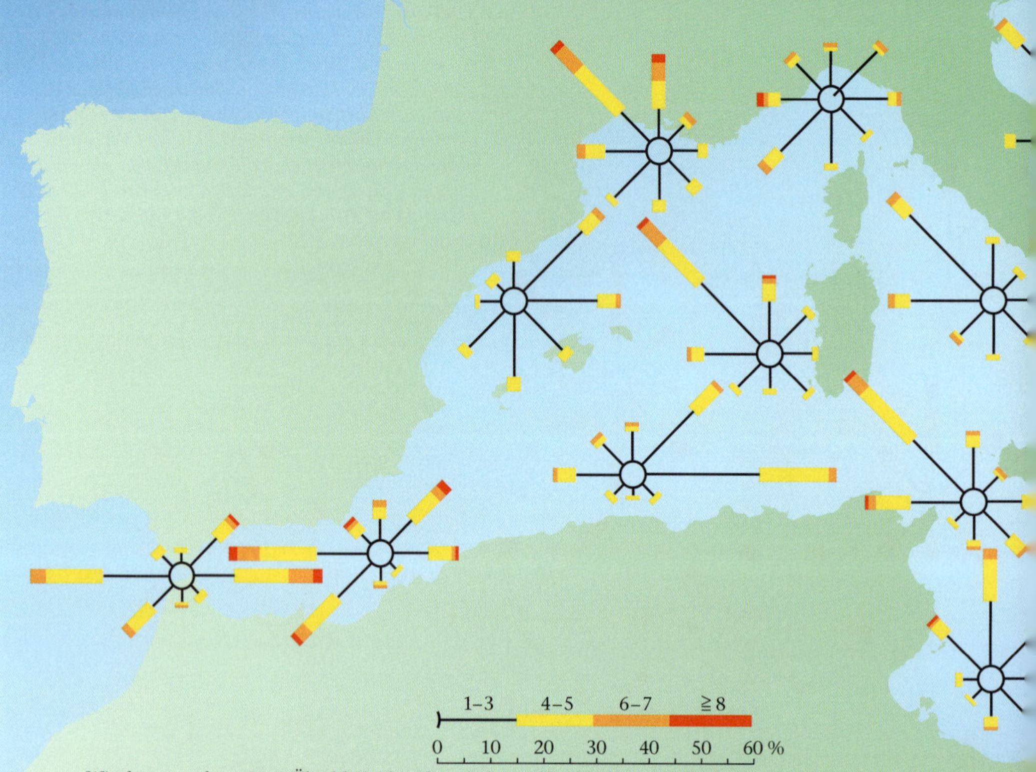

Windsterne geben einen Überblick über die mittleren Windverhältnisse in den einzelnen Seegebieten. Sie zeigen die mittlere Häufigkeit der Windrichtungen für fünf verschiedene Windstärkegruppen (Stille, 1–3, 4–5, 6–7, ≥ 8). Darunter: Maßstab, an dem der prozentuelle Anteil der Tage im Monat mit der jeweiligen Windstärkegruppe abgelesen werden kann.

3.90 *Dominante Windrichtung und Windstärke in den Sommermonaten; der windschwächste Monat ist in den meisten Regionen der August. Wind ist ein wichtiger gestaltender Faktor der Erdoberfläche: Sedimenttransport, Deflation, äolische Prozesse sind einige Beispiele dafür. Er ist durch seine ausgleichende und abkühlende Wirkung und seinen Einfluss auf die Verdunstung ein entscheidender Klimafaktor und maßgeblicher Motor ozeanographischer Phänomene wie Wellen und Strömungen. Die Windrichtung wird durch die großräumige Luftdruckverteilung bestimmt, in Bodennähe aber auch durch die Orographie stark beeinflusst (z. B. Stauwirkung und Ablenkung durch Gebirge). Das zeigt sich etwa in der Straße von Gibraltar und der Alboransee recht deutlich: Hier dominieren sowohl im Sommer als auch im Winter durch die Düsenwirkung der Meerenge westliche und östliche Winde. Nach Seehandbüchern des BSH, Hamburg/Rostock.*

Reflexion und thermische Konvektion
Die Sonnenstrahlen durchdringen die Atmosphäre, wobei ein Teil von ihnen – die Albedo mit 42 Prozent – in den Weltraum zurückgeworfen wird. Die übrigen 58 Prozent der Sonnenstrahlung werden beim Durchdringen der Atmosphäre vielfach beeinflusst, absorbiert oder zerstreut; die nichtreflektierte kurzwellige Strahlung trifft schließlich auf die Erdoberfläche und erwärmt sie. Einen Teil der ihr zugeführten Wärme gibt die Erde als langwellige Strahlung wieder an die darüberliegende Luftschicht ab; diese dehnt sich aus, wird leichter als die Luft der Umgebung, steigt in die Höhe, gleitet dort seitlich ab und sinkt abgekühlt wieder auf die Erde zurück (thermische Konvektion).

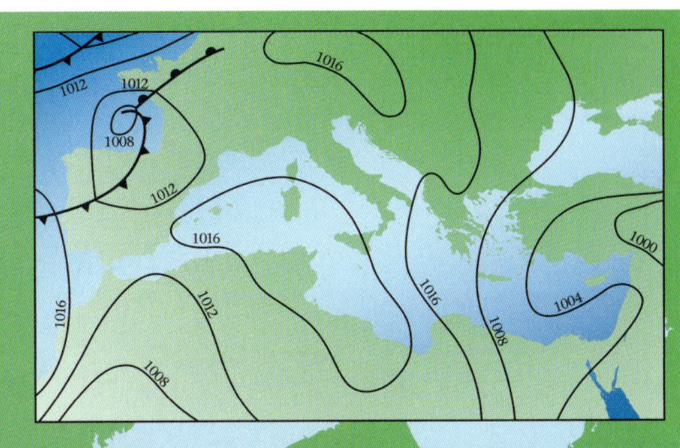

3.91 Typische Sommerlage im Mittelmeerraum am 4. Juli 1972. Ein Tief über Syrien und dem östlichen Mittelmeer führte zu starken Etesien. Die höchste Windstärke an diesem Tag wurde von Naxos in der südlichen Ägäis gemeldet: 30 kn (Bft 7). Im Bereich des zentralen Hochdruckgebietes bildete sich bei meist wolkenlosem Himmel die Land- und Seewind-Zirkulation aus. Niederschlag fiel nirgendwo im Gebiet, die Temperaturen entsprachen den für die Jahreszeit üblichen Werten.

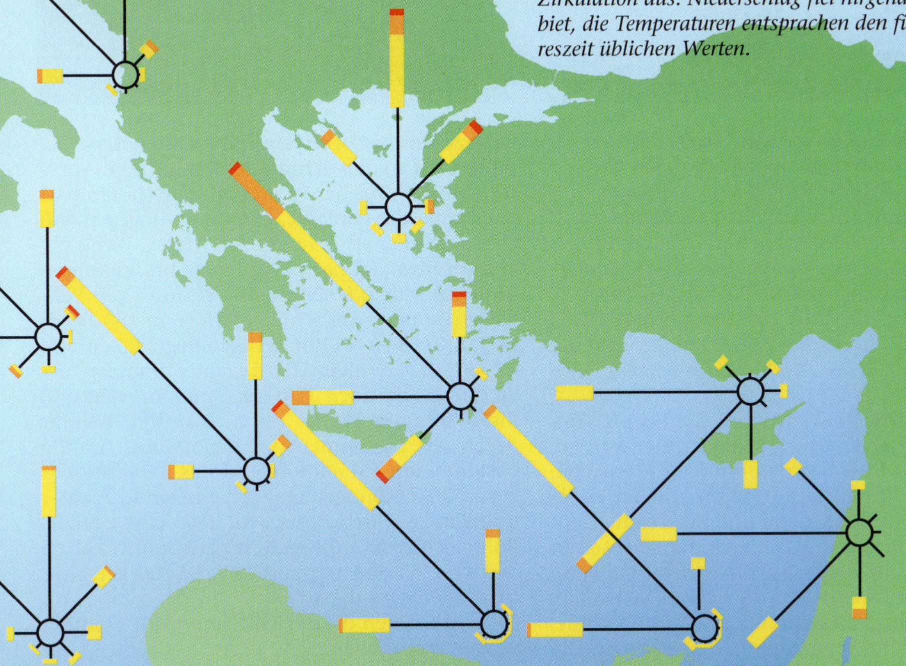

Typische sommerliche Großwetterlage
Der Sommer ist im Mediterran durchschnittlich windschwach, heiß und trocken. Der Herbst ist relativ kurz und geht rasch in den Winter über, der sich vor allem im westlichen Teil als äußerst stürmisch zeigt. Im Frühjahr ist es zwar immer noch recht windig, der geringe Temperaturunterschied zwischen Luft und Wasser (die Wassertemperatur beträgt meist 12–15 °C) bewirkt aber, dass die lokalen Wetterlagen ausgeglichener sind; es regnet auch weniger. Bildet sich schließlich das Azorenhoch, werden die Tiefdruckgebiete nach Norden verdrängt, und der Sommer kann sich durchsetzen. Die Hochdruckbrücke schiebt sich dann von Spanien zu den Alpen vor, während das eurasische Hoch meist schon im April verschwunden ist. Über Asien bildet sich das alljährliche, bis zum Bosporus reichende Hitzetief, über Nordafrika baut sich das beständige Saharatief auf. Damit stellt sich die typische sommerliche Großwetterlage ein.

3.92 Alte Windmühlen im Südosten Spaniens zeugen von der einst intensiven Nutzung des hier – meist als Schwachwind – auftretenden atmosphärischen Phänomens. Im westlichsten Mediterran, wo sich die Gebirge und Küsten in west-östlicher Richtung erstrecken, werden die Winde in diese Richtung geleitet. Östliche und nordöstliche Winde heißen in der Straße von Gibraltar und dem Alborangebiet Levanter, an der spanischen Küste Levante; wenn sie stürmisch sind, werden sie Llevantada genannt.

beschränkt. Die meisten Winde der Region können jedoch vier Kategorien zugeordnet werden: Im östlichen Mittelmeerraum sind die Etesien ein trockener, sehr konstanter, sommerlicher Nord- bis Nordwestwind. Mistral und Bora stehen mit Kaltlufteinbrüchen in das mediterrane Becken in Zusammenhang. Ähnlich gefürchtet wie der Föhn in den Alpenländern sind die heißen, schwülen, häufig feuchten Südwinde bzw. Wüstenwinde, von denen der Scirocco der bekannteste ist. Die vierte Kategorie bilden die Westwinde (Libeccio, Poniente, Vendaval) und die Ostwinde (Levanter, Llevantada) im westlichen Mittelmeer.

Vendaval und Levanter

Viele Segler sind schon daran verzweifelt, die Straße von Gibraltar zu passieren. Der Wind nimmt bei Annäherung an die Meerenge erheblich zu, verliert aber nach deren Durchquerung sehr rasch wieder an Intensität. Der Grund hierfür ist die durch das hohe afrikanische Atlasgebirge und das spanische Hochland bewirkte Trichterwirkung; die Luftmassen werden durch eine relativ enge Passage hindurchgezwängt. Der Düseneffekt beschleunigt so den Wind um zwei bis drei Windstärken. Kommt der Wind von Westen, heißt er Vendaval oder Poniente; kommt er hingegen von Osten, wird er als Levanter bezeichnet. Wenn ein atlantisches Tief nach Spanien zieht, muss man immer mit dem feuchten und stürmischen Vendaval rechnen – im Schnitt weht er an 180 Tagen im Jahr und ist oft mit heftigen Regenfällen und Gewittern verbunden. Der Levanter hingegen, der an durchschnittlich 150 Tagen im Jahr weht und meist schönes Wetter mit sich bringt, kommt durch das Zusammenspiel des nahezu ständig bestehenden Saharatiefs und des Azorenhochs zustande. Besonders unangenehm sind Levanter und Vendaval im Winter, weil dann eine extreme Böigkeit durch Fallwinde hinzukommt. Durch den von Westen wehenden Vendaval verstärkt sich außerdem die Strömung in der Straße von Gibraltar, durch die das Mittelmeer mit Atlantikwasser versorgt wird.

Scirocco

Seinen Ursprung hat der aus Südwest bis Südost wehende Scirocco in Nordafrika. Wenn über dem Meer ein Tief liegt, saugt es die Luft von den Höhen des Atlasgebirges an. Verlagert sich das Tief nach Norden, wird auf seiner Vorderseite extrem heiße Saharaluft ins Mittelmeergebiet verfrachtet und erreicht gelegentlich sogar Mitteleuropa. Beim stärksten bisher bekannt gewordenen Scirocco im März 1901 wurden 1,8 Millionen Tonnen Sand verfrachtet – letzte Destination waren die Inseln Dänemarks. Die Sicht kann durch den

Dunst sehr schlecht werden, wenn die Hitzewelle anrollt. Zieht das Tief rasch nach Osten, dauert die Hitzewelle nur einen halben bis einen Tag; zieht das Tief hingegen langsam Richtung Ost oder Nordost, kann der Scirocco auch mehrere Tage anhalten, wobei er abends meist nachlässt. Die Rückseite des Tiefs bringt nicht nur starke Abkühlung, sondern kann auch von heftigen, zum Teil böigen Winden begleitet sein.

Der Scirocco hat in den verschiedenen Ländern unterschiedliche Namen. In Marokko, Algerien und Tunesien heißt er Chili. Er bringt eine trockene und staubige Hitze, vielfach verbunden mit Sandstürmen, und kündigt sich oft durch einen Dunst- oder Wolkenstreifen am südlichen Horizont an; die gelbe bis rötliche Farbe verdanken die Wolken dem mitgeführten Saharasand. Der Chili erreicht Windstärken zwischen 4 und 6, selten mehr, doch führt er zu großen Temperaturschwankungen: Temperaturanstiege von 20 Grad sind keine Seltenheit. Auf hoher See ist es dann unerträglich schwül, da die trockene Wüstenluft über dem Wasser sehr schnell mit Feuchtigkeit angereichert wird.

An Spaniens Südostküste bis herauf nach Alicante wird der Scirocco Leveche genannt. Er ist aufgrund des kurzen Weges über das Meer noch recht trocken, doch je weiter er nach Norden über das Mittelmeer vordringt, desto feuchter wird er. Auf den Balearen, die den Chili oft zu spüren bekommen, bemerkt man ihn nicht zuletzt daran, dass die Straßen allein durch die extrem hohe Luftfeuchtigkeit nass wie nach einem Regenguss sind. Im stürmischen Golfe du Lion wird der von Süden, vom Meer her wehende Wind Marin genannt; er ist sozusagen der Gegenspieler des Tramontana. Im Golf von Genua kann der Scirocco meterhohe Wellen aufwerfen und sintflutartige Regenfälle bringen. Im östlichen Mittelmeer ist er während des Sommers eher selten. In Arabien heißt er Samum, in Libyen Ghibli und in Ägypten Khamsin.

Mistral

Als Mistral werden jene Winde bezeichnet, die aufgrund von Kaltluftausbrüchen im westlichen Mittelmeer zustande kommen. Wenn Kaltluft aus der spanischen Meseta das Ebrotal herabstürzt, wird der Wind dort Maestral oder Mestral genannt. Arktische Kaltluft, die durch das Rhônetal an die Mittelmeerküste zwischen Avignon und Marseille kommt, wird als Mistral (in altem Provencalisch: Maistral oder Magistral) bezeichnet; strömt die Kaltluft durch die Lücke Garonne–Carcassonne an die Küste des Languedoc, heißt der im Prinzip gleiche Wind westlich von Sète Tramontana.

Der „Meister" aller Winde weht nicht immer aus der gleichen Richtung. Auf den Balearen kommt er aus Nord bis Nordost, im Golf von Genua hingegen aus West bis Südwest. Eine Verstärkung durch den Düseneffekt erfährt er in der Straße von Bonifacio und der Straße von Sizilien, wo er dann aus West bis Nordwest bläst. Ein Hoch über dem Atlantik und ein Tief über Nord- oder Osteuropa sind die beste Voraussetzung für das Entstehen des Mistral. Die Kaltfronten ziehen oft von Nordwesten her über Frankreich, werden im Massif Central aufgespalten und stoßen dann durch die Täler von Rhône und Garonne ins Mittelmeer vor. Die Zuggeschwindigkeit der Front gibt Aufschluss über die zu erwartende Stärke des Mistral. Durch ein Tief, das sich über dem Golf von Genua bzw. über Norditalien, also auf der windabgewandten Seite zusammenbraut, wird der Mistral noch verstärkt, so dass er sich sogar ein bis zwei Wochen austoben kann.

Generell wirkt sich der Mistral in Frankreich wesentlich heftiger aus als im spanischen Ebrotal. Berüchtigt sind die Kaltluftausbrüche aus den Gletscherzonen der Westalpen, die sich nicht auf der Wetterkarte oder am Himmel ankündigen und bei denen sich die Gletscherluft ebenso über-

__3.93__ Häufigkeit der Stürme (ab 8 Beaufort) in Prozent aller Windbeobachtungen im Januar, dem Monat mit Sturmmaximum. Die Sturmhäufigkeit im Golfe du Lion übertrifft im Winter, vor allem im Februar (18 Prozent), fast alle anderen Seegebiete der Welt. Schwere Stürme und Orkane (10 – 12 Bft) treten im Mittelmeerraum fast nur im Winter auf (vor der Nilmündung und der Großen Syrte wurde im Juli noch nie Sturm gemeldet). In der Straße von Gibraltar, vor der algerischen Küste, in der Straße von Pantelleria und der Bucht von Gabès kommen sie in seltenen Fällen auch im Sommer vor; ansonsten ist ihr Auftreten von Juni bis August sehr unwahrscheinlich. Stabile sommerliche Verhältnisse stellen sich fast überall erst im Juni ein. Im Laufe des Oktobers treten im Hinblick auf die Winde wieder winterliche Verhältnisse ein. Die Stürme blasen fast immer aus West bis Nord, nur in der Straße von Gibraltar und in der Alboransee kommen Stürme aus östlicher Richtung vor. Nach Seehandbüchern des BSH, Hamburg/Rostock.

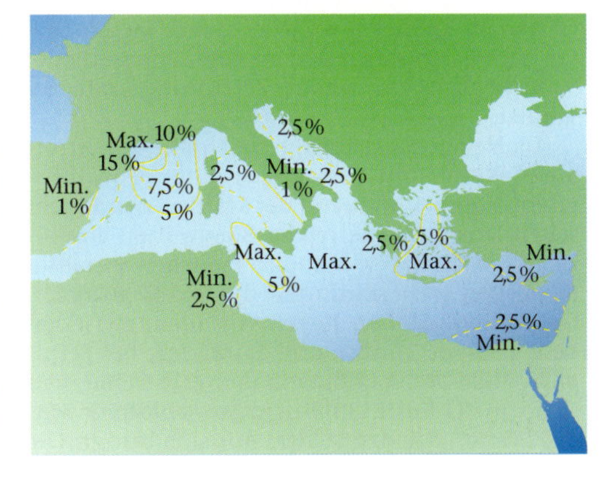

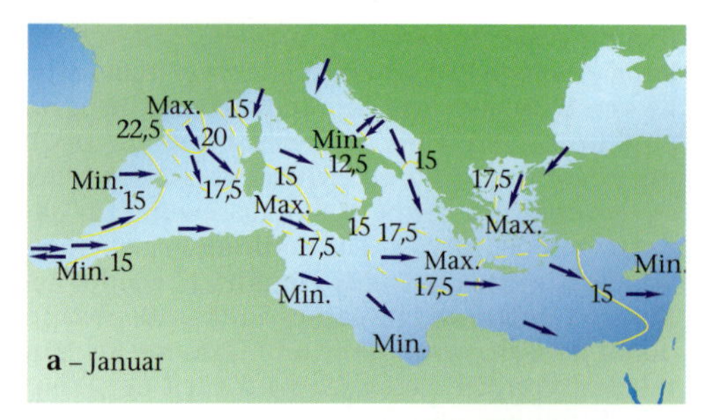

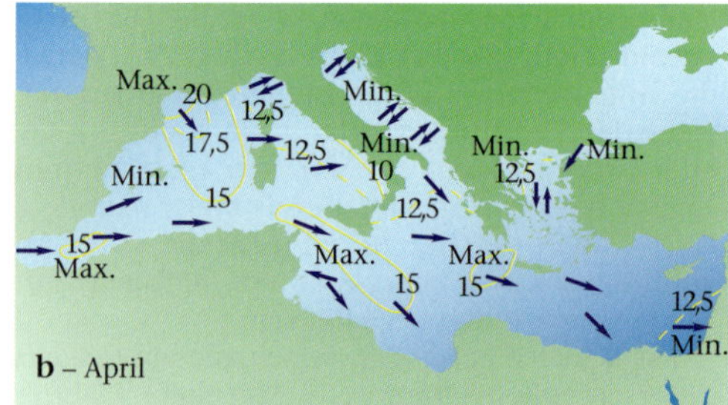

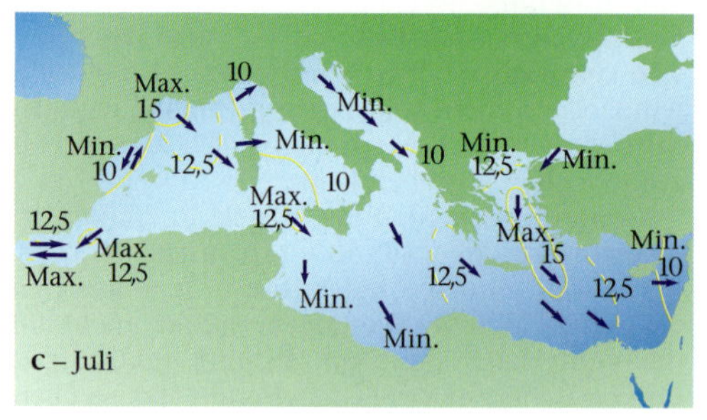

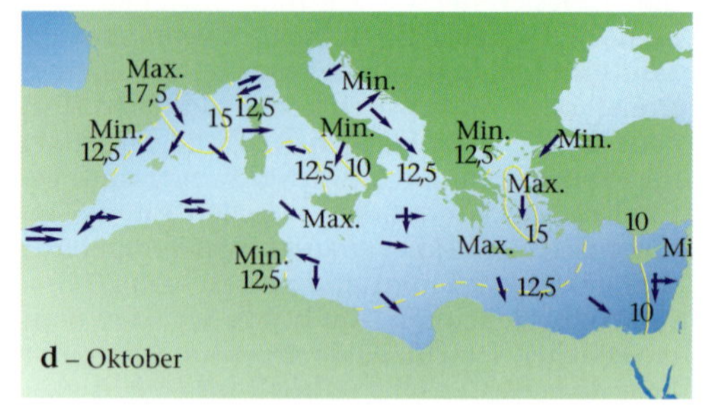

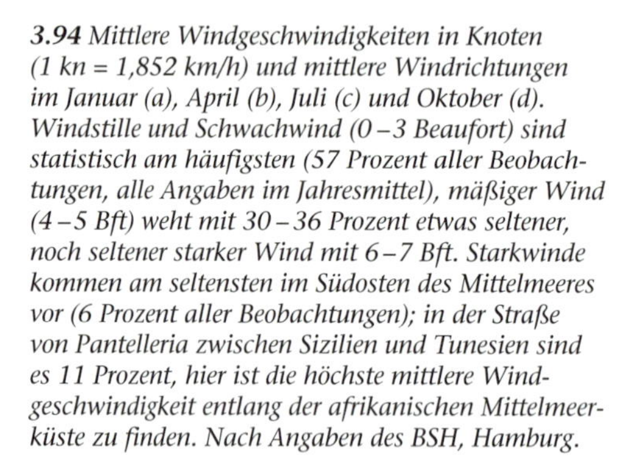
***3.94** Mittlere Windgeschwindigkeiten in Knoten (1 kn = 1,852 km/h) und mittlere Windrichtungen im Januar (a), April (b), Juli (c) und Oktober (d). Windstille und Schwachwind (0 – 3 Beaufort) sind statistisch am häufigsten (57 Prozent aller Beobachtungen, alle Angaben im Jahresmittel), mäßiger Wind (4 – 5 Bft) weht mit 30 – 36 Prozent etwas seltener, noch seltener starker Wind mit 6 – 7 Bft. Starkwinde kommen am seltensten im Südosten des Mittelmeeres vor (6 Prozent aller Beobachtungen); in der Straße von Pantelleria zwischen Sizilien und Tunesien sind es 11 Prozent, hier ist die höchste mittlere Windgeschwindigkeit entlang der afrikanischen Mittelmeerküste zu finden. Nach Angaben des BSH, Hamburg.*

raschend wie rasant bergab wälzt. Durch die Düsenwirkung des Rhônetals kann der Wind bis auf 200 km/h beschleunigen und außerordentlich turbulent werden. Allerdings reicht er nur bis in etwa 3 000 m Höhe, so dass der Flugverkehr darüber hinweggeleitet werden kann. Die Felder und Gärten im Rhônetal, wo jeder zweite Tag Mistraltag ist, werden durch Reihen von Zypressen oder Schilfhecken vor seiner Zerstörungskraft geschützt.

Als Nebeneffekt bringt die trockene Kaltluft gutes Wetter mit bester Fernsicht bei wolkenlosem Himmel, während der kräftige Wind nicht selten Sturmstärke erreicht. Böenwalzen von bis zu 150 km/h haben schon so manchen Seefahrer das Leben oder zumindest das Schiff gekostet. Gefährliche Stellen liegen vor allem zwischen dem Cabo de Tortosa und Tarragona, bei Perpignan und vor der Rhônemündung. Je weiter man sich von der Küste entfernt, desto schlechter wird das Wetter, das der Mistral mit sich bringt. Die zunächst trockene Luft erwärmt sich über dem warmen Mittelmeer und reichert sich mit Wasser an. Zum heftigen Sturm kommen dann noch Regen und Gewitter.

Bora

Dem Mistral ähnlich ist die Bora in der nördlichen Adria. Die Großwetterlage, die zur Bora führt, kann ein ausgeprägtes Hoch über dem Alpenraum oder nördlich davon und tiefer Druck über dem Mittelmeer sein. Dadurch entsteht „Nordföhn“ an der Alpensüdseite, und Kaltluft strömt durch die Berglücke bei Triest und teilweise auch über das Küstengebirge der östlichen Adria in den mediterranen Raum. An der vor allem von der Bora betroffenen Küste Istriens, Dalmatiens und in der Bucht von Kvarner weht der Wind aus Nord oder Nordost, daher auch der Name *bòra,* ein venezianischer Dialektausdruck, der vom griechischen *boreas* abgeleitet ist und Nordwind bedeutet.

Typisch für die Bora sind an den Bergkämmen hängende Wolkenbänke, allerdings sind besonders die sekundären Kaltfronten nicht immer am Wolkenbild zu erkennen. Manchmal setzt die Bora mit einer gewaltigen Böenwalze ein – dem ruhigen Betrachter springt plötzlich eine Gruppe von Menschen ins Auge, die sich an der anderen Seite des Hafens heftig gegen den Wind stemmen muss; einzig ein leichter Druckabfall kann ein derartiges Ereignis kurz davor ankündigen. Es ist ein besonderes Kennzeichen der Bora an der gebirgigen kroatischen Küste, dass nur wenige Kilometer neben einem Orkangebiet an geschützten Orten fast völlige Windstille herrscht. Fallweise ist die Bora außerordentlich heftig: Die

höchste Windgeschwindigkeit wurde in Triest im Winter mit 130 km/h gemessen, wobei Böen bis zu 200 km/h auftraten. In Triest weht die Bora im Jahresmittel an 39 Tagen, mit einer Spitze von 8 Tagen im Januar und der geringsten Häufigkeit von 0,1 im August.

Dass die Bora im Winter weitaus häufiger ist als im Sommer, geht auf den Gegensatz zwischen den niedrigen Lufttemperaturen über dem Kontinent und den höheren Temperaturen über dem Meer zurück. Im Sommer folgt die Bora sozusagen dem Scirocco auf dem Fuß; im Spätsommer oder Herbst ist sie meist mit heftigen Regenschauern oder Hagel verbunden, im Winter oft mit Schnee.

Wie der Mistral, so hat auch die Bora einen Tagesgang: die Seebrise wirkt ihr entgegen, so dass sie nachmittags die geringste Geschwindigkeit erreicht, morgens zwischen 7 und 11 und abends von 18 bis 22 Uhr die größte. Im Gegensatz zum Mistral hält der bei Bora-Wetterlagen auftretende Sturm nicht lange an, oft nicht länger als zwölf Stunden, maximal zwei Tage; die längste bekannt gewordene Bora-Periode hat allerdings 30 Tage gedauert.

Wenn die Bora länger als einen Tag weht, am häufigsten in der kalten Jahreszeit, folgt mit ziemlicher Sicherheit ein Tag mit völliger Flaute, der dann wieder von der Bora abgelöst wird. Mit zunehmendem Abstand von der Küste nimmt die Bora an Häufigkeit und Stärke ab, so dass Segeljachten auf offenem Meer besser aufgehoben sind als in Küstennähe. Allerdings ist sie auch an der italienischen Adriaküste zwischen Venedig und Ancona gelegentlich recht heftig, da sie ihre Geschwindigkeit bis in die Gegend von Chioggia nur um 30–40 Prozent vermindert. Auf ihrem Weg über die Adria wird die Bora zunehmend wärmer und feuchter, wobei sich ihre Feuchtigkeit dann über der italienischen Küste entlädt. In der südlichen Adria dreht sie mehr auf östliche Richtungen. Manchmal entweicht sie durch die Straße von Otranto als schmaler, bis zur Cyrenaika reichender Luftstrom. Ist die Bora besonders stark, überquert sie auch Italien und dringt bis Korsika und Sardinien vor. Auf dem italienischen Festland bläst die Bora vor allem im Winter und Frühjahr; der aus Nord oder Nordost über die Berge kommende Wind wird Tramontana genannt.

__3.95__ Stürmisches Wetter bei Banyuls-sur-Mer. Im Golfe du Lion dominieren das ganze Jahr hindurch beständig Nordwestwinde (Mistral); das Jahresmittel der Windgeschwindigkeit liegt bei 16 Knoten, im Februar bei 22 kn. Das ganze Meeresgebiet rund um den Golfe du Lion ist äußerst windreich, wobei die Stürme in Küstennähe seltener und in der Regel nicht so stark sind wie über der freien See. Durch die verstärkte Reibung kommt es an den Küsten meist zu einer Abschwächung des Windes, nur seltener – wie am Cap Bear und Cap Pertusato – zu einer Verstärkung infolge der Düsenwirkung des Geländes. Im Gegensatz dazu ist die spanische Ostküste weiter im Süden ausgesprochen sturmarm (Jahresmittel 9 kn).

Gregale

Der Gregale oder Grecale („Wind aus Griechenland") ist ein starker Nordostwind, der im mittleren Mittelmeer und bei Malta weht. Der Wind kommt aus dem Bergland von Albanien und Griechenland und ist der Bora sehr ähnlich. Während er in Küstennähe eher kühl und trocken ist, reichert er sich über dem Meer mit Feuchtigkeit an und bildet große Wolken. Hauptsaison hat der Gregale in der kühlen Jahreszeit, hingegen wird man ihm im Sommer kaum begegnen. Besonders im Nordosten Maltas ist der Gregale gefürchtet, da er aufgrund des langen Weges über das Meer bis zu 7 Meter hohe Wellen aufwerfen kann.

Etesien und Meltemi

Die Ägäis wird im Sommer von einem besonders charakteristischen Wind beherrscht, der in Griechenland Etesien und in der Türkei Meltemi genannt wird. Der „Passat des Mittelmeeres" weht mit großer Beständigkeit, die er dem ausgedehnten sommerlichen Hitzetief über Südwestasien sowie einem dazugehörigen Hoch, das über dem Mittelmeer oder Südeuropa steht, verdankt. Die Etesien wehen in der nördlichen Ägäis vorwiegend von Nordosten, in der zentralen und südlichen Ägäis aus Norden, im südlichen Teil, im Bereich von Rhodos und nahe der türkischen Küste hingegen mehr aus nordwestlicher Richtung (vgl. Abb. 3.90). Ihnen gehen jedes Jahr, etwa von Mai bis Anfang Juni, leichte Nordwinde voraus, sogenannte *prodroms* (griech. Vorläufer); sind diese Winde ein oder zwei Wochen ausgeblieben, setzen die eigentlichen Etesien bzw. der Meltemi mit ganzer Kraft ein. Die durchschnittliche Windstärke liegt zwischen 3 und 5 Beaufort. Größere Geschwindigkeiten erreicht der Wind nur dort, wo er durch den Düseneffekt von Meerengen beschleunigt wird. Solche Verhältnisse sind etwa im Doro-Kanal, im Gebiet zwischen Dodekanes und der Türkei oder zwischen Paros und Naxos südwärts bis Thira gegeben. Die Etesien können sogar die südliche Adria und das Ionische Meer erfassen. Auf dem Weg über das Meer sammelt der Meltemi natürlich wieder reichlich Wasser, was die Bildung von großen Kumuluswolken zur Folge hat. In Küstennähe zeigt er einen mehr oder weniger ausgeprägten Tagesgang: Kurz vor Sonnenuntergang flaut er ab, um am nächsten Morgen wieder zu seiner vollen Stärke zu erwachen.

Libeccio

An der gesamten Süd- und Westküste Italiens weht der Libeccio das ganze Jahr relativ beständig aus West bis Südwest. Voraussetzung ist ein Tief über dem Golf von Genua oder über der nördlichen Adria, wodurch Kaltluft ins westliche Mittelmeer fließt – so steht der Libeccio meist in Verbindung mit einem Mistral. Ligurisches Meer und Tyrrhenisches Meer werden von ihm ebenso beherrscht wie das Gebiet um Korsika und Sardinien. In der Straße von Bonifacio und östlich davon wird der Libeccio noch beschleunigt und kann Sturmstärke erreichen. Gefürchtet ist er an der Westküste Korsikas; dort bringt er Böenwalzen mit sich, Raggiature genannt, und erzeugt eine recht unruhige See. An der Ostküste von Korsika, also im Windschatten des Libeccio, kommen im Sommer nahezu täglich heiße Fallwinde hinzu, die teilweise sehr heftig werden können.

Windstärke

Windstärken von 3 Beaufort und weniger werden als Schwachwind bezeichnet. In diese Kategorie fallen mehr als die Hälfte aller im Mittelmeer zu beobachtenden Winde, im Sommer sogar bis zu 70 Prozent. Starkwind (6 – 7 Bft) und Sturm (8 Bft und mehr) treten hauptsächlich im Winter und Frühjahr auf, am häufigsten im Januar. Der Golfe du Lion bildet die Ausnahme – hier sind Stürme das ganze Jahr über häufig. Von Dezember bis Februar sind 23 Prozent der Winde als Starkwind, 18 Prozent als Sturm einzustufen; sogar im Juli/August sind, verursacht durch den Mistral, noch 5 Prozent Stürme zu verzeichnen. Starkwinde mit einer Häufigkeit bis 13 Prozent gibt es auch in der Ägäis und zwischen Rhodos und Kreta, wo die Etesien ihre größte Geschwindigkeit erreichen. Orkane (12 Bft) treten im Golfe du Lion ebenso auf wie entlang der Küste Kroatiens, wo die Bora, wenn auch örtlich begrenzt, Orkanstärke erreichen kann. Vor der Küste Ägyptens, nordöstlich von Zypern sowie im östlichen Teil des Tyrrhenischen Meeres erreicht der Wind hingegen generell selten Sturmstärke.

Die Stärke des Windes lässt sich mit Hilfe eines Anemometers messen und dann in Meter pro Sekunde, in Stundenkilometer oder in Knoten

3.96 *Der bekannteste Wind der dalmatinischen Inselwelt (hier die Kornaten) ist die Bora. Eine Bora-Periode dauert im Mittel 40 Stunden, manchmal auch fünf Tage; die längste bekannt gewordene Bora-Periode währte allerdings 30 Tage! Durch ihre Ausrichtung und gebirgige Umrahmung bedingt, dominieren in der Adria südöstliche und nordwestliche Winde.*

(1 kn = 1,852 km/h) angeben. Die Windstärke wird aber – wie in Tabelle 3.9 dargestellt – auch nach der Wirkung des Windes eingestuft und mit Hilfe einer Skala angegeben, die nach dem englischen Admiral und Hydrographen Sir Francis Beaufort (1774 – 1857) benannt ist.

Tabelle 3.9 *Windstärkeskala nach Beaufort. Die im Jahre 1806 aufgestellte 12-stufige Beaufortskala wurde 1949 auf 17 Stufen erweitert; damit können auch Tornados klassifiziert werden, die Geschwindigkeiten bis zu 400 km/h erreichen. Die Auswirkungen lassen sich aber nicht mehr differenziert beschreiben.*

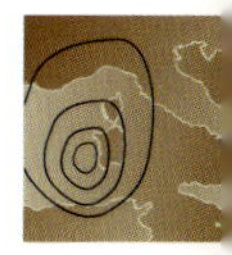

Windstärke	Bezeichnung	Auswirkungen des Windes im Binnenland / auf See	Geschwindigkeit m/s
0	Stille	Windstille, Rauch steigt gerade empor / spiegelglatte See	0–0,2
1	leiser Zug	Windrichtung angezeigt nur durch Zug des Rauches, aber nicht durch Windfahne / kleine, schuppenförmig aussehende Kräuselwellen ohne Schaumköpfe	0,3–1,5
2	leichte Brise	Wind am Gesicht fühlbar, Blätter säuseln, Windfahne bewegt sich / kleine Wellen, noch kurz, aber ausgeprägter; Kämme sehen glasig aus und brechen sich nicht	1,6–3,3
3	schwache Brise	Blätter und dünne Zweige bewegen sich, Wind streckt Wimpel / Kämme beginnen sich zu brechen; Schaum überwiegend glasig, ganz vereinzelt können kleine weiße Schaumköpfe auftreten	3,4–5,4
4	mäßige Brise	Wind hebt Staub und loses Papier, bewegt Zweige und dünne Äste / Wellen noch klein, werden aber länger, weiße Schaumköpfe treten schon ziemlich verbreitet auf	5,5–7,9
5	frische Brise	kleine Laubbäume beginnen zu schwanken, auf Seen bilden sich Schaumköpfe; mäßige Wellen, die eine ausgeprägt lange Form annehmen / überall weiße Schaumköpfe; ganz vereinzelt kann schon Gischt vorkommen	8,0–10,7
6	starker Wind	starke Äste in Bewegung, Pfeifen von Telegraphenleitungen, Regenschirme schwierig zu benutzen; Bildung großer Wellen beginnt / Kämme brechen sich und hinterlassen größere weiße Schaumflächen; etwas Gischt	10,8–13,8
7	steifer Wind	ganze Bäume in Bewegung, fühlbare Hemmung beim Gehen gegen den Wind / See türmt sich; der beim Brechen entstehende weiße Schaum beginnt sich in Streifen in die Windrichtung zu legen	13,9–17,1
8	stürmischer Wind	Wind bricht Zweige von den Bäumen, erschwert erheblich das Gehen im Freien; mäßig hohe Wellenberge mit Kämmen von beträchtlicher Länge / von den Kanten der Kämme beginnt Gischt abzuwehen; Schaum legt sich in gut ausgeprägten Streifen in die Windrichtung	17,2–20,7
9	Sturm	kleinere Schäden an Häusern (Rauchhauben und Dachziegel werden abgeworfen) / hohe Wellenberge, dichte Schaumstreifen in Windrichtung, „Rollen“ der See beginnt; Gischt kann die Sicht schon beeinträchtigen	20,8–24,4
10	schwerer Sturm	Bäume werden entwurzelt, bedeutende Schäden an Häusern / sehr hohe Wellenberge mit langen überbrechenden Kämmen; See weiß durch Schaum; schweres stoßartiges „Rollen“ der See; Sichtbeeinträchtigung durch Gischt	24,5–28,4
11	orkanartiger Sturm	verbreitete Sturmschäden (sehr selten im Binnenland) / außergewöhnlich hohe Wellenberge; durch Gischt herabgesetzte Sicht	28,5–32,6
12	Orkan	schwerste Verwüstungen; Luft mit Schaum und Gischt angefüllt; See vollständig weiß; Sicht sehr stark herabgesetzt; jede Fernsicht hört auf	32,7–36,9
13	Orkan	dito	37,0–41,4
14	Orkan	dito	41,5–46,1
15	Orkan	dito	46,2–50,9
16	Orkan	dito	51,0–56,0
17	Orkan	dito	> 56,0

Herbert Reisigl

4. Vegetationslandschaften und Flora des Mittelmeerraumes

4.1 Spanische Bauern bei der Ernte von Thymian. Dieser Zwergstrauch, der wild vor allem in Tomillares wächst, wurde wegen seines Aromas schon von Horaz, Vergil und Theophrast gepriesen. Die stark degradierte, immergrüne Vegetationsform ist unter dem französischen Ausdruck Garrigue bekannter.

Auf den Westseiten aller fünf Kontinente auf beiden Hemisphären sind infolge ähnlicher Klimabedingungen (milde feuchte Winter, trockene heiße Sommer) morphologisch ähnliche Lebensformen entstanden, die sich im Laufe der Evolution als optimal angepasst erwiesen haben. Diese Konvergenz betrifft aber nicht nur morphologische und physiognomische Eigenschaften, sondern auch funktionelle, also physiologische Merkmale.

Auffallend ist das Vorherrschen bestimmter Lebensformen: Wo der Boden es zulässt, wird die Klimaxvegetation* von hartlaubigen (sklerophyllen; Abb. 4.2d) oder mikrophyllen* Holzgewächsen dominiert. „Immergrüne" Bäume tragen ganzjährig Blätter; ihre Lebensdauer ist aber von Art zu Art verschieden: Die Steineiche *(Quercus ilex)* trägt normalerweise zwei Blattjahrgänge, der Mastixstrauch *(Pistacia lentiscus)* wechselt die Blätter alljährlich, Buchsbaum *(Buxus sempervirens)* und Stechlaub *(Ilex aquifolium)* behalten ihr Laub mehrere Jahre. Das sklerophylle Blatt ist durch eine dicke Außenwand der Epidermis und innere Versteifungen mit Sklerenchymfasern sowie ein kompakteres Parenchym mit weniger Interzellularen gekennzeichnet. Oft sind die Spaltöffnungen eingesenkt, wodurch die Transpiration stärker verringert wird als die CO_2-Aufnahme. Hartlaubigkeit ist auch ein guter Schutz gegen Tierfraß und Pilzbefall.

Die Sklerophyllen können während der Sommerdürre ihren Wasserhaushalt ohne Verlust an

Blattfläche besser regulieren als die weichblättrigen Sträucher, die dann meist ihre Blätter abwerfen müssen und daher in der direkten Konkurrenz unterliegen. Daneben sind es vor allem Geophyten (Zwiebel-, Rhizom- und Knollenpflanzen; Abb. 4.2a) und Annuellen (Einjährige; Abb. 4.2b), die mit wenigen Ausnahmen ihre Produktion mit Eintritt der Trockenzeit beenden und den Sommer in einer inaktiven Ruhephase verbringen – im Gegensatz zu den Pflanzen der temperaten Klimazone mit winterlicher Kälteruhe und sommerlicher Aktivität. In den mediterranen Gebieten der Nordhemisphäre fallen die Winterregen meist zwischen Oktober und März, auf der Südhalbkugel zwischen April und September. Alle diese *Mediterranean Type Ecosystems* sind im Bereich der Rossbreiten, im subtropisch-randtropischen Hochdruckgürtel etwa zwischen dem 30. und 40. Breitengrad angesiedelt, wo die am Äquator aufsteigende feuchte Warmluft (Äquatoriale Tiefdruckrinne) bei ihrer Drift polwärts austrocknet und wieder zur Erde absinkt.

Diese heutige Situation ist erst mit dem Klimawandel im Jungtertiär entstanden (nach Suc 1984 erst vor 3,2 Mio. Jahren, in der gesamten Region erst vor 2,8 Mio. Jahren), so dass die Hartlaubvegetation des Mittelmeerraumes als relativ junge neogene bis pleistozäne Xeromorphose* des tertiären Feuchtwaldes gedeutet werden kann. Allerdings zeigen Fossilfunde, dass lorbeerblättrige und hartlaubige Bäume (der Übergang scheint fließend) bereits früher vorhanden waren. So darf man wohl annehmen, dass die radikale Klimaänderung des Pleistozäns ein Vakuum geschaffen hat, das diese präadaptierten Typen besetzen konnten. Die zeitgleich erfolgende alpidische Gebirgsbildung hat viele zusätzliche Lebensräume mit hoher Biodiversität geschaffen; die Isolation einzelner Teilgebiete, vor allem der Inseln und Gebirge führte einerseits zur eigenständigen Entwicklung neuer Arten aus einer ursprünglich einheitlichen Ahnensippe (Beispiele: *Abies, Pinus nigra*), andererseits zur Entstehung neuer Biotypen und eines reichen Endemismus. Einige in Tabelle 4.1 angeführten Zahlen sollen dies belegen. Martin Rikli (1943, 1946) kommt auf eine Gesamt-Artenzahl der Flora des Mittelmeerraumes von fast 20 000, Costa (1997) auf 25 000 mit einem Endemitenanteil von knapp 7 600 Arten.

Von Martin Rikli stammt auch ein pflanzengeographisches Kunstwort, das sich nicht etablieren konnte: die Mediterraneis. Selten verwendet wird der Name Mediterraneum.

***4.2** Typische Lebensformen mediterraner Vegetation: a) Ophrys tenthredinifera (Ragwurz, Geophyt; Mallorca); b) Malva cretica (Kretische Malve, annuell); c) Limoniastrum monopetalum (Sternstrandnelke, Strandflieder, endemische Gattung); d) Quercus ilex (Steineiche, sklerophyll); e) Morisia monanthos, sardokorsischer Endemit und monotypische Gattung als Beispiel für Endemismus.*

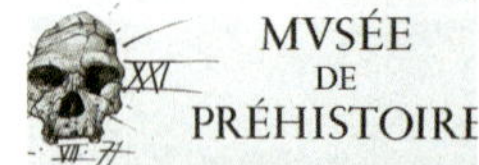

4.3 *Das Musée de Préhistoire in Tautavel, einer kleinen Ortschaft am Fuß der Pyrenäen in den Katalanischen Corbières, 30 km von Perpignan entfernt, zeigt Schaustücke zum „ersten Europäer". Die 1971 in der Arago-Höhle entdeckten Reste des Tautavel-Menschen werden auf 450 000 Jahre geschätzt. Eine massive Beeinträchtigung des mediterranen Naturraumes durch den Menschen hat erst vor mehr als 10 000 Jahren eingesetzt, seit etwa 5 000 Jahren verwandelte er ihn mit zunehmender Intensität in einen Kulturraum, spätestens mit dem römischen Imperium setzte eine weiträumige Landschaftsdegradierung ein.*

Die Winterregengebiete der Erde

Die sommertrockenen Winterregengebiete der Erde (Zonobiom IV nach Walter 1991) stellen klimatisch und vegetationsmäßig eine Übergangszone zwischen den großen subtropischen Trockengebieten (Halbwüsten und Wüsten) und der temperaten Region dar, wobei sich die Lebensbedingungen oft auf kurze Entfernungen ändern und viele verschiedene Vegetationstypen entstehen lassen. Fünf Regionen der Welt weisen ein solches Klima mit heißen, trockenen Sommern und milden, regenreichen Wintern auf (siehe Abb. 3.74).

Das pflanzliche „Ausgangsmaterial" für die Evolution war auf den verschiedenen Kontinenten unterschiedlich, da die Winterregengebiete der Erde vier verschiedenen Florenreichen angehören. Alte Verbindungen, ersichtlich am gemeinsamen Bestand gleicher oder nahe verwandter Familien oder sogar Gattungen, existieren seit der späten Kreidezeit zwischen Europa und Nordamerika *(Pinus, Juniperus, Cupressus, Arbutus, Quercus, Styrax, Cercis, Clematis, Cornus, Rhamnus, Smilax, Viburnum)*. Zwischen Eurasien und der Südhemisphäre sind die floristischen Ähnlichkeiten hingegen minimal. Wenig Verbindung besteht auch zwischen den drei südhemisphärischen Winterregengebieten untereinander – beispielsweise durch die dem Kapland und Australien gemeinsame große Familie der Proteaceae. Die Hartlaubvegetation Mittelchiles lässt sich von tropischen Familien ableiten (Monimiaceae: *Peumus boldus*, Lauraceae, Bignoniaceae, Gesneraceae).

In Australien haben zudem die artenreichen Gattungen *Acacia* (ca. 750 Arten) und die endemische Riesengattung *Eucalyptus* (über 600 Arten) für die meisten Biotope passende ökologische Typen entwickelt.

Für den heutigen Zustand der Vegetation im Mittelmeerraum ist vor allem der Mensch verantwortlich. Das volle Ausmaß dieser Zerstörung sieht man z. B. auf manchen verkarsteten Inseln Dalmatiens oder in Teilen von Korfu. Obwohl früheste menschliche Spuren bis 400 000 Jahre zurückreichen (Abb. 4.3), darf man den Beginn intensiverer Nutzung wohl erst mit dem Sesshaftwerden des Menschen, die drastische Veränderung der ursprünglichen Pflanzendecke durch Landwirtschaft und Viehhaltung erst seit etwa 2 000 Jahren ansetzen. Die für den Mittelmeerraum (neben dem Ölbaum als wichtigstem Kulturbaum) so bezeichnenden Hartlaubwälder der Steineiche, die einst großflächig die Mittelmeerländer bedeckten, haben sich nur an wenigen Stellen erhalten (Atlas, Mallorca, Korsika); aber auch hier werden sie seit langer Zeit als Brennholzlieferanten und für die Schweinemast genutzt. So ist eine Rekonstruktion der ursprünglichen „potenziellen" Vegetation schwierig; der größte Teil der heute als natürlich oder doch naturnah erscheinenden Pflanzendecke ist sekundäre „Ersatzvegetation" in verschiedenen Abstufungen der Degradation von der hohen Macchie über die niedrige Garrigue bis zur offenen Felsflur.

Ein wichtiger natürlicher ökologischer Faktor ist das durch Blitzschlag ausgelöste Feuer, das immer wieder Vegetation vernichtet, Sukzessionen erzwingt und die Konkurrenzverhältnisse verändert. Neuerdings werden Feuer von Grundstücksspekulanten auch mit Absicht gelegt oder es wird – z. B. in australischen Eukalyptuswäldern – der strauchige Unterwuchs in Abständen von mehreren Jahren absichtlich abgebrannt. Diese vergleichsweise harmlosen „Strohfeuer" verhindern die Ansammlung von Streu und vermindern dadurch die Gefahr katastrophaler Waldbrände.

Abgrenzung des Mittelmeerraumes

„Mediterran" im engeren Sinn ist das Becken der ehemaligen Tethys, soweit es noch vom Meer gefüllt ist. Für den Klimatologen reicht die Winterregenzone der sommerlichen Rossbreiten bis an den Indus. Pflanzengeographisch, floristisch und ökologisch ist das Gebiet schon durch seine Größe (es umfasst mehr als die Hälfte aller Vegetation vom mediterranen Typ) sehr heterogen. Im Wesentlichen ist mediterrane Vegetation aber doch an die Küsten und das angrenzende Hinterland gebunden, wo die ausgleichende Wirkung der Meeresnähe spürbar wird. Zum Inneren der großen Festländer wie Spanien oder Anatolien wird das Klima rasch kontinentaler mit trockenen, heißen Sommern und kalten Wintern mit Frösten bis unter −20 °C. Klimatisch und vegetationskundlich grenzt das Gebiet im Norden an das winterkalte temperate Zonobiom 6 (eurasiatisches Waldgebiet), im Süden an die Wüste Sahara (Zonobiom 3), im Westen an das atlantische Zonobiom 5, im Osten an das kontinentale Zonobiom 7 (orientalisch-zentralasiatische Steppen- und Wüstenzone). Die Grenzen zu den benachbarten Zonobiomen sind meist unscharf, die einzelnen Zonobiome durch Übergänge (Ökotone) verbunden. Ganz allgemein nehmen die Niederschläge von Westen nach Osten ab, die Trockenheit nimmt zu. Durch die starke Gliederung in Küstenbereiche mit Sand- oder Felsstränden, Inseln, Ebenen, Hochplateaus und Gebirge mit ihren jeweils mesischen oder ariden Höhenstufen (Orobiome) und unterschiedlicher Geologie (Kalksedimente, vulkanische Gesteine) bietet der Mittelmeerraum sehr viele Lebensräume. Örtliche Besonderheiten wie die vor allem im Winter häufigen kalten Starkwinde aus Norden (Mistral aus dem Rhônetal, Bora in Dalmatien, Meltemi in Griechenland) oder die mit Wüstenstaub beladenen heißen Südwinde aus der Sahara (Scirocco; vgl. „Winde", S. 184 ff.) erzeugen lokal für die Vegetation abweichende Lebensbedingungen (Riviera, Süddalmatien, Südanatolien). In den Gebirgen bedingt der Unterschied zwischen trockener Lee- und regenstauender Luvseite einen starken Vegetationsgradienten.

Für die kombinierte Darstellung der wichtigsten Klimaparameter haben zahlreiche Autoren (z. B. Gaussen, Emberger, Rivas-Martinez) die verschiedensten Formeln erfunden, die jedoch die komplexe Wirkung des Witterungsverlaufs auf die Vegetation nur unzureichend erklären und sich daher nicht allgemein durchsetzen konnten (jene von Emberger ist in Abb. 4.7 dargestellt). Einen guten Eindruck des Jahresganges von Temperatur und Niederschlag vermitteln die Klimadiagramme nach H. Walter (1975), weil sie auf einen Blick den Vergleich verschiedener Stationen ermöglichen (Abb. 3.75, 3.83 und 4.8).

Nach Ozenda (1994) kann man die mediterrane Vegetation *(sensu lato)* in drei Hauptzonen bzw. weitere Höhenstufen einteilen; sie sind auf Seite 206 und 207 dargestellt. Die Grenze zwischen

Badefreuden auf Kosten des Waldes

Ein entscheidender Faktor der Landschafts- und Vegetationsentwicklung des Mittelmeerraumes war das Römische Reich (Abb. 1.6). Vor dem Imperium war der Mittelmeerraum in unzählige kleinere Räume mit unterschiedlichen Nutzungsarten der Landschaft gegliedert. Mit der Etablierung des Römischen Reiches trat eine in vielfacher Hinsicht weder vorher noch nachher erreichte Vereinheitlichung ein (Bewässerung, landwirtschaftliche Nutzungsformen, Verbreitung bestimmer Kulturpflanzen, Beweidung u. v. a.). Ein Beispiel soll die Folgen dieser Entwicklung für den Naturraum demonstrieren: In der Entwicklung der Badekultur, die die Römer wie vieles andere auch den Hellenen abgeschaut haben, war Rom anderen Teilen Europas um Jahrhunderte, wenn nicht Jahrtausende voraus. Schon in den vorchristlichen Jahrhunderten entstanden in der Hauptstadt Badehäuser *(balnae)*, im Jahre 33 v. Chr. waren es etwa 170. Spätere Kaiser ließen noch größere Thermen errichten, mit freiem Zugang für alle Bürger Roms.

Die Bäder wurden hauptsächlich mit Holzkohle beheizt. Die Wälder ganzer Landstriche fielen der Holzkohlegewinnung zum Opfer, denn Thermen gab es nicht nur in Rom, sondern in jeder größeren Stadt des Reiches, in der römische Kultur dominierte. Holzkohle musste bald aus entfernteren Provinzen und selbst aus Afrika herangeschafft werden, da das apenninische Mutterland weitgehend entwaldet war – mit allen ökologischen Folgen wie Erosion und Verlandung ganzer Küstenabschnitte, darunter bedeutender Hafenstädte. Dieser kulturhistorische Aspekt verdeutlicht den Zusammenhang zwischen Kultur und Landschaftsdegradierung; hier könnten auch viele andere vergleichbare Faktoren aufgezählt werden, etwa Kriege und der damit zusammenhängende Bedarf an Holz für den Schiffsbau und Befestigungsanlagen.

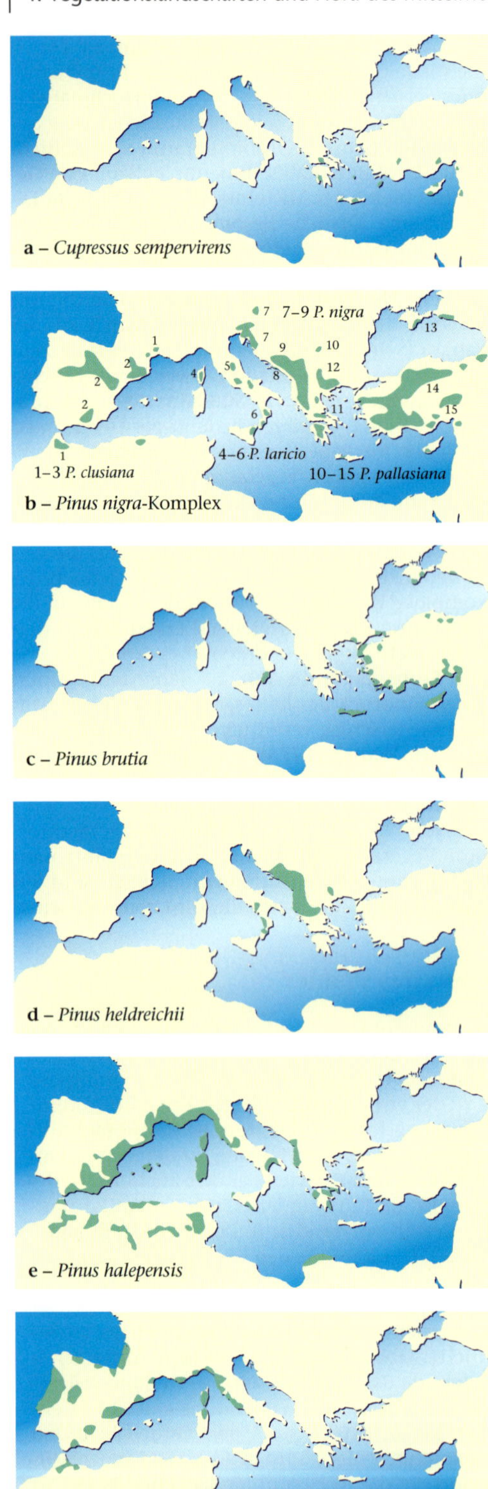

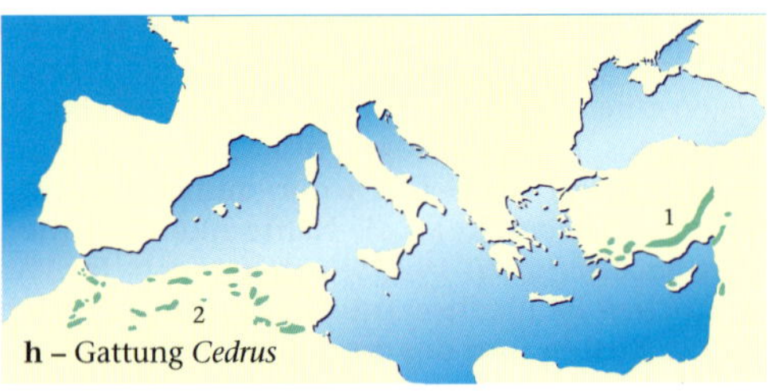

4.4 *Diese Seite: Verbreitungsgrenzen von Tannen, Föhren und Zedern im Mittelmeerraum. a) Cupressus sempervirens (Mittelmeer-Zypresse. b) Pinus nigra-Komplex: 1–3 P. clusiana (1: ssp. mauretanica, 2: ssp. hispanica, 3: ssp. salzmanni), 4–6 P. laricio (4: ssp. poiretana, 5: ssp. italica, 6: ssp. calabrica), 7–9 P. nigra (7: ssp. austriaca, 8: ssp. dalmatica, 9: ssp. illyrica), 10–15: P. pallasiana (10: ssp. banatica, 11: ssp. pindica, 12: ssp. balcanica, 13: ssp. pontica, 14: ssp. caramanica, 15: ssp. fenzlii). c) Pinus brutia (Bruttische Kiefer). d) Pinus heldreichii (Panzerkiefer). e) Pinus halepensis (Aleppokiefer). f) Pinus pinaster (Strandkiefer). g) Tannen: 1. Abies pinsapo (Spanische T., Igeltanne), 2. A. maroccana, 3. A. numidica, 4. A. nebrodensis, 5. A. cephalonica (Griechische T., Apollo-Tanne), 6. A. bornmülleri, 7. A. cilicica, 8. A. nordmanniana, 9. A. alba. h) 1: Cedrus libani (Libanon-Zeder), 2: Cedrus atlantica.*

4.5 *Rechte Seite: Unterschiedliche Verbreitungstypen charakteristischer Pflanzenarten im Mittelmeerraum. Aus pflanzengeographischer Sicht gibt es keinen homogenen Mittelmeerraum. a) Ölbaum (Olea europaea) als „klassischer Grenzzieher". b) Beispiel für west-, zentral- und ostmediterrane Verbreitung: Thymus zygis (1), Euphorbia spinosa (2), Euphorbia acanthothamnos (3). c) Beispiel für zwei Verbreitungstypen innerhalb der gleichen Gattung: Pancratium maritimum (2) und Pancratium illyricum (1) (Abb. 4.6). d) Korkeiche (Quercus suber). e) Steineiche (Quercus ilex), reicht weiter nach Osten als die Korkeiche. f) Kermeseiche (Quercus coccifera). g) Dornwundklee (Anthyllis hermanniae), Gebirgspflanze. h) Dornbibernelle (Sarcopoterium spinosum), dorniger Kugelbusch, vorwiegend ostmediterran. i) Zwergpalme (Chamaerops humilis), neben Phoenix theophrasti von Kreta einzige endemische Palme im Gebiet. j) Baumwolfsmilch (Euphorbia dendroides). k) Baumheide (Erica arborea). l) Sandarak (Tetraclinis articulata), südmediterranes Tertiärrelikt in den Atlasländern und im Südosten Spaniens.*

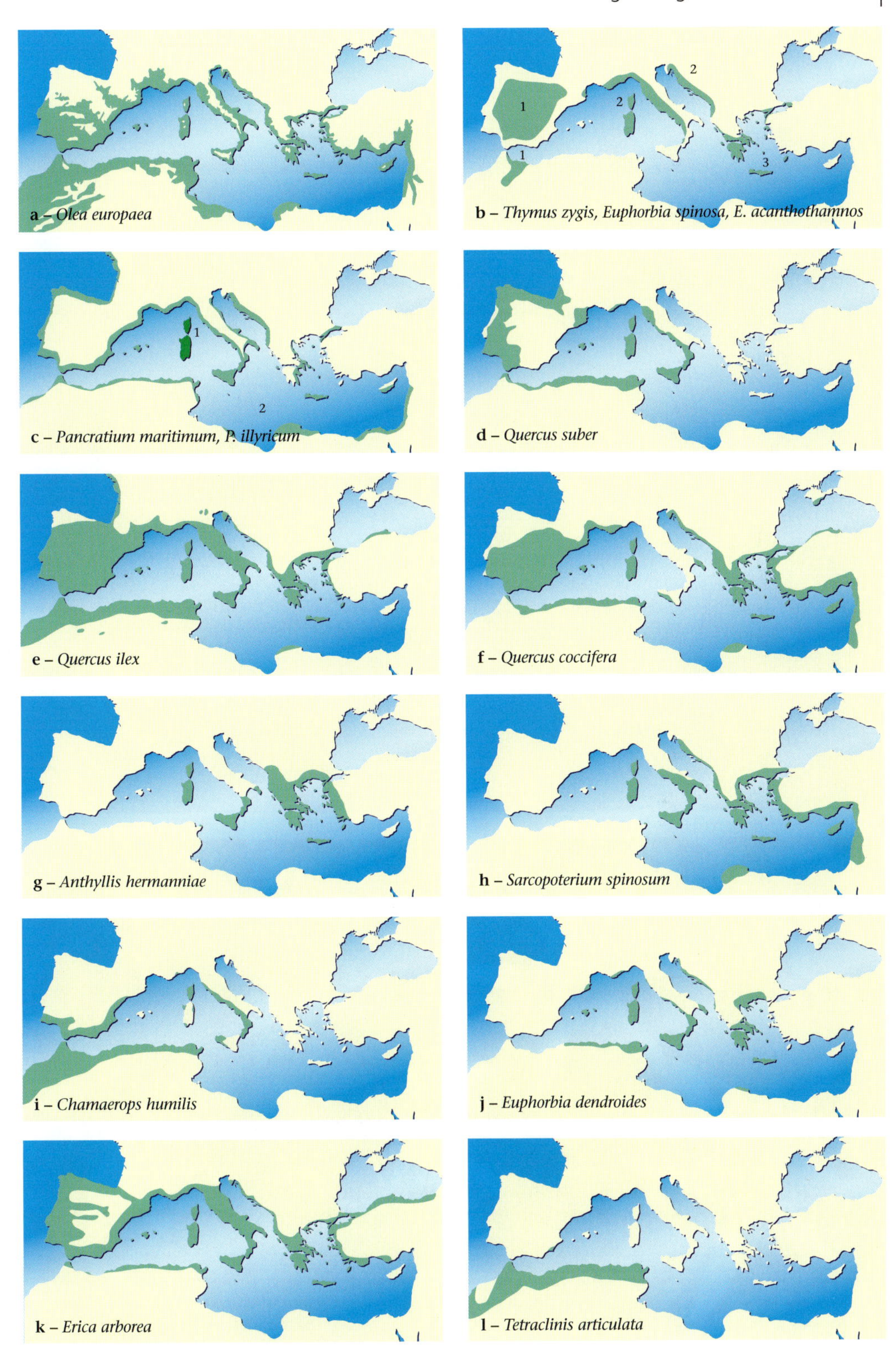

a – *Olea europaea*

b – *Thymus zygis, Euphorbia spinosa, E. acanthothamnos*

c – *Pancratium maritimum, P. illyricum*

d – *Quercus suber*

e – *Quercus ilex*

f – *Quercus coccifera*

g – *Anthyllis hermanniae*

h – *Sarcopoterium spinosum*

i – *Chamaerops humilis*

j – *Euphorbia dendroides*

k – *Erica arborea*

l – *Tetraclinis articulata*

Flora	Artenzahl	Endemiten
Portugal	2 735	207
Spanien	7 138	1 400
Balearen	1 280	52
Italien	3 900	207
Sardinien	1 700	26
Korsika	2 600, med. 1 280	279
Sizilien	2 900–3 200	
Dalmatien		132
Griechenland	5 700	740
Kreta und Karpathos	1 800–2 170	183
Zypern	1 283	
Balkan	6 500, med. 2 000	3 200,
Türkei	8 500	2 800,
Nordafrika	3 500	

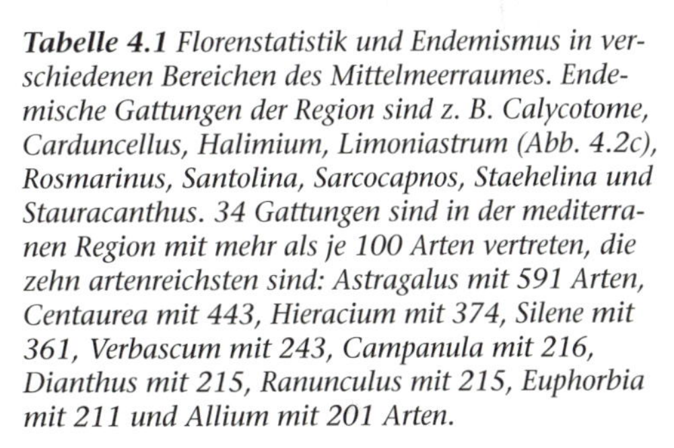

Tabelle 4.1 *Florenstatistik und Endemismus in verschiedenen Bereichen des Mittelmeerraumes. Endemische Gattungen der Region sind z. B. Calycotome, Carduncellus, Halimium, Limoniastrum (Abb. 4.2c), Rosmarinus, Santolina, Sarcocapnos, Staehelina und Stauracanthus. 34 Gattungen sind in der mediterranen Region mit mehr als je 100 Arten vertreten, die zehn artenreichsten sind: Astragalus mit 591 Arten, Centaurea mit 443, Hieracium mit 374, Silene mit 361, Verbascum mit 243, Campanula mit 216, Dianthus mit 215, Ranunculus mit 215, Euphorbia mit 211 und Allium mit 201 Arten.*

4.6 *a) und b) Die sommerblühende, ausdauernde Strand-Trichternarzisse oder Pankrazlilie (Pancratium maritimum) ist eine der charakteristischsten Sanddünenpflanzen. Sie gehört zu den Amaryllisgewächsen (Amaryllidaceae). Das obere Bild zeigt die 40 bis 60 Zentimeter hohe Staude, deren sehr große, fünf bis sieben Zentimeter breite Zwiebel im Sand verborgen ist, auf einem Sandstrand an der türkischen Südwestküste. Die Strand-Trichternarzisse mit ihren duftenden Blüten ist eine der schönsten Pflanzen in einem bedrohten Lebensraum – Sanddünen und Sandstrände fallen mit steigernder Tendenz dem ausufernden Tourismus und der damit zusammenhängenden Verbauung zum Opfer. Die Samen der Pankrazlilie haben wollige Haare; nach Theophrastos (um 372–287 v. Chr.), dem „Vater der Botanik", der über 500 Pflanzenarten beschrieben hat, wurden aus ihnen Feldschuhe gewoben. P. maritimum ist circummediterran verbreitet; die zweite Art im Mittelmerraum, Pancratium illyricum (c), wächst hingegen nur auf Sardinien, Korsika und auf Capri. Sie blüht im Frühjahr und wächst im Gegensatz zur Pankrazlilie eher auf felsigen Stellen.*

dem feuchteren westlichen und dem trockeneren östlichen Mittelmeerraum wird traditionell durch die Adria, also östlich der Apenninenhalbinsel gezogen (Abb. 4.9).

Lebensformen und Anpassungen

In der heute nur mehr in Resten vorhandenen Laubwaldvegetation ist die Lebensform des immergrünen Hartlaubbaumes oder -strauches (Typus *Quercus ilex*) am verbreitetsten. Bisher wurde die Sklerophyllie meist als vorteilhafte Anpassung an die Sommertrockenheit gedeutet; ein direkter Zusammenhang ist jedoch nach neuesten Untersuchungen in Frage zu stellen (Salleo und Nardini 2000). Vielmehr scheint es sich um ein Phänomen zu handeln, das durch biotische und abiotische Stressfaktoren, insbesondere durch Stikkstoff- und Phosphormangel des Bodens hervorgerufen wird. Der Vorteil dieser bereits in feuchteren Tertiärwäldern entstandenen und als Relikt erhalten gebliebenen Lebensform liegt eher im

Die mediterrane pflanzengeographische Zone schließt nach Blondel und Aronson (1999) nicht nur die „Kernbereiche" des Mittelmeerraumes mit der typischen sklerophyllen Vegetation ein, sondern auch die Hänge der Gebirge wie Pyrenäen und Apenninen (im Gegensatz zu den meisten älteren Autoren auch höher als 1 000 m), die rein klimatisch (Temperatur, Niederschlag) nicht immer in das mediterrane Klima passen.

Manche makaronesische Florenelemente waren im Miozän und Pliozän auch im Mittelmeerraum zu finden.

Mediterrane Region nach Blondel und Aronson (1999): Diese Definition umfasst eine Fläche von etwa 2,3 Mio. km², verteilt auf 18 Länder.

„Isoklimatische" Definition von Emberger (1930) und Daget (1977): Diese extreme Grenzziehung kommt auf eine Fläche von 8–9,5 Mio. km². Solche wenig realitätsnahen Grenzziehungen zeigen, dass klimatische Faktoren allein nicht ausreichen, vegetationsgeographische Aspekte müssen ebenfalls berücksichtigt werden.

4.7 *Zwei Versuche für eine Abgrenzung der mediterranen Region. Die hellere Fläche im Süden entspricht der so genannten „isoklimatischen" Definition von Emberger (1930), die später durch Daget (1977) aufgegriffen wurde. Sie schließt zentralasiatische Steppen bis zum Aralsee und zum Industal und große Teile der Arabischen Halbinsel ebenso ein wie die nördliche Hälfte der Sahara und berücksichtigt nur klimatische Aspekte (heiße Sommer als trockenste Jahreszeit). Nach Blondel und Aronson (1999) sind die westlichsten Ausläufer der Pyrenäen ausgeschlossen, ebenso die nördlichen Apenninen, große Teile Libyens und des Irak sowie die Steppengebiete jenseits der Gebirge im Randbereich des mediterranen Beckens; eingeschlossen ist die Makaronesische Region – der Begriff wurde 1879 von Adolf Engler geprägt – mit den Kanarischen Inseln und Madeira, die biogeographische Gemeinsamkeiten mit dem Mittelmeerraum zeigen.*

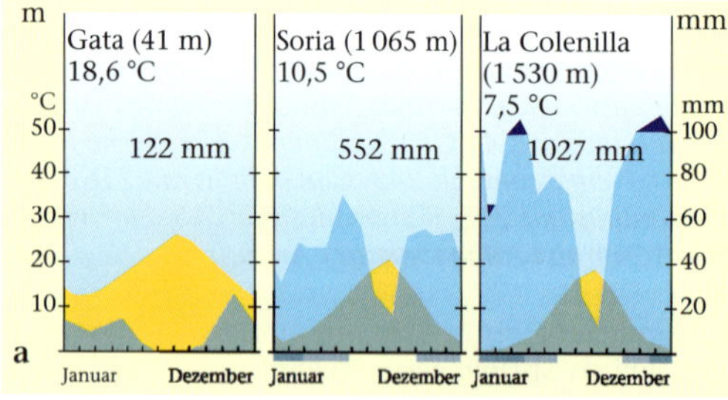

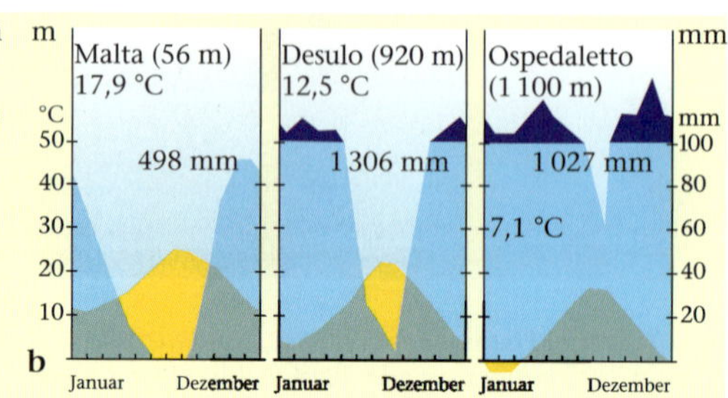

4.8 *Klimadiagramme von je drei Höhenstufen der drei mediterranen Halbinseln: Iberische (a), Apennin (b), Balkan (c). In Gata (Südostspanien) liegt der europäische Trockenpol mit natürlichen Halbwüsten und Steppen. Ausgeglichener ist die Apenninhalbinsel, wo im Gebirge ausreichend Niederschläge fallen. Isparta liegt im Taurus, im Randbereich der zentralanatolischen Pinus nigra-Waldsteppenregion. Erklärungen der Diagramme in Abb. 3.83. Die gelben Flächen machen die sommerliche Trockenheit deutlich. Nach Walter und Breckle, 1991.*

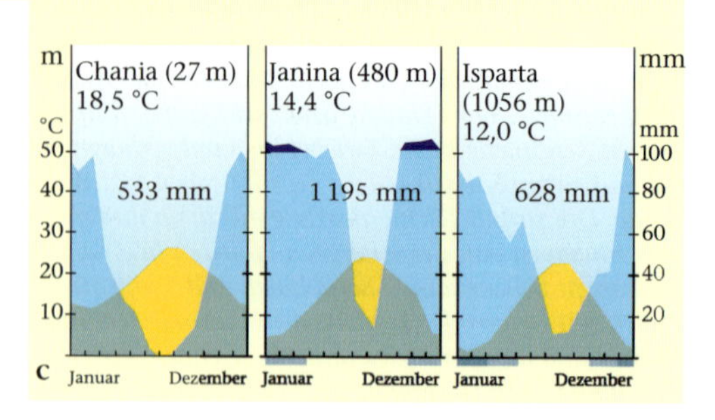

Schutz gegen Tierfraß. Bei vielen Kleinsträuchern ist die Tendenz zur Verkleinerung der Blattfläche, oft in Kombination mit hellfilziger Behaarung, als Schutz gegen zu hohe Wasserverluste durch Verdunstung festzustellen: schmalblättrige (*Rosmarinus, Lavandula, Helianthemum, Helichrysum, Teucrium*), nadelblättrige (*Erica, Hypericum, Asparagus*), schuppenblättrige (*Cupressus, Juniperus phoenicea, Tamarix, Thymelaea*). Die Verkleinerung der Blattfläche kann bis zum frühzeitigen oder völligen Blattverlust führen, wobei dann die Zweige grün sind und anstelle der Blätter assimilieren (*Ephedra, Osyris, Spartium, Lygos, Coronilla juncea*).

Weichblättrige Pflanzen können nur als Unterwuchs im Schutz des Waldes oder der Macchie existieren, sind aber auch hier meist kurzlebig.

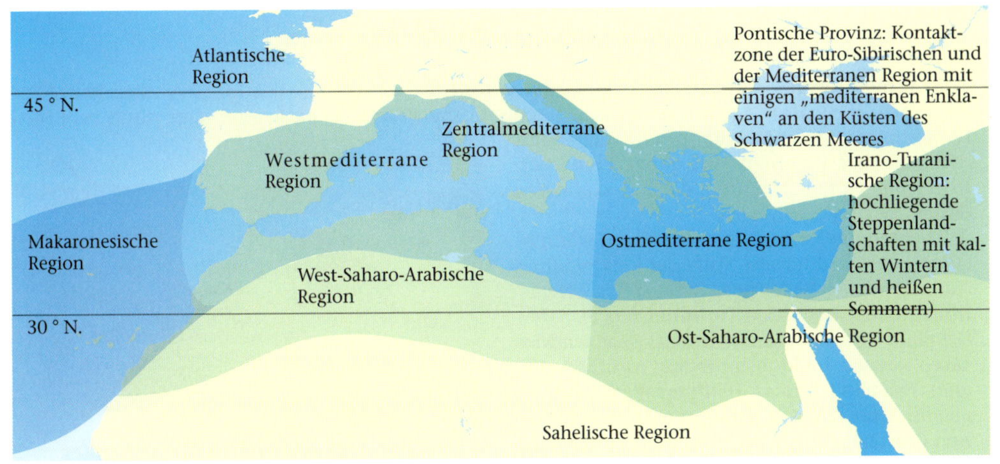

4.9 Pflanzengeographische bzw. bioklimatische Regionen und Provinzen innerhalb und im Grenzbereich des mediterranen Beckens. Die klimatisch-pflanzengeographische Grenzlinie zwischen West und Ost liegt weit östlich der Straße von Sizilien und deckt sich nicht mit der ozeanographischen Gliederung in ein West- und ein Ostbecken. Im Nordosten, Osten und Südosten grenzen die Pontische, Irano-Turanische und Ost-Saharo-Arabische Region an; letztere geht direkt in die Sahara über, die mit 9,6 Mio. km² mehr als doppelt so groß ist wie das gesamte mediterrane Becken und die weltgrößte Wüste. Klimatische Wüstenbedingungen herrschen hier seit dem frühen Pliozän. Ergänzt nach Blondel und Aronson, 1999.

Einen hohen Anteil an den mediterranen Lebensformen haben die Therophyten oder Annuellen (Einjährigen), die ihren gesamten Lebenszyklus in wenigen Wochen vollenden müssen: Nach dem Ende der sommerlichen Trockenruhe, bei Beginn der Winterregen keimen die Samen, blühen zeitig im Frühjahr und müssen ihre Samenreife mit Eintritt der Sommerdürre abgeschlossen haben; die vegetativen Organe der Annuellen sterben dann ab. Zu unterscheiden sind: Frühlings-Annuelle (Lebenszeit Winter und erster Frühling: viele Gräser, Brassicaceae und Papilionaceae) und Zweijährige, die im ersten Jahr eine Blattrosette bilden, im zweiten Jahr dann blühen, fruchten und absterben (viele Boraginaceae). Wie groß der Anteil der Kurzlebigen an der Frühjahrsflora des Mittelmeerraumes ist, zeigen die Aufzeichnungen von Rikli: Fast die Hälfte der 470 auf Kreta gesammelten Pflanzen waren Einjährige! Auch unter den Annuellen sind zusätzliche Anpassungen zur Verminderung der Transpiration wie weißfilzige Behaarung nicht selten *(Evax pygmaea)*.

Geophyten (Rhizom-, Zwiebel-, Knollenpflanzen) sind mehrjährige ausdauernde Stauden, die meist schon am Ende der Trockenzeit im Herbst austreiben, sich während der Regenzeit zur Blühreife entwickeln und nach der Samenbildung „einziehen“, das heißt, die oberirdischen Organe vertrocknen, nachdem ein Großteil der produzierten organischen Substanz in die unterirdischen Speicher transportiert worden ist. Diese bleiben entweder dauernd erhalten oder werden jedes Jahr neu gebildet wie bei den meisten Erdorchideen. Die Geophyten und Einjährigen machen einen Großteil der Frühlingsblüte im Mittelmeerraum aus und treten oft in großer Menge auf. Wichtigste Familien sind die monokotylen Liliaceae, Amaryllidaceae (Abb. 4.6), Iridaceae, Araceae und Orchidaceae (Abb. 4.15) neben wenigen Dikotylen: *Aristolochia*, einige Apiaceae, *Cyclamen*, *Aethaeorhiza (= Crepis) bulbosa*.

In Bezug auf den Lebensrhythmus haben einige Geophyten ihre Blütezeit in den Herbst, noch vor Beginn der Winterregen, vorverlegt: Meerzwiebel *(Urginea maritima)*, Blauglöckchen *(Scilla autumnalis)*, Strand-Trichternarzisse *(Pancratium maritimum)* und das Neapolitanische Alpenveilchen *(Cyclamen neapolitanum)*, aber auch eine dornige Liane *(Smilax aspera)* und ein weißblühender Seidelbast-Strauch der Macchie *(Daphne gnidium)*.

Eine im Mittelmeerraum weit verbreitete und besonders auffallende Erscheinung sind Dornsträucher. Neben unregelmäßig verzweigten kleineren Sträuchern *(Berberis)* kommen vor allem dichte Dornkugelpolster vor („Igelpolster“: *Astragalus, Acantholimon, Bupleurum, Centaurea, Dorycnium, Erinacea, Euphorbia, Onobrychis, Poterium, Ptilotrichum)*. Sie sind jedoch keineswegs auf den Mittelmeerraum beschränkt, sondern existieren als konvergente Lebensformen aus den verschiedensten Pflanzenfamilien in den Trockengebieten fast aller Erdteile. Trotzdem gibt es bis heute keine befriedigende Erklärung über die auslösenden formbildenden Faktoren dieser alten, sicher tertiären Form. Hager (1985) hat die Dornpolstervegetation der kretischen Gebirge untersucht und auch ökologische Messungen zu Mikroklima und

Zonierung mediterraner Vegetation

1. Inframediterran: wärmste, im Winter immer frostfreie Zone. Sie ist nur im Südwesten Marokkos zu finden; Indikator: *Argania spinosa* (Sapotaceae) und *Acacia gummifera* (einzige noch zum Mittelmeerraum zählende endemische Akazienart Afrikas). Hier gedeihen eine ganze Reihe von tropischen Florenelementen, die in den anderen Zonen fehlen.

2. Thermomediterran: trockenste und wärmste eigentliche mediterrane Stufe der küstennahen südlichen Bereiche bis etwa 300–400 m Meereshöhe. Sie ist nach den Dominanten als *Oleo-Ceratonion* benannt. Indikatoren: *Olea europaea* subsp. *oleaster*, Johannisbrotbaum *(Ceratonia siliqua), Pistacia lentiscus, Phillyrea media, Laurus nobilis, Tetraclinis articulata,* in manchen Regionen *Quercus suber, Pinus pinaster*. Zu ihr zählen auch die sehr trockenen (um 200 mm Niederschlag) südspanischen und nordafrikanischen Steppen, die von den Horstgrasgesellschaften der *Lygeo sparti-Stipetea tenacissimae* beherrscht werden, mit Diss *(Ampelodesmos mauretanica)*, Halfa *(Stipa tenacissima)* und Espartogras *(Lygeum spartum)*. Besonders bezeichnend sind die Dickichte der Zwergpalme *(Chamaerops humilis)*, die gelegentlich bis 4 m hohe Stämme ausbilden kann (Abb. 4.11). Die Nordgrenze der thermomediterranen Zone wird im Westen etwa durch den 41., im Osten durch den 39. Breitengrad gebildet. Die Jahresmitteltemperatur liegt bei ca. 16–17 °C und höher. Fast alle Gehölze dieser Zone sind immergrün und sklerophyll.

3. Mesomediterran: mittlere, früher als eumediterran bezeichnete Stufe der immergrünen Steineiche *(Quercetum ilicis)* mit ihren Degradationsstadien Macchie und Garrigue. In der Mittelmeerregion die am weitesten verbreitete Zone. Ein oder zwei Arten von Eichen *(Quercus)* dominieren eine überwiegend strauchige Vegetation. Die Steineiche *(Quercus ilex)* und die Aleppokiefer *(Pinus halepensis)* dominieren im Westen und in zentralen Teilen des Beckens, *Quercus calliprionos* und *Pinus brutia* im Osten. Große, viele Millionen Hektar umfassende früher von Eichen dominierte Bereiche wurden mit Kiefern aufgeforstet. Große Flächen sind relativ eintönig und anthropogen stark geprägt: im Westmediterran durch zwergwüchsige *Quercus coccifera*, im Osten durch *Calycotome villosa* und *Genista acanthoclada*.

4. Supramediterran: nördlich und in Gebirgen mit zunehmender Meereshöhe, zwischen 500 und 1 000 m, anschließende Stufe der laubwerfenden (nicht immer winterkahlen!) Bäume, vor allem der Eichen, wobei die Flaumeichen *(Quercus pubescens)* und ihre Verwandten eine dominante Rolle spielen. *Quercus humilis* dominiert in Frankreich und im nördlichen Spanien.

4.10 Grenzen der thermomediterranen Stufe nach Ozenda 1975. Sie ist starken anthropogenen Einflüssen ausgesetzt, oft mit Pinus pinea aufgeforstet.

4.11 Pflanze der thermomediterranen Stufe: Zwergpalme (Chamaerops humilis) auf Mallorca.

5. Oromediterran (Höhenstufen der Gebirge): folgt in den Gebirgen auf die supramediterrane Stufe. In Korsika: Schwarzföhre *(Pinus laricio)*; in Spanien: Rotföhren, Zypressen, Tannen *(Abies pinsapo)*; in Griechenland: *Abies cephalonica* in Teilen Südgriechenlands und auf dem Peloponnes) und Eichenwälder *(Quercus pyrenaica)* in Spanien, *Quercus frainetto* am Balkan), die der montanen Stufe Mitteleuropas entspricht, darüber die subalpine Nadelwaldstufe der Tannen, Baumwacholder und Zedern (*Abies cilicica, Juniperus excelsa* und *J. foetidissima, Cedrus* im Taurus), die Ozenda „altimediterran" nennt. Über der Waldgrenze folgt – als Gegenstück zu den alpinen Zwergstrauchheiden – je nach Niederschlagsmenge entweder eine Dornpolster- oder eine Rasenstufe. Je nach dem Niederschlagsregime muss zwischen einer humiden (eher im Westen) und einer ariden (eher im Osten) Höhenstufenfolge unterschieden werden, die durch „mesische" Übergänge verbunden sind.

- Humide (feuchte) Höhenstufenfolge: Wasserversorgung ausreichend, Trockenheit der höheren Gebirgslagen im Sommer meist durch Wolkenbildung („Wolkenstufe") gemildert. Nur die untersten Stufen sind von der Vegetation her als mediterran zu bezeichnen; ab der Bergwaldstufe ist die Flora mitteleuropäisch, in der alpinen Stufe überwiegen arktisch-alpine Elemente.
- Aride (trockene) Höhenstufenfolge: Wassermangel ist der begrenzende Faktor für das Pflanzenwachstum, die Wolkenstufe fehlt, die Sommerdürre reicht bis in die Hochlagen. Laubwerfende Bäume sind hier nicht mehr konkurrenzfähig; daher fehlt die supramediterrane Falllaubstufe der Flaumeichen; über dem Hartlaubwald folgt eine trockene Nadelwaldstufe, über der Waldgrenze folgt eine Dornpolsterstufe. Starker Wind ist ein bestimmender Umweltfaktor für die Verbreitung der Dornpolstervegetation. Die Verdornung ist ein wirksamer Schutz vor Tierfraß.

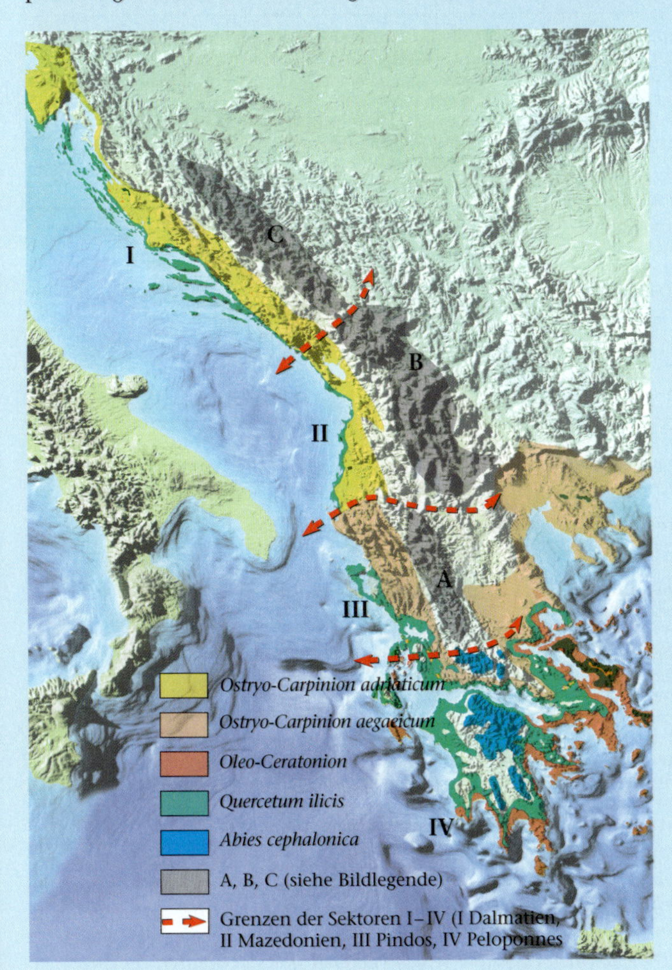

***4.12** Vegetationszonierung entlang der dalmatinischen Küste und in Griechenland nach Ozenda 1975. (Von Süd nach Nord:) Die wärmste, unterste Höhenstufe (thermomediterran, rot) ist auf den Südosten des Peloponnes und die südlichen Ionischen Inseln beschränkt. Die mesomediterrane Steineichenstufe (Quercus ilex) nimmt im Süden einen breiteren, nach Norden zu immer schmäleren, tiefsten, untersten Küstenstreifen ein, der in Südistrien ausklingt. Die supramediterrane Stufe der sommergrünen Flaumeichenwälder (Quercus pubescens), Ostrya, Carpinus und der Apollotanne (Abies cephalonica) ist floristisch von Süd nach Nord gegliedert.* ***A:** Die Gebirgswälder (oro- und altimediterrane Stufe) werden im Süden von der Griechischen Buche (Fagus moesiaca), der Panzerkiefer (Pinus leucodermis) und der Boris-Tanne (Abies borisii-regis) aufgebaut.* ***B:** Im mittleren Abschnitt werden die Gebirgswälder von der Griechischen Buche, Weißtanne (Abies alba), Balkan-Zirbe (Pinus peuce) und Panzerföhre (Pinus leucodermis) gebildet.* ***C:** In Dalmatien ist der Flaumeichenwald stellenweise durch Schwarzföhrenwald ersetzt. In der Bergstufe wachsen Rotbuche (Fagus sylvatica), Weißtanne und Panzerföhre sowie Legföhren (Pinus mugo).*

Höhenstufen	xerische Serie Klima trocken, ~ kontinental, Vegetation oft auf Kalk, besonders süd- und ostmediterran	mesische Serie Klima mäßig feucht	hygrische Serie Klima feucht, ozeanische Vegetation, oft auf Silikat, besonders westmediterran
mediterrane Gebirgssteppe = oberalpine Rasenstufe	± offene Fels- und Schuttvegetation	endemitenreich, **Rasengesellschaften**	**Nardetum**
Dornpolsterstufe = unteralpine Zwergstrauchstufe	± offene **Dornpolstervegetation** *Acantholimon, Tragacantha* Ginster-Wacholderheiden (Südspanien, Korsika)	*Bupleurum spin.* (Atlas), *Anthyllis hermanniae* (Balkan, Korsika), *Erinacea* (Iberien)	*Erica*-Zwergstrauchheiden (Portugal)
Waldgrenze altimediterrane Stufe = subalpine Nadelwaldstufe	Baumwacholder *Juniperus excelsa, Juniperus foetidissima* ostmediterran Weihrauchwacholder *Juniperus thurifera* (Atlas)	**mediterrane Gebirgsnadelwälder** Apollotanne *Abies cephalonica,* Panzerföhre *Pinus leucodermis,* Balkanfichte *Picea omorica,* Zedernwälder	**östlicher Buchenwald** *Fagus orientalis,* Molikaföhre *Pinus peuce, Buxus,* Taurustanne *Abies cilicica, Alnus vir., Acer orient., Zelkova*
oromediterrane Stufe = montane Falllaubstufe	**Zypressenwälder** (ostmediterran) Rotföhrenwälder *Pinus sylvestris* **diverse Degradationsstadien, Weideland**	Spanische Tanne *Abies pinsapo* und verw. Ahorne *Acer opalus, monspess., pseudoplat.,* Hopfenbuchen *Ostrya* **Eichenwälder** *Quercus robur, petr. Qu. frainetto* (Balkan), *Qu. pyrenaica* (Südspanien) **Ackerbau**	**Buchen- (Tannen-) Wald** mit *Taxus, Ilex, Buxus* **„Pseudomacchie"** Kirschlorbeer, Pont. Alpenrose als Reste tertiärer Feuchtwälder
obere supramediterrane submediterrane Flaumeichenstufe untere	**Schwarzföhrenwälder** *Pinus nigra* ssp. *laricio* (Korsika, Kalabrien) – *dalmatica* (Dalmatien) – *pallasiana* (Balkan) *Artemisia*-**Steppe (Anatolien)**	*Qu. macrolepis* (ostmediterran) Hainbuchen *Carpinus* **Flaum- und Zerreichen-(Busch-)Wälder** *Qu. pubescens, Qu. cerris, Qu. faginea* (Atlas, Süd-Iberien) Kastanie → **Sibljak,** Sternkiefernwald **Weinbau**	
obere mediterrane Hartlaubstufe untere thermomediterrane Stufe	Phönizischer und Zedernwacholder *Juniperus phoenica* und *oxycedrus* Sandarakwald *Callitris* (Marokko) **Aleppoföhrenwald** *Pinus halepensis* **Tomillares,** Palmito-Gebüsch **Phrygana,** *Chamaerops* *Stipa tortilis*-Steppe	*Pinus pinaster* (westmediterran) **Ölbaum** **Steineichenwald** *Qu. ilex* → **Niedere Macchie,** Kermeseiche *Qu. coccifera* **Garrigues,** Brutia-Kiefernwald, *Pinus brutia,* **Felsfluren,** Ölbaum-Johannisbrot-Vegetation ostmediterran ***Oleo–Ceratonion*** Diss-Steppe *Ampelodesmos mauretanica* **Agrumen, Baumwolle**	**Hohe Macchie** *Arbutus, Erica arborea,* Lorbeerwald, Pinienwald *P. pinea* Korkeichenwald *Quercus suber,* westmediterran
südmediterrane saharische Wüstensteppen	*Ziziphus lotus, Acacia gummifera,* Buschsavanne **Halbwüste** mit sukkulenter Wolfsmilch *Anabasis*-Steinwüste (Nordsahara)	Halfasteppe *Macrochloa tenacissima* Sennahsteppe *Lygeum spartum* (Nordafrika) lichter Eisenholzwald *Argania spinosa* **Dattelpalme**	→ ungefähre Verbreitungsgrenzen Blau: Ersatzvegetation

Tabelle 4.2 *Schematische Darstellung der Höhenstufen und der wichtigsten Vegatationstypen (potenzielle Vegetation) im Mittelmeerraum. Die einzelnen Vegetationszonen sind auf S. 206 f. beschrieben. Neben der Temperatur spielen Menge und Verteilung der Niederschläge eine entscheidende Rolle. Durch diese beiden Faktoren sind die Grenzen der einzelnen Zonen vorgegeben. Nach Reisigl und Danesch, 1980.*

***4.13** Einige Annuellen: a) Chrysanthemum coronarium (Wucherblume; Kreta); b) Annuellenflur mit Mohn und Wucherblume (Ischia); c) Trifolium stellatum (Sternklee); d) Lagurus ovatus (Hasenschwanzgras; Kreta); e) Avena barbata (Barthafer; Kreta).*

Wasserhaushalt durchgeführt. Demnach ist der starke Wind ein bestimmender Umweltfaktor für die Verbreitung der Dornpolstervegetation. Nach der Zerstörung der natürlichen Vegetation und Überweidung bietet die Verdornung wirksamen Schutz vor Tierfraß und damit einen Wettbewerbsvorteil. Die dichte Polsterform schwächt den Wind im Polsterinneren fast völlig ab, so dass die Wasserabgabe stark reduziert wird.

Im südlichen Mittelmeergebiet (südspanische Litoralsteppe, Nordafrika) sind Hartgräser, derbe Steppengräser mit Falt- oder Rollblättern und derber Epidermis stellenweise vegetationsbestimmend. Wichtigste Vertreter sind die mächtigen Horstgräser Diss (*Ampelodesmos mauretanica* – westmediterran) und Halfagras *(Stipa tenacissima)* sowie vor allem auf lehmigen Böden das kleinere Espartogras *(Lygeum spartum)*. Alle drei Gräser werden für Flechtarbeiten verwendet. Auch *Andropogon distachyos* und *Hyparrhenia hirta* sind weit verbreitete Steppengräser.

Eine weitere Lebensform sind die Sukkulenten. Sie überdauern lange Trockenzeiten durch Wasserspeicherung in Blättern oder Stängeln, sind in den extremsten Trockengebieten der Erde zu finden und im Mittelmeerraum eher spärlich vertreten, am ehesten bei jenen Pflanzen, die auf chloridreichen Standorten in Meeresnähe leben (Halophyten: z. B. der Strandfenchel *Crithmum maritimum* oder die in Salzsümpfen dominierenden *Salicornia*- und *Arthrocnemum*-Arten, die den Salzgehalt ihrer Gewebe durch Wasseraufnahme regulieren. „Normale" Sukkulenten sind der auf Mauern wachsende Venusnabel *(Umbilicus)* und weitere Vertreter der Crassulaceae *(Sedum, Sempervivum, Orostachys)*. Häufig angepflanzt, oft eingebürgert, aber nicht heimisch sind die aus Amerika stammenden Agaven *(Agave americana)* und Opuntien *(Opuntia ficus-indica)* sowie die südafrikanischen Mittagsblumen *(Mesembryanthemum, Carpobrotus*, Abb. 4.18).

Ökologie: Temperaturabhängigkeit, Hitzeresistenz und Produktivität

Bei den Sklerophyllen ist die Transpiration im Sommer stark eingeschränkt, so dass kein Kühleffekt eintritt. Die Maximaltemperatur von Blättern liegt nahe 44 °C, die Resistenzgrenze aber ca. 10 °C höher, sodass Hitzeschäden nicht zu befürchten sind.

Dagegen wirken tiefe Wintertemperaturen unter −10 °C – das entspricht grob der maximalen Frostresistenz vieler mediterraner Immergrüner – vor allem an der Nordgrenze der Verbreitung und in den Gebirgen sehr wohl lebensbegrenzend (Tab. 4.3). Hier tritt die immergrüne hartlaubige Steineiche mit den weichblättrigen laubwerfenden und weniger trockenresistenten Bäumen (vor allem Flaumeiche, Mannaesche und Hopfenbuche) der supramediterranen Höhenstufe in Konkurrenz. Bei Wassermangel (flachgründige Felsböden, längere Dürreperioden) bleiben die tief

***4.14 und 4.15** Oben: Beispiele für Geophyten: a) Serapias cordigera (Schwertständel; Sardinien); b) Iris unguicularis subsp. cretica (Kretische Schwertlilie); c) Gladiolus illyricus; d) Fritillaria graeca. Bilder rechts und rechte Seite: Orchideen (Orchidaceae) der Mittelmeerregion als Beispiele für Geophyten: a) Orchis coriophora (Südeuropa, bis Iran), b) Orchis purpurea (Zentral-, Süd- und Osteuropa), c) Ophrys fusca subsp. iricolor (circummed.), d) Ophrys cretica (Kreta), e) Ophrys tenthredinifera (circummed.), f) Orchis provincialis subsp. pauciflora (von Frankreich ostwärts), g) Ophrys scolopax subsp. heldreichii (Griechenland, SW-Türkei), h) Orchis tridentata (circummed., selten Mitteleuropa), i) Ophrys candica (Italien, Kreta, Rhodos), j) Ophrys speculum (circummed.), k) Orchis italica.*

Art	B	K	Ka	X	Kw
Ceratonia siliqua	–6	–8	–9	–11	k. A.
Nerium oleander	–8	–12	–14	–15	k. A.
Myrtus communis	–8	–11	–17	–15	k. A.
Laurus nobilis	–12	–10	–14	–16	–6
Olea europaea	–12	–12	–16	–16	–6
Quercus coccifera	–12	–13	–21	–22	k. A.
Quercus suber	–11	–16	–26	–22	k. A.
Arbutus unedo	–12	–17	–18	–16	k. A.
Rhamnus alaternus	–12	–18	–17	–16	k. A.
Viburnum tinus	–13	–15	–20	–17	k. A.
Pistacia lentiscus	–14	–16	–20	–17	k. A.
Phillyrea latifolia	–16	–20	–23	–22	k. A.
Quercus ilex	–15	–17	–28	–26	–7

***Tabelle 4.3** Durch Versuche für die Monate Dezember und Januar ermittelte Frosthärte (in °C) der vegetativen Organe bei charakteristischen sklerophyllen mediterranen Bäumen und Sträuchern. B – Blätter, K – Knospen, Ka – Kambium der Triebe, X – Xylem, Kw – Kambium der Wurzeln. Die minimale Wintertemperatur ist ein entscheidender ökologischer Faktor, von dem die Verbreitungsgrenzen der Pflanzen abhängig sind. Die frostempfindlichsten der angeführten Arten sind Ceratonia siliqua, Nerium oleander und Myrtus communis. Viele Arten ertragen überraschend tiefe Temperaturen. Nach Walter und Breckle, 1991.*

wurzelnden Sklerophyllen hydrostabil, das heißt, der osmotische Wert steigt nur wenig an, die Wasserbilanz ist kaum gestört. Dies wird aber erkauft durch Spaltenschluss, der nicht nur die Transpiration, sondern auch die CO_2-Aufnahme und damit die Assimilation drosselt.

Unter günstigen Bedingungen (ausreichende Versorgung mit Wasser) können die sommergrünen Bäume aber trotz nur halb so langer Produktionsperiode einen größeren Stoffgewinn als ihre Konkurrenten erwirtschaften, der in mehr Blattfläche investiert wird. Bei Sommerdürre sind die hydrolabilen Weichblättrigen hingegen im Nachteil. Ihr osmotischer Druck steigt stark an, ein Großteil der Blätter wird abgeworfen (*Cistus, Euphorbia dendroides*, vgl. Abb. 4.29) und dadurch die Produktionszeit ebenfalls verkürzt.

Ein Beispiel, soll die Produktivität eines intakten Waldes und jene einer Degradierungsstufe verdeutlichen: Ein 150 Jahre alter, 11 m hoher Steineichenwald *(Quercus ilex)* auf tiefgründigem Boden in der Umgebung von Montpellier (Südfrankreich) produzierte 269 Tonnen oberirdische Phytomasse (Holz und Blätter) pro Hektar und Jahr, eine vor 17 Jahren abgebrannte und mit einer ein Meter hohen Kermeseichen-Garrigue *(Quercus coccifera)* bewachsene Fläche über sehr steinigem Boden hingegen nur 3–4 Tonnen. Die dramatischen Entwicklungen in Folge der Landschaftsdegradierung sind in Abbildung 4.35 bis 4.38 und in Tabelle 4.5 dargestellt.

c

d

e

f

g

h

i

j

k

Feigenbaum und Gallwespe: ein kompliziertes Wechselspiel

Der genügsame, tief wurzelnde, Milchsaft führende, laubabwerfende und bis zu 10 Meter hohe Feigenbaum ist für die Trockenkultur geeignet; seit dem Tertiär ist die ausschließlich tropische und 800–900 Arten umfassende Gattung *Ficus* mit dieser einzigen Art im Mittelmeerraum heimisch. In Kultur genommen wurde der wilde Feigenbaum wahrscheinlich im Nahen Osten, wo die ältesten Hochkulturen der Menschheit ihren Ursprung nahmen. Heute ist die Feigenpflanzung im gesamten Mittelmeerraum, vor allem im Süden verbreitet; bekannt sind etwa die berühmten Smyrna-Feigen aus Izmir. Der Anbau reicht in Süditalien und in Sizilien bis über 1000 m, verwildert findet man Feigenbäume vor allem in Felsspalten.

Aus der Wildform des Feigenbaumes haben sich zwei Kulturformen entwickelt, die sich nur durch Stecklinge vermehren lassen: die Bocks-, Holz- oder Caprifeige *Ficus carica* var. *caprificus,* mit kurzgriffligen Gallblüten in den Bocksfeigen sowie weiblichen und männlichen Blüten, und die Kulturfeige *F. carica* var. *domestica,* die nur langgrifflige weibliche Blüten trägt. Die „Caprificus" steht einzig und allein im Dienst der Gallwespe; essbar sind nur die Früchte der Hausfeige mit ausschließlich weiblichen Blüten. Beide Formen erzeugen in einem Jahr in der Regel drei Generationen Feigen, von denen aber nur die im Spätsommer reifende Form vollen Ertrag bringt. Der *fico fiore (profichi)* reift im Juni, aber die meisten Feigen fallen vor der Reife ab. Die *pedagnuoli (fichi)* reifen von August bis Oktober, die *cimaruoli (mamme)* im Dezember/Januar. Da die Fruchtbildung bei etlichen Feigensorten (z. B. Smyrna-Feige) an die Gallwespen geknüpft ist, pflanzt man zwischen die Domestica-Bäume einzelne Caprificus oder hängt Gallwespen enthaltende Blütenstände des Caprificus in die Domestica-Bäume. Diese als „Caprifikation" bezeichnete Praxis wird schon seit der Antike gepflegt. Andere Feigensorten reifen parthenokarp (ohne Bestäubung) heran.

Nach Rauh (1941) ist die Feige morphologisch betrachtet keine Frucht, sondern ein Fruchtstand bzw. Fruchtverband (Syconium) in einem birnenförmigen fleischigen Achsenbecher ähnlich wie bei der Rose (Hagebutte). In diesem Achsenbecher werden von unten nach oben fortschreitend mehr als tausend weibliche, männliche und sterile, sehr einfach gebaute Blüten gebildet. Die fertilen weiblichen Blüten reifen zu winzigen Steinfrüchten. Eine vierte Blütenform ist die der kurzgriffeligen „Gallblüten". Die Blütenstände werden in den Blattachseln gebildet. Ihre flaschenförmige Gestalt entsteht dadurch, dass die Blütenstandsachse krugförmig emporwächst und die unscheinbaren kleinen Blüten dabei auf die Innenseite verlagert. An der Spitze bleibt eine enge, durch schuppenförmige Hochblätter fast geschlossene Öffnung frei, die Ostiolum genannt wird.

Seit Jahrtausenden sind Feigen wichtige Begleiter der Menschen im Mediterran, ohne dass diese ahnen konnten, welch kompliziertes biologisches Wechselspiel sich hinter den süßen „Früchten" verbirgt. Die Bestäubungsverhältnisse des Feigenbaumes sind ungemein kompliziert (Abb. 4.17) und von der Gallwespe *Blastophaga psenes* abhängig – ein Paradebeispiel einer Koevolution zwischen Pflanze und Insekt zu beiderseitigem Nutzen. Feigenwespen (Agaonidae, Hymenoptera) sind eine etwa 600 Arten zählende Insektenfamilie, die nur in wärmeren Gebieten der Erde vorkommt und vermutlich ausschließlich an die Gattung *Ficus* gebunden ist. Die nur 1–4 mm kleinen Gallwespen zeigen einen ausgeprägten Sexualdimorphismus: Die

4.16 *Auffällig sind die handförmig gelappten Blätter des Feigenbaumes. Die bis acht Zentimeter langen Essfeigen können in warmen Klimaten bis zu drei Mal jährlich geerntet werden. Das Innere der außen grünen Steinfruchtstände ist rötlich und durch hohen Zuckergehalt sehr süß. Die „Früchte" kommen frisch oder getrocknet auf den Markt, ihr hoher Zuckergehalt macht sie lange haltbar. Die wichtigsten Anbaugebiete liegen in der Türkei.*

Männchen sind stets flügellos, die Weibchen, denen in der fein ausgeklügelten Feigen-Gallwespen-Koexistenz die Rolle des Pollenüberträgers zufällt, sind beflügelt. Allerdings können sie beim Eindringen in die Feigen ihre Flügel verlieren. Am Abdomen fällt ihr langer Legebohrer auf.

Die flügellosen Männchen von *Blastophaga psenes* verbringen ihren ganzen Lebenszyklus in den „Mamme"-Blütenständen (der dritten Generation). Die überwinternden Larven schlüpfen in den Fruchtverbänden der dritten Bocksfeigen-Generation im März/April. Die Männchen befruchten die Weibchen noch innerhalb des Fruchtverbandes und sterben anschließend; sie verlassen den Fruchtstand nie. Die befruchteten Weibchen verlassen den Blütenstand durch das Ostiolum und fliegen zu den gerade zu dieser Zeit auf den Hausfeigen angelegten Infloreszenzen (Blütenstände) der ersten Generation. Die überwinternden Bocksfeigen-Fruchtstände haben aber keine männlichen Blüten, es kommt daher nicht zu einer Bestäubung, wodurch die erste Generation der Hausfeige meist noch vor der Reife abfällt. Diese Stufe der Feigen-Blattwespen-Koexistenz dient somit allein der Überwinterung der Gallwespen.

Anders ist es in der ersten Generation der Bocksfeige: Sie enthält sowohl weibliche als auch männliche Blüten und zusätzlich Gallblüten. In diese legen die Weibchen ihre Eier ab. Schon nach kurzer Zeit, im Mai/Juni, schlüpft dann die zweite Gallwespen-Generation. Nach der Begattung durch die Männchen, die wiederum absterben, verlassen die Weibchen die Bocksfeigen der ersten Generation durch das Ostiolum, beladen sich dabei mit Pollen der dichtstehenden männlichen Blüten, fliegen zu den weiblichen Blüten der zweiten Feigengeneration sowohl der Haus- als auch der Bocksfeigen und bestäuben diese. Ihre Eier können sie aber in den Essfeigen nicht ablegen, weil die Griffel der ausschließlich weiblichen Blüten der Essfeige länger sind als die Legebohrer der Wespen. Die Eiablage ist daher nur in den Bocksfeigen möglich; hier werden die kurzgriffeligen Gallblüten angebohrt und die Eier abgelegt. So entsteht die dritte Gallwespengeneration des Jahres, und der Zyklus wiederholt sich aufs Neue.

Literatur: • Anstett MC, Michaloud G, Kjellberg F (1995) Critical population size for fig/wasps mutualism in a seasonal environment. *Oecologia*, 103, 453–461 • Franke W (1989) Nutzpflanzenkunde. Thieme, Stuttgart • Kjellberg E, Gouyon PH, Ibrahim M et al. (1987) The stability of the symbiosis between dioecious figs and their pollinators: a study of *Ficus carica* L. and *Blastophaga psenes*. *Evolution*, 91, 117–122.

Aus der Wildfeige haben sich in Jahrtausenden zwei Varietäten der Kulturfeige entwickelt:

Bocksfeige, var. *caprificus*, erzeugt weibliche (Gallblüten) und männliche Blüten, der Blütenstaub der männlichen Blüten muss durch Gallwespen zu den weiblichen Blüten der Hausfeige transportiert werden. Alle drei Generationen sind holzig und ungenießbar.

Hausfeige, Essfeige, var. *domestica*, erzeugt nur weibliche Blüten; mindestens die zweite und dritte Generation ist essbar und saftig-süß.

Beide Formen bringen jährlich drei Generationen von Blütenständen hervor, die jeweils etwa 3–5 Monate später zu Fruchtverbänden reifen.

***4.17** Schema der drei Feigengenerationen des Feigenbaumes und des Lebenszyklus der Gallwespe Blastophaga psenes. Nach Franke,1989.*

Generation	Blütenstandsanlage	Fruchtstandsreife
1. (*profichi*, ungenießbar)	Februar–März	Juni–Juli
2. (*fichi*, essbar)	Mai–Juni	August–September
3. (*mamme*, essbar)	August–September	März/Dezember –März/Mai

Weg der Gallwespenweibchen

♂ männliche Blüte

Gallenblüte

♀ weibliche Blüte

Blastophaga psenes-Weibchen

(dient der Überwinterung der Gallwespenlarven)

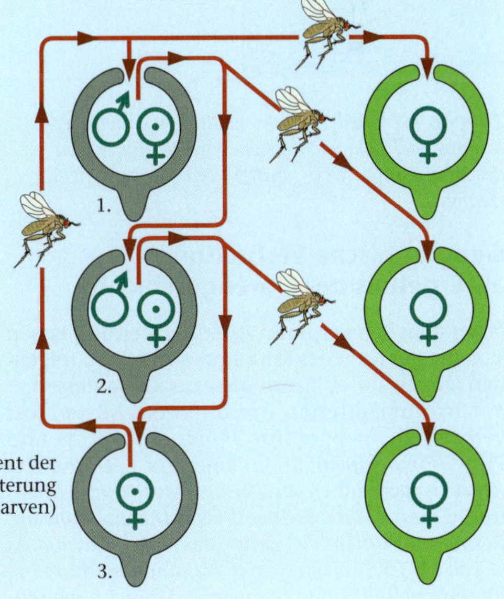

<table>
<tr><th>Gliederung des Zentralmediterrans</th><th>Westmediterran
Iberische Halbinsel</th><th>Mittelmediterran
Pyrenäen – Apenninen</th><th>Ostmediterran
Dalmatien – Ägäis</th></tr>
<tr><td rowspan="3">mediterran-montane Bergwaldstufe</td><td colspan="3">Pinetum sylvestris</td></tr>
<tr><td></td><td colspan="2">Fagetum sylvaticae, Abieti-Fagetum, Aceri-Fagetum, Piceetum subalpinum-Relikte, Pinetum leucodermis</td></tr>
<tr><td>Abietetum pinsapis</td><td>Abietetum albae
(Abies nebrodensis)
Pinetum uncinatae
Rhododendro-Betuletum
Alnetum viridis</td><td>Abietetum cephalonicae
Abietetum borisii-regis
Fagetum moesiacae
Phyllitido-Aceretum</td></tr>
<tr><td rowspan="4">submediterrane Eichenwaldstufe</td><td colspan="3">Pinetum nigrae (15 spp.)</td></tr>
<tr><td></td><td colspan="2">Orno-Quercetum pubescentis, Orno-Ostryetum, Quercetum frainetto-cerris, Quercetum trojanae, Querco-Castanetum, Robori-Carpinetum, Quercetum petraeae</td></tr>
<tr><td colspan="2">Quercetum roboris, Juniperetum thuriferae</td><td></td></tr>
<tr><td>Quercetum lusitanicae</td><td>Alnetum cordatae</td><td>Ostryo-Carpinetum orient.
Quercetum dalechampi
Tilio-Castanetum
(Juglando-) Aesculo-Tilietum
Juniperetum excelsae
Juniperetum foetidissimae</td></tr>
<tr><td rowspan="4">mediterrane Hartlaubwaldstufe</td><td colspan="3">Oleo-Ceratonietum, Oleo-Lentiscetum, Quercetum cocciferae, Pinetum halepensis, Pinetum pineae, Juniperetum phoeniceae</td></tr>
<tr><td colspan="2">Quercetum suberis, Viburno-Quercetum ilicis, Pinetum pinsatris</td><td></td></tr>
<tr><td></td><td colspan="2">Platanetum orientalis</td></tr>
<tr><td>Quercetum rotundifoliae
Quercetum pyrenaicae
Quercetum canariensis
Asparago-Rhamnetum
Gymnosporia-Periplocetum</td><td></td><td>Quercetum calliprini
Quercetum brachyphyllae
Quercetum macrolepidis
Orno-Quercetum ilicis
Andrachno-Quercetum ilicis
Cocciferae-Carpinetum orientalis
Aceretum sempervirentis
Pinetum brutiae
Cupressetum sempervirentis</td></tr>
</table>

Tabelle 4.4 *Gliederung des zentralen Mittelmeerraumes nach den wichtigsten Waldgesellschaften der Höhenstufen west-, mittel- und ostmediterraner Gebiete.*

Geographische Verbreitung als Ergebnis der Florengeschichte

Nach dem Schwerpunkt ihrer Verbreitung lassen sich die Pflanzen des Mittelmeerraumes zu folgenden ausgewählten Arealtypen zusammenfassen:

- Circummediterran (rund um das Mittelmeer verbreitet): Aleppoföhre *(Pinus halepensis)* und Pinie *(Pinus pinea)*, Steineiche und Kermeseiche *(Quercus ilex* und *Q. coccifera), Cistus monspeliensis* und *C. salvifolius*, Erdbeerbaum *(Arbutus unedo), Rosmarinus officinalis*, Schopflavendel *(Lavandula stoechas)*, Trichternarzisse *(Pancratium maritimum)*, Riesenfenchel *(Ferula communis)*, Strauchkugelblume *(Globularia alypum)*, Macchien-Geißblatt *(Lonicera implexa), Nerium oleander*, Keuschlamm *(Vitex agnus-castus)*, Baumheide *(Erica arborea), Erica multiflora, Phillyrea latifolia, Putoria calabrica, Teucrium polium*, Mastixstrauch *(Pistacia lentiscus), Rhamnus alaternus.*
- Westmediterran: Igeltanne *(Abies pinsapo)*, Korkeiche *(Quercus suber), Quercus pyrenaica, Q. faginea*, Diss *(Ampelodesmos mauretanica), Anthyllis cytisoides*, Jupiterbart *(Anthyllis barba-jovis)*, Zwergpalme *(Chamaerops humilis), Cistus albidus*, Sternkiefer *(Pinus pinaster), Teucrium fruticans, Euphorbia characias, Bupleurum fruticosum, Coronilla juncea, Calycotome spinosa, Thymus vulgaris, Ononis* (Entwicklungszentrum).
- Zentralmediterran: Baumwolfsmilch *(Euphorbia dendroides)*, Dornige Wolfsmilch *(Euphorbia spinosa)*, Dorniger Zwergginster *(Chamaecytisus spinescens), Salvia officinalis.*

***4.18** Beispiele für Sukkulenten – die gezeigten Arten wurden in die Mittelmeerregion eingeschleppt: a) Agave (Agave americana); b) Agaven-Blütenstände werden bis 10 Meter hoch, sie verholzen und bleiben nach dem Fruchten lange Zeit stehen; c) Feigenkaktus, Opuntie (Opuntia ficus-indica); d) reife Kaktusfeige; Agave und Opuntie sind Neophyten aus amerikanischen Trockengebieten; e) südafrikanische Mittagsblumen (Carpobrotus acinaciformis), die felsige Küstenabschnitte großflächig bedecken können.*

- Ostmediterran: *Cupressus sempervirens, Cedrus libani, Juniperus excelsa, J. foetidissima, Pinus nigra* subsp. *austriaca, Abies cephalonica*, Griechischer Erdbeerbaum *(Arbutus andrachne)*, Walloneneiche *(Quercus macrolepis), Q. frainetto*, Dornbibernelle *(Sarcopoterium spinosum)*, Strauchige Lotwurz *(Onosma frutescens)*, Judasbaum *(Cercis siliquastrum), Asphodeline lutea, Daphne oleaefolia* und *D. sericea, Euphorbia acanthothamnos, Gagea graeca, Orchis quadripunctata, Phlomis fruticosa, Salvia triloba, Anthyllis hermanniae, Hypericum empetrifolium, Cistus parviflorus, Inula candida* agg., *Styrax officinalis, Platanus orientalis.*
- Südmediterran: Espartogras *(Lygeum spartum)*, Malteserschwamm *(Cynomorium coccineum)*, Sternstrandnelke *(Limoniastrum monopetalum), Anabasis articulata, Bupleurum spinosum, Cedrus atlantica*, „Thuja"-*Tetraclinis (= Callitris) articulata, Abies maroccana, A. numidica, Argania spinosa, Pistacia atlantica.*

Die ungeheure Arten- und Formen-Mannigfaltigkeit der mediterranen Vegetation wäre ohne die Betrachtung ihrer Geschichte kaum zu verstehen. Da die unmittelbaren Zeugnisse aus der Pollenanalyse nur den allerletzten Abschnitt der Vergangenheit erklären, sind wir bei dieser Analyse auf indirekte Schlüsse aus den Verwandtschaftsverhältnissen und Verbreitungsmustern angewiesen. Das Entstehungs- und Entfaltungszentrum einer Sippe liegt meist dort, wo die meisten Arten konzentriert sind (*Ononis* im Südwesten, *Astragalus sect. Tragacantha* in Vorderasien, *Verbascum* in Anatolien).

Aus den immergrünen Tropenbäumen der Tertiärzeit haben sich im Verlauf der Evolution mit der Eroberung ungünstiger Lebensräume die verschiedensten Abwandlungen der Form und Lebensdauer als Anpassung an kältere oder trockenere Lebensräume herausgebildet. Vertreter tropischer Familien in der Mittelmeerflora sind etwa: Capparaceae, Arecaceae (Palmen), *Ceratonia* (Caesalpiniaceae), *Ilex* (Aquifoliaceae), *Laurus* (Lauraceae), *Olea* und *Phillyrea* (Oleaceae), *Osyris* (Santalaceae), *Pistacia* und *Rhus* (Anacardiaceae).

Diese Betrachtungsweise hat E. Schmid (1970) seinem Konzept der „Vegetationsgürtel" zugrunde gelegt. Im Mittelmeerraum sind spärliche Reste dieses tertiären Lorbeerwaldes noch an wenigen

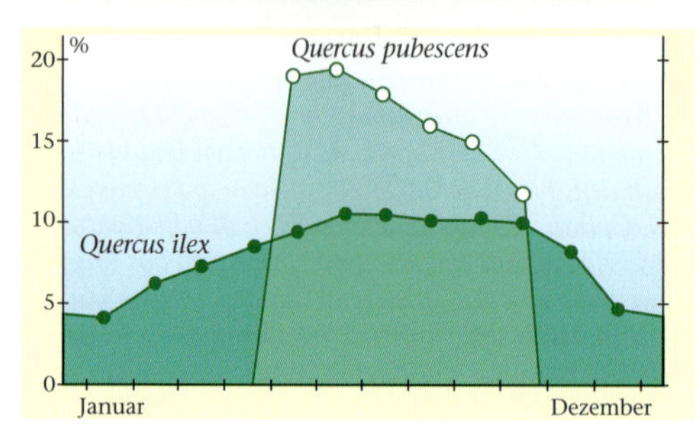

***4.19 und 4.20** Oben: Beispiele für Dornsträucher: a) Vella spinosa (Sierra Nevada); b) Carlina acan thifolia (Dornige Wetterdistel, Insel Saria bei Karpathos); c) Euphorbia spinosa (Dornwolfsmilch). Beispiel für Hartgräser: d) Lygeum spartum (Espartogras; Kreta). Links: Vergleich der prozentuellen Verteilung der Produktion immergrüner (Quercus ilex) und sommergrüner (Quercus pubescens) Eichen im Jahresverlauf. Die y-Achse zeigt die Monatsausbeute der CO_2-Assimilation in Prozent der Jahressumme. Nach Walter und Breckle, 1991.*

warm-feuchten Orten erhalten (Kirschlorbeer = *Laurocerasus*-Gürtel). In Südspanien und am Schwarzen Meer kommt neben dem Kirschlorbeer (*Prunus lusitanica* im Westen, *Prunus laurocerasus* im Osten) noch die Pontische Alpenrose *(Rhododendron ponticum* subsp. *baeticum* im Westen, subsp. *ponticum* im Osten) vor, die bis in die letzte Zwischeneiszeit auch in Mitteleuropa und den Alpen weit verbreitet war. Im feuchtesten Westen des Mittelmeerraumes ist der atlantische „Ginster-Heide-Gürtel“ (Genisteen-Ericaceen-Gürtel) als Rest einer subtropischen Gebirgsflora erhalten geblieben mit vielen artenreichen Gattungen der Ginsterverwandtschaft s. l. *(Ulex, Sarothamnus, Cytisus, Genista, Adenocarpus)*, dem großen Sonnentau *(Drosophyllum lusitanicum)* und dem Riesenfarn *(Woodwardia radicans)*.

Im nie vergletscherten südlichen Mittelmeergebiet konnten sich alte Pflanzentypen erhalten, die vielleicht Reste des tertiären Laubwald-Unterwuchses darstellen, wie die Pfingstrosen: *Paeonia broteroi* in SW-Iberien, *P. cambessedesii* auf den Balearen, *P. clusii* auf Kreta. Als „mediterran“ im engeren Sinn können aber nur die im Lauf des Neogens (Spättertiär) entstandenen Xeromorphosen-Gürtel bezeichnet werden: die ältere Trockenflora aus Nadelhölzern *(Cupressus sempervirens, Tetraclinis articulata, Juniperus phoenicea)* und die jüngere des Steineichen- (= *Quercus ilex*-)Gürtels.

Noch extremere Austrocknung hat zur Bildung von Federgrassteppen („*Stipa tortilis*-Gürtel“) und Wermut-Halbwüsten („*Artemisia*-Gürtel“) geführt, die ihre größte Ausbreitung im Postglazial erreichten. Während der Eiszeiten war der Mittelmeerraum ein Steppengebiet, das – mit Ausnahme kleiner Inseln an besonders günstigen Orten – frei von größeren Waldflächen blieb. Aus dieser Zeit stammen wahrscheinlich der mediterrane „Gebirgssteppen-Gürtel“ mit den in Vorderasien weit verbreiteten Igelpolster-Heiden, die vom Meeresufer bis ins Gebirge vorgestoßen sind. Die Wiederbesiedelung der postglazialen Steppenlandschaft des Mediterrans mit dem heute als so typisch geltenden immergrünen Hartlaubwald der Steineiche erfolgte also erst sehr spät, vor etwa 12 000 Jahren, das Optimum der Ausbreitung vor dem massiven Eingreifen des Menschen lag vor etwa 5 000 bis 6 000 Jahren.

Vegetation und Pflanzengesellschaften

Die thermomediterrane Stufe *(Oleo-Ceratonion siliquae)*

Die wärmste und trockenste Vegetationszone ist für den Steineichenwald zu trocken, die potenzielle Strauchvegetation aus dem wilden Ölbaum *(Olea europaea* var. *sylvestris)* und dem Johannisbrotbaum *(Ceratonia siliqua)* ist nahezu überall zerstört und durch Degradationsstadien ersetzt: im Westen vor allem durch die Zwergpalme *(Chamaerops humilis)*, die Baum-Wolfsmilch *(Euphorbia dendroides)* und den Mastixstrauch *(Pistacia lentiscus)*, in Südspanien auch durch *Periploca angustifolia-*, *Genista valentina-* und *Rhamnus lycioides*-Gebüsche. Im Osten sind es verschiedene Phryganatypen, in denen *Quercus coccifera* und Dornsträucher eine wichtige Rolle spielen (z. B. *Euphorbia acanthothamnos* und *Sarcopoterium spinosum*). Im bodentrockenen Bereich der Kalk-Felsküsten (also wohl extrazonal), wo die Steineiche kaum mehr konkurrenzfähig ist, dominiert häufig die Aleppoföhre *(Pinus halepensis)* bzw. im Osten die verwandte *Pinus brutia*, gelegentlich mit Steineichen, meist jedoch mit Garrigue-Unterwuchs.

Zahlreiche Pflanzengesellschaften sind beschrieben worden, z. B. *Clematido-Lentiscetum*, *Oleo-Euphorbietum dendroidis* aus Korsika, *Prasio majoris-Ceratonietum siliquae* aus Kreta, *Juniperetum phoeniceae*.

Kulturpflanzen

Die überwiegende Fläche auch der thermomediterranen Stufe wird heute von Kulturland eingenommen. Zu unterscheiden ist zwischen der ständig bewässerten „Regado"-Kultur und der nicht oder kaum bewässerten „Secano"-Landschaft. Als Beispiel für die erstere sei die „Huerta" (Garten) von Valencia genannt mit 150 km Länge und 140 000 ha Fläche. Hier werden vor allem Agrumen (*Citrus*-Arten, besonders Orangen), Pfirsiche, Erdbeeren, Chirimoya *(Anona cherimolia)*, Kiwi, Zuckerrohr, Reis, Baumwolle, Erdnuss, Bananen und Dattelpalmen *(Phoenix dactylifera)* angebaut. Berühmt ist der Dattelwald von Elche in Andalusien; mit seinen 400 000 Palmen erinnert dieses Erbe der Maurenzeit an eine Oase der Sahara. Typische Kulturpflanzen der Secanolandschaft sind vor allem die Ölbaumhaine, die Rebkulturen, Mandelbaum, Feigenbaum, Pistazie *(Pistacia vera)*, Johannisbrotbaum und Feigenkaktus *(Opuntia)*.

Immergrüner Hartlaubwald *(Quercion ilicis)*

Der mesomediterrane Steineichenwald *(Quercetum ilicis)* ist circummediterran verbreitet, aber doch mit Schwerpunkt im Westen; eine Rasse mit rundlichen, oberseits grauen Blättern und süßen essbaren Früchten (besonders im Atlas auch angepflanzt) wird auch als Art *Qu. rotundifolia (= Qu. ballota)* unterschieden. Im atlantischen Frankreich gedeiht die Steineiche unter relativ feuchten Klimabedingungen, nach Osten zu wird sie mehr und mehr durch die baumförmige östliche Rasse der Kermeseiche *(Quercus calliprinos)* und die kleinräumig verbreitete halbimmergrüne Valonen-Eiche *(Quercus macrolepis = Qu. aegilops)* ersetzt. Auch die halbimmergrüne Portugiesische Eiche *(Quercus faginea = Qu. lusitanica)* feuchterer Standorte gehört in diesen Vegetationskreis. Der Steineichenwald hat bis ins Altertum wohl einen Großteil der mediterranen Landschaft bestimmt. Die einst undurchdringlichen Wälder sind durch Rodung und den Weidegang von Ziegen und Schafen weitgehend zerstört und in die verschiedenen Degradationsstadien umgewandelt worden. Teilweise hat die Vegetationsvernichtung durch Bodenabtragung bis zum fast vegetationslosen Felsuntergrund geführt, wie auf manchen dalmatinischen Inseln mit ihren offenen Salbeifluren. Historische Zeugnisse belegen, dass die Wälder der Apenninenhalbinsel bis etwa 2500 v. Chr. intakt waren, während dann Plato die fortschreitende Entwaldung und Erosion in Griechenland beklagt. Die berühmten Zedernwälder des Libanon wurden bereits von den Phöniziern geplündert, die vielleicht die größten Waldzerstörer der Antike waren.

Selbst die zur Zeit Ovids noch als Heiligtümer geschützten Wälder in der Umgebung Roms wurden in wenigen Jahrhunderten zugrunde gerichtet (vgl. Exkurs S. 199). Der Anteil des Waldes an der gesamten Landfläche der Mittelmeerländer beträgt heute wenig über 10 Prozent. Dabei ist die Nutzung als Niederwald mit einer Umtriebszeit von ca. 20 Jahren üblich.

Immerhin gibt es noch „Überlebende", die einen Eindruck der ehemaligen Urwälder vermitteln, wie etwa der uralte Wald rund um die Eremitage des hl. Franziskus nahe Assisi. Der Aspekt reicht vom dunklen Hochwald auf tiefgründigen Böden (aus Lichtmangel fast kein Unterwuchs) über offene Bestände mit Macchien-Unterwuchs auf trockenen, steinigen Hängen bis zu Gebüschen nahe der Baumgrenze bei 3 000 m im Hohen Atlas. In Kalabrien gedeiht die Steineiche bis in 1 400 m, an der Nordgrenze im Gardaseegebiet bis etwa 800 m, aber sehr verarmt an mediterranen Begleitern und daher wohl der unteren supramediterranen Stufe zuzurechnen.

Nadelwälder der thermo- und mesomediterranen Höhenstufe

Nadelbäume wie die Dalmatinische Schwarzföhre *(Pinus nigra* subsp. *dalmatica)*, die Aleppoföhre *(Pinus halepensis)* und ihre östliche Verwandte, die Brutia-Kiefer, auf Silikat auch die Sternkiefer

Die Korkeiche *(Quercus suber)* und ihre begehrte Rinde

Kork ist ein wichtiger Naturstoff von großer wirtschaftlicher Bedeutung; unter anderem liefert er ein Produkt, das man zum sicheren Aufbewahren und Transportieren eines anderen mediterranen Produkts benötigt – des Weins. Ab dem 25. Lebensjahr kann die Korkeiche zum ersten Mal geschält werden; dieser „männliche" oder Jungfernkork ist stark rissig und kann nur als Granulat weiterverarbeitet werden. Alle 8–12 Jahre können weitere Ernten erfolgen. Der hochwertige „weibliche" Kork wird hauptsächlich für Flaschenkorken verwendet. Bei einem Lebensalter von 150–200 Jahren kann eine Korkeiche etwa 15–20 Mal geschält werden.

Auf einer Gesamtfläche von 2,2 Millionen Hektar werden im Mittelmeerraum jährlich 319 000 Tonnen Kork gewonnen. Der größte Anteil entfällt mit 660 000 ha auf Portugal (30 Prozent Staatsbesitz, der Rest meist Großgrundbesitz), dann folgen Algerien mit 462 000 ha, Spanien mit 440 000 ha und Marokko mit 353 000 ha.

Die lichten Wälder der oft krummstämmigen Korkeiche finden sich auf sauren Böden über Silikat im Küstenbereich und im Hügelland des niederschlagsreicheren Westens, in Portugal, Spanien, Marokko östlich von Rabat, Algerien, Tunesien, Korsika, Sardinien und in Westitalien; im östlichen Mittelmeerraum fehlt diese Eichenart (vgl. Abb. 4.6 d). Die Höhenverbreitung der Korkeiche liegt in Spanien hauptsächlich zwischen 400 und 800 m, im Hohen Atlas steigt sie bis 2 200 m an. Der Unterwuchs ist oft hohe Macchie mit *Arbutus unedo, Erica arborea, Viburnum tinus* und Zistrosen sowie verschiedenen Geophyten*. Bei Tarifa nahe Gibraltar beherbergt der Korkeichenwald auch die Tertiärrelikte *Rhododendron ponticum, Drosophyllum lusitanicum* und als Epiphyten den Farn *Davallia canariensis*. In Nordsardinien ist der Unterwuchs vorwiegend krautig, was wohl auch mit der Bewirtschaftung (leichtere Zugänglichkeit) zusammenhängt. Nicht selten sind Mischbestände aus Stein- und Korkeiche, denen auch Aleppokiefern, Pinien und Flaumeichen angehören können *(Quercetum ilicis suberetosum)*. Die Eicheln beider Eichen sind als Schweinefutter von Bedeutung.

***4.21** Korkeichenhain auf der toskanischen Insel Giglio mit derben Lederblättern. Die sklerophylle (hartlaubige) Lebensform ist für viele mediterrane Pflanzen typisch und eine Anpassung an die sommerliche Trockenheit: durch sie wird der Wasserverlust vermindert. Rechts oben und unten: Frisch geschälte Korkeichen auf Korsika. Nach acht Jahren kann wieder eine knapp zehn Zentimeter dicke Korkschicht geerntet werden.*

4.22 und 4.23 *Oben: Aleppoföhrenwald (Pinus halepensis) in Lokrum bei Dubrovnik. Die Aleppoföhre ist im Mittelmeerraum von Griechenland westwärts weit verbreitet, allerdings ist ihr Areal stark zersplittert (Abb. 4.4e). Der Baum bevorzugt nährstoffarme, tiefgründige und mäßig feuchte Sandböden in Meeresnähe und wird bevorzugt für Aufforstungen von Sandküsten, Dünen und Karstgebieten verwendet. Die tief rotbraunen, großen Zapfen bleiben – nachdem sie sich geöffnet haben – oft mehrere Jahre am Baum. Man sieht daher häufig Aleppoföhren voller Zapfen unterschiedlichen Alters. Das Holz wurde in der Antike für den Schiffsbau verwendet. Links: Immergrüner Hartlaubwald (Quercus ilex, Steineiche) an der Massanella auf Mallorca.*

(Pinus pinaster), auf Sandstränden und Dünen die Pinie *(Pinus pinea)* ersetzen auf ungünstigen Standorten die Hartlaubwälder. Ob diese Wälder an allen Wuchsorten ursprünglich oder sekundär bzw. wie bei der Pinie vom Menschen gefördert oder angepflanzt sind, lässt sich heute oft nicht mit Sicherheit feststellen. Der Unterwuchs besteht je nach Boden und Lichtgenuss meist aus den üblichen Macchien- und Garrigue-Sträuchern. Im Osten (Kreta) wächst auch die Zypresse schon vom Meeresufer an, ihre Hauptverbreitung liegt aber, wie die der meisten anderen mediterranen Nadelbäume *(Pinus, Abies, Juniperus, Cedrus)* im Gebirge (oromediterrane und altimediterrane Höhenstufe).

Extrazonale Vegetation: Für die Klimazonale Vegetation im Sinne Walters ist die Einpassung der Pflanzen in die gegebenen Klimabedingungen (Temperatur, Niederschlag) des Standortes der lebensbestimmende Faktorenkomplex. Es gibt aber auch Wuchsorte, an denen ein Kleinklima- oder ein Bodenfaktor wichtiger wird als das Klima, daher die Bezeichnung „extrazonal“. Da die meisten der hier behandelten Standorte (vgl. Abb. 4.12) für den Menschen schlecht oder nicht nutzbar sind, stellen sie geradezu Enklaven natür-

Der bezeichnendste Kulturbaum der Mittelmeerregion

Es gibt zwei Säfte, die dem menschlichen Körper angenehm sind: innerlich Wein und äußerlich das Öl, und beide erhält man von Bäumen (Plinius der Ältere).

Als Symbol für dieses Kapitel wurden Oliven ausgewählt. Der Ölbaum *(Olea europaea)* als schönster und wichtigster Kulturbaum des Mittelmeerraumes ist eine der wenigen Kulturpflanzen, deren Ursprung im östlichen Mittelmeerraum durch Ausgrabungsfunde – wie auch viele Überlieferungen und Legenden – als gesichert gilt. Seit etwa 5 000 Jahren wird der Ölbaum als Kulturpflanze zur Ölgewinnung angepflanzt, obwohl die Frage, wo er erst erstmals in Kultur genommen wurde, nicht völlig geklärt ist. Vermutlich geschah es auf dem Gebiet des heutigen Syrien, Palästinas und Israels. Von den Ostküsten der Levante trat der Baum dann seinen Eroberungszug in Richtung Westen an: in Ägypten und vermutlich zeitgleich auf Kreta vor 4 500 Jahren, in Griechenland vor 3 000, durch Phönizier und Griechen in Süditalien, auf Sizilien und Sardinien vor 2 500 Jahren; kurz darauf folgten die Provence, Katalonien, Andalusien, die Algarve – so eroberte er nach und nach den gesamten Mittelmeerraum.

Der Ölbaum ist eine Leitform mediterraner Landschaften, bedeckt nach Rikli ein Areal von 6 Millionen Hektar und hat die Stelle einstiger Wälder eingenommen („Olivenhaine ersetzen die fehlenden Wälder"; M. Rikli). Er ist auch einer der wichtigsten „Grenzzieherbäume", da sich sein Verbreitungsareal gut mit den meisten Definitionsversuchen des mediterranen Raumes deckt. Öl und Ölbaum wurden schon früh zu Symbolen für Wohlstand und Reichtum (vgl. Exkurs S. 256 f.).

Für den ostmediterranen Ursprung der Pflanze spricht auch die Etymologie, die „Ur-Namen" der Olive bzw. des Olivenbaums: Das arabische *al-zaytun* wie das türkische *zeytin* leiten sich vom semitischen *zait* ab. Der semitische Wortstamm lebt nicht nur in anderen Sprachen dieser Region wie im Persischen und Armenischen weiter, sondern auch im spanischen *aceituna* und im portugiesischen *azeitona*. Die Griechen nannten das Olivenöl *elaion* und den Baum mit Frucht *elaia*, woraus die lateinische Sprache ihr *oleum* und *oliva* (Öl und Olive) abgeleitet hat. So hat dieser Name in fast alle europäischen Sprachen Eingang gefunden.

__4.24__ Alte, knorrige Olivenbäume auf Mallorca. Als wichtigster „Grenzzieherbaum" des Mittelmeerraumes gilt schon seit Plinius dem Älteren der Echte Olivenbaum oder Ölbaum, obwohl er das italienische Festland wahrscheinlich nicht vor dem 6. Jahrhundert v. Chr. erreicht hat. Als eine der ursprünglichsten mediterranen Kulturpflanzen überhaupt wurde der Baum wahrscheinlich schon 3 000 v. Chr. im Nahen Osten kultiviert.

4.25 Rund 10 Prozent der Olivenproduktion – in Spanien werden jährlich etwa 3,4 Millionen Tonnen geerntet – verarbeitet man zu Speiseoliven. Die rohen Früchte werden mit Lauge behandelt, um ihnen die Bitterstoffe zu entziehen, dann werden sie in Salzlake oder Olivenöl eingelegt. Der größte Teil der Ernte wird zu Öl verarbeitet. Die erste, kalte Pressung ergibt das Jungfernöl, ein Speiseöl höchster Qualität. Ihm folgt ein warmes, etwas stärkeres und schließlich ein heißes, starkes Pressen; dessen Produkt kann nicht mehr für Speisezwecke genutzt werden, sondern wird als Baumöl verwendet. Die knorrigen Stämme liefern ein seit der Antike geschätztes, hartes und gut polierbares Holz.

Die Wildform, der „Oleaster", ist ein sparriger, kleinblättriger und verdornter Strauch der thermomediterranen Garrigue. Unzählige Kulturrassen ermöglichen eine Kultivierung selbst in Grenzgebieten mit Winterfrösten von −10 °C (Gardasee), obwohl das Monatsmittel des kältesten Monats in seinem Verbreitungsgebiet allgemein bei 5 °C liegt. Die lichten, silberlaubigen Olivenhaine mit einem meist sehr artenreichen Unterwuchs von Gräsern, Annuellen (Mohn) und Geophyten (*Gladiolus*, Rosenlauch – *Allium roseum*, Anemonen, Orchideen) bieten im Frühjahr einen bezaubernden Anblick. Der Ölbaum wird fast immer von einem holzzerstörenden Pilz befallen *(Polyporus fulvus)*, so dass häufig abenteuerliche, halb hohle Baumgestalten entstehen, die geradezu ein Symbol für Überlebenskraft darstellen (Abb. 4.24). Alte Bäume können Durchmesser von 2–3 m erreichen; Altersbestimmungen aus Jahresringen sind meist nicht möglich, weil nur der äußerste Teil des Holzkörpers erhalten bleibt, aber ein mögliches Alter von über 1 000 Jahren scheint realistisch.

Gut durchlüftete, poröse und wasserdurchlässige Kalkböden ohne Staunässe, ideale 700 mm Niederschlag, möglichst kein Winterfrost und eine Sommertemperatur von 30–35 °C sind die günstigsten Bedingungen für den Olivenanbau. Die Blütezeit des Ölbaums ist April bis Juni, die Ernte beginnt Mitte November und kann sich bis in den Februar hinziehen. Die Früchte haben inzwischen je nach Sorte eine dunkelviolette bis fast schwarze Farbe angenommen und ihren höchsten Ölgehalt erreicht. Die schonendste, zugleich auch teuerste und aufwendigste Art der Ernte ist das Pflücken mit der Hand; meist werden die Früchte mit Stangen, in heutiger Zeit auch mit Vibrationsmaschinen vom Baum geschlagen und in ausgebreiteten Netzen bzw. mit Tüchern aufgefangen. 30–50 kg Oliven pro Baum ist ein Durchschnittswert, in Ausnahmefällen werden sogar 100–200 kg erreicht. Die besten Erntejahre liegen zwischen dem 25. und 100. Lebensjahr des Ölbaumes. Der Ölgehalt der Früchte beträgt ca. 15–40 Prozent, für einen Liter Öl benötigt man je nach Sorte und Klima zwischen 3 und 7 kg Oliven. Dieses Öl gehört zu den aromatischsten und gleichzeitig gesündesten aller Speiseöle. Heute werden auch andere Vorzüge hervorgehoben, so der hohe Gehalt an Vitamin E, an essenziellen Fettsäuren und weiteren pharmakologisch wirksamen Substanzen mit antioxidativer Wirkung.

Italien ist mit 621 000 Tonnen zwischen 1991 und 1995 der größte Olivenölproduzent. Ölbaumkulturen gibt es heute auch in Kalifornien, Mittelchile und im Kapland, in Gebieten zwischen dem 30. und dem 45. nördlichen und südlichen Breitengrad (vgl. Abb. 3.74).

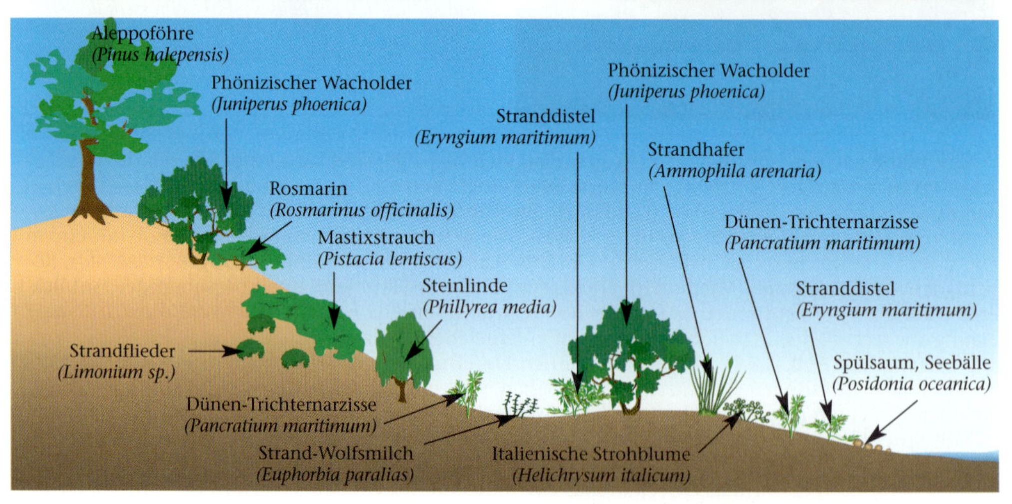

licher Vegetation dar; die wichtigsten Leitpflanzen sind von Spanien bis Griechenland verbreitet.

Die „Salzvegetation" der Sandstrände und Dünen

Dieser Standort erfordert von den Pflanzen hohe Salztoleranz (daher mehrere Vertreter mit sukkulenten Blättern!) und ein tief reichendes Wurzelsystem sowie die Tolerierung von Versandung und mechanischer Beanspruchung durch Sandgebläse.

Viele der noch vor 30 Jahren vorhandenen ausgedehnten Sandstrände sind inzwischen dem Tourismus (Südspanien, Mallorca) oder dem Anbau von Gemüse (Südsizilien) zum Opfer gefallen.

4.26 und 4.27 *Vegetation der Sandstrände. a) Dünen auf Sardinien mit Pancratium maritimum und Otanthus maritimus (Strand-Filzblume); b) Otanthus maritimus; c) Dünen auf Mallorca mit Pancratium und Helichrysum. Darunter: Vegetationszonierung an einem Sandstrand bei Es Trenc auf Mallorca.*

Größere Dünengebiete gibt es z. B. noch in Südspanien (Nationalpark Cota Donana), Südfrankreich (Camargue), Korsika, SW-Sardinien (Buggeru Portixeddu), SW-Mallorca (Es Trenc), am Gargano, in Kreta (Falássarna) und in Nordafrika (Tunis).

Am Spülsaum (Abb. 4.27), den das Wasser bei Flut erreicht, bei winterlichen Stürmen aber auch

4.28 und 4.29 *Oben: Felsküste auf Capraia mit offenem Aleppoföhren-Bestand (Pinus halepensis) und Euphorbia dendroides-Garrigue. Die Bodenbedingungen sind hier für immergrünen Steineichenwald zu trocken. Links: Die Baum-Wolfsmilch übersteht die Sommerdürre, indem sie nach einer physiologischen „Herbstfärbung" im Mai/Juni ihr Laub abwirft. Ende Juni sind die Sträucher kahl.*

höher überfluten kann, finden sich oft meterhohe Ablagerungen von Seegrasblättern *(Posidonia oceanica, Zostera marina, Cymodocea nodosa)* sowie die Seebälle aus ihren Rhizomfasern (Abb. 4.27 und 8.2). Erste Ansiedler dieses Bereichs sind der sukkulente Kreuzblütler *Cakile maritima* (Meersenf), nach dem dieser Gesellschaftskomplex als *Cakiletea maritimae* benannt wurde, dann *Salsola kali, Euphorbia peplis* und *Polygonum maritimum*. In einer Flugsandzone wachsen die allgegenwärtigen Strandpflanzen Stranddistel *(Eryngium maritimum)*, Strandwinde *(Calystegia soldanella)*, Stacheldolde *(Crucianella maritima)*, die schneeweißfilzige Strand-Filzblume *(Otanthus maritimus = Diotis maritima)*, Strand-Wolfsmilch *(Euphorbia paralias)*, Levkoje *(Matthiola tricuspidata)*, Schneckenklee *(Medicago marina)*, Strohblumen *(Helichrysum stoechas)*, die Nelken *Silene colorata* und die seltenere *S. succulenta*, das kleine Gras *Sporobolus pungens*, in Kreta mit den endemischen Flockenblumen *Centaurea aegialophila* und *C. pumilio* und der Dornflockenblume *Centaurea spinosa*, auf den Balearen und Sardinien mit dem „Katzenköpfchen" *Helianthemum caput-felis*.

Einen besonderen Schmuck stellt die im Sommer blühende Strand-Trichternarzisse *(Pancratium maritimum)* dar. Weiter landein folgen zunächst die Primärdünen („Weißen Dünen") mit dem dominanten Strandweizen *Elymus farctus (Cypero mucronati-Agropyretum juncei)*, später dann – oft getrennt durch feuchtere Dünentäler mit Salzmarschen *(Thero-Salicornietea, Juncetea maritimi)* – die älteren, oft schon mit Garrigue, Macchie, zerzausten Aleppoföhren oder Zedernwacholder *(Juniperus oxycedrus)* bewachsenen „Braunen Dünen" mit dem Strandhafer *Ammophila arenaria*, der der Gesellschaftsgruppe des *Ammophilion arenariae* den Namen gab. Hier wachsen unter anderem als Besonderheiten die stechende Strandnelke *(Armeria pungens)*, die gelbe Zistrose *Halimium halimifolium* und die Seidelbastverwandte *Thymelaea hirsuta*, auf den Balearen die endemische *Th. myrtifolia*.

Felsküsten

Hier ist die Wirkung des Salzwassers noch intensiver, weil die Gischt oft die Pflanzen direkt trifft;

der feine Sprühnebel reicht relativ weit empor bzw. landein. Nach den wichtigsten Leitpflanzen, dem fleischigen Meerfenchel *(Crithmum maritimum)* und dem Strandflieder *(Limonium)* wird die Gesellschaftsgruppe als *Crithmo-Limonium* bezeichnet.

Als Beispiele für Pflanzengemeinschaften sei das auf den Balearen endemische *Launaeetum cervicornis* mit den endemischen Polstersträuchern *Launaea cervicornis, Dorycnium fulgurans, Anthyllis hystrix, Centaurea balearica* erwähnt, außerdem *Helichrysum decumbens, Senecio rodriguezii;* von Sardinien die Fels- und Geröllküstenfluren mit *Centaurea horrida* und *Erodium corsicum* oder aus Kreta das *Anthemido-Limonietum graeci* mit *Anthemis rigida, Cichorium spinosum, Lotus cytisoides, Silene sedoides* und *Frankenia hirsuta*. An den senkrechten Wänden der dalmatinischen und griechischen Felsküsten wachsen die verschiedenen Arten der weißfilzigen *Inula candida*-Gruppe, in der Ostägais auf Geröll und Fels die prächtigen dornigen Wetterdisteln *Carlina tragacanthifolia* und *C. sitiensis*.

Weitere auffallende, relativ streng an die Küstennähe gebundene Pflanzen sind der prächtige silberblättrige Jupiterbart *(Anthyllis barba-jovis)*, das weißfilzige Greiskraut *(Senecio bicolor)*, der polsterbildende Zwergstrauch *Asteriscus maritimus*, der Felskohl *Brassica insularis*, die seltene Felsnelke *Dianthus rupicola* (Sizilien, Mallorca) und die hohe Strauchmalve *Lavatera maritima*.

Salzsümpfe und Marschen

Nach zunehmendem Salzgehalt sind drei Typen grob zu unterscheiden: die grasreiche Gesellschaft der stechend-starrblättrigen Meerbinse *(Juncion maritimi)*, die meist ganzjährig nassen, artenreichen Strandfliederfluren *(Limonium)* und die am

4.30 *Vegetation von Fels und Geröllküsten: a) Centaurea horrida (Dornflockenblume, Sardinien); b) Thymelea hirsuta (Spatzenzunge, Ischia); c) Lavatera maritima (Strandmalve, Mallorca); d) Anthyllis barba-jovis (Jupiterbart, Capri); e) Asteriscus maritimus (Strandstern, wächst zwischen Felsen am Strand, Sizilien); f) Frankenia hirsuta (Mallorca).*

4.31 und 4.32 *Linke Spalte: Salzmarschen. a) Salicornia-Marsch auf Korsika (Salicornion fruticosae). b) Cynomorium coccineum, ein Schmarotzer auf Salsolaceen, der einzige Vertreter der tropischen Familie Balanophoraceen in Europa. Rechte Spalte: Mediterrane Auenvegetation. a) Oleander (Nerium oleander, Malaga); b) und c) Styrax officinalis (Echter Styraxbaum, Zypern), Tertiärrelikt der überwiegend tropischen Familie Styracaceae und seine Verbreitung. Der alte griechische Name dieser Pflanze ist übernommen worden. Das balsamische Styraxharz wurde als Räuchermittel bei kultischen Handlungen verwendet; die Art war über Jahrtausende auch eine wichtige Heilpflanze. d) Verbreitung von Platanus orientalis, einem ostmediterran-orientalischen Baum des Flussalluvials, der Auen- und Bergwälder.*

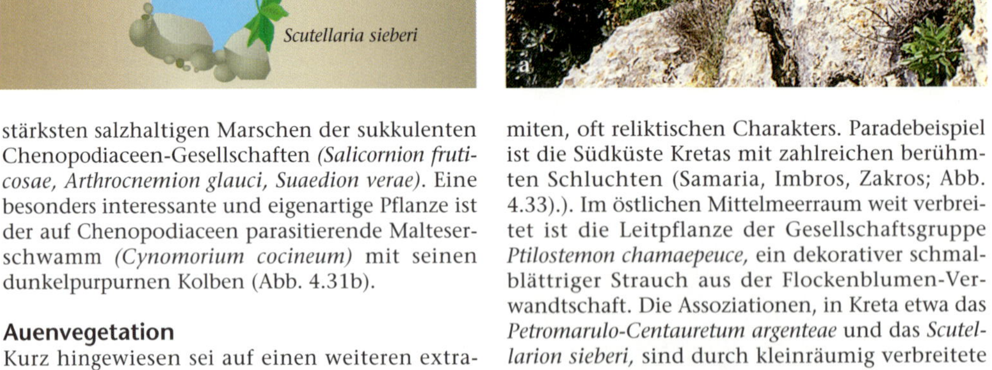

stärksten salzhaltigen Marschen der sukkulenten Chenopodiaceen-Gesellschaften *(Salicornion fruticosae, Arthrocnemion glauci, Suaedion verae)*. Eine besonders interessante und eigenartige Pflanze ist der auf Chenopodiaceen parasitierende Malteserschwamm *(Cynomorium cocineum)* mit seinen dunkelpurpurnen Kolben (Abb. 4.31b).

Auenvegetation

Kurz hingewiesen sei auf einen weiteren extrazonalen Vegetationstyp, den der bachbegleitenden Auenvegetation. Zwei Sträucher dominieren diese zur Blütezeit im Frühsommer oft bereits ausgetrockneten Bachufer: der Oleander *(Nerium oleander)* und das Keuschlamm *(Vitex agnus-castus)*; im Osten findet man oft auch *Styrax officinalis* mit weißen Blütenglöckchen und als mächtigen schattenden Baum *Platanus orientalis* (Abb. 4.32).

Felswände der Schluchten

Die im Gebirge beginnenden und bis ans Meeresufer führenden, meist engen und tiefen Einschnitte sind kühler, schattiger und feuchter als das freie Land, daher kleinklimatische Inselbereiche. Zudem sind die Wände weitgehend konkurrenzfrei, für Spaltenpflanzen also ideale Zufluchtsorte. Hier finden sich die meisten Endemiten, oft reliktischen Charakters. Paradebeispiel ist die Südküste Kretas mit zahlreichen berühmten Schluchten (Samaria, Imbros, Zakros; Abb. 4.33).). Im östlichen Mittelmeerraum weit verbreitet ist die Leitpflanze der Gesellschaftsgruppe *Ptilostemon chamaepeuce*, ein dekorativer schmalblättriger Strauch aus der Flockenblumen-Verwandtschaft. Die Assoziationen, in Kreta etwa das *Petromarulo-Centauretum argenteae* und das *Scutellarion sieberi*, sind durch kleinräumig verbreitete Endemiten gekennzeichnet.

Degradierungsstadien des Hartlaubwaldes

Die Degradationsstadien des Waldes sind auf den Abbildungen 4.35 bis 4.38 dargestellt: Hohe bis Niedrige Macchie, verschiedene nachfolgend beschriebene Garrigues-Typen, kaum bewachsene Felsheiden und schließlich öde Karstflächen.

Am schönsten ist der Frühlingsaspekt in jenen Garrigues, die eine bunte Mischung aus Zistrosen, Dornginster, Rosmarin, Salbei und anderen Lippenblütlern sowie einen reichen Bestand an Geophyten, besonders Orchideen, enthalten. Wenn der Wald fehlt, reichen die Zwergstrauchfluren bis in die oromediterrane Stufe, wo dann an manchen Orten neue Pflanzen auftreten, in Mallorca etwa die *Phlomis italica*-Fluren auf der Massanella,

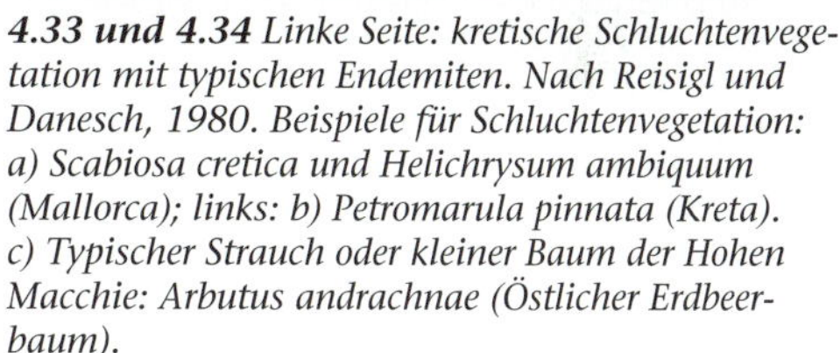
4.33 und 4.34 *Linke Seite: kretische Schluchtenvegetation mit typischen Endemiten. Nach Reisigl und Danesch, 1980. Beispiele für Schluchtenvegetation: a) Scabiosa cretica und Helichrysum ambiquum (Mallorca); links: b) Petromarula pinnata (Kreta). c) Typischer Strauch oder kleiner Baum der Hohen Macchie: Arbutus andrachnae (Östlicher Erdbeerbaum).*

in Kreta die überweideten *Sideritis syriaca*-Fluren oder der prächtige Kugelbusch *Daphne sericea* mit Wildtulpen *(Tulipa cretica, T. saxatilis)*, dem endemischen *Helichrysum doerfleri* und dem duftenden Gelben Aronstab *(Arum creticum)*. Häufig gelangt ein Strauch zu Dominanz.

Beispiele für solche Pflanzengesellschaften sind:

- Zwergpalmen *(Chamaerops humilis)*-Garrigue: in Südspanien, Nordafrika (bis 2 000 m) und Sizilien. Durch starke Nutzung als Faser- und Gemüsepflanze oft nur wenige Dezimeter hoch. Hochstämmige (bis 4 m) Palmengruppen finden sich noch in den sekundären *Ampelodesmos*-Steppen von Mallorca.
- Kermeseichen-Garrigue: Die namengebende westmediterrane *Quercus coccifera* ist ein Kleinstrauch mit winzigen, dornig gezähnten Blättern, dessen fußhohe Gestrüppe in Südfrankreich, Südspanien und Nordafrika große Flächen einnehmen (auch als Unterwuchs in lichten Aleppoföhren-Wäldern).
- Zistrosen-Garrigues: Die hochwüchsigen westmediterranen Zistrosen *(Cistus ladanifer, C. laurifolius, C. populifolius)* sind wohl der Macchie zuzurechnen, die niedrigeren Arten der niedrigen Macchie oder eben der Garrigue. Die häufigste, als Kulturfolger oft riesige Flächen deckende Art ist der harzduftende *Cistus monspeliensis;* beigemischt sind oft *C. salvifolius* und die rotblühenden *C. crispus* und *C. albidus* (graublättrig), im Westen auch gelbblühende *Halimium*-Arten, im Osten der kleine rosablühende *C. parviflorus* und der rote *C. creticus*.
- Stechginster-Garrigue: *Calicotome spinosa* und im Osten *C. villosa* sind oft mit Mastixstrauch *(Pistacia lentiscus), Phlomis fruticosa* und *Ph. lanata, Teucrium*-Arten, *Corydothymus capitatus* und *Erica manipuliflora* vergesellschaftet.
- Dorn-Wolfsmilch-Garrigues: Im zentralen Mediterranbereich (Westitalien, Sardinien, Korsika) prägen die Kugelbüsche von *Euphorbia spinosa* das Bild; in der Ägäis wird sie (großflächig an der Südküste Kretas) durch die ähnliche *Euphorbia acanthothamnos* (oft mit *Phlomis* und *Asphodeline*) abgelöst.
- Baumwolfsmilch-Garrigue: Die großen, etwas offenen Kugelbüsche von *Euphorbia dendroides* bilden auf felsigem Gelände in unmittelbarer Nähe der Küste eindrucksvolle, nahezu reine Bestände, die manchmal mit dem silbergrauen Wermut *Artemisia arborescens* durchmischt sind. Eigenartig schön ist die Rotfärbung der Blätter im Mai, am Beginn der Sommerdürre, die blattlos überdauert wird.

Garrigues, Felstriften (span. *tomillares*, gr. *phrygana*)

Oberdorfer (1954) hat west- und ostmediterrane Garrigues auf ihre Gemeinsamkeiten überprüft und trotz einiger Übereinstimmungen starke Unterschiede festgestellt (vgl. nebenstehende Spalte). Während für Spanien die Gesellschaftsklassen der Rosmarinheiden *(Rosmarinetea)* und der Zistrosen-Lavendelheiden *(Cisto-Lavenduletea)* bezeichnend sind, dominieren in der Ägäis Pflanzengemeinschaften der Zist-Bergminzen-Gruppe *(Cisto-Micromerietea)*. Deutliche Unterschiede sind auch bei den Therophytenweiden festzustellen: In Iberien dominiert *Brachypodium retusum (= B. ramosum)* mit Narzissen und Liliaceen, im Osten hingegen *Poa bulbosa* und *Stipa capensis (= St. tortilis)* mit *Romulea* und *Ornithogalum*.
Westliches Mittelmeer: Rosmarinetea-Gesellschaften: *Aphyllanthion, Saturejo-Corydothymion, Rosmarinion, Halimion halimifolii, Hypericion balearici, Thymo longiflori-Sideritition leucanthae. Cisto-Lavenduletea-Gesellschaften: Cistion ladaniferi, Cistion laurifolii, Lavandulo lanatae-Genistion boissieri, Sideritido incanae-Salvion lavandulifoliae.*
Östliches Mittelmeer: Zwergstrauchfluren des Kopfthymians *(Corydothymion)* und der Strauchigen Bergminze *(Hyperico empetrifolii-Micromerion graecae)* wachsen auf subfossilen Roterden, Stechginster-Zistrosen-Phrygana *(Calycotomo-Cistetum cretici)* und Quirlblattheide *(Ericetum manipuliflorae)* auf sandig-tonigen, etwas humosen Böden. Auf Flysch dominiert hingegen die eintönige Gesellschaft der Dornbibernelle *(Sarcopoterium spinosum)*. Auf Kreta lassen sich nach Jahn und Schönfelder (1995) drei Untergruppen der *Cisto-Micromerietea* unterscheiden: auf Kalk die *Phlomis fruticosa-Euphorbia acanthothamnos*-Gesellschaften mit *Phlomis lanata, Salvia fruticosa, Asperula rigida, Satureja juliana;* auf Schiefer die *Hypericum empetrifolium-Micromeria*-Gesellschaften mit *Cistus salvifolius, C. creticus, Genista acanthoclada;* auf Neogen die *Helichrysum conglobatum-Phagnalon graecum*-Gesellschaften.

fortschreitende

Niedrige (Niedere) Macchie

Niedere Macchie I, Montebajo, in den einzelnen Ländern unter verschiedenen Namen; Griechenland: *xerovuni*. Niedere Macchie II, Spanien: *tomillares* (mit Thymian); Frankreich: Garrigue; Griechenland: *phrygana*, Palästina: *batha*. Die etwa 1–1,5 m hohe Vegetationsformation, in der besonders die Zistrosen oder Stechginster *(Calycotome)* zur Blütezeit auffallen, wandelt sich bei zunehmender Weidenutzung durch Ziegen und Schafe in die nur mehr kniehohen Kleinstrauchheiden, die wir unter der Sammelbezeichnung Garrigue kennen. Die Übergänge sind fließend, die Zusammensetzung der Arten meist nicht von Dauer. Was wir sehen, sind Momentaufnahmen von Sukzessionsstadien. Die Artenzusammensetzung ändert sich mit dem Alter, der Form und Dauer des Weideganges. Pflanzengemeinschaften, die durch die Dominanz einer Art auffallen und eine gewisse zeitliche Stabilität besitzen, sind vielfach beschrieben worden. Größere Unterschiede bestehen aber durch den unterschiedlichen Florencharakter des westlichen und des östlichen Mediterranraumes. Auf S. 226–234 sind einige Beispiele für Gesellschaften aus den schier unerschöpflichen Artenkombinationen angegeben.

Freilegen des Gesteins nach tiefgreifender Erosion, Verkarstung. Unter Verkarstung versteht man neben der Ausbildung eines geomorphologischen Landschaftstyps (Karst) das Freilegen und die Lösungsverwitterung von Kalkfelsen und anderen Gesteinen als Folge von Rodungen und Bodenerosion im Mittelmeerraum. Das so entstandene felsige Ödland ist im Gegensatz zu Ödland in landschaftsökologischem Sinn nicht mehr regenerierbar.

4.35 Schematische Darstellung der Entwicklung der Vegetation in historischer Zeit und damit verbundene ökologische Zusammenhänge. Die fortschreitende Degradierung der Vegetationsformen hat im Mittelmeerraum anthropogene Ursachen (vgl. Abb. 4.36 und 4.38); sie führt unter anderem zum Verlust biologischer Vielfalt, zur Beeinträchtigung und schließlich zur Erosion der Böden. Die heutige, überwiegend gebüschartige Ausprägungsform der Vegetation (im Bild von rechts nach links zunehmend) hat wenig gemeinsam mit dem ursprünglichen mediterranen Wald. Ob die negative Entwicklung überhaupt rückgängig gemacht werden kann, ist Gegenstand von Diskussionen. Mit einer Verbesserung – da von einer Lösung keine Rede sein kann – der Vegetationsdecke hängt auch die Verbesserung eines der brennendsten Probleme der Region, des Wassermangels, zusammen.

Degradierung des Ökosystems

Macchie
(span. *monte bajo*, griech. *xerovumi*)
Der Name Macchie leitet sich vom korsischen *mucchio* = Zistrose ab. Die sehr einheitlichen, meist dichten immergrünen Gebüsche oder Buschwälder aus Erdbeerbaum *(Arbutus unedo)*, im Osten auch *Arbutus andrachne* und Baumheide *(Erica arborea)* mit Steinlinde *(Phillyrea)*, Schneeball *(Viburnum tinus)* und Lianen *(Lonicera implexa, Smilax aspera, Clematis flammula)* besiedeln die feuchtesten Westküsten. Sie bevorzugen saure Böden über Silikatgestein. Ungeklärt ist die Frage, ob diese hohe Macchie den stehengebliebenen Unterwuchs ehemaligen Waldes, eine natürliche Klimaxvegetation oder ein Dauerstadium darstellt, in dem *Quercus ilex* nicht mehr hochkommen kann, obwohl der Standort potenzielles Waldgebiet wäre. Auf trockenen Hängen können auch hohe Wacholdersträucher *(Juniperus oxycedrus* und *Juniperus phoenicea)* – durchsetzt von Garrigue-Kleinsträuchern – Buschwälder bilden. Bei zunehmender Auflichtung durch Brennholznutzung wandelt sich die Macchie; sie wird niedriger und offener und durch besseren Lichtgenuss auch artenreicher.

Wald
Auf tieferen Böden (Braunerde: weit verbreiteter Bodentyp im gemäßigten, eher humiden Klimabereich) konnte sich ein dichter mediterraner Wald entfalten. Er wurde vor allem durch Rodung vernichtet (eine Analyse der Faktoren und Folgen bieten die Abb. 4.36, 4.38 und Tab. 4.5). Obwohl in vielen Ländern intensiv Aufforstung betrieben wird, ist die Gesamtfläche des Waldes und der Buschflächen zwischen 1981/1985 und 1991/1995 im Norden des Mittelmeerraumes von 72 Mio. ha auf 56 Mio. ha zurückgegangen, im Süden und Osten der Region von 18 auf knapp 15 Mio. ha. Die gesamte Waldfläche der mediterranen Region wird heute auf 85 Mio. ha geschätzt, was 9,4 Prozent der gesamten Landfläche entspricht. Die Beweidung unterliegt zwar zum Teil strengen Vorschriften und Einschränkungen, in manchen Regionen ist sie auch völlig untersagt, derartige Reglements werden aber weder befolgt noch streng kontrolliert. Die positive Entwicklung der Vegetationsdecke sollte ein vorrangiges Ziel der Umweltpolitik sein, Aufforstung mit den richtigen Bäumen ihr wichtigstes Instrument. Zum großen Teil wird mit Pinien und Eukalyptus aufgeforstet, wobei letzterer – trotz seiner geschätzten Eigenschaften – kein zur Mittelmeerregion gehörender Baum ist.

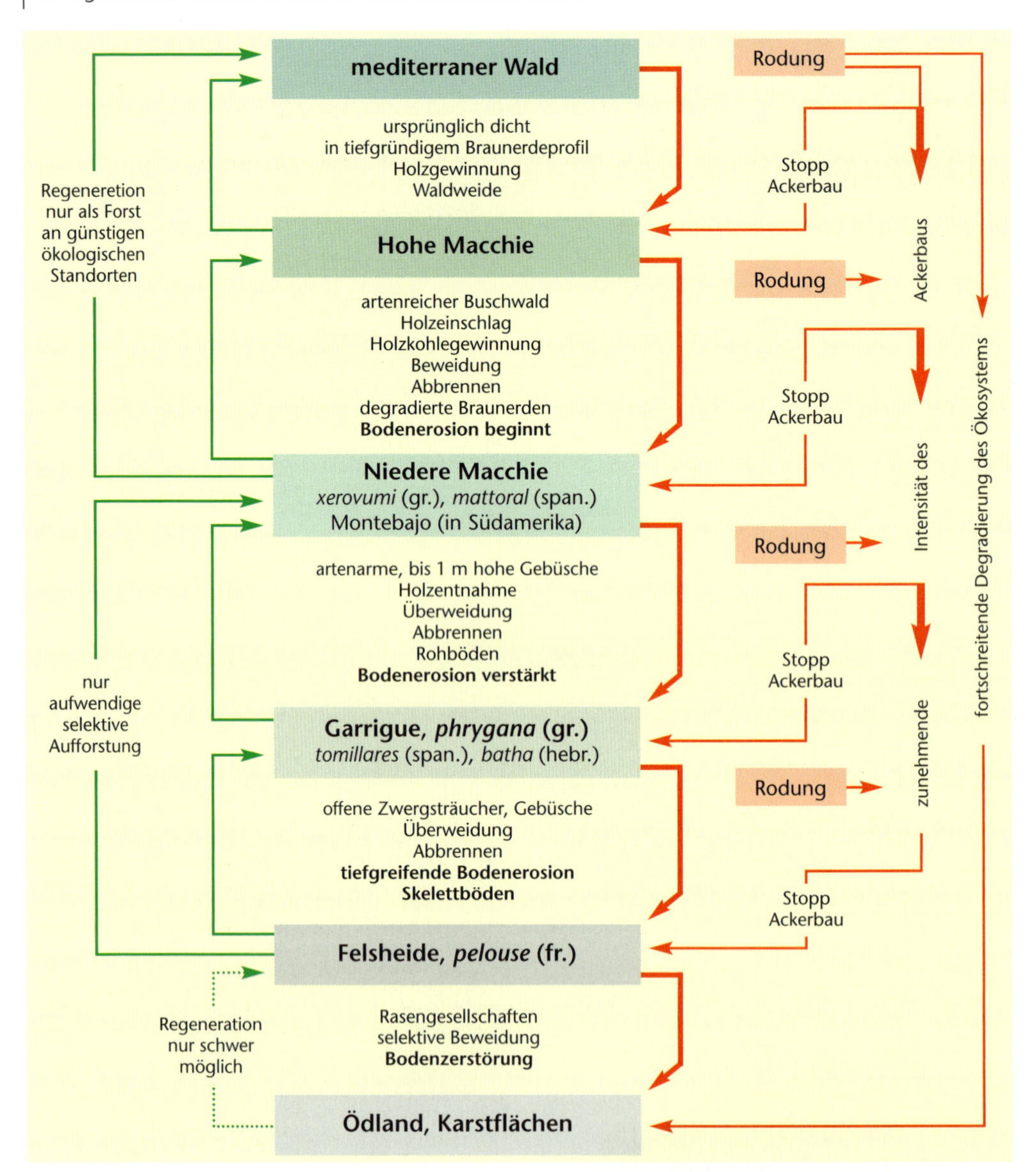

4.36 Schema der Vegetations- und Landschaftsdegradierung im Mittelmeerraum. Die zur Zerstörung führenden Faktoren sind rot, die potenziellen Regenerationsschritte grün eingezeichnet. Unter Botanikern strittig ist die Frage, ob Hohe Macchie als selbstständiges Klimaxstadium existiert oder nur ein Degradationsstadium des Hochwaldes darstellt. Ergänzt nach Wagner, 2001.

- Kugelblumen-Garrigue: *Globularia alypum* ist ein steif aufrechter, trockenresistenter Kleinstrauch, der im Westen sehr häufig in verschiedenen Strauchgesellschaften auftritt, stellenweise auf Fels und Schutt auch dominiert.
- Balearen-Johannisstrauch-Garrigue: Auf Mallorca bildet der schöne endemische Strauch *Hypericum balearicum* von der Küste bis über 1 000 m oft den Unterwuchs des Waldes, aber auch dominante niedere Macchien mit *Teucrium subspinosum* und *T. asiaticum* sowie den dornigen Kugelpolstern von *Astragalus balearicus*.
- Spatzenzungen-Garrigue: Mit dunkelgrünen Schuppenblättern an weißfilzigen hängenden Zweigen wächst die dürre- und salzresistente *Thymelaea hirsuta* besonders in Meeresnähe.
- Lavendel-Garrigue: Für den Westen sehr bezeichnend sind diverse Lavendelarten *(Lavandula vera, L. latifolia, L. dentata, L. multifida)*. Sie bilden

stellenweise mit dem silberhaarigen *Anthyllis cytisoides* auf Mallorca typische Gemeinschaften.

- Rosmarin-Garrigue: *Rosmarinus officinalis* ist streng an Kalk gebunden, wächst aber nicht nur in verschiedenen Garriguetypen, sondern niederliegend und als Felspflanze in den trockensten Karstfluren bis über 1 000 m.
- Salbei-Garrigue: Reinbestände des Echten Salbeis *(Salvia officinalis)* prägen auf riesigen Flächen die Karstfluren der entwaldeten dalmatinischen Inseln. Im Süden (Sizilien) und Osten (Griechenland) wird *S. officinalis* durch *S. triloba* abgelöst.
- Polei-Gamander-Garrigue: Der weißfilzige Zwergstrauch *Teucrium polium* mit roten oder gelben Blüten ist einer der treuesten Begleiter der meisten mediterranen Zwergstrauchfluren. An besonders degradierten Stellen wird er manchmal dominant.
- Tomillares: Vom echten Thymian *(Thymus vulgaris)* beherrschte Garrigue, oft mit weiteren *Thymus*-Arten *(Th. longiflorus)*, Rosmarin und Lavendel; zählt zu den vorherrschenden Kleinstrauch-Gesellschaften Iberiens. In der fast wüstenhaften Litoralsteppe Andalusiens tritt an seine Stelle *Th. zygis*.
- Kopfthymian-Garrigue: *Thymus (= Corydothymus) capitatus* dominiert die flächenmäßig wohl wichtigste Garrigue-Gesellschaft Griechenlands zusammen mit Dornbibernell (*Sarcopoterium spinosum;* oft der erste Kulturfolger), *Anthyllis hermanniae* und *Hypericum empetrifolium*.
- Strohblumen-Garrigue auf sauren Böden: mit dem Schopflavendel *(Lavandula stoechas), Helichrysum stoechas, H. italicum*.

***4.37** a) Eine der schönsten westmediterranen Zistrosenarten ist Cistus albidus. b) Auf den Wurzeln der meisten Zistrosenarten schmarotzt Cytinus hypocystis, ein Vollparasit ohne Blattgrün. c) Blühende Zistrosen-Macchie bei Bosa (Sardinien): Cistus villosus und C. monspeliensis (weißblühend). d) Tulipa saxatilis. e) Typische, steil ansteigende Felsenküste im Westmediterran (Giglio) mit Niedriger Macchie. f) Dugi Otok, Kornaten. Ursprünglich waren die dalmatinischen Inseln bewaldet. Auf vielen der Inseln hat die Überweidung zu Bodenabtrag und Verkarstung geführt. In den Felsfluren wächst noch eine niedrige Vegetation von Salvia officinalis (Echter Salbei).*

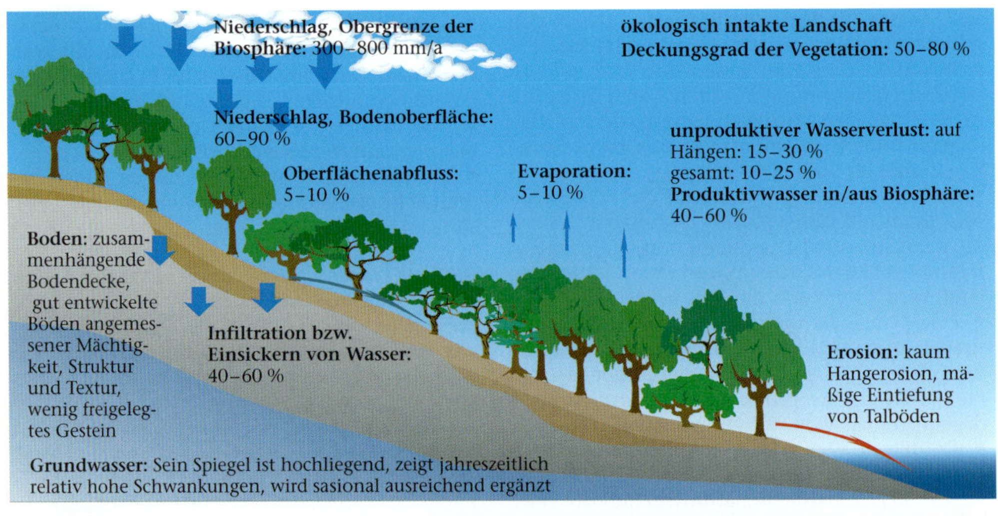
Niederschlag, Obergrenze der Biosphäre: 300–800 mm/a
ökologisch intakte Landschaft
Deckungsgrad der Vegetation: 50–80 %
Niederschlag, Bodenoberfläche: 60–90 %
unproduktiver Wasserverlust: auf Hängen: 15–30 % gesamt: 10–25 %
Produktivwasser in/aus Biosphäre: 40–60 %
Oberflächenabfluss: 5–10 %
Evaporation: 5–10 %
Boden: zusammenhängende Bodendecke, gut entwickelte Böden angemessener Mächtigkeit, Struktur und Textur, wenig freigelegtes Gestein
Infiltration bzw. Einsickern von Wasser: 40–60 %
Erosion: kaum Hangerosion, mäßige Eintiefung von Talböden
Grundwasser: Sein Spiegel ist hochliegend, zeigt jahreszeitlich relativ hohe Schwankungen, wird sasional ausreichend ergänzt

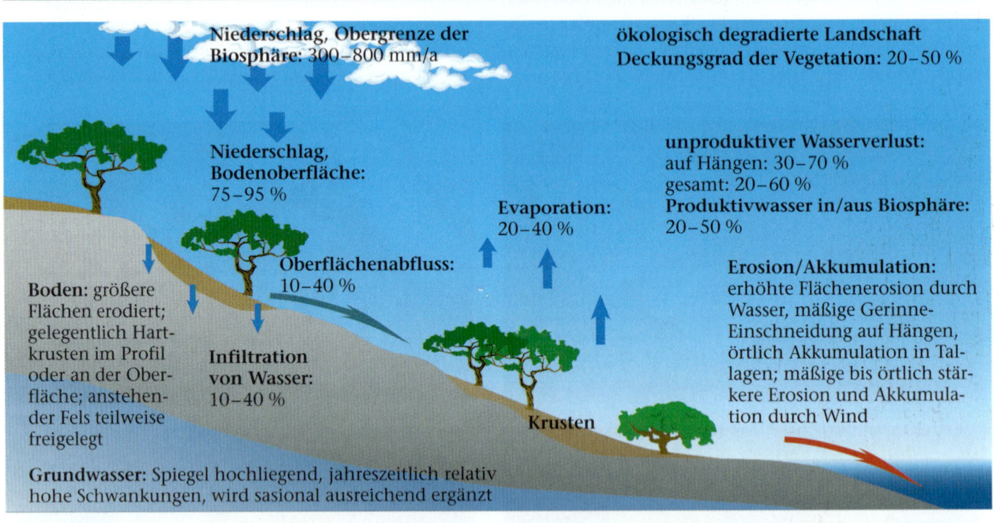
Niederschlag, Obergrenze der Biosphäre: 300–800 mm/a
ökologisch degradierte Landschaft
Deckungsgrad der Vegetation: 20–50 %
Niederschlag, Bodenoberfläche: 75–95 %
unproduktiver Wasserverlust: auf Hängen: 30–70 % gesamt: 20–60 %
Produktivwasser in/aus Biosphäre: 20–50 %
Evaporation: 20–40 %
Oberflächenabfluss: 10–40 %
Erosion/Akkumulation: erhöhte Flächenerosion durch Wasser, mäßige Gerinne-Einschneidung auf Hängen, örtlich Akkumulation in Tallagen; mäßige bis örtlich stärkere Erosion und Akkumulation durch Wind
Boden: größere Flächen erodiert; gelegentlich Hartkrusten im Profil oder an der Oberfläche; anstehender Fels teilweise freigelegt
Infiltration von Wasser: 10–40 %
Krusten
Grundwasser: Spiegel hochliegend, jahreszeitlich relativ hohe Schwankungen, wird sasional ausreichend ergänzt

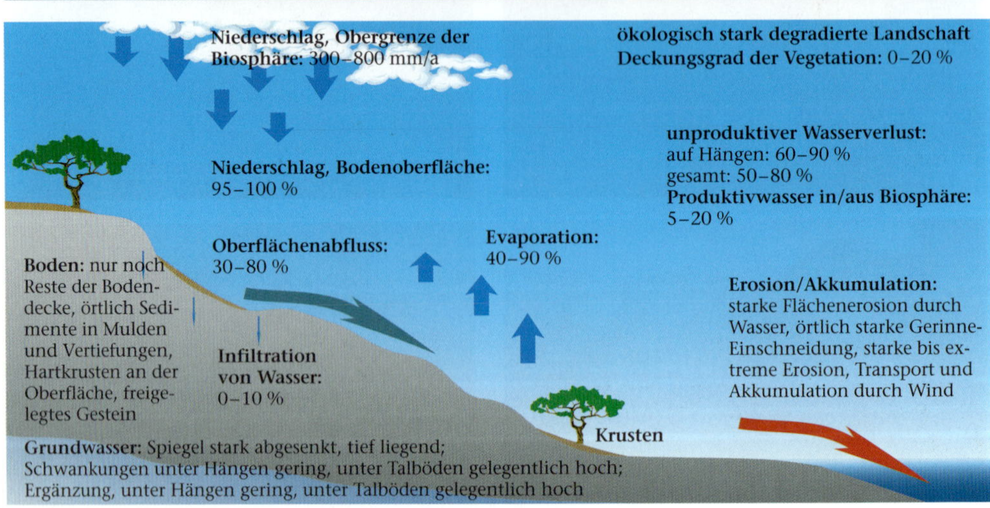
Niederschlag, Obergrenze der Biosphäre: 300–800 mm/a
ökologisch stark degradierte Landschaft
Deckungsgrad der Vegetation: 0–20 %
unproduktiver Wasserverlust: auf Hängen: 60–90 % gesamt: 50–80 %
Niederschlag, Bodenoberfläche: 95–100 %
Produktivwasser in/aus Biosphäre: 5–20 %
Evaporation: 40–90 %
Oberflächenabfluss: 30–80 %
Boden: nur noch Reste der Bodendecke, örtlich Sedimente in Mulden und Vertiefungen, Hartkrusten an der Oberfläche, freigelegtes Gestein
Erosion/Akkumulation: starke Flächenerosion durch Wasser, örtlich starke Gerinne-Einschneidung, starke bis extreme Erosion, Transport und Akkumulation durch Wind
Infiltration von Wasser: 0–10 %
Krusten
Grundwasser: Spiegel stark abgesenkt, tief liegend; Schwankungen unter Hängen gering, unter Talböden gelegentlich hoch; Ergänzung, unter Hängen gering, unter Talböden gelegentlich hoch

Land	Fläche gesamt (Mio. ha)	degradiert (Mio. ha) leicht[3]	mäßig[3]	stark[3]	sehr stark[3]	mäßig bis stark degradiert %
Regenfeldbaugebiet, Secano[1]						
Spanien	10 542	2 642	5 360	2 500	40	74,9
Frankreich	k. A.	k. A.	k. A.	k. A.	k. A.	k. A.
Italien	920	420	450	45	5	54,3
Länder Ex-Jugoslawiens[4]	76	26	30	18	2	65,8
Griechenland	1 032	602	380	45	5	41,7
Türkei	16 893	4 193	10 000	2 600	100	75,2
Syrien	4 971	1 471	2 840	650	10	70,4
Libanon	214	84	90	39	1	60,7
Israel	147	47	35	63	2	68,0
Ägypten	10	9	1	0	0	10,0
Libyen	1 659	1 079	540	40	0	35,0
Tunesien	4 258	1 318	2 500	400	40	69,0
Algerien	6 934	484	5 800	600	50	93,0
Marokko	7 484	2 284	4 900	270	30	69,5
Insgesamt	**55 140**	**14 659**	**23 926**	**7 270**	**285**	**73,4**
Bewässerungsfeldbau, Regado[2]						
Spanien	652	542	70	30	10	16,9
Frankreich	462	462	0	0	0	0,0
Italien	2 000	1 950	50	0	0	2,5
Länder Ex-Jugoslawiens[4]	164	124	40	0	0	24,4
Griechenland	1 099	1 099	0	0	0	0,0
Türkei	2 150	1 860	250	30	10	13,5
Syrien	652	542	70	30	10	16,9
Libanon	86	80	6	0	0	7,0
Israel	271	230	31	10	0	15,1
Ägypten	2 486	1 735	700	50	1	30,2
Libyen	234	179	50	5	0	23,5
Tunesien	215	145	60	10	0	32,6
Algerien	338	288	40	10	0	14,8
Marokko	525	747	51	0	0	9,7
Insgesamt	**11 334**	**9 710**	**1 418**	**175**	**31**	**14,3**

[1] *Secano (span.) = Feldbau ohne künstliche Bewässerung (Oliven, Feigen, Weinbau); die deutsche Bezeichnung „Regenfeldbau" ist irreführend, weil es im Sommer nicht regnet.* [2] *Regado (span.) = Bewässerungsfeldbau.* [3] *Grad der Degradierung (prozentuelle Minderung der Ernteerträge): leicht: – 10 %; mäßig: 10–25 %; stark: 25–50 %; sehr stark: > 50 %.* [4] *Angaben für 1992 nach Dregne und Chou, 1992.*

4.38 *Fortschreiten der Landschaftsdegradierung in drei Phasen und ihre ökologischen Auswirkungen in subhumiden bis semiariden mediterranen Regionen (Niederschlag: 300–800 mm/Jahr). Der kausale Zusammenhang zwischen den einzelnen Faktoren ist offensichtlich. „Unproduktiver Wasserverlust": Verdunstung (Evaporation), Interzeption* und Oberflächenabfluss; „Produktivwasser": Verbrauch und Transpiration. Nach Seuffert, 2000.*

Tabelle 4.5 *Übersicht der leicht bis stark degradierten Landflächen in subhumiden bis semiariden Regionen der Mittelmeerländer. Oben: Regenfeldbaugebiete; unten: Bewässerungsgebiete. Die erschreckende Bilanz: mehr als 70 Prozent der Regenfeldbaugebiete rund um das Mittelmeer sind mäßig bis stark degradiert. Am Ende dieser Entwicklung steht eine ökologisch degradierte Landschaft ohne Nutzungsmöglichkeiten für den Menschen. Nach Seuffert, 2000.*

Die Zitrusfrüchte (Agrumen)

Die Stammform der Zitrusfrüchte war wahrscheinlich in Südostasien und Südchina beheimatet. Bereits seit dem 2. Jahrtausend v. Chr. kannten die Ägypter die Zitrone. Alexander der Große brachte die äußerst frostempfindlichen Holzgewächse ans Mittelmeer. Ihre Früchte wurden beliebt, ohne dass die Menschen gewusst hätten, dass sie durch den hohen Vitamin C-Gehalt besonders gesund sind. Die wirtschaftlich wichtigste Zitrusfrucht ist die aus China stammende Orange oder Apfelsine *(Citrus sinensis)* – sie wurde dort bereits vor 4 000 Jahren genutzt –, dicht gefolgt von der Zitrone *(Citrus limon)* aus dem Himalayagebiet. Die Grapefruit mit ihrem etwas bitteren Geschmack wird im Mittelmeerraum vor allem in Israel angebaut (hier werden aus einer Kreuzung von Grapefruit und Pampelmuse die Pomelos gezüchtet). Aus der süßen Zitrone oder Limette wird Saft hergestellt; die Zitronatzitrone, die vor allem auf Korsika, Sizilien und in Griechenland gedeiht, wird kandiert, die Pomeranze zur beliebten Orangenmarmelade verkocht. Als Obst sind die leicht schälbaren Mandarinen mit all ihren Abarten beliebt, die kernlosen Clementinen, die ab Oktober geerntet werden, die Satsumas und die Tangerinen. In Mitteleuropa seit dem Mittelalter als Kübelpflanzen meist in Orangerien gepflegt, werden sie erst seit dem 18. Jahrhundert im Mittelmeergebiet als Fruchtbäume kultiviert. Die ersten europäischen Orangenplantagen sind in Spanien entstanden. Größter Produzent ist heute Brasilien mit 13 Millionen Tonnen, gefolgt von den USA mit 6,8 Mio. Tonnen, Spanien und Italien mit je 2 Mio. Tonnen, Marokko und Griechenland mit je 0,8 Mio. Tonnen und der Türkei mit 0,6 Mio. Tonnen. Von Mandarinen *(Citrus reticulata)* und verwandten Sorten *(Citrus deliciosa)* sowie von Zitronen werden in Europa ebenfalls je ca. 2 Millionen Tonnen produziert.

***4.39 und 4.40** Zitrone (Citrus limon, oben links) und Orange (Citrus sinensis) sind im Mittelmeerraum erst durch den Menschen heimisch geworden.*

- Strohblumen-Garrigue auf Kalk: *Helichrysum*-Arten sind nicht nur an den Sandküsten häufig, sondern können auf Karstfels (im Bergland von Kreta bis 2 000 m) ausgedehnte Flächen bedecken *(Helichrysum italicum* subsp. *microphyllum).*
- *Ebenus creticus*-Garrigue: Dieser wunderschöne kleine Strauch mit silbernen Blättern und dunkelrosa Esparsetten-Blütentrauben wächst auf Sandstein der tiefsten Lagen Kretas. Die am stärksten beweideten und oft zur „Kulturwüste“ degradierten Flächen tragen oft nur noch eine negative Auswahl jener Pflanzen, die wegen ihrer (häufig giftigen) Inhaltsstoffe (Affodill – *Asphodelus,* Meerzwiebel – *Urginea maritima*), wegen filziger Behaarung *(Phlomis, Marrubium)* oder wegen starker Bestachelung (Disteln: *Galactites, Cirsium, Carduus, Notobasis, Cynara, Cardopatium)* vom Kleinvieh nicht gefressen werden.

Regionale Besonderheiten

Iberische Halbinsel

Mit Ausnahme des südlichsten Zipfels Spaniens (Tarifa) ist das Klima Iberiens sehr trocken: Barcelona hat 526 mm Niederschlag im Jahr, Zaragoza 295 mm, Malaga 400 mm, Cabo de Gata 122 mm. Das bedeutet eine Sommerdürre von 5–7 Monaten. Mit der Entfernung von der Küste wird das Klima im Landesinneren kontinentaler mit winterlichen Temperatur-Minima von –5 bis –10 °C (Zaragoza –16 °C). Spanien besitzt mit mehr als 7 000 Arten, davon 1 400 (18 Prozent) Endemiten, eine der artenreichsten Floren Europas; der mediterrane Anteil von 2 350 Arten verteilt sich auf etwa 450 circummediterrane, 480 nordafrikanisch-iberische und eine ähnlich hohe Zahl an Endemiten. Da das Gebiet mit Ausnahme der höheren Gebirge (im Süden nur die Sierra Nevada) während der Eiszeiten immer unvergletschert blieb, sind zahlreiche Tertiärrelikte erhalten geblieben. Eine Reihe von Gattungen hat auf der Iberischen Halbinsel ihr Entwicklungszentrum: *Centaurea* (90 Arten, davon 50 Endemiten), *Linaria* (52/36), *Genista* (33/22), *Thymus* (31/24), *Cytisus* (15/9). Portugal produziert vor allem im Alentejo ein Drittel der weltweiten Menge an Kork in teilweise noch naturnahen Wäldern mit Macchien-Unterwuchs. Auf degradierten ehemaligen Steineichen-Standorten wachsen Aleppoföhren, an der feuchteren Westküste auf sauren Böden Sternkiefern (meist angepflanzt).

***4.41 und 4.42** Oben: Verbreitung der Gattung Arbutus (Erdbeerbaum): A. unedo, A. andrachne, A. pavarii und A. canariensis. Darunter: Westlicher Erdbeerbaum (Arbutus unedo) mit Früchten.*

Südportugal (Algarve)

Im Westen erinnert die noch von den Winden des Atlantiks getroffene Jurakalk-Felsküste (Barlovento) an Südengland, während die Leeküste (Sotavento) östlich Faro Sanddünen und Salzlagunen aufweist. Im Barlovento bildet der endemische *Cistus palinhae* mit *C. albidus* und *C. salvifolius* niedrige Dickichte. Unter den weiteren Pflanzen dieser Garrigue finden sich: *Cistus monspeliensis* und *C. crispus, Halimium commutatum, Lavandula stoechas, Lithodora diffusa, Armeria pungens, Astragalus massiliensis, Viola arborescens, Jonopsidium acaule* sowie *Calendula suffruticosa.* Im stark kultivierten Land des Sotavento beherbergen die Pinienwälder einen höheren Strauchunterwuchs von *Lygos monosperma, Cistus ladanifer* und *C. libanotis, Genista hirsuta* und *G. triacanthos, Stauracanthus boivinii, Erica umbellata, Narcissus bulbocodium* und die endemische *Tuberaria major.*

Parallel zur Küste ziehen sich im Hinterland die Jurakalkhügel des Barrocal. Zwischen den Oliven-, Mandel- und Johannisbrotbaum-Kulturen finden sich Sternkiefernbestände und Macchienreste mit *Quercus ilex* und *Qu. coccifera,* Zwergpalmen *(Chamaerops humilis), Osyris lanceolata, Narcissus gaditanus* und *N. willkommii, Iris planifolia* und viele Erdorchideen. Noch weiter nördlich erheben sich aus einer Basis von paläozoischen Schiefern die Granitberge der regenreichen Serra de Monchique bis 902 m. Die ursprünglichen „herrlichen Bergwälder“, von denen Rikli noch vor 60 Jahren berichten konnte, mit Korkeiche, *Quercus canariensis* und *Qu. faginea* sind fast ganz verschwunden und durch Bewässerungskulturen, Kastanien- und Olivenhaine sowie Aufforstungen mit Sternkiefern ersetzt. In feuchten Mulden gedeihen die bis 4 m hohen Gebüsche des Tertiärrelikts *Rhododendron ponticum* mit der makaronesischen *Myrica faya, Arbutus unedo, Ilex aquifolium, Quercus fruticosa, Erica arborea, E. australis, E. lusitanica, Scilla monophyllos, Endymion hispanicus* und *Paeonia broteroi.* Höher oben wachsen Ginsterheiden mit *Genista hirsuta, G. lobelii, Adenocarpus complicatus* und *Sarothamnus baeticus.*

Spanien

Ein Großteil der Küsten, des Hügellandes und der südspanischen Gebirge (Betische Kordillere) ist potenzielles Waldgebiet der Steineiche. Davon ist heute – bis auf Reste in Katalonien – kaum noch etwas übrig; als Ersatzvegetation bedecken Gebüsche das Land, von der 2–4 m hohen Baumheide-Erdbeerbaum-Macchie über niedrigere Zistrosen- und Ginster-Macchien bis zu fußhohen *Quercus coccifera*-Garrigues. Wichtige, meist artenreiche Gattungen sind auf sauren Böden über Silikat: *Ulex europaeus, U. nanus, Cytisus, Genista hirsuta, Erica arborea, E. scoparia, E. umbellata, Cistus ladanifer, C. crispus, Halimium umbellatum* und *Lavandula stoechas;* auf Kalksedimenten der feuerresistente Erdbeerbaum *(Arbutus unedo), Cistus albidus, C. monspeliensis, Pistacia lentiscus, Calicotome spinosa* und viele andere. Der gemeinsame Name für diese Gebüschformation lautet *matorral.* Für die verschiedenen Matorrales gibt es – je nach den Dominanten – die allen Spaniern geläufigen Namen: *brezal (Erica/Calluna), jaral (Cistus/Halimium), retamar (Lygos, Cytisus)* und *palmar (Chamaerops humilis).*

Auf mageren Felsböden sind die von Lippenblütlern dominierten niedrigen Tomillares weit verbreitet: *Rosmarinus officinalis, Cistus*-Arten, *Halimium halimifolium* und *H. atriplicifolium, Teucrium polium, Thymus vulgaris, T. longiflorus, T. zygis, Helichrysum stoechas, Lithodora fruticosa, Dorycnium pentaphylleum* sowie *Ruta angustifolia.* Bei dauernder Überweidung kommt es zu Bodenerosion und einer negativen Auswahl giftiger oder bestachelter Pflanzen, die von den Schafen und Ziegen nicht gefressen werden. Im gesamten Mittelmeerraum gibt es diese offenen „Pseudo-

a
b
c
d
e
f
g
h
i
j

4.43 und 4.44 Linke Seite: a) Rhododendron ponticum; b) Putoria calabrica; c) Limoniastrum monopetalum (Strauch-Strandflieder), an Sandstränden und in Salzsümpfen, fehlt auf der Balkanhalbinsel; d) Igelpolster aus Erinacea pungens in Gipfelnähe der Gebirge; e) Helianthemum caput-felis; f) Vella spinosa und Erinacea pungens in der Sierra Nevada; g) Plantago nivalis; h) Saxifraga biternata; i) Cynara cardunculus (Wilde Artischocke); j) Notobasis syriaca. Rechts: a) Asphodelus aestivus (Kleinfrüchtiger Affodill); b) Phlomis fruticosa (Strauchnessel); c) Halimium atriplicifolium (Gelbe Zistrose).

steppen", die im Frühling mit Liliengewächsen *(Asphodelus aestivus, Asphodeline lutea,* Meerzwiebel – *Urginea maritima),* im Sommer mit Disteln wie den Wilden Artischocken *(Cynara cardunculus)* prächtig blühen. Oberhalb der mesomediterranen Stufe der immergrünen Steineichen folgt die niederschlagsreichere supramediterrane Stufe der sommergrünen Flaumeichen *(Quercus pubescens)* und darüber, in der oromediterranen Montanstufe im westlichen Spanien *Quercus pyrenaica,* im mittleren Teil der Weihrauchwacholder *Juniperus thurifera* und im Osten die halbimmergrüne *Qu. faginea* bzw. in der Sierra del Pinar bei Ronda die Igeltanne *(Abies pinsapo).* In der ariden altimediterranen Stufe oberhalb der Waldgrenze breiten sich Trockenrasen von *Festuca indigesta* und Dornkugelpolster-Fluren aus, wie jene der blaublütigen *Erinacea anthyllis, Astragalus granatensis, A. sempervirens* subsp. *nevadensis, A. massiliensis, Genista hirsuta, G. hystrix, G. triacanthos, Echinospartum boissieri, Ptilotrichum spinosum, P. purpureum* und *Bupleurum spinosum.*

Coto Doñana

Dieser vor allem wegen seiner reichen Vogelwelt berühmte Nationalpark (100 000 ha) im Mündungsdelta des Guadalquivir weist lange Sandstrände, bis 60 m hohe Dünen mit Föhrenwäldern, Salzmarschen *(marismas)* und Lagunen auf. Neben den trivialen circummediterranen Sandstrandpflanzen kommen hier *Lygos monosperma, Corema album, Halimium halimifolium, Limoniastrum monopetalum, Ononis variegata* und *Iris xiphium* vor. Weiter landein dominiert Matorral mit *Cistus populifolius* und *Juniperus phoenicea,* in den Föhrenwäldern wachsen *Cistus libanotis, Ononis subspicata, Viola arborescens* und *Halimium commutatum.* Am westlichen Ende der Betischen Kordillere, bei Algeciras, gibt es auf sauren Böden über tertiärem Sandstein lichte Korkeichenwälder mit Strauchunterwuchs: *Erica arborea, E. scoparia, E. umbellata, E. australis, Halimium lasianthum, Teline linifolia* und *Cytisus villosus.* Das Prunkstück dieser Matorral-Vegetation ist das reliktische *Rhododendron ponticum,* dessen 3 m hohe Gebüsche Mitte Mai blühen. Auch der Erdbeerbaum *(Arbutus unedo),* Immergrüner Schneeball *(Viburnum tinus)* und Lorbeer sind vertreten; auf Lichtungen wächst der auffallende endemische Sonnentau *Drosophyllum lusitanicum.* In höheren Lagen erstrecken sich dichte Gebüsche der Straucheiche *Quercus fruticosa.* Diese „grünen" Berge reichen nach Osten bis Estepona; sie werden dann abrupt abgelöst durch kahle weiße Karstberge (Sierra Blanca, Sierra de Mijas).

Westliche Costa del Sol

Auf den Kalkbergen hinter Torremolinos folgt nach einer artenreichen Frühlingsblüte mit *Asphodelus morisianus, Iris sisyrinchium, Allium-* und *Scilla-*Arten vor der Sommerdürre auf den Brachfeldern noch eine schöne Distel- und Doldenblüte mit *Galactites tomentosa, Notobasis syriaca, Scolymus hispanicus* und *S. arboreus,* mit *Cynara cardunculus* und *C. humilis,* den Wilden Artischocken, sowie den Apiaceen *Thapsia garganica* und *Cachrys sicula.* In den Tälern finden sich noch Reste von Sternkiefernwald mit Matorral: *Cistus populifolius, Halimium atriplicifolium, Ulex nanus, Coriaria myrtifolia, Staehelina baetica, Scorzonera baetica, Asperula hirsuta, Cleonia hirsuta, Serratula flavescens, Putoria calabrica, Centaurea prolongi, Linaria hirta, Erodium guttatum, Lavatera cretica, Mucizonia hispida* und *Echium albicans.* Einen Besuch wert ist auch das Schutzgebiet El Torcal de Antequera, ein 1 300 m hoher Karstberg mit den Endemiten *Saxifraga biternata, Linaria anticaria,* dem gelben Veilchen *Viola demetria* und etwa 30 Arten von Erdorchideen.

Serranía de Ronda

Auf einer Basis von rotem vulkanischem Peridotit mit Korkeichen- und Sternkiefernwäldern (mit

Transhumanz, Hirten und das Feuer

Robert Hofrichter

Das Wort „Transhumanz" leitet sich vom lateinischen *trans* (durch) und *humus* (Land) ab. Ursprünglich als Verb im Spanischen verwendet *(transhumar)*, fand es Anfang des 19. Jahrhunderts den Weg ins Französische *(transhumance)* und ersetzte das zuvor gebrauchte Wort *aestiver*, das etwa die Bedeutung von „den Sommer verbringen" hat. Meist versteht man unter diesem Ausdruck beide Phasen der seminomadischen Lebensweise von Hirten und ihren Herden in Südeuropa, „jenseits des heimatlichen Ackerbodens", bei der im Frühjahr die kühleren und feuchteren Regionen höher in den Bergen, im Winter die milderen Regionen im Flachland aufgesucht werden. Häufig waren die Eigentümer der Herden sesshaft und betrieben andere Formen der Landwirtschaft; bezahlte Hirten unternahmen für sie die Wanderungen mit den Schaf- und Ziegenherden. Durch diese Wanderungen sind Mensch und Vieh der ausgedörrten Vegetation während der trockenen, heißen Sommerzeit ausgewichen, einem Charakteristikum mediterranen Klimas. Unter „deszendenter Transhumanz" versteht man das System mit herbstlichen Wanderungen ins Tiefland, um dem Winter in den hochgelegenen Weiden zu entgehen. Das Wort wurde aber auch zu einem Synonym für das Niederbrennen der Vegetation im Spätfrühling, um die Qualität der Weideflächen bei späterer Rückkehr zu steigern. Transhumanz war der „goldene Mittelweg" zwischen sesshafter Weidewirtschaft mit Stallhaltung und freier Weide einerseits (heute die häufigste Art der Weidewirtschaft) und dem echten Nomadismus andererseits, bei dem ganze Familien mit ihren Herden umherziehen (echter Nomadismus ist aus der Mittelmeerregion praktisch verschwunden, vielleicht mit geringen Ausnahmen in einigen nordafrikanischen Ländern).

Nach Ansicht vieler Autoren hat sich Transhumanz schon in der Bronzezeit etabliert, in der römischen Antike war sie als *pastio pecuaria* bereits weit verbreitet. Tierhaltung war die letzte der vier wichtigen Säulen der mediterranen Landwirtschaft, die Fernweidewirtschaft offensichtlich die idealste Form unter den Gegebenheiten des Mittelmeerklimas. Die Distanzen, die zwischen den sommerlichen und winterlichen Weiden mit den Herden überwunden werden, hängen von den regionalen klimatischen Bedingungen ab. In den feuchteren Gebieten Italiens und Südfrankreichs betragen sie im Durchschnitt nur 100–300 km, in semiariden Regionen Südspaniens, Süditaliens und Nordafrikas können sie 700–1 000 km ausmachen. Die saisonale Verschiebung der Herden umfasste Hunderttausende, ja sogar Millionen von Schafen (vier bis fünf Millionen waren es in Spanien zu Beginn des 16. Jahrhunderts). Die seit frühester Zeit ausgetretenen Pfade – vieles an der Transhumanz war seit Jahrhunderten und Jahrtausenden ritualisiert – heißen in Spanien *cañada*, in Frankreich *drailles* und in Italien *trattaturi*.

Die Transhumanz hat in den europäischen Mittelmeerländern stark an Bedeutung verloren, in Marokko und manchen anderen nordafrikanischen Ländern spielt sie aber nach wie vor eine wichtige Rolle. Klimatische bzw. physisch-geographische Ursachen waren allerdings, wie Wagner (2001) deutlich ausführt, nicht der einzige Grund für die Etablierung der Transhumanz; politisch instabile und unsichere Zei-

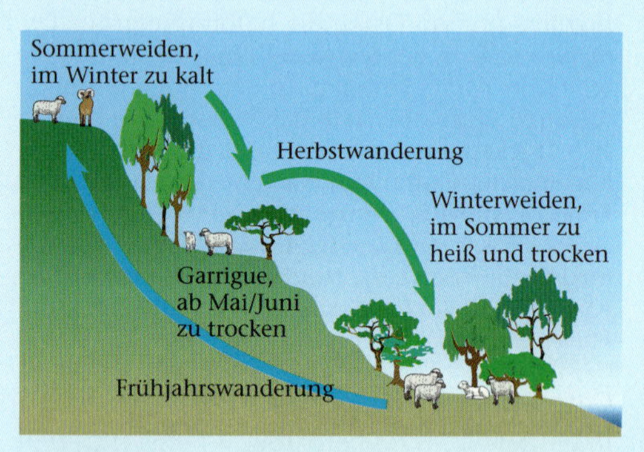

Trittwege führten in Spanien über das Kantabrische Gebirge, die Nord- und Südmeseta bis nach Andalusien, von den Pyrenäen ins Ebrobecken, im Süden in die Sierra Nevada. Durch die Überquerung von Ackerbaugebieten und Staatsgrenzen kam es immer wieder zu Konflikten.

4.45 *Schema und Routen der Transhumanz im westlichen Mittelmeerraum. Heute ist die Wanderung der Herden in den meisten Fällen durch Lkw-Transporte ersetzt. Nach Blondel und Aronson 1999.*

ten förderten sie ebenso. Nach der Eroberung ehemals muslimischer Gebiete in Kastilien im Hochmittelalter (Reconquista) war die extensive nomadische Weidewirtschaft sicherer und die Herden leichter zu schützen als bei der sesshaften Weidewirtschaft mit Stallhaltung. Auch im Osmanischen Reich trugen politisch-militärische Wirren zur Etablierung der nomadischen Lebensform bei; das Ausweichen der Herden in schwer erreichbare Rückzugsgebiete war eine sinnvolle Schutzstrategie. In Spanien schlossen sich im Jahr 1273 (bis 1837) mächtige Land- und Herdenbesitzer im Verbund der Mesta zusammen, ebenso wie im Jahr 1447 italienische Landbesitzer in der Dogana; Sinn dieser Vereinigungen war die Sicherung der Weidewirtschaft und Wollproduktion und der damit zusammenhängenden beträchtlichen Gewinne.

Jahrtausende andauernde landwirtschaftliche Nutzung unterschiedlichster Art hat zur Degradierung mediterraner Landschaften beigetragen (Abb. 4.35, 4.36 und 4.38). Dabei hat ein Faktor eine entscheidende Rolle gespielt: das Feuer. Die ältesten Spuren der Verwendung von Feuer sind in manchen Teilen des Mediterrans fast 500 000 Jahre alt; vor etwa 300 000 Jahren lernte der Mensch Feuer kontrolliert einzusetzen. Wie archäologische Funde in Spanien, Griechenland und Israel zeigen, hat der mediterrane Mensch vor 20 000 bis 25 000 Jahren damit begonnen, das Feuer bzw. Brandrodung als sein erstes – und gleichzeitig äußerst mächtiges – Werkzeug der Landschaftsumgestaltung zu gebrauchen. Die durch Brandrodung entstandenen Flächen wurden vielfach zu Weidegründen, die mancherorts seit mehr als 5 000 Jahren bis heute kontinuierlich diesem Zweck dienen. Mit dem Übergang zur sesshaften oder halbsesshaften Lebensweise etablierte sich in den meisten Regionen rund um das Mittelmeer auch der Brauch, die Weideflächen durch Brandrodung fruchtbarer zu machen. In abgegrasten Buschgebieten und Steppen konnte man so die Futterqualität verbessern bzw. regenerieren. Die aus der Perspektive der Hirten kurzfristig nützliche Maßnahme ist jedoch ökologisch ein zweischneidiges Schwert, da dieses Vorgehen unter anderem ein Verarmen der Artendiversität zur Folge hat und je nach den in der Region vorherrschenden klimatischen Bedingungen und der Menge bzw. Verteilung des Niederschlags zu Erosion und Erschöpfung des Bodens führt.

Die Bedeutung des Feuers als die Landschaft gestaltendes Element ist in griechisch-römischen Quellen vielfach belegt. Daran hat sich über die Jahrtausende bis ins 20. Jahrhundert praktisch nichts geändert. Erst um 1940, in vielen Ländern noch später, haben die ersten Mittelmeerländer hinsichtlich der landwirtschaftlichen Nutzung, Beweidung und Verwendung von Feuer strengere Vorschriften erlassen; in vielen Regionen sind Beweidung und Brandrodung streng verboten. Es ist jedoch naheliegend, dass derartige Verbote nur schwer kontrollierbar und schwer durchzusetzen sind, vor allem in ärmeren Regionen mit jahrtausendealter Hirtentradition und ohne jede Alternative, den Lebensunterhalt zu sichern.

***4.46** Über Jahrtausende betrieb der Mensch massiven Raubbau an der Natur, bis die Landschaft ihr heutiges Gesicht erhielt. Einen beträchtlichen Anteil an dieser Entwicklung haben Haustiere, vor allem Ziegen (a). Sie zählen zu den ökologisch „gefährlichsten" Tieren der Mittelmeerregion: Ziegen sind Feinschmecker, sie klettern auf Bäume und vertilgen die Jungtriebe der Pflanzen. So knabbern sie die im Frühlingsaustrieb noch zarten und weichen jungen Blätter der Kermeseiche (Quercus coccifera) ab, die im reifen Zustand ledrig und bedornt und damit vor Verbiss sicher sind. Die so entstehenden Strauchformen sehen wie von Menschenhand gestaltete Skulpturen aus (b und c).*

4.47 *a) Abies pinsapo-Wald (Spanische Tanne). Diese Tannenart kommt in den Gebirgen Südostspaniens vor. b) Östliche Ausläufer der Pyrenäen (Pyrenées Orientales) bei Banyuls-sur-Mer. c) Waldbrand in den Ostpyrenäen. Wald- bzw. Macchienbrände sind eine Geißel des Mittelmeerraumes. Begünstigt werden sie durch die sommerliche Trockenheit; Wind und die in den Pflanzen enthaltenen ätherischen Öle sorgen für schnelle Ausbreitung. Brände können natürliche Ursachen haben, aber auch auf fahrlässigen oder mutwilligen Umgang mit dem Feuer zurückgehen.*

Paeonia broteroi und *P. coriacea*) steigen Kalk- und Dolomitberge bis 2 000 m auf. Zu dem 15 000 km² großen Gebirgszug gehören mehrere Schutzgebiete mit zusammen 47 000 ha, etwa die Sierra de las Nieves und die Sierra Bermeja. Von den ehemals weit verbreiteten, meist offenen Gebirgsnadelwäldern der endemischen Igeltanne *(Abies pinsapo)*, die die Hänge zwischen 1 000 und 1 600 (1 800) m besiedelt, sind noch etwa 2 600 ha erhalten *(Paeonio broteroi–Abietetum pinsapo)*; seit dem Verbot der Ziegenweide erholen sie sich langsam. Mediterrane Begleiter sind *Phlomis crinita* und *P. purpurea, Cistus populifolius, Iris planifolia, Paeonia mascula, Chamaepeuce hispanica* sowie *Lavandula lanata*. Über der Waldgrenze wachsen Wacholdergebüsche *(Rhamno infectoriae–Juniperetum sabinae)*, in Gipfelnähe Igelpolster von *Erinacea pungens* und *Genista triacanthos (Astragalo andresmolinae–Erinaceetum anthyllidis)* mit dem Spalierstrauch *Prunus prostrata* (Zwergkirsche).

Sierra Nevada

Die Straße von der Küste nach Granada führt durch ein enges Flusstal, in dem Mitte Mai Oleander-Augebüsche in voller Blüte stehen. Dann fährt man durch ein flaches Hügelland mit endlosen Olivenplantagen an den Fuß des höchsten Berges von Andalusien (Mulhacén, 3 478 m), der von Granada aus über die Nordflanke durch eine gute Straße (Schigebiet) leicht erreichbar ist. Orangen werden bis 1 100 m, Ölbäume bis 1 300 m angepflanzt. Nach Rivas-Martinez et al. (1999) sind die Steineichenwälder der mesomediterranen Stufe *(Paeonio coriaceae–Quercetum rotundifoliae)* weitgehend verschwunden und durch artenreichen Matorral ersetzt: *Retamo sphaerocarpae–Genistetum speciosae* mit *Lygos sphaerocarpa, Cytisus-Arten, Genista umbellata, Ulex parviflorus, Berberis hispanica, Helichrysum stoechas, Helleborus foetidus, Digitalis obscura, Salvia lavandulaefolia* und *S. lanata* sowie *Phlomis crinita* (*Convolvulo lanuginosi–Lavanduletum lanatae;* Tomillar).

In der supramediterranen und oromediterranen Stufe von 1 400 bis etwa 1 800 m sind Reste des *Adenocarpo decorticantis–Quercetum pyrenaicae* vertreten, die zusammen mit Matorral *(Halimio viscosi–Cistetum laurifolii)* vereinzelt bis 2 100 m reichen. Darüber folgt auf Dolomit ein Mosaik aus Wacholdergebüschen *(Daphne oleoidis–Pinetum sylvestris* mit *Juniperus sabina, J. hemisphaerica und Prunus prostrata*), Tomillares, Igelpolsterheiden *(Astragalo boissieri–Festucetum hystricis)* und Trockenrasen. Bis gegen 3 000 m wachsen auf Silikat offene Wacholdergebüsche *(Genisto versicoloris–Juniperetum nanae)*, Grasland *(Arenario granatensis–Festucetum indigestae)* und auf Dolomitinseln Tomillares *(Sideritido glacialis–Arenarietum pungentis)*. Bis zum Gipfel wird die Pflanzendecke immer offener, Schutt- und Schneebodenvereine mit zahlreichen interessanten Endemiten dominieren

4.48 *a) Erinacea anthyllis (Igelginster) wächst in den Gebirgen des Westmediterrans an steinigen (meist Kalk), sonnigen und trockenen Hängen. b) Prunus prostrata* (Zwergkirsche).

(Violo nevadensis –Linarietum glacialis, Saxifragetum nevadensis). Oberhalb von 2 600 m, in der „kryo-oromediterranen" Stufe gedeihen noch ca. 200 Arten; davon sind 70 Arten auch in den Alpen verbreitet, daher hier wohl als Glazialrelikte anzusehen (z. B. *Ranunculus glacialis, Saxifraga oppositifolia, Gentiana verna*), 20 Arten stammen aus Nordafrika (Marokko), 40 Arten sind endemisch, z. B. *Ranunculus acetosellifolius, Saxifraga nevadensis, Eryngium glaciale, Linaria glacialis, Artemisia granatensis, Viola crassiuscula, Plantago nivalis, Arenaria tetraquetra, Biscutella glacialis* und *Convolvulus boissieri*.

Wegen seines Artenreichtums besuchenswert ist auch ein weiter landein im Nordosten gelegenes Gebirge, die Sierra de Cazorla (2 107 m) mit höheren Niederschlägen (bis 2 000 mm) und daher bewaldet: von 700 bis 1 400 m mit *Pinus halepensis*, von 1 400 bis 1 800 m mit *Pinus nigra* subsp. *salzmanni, Pinus pinaster, Quercus ilex, Qu. faginea, Acer granatense* und *A. monspessulanum*. Von der Waldgrenze bis zum Gipfel wachsen Wacholdergebüsche und Dornpolsterfluren. Berühmt ist die Sierra de Cazorla aber vor allem durch den Relikt-Endemiten *Viola cazorlensis*, ein strauchiges, rosa blühendes Felsveilchen.

Östliche Costa del Sol

Die Provinz Almeria hat mit ca. 2 500 Arten die reichste Flora Spaniens, davon sind etwa 100 Arten Endemiten der Trockengebiete. Es ist eine

4.49 und 4.50 Oben: a) Astragalus balearicus (Balearen-Tragant). Igelpolster bzw. verdornte polsterförmige Wuchsformen treten bei starker Beweidung auf. b) Quercus ilex-Wald (Steineiche) auf Mallorca. Der einst im Mittelmeergebiet weit verbreitete Steineichenwald ist heute nur noch stellenweise zu finden. Rechte Seite: a) und b) Chamaerops humilis (Zwergpalme) bildet in den wärmsten Küstenbereichen oft niedrige Dickichte; Regeneration nach einem Waldbrand.c) Hypericum balearicum. d) Brassica balearica. e) Digitalis dubia. f) Lavatera maritima. g) Gebirgsregion auf Mallorca mit Ampelodesmos (Dissgras) und Calycotome spinosa (Dornginster).

monotone Steppenlandschaft mit versalzten Böden und schütterer Pflanzendecke. Der trockenste Ort Europas, Cabo de Gata (122 mm Jahresniederschlag) ist Naturpark (38 000 ha; Sand- und Felsküste, Halbwüste, Meerespark). Landein erhebt sich die Sierra de Gador bis 2 236 m. Im Küstenland sind drei Steppentypen zu unterscheiden: die Salzsteppen bis in eine Höhe von 700 m mit *Atriplex glauca, Salsola vermicularis, S. genistoides, Anabasis articulata, Mesembryanthemum crystallinum, Limonium*-Arten und den auffallenden Parasiten *Cynomorium coccineum* und *Cistanche phelipaea.* Grassteppen werden von *Lygeum spartum* und *Stipa tenacissima* dominiert, Geröllsteppen von Dornsträuchern wie *Ziziphus lotus und Lycium intricatum mit Peganum harmala, Zygophyllum fabago, Plantago albicans, Echium humile* und *Androcymbium gramineum.*

Costa Brava

Die Costa Brava erhält mit 800 mm mehr Regen und ist daher relativ gut bewaldet. Die Gesteinsvielfalt (Silikat, Jurakalke) bewirkt eine große Artenvielfalt. Korkeichenwälder mit schönem *Cistus-Erica*-Matorral-Unterwuchs mit *Genista scorpius, Calicotome spinosa, Ulex, Lavandula stoechas, Teline linifolia, Viburnum tinus,* Aleppoföhren- und Pinienwäldern erstrecken sich an der schroffen Steilküste von Blanes bis zu den Pyrenäen.

Die Balearen

Mallorca: Die größte und landschaftlich reich gegliederte Baleareninsel besteht aus einer schroffen Kalk-Gebirgskette im Norden – Puig Mayor (1 440 m), Massanella (Niederschlag um 1 500 mm) und dem weitgehend flachen Kulturland im Süden (800 mm Regen). Berühmt ist die Blüte der unzähligen Mandelbäume im Januar/Februar. Die Küsten sind teils Sandstrände (viele davon verbaut), teils felsig und oft mit Aleppoföhrenwald bestanden. Im Nordosten erstrecken sich drei Halbinseln mit über 500 m hohen Felsenkaps weit hinaus ins Meer; das wildeste – Kap Formentor – ist durch eine Straße erschlossen, die zwei südlich folgenden sind unbesiedelt und einsam. Sandstrände mit Dünen finden sich im Osten und Süden; neben der üblichen Garnitur von Strandpflanzen wächst hier als Besonderheit das Katzenköpfchen (*Helianthemum caput-felis;* ein Standort am Capu Mannu in Westsardinien). Schöne Steineichenwälder mit Matorral finden sich nur mehr im Gebirge (z. B. um das Kloster Lluc, Massanella: Waldgrenze bei ca. 1 200 m). Im Matorral sind als Besonderheiten zu erwähnen: *Anthyllis cytisoides, Thymelaea myrtifolia, Cneorum tricoccum, Viola arborescens* und – oft dominant – *Hypericum balearicum.* Bei starker Beweidung treten Igelpolster von *Astragalus balearicus* und verdornte Zwergsträucher wie *Teucrium subspinosum* auf. Große Flächen auf den entwaldeten Ostkaps und im Gebirge werden von sekundären *Ampelodesmos*-Hochgrasfluren eingenommen, in denen an manchen Orten hochstämmige Gruppen von Zwergpalmen *(Chamaerops)* wachsen. Besonders interessant sind die zahlreichen (ca. 60) Endemiten der Felswände und Schluchten, z. B. *Aristolochia bianorii, Crepis*

triasii, Helichrysum ambiguum, Pastinaca lucida, Hippocrepis balearica, Rhamnus ludovici-salvatoris, Brassica balearica, Bupleurum barceloi, Viola jaubertiana, Paeonia cambessedesii, Senecio rodriguezii, Lotus teraphyllus, Cyclamen balearicum, Erodium chamaedryoides und *Digitalis dubia*. In den Karstfelsfluren der Gebirge fällt neben den überweideten *Phlomis italica*-Fluren ein sparriger, blattloser und verdornter Kleinstrauch auf *(Smilax aspera* subsp. *balearica)*, dessen Typusart im Matorral als immergrüne Liane bis in die Baumkronen klettert.

Die flache Insel Menorca besteht neben tertiären Kalken im Nordosten auch aus Silikathügeln (Monte Toro, 357 m). Hier wächst die endemische *Daphne rodriguezii*. Die Insel ist fast durchgehend Kulturland, die interessanten Pflanzen wachsen vor allem in den Felswänden der zahlreichen Schluchten. Das hügelige Ibiza (475 m) ist ebenfalls Kulturland mit Mandeln, Feigen und Orangenplantagen; höher oben gedeihen Aleppoföhrenwälder mit Matorral von *Cistus*-Arten, *Juniperus phoenicea, Ononis natrix* und *Myrtus communis*.

Südfrankreich: die Camargue

Die Sandablagerungen der Rhône bilden im Delta eine 100 km lange Sandküste, das wichtigste Dünengebiet des ganzen Mittelmeerraumes; nach Westen setzt sie sich durch die Provence und das Languedoc *(Ammophiletum arenariae)* fort. Ähnlich wie im spanischen Nationalpark Coto Doñana kommt es alljährlich zu Überflutungen mit Meerwasser; es entstehen ausgedehnte seichte Brackwasserlagunen (Étangs) und Salzmarschen (Sansouires). In der jüngeren Vergangenheit sind große Teile der Salzlandschaft durch die Einleitung von Süßwasser aus der Rhône in Reiskulturen umgewandelt worden; dies bleibt nicht ohne Wirkung auf die Wasservögelfauna (unter anderem Flamingos). Die übliche Sandstrandflora enthält *Cakile maritima, Polygonum maritimum, Salsola kali, Eryngium maritimum, Pancratium maritimum, Silene italica, Otanthus maritimus, Medicago marina, Crucianella maritima, Euphorbia paralias, Echinophora spinosa, Mathiola sinuata* und *Calystegia soldanella*. In den Salzmarschen (ca. 500 km^2) dominieren *Salicornia herbacea* mit *Arthrocnemum glaucum* und *A. fruticosum, Suaeda maritima* und *S. vera, Bassia hirsuta, Salsola soda, Halimione portulacoides, Limonium vulgare, Aster tripolium, Inula crithmoides* sowie *Atriplex halimus*.

Provence, Riviera, Seealpen, Ligurien

Das Verständnis der Vegetationszusammensetzung im Gebiet wird durch den starken Höhengradienten von der Küste ins Gebirge, die geologischen Unterschiede und vor allem den sehr alten menschlichen Einfluss (Waldbewirtschaftung, Beweidung, häufige Brände) erschwert. Ganz im Westen, im Hinterland von Montpellier, gedeihen ausgedehnte niedrige *Quercus coccifera*-Garrigues mit *Cistus monspeliensis*. Auch die Landschaft selbst trägt den Namen der Kermeseiche. Klimatisch können kleine Bereiche um Nizza und Monaco noch zum thermomediterranen *Oleo–Ceratonion* gerechnet werden, das hier vor allem durch die Küstenmacchie der Baumwolfsmilch *(Euphorbia dendroides)* bzw. die Dornpolster von *Euphorbia spinosa* mit *Lavatera maritima* und *Teucrium fruticans* repräsentiert wird. Der *Quercus ilex*-Wald der mesomediterranen Stufe ist auf Kalk vielfach durch Aleppoföhren ersetzt.

In den Silikatmassiven der Maures und im Esterel dominiert auf sauren Böden der Korkeichenwald (bis gegen 800 m) mit Macchienunterwuchs: *Myrtus communis, Calicotome spinosa, Pistacia lentiscus, Daphne gnidium, Juniperus oxycedrus, Lavandula stoechas, Erica arborea, Arbutus unedo, Cistus, Genista candicans, Lonicera implexa, Helichrysum stoechas*. Im Esterelgebirge kommt auch der schöne *Cistus ladanifer* vor sowie das Dissgras *Ampelodesmos mauretanica*. In höheren Lagen (über 500 m) wird *Pinus halepensis* von *P. pinaster* (zum Teil aufgeforstet) abgelöst. Da die Föhren stark von parasitischen Insekten geschädigt werden, könnte die Steineiche ihr altes Wuchsgebiet wieder zurückerobern. Die häufigen Brände begünstigten die Flaumeiche, die hier mit der Steineiche Mischbestände bildet. Während Ozenda (1966) von einer mediterranen Flaumeichenserie als Klimaxvegetation spricht, sieht Martini (1997) den Grund im anthropogenen Einfluss auf die Konkurrenzsituation der dominanten Bäume.

Eine echte floristische Höhengrenze kann man bei 800–900 m beobachten, wo *Quercus ilex* durch *Buxus, Spartium* und *Calicotome* durch *Genista cinerea, Lavandula latifolia* durch *L. vera, Rosmarinus* durch *Satureja montana* abgelöst werden. Insgesamt liegen die Höhengrenzen höher als im Norden der Apenninhalbinsel: Garrigues steigen bis über 1 000 m, die Steineiche bis gegen 1 200 m. An der „Côte Royale" (Cannes, Nizza) lohnen vor allem die berühmten Parks und botanischen Gärten einen Besuch.

Der zentrale Mittelmeerraum: die Apenninhalbinsel

Die mesomediterrane Steineichenstufe beginnt an der Adria – mit Ausnahme eines sehr schmalen Küstenstreifens südlich von Ancona – praktisch erst am Gargano; am Tyrrhenischen Meer ist diese Zone breiter und zieht sich von Ligurien durch nach Süden. Lange Sandküsten (Ravenna, von Livorno mit Unterbrechungen bis südlich von Rom) sind von Pineten *(Pinus pinea)* bestanden, deren Areal durch die Römer stark ausgeweitet wurde. Auf trockenen Standorten vertritt *Pinus halepensis* zum Teil den Steineichenwald. Korkeichenhaine kommen nur sporadisch südlich von Livorno, zwischen Rom und Neapel, in Kalabrien bei Cosenza, in Apulien und Sizilien vor. Das

4.51 *a) Aubrieta columnae (Sternhaariges Blaukissen) hat eine zentralmediterrane Verbreitung. Die Art wächst in Italien und Dalmatien. b) Blühender Adenocarpus complicatus (Drüsenginster) und c) Dornpolsterfluren des „hl. Dornstrauchs", des spino santo (Astragalus granatensis subsp. siculus), auf dem 3 350 m hohen Ätna, Sizilien.*

Steineichenareal ist stark reduziert, das supramediterrane Flaumeichengebiet (zunächst *Quercus pubescens,* höher oben *Qu. cerris* und *Qu. petraea,* schließlich *Orno–Ostryon*) nimmt die ganze Breite der Halbinsel ein, unterbrochen nur vom Hochgebirge der Abruzzen, die im Gran Sasso mit knapp 3 000 m Höhe ganz alpinen Charakter annehmen, mit Buchen-Tannenwäldern, Legföhren, Zwergstrauch-, Rasen- und Schuttgesellschaften. Erst südlich einer Linie Terracina–Gargano setzt an der Küste die thermomediterrane Stufe ein, die mesomediterrane Stufe verbreitert sich, die halbimmergrüne *Quercus trojana* tritt auf. Über der Flaumeichenstufe kommt zwischen 1 000 und 1 250 m *Pinus nigra* subsp. *laricio* waldbildend vor. Die oromediterrane Stufe zeigt sich auch hier fast mitteleuropäisch mit prächtigen Buchenurwäldern. Die Buche steigt bis auf 2 100 m, die Waldgrenze wird am verkarsteten Monte Pollino bei 2 250 m von den prächtigen Baumgestalten der balkanischen Panzerföhre *(Pinus leucodermis)* gebildet. In den letzten Jahren macht man große Anstrengungen, die entwaldeten und verkarsteten Hänge Kalabriens wieder aufzuforsten.

Sizilien

Trotz der Größe der Insel (25 462 km^2) ist die Vegetationsverteilung relativ einfach: das thermomediterrane *Oleo–Ceratonion* mit Zwergpalmenfluren nimmt den im Norden schmalen, bis 200 m Meereshöhe reichenden Küstenstreifen ein, im Süden einen breiten, bis 400 m Höhe aufsteigenden Gürtel. An der Südküste gedeiht an mehreren Stellen nordafrikanische Steppenvegetation *(Stipa capensis).* Über der zerstückelten potenziellen Steineichenstufe, die heute dicht besiedelt ist und bis auf Eichenreste von Zitrusplantagen, Ölbäumen, Mandel- und Weingärten eingenommen wird, gehört fast die ganze nördliche Hälfte der Insel dem potenziellen Flaumeichenareal der supramediterranen Stufe an, die heute das Hauptanbaugebiet von Getreide darstellt. In den zwei Kalk-Gebirgsstöcken an der Nordküste, den Madoníe (westlich) und den Monti Nebrodi (östlich) und am Ätna erreichen Buchenwälder ihre Südgrenze in Europa. Die Madoníe sind mit 55 Prozent der Gesamtflora das artenreichste Gebiet Siziliens. Hier sind auch noch schöne Korkeichen- und Steineichenwälder und *Erica-Arbutus*-Macchien erhalten. In der supramediterranen Stufe – hier dominiert von der endemischen *Quercus congesta,* aber auch von Kastanienwäldern – wird vereinzelt noch eine besondere Form der Mannaesche kultiviert, deren Zuckersaft nach dem Eintrocknen abgeschabt und früher in größerem Umfang als Rohstoff für die Süßwarenerzeugung genutzt wurde. Der Name der Stadt Gibilmanna stammt aus der Zeit der Araberherrschaft und lautete Djebel Manna – „Mannaberg". In der oberen oromediterranen Stufe breiten sich frische Buchenwälder mit *Ilex* und *Daphne laureola* aus. Die bereits für ausgestorben gehaltene endemische Tanne *Abies nebrodensis* wurde in wenigen Exemplaren wiedergefunden und wird wieder eingebürgert. Um die Flanken des aktiven Vulkans Ätna (3 263 m) zieht sich bis über 600 m Meereshöhe ein Weinbau- und Edelkastanien-Gürtel, darüber folgt eine Stufe mit Buchen, Birken *(Betula aetnensis)* und schönen Schwarzföhrenwäldern *(Pinus laricio).* Junge Lavaströme reichen tief herunter ins Siedlungsgebiet und werden von Beständen des endemischen Baumstrauchs *Genista aetnensis* sowie von *Adenocarpus complicatus* kolonisiert. Über der Baum-

***4.52** a) Euphorbia dendroides (Baum-Wolfsmilch). b) Crocus corsicus. c) Astragalus massiliensis; die beiden letzteren Arten wachsen sowohl auf Korsika als auch auf Sardinien. Astragalus ist mit 591 annuellen, ausdauernden oder verholzenden Arten die artenreichste Gattung des Mittelmeerraumes. d) Centaurea horrida- Dornpolsterfluren. Die Gattung Centaurea (Flockenblumen) ist mit 443 Arten die zweitartenreichste der Region.*

grenze bei etwa 2200–2300 m gelangt man in die Zone ständiger vulkanischer Dynamik; die schwarzen Sande der Steilhänge sind nur dort von Pflanzen besiedelt, wo der Boden nicht rutscht: Bestände von *Berberis aetnensis* und *Juniperus hemisphaerica* wechseln mit Dornpolsterfluren des so genannten *spino santo (Astragalus granatensis* subsp. *siculus)* und wenigen Begleitern wie *Adenocarpus bivonii, Viola aetnensis, Tanacetum siculum.* Als Pioniere steigen *Anthemis aetnensis, Rumex aetnensis, Senecio aetnensis* bis über 2800 m. Besonders reich an interessanten, teils endemischen Pflanzen sind die Felswände des Monte Pellegrino (Palermo), des Monte Erice und des Cofano.

Sardinien

Granite und Gneise nehmen den Osten und Südwesten, mesozoische Kalksedimente den Westen ein. Bis zum Spättertiär existierten Landbrücken nach Korsika und zu den Apuanen, wahrscheinlich auch über Sizilien nach Nordafrika. Durch die Austrocknung ist die ältere subtropische Flora vernichtet worden, die nachfolgende geographische Isolierung hat Zuwanderungen verhindert, so dass die eher arme Flora ganz autochthon erscheint. Die geringen Niederschläge der Küstenlagen (unter 500 mm) nehmen im Gebirge auf über 1000 mm zu. Die thermomediterrane Stufe zieht sich ohne Unterbrechung um die ganze Insel. Im Norden, am Granitberg Monte Limbara (1362 m), reicht die Feuchtigkeit in der mesomediterranen Stufe für Korkeichenwälder und eine hohe *Erica arborea–Arbutus*-Macchie. Am Gipfel blüht *Viola corsica* in den Polstern von *Genista lobelii.* Alte Steineichenwälder *(Viburno–Quercetum ilicis)* gibt es noch im Südosten der Insel nördlich von Villasimius (Monte Sette Fratelli), bei Lanusei (Parco Selene) und am Monte Albo, sonst nur reliktisch in Schluchtgräben.

Steineichenwälder sind vor allem dort erhalten, wo keine Beweidung möglich ist, das heißt an steilen Felshängen. Wo die Flaumeichenstufe zerstört ist, steigt *Quercus ilex* bis gegen 900 (1200) m. An den noch trockeneren Kalk-Felshängen wachsen Gebüsche von *Juniperus oxycedrus, Pistacia terebinthus* und *Phillyrea.* Auf der feuchten Westseite des Gennargentu (1834 m) gedeihen Kastanienwälder. Die durch starke Beweidung und Raubbau sehr dezimierten Wälder sind heute weitgehend ersetzt durch erodiertes Weideland mit verdornten Polstersträuchern wie *Astragalus sirinicus, Plantago subulata* var. *insularis* und Gräsern. Reich ist dagegen die Felsflora: *Saxifraga lingulata* var. *australis, S. pedemontana* var. *cervicornis, Ruta corsica, Armeria morisii.* In den Kreidekalkbergen von Oliena steigen Waldrelikte bis in die Gipfellagen: *Taxus, Hedera, Paeonia russii;* die Karrenfelder tragen eine niedrige Garrigue mit *Prunus prostrata, Genista corsica* und *Thymelaea tartonraira.* Sehr verbreitet auf sauren Böden sind niedere Ginster-Macchien mit *Genista corsica, G. salzmanni, G. ephedroides* und *G. morisii.* Besonders lohnend ist eine Fahrt in den Nordwesten zu den schroffen Felskaps von Capo Caccia (windgefegte Garrigue des thermomediterranen *Oleo–Lentiscetum* mit *Chamaerops,* Felsstrandvegetation) und nach Stintino mit Dornpolsterfluren von *Centaurea horrida* und *Astragalus massiliensis* mit *Genista corsica, Helichrysum italicum, Camphorosma monspeliaca, Erodium corsicum* und *Bellium crassifolium.* Sehr schön ist auch die Fahrt auf der Ostküstenstraße von Tortoli nach Norden hinauf

zum Pass Genna Silana (1 010 m). Zunächst sieht man meerseitig riesige Bestände von *Euphorbia dendroides,* höher oben kommen Garrigues mit *Santolina corsica, Teucrium marum* und *Genista corsica,* am Pass *Paeonia russii* und *Pancratium illyricum,* bei der Abfahrt dann *Genista aetnensis* und in den Felswänden die endemische *Centaurea filiformis.*

Sandstrände und Dünen, zum Teil mit Pineten, gibt es beispielsweise im Südwesten (Buggeru Portixeddu) und an dem unverbauten Küstenabschnitt nördlich davon (Costa Verde). Besonders schön ist die Sandküste im Norden östlich von S. Teresa Gallura (Porto Pozzo) Mitte Juni, wenn die Stachelpolster von *Armeria pungens* blühen. Salzmarschen mit *Cynomorium coccineum* gibt es z. B. bei Cagliari.

4.53 *a) Pinus nigra subsp. laricio-Wald (Lariciokiefer) auf Korsika. b) So genannte pozzi, flache saure Niedermoore über wasserundurchlässigen Böden.*

Korsika

Korsika ist wohl die am reichsten gegliederte, zudem noch waldreiche Gebirgsinsel (Monte Cinto 2 706 m) des Mittelmeerraumes. Die Flora zählt 2 608 Arten, davon sind rund 1 000 mediterran; 11 Prozent oder 279 Arten sind endemisch. Geologisch bestehen drei Viertel der Insel aus Graniten, der Nordosten aus Schiefern, getrennt durch ein schmales Band aus miozänen Kalksedimenten, die im Süden bei Bonifacio mit einer Steilküste nochmals erscheinen. Die Niederschläge sind nur an der Küste gering (Porto Vecchio: 484 mm), steigen aber im Gebirge rasch auf 1500 mm und mehr an. Die Schneedecke kann oberhalb 2 000 m 5 bis 6 Monate andauern. Die thermomediterrane Stufe ist daher (im Gegensatz zu Sardinien) auf wenige Stellen an der Küste begrenzt und durch die Gesellschaften des *Clematido–Lentiscetum* und das *Oleo–Euphorbietum dendroidis* vertreten; weitere Zeiger sind *Prasium majus, Teucrium fruticans, Juniperus phoenicea* und *Anthyllis barba-jovis.* Die *Pinus halepensis-* und *P. pinea*-Forste der Küsten sind vor 100 Jahren gepflanzt worden. Die mesomediterranen Hartlaubwälder werden auf sauren Böden vor allem von der Korkeiche, oft mit hohem Macchienunterwuchs, gebildet *(Erico–Arbutetum quercetosum suberi);* auch die Sternkiefer *(P. pinaster)* ist vertreten.

Als Degradationsstadien (niedrige Macchie bzw. Garrigue) sind das *Helichryso–Cistetum cretici* mit *Cistus monspeliensis, C. salvifolius, C. creticus, Genista corsica, Calicotome spinosa, Lavandula stoechas, Stachys glutinosa, Helichrysum italicum, Myrtus communis, Thymelaea tartonraira, Daphne gnidium, Juniperus oxycedrus* und das *Stachydi–*

***4.54 und 4.55** Links: Granatapfel (Punica granatum) in Süddalmatien. Der 3–5 Meter hohe Strauch gehört zu den ältesten Kulturpflanzen der Mittelmeerregion und wurde schon in altägyptischen Gärten gepflanzt. Oben: Euphorbia fragifera, die Erdbeerwolfsmilch auf verkarstetem Fels (Insel Krk).*

Genistetum corsicae mit *Teucrium marum, Rosmarinus officinalis, Lavandula* und *Cistus* anzusehen.

Das *Viburno–Quercetum ilicis* steigt je nach Exposition auf 450–600 m, hohe und niedrige Macchien *(Erico–Arbutetum pinetosum pinastri* und *E.–A. cistetosum)* bis gegen 950 m. Trotz des langen menschlichen Einflusses gibt es in abgelegenen Tälern noch schöne hochwüchsige Wälder der Steineiche (bis 25 m). Die supramediterrane Stufe der Flaumeichen ist nur mehr fragmentarisch erhalten *(Galio–Quercetum ilicis quercetosum pubescentis* mit starkem *Ostrya*-Anteil), teilweise auch durch *Alnus cordata* und *Pinus laricio* ersetzt. Bedeutend ist auch das Areal der Kastanienwälder *(Digitalo–Castanetum)* – teilweise noch mit mediterranen Immergrünen wie *Arbutus* und *Viburnum tinus* – in der niederschlagsreichen Castagniccia südlich Bastia.

Die oromediterrane Stufe der Bergwälder wird in Nordlage zwischen 900 und 1 600 m von Buchen- und Tannenwäldern (mit Eibe), in Südlagen auf meist felsigen Steilhängen von der Korsischen Schwarzföhre *Pinus nigra* subsp. *laricio* (bis 1 800 m) gebildet *(Galio–Pinetum laricii luzuletosum). Pinus laricio* kann majestätische Baumgestalten ausbilden, die 50 m hoch und mehr als 1 000 Jahre alt werden. Als Stadium der Waldentwicklung können die physiognomisch auffallenden dornigen Kleinstrauchfluren des *Berberido–Genistetum lobelii* mit *Juniperus alpina, Anthyllis hermanniae, Astragalus sirinicus, Thymus herba-barona, Ruta corsica* und *Prunus prostrata* aufgefasst werden. Eine korsische Besonderheit der altimediterranen Stufe zwischen 1 600 und 2 100 m sind neben den Grünerlenbeständen von *Alnus viridis* subsp. *suaveolens mit Sorbus aucuparia* subsp. *praemorsa* die so genannten *pozzi,* flache saure Niedermoore über wasserundurchlässigen Böden (Abb. 4.53). In dieser Gesellschaft des *Bellidio–Bellion nivalis* fallen vor allem die Flachpolster von *Plantago subulata* subsp. *insularis (= P. sarda), Sagina pilifera, Scirpus caespitosus* auf. Schöne *pozzi* finden sich am Monte Renoso, am Rotondo und am Piano di Cuscione. Auf trockeneren Hängen gedeihen Zwergstrauchheiden von *Juniperus alpina* und *Berberis aetnensis.* Die Gipfellagen zwischen 2 200 und 2 600 m werden von Rasen, Schutt- und Felsspaltengesellschaften besiedelt. Die berühmteste Felspflanze ist das „korsische Edelweiß" *(Helichrysum frigidum).*

Der östliche Mittelmeerraum: jugoslawische Adriaküste

Die Küstenlandschaft aus hellem Kalkfels ist auf weiten Strecken verkarstet und macht vielerorts einen vegetationsfeindlichen Eindruck. Sehr lange Übernutzung und Brände haben den Wald vernichtet; die Wiederbewaldung verläuft auch bei Schutz sehr langsam. Eine der Hauptursachen war bis vor 50 Jahren die Beweidung durch Ziegen, der dann von Tito ein gewaltsames Ende bereitet wurde. Ein wichtiger Klimafaktor für den Wald ist der kalte Nordsturm, die Bora, mit Geschwindigkeiten von 100 Stundenkilometer und mehr. Auf 130 km Länge steigt die Küste zwischen Senj und Obrovac steil zum Velebitgebirge (1 758 m) empor, in das bei Starigrad die imposante Paklenica-Schlucht (Nationalpark) eingeschnitten ist. In den Felswänden wachsen unter anderem die beiden endemischen Glockenblumen *Campanula waldsteiniana* und *C. fenestrellata.*

Der nördliche Teil, Istrien und die Kvarner-Inseln Krk und Cres sind bis auf kleine Anteile an den Südspitzen submediterran. Die mesomediterrane Steineichenstufe ist also auf einen schmalen Küstenstreifen von Zadar oder Sibenik südwärts und die südlicheren Inseln ab Rab begrenzt. Die Höhengrenzen liegen niedrig, im Norden bei 250 m, im südlichen Dalmatien bei 350 m. Schöne Bestände der Steineiche finden sich noch auf Rab und vor allem im Nationalpark der Insel Mljet. Ersatzgesellschaften der Macchie und Garrigue oder Felstrift finden sich häufig: *Erica, Arbutus, Myrtus, Viburnum tinus, Rhamnus alaternus, Pistacia lentiscus* und *Cistus*. Die oft bis auf den anstehenden verkarsteten Fels erodierten Flächen tragen Tomillares; vorherrschend ist meist *Salvia officinalis* mit *Satureja montana, Thymus longicaulis, Euphorbia fragifera* und *Stipa mediterranea*. Ähnliche Felstriften bedecken die mehr als 140 Inseln des Nationalparks Kornaten; in den südostexponierten Steilwänden blüht im Sommer die schneeweiß-filzige *Inula candida*. Die Ausbildung einer thermomediterranen Stufe des *Oleo–Ceratonion* beginnt gar erst auf den südlichen Ionischen Inseln (Kefallinia).

Die supramediterrane Flaumeichenstufe *(Ostryo–Carpinion adriaticum,* in Albanien und Griechenland *Ostryo–Carpinion aegaeicum)* mit *Quercus pubescens, Qu. cerris,* ganz im Süden auch *Qu. trojana* und *Qu. macrolepis, Carpinus orientalis* sowie *Acer monspessulanus* nimmt den größten Flächenanteil ein. Ihre Obergrenze liegt im Norden bei 350 m, im Süden bei 550 m. Einige Baumarten wie *Ostrya* und *Fraxinus ornus* steigen höher, doch ändert sich der Vegetationscharakter: Immergrüne verschwinden, bis gegen 1 000 (1 200) m breitet sich eine dem östlichen Mittelmeergebiet eigene Gebüschformation aus, der vorwiegend küstenferne kontinentalere Sibljak. Trockene heiße Sommer und kalte Winter mit Schneedecke kennzeichnen sein Bioklima.

Ähnlich wie in der Garrigue können bestimmte Arten zur Dominanz gelangen: Leitart ist der saharo-arabische Steppenstrauch *Ziziphus lotus,* dann der Christusdorn *Paliurus aculeatus,* der kalkholde Perückenstrauch *Cotinus coggygria,* die graublättrige Wildbirne *Pyrus amygdaliformis, Rhus coriaria,* der ostmediterran-orientalische Granatapfel *Punica granatum,* der an steilen Felshängen von Kotor durch Albanien bis in den Epirus Bestände bildet, die goldregenartige *Petteria ramentacea* (auf Karsthochflächen von Zentral- und Süddalmatien), Wildmandeln (*Amygdalus nana,* auf Kreta *A. webbii*), der Judasbaum *(Cercis siliquastrum),* der im Nordbalkan endemische Flieder *(Syringa vulgaris),* die in Albanien endemische *Forsythia europaea,* die oft als einzige Art Schutthänge besiedelt, weiters *Jasminum fruticans, Mespilus germanica* und *Coronilla emeroides*. Die Obergrenze dieser Formation liegt zwischen 1 200 und 1 500 m.

Im Biokovo-Gebirge bei Makarska ist der supramediterrane Falllaubwald durch lichte Schwarzföhrenbestände ersetzt *(Pinus nigra* subsp. *dalmatica),* die höher hinaufsteigen. *P. nigra dalmatica* kommt auch noch auf den süddalmatinischen Inseln Brac und Hvar vor.

Die oromediterrane Stufe wird im Velebit von Buchenwäldern, weiter im Süden von der Panzerföhre *(Pinus leucodermis)* eingenommen. Die Waldgrenze liegt bei ca. 1 600–1 800 m, darüber wachsen niedrige Gebüsche von *Juniperus alpina, Lonicera glutinosa* und an einigen Stellen auch *Pinus mugo.*

Griechenland

Das Klima Griechenlands ist wesentlich wärmer als jenes Dalmatiens, die kalte Bora fehlt, die Niederschläge liegen zwischen 500 und 900 mm im Westen, bei 400–500 mm im Osten (Ägäis).

Die reiche Flora der Balkanhalbinsel entspricht mit 6 530 Arten etwa jener der Iberischen Halbinsel. Rund 2 000 Arten sind mediterran, ebenso viele balkanisch. Es ist ein wichtiges Refugiengebiet mit reichem Insel-Endemismus, darunter einige Tertiärrelikte wie die Balkanzirbe *Pinus peuce* oder die Gattungen *Haberlea, Jankea* und *Ramonda* aus der sonst rein tropischen Familie der Gesneriaceae. Wichtig ist auch die Position als Evolutionszentrum: Asteraceae (327 Arten, *Centaurea* 114), Caryophyllaceae (175, *Dianthus* 64), Lamiaceae (152), Scrophulariaceae (126, *Verbascum* 55), Papilionaceae 107.

Die thermomediterrane Stufe des *Oleo–Ceratonion* ist an den Südküsten der Inseln Levkas und Kephallinia *(Ceratonio–Quercetum cocciferae),* im südlichen Peloponnes und auf allen ägäischen Inseln ausgebildet; die mesomediterrane Stufe des *Orno–Quercetum ilicis,* des *Andrachno–Quercetum ilicis* und des *Quercetum coccifera* (hier vertreten durch die baumförmige östliche Sippe *Quercus calliprinos*) steigt bis etwa 700 m, *Pinus halepensis,* im Osten ersetzt durch *P. brutia,* bis gegen 1 000 m. In den Macchien fällt vor allem der Östliche Erdbeerbaum *Arbutus andrachne* (oft mit *Quercus cocciferae*) auf, in der Phrygana *Sarcopoterium spinosum, Genista acanthoclada, Anthyllis hermanniae, Corydothymus capitatus, Satureja thymbra* und *S. juliana* sowie *Euphorbia acanthothamnos.*

Extrazonal sind vor allem die vielen endemischen Felsspaltenpflanzen, besonders der schattigen Schluchten (Kreta!) zu erwähnen, darunter auch Sträucher, so z. B. *Staehelina, Chamaepeuce, Hypericum, Alyssoides, Dianthus*. Die supramediterrane Stufe wird von Flaumeichen *(Quercus pubescens, Qu. frainetto, Qu. brachyphylla),* Hopfenbuchen und *Carpinus orientalis* gebildet, *Pinus nigra* subsp. *pallasiana* (an trockeneren Standorten) und *Abies cephalonica* steigen bis in die obere oromediterrane Stufe (bis über 1 800 m). Die oromediterrane Stufe beginnt hier also oft an der Obergrenze des immergrünen Laubwaldes bei ca. 800 m mit Wäldern der Apollotanne *(Abies cephalonica),* der

Zypresse (*Cupressus sempervirens;* auf Kreta vom Meer bis zur Waldgrenze) und der Zeder (*Cedrus libani;* Zypern). In der südlichen Türkei kommen noch baumförmige Wacholder (*J. excelsa, Juniperus foetidissima*) dazu. Die obere altimediterrane Stufe über der Waldgrenze wird von Dornpolsterfluren mit *Berberis, Astragalus, Acantholimon, Daphne oleoides* und *Prunus prostrata* eingenommen.

Ein gewaltiges ökologisches Problem im gesamten Mittelmeerraum sind die Waldbrände, von denen etwa 50 Prozent absichtlich gelegt werden. Griechenland nimmt dabei eine traurige Spitzenstellung ein: Seit 1930 sind in Attika 70 Prozent der Wälder verbrannt, von 1980 bis 1987 gingen 366 000 ha Wald in Flammen auf. Bodenabtrag und Verkarstung zum Ödland sind die Folge, kostspielige Aufforstungen brauchen Jahrzehnte, die Wiederherstellung des ursprünglichen Zustandes Jahrhunderte.

Kefallinia

Die große Ionische Insel ist vor allem wegen ihrer Tannenwälder, die fast den Gipfel des höchsten Berges Rudi (1 628 m) erreichen, besuchenswert. Für den Mitteleuropäer ganz ungewohnt ist die Durchmischung mit Macchien-Elementen (*Arbutus andrachne*) und Geophyten (*Scilla, Muscari, Corydalis, Cyclamen, Anemone*) an der Untergrenze des Tannenwaldes. Im übrigen sind auf der Insel fast alle Vegetationstypen vertreten: Immergrüner Eichenwald, hohe Macchie, *phrygana* (*Corydothymus-* und *Sarcopoterium-* sowie ausgedehnte *Phlomis fruticosa*-Bestände), Schuttfluren (mit der prächtigen *Euphorbia biglandulosa* als Pionier), Gipfelfelsfluren mit *Aubrieta integrifolia* und *Cerastium candidissimum.*

Das südliche Pindosgebirge: Parnassos

Der Parnass (2 457 m) ist der heilige Berg Apolls; von den drei Massiven des Pindos über 2 400 m liegt er dem Meer am nächsten. Die Straße führt durch *Abies cephalonica*-Wald bis zur Hütte knapp über der Waldgrenze (1 900 m). Im Frühjahr blüht um Delphi die *Genista acanthoclada–Euphorbia acanthothamnos*-Phrygana mit *Daphne jasminea.* Der Tannenwald beginnt bei 800 m an den Nord- und Westhängen, die entwaldeten Südhänge sind stark beweidet. Besonderheiten sind: *Helleborus cyclophyllus, Fritillaria graeca* und *Lilium chalcedonicum.* Über der Waldgrenze beherrschen Dornpolsterfluren die Mondlandschaft: *Astragalus angustifolius, Echinops spinosissimus, Daphne oleoides* und *Marrubium velutinum,* auch strauchförmiger *Juniperus foetidissima.*

Der Olymp (2 917 m)

Der riesige isolierte Kalkfelsklotz – nur 20 km vom Meer entfernt – ist ungewöhnlich artenreich (1 500 Blütenpflanzen, 20 balkanische Endemiten) mit einer einmaligen Mischung aus mediterranen, zentraleuropäischen und balkanischen Gebirgssippen. Die Höhenstufung beginnt unten mit Phrygana, von 300–800 m folgt Macchie (*Quercus ilex* und *Qu. coccifera, Juniperus oxycedrus, Erica arborea, Arbutus unedo* und *A. andrachne* sowie *Buxus sempervirens*), bis 1 000 m gemischt mit Laubwerfenden (*Fraxinus ornus, Pistacia terebinthus, Cotinus, Acer monspessulanus*): „Pseudomacchie“ (*Coccifero-Carpinetum orientalis*) mit orchideenreicher Frühlingsflora. Von 700 bis 1 500 m stocken Wälder von *Pinus nigra* subsp. *pallasiana* (*Staehelino–Pinetum pallasianae*), *Abies borisii-regis* und vereinzelt *Fagus moesiaca* mit Eibe und Stechlaub; von 1 300 bis 2 300 m wird die Buche durch die Panzerföhre (*Pinus leucodermis*) ersetzt. In den Felspartien dieser Stufe wächst die eigenartige *Viola delphinantha,* nächstverwandt mit *Viola cazorlensis* aus Südspanien, die endemische *Campanula oreadum* und als größte Kostbarkeit das Tertiärrelikt *Jankaea heldreichii.* Über der Waldgrenze folgen bis 2 500 m Höhe *Pinus leucodermis*-Krummholz, artenreiche Schutt-, Felsspalten- und Schneebodengesellschaften und offene *Sesleria albicans*-Rasen.

Peloponnes

Der Mittelfinger, die windgefegte, trockene Mani, wird von Nord nach Süd über 100 km von den steilen Kalkfelsbergen und Schluchten des Taiyetos-Gebirges (2 404 m) durchzogen. Dieses an botanischen Raritäten reiche Gebiet beherbergt 260 Endemiten! Auf die Phrygana folgen nach oben – als Ersatzgesellschaft für das *Andrachno–Quercetum ilicis* – Schwarzföhren- und Tannenwälder mit *Scabiosa taygetea* und *Onosma leptantha* bis 1 800 m. Die submediterrane kontinentale Laubmischwaldzone wird potenziell vom *Quercetum frainetto-brachyphyllae* eingenommen. Die Felswände sind reich an Seltenheiten: *Potentilla speciosa, Saxifraga marginata* und *Minuartia juniperina.* Oberhalb 2 300 m wachsen Igelpolsterheiden mit *Acantholimon androsaceum, Astragalus creticus* subsp. *rumelicus, A. angustifolius* und *Rindera graeca.*

Der Ostfinger erreicht im Parnon gleichfalls 1 935 m. Tannen und Baumwacholder (*Juniperus foetidissima*) steigen bis 1400 m mit seltenen Begleitern wie *Astragalus lacteus, Centaurea macedonica* und *Matricaria rosalba.* Großflächig sind *Juniperus drupacea*-Gebüsche verbreitet (einziger Standort in Europa!), darüber silberweißblättrige Lippenblütler (*Sideritis clandestina, Stachys chrysanthus*) und die Flockenblume *Centaurea laconica.*

Der Chelmos (2 376 m) steigt im Nordpeloponnes unmittelbar aus dem Golf von Korinth auf. In den Felsen des Styxtales wachsen viele endemische Pflanzen wie *Viola delphinantha* und *V. chelmea.* Die kleinasiatischen Boraginaceen *Solenanthus stamineus* und *Macrotomia densiflora* haben hier den einzigen Fundort in Europa. Der Apollotannenwald weist in den Lücken Dornpolster mit *Astragalus parnassicus* und *Berberis cretica* auf; in

4.56 a) Abies cephalonica-Urwald (Griechische Tanne oder Apollotanne) auf Kefallinia. Die natürliche Verbreitung dieser Art beschränkt sich auf die Gebirge Griechenlands. b) Abies cephalonica-Wald südlich von Patras auf dem Peloponnes. Der Baum wird 20 bis 40 Meter hoch; seine starren, stechenden Nadeln sind an der Oberseite glänzend dunkelgrün. Die bis zu 16 Zentimeter hohen Zapfen zerfallen während der Reife und lassen aufrecht stehende Zapfenachsen zurück. c) Schuttfluren mit Euphorbia biglandulosa (Zweidrüsige Wolfsmilch). d) Euphorbia acanthothamnos (Dornbusch-Wolfsmilch), eine typische Art der Igelpolsterheiden.

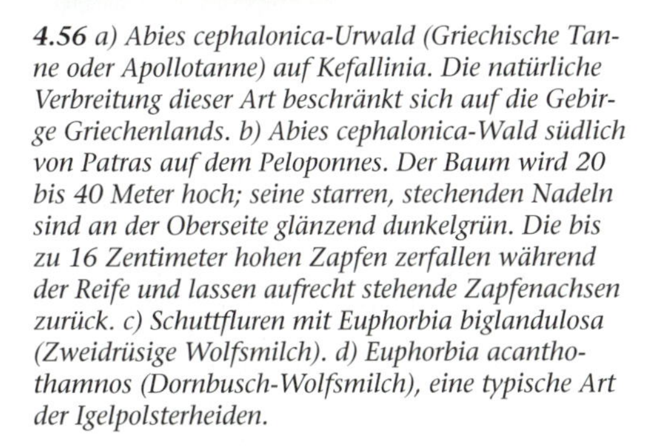

Felsspalten wachsen *Saxifraga scardica, S. spruneri, Aquilegia amaliae* und *A. ottonis.*

Weitläufige Dünenlandschaften sind noch an der Westküste nördlich und südlich von Pirgos erhalten.

Kreta

Mit 256 km Länge und drei hohen Gebirgen (im Westen die Levka Ori mit 2 453 m, im Zentrum der Psiloritis/Ida mit 2 456 m, im Osten die Dikti mit 2 148 m) bildet diese zentrale südägäische Insel eine Brücke zwischen Europa, Kleinasien und Nordafrika. Im Oligozän war sie Teil eines Festlandes zwischen dem Peloponnes und Kleinasien. Die Berge sind aus Dolomit aufgebaut und stark verkarstet; nur im Westen treten die basalen Phyllitschiefer mit sauren Böden zutage. In tiefen Lagen sind neogene und quartäre Mergel und Sandsteine weit verbreitet. Reiche Landschaftsgliederung und Isolation bedingen den Artenreichtum; von den 1 800 Taxa sind etwa 10 Prozent endemisch.

Die thermomediterrane Stufe des *Prasio majoris–Ceratonietum siliquae* (bis 300 m) ist meist in Kulturland umgewandelt (Ölbäume, Zitrus, im Süden Bananen) oder zu Phrygana degradiert *(Euphorbietum dendroidis, Phlomido fruticosae–Euphorbietum acanthothamni)*. An der Südküste bei Préveli und Vai wächst die Kretische Dattelpalme *Phoenix theophrasti* (jüngst auch auf der Halbinsel Datca in Westanatolien entdeckt).

Die mesomediterrane Stufe (200–900 m) mit *Quercus ilex* und *Q. coccifera* ist ebenfalls nur noch in Resten erhalten, besonders im feuchteren Westen (*Cyclamino cretici–Quercetum ilicis* und hohe *Erica arborea–Arbutus*-Macchie). Hier sind auf sauren Böden als Ersatzvegetation auch Kastanienwälder verbreitet. *Quercus coccifera* (in der ostmediterranen Sippe *Qu. calliprinos*) ist die dominante Eiche Kretas, die vor allem in mittleren Höhenlagen (bis 1 000 m) lichte Wälder mit Phrygana-Unterwuchs bilden kann *(Aristolochio cretici–Quercetum cocciferae)*. So verwischen sich die Höhenstufen, weil die supramediterrane Zone

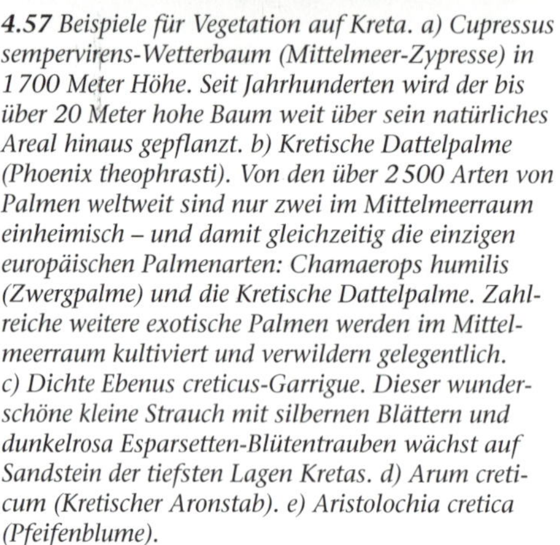

***4.57** Beispiele für Vegetation auf Kreta. a) Cupressus sempervirens-Wetterbaum (Mittelmeer-Zypresse) in 1 700 Meter Höhe. Seit Jahrhunderten wird der bis über 20 Meter hohe Baum weit über sein natürliches Areal hinaus gepflanzt. b) Kretische Dattelpalme (Phoenix theophrasti). Von den über 2 500 Arten von Palmen weltweit sind nur zwei im Mittelmeerraum einheimisch – und damit gleichzeitig die einzigen europäischen Palmenarten: Chamaerops humilis (Zwergpalme) und die Kretische Dattelpalme. Zahlreiche weitere exotische Palmen werden im Mittelmeerraum kultiviert und verwildern gelegentlich. c) Dichte Ebenus creticus-Garrigue. Dieser wunderschöne kleine Strauch mit silbernen Blättern und dunkelrosa Esparsetten-Blütentrauben wächst auf Sandstein der tiefsten Lagen Kretas. d) Arum creticum (Kretischer Aronstab). e) Aristolochia cretica (Pfeifenblume).*

der sommergrünen Gehölze praktisch fehlt. Die Flaumeiche ist zwar vorhanden, aber in Kreta nicht ursprünglich, sondern wohl durch die Minoer zur Schweinemast eingeführt. Einen größeren Bestand der Walloneneiche *(Quercus aegilops)* gibt es noch südlich von Rethymnon. Auf trockenen Kalkfelshängen, besonders an der Südküste, werden die Immergrünen Eichen durch *Pinus brutia* ersetzt (*Junipero phoeniceae–Pinetum brutiae*; große Bestände auch auf Karpathos). Die Föhren sind stark brandgefährdet, regenerieren aber schneller als die Eichen. In der supra- bis oromediterranen Stufe sind lichte Zypressenwälder *(Luzulo nodulosae–Cupressetum sempervirentis* mit *Acer sempervirens* und *Paeonia clusii)* ein Wahrzeichen Kretas. Die Höhenverbreitung reicht vom Meer

bis zur Waldgrenze (1 600 m) mit prächtigen, uralten Wetterbaum-Gestalten. An Nordhängen bildet *Acer sempervirens* mit *Berberis cretica* lichte Bestände. In der oromediterranen Stufe liegen auch die großen, heute nur mehr teilweise kultivierten Hochebenen (Omalos, Askifou, Lasithi, Katharò), die von *Quercus coccifera–Cupressus–Acer sempervirens*-Wald umschlossen sind. Die Gipfellagen der hohen Berge werden von Igelpolster-Fluren eingenommen. Mehrere Pflanzengesellschaften sind beschrieben worden, die wichtigsten Arten sind: *Astragalus angustifolius, Astracantha cretica, Satureja spinosa, Berberis cretica, Verbascum spinosum* und *Acantholimon androsaceum.* Im Schutz der Berberitzen blühen im Frühjahr die endemischen *Scilla nana, Corydalis uniflora und Crocus sieberi.*

Extrazonale Vegetation der Sandküsten: Einige wenige schöne Sandstrände mit interessanter Vegetation finden sich z. B. bei Mallia, wo die hinteren Bereiche mit einer niedrigen Garrigue aus *Centaurea spinosa, Corydothymus* und *Helichrysum stoechas* bewachsen sind. Prächtig ist auch die Dünenvegetation im Westen auf der Sandinsel Elaphonisi mit *Silene succulenta* und Kugelbüschen der endemischen *Centaurea pumilio* oder die einsame Tigani-Bucht auf der Halbinsel Gramvousa. An der Südküste östlich Hierapetra wachsen auf tonigem Sandstein Steppenrasen von *Lygeum spartum* mit dem afrikanischen *Erodium crassifolium.*

Felsspaltenvegetation *(Petromarulo–Centaurion argenteae, Scutellarion sieberi* in Tieflagen, *Campanulion jacquinii* im Gebirge): Die zahlreichen tiefen und meist schattigen Schluchten, namentlich an der Südküste (Aradhena, Samaria, Imbros, Askifos, Rouwas, Zakros, Perivolia) sind die konkurrenzfreien, vom Menschen nicht gefährdeten Wuchsorte der meisten Endemiten. Auffallende Typen sind: *Ebenus cretica, Onobrychis sphaciotica, Petromarula pinnata, Origanum dictamnus, Staehelina fruticosa, St. petiolata, Hypericum amblycalyx, Campanula pelviformis, C. tubulosa, C. saxatilis, Verbascum arcturus, Asperula rigida, A. pubescens, Centaurea poculatoris, Scariola acanthifolia, Crepis auriculaefolia, Securigera globosa, Convolvulus argyrothamnus* und *Bupleurum kakiskalae.* Bachläufe sind häufig von einem Auwald aus *Platanus orientalis* mit Oleander, *Vitex* und *Tamarix* gesäumt.

Die ägäischen Inseln

Während die nordägäischen Inseln Thasos, Samothraki, Limnos, Lesbos, Chios, die Sporaden und der Dodekanes von dem während des Sommers mit Windstärke 6 über das aufgewühlte Meer brausenden Nordsturm Meltemi weniger betroffen sind, erreicht er die Kykladen mit voller Wucht. Daher sind diese vom Meer aus kahl erscheinenden Inseln waldlos; offene Phrygana und karge Felstriften bilden die kümmerliche Vegetationsdecke. Nur Andros bildet mit seinen Kastanienhainen und Platanenauen eine Ausnahme. Die großen nördlichen Inseln Thasos, Samothraki und Limnos und die Sporaden sind grün, mit *Pinus brutia*-Wäldern, Resten von *Andrachno–Quercetum ilicis,* Macchien und Phrygana. Chios ist bekannt durch die Nutzung des *Pistacia lentiscus*-Strauches, dessen Terpentinharz als Mastix vielseitig genutzt wird (Kosmetika, Alkoholika). Die ostägäischen Inseln, von Limnos im Norden über Lesbos, Samos, Chios bis zum Dodekanes im Süden mit Kos und Rhodos zeigen in ihrer Flora bereits den Einfluss des nahen Anatolien. So findet sich etwa auf Lesbos *Rhododendron luteum.* Die höchste Insel, Samos, ist mit Aleppoföhrenwäldern und Macchien bestanden, darüber ist noch eine Tannenstufe *(Abies cephalonica)* ausgebildet; auch die Zypresse ist heimisch. Auf Rhodos kommt der tertiäre Reliktbaum *Liquidambar orientalis* vor, der an der türkischen Küste bei Fethiye größere Bestände bildet. Alle Ägäisinseln sind durch zahlreiche Endemiten interessant.

Zypern

An die Stelle der seit dem Altertum zerstörten Wälder sind heute ausgedehnte degradierte Macchien getreten; nur 17 Prozent der höheren Lagen ab 500 m sind noch mit Wald bestanden. Eichenwälder der endemischen *Quercus alnifolia* gedeihen vor allem auf der Nordseite des Troodos-Gebirges zwischen 500 und 1 800 m. *Quercus coccifera*-Bestände mit höheren Macchien sind selten *(Arbutus andrachne, Pistacia terebinthus und Styrax officinalis).* Die tieferen Lagen werden von Kulturland und Phrygana mit *Cistus, Calicotome villosa, Pistacia lentiscus* und *Lithodora hispidula* eingenommen; ausgedehnte überweidete Felsfluren *(batha)* mit *Sarcopoterium* und *Corydothymus* überziehen beispielsweise die Akamas-Halbinsel im Westen. Hauptwaldbildner im Troodos-Gebirge sind *Pinus brutia* (bis 1 550 m) und *Pinus nigra* subsp. *pallasiana* (1 300 – 1 800 m). Zedern *(Cedrus libani)* sind heute nur mehr gruppenweise eingestreut; auf der Nordseite gibt es noch einen größeren Wald. Auf den Gipfeln (1953 m) kommen noch *Juniperus foetidissima* und *Berberis cretica* vor.

Mediterrane Türkei

Die Flora der Türkei wird auf über 8 500 Arten geschätzt, davon sind 2 800 Arten endemisch. Die Bewaldung mit Eichen, *Pinus brutia, P. nigra* subsp. *pallasiana, Abies cilicica, Cedrus libani, Juniperus excelsa* und *J. foetidissima* beträgt noch 13 Prozent (5 Prozent Hochwald), obwohl jährlich 200 000 ha durch Brände zerstört werden. Besonders wichtig ist die Türkei als Gen-Zentrum für viele Kulturpflanzen wie *Amygdalus, Pyrus, Cerasus, Ficus, Vitis, Avena, Hordeum, Triticum, Pisum, Vicia* und *Allium.* Mediterran ist die Vegetation nur in einem schmalen Küstenstreifen von West- und Südanatolien mit Einstrahlungen aus den kontinentalen Hochsteppen des Inneren. Das Küstenklima ist zwar

4.58 und 4.59 *Die Aleppoföhre (Pinus halepensis) kommt auch in den mediterran geprägten Teilen des Maghreb vor. Für die typische akustische Kulisse des Mediterrans sorgen Zikaden: Tettigia orni besiedelt manchmal in enormer Anzahl bevorzugt Pinien.*

durch ausreichende Winterniederschläge (600 bis 1 000 mm, im Taurus über 2 000 mm) gekennzeichnet, aber der durchlässige Kalkuntergrund und die lange Sommerdürre schaffen für die Vegetation aride Bedingungen. Die Höhenstufenfolge an der ägäischen Westküste Anatoliens ist relativ einfach: Oberhalb der meist kultivierten Küste mit *Oleo–Ceratonion*-Resten (Macchie und Phrygana) folgt *Pinus brutia*-Trockenwald, der bei ca. 1 000 m von *Pinus pallasiana*-Wald abgelöst wird.

Die Südküste wird ganz von dem über 3 000 m hohen Taurusgebirge beherrscht. Küstenebenen sind nur an wenigen Stellen (von Antalya ostwärts) ausgebildet. Der Gebirgscharakter ist wegen der Kalkgesteine von Karst mit Schluchten, Dolinen und Karrenfeldern bestimmt. Über dem potenziellen *Oleo–Ceratonion* fehlt der supramediterrane Laubwald als geschlossene Stufe wegen der langen Sommerdürre; es folgen in der oromediterranen Stufe offene *Pinus brutia*-Trockenwälder, denen *Quercus cerris* und *Ostrya* beigemischt sein können. Vereinzelt sind Zypressen-Reliktbestände erhalten. In der oberen Höhenzone dominieren *Pinus nigra* subsp. *pallasiana* mit *Juniperus excelsa.*

Der Baumwacholder ist besonders bezeichnend für die Degradationsstadien des Waldes nach einem Brand; in Reinbeständen steigt er als Strauch bis 2 400 (2 750) m. In der altimediterranen Stufe stocken im Westtaurus die am besten erhaltenen Zedernwälder meist in Reinbeständen mit starkem Laubholzanteil *(Querco–Cedrion libani),* im Osttaurus gemischte *Cedrus libani–Abies cilicica*-Wälder mit *Pinus nigra* subsp. *pallasiana* (1 300–2 100 m). Die waldfreie aride Dornpolsterstufe ist besonders reich an Endemiten. Die Dornpolsterstufe, als Klimaxvegetation über der Waldgrenze angesiedelt, reicht an Stellen, wo der Wald vernichtet wurde, tief herunter. Über 2 700 m begrenzen die tiefen Wintertemperaturen auch diesen Vegetationstyp; die alpine oder kryo-mediterrane Stufe mit offenen Trockenrasen des *Seslerietum anatolicae* ist sehr artenreich.

Die Levante

Das Amanus-Gebirge im Südostwinkel des Mittelmeeres und die Alaoute-Berge in Syrien sind humid; in der supramediterranen Stufe gedeiht von 650 bis 1 350 m ein *Celtis–Carpinus orientalis*-Wald. Von 1200 bis 1600 m wächst Mischwald aus *Abies cilicica* und *Quercus cerris* mit *Quercus libani, Qu. infectoria, Ostrya, Carpinus orientalis, Fraxinus ornus, Acer hyrcanus* und *Laurus;* von 1 400 bis 1 800 m *Pinus pallasiana*-Wald mit Tanne und Zeder. Die Hauptverbreitung von *Abies cilicica* reicht vom Osttaurus über den Amanus und Syrien bis zum Libanon. Als postglaziales Relikt kommt im Amanus-Gebirge zwischen 1 000 und 1 400 m *Fagus orientalis*-Wald mit *Quercus pseudocerris, Carpinus orientalis* und *Taxus* vor.

Im Libanon wird die Hartlaubstufe durch *Quercus calliprinos* und *Pinus brutia,* die supramediterrane Stufe (1 200–1 600 m) durch *Qu. cerris* und *Qu. infectoria* gebildet; am trockenen Osthang zwischen 800 und 1 800 m wächst offener Steppenwald von *Quercus look* mit *Pistacia atlantica, Amygdalus, Prunus* und *Cerasus.* Die größten Zedern-Restwälder (ca. 1 700 ha) stehen noch in Syrien und im Libanon zwischen 1 400 und 2 000 (2 200) m auf Hartkalken. Dem Wald sind im Nordlibanon *Abies cilicica,* in Syrien viele Eichen-Arten *(Quercus libani, Qu. cedrorum, Qu. pseudocerris, Qu. look)* beigemischt.

Nordafrika: Marokko, Algerien

Die Nordküste Afrikas besitzt von Marokko bis Tunis, dann wieder in Libyen in der Cyrenaica mit dem Djebel el Akhdar durchaus mediterranen, im feuchten Rifgebirge sogar mediterran-atlantischen Klimacharakter mit entsprechender Vegetation. Sogar in Ägypten, wo die Sahara bis ans Meer reicht, gibt es noch offene mediterrane Felsfluren (El Alamein). Die Höhengrenzen der Vegetationsstufen liegen allgemein höher als im übrigen Mediterrangebiet. In tieferen Lagen (bis 500 m) sind zwischen den Kulturen Reste degradierter Macchie

(Cisto–Rosmarinetea) – in Algerien und Tunesien mit viel *Chamaerops* – erhalten. Vom humiden Nordwesten Marokkos bis Westtunesien sind auf Silikat zwischen 100 und 1 600 m Korkeichenwälder verbreitet. Im sehr trockenen Südwestmarokko (Niederschlag unter 300 mm) können noch offene Steppenwälder des Eisenholzbaumes *(Argania spinosa,* Fam. Sapotaceae) mit *Pistacia lentiscus, Olea oleaster* und *Acacia gummifera* existieren. Das Öl der Samen wird in der Kosmetikindustrie genutzt.

Die supramediterrane Stufe im Rif erhält über 1 200 mm Niederschlag; sie wird zwischen 1 000 und 1 600/2 000 m an feucht-schattigen Nordhängen von kleinflächig verbreiteten Restwäldern der halbimmergrünen Zéen-Eiche *(Quercus faginea)* eingenommen; daneben gedeihen *Qu. rotundifolia* und Zedern. Die höheren Lagen werden von *Quercus pyrenaica* mit *Daphne laureola, Ilex, Adenocarpus* und Farnunterwuchs besiedelt. Im ebenfalls feuchten algerischen Atlas bildet die endemische *Quercus afares* zwischen 1 000 und 1 600 m bis 30 m hohe, mit epiphytischen Flechten behangene Wälder. Als Relikt kommt kleinflächig *Pinus nigra* subsp. *mauretanica* vor. Die meso- bis oromediterrane Stufe mit 500 bis 1 000 mm Niederschlag wird von 800 bis 2 000 m vom Steineichenwald *(Quercus rotundifolia)* bestanden, der noch ansehnliche Flächen einnimmt (700 000 ha). Im südlichen Atlas (und an einer Stelle in Südspanien bei Murcia sowie auf Malta) wächst bis 600 m ein 5–10 m hoher offener Buschwald des Tertiärrelikts *Tetraclinis articulata* (= *Callitris quadrivalvis,* Cupressaceae) mit *Qu. rotundifolia, Pinus halepensis* und weiteren thermomediterranen Elementen (*Juniperus oxycedrus, Chamaerops, Cistus villosus, Prasium majus* und anderen). Die Gesamtfläche der Sandarak-Bestände, die sich gegen die Sahara hin mit zunehmender Trockenheit in die Höhe verlagern (1 200 bis 1 800 m), beträgt 650 000 ha.

Auf sauren Böden finden sich im Rif zwischen 1 000 und 1 900 m, im Mittleren Atlas zwischen 1 600 und 2 200 m auch Mischwälder der Sternkiefer *(Pinus pinaster)* mit Stein- oder Korkeiche. Im Hohen Atlas wachsen auf Silikatschutt zwischen 1 600 und 1 900 m Trockenwälder der Zypresse. Im feuchtesten Grenzgebiet zwischen Marokko und Algerien schieben sich an den auch im Sommer bewölkten Leeseiten über die supramediterranen *Quercus faginea–Pinus pinaster*-Wälder von 1 500 bis 2 000 m Reinbestände der Marokkanischen Igeltanne *(Paeonio maroccanae–Abietetum maroccanae)*. Die Tannen werden hier über 40 m hoch. Im Babor-Massiv Nordostalgeriens, einer Regeninsel mit bis 1 800 mm Niederschlag ohne Sommerdürre, stehen zwischen 1 500 und 2 000 m noch 1 000 ha Restwälder der Numidischen Tanne *(Asperulo–Abietetum numidicae)* mit laubwerfenden Bäumen wie *Quercus afares, Acer obtusatum, Ilex* sowie mitteleuropäischen Laubwald-Begleitern. Im Gipfelbereich mischen sich Zedern dazu. Im Mittleren Atlas und in Nordalgerien bildet die Zeder ausgedehnte Wälder bis zur Waldgrenze. Je nach dem Niederschlagsregime (von 450 bis 1 900 mm) treten verschiedene Waldtypen auf: im humiden Bereich (900–1 900 mm) von 1 500 bis 2 000 m gedeiht das *Paeonio maroccanae–Cedrion atlanticae* mit *Qu. faginea, Qu. rotundifolia, Qu. afares, Ilex* und *Taxus;* im semiariden Regenschatten der Berge mit kalten Wintern (bis –25 °C) wächst der Trockenwald des *Junipero thuriferae–Cedrion.* Nach Osten zu werden nur mehr die höchsten Berge besiedelt. Als Degradationsstadium der Zedernwälder (vor allem nach Brand) ist der Weihrauchwacholder-Wald *(Juniperetum thuriferae)* aufzufassen, der im Hohen Atlas zwischen 1 900 und 3 150 m ausgedehnte Flächen besiedelt. Im Unterwuchs finden sich Dorngebüsche *(Alyssum spinosum, Berberis hispanica, Erinacea pungens, Bupleurum spinosum).* An der Obergrenze verbuscht dieser sonst bis 10 m hohe und oft bis 3 m dicke Wacholderbaum zu niederen Sträuchern zwischen Dorngebüsch. Reliktstandorte des Weihrauchwacholders finden sich in Südspanien und Südfrankreich.

Nordafrika: Libyen

Das Bergland der Cyrenaica, der feuchte Djebel el Akhdar ist das einzige größere Gebiet zwischen Tunesien und Ägypten mit reicher mediterraner Vegetation. Von den 1 406 bisher registrierten Samenpflanzen sind 149 endemisch. Die Wälder werden dominiert von *Quercus calliprinos, Cupressus sempervirens* oder *Juniperus turbinata.* In den Macchien fällt besonders *Rhus tripartita* auf, in den Garrigues *Rosmarinus* und *Sarcopoterium.* Dünen mit *Ammophila* und *Elymus farctus,* Felsküsten mit *Cichorium spinosum* und *Limonium cyrenaicum,* Marschen mit *Arthrocnemum macrostachyum* vervollständigen das Bild. Gegen die Sahara zu findet sich mit 129 Arten ein beträchtlicher Anteil an saharo-arabischen Florenelementen der Salzsteppen wie *Anabasis articulata, Haloxylon, Peganum, Fagonia* und *Artemisia herba-alba.*

Nordafrika: Tunesien

Mediterranes Klima herrscht auch von der algerischen Grenze nach Osten. Das Tafelland der Tell-Hochfläche aus harten eozänen Kalken ist die Kornkammer Tunesiens. Im Norden des Landes finden sich bis 1 000 m ausgedehnte Wälder *(Quercus rotundifolia, Qu. suber, Pinus halepensis). Pinus pinaster* ist auf sauren Böden verbreitet, wird aber auch als Dünenfestiger angepflanzt. *Erica arborea–Arbutus*-Macchien, thermomediterrane *Ceratonia-* und *Chamaerops*-Garrigues, Halfagras-Steppen, lange Sandstrände mit Dünenvegetation und die großen Salzseen des Binnenlandes sollen die Vegetations-Differenzierung kurz beleuchten.

Mediterrane Pflanzen in Mythen, Legenden und Verheißungen

Robert Hofrichter

Die Geschichte und kulturelle Entwicklung der im Mittelmeerraum lebenden Völker und ihrer Vorstellungs- und Gedankenweltwelt ist untrennbar mit Bäumen und anderen Pflanzen verbunden. Die Mythologie der „Wiege der Menschheit" liefert genügend Beispiele dafür, nur einige wenige können hier angeführt werden. Isis, Nut und Hathor wohnten im Alten Ägypten in Maulbeerbäumen *(Morus nigra* und *M. alba)*. Dattelpalmen *(Phoenix dactylifera)*, deren Ursprung in der Trockenzone zwischen Marokko und Pakistan vermutet wird, sind vielfach auf ägyptischen Reliefs und Wandmalereien, aber auch auf kretisch-minoischer Keramik in Form von Palmendekorationen dargestellt. Palmen galten als heilig; ihre imposante Wuchsform versinnbildlichte im Hohen Lied aber auch weibliche Schönheit („... Wie eine Palme ist dein Wuchs ..."; Hohelied 7,8). Heilige Haine, in denen die ursprüngliche Zusammensetzung der Vegetation nachempfunden werden kann, waren und sind bis heute wichtige Begräbnisstätten in Marokko. Eichen und Terpentinbäume *(Pistacia terebinthus)* galten im Nahen Osten als heilig, weil sie mit Abraham, dem Vater der Israeliten und Araber, in Verbindung gebracht wurden. Unter heiligen Bäumen haben biblische Patriarchen auch ihre Liebsten begraben. Lorbeerkränze *(Laurus nobilis)* schmückten die Köpfe berühmter Männer und Sieger – in Olympia verwendete man dazu Kränze aus Olivenzweigen.

Dem Loorbeer war besonders Apollo verbunden, so wie Zeus der Eiche *(Quercus)*, Aphrodite der Myrte *(Myrtus communis)* und Pallas Athene dem Ölbaum (*Olea europaea)*. Sie brachte ihn den Sterblichen nach Athen und wurde oft mit Ölbaumzweigen geschmückt dargestellt. Die Göttin Isis, Ehefrau des Osiris, machte die Ägypter mit der Olive vertraut. Unter einem Olivenbaum das Licht der Welt zu erblicken, war ein Vorrecht, das auf göttliche Herkunft hindeutete, so bei Artemis und Apollo. Auch den Zwillingen Romulus und Remus, den sagenumwobenen Gründern der Stadt Rom, wurde dieses Vorrecht zuteil. Stammvater Noah erhielt von der ausgeschickten Taube einen Olivenzweig als Hinweis auf das zurückgegangene Wasser der Sintflut: „Gegen Abend kam die Taube zu ihm zurück, und siehe da: in ihrem Schnabel hatte sie einen frischen Olivenzweig" (Gen 8,11).

Dryaden und Waldnymphen wurden mit Eichenblättern im Haar und um Eichen tanzend dargestellt (verschiedenen *Quercus*-Arten gehören zu den ursprünglichen, bestandsbildenden Waldbäumen der Mittelmeerregion), während sich Dionysos entsprechend seiner mythologischen Funktion mit Weinranken und Trauben umgab *(Vitis vinifera)*, begleitet von Mänaden, die an der Spitze eines Stabes (Thyrosstab) Zapfen von Pinien *(Pinus pinea)* trugen. Ihre großen essbaren Samen, die Piniennüsse oder *pignoli*, waren und sind eine wichtige Handelsware. Der Christus- oder Stechdorn *(Paliurus spina-christi)* lieferte das Material für die Dornenkrone Christi; die Säulenzypresse *(Cupressus sempervirens)* erinnert mit ihrer Form

4.60 *a) Blühender Granatapfelbaum (Punica granatum). b) Judasbaum (Cercis siliquastrum). c) Der mit Früchten und Blättern umkränzte „Herbst" auf einem Mosaik der Synagoge in Hammath bei Tiberias, 4. Jahrhundert. Wein galt in der Bibel als Symbol göttlichen Wohlwollens und Segens: „Jeder sitzt unter seinem Weinstock und ... Feigenbaum" (Micha 4,4).*

an die heilige Opferflamme und wurde ein Kultbaum. Sie schenkte der Insel Zypern ihren Namen, während sich an einem wenig geeigneten Ast des Judasbaumes *(Cercis siliquastrum)* – da er der Überlieferung nach abbrach – der berühmteste Verräter der Geschichte erhängte. Die zuvor weißen Blüten des Baumes erröteten der Legende nach daraufhin vor Scham. Rosmarin *(Rosmarinus officinalis)* wurde als Symbol der Treue angesehen, während die Feige in allen antiken mediterranen Kulturen als Symbol der Fruchtbarkeit und des Wohlbefindens galt. Feigenblätter *(Ficus carica)* hingegen bedeckten die Scham Adams und Evas, als sie aus dem Garten Eden vertrieben wurden. Einen besonderen Stellenwert hat seit frühesten Zeiten der Granatapfel *(Punica granatum)* – jener Apfel, den der Hirte Paris auf Bitten des Hermes den schönsten Göttinnen schenken sollte; der unvergorene Saft liefert ein erfrischendes Getränk, die Schale der unreifen Frucht wurde in Ägypten und Marokko zum Gerben feinsten Leders verwendet; das Innere der Frucht schmückt als künstlerisches Motiv Königskronen. Unter einem Granatapfelbaum ebenso wie unter einem Zürgelbaum *(Celtis australis)* zu schlafen, galt als besonders sichere Abwehrmaßnahme gegen böse Geister. Wohlgerüche, die durch das Verbrennen bestimmter Pflanzenteile, von Holz oder pflanzlichen Aromastoffen wie etwa Weihrauch erzeugt wurden, spielten und spielen bei sakralen Handlungen und Ritualen eine wichtige Rolle. Das lateinische *per fumum,* frei übersetzt: „in Rauch aufgehen“, ist in unserem Wort Parfüm erhalten.

4.61 *a) Die Echte Dattelpalme (Phoenix dactylifera), eine der ältesten Kulturpflanzen, wird seit mindestens 6 000 Jahren angebaut. Gepresste Früchte waren als Dattelbrot vor allem in Wüstengebieten lebenswichtige Nahrung. b) Myrtenstrauch (Myrtus communis) vor Sv. Stefan in Dalmatien. Dieser Strauch spielte schon in der ägyptischen, persischen und griechischen Mythologie eine wichtige Rolle. Im Mittelalter gelangte die Pflanze nach Mitteleuropa; ihre Zweige werden gern zu Brautkränzen oder -sträußen gebunden.*

Birgit Klein und Wolfgang Roether

5. Ozeanographie und Wasserhaushalt

5.1 Brandung an den felsigen Küsten Giglios. Wellenbewegungen, deren Studium ein Teilbereich der Ozeanographie ist, entfalten an den Küsten ihre gewaltige Energie. In der Litoralzone tragen sie je nach Exposition, Küstenbeschaffenheit und weiteren Faktoren zu einer vertikalen Zonierung der Küste und Entstehung verschiedener Lebensräume bei. Spritz- und Sprühwasser prägen das so genannte Supralitoral, das von einigen wenigen spezialisierten terrestrischen und marinen Organismen besiedelt wird.

Die Ozeanographie ist eine relativ junge Wissenschaft, die erst seit etwas mehr als 100 Jahren existiert. Ein kurzer Abriss der Geschichte dieser Disziplin, einige wichtige Namen und Meilensteine in ihrer Entwicklung und die Probleme der Definitionen der einzelnen Zweige der Meereskunde werden im Kapitel 1 geboten. Die Ozeanographie strebt eine klare, systematische Beschreibung der physikalischen und chemischen Vorgänge im Ozean und der Wechselwirkungen zwischen Ozean und Atmosphäre an. Konkret beschäftigt sie sich vor allem mit a) der Beschreibung von Temperatur, Salzgehalt und Dichte im Ozean und der Prozesse, die deren Verteilung bestimmen; b) der Bewegung von Wasser im Ozean – hervorgerufen durch Wellen, Gezeiten und Strömungen – und der Ermittlung der für sie verantwortlichen Ursachen; c) dem Transfer von Energie zwischen Ozean und Atmosphäre und d) speziellen Eigenschaften des Meerwassers wie beispielsweise der Ausbreitung von Lichtenergie und Schall.

Dieses Kapitel fasst die neuesten ozeanographischen Forschungen aus dem Mittelmeer zusammen und stützt sich dabei neben Forschungen der Autoren auf zahlreiche weitere aktuelle Originalarbeiten, die im Literaturverzeichnis vollständig aufgelistet sind. Um den Nichtozeanographen den Einstieg in die schwierige bzw. nicht vertraute Materie und Sprache der Ozeanographie zu erleichtern, werden auf den nachfolgenden Seiten (260–265) die im Kapitel verwendeten Begriffe und Abkürzungen kurz erklärt.

Das System Mittelmeer – Atlantik – Schwarzes Meer

Die negative Wasserbilanz des Mittelmeeres (fast 1,0 m/Jahr) infolge hoher Nettoverdunstung wird, wie in Abbildung 5.2 dargestellt, durch Zustrom aus dem Atlantik durch die Straße von Gibraltar (Schwellentiefe 286 m) ausgeglichen. Der Verdunstungsüberschuss des Mittelmeeres erhöht den Salzgehalt und damit die Dichte des Wassers. Das Mittelmeer gehört dadurch zu den Meeresgebieten mit besonders hoher Dichte. Sie beträgt für das Tiefenwasser etwa 1 029,15 kg/m³, verglichen mit Tiefenwasserdichten im Nordatlantik um 1 027,8 kg/m³. Die Salzgehalte im oberflächennahen Wasser nehmen mit Abstand von der Straße von Gibraltar generell zu, wobei die Dichte so weit ansteigt, dass das Wasser schließlich absinkt, wodurch weiteres oberflächennahes Wasser von Westen her nachströmt. Dichtes Wasser aus mittleren Tiefen (Zwischenwasser) strömt in entgegengesetzter Richtung, und ein Teil fließt schließlich in einer unteren Wasserschicht durch die Straße von Gibraltar wieder in den Atlantik aus, wo es aufgrund seiner hohen Dichte auf 1 000–1 500 m Tiefe absinkt.

Der Brutto-Austauschstrom mit dem Atlantik (ca. 10^6 m³/s = 1 Sverdrup, Sv) ist etwa zehnmal höher, als es dem aktuellen Wasserdefizit des Mittelmeeres entsprechen würde. Die negative Wasserbilanz erzwingt somit einen aktiven Vertikalaustausch; ein solches Meeresgebiet wird als Konzentrationsbecken bezeichnet. In geringem Umfang erhält das Mittelmeer oberflächlichen Zustrom aus dem Schwarzen Meer, das eine positive Wasserbilanz aufweist und dementsprechend ein Verdünnungsbecken mit geringem Vertikalaustausch ist. Im Bosporus und in den Dardanellen (mittlere Tiefen 35 bzw. 55 m), die hier die Verbindung bilden, wird wiederum ein tiefer Rückstrom in das Schwarze Meer von dichtem Wasser mit hohem Salzgehalt gefunden. Wegen der resultierenden starken Schichtung und einer speziellen Chemie hat das Schwarze Meer eine stagnierende Tiefenwasserschicht ausgebildet, die unterhalb von 130 m anoxisch ist und von der Verteilung von Schwefelwasserstoff geprägt wird (vgl. Abb. 3.66). Während der Eiszeiten war der Meeresspiegel so weit erniedrigt, dass der Wasseraustausch mit dem Atlantik stark reduziert war. Das Schwarze Meer stellte demgegenüber einen großen Binnensee dar, mit Abfluss in das damals tiefer liegende Mittelmeer.

5.2 Schematische Darstellung des Wasserhaushalts, des Wassermassenaustauschs und der Zirkulation für das System Atlantik – Mittelmeer – Schwarzes Meer. Angetrieben wird das System durch den hydrologischen Kreislauf mit negativer Wasserbilanz im Mittelmeer und positiver Wasserbilanz im Schwarzen Meer. Die daraus resultierenden Austauschströmungen in den Meeresstraßen sind durch Pfeile angedeutet. Der Zustrom von Atlantikwasser ist entscheidend. Angaben nach Bethoux und Gentili, 1999.

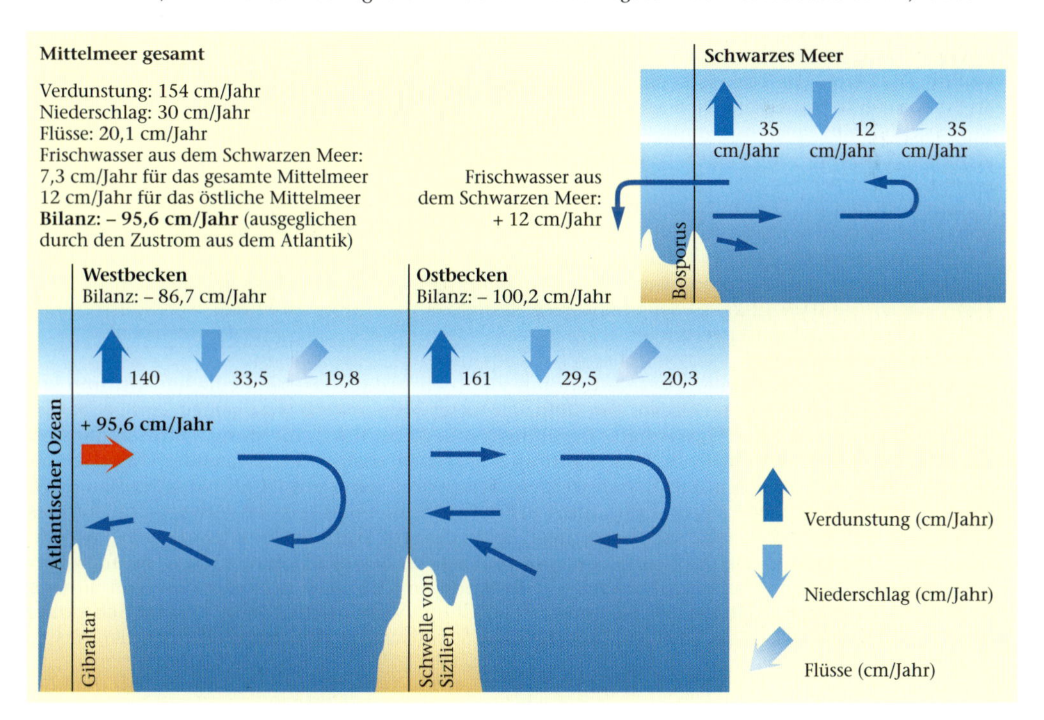

Ozeanographische Begriffe und Abkürzungen

ADCP: moderne akustische Strömungsmesser, die die Dopplerverschiebung von Schall in einer bewegten Flüssigkeit nutzen.

Advektion, advektieren: beschreibt als Prozess Transportvorgänge im Ozean; häufig im Gegensatz zur → Diffusion gebraucht. Der Begriff kann sich auf Wassermassen beziehen oder auch auf Stoffe im Wasser, z. B. Salz oder Partikel. In advektiven Prozessen wird real ein Wasserpaket von einem Ort zum anderen bewegt, und mit dieser Ortsänderung tauchen seine Eigenschaften an einem neuen Ort auf. Diffusion setzt immer dort ein, wo Wassermassen mit unterschiedlichen Eigenschaften aneinandergrenzen (horizontal oder vertikal). Bei der Diffusion gibt es keinen Nettotransport von Wasser, vielmehr tauschen in zufälligem Verhalten einzelne Moleküle von der einen Wassermasse in die andere und umgekehrt und sorgen so in den Wassermassen für eine langsame Änderung der Eigenschaften wie Temperatur oder Sauerstoffgehalt. Bei der Diffusion unterscheidet man zwischen molekularer Diffusion, die auf der Zufallsbewegung einzelner Moleküle beruht, und turbulenter Diffusion, die etwa durch die Reibung am Boden oder den Wind an der Oberfläche ausgelöst wird. Resultat der Diffusion ist immer eine größere Homogenisierung bzw. Vereinheitlichung der Wassersäule, das heißt der Abbau von Gradienten.

ADW: *(Adriatic Deep Water),* Beispiel für Bezeichnung bzw. Abkürzung bestimmter Wassermassen, wie die moderne Ozeanographie sie verwendet. Die Wassermassen sind aufgrund ihrer Salzgehalte, Temperaturen und Dichten gekennzeichnet. ADW steht für *Adriatic Deep Water* bzw. Adriatisches Tiefenwasser (Abkürzungen aller anderen wichtigen Wassermassen siehe unten).

antizyklonal: im Uhrzeigersinn drehende Zirkulation → zyklonal.

baroklin: Der Begriff wird hauptsächlich in Zusammenhang mit Strömungen verwendet und weist auf Änderungen der Strömungsgeschwindigkeiten in der Wassersäule mit zunehmender Tiefe. Der gegenteilige Begriff dazu ist barotrop; eine barotrope Strömung ist eine, in der die Strömungsgeschwindigkeit von der Wasseroberfläche bis zum Boden einen einheitlichen, konstanten Wert hat.

barotrop: → baroklin.

Bifurkation: Aufzweigung einer Strömung in zwei Strömungsbänder mit unterschiedlicher Richtung.

BSDW: *Black Sea Deep Water,* salzreiches, warmes Tiefenwasser des Schwarzen Meeres.

BSSW: *Black Sea Surface Water,* Oberflächenwasser des Schwarzen Meeres.

CDW: *Cretan Deep Water,* Kretisches Tiefenwasser.

CIW: *Cretan Intermediate Water,* Kretisches Zwischenwasser.

CIW: *Cold Intermediate Water* (im Schwarzen Meer).

CSOW: *Cretan Sea Overflow Water,* Kretisches Überstromwasser.

Dichte: Die Dichte des Wassers ist eine Funktion von Temperatur T (°C), Salzgehalt S (psu) und Druck. Sie ist deshalb so bedeutsam, weil sie das Strömungsfeld des Ozeans bestimmt. Salzgehalte sind heute in *practical salinity units* (psu) dimensionslos anzugeben, was aber zahlenmäßig praktisch mit den traditionellen Promille (‰) identisch ist. Maßgeblich für die Berechnung der Dichte ist die so genannte potenzielle Temperatur, die auf adiabatische Effekte (Erwärmung durch Kompression) bei Tiefenänderungen korrigiert ist (Korrektur steigt mit Wassertiefe, Maximalwerte etwa 0,5 °C), wodurch die Druckabhängigkeit der Dichte herausfällt. Als Dichte wird üblicherweise die Abweichung von 10^3 kg/m^3 (Dichte des reinen Wassers bei 4 °C) angegeben, die mit σ bezeichnet wird (bzw. σ_0, potenzielle Dichte, die ausdrückt, dass zur Berechnung die potenzielle Temperatur verwendet wurde); z. B. (= 29,12 kg/m^3 für Dichte 1029,12 kg/m^3. Dichte ist auch deshalb ein wichtiger Parameter, weil Stofftransport bevorzugt auf Isodichteflächen erfolgt.

Diffusion: → Advektion.

Doppeldiffusion: Der Begriff Doppeldiffusion bezieht sich auf die unterschiedliche Diffusion von Temperatur und Salzgehalt im Ozean. Die Diffusion dieser beiden Stoffe wird gemeinsam betrachtet, weil sie die Dichte in einer Wassermasse bestimmen und damit ihre Schichtung. Diffusive Prozesse sorgen dafür, dass Unterschiede in Temperatur und Salzgehalt aneinander grenzender Wasserschichten nach und nach wieder ausgeglichen werden. Temperatur kann etwa 100-mal schneller ausgeglichen werden als Salzgehalt, und dies führt unter bestimmten Umständen (etwa, wenn warmes, salzreiches Wasser über kaltem, salzarmem liegt) dazu, dass ein Wasserpaket schwerer wird als seine Umgebung und absinkt. Da Doppeldiffusion auf molekularer Bewegung beruht, stellt sie an sich einen langsamen Vorgang dar, verglichen mit → Advektion, und ist daher normalerweise von untergeordneter Bedeutung. In einigen Meeresgebieten, etwa im Tyrrhenischen Meer und im Schwarzen Meer, kann die aus der Doppeldiffusion resultierende Vermischung aber für den Aufbau der Wassersäule wichtig sein.

Dünung: unabhängig vom lokal vorherrschenden Wind bestehende, lang gezogene → Wellen, die aus mehr oder weniger weit entfernten Meeresgebieten heranlaufen (wo sie als → Windsee entstanden sein konnten). Im Gegensatz zur Windsee sind ihre Wellenformen gerundeter und regelmäßiger (vgl. Abb. 5.6). Die Dünung muss nicht immer aus derselben Richtung kommen wie der lokal vorherrschende Wind. Selbst eine über der freien See niedrige, kaum auffällige Dünung kann beim Einlaufen in seichte Küstenbereiche eine beträchtliche Brandung erzeugen.
***eddies*:** englischer Begriff, der ganz allgemein für wirbelartige (kreisförmige) Strömungsmuster im Ozean verwendet wird. Man unterscheidet die Wirbel oder *eddies* oft auch nach ihrer Größenordnung in großskalig (1 000 km und mehr), mesoskalig (einige 100 km) und kleinskalig (einige 10 km). → Gyren.
EMDW: *Eastern Mediterranean Deep Water*, Ostmediterranes Tiefenwasser.
geostrophisch: Strömungen im Ozean werden durch eine Vielzahl von Kräften angeregt, sei es durch den Wind, sei es durch die → Gezeiten, aber auch die Dichteverteilung im Wasser. Geostrophische Strömungen im Ozean sind solche, die aus der Dichteverteilung in der Wassersäule resultieren. Im Ozeaninneren sind die geostrophischen Strömungen die wichtigsten. Wenn man die Dichteverteilung im Ozean kennt, kann man die Bewegung des Wassers zu einem großen Teil vorhersagen; allerdings sind den geostrophischen Strömungen auch immer noch anders erzeugte Bewegungen überlagert, z. B. solche aus → Wellen, → Gezeiten und andere.
Gezeiten (Tiden): durch Gravitationskräfte des Mondes und der Sonne, die mit dem Schwerefeld der Erde interagieren, hervorgerufenes periodisches Steigen und Fallen des Ruhewasserspiegels des Meeres. Die aus den Bewegungen von Mond, Sonne und Erde resultierenden komplizierten Muster der Kräfteverteilung erzeugen atsronomische Tiden mit Teilgezeiten (Partialtiden). Hinzu kommen Seichtwassertiden (durch die Bodentopographie beeinflusste Schwingungen) und meteorologische Tiden (durch jahreszeitliche, meteorologische und hydrologische Erscheinungen bewirkte Schwingungen). Die Gezeiten (bzw. der Tidenhub) des Mittelmeeres fallen – wie für Nebenmeere mit nur schmaler Verbindung zum Ozean typisch – allgemein eher unbedeutend aus; der Springtidenhub liegt fast überall unter 0,5 m (mit einigen Ausnahmen: Nordadria 0,7 m; Straße von Gibraltar 0,9 m; Golf von Gabès 1,8 m). Die Gezeiten haben im Allgemeinen eine halbtägige Form (zwei Hoch- und zwei Niedrigwässer etwa gleicher Höhe pro Tag; der Hochwasser-Zeitunterschied beträgt an den meisten Stellen etwa 6 Stunden); die eintägigen Gezeiten (ein Hochwasser pro Tag) erreichen im Mittelmeer an keiner Stelle mit Ausnahme der Adria einen Springtidenhub von über 0,1 m. Die Springtiden haben die größte, die Nipptiden die geringste Amplitude. Das westliche und das östliche Mittelmeerbecken schwingen im gleichen Takt: Wenn an den westlichen Küsten Hochwasser herrscht, ist an den östlichen Küsten Niedrigwasser und umgekehrt. Die Gezeiten ähneln also einer Schaukelbewegung. Im Fall Siziliens bedeutet das: Wenn an seiner Westküste Hochwasser herrscht, ist an seiner Ostküste Niedrigwasser und umgekehrt. Das führt in der Straße von Messina zu starken Gefällen und Gezeitenströmungen. Die größten Hübe finden sich in der Regel an den äußersten Rändern der Becken, im östlichen Mittelmeer etwa in der Bucht von Gabès und an der Küste Libanons und Israels (Abb. 5.4). Begriffe und Terminologie der Gezeiten sind in Abbildung 5.3 dargestellt.
Gyren: unter Nichtozeanographen nicht immer korrekt verwendeter Begriff; in der deutschsprachigen Ozeanographie wird stattdessen das unspezifische Wort Wirbel benutzt. Der Begriff kommt vom englischen *gyre* (es hat die griechische Wurzel *gyros*), das eine Drehbewegung beschreibt. Im Engli-

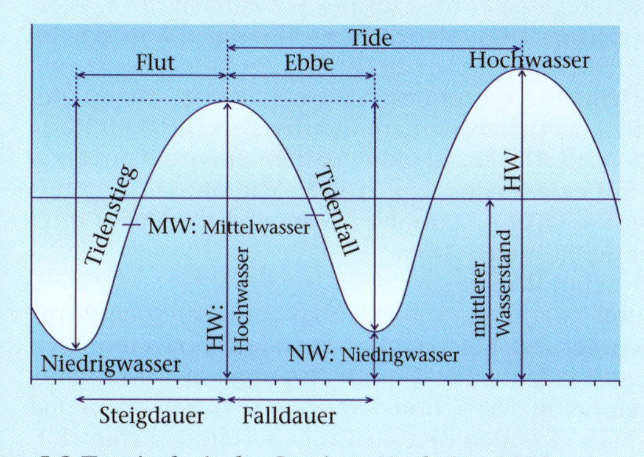

5.3 Terminologie der Gezeiten. Nach Ott, 1988.

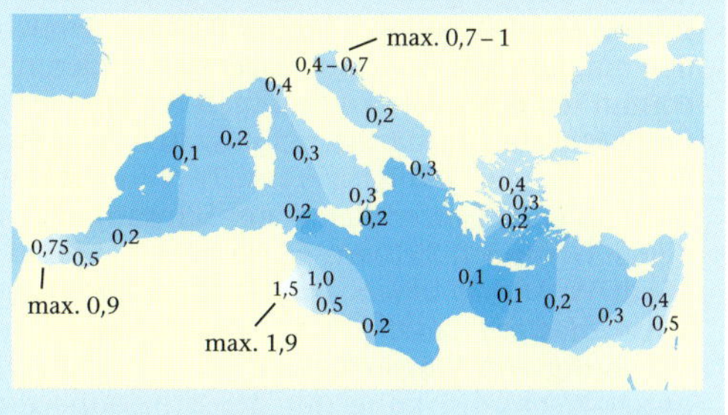

5.4 Linien gleichen mittleren Springtidenhubs in m. Der Springtidenhub beträgt mit wenigen Ausnahmen überall weniger als einen halben Meter. Nach Seehandbüchern des BSH, Hamburg/Rostock.

schen versteht man unter *gyre* eindeutig die großräumigen Wirbelbewegungen in den äquatorialen, subtropischen und subpolaren Zellen. Die kleineren Wirbel, die überall im Ozean auftreten, werden im Englischen → *eddies* genannt. An der Nord- und Südseite der großen Wirbel findet man Strömungen in entgegengesetzter Richtung, die z. B. für den Subtropenwirbel durch die Passatwinde an seiner Südseite und die Westwinde an seiner Nordseite angetrieben werden. Treffen diese zonalen Strömungen auf Hindernisse, etwa Kontinente, so bilden sich Randströme in Nord- und Südrichtung, die eine geschlossene Drehbewegung entstehen lassen.
Halokline: Bezeichnung für eine Salzgehaltsprungschicht, das heißt einen vertikalen Bereich in der Wassersäule, in der sich der Salzgehalt über eine kurze Distanz stark oder sprunghaft ändert. → Thermokline.
interne Gezeiten: Gezeitenbewegungen, die an der Grenze unterschiedlich dichter Wasserkörper auftreten und zu Wirbelbildung und an die Oberfläche aufsteigendem Tiefenwasser führen. In der Straße von Messina sind solche Phänomene seit der altgriechischen Zeit durch Homers *Scylla* und *Charybdis* bekannt; sie treten auch in der Straße von Gibraltar auf.
Intrusionen: beschreibt das Eindringen *(intrude)* von einer Wassermasse in eine andere. In Vertikalverteilungen sind solche Intrusionen als anomale, da zu warme/kalte oder zu salzreiche/salzarme Bereiche in Profilen zu erkennen.
Isopyknen: Linien gleicher Dichte, analog zu Begriffen wie Isotherme oder Isohaline verwendet. Da der Ozean im Allgemeinen stark geschichtet ist, geht man davon aus, dass die Ausbreitung von Wassermassen bis auf die Konvektionsbewegung (→ Konvektion, thermohaline Konvektion) eher horizontal (das heißt in der Schichtung) als vertikal (quer zur Schichtung) verläuft. Man bezieht die Ausbreitung von Wassermassen daher häufig auf Isopyknenflächen – Flächen, in denen die Dichte konstant ist –, da die Dichte die Schichtung bewirkt.
ISW: *Ionian Surface Water,* Ionisches Oberflächenwasser.
Konvektion: Umwälzung von Wassermassen. Im Sommer beträgt die Tiefe der winddurchmischten Deckschicht typischerweise 30–50 m. Mit zunehmender Abkühlung der Meeresoberfläche und damit Dichtezunahme (!) während der kalten Jahreszeit wächst die Tiefe der durchmischten Deckschicht, wobei die maximalen Mischungstiefen im Spätwinter erreicht werden. Im Mittelmeer werden großflächig nur ca. 100 m Tiefe erreicht; größere Tiefen treten im nordwestlichen Levantinischen Becken auf, wobei das so genannte Levantinische Zwischenwasser (→ LIW) entsteht; weitere große Tiefen, teilweise bis zum Meeresboden, gibt es lokal in der Adria, in der Ägäis und im nordwestlichen Teil des westlichen Mittelmeeres (Golfe du Lion), wo die winterliche Abkühlung besonders stark ist. All diese konvektiven Mischungsvorgänge bringen nährstoffreiches Wasser in die euphotische Zone. Tief reichende Mischung ist immer stark lokalisiert, entweder in zyklonalen Zirkulationswirbeln (nordwestliches Levantinisches Becken und nordwestliches Mittelmeer) oder in relativ flachen Meeresgebieten (Adria, Ägäis); zeitlich ist sie in der Regel auf wenige Wochen beschränkt.
Kreuzsee: Wenn sich verschiedene Seegangsysteme überlagern, entsteht eine Kreuzsee, die Wellenberge hervorrufen kann, die doppelt so hoch sind wie die kennzeichnende Wellenhöhe. Läuft ein Seegang gegen die Strömung (z. B. in der Straße von Gibraltar bei Ostwind), wird er kurz und steil; mit der Strömung wird er flacher und länger.
LIW: *Levantine Intermediate Water,* Levantinisches Zwischenwasser.
LSW: *Levantine Surface Water,* Levantinisches Oberflächenwasser.
Marrobbio: gelegentlich auftretendes, periodisches, regionales bzw. lokales Schwanken des Wasserstandes, das bei ruhigem Wetter 0,5–1 m erreichen kann. Diese Schwankungen hängen wahrscheinlich mit plötzlichen meteorologischen Änderungen über dem gesamten Bereich des Mittelmeeres und vermutlich nicht mit Änderungen regionaler Verhältnisse zusammen. Sie treten an der West-, Süd- und Ostküste (am stärksten Südwesten) von Sizilien, zwischen Sizilien und der afrikanischen Küste und in der Nähe des Hafens von Tripolis (Tarabulus) auf. Die Erscheinung besteht entweder aus einer oder aus einer ganzen Reihe von Schwankungen mit einer Periode von 10–26 Minuten. In verschiedenen Gegenden Siziliens ist sie neben „Marobbio" auch als „Marubbio" oder „Carobbio" bekannt.
MAdDW: *Middle Adriatic Deep Water,* Tiefenwasser der mittleren Adria.
MAW: *Modified Atlantic Water,* Modifiziertes Atlantisches Wasser.
Mischung von Wassermassen: Temperatur (T) und Salzgehalt (S) werden an der Meeresoberfläche durch Wechselwirkung mit der Atmosphäre geprägt. Im Meeresinneren treten Veränderungen nur durch Vermischen von Wasserkörpern mit unterschiedlichen T- und S-Werten auf. Vermischen sich zwei Wasserkörper mit ursprünglich jeweils einheitlichen T- und S-Werten, so liegen die T- und S-Werte der Mischprodukte jeweils in gleichem Maß zwischen den Ausgangswerten; bei einer 1:1-Mischung liegen beispielsweise beide genau in der Mitte. Trägt man deshalb T gegen S auf (so genann-

tes T/S-Diagramm, Abb. 5.9), so bilden die Mischwässer eine Gerade zwischen den Ausgangspunkten (ursprüngliche T- und S-Werte). T/S-Diagramme sind daher ein wichtiges Hilfsmittel der Ozeanographie, um die Mischung von Wassermassen zu quantifizieren bzw. um Ausgangswassermassen für ein beobachtetes Mischwasser zu identifizieren.

NAdDW: *Northern Adriatic Deep Water,* Tiefenwasser der nördlichen Adria.

overflow: Sind wie im Mittelmeer ozeanische Becken durch flache Meeresstraßen begrenzter Tiefe verbunden und bestehen zwischen diesen Becken deutliche Unterschiede in der Wasserdichte, so kommt es zu einem geschichteten Wasseraustausch. In einer oberen Schicht tritt Wasser aus dem Becken mit der geringeren Dichte ein, und darunter fließt Wasser mit der höheren Dichte aus (das Phänomen wurde bereits 1681 von Luigi Ferdinando Marsigli beschrieben, vgl. S. 43). Das eintretende Wasser sinkt entlang des Abhangs in dem empfangenden Becken ab, wobei seine Dichte durch Vermischung mit dem leichteren Umgebungswasser abnimmt. Je nach der Dichte, die durch das Vermischen eingestellt wird, kann es im empfangenden Becken bis zum Boden absinken oder sich oberhalb des Bodens in mittleren Tiefen ausbreiten. Dieser Prozess spielt z. B. für den Ausstrom von Tiefenwasser aus der Adria (→ ADW) über die Schwelle von Otranto eine wichtige Rolle.

psu: *practical salinity units;* Einheit, in der heute Salzgehalte angegeben werden, zahlenmäßig praktisch mit den traditionellen Promille (‰) identisch.

Pyknokline: Begriff für eine Dichtesprungschicht, d. h. ein vertikaler Bereich in der Wassersäule, in dem sich die Dichte über kurze Distanz stark/sprunghaft ändert. → Halokline, → Thermokline.

SAdDW: *Southern Adria Deep Water,* Tiefenwasser der südlichen Adria.

Salzgehalt (S): zusammen mit der Temperatur (T) wichtigster dichtebestimmender Faktor, Ursache wichtiger ozeanographischer Vorgänge (z. B. vertikale Konvektionen, thermohaline Konvektion) Die Salzgehalte des Oberflächenwassers im Jahresverlauf sind in Abbildung 5.5 dargestellt.

Seegang: durch den Wind erzeugte Wellenbewegung der Meeresoberfläche, mit Ausnahme der kleinen Kräuselwellen. → Windsee, → Dünung (vgl. Abb. 5.6).

Seiches: Vor allem in weitgehend abgeschlossenen Becken können durch Windstau und Luftdruckveränderungen lange, stehende Wellen entstehen, die als Seiches bezeichnet werden. Sie können kurzperiodisch (weniger als eine Stunde) bis langperiodisch sein (länger als ein Tag). Allgemein rufen die Seiches nur geringe Wasserstandsschwankungen hervor, durch Resonanzerscheinungen können sie aber auf über einen Meter verstärkt werden. Vor

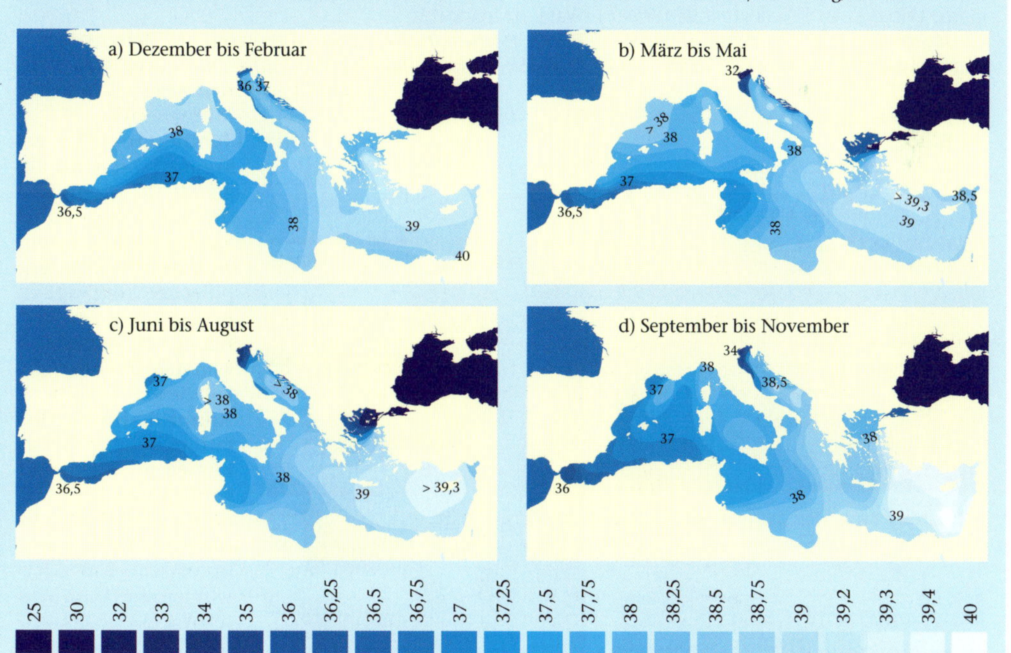

***5.5** Mittlerer Salzgehalt des Oberflächenwassers (in ‰). a) Dezember bis Februar, b) März bis Mai, c) Juni bis August, d) September bis November. Nach Seehandbüchern des BSH, Hamburg/Rostock.*

allem in gezeitenarmen Nebenmeeren, wie dem Mittelmeer, können Seiches die Wasserversetzung der Gezeiten übertreffen. Der Begriff Seiches wurde von F. A. Forel geprägt, der im Genfer See solche Wasserstandsschwankungen (Schaukelwellen) beschrieb.

Schichtung und Variabilität: Abgesehen von den erwähnten konvektiven Mischungsvorgängen ist der Ozean immer stabil geschichtet, das heißt, die potenzielle Dichte nimmt nach unten stetig zu. Die Tiefen der Isodichteflächen unterliegen aber wellenartigen Schwankungen. Diese reichen von internen Schwerewellen in Oberflächennähe mit Perioden von weniger als einer Stunde bis zu so genannten mesoskaligen Vorgängen (die dynamisch den Hochs und Tiefs der Atmosphäre entsprechen) im Bereich einiger Monate. Darüber hinaus gibt es Vorgänge mit Jahresperiode, aber auch interannuelle Variabilität wird beobachtet. Antrieb dieser Vorgänge sind die Gezeiten, das variable Wind- und Luftdruckfeld sowie Dichteantrieb durch zeitlich veränderliche Aufprägung von Temperatur und Salzgehalt an der Meeresoberfläche.

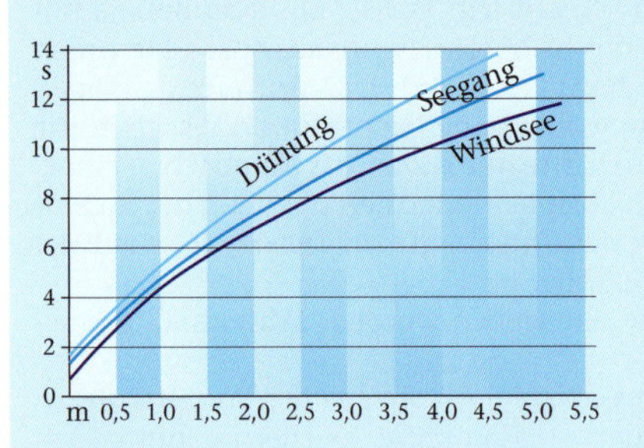

5.6 Seegang: Beziehung zwischen Wellenhöhe (m) und Wellenperiode (s) der Windsee und Dünung vor der ägyptischen Küste. Mit der Wellenhöhe wächst auch die Wellenperiode. Bei gleicher Wellenhöhe hat die Dünung eine größere Periode als die Windsee (längere Wellen bei gleicher Höhe). Nach Seehandbüchern des BSH, Hamburg/Rostock.

Strömungswirbel: Ozeanische Strömung organisiert sich häufig wirbelartig, also in Form von teilweise in sich geschlossenen Stromlinien. So genannte mesoskalige Wirbel haben Durchmesser in der Größenordnung von 50–100 km, sie wandern und haben eine begrenzte Lebensdauer (Monate). Darüber hinaus treten größere, topographisch bestimmte Skalen auf; solche Wirbel sind teilweise zeitlich intermittierend, teilweise aber auch praktisch permanente Komponenten des Strömungsfeldes. In antizyklonalen Strömungswirbeln (Drehung im Uhrzeigersinn) werden die Isodichteflächen abgesenkt, in zyklonalen angehoben, so dass hier sonst tiefer liegende Isodichteflächen in die euphotische Zone ansteigen können. Wegen der generellen Zunahme der Nährstoffkonzentrationen nach unten und des bevorzugten → isopyknischen Transports können hier höhere Nährstoffkonzentrationen zur Verfügung stehen.

Sverdrup: 1 Sv = 10^6 $m^3 s^{-1}$ (Kubikmeter pro Sekunde). → Wassertransporte.

TDW: *Tyrrhenian Deep Water,* Tyrrhenisches Tiefenwasser.

tEMDW: *transitional Eastern Mediterranean Deep Water,* Tiefenwasser des östlichen Mittelmeeres.

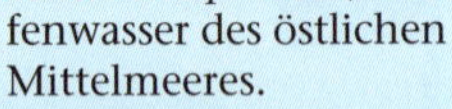

Temperatur (T): zusammen mit dem Salzgehalt (S) wichtigster dichtebestimmender Faktor und Ursache wichtiger ozeanographischer Vorgänge (z. B. vertikale Konvektionen, → thermohaline Konvektion bzw. Zirkulation).

thermohaline Zirkulation: der Begriff wird im Gegensatz zur windgetriebenen Zirkulation verwendet. Die antreibenden Kräfte sind in diesem Fall Dichteunterschiede im Wasser, die aus geographischen Unterschieden

5.7 Unten: Prinzip der Wellenbewegung am Beispiel einer von links nach rechts fortschreitenden Welle. λ: Wellenlänge. Unten rechts: Wirkung des Windes und sein Wirkungsbereich auf die Wasseroberfläche, Bildung von Wellen. Nach Ott, 1988.

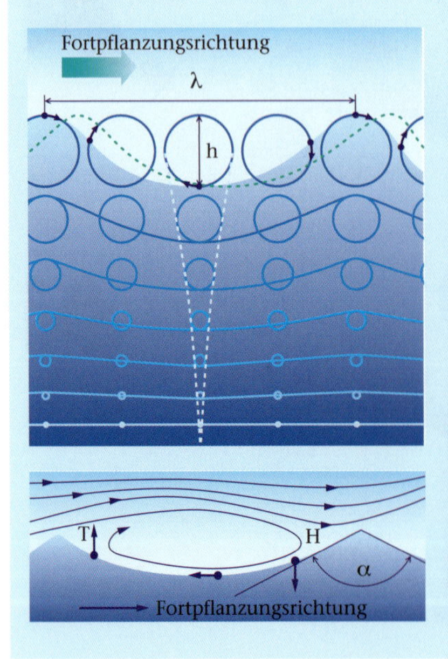

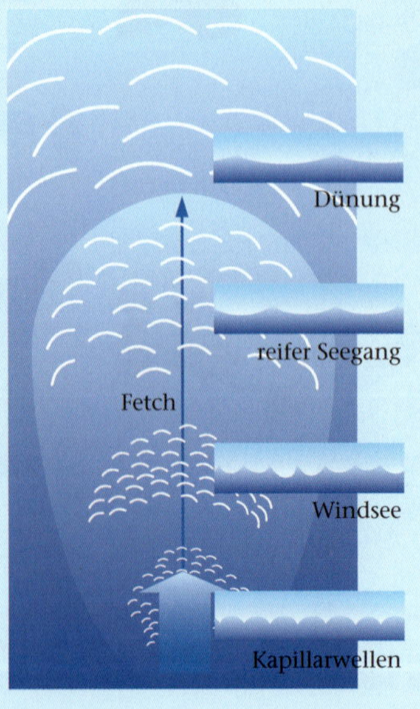

in der Temperatur (thermo-) und im Salzgehalt (-halin) resultieren. Generell sorgt Abkühlung des Oberflächenwassers in polaren Gebieten für den Anstieg der Dichte und das Absinken dieser Wassermassen an den Boden mit folgender Ausbreitung Richtung Äquator. Um den Wasserverlust in der Oberflächenschicht auszugleichen, muss an der Oberfläche aus äquatorialen Gebieten Wasser nachströmen, und so entsteht eine förderbandartige Bewegung, die thermohaline Zirkulation genannt wird.

Thermokline: Temperatursprungschicht, an der sich die Temperatur über eine kurze Distanz stark bis sprunghaft ändert. → Halokline.

Tracer: Spurenstoff. Dieser Begriff hat eine doppelte Bedeutung; er wird zum einen verwendet, wenn ein Stoff nur in sehr geringen Mengen im Ozeanwasser vorkommt, zum anderen aber, wenn ein Stoff eine Spur (im englischen *trace*) für die Ausbreitung von Wasser im Ozean liefert. Zu den wichtigsten in der Ozeanographie betrachteten Stoffen, die Auskunft über die Ausbreitung von Wassermassen liefern, zählen Fluorkohlenwasserstoffe (FCKWs) und Tritium.

Transiente: Übergangszeitraum, in dem die → thermohaline Zirkulation des östlichen Mittelmeeres ein transientes, das heißt veränderliches Verhalten zeigt. Die Transiente setzte Ende der 80-er Jahre ein, als im östlichen Mittelmeer ein neues Tiefenwasserbildungsgebiet aktiv wurde.

Wassertransporte: Die Stärke von Wassertransporten wird in → Sverdrup (Sv) angegeben, wobei 1 Sv 10^6 $m^3 s^{-1}$ bezeichnet. 1 Sv entspricht ca. dem globalen Abfluss aller Kontinente zusammen. Der Bruttoaustauschstrom mit dem Atlantik beträgt ebenfalls etwa 1 Sv.

Wellen: aus biologischer bzw. ökologischer Sicht wichtiges hydrologisches Phänomen, das verschiedene Ursachen haben kann, vor allem den Wind. Durch Wind generierte Wellen führen auf offener See zur Durchmischung der oberen Wasserschichten, entfalten die volle Wirkung aber hauptsächlich im Küstenbereich und führen zu einer Zonierung der Biotope (Supra-, Medio- und Infralitoral, vgl. Tab. 6.1). Da die Gezeiten im Mittelmeer allgemein schwach ausfallen und nur an relativ wenigen Küsten eine markante, periodisch trockenfallende Gezeitenzone (Mediolitoral) ausgeprägt ist, gewinnt die Brandungszone eine umso größere Bedeutung; sie überlagert meist bei weitem den von den Gezeiten geprägten Bereich (Abb. 5.1). An der Küste können Wellen ihre gewaltige Energie entfalten; marine Organismen wie Seepocken und spezialisierte Schnecken können je nach Wellenexposition noch viele Meter über dem Höchstwasserstand vorkommen. Außerdem sind Wellen und Brandung ein entscheidender Faktor bei der Gestaltung der Küstenlinie (Abrasion) und der Sedimentation bzw-Sedimentverteilung. Wellen bewegen bzw. transportieren im Vergleich zu Strömungen (die gewaltige Wassermassen über Hunderte und Tausende Kilometer verschieben) und Konvektionen die Wassermassen nur äußerst geringfügig und vernachlässigbar (Größenordnung: Zentimeter bis Meter). Der Eindruck einer gerichteten Wasserbewegung ergibt sich durch die Verformung der Wasseroberfläche, die an die benachbarte Fläche fortschreitend weitergegeben wird. Die Wasseroberfläche schwingt dabei aber nur durch die gedachte Linie des Wassers im Ruhezustand. Das Prinzip der Wellenbewegung ist in Abbildung 5.7 dargestellt. Die Wellenrichtung ist die Richtung, aus der die Wellen kommen (wie beim Wind, der sie verursacht). Windsee werden Wellen genannt, die durch direkte Einwirkung des Windes entstehen und durch ihn aufrechterhalten werden (vgl. Tab. 3.9). Dünungswellen sind lang gezogen und können ohne markanten Energieverlust Tausende Kilometer zurücklegen, bevor sie an weit entfernten Küsten ihre Energie entladen. Erreichen die Wellen ein Gebiet, das nur halb so tief ist wie die halbe Wellenlänge, werden sie steiler und brechen schließlich (Brecher). In vielen mediterranen Seegebieten sind die mittleren winterlichen Wellenhöhen weit höher als die sommerlichen; eine Ausnahme ist das von den Etesien beeinflusste Gebiet östlich von Kreta, wo die mittlere Wellenhöhe im August mit 1,4 m fast so hoch ist wie im Januar (1,5 m). Die größten gemeldeten Höhen der Windsee können – vor allem im westlichen Mittelmeer – über 10 m betragen. Dünungswellen von 10 m oder mehr wurden von der algerisch-tunesischen Küste, aus dem Ionischen Meer und einigen weiteren Seegebieten gemeldet.

Windsee: Anteil des Seegangs, der durch den lokal (am jeweiligen Standort) vorherrschenden Wind hervorgerufen wird. → Dünung (vgl. Abb. 5.6).

WIW: *Winter Intermediate Water,* winterliches Zwischenwasser.

WMDW: *Western Mediterranean Deep Water,* Westmediterranes Tiefenwasser.

zyklonal: gegen den Uhrzeigersinn drehende Zirkulation (Abb. 5.8). → antizyklonal.

5.8 Beispiele für zyklonale und antizyklonale Wirbel im östlichen Mittelmeer.

Das Mittelmeer selbst wird durch die Straße von Sizilien unterteilt, die zwar wesentlich breiter ist als die Straße von Gibraltar, aber ähnlich flach (Schwellentiefe 365–420 m; vgl. Abb. 3.51). Das östliche Mittelmeer ist für sich genommen ebenfalls ein Konzentrationsbecken, so dass in der Straße von Sizilien wiederum ein Wasseraustausch in zwei Stockwerken auftritt. Abbildung 5.2 zeigt ein Schema der geschilderten Austauschströme im System Atlantik – westliches Mittelmeer – östliches Mittelmeer – Schwarzes Meer. Dieses Schema hat die in Abbildung 5.10 gezeigte Salzgehaltsverteilung im Mittelmeer zur Folge. Ersichtlich ist der Anstieg des oberflächennahen Salzgehalts von Osten und das Auftreten einer Salzgehaltszunge in mittlerer Tiefe, die nach Westen strömendes Wasser anzeigt. Zu einem konvektiven Absinken von Wassermassen aus der Oberflächenschicht in die Tiefe kommt es in begrenzten Gebieten im Spätwinter infolge Abkühlung und der daraus resultierenden Dichtezunahme. Je nach Gebiet sinkt das Wasser entweder bis zu mittleren Tiefen (einige 100 m) oder bis zum Boden.

Während Abbildung 5.10 ein realistisches Bild der Salzgehaltsverteilung des Mittelmeeres darstellt, zeigt Abbildung 5.2 eine Vereinfachung des komplexen dreidimensionalen Strömungssystems, das in Realität die Verbindung zwischen den Zuströmen und Rückströmen bildet. Wie in den folgenden Abschnitten ausgeführt wird, spielen hier der Windantrieb und Führung durch die Bodentopographie eine entscheidende Rolle, wobei außerdem Strömungswirbel mit bevorzugten räumlichen Skalen sowie jahreszeitliche und zwischenjährliche Veränderlichkeit auftreten.

Als Umweltmedium weist das Mittelmeer nicht nur hohen Salzgehalt auf (überwiegend > 38 psu), sondern auch unüblich hohe Temperaturen im Tiefenwasser (> 12 °C; Weltozean typisch 1–4 °C). Weil es von oberflächennahem Wasser aus dem Atlantik gespeist wird, diesem aber tieferes Wasser abgibt, ist das Mittelmeer relativ nährstoffarm und deshalb überwiegend oligotroph, wenn auch mit markanten regionalen Unterschieden. Das Wasser ist somit vergleichsweise lichtdurchlässig, so dass die euphotische Zone tiefreichend ist, typischerweise bis deutlich unter die winddurchmischte Deckschicht. Nachlieferung von Nährstoffen in die euphotische Zone erfolgt primär durch konvektive Vorgänge im Spätwinter. Vermutlich variiert die Verfügbarkeit generell auch mit dem Drehsinn der Strömungswirbel. Überhaupt darf man sich die oberflächennahen Schichten nicht als statisches Gebilde vorstellen, vielmehr unterliegen die Isolinien (z. B. der Temperatur) Tiefenschwankungen mit Zeitskalen, die von unter einer Stunde bis zu einer Jahresperiode oder länger reichen.

Das östliche Mittelmeer nimmt insofern eine Sonderstellung ein, als sich dort die gesamte Tiefenströmung zum Ende der 1980-er Jahre komplett umgestellt hat. Das hatte auch Auswirkungen auf die oberflächennahen Bereiche und die Verfügbarkeit von Nährstoffen.

Das westliche Mittelmeer

Die Wassermassen des Westbeckens

Im westlichen Mittelmeer können anhand eines T/S-Diagramms (Abb. 5.9) vier Wassermassen unterschieden werden (die Abkürzungen der wichtigsten Wassermassen sind im Exkurs auf den Seiten 260–265 erklärt; die Temperatur T bezeichnet in diesem Kapitel immer die so genannte potenzielle Temperatur). Zusätzlich zu den drei in der Abbildung genannten Wassermassen MAW, LIW und WMDW gibt es noch das winterliche Zwischenwasser WIW, das in den Messdaten der hier dargestellten Reise nicht aufgelöst ist.

- MAW: Oberflächenwasser aus dem Atlantik strömt durch die Straße von Gibraltar in das westliche Mittelmeer ein und wird dort modifiziert, es wird im Mittelmeer als modifiziertes Atlantikwasser (*Modified Atlantic Water*) bezeichnet. Die mittlere Einstromrate liegt in der Größenordnung 1 Sv (1 Sv = 10^6 $m^3 s^{-1}$, Kubikmeter pro Sekunde). Neueste Strömungsmessungen mit akustischen Strömungsmessern (ADCP) legen den Einstrom zu 0,88 ± 0,06 Sv fest. Die Einstromrate schwankt nur wenig mit den Jahreszeiten, unterliegt aber starken Einflüssen von Gezeiten und Luftdruckschwankungen. Das einströmende MAW ist aufgrund seines geringen Salzgehalts leicht von den Wassermassen mediterranen Ursprungs zu unterscheiden. Während seiner Ausbreitung im westlichen Mittelmeer kommt es durch Beimischung von salzhaltigerem Wasser aus den darunter liegenden Schichten sowie einer starken Verdunstung (mittlerer Netto-Wasserverlust 0,5–1,0 m a^{-1}, Meter pro Jahr) zu einer fortwährenden Erhöhung des Salzgehalts des MAW. Während das MAW nahe der Straße von Gibraltar mit Salzgehalten unter 36 psu noch eher atlantische Verhältnisse widerspiegelt, hat sich der Salzgehalt bei Erreichen der Straße von Sizilien auf nahezu 38 psu erhöht. Im T/S-Diagramm zeigt sich die fortwährende Modifikation des MAW in der Schar von T/S-Werten, wobei die niedrigsten Salzgehaltswerte räumlich im Westen bei Gibraltar und die höchsten Werte im Osten bei Sizilien gefunden werden. Je nach Jahreszeit wird das MAW an der Oberfläche aufgeheizt (Sommer) oder abgekühlt (Winter). In den hier dargestellten Daten, die aus dem Herbst stammen, bewirkte die saisonale Erwärmung eine Zweiteilung des MAW mit einer obersten Schicht von etwa 50 m, in der die Temperaturen durch Einstrahlung deutlich erhöht sind.
- LIW: Das Levantinische Zwischenwasser (*Levantine Intermediate Water,* LIW) hat sein Bildungs-

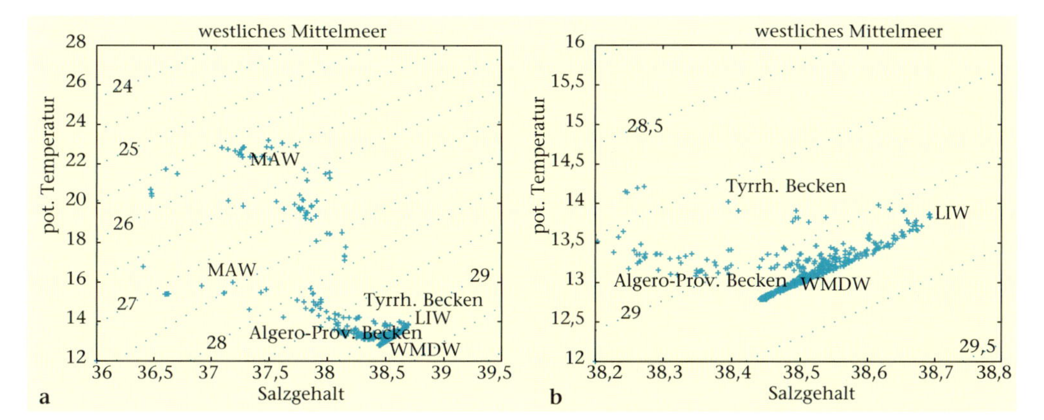

gebiet im östlichen Mittelmeer (siehe unten) und ist im gesamten Mittelmeer durch seinen hohen Salzgehalt als intermediäres Salzgehaltsmaximum in den Vertikalprofilen (siehe Abb. 5.15–5.17) zu identifizieren. Es breitet sich unterhalb des MAW von seinem Bildungsgebiet ins westliche Mittelmeer aus. Wenn es die Straße von Sizilien ins westliche Mittelmeer passiert hat, hat sich sein Salzgehalt durch Vermischung mit salzärmerem Wasser aus den Schichten darüber und darunter bereits von 39,2 auf etwa 38,7 psu erniedrigt. Im westlichen Mittelmeer findet man es mit Salzgehalten von 38,65–38,5 psu in Tiefen zwischen 400 und 600 m. Im T/S-Diagramm ist diese Wassermasse auf einen kleinen Bereich komprimiert. Im westlichen Mittelmeer findet die LIW-Ausbreitung in Form eines an die Küste gebundenen Randstroms statt (siehe unten). Entlang dieses Pfades kann man im T/S-Diagramm regionale Unterschiede in den Charakteristiken des LIW beobachten, so hier zwischen dem Tyrrhenischen Becken (wärmer, salzreicher) und dem Algero-Provenzalischen Becken (kälter, salzärmer).

- WMDW: Das Tiefenwasser des westlichen Mittelmeeres *(Western Mediterranean Deep Water)* wird durch tiefe Konvektion (Durchmischung der Wassersäule bis 1 500–2 000 m Tiefe) im nördlichen Teil des westlichen Mittelmeeres im Golfe du Lion und der Ligurischen See gebildet. Derartig tief reichende Konvektion ist im Weltozean äußerst selten, ähnliche Verhältnisse werden sonst nur noch in hohen subpolaren Bereichen des Atlantiks in der Grönlandsee und der Labradorsee beobachtet. Gesteuert wird die tief reichende Vermischung durch extrem hohe Wärmeverluste (> 500 W/m², Watt pro Quadratmeter) in Mistralereignissen im Winter über dem Golfe du Lion, durch die oberflächennahes Wasser an Dichte gewinnt und absinken kann. Voraussetzung für das Auftreten der Konvektion ist jedoch nicht nur der hohe Wärmeverlust, sondern auch das Vorhandensein einer zyklonalen (gegen den Uhrzeigersinn drehenden) Zirkulation, wie man sie im Golfe du Lion findet.

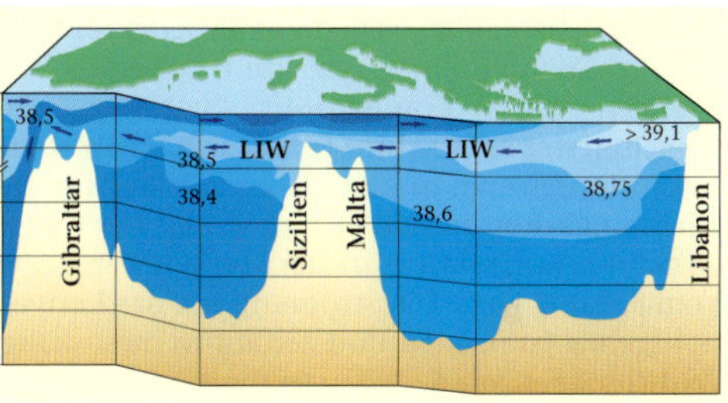

***5.9 und 5.10** Oben links und rechts: T/S-Diagramm (vgl. Glossar, S. 263) aus dem westlichen Mittelmeer: a) gesamter Temperatur- und Salzbereich; b) Ausschnitt für den Zwischenwasser und Tiefenwasserbereich. Die im westlichen Mittelmeer vorkommenden Wassermassen sind durch Akronyme gekennzeichnet. MAW: Modifiziertes Atlantisches Wasser (Modified Atlantic Water), LIW: Levantinisches Zwischenwasser (Levantine Intermediate Water), WMDW: Tiefenwasser des westlichen Mittelmeeres (Western Mediterranean Deep Water). Die hier abgebildeten Daten stammen aus dem Jahr 1998 und wurden mit dem deutschen Forschungsschiff „Poseidon" aufgenommen. Unten: Längsschnitt des Salzgehalts durch das gesamte Mittelmeer im Winter. Die Abbildung verdeutlicht das Levantinische Zwischenwasser (LIW). Nach Wüst, 1960.*

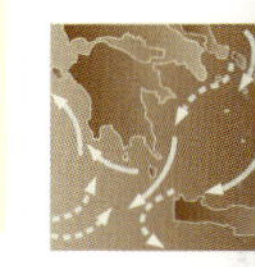

Im Inneren von zyklonalen Zirkulationszellen wölben sich die Dichteschichten des Wassers auf, und man findet dort dichteres Wasser näher an der Oberfläche als an den Rändern dieser Zellen. Deshalb kann die Dichte an der Meeresoberfläche leichter auf Werte angehoben werden, die zum Absinken in die Tiefe erforderlich sind. Innerhalb des kleinen Bereichs des Golfe du Lion wird das gesamte Wasservolumen des westlichen Mittelmeeres unterhalb von 1 000 m mit Nachschub versorgt. Die Bildungsrate von WMDW beträgt ca. 0,2 Sv. In den Vertikalprofilen ist WMDW als äußerst homogene Wassermasse mit nahezu konstanten Temperatur- und Salzgehaltswerten unterhalb von 1 000 m zu finden. Im T/S-Diagramm reduziert sich das neu gebildete WMDW zu einem relativ kleinen Bereich mit Temperaturwerten zwischen 12,75 und 12,8 sowie Salinitätswerten zwischen 38,44 und 38,46. Die Linearität der T/S-Beziehung über den gesamten WMDW-Bereich zeigt, dass diese Wassermasse insgesamt als Mischung anzusehen ist zwischen dem neu gebildeten WMDW und dem als Wassermasse darüber liegenden LIW.

Die Anwendung modernster akustischer Messmethoden (Tomographie, ADCP) hat neue Einsichten in den Tiefenwasserbildungsprozess im Golfe du Lion gebracht. Absinkende Bewegung tritt hauptsächlich in den so genannten *plumes* auf, die 500–1 000 m, Durchmesser haben und in denen Vertikalgeschwindigkeiten von bis zu ~10 cm/s erreicht werden, gegenüber generell üblichen Vertikalgeschwindigkeiten von 0,01 mm/s oder weniger. Für das Konvektionsgebiet als Ganzes (Durchmesser ca. 100 km) heben sich die Abwärtsgeschwindigkeiten in den *plumes* mit Aufwärtsgeschwindigkeiten außerhalb auf, so dass der Haupteffekt der Konvektion in der starken vertikalen Vermischung liegt. Die Strömung um das Konvektionsgebiet ist instabil und zerfällt in mesoskalige Wirbel (*eddies*, vgl. S. 261), die für die Ausbreitung des neu gebildeten Wassers in der Tiefe sorgen.

Innerhalb des westlichen Mittelmeeres fällt nur das Tyrrhenische Meer aus der allgemeinen Homogenität heraus. Im Tyrrhenischen Meer wird kein eigenes Tiefenwasser gebildet. Es wird durch die 2 000 m tiefe Straße von Sardinien mit Tiefenwasser aus dem Algero-Provenzalischen Becken versorgt. Im Mittel weist es um 0,14 °C höhere Temperaturen und 0,05 psu höhere Salzgehalte als WMDW auf und wird unter dem Namen Tyrrhenisches Tiefenwasser (TDW) von diesem unterschieden. Ein Grund für die höheren Temperaturen kann die hohe vulkanische Aktivität in diesem Gebiet und der damit verbundene geothermale Wärmefluss sein oder die stärkere Vermischung mit dem darüber liegenden LIW.

In Vertikalprofilen aus dem Tyrrhenischen Meer fallen innerhalb des TDW treppenartige Sprünge in den Temperatur- und Salzgehaltsprofilen mit Vertikalskalen von 50–100 m auf. Solche Treppenstrukturen sind generell ein Zeichen für Doppeldiffusion, die dann auftreten kann, wenn warmes und salzreiches Wasser über kaltem und salzarmem Wasser liegt. Doppeldiffusion resultiert aus dem Unterschied zwischen der schnellen Diffusion von Wärme und der langsameren Diffusion von Salz im Meerwasser, was zu einer Instabilität in der Wassersäule, verbunden mit Vertikalbewegung und Vermischung, führen kann.

- WIW: Eine weitere beobachtete Wassermasse ist das winterliche Zwischenwasser (*Winter Intermediate Water*, WIW). Es entsteht durch winterliche Abkühlung (T < 13 °C) von salzarmem Oberflächenwasser und schichtet sich zwischen MAW und LIW ein. Im Sommer ist es als Temperaturminimum zwischen MAW und LIW erkennbar. Da das Volumen dieser Wassermasse im Vergleich zu den drei anderen Wassermassen klein ist, weil es nur in begrenzten Gebieten gebildet wird, ist es in T/S-Diagrammen nicht immer prominent sichtbar.

Die Oberflächenzirkulation des Westbeckens

Das westliche Mittelmeer zeichnet sich durch intensive mesoskalige Aktivität (Größenskala der Wirbel 50 – 150 km) aus, die die beckenweite Bewegung überlagert und für die Ausbreitung aller Wassermassen von großer Bedeutung ist. Ein neuerer Reviewartikel von Millot (1999) fasst den modernen Kenntnisstand zusammen. Grundlegende theoretische Überlegungen erfordern, dass die großskaligen Bewegungen im Mittelmeer gegen den Uhrzeigersinn (zyklonal) erfolgen und weitgehend in Form von küstennahen Randströmen den Isobathen folgen. Das Wirbelfeld ist das Resultat von Instabilitäten in den Randströmen; es dominiert den inneren Teil des Beckens. Während die Geschwindigkeiten in den Wirbeln bis zu 100 cm/s erreichen können, liegen die Geschwindigkeiten in den Randströmen im Mittel nur bei 20 – 30 cm/s. Gegenüber den zeitlich mehr oder weniger stabilen Randströmen zeigt sich im Wirbelfeld ein starker saisonaler oder sporadischer Charakter.

- MAW/WIW-Zirkulation: Das MAW (Abb. 5.12) strömt zuerst in die Alboransee und führt im Westteil des Beckens eine beckenfüllende antizyklonale Bewegung aus, die permanenten Charakter hat. Der restliche Teil der Alboransee ist meist von einer antizyklonalen Zelle dominiert, die aber weniger stabil ist. Vom Ausgang der Alboransee zum Algerischen Becken bildet das MAW ein Strömungsband von der spanischen Küste zur afrikanischen Seite aus. Dieses Strömungsband trennt in Form einer Front frischeingeströmtes MAW von solchem, das schon eine Umrundung des westlichen Mittelmeeres hinter sich hat. Diese so genannte Almeria-Oran-Front ist das ganze Jahr über als Salzgehalts- und Dichtefront sichtbar. Das MAW folgt danach als Algerischer Strom der afrikanischen Küste bis ca. 2° Ost, ab wo sich die Strömung mäandrierend nach Osten fortsetzt.

Der Algerische Strom ist bei 0° Ost noch relativ schmal (30 – 50km) mit einer Tiefenerstreckung von 200–400 m, wird aber schnell flacher und breiter. Der nachfolgende instabile Teil des Algerischen Stromes ist durch die Ausbildung von Mäandern mit wenigen 10 km Auslenkung gekennzeichnet, aus denen sich Wirbel zyklonaler und antizyklonaler Drehrichtung ablösen (*coastal eddies* oder *Algerian eddies*), die sich bis in die Mitte

5.11 *Mittlere Temperatur des Oberflächenwassers (°C). Nach Seehandbüchern des BSH, Hamburg/Rostock.*

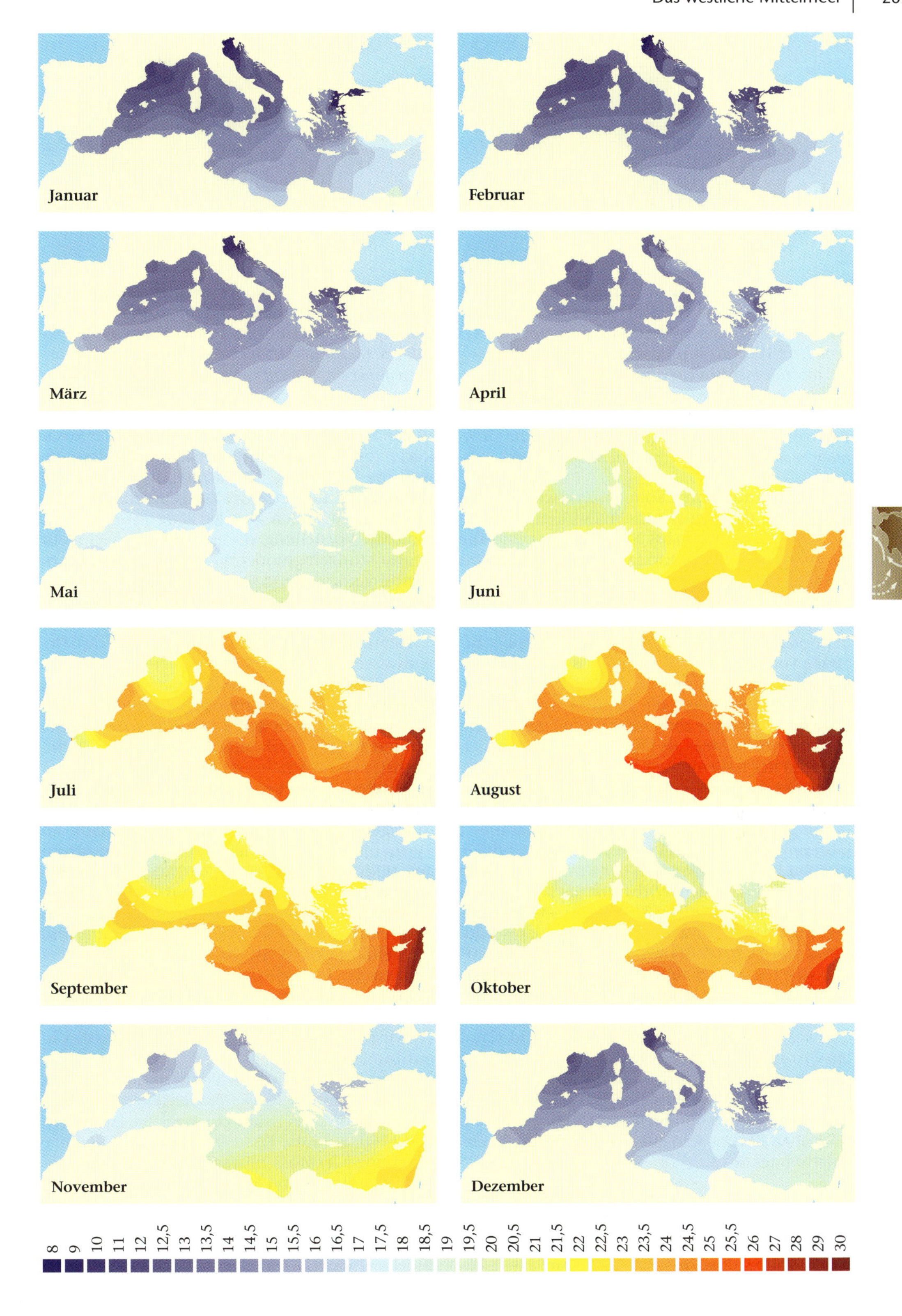
Januar
Februar
März
April
Mai
Juni
Juli
August
September
Oktober
November
Dezember
8
9
10
11
12
12,5
13
13,5
14
14,5
15
15,5
16
16,5
17
17,5
18
18,5
19
19,5
20
20,5
21
21,5
22
22,5
23
23,5
24
24,5
25
25,5
26
27
28
29
30

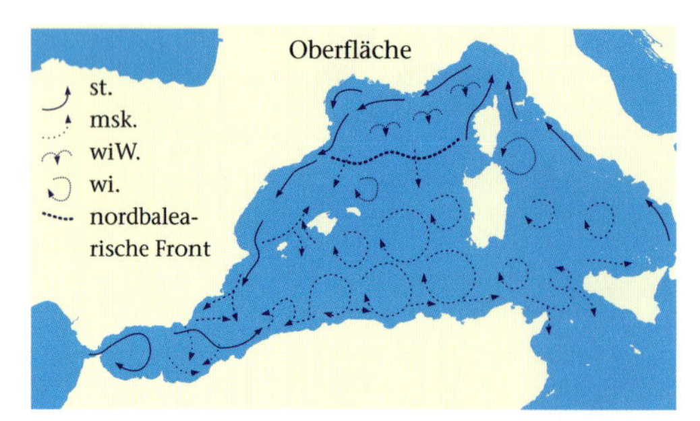

5.12 Zirkulationsschema im westlichen Mittelmeer für den Tiefenbereich des Modifizierten Atlantischen Wassers und Winterwassers. Durchgezogene Pfeile deuten im Wesentlichen stabil auftretende Strömungen an (st.), mesoskalige Wirbel sind mit durchbrochenen Linien angedeutet (msk.) und windinduzierte Strömungen sind gepunktet dargestellt (wi.), mit einer zusätzlichen Unterscheidung für windinduzierte Strömungen im Winter (wiW.). Nach Millot, 1998.

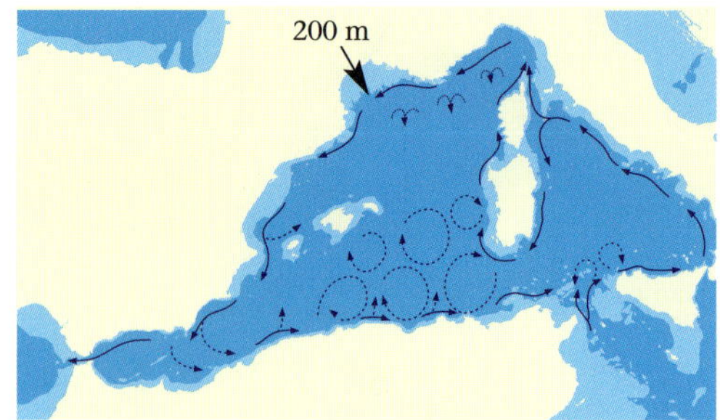

5.13 Zirkulationsschema im westlichen Mittelmeer für den Tiefenbereich des Levantinischen Zwischenwassers und Tyrrhenischen Tiefenwassers, vgl. Abbildung 5.12. Zusätzlich zur Küstenlinie ist die 200 m-Tiefenlinie eingezeichnet. Nach Millot, 1998.

des Beckens ausbreiten können. Zyklonale Wirbel sind relativ flach und kurzlebig, während antizyklonale tiefreichend (bis 1 000 m; Font und the Algers Group, 1998) und langlebig (Wochen bis Monate) sind.

Obwohl der algerische Strom ab 2° Ost als unregelmäßiger Strom ausgebildet ist, lässt er sich dennoch entlang der afrikanischen Küste bis zur Straße von Sardinien verfolgen. Das MAW passiert die Straße von Sardinien in ostwärtiger Richtung, wonach ein Teil durch die Straße von Sizilien ins östliche Mittelmeer abfließt, während der Rest im Tyrrhenischen Meer als Randstrom entlang Sizilien und der italienischen Westküste auftritt. Der Transport des MAW durch die Straße von Sizilien ist räumlich und zeitlich recht variabel, was sich in der großen Streuung der Strömungen um den Jahresmittelwert von 1,4 ± 0,6 Sv zeigt. Im Tyrrhenischen Becken bilden sich der Küstenrandstrom und die mesokaligen Wirbel im Becken zwar in Satellitenbeobachtungen klar ab, direkte Messungen ergeben aber noch kein ähnlich klares Bild. MAW strömt westlich und östlich an Korsika vorbei, wonach es sich zum so genannten Northern Current oder „Nördlichen Strom" vereint, der sich an der Küste westwärts bis Spanien fortsetzt (teilweise als Liguro-Provenzal-Strom und Catalan-Strom bezeichnet). Der „Nördliche Strom" weist eine ausgeprägte Saisonalität auf, mit einem maximalen und küstennahen Transport im Winter, einem flachen und breiten im Sommer. Im Balearischen Becken schließt sich die zyklonale Zirkulation des MAW.

Die Tiefenzirkulation des Westbeckens

• LIW/TDW Zirkulation: Wüst (1960) leitete eine direkte, westwärtige LIW-Ausbreitung von der Straße von Sizilien entlang der afrikanischen Küste ab, wenn auch mit wichtigen Abzweigungen in das Tyrrhenische Becken und entlang der Westküste von Sardinien und Korsika, wohl deshalb, weil die Verteilung des Salzgehalts (Abb. 5.10) leicht den Eindruck einer zungenförmigen Ausbreitung im Süden des Beckens erweckt. Die moderne Vorstellung, die sich auf sehr viel mehr Beobachtungen gründet, sieht dagegen eine Ausbreitung vorwiegend als Randstrom entlang der nördlichen Berandung des westlichen Mittelmeeres, wie dies Abbildung 5.13 zeigt.

Demnach treten LIW und obere Teile des Tiefenwassers des östlichen Mittelmeeres (so genanntes *transitional Eastern Mediterranean Deep Water,* tEMDW) nach Durchströmung der Straße von Sizilien angelehnt an den Kontinentalabhang bei Sizilien in das Tyrrhenische Becken ein. Beim Austritt aus der Straße von Sizilien findet intensive Mischung zwischen ihnen statt; danach findet sich LIW in Tiefen um 500 – 600 m und tEMDW in ungefähr 1 100 m. Beide breiten sich dann im Tyrrhenischen Becken als zyklonaler Randstrom aus. tEMDW sinkt in einem kaskadenartigen Prozess im Tyrrhenischen Becken auf 1 500 – 1 800 m Tiefe ab. Durch Mischung mit lokalem Wasser des Tyrrhenischen Beckens nehmen Temperatur und Salzgehalt des LIW ab. Der größte Teil des LIW verlässt das Tyrrhenische Becken nach einer zyklonalen Umrundung wiederum durch die Straße von Sardinien. Ein kleiner Anteil durchströmt, vorwiegend im Winter, die Straße von Korsika in nordwärtiger Richtung.

Nach Austritt aus dem Tyrrhenischen Becken und Übergang ins Algero-Provençalische Becken findet man LIW südlich von Sardinien in 400 – 450 m an die Küste geschmiegt. Intensive Mischung aller Wassermassen, die die Passage zwischen Sardinien und Sizilien durchqueren, führt zu starker Modifikation ihrer Eigenschaften. So hat LIW im Salzgehalt bereits auf ~ 38,65 psu abgenommen, wenn es das Algero-Provenzalische Becken erreicht.

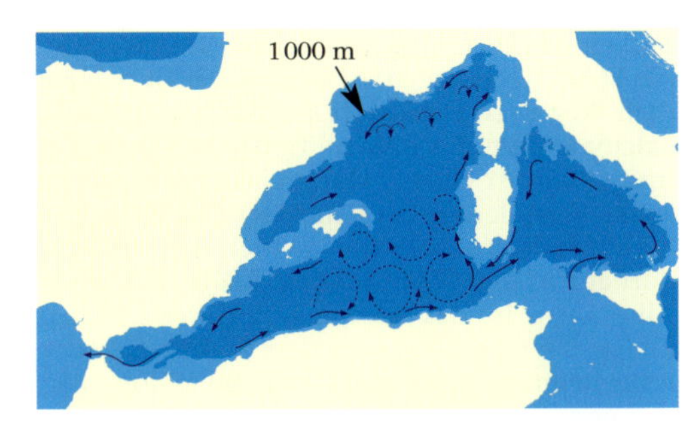

5.14 Zirkulationsschema im westlichen Mittelmeer für den Tiefenbereich des Tyrrhenischen Tiefenwassers und des Tiefenwassers. Zusätzlich zur Küstenlinie ist die 1000 m-Tiefenlinie eingezeichnet. Nach Millot, 1998.

Signaturen mit verstärkter LIW-Charakteristik wurden auch mitten im Algero-Provenzalischen Becken gefunden. Sie werden als Einschluss von LIW von der sardinisch-korsischen Küste in Wirbel angesehen, die von der algerischen Küste stammen. Die an sich oberflächen-intensivierten Wirbel sind im LIW-Niveau immer noch wirksam; Filamente (Strömungsbänder) von LIW können darin ins Innere des Beckens gezogen werden, wenn ein solcher Wirbel auf die LIW-Zunge bei Sardinien trifft.

Die LIW-Zunge vereinigt sich an der Nordspitze Korsikas mit dem Durchstrom von LIW durch die Straße von Korsika. Das LIW folgt dann dem Küstenverlauf und bildet hier den tieferen Teil des „Nördlichen Stroms". Das LIW folgt der italienischen, französischen und spanischen Küste, um dann zu einem Teil nordwärts der Balearen ostwärts zu rezirkulieren oder seinen Weg entlang der Almeria-Oran-Front nach Süden fortzusetzen. Auf seinem Weg schwächen sich Charakteristiken des LIW durch Vermischung mit umliegendem Wasser stark ab; so findet man im Golfe du Lion nur noch Salzgehalte zwischen 38,5 und 38,55 psu, und bei den Balearen sind die Maxima von Temperatur und Salzgehalt (vgl. Abb. 5.10) nur noch schwach ausgeprägt (T ~13,2 °C, S < 38,5 psu). In der Alboransee fließt das kaum noch vom Tiefenwasser zu unterscheidende LIW in Richtung der Straße von Gibraltar und stellt dort den größten Anteil des Ausstroms in den Atlantik.

- WMDW Zirkulation: Die Zirkulation des WMDW (Abb. 5.14) ist nur an wenigen Orten direkt untersucht worden. So lagen noch Ende der 1980-er Jahre nur wenige tiefe Strömungsmessungen vor der französischen und algerischen Küste vor. Aus diesen Messungen ergab sich das Bild einer randstromartigen zyklonalen Zirkulation mit mittleren Geschwindigkeiten von einigen cm/s, die den gesamten Tiefenbereich des Tiefenwassers betraf. Die zyklonale Zirkulation entlang des gesamten Algero-Provenzalischen Beckens hat sich in neueren, bislang noch unveröffentlichten Strömungsmessungen von Millot (1999) bestätigt. Ein generelles Resultat aller direkten Strömungsmessungen ist das einer bodenintensivierten Strömung. Dies äußert sich darin, dass die Strömungsgeschwindigkeiten in 1 000 m Tiefe niedriger sind als in größeren Tiefen. Die Zirkulation des WMDW im Inneren des Beckens ist dagegen weitgehend unbekannt. Im Bereich der Straße von Sardinien kommt es zu einer Aufteilung des WMDW-Transports. Bis 2 000 m Tiefe kann das WMDW, das entlang der algerischen Küste zirkuliert, weiter ostwärts ins Tyrrhenische Becken vordringen, während tiefergelegene Teile die Schwelle nicht überqueren können und westlich von Sardinien nordwärts rezirkulieren müssen. Der WMDW-Einstrom in das Tyrrhenische Becken zeigt sich im Tiefenbereich 1 000 – 2 000 m durch Temperaturen im Sardinien-Kanal von 12,8 – 13,0 °C und Salzgehalten zwischen 38,44 und 38,48 psu. Während ältere Strömungsmessungen auch einen ostwärtigen Strom in der Größenordnung von 1 cm/s ergaben, zeigten neuere, einjährige Strömungsmessungen in den Jahren 1993 und 1994 in der Mitte des Kanals keinen signifikanten Einstrom an. Möglicherweise weist dies auf zeitlich intermittierenden Einstrom hin.

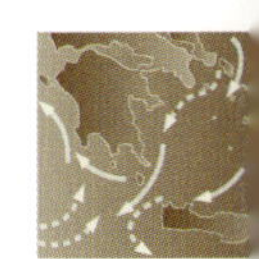

Neuere Untersuchungen mithilfe von anthropogenen Spurenstoffen (FCKWs) haben gezeigt, dass nicht der gesamte Tiefenbereich unterhalb des LIW durch WMDW gestellt wird, sondern dass im Tiefenbereich 600 – 1 600 m ein deutlicher Beitrag von TDW auftritt. Während dieser in T und S nicht sichtbar ist, weist das WMDW höhere FCKW-Konzentrationen auf, was auf seine kürzere Erneuerungszeit relativ zum TDW zurückzuführen ist. Das TDW macht sich deshalb durch ein FCKW-Minimum bemerkbar, das an der korsischen und sardinischen Küste am ausgeprägtesten ist. Aus Boxmodellrechnungen wurde ein TDW-Transport von 0,4 Sv bestimmt.

Saisonalität des westlichen Mittelmeeres

Eine umfassende Analyse der saisonalen Variabilität des westlichen Mittelmeeres stammt von Krahmann (1997). Mit Ausnahme des Konvektionsgebietes im nordwestlichen Mittelmeer sind die Auswirkungen der Saisonalität auf die Schicht des modifizierten atlantischen Wassers (MAW) beschränkt, mit einer kleinen Amplitude auch im oberen Bereich des LIW. Die Auswirkungen der jahreszeitlichen Änderungen der Oberflächenwärmeflüsse zeigen sich am stärksten in den Oberflächentemperaturen. Der jahreszeitliche Verlauf im westlichen Mittelmeer ist geprägt durch eine starke herbstliche Abkühlung und eine ähnlich starke Erwärmung im Frühjahr (Abb. 5.11, 5.15 a und 5.16 a). Da im Sommer die Windgeschwindigkeiten am geringsten sind, ist die erwärmte Deckschicht zudem flacher. Im Winter führen hohe Windgeschwindigkeiten und insbesondere der

Wärmeverlust dann wieder zu einer Vertiefung der Deckschicht. Im Tyrrhenischen Becken, aber auch in weiten Teilen des westlichen Mittelmeeres betragen die maximalen Deckschichttiefen nicht mehr als 100 m. Die einzige Ausnahme stellt der Golfe du Lion dar, in dem im Winter eine Homogenisierung der Temperatur und des Salzgehalts bis unterhalb von 1 000 m Tiefe auftritt (Abb. 5.15), wobei die Konvektion in bestimmten Jahren sogar den Meeresboden erreicht.

Die mittlere Amplitude des Temperaturjahrganges ist im westlichen Mittelmeer deutlich höher als im Atlantik gleicher Breite. Die Schwankungen der Oberflächentemperaturen um das Jahresmittel betragen im westlichen Mittelmeer ± 4 °C, verglichen mit ± 2,6 °C im Nordatlantik – andererseits reicht dort der Temperaturjahresgang bis in größere Tiefen, so dass die Wärmeinhaltsschwankungen in beiden Gebieten gleiche Größenordnung haben. Mit zunehmender Tiefe wird die Amplitude des Jahresganges geringer und weicht zunehmend von einem sinusoidalen Verhalten ab (verspätete Erwärmung).

Verteilung von Temperatur und Salzgehalt

Abbildung 5.17 zeigt die Verteilung von potenzieller Temperatur (a), Salzgehalt (b) und potenzieller Dichte (c) für einen Längsschnitt durch das westliche Mittelmeer. Hier sind noch einmal die in den vorangegangenen Abschnitten beschriebenen Wassermassen in ihrer horizontalen und vertikalen Verteilung zu sehen. Der Schnitt beginnt in der Alboransee, führt durch das Algero-Provenzalische Becken und endet im Tyrrhenischen Becken. Deutlich ist an der Oberfläche das salzarme MAW zu erkennen, dessen Salzgehalt sich auf dem Weg nach Osten erhöht. Das intermediäre Salzmaximum des LIW in Tiefen zwischen 400 und 600 m ist ebenso klar zu erkennen wie die starke Veränderung der Charakteristiken des LIW an der Südspitze Sardiniens durch die erwähnte dort auftretende Vermischung. Bei Erreichen der Alboransee ist das Salzmaximum des LIW auf knapp über 38,5 psu reduziert und kaum noch wahrnehmbar. Unterhalb von 1 500 m dominiert das homogene WMDW mit Temperaturen von < 12,8 °C, Salzgehalten von < 38,45 psu und Dichten von > 29,105 kg/m³.

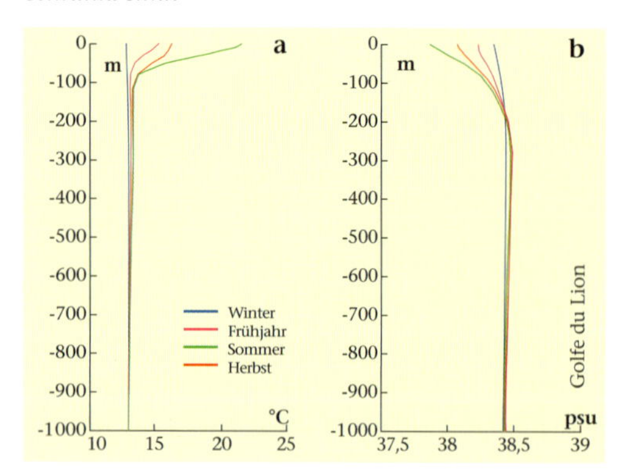

5.15 Saisonaler Zyklus von a) Temperatur und b) Salzgehalt im Golfe du Lion. Die Profile stellen jeweils Mittelwerte über drei Monate für die entsprechenden Jahreszeiten dar. Die Grundlage für die Profile ist die saisonal gerasterte Klimatologie des MODB (The Mediterranean Oceanic Data Base, http://modb.oce.ulg.be). Nur die oberen 1 000 m der Wassersäule sind dargestellt, da saisonale Schwankungen im Mittelmeer auf diesen Tiefenbereich beschränkt sind.

Variabilität

- Langzeitige Temperatur- und Salzgehaltstrends: Die Identifizierung langfristiger Trends erfordert umfangreiche Datensätze hoher Güte. Hier stellt häufig die Interkalibrierung von Datensätzen, die von verschiedenen Institutionen stammen, und der Wechsel von Messmethoden und Standards im Laufe der Zeit ein Problem dar. Für den Zeitraum 1955–1994 zeigen historische Daten in zwei Tiefenbereichen signifikante Trends. So nehmen die Temperaturen und Salzgehalte des Tiefenwassers (WMDW) langfristig mit einer Amplitude von 0,0013 °C/Jahr bzw. 0,0005 psu/Jahr zu. Als Ursache für diese Temperatur- und Salzgehaltszunahme werden langfristige Veränderungen des Frischwasserhaushalts des östlichen Mittelmeeres angeführt, infolge reduzierter Wasserzufuhr durch die Flüsse (Fertigstellung des Assuan-Hochdamms, 1970 mit fast vollständiger Eindämmung des Nils!) und/oder erhöhter Verdunstung aufgrund höherer Oberflächentemperaturen. Diese Vorgänge haben im östlichen Mittelmeer offensichtlich zu einer Erhöhung des Salzgehalts des LIW geführt. Beimischung des LIW in das im Golfe du Lion neu gebildete WMDW könnte dessen Salzgehalt erhöht haben. Die Erwärmung wird so erklärt, dass im Konvektionsprozess

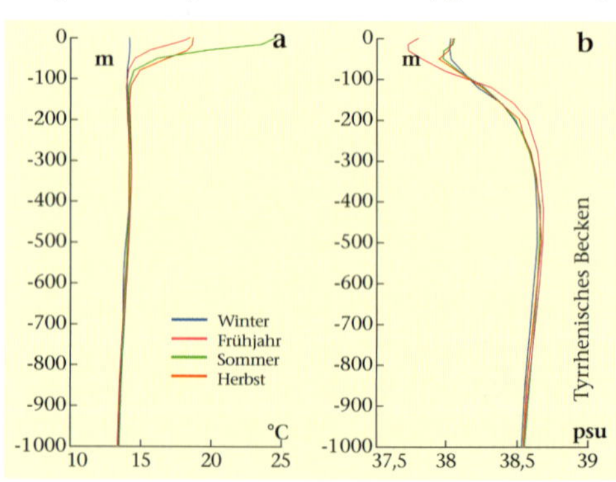

5.16 Saisonaler Zyklus von a) Temperatur und b) Salzgehalt im Tyrrhenischen Becken (vgl. Abb. 5.15).

aufgrund des höheren Salzgehalts schon bei höheren Temperaturen die notwendigen Dichten erreicht werden. Diese Interpretation ist aber aufgrund schwieriger Datenlage umstritten, so dass die Tiefenwassertrends auch gänzlich im westlichen Mittelmeer erzeugt sein könnten.

Die Grundlage hierfür ist, dass auch in der Oberflächenschicht signifikante Salzgehaltstrends aufgetreten sind. In den oberen 70 m stieg der Oberflächensalzgehalt des nordwestlichen Mittelmeeres über 40 Jahre (1955–1995) kontinuierlich um 0,2 psu an. Dies ist zum einen durch eine lokale Reduktion des Abflusses der großen spanischen Flüsse verursacht, zum anderen durch eine langfristige und großskalige Abnahme des Niederschlags über dem Mittelmeerraum. Hier zeigen sich die Auswirkungen natürlicher und vom Menschen verursachter Klimaschwankungen auf die marine Umwelt. Während die Reduktion des Flußwassereintrags in der Aufstauung der Flüsse für landwirtschaftliche Nutzung und durch steigenden Tourismus anthropogene Ursachen hat, liegt die Ursache für die Niederschlagsabnahme über dem Mittelmeer vermutlich in einer natürlichen Klimaschwankung, der so genannten Nordatlantischen Oszillation (NAO). Die gemittelte Abnahme des jährlichen Regenmenge über dem Mittelmeerraum beträgt nahezu 15 Prozent.

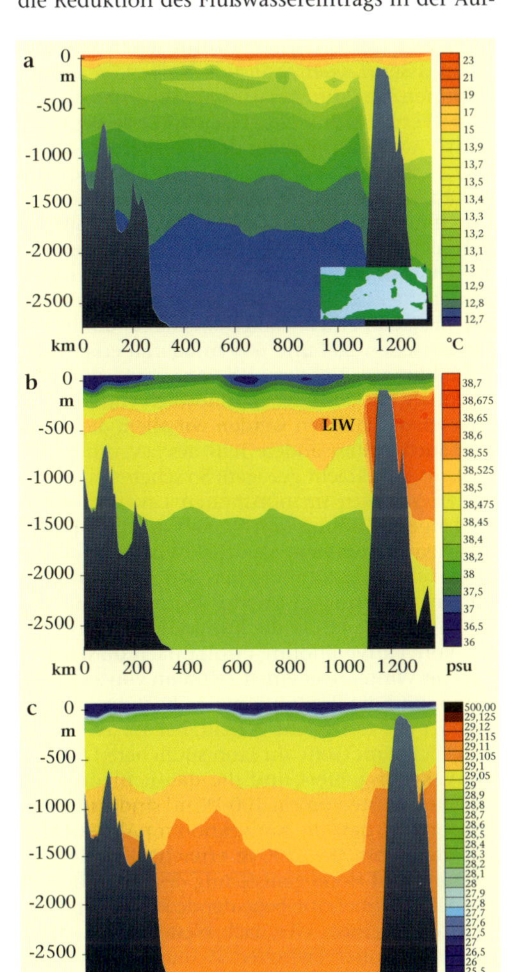

5.17 *Längsschnitte von a) potenzieller Temperatur (°C), b) Salzgehalt (psu) und c) potenzieller Dichte (kg/m³) im westlichen Mittelmeer. Das LIW ist deutlich zu erkennen. Der Verlauf des Schnittes ist in der Kurskarte dargestellt. Die einzelnen Messpunkte (Stationen) wurden weggelassen.*

Auswirkung der Transiente des östlichen Mittelmeeres im westlichen Mittelmeer

- LIW-Trends in der Straße von Sizilien: Wiederholte Messungen in der Straße von Sizilien zwischen 1992 und 1999 zeigen, dass im Einstrombereich die mittleren Temperatur- und Salzgehaltwerte des LIW bis 1998 stetig abnahmen (13,92–13,72 °C; 38,777–38,747 psu), um danach wieder zuzunehmen. Dies wird als eine Auswirkung der Transiente im östlichen Mittelmeer verstanden. Zusätzlich liegt das obere Tiefenwasser des östlichen Mittelmeeres (tEMDW) jetzt flach genug, um ebenfalls in größeren Mengen auszuströmen.

- TDW-Trends: Während das LIW als Folge der Transiente im östlichen Mittelmeer abnehmende Werte in Temperatur und Salzgehalt zeigt, macht sich seit 1992 im TDW ein entgegengesetzter Trend bemerkbar. Dieser scheinbare Widerspruch erklärt sich dadurch, dass mit der Anhebung der Wassersäule im östlichen Mittelmeer eine Intensivierung des Ausstroms dichterer Wassermassen als des LIW durch die Straße von Sizilien möglich war, nämlich des tEMDW. Verglichen mit den Wassermassen auf gleicher Tiefe des Tyrrhenischen Beckens ($\sigma_0 \sim 29{,}10$ kg/m³) hat das tEMDW eine größere Dichte ($\sigma_0 \sim 29{,}15$ kg/m³) und muss daher absinken. Seine trotz der größeren Dichte höheren Temperaturen und Salzgehalte stellen eine Quelle von Wärme und Salz für dieses Becken dar und führen zu dem beobachteten Trend mit ansteigenden Werten in beiden Größen: Temperaturanstieg 12,95 bis 13,35 °C und Salzanstieg 38,475 bis 38,583 psu.

Das östliche Mittelmeer

Zunächst wird die klassische Situation des östlichen Mittelmeeres behandelt, die bis Ende der 1980-er Jahre vorlag. Sie reichte in gleicher oder ähnlicher Form zurück bis mindestens zum Beginn des 20. Jahrhunderts, als die ersten Beobach-

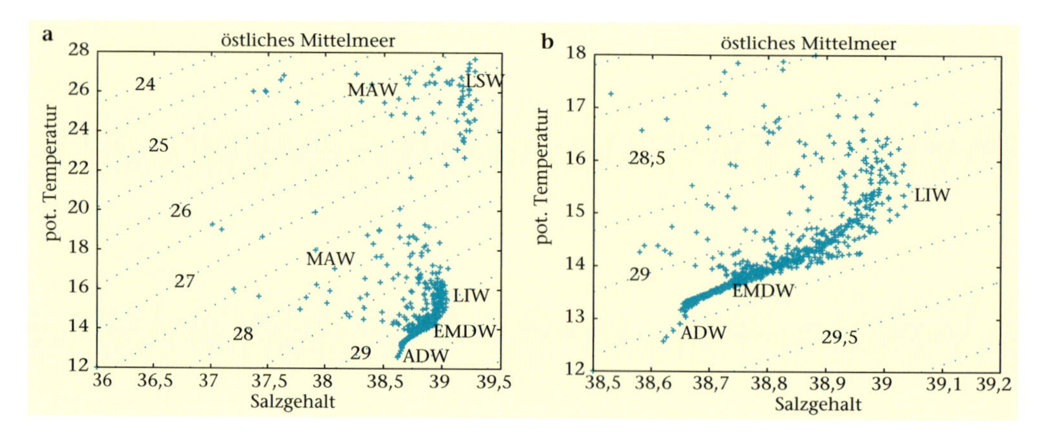

***5.18** T/S-Diagramm aus dem östlichen Mittelmeer: a) gesamter Temperatur- und Salzbereich, b) Ausschnitt für den Zwischenwasser- und Tiefenwasserbereich. Die im östlichen Mittelmeer vorkommenden Wassermassen sind durch Akronyme gekennzeichnet. MAW: Modifiziertes Atlantisches Wasser (Modified Atlantic Water), LSW: Levantinisches Oberflächenwasser (Levantine Surface Water), LIW: Levantinisches Zwischenwasser (Levantine Intermediate Water), EMDW: Tiefenwasser des östlichen Mittelmeeres (Eastern Mediterranean Deep Water), ADW: Adriatisches Tiefenwasser (Adriatic Deep Water). Die hier abgebildeten Daten stammen aus dem Jahr 1987 und wurden mit dem deutschen Forschungsschiff „Meteor" (Abb. 6.101) aufgenommen.*

tungen durchgeführt wurden. Die Abweichungen von der klassischen Situation werden danach betrachtet.

Wassermassen des Ostbeckens

Klassisch werden im östlichen Mittelmeer fünf Wassermassen unterschieden (Abb. 5.18), nämlich MAW, LSW, LIW, EMDW und ADW, wobei die Letztere die Ausgangswassermasse und jüngste, am frischesten belüftete Komponente des EMDW darstellt; in jüngerer Zeit wurde CIW als zusätzliche Wassermasse nachgewiesen.

- MAW: Ebenso wie im westlichen Mittelmeer ist das MAW im östlichen Mittelmeeer auf die Oberflächenschicht beschränkt. Es ist als intermediäres Salzgehaltsminimum in der Schicht 30–200 m sichtbar. Die Salzgehalte des MAW nehmen kontinuierlich auf seinem Weg nach Osten zu, von um 37,0 psu in der Straße von Sizilien, maximal 38,6 psu im Ionischen Becken und zwischen 38,6 und 38,8 psu im Levantinischen Becken. In einigen Literaturstellen wird zusätzlich noch ISW (Ionian Surface Water) genannt, eine Oberflächenwassermasse aus dem Ionischen Becken, die sich durch höhere Temperaturen und Salzgehalte von MAW unterscheidet. Saisonale Erwärmung bewirkt eine Zweiteilung des MAW mit erhöhten Temperaturen in den oberen 50 m, wie in den hier dargestellten Daten aus dem Herbst.
- LSW: Während der warmen Jahreszeit wird die Oberfläche des Levantinischen Beckens vom warmen und salzreichen Levantinischen Oberflächenwasser (*Levantine Surface Water*, LSW) eingenommen, das durch saisonale Erwärmung und hohe Verdunstung entsteht. Am Ende des Sommers werden maximale Salzgehalte von ~39,3–39,5 psu erreicht, speziell im nordwestlichen Levantinischen Becken und der südöstlichen Ägäis rund um Rhodos. LSW ist damit eine der salzreichsten Wassermassen des Weltozeans.
- LIW: Diese wichtige Wassermasse wird als Zwischenwasser im Levantinischen Becken gebildet. Sie ist an einem Salzgehaltsmaximum in Tiefen zwischen 200 und 600 m überall erkennbar. Als Bildungsgebiet des LIW wird vorwiegend der zyklonale Rhodos-Wirbel (südöstlich von Rhodos) angesehen; daneben werden vor allem die Ägäis, aber auch weitere andere Teile des Levantinischen Beckens in Betracht gezogen. So scheint es in sehr kalten Wintern im nördlichen Levantinischen Becken zur Bildung von Wasser mit LIW-Eigenschaften zu kommen. Modellsimulationen zeigen unter normalen klimatischen Bedingungen LIW-Bildung aber nur im Rhodos-Wirbel, da hier die zyklonale Zirkulation die Konvektion unterstützt. Die konvektive Bildung erfolgt nach diesen Studien im Winter über einen Zeitraum von zwei Monaten, und die Produktionsrate liegt, wenn man sie über das ganze Jahr verteilt, bei 1,2 Sv. Die im Vergleich zum Golfe du Lion südlichere Lage des Konvektionsgebiets und die damit niedrigeren Wärmeverluste von ca. 100 W/m^2 sind dafür verantwortlich, dass die Konvektion im Allgemeinen nur Tiefen bis 250–300 m erreicht. Für die Ausbreitung und Homogenisierung des LIW scheinen barokline Wirbel eine bedeutende Rolle zu spielen. Es wird auf seinem Weg nach Westen hin kontinuierlich salzärmer: zwischen 39,0 und 39,2 psu im Levantinischen Becken, > 38,8 psu im Ionischen Becken und ~38,78 psu in der Straße von Sizilien.

- EMDW/CIW: Die Tiefenwässer unterhalb von ca. 1200 m (*Eastern Mediterranean Deep Water*, EMDW) sind außerordentlich homogen in T und S, was eindeutig auf eine einheitliche Quelle für diese Wassermasse schließen lässt. Innerhalb des EMDW gibt es nur minimale Anstiege von Temperatur und Salzgehalt sowohl nach Osten hin wie auch nach oben, die einer moderaten Vermischung mit den wärmeren und salzreicheren Wässern oberhalb des EMDW zuzuschreiben sind. Unterhalb von 1600 m Tiefe findet man Werte von S ~ 38,65, T ~ 13,3 °C, σ_0 ~ 29,18 kg/m³. Von 1600 m aufwärts bis zur Unterkante des LIW verläuft die T/S-Beziehung annähernd linear. Dieser Bereich wird in der Literatur oft als tEMDW (*transitional* EMDW) bezeichnet, wobei das transitional andeuten soll, dass es sich in dieser Schicht um Mischwasser zwischen EMDW und LIW handelt. Während dies mit der T/S-Beziehung durchaus verträglich ist, zeigen transiente Tracer eindeutig eine aktive Belüftung dieses Horizonts mit einem Zentrum in etwa 700 m Tiefe. Als Quelle hierfür wurde das Kretische Becken identifiziert und die Wassermasse erhielt daher den Namen CIW (*Cretan Intermediate Water*). CIW unterscheidet sich in seiner Dichte nur sehr wenig von EMDW, so dass die Tiefenlage des CIW in der Wassersäule möglicherweise nicht sehr stabil ist.
- ADW: Die Quelle des EMDW liegt eindeutig in der Adria, wo das Adriatische Tiefenwasser (*Adriatic Deep Water*, ADW) gebildet wird. Seine mittleren Werte betragen T < 13,3 °C, S < 38,7 psu und σ_0 ~ 29,18 kg/m³. Ausgangsreservoir ist das etwa 1 200 m tiefe Südadriatische Becken, in welchem im Spätwinter Konvektion auftritt; daneben wird auch dichtes Wasser aufgenommen, das weiter nördlich in der Adria gebildet wurde. Die genannten Charakteristika sind Mittelwerte, im Südadriatischen Becken selbst schwanken die Werte von Jahr zu Jahr deutlich.

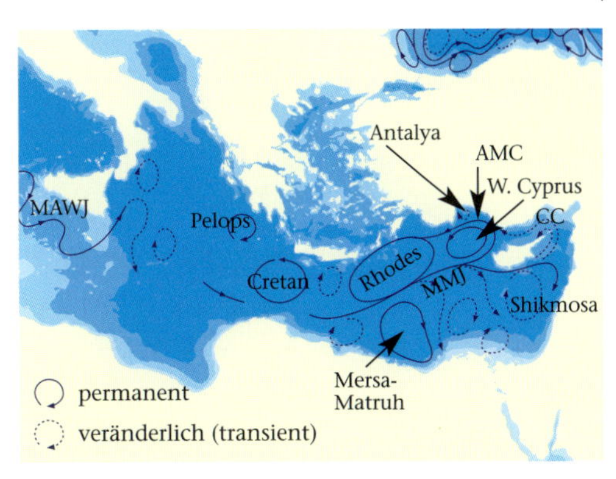

***5.19** Schematische Darstellung der oberflächennahen Zirkulation im östlichen Mittelmeer. Permanente Strömungen und Wirbel sind als durchgezogene Linie gezeichnet, transiente Strömungen und Wirbel sind gestrichelt. Die Namen von Strömungen sind mit Akronymen belegt: MAWJ: Atlantisch-Ionischer Strom (Modified Atlantic Water Jet), MMJ: (Mid-Mediterranean Jet), CC (Cilican Current), AMC (Asia Minor Current). Die wichtigsten antizyklonalen und zyklonalen Wirbel im östlichen Mittelmeer sind der Pelops-Wirbel und der kretische Wirbel im Ionischen Becken, der Rhodos-Wirbel, Mersa-Matruh-Wirbel, West-Zypern-Wirbel und Shikmona-Wirbel im Levantinischen Becken. Nach Robinson et al., 1991.*

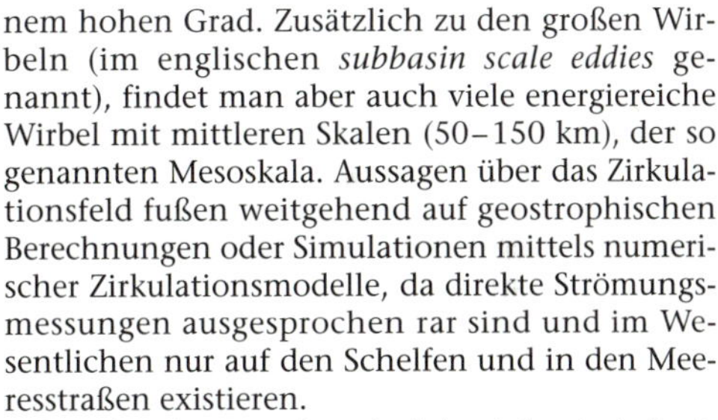

Die Oberflächenzirkulation im Ostbecken

Ähnlich wie im westlichen Mittelmeer ist auch die oberflächennahe Zirkulation des östlichen Mittelmeeres von starker Wirbelaktivität geprägt (Abb. 5.19). Das moderne Bild der Zirkulation ist das eines komplexen Strömungsmusters, in dem sich die großskalige Bewegung aus dominierenden energiereichen Wirbeln zusammensetzt, die über konzentrierte Strombänder (Jets) miteinander in Verbindung stehen. Einige der Wirbel stellen permanente Gebilde dar, während andere wiederkehrend oder transient sind. Im Vergleich zum westlichen Mittelmeer fällt auf, dass die Dimension der dominantesten Wirbel mit 200–350 km Durchmesser deutlich größer ist. Diese großen Wirbel haben sowohl zyklonale als auch antizyklonale Drehrichtung und beeinflussen durch die Auf- bzw. Abwölbung von Dichtelinien in den Zentren der Wirbel die biologische Aktivität in einem hohen Grad. Zusätzlich zu den großen Wirbeln (im englischen *subbasin scale eddies* genannt), findet man aber auch viele energiereiche Wirbel mit mittleren Skalen (50–150 km), der so genannten Mesoskala. Aussagen über das Zirkulationsfeld fußen weitgehend auf geostrophischen Berechnungen oder Simulationen mittels numerischer Zirkulationsmodelle, da direkte Strömungsmessungen ausgesprochen rar sind und im Wesentlichen nur auf den Schelfen und in den Meeresstraßen existieren.

Die dominanten Jets sind der Atlantisch-Ionische Strom (AIS) und der *Mid-Mediterranean Jet* (MMJ). Das mit dem AIS über die Straße von Sizilien einströmende MAW teilt sich im Ionischen Becken in Filamente mit unterschiedlichen (und zeitlich variablen) Wegen auf, die sich im südlichen Ionischen Becken wieder vereinen, um den Ursprung des MMJ zu bilden. Der MMJ fließt ostwärts ins Levantinische Becken, wo er sich zweiteilt. Eine topographische Führung des MMJ durch die Bodentopographie wird vermutet. Ein Teil des MMJ wendet sich vor bzw. hinter Zypern nordwärts, speist die westliche Strömung des *Asia Minor Current* und bildet die nördliche Flanke des Rhodos-Wirbels. Der Rest wendet sich in mehreren Zweigen südwärts und speist so den antizyklonal rezirkulierenden Randstrom an der ägyptischen Küste.

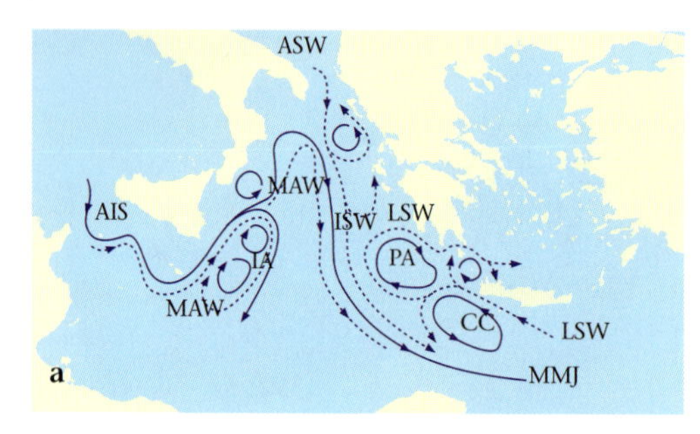

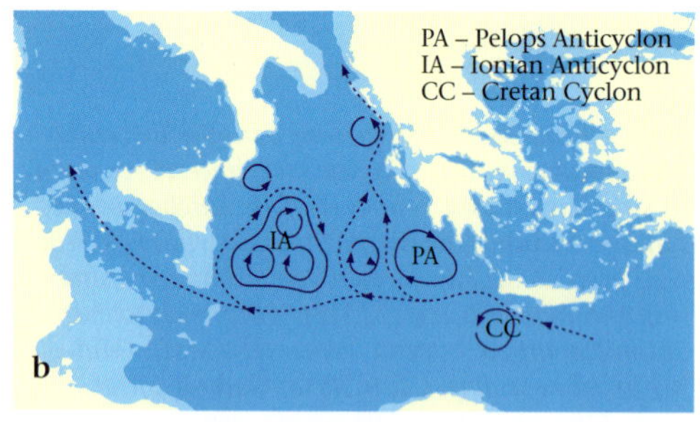

***5.20** Schematische Darstellung der Zirkulation im Ionischen Becken : a) Oberflächenbereich, b) Bereich des Levantinischen Zwischenwassers. Permanente Strömungen und Wirbel sind als durchgezogene Linie gezeichnet, Wassermassenausbreitungsrichtungen sind gestrichelt gezeichnet. Die Namen von Strömungen sind mit Akronymen belegt: AIS: Atlantisch-Ionischer Strom (Modified Atlantik Water Jet), MMJ (Mid-Mediterranean Jet). Die Namen der Wirbel sind in der Legende erklärt. Zu den eingezeichneten Wassermassen gehört Adriatisches Oberflächenwasser (ASW), Ionisches Oberflächenwasser (ISW), Levantinisches Oberflächenwasser (LSW) und Modifiziertes Atlantisches Wasser (MAW). Nach Malanotte-Rizzoli et al., 1997.*

Da die Strömungen in den großen und den mesoskaligen Wirbeln in der Regel höher sind als die großskalige Bewegung, sind die Strömungsmuster in synoptischen (kurzfristigen) Vermessungen nur bei überdurchschnittlich hoher räumlicher Auflösung feststellbar. Während in den Untersuchungen von Robinson und Golnaraghi (1993, 1994) die Strömungen im Levantinischen Becken mit großem Detail zu erkennen waren, war das Strömungsmuster im Ionischen Becken noch nicht ausreichend aufgelöst. Zusätzliche Details ließen sich erst aus den umfangreichen Datensätzen gewinnen, die seit den 1980-er Jahren in Programmen wie POEM *(Physical Oceanography of the Eastern Mediterranean)* oder den EU-Projekten im *Mediterranean Targeted Project* (MTP) gewonnen wurden (Abb. 5.20 a).

So zeigte sich für das Ionische Becken eine Bifurkation des AIS bei ca. 17° Ost und 37° Nord, wobei sich ein Zweig in einer antizyklonalen Drehung scharf nach Süden wendet und so den Rand eines Gebietes mit generell antizyklonaler Bewegung (Ionische Antizyklone, IA) im westlichen Ionischen Becken bildet (Abb. 5.20 a). Ein zweiter Zweig des AIS setzt sich nordwärts ins Ionische Becken fort und advektiert MAW bis 39° Nord. Dann wendet sich auch dieser Zweig nach Süden und fließt in südöstlicher Richtung zur Kretischen Passage, wo er den MMJ speist. Auf der linken Flanke dieses AIS-Zweigs findet man ISW und LSW, das beim Austritt aus der Kretischen Passage Ablenkungen durch die Kretische Zyklone (zyklonal) wie auch durch den Pelops-Wirbel (antizyklonal) erfährt.

Auch auf der Skala der großen Wirbel findet man erhebliche zeitliche und räumliche Variabilität. So können sich Wirbel in mehrere Zentren aufspalten oder mehrere Wirbel sich zu einem größeren Gebilde vereinen. Die wichtigsten großen Wirbel sind in Abbildung 5.19 und 5.20 dargestellt.

- Rhodos-Wirbel: Zyklonaler Wirbel mit Zentrum ungefähr bei 36 °N, 28,5 °O, seine Ausdehnung beträgt 300–400 km, und er ist bis in Tiefen von 500–600 m erkennbar. Besonders im Sommer ist er durch den Auftrieb kalten Wassers an der Oberfläche gut zu erkennen. Der Rhodos-Wirbel wird ganzjährig beobachtet, im Winter stellt er eines der Hauptbildungszentren des LIW dar, aber auch tiefer reichende Konvektion ist in extremen Jahren möglich. Er bietet gute Bedingungen für Primärproduktion durch die Aufwölbung der Isopyknen im Inneren der Zyklone, besonders unmittelbar in Anschluss an die spätwinterliche Konvektion.
- Shikmona-Wirbel: Antizyklonaler Wirbel mit Lage südlich von Zypern. Er ist nicht permanent vorhanden, aber doch in vielen Jahren in den Beobachtungen vertreten und wird daher als wiederkehrend bezeichnet. Aufgrund seiner mehrfachen Zentren ist seine Ausdehnung nicht leicht festzulegen, sie liegt aber ebenfalls in der Größenordnung von einigen 100 km. Unterhalb von 300 m ist er nicht mehr deutlich zu identifizieren.
- Mersa-Matruth-Wirbel: Antizyklonaler Wirbel südlich des MMJ mit Zentrum zwischen 32,5 und 33,5° N, 28–29° O. Seine Ausdehnung liegt in der Größenordnung 300–400 km, er ist bis in Tiefen von 600 m zu erkennen und tritt permanent auf. Er ist durch eine besonders intensive Zirkulation an seinen Rändern charakterisiert, wo Strömungsgeschwindigkeiten von 40 cm/s und mehr auftreten. Im Laufe des Jahres ändert er Form und Position und bildet manchmal mehrere Zentren aus, die unterschiedliche Tiefenstruktur haben können. Er beinflusst durch seine Lage und Intensität den Austausch von Wassermassen durch die Passage südlich von Kreta.
- Kretischer Wirbel (*Cretan Cyclon*, CC): Zyklonaler permanenter Wirbel an der Südwestspitze Kretas, der wie der Rhodos-Wirbel als Zyklone gute Bedingungen für Primärproduktion aufweist. Wie

alle Wirbel im Ionischen Becken ist er deutlich kleiner als die Wirbel im Levantinischen Becken mit einer Größenordnung von 200 km. Er ist auf die obere Thermokline beschränkt und verschwindet unterhalb von 400 m. An seinen Rändern beobachtet man intensive Strömungen mit Geschwindigkeiten um 30 cm/s.

- Pelops-Wirbel (*Pelops Anticyclone,* PA): Antizyklonaler permanenter Wirbel südlich des Peloponnes, der mit dem Kretischen Wirbel gekoppelt auftritt. Er besitzt ähnlich intensive Strömung an den Rändern und hat eine Ausdehnung von 200 km. Der Pelops-Wirbel ist bis 800 m Tiefe zu erkennen und unterhalb von 100 m durch ein nahezu tiefenkonstantes (barotropes) Strömungsfeld gekennzeichnet. Im LIW-Horizont ist der Wirbel wärmer und salzreicher als das umliegende LIW.

Tiefenzirkulation des Ostbeckens

- LIW-Horizont: Das ursprüngliche Bild der LIW-Ausbreitung im östlichen Mittelmeer ist durch die Arbeiten von Wüst (1960) geprägt. Danach breitet sich das LIW aus seinem Bildungsgebiet im nördlichen Levantinischen Becken mit Salzgehalten über 39,1 psu sowohl nach Osten als auch nach Westen aus; Teile gehen durch die Kassos-Straße in die Ägäis und dort weiter nach Osten, der Hauptzweig geht aber südlich von Kreta nach Westen und von dort weiter bis zur Straße von Sizilien. Eine weitere wichtige Abzweigung führt entlang der griechisch-kroatischen Küste nach Norden in die Adria. Die Ausbreitung erfolgt konzentriert entlang der griechischen Küste gegen Norden, und LIW tritt auf der östlichen Seite der Straße von Otranto in die Adria ein. Die Advektion von salzreichem LIW in die Adria ist eine wichtige Voraussetzung, um dort bei der winterlichen Konvektion die nötigen Dichten zu erreichen. In den höher auflösenden modernen Untersuchungen hat sich herausgestellt, dass mesoskalige Wirbel (Kretischer Wirbel, Pelopos-Wirbel) in ihrer Lage und Stärke die Ausbreitung von LIW maßgeblich beeinflussen.

Bildungsgebiet für LIW ist das nördliche Levantinische Becken, mit Salzgehalten von > 39,0 psu auf der zentralen Dichtefläche des LIW (29,05 kg/m^3). Die Ausbreitung des LIW im nördlichen Levantinischen Becken scheint neben der Advektion von Vermischungsprozessen durch mesoskalige Wirbel dominiert zu sein, die die advektiven Ausbreitungswege maskieren und nur in der Tendenz der Verteilungen eine Ausbreitung erahnen lassen. Schon in den Untersuchungen von Hecht et al. (1988) wurde deutlich, dass LIW bei der Ausbreitung aus seinem Bildungsgebiet stark vom Wirbelfeld beeinflusst wird. Im südöstlichen Levantinischen Becken zeigt sich in diesen Untersuchungen eine hohe Korrelation der räumlichen Verteilung von LIW und den mesoskaligen Wirbeln. In den meisten Fällen wurde LIW fleckenartig in antizyklonalen Wirbeln eingefangen gefunden, so beispielsweise im Shikomona-Wirbel. Nach Verlassen der Kretischen Passage wird das LIW vom Kretischen Wirbel eingefangen und dann durch den Pelops-Wirbel nordwärts entlang der griechischen Küste Richtung Adria abgelenkt (Abb. 5.20b). Der Hauptausbreitungspfad des LIW ist jedoch Richtung Straße von Sizilien, mit einer zusätzlichen Abzweigung antiyzkonal um die Ionische Antizyklone.

Das LIW verlässt das östliche Mittelmeer schließlich über die Straße von Sizilien in einer Schicht unterhalb von 200 m (T > 14,5 °C, S ~ 38,7 psu). Die komplizierte Topographie der Straße mit zwei nahezu parallelen Rinnen mit Schwellentiefen von 365 bzw. 420 m teilt den LIW-Strom in zwei Zweige, wobei der stärkere Zweig durch den nordöstlichen Kanal fließt. Die flachen Schwellentiefen bilden zudem eine natürliche Sperre für das tiefer gelegene EMDW. Im südwestlichen Kanal wird aber zusätzlich unterhalb des LIW das Ausströmen von tEMDW beobachtet, das den obersten Bereich des EMDW darstellt.

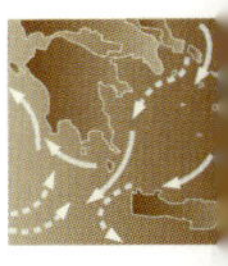

- EMDW-Zirkulation: Die Ausgangswassermasse ADW folgt nach Überströmen der Straße von Otranto der Topographie entlang des italienischen Kontinentalabhangs und sinkt dabei bis zum Meeresboden ab. Sie wird gleichzeitig so weit modifiziert, dass sie den homogenen Eigenschaften des EMDW entspricht. So modifiziert wendet sich das Wasser nach Erreichen der Südspitze Siziliens ostwärts und strömt durch die Kretische Passage in das Levantinische Becken. Zeitweilig wird aber auch beobachtet, dass ADW durch den östlichen Hellenischen Graben bei 39,5° Nord entlang der griechischen Küste südwärts strömt. Dieser generellen horizontalen Ausbreitung ist ein langsames Aufsteigen bis in den LIW-Horizont überlagert. Hiermit und mit dem nachfolgenden Export ins westliche Mittelmeer schließt sich die thermohaline Zelle des EMDW.

Die Tiefenwasserbildungsrate in der Adria betrug klassisch 0,3 Sv. Diese Rate wurde zuerst bestimmt über das Freon- und Tritiumbudget und später auch durch direkte Strömungsmessungen in der Straße von Otranto bestätigt. Das am langsamsten belüftete Wasser (Erneuerungszeit ~ 100 Jahre) findet sich in mittleren Tiefen (~ 1500 m) im Levantinischen Becken. In diesen Tiefen findet auch eine gewisse Rückströmung nach Westen statt. Wie das Strömungsfeld im Detail aussieht, ist weitgehend unbekannt, weil direkte Strömungsmessungen fehlen und die Homogenität des EMDW in T und S geostrophische Berechnungen kaum zulässt.

Saisonalität des östlichen Mittelmeeres

Auch im östlichen Mittelmeer ist saisonale Variabilität auf einen geringen Tiefenbereich beschränkt. Bis auf Ausnahmeregionen wie die

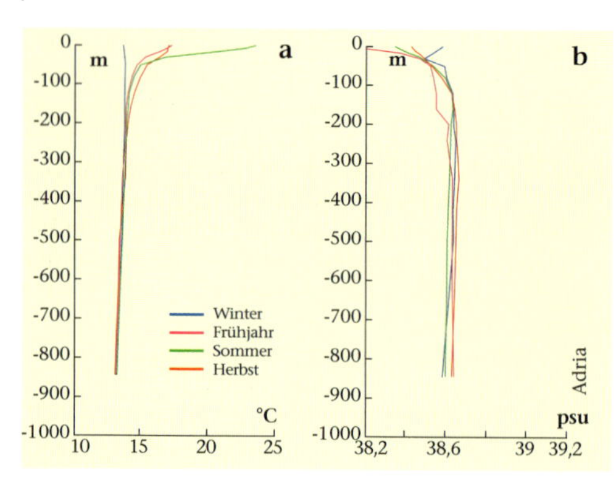

5.21 Saisonaler Zyklus von a) Temperatur und b) Salzgehalt in der südlichen Adria. Die Profile stellen jeweils Mittelwerte über drei Monate für die entsprechenden Jahreszeiten dar. Die Grundlage für die Profile ist die saisonal gerasterte Klimatologie des MODB (The Mediterranean Oceanic Data Base, http://modb.oce.ulg.be). Nur die oberen 1 000 m der Wassersäule sind dargestellt, da saisonale Schwankungen im Mittelmeer auf diesen Tiefenbereich beschränkt sind.

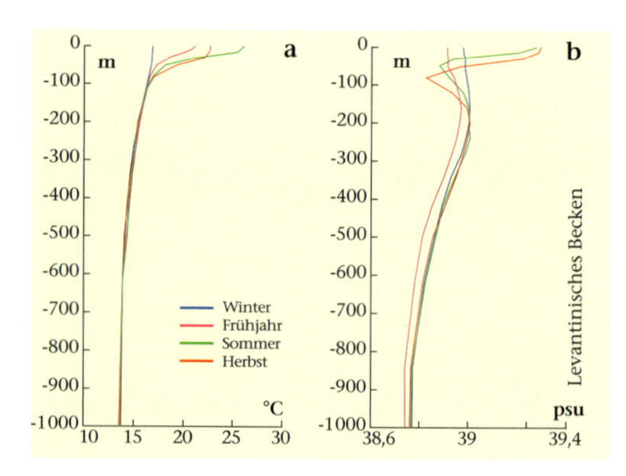

5.22 Saisonaler Zyklus von a) Temperatur und b) Salzgehalt im Levantinischen Becken (vgl. Abb. 5.21).

Adria, in der Konvektion bis zu Tiefen von 800 m und mehr vorkommt (Abb. 5.21), die Ägäis und das LIW-Bildungsgebiet sind die Änderungen meist auf die oberen 100 m beschränkt. Im Levantinischen Becken (Abb. 5.22) zeigt sich die typische Deckschichtentwicklung über die Jahreszeiten mit einer Erwärmung im Frühjahr, die bis in den Sommer fortschreitet und mit einer Verflachung der Deckschicht aufgrund der niedrigen Windmischung im Sommer einhergeht. Im Herbst folgt eine Temperaturabnahme, und im Winter werden in diesem Gebiet Abkühlung und Konvektion bis in Tiefen von 200 m beobachtet. Auch im Salzgehalt zeigt sich ein saisonales Signal: Die winterliche Konvektion sorgt im Winter und Frühjahr dafür, dass das einströmende MAW nicht mehr als Minimum unter der Oberfläche zu sehen ist, da durch seinen Tiefenbereich hindurch gemischt wurde. Im Sommer und Herbst dagegen ist das MAW deutlich in den Profilen zu erkennen. An der Oberfläche ist die stetige Erhöhung des Salzgehalts in den warmen Jahreszeiten (Sommer, Herbst) zu erkennen, wobei durch die hohe Verdunstung Oberflächensalzgehalte bis zu 39,3 psu entstehen. Zusätzliche saisonale Fluktuation entsteht advektiv durch Änderungen im Zirkulationsfeld.

Randmeere

Das östliche Mittelmeer hat zwei Randmeere, die Adria und die Ägäis. Die lang gezogene Adria, die sich zwischen Italien und dem Balkan ausdehnt, ist nur in ihrem südlichen Teil, dem Südadriatischen Becken, recht tief (maximale Tiefe 1 200 m), während der nördliche Teil von flachem Schelf eingenommen wird. Dieser Teil wird noch einmal unterteilt in die nördliche Adria bis zur 100 m-Tiefenlinie (mittlere Wassertiefe um 35 m) und die mittlere Adria mit einer mittleren Tiefe von 140 m.

In die Adria münden eine große Anzahl von Flüssen, die den Wasserhaushalt und die Zirkulation in erheblichem Maße beeinflussen. Besonders wichtig in dieser Hinsicht sind der Po am nördlichen Rand der Adria und die albanischen Flüsse im südlichen Teil der Adria (S. 144 ff.). Wegen des hohen Frischwassereintrags durch die Flüsse, mit einem Minimum von 0,05 Sv im Sommer und einem Maximum von 0,15 Sv im Winter, ist die Gesamtwasserbilanz der Adria das ganze Jahr über positiv (Niederschlag und Verdunstung sind nahezu gleich); der übers Jahr aufsummierte Frischwassergewinn beläuft sich auf 1,1 ± 0,2 m/Jahr. In der nördlichen Adria beobachtet man einen ausgeprägten saisonalen Zyklus in der Temperatur mit Deckschichttiefen um 30 m im Frühjahr und Sommer, wobei die Schichtung in diesen Jahreszeiten noch durch den verstärkten Frischwasserabfluss vergrößert wird. Im Winter wird hier das Tiefenwasser der nördlichen Adria (*Northern Adriatic Deep Water,* NAdDW) gebildet (T = 11,34 ± 1,4 °C, S = 38,3 ± 0,28 psu und σ_0 > 29,2 kg/m^3), eine relativ dichte, aber salzarme Wassermasse. In der mittleren Adria wird ebenfalls im Frühjahr und Sommer die Ausbildung einer Sprungschicht mit Tiefen um 50 m beobachtet, mit saisonalen Variationen bis in ca. 150 m Tiefe (weitere Details bei Artegiani et al. 1997).

Das in die Adria einströmende LIW ist in der mittleren Adria noch mit Salzgehalten > 38,5 unter einer von Flusswasser beeinflussten und daher salzarmen Oberflächenschicht das ganze Jahr über sichtbar. In den tieferen Teilen findet man das Tiefenwasser der mittleren Adria (*Middle Adriatic Deep Water,* MAdDW), das immer noch relativ niedrige Temperaturen (T = 11,62 ± 0,75 °C), aber schon wesentlich höhere Salzgehalte (S = 38,47 ± 0,15 psu) als das NAdDW besitzt. Man vermutet, dass im Winter gebildetes NAdDW südwärts strömt, dabei durch Mischung an Salz und Wärme gewinnt und so das MAdDW bildet.

In der südlichen Adria reicht die saisonale Thermokline bis 75 m Tiefe. Die Oberflächensalzgehalte sind das ganze Jahr über niedrig (< 38,3 psu). Das eingeströmte LIW ist hier immerhin mit Salzgehalten > 38,6 psu versehen, mit einer leichten Verstärkung zum Herbst. Das Tiefenwasser der südlichen Adria (*Southern Adria Deep Water*, SAdDW) ist deutlich wärmer (T = 13,16 ± 0,3 °C) und salzreicher (S = 38,61 ± 0,09 psu) als die beiden nördlicheren Tiefenwasserarten. Es stellt eine Mischung zwischen LIW und lokalen Oberflächenwassermassen dar, die während der winterlichen Konvektion vermischt werden. Das SAdDW, dessen Dichte bei 29,19 kg/m^3 liegt, speist den tiefen Ausstrom über die Straße von Otranto, das heißt das ADW.

Die Adria ist ein gut belüftetes Meeresgebiet, die Sauerstoffwerte liegen über die gesamte Wassersäule generell oberhalb von 5 ml/l. Während des Frühjahrs und des Sommers bildet sich allerdings durch biologische Aktivität zwischen 10 und 50 m Tiefe ein Sauerstoffmaximum aus. In der mittleren Adria nehmen die Sauerstoffwerte unterhalb der euphotischen Zone (50 m) zum Boden hin ab, während sich in der tieferen südlichen Adria aufgrund des Sauerstoffverbrauchs bei der Oxidation organischer Materie ein Minimum zwischen 150 und 250 m ausbildet. Unterhalb von 600 m steigen die Sauerstoffwerte zum Boden hin an.

Im Prinzip bilden sich in allen drei genannten Untergebieten zyklonale Wirbel, die über Ströme an den Rändern in Verbindung stehen. Vor allem der nördlichste der drei zyklonalen Wirbel zeigt ein ausgeprägtes saisonales Verhalten und ist im Sommer und Herbst im Wesentlichen an der Oberfläche ausgeprägt. An der westlichen Küste der Adria findet man einen intensivierten küstennahen Strom, der im Winter von der nördlichen Adria bis in die südliche Adria führt. Im Frühjahr und Sommer verbreitert sich dieser Strom und mäandriert ins Beckeninnere hinein. Generell ist die Zirkulation im Winter am schwächsten. Man findet in dieser Jahreszeit in den oberen 100 m schwachen nordwärtigen Einstrom, der vermutlich mit Rückfluss nach Süden an der westlichen Küste verbunden ist. In der südlichen Adria ist auch an der östlichen Küste ein Randstrom ausgebildet, in dem Einstrom von Oberflächenwasser und LIW vonstatten geht (weitere Details bei Artegiani et al., 1997a).

Ein größeres Randmeer, die Ägäis, liegt zwischen Griechenland und der Türkei. Sie kommuniziert sowohl mit dem östlichen Mittelmeer über Straßen im Kretischen Inselbogen als auch mit dem Schwarzen Meer über die Dardanellen und den Bosporus. Der nördliche Teil der Ägäis ist ein flaches Schelfgebiet, in das mehrere tiefe Becken eingeschlossen sind, die durch Schwellen voneinander getrennt sind. Der Nordägäische Graben verläuft in Südwest/Nordost-Richtung und gliedert sich in das Nord-Sporaden-Becken (max. Tiefe 1 468 m), das Athnos-Becken (max. Tiefe 1 149 m) und das Lemnos-Becken (max. Tiefe 1 550 m), die durch ca. 500 m tiefe Schwellen voneinander getrennt sind. In den tiefen Becken des Nordägäischen Grabens findet man das Nordägäische Tiefenwasser, eine sehr salzreiche (S ~ 38,8 psu) und sehr dichte Wassermasse (σ_0 > 29,3 kg/m^3), die aber aufgrund der flachen Schwellen generell nicht mit dem Rest der Ägäis kommunizieren kann. Das Hauptmerkmal der nördlichen Ägäis ist der Einfluss des durch die Dardanellen zuströmenden, salzarmen Wassers aus dem Schwarzen Meer (S = 24 – 28 psu). Dieses wird in die generell zyklonale Zirkulation in der Ägäis einbezogen. In der nördlichen Ägäis bildet es eine etwa 40 m dicke Schicht, deren Salzgehalt durch Vermischung mit den salzreicheren Wässern mediterranen Ursprungs laufend salzreicher wird, so dass es auf der Höhe der Sporaden bereits Salzgehalte von 38 psu aufweist.

Die zentrale Ägäis, zwischen 37° Nord und 38° 40′ Nord, besteht aus dem Chios- und dem Ikara-Becken sowie dem flachen Kykladen-Schelf. Daran schließt sich die südliche Ägäis an, die aus der tiefen Kretischen See (mittlere Tiefe 1 000 m, maximale Tiefe 2 500 m) und dem Myrtos-Becken besteht. Im Wesentlichen tauschen nur die Wassermassen, die in der südlichen Ägäis gebildet bzw. modifiziert werden, mit dem Ionischen und Levantinischen Becken aus. Insgesamt sechs Meeresstraßen sind an dem Austausch von Wassermassen beteiligt, je drei davon auf der West- bzw. Ostseite von Kreta. Die östlichen Straßen sind die Straße von Rhodos (Schwellentiefe 350 m, Breite 17 km), die Karpathos-Straße (Schwellentiefe 850 m, Breite 43 km) und die Kassos-Straße (Schwellentiefe 1000 m, Breite 67 km); auf der westlichen Seite findet sich die Antikithira-Straße (Schwellentiefe 700 m, Breite 32 km), die Kithira-Straße (Schwellentiefe 160 m, Breite 33 km) und die Elafonissos-Straße (Schwellentiefe 180 m, Breite 11 km).

Zirkulation und Wassermassen der südlichen Ägäis: MAW tritt auf der westlichen Seite von Kreta durch die Antikithira-Straße ein und ist in der Ägäis als Salzminimum (38,68 – 38,90 psu) zwischen 30 und 200 m Tiefe mit variabler räumlicher Ausdehnung zu finden. Die salzreichen Wassermassen des Levantinischen Beckens (LSW und LIW) werden mit dem Asia Minor-Strom in mehreren Zweigen in die Ägäis transportiert. LIW hat bei Eintritt in die Ägäis im Kern eine Temperatur von 14,5 °C und einen Salzgehalt von 38,9 psu.

Die Strömungsgeschwindigkeiten im Einstrom zeigen große Fluktuationen, und die relative Bedeutung der verschiedenen östlichen Straßen variiert gleichfalls. Es werden Strömungsgeschwindigkeiten von bis zu 80 cm/s beobachtet. Der Zustrom dieser salzreichen Wassermassen in die Ägäis erlaubt die Bildung dichten und salzreichen Tiefenwassers an mehreren Stellen in der südlichen Ägäis. Die Zirkulation in der südlichen Ägäis ist zyklonal (mit Aufspaltung in zwei Wirbel im Westen und Osten), begrenzt im Norden durch das Kykladen-Plateau. Nahe der kleinasiatischen Küste findet man einen antizyklonalen Wirbel. Am Boden der südlichen Ägäis findet sich das Kretische Tiefenwasser (*Cretan Deep Water*, CDW), eine sehr salzreiche und gut belüftete, das heißt sauerstoffreiche Wassermasse. Zwischen 750 und 1 000 m gab es klassisch eine Schicht, die nahezu LIW-Charakteristika aufwies (T 14,3–16,0 °C, S 38,89–39,11 psu); diese speiste einen Ausstrom durch die tiefe Kassos-Straße mit dem so genannten Kretischen Zwischenwasser (*Cretan Intermediate Water*, CIW). In der Vergangenheit ist kontrovers diskutiert worden, ob es Beiträge der Ägäis zur Belüftung des EMDW geben könnte. Die Verteilungen des anthropogenen Tracers Tritium belegten dagegen die Rolle der Ägäis als Bildungsgebiet für das genannte tiefere Zwischenwasser (CIW) in 700 – 1 000 m Tiefe und machten deutlich, dass die Ägäis keine signifikanten Beiträge zum Tiefen- oder Bodenwasser leistet.

5.23 *Längsschnitte von a) potenzieller Temperatur (°C), b) Salzgehalt (psu) und c) potenzieller Dichte (kg/m³) im östlichen Mittelmeer. Der Verlauf des Schnittes ist in der Kurskarte (unten) dargestellt. Die einzelnen Meßpunkte (Stationen) wurden weggelassen. Die Daten stammen aus dem Jahr 1987 und wurden mit dem deutschen Forschungsschiff „Meteor" gewonnen.*

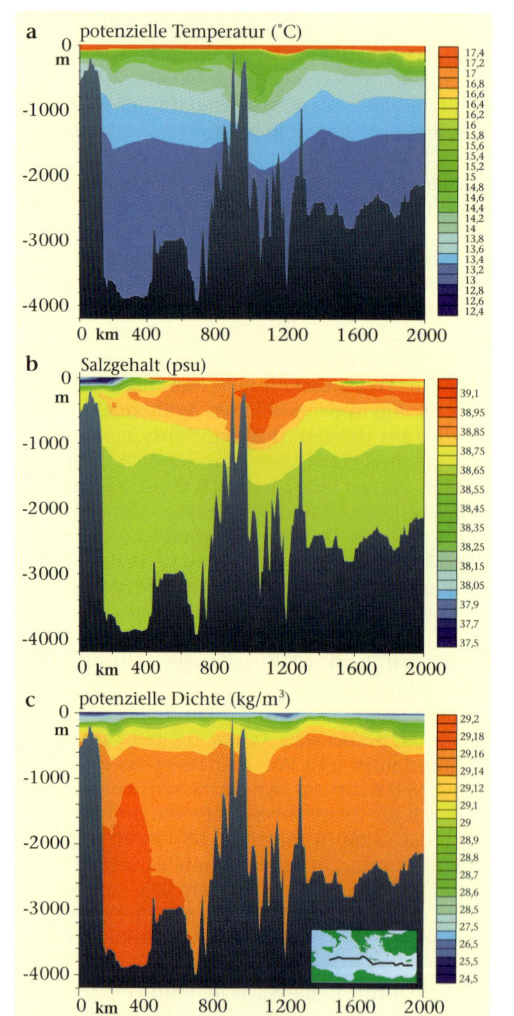

Verteilung von Temperatur und Salzgehalt

Abbildung 5.23 zeigt die Verteilung von potenzieller Temperatur (a), Salzgehalt (b) und poten-

5.24 *Längsschnitte von a) Sauerstoff (µmol/kg) und b) Nitrat (µmol/kg) im östlichen Mittelmeer. Die Daten stammen aus dem Jahr 1987. Die Oligotrophie des Mediterrans erreicht im östlichen Mittelmeer die extremste Form. Die maximalen Nitratkonzentrationen findet man in mittleren Tiefen zwischen 500 und 1500 m.*

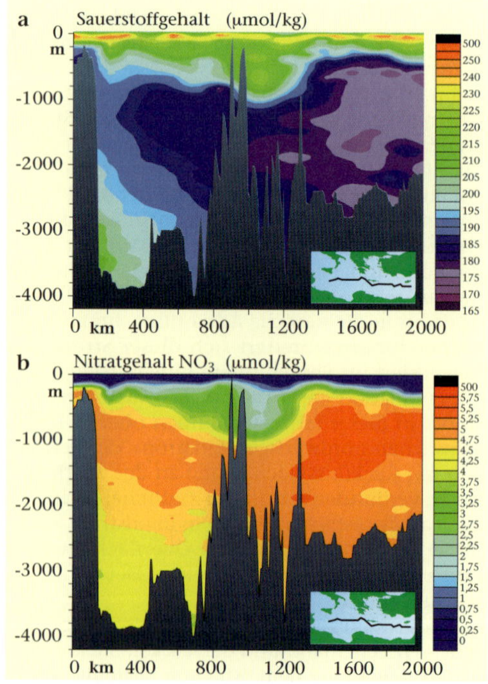

zieller Dichte (c) für einen Längsschnitt durchs das östliche Mittelmeer. Hier sind noch einmal die in den vorangegangenen Abschnitten beschriebenen Wassermassen in ihrer horizontalen und vertikalen Verteilung zu sehen. Die Darstellung basiert auf Daten von August/September 1987 und repräsentiert daher noch die klassische Situation (vgl. unten den Abschnitt „Die Transiente im östlichen Mittelmeer"). Der Schnitt führt von der Straße von Sizilien durch das Ionische Becken und südlich an Kreta vorbei und endet im Levantinischen Becken. Besonders stark ausgeprägt ist das salzarme MAW in der Straße von Sizilien zu sehen, während sich der Salzgehalt dann auf dem Weg nach Osten durch den extrem hohen Wassserverlust stark erhöht. Das intermediäre Salzmaximum des LIW in Tiefen zwischen 200 und 400 m ist gleichfalls zu erkennen, wobei die Signatur des LIW durch das ebenfalls auftretende CIW überlagert wird.

Südlich von Kreta macht sich das dichtere CIW unterhalb des LIW bis in Tiefen von 1000 m durch die Auslenkung der Isolinien bemerkbar. Beim Eintritt in die Straße von Sizilien hat sich das Salzmaximum des LIW durch Vermischung auf knapp über 38,75 psu reduziert. Unterhalb von 1 500 m ist der Schnitt dominiert durch das homogene EMDW, mit Temperaturen < 13,4 °C, Salzgehalten < 38,67 psu und Dichten > 29,16 kg/m^3, das damit deutlich wärmer, salzreicher und dichter ist als sein Pendant im westlichen Mittelmeer (vgl. Abb. 5.17). Nahe der Straße von Sizilien werden am Boden maximale Dichten von 29,17–29,18 kg/m^3 erreicht, die den Kern des ADW markieren. Aufgrund der Homogenität in den hier abgebildeten Parametern ist die Ausbreitung des ADW am Boden nach Osten und das langsame Aufsteigen in flachere Tiefenhorizonte nicht zu erkennen. Zeitlich veränderliche Tracer wie FCKWs (Fluorchlorkohlenwasserstoffe) sind dagegen in der Lage, die frischbelüfteten Teile des EMDW deutlich zu markieren und zeigen viele Details der Ausbreitung (siehe unten).

Andere Größen (Sauerstoff und Nährstoffe)

Abbildung 5.24 zeigt für den schon vorgestellten Längsschnitt im östlichen Mittelmeer Verteilungen von Sauerstoff (a) und Nitrat (b). In der Nitratverteilung äußert sich die große Oligotrophie des Mittelmeeres, die in ihrer extremsten Form hier im östlichen Mittelmeer zu finden ist. Maximale Nitratkonzentrationen findet man in mittleren Tiefen zwischen 500 und 1500 m als Folge der Remineralisierung absinkender Partikel. Die Maximumkonzentrationen liegen bei ~5 µmol/kg im Ionischen Becken und ~5,5 µmol/kg im Levantinischen Becken. Diese Konzentrationen sind gering im Vergleich mit dem Nordatlantik, wo Nitratwerte bis zu 25 µmol/kg auftreten. Im westlichen Mittelmeer werden im Minimum immerhin noch Nitratkonzentrationen um 9 µmol/kg gefunden, so dass sich ein West/Ost-Gradient in den trophischen Niveaus zwischen westlichem und östlichem Mittelmeer feststellen lässt. In den oberen 100 m liegen in Abbildung 5.24 die Nitratwerte unter 0,5 µmol/kg (Spätsommer!).

Sowohl in der Verteilung von Sauerstoff als auch von Nitrat zeigt sich die Präsenz des CIW südlich von Kreta deutlich in den Verteilungen. Da das CIW eine relativ junge Wassermasse ist, die also noch vor relativ kurzer Zeit – vor wenigen Jahren – Kontakt mit der Oberfläche hatte, ist sie durch hohe Sauerstoff- und niedrige Nährstoffkonzentrationen gekennzeichnet. Im Bereich der Nutrikline bzw. Oxykline (der Zone hoher Gradienten in etwa 300–400 m Tiefe) zeigen sich zum Teil Variationen in der Tiefenlage, die mit der Zirkulation in Verbindung stehen. So sieht man im Ionischen Becken im Bereich der Stationen 779–777 eine Abwärtsauslenkung der Isolinien, die ein Ausdruck der antizyklonalen Bewegung in der Ionischen Antizyklone (siehe Abb. 5.19 und 5.20) sind. Die umgekehrte Auslenkung mit Aufwölbung der Isolinien im Levantinischen Becken im Bereich der Stationen 723–731 ist dagegen das Anzeichen zyklonaler Drehung im Bereich des Rhodos-Wirbels. Die Sauerstoffverteilung spiegelt die Nitratverteilung mit umgekehrtem Vorzeichen. Sie zeigt hohe Werte an der Oberfläche und ein Minimum im Tiefenbereich des Nährstoffmaximums. Wie schon beim Nitrat zeigen sich in den Minimumwerten Unterschiede zwischen den beiden großen Becken mit niedrigsten Werten von 175 µmol/kg im Levantinischen Becken. Am Boden des Ionischen Beckens zeigt sich die Präsenz des ADW, die in Temperatur und Salzgehalt nicht aufzulösen war, als Bodenmaximum am Kontinentalabhang. Man kann hier deutlich sehen, wie sich das ADW in einer etwa 500 m dicken Schicht am Boden ostwärts ausbreitet.

Variabilität

Auch in den Nährstoff- und Sauerstoffverteilungen hat die Transiente (siehe unten) deutliche Veränderungen hervorgerufen, die eine Sauerstofferhöhung bzw. Nährstofferniedrigung des EMDW zur Folge hatten. Die veränderlichen Verteilungen dieser Parameter müssen bei zukünftigen Untersuchungen berücksichtigt bzw. gezielt gemessen werden, da nicht mehr auf klimatologische Verteilungen zurückgegriffen werden kann.

Die Transiente im östlichen Mittelmeer

Das östliche Mittelmeer zeigte in den vergangenen Dekaden ähnliche langzeitige Trends wie das westliche Mittelmeer, nämlich einen langsamen Anstieg von Temperatur und Salzgehalt. Zum Ende der 1980-er Jahre hat es aber völlig unerwartet seinen bis dahin vorliegenden, quasi-stationären Modus der Tiefenzirkulation verlassen, indem es wesentliche Teile der Tiefenwasserproduktion in die Ägäis verlagerte. Dieser Wechsel wurde erstmals in einer hydrographischen und Traceraufnahme im Jahre 1995 festgestellt. Mit der Ägäis als neuer, starker Tiefenwasserquelle waren deutlich veränderte Wassermassencharakteristiken in weiten Bereichen des östlichen Mittelmeeres vorzufinden.

Im Vergleich der Salzgehaltverteilungen aus dem Jahr 1987 und 1995 (Abb. 5.25 a und 5.25 b) zeigt sich das in der Ägäis gebildete Tiefenwasser durch seinen hohen Salzgehalt (S > 38,75 psu) in Tiefen unterhalb 1 500 m. In der Literatur hat sich noch kein einheitlicher Name für diese Wassermasse durchgesetzt, man findet sie zum Teil weiterhin als Kretisches Tiefenwasser (*Cretan Deep Water,* CDW) oder als Kretisches Überstromwasser (*Cretan Sea Overflow Water,* CSOW) bezeichnet. 1995 fanden sich die größten Anteile dieser Wassermasse in der Meeresstraße südlich von Kreta unterhalb von 2 000 m Tiefe. Die maximale Salzgehaltserhöhung betrug hier 0,2 psu, begleitet von einer deutlichen Temperaturerhöhung von 0,3 °C. Die Quellstärke der neuen Tiefenwasserquelle wurde aus einem T/S-Zensus zu 1 Sv abgeschätzt und ist damit deutlich höher als die der Adria in der klassischen Situation, mit der Folge, dass 1995 schon mehr als 20 Prozent des ursprünglichen EMDW durch neues Tiefenwasser aus der Ägäis ersetzt waren. Lediglich im westlichen Ionischen Becken und in den östlichen Teilen des Levantinischen Beckens konnte 1995 noch das ursprüngliche EMDW (S < 38,7 psu) angetroffen werden. Eine erneute Salzgehaltsvermessung 1999 (Abb. 5.25 c) zeigt weitere Veränderungen in der Verteilung der Wassermassen wie auch in ihren Charakteristika.

Offensichtlich hat sich das ägäische Tiefenwasser (S > 38,8 psu) im Levantinischen Becken weiter ausgebreitet und überdeckt jetzt den gesamten Boden des Beckens in einer mindestens 500 m dicken Schicht. Im Ionischen Becken ist eine allgemeine Erhöhung des Salzgehalts über den größten Teil der Wassersäule zu erkennen sowie das Eintreffen des CSOW an der Straße von Sizilien. Im Ionischen Becken war das Fortschreiten des ägäischen Tiefenwassers nicht am Boden konzentriert. Offenbar haben sich später gebildete, weniger dichte Spielarten des CSOW oberhalb des Meesesbodens eingeschichtet.

Die große Homogenität des Tiefenwassers in T und S im östlichen Mittelmeer in der klassischen Situation (wie auch im westlichen Mittelmeer) erschwerte es, die Zirkulation dieser Wassermassen zu beleuchten oder auch Aussagen über die Bildungsraten zu treffen. Ein gutes Hilfsmittel sind hier zeitlich veränderliche anthropogene Spurenstoffe (sog. transiente Tracer) wie die FCKWs. Die atmosphärischen FCKW-Konzentrationen sind seit den 1940-er Jahren bis in die Mitte der 1990-er Jahre stetig angestiegen (seither Auswirkung des Produktionsstopps laut dem Montreal-Protokoll). Diese zeitlich veränderlichen Konzentrationen werden dem jeweils in der ozeanischen Deckschicht befindlichen Wasser aufgeprägt, so dass neu gebildetes Tiefenwasser mit den FCKWs eine Signatur für das Bildungsjahr erhält. Für das östliche Mittelmeer gibt es wiederholte FCKW-Mes-

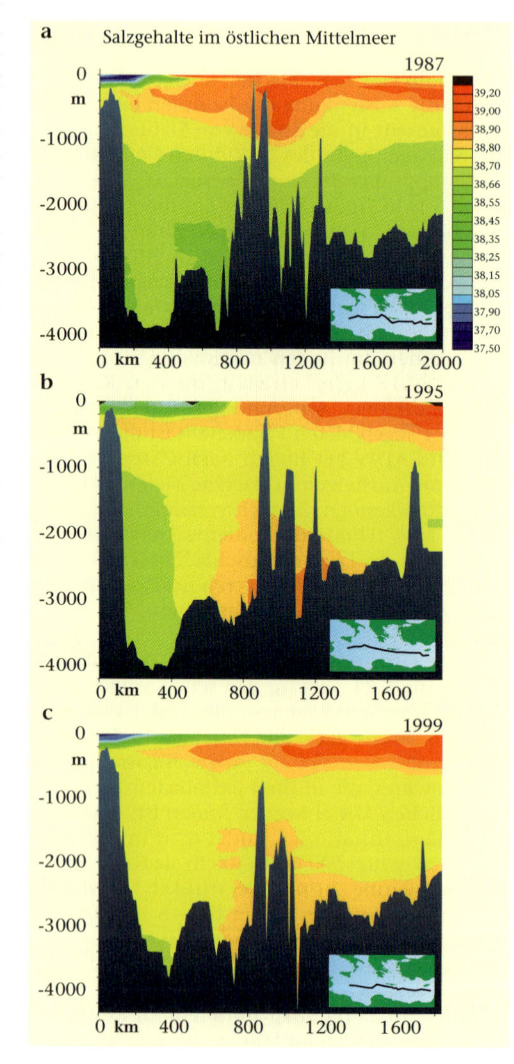

5.25 Längsschnitt des Salzgehalts im östlichen Mittelmeer: a) 1987, b) 1995 und c) 1999. Die einzelnen Meßpunkte (Stationen) wurden weggelassen, der Verlauf des Schnittes ist den jeweiligen Kurskarten zu entnehmen. Die Abbildungen a) und b) beruhen auf kontinuierlichen CTD-Daten, während sich Abbildung c) auf Schöpferdaten, also einzelne Meßpunkte in der Tiefe stützt. Die Punkte wurden zu Profilen zusammengefügt.

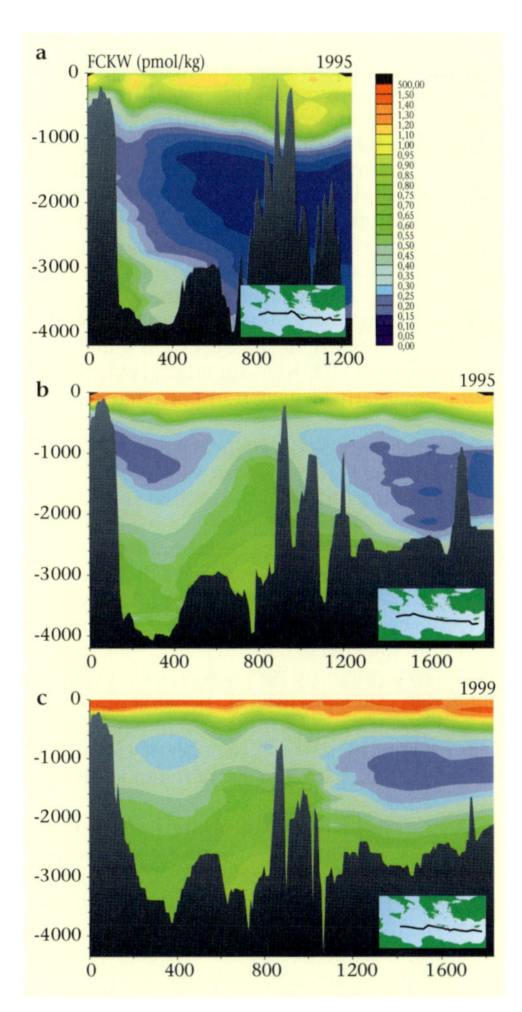

5.26 Längsschnitt des FCKWs F12 im östlichen Mittelmeer: a) 1987, b) 1995 und c) 1999 (vgl. Abb. 5.25). Für den Schnitt aus dem Jahr 1987 existieren aus diesem Becken keine Daten. FCKWs werden an der Oberfläche ins Wasser gelöst, hohe Konzentrationen zeigen kürzlichen Kontakt mit der Oberfläche an.

sungen seit 1987, aus denen man die Auswirkung der Transiente auf die Belüftung des Tiefenwassers ablesen kann (Abb. 5.26). In den Beobachtungen von 1987 zeigen erhöhte FCKW-Konzentrationen am Kontinentalabhang bei Sizilien das ADW als frischbelüfteten Kern an, wie sich dies bereits in der simultanen Sauerstoffverteilung andeutete (Abb. 5.24a). Der größte Teil der Wassersäule ist allerdings durch niedrige Konzentrationen ausgezeichnet, was bedeutet, dass für diese Wässer seit dem Auftreten der FCKWs nur eine geringe Belüftung stattgefunden hat, das heißt dass sie alt sind. Für den Bereich des FCKW-Minimums zwischen 1 000 und 2 500 m kann man aus den Tracermessungen ein Alter um 100 Jahre ableiten. Oberhalb des Minimums schließen sich dann die besser belüfteten Zwischenwässer (LIW, CIW) und Oberflächenwassermassen an mit höheren Konzentrationen. Wie schon im Salzgehaltsschnitt aus dem Jahr 1995 sieht man auch in der FCKW-Verteilung für dieses Jahr rund um Kreta eine deutliche Erhöhung, was beweist, dass diese neue Wassermasse deutlich jünger ist als das früher vorherrschende EMDW. Vergleicht man weiterhin die Tiefenlage des FCKW-Minimums zwischen 1987 und 1995, so ist im Ionischen Becken eine Anhebung um 500 m zu erkennen, die auf die Verdrängung durch das neu zugeführte CSOW zurückgeht. Noch komplexere Strukturen zeichnen sich in der jüngsten Vermessung aus dem Jahr 1999 ab (Abb. 5.26c).

Biologische Untersuchungen aus dem gleichen Zeitraum zeigten offenkundige Veränderungen der Tiefseefauna. Es ließ sich z. B. im Levantinischen Becken eine Erhöhung der Zooplanktonpopulation um ein bis zwei Größenordnungen nachweisen. Da das östliche Mittelmeer ein extrem oligotropher Lebensraum mit niedriger Primärproduktion ist, stellen solche Veränderungen eine wichtige Modifikation des Ökosystems dar. Temperaturprofile aus dem Sediment wiesen eine Umkehrung des normalen Temperaturgradienten auf und zeigten in den obersten Metern zum Meeresboden hin ansteigende Temperaturen.

Heute wird der Beginn der Transiente auf die späten 1980-er Jahre datiert. Ein Hinweis ist das beobachtete stetige Anheben der tiefen Isodichteflächen in der Ägäis seit 1988 durch vermehrte Konvektionstätigkeit, die 1992 seinen Höhepunkt erreichte. Strömungsmessungen in den Meeresstraßen rund um Kreta zeigten eine abrupte Erhöhung des Ausstroms im Jahre 1989. Die unmittelbare Ursache für die Entwicklung dieser zweiten Tiefenwasserquelle liegt in einer extremen Salzzunahme der Ägäis nach 1987. Vermutete Ursachen sind die Abnahme des Niederschlags in der Region, Veränderungen des winterlichen Windfeldes über der Ägäis, eine interne Umverteilung von Salz durch vermehrte Advektion aus dem angrenzenden Levantinischen Becken und die Abnahme des Frischwasserausflusses aus dem Schwarzen Meer. Auslöser der Veränderung könnte die Ausbildung eines großen antiyzklonalen Wirbels südlich von Kreta aus der Verschmelzung des Mersa-Mastruh-Wirbels mit zwei kleineren Antizyklonen zum Ende der 1980-er Jahre gewesen sein, die den Einstrom von salzarmem Oberflächenwasser (MAW) in das Levantinische Becken behinderte.

Ein wichtiger Befund ist, dass die zusätzliche Tiefenwasserquelle nicht nur die unteren Bereiche der Wassersäule verändert hat, sondern dass sie auch in oberflächennahen Wassermassen Wirkung zeigte. So wurden 1995 deutliche Zumischungen von oberem Tiefenwasser tEMDW in den LIW-Horizont festgestellt, als Folge einer Verdrängung des vorher vorhandenen Tiefenwassers nach oben. Offensichtlich haben sich auch Bildungsgebiet und Ausbreitungswege des LIW verändert. Die Advektion des LIW in das Ionische Becken wurde stark reduziert. Hiervon war nicht zuletzt der Advektionspfad in die Adria betroffen, was eine negative Auswirkung für die Tiefenwasserproduktion in der Adria darstellte. Abbildung 5.25 und 5.26 weisen darauf hin, dass die Veränderungen der thermohalinen Zirkulation weitergehen. Aus der Tatsache allein, dass die Tiefenwassererneuerungszeit in der Größenordnung von 100 Jahren liegt und dass die Veränderungen der tiefen Zirkulation bis in den oberflächennahen Bereich durchgreifen, lässt sich schließen, dass die Transiente des östlichen Mittelmeeres für mehrere weitere Jahrzehnte die Variabilität im östlichen Mittelmeer bestimmen wird. Es ist außerdem ungewiss, auf welchen Endzustand die Transiente hinauslaufen wird. Dies muss bei allen gegenwärtigen und künftigen wissenschaftlichen Arbeiten im östlichen Mittelmeer berücksichtigt werden.

Ozeanographie des Schwarzen Meeres

Neuere Erkenntnisse über Wassermassenbildung und Zirkulation des Schwarzen Meeres lassen sich dem Übersichtsartikel von Özöy und Ünlüata (1997) entnehmen. Ein großer Teil des Schwarzen Meeres wird von einer flachen Tiefsee-Ebene eingenommen (Wassertiefe > 2 000 bis max. 2 300 m). Die Tiefsee-Ebene ist durch steile Kontinentalabhänge von den Schelfgebieten getrennt, wobei man hauptsächlich im nordwestlichen Bereich des Schwarzen Meeres im Mündungsbereich von Donau und Dnjestr ein ausgedehntes, stellenweise über 200 km km breites Schelf mit mittleren Tiefen von 50 m findet (vgl. S. 160 ff., Abb. 3.62), während ansonsten das Schelf kaum mehr als 20 km breit ist.

Diese topfförmige topographische Struktur des Meeresgebietes macht sich in der Zirkulation vor allem durch einen ausgeprägten zyklonalen Randstrom bemerkbar. Nachdem das Schwarze Meer ein landumschlossenes Becken ist, ist die Zusammensetzung der Wassermassen durch seine positive Wasserbilanz (der Eintrag von Süßwasser aus Regen und Flüssen übertrifft die Verdunstung) und den eingeschränkten Austausch mit dem Mittelmeer durch den flachen Bosporus geprägt. Die Werte für die einzelnen Komponenten des hydrologischen Kreislaufs sind aber unsicher, da verschiedene Quellen stark schwankende Angaben machen. Nach letztem Erkenntnisstand liegt der Süßwassereintrag aus dem Regen bei 300 km³/Jahr (= 0,01 Sv), der Flusswassereintrag bei 350 km³/Jahr (50 Prozent hiervon trägt die Donau bei), eine gleich große Menge verdunstet, und die Massenbilanz wird geschlossen durch einen Nettoexport von Wasser aus dem Schwarzen Meer in der Größenordnung 300 km³/Jahr. Für den Abfluss der Donau beobachtet man sowohl starke saisonale Schwankungen in der Größenordnung von 30 Prozent als auch hohe zwischenjährliche Änderungen, und zwar um einen Faktor 3 zwischen Minimum und Maximum. Zur Erhaltung der Salzbilanz importiert das Schwarze Meere bodennah salzreiches Wasser aus dem Mittelmeer über die Ägäis (300 km³/Jahr), während es salzarmes Wasser in einer oberen Wasserschicht exportiert (600 km³/Jahr), das heißt, Export und Import unterscheiden sich hier um einen Faktor 2, bei insgesamt relativ kleinen Transportraten.

Wassermassen des Schwarzen Meeres

Im Schwarzen Meer sind im Wesentlichen nur drei unterschiedliche Wassermassen zu beobachten, nämlich das vom Süßwasserabfluss dominierte Oberflächenwasser des Schwarzen Meeres (*Black Sea Surface Water*, BSSW), ein kaltes Zwischenwasser (*Cold Intermediate Water*, CIW) und das salzreiche, warme Tiefenwasser, das vom Einstrom aus dem Mittelmeer geprägt wird (*Black Sea Deep Water*, BSDW). Aufgrund der starken Schichtung, die durch den „Süßwasserdeckel" hervorgerufen wird, ist windinduzierte Mischung extrem herabgesetzt. Dies führt dazu, dass nur die oberen 150 m nennenswerte Sauerstoffkonzentrationen aufweisen.

5.27 T/S-Diagramm aus dem Schwarzen Meer mit einer Zusatzstation aus dem Marmarameer (nach Özsoy und Ünlüata). Die vorkommenden Wassermassen sind das Oberflächenwasser des Schwarzen Meeres BSSW (Black Sea Surface Water), das kalte Zwischenwasser CIW (Cold Intermediate Water) und das Tiefenwasser des Schwarzen Meeres BSDW (Black Sea Deep Water). Entsprechendes ist auch für die eine Station aus dem Marmarameer angegeben. Die hier abgebildeten Daten stammen aus dem Jahr 1988 und wurden mit dem amerikanischen Forschungsschiff „Knorr" aufgenommen.

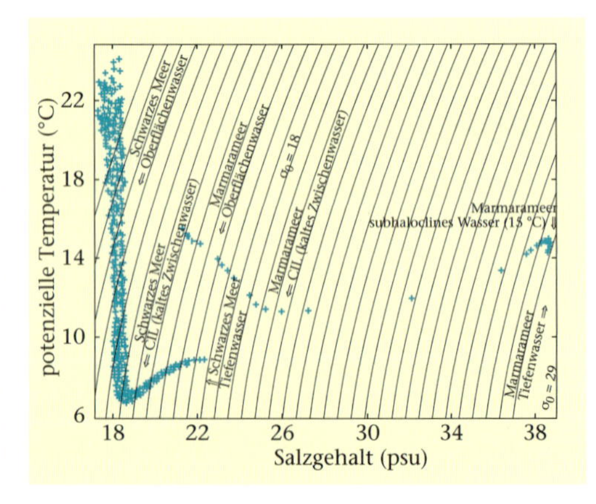

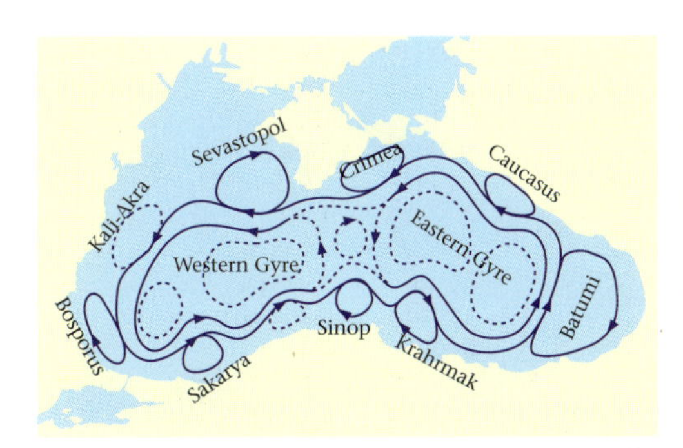

5.28 Schematische Zirkulation an der Oberfläche des Schwarzen Meeres. Durchgezogene Linien kennzeichnen permanente Strömungen und Wirbel; transiente Strömungen und Wirbel sind gestrichelt dargestellt. Das wichtigste Strömungselement im Schwarzen Meer ist der ringförmige Randstrom, der sich entlang der Küste gegen den Uhrzeigersinn ausbreitet. An seinen Flanken finden sich auch die wichtigsten permanenten Wirbelstrukturen. Nach Özöy und Ünlüata (1997).

5.29 Östlicher Teil des Marmarameeres mit dem Bosporus (im Bild oben) auf einer Satellitenaufnahme. Durch die Meerenge fließt salzarmes Wasser aus dem Schwarzen Meer ins Mittelmeer und in der Tiefe salzreiches Mittelmeerwasser in die entgegengesetzte Richtung. Durch diese „biogeographische Schleuse" kommt es zu einem Austausch pontischer und mediterraner Faunenelemente. Die Organismen können sich im Marmarameer an die unterschiedlichen Wassermassen anpassen.

Im Marmarameer, das zwischen den beiden limitierenden Schwellen Dardanellen und Bosporus liegt, werden noch einmal eigene Charakteristika gefunden, die zwischen den beiden Extremen von extrem salzreichem, dichtem Wasser aus dem Mittelmeer und extrem salzarmem, leichtem Wasser aus dem Schwarzen Meer liegen (Abb. 5.27).

- BSSW: An der Oberfläche findet man das salzarme (S < 18 psu) Wasser des Schwarzen Meeres in einer ca. 50 m dicken Schicht. Hin zu den Flussmündungen von Donau und Dnjestr kann der Salzgehalt auch bis unter 16 psu abnehmen. In den oberen 10–30 m der BSSW-Schicht findet man deutliche Temperaturschwankungen infolge der jahreszeitlichen Erwärmung und Abkühlung.
- CIW: Das kalte Zwischenwasser ist durch sein Temperaturminimum in Tiefen um 60–70 m im gesamten Schwarzen Meer zu finden. Die Halokline und Pyknokline in 100–200 m Tiefe fallen mit der unteren Grenze dieser Wassermasse zusammen, ebenso die Chemo- und Oxykline. Minimumstemperaturen im Kern des CIW betragen ~6°C. Für die Entstehung des kalten Zwischenwassers werden entweder offene Konvektion in tieferen Teilen des Schwarzen Meeres, vornehmlich in zyklonalen Wirbeln und dessen advektive Ausbreitung aus diesen Zentren heraus diskutiert oder Bildung auf den flachen Schelfen. Während des Winters beobachtet man auf dem nordwestlichen Schelf und entlang der türkischen Küste die Entwicklung einer konvektiv durchmischten Schicht mit Temperaturen zwischen 6 und 7 °C. Das auf den Schelfen gebildete kalte und dichte Wasser könnte dann den Hang hinabströmen, sich mit salzreicherem und wärmerem Wasser vermischen und so den Kern des CIW bilden. Allerdings sind für beide Theorien nur wenig Daten vorhanden. In einer räumlich hochauflösenden Untersuchung im April 93 konnte auf dem nordwestlichen Schelf die Anwesenheit einer sehr homogenen Wassermasse mit T ~ 5 °C und S ca. 18,1–18,2 psu identifiziert werden, die den Schelfabhang entlang ins Innere des Schwarzen Meers transportiert wurde.
- BSDW: Temperaturen und Salzgehalte nehmen unterhalb des CIW zum Boden hin zu. Die Quelle für diese Wassermasse ist das über die Dardanellen und den Bosporus einströmende Wasser aus dem Mittelmeer. Die komplexe Topographie führt zu einer starken Modifizierung des einströmenden Mittelmeerwassers. Hat das im Marmarameer auftretende Tiefenwasser noch Salzgehalte um 38 psu, so sind diese am Ausgang des Bosporus auf unter 37 psu reduziert. Auch außerhalb des Bosporus spielt die Topographie eine entscheidende Rolle.

Das aus dem Bosporus austretende Wasser muss im Schwarzen Meer ca. 4–5 km nordöstlich der Meeresstraße noch einmal eine flache Schwelle (~ 60 m) überströmen, bevor es den Kontinentalabhang herunterfließen kann. Es vermischt sich dabei ständig und wird salzärmer und kälter, wodurch sich seine Charakteristiken von T = 14,5 °C und S = 37 psu am Ausgang des Bosporus zu 8 °C und S = 22,8 psu am Kontinentalabhang ändern. Bei der Abwärtsströmung des Mittelmeerwassers am Kontinentalabhang bobachtet man häufig Intrusionen. Bei diesen spielt Doppeldiffusion eine entscheidende Rolle. Unterhalb von 500 m ist das BSDW im Wesentlichen stagnierend. Die unterste Schicht des BSDW (ca. 400 m vom Boden) zeigt im Gegensatz zu den leichten Gradienten weiter

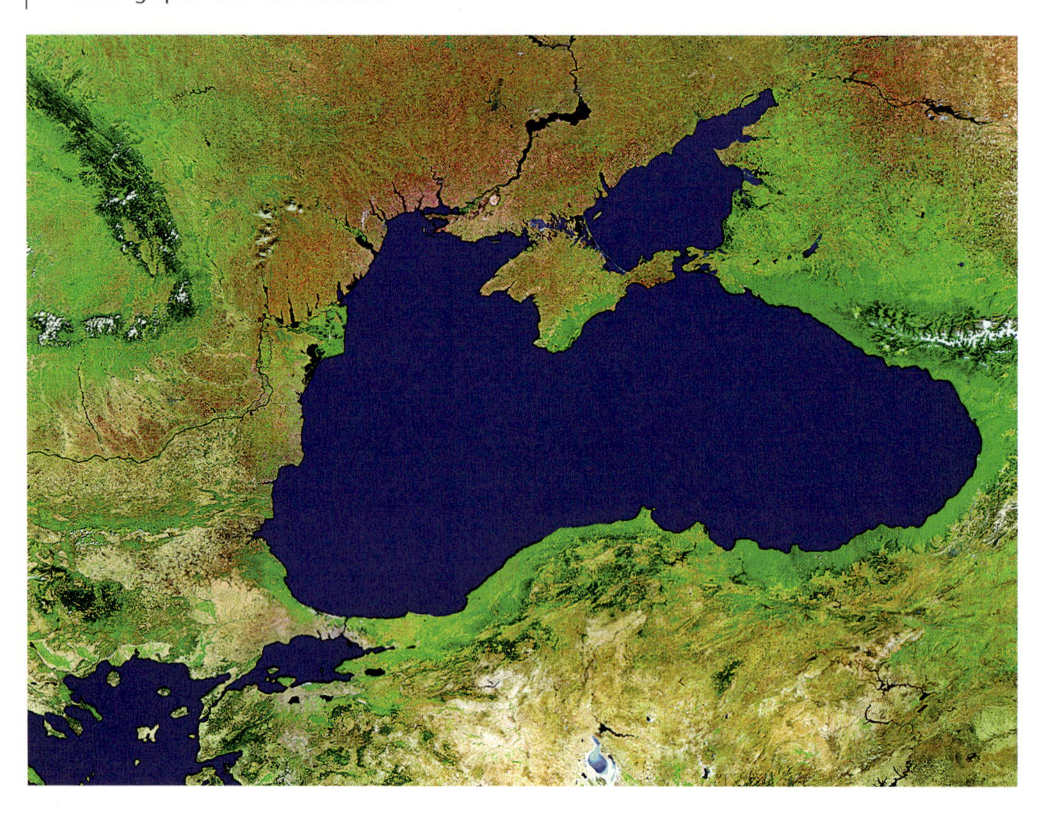

5.30 Das Schwarze Meer, das Asowsche Meer und der Nordostteil des Marmarameeres auf einer Satellitenaufnahme. Das Pontische Becken war in der Erdgeschichte mehrmals vom mediterranen Becken getrennt. Nicht immer bildete der Bosporus die Verbindung beider Meeresbecken. Diese verlief im Quartär 120 km weiter östlich durch den so genannten Sakarya-Bosporus, einer Fortsetzung des Golfes von Izmit über das Gebiet von Sakarya (Adapazari).

oben eine auffällige Homogenität, die T/S-Werte kollabieren hier auf einen einzigen Punkt mit den Charakteristika T = 8,893 ± 0,001 °C und S = 22,333 ± 0,001 psu. Die Homogenisierung dieser Schicht wird hervorgerufen durch geothermalen Wärmefluss vom Meeresboden und eine daraus resultierende Konvektionszelle. Der Teil des BSDW zwischen der konvektiv durchmischten Bodenschicht bis zur Pyknokline wird, abgesehen von Mischung an den Rändern, im freien Meer nur durch langsame Vertikalmischung verändert, wobei auch hier angenommen wird, dass Doppeldiffusion eine Rolle spielt.

Die Zirkulation im Schwarzen Meer

Im Schwarzen Meer existiert ein kohärenter zyklonaler Randstrom (Abb. 5.28), der in der russischen Literatur als *Main Black Sea Current* geführt wird und sonst als Randstrom *(Rim Current)* bekannt ist. Der Randstrom hat eine typische horizontale Ausdehnung von 50 km und besitzt Mäander mit Längenskalen von 100–200 km. Direkte Strömungsmessungen im Randstrom zeigen Geschwindigkeiten bis zu 1 m/s in einem eng gebündelten Strom an der südwestlichen Seite des Schwarzen Meeres und generell geringere Geschwindigkeiten an der Nordseite ~50 cm/s, die im flachen nordwestlichen Schelfbereich unter 10 cm/s fallen. Die Lage des Randstroms und der zugehörigen Dichtefront stimmt generell gut mit dem Kontinentalabhang überein.

Auf der südlichen Seite des Schwarzen Meeres sind auf der küstenzugewandten Seite des Randstroms in neueren Untersuchungen eine Reihe permanenter antiyzklonaler Wirbel zutage getreten. Der ausgeprägteste dieser Wirbel ist der permanente Batumi-Wirbel in der südöstlichen Ecke des Beckens. Er tritt genau an der Stelle auf, wo der Randstrom zum einzigen Mal von der Topographie abweicht und nicht mehr dem Kontinentalabhang folgt.

Auf der Südseite des Schwarzen Meeres entlang der anatolischen Küste findet man im Sommer zwischen 33° Ost und 35° Ost Auftrieb als wiederkehrendes Phänomen, obwohl die Winde in dieser Jahreszeit Auftrieb nicht fördern. Der beobachtete Auftrieb entsteht aus der Interaktion des Stroms mit der Topographie. Bei Trennung des

Stroms von der Küste an Kaps in diesem Gebiet tritt leewärts der Separation Auftrieb ein.

Biogeochemische Verhältnisse

Die starke Schichtung des Schwarzen Meeres setzt sich auch in den biogeochemischen Verteilungen durch. Die sauerstoffreiche Oberflächenschicht, bestehend aus BSSW und CIW, ist durch eine Übergangszone, die so genannte Suboxische Zone (*Suboxic layer,* SOL) von 20–40 m Dicke von der anoxischen Wassersäule darunter separiert. Die euphotische Zone bis zu Wassertiefen von 40–50 m wird an ihrer Unterkante von der Oxy- und Nutrikline begrenzt. Etwa 90 Prozent der partikulären organischen Materie (POM) werden innerhalb der euphotischen Zone und der Oxy-/Nutrikline wieder remineralisiert; nur ein kleiner Rest sinkt in den anoxischen Bereich der Wassersäule ab. Die regenerierten Nährstoffe werden innerhalb der euphotischen Zone in den Frühjahrsblüten verbraucht. Limitiert wird die Primärproduktion vor allem durch den fehlenden Nachschub von Nitrat aus tieferen Wasserschichten. Innerhalb des anoxischen Teils der Wassersäule findet man keine nennenswerten Nitratkonzentrationen, dafür aber ein großes Reservoir an Ammonium und gelöstem organischen Stickstoff. Man vermutet, dass das aus der anoxischen Zone nach oben transportierte Ammonium dort sofort oxidiert wird, als Gas an die Atmosphäre abgegeben wird und daher keine Nährstoffquelle darstellen kann.

In Sommerprofilen liegen die Nitratkonzentrationen innerhalb der euphotischen Zone unter der Nachweisgrenze und steigen in der Nutrikline bis auf ~8 µmol/l an. Unterhalb des Peaks mit maximalen Nitratkonzentrationen in 70 m Tiefe nehmen die Werte dann bis zum Erreichen des anoxischen Teils der Wassersäule in 100 m Tiefe wieder abrupt auf Nullkonzentrationen ab. In diesem Bereich bauen Bakterien das Nitrat ab und erzeugen in dem Abbauprozess organischer Materie Stickstoffgas und Nitrit als Zwischenprodukt. Weitere Details über die komplexen Redox-Reaktionen in der SOL finden sich bei Oguz et al. (2001).

Schwefelwasserstoff und gelöstes Mangan steigen unterhalb der suboxischen Schicht an; der Tiefenbereich, in dem Schwefelwasserstoff zuerst auftritt, fällt mit dem Peak in partikulärem Mangan zusammen und weist auf die wichtige Rolle von Mangan in den Redox-Reaktionen hin. Am Boden des Schwarzen Meeres werden Schwefelwasserstoffkonzentrationen von 400 µmol/l erreicht.

Die marine Umwelt des Schwarzen Meeres (vgl. Kapitel "Geographie und Klima", S. 160–167) hat sich in den letzten Jahrzehnten deutlich verändert – mit einem Trend zu stärkerer Eutrophierung, Änderungen im Ökosystem durch die Einwanderung opportunistischer Spezies (Stichwort „Mediterranisierung" des Schwarzen Meeres) und Änderungen in der Nährstoffstruktur.

5.31 Einmündung des Bosporus in das Schwarze Meer. Der Freiwasserraum des Meeres wirkt einheitlich – ohne offensichtliche feste Grenzen und Barrieren, wie sie in Landlebensräumen vorkommen. Offensichtliche Grenzen von völlig unterschiedlichen Wassermassen sind rein visuell oft nicht zu erkennen. Das gilt auch für die abgebildetete Meeresregion mit ihrer besonderen Wasserschichtung. Wie aber dieses Kapitel gezeigt hat, ist der größte zusammenhängende Lebensraum der Erde deutlich gegliedert. Die in ihm lebenden Organismen stoßen auf Grenzen, die von unterschiedlichen Wasserkörpern und physikalisch-chemischen Faktoren gezogenen werden.

Stephan Pfannschmidt, Martin Heß, Roland Melzer, Robert Hofrichter, Michael Wilke, Michael Türkay und Kathrin Herzer

6. Lebensräume und Lebensgemeinschaften

6.1 Große Organismenvielfalt an einer dicht bewachsenen Steilwand südlich von Pula (Istrien) und Übergang zum Sedimentboden. Der starke Unterschied zwischen beiden Lebensräumen ist deutlich zu erkennen. In dem beschatteten Bereich unter einem Überhang in 15 m Tiefe dominiert der tierische Aufwuchs. Pflanzlicher Aufwuchs ist nur noch in Form einiger Rotalgen vorhanden, die durch ihre Pigmente auch mit weniger Licht bzw. einem Licht veränderter Spektralzusammensetzung auskommen.

In der Vielfalt und seiner engen Verzahnung der Teillebensräume ist das Mittelmeer ebenso komplex wie in geologischer, geographischer und ozeanographischer Hinsicht. Die reiche Reliefgliederung der Küstenlandschaft als Folge tektonischer Dynamik, eustatischer Schwankungen des Meeresspiegels, Erosion und Sedimentation setzt sich unter dem Meeresspiegel in zum Teil imposanten Unterwasserlandschaften fort.

Bereits auf den ersten Blick werden unterschiedliche „Teillebensräume" oder „Bereiche" wie Hartböden (primäre Hartböden aus anstehendem Fels), Sedimentgrund (etwa Geröll, Blockfelder, Sand, Schlamm = Weichboden), sekundäre Hartböden biogenen Ursprungs (Coralligène), Seegraswiesen, Algenbestände und andere erkennbar. In der Fachsprache werden Lebensraum-Untereinheiten, die sich durch ihre Lebensgemeinschaften deutlich von anderen abgrenzen lassen, als Fazies bezeichnet. Meistens werden solche Fazies nach einer oder mehreren besonders charakteristischen Arten der Lebensgemeinschaft benannt.

Die ausführliche UNEP*-Klassifizierung mariner Habitattypen für die mediterrane Region (1998), die sich nach Charakterarten richtet, zeigt deutlich, dass allzu vereinfachte Gliederungsversuche des Benthals oberflächlich und wenig zielführend bleiben müssen. Diese Typologie unterscheidet für jede Tiefenstufe, also das Supra-, Medio-, Infra- und Circalitoral sowie das Bathyal und Abyssal, zahlreiche Fazies oder „Teilbereiche" mit spezifischen Biozönosen und auffälligen oder

besonders typischen Arten (Charakterarten). Ein Beispiel:

III. Infralitoral
III. 4. Steine und Geröll
III. 4.1 Biozönose infralitoraler Geröllfelder
III. 4.1.1 Fazies mit *Gouania wildenowi*

(Abbildung 6.3 zeigt diese Fazies und ihre Charakterart im Lebensraum, den Wels-Schildfisch *Gouania wildenowi*, Familie Gobiesocidae.)

Eine Erklärung der Nomenklatur sei hier kurz vorweggenommen: Infralitoral ist der ständig vom Wasser bedeckte, seichteste, küstennahe Bereich des marinen Lebensraumes (nach anderen bzw. älteren Nomenklaturen: oberes Sublitoral). Innerhalb dieses Bereichs findet man häufig Strände aus mehr oder weniger glatt abgerundeten Geröllsteinen. Wenn diese die entsprechende Körnung haben – in den tieferen Schichten müssen kleinere Steinchen in Kiesgröße zu finden sein –, kommt in diesem Habitat ab der Mittelwasserlinie mit ziemlicher Sicherheit die erwähnte Schildfischart vor. Man kann sie vom Ufer aus im engen Lückenraum zwischen kleineren Steinen finden. Analog dazu wird der marine Lebensraum von der Spritzwasserzone bis in die Tiefsee in zahlreiche Teilbereiche oder Fazies unterteilt.

Warum diese Lebensräume und die dazugehörigen Lebensgemeinschaften so sind, wie sie sich uns darstellen, welche Kräfte sie geschaffen haben, sie ständig weiter prägen und formen, welche Organismen sie bewohnen und zum Teil – wie etwa im Fall der Seegraswiesen – auch bilden und welche ökologische Rolle sie im Gesamtsystem Mittelmeer spielen, ist Gegenstand dieses Kapitels.

Gliederung mariner Lebensräume

Robert Hofrichter

Ein Gesamtökosystem ist durch komplexe Wechselwirkungen zwischen abiotischen Umweltfaktoren und Mikroorganismen, Pflanzen und Tieren geprägt. Die physikalischen Faktoren wirken in unterschiedlicher Weise auf Pflanzen und Tiere und stellen die gestaltenden Kräfte der Lebensräume, Habitate oder Fazies dar. Die Organismen selbst gestalten, prägen und verändern diese Lebensräume entscheidend mit, zum Teil sind die Lebensräume erst durch sie entstanden (Phytal, Seegraswiesen, sekundäre Hartböden biogenen Ursprungs, Coralligène).

Die entscheidende Rolle, die Mikroorganismen, Viren und vielleicht sogar Prionen für das globale ökologische Geschehen spielen (vgl. Kapitel „Ökologie"), ist schwer zu erfassen und nicht ausreichend untersucht. Sie wurde in Darstellungen der Meere daher bisher eher vernachlässigt. Sicher ist, dass Mikroorganismen einschließlich der Mikroalgen nicht nur eine entscheidende Rolle für das Ökosystem Meer spielen, sondern auch für noch weiträumigere Einheiten und das globale Klima von größter Bedeutung sind.

6.2 und 6.3 *Links: Der größere Teil der Mittelmeerküste ist felsig. Der Hartboden setzt sich bis zu einer gewissen Tiefe unter Wasser als Steilhang (Deklivium) fort und wird schließlich von Sedimentgründen abgelöst. Der Hartboden bildet mikrotopographisch stark gegliederte Lebensräume für eine angepasste marine Flora und Fauna. Die biologische Vielfalt ist hier besonders groß. Das Kalksteinlitoral ist neben der mechanischen Erosion auch einer starken Bioerosion durch Blaualgen, Bohrschwämme, Bohrmuscheln und andere bioerosive Organismen ausgesetzt. In den dadurch entstandenen Hohlräumen siedeln sich weitere Organismen an und nutzen sie als Wohnräume. Unten: Fazies mit Gouania wildenowi.*

Das Mittelmeer weist einige ozeanographische Eigenheiten auf. Seine Wasserbilanz ist für Nebenmeere mit relativ wenig Niederschlag charakteristisch – sie fällt negativ aus. Der Einstrom relativ salzarmen (36,2 ‰) Atlantikwassers durch die Straße von Gibraltar, der sich, durch Strömungen verdriftet, bis in das östliche Mittelmeerbecken bemerkbar macht, der gleichzeitige Ausstrom schweren, salzhaltigen (38,4 ‰) und nährstoffreichen Tiefenwassers in den Atlantik und die zum Teil daraus resultierende relative Nährstoffarmut des Mittelmeeres, ferner die konstant hohe Wassertemperatur um die 13 °C selbst an seinen tiefsten Stellen und die Artenarmut der echten Tiefseefauna sind einige seiner Charakteristika. Sie werden durch die besondere, vom Weltmeer abgeschlossene Lage, den Wasseraustausch mit dem Atlantischen Ozean und die hohe Verdunstungsrate im Mittelmeer (das Oberflächenwasser ist im Durchschnitt etwa 5 °C wärmer, als in dieser geographischen Lage zu erwarten wäre) bedingt. Ein markantes Merkmal, das sich auf die Ausprägung der Lebensräume des Supralitorals und des Mediolitorals auswirkt, ist der geringe Tidenhub (Gezeiten). Eine ausgedehnte Gezeitenzone fehlt daher an den meisten Küsten des Mittelmeeres (vgl. S. 261).

Die Gliederung des Meeres nach unterschiedlichen Gesichtspunkten in Untereinheiten (Abb. 6.4 und 6.9) hilft uns, das Gesamtsystem verstehen zu lernen. Zwischen Landlebensräumen und dem Lebensraum Meer bestehen zahlreiche grundlegende Unterschiede. Sie gehen auf physikalische Eigenschaften des Mediums Luft und des Mediums Wasser zurück. In marinen Ökosystemen können Abgrenzungen vielfach nicht scharf aufgefasst werden, und sie sind nicht frei von Widersprüchen. Selbst hochspezialisierte Lebensgemeinschaften in definierten Lebensräumen wie etwa im Sandlückenraum (S. 401 ff.) können nicht als eine von anderen Teilbereichen des Meeres isolierte Einheit aufgefasst werden. Sie sind von der Wasserbewegung abhängig, die den Sandlückenraum mit sauerstoffreichem Wasser und suspendierter Nahrung versorgt. Diese Nahrung wird unter Umständen weit von ihrem „Bestimmungsort" entfernt produziert. Dasselbe trifft auf Seegraswiesen und praktisch alle anderen spezifischen Lebensräume zu.

Die große Vielfalt festgewachsener Tiere ist für marine Lebensräume charakteristisch, ein entsprechender tierischer Aufwuchs fehlt in terrestrischen Ökosystemen. Der Aufwuchs wird in diesem Kapitel noch ausführlich behandelt. Für dieses marine Phänomen hat die englischsprachige Meereskunde den deutschen Terminus übernommen und – in der Naturwissenschaft selten genug – keinen eigenen geprägt: „the Aufwuchs".

Es drängt sich die Frage auf, warum diese in terrestrischen Lebensräumen kaum vorhandene festsitzende Lebensweise bei Tieren im Meer dermaßen dominiert. Die hohe Diversität festgewachsener Tiere im Wasser hängt mit den physikalischen Eigenschaften des Elements zusammen, in dem sie leben. Das in der Strömung driftende Plankton kann es in seiner ganzen Vielfalt nur im Wasser geben (obwohl man auch vom „Luftplankton" in der Atmosphäre spricht). Wasser ist dicht und erzeugt Auftrieb, die Wirkung der Schwerkraft wird für viele dafür adaptierte Lebewesen (Plankton) und ausreichend kleine organische Partikel (Debris, Detritus; nach Wildish und Krismanson, 1997, wird all das als Seston zusammengefasst) nahezu aufgehoben. Dieses Geschwebe, das Angebot an gelösten und partikulären organischen Stoffen, wird im und mit dem Meerwasser durch Strömungen über weite Strecken verdriftet. Sesshafte Tiere können es sich energetisch leisten, an einer Stelle festgewachsen zu sein – unter der Voraussetzung, dass sie wirkungsvolle Methoden entwickeln, wie selbst kleinste Nahrungspartikel effektiv aus dem Wasser herausgesiebt und angereichert werden können.

Da Produzenten, Konsumenten und Destruenten als Grundelemente von Ökosystemen im Meer räumlich vielfach weit voneinander entfernt sind, ist der ständige Import und Export von partikulären und gelösten Stoffen ein Grundprinzip mariner Ökologie. Ohne Hydrodynamik, die verschiedenen horizontalen und vertikalen Wasserbewegungen, könnte in einem Großteil des Meeres kein Leben existieren – zumindest nicht in jener Fülle und Diversität, wie wir sie kennen.

Der Ort der Primärproduktion ist nur teilweise mit dem Ort, Lebensraum oder der Fazies identisch, wo die produzierte Biomasse verwertet bzw.

6.4 *Schematische Darstellung der Gliederung mariner Lebensräume bzw. Lebensgemeinschaften in Benthal (Meeresgrund) und Pelagial (Freiwasser) sowie die dazugehörigen Lebensgemeinschaften Benthos und Pelagos in Abhängigkeit vom Lichtangebot. Die Illustration ist nicht spezifisch auf das Mittelmeer bezogen, da sie die größte ermittelte Tiefe des Weltmeeres zeigt; der Hang des Tiefseegrabens ist übertrieben – da zu steil – dargestellt (vgl. Abb. 2.9). Im Mittelmeer wird nicht von einem Hadal gesprochen, obwohl es hier Subduktionszonen und damit Tiefseegräben gibt. Dem Benthos wie dem Pelagos lassen sich charakteristische Lebensformtypen zuordnen; zwischen ihnen gibt es enge Wechselwirkungen, die strenge Abgrenzungen relativieren. Manche Arten können sowohl auf dem Meeresboden ruhen als auch im Freiwasser schwimmen; zahlreiche Organismen und Organismengruppen leben benthisch, haben aber pelagische Entwicklungsstadien (Eier, Larven). Man bezeichnet sie je nach Blickwinkel als meropelagisch oder merobenthisch. Der Generationswechsel (Metagenese) von Polypen- und Medusengeneration bei Nesseltieren ist ein Beispiel dafür.*

Vertikale Zonierung des Pelagials in Abhängigkeit vom Lichtangebot

0–200 m

Euphotische Zone: Angedeutet ist die äußerst dünne lichtdurchflutete Schicht des Meeres. Nur hier ist photosynthetische Primärproduktion (pflanzliches Leben) möglich. Die ganze darunterliegende, auch im Mittelmeer mehrere 1 000 m dicke Wassermasse ist wie ein Schlund, in dem organisches und anorganisches Material langsam rieselnd in der Tiefe verschwindet. Mit geringen Ausnahmen können hier auf Dauer nur Konsumenten und Destruenten existieren. Die Stärke der lichtdurchfluteten Wasserschicht ist keine gegebene, absolute Zahl, sondern von der Transparenz des Wassers abhängig und somit periodischen Änderungen unterworfen. Während im klaren ozeanischen Wasser noch in 100–150 m Tiefe ein Prozent des Oberflächenlichts gemessen werden kann und damit Netto-Primärproduktion* durch photosynthetisch aktive Algen möglich ist, kann die Untergrenze der euphotischen Zone im nährstoff- und planktonreichen oder trüben Wasser in nur 20 oder 10 m, in Lagunen auch wesentlich seichter liegen. Der bei weitem größte Beitrag zur Primärproduktion wird vom Phytoplankton, also meist einzelligen, mikroskopisch kleinen Algen geleistet, da ihnen für ihre Entfaltung ein wesentlich größerer Raum zur Verfügung steht (im Weltmeer ca. 18 Millionen km^3) als dem Phytobenthos (Makrophyten) im Litoralbereich.

200–1 000 m

Dysphotische Zone: So wird der unter der euphotischen Zone liegende Übergangsbereich genannt, die Restlichtzone, in der keine Nettoproduktion mehr möglich ist. Das bedeutet, dass von der gesamten assimilatorischen Leistung der hier vorhandenen Algen (Brutto-Primärproduktion) kein Überschuss erhalten bleibt; zur optischen Orientierung von Organismen reicht die Restlichtmenge aber noch aus.

> 1 000 m

Aphotische Zone: Unterhalb von 1 000 m, in trübem Wasser wesentlich seichter, ist auch mit empfindlichen Messmethoden kein Licht mehr nachweisbar. Pflanzliches Leben (Phytoplankton) ist hier auf Dauer nicht möglich.

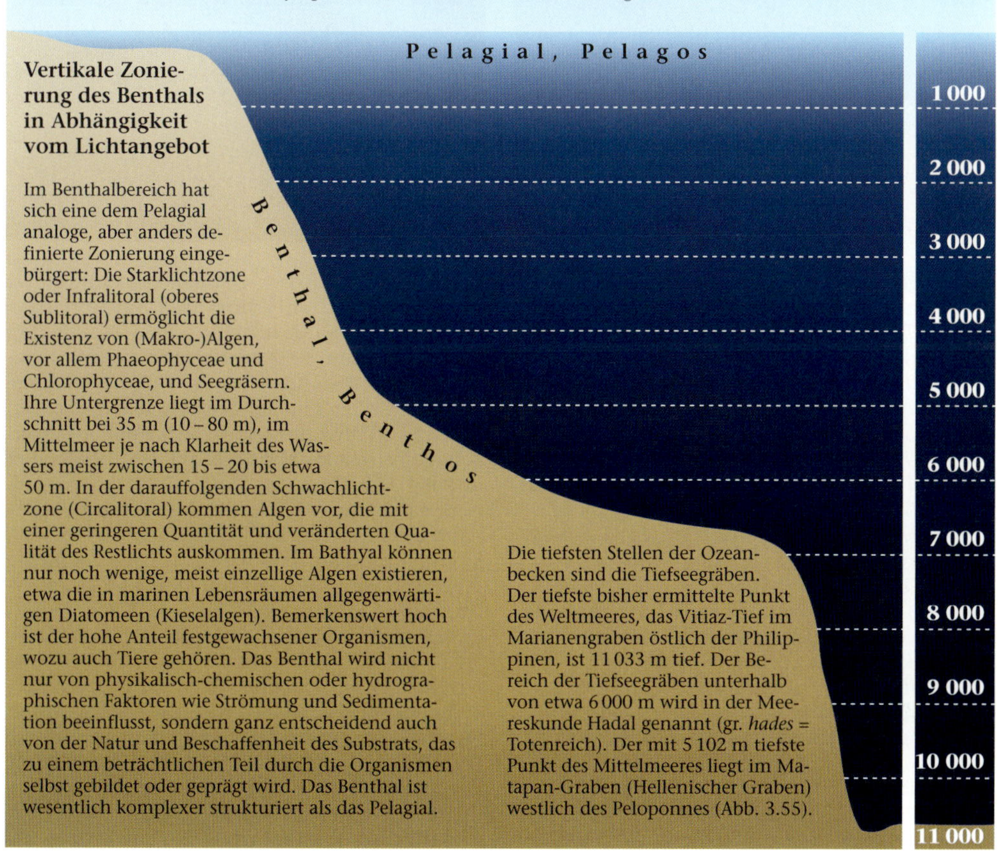

Vertikale Zonierung des Benthals in Abhängigkeit vom Lichtangebot

Im Benthalbereich hat sich eine dem Pelagial analoge, aber anders definierte Zonierung eingebürgert: Die Starklichtzone oder Infralitoral (oberes Sublitoral) ermöglicht die Existenz von (Makro-)Algen, vor allem Phaeophyceae und Chlorophyceae, und Seegräsern. Ihre Untergrenze liegt im Durchschnitt bei 35 m (10 – 80 m), im Mittelmeer je nach Klarheit des Wassers meist zwischen 15 – 20 bis etwa 50 m. In der darauffolgenden Schwachlichtzone (Circalitoral) kommen Algen vor, die mit einer geringeren Quantität und veränderten Qualität des Restlichts auskommen. Im Bathyal können nur noch wenige, meist einzellige Algen existieren, etwa die in marinen Lebensräumen allgegenwärtigen Diatomeen (Kieselalgen). Bemerkenswert hoch ist der hohe Anteil festgewachsener Organismen, wozu auch Tiere gehören. Das Benthal wird nicht nur von physikalisch-chemischen oder hydrographischen Faktoren wie Strömung und Sedimentation beeinflusst, sondern ganz entscheidend auch von der Natur und Beschaffenheit des Substrats, das zu einem beträchtlichen Teil durch die Organismen selbst gebildet oder geprägt wird. Das Benthal ist wesentlich komplexer strukturiert als das Pelagial.

Die tiefsten Stellen der Ozeanbecken sind die Tiefseegräben. Der tiefste bisher ermittelte Punkt des Weltmeeres, das Vitiaz-Tief im Marianengraben östlich der Philippinen, ist 11 033 m tief. Der Bereich der Tiefseegräben unterhalb von etwa 6 000 m wird in der Meereskunde Hadal genannt (gr. *hades* = Totenreich). Der mit 5 102 m tiefste Punkt des Mittelmeeres liegt im Matapan-Graben (Hellenischer Graben) westlich des Peloponnes (Abb. 3.55).

6.5 Pelagial und Benthal im Vergleich. a) Der Lebensraum des freien Wasserkörpers ist zwar durch Lichtgradienten und hydrologische Faktoren „gegliedert", ansonsten aber homogen und unstrukturiert. b) Typisch pelagische, planktontische Lebensform: etwa 10 cm große Rippenqualle (Ctenophora). c) Die größte Arten-, Formen- und Farbendiversität findet sich auf primären Hartböden. d) Reich strukturierter Lebensraum: Posidonia-Wiese mit Drachenkopf. e) Coralligène (sekundärer Hartboden) in der Straße von Sizilien (Banco Avventura) in 55 m Tiefe. Das Wasser ist hier meist glasklar, worauf das Vorkommen der Grünalge Ulva hindeutet. Im Bild sind Rotalgen, Braunalgen und der Krebs Lissa chiragra zu sehen. f) Sandboden mit Plattfisch, ein auf den ersten Blick eintöniger Lebensraum. Die enorme Diversität der Sandbodenbewohner ist im Sandlückenraum zu finden; sie zeigt sich erst unter dem Mikroskop. g) Weichboden (Schlammgrund) vor Banyuls-sur-Mer in 30 m Tiefe mit Aporrhais pespelicani und Ophiura texturata. Auffällig sind die Unterschiede in den „Trachten" der zu verschiedenen Lebensräumen zählenden Organismen (Abb. 6.11).

konsumiert wird. Der Ort der Konsumtion ist wiederum nicht unbedingt und nur selten zur Gänze mit jenem identisch, an dem Destruenten für die Zersetzung der organischen Reste und damit Remineralisierung sorgen, wodurch wichtige Nährstoffe erneut in den ökologischen Zyklus eingebracht werden. Im Ökosystem Wald etwa werden die Zersetzung von Laub auf dem Waldboden und die Aufnahme der Stoffe durch das Wurzelwerk eben jener Bäume, die das Laub produziert haben, eher kleinräumig abgewickelt (Abb. 7.2). Marine Kreisläufe sind wesentlich weiträumiger. Wasser transportiert sowohl kleine Organismen (Plankton) als auch partikuläre (POM*, Debris und Detritus) und gelöste (DOM*) organische Stoffe wie auch anorganisches Material über weite Strecken. Entscheidende Wechselwirkungen zwischen angrenzenden und zum Teil auch sehr weit voneinander entfernten Lebensräumen sind die Folge. Ökologisch und wirtschaftlich bedeutende Bereiche des Meeres mit hoher Produktivität profitieren davon (Auftriebsgebiete, *upwelling**; thermohaline Konvektion, vgl. S. 264).

6.6 Die Steckmuschel (Pinna nobilis), mit 80 cm die größte Muschelart des Mittelmeeres, lockert die Monotonie des Sandgrundes auf, verändert die Strömungsverhältnisse in ihrer Umgebung und bietet Siedlungsfläche für zahlreiche Aufwuchsorganismen. Zu sehen ist die rote Seescheide Halocynthia papillosa, vermutlich mehrere Schwammarten und ein dichter Bewuchs aus verschiedenen Algen. Die Steckmuschel ist wahrscheinlich von mehreren Bewohnern besiedelt, darunter der Steckmuschelgarnele Pontonia pinnophylax und den kleinen, Muschelwächter genannten Krabben Pinnotheres pinnotheres und P. pisum.

6.7 Der Einfluss von Licht und Schatten: Das Bild zeigt die lichtabgewandte Seite der Seescheide Microcosmus sulcatus; diese ist vor allem mit Schwämmen, also tierischem Aufwuchs bewachsen. Die lichtzugewandte Seite trägt hingegen einen reichlichen pflanzlichen Bewuchs aus verschiedenen Algen. Mikrocosmus und weitere verwandte Arten bieten anderen Organismen eine Siedlungsfläche und sind oft bis zur Unkenntlichkeit von Aufwuchsorganismen bedeckt. Das Innere dieser Seescheide gilt im Mittelmeerraum als begehrte Delikatesse.

Organismen, ihre Reproduktions- und Entwicklungsstadien (Gameten*, Sporen*, Eier, Larven) sowie organische und anorganische partikuläre oder gelöste Stoffe werden durch horizontale und vertikale Wasserbewegungen verfrachtet oder sinken durch die Gravitation langsam in tiefere Schichten des Meeres ab. „Lebensraumgrenzen" werden dadurch ständig überschritten. Zu einer weiteren grenzüberschreitenden Wechselwirkung kommt es durch den Lebenszyklus bzw. den Reproduktionsmodus mariner Tiere – wie in Abbildung 7.37 dargestellt. Ihre Entwicklungsstadien, die Larven, haben vielfach keinerlei Ähnlichkeit mit dem Adultorganismus; das trifft auf das Aussehen (Habitus) ebenso zu wie auf die Physiologie, Ökologie und Lebensweise einschließlich der Ernährung und den Lebensraum. Larven sind oft Teil des Planktons, die Adultorganismen hingegen sessile, hemisessile oder vagile Benthosbewohner.

Ein gutes Beispiel dafür sind die Seescheiden (Ascidien, Tunicata), die wie die Wirbeltiere zu den Chordaten zählen. Für tauchende Nichtzoologen sorgt die systematische Zugehörigkeit der Seescheiden für eine Überraschung, denn kaum etwas am Äußeren einer adulten Seescheide lässt auf diese Verwandtschaft schließen. Ihre freischwimmenden Larven sind mit einer Chorda dorsalis* ausgestattet, die Adulten hingegen sind festsitzende Filtrierer (Abb. 6.7). Marine Organismen können so in bestimmten Phasen ihrer Lebenszyklen Bestandteile unterschiedlicher Reiche sein und zwischen Plankton und Nekton oder zwischen Benthos und Pelagos wechseln (Abb. 7.35). Planktontische Organismen können äußerst skurrile Formen entwickeln (Abb. 7.30), die der Gravitation und damit dem Absinken in die Tiefe entgegenwirken.

Die Zuordnung zum Plankton oder Nekton ist nicht immer eindeutig. Manche Scyphozoen (Schirmquallen) driften zwar meist mit dem Wasser, können sich aber gegen schwächere Strömungen durchaus selbst fortbewegen. Das Gleiche trifft auf weitere größere Vertreter des Zooplanktons zu, etwa einige Crustaceen. Manche kleineren, pelagischen Cephalopoden lassen sich hingegen – obwohl sie zu größeren Ortsveränderungen befähigt sind – durch Strömungen verdriften.

Viele Vertreter der demersen, bodennahe lebenden Vagilfauna, die sich ihren Aufenthaltsort aussuchen können, lassen sich nicht einem einzelnen Lebensraum zuordnen. Der Schriftbarsch (*Serranus scriba*, Abb. 6.10 j) ist ein ebenso typischer Bewohner litoraler Hartbodenlebensräume wie einer von *Posidonia*-Wiesen. Zahlreiche sessile Arten besiedeln mehrere auf den ersten Blick recht unterschiedlich aussehende Lebensräume. Bei näherer Betrachtung werden hier in bestimmten Bereichen der Habitate ähnliche ökologische Bedingungen erkennbar (Beispiel: sciaphiler* Auf-

Wichtige Begriffe der Meereskunde

Diese Übersicht führt die am häufigsten verwendeten Fachausdrücke, Wortwurzeln und Vorsilben auf, die zur Klassifizierung und Charakterisierung von marinen Organismen, Lebensgemeinschaften, Lebensräumen und Lebensweisen verwendet werden. Die Präfixe werden vor allem mit folgenden Begriffen gekoppelt: -plankton, -neuston, -benthos, -pelos, -psammon und -lithion. Beispiel für die Verwendung in adjektivischer Form: Holoplankton lebt holopelagisch, verbringt also den gesamten Lebenszyklus als Teil des Planktons. Andere Koppelungen werden eher selten verwendet, denn nicht jede theoretisch mögliche Wortkombination ist eingebürgert. So spricht man etwa von Meroplankton, nicht aber von Meronekton. Für Nektonorganismen ist keine sinnvolle Gliederung eingeführt außer jene nach der zoologisch-systematischen Zugehörigkeit. Für Anhäufungen von Fischeiern, Fischlarven und junger Fischbrut wird auch der Begriff Ichthyoplankton verwendet, genauso spricht man von Bakterioplankton oder Bakterioneuston. Das Hadal (Tiefseegräben) ist weggelassen, da die maximale Tiefe des Mittelmeeres bei 5 102 Meter liegt. Die Gliederung des Benthals und die Zusammenfassung der Teillebensräume, Lebensgemeinschaften, Lebensweisen usw. zu Untereinheiten kann nach verschiedenen weiteren Aspekten noch ausgebaut werden. Die Sinnhaftigkeit einer ausufernden Nomenklatur ist jedoch in Frage zu stellen; manche Begriffe überschneiden sich in ihrer Bedeutung oder widersprechen sich sogar. Weitere wichtige Erklärungen und Definitionen siehe Abbildung 6.4, 6.9, 6.10 und 6.13.

- **Grundbegriffe**

Pelagial (Pelagos): *Reich (Lebensgemeinschaft) des freien Wasserkörpers*
  Nekton: *aktiv gegen die Strömung schwimmende Organismengemeinschaft (vgl. Abb. 6.13)*
  Plankton: *mit der Strömung driftende Organismengemeinschaft (vgl. Abb. 6.13)*
  Neuston: *unter der Wasseroberfläche lebende Planktongemeinschaft (vgl. Abb. 6.13)*
  Pleuston: *spezialisierte Grenzbewohner an der Wasseroberfläche (vgl. Abb. 6.13)*
Benthal (Benthos): *Reich (Lebensgemeinschaft) des Meeresgrundes*
  Lithion: *Lebensraum (Lebensgemeinschaft) Stein, Fels*
  Psammon: *Lebensraum (Lebensgemeinschaft) Sand*
  Pelos: *Lebensraum (Lebensgemeinschaft) Weichboden (Schlamm, Feinsediment)*

Unterscheidung nach

- **der Großgliederung mariner Lebensräume**

pelagisch: *im Freiwasser*
  neritisch: *über dem Schelf, küstennah*
  ozeanisch: *über den Kontinentalabhängen und Tiefseeebenen, Hochsee*
benthisch: *am Grund*

- **marinem oder limnischem Lebensraum**

Hali-: *marin*
Limno-: *etwa Süßwasserplankton; kann in bestimmten Fällen ins Meer geschwemmt werden*

- **Vorkommen (im Meer und/oder Süßwasser)**

Holobionten: *auf einen Bereich beschränkt*
Thalassobionten: *nur marin*
Potamobionten: *limnisch*
Amphibionten: *marin + limnisch*

- **Art und Ursache der unternommenen Ortsveränderungen (Wanderungen)**

gonodrome Wanderungen: *im Dienst der Fortpflanzung*
agamodrome Wanderungen: *andere Ursachen wie etwa das Aufsuchen günstiger Nahrungsplätze*
anadrom: *vom Meer in die Flüsse aufsteigend*
katadrom: *von den Flüssen ins Meer ziehend*

- **Beweglichkeit**

im Benthal
  vagil (errant): *frei beweglich, ortsbeweglich*
  sessil (sedentär): *sesshaft, unbeweglich*
  fixosessil: *Organismen, die ihren Standort nie wechseln können, weil sie am Substrat festgewachsen sind; z. B. Schwämme, Kalkröhrenwürmer*
  hemisessil: *normalerweise sesshafte Organismen, die unter Umständen den Standort wechseln können; z. B. Anemonen und andere Nesseltiere*
im Pelagial
  Nekton, nektontisch: *kann gegen die Strömung schwimmen*
  Plankton, planktontisch: *driftet mit der Strömung*

- **Zugehörigkeit zu autotrophen oder heterotrophen Organismen**

phyto-: *pflanzlich, Produzent, photoautotroph*
zoo-: *tierisch, Konsument, heterotroph*
bacterio-: *Bakterien können heterotroph oder autotroph (chemo- oder photoautotroph), aerob oder anaerob sein (Beispiele: Bacterioneuston oder -plankton)*

- **Art der Ernährung**

Manche marine Organismen können (ausschließlich oder zusätzlich zu anderen Ernährungsweisen) gelöste organische Stoffe (DOM) direkt aus dem Wasser aufnehmen. Diese Art der Ernährung hat keinen besonderen Namen. Ausführlicheres zu den Ernährungsweisen bietet das Kapitel „Ökologie".
autotroph: *Mikroorganismen und Pflanzen*
  photo-: *mit Photosynthese*
  chemo-: *ohne Photosynthese*
amphitroph: *Ausnahmefall: einzellige Algen mit funktionstüchtigen Pigmenten und andere Mikroorganismen, die in größeren (lichtlosen) Tiefen vorkommen können und zwischen autotropher und heterotropher Lebensweise wechseln können*
mixotroph: *an sich heterotrophe Einzeller, die sich durch „gestohlene" Chloroplasten oder Endosymbionten autotroph ernähren können (siehe Exkurs S. 442)*
heterotroph: *Mikroorganismen, Pilze und Tiere*
herbivor: *Pflanzenfresser*
carnivor: *Fleischfresser*
omnivor: *Allesfresser*
detritivor: *Detritusfresser*
planktivor: *Planktonfresser*

piscivor: *Fischfresser*
Depositfresser: *ernähren sich von Sediment, das mit organischem Material angereichert ist*
selektiv
nichtselektiv
Filtrierer bzw. Suspensionsfresser: *innerer oder äußerer, aktiver oder passiver*
weitere Begriffe: Leimrutenfänger, Strudler, Lauerjäger, Weidegänger *(grazer)*

- **Stoffen im Meerwasser als Nahrungsgrundlage des marinen Ökosystems**

Organische und anorganische Stoffe in gelöster und partikulärer Form. Auf Partikeln siedeln Mikroorganismen, die organische Substanzen zersetzen und wichtiger Teil an der Basis der Nahrungsnetze sind.
Seston: *nach Wildish und Krismanson (1997) eine Mischung im Wasser schwebender und durch Strömungen transportierter mikroskopisch kleiner Partikel (Detritus, Bakterien, Mikroalgen, kleine Tiere und Sedimente)*
POM: *particular organic matter, partikuläres organisches Material; weltweit: 6×10^{10} Tonnen Kohlenstoff*
DOM: *dissolved organic matter, gelöstes organisches Material; weltweit 3×10^{11} Tonnen Kohlenstoff*
Detritus: *nach Ott (1988) organisches partikuläres Material uniformer Größe und Beschaffenheit, dessen Herkunft meist nicht mehr feststellbar ist*
Debris: *gröberes organisches partikuläres Material aus größeren Fragmenten, durch Absterben von Phyto- und Zooplankton und Fragmentation von Makrophyten entstanden; seine Herkunft ist in der Regel identifizierbar*
marine snow: Flocken *(flakes)* bzw. Meeresschnee, durch Mikroorganismen besetzte Aggregate aus organischen und anorganischen Bestandteilen, die im Meerwasser schweben und nur langsam zum Grund sinken.

- **Größenrelation zwischen dem Nahrung aufnehmenden Organismus und seiner Beute**

mikrophag, Mikrophagen: *oft sessil, hemisessil oder zumindest standorttreu*
makrophag, Makrophagen: *nur selten sessil, wie etwa Anemonen, meist beweglich*
Bei dieser Unterteilung geht es nicht nur um die absolute Größe des Nahrung aufnehmenden Organismus, auch nicht ausschließlich um die Größe seiner Beute oder die Art, wie diese erbeutet wird, sondern um den Größenvergleich der beiden und den daraus resultierenden energetischen Nutzen (wie groß ist der für den Beutefang erforderliche Energieaufwand).

- **Lebenszyklus bzw. Grad der Bindung an einen Lebensraum oder ein Substrat**

hemi-: *halb, teilweise*
holo-: *gänzlich, zeitlebens*
mero-: *vorübergehend, teilweise, nur in einer Lebensphase*
tycho-: *nur in der Nacht bzw. nach einem tagesperiodischen, circadianen Rhythmus*
hypo-: *in Substratnähe, bodennahe lebend; demers; mit hypobiotisch bzw. Hypobiose bezeichnet man aber auch auf der Unterseite von Steinen, Muscheln und anderen Gegenständen bzw. in Hohlräumen lebende Organismen*

- **räumlicher Beziehung zum Substrat bzw. Lebensweise (-psammon, -pelos, -lithion)**

Epi-: *auf dem Substrat, auch im Sinne von epizoisch und epiphytisch, Epifauna, Epiflora, Epibiose: auf anderen Tieren und Pflanzen siedelnd*
Meio-: *siehe Meso-*
Meso-: *zwischen den Partikeln des Substrats, Mesobiose; im Fall des Psammons Synonym für Meiofauna, Meiobenthos*
Endo-: *im Substrat, Endobiose*
Hypo-: *in Hohlräumen auf der Unterseite von Steinen, Muscheln u. a., Hypobiose*

- **vertikaler Schichtung pelagischer Lebensräume bzw. Organismen (-pelagisch, -plankton)**

Neuston, Pleuston: 0 bis einige (max. 50–100) cm
Epi-: 0–200 m
Meso-: 200–1 000 m
Bathy-: 1 000–5 000 m
Abysso-: > 5 000 m

- **Körperform (-plankton)**

Rhabdo-: *stabförmig*
Chaeto-: *lange Fortsätze*
Disco-: *scheibenförmig*
Physo-: *blasenförmig*

- **Beweglichkeit bei Planktonorganismen**

akinetisch: *nicht beweglich*
kinetisch: *beweglich*

- **Spuren (Lebensspuren, vor allem fossil)**

Repichnia (Lokomotions-), Cubichnia (Ruhe-) und Fodichnia (Freßspuren) sowie Domichnia (Wohnbauten)

- **Größe**

Die Unterscheidung der Planktongrößen hat neben der Beurteilung der ökologischen Rolle in den einzelnen Stufen von Nahrungsketten auch eine praktische Bedeutung für die Wahl der entsprechenden Methode der Gewinnung (Maschenweite für Planktonnetze beim Netzplankton). Bis zum unteren Größenlimit des Mikroplanktons sind repräsentative Probenahmen schwierig. Die größeren Kategorien werden als Netzplankton bezeichnet; Ultra- und Nannoplankton können mit Netzen nicht gewonnen werden und werden daher Zentrifugal- oder Filterplankton genannt.

	Fauna allgemein	Plankton (zwei Systeme)	Benthos
Femto-		0,02 – 0,2 µm	
Pico-, Piko- (Ultramikro-)	–	(< 2 µm)	
Ultra-	–	< 5 µm	
Nanno-, Nano-	–	2–20 µm 5–50 (60) µm	
Mikro-	< 60 µm	20–2000 µm 50 (60)–500 µm	< 0,2 mm
Meso-	–	0,5–1 mm	
Meio-	60 µm–0,5 mm		0,2–2 mm (mit freiem Auge gerade noch sichtbar)
Makro-	> 0,5 mm	2–10 mm 1–5 mm	> 2 mm
Megalo- (Mega-)	–	> 10 mm > 5 mm	

wuchs in der Rhizomschicht von *Posidonia,* auf beschattetem Hartboden oder auf der Unterseite von Felsblöcken). Auf der anderen Seite gibt es in allen Lebensräumen auch hochgradige Spezialisten (Abb. 6.85).

Benthal und Pelagial

Man unterscheidet grundsätzlich zwischen dem Benthal und dem Pelagial (Abb. 6.4), zwischen zwei grundverschiedenen Reichen mit eigenen Gesetzmäßigkeiten, allerdings mit den bereits betonten Wechselwirkungen. Unter Benthal (gr. *benthos* = Tiefe) versteht man die Gesamtheit aller Lebensräume des Meeresbodens, von der Wasserlinie bis in die Tiefseegräben; unter Pelagial (gr. *pelagos* = offene See) den Freiwasserraum eines Gewässers bzw. die Gesamtheit aller Lebensräume des Freiwassers von der küstennahen Zone bis zur Hochsee. Benthal und Pelagial werden entlang ihrer vertikalen Ausdehnung (bathymetrische Gliederung) mit zunehmender Tiefe in weitere Teilbereiche gegliedert: das Benthal in das Litoral, Bathyal und Abyssal (Hadal siehe unten); das Pelagial in das Epi-, Meso-, Bathy- und Abyssopelagial (Hadopelagial siehe unten). Das Mittelmeer erreicht nur an wenigen Stellen Tiefen, bei denen man von echten Tiefsee-Ebenen *(abyssal plain)* sprechen kann, da diese der Definition nach bei etwa 4 000 m Tiefe oder darunter beginnen. Bestimmte charakteristische Isothermen der Tiefsee – etwa 4 °C – kommen im Mittelmeer überhaupt nicht vor. Scharfe Abgrenzungen zwischen Bathyal, Abyssal und Tiefseegräben sind kaum möglich. Dennoch spricht man an vielen Stellen vom Abyssal (z. B. *Ionian abyssal plain,* Abb. 3.55), und die UNEP-Richtlinien führen das Abyssal an *(biocenosis of abyssal muds).* Das Hadal, Tiefseegräben unterhalb von 6 000 m mit zum Teil steil abfallenden Wänden, fehlt als definierter Lebensraum im Mittelmeer, obwohl es Tiefseegräben gibt.

Die Gliederung des Benthals ist wesentlich komplexer als jene des Pelagials (vgl. Abb. 6.9). Die Vielfalt und unterschiedliche Beschaffenheit benthischer Lebensräume ist im Vergleich zum Freiwasser auf den ersten Blick offensichtlich: primäre und sekundäre Hartböden, Sedimentböden unterschiedlicher Körnigkeit von feinem Schlamm bis zu grobem Sand, Kies, Geröll- und Blockfelder mit dazugehörigen Lückenräumen, durch Makrophyten* geprägtes Phytal sind nur einige von ihnen (Abb. 6.5). Die unterschiedliche, abwechslungsreiche Beschaffenheit des Substrats und die zum Teil starke topographische Gliederung lassen im Zusammenspiel mit den unterschiedlichen abiotischen und biotischen Faktoren wie Licht, Wasserbewegung und Bewuchs eine Vielzahl spezifischer „Lebensräume" oder Fazies entstehen. Daraus resultiert die wesentlich höhere Artendiversität des Benthals im Vergleich zum homogeneren Pelagial.

Besonders hoch ist die Biodiversität auf Hartböden, auf Substraten, die unbeweglich oder nur wenig beweglich sind und dank den hydrodynamischen Bedingungen (Strömung, Wellen, Gezeiten) weniger von Sedimentation betroffen sind. Für die hier lebenden sessilen und hemisessilen Organismen – ob pflanzlich oder tierisch – bedeutet das einen sicheren, stabilen Lebensraum, der weniger dramatischen Veränderungen unterworfen ist als etwa exponierte, ständig in Veränderung begriffene mobile Sand- oder Geröllgründe.

Die Stabilität des Lebensraumes ist einer der Gründe für den Reichtum an Lebensformen und die bunte Vielfalt, die in Abhängigkeit von Licht und Wasserbewegung auf Steilwänden und unter Überhängen, im Bereich von Höhleneingängen und in Hartbodenlebensräumen allgemein gedeiht – wie sie von Tauchern besonders geschätzt werden (Abb. 6.8). Im Gegensatz dazu werden Sedimentböden und Seegraswiesen vielfach als eintönig empfunden. Die Artendiversität äußert sich hier auf eine versteckte, mit freiem Auge weniger offenkundige, unter dem Mikroskop aber um so erstaunlichere Weise. Die auf und im Sedimentgrund und im Phytal lebenden spezialisierten Arten sind vielfach recht klein (z. B. Bewohner des Sandlückenraums, S. 401 ff.), führen als Endofauna ein verstecktes Leben im Substrat (z. B. verschiedene wurmförmige Organismen, Mollusken, Seesterne und irreguläre Seeigel) oder sind sehr gut angepasst und nahezu „unsichtbar" (etwa Plattfische, Abb. 6.5 f). Eine bemerkenswerte Fauna mit zum Teil hochspezialisierten Arten finden wir in Seegraswiesen (z. B. Garnelen, Asseln, Schildfische, Abb. 6.95).

Ein entscheidender biotischer Faktor, der das Benthal prägt und zu einer hohen Diversität von

6.8 *Beispiele für die hohe Diversität von Lebensformen auf Hartböden. Viele Arten lassen sich aufgrund von Fotografien nicht sicher bestimmen. a) Parazoanthus axinellae (Zoantharia, Anthozoa) mit Oscarella lobularis (Fleischschwamm). b) P. axinellae mit Gelbem Gitterkalkschwamm (Clathrina clathrus). c) Janolus sp. (Nudibranchia) kriecht auf Drachenkopf (Scorpaena scrofa). d) Galathea strigosa (Galatheidae, Decapoda). e) Schattenliebender Aufwuchs unter einem Überhang mit Gelbem Gitterkalkschwamm Leptopsammia pruvoti, verschiedenen Schwämmen, Moostierchenkolonien und Rotalgen. f) Moostierchenkolonie (grünlich) auf dem Schwamm Phorbas tenacior (hellblau); hinten im Bild der rote Schwamm Crambe crambe. g) Rosa oder Variable Planarie (Prostheceraeus giesbrechtii, Turbellaria, Plathelminthes). h) Echinaster sepositus (Asteroidea) in dichtem Acetabularia-Bestand (Chlorophyta). i) Hypselodoris tricolor (Nudibranchia) auf Cacospongia-Schwamm. j) Tentakelkrone der Schraubensabelle Spirographis spallanzani (Polychaeta).*

a
b
c
d
e
f
g
h
i
j

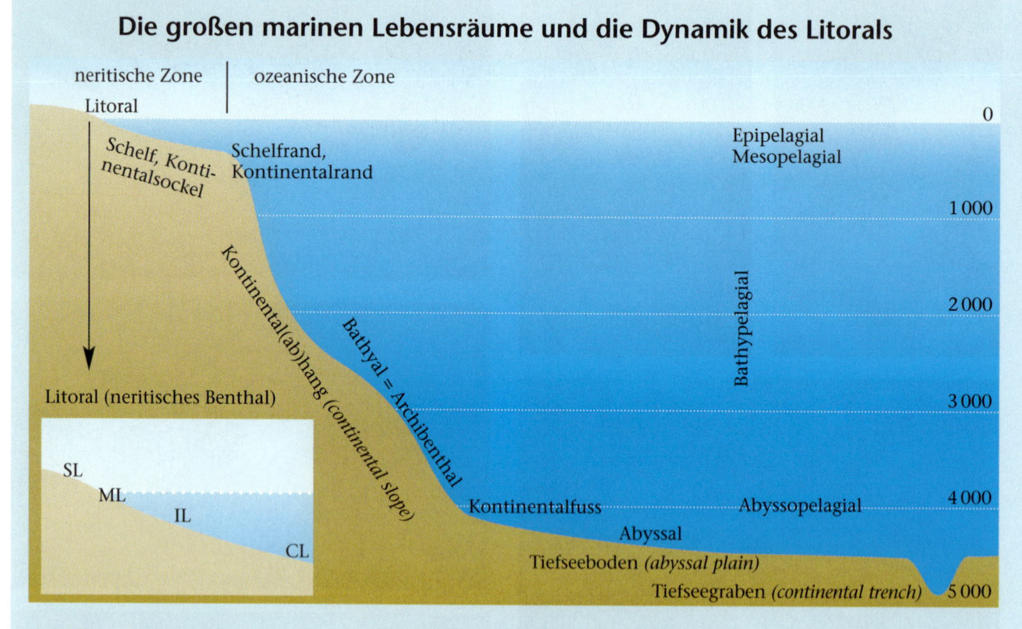

6.9 Gliederung mariner Lebensräume. An Küsten mit hohem Tidenhub wie der europäischen Atlantikküste ist eine genauere vertikale Zonierung des Litorals als hier angegeben erforderlich. Auf sie wird hier nicht eingegangen (ausführliche Informationen bieten Lehrbücher der Meereskunde wie Ott, 1988). Die Nomenklatur der Tiefenstufen im Litoral war immer schon uneinheitlich (vgl. Tab. 6.1). Nomenklaturen sind aber lediglich Konventionen – wichtiger als sie ist das Verständnis der Gradienten von Licht und Wasserbewegung mit zunehmender Tiefe und ihre Auswirkungen (siehe Abb. 6.10).

Schelf, Kontinentalschelf: siehe S. 65 ff.

Neritische bzw. kontinentale Zone (Provinz) des Pelagials *(inshore)*: lichtdurchflutete Zone über dem Schelf bis zur Schelfkante (in der Regel bis etwa 200 m Tiefe). Jahreszeitliche Vollzirkulation des Wasserkörpers kommt in vielen neritischen Meeresregionen des Mittelmeeres regelmäßig (bis alljährlich) vor; Nährstoffgehalt und Produktivität sind in der Regel hoch. Meroplanktische Formen dominieren im Plankton.

Ozeanische Zone (Provinz) des Pelagials *(offshore)*: erstreckt sich über dem Kontinentalhang, den Tiefseeböden und den Tiefseegräben. Hier dominiert bei weitem das Holoplankton, das seinen ganzen Lebenszyklus in diesem Raum durchläuft. Die Bedeutung der ozeanischen Provinz für das Gleichgewicht globaler Abläufe in der Atmosphäre – etwa das Klima – ist enorm: Austausch thermischer Energie, Gasaustausch (Sauerstoff und Kohlendioxid), Wasserverdunstung. Vertikale Gliederung:

- **Epipelagial:** oberste, lichtdurchflutete (= euphotische) Schicht des Freiwassers und Fortsetzung der neritischen Zone in Richtung offenes Meer (Hochsee) bis etwa 200 m Tiefe. Wellen und Strömungen spielen in der obersten Schicht eine wichtige ökologische Rolle. Die Eindringtiefe des Lichts, das noch für eine Netto-Primärproduktion ausreicht, variiert je nach Transparenz des Wassers stark und liegt im Durchschnitt zwischen 100 – 150 m. Einzige Zone der ozeanischen Provinz, in der das Licht für die hier lebenden Organismen eine circadiane (tagesperiodische) Periodizität prägt.
- **Mesopelagial:** oligophotische bzw. dysphotische Zone des Pelagials zwischen etwa 200 und 1000 m Tiefe; Übergangsbereich zum aphotischen, lichtlosen Wasserkörper. Das Restlicht ermöglichst zwar noch die Orientierung (Phototaxis*), aber keine gewinnbringende Primärproduktion mehr. Bedeutend sind vertikale tagesperiodische Wanderungen des Planktons.
- **Bathypelagial:** völlig lichtlos (= aphotisch), dadurch keine tagesperiodischen Rhythmen. Auf Dauer können hier nur heterotrophe Organismen überleben, die auf die Nahrungszufuhr von den oberen produktiven Schichten angewiesen sind. Das Bathypelagial reicht je nach Auffassung bis etwa 3 000 – 4 000 (5 000) m Tiefe. Etwa 88 Prozent der Meere sind tiefer als 1 000 m – das Bathypelagial nimmt daher den größten Raum des Pelagials und der Biosphäre ein. Die Besonderheiten der mediterranen Tiefsee sind in einem eigenen Teilkapitel beschrieben (S. 416 ff.).

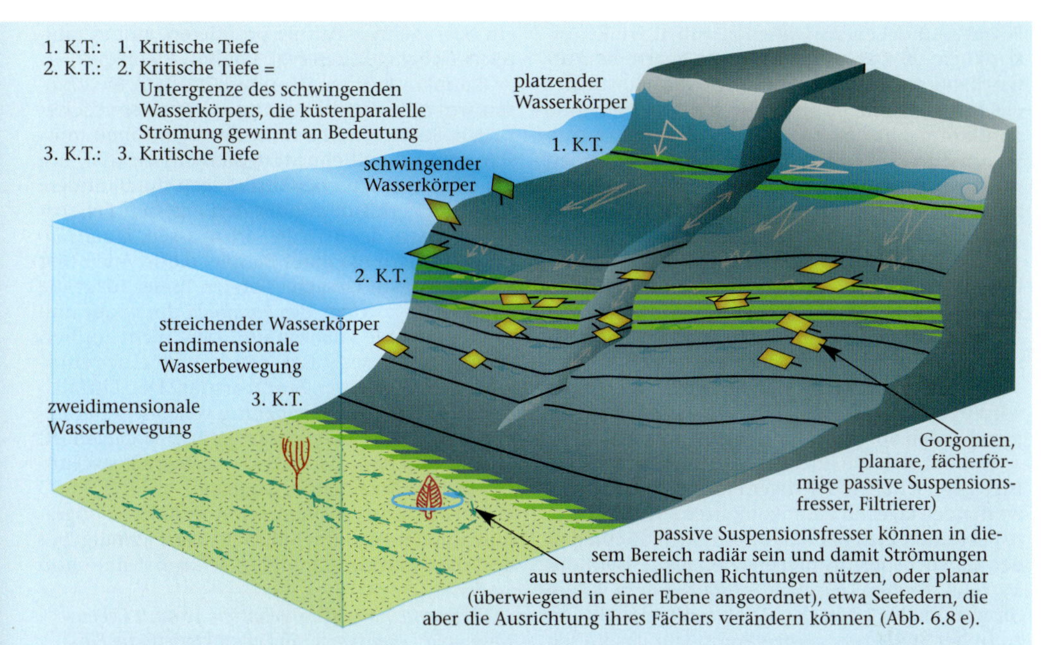

6.10 Kritische Tiefen der Wasserbewegung. Dargestellt sind wichtige ökologische Zusammenhänge des küstennahen benthischen Lebensraumes: die Wasserbewegung als entscheidender Faktor und seine unterschiedlichen Muster (Geschwindigkeit, Richtung und Richtungswechsel, Beständigkeit) in Abhängigkeit von der Tiefe. Die 1. und 2. Kritische Tiefe sind keine absoluten Werte, sondern von der Wellenexposition der Küste, der gerade vorherschenden Wellenhöhe, der Topographie des Meeresbodens und der Höhe der Gezeiten (Tidenhub) abhängig. Die 3. Kritische Tiefe hingegen ist ein für einen bestimmten Punkt bathymetrisch festgelegte Tiefe: hier geht der Steilhang einer Felsküste (Deklivium) in den Sedimentgrund des Schelfs über. Die unterschiedlich zur Strömung angeordneten gelben Flächen sind Symbole für passive Suspensionfresser wie etwa Gorgonien (Abb. 6.72), die sich bis zur 3. Kritischen Tiefe fächerförmig quer zur vorherschenden Strömung ausrichten. Unterhalb der 3. Kritischen Tiefe treten Gezeitenströmungen verschiedener Richtungen zwischen küstennormal oder küstenparallel auf. In Spalten verschiebt sich die Grenze des schwingenden Wasserkörpers zum Teil weit unter die 2. Kritische Tiefe. Nach Riedl, 1966 und Ott, 1988.

- **Abyssopelagial:** Wasserkörper über den Tieseeebenen unterhalb von 3 000 – 5 000 m Tiefe. In den Ozeanen konstante Temperatur von etwa 4° C, im Mittelmeer etwa 13 °C. Die Bedingungen und ökologischen Faktoren sind monoton, sie verändern sich in Raum und Zeit selbst über längere Zeiträume kaum.

Litoral, neritisches Benthal: Bereich der Küste und des Meeresbodens zwischen der Spritzwasserzone und dem Kontinentalrand. Gliederung:

- **Supralitoral, SL:** Spritz- und Sprühwasserzone (Epilitoral, Supratidal, *splash zone),* kann von der Wasserlinie ausgehend in die Wellenschlag-, Spritzwasser- und Sprühwasserzone untergliedert werden.
- **Mediolitoral, ML:** Gezeitenzone, Tidenzone, (Eulitoral, Mesolitoral, Litoral, *intertidal zone*), wird durch die Schwankungen des Ruhewasserspiegels um den mittleren Wasserstand bestimmt. Im Mittelmeer ist die Gezeitenzone an vielen Küsten wenig ausgeprägt und von der Brandungszone überlagert: Wellenbewegung überlagert den Wirkungsbereich der Gezeiten. Eine komplizierte Gliederung der Gezeitenzone in zahlreiche Stufen oberhalb und unterhalb der mittleren Wasserlinie ist für ökologische Überlegungen an vielen Küsten von geringerer Bedeutung, da der Tidenhub in der Regel gering ist (15 – 40 cm; vgl. Abb. 5.4).
- **Infralitoral, IL:** (oberes Sublitoral, *subtidal*), Starklichtzone des Benthals. Der Lichtempfang bewegt sich zwischen 100 und etwa 4,5 % des Oberlichtes; und reicht bis 15 – 80 m Tiefe, untere Vorkommensgrenze von Makrophyten.
- **Circalitoral, CL:** (unteres Sublitoral), Schwachlichtzone des Benthals, der Lichtempfang bewegt sich zwischen 4,5 und 0,2 % des Oberlichtes; reicht bis etwa 80 – 180 (200) m Tiefe. Nur ausnahmsweise können mehrzellige Algen noch tiefer vorkommen. In der nach unten folgenden Restlichtzone des Benthals kommen nur noch einzellige Algen leben.

Formen und Lebensstrategien führt, ist Raumkonkurrenz. Fast alle sesshaften marinen Aufwuchsorganismen (nicht aber die Bewohner des Sandlückenraumes) haben freischwimmende planktontische Larven, die beim Übergang zum benthischen Leben neue Siedlungsflächen finden und sich gegen Raumkonkurrenten behaupten müssen. Die zur Verfügung stehende Fläche ist ein limitierender Faktor; davon zeugt die schnelle Besiedelung von künstlichen Strukturen wie Wracks, Hafenanlagen und künstlichen Riffen (im Meer versenkte, reich strukturierte Betonelemente). Der Aufwuchs umfasst Pflanzen, Tiere und Mikroorganismen, die – wie es scheint – in ständigem Verdrängungswettbewerb stehen. Jede freie Fläche wird überwachsen, selbst die einzelnen Organismen werden von anderen besiedelt (vgl. Abb. 7.5).

Es stellt sich die eher philosophische, weil naturwissenschaftlich schwer eindeutig zu beantwortende Frage, ob Raumkonkurrenz als alleiniger Aspekt und einziges Erklärungsmodell die Vielfalt der Aufwuchsorganismen erklären kann. Der Konkurrenz als ökologisch allumfassendem Erklärungsmodell wird in den Analysen vielleicht ein zu hoher Stellenwert eingeräumt. Um das Wesen und die Vielfalt der Benthosgemeinschaft auf engstem Raum zu beschreiben, wäre Koexistenz in vielen Fällen der treffendere Ausdruck. Die Besiedler nutzen zwar andere Organismen vielfach als Unterlage, müssen sie aber dadurch nicht in jedem Fall schädigen. Die mit Algen, Schwämmen, Hydrozoen, Moostierchen, Polychaeten, Mollusken sowie weiteren Tieren und Pflanzen bis zur Unkenntlichkeit bewachsene Seescheide *Microcosmus sulcatus* ist das wohl bekannteste Beispiel dieser Art (Abb. 6.7).

In vielen anderen Fällen werden die Wirte sehr wohl durch ihre Besiedler geschädigt. Wenn eine „unerwünschte" Besiedelung durch Epibionten zu dicht wird und überhand nimmt, kann der Wirt absterben. Dazu kommt es unter anderem verstärkt, wenn das ökologische Gleichgewicht durch Eutrophierung gestört ist, wodurch bestimmte euryöke* Arten begünstigt und andere Arten benachteiligt werden. Aufwuchsorganismen können unter dicken Algenteppichen ersticken (Abb. 9.3).

In dem nicht durch Eutrophierung gestörten Infralitoral lässt sich hingegen die Koexistenz der Aufwuchsorganismen in ihrer ganzen Vielfalt beobachten. Derartige kleine, komplexe „Mikrokosmen" aus Kleinstorganismen sowie pflanzlichen und tierischen Besiedlern entstehen auf kleinsten, durch andere Organismen bereitgestellten oder vorbereiteten Flächen, etwa auf Seepocken, den Röhren sedentärer Polychaeten, Muschel- und Schneckenschalen usw. Diese kleinen Lebensgemeinschaften mit ihrem ökologischen Wechselspiel und all ihren Zusammenhängen sind schwer zu erfassen und in den meisten Fällen nur unvollständig untersucht. Für Koexistenzen, von denen ein oder mehrere Partner profitieren, gibt es zahlreiche Möglichkeiten (vgl. Kapitel „Ökologie").

Raumkonkurrenz ist in benthischen Biozönosen trotz dieser Überlegungen ein wesentlicher Faktor. Sessile und hemisessile Organismen müssen unterschiedliche Strategien entwickeln, um ein Überwachsen oder Verdrängen durch andere Arten zu verhindern oder den eigenen Lebenszyklus jenem der Besiedler anzupassen. *Posidonia*-Wiesen liefern ein gutes Beispiel dafür. Auch hier gilt das vorhin Gesagte: Letzten Endes führt die enorme „Belastung" der *Posidonia* durch auf und in ihr siedelnde Pflanzen und Tiere nicht zur Verdrängung des Seegrases, sondern zu einer enormen Steigerung der Biodiversität. Der Einfallsreichtum bei der Entwicklung verschiedener Lebens- und Überlebensstrategien wird gefördert. Seegras und Besiedler müssen in einem koevolutiven Prozess aufeinander reagieren.

Aufwuchsorganismen verändern die Topographie und Struktur des Substrats, das Lichtangebot und die Strömung, schaffen Mikrohabitate und

6.11 *Trachten litoraler Fischarten. Je nach Lebensraum und Lebensweise sind charakteristische Färbungen und „Trachten" zu erkennen. Entsprechend ihrem komplexen Lebensraum sind vor allem demerse (in Bodennähe lebende) oder benthische Fischarten markant gefärbt. a) Apogon imberbis (Apogonidae) bevorzugt Höhlen und von Felsen umrahmte Standorte, so genannte „optische Höhlen". Sciaphile (Schatten liebende) Arten sind häufig rot. b) Scorpaena notata (Scorpaenidae). c) Coris julis (Labridae). d) Thalassoma pavo (Labridae), einer der buntesten Litoralfische des Mittelmeeres. Beide Arten repräsentieren als jeweils einziger mediterraner Vertreter tropische Gattungen. e) Sarpa salpa (Sparidae). Goldstriemen schwimmen in größeren Schulen oft über dichtem Phytal, vor allem Posidonia-Wiesen. f) Diplodus cervinus (Sparidae). Freischwimmende Litoralfische, wie die Brassen, zeigen bereits häufig eine Übergangsfärbung zur Freiwassertracht (silbrig, unten heller, oben dunkel bläulich-grau). g) Spicara maena (Centracanthidae). Dieses Ende August aufgenommene Foto zeigt zur Reproduktionszeit besonders ausgeprägt blau gefärbte Männchen. Schnauzenbrassen sind protogyne* (proterogyne) Zwitter*. h) Uranoscopus scaber (Uranoscopidae). Der typische Sedimentgrundbewohner benutzt einen am Unterkiefer wachsenden fleischigen Lappen als Wurmattrappe, um Beute anzulocken. i) Syngnathus typhle (Syngnathidae). Seenadeln und Seepferdchen weichen von der klassischen Fischform stark ab. Sie sind auf Leben in Seegraswiesen und anderen Phytalbeständen adaptiert. Das abgebildete Exemplar ähnelt einem abgerissenen, bewachsenen Posidonia-Blatt. j) Serranus scriba (Serranidae), ein häufiger kleiner Prädator der Litoralzone. Wie die anderen Arten der Gattung ist auch der Schriftbarsch ein simultaner Zwitter (synchroner Hermaphrodit*).*

a
b
c
d
e
f
g
h
i
j

6.12 Massenentwicklung von Segelquallen (Velella velella) im Westmediterran, Giglio, Toskanische Inseln. Bei anlandigen Winden und Strömungen werden unzählige Tiere an den Strand gespült.

können selbst zur Siedlungsfläche werden. Für potenzielle neue Arten bedeutet all das Möglichkeiten der ökologischen Einnischung. Aufwuchsorganismen verschiedenster systematischer Zugehörigkeit, die in einem bestimmten Lebensraum vorkommen, ähneln einander oft im Habitus und zeigen auch Ähnlichkeiten in den morphologischen, ethologischen und physiologischen Anpassungen, etwa der Ernährungsweise.

Selbst Tiere und Pflanzen im Aufwuchs waren für Forscher früherer Zeiten nicht immer einfach zu unterscheiden, wovon Namen wie „Blumen-Tiere" (Anthozoa) oder „Moos-Tierchen" (Bryozoa) zeugen. Die Schwämme wurden noch vor weniger als 200 Jahren zu den „Thierpflanzen" (Zoophytorum) gerechnet. Auch die Trivialnamen vieler Arten deuten an, dass es bei oberflächlicher Betrachtung schwerfallen kann, die systematische Zugehörigkeit von Aufwuchsorganismen korrekt zu deuten: Die „Trugkoralle" oder „Hundskoralle" *(Myriapora truncata)* etwa ist ein „Moos-Tierchen" und damit ein Organismus von viel höherer Komplexität als Korallen.

Das Pelagial bzw. Pelagos

Der Lebensraum des freien Wasserkörpers, das Pelagial, wird in eine neritische und eine ozeanische Provinz gegliedert. Die neritische Provinz umfasst die küstennahen Gewässer über dem Kontinentalschelf. Im Mittelmeer ist es mit einigen Ausnahmen eine eher schmale Zone (vgl. Abb. 2.17). Die Grenzen der neritischen Zone sind auf der einen Seite durch das Festland, die terrestrischen Lebensräume festgelegt, auf der anderen Seite durch die Hochsee, die ozeanische Provinz. Zwei grundverschiedene Ökosysteme, das Land und die offene See, schließen somit diesen Bereich ein.

Zwei entscheidende ökologische Eigenschaften der neritischen Provinz sind die im Allgemeinen bis zum Meeresboden reichende regelmäßige Durchmischung der Wassermassen – wichtig für die Zufuhr von in Grundnähe angesammelten Nährstoffen für die Photosynthese bei Umwälzungen der Wassermassen – und die relativ geringe Meerestiefe, wodurch nahezu der gesamte Wasserkörper oder zumindest ein großer Teil davon oberhalb der kritischen Tiefe für die Photosynthese liegt. Die Produktivität der neritischen Provinz ist aus diesen Gründen allgemein höher als jene der ozeanischen.

Die ozeanische Provinz erstreckt sich als größter zusammenhängender Lebensraum der Biosphäre über den Kontinentalabhängen *(continental slope)* und Tiefseeböden *(abyssal plain)*. Die hydrographischen und ökologischen Bedingungen des ozeanischen Pelagials sind in der Regel stabiler als in küstennahen Gewässern. Daher können in den Wechselbeziehungen zwischen Organismen höhere Komplexitätsstufen erreicht werden. Die Nahrungsketten können länger und wesentlich stärker vernetzt sein. Das ozeanische Pelagial ist infolgedessen artenreicher als das neritische.

Alle Wassermassen sind in ihrer vertikalen Ausdehnung von Lebewesen besiedelt, die Besiedelungsdichte und die Artenzahl nehmen aber mit größerer Tiefe deutlich ab (Tab. 8.2). Die vertikale Gliederung des Pelagials ist in Abbildung 6.4 und 6.9 dargestellt. Seine Bewohner werden nach ihrer relativen Beweglichkeit in Bezug auf die vorherrschende Strömung in zwei Kategorien eingeteilt: Plankton und Nekton (Abb. 7.37). Plankton wird landläufig mit „klein" in Verbindung gebracht; die Größe allein ist aber nicht das entscheidende Kriterium. Zu den größten Planktonformen zählen die Schirmquallen (Scyphozoa, bis 2 m Durchmesser; die im Mittelmeer vorkommenden Arten sind jedoch wesentlich kleiner). Während Nektonorganismen ihren Standort aktiv verändern können, wozu eine bestimmte Körpergröße erforderlich ist, wird das Plankton im Wesentlichen passiv verdriftet. Dass es auch bei dieser Kategorisierung gewisse Einschränkungen gibt, wurde bereits betont.

Die oberste Wasserschicht bis in etwa 50 cm Tiefe wird gegenüber dem restlichen Plankton oft als Neuston abgegrenzt (Abb. 6.13). Der äußerst dünne „Lebensraum", der – wie das Weltmeer selbst – 70,8 Prozent der Erdoberfläche einnimmt und damit eine enorme Bedeutung hat, lässt sich hauptsächlich küstennah (z. B. in windgeschützten Buchten, Lagunen) von den etwas tiefer liegenden Schichten deutlich unterscheiden. In der ozeanischen Provinz muss die Grenze zu tieferen Wasserschichten nicht so deutlich ausfallen; aus diesem Bereich gibt es wenige aussagekräftige Untersuchungen. Das reichliche Nährstoffangebot, teils aus der Atmosphäre eingebracht, teils marinen Ursprungs, wird von Bakterien (Bacterioneuston), einzelligen Algen (Phytoneuston), Flagellaten, Ciliaten, Kleinkrebschen bzw. Krebslarven (Zooneuston: Copepoden, Amphipoden, Isopoden), Fischlarven (Ichthyoneuston; selbst Eier und Larven ausschließlich benthischer Fische wie der Plattfische, Pleuronectiformes, können sich durch den Auftrieb ihrer Dottersäcke in den obersten Wasserschichten in hoher Dichte ansammeln) und weiteren Kleinstorganismen genutzt. Es können sich eigene Nahrungsketten (z. B. Bakterien → Flagellaten → Ciliaten → Kleinkrebse → Fischlarven) entwickeln, allerdings sind die trophischen Zusammenhänge nur ungenügend bekannt und schwer zu untersuchen. Larvenstadien und Eier verschiedener Organismen bilden zeitweise einen großen Teil der Neuston-Biomasse. Das Neuston ist der individuenreichste „Lebensraum" des gesamten Pelagials (bis zu 1000-mal reicher als tiefere Schichten) . Man unterscheidet vielfach ein Epineusteon (auf dem Oberflächenhäutchen des Wassers) und das Hyponeuston (unter dem Oberflächenhäutchen lebende Organismen). Das Neuston ist stark dem Schadstoffeintrag aus der Atmosphäre ausgesetzt.

Nicht immer lässt sich die Schicht des Neustons in lehrbuchmäßiger Klarheit von den darunter liegenden Wasserschichten trennen. Die bei Untersuchungen verwendeten gängigen Fangmethoden mit feinsten Planktonnetzen, die oft einen Meter Tiefgang haben, ermöglichen keine Aussagen über die oberste Wasserschicht im Zentimeterbereich. Probenahmen von Pico-, Ultra- und Nanoplankton sind umständlich, da so kleine Organismen mit Netzen nicht mehr gewonnen werden können. Gerade das sind aber jene Größenkategorien, die im Neuston einen bedeutenden Anteil der Biomasse stellen.

Eine entscheidende Rolle in den obersten Wasserschichten spielen Bakterien. Sie können Teil des durch den Wind gebildeten Meerwasser-Aerosols werden und so über große Distanzen verfrachtet werden. Genaue quantitative Aussagen über Biomasse und Verteilung des Piconeustons (< 2 µm) sind bisher kaum möglich, da diese Fragen nur ungenügend untersucht sind. Vermutlich kann sich eine deutliche vertikale Zonierung, bei der ein spezielles Neuston vom übrigen Plankton unterschieden werden kann, vor allem bei Windstille und schwachem Wellengang ausbilden. Allerdings deuten manche Untersuchungen doch auf eine überraschende Stabilität des Neustons hin, und das selbst bei stärkeren Winden bis 6 Beaufort. Manche Organismen sowie ihre Eier und Larven treiben hydrostatisch auf der Oberfläche, andere können aufgrund einer positiven Phototaxis gezielt der obersten Wasserschicht entgegenstreben. Wenn die Turbulenzen in den oberen Wasserschichten schwächer werden, kann sich relativ schnell eine Neustonschicht ausbilden. Sowohl beim Phyto- als auch beim Zooneuston verschiedener Größenkategorien wurden in der Individuendichte und der Artenzusammensetzung Unterschiede zum übrigen Plankton festgestellt.

Das räumlich und ökologisch eng angrenzende Pleuston (Abb. 6.13) zieht Nutzen aus dem Reichtum der obersten Wasserschicht. Es ist von den größten Vertretern des Neustons, dem Epineuston (> 2 cm, Makroneuston), schwer zu trennen. Etwas artenreicher ist diese Lebensgemeinschaft vor allem dort, wo – wie im Atlantik – an der Oberfläche treibende pelagische Tange *(Sargassum)* für entsprechende räumliche Struktur sorgen. Im Mittelmeer ist das Pleuston artenarm, dafür treten aber die wenigen Arten oft in großen Massen auf. Segelquallen *(Velella velella)* können über Quadratkilometer ganze Meeresbereiche bedecken. Bei anlandigen Winden werden sie in großen Mengen an die Küsten getrieben (Abb. 6.12). Zum Pleuston zählt das wohl giftigste Meerestier des Mediterrans, die Staatsqualle *Physalia physalis* (Portugiesische Galeere). Pleustonorganismen müssen resistent gegen die starke UV-Einstrahlung sein. Sie sind daher oft typisch blauviolett gefärbt.

Die meisten Vertreter des Nektons (Abb. 6.13) haben einen stromlinienförmigen Körper. Dieser konvergente Entwicklungstrend lässt sich in den unterschiedlichen systematischen Gruppen beobachten. Einige wenige Ausnahmen bestätigen die Regel: Der bis 3 m große Mondfisch *(Mola mola)* etwa fällt durch seine außergewöhnliche Körperform auf. Als langsamer, schlechter Schwimmer ernährt er sich in erster Linie von Quallen.

Die einzige bedeutende Invertebratengruppe des Nektons sind die Cephalopoden (Kopffüßer,

6.13 *(folgende Doppelseite) Gliederung der Lebensgemeinschaften des Pelagials. Neuston und Pleuston, der Bereich an der Grenzschicht Luft – Wasser, sind Spezialfälle des Planktons. Manchmal wird die Gesamtheit aller Organismen an und in der obersten Wasser- bzw. Grenzschicht als Pleuston zusammengefasst, wobei manche Autoren sogar Planktopleuston (an der Oberfläche treibende Organismen wie Physalia), Nektopleuston (Meeressäuger, manche Fische) und Pteropleuston (Seevögel) unterscheiden; zur Sinnhaftigkeit derartiger Nomenklatur-Kreationen siehe S. 294 f. Grundsätzlich wird zwischen Plankton, Nekton und den Bodenbewohnern (Benthos) differenziert, obwohl deren „Reiche" auf mannigfaltige Weise miteinander verflochten sind (vgl. Abb. 7.35).*

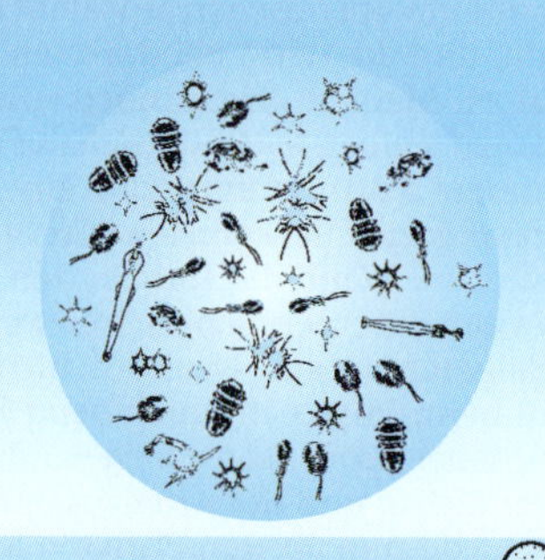

Neuston (gr. *neuston* = Treibendes)
Die obersten 1–50 Zentimeter unter der Wasseroberfläche und das Oberflächenhäutchen des Wassers selbst können eine heterogene, planktische, sehr individuenreiche Lebensgemeinschaft beherbergen, die überwiegend aus Kleinstorganismen (Bakterien und Einzeller; Ultra- bis Mikroplankton) besteht. Die Produktivität soll in diesem Bereich des Pelagials bei weitem die höchste sein. Diese oberste, sauerstoffgesättigte Wasserschicht ist reich an gelöstem (DOM) und partikulärem (POM) organischem, aber auch anorganischem Material. Das Neuston ist in der küstennahen neritischen Provinz des Meeres in der Regel stärker ausgeprägt, weil terrestrisches Material (Staub, Pollen, kleine Insekten) vom Wind angeweht wird. Hier kann sich durch Umwälzungen von Wassermassen auch Material, das von benthischer Produktion stammt, anreichern. Die Oberfläche des Mittelmeeres ist selten ganz ruhig (vgl. Winde, S. 184 ff.). Sicherlich kommt es zu einer Durchmischung der obersten, äußerst dünnen mit den darunter liegenden Wasserschichten (vgl. S. 303). Trotzdem soll selbst bei Winden um 5–6 Beaufort zumindest ein Teil des Neustons „hartnäckig" in den oberen Wasserschichten konzentriert bleiben. In der Praxis ist es schwierig, Proben von Neuston zu entnehmen und zuverlässige Aussagen zu machen.

Pleuston (gr. *pleuston* = Schwimmendes)
Die artenarme Lebensgemeinschaft des Pleustons besteht aus hochspezialisierten Grenzbewohnern zwischen der Atmosphäre und dem Meer. Im Mittelmeer kann manchmal ein Massenauftreten einiger Pleustonorganismen beobachtet werden (etwa *Velella velella*, siehe Abb. 6.12). Das Pleuston ist eigentlich mit dem Makroneuston identisch (> 2 cm; vgl. S. 295). Neuston und Pleuston sind zwei Spezialfälle des Planktons. Während das Neuston hauptsächlich aus Ultra- bis Mikroplankton besteht, sind die Pleustonorganismen oft wesentlich größer; der Größe nach geht es hauptsächlich um Megaloplankton. Im Gegensatz zu vielen anderen Planktonorganismen bleiben die meisten Bewohner der Neuston- und vor allem Pleuston-Ebene größtenteils auf ihre Bereiche beschränkt und unternehmen – soweit sie das überhaupt könnten – keine vertikalen Wanderungen. Verhältnismäßig wenige Arten gehören zum Pleuston; beispielsweise die Veilchenschnecke *Janthina*, die auf ihrem selbstgebauten Schaumfloß treibt, die Entenmuschel *Lepas fascicularis* (Cirripedia, ein festsitzender Krebs), die Segelqualle *Velella velella* (Hydrozoa) und ihre kleinere Verwandte *Porpita porpita*, der Meereswasserläufer *Halobates* und die Nacktkiemenschnecke *Glaucus*. Zu den größten und auffälligsten Arten zählt die giftige Portugiesische Galeere *Physalia physalis* (Siphonophora, Hydrozoa.

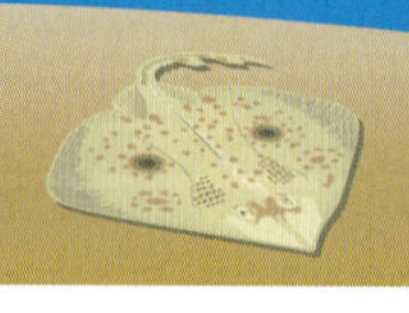

Plankton (gr. *plankton* = Umherschweifendes)
Der 1887 von Hensen geprägte Begriff, der manchmal etwas irreführend mit „Treibgut" wiedergegeben wird, fasst die Gesamtheit aller im freien Wasser schwebenden Organismen (Planktonten) und ihrer Entwicklungsstadien (Eier, Larven) zusammen, die in horizontaler Richtung nicht oder nicht ausreichend zu Ortsveränderungen befähigt sind bzw. nicht gegen die vorherrschende Strömung anschwimmen können. Nur lebende Organismen oder ihre Entwicklungsstadien gehören dazu, nicht jedoch unbelebte Partikel („Pseudoplankton"). Die Gemeinschaft des Planktons ist recht heterogen und wird daher nach zahlreichen Kriterien unterteilt (vgl. S. 294, 295). Was sie verbindet, ist ihre passive Verfrachtung durch Wasserbewegungen in überwiegend horizontaler Richtung; viele Arten des tierischen Zooplanktons unternehmen aber auch aktiv zum Teil ausgedehnte tagesrhythmische Vertikalwanderungen (Tychoplankton).

Nekton (gr. *nekton* = aktiv Schwimmendes)
Im Gegensatz zum Plankton können zum Nekton zählende Organismen ihre Position unabhängig von der vorherrschenden Strömung aktiv verändern. Invertebraten, die das Plankton dominieren, fallen im Nekton weniger ins Gewicht. Zum Nekton zählen im Mittelmeer neben Knorpel- und Knochenfischen vor allem Cephalopoden, einige Krebse, Reptilien (im Mittelmeer nur Seeschildkröten) und Säuger (Wale und Delfine). Eine komplizierte Unterteilung des Nektons nach verschiedenen Gesichtspunkten – analog zum Plankton – ist nicht üblich; das einzig sinnvolle Kriterium ist die Zuordnung nach der zoologisch-systematischen Zugehörigkeit.

Geheimnisvolle Blinkzeichen: das Meeresleuchten

Wolfgang Petz

Besonders in sommerlichen Neumondnächten kann man an der Wasseroberfläche ein Phänomen beobachten, das schon seit dem Altertum bekannt ist und als Meeresleuchten bezeichnet wird. Durch Biolumineszenz werden sternschnuppenartige kleine Blitze und Leuchtspuren erzeugt. Die Verursacher sind winzig kleine einzellige Organismen, meist Dinoflagellaten (Panzergeißler), wobei die für das Meeresleuchten Hauptverantwortlichen der Gattung *Noctiluca* (lat. Nachtleuchte) angehören (Abb. 6.14). Nicht nur Dinoflagellaten können das Meer biogen illuminieren, auch Leuchtbakterien, die aber wahrscheinlich nur in symbiontischen Leuchtorganen anderer Lebewesen funkeln, einige Polychaeten (Borstenwürmer), Crustaceen und andere Organismen. Die nötige Substanz, das Luciferin, und das zugehörige Enzym, die Luciferase, sind bei den Dinoflagellaten voneinander getrennt in separaten intrazellulären Kompartimenten gespeichert. Kommen diese Substanzen in Kontakt, reagieren sie unter Sauerstoff- und ATP-Einwirkung (Adenosintriphosphat) und emittieren bläulich-grünes Licht. Bis zu 95 Prozent der aufgewendeten Energie wird in kaltes Licht umgewandelt, das heißt, es findet keine nennenswerte Wärmeproduktion statt. Damit ist diese biochemische Leuchtmethode wesentlich effektiver als jeder technische Leuchtkörper. Gelegentlich genügt ein Steinwurf, eine leichte Handbewegung im Wasser, anrollende Wellen oder eine ähnliche mechanische Anregung, um die Organismen zum Leuchten zu bringen. Und nicht nur an der Oberfläche, auch bei einem Tauchgang unter Wasser ist das Schauspiel mit etwas Glück zu beobachten. Größer ist die Wahrscheinlichkeit des Meeresleuchtens bei einer Massenentwicklung während einer Planktonblüte (rote Tide), die meist durch Eutrophierung des Oberflächenwassers hervorgerufen wird. Der biologische Sinn des Leuchtens ist bisher nicht bekannt.

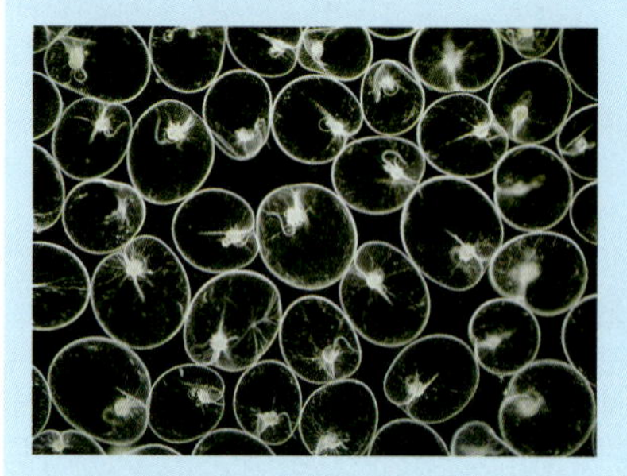

6.14 *Noctiluca scintillans.*

Literatur: Tardent P (1993) Meeresbiologie. Thieme, Stuttgart.

Mollusca), die im Mittelmeer mit etwa 60 Arten vertreten sind. Im Nekton häufig sind vor allem die zehnarmigen Tintenschnecken; die wichtigste Gruppe unter ihnen sind die Kalmare (Teuthoidea). Die achtarmigen Octopoda sind im Nekton des Mittelmeeres hingegen mit nur wenigen Arten wie *Argonauta argo* (Papierboot), *Ocythoë tuberculata* (Schmarotzerkrake) *und Tremoctopus violaceus* (Löcherkrake) vertreten. Dank ihrer effektiven Schwimmweise durch das Rückstoßprinzip – das ruckartige Ausstoßen des Atemwassers aus dem Mantelraum durch den Trichter – sind Cephalopoden ganz hervorragende schnelle Schwimmer.

Unter den Wirbeltieren sind im Mittelmeer die Klassen Chondrichthyes (Knorpelfische) mit über 50 Arten von Haien und mehr als 30 Arten Rochen vertreten, darunter dem größten Fisch des Mittelmeeres, dem Riesenhai (*Cetorhinus maximus*, Abb. 6.15). Die Knochenfische (Osteichthyes) sind mit etwa 600 Arten vertreten, die Reptilien (Reptilia) mit 5 Arten Meeresschildkröten und die Delfine und Wale (Mammalia, Cetacea) mit ungefähr 20 Arten. Die Zahlen sind relativ hoch, doch werden manche dieser Arten im Mittelmeer äußerst selten gesichtet. Außerdem geben diese Zahlen den Gesamtumfang der jeweiligen Klasse im Mittelmeer an, umfassen also auch ausschließ-

6.15 *Der Riesenhai (Cetorhinus maximus) ist der größte Fisch des Mittelmeeres und der zweitgrößte Fisch überhaupt. Er kann 10 m Länge erreichen, vereinzelt bis 15 m. Riesenhaie sind manchmal in großen Schulen, seltener als Einzelgänger zu sehen. Das abgebildete Exemplar wurde am 1. Mai 2001 unmittelbar vor Piran (Istrien, Nordadria) fotografiert. Mehrere Tiere schwammen mit fast geschlossenem Maul durch das trübe, planktonreiche Wasser. Erst als sie auf Anhäufungen von Plankton stießen, rissen sie das Maul weit auf und siebten mit ihrem riesigen Kiemenkorb Plankton aus. Gebiss, Kiemenkorb und Kiemenspalten ermöglichen als funktionelle Einheit die filtrierende Lebensweise; die knorpeligen Kiemenbögen tragen dichtstehende, lange, hornige Fortsätze. Die Filterleistung kann bei 3–5 Stundenkilometern bis zu 1 500 Tonnen Wasser pro Stunde betragen.*

lich benthische und demerse Spezies, die nicht zum Nekton zählen. Die größten Nektonorganismen überhaupt sind die im Mittelmeer äußerst selten beobachteten Blauwale, *Balaneoptera musculus*. Sie können über 30 Meter lang werden und 160 Tonnen wiegen.

Die vom Aussterben bedrohte Mönchsrobbe *Monachus monachus* (Pinnipedia), als einziger Vertreter der Robben im Mittelmeer (vgl. Exkurs S. 166), lebt küstenbezogen heute nur noch an wenigen geschützten Stellen und kann kaum zum Nekton gezählt werden. Manche Vögel, die wie Kormorane ihre Nahrung tauchend aus dem Meer holen, können, wenn man so will, als gelegentliche Besucher Teil des Nektons werden. Das ist allerdings einer der bereits genannten Grenzfälle der bis zu einem gewissen Grad künstlichen Kategorisierung.

Typologie des Substrats im Benthal

Je nachdem, ob eher geologische oder eher ökologische bzw. meereskundliche Aspekte die Denkweise des Bearbeiters prägen, können verschiedene Gliederungsmodelle bzw. Typologien des Benthals Anwendung finden. Eine von Geologen vorgeschlagene und von manchen Meeresbiologen übernommene Typologie unterscheidet Felsböden (anstehender Fels ohne Sedimente), Hartböden (aus beweglichen mineralischen Bestandteilen unterschiedlicher Größe gebildeter Boden: von Geröll und Kies bis zu feinen Sandkörnern; mit Interstitialräumen und -fauna), Weichböden (aus feinsten anorganischen und organischen Partikeln gebildeter Boden; Partikelgröße > 0,001 mm; ohne Interstitialräume und -fauna) und Mischböden (Übergangsbereiche zwischen den drei erwähnten Formen).

Diese Gliederung trägt theoretisch vor allem geologischen Aspekten Rechnung; da jedoch kein Gliederungsversuch sämtlichen Aspekten gerecht werden kann, wird ihr in diesem Werk aus mehreren Gründen nicht gefolgt: Aus ökologischer Sicht problematisch erscheint die Gleichsetzung von Block- und Geröllgründen mit Sandgründen in der Kategorie Hartböden anstelle von Sedimentböden. Jedes Sandkorn kann zwar als kleiner Block aufgefasst werden, und alle diese („Hart-") Böden haben einen ökologisch hochinteressanten Lücken- oder Interstitialraum; dennoch erscheint es sinnvoller, grundsätzlich zwischen Hartböden und Sedimentböden zu unterscheiden. Hartböden können aus anstehendem Fels bestehen oder als Felsblöcke unterschiedlicher Größe und Geröll zum Teil mobil sein (vgl. Abb. 6.16). Natürlich ist auch dieser Ansatz nicht widerspruchsfrei, denn Blöcke, Geröll und Kies sind gleichfalls Sedimente. Vor allem die Mobilität größerer Blöcke ist allerdings nicht mit jener von Sandkörnern vergleichbar (vgl. Abb. 6.81 und Tab. 6.23). Auf wenig bewegten, stabilen Felsblöcken kann eine völlig identische Lebensgemeinschaft siedeln wie auf anstehendem Fels, das trifft jedoch auf Sedimente in Kiesgröße nicht mehr zu.

Sedimentböden bestehen nach der hier präsentierten Gliederung aus Sand unterschiedlicher Körnigkeit, Schlamm, Silt und Ton. Oft sind die einzelnen Komponenten vermischt. Diese Gliederung entspricht insgesamt den zu Kapitelbeginn erwähnten Richtlinien der UNEP, die für die meisten Tiefenstufen Hartböden als anstehenden Fels *(hard beds and rocks)*, Hartböden als Block und Geröll *(stones and pebbles)* und verschiedene Sedimentgründe (Sand und Schlamm) unterscheidet.

6.16 *Beispiele für zwei grundverschiedene Sedimente: a) Mit Bruchstücken von Mollusken- und Seeigelschalen bedeckter Grobsand am Fuß einer Felswand in 8 m Tiefe (so genannter Schill). Feinsedimente können sich hier wegen der starken Hydrodynamik nicht ablagern, dafür gröbere Sedimentpartikel biogenen Ursprungs. b) Blockstrand auf Elba. Je nach Größe der Felsblöcke und abhängig von der Tiefe, in der sie liegen, werden sie in unterschiedlichem Ausmaß bewegt, die einzelnen Fragmente verändern so ihre Position. Von der längerfristigen Stabilität einzelner Blöcke hängt es ab, ob sich auf ihrer Oberseite ein lichtliebender, auf ihrer Unterseite ein schattenliebender tierischer und pflanzlicher Aufwuchs entwickeln kann. An stark wellenexponierten Blockstränden werden die Blöcke durch die oszillierende Wasserbewegung zu rundem Geröll geschliffen.*

Das Litoral

Roland R. Melzer und Kathrin Herzer

Der Strand ist der Ort, wo Land und Meer sich begegnen, wo der Mensch den ersten Kontakt zum Meer aufgenommen hat. Seit frühester Zeit fuhren Fischer, Händler, Eroberer und Entdecker von den Stränden des Mittelmeeres auf die hohe See hinaus. Reichtum, Neuigkeiten und manchmal auch das Unerwartete kamen über das Meer. Auch der neugierige Blick der Naturforscher richtete sich zuerst auf den Strand. Er war ein Ort der Kommunikation und seit dem 19. Jh. ist er zunehmend zu einem Erlebnis- und Erholungsraum geworden. Die Nutzung des Strands für Freizeitinteressen hat ihn daher großräumig und weitgehend verändert.

Einflüsse von Land und Meer sind die wesentlichen Rahmenbedingungen für das Litoral. Der anstehende Untergrund, das Sedimentationsverhalten, die Zeiten der Wasserbedeckung und die mechanischen Wirkungen der Wellen machen es zu einem extremen, dynamischen und vielgestaltigen Lebensraum (Abb. 6.17). Sein Hauptmerkmal ist der durch Gezeitenrhythmik und Wellenamplitude bestimmte Wandel; dieser erfolgt jedoch periodisch, und er ist zumindest in Grenzen vorhersagbar. Die Organismen, die diesen Lebensraum besiedeln, sind dem Hin und Her dieser Umweltfaktoren ausgesetzt; sie bilden eine eigene Dimension ihrer Nischen, an deren Extreme die Bewohner angepasst sein müssen.

Ein vertikal gegliederter Lebensraum

Mit Litoral bezeichnet man in der Regel die Gezeitenzone der Meere. Das Mittelmeer nimmt hier jedoch eine Sonderstellung ein: Sein Tidenhub ist mit durchschnittlich 40 cm vergleichsweise niedrig (Abb. 6.17, S. 261). Nur in der Nordadria und im Golf von Gabès sind Ebbe und Flut deutlicher

6.17 Unten und rechte Seite: Das Litoral. Unten: Exponierte Felsküste auf Ibiza (Balearen). Wichtige Impulse in der Meereskunde sind von anderen Küstenregionen mit zum Teil sehr großem Tidenhub gekommen – etwa der europäischen Atlantikküste. Die so entwickelte Terminologie wurde zum Teil für das Mittelmeer übernommen, obwohl seine ozeanographischen Gegebenheiten damit nicht immer zutreffend umschrieben werden können. So spricht man von einer Gezeitenzone, obwohl eine solche am Mittelmeer durch den geringen Tidenhub lediglich an wenigen Stellen und dann auch nur gering ausgeprägt ist. Eine komplizierte Unterscheidung der einzelnen Gezeitenniveaus zwischen dem HHWS (höchstes Hochwasser der Springtiden) und dem NNWS (niedrigstes Niedrigwasser der Springtiden) mit mehr als zehn möglichen dazwischenliegenden Niveaus, wie sie etwa im Wattenmeer an der Nordsee oder in der Bretagne zu beobachten sind, hat an steileren Mittelmeerküsten meist kaum praktische Bedeutung. Rechte Seite unten: Gradienten verschiedener abiotischer Faktoren im Litoralsystem. Nach Götting et al. 1988.

ausgeprägt (bis maximal 1 m bzw. 1,5 m). Die Strände des Mittelmeeres sind daher eher wellen- als tidendominiert, wie es für Binnenmeere typisch ist. Häufig kann man daher vom Litoral als der Brandungszone sprechen. Außerdem unterscheidet sich das Mittelmeer vom offenen Ozean durch sein klares Wasser, die relativ hohe Salinität (Abb. 5.5) und Durchschnittstemperatur (Abb. 5.11).

Dennoch beobachtet man auch am Mittelmeer eine durch die Veränderungen des Wasserstandes bedingte Zonierung des Litorals: Das Medio- oder Eulitoral ist die Zone „zwischen den Tiden", also im Schwankungsbereich des Ruhewasserspiegels. Darüber liegt das Supralitoral, das gelegentlichem Wellenschlag, Spritz- und Sprühwasser sowie Sturmfluten ausgesetzt ist. Seewärts schließt sich an das Mediolitoral das die meiste Zeit unter dem Wasserspiegel gelegene Infra- oder Sublitoral an, gefolgt vom Circalitoral. Dieses Kapitel behandelt mit dem Supra- und dem Mediolitoral den eigentlichen Strand, während die tiefergelegenen Lebensräume in den jeweiligen Kapiteln über Sedimentböden und Phytalgesellschaften besprochen werden. Die Benennung der einzelnen Zonen des Litorals wird zum Teil sehr unterschiedlich gehandhabt. In Tabelle 6.1 sind die wichtigsten Schemata zusammengestellt. Heute werden meist vom Genua-System nach Pérès und Picard abgeleitete Systeme verwendet, beispielsweise von CIESM und UNEP, internationalen Kommissionen zur Erforschung des Mittelmeeres. Die vorliegende Darstellung folgt der UNEP-Klassifikation, nach der die Biozönosen der einzelnen Zonen nach dem Substrat weiter untergliedert werden (S. 318). Als *fringe*-Bereiche werden nach Stephenson und Lewis Übergangszonen bezeichnet, in denen die Verbreitung der Charakterarten je nach Exposition schwankt.

Abhängig von der Wellenexposition und von der Neigung sowie den geologischen Verhältnissen der Küste variiert das Sedimentationsverhalten am Strand sehr stark. An Hochenergieküsten herrscht Abtragung vor, an Niedrigenergieküsten hingegen Ablagerung. Expositionsabhängig bilden sich an Hochenergieküsten Fels-, Geröll, Kies- oder Sandstrände (Abb. 6.18), an Niedrigenergieküsten – vor allem im Inneren flacher Buchten und im Bereich von Ästuaren – Wattgebiete und Salzmarschen (Abb. 6.27). Eine Zusammenstellung verschiedener Strand-Biozönosen gibt Tabelle 6.1. Über die Ausdehnung der verschiedenen Litoraltypen an den Küsten des Mittelmeeres finden sich unterschiedliche Angaben. Meist geht man von etwa 50 Prozent Fels- bzw. Geröllstränden aus. Der Rest setzt sich aus Deltas und Ästuaren (Po, Ebro, Rhone, Evros, Cukrova, Nil), Lagunengebieten (Valencia, Languedoc, Giens, Sardinien, Toskana, Pylla, Venedig, Zentralgriechenland, Zypern, Nildelta, Tunesien, Algerien, Nador in Marokko) und Sand- bzw. Dünenküsten (Frankreich, Sardinien, Türkei, Ägypten, Osttunesien) zusammen. Niedrigenergiestrände leiten zu den Lebensgemeinschaften der Lagunen und Ästuare über; ihnen ist ein eigener Beitrag gewidmet (S. 326 ff.).

System	Zone	Wassereinwirkung	Salzgehalt	Lichteinwirkung	Temperaturschwankung	Turbulenzen und unperiodische Strömungen	Wasserstandslinien
Litoralsystem	Supralitoral	Spritzwasser	wechselnd durch Verdunstung u. Niederschläge in Abhängigkeit vom Wasserstand	maximal	maximal		mittlerer Hochwasserstand
Litoralsystem	Mediolitoral = Eulitoral	wechselnd durch Gezeiten und Windstau		stark wechselnd, abhängig von Wasserstand und Standort	größer als die des periodisch oder unperiodisch vorhandenen Wassers	stark	mittlerer Niedrigwasserstand
Litoralsystem	Infralitoral = oberes Sublitoral	ständig	± konstant	Abnahme der Intensität und spektrale Veränderung	Amplitude und Frequenz der Schwankungen abnehmend	mäßig	
Litoralsystem	Circalitoral = unteres Sublitoral			durchschnittlicher			
Bathyalsystem				Kompensationshorizont keine	minimal	minimal	

Im Litoralbereich verändern sich die Umweltbedingungen vertikal wesentlich stärker als horizontal. Am deutlichsten wird dies an den Grenzen zwischen Luft und Wasser sowie zwischen Wasser und Boden. Schlüsselfaktoren sind der mit den Wellen, Gezeiten und Seiches (das sind lange, stehende Wellen, die als freie Schwingungen in mehr oder minder abgeschlossenen Becken auftreten) variierende Wasserstand, die Intensität der Wasserbewegung, das Lichtangebot und das Substrat. Die physikalischen und chemischen Eigenschaften des Untergrunds sind ebenfalls entscheidend für die Besiedelung. Zu den physikalischen Faktoren zählen die Beschaffenheit des Substrats (Hartboden oder Sediment), seine Korngröße (Tab. 6.23), die Sedimentationsrate sowie seine Mobilität bzw. Instabilität. Unter den chemischen Eigenschaften sind die pH- und Redoxwerte des interstitiellen Wassers und sein Salzgehalt wichtig vgl. Exkurs S. 388). Zufluss von Süßwasser und Evaporation können ebenfalls von Bedeutung sein.

Viele der genannten Faktoren bilden vertikal Gradienten aus: Mit der Tiefe nehmen die Wellenwirkung, die Wassertemperatur und die Lichtintensität ab, der Druck und die Feuchtigkeit nehmen zu. Damit sinkt mit der Tiefe das Risiko des Trockenfallens. Weitere Gradienten bilden die spektrale Zusammensetzung des Lichts, die durch Wellenschlag erzeugte Vertikal- und Horizontalkomponente der Wasserbewegung und die durchschnittliche Körnung des Untergrunds: Mit der Tiefe nimmt die Korngröße in der Regel ab, der Anteil von Hartsubstrat ist im flachen Wasser höher als in der Tiefe (Abb. 6.10).

Als Folge hiervon findet man im Bereich des Litorals eine Zonierung der Lebewesen in Gürteln oder Zonen parallel zur Wasseroberfläche. An der Grenze zwischen Wasser und Land sind die Gradienten am stärksten, ihre Variabilität am höchsten; daher ist dort auch die Zonierung am deutlichsten. Im oberen Bereich des Litorals müssen die Bewohner an Austrocknung, Wellenkraft, intensive Beleuchtung und extreme Temperaturen angepasst sein oder sie tolerieren können. Hier überschneiden sich primär terrestrische und primär marine Formen. Erstere bedürfen vornehmlich der Salztoleranz, letztere der Austrocknungsresistenz.

Die vertikale Ausdehnung der Zonen hängt stark von der Exposition ab, das heißt dem Wirkungsgefüge aus Wind und Wellen sowie der Lage einer Küste. Je exponierter eine Küste, desto höher liegen die Verbreitungsobergrenzen der charakteristischen Arten, desto breiter sind die Zonen. Daher geht man mehr und mehr dazu über, die Zonen außer durch Wasserstände auch durch die Verbreitungsgrenzen der Leitarten zu definieren.

Tabelle 6.1 *Vertikalgliederung des Benthals der euphotischen Zone nach verschiedenen Authoren (oben) und Übersicht der Lebensräume im Supra- und Mediolitoral (unten). Ergänzt nach Ott, 1996.*

biologische Grenzen		klassisches System (1949)	Stephenson-System	Lewis-System (1958)	Genua-System (Pérès)
← Obergrenze *Littorina* ↓ Obergrenze Cirripedia	MHW ↓	* Supralitoral	Supralittoral Supralittoral fringe	maritime zone littoral fringe	Supralittoral
↑ *Nemalion helminthoides* ↓ Obergrenze *Laminaria*		* Eulitoral	Midlittoral	Eulittoral	Mediolittoral
↑ *Cystoseira spicata* ↓ Untergrenze Algen	MNW ↑	* Sublitoral	Infralittoral fringe ← NWS Infralittoral	Sublittoral	Infralittoral Circalittoral

	primärer Hartboden Fels	Hochenergiestrand Geröll, Kies, Sand	Niedrigenergiestrand zunehmend feineres Sediment	
			gröberes Sediment	feineres Sediment
Supralitoral	weiße Zone (Sprühwasser) graue Zone (Spritzwasser)	(Dünen) Hochstrand	Sandmarsch supralitorale Salzmarsch	Süß- bzw. Brackwassermarsch
Mediolitoral	oberes Mediolitoral: schwarze Zone (Wellen) unteres Mediolitoral	Gezeitenstrand	Sandflat (Watt)	mediolitorale Salzmarsch

*Neben den Gezeitenniveaus sind die Vorkommensgrenzen verschiedener Leitarten bzw. -gruppen angegeben. Abkürzungen: MHW: mittleres Hochwasser; MNW: Mittleres Niedrigwasser; NWS: Niedrigster Wasserstand. * Die deutsche Schreibweise von „Litoral“ ist mit einem „t“.*

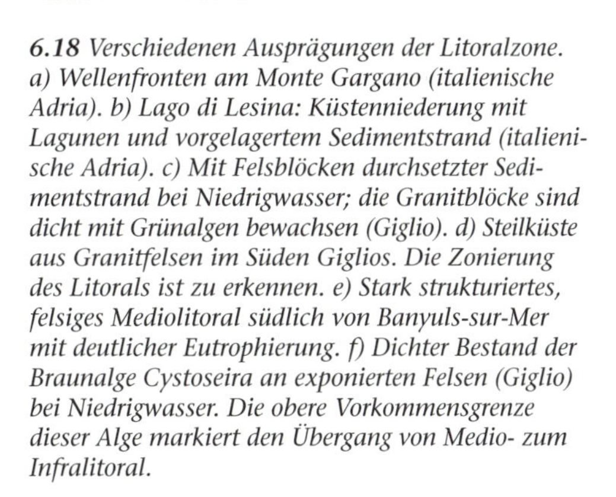

6.18 Verschiedenen Ausprägungen der Litoralzone. a) Wellenfronten am Monte Gargano (italienische Adria). b) Lago di Lesina: Küstenniederung mit Lagunen und vorgelagertem Sedimentstrand (italienische Adria). c) Mit Felsblöcken durchsetzter Sedimentstrand bei Niedrigwasser; die Granitblöcke sind dicht mit Grünalgen bewachsen (Giglio). d) Steilküste aus Granitfelsen im Süden Giglios. Die Zonierung des Litorals ist zu erkennen. e) Stark strukturiertes, felsiges Mediolitoral südlich von Banyuls-sur-Mer mit deutlicher Eutrophierung. f) Dichter Bestand der Braunalge Cystoseira an exponierten Felsen (Giglio) bei Niedrigwasser. Die obere Vorkommensgrenze dieser Alge markiert den Übergang von Medio- zum Infralitoral.

Die Lebensgemeinschaften des Litorals gehören dem Benthos an, also der Lebensgemeinschaft sessiler und vagiler Organismen, die den Boden besiedeln. Außer durch die hydrographischen Faktoren ist das Benthal stark durch die physikalische Beschaffenheit des Untergrunds geprägt. Für die vielen sessilen oder nur eingeschränkt beweglichen Benthosorganismen ist die Stabilität des Bodens essenziell; daher unterscheiden sich Litoral-Biozönosen „stabiler“ Hartböden deutlich von denen „mobiler“ Sedimentböden. Man unterscheidet zwischen epi-, endo- und mesobenthischen Formen, die auf und im Substrat bzw. in seinem Lückensystem (S. 401 ff.) leben. Nach der Beschaffenheit des Substrats werden hier auch die Suffixe -lithion (Hartboden), -psammon (Sand) und -pelos (Schlamm) verwendet; nach der Aufenthaltsdauer der Entwicklungsstadien unterscheidet man zwischen holo- und merobenthischen Formen. Letztere haben meist planktische Larvenstadien. Eine weitere Lebensform stellen Organismen, die in Hypobiose unter Steinen oder unter anderen Organismen leben.

Die heterotrophen Benthosorganismen ernähren sich aus dem Benthos selbst, aus dem Boden oder aus der darüberliegenden Wassersäule. Das Litoral gehört zur photischen Zone, entsprechend gibt es photoautotrophe Benthosorganismen. Ihre Primärproduktion ist beträchtlich, aber nach verschiedenen Quellen nicht ausreichend; das Litoral

6.19 und 6.20 *Oben: Felsiges Supralitoral und oberes Mediolitoral. a) Kalkiges Felslitoral bei Rovinj mit dem Übergang zu terrsetrischen Pflanzengesellschaften mit deutlicher weißer, grauer und schwarzer Zone. b) Spritzwassertümpel etwa fünf Meter oberhalb der Wasserlinie mit Salzausfällungen am Rand und einer schwarzen Zone in Kleinausgabe. c) Dicht mit fädigen Grünalgen bewachsener Spritzwassertümpel etwa 3 Meter über der Wasserlinie. d) Die kleinen Schnecken Melaraphe sp. (früher Littorina) gehören zu den charakteristischsten Formen des Supralitorals. Sie nutzen bevorzugt Vertiefungen und können längere Zeit ohne Wasserbedeckung auskommen. e) Ständig von Wasser bedeckter Gezeitentümpel bei Banyuls-sur-Mer mit Arten des Medio- und Infralitorals (mit Seepocken, der kalkrotalge Corallina, der Pferdeaktinie Actinia schmidti, verschiedenen Grünalgen und der Wachsrose Anemonia sulcata. Rechte Seite: a) Seepockengürtel an einer exponierten Felsküste im Süden Giglios. b) Chthamalus stellatus (Cirripedia). c) und d) Lipophrys pholis (Blenniidae) ist einer der wenigen amphibischen Fische des Mittelmeeres – er kann in der Nacht seinen bevorzugten Lebensraum, algenbewachsene Gezeitentümpel, verlassen. Diese atlantische Art kommt nur im äußersten Westen des Mediterrans bei Gibraltar vor. e) Napfschnecken (Patella caerulea) sind weitere typische Bewohner des felsigen Supralitorals.*

ist somit von exogenem organischem Material abhängig. Quelle hierfür ist in erster Linie das Plankton. Nach dem Lichtangebot unterscheidet man weiter zwischen photophilen – lichtexponierten – und sciaphilen, schattenliebenden, also unter Überhängen, kleinen Höhlen und im Substrat siedelnden Arten und Biozönosen. Unter Schwachlichtbedingungen können bereits im oberen Litoralbereich Tiefenformen vorkommen. Ein eigenes Litoralplankton existiert analog zu limnischen Fließgewässern nicht.

Neben den abiotischen sind auch die biotischen Faktoren und ihre zahlreichen Wechselwirkungen entscheidend für die Besiedelung des Litorals. Die Litoralbewohner können lockeres Sediment verdichten, Hartsubstrate durch Bioerosion zerkleinern und sekundäre Hartsubstrate wie das Trottoir schaffen. Außerdem beeinflussen sie die Lichtverhältnisse in ihrer Umgebung. Aus der Zweidimensionalität des Lebensraumes ergibt sich eine starke Raumkonkurrenz unter Bevorzugung sessiler, kolonialer Formen, die durch asexuelle Fortpflanzung freies Substrat schnell besiedeln oder ihre Nachbarn überwachsen können. Epibiose ist ebenfalls häufig. Neben der Konkurrenz um das Substrat ist die Zugänglichkeit der Nahrung ein wichtiger Faktor: Filtrierer benötigen ein gewisses Wasservolumen pro Zeiteinheit, Weidegänger eine minimale Nahrungsfläche. Daneben gibt es eine Reihe zyklischer Veränderungen, die immer wieder beobachtet werden. Sie können einerseits auf Räuber-Beute-Beziehungen, andererseits auf jahreszeitliche Veränderungen und Wanderungen zurückgeführt werden.

Die Zonierung des Litorals, die bei vertikaler Betrachtung meist klar ist, stellt sich wesentlich komplizierter dar, wenn die Gürtel in ihrer horizontalen Erstreckung analysiert werden. Abhängig

von Struktur und Textur des Substrats, von Exposition und Inklination, von Wellenschlag und Strömungsverhältnissen, vom Lichtangebot und von biogenen Einflüssen und Wechselwirkungen entstehen kleinräumliche Untergliederungen. Die einzelnen vertikalen Zonen des Litorals setzen sich daher aus einer Vielzahl unterschiedlicher Mikrohabitate zusammen. Auffällige Subtypen werden als Assoziationen oder Fazies (Begriff siehe S. 288 und Abb. 6.3) und damit als eigene Biozönosen charakterisiert. Die hier verwendete Klassifikation folgt dem System der UNEP; die Angaben über die in den jeweiligen Zonen vorkommenden Arten folgt im Wesentlichen Ros et al. (1984), ergänzt um weitere klassische Studien (siehe Literaturverzeichnis).

Seit den Studien von Pérès und Picard unterscheidet man, ähnlich wie in der Geobotanik (vgl. Kapitel „Landschaften und Vegetation der Küstenregion"), charakteristische bzw. exklusive Arten, die auf eine einzelne Lebensgemeinschaft beschränkt sind, von Arten, die hier nur einen Verbreitungsschwerpunkt haben, und zufälligen Begleitarten. Darüber hinaus bewirkt die Dynamik der Faktoren, dass immer wieder freie Stellen entstehen und neu kolonisiert werden können. Hieraus ergibt sich eine weitere Dimension der Variabilität litoraler Lebensgemeinschaften: die Sukzession, wie sie durch Caging- und Besiedelungsexperimente vielfach belegt ist (z. B. Benedetti, 2000).

Das Supralitoral liegt über dem mittleren höchsten Wasserstand und ist durch die eher seltene und unregelmäßige Benetzung durch Wellen sowie Spritz- oder Sprühwasser charakterisiert. Es wird fast nur bei schweren Stürmen oder Seiches überschwemmt, sein höchstgelegener Abschnitt oft nur einmal pro Jahr; die Bewohner des Supralitorals sind daher fast immer luftexponiert. Mit der Exposition wird das Supralitoral ausgeprägter; vertikal kann es sich bis zu 3 oder 4 m, maximal 10 m erstrecken. Es wird aber auch von extrem geschützten Stellen berichtet, an denen das Supralitoral nur einige Dezimeter umfasst. Verdunstung kann in dieser Zone den Salzgehalt so erhöhen, dass Meersalz auskristallisiert (Abb. 6.19b). Andererseits kann Regen oder Grundwasser zum Aussüßen führen. Das Supralitoral ist sehr artenarm, nur wenige Strategien sind hier erfolgreich. Die obere Grenze des Supralitorals ist die „adlitorale Zone". Hier dominieren terrestrische, aber halophile Tiere, höhere Pflanzen und Litoralflechten.

Das Mediolitoral, die Zone zwischen Ebbe und Flut, genauer: mittlerem Hoch- und mittlerem Niedrigwasser, wird von immersionstoleranten Arten bewohnt. Sie vertragen aber weder längeres Trockenfallen noch längere Überschwemmung. Meist wird das Mediolitoral in zwei Zonen unterteilt: Das obere Mediolitoral wird fast nur durch Wellen befeuchtet und selten überschwemmt, während das untere Mediolitoral häufiger, aber nicht andauernder Immersion ausgesetzt ist (lat. *immersion* = „Eintauchen"). Die Grenzen des Mediolitorals sind auf Weichboden meist nicht scharf, da hier die Korngröße und die Wasserrückhaltekapazität, also die Feuchtigkeit bzw. die Benetzung von unten einen nivellierenden Einfluss ausüben.

Die Lebensgemeinschaften des Supra- und Mediolitorals der Hartböden

Das Hauptmerkmal primärer Hartböden an Felsküsten ist ihre Stabilität. All ihre Bewohner sind zumindest zeitweilig der Luft und der Austrocknung ausgesetzt. An der Obergrenze des Supralitorals findet sich meist eine dünne Humusschicht auf dem anstehenden Gestein. Je nach Hangneigung und Untergrund lassen sich verschiedene Ausprägungen unterscheiden. Die Extremformen sind einerseits das senkrecht aufsteigende Kliff und andererseits die flach geneigte Felsküste oder das Felswatt (Abb. 6.18). Bei ersterer ist die mechanische Belastung durch Wellen gering, bei letzteren sehr hoch. Spalten, Kuppen und kleine Höhlungen bewirken eine vielfältige Untergliederung des Lebensraums. Am Mittelmeer finden sich sowohl Granit- als auch Kreide-, Sandstein und Kalkküsten (Abb. 6.18, 6.19). Neben Verdunstung und Aussüßung sind die hohen Temperaturunterschiede ein wichtiger Faktor, auch der O_2-Gehalt und der pH-Wert schwanken. Außer der hohen mechanischen Belastung durch den Wellenschlag werden durch Scherkräfte auch Steine bewegt.

- Das Supralitoral: Besonders an Kalkküsten, deren Oberflächenstruktur wesentlich durch die Bioerosion bohrender Organismen und Weidegänger bedingt wird, zeigt das Supralitoral eine deutliche Untergliederung. Sein oberster Abschnitt, die Halophytenzone, wird oft als „weiße" Zone bezeichnet. Sie wird meist nur von Sprühwasser erreicht. In Ritzen mit etwas Humus gedeihen Salzpflanzen als Strandklippenvegetation. Hierzu gehören z. B. Meerfenchel *(Crithmum maritimum)*, Krähenfuß-Wegerich *(Plantago coronopus)* und – im Westmediterran – *Plantago subulata*. Neben Widerstoß (*Limonium* spp.), *Statice* spp. und *Atriplex* spp. zählen wir auch Greiskraut *(Senecio leucanthemifolius)* und Salz-Atlant *(Inula crithmoides)* hierher, weiters viele lokal verbreitete Arten, etwa Felsenlieb *(Bellium crassifolium)*, Reiherschnabel *(Erodium corsicum)* und Zwergsternblume *(Nananthea perpusilla)* aus der Tyrrhenis. Außerdem wachsen im Supralitoral xerophile Flechten wie *Xanthorina parietina, X. aureola, Lecanora helicopis, Rocella phycopis* und *Ramalina* spp. Auffällig ist auch die Arthropodenfauna: Man findet z. B. Pinselfüßer (*Polyxenus* sp.), Felsenspringer *(Halomachilis maritimus)*, Wurmlöwen, und zwar *Vermileo vermileo* im Westen und *V. ater* im Osten (Diptera) sowie jagende Sandlaufkäfer (*Cicindela* spp., Abb. 6.25 c). Die Tümpel der weißen Zone sind stark von Regen beeinflusst. Sie beherbergen unter anderem Ostracoden und Dipterenlarven (*Aedes mariae*, Culicidae, und eine Reihe von Chironomidae).

Als „graue Zone" schließt sich seewärts die Zone der Blau- und Grünalgen an. Sie erhält regelmäßig Spritzwasser. Epilithische Cyanobakterien ätzen ein Netz feiner Rinnen in den Kalkstein; darunter findet man bis in etwa einen Millimeter Tiefe endolithische Blaualgen. Als Hauptgattungen werden *Calothrix, Entophysalis, Plectonema, Hyella* und *Mastigocoleus* genannt. Als einziger autochthoner, mariner Pflanzenfresser kommt bereits die Littorinide *Melaraphe neritoides*, im Westen auch *M. punctata* (Abb. 6.19 d und 6.21 b) vor. Bei Befeuchtung werden diese Schnecken als Weidegänger aktiv. In den Tümpeln der grauen Zone schwanken Temperatur und Salinität sehr stark, von hyper- bis hyposalin; sie beherbergen Larven, Puppen und Imagines von *Ochthebius quadricollis* (Hydraenidae) sowie *Tigriopus brevicornis* und *Thisbe* spp. (Harpacticidae, Copepoda), Polyplacophora und die bereits genannten Dipterenlarven. Unter den Flagellaten werden *Brachiomonas, Chlamydomonas, Tetraselmis* und *Pyramimonas* genannt, unter den Cyanophyceen *Oscillatoria, Mikrocoleus* und *Schizothrix;* außerdem sind Grünalgen der Gattungen *Enteromorpha, Rhizoclonium* und *Cladophora* häufig, die eine dicke Algensuppe bilden können (Abb. 6.19 c).

Manchmal wird die unterste Zone des Supralitorals von der grauen Zone getrennt als eigener Bereich betrachtet. Sie wird häufiger von Wellen befeuchtet und ist sehr dicht von Cyanophyceen besiedelt. Als Folge intensiver Bohrtätigkeit ist ihr Relief sehr rau. In den Rinnen wachsen die marinen Flechten *Verrucaria symbalana, V. adriatica, V. amphibia* sowie *Lichina confinis*. Die Dichte von *Melaraphe* ist hoch, außerdem kann *Chthamalus depressus* (Cirripedia) einen dichten Belag bilden. Dass dieser Filtrierer in einem unregelmäßig vom Wasser bespülten Gebiet vorkommt, ist ein erstaunlicher Befund. Er ernährt sich von organischen Partikeln in der Oberflächenschicht. Daneben erscheint hier die Küstenassel *Ligia italica* (Isopoda) als einziger Detritusfresser (Abb. 6.21 a). Aus dem Mediolitoral wandern auch Patellen *(Patella rustica*, Abb. 6.21 d, e) und – als Vagabund des Litorals – die Krabbe *Pachygrapsus marmoratus* (Abb. 6.21 f) zum Fressen hinauf.

Ein wichtiger Sonderstandort des unteren Supralitorals sind kleine Höhlungen und Spalten. Sie sind feuchter und weniger besonnt als der freie Fels. Neben den typischen Bewohnern des Supralitorals leben hier Vertreter primär terrestrischer Tiergruppen: Milben *(Hydrogramasus, Halotydeus, Bdella)*, Pseudoskorpione *(Garypus, Neobisium maritimum)* und Chilopoden *(Henia bicarinata)*. Dazu kommen aus dem Mediolitoral die Krustenrotalgen *Hildenbrandia rubra* und *Phymatolithon lenormandii* sowie *Catenella confinis*.

- Das Mediolitoral: Das obere Mediolitoral, auch als „schwarze Zone" bezeichnet, ist bereits sehr vielgestaltig. Der Übergang zum unteren Supralitoral ist oft unscharf. Bei starker Exposition bilden *Chthamalus stellatus* und *C. montagui* einen dichten Cirripedier-Gürtel (engl. *ochraeus hue*, Abb. 6.20 a, b); sie ersetzen hier die supralitorale

6.21 Unteres Supra- und Mediolitoral. a) Ligia italica, eine amphibisch lebende Assel (Isopoda). Sie ernährt sich von Detritus, der sich in Spalten sammelt. b) Leere Seepockengehäuse werden von kleinen Schnecken (Melaraphe neritoides) als Ruheplatz genutzt. Solche Verstecke bieten Schutz vor Austrocknung und Überhitzung. c) Kalkausfällung durch aus Spalten aussickerndes und mit Kalk angereichertes Süßwasser, Elba. d) Napfschnecken (oben links: Patella rustica, rechts davon: P. feruginea) und Turbanschnecken (Monodonta turbinata) auf Felsen des unteren Supralitorals. e) und f) Spalten und andere Vertiefungen bieten im extremen Lebensraum der häufig trockenliegenden Brandungszone günstige Verstecke für Napfschnecken (P. rustica), Krabben (Pachygrapsus marmoratus) und Pferdeaktinien (Actinia schmidti). g) Häufige Schnecken der Zone: Pisania striata. h) Der kleine Seestern Coscinasterias tenuispina in einem Gezeitentümpel. Diese Art ist relativ häufig an Miesmuschelbänken und im felsigen Litoral zu finden. i) Enge Felsspalte mit Pferdeaktinien und Turbanschnecken. j) und k) Pferdeaktinien siedeln oft an der mittleren Hochwasserlinie. Die zwei Fotos sind in unterschiedlichen Phasen der Wellenbewegung aufgenommen.

Chthamalus depressus. Bei geringerer Neigung dominieren Cyanophyceen wie die epilithischen *Entophysalis granulosa, Brachytrichia quojii, Gloeocapsa crepidinum, Lyngbya confervoides, Calothrix* und *Rivularia* spp.; als endolithische Formen wurden *Plectonema terebrans, Mastigocoleus testarum* und *Hyella* spp. gefunden. Dazu kommen die Flechte *Arthropyrenia haoldytes* und – ausschließlich auf Granit – die Braunalge *Mesospora macrocarpa.* Typische Wirbellose sind *Patella rustica, P. ferruginea, Monodonta turbinata* und Polyplacophoren, die hier bei Ebbe ihre festen Sitzplätze haben (Abb. 6.20d, e, i). Patellen ätzen sich „maßgeschneiderte" Ruheplätze in den Untergrund, die sie nach Weidegängen dank ihrer Schleimspur wiederfinden. Daneben findet man *Melaraphe* spp., *Ligia* und *Pachygrapsus.* In Spalten dieser Zone haften kleine Miesmuscheln *Brachydontes (Mytilaster) minimus*, zum Teil auch schon *Mytilus galloprovincialis* (Abb. 6.22 c) in dichten Bänken. Da und dort finden sich vor allem in der Nordadria an geschützten Stellen kleine Bestände von Mittelmeerfucus *(Fucus virsoides,* Abb. 6.22a*)*; er hat eine hohe Entquellungs- und Austrocknungsresistenz und kann daher hier gedeihen, am besten an Stellen mit Süßwassereinfluss. Als Begleitarten treten in den *Fucus*-Beständen die Rotalgen *Hildenbrandia* und *Catenella* sowie Gastropoden *(Monodonta, Rissoa)* auf. Im Ostmediterran findet sich als am höchsten wachsende Makroalge *Porphyra linearis.* Ihre Anpassungen an das Austrocknen sind bei Lipkin et al. (1993) dargestellt.

Die UNEP-Klassifikation unterscheidet entsprechend eine etwas höher gelegene, auf den Winter beschränkte Kalkrotalgen-Gesellschaft mit *Porphyra leucosticta* und *P. umbilicaris* und eine etwas tiefer gelegene mit *Nemalion helminthoides* und *Rissoella verruculosa.* Letztere wird da und dort von *Ralfsia verrucosa* ersetzt. Insbesondere *Nemalion* kann während des Frühjahrs und Sommers an der Obergrenze des Mediolitorals regelrechte Bänder ausbilden. Für instabiles Substrat im Felslitoral ist *Bangia atropurpurea* kennzeichnend. Bei viel organischem Material, z. B. Vogelmist, findet man *Ulothrix* spp. und *Rivularia mesenterica.* Dazu gehört auch eine nährstoffreiche Fazies mit *Blindingia minima.* An besonders ruhigen Stellen direkt auf Meeresniveau findet man *Ralfsia verrucosa, Nemoderma tingitanum, Scytosiphon lomentaria* und *Enteromorpha compressa.* Etwa ab der Grenze zwischen oberem und unterem Mediolitoral siedeln Seeanemonen wie *Actinia equina (= A. schmidti)* und *Cereus pedunculatus;* Felsengarnelen und Blenniidae unternehmen bereits hier ihre Streifzüge. Erwähnung verdient außerdem angeschwemmtes Totholz; es wird meist von Schiffsbohrmuscheln *(Teredo, Nototeredo, Bankia)* befallen.

Das untere Mediolitoral lässt sich sehr schön als Zone der Kalkrotalgen charakterisieren, die dem beträchtlichen und andauernden Wellenschlag widerstehen können (Abb. 6.22 b, d). Oft werden hier *Lithophyllum tortuosum, L. papillosum, Neogoniolithon notarsii, Nemalion helminthoides* und *Corallina mediterranea* gefunden. Ähnlich wie im Kalkgestein des Supralitorals kommen auch in Kalkrotalgen endolithische Cyanophyceen vor. Die *Fucus virsoides*-Gesellschaft erstreckt sich ebenfalls bis hierher. Unter den Mollusken sind in dieser Zone *Lepidochitona corrugata, Middendorfia capreanum, Patella aspera* und *P. caerulea* (Abb. 6.20e) häufig. Etwas tiefer kommen zahlreiche Arten dazu. So findet man etwa Grünalgen *(Bryopsis muscosa, Chaetomorpha capillaris)* und Rotalgen *(Ceramium rubrum, Gastroclonium clavatum, Polysiphonia sertularioides, Laurencia pinnatifida, L. papillosa* und *Callithamnion granulatum).* An Tieren sind auffällig *Miniacina miniacea* (Foraminifera), *Halichondria*- und *Hymeniacidon*-Schwämme, *Actinia cari, Sertularella ellisi, Cornularia cornucopiae, Cervera atlantica* (Hydrozoa), *Acanthochiton fascicularis, Mytilaster minimus, Modiolus barbatus, Lithophaga lithophaga, Rocellaria dubia, Cardita calyculata, Venerupis irus, Stiarca lactea* (Mollusca), Bryozoa, Polychaetea, Nematoda, Sipunculida *(Physcosoma granulatum),* Crustacea *(Allorchestes, Amphithoe, Hyale, Ischyromene, Dinamene, Balanus balanoides)* und Tunicata.

Es gibt in diesem Bereich einige spezielle Standorte, die in der UNEP-Liste angeführt sind. Als wichtigster gehört das Trottoir aus *Lithophyllum tortuosum* dazu, ein sekundäres (biogenes) Hartsubstrat (vgl. S. 366 ff.). Es entwickelt sich besonders an exponierten Küsten und wird bis zu zwei Meter breit und einen Meter dick, zum Teil auf vertikalem Fels wachsend. Die reich strukturierte Kruste mit ihren Ritzen, Spalten und Löchern ist Lebensraum einer großen Zahl von Algen und Kleintieren. Darunter ist der Fels durch die Bohrtätigkeit von Bohrmuscheln und Polychaeten meist stark erodiert. Trottoirs sind vor allem im nördlichen Westmediterran sehr verbreitet und treten bevorzugt an steilen, exponierten Küsten auf, an denen sie die gesamte Felsoberfläche des unteren Mediolitorals bedecken können. Die Oberfläche des Trottoirs besteht in einer nur einen Zentimeter dicken Schicht aus dem lebenden Kalkbildner *Lithophyllum*, darunter liegt eine Zwischenschicht aus nicht komprimiertem Algenskelett und ganz innen reiner Kalk. Die Unterseite ist von einem Hohlraumsystem durchzogen, das von einer sehr speziellen Fauna bewohnt wird. Unter dieser „Konsole" findet man Schattengesellschaften aus dem Infra- bzw. Circalitoral. Das Trottoir und das Lückensystem der Kalkrotalgenschicht überhaupt ist sehr artenreich; als charakteristische mediolitorale Arten werden *Nemertopsis peronae* (Nemertini), die Mollusken *Gadinia garnoti, Onchidella celtica, Fossarus ambiguus* und *Lasaea adansoni* genannt, daneben *Campecopea hirsuta* (Isopoda). Beeindruckend ist auch die Viel-

6.22 Mediolitoral und oberes Infralitoral. a) Die Fucus virsoides-Gesellschaft (nach der UNEP-Gliederung; Abb. 6.23), hier bei Rovinj in der Nordadria bei hohem Wasserstand, ist nur an Küsten mit einem höheren Tidenhub zu finden. Diese Fazies entspricht den atlantischen Tangwäldern unter den Bedingungen eines gezeitenarmen Meeres. b) Durch die Kalkrotalge Corallina mediterranea gebildeter Gürtel in der Nordadria. c) Mytilus galloprovincialis-Bank in der Salinebucht bei Rovinj. d) Oberes Infralitoral mit Kalkrotalgen in 30 cm Tiefe mit rasenförmiger Aiptasia mutabilis und Parablennius incognitus (Blenniidae).

zahl luftatmender, aber dennoch mariner Arthropoden; Spinnen *(Desidiopsis racovitzai)*, Milben, Pseudoskorpione, Myriapoden *(Hydroschendyla submarina)* und Diplopoden kommen ebenso vor wie Springschwänze (Collembolen, *Anurida maritima)* und Chironomiden (*Pontomya* spp., *Clunio marinus, C. adriaticus*; aktuelle Angaben zur Biologie der mediterranen Zuckmücken finden sich bei Neumann et al., 1997).

Die unter der Kalkrotalgenschicht liegende Hohlkehle, in der die Bioerosion durch Vertreter wie den Bohrschwamm *Cliona* sowie *Lithophaga*, *Gastrochaena*, *Rocellaria* und *Polydora* sehr ausgeprägt ist, gehört bereits zum Circalitoral. Das Trottoir der Adria unterscheidet sich von der westmediterranen Form ökologisch und auch in der Artenzusammensetzung. Als Hauptkalkbildner wurden hier *Lithothamnion*-Arten und *Corallina mediterranea* (Abb. 6.22 b) genannt.

Die Lebensbedingungen im felsigen Supra- und Mediolitoral

Marinen Organismen macht vor allem das Trockenfallen zu schaffen. Zu langes Trockenfallen führt zu Respirationsproblemen, hohe Temperaturen können schließlich die Enzymsysteme schädigen. Während der Trockenheit werden Aktivitäten wie etwa Fressen eher eingeschränkt. Weidegänger wie die Napfschnecken *(Patella)* bevorzugen die Nacht oder die Zeit der Wasserbedeckung, um auf Nahrungssuche zu gehen. Als Verdunstungsschutz haben Schnecken und Seepocken eine besonders dicke Schale entwickelt. Aber auch zu niedrige Temperaturen, vor allem wenn es zur Eisbildung kommt, rufen ernste Probleme hervor.

Während eines Sonnentages können die Temperaturen an der Oberfläche der Felsen mehr als 40 °C erreichen. Die Bewohner von Gezeitentümpeln (Abb. 6.19 b, c) sind vorerst vor Austrocknung geschützt, doch ist das Schwanken der physikalischen Bedingungen vor allem im Tag-Nacht-Rhythmus bzw. in noch kürzerer Zeit sehr drastisch. Aus diesem Grund kann hier nur eine spezielle Fauna und Flora bestehen, die in Extremsituationen – Sturm, Überhitzung, Einfall von Fressfeinden – stark fluktuieren kann. Jeder dieser Tümpel hat unterschiedliche Bedingungen und beherbergt somit eine andere Zusammensetzung an Bewohnern. Die geomorphologischen Kriterien, die die physikalischen Faktoren und in weiterer Folge die Zusammensetzung bedingen, sind unter anderem: Höhe an der Küste, Größe, Tiefe, Schutzmöglichkeiten, Beschattung bzw. Lichtexposition. Die physikalischen Bedingungen der Tümpel innerhalb der verschiedenen Zonen variieren regelmäßig im Jahreszyklus, aber auch innerhalb der 24 Stunden eines Tages. Je höher

I. Supralitoral

I. 1	Schlamm
I. 1.1	Biozönose von Stränden mit langsam trocknenden Spülsäumen unter Quellermatten
I. 2	Sand
I. 2.1.	Biozönose supralitoraler Sande
I. 2.1.1	Fazies vegetationsfreier Sande, mit unregelmäßig verteiltem Debris
I. 2.1.2	Fazies von Senken mit Restfeuchtigkeit
I. 2.1.3	Fazies schnelltrocknender Spülsäume
I. 2.1.4	Fazies angespülter Baumstämme
I. 2.1.5	Fazies angespülter Phanerogamen (Spülsaum, oberer Teil)
I. 3	Steine und Kies
I. 3.1	Biozönose langsam trocknender Spülsäume
I. 4	Hartboden und Felsblöcke
I. 4.1	Biozönose der supralitoralen Felsen
I. 4.1.1	*Entophysalis deusta–Verrucaria amphibia*-Assoziation
I. 4.1.2	Tümpel mit variabler Salinität (Enklave des Mediolitorals)

II. Mediolitoral

II. 1	Schlamm, sandiger Schlamm und Sand
II. 1.1	Biozönose auf schlammigem Sand und Schlamm
II. 1.1.1	Halophyten-Assoziation
II. 1.1.2	Fazies der Salinen
II. 2	Sand
II. 2.1	Biozönose mediolitoraler Sande
II. 2.1.1	*Ophelia bicornis*-Fazies
II. 3	Steine und Kies
II. 3.1	Biozönose rauer mediolitoraler Detritusböden
II. 3.1.1	Fazies von Bänken angespülter *Posidonia oceanica*-Blätter und anderer Phanerogamen
II. 4	Hartboden und Felsblöcke
II. 4.1	Biozönose des oberen felsigen Mediolitorals
II. 4.1.1	*Bangia atropurpurea*-Gesellschaft
II. 4.1.2	*Porphyra leucosticta*-Gesellschaft
II. 4.1.3	*Nemalion helminthoides–Rissoella verruculosa*-Gesellschaft
II. 4.1.4	*Lithophyllum papillosum–Polysiphonia* spp.-Gesellschaft
II. 4.2	Biozönose des unteren felsigen Mediolitorals
II. 4.2.1	*Lithophyllum lichenoides*-Gesellschaft (= *L. tortuosum*-Trottoir)
II. 4.2.2	*Lithophyllum byssoides*-Gesellschaft
II. 4.2.3	*Tenarea undulosa*-Gesellschaft
II. 4.2.4	*Ceramium ciliatum–Corallina elongata*-Gesellschaft
II. 4.2.5	Fazies mit *Pollicipes cornucopiae*
II. 4.2.6	*Enteromorpha compressa*-Gesellschaft
II. 4.2.7	*Fucus virsoides*-Gesellschaft
II. 4.2.8	*Neogoniolithon brassica florida*-„Konkretion"
II. 4.2.9	*Gelidium* spp.-Gesellschaft
II. 4.2.10	Vermetiden-Tümpel (infralitorale Enklave)
II. 4.3	Mediolitorale Höhlen
II. 4.3.1	*Phymatolithon lenormandii –Hildenbrandia rubra*-Gesellschaft

6.23 Supra- und Mediolitoral: Übersicht der Lebensräume nach UNEP-Klassifikation (List of mediterranaean benthic marine biocenoses).

der Tümpel an der Küste gelegen ist, desto höher sind die Schwankungsbreite und die Maximalwerte der physikalischen Faktoren. Beispielsweise steigen die Temperaturen in Tümpeln der Spritzwasserzone höher an als in jenen darunter; die dadurch erhöhte Verdunstung bedingt eine höhere Salinität. Sauerstoff- und Kohlendioxidgehalt und somit der pH-Wert sind ebenfalls erheblichen Schwankungen unterworfen. Wenn Algen tagsüber sehr viel Sauerstoff produzieren, kommt es oft zu einer Übersättigung, die an den aufsteigenden Blasen zu erkennen ist. Umgekehrt absorbieren die Algen das Kohlendioxid, und der pH-Wert kann dann extrem steigen. Während der Nacht wird der Sauerstoff verbraucht, der Kohlendioxidgehalt steigt durch die Respiration, und der pH-Wert sinkt. Die Salinität kann durch Austrocknung bzw. Regenfälle ebenfalls stark variieren. Entlang der vertikalen Linie innerhalb des Tümpels können die oben genannten Faktoren wiederum ganz unterschiedlich ausfallen.

Austrocknung und Hitze hängen zusammen und werden also gemeinsam behandelt. Die größeren Tiere der oberen Zonen im Supra- und Eulitoral sind gegen Austrocknung, Hitze und den damit verbundenen Gewichtsverlust von vornherein unempfindlicher als jene, die weiter unten siedeln. Verschiedene Spezies haben gegen Austrocknung verschiedene Strategien entwickelt: Schnecken der Gattung *Melaraphe* schließen ihre Schale bei Trockenheit schnell durch ein Operculum ab. Napfschnecken verharren in Ruhe auf ihren festen Plätzen, die sie in den Fels ätzen, wobei zwischen dem muskulösen Fuß und dem Schalenrand immer eine kleine Restwassermenge verbleibt. Die Fress- und Aktivitätsperioden vieler Patellen sind abhängig von den Gezeiten, das heißt, dass die Schnecken meist bei Wasserbedeckung auf Wanderschaft gehen, um die Austrocknungsgefahr zu minimieren. Napfschnecken unternehmen außerdem periodische Wanderungen, und zwar ebenso um Futter zu suchen wie um der Trockenheit zu entgehen. Dies sind entweder kurzfristige Wanderungen während trockener Perioden oder längerfristige, die während des Sommers nach unten und während des Winters nach oben unternommen werden. Adulte Napfschnecken entwickeln in höheren Arealen höhere Schalen. Je höher die Schale relativ zum Umfang ist, desto größer ist der Wärmeverlust relativ zum Wärmegewinn.

Der Gezeitenbereich ist einerseits dem Wechsel der Gezeiten unterworfen, die andauernde Strömung und auch einen ständigen Wechsel von Trockenfallen und Wasserbedeckung bedeuten, andererseits meist stark anbrandenden Wellen, die von den Bewohnern enorme Standfestigkeit bzw. Dehnbarkeit erfordern. Wie es in der Zonierung Mikrohabitate gibt, die durch Ritzen und Spalten und nicht zuletzt durch die Bewohner selbst entstehen (Schattenflächen), so gibt es lokale Strömungsmikrohabitate, wo die Strömung vom Makrohabitat abweicht. Gegen die fallweise starke Wellenbewegung und die damit verbundenen Druck- und Zugkräfte haben sich einige unterschiedliche Anpassungen entwickelt. Vor allem Napfschnecken und auch die hochaufragenden Seepocken sind zum Teil enormen Auftriebskräften ausgesetzt. An der Scheitelfläche dieser Tiere strömt das Wasser schneller als über der umgebenden Oberfläche; der Druck ist daher oben geringer, und die Gefahr des Abhebelns ist gegeben. Napfschnecken haben starke, konische Schalen und einen großen muskulösen Saugfuß, um der mechanischen Belastung durch anbrandende Wellen zu widerstehen. Seepocken sind an der Oberfläche „festzementiert" und haben ebenfalls starke Kalkplatten, die sehr dicht abschließen; für den Gasaustausch bleibt eine Mikropyle geöffnet. Seepocken sind übrigens die einzigen sessilen Formen mit innerer Besamung, während andere sessile Tiere ihre Geschlechtsprodukte ins freie Wasser abgeben. Auch dies lässt sich als Anpassung an die extremen Bedingungen ihres Lebensraums verstehen. Miesmuscheln *(Mytilus, Mytilaster)* heften so genannte Byssusfäden an die Felsoberfläche. Tiere, die nicht durch Schalen und Ähnliches geschützt sind, wie z. B. Anemonen, verformen ihren weichen, biegsamen Körper mit der Wellenbewegung und gewinnen danach wieder ihre ursprüngliche Form. Makrophyten werden je nach Größe und Beschaffenheit von den Wellen hin und her gezogen; dadurch ist die Wasserbewegung für die Pflanze selbst geringer. Die vagile Fauna rettet sich in Ritzen und Spalten.

Tiere der oberen Gezeitenzone gehen, was die physikalischen Faktoren betrifft, an die Grenzen ihrer Toleranz, können dadurch aber auch von ungenutzten Nahrungsquellen durch den geringeren Konkurrenzdruck profitieren. Da der überwiegende Anteil der Gezeitenbewohner sessil ist, ist die Nahrungsbeschaffung ein Faktor, der besonderer Beachtung bedarf. Hier ist die starke Wellenbewegung ein Vorteil, da sie einerseits Sauerstoff und Nahrung bringt und andererseits die Ausscheidungen entsorgt.

Die meisten sessilen Arten sind Suspensionsfresser und müssen die geringe Konzentration an Plankton und Detritus optimal nutzen. Die Larven müssen zunächst geeignete Plätze im Mikrohabitat aufspüren. An strömungsreichen Stellen, an denen zum Teil starke Wellenbewegungen, Druck- und Scherkräfte herrschen, reicht zumeist eine passive Filtrierung aus (Hydroidpolypen *Nemertesia*). An strömungsärmeren Stellen muss aktiv ein Nahrungswasserstrom erzeugt werden (Bryozoen, Ascidien, Bivalven, Porifera). Diejenigen, die stillere Wasserzonen besiedeln, müssen auch mit geringeren Sauerstoffkonzentrationen fertig werden.

Durch die extrem harten Bedingungen an der Obergrenze der marinen Zone können dort nur wenige Arten existieren. Ihr Vorteil liegt in dem herabgesetzten Konkurrenz- und Feinddruck. Im Supralitoral können nur Organismen mit hoher Toleranz gegen Wasserverlust leben, die im Allgemeinen langsam wachsen; weiter unten ist das Wachstum der Bewohner höher, dafür aber der Konkurrenzdruck stärker. Die Obergrenzen der Organismenverteilung ist also im Allgemeinen durch physiologische Grenzen abgesteckt – z. B. Toleranz gegen Austrocknung –, die Untergrenze durch biotische Faktoren: Konkurrenz um Nahrung, Raum und Geschlechtspartner, Fressfeinde. Ein gutes Beispiel hierfür liefern die beiden Cirripedier-Arten *Chthamalus stellatus* und *Balanus balanoides*. Die Larven beider Arten siedeln sich im unteren Mediolitoral an; *C. stellatus* wird aber bald von der schneller wachsenden *B. balanoides*-Art auskonkurriert, das heißt überwachsen und zerdrückt. Aus diesem Grund weicht *C. stellatus* ins obere Mediolitoral aus, wo sie wegen ihrer größeren Toleranz gegen Hitze und Austrocknun existieren kann. Hier kommt hingegen *B. balanoides* aufgrund physiologischer Probleme nicht vor. Zwischen den beiden Verbreitungsbändern tritt eine Mischzone auf, in der beide Arten existieren. Das Vorkommen von *B. balanoides* bestimmt also die Verteilung von *C. stellatus,* weil letztere Art bei Abwesenheit von *Balanus* auch weiter unten siedelt. Ähnlich verhält es sich mit dem dritten Cirripedier des Felslitorals, *Chthamalus depressus*. Auch diese Art besiedelt eine distinkte Zone, in der die anderen Arten nicht vorkommen. Mit höherem Standort einer Art sinkt ihre Wachstumsrate, weil dann der Faktor Raumkonkurrenz unwesentlich wird.

Napfschneckenlarven *(Patella)* siedeln ebenfalls zunächst im unteren Teil der Küste. Mit steigender Größe wandern sie im Allgemeinen immer höher. Je kleiner sie sind, desto stärker ist die Verdunstung durch das höhere Verhältnis von

6.24 Sedimentstrände. a) Kiesstrand am Kolpos Kalloni (Lesbos) bei relativ niedrigem Wasserstand. Das Supralitoral ist als Felskliff ausgebildet, darüber wächst terrestrische Vegetation. b) In Buchten bildet sich oft ein Mosaik aus Fels- und Sedimentlitoral, hier im Süden der Ägäisinsel Karpathos. c) Neben anorganischem Sediment transportiert das Meer auch organisches Material an den Strand, hier Anwurf an einem Blockfeld bei Rovinj. Hochwässer und Stürme haben nacheinander mehrere Spülsäume aus abgerissenen Braunalgen der Gattung Cystoseira angeworfen.

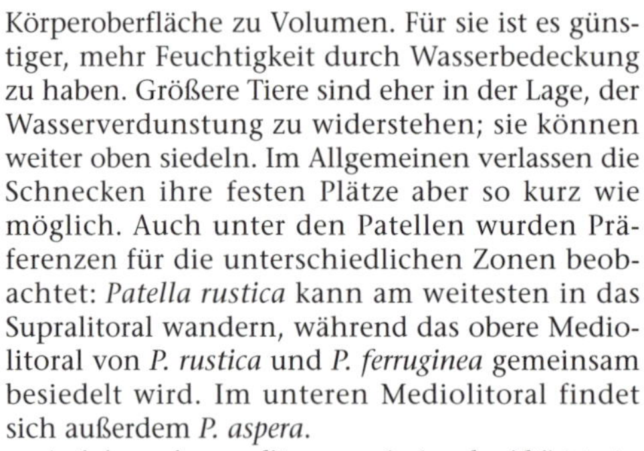

Körperoberfläche zu Volumen. Für sie ist es günstiger, mehr Feuchtigkeit durch Wasserbedeckung zu haben. Größere Tiere sind eher in der Lage, der Wasserverdunstung zu widerstehen; sie können weiter oben siedeln. Im Allgemeinen verlassen die Schnecken ihre festen Plätze aber so kurz wie möglich. Auch unter den Patellen wurden Präferenzen für die unterschiedlichen Zonen beobachtet: *Patella rustica* kann am weitesten in das Supralitoral wandern, während das obere Mediolitoral von *P. rustica* und *P. ferruginea* gemeinsam besiedelt wird. Im unteren Mediolitoral findet sich außerdem *P. aspera.*

Actinia equina mediterranea (= A. schmidti) ist ein Beispiel für eine hemisessile Art, die relativ weit oben in der Gezeitenzone vorkommt. Zwischen genetisch verschiedenen Individuen – es existieren zwei Formen derselben Art – kommt es öfter zu aggressiven Auseinandersetzungen, die mit Hilfe der Nematocysten ausgetragen werden. Der Verlierer weicht aus.

Das gesamte Gezeitengebiet ist ständig den Naturgewalten ausgesetzt. Auch der untere Bereich, wo der Artenreichtum relativ am größten ist, wird immer wieder durch Stürme, Bioerosion und den Einfall von Fressfeinden verändert. Die dominanten Formen verschwinden, überalterte Kolonien brechen ab, und kurzfristig breiten sich opportunistische Arten aus. Noch besser ist dies an den Extremstandorten der Gezeitentümpel zu beobachten, in denen noch Überhitzung, Aussüßung und Übersalzung dazukommen. In höhergelegenen Gebieten der Gezeitenzone herrschen die Vertreter der vagilen Fauna vor. Sie können den extremen Bedingungen ausweichen. Im Sublitoral siedeln vor allem auf Makroalgen und unter Steinen viele Bryozoen, Porifera, Tunicaten und Hydroiden. Im Gegensatz zur Vagilfauna bedienen sich „echte" sessile Spezies zum Beispiel chemischer Waffen, um Raumkonkurrenz und Fressfeinden entgegenzuwirken. Manche Schwämme und Tunicaten produzieren zu diesem Zweck Säure.

Auch die pflanzlichen Vertreter der Gezeitenzone können sich vor Fraß schützen. So liegt das Meristem der trottoirbildenden Kalkrotalgen zumeist unter der Wasserlinie, um dem Fraß durch Weidegänger wie *Patella* zu entgehen. Bei *Litophyllum incrustans* sind die Reproduktionsorgane zusätzlich im kalzifizierten Thallus eingebettet. Pflanzen verfügen über unterschiedlichste Strategien, um nicht gefressen zu werden. Trotz zahlreicher Fressfeinde werden Makroalgen äußerst selten großflächig abgegrast. Im Gegensatz zu Mikroalgen haben sie keinen hohen Nährwert und weisen oft unverdauliche Strukturen wie z. B. Kalk (inkrustierende Kalkrotalgen) oder Lignin auf. Viele geben giftige Stoffe ab. Manche Braunalgen produzieren beispielsweise Polyphenole, die antibiotisch oder fungizid wirken können; verschiedene Rotalgen enthalten Phenole und Terpenoide.

Lebensgemeinschaften des Supra- und Mediolitorals der exponierten Sedimentstrände

Der klassische Sandstrand ist ein exponierter, mobiler Sedimentstrand und gehört zu den Hochenergieküsten. Meist wird er nach der Korngröße in Geröll-, Kies- und Sandstrand (Grob- oder Mittelsand) untergliedert. Je grobkörniger das Sediment, desto geringer ist der Anteil an organischem Material und desto leichter trocknet das Substrat aus. Je feinkörniger das Sediment, desto höher ist der Anteil an organischem Material und desto geringer die Neigung zum Austrocknen. Bei vielen Sandstränden ist die Körnung homogen. Dies entsteht dadurch, dass das Sediment – in der Regel Quarzsand – über eine relativ große Strecke herangetragen wird. Die spezifische Transportenergie des Wassers bewirkt eine lokale Korngrößensortierung. Im Unterschied zu diesen allochthonen Sandstränden sind autochthone Strände, die aus leicht erodierbarem anstehenden Gestein gebildet werden, unregelmäßig gekörnt und inhomogen. Außer durch die Transporteigenschaften des Wassers wird die Untergliederung der Sandstrände entscheidend durch die Küstenneigung bestimmt. An steilen Küsten ist das Supralitoral oft ein Felskliff (Abb. 6.24 a). Die Wellen brechen als so genannte Sturzseen direkt am Strand, ihre Energie wird reflektiert. An Flachküsten ist das Supralitoral der Beginn einer Dünenlandschaft, die Wellen brechen schon vor dem eigentlichen Strand in einer vorgelagerten Brandungszone. Ihre Energie wird dort in mehreren Wellenfronten aufgebraucht (Abb. 6.18 a, b; 6.26). Zur Grundcharakteristik eines jeden Sedimentstrands gehört das Lückensystem zwischen den Substratpartikeln. An Hochenergieküsten ist dies wegen des relativ groben Sediments sogar besonders stark ausgeprägt. Durch die Wellenbewegung findet ein Austausch zwischen dem interstitiellen Wasser und dem darüberliegenden „freien" Meerwasser statt. Infolge dieser hohen Permeabilität ist das Lückensystem in dem vom Meerwasser durchspülten Bereich oxidiert. Im Unterschied zum Hartboden beschränkt sich daher die Zonierung nicht auf die Oberfläche des Substrats, vielmehr gibt es eine zweite Dimension der Zonierung: vertikal in die Tiefe des Sediments. Außer der Besiedelung durch eine hochspezifische interstitielle Fauna bietet das Sediment auch einen Rückzugsort für oberflächennah lebende Organismen. Diese Option zur „Flucht nach unten" durch Vertikalwanderungen ins Substrat nivelliert die direkten Wirkungen der Faktorengradienten auf die Organismen. So können sie der – wie im Felslitoral – eingeschränkten Wasserbedeckungszeit durch Wanderung in die Tiefe entgehen. Gleiches gilt für Temperatur- und Salinitätsschwan-

6.25 *Lebensraum Sanddünen: Adlitorale Zone und Supralitoral. a) Die ersten Dünen (Weißdünen) sind durch Strandhafer (Ammophila arenaria) und Meersenf (Cakile maritima), b) befestigt. c) Der Sandlaufkäfer Cicindela flexuosa (Cicindelidae) ist ein räuberisches Insekt dieser Zone; seine Larven lauern in senkrechten Gängen im Sand auf Beute. d) und e) Die auffälligen Spuren im Sand hat der Ameisenlöwe Acanthaclisis baetica (Myrmeleonidae) zurückgelassen, eine Art, die keine Trichter baut, sondern aktiv dicht unter der Oberfläche jagt. a) bis d): Plage de Piémancon in der Camargue; e): Südküste Siziliens.*

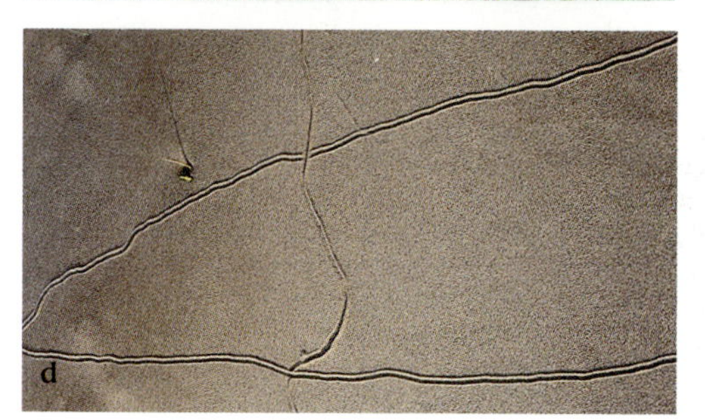

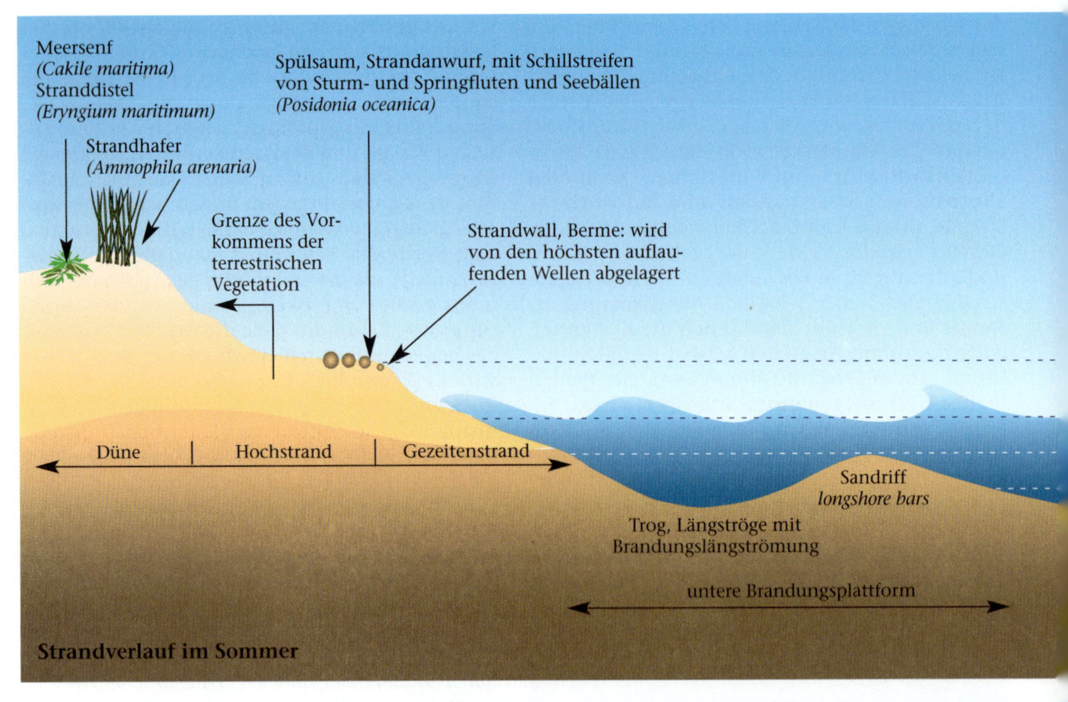

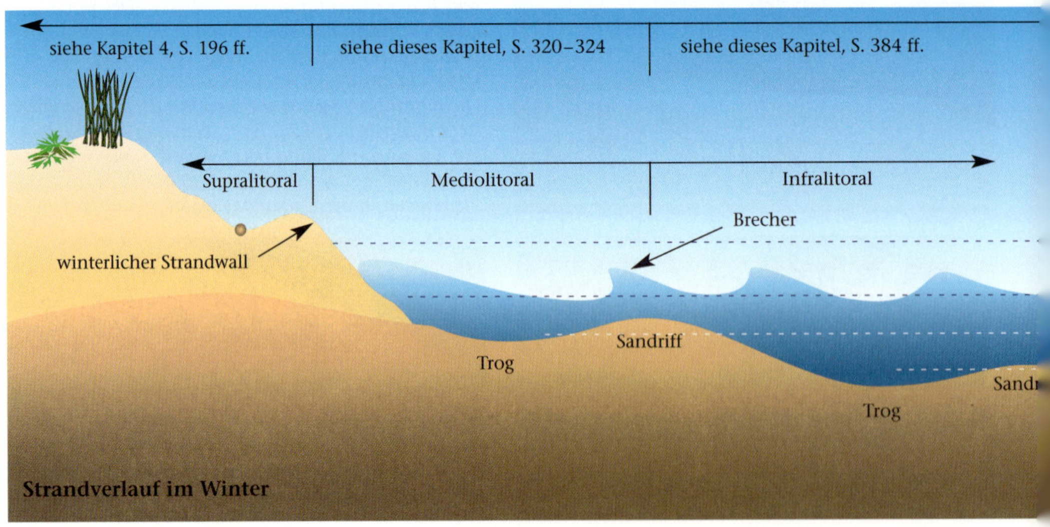

kungen; sie sind nur im obersten Bereich des Sandstrands extrem, in der Tiefe und besonders zum unteren Mediolitoral hin nehmen sie stark ab. Das obere Lückensystem wird durch Wellenschlag und Gezeitenrhythmus gefüllt und entleert; bei Ebbe halten Kapillarkräfte das Wasser zurück. Der untere Porenraum ist mit Grundwasser gefüllt. Meernah ist das Porenwasser salzig, landwärts kann es jedoch durch nachströmendes süßes Grundwasser aussüßen. Ein weiteres Schlüsselmerkmal von Sedimentstränden, insbesondere Sandstränden, ist die Mobilität des Substrats, das die extreme Dynamik dieses Lebensraums bewirkt. Brandung, Gezeiten und Strömung erzeugen einen beträchtlichen Sedimenttransport, wobei das Sediment sowohl entlang der Küste als auch senkrecht dazu verlagert wird. Sturmfluten und Winterstürme können geradezu dramatische Veränderungen bewirken, wobei sich Erosions- und Sedimentationsphasen zu einer Nettotransportmenge aufsummieren. Im Winter wird Sand abgetragen, Kies und Geröll bleiben zurück. Das

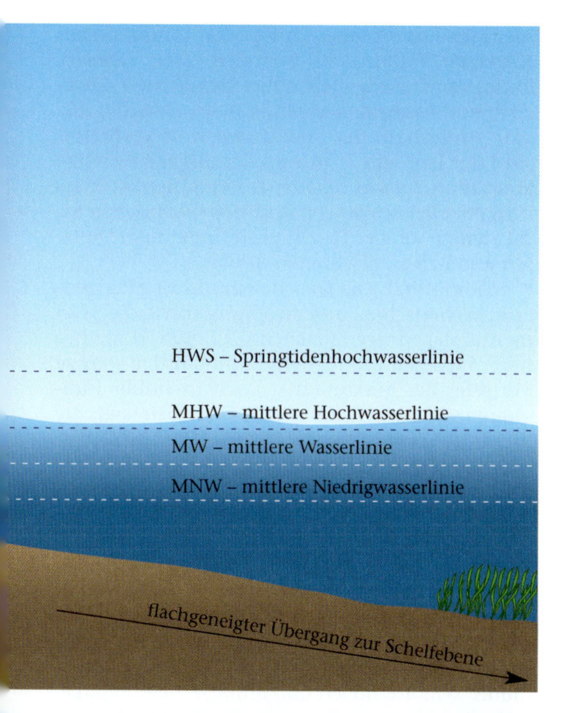

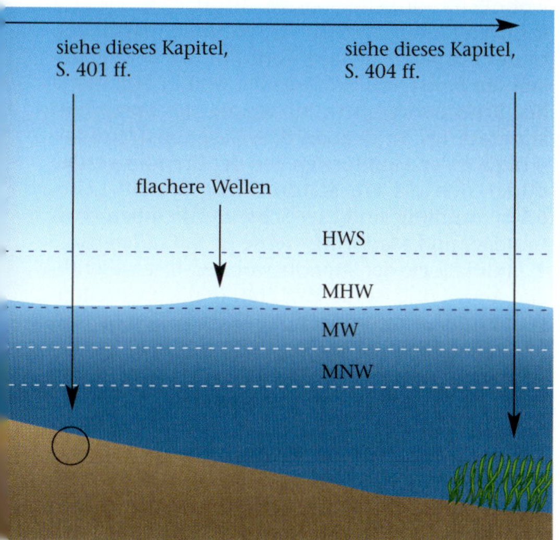

6.26 Schema eines Hochenergiestrandes mit dem unterschiedlichen Sommer- (oben) und Winterprofil (unten). In Abhängigkeit vom Transportverhalten des Meerwassers und der Geomorphologie der Küste bilden sich verschiedene Formen von Sedimentstränden aus. Ihr Hauptmerkmal ist die unterschiedliche Korngröße des Substrats. Die jahreszeitlichen Unterschiede in der Dynamik der Wasserbewegung führen im Sommer und Winter zu unterschiedlichen Strandprofilen. Im Winter ist die Sturmhäufigkeit höher (vgl. „Windsystem und Winde", S. 184 ff.) und damit auch die Wellenbewegung stärker. Viel Sand wird abgetragen, der Verlauf des Gezeiten- und Hochstrandes wird steiler. Das abgetragene Material wird im Bereich der unteren Brandungsplattform als Sandriff aufgeschüttet. Der Strandwall bzw. Hochstrand ist kürzer und steiler. Im Sommer kommt es durch die ausgeglichenere Hydrodynamik zu einer relativen Einebnung des Hochstrandes; große Sedimentmassen werden dabei verlagert. An flachen Sandküsten ist der Übergang vom Supralitoral zu rein terrestrischen Lebensräumen selten scharf. Die durch den Wind verfrachtete salzige Gischt beeinflusst die Ökologie dieser Zone, die oft die Form von Dünen (durch den Wind aufgeschüttete Sandablagerung) haben kann. Nur spezialisierte Pflanzen, so genannte Halophyten (Salzpflanzen), können hier Überleben. Ihre Salztoleranz, als Ergebniss langer Anpassung, ist durch physiologische Mechanismen sichergestellt. Dünenpflanzen müssen auch mit weiteren ungünstigen Faktoren wie Instabilität bzw. Mobilität des Bodens, starke Sonneneinstrahlung mit enormer Erhitzung des Bodens und Wassermangel fertig werden. Strandhafer und Meersenf sind typische Starndbefestiger dieser Zone. Ein charakteristisches Merkmal von Sedimentstränden sind Spülsäume (vgl. Abb. 6.24 c), vom Meer herangespültes Material unterschiedlichster Herkunft. Je höher der Spülsaum liegt, desto älter ist er, und desto weiter sind die Abbauprozesse fortgeschritten. Entsprechend findet eine Sukzession der Spülsaumbewohner statt. Im Interstitium dringen je nach Korngröße des Sediments marine Vertreter relativ weit landwärts vor. Leider wird der Spülsaum zunehmend durch menschliche Abfälle, darunter unverrottbranen Kunststoff dominiert. Im unteren Bildteil, dem winterlichen Strandverlauf, sind jene Kapitel genannt, in denen ausführliche Beschreibungen der jeweiligen Lebensräume zu finden sind. Ergänzt nach Ott, 1988.

Extrem dieser Veränderungen sind Systeme aus Strandwällen und Sandflats, die durch ein Wechselspiel von Abtragung und Aufschüttung verknüpft sind. Im Supralitoral ist neben der Wasserkraft auch der Wind ein nicht zu vernachlässigender Faktor. Die mechanische Belastung durch Wellenschlag und Sedimentverlagerung sowie die Nährstoffarmut machen aus dem Sandstrand einen von wenigen hochspezialisierten Arten besiedelten Lebensraum. Entsprechend gering sind Biomasse und Primärproduktion des Sandstrands.

- Supralitoral: Die Obergrenze des Supralitorals von Sandstränden, der so genannte Hochstrand, wird in der Literatur unterschiedlich behandelt. Manche Autoren lassen ihn am Fuß der Weißdünen bzw. Vordünen enden und zählen letztere bereits zu den terrestrischen Lebensräumen; andere zählen die Sandstrände noch zum Supralitoral und setzen die Grenze beim Beginn der Hartlaub- und Pinienvegetation der grauen Dünen (Abb. 4.27). Sicher ist, dass die vordersten Dünen noch sehr stark maritim geprägt sind. Pflanzen, die hier existieren können, sind Dünenspezialisten; sie können Verschüttung (Übersandung) sowie Schliff durch Flugsand aushalten und stabilisieren zum Teil sogar das Substrat. Hierbei ist der „Luv-Lee-Effekt" wichtig: Im Lee der Pflanzen und ihrer Wurzelstöcke wird der Sand gefestigt, im Luv wird er abgetragen. Der Strandhafer *Ammophila arenaria* und der Europäische Meersenf *Cakile maritima* sind Paradebeispiele für solche Strandbefestiger (Abb. 6.25 a, b).

Außer dem Sand als mobilem Substrat ist das Salz der entscheidende Faktor: Spritz- und Sprühwasser sowie das salzige Porenwasser lassen nur halophile oder salztolerante Arten gedeihen. Vielen von ihnen ist Sukkulenz bzw. Behaarung oder Wachsüberzug gemein. Zu den wichtigsten hier vorkommenden Arten gehören Strandwinde *(Calystegia soldanella)*, Strandfilzblume *(Echinophora spinosa, Diotis maritima)*, Strand-Schneckenklee *(Medicago marina)*, *Crucianella marina*, *Cyperus mucronatus* und *Matthiola tricuspidata*. Besonders erwähnenswert sind im Ostmediterran verbreitete Polster aus *Centaurea spinosa* sowie *Pacratium maritimum* (Abb. 4.5 c, 4.6 a, b) und Malkolmien *(Malcolmia flexuosa)*. Bis an den Fuß der Vordünen, also bereits mitten in den Hochstrand dringen *Euphorbia paralias* und *Eryngium maritimum* vor, der Strandknöterich *Polygonum maritimum* sogar bis fast an die Flutkante. Dort, wo die mechanischen Wirkungen der See einsetzen, gibt es keine höheren Strandpflanzen mehr. Die Zone der Vordünen wird von einer interessanten Insektenfauna, zum Teil Wüstenbewohnern, besiedelt: Sandlaufkäfer und ihre Larven *(Cicindela*, Abb. 6.25 c*)*, Ameisenlöwen *(Acanthaclisis baetica*, Abb. 6.25 d, e*)* und Schwarzkäfer *(Akis, Sepidium, Pimelia)*.

Der Hochstrand im engeren Sinn erstreckt sich vom Fuß der Vordünen bis zum Mediolitoral. Die UNEP-Klassifikation unterscheidet verschiedene Biozönosen und Fazies auf Sand, Steinen und Kies. Zu den wichtigsten zählen die Spülsäume der letzten Sturm- und Springfluten. Je nach den sich seewärts anschließenden marinen Lebensräumen können sie von Neptungras *(Posidonia oceanica)* und weiteren Seegräsern *(Zostera, Cymodocea)* oder von Algenresten (vielfach *Cystoseira*) gebildet werden (Abb. 6.24 c). Oft entstehen Spülsäume aus angespülten, übereinandergelagerten Blattresten; da und dort findet man aber auch eigenartige Kugeln in großer Zahl – sie werden aus abgerissenem Blattwerk des Neptungrases gebildet. Die abgerissenen Blätter werden bis auf die Fasern der Leitbündel zerrieben und zu einer breiigen Masse zusammengeschwemmt, aus der schließlich faustgroße, verfilzte Faserkugeln entstehen. In und unter den Spülsäumen findet sich eine reiche Arthropodenfauna aus Detritusfressern und ihren Prädatoren: außer Insekten wie Springschwänzen (Collembolen), Dermaptera, Salzfliegen (Diptera) und Staphylinidae kommen hier Pseudoskorpione, Chilopoden, Amphipoden *(Orchestia, Talitrus)* und Isopoden *(Tylos, Halophiloscia)* vor. Daneben leben hier Nematoden *(Rhabditis)* und Gastropoden *(Truncatella, Ovatella, Alexia)*. Außerhalb der Spülsäume weit verbreitet sind der Isopode *Tylos* und der allgegenwärtige Strandfloh *Talitrus saltator*, dessen Orientierungsverhalten bei Borgioli et al. (1999) beschrieben ist. An Stellen höherer Feuchtigkeit findet man Dipteren und den Staphyliniden *Bledius*.

- Mediolitoral: Der Gezeitenstrand ist pflanzenarm; Wellenschlag und Strömung sowie die Sedimentumlagerungen machen die Entwicklung höherer Pflanzen unmöglich. Es gibt einige wenige Vertreter der Makrofauna, doch in hoher Individuenzahl Suspensions- bzw. Detritusfresser, die hier ihre Nische gefunden haben. Die UNEP gliedert diese Zone in den *mediterranean coarse dendritic bottom* mit *Sphaeroma serratum* (Isopoda), *Gammarus olivi* und *Allorchestes aquilinus* (Amphipoda), *Pachygrapsus*, *Perinereis cultrifera* (Polychaeta) und Oligochaeten sowie eine Fazies mit *Ophelia bicornis* und *Nerine cirratulus* (Polychaeta), *Eurydice affinis* (Isopoda) und *Mesodesma corneum* (Bivalvia).

Im Unterschied zur Makrofauna ist die interstitielle Fauna, also das Mesopsammon des Porenraums, sehr artenreich und umfasst viele außergewöhnliche Formen (Exkurs S. 401 ff.). Der Lebensformtyp Mesopsammon umspannt Anpassungen in der Körpergröße und -form, in der Beweglichkeit, im Besitz von Haftorganen und in Techniken der Brutfürsorge bzw. Sicherung des Fortpflanzungserfolgs. In dem an den Gezeitenstrand anschließenden sublitoralen Teil der Brandungszone bildet sich oft ein Sandriff-Trog-System (Abb. 6.26). Auffällig sind hier Schwimmkrabben (Portunidae) und Maulwurfskrebse (z. B. *Callianassa*).

- Autökologie der Strandbewohner: Ihre wesentliche Anpassung ist die Vagilität. Je nach Gezeitenstand und Grundwasserhöhe suchen sie horizontal und vertikal das günstigste Niveau auf. Die Suspensionsfresser des Gezeitenstrands nutzen den Wasserabfluss. Hippidae *(Albunea)* setzen ihre Antennen, *Ovatella*-Gastropoden ein zwischen den Tentakeln ausgespanntes Schleimsegel ein. *Donax* (Bivalvia) lässt sich hin und her treiben. Bei Flut nutzen Schwimmkrabben und Fische die Suspensionsfresser als Nahrungsquelle, bei Ebbe treten Watvögel (Limikolen) und Möwen als Konsumenten auf. Auch die Meiofauna macht wasserstandsabhängige Wanderungen; man unterscheidet zwischen Flut- und Ebbeaufwanderern sowie aktiven und passiven Horizontalwanderern.

Niedrigenergiestrände

In Buchten und an brandungsgeschützten Orten geringer Küstenneigung finden sich verschiedene Formen von Niedrigenergiestränden, in denen zunehmend feines Sediment (Feinsand bis toniger Schlick mit organischem Material) abgelagert wird. Ihre Haupttypen sind in Tab. 6.1 zusammengefasst. Diese Lebensgemeinschaften sind im Bereich von Lagunen und Ästuaren am Mittelmeer weit verbreitet; ihnen ist daher ein eigener Beitrag gewidmet (S. 326 ff.). Hier sei jedoch eine Lebensgemeinschaft auf schlammigem oder sandig-schlammigem Untergrund vorgestellt, wie man sie nicht selten im Inneren tiefer Buchten findet. Das Supralitoral ist von Gefäßpflanzen geprägt; sie bilden eine Salzmarsch oder Salztrift. Im Mediolitoral findet man ein Watt, das aber nicht die Komplexität und den Artenreichtum atlantischer Wattgebiete erreicht.

Grundmerkmal von Feinsediment ist die auch bei Ebbe anhaltende Wassersättigung. Die Durchmischung mit sauerstoffreichem Seewasser ist eingeschränkt, so dass das Sediment nur oberflächlich oxidiert sein kann. Darunter liegt dann eine anoxische, reduzierte Zone; man bezeichnet sie auch als Sulfidsystem (Exkurs S. 388). Die hier ansässige Meiofauna muss an die anoxischen Bedingungen angepasst sein. Viele Bewohner des Sulfidsystems betreiben mit Hilfe chemoautotropher Symbionten Thiobiose, können also meist mehrere Schwefelverbindungen oxidieren; Schwefelbakterien sorgen für den bakteriellen Abbau. Die endobenthische Makrofauna indessen ventiliert ihre Bauten mit sauerstoffreichem Seewasser, um in der anoxischen Umgebung überleben zu können. Ihre Pumpleistung ist beträchtlich. Die Gefäßpflanzen sind Halophyten, die Salz akkumulieren bzw. ausscheiden können. Ihr Wurzelwerk wird zum Teil durch weiträumige Interzellularsysteme, Aerenchyme, mit Sauerstoff versorgt. Als Pioniere unterstützen sie die Festigung des Sediments und damit die Verlandung.

- Supralitoral: In der Makrophytengesellschaft des Supralitorals, der Salzmarsch, dominieren die beiden am Mittelmeer verbreiteten Quellerarten: der Queller *Salicornia europaea* und der strauchige Queller *Arthrocnemum fruticosum.* Daneben gedeihen die Gliedermelde *(A. glaucum),* die Portulak-Salzmelde *(Atriplex portulacoides)* sowie *Inula crithmoides* und verschiedene Binsen (z. B. *Juncus maritimus*). An sandig-tonigen Orten wächst die Strand-Mittagsblume *(Mesembryanthemum nodiflorum).* Ein sehr ungewöhnlicher Vertreter ist der auf Sizilien und Sardinien verbreitete blattlose Parasit *Cynomorium coccineum.* Auf den freien Schlammflächen an der Grenze zum Mediolitoral bilden sich zwischen den Pflanzen Cyanophyceenmatten. Im Substrat lebt eine reiche Turbellarien- und Nematodenfauna, aber auch Insekten sind sehr häufig. Außer verschiedenen Dipteren ist hier wieder der Staphylinide *Bledius* zu nennen; weiter fallen Isopoden *(Halophiloscia)* und Gastropoden *(Alexia)* auf.
- Mediolitoral: In dem oft von Blaualgen bedeckten Substrat dominieren verschiedene grabende Polychaetenarten. Außerdem kommen in Massen Maulwurfskrebse vor *(Callianassa, Upogebia),* die komplizierte Gangsysteme anlegen. Von der hohen Fracht an Schwebeteilchen im Seewasser profitieren bereits im unteren Mediolitoral Muscheln *(Ostraea, Mytilus).* Auch Wachsrosen *(Anemonia sulcata)* können hier in großer Zahl vorkommen.

6.27 Watt und Salzmarsch in der Bucht Saline nördlich von Rovinj bei relativ niedrigem Wasserstand. a) Ausgehend von einem schmalen mediolitoralen Wattenbereich ziehen Priele durch die supralitoralen Halophytenbestände. Neben dem strauchigen Queller (Arthrocnemum fruticosum) findet man hier sehr häufig die Salzmelde Atriplex portulacoides. b) Das weitgehend freiliegende, am Rand eines Priels gelegene Mediolitoral stellt sich als fast senkrechte Abbruchkante dar. Im Profil erkennt man eine Unzahl von Grab- und Sickergängen. Der oberste, flachere Abschnitt des Mediolitorals (hier als grünliche Fläche zu erkennen) ist von Blaualgenmatten bedeckt. Dahinter beginnen die dichten Quellerbestände.

Lagunäre Lebensräume

Michael Wilke

Eine erste Definition der lagunären Lebensräume könnte lauten: Lagunen sind küstennahe Wasserflächen, die durch eine zumindest zeitweise durchlässige Barriere vom Meer getrennt und dem Einfluss von Land und Meer ausgesetzt sind. In letzter Konsequenz könnten nach dieser Definition auch das Schwarze Meer und selbst das Mittelmeer zu den Lagunen gerechnet werden. Es könnten aber auch verschiedene nordafrikanische Seen als Lagunen bezeichnet werden, obwohl sie bereits seit mehreren tausend Jahren nicht mehr in Kontakt mit dem Meer stehen und ihre Salinität von Ablagerungen im Sediment herrührt.

Flache küstennahe Seen, Lagunen, finden sich an ungefähr 13 Prozent der Uferlinie aller Weltmeere. Sie sind auf Küstenregionen mit speziellen geomorphologischen und sedimentologischen Bedingungen konzentriert, an denen besondere Strömungsverhältnisse und ein geringer Tidenhub herrschen. Diese Voraussetzungen sind in weiten Teilen des Mittelmeeres und des Schwarzen Meeres erfüllt, weswegen es hier auch besonders zahlreiche der zu den lagunären Lebensräumen zählenden Ökosysteme gibt. Die größten Lagunengebiete des Mittelmeeres finden sich an der 200 Kilometer langen Küste des Languedoc-Roussillon (Südfrankreich), in Norditalien zwischen Venedig und Triest, an der tunesischen Küste sowie im Po- und Nildelta.

Lagunen zeigen eine extreme Vielfalt an Charakteristika. Sie können zu verschiedenen Zeiten gänzlich austrocknen, zwischen einigen hundert Quadratmeter und bis zu 70 000 Hektar (Bardawil, Ägypten) groß sein, wenige Zentimeter, aber auch 28 Meter (Aitolikou, Griechenland) tief sein, Süßwasser (nördliche Camargue, Frankreich) oder Salzwasser mit Salinitäten von mehr als 100 psu* (Nordafrika) enthalten. Ihre Verbindung zum Meer kann so groß sein, dass mehrere Millionen Kubikmeter Wasser täglich ausgetauscht werden (Thau, Frankreich; Bou Grara, Tunesien), oder sich auf wenige, durch unterirdische Galerien in Kontakt mit dem Meer stehende Karstquellen reduzieren. Selbst unmittelbar benachbarte Lagunen sind oft völlig verschieden, auch kann ein und dieselbe Lagune zu verschiedenen Jahreszeiten oder in verschiedenen Jahren sehr unterschiedliche Ausprägungsformen haben.

Die Vielfalt des Lebensraumes hat eine ebenso große Mannigfaltigkeit der darin vorkommenden

6.28 Durch den Menschen stark veränderte Lagune in Südfrankreich (Salses-Leucate). Nur das Verständnis für die „Individualität" jeder Lagune und dieser Individualität angepasste Überwachungsmaßnahmen können die Basis für eine dauerhafte, die Ressourcen schonende Entwicklung dieser bemerkenswerten Lebensräume sein. Nur so kann ihre Einzigartigkeit geschützt und erhalten werden.

Bezeichnung	wissenschaftliche Bezeichnung	Salzgehalt ‰
Süßwasser		> 0,5
Brackwasser (mixohalin)	oligomixohalin mesomixohalin polymixohalin	0,5–5 5–18 18–30
Seewasser	euhalin	30–40
hyperhaline Wasser	metahalin alpha-hypersalin beta-hypersalin gamma-hypersalin delta-hypersalin	40–70 70–100 100–140 140–300 > 300

Tabelle 6.2 *Übersicht der Salinitätsstufen. Die mittlere Salinität des Meerwassers (im Mittelmeer) beträgt 37,5 psu, der Wert schwankt im euhalinen Bereich zwischen 30 und 40 psu.*

Biozönosen zur Folge. Die Definition dieses Lebensraumes ist aber nicht einfach. Viele Mittelmeerlagunen haben eine deutlich höhere Salinität als Meerwasser (sie sind hypersalin), man kann daher nicht von Brackwasserlebensräumen (die hyposalin sind) reden, und die Salinität („Brackwasserlebensräume", System von Venedig) zu Hilfe zu nehmen, reicht nicht aus. Zwar bestimmt sie zu einem großen Teil die lagunäre Biozönose, doch treten in kurzer Zeit oft starke Veränderungen auf; die meist angegebenen Mittelwerte sind nur mathematische Aussagen ohne Konsequenz für Flora und Fauna. Jede Lagune hat ihre eigene „Individualität" und ist Ergebnis natürlicher und menschlicher Einflüsse. Häufig weisen auch benachbarte Lagunen nicht dieselben abiotischen Bedingungen auf, sind nicht von denselben Arten besiedelt und zeigen unterschiedliche Reaktionen auf ähnliche klimatische oder menschliche Einflüsse. Systeme, die verschiedene Pflanzen- oder Tierarten zur Klassifizierung nutzen, wie die „Theorie des Confinement" von Guelorget und Perthuisot, 1992, haben sich aufgrund der Vielfalt der Lebensräume nicht durchgesetzt.

Um die Feuchtgebiete des Mittelmeerraumes zu inventarisieren, sind zurzeit 13 internationale und noch mehr nationale oder regionale Systeme gebräuchlich. Allein in Frankreich sind es 11 internationale und 14 nationale Inventare, in Italien 9 internationale, 6 nationale und 5 regionale. Den Klassifizierungstechniken liegen keine gemeinsamen Definitionen und Methoden zugrunde, und sie sind daher untereinander nicht vergleichbar. Selbst bei „einfachen" Parametern wie Wasseroberfläche und Wasservolumen ist unklar, ob sie für Meeresspiegelhöhe oder für mittlere Jahreshöhe bestimmt werden sollten. Infolge dieser Definitions- und Limitierungsschwierigkeiten besteht keine Einigkeit darüber, wie viele Lagunen es im Mittelmeer tatsächlich gibt und welche Fläche sie einnehmen; die Schätzungen schwanken zwischen 6 000 und 10 000 km².

Die Lagunengebiete des Mittelmeerraumes liegen an der Schnittstelle von Land und Meer, sie können zeitweise terrestrische, zu anderen Zeiten aquatische Ökosysteme sein. Während sich das Land über eine bestimmte Fläche erstreckt, ist das Meer dreidimensional: Es hat auch ein Volumen. Das Land ist von Erosion und Auswaschungsprozessen geprägt, das Meer bildet eine Senke hoher Trägheit für die (Abfall-)Produkte des Landes. Beide Teile sind durch eine Küstenlinie voneinander getrennt, die – als Linie – eindimensional ist. Diese Linie kann sich aber ausweiten und wird so, in großem Maßstab betrachtet, zur Fläche. Diese Fläche ist der lagunäre Lebensraum, wie ihn Boutière 1980 definiert hat. Alle Hauptcharakteristika des Lebensraumes können von diesem Ansatz abgeleitet werden.

Der lagunäre Lebensraum stellt also ein zweidimensionales System dar, das eine extrem geringe Trägheit pro Flächeneinheit besitzt und äußeren Einflüssen wie Sonneneinstrahlung, Wind, Regen und anderem unterliegt. Diese Einflüsse wirken proportional zu seiner Fläche und zu seiner relativ geringen Masse. Es ist ein stark fluktuierendes Ökosystem von hoher Instabilität, dessen interne biotische und abiotische Prozesse mit hoher Geschwindigkeit ablaufen; auch hat dieses Ökosystem nur eine kurze Lebensdauer, denn das natürliche Ende jeder Lagune ist ihr Verlanden.

Diese Bedingungen sind sehr selektiv und für eine biologische Anpassung unvorteilhaft. Es gibt nur wenige lagunäre Organismen, wird doch der größte Teil der Besiedler aus den angrenzenden Süß- und Meerwasserlebensräumen eliminiert. Wenigen Arten gelingt die Anpassung an die schwankenden abiotischen Bedingungen, die sich meist stark von jenen ihres natürlichen Lebensraumes unterscheiden. Viele Arten können zwar zur Nahrungsaufnahme in Lagunen einwandern, die wenigsten können sich hier aber auch fortpflanzen. Ausreichend tolerante Tiere finden dank der hohen Primärproduktion allerdings hervorragende Nahrungsbedingungen, außerdem haben sie oft weder direkte Konkurrenten noch Prädatoren. Sie erreichen hohe Individuendichten, und ihre Biomasse übersteigt in der Lagune deutlich die der ursprünglichen Lebensräume. Sobald die abiotischen Bedingungen jedoch arttypische Toleranzgrenzen überschreiten, führt das regelmäßig zu Massensterben.

Entstehen und natürliche Entwicklung

Die Mittelmeerlagunen sind erdgeschichtlich gesehen relativ jung, ihr Entstehen ist stark mit den wechselnden Meeresspiegelhöhen der letzten 16 000 Jahre verknüpft. Während der jüngsten Eiszeit lag das Niveau des Mittelmeeres bis zu 140 Meter unterhalb des heutigen Meeresspiegels,

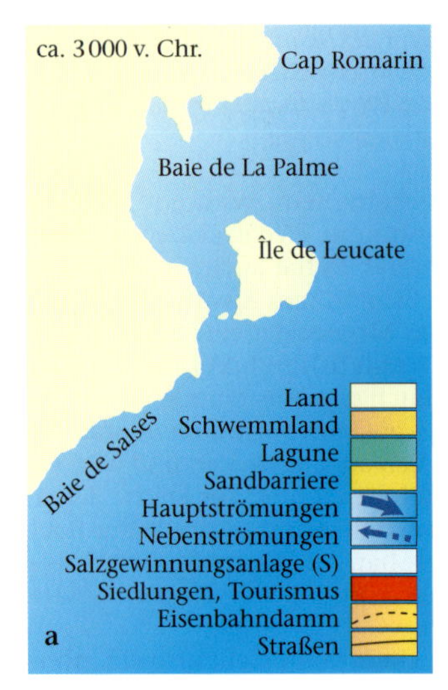

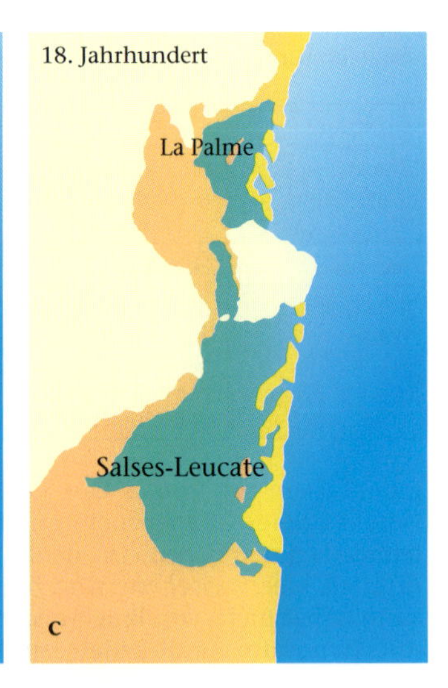

6.29 Oben und rechte Seite: Natürliche Entstehung und durch den Menschen geprägte Entwicklung zweier benachbarter Lagunen in Südfrankreich. Nebeneinander liegende Lagunen können sich durch menschlichen Einfluss völlig unterschiedlich entwickeln, wie eine Untersuchung an den Lagunen von La Palme und Salses-Leucate in Frankreich zeigt (a bis f). Während beide Lagunen im 18. Jahrhundert flache, relativ durchlässige, zeitweise auch geschlossene Verbindungen zum Meer hatten (c), wurde die La Palme-Lagune durch den Bau eines Eisenbahndammes vom Meer abgeschlossen, wobei nur im Süden der Lagune ein 10 m breiter Durchlass zur Ableitung von Hochwasser offen gelassen wurde (d). e) Anfang des 20. Jahrhunderts wurden etwa 40 Prozent des nördlichen Teiles der Lagune für die Salzgewinnung (S) abgetrennt. f) Ungefähr 1965 begannen die baulichen Maßnahmen an der Nachbarlagune Salses-Leucate, die bis dahin unverändert geblieben war. Der Bau von zwei großen Touristenzentren mit 100 000 Übernachtungsmöglichkeiten, mehreren Hafenbecken, drei ständigen Öffnungen zum Meer von bis zu 100 Meter Breite anstelle von zwei temporären Verbindungen, mehreren Straßen, Brücken, Schleusentoren und einer künstlichen Insel hat die Lagune vollständig verändert.

das Wasser war kälter als heute, das Kontinentalschelf lag über weite Bereiche frei, und die Mündungen der großen Flüsse lagen am Schelfrand. Mit dem Ende der Eiszeit und dem Abschmelzen der Gletscher (ab etwa 14 000 v. Chr.) begann eine als Flandrien bezeichnete Transgression* des Meeres; sie hob den Meeresspiegel auf etwa zwei Meter über dem heutigen Niveau. Mit dem Ende des Flandrien, etwa 3 000 v. Chr., war die gesamte küstennahe Zone des Mittelmeeres geflutet. Wahrscheinlich durch das Gewicht der Wassermassen, die auf den relativ lockeren Untergrund drückten, senkte sich in weiterer Folge der Meeresspiegel geringfügig um zwei Meter und erreichte damit das heutige Niveau. Dieser Prozess, die Regression* des Post-Flandrien, war gegen 1 000 v. Chr. abgeschlossen; er legte Küstenabschnitte frei, die sich anschließend durch Sedimentationsprozesse zu den heutigen Lagunenlandschaften entwickelten. Das absolute Alter der Lagunen liegt somit zwischen 3 000 und 5 000 Jahren.

Innerhalb dieses geologischen Rahmens haben sich durch natürliche Prozesse vier verschiedene Typen von Mittelmeerlagunen herausgebildet. Die meisten Lagunen sind durch marine oder deltaische Sedimentation entstanden, einige weitere sind karstischen oder tektonischen Ursprungs, ein Großteil ist aus einer Kombination der verschiedenen Prozesse entstanden. Der Mensch hat in den letzten Jahrhunderten fast alle Mittelmeerlagunen so stark verändert, dass die ursprüngliche Art der Entstehung kaum noch erkennbar ist.

- Durch marine Sedimentation gebildete Lagunen sind der häufigste Typ der Mittelmeerlagunen. Der küstenparallele Transport von Sediment durch die (entgegen dem Uhrzeigersinn verlaufenden) Hauptströmungen des Mittelmeeres hat ihr Entstehen bewirkt. Diese Strömungen reichern sich mit Sand, Flussschlamm aus den großen Strömen und Resten der ehemaligen Pliozänküste an, Sedimenten, die sich nach und nach in strömungsberuhigten Zonen wieder ablagern. Diese Zonen finden sich in der Regel in der Nähe von Buchten, die sich um Felsvorsprünge und Felsinseln gebildet haben. Im Laufe mehrerer Jahrhunderte werden diese Wasserflächen vom Meer isoliert und entwickeln eine eigenständige Dynamik (Abb. 6.29). Die bekanntesten durch marine Sedimentation gebildeten Lagunen finden sich an der französischen Küste des Languedoc-Roussil-

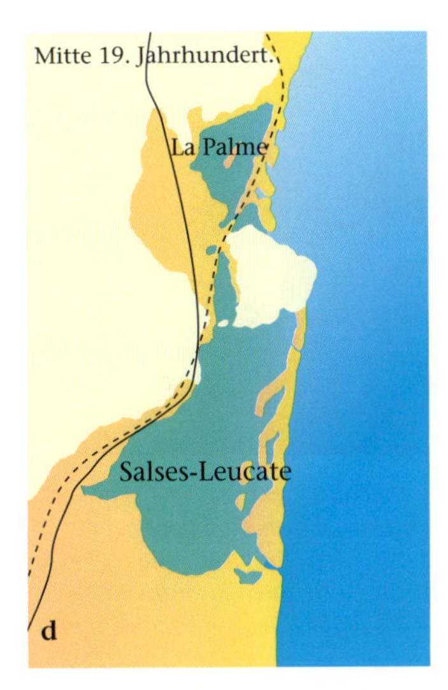

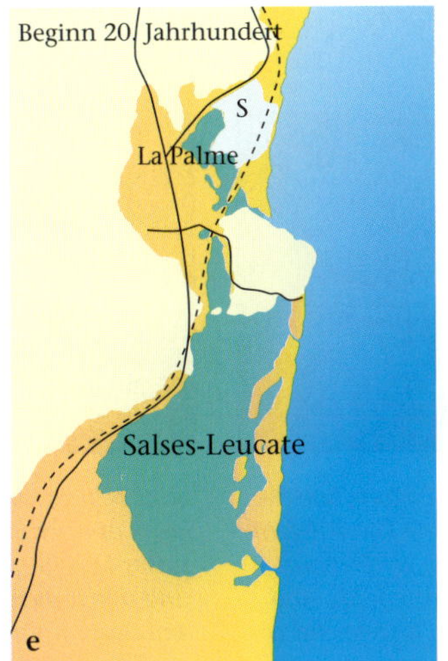

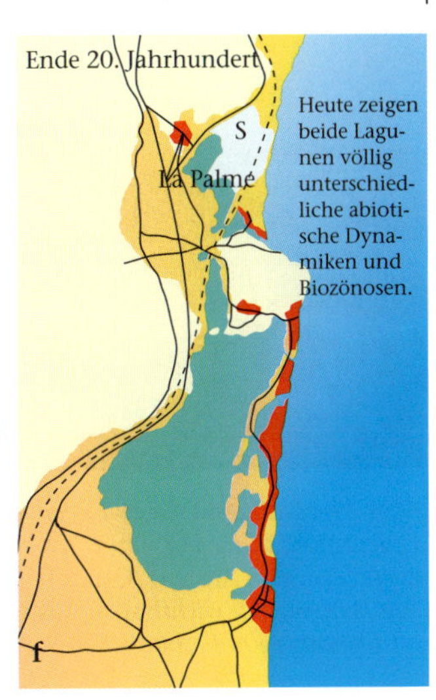

6.30 Entnahme einer Sedimentprobe zum Erfassen und Bestimmen des Zoobenthos an der hyperhalinen Dool Lagune mittels eines speziellen Probenahmegeräts.

lon, wo sie insgesamt etwa 35 000 Hektar Küstenlandschaft bedecken.

- Deltaische Lagunen entstehen zwischen den verschiedenen Armen und Altarmen großer Flüsse durch das Verschieben der Mündungen, das Abtrennen ehemaliger Mündungszonen und den küstenparallelen Transport der Flusssedimente. Auf diese Weise werden regelmäßig größere Zonen von Feuchtgebieten isoliert, die zusätzlich unter dem Einfluss des nahen Meeres stehen. Bekanntestes Beispiel für Lagunen deltaischen Ursprungs ist die Camargue, die zwischen verschiedenen ehemaligen und der heutigen Rhônemündung entstanden ist, doch findet sich dieser Typ von lagunärem Lebensraum an allen größeren Flussmündungen des Mittelmeeres und des Schwarzen Meeres (Ebro, Po, Nil, Donau, Don, Kuban und andere).
- Karstische Lagunen entstehen durch das Ausschwemmen von Karstgestein und den Einbruch von Karstgalerien in Meeresnähe. Die so gebildeten Vertiefungen stehen entweder durch ihren Abflusskanal oder durch unterirdische Galerien im Austausch mit dem Meer. Die Verbindungen können über 100 Meter tief sein und bestehen zum Teil seit mehreren Millionen Jahren, wobei sie damals auf der Höhe des seinerzeitigen Meeresspiegels lagen. Es gibt nur wenige reine Karstlagunen (Font Estramar, Frankreich; Aïn Zaiana, Libyen), doch finden sich Teile davon manchmal in oder an Lagunen anderen Typs (Thau, Frankreich).
- Tektonische Lagunen entstehen durch tektonische Einbrüche oder Einsenkungen. Diese Vertiefungen stehen ober- oder unterirdisch in Kontakt mit dem Meer und haben in der Regel mehrere Süßwasserzuflüsse. Häufig sind sie früher entstanden als die Lagunen anderen Ursprungs und sind meist auch deutlich tiefer. Der Étang de Berre bei Marseille und die Lagunen von Diana und Urbino (Korsika) sind Beispiele für diesen Lagunentyp.

Menschliche Einflüsse

Heute gibt es im gesamten Mittelmeerraum wohl kaum eine Lagune, die nicht durch den Menschen verändert worden ist. Sein vielfältiger Einfluss kann das Einzugsgebiet der Lagune betreffen, die Topographie der Lagune selbst und/oder ihre Verbindung zum Meer. Viele lagunäre Lebensräume sind durch Aufschütten und Trockenlegen verschwunden oder durch Abtrennen von Teilen für Salzgewinnungsanlagen, Aquakulturen, Reisanbaugebiete usw. verkleinert worden. Manche Lagunen sind erst durch den Menschen entstanden (Ponant mit 240 ha, Sarrazine mit 13 ha). Der Bau von Eisenbahnlinien, Kanälen oder Straßen hat häufig die ursprünglichen Wasserflächen fragmentiert oder teilweise vom Meer abgeschnitten. So gab es noch im 17. Jahrhundert zwischen Agde und Mauguio (Frankreich) eine einzige lang-

6.31 Verbindungskanal zwischen der Lagune Salses-Leucate und dem Meer – mit Ansiedlung von Austernzuchtbetrieben. Austern (Ostrea edulis) gehören zu den kommerziell wichtigsten Muschelarten. Sie sind oft übermäßig mit schädlichen Stoffen angereichert.

6.32 Neu gebautes Tourismuszentrum und Hafenanlagen am Verbindungskanal zwischen der Lagune Salses-Leucate und dem Meer. Praktisch alle Lagunen sind durch menschliche Aktivitäten beeinträchtigt und noch anfälliger als andere marine Lebensräume.

gestreckte Lagune. Durch den parallel zur Küste verlaufenden Kanal zwischen Rhône und Sète wurde diese Lagune 1740 durch einen Längsschnitt getrennt, wodurch der landseitige Teil kaum noch in Verbindung mit dem Meer stand. Das Eindeichen von Zuflüssen, der Bau von Straßen und Dämmen und das Auffüllen von über 300 ha Feuchtgebiet hat dieses Gebiet weiter fragmentiert und verkleinert. Auf diese Weise sind 13 Lagunen entstanden, deren schlecht durchströmte Totwasserzonen oft Ausgangspunkt für das „Umkippen“ des Gewässers sind.

Die Lagunen von Venedig wurden seit dem 14. Jahrhundert stark verändert. Aus Angst vor dem Verlust der geschützten Insellage durch Verlanden der Lagune wurde mit dem Umleiten von Flüssen begonnen, um den Sedimenteintrag zu verringern. Von der ursprünglichen Lagunenfläche gingen durch das Umwandeln in Acker- und Weideland 40 km² verloren, durch das Abtrennen von Vallikulturanlagen* (Exkurs S. 530 ff.) 85 km² und den Bau des Industriegebiets von Marghera weitere 32 km². Das Ausbaggern von Schifffahrtsrinnen, das Schließen von fünf der acht Öffnungen zum Meer, das Einleiten großer Mengen ungeklärten Abwassers sowie das Absenken des Grundwasserspiegels durch übermäßige Wasserentnahme für Industrie, Landwirtschaft und Tourismus haben Form und natürliche Dynamik der Lagune vollkommen verändert. Heute beobachten wir unter anderem eine massenhafte Vermehrung von Grünalgen wie *Ulva rigida*, daneben, eher unerwartet, zunehmende Überschwemmungen der Stadt (Aqua alta) und einen höheren Tidenhub als im angrenzenden Meer.

Ein weiteres Beispiel für den Einfluss des Menschen auf den lagunären Lebensraum am Mittelmeer ist die Berre-Lagune (Frankreich). Ab 1550 wurden erste Kanäle zur Be- und Entwässerung von landwirtschaftlichen Flächen angelegt; seit 1863 steht die Lagune durch einen 3 m tiefen künstlichen Kanal, der 1874 auf 6 m und 1925 auf 9 m vertieft wurde, in ständigem Austausch mit dem Meer. 1966 wurde ein Kraftwerk in Betrieb genommen, dessen Kühlwasser (aus der dafür umgeleiteten Durance) in die Lagune strömt. Das jährlich eintretende Süßwasservolumen stieg so von 220 Millionen Kubikmeter auf 3820 Millionen Kubikmeter und der Sedimenteintrag von 25 000 auf 675 000 Tonnen. Abgesehen von der kompletten Veränderung der Biozönose bildete sich eine extrem stabile Sprungschicht*, die einen Austausch zwischen schwerem, salzhaltigem Hypolimnion* und leichtem Epilimnion* verhindert. In der Bodenschicht herrschen ständig anaerobe Verhältnisse, wodurch Seegraswiesen und Zoobenthos fast vollständig verschwunden sind.

Verlanden und Altern

Durch verschiedene Prozesse – natürliche und vom Menschen beeinflusste – verlanden Lagunen nach und nach, ihre Verbindung zum Meer wird verkleinert; das Ende jeder Lagune ist der Übergang in einen terrestrischen Lebensraum. Es gibt vier verschiedene Verlandungsprozesse:

- landseitiges Verlanden durch Sedimenttransport einmündender Flüsse, Bäche und Kanäle;
- meerseitiges Verlanden durch Vergrößern und rechtwinkliges Verschieben der Barriere zwischen Lagune und Meer und das darauf folgende Versanden;
- biogenes Verlanden durch Ablagern von Abfallprodukten biologischer Produktion;
- künstliches Auffüllen ganzer Lagunen oder Teilen davon, um Bau- oder Ackerland zu gewinnen.

Je nach Art und Bedeutung dieser Prozesse kann der Übergang von einer Lagune in terrestrischen Lebensraum unterschiedlich lange dauern. Eine Studie des Service Maritime Frankreich (SMNLR, 1992) hat für die Lagunen des Langue-

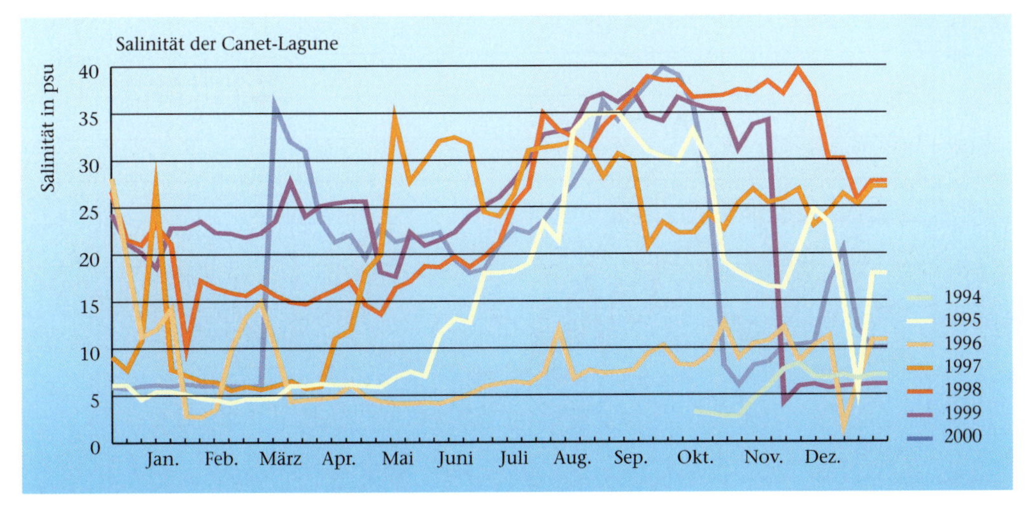

6.33 Variabilität des Salzgehaltes am Beispiel der Canet-Lagune zwischen 1994 und 2000.

doc-Roussillon eine mittlere jährliche Abnahme der Wassertiefe von 0,41 mm ermittelt, was in erster Linie auf große Sedimentmengen aus den einmündenden Gewässern zurückzuführen ist (jährlich bis zu 48 m^3 Sediment pro Hektar Lagunenfläche). Für flache Lagunen mit hohem Sedimenteintrag (Canet, Arnel) ergibt sich nach diesen Berechnungen eine „Lebenserwartung" von etwa 20 Jahren und für tiefe Lagunen mit geringem Sedimenteintrag von zwei bis drei Jahrtausenden (Thau, Salses-Leucate).

Verlandungsprozesse haben in den letzten Jahrzehnten durch menschliche Aktivitäten deutlich zugenommen. Im Languedoc-Roussillon ging zwischen 1950 und 2000 ungefähr so viel lagunärer Lebensraum verloren wie in den 200 Jahren zuvor. Rund 65 Prozent der küstennahen Feuchtgebiete Frankreichs, Spaniens, Italiens und Griechenlands sind im 20. Jahrhundert durch das Einwirken des Menschen verschwunden. Dafür gibt es drei Hauptursachen: Das Eindeichen und Begradigen der einmündenden Fließgewässer zur schnellen Hochwasserableitung hat das Abtrennen natürlicher Überschwemmungs- und Sedimentablagerungsgebiete sowie das Verstärken der Erosionskräfte zur Folge; einfache und relativ preisgünstige Erdbewegungs- und Aushubtechniken haben bauliche Veränderungen erleichtert; gestiegene Nitrat- und Phosphateinträge haben die Primärproduktion und damit die Ablagerung biogener Restprodukte erhöht.

Während bis auf wenige Ausnahmen (Lagunen karstischen und tektonischen Ursprungs) alle Lagunen des Mittelmeeres das gleiche absolute Alter von ungefähr 4 000 Jahren haben, bewegen sie sich aufgrund der Verlandungsprozesse auf einer Zeitachse von einer offenen Lagune über eine geschlossene Lagune bis hin zu einer verlandeten Lagune (was mit ihrem Tod gleichgesetzt werden kann). Jede Lagune durchläuft in ihrer Entwicklung alle drei Stadien. Ihre „Lebenserwartung", also der Zeitraum bis zu ihrem völligen Verlanden, kann wie gesagt durch das Verhältnis zwischen jährlichem Sedimenteintrag und Wassertiefe berechnet werden. So können tiefe Lagunen mit geringem Sedimenttransport (Salses-Leucate, Thau) als junge Lagunen, flache mit hohem Sedimenttransport (Canet und Palavas, Frankreich) hingegen als alte oder gar „senile" Lagunen bezeichnet werden. Der Alterungsprozess wird durch menschliche Maßnahmen beschleunigt oder verlangsamt – in diesem Fall spricht man von einer Verjüngung. Das Klassifizieren von Lagunen nach der Art ihrer Verbindung zum Meer in *leaky* (durchlässige), *restricted* (beschränkte) und *choked* (abgewürgte) Lagunen, wie von Kjerfve (1994) eingeführt, gibt letztlich ihr relatives Alter wieder.

Sediment

Die Art des Sediments und vor allem seine Qualität bestimmen zu einem Großteil Diversität und Art von Phyto- und Zoobenthos. In Lagunen marinen Ursprungs ist der Boden in der Regel sandhaltiger als in Lagunen deltaischen Ursprungs; die Böden von Lagunen karstischen und tektonischen Ursprungs können stellenweise auch felsig sein. Insgesamt überwiegen hohe Schlammanteile, wobei die Dicke der Feinschlammschicht mehrere Meter erreichen kann. In der Regel gibt es drei Schichten: eine Oberflächenschicht von etwa 5 cm Dicke mit schwarzem bis dunkelgrauem, häufig stark reduziertem Sediment mit hohem Wasseranteil (> 50 Prozent) und hohem Anteil an organischem Kohlenstoff; eine Mittelschicht von 40 – 50 cm Dicke mit hellerer Färbung, ähnlich hohem Wasseranteil, aber geringerem Anteil an organischem Kohlenstoff

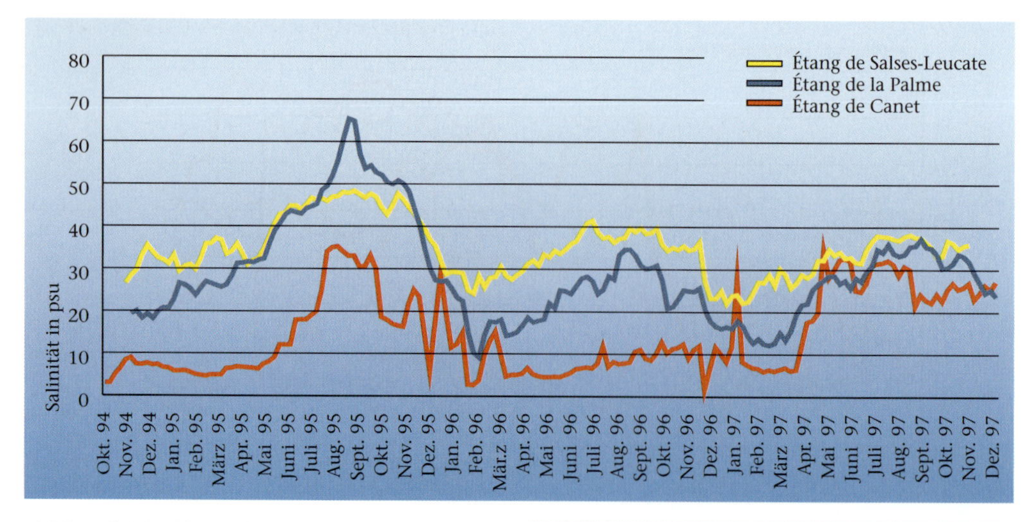

***6.34 und 6.35** Oben: Schwankungen der Salinität in drei benachbarten Lagunen (Wochenmittelwerte): Salses-Leucate, La Palme und Canet in Frankreich zwischen 1994 und 1997. Nach Wilke und Boutière, 2000. Rechts: Salses-Leucate in Südfrankreich mit dem Mont Canigou im Hintergrund. Das Entstehen dieser Lagune, ihr natürliches Altern und der Einfluss des Menschen sind auf Abb. 6.29 dargestellt.*

(1–2 Prozent); und schließlich eine Tiefenschicht von bis zu 20 Meter Dicke mit relativ heller Färbung, geringerem Wasseranteil, höherer Dichte und einem Anteil an organischem Kohlenstoff von unter einem Prozent.

Die interne Produktion von Biomasse trägt dazu bei, dass produktive Lagunen auch ohne größeren Sedimenteintrag aus dem Einzugsgebiet relativ schlammige Böden aufweisen können. So zeigte eine Untersuchung an der Bages-Sigean-Lagune (Frankreich) einen Anteil von fast 40 Prozent biogenem Sediment an der Gesamtsedimentmenge. In relativ belasteten Lagunen sind in den ersten 10 cm des Sediments ungefähr 2 Tonnen Gesamtstickstoff und 0,5 Tonnen Gesamtphosphor und in den ersten 50 cm 6 Tonnen Gesamtstickstoff und eine Tonne Gesamtphosphor pro Hektar Lagunenfläche gespeichert. Zwischen dem Phosphorgehalt in den Zuflüssen und Ablagerungen im Sediment einerseits und den hohen Temperaturen und der Freisetzung von Phosphor andererseits besteht ein klarer Zusammenhang: Im Sommer stellt das Sediment eine bedeutende Phosphorquelle dar.

Wasser

Der Sommer ist im Mittelmeerraum heiß und trocken, der Winter relativ kühl und feucht (vgl. „Klima" S. 172 ff.). Im nördlichen Mediterran werden Extremtemperaturen zwischen –5 °C und 40 °C beobachtet, während im Süden nur selten Minusgrade erreicht werden. Die Sonne scheint rund 2600 Stunden im Jahr mit maximal 10,2 Stunden täglich im Juli; die Lichteinstrahlung bewegt sich zwischen 43 gCal/cm² im Winter und 660 gCal/cm² täglich im Sommer. Der durchschnittliche jährliche Niederschlag beläuft sich auf 600 mm, wobei der Oktober der feuchteste und der Juli der trockenste Monat ist. Die Verdunstung erreicht im Schnitt im nördlichen Mittelmeerraum 1300 mm jährlich, mit den höchsten Werten im Juli, doch können bei besonders starkem Wind (Tramontana, Scirocco; vgl. „Winde" S. 184 ff.) Extremwerte gemessen werden.

Die physikalisch-chemischen Parameter des Wassers in einer Lagune unterliegen wegen der geringen Tiefe des Lebensraumes, den extremen Wetterverhältnissen und auch den menschlichen Einwirkungen sehr hohen zeitlichen und räumlichen Schwankungen; sie können selbst zwischen Vormittag und Nachmittag unterschiedlich sein. Da noch keine automatischen Dauerprobenahmegeräte eingesetzt werden und die Probenahme manuell und meist mit geringer Frequenz (monatlich oder dreimonatlich) erfolgt, stehen nur unregelmäßige Datenserien zur Verfügung – mit langen Unterbrechungen, wechselnden

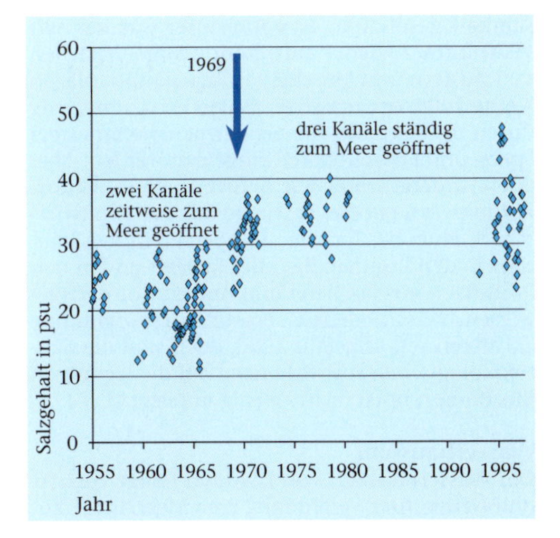

6.36 Einfluss baulicher Maßnahmen auf die Salinität der Lagune von Salses-Leucate mit Auswertung von etwa 3 100 Messungen zwischen 1955 und 2000. Die Erhöhung des Salzgehaltes aufgrund der künstlichen Öffnung zum Meer (1969) ist deutlich erkennbar.

Methoden, sporadischen Messungen; auch macht die Unkenntnis von Probenahmestelle und -zeitpunkt ein Auswerten und damit das Erkennen mittel- und langfristiger Tendenzen schwierig. Daten eines Untersuchungsprogramms an drei benachbarten französischen Lagunen, bei dem eine Kontinuität der Methoden gewährleistet war – von 1994 bis 2000 wurden an etwa 30 Messstellen wöchentlich Proben entnommen –, ermöglichen erste Aussagen über die hohe Schwankungsbreite der physikalisch-chemischen Parameter.

Die Biozönose des lagunären Lebensraumes wird von der Salinität strukturiert. Diese sich ständig ändernde Salinität ist, wie die anderen physikalisch-chemischen Parameter, stark von Wetterverhältnissen und menschlichen Aktivitäten abhängig. Eine Untersuchung an der Canet-Lagune (Frankreich) zeigt, in welchem Ausmaß die Werte von Jahr zu Jahr und selbst von Woche zu Woche schwanken können (Abb. 6.34). Beispiele für das Ausmaß der Änderungen sind Herbst 1998 und 2000, wo ein abruptes Absinken von ca. 35 auf 5 psu, und Frühjahr 2000, wo ein Anstieg von 5 auf 35 psu innerhalb von weniger als einer Woche beobachtet wurde. Generell lassen sich drei Fälle unterscheiden: Zeiträume mit relativ stabilen Werten auf niedrigem Niveau (kein Meerwassereinfluss nach starken Herbstregen); Zeiträume mit relativ stabilen Werten auf hohem Niveau (keine starken Herbstregen und kontinuierliches Eintreten von Meerwasser); Zeiträume mit sehr starken Schwankungen (häufiger Wechsel von starken Regenfällen und Meereseinfluss).

Prinzipiell zeigen benachbarte Lagunen ähnliche jahreszeitliche Schwankungen in ihren Salinitäten, da sie den gleichen klimatischen Verhältnissen unterworfen sind (Abb. 6.34). Durch die herbstlichen und winterlichen Regenfälle sinkt die Salinität auf ein Minimum, das in der Regel im Februar erreicht ist. Durch die abnehmenden Regenfälle im Frühjahr, die sehr trockenen Sommer und die zunehmende Verdunstung steigen die Werte an, um in der Regel ein Maximum im September zu erreichen. Da neben diesen generellen, klimatisch bedingten Schwankungen auch die speziellen Bedingungen des Ökosystems eine Rolle spielen, sind die Jahresgänge nicht gleichmäßig, und die Verhältnisse zwischen benachbarten Lagunen können sich auch ändern.

Ähnlich wie die Salinität hängen alle abiotischen Faktoren von klimatischen Bedingungen, menschlichen Einflüssen sowie biochemischen Prozessen ab, und sie sind auch von ähnlicher Variabilität. Einzelne Parameter können die Toleranzen mancher Tiere überschreiten, was Fluchtbewegung und Mortalität zur Folge hat. So sind die hohen sommerlichen (bis 30 °C) und die niedrigen winterlichen Wassertemperaturen (bis zum Gefrierpunkt) sowie die häufigen spätsommerlichen Sauerstoffdefizite regelmäßig Ursache für Fischsterben. In verschiedenen französischen Lagunen wurde im Dezember 1998 ein Massensterben von mehreren Tonnen Goldbrassen *(Sparus aurata)* nach einem abrupten Absinken der Wassertemperatur von 9 °C auf 4 °C beobachtet. Sauerstoffdefizite sind in den lagunären Lebensräumen des Mittelmeeres häufig, da warmes, salzhaltiges Wasser eine deutlich geringere Kapazität hat, Sauerstoff aufzunehmen. Wasser bei 25 °C und 35 psu ist bereits mit 6,75 mg/l zu 100 Prozent gesättigt, Wasser mit 15 °C und 10 psu hat jedoch bei 100 Prozent Sättigung 9,47 mg/l Sauerstoff aufgenommen. Auch der pH-Wert kann durch seinen Einfluss auf chemische Gleichgewichte toxisch wirken. In der Zeit von Algenblüten treten häufig pH-Werte von bis zu 10 auf, die 78 Prozent des NH_4/NH_3-Gesamtsystems als toxisches Ammoniak vorliegen lassen, was bereits bei Konzentrationen von 0,03–0,05 mg/l zu chronischen Schäden bei Fischbrut führt.

Allgemein werden durch die hohen Temperaturen, die intensive Lichteinstrahlung, die hohe Photosyntheserate, die große Verdunstungsrate, die geringe Wassertiefe und die reduzierten Austauschraten mit den angrenzenden Lebensräumen im Sommer höhere Wassertemperaturen und pH-Werte sowie geringere Sauerstoffkonzentrationen und Redoxpotenziale beobachtet. Diese Situation führt immer wieder zu Krisen, die umso größer sind, als die Lebensräume durch bauliche Maßnahmen und das Einleiten von ungenügend geklärtem Abwasser in ihrer natürlichen Dynamik

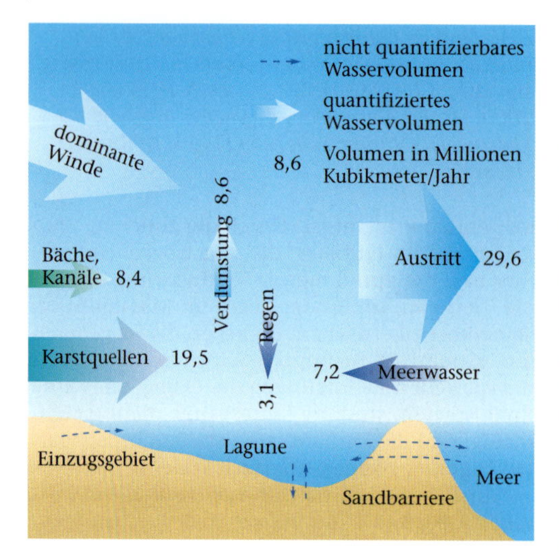

6.37 Beispiel für den Wasserhaushalt einer durch marine Sedimentation entstandener Lagune (La Palme) mit starkem Einfluss von Zuflüssen aus Karstquellen.

gestört sind. Diese sommerliche Entwicklung geht relativ langsam und kontinuierlich vonstatten, Flora und Fauna können ihre Toleranzgrenzen leicht verschieben, und die Krisen sind bei Überschreiten der Limits relativ vorhersehbar. Im Winter hingegen wird die Anpassungsfähigkeit von Flora und Fauna vor allem durch die schnellen und heftigen Änderungen der abiotischen Parameter – Folge des wechselhaften Wetters – überfordert.

Bei jeder Änderung des Salzgehalts ändert sich die Zusammensetzung des Wassers und damit die Konzentrationen der chemischen Verbindungen. Sporadische Stichproben erlauben daher keine allgemein gültigen Aussagen über den Nährstoffzustand des Gewässers. Die starke Veränderlichkeit ist auch der Grund dafür, dass es bisher kein System gibt, mit dem die Mittelmeerlagunen nach ihrer Wasserqualität klassifiziert werden können, wie dies an Fließgewässern, Binnenseen und dem Meer seit vielen Jahren praktiziert wird. Der hohe Eintrag an Nährsalzen durch ungenügend geklärte Abwässer und das Auswaschen von Düngemitteln aus landwirtschaftlich genutzten Böden führt zu hohen Konzentrationen dieser Verbindungen im Wasser. So werden in die Albufera-Lagune von Valencia jährlich 1908 Tonnen Ammonium-Stickstoff ($N\text{-}NH_3$), 2077 Tonnen Nitrat- und Nitrit-Stickstoff ($N\text{-}NO_3$+$N\text{-}NO_2$), 4335 Tonnen organischer Stickstoff und 991 Tonnen Gesamtphosphor eingeleitet, was einer jährlichen Menge von 324 g Stickstoff und 38,6 g Phosphor pro m^2 Lagunenfläche entspricht. In den letzten Jahren wurde der Analyse von Schadstoffen in den lagunären Lebensräumen vermehrt Aufmerksamkeit geschenkt. Hauptauslöser war das seit 1970 immer wieder auftretende Massensterben von Austern und Muscheln in Aquakulturanlagen – eine Folge der massiven Wasserverschmutzung durch die Algizide, die als Bewuchshemmer bei Sport- und Freizeitbooten eingesetzt werden. Aber auch andere Stoffe wie Schwermetalle, Chlorkohlenwasserstoffe, Pestizide aus der Landwirtschaft, Phenole, Tenside usw. werden immer häufiger in den Lagunen des Mittelmeeres und in den Produkten aus Fischerei und Aquakultur nachgewiesen. Verschiedene Überwachungsprogramme existieren seit ungefähr 1980, doch sind die ökotoxikologischen Auswirkungen auf die lagunären Biozönosen noch relativ wenig untersucht.

Wasserhaushalt

Der Wasserhaushalt von Lagunen hängt von Art und Dauer ihrer Verbindung zum Meer, ihren Zuflüssen, der Niederschlags- und der Verdunstungsmenge ab. Da alle Parameter von klimatischen Einflüssen bestimmt werden, können Perioden starker Austauschprozesse von Perioden extremer Stagnation abgelöst werden. Diese große Variabilität macht es schwierig, eine komplette Wasserbilanz aufzustellen. Weitere Schwierigkeiten bestehen darin, dass die Süßwassereinträge, vor allem in deltaischen Lagunen, häufig diffus und die Austauschprozesse mit dem Grundwasser meist unbekannt sind. Hinzu kommt, dass in den Verbindungskanälen mit dem Meer regelmäßig in verschiedenen Wasserschichten entgegengesetzte Strömungen auftreten und das Meer manchmal die gesamte Sandbarriere zur Lagune überschwemmt (Pierre-Blanche, Frankreich; Bardawil, Ägypten). So können die eintretenden Wassermengen praktisch nicht ermittelt werden. Auch gibt es kaum automatische Messstationen, die eine genaue Kenntnis der zu- und abfließenden Wassermengen vermitteln. Diese Schwierigkeiten führen dazu, dass es für keine einzige Mittelmeerlagune eine vollständige Wasserbilanz gibt. Ein Beispiel für eine provisorische Wasserbilanz, ermittelt für die Lagune La Palme, Frankreich, findet sich in Abb. 6.37. Die ein- und austretenden Wassermengen entsprechen dem zwölffachen Volumen der Lagune. Die Verweilzeit des Süßwassers in der Lagune *(freshwater replacement time)* entspricht 35 Tagen. Lagunen, die nur geringfügige Süßwassereintritte haben oder weitgehend vom Meer abgeschnitten sind, haben deutlich geringere Austauschraten; Lagunen, deren Öffnung zum Meer sehr groß ist oder die einen relativ hohen Tidenhub haben (Venedig, Italien; Bou Grara, Tunesien), zeigen deutlich höhere Austauschraten.

Flora und Fauna

Lagunen sind Senken für große Mengen von Nährstoffen, die durch die verschiedenen Zuflüsse eintreten. Ihre geringe Tiefe, die hohe eindringende Lichtmenge und die hohen Wassertemperaturen führen zu beträchtlicher Primärproduktion, nachfolgender Sekundärproduktion und damit großen Biomassen. Zwar können sich nur relativ wenige tolerante Arten (eurytherm, euryhalin) an die besonderen abiotischen Bedingungen anpassen, doch bringen diese durch das gute Nährstoffangebot und das weitgehende Fehlen von Prädatoren und Konkurrenten hohe Individuenzahlen hervor. Die Anpassungsfähigkeit an die extremen Bedingungen des Lebensraumes nimmt allerdings während der Reproduktionszeit ab; auch sind die größeren Invertebraten (z. B. Decapoda) und Fische gezwungen, zur Fortpflanzung die Lagune zu verlassen.

Die lagunären Lebensräume des Mittelmeeres sind daher von starker Fluktuation, jahreszeitlichen Schwankungen, hoher Veränderlichkeit in der Zusammensetzung der Biozönose sowie Massensterben bei Überschreiten der Toleranzgrenzen gekennzeichnet. Durch die relativ kurze Entstehungsgeschichte des Lebensraumes konnten sich zwar verschiedene Arten morphologisch an die besonderen Bedingungen anpassen, doch gibt es keine speziellen Lagunenarten und -biozönosen und auch keine endemischen Mittelmeerarten, die ausschließlich auf den lagunären Lebensraum beschränkt wären. Die in den Lagunen vorkommenden Tier- und Pflanzenarten sind in der Regel Generalisten, die durch ihre hohe Anpassungsfähigkeit ein weites Verbreitungsgebiet haben. Manche selten anzutreffende Arten sind zufällige Einwanderer bzw. Besucher, die den Lebensraum relativ schnell wieder verlassen. Manchmal finden sehr seltene und hochspezialisierte Arten in einer besonderen Lagune ihre Optimalbedingungen und können dann hier einen hohen Prozentsatz der Gesamtbiozönose bilden.

Insgesamt haben wir heute aber nur ein sehr unvollständiges Bild über die Flora und Fauna der Mittelmeerlagunen. Auch wird der dynamische Charakter des Lebensraumes nicht genügend berücksichtigt. Bizönosen, die in der Vergangenheit für eine bestimmte Lagune beschrieben wurden, werden mangels neuerer Daten häufig noch lange nach ihrem Verschwinden als charakteristisch für die entsprechende Lagune angeführt. Es gibt außer einigen relativ kleinen, unter Naturschutz stehenden Lebensräumen praktisch keine Mittelmeerlagune, die regelmäßig biologisch untersucht wird.

Phytoplankton

Unter dem Begriff Phytoplankton wird eine große Anzahl unterschiedlicher, häufig einzelliger Lebewesen zusammengefasst, die von Strömungen weiterbefördert werden und ihre Energie aus Photosynthese beziehen. Allerdings sind die Grenzen häufig fließend, da zu ihnen auch die für die lagunären Lebensräume sehr bedeutenden

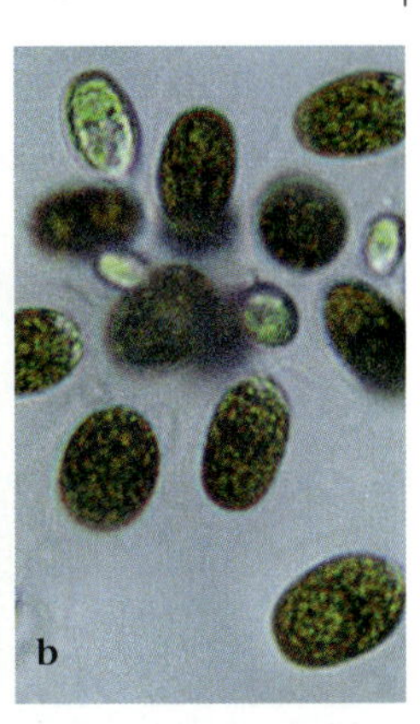

6.38 a) Durch die Alge Dunaliella salina grün gefärbtes Wasser einer hypersalinen Lagune. b) Dunaliella salina in einer mikroskopischen Aufnahme.

Panzergeißler (Dinoflagellata) gezählt werden, die sowohl autotroph* wie heterotroph* leben und sich mithilfe ihrer Geißeln auch aktiv fortbewegen können. In tunesischen Lagunen waren von 72 bestimmten Arten 54 Prozent Diatomeen und 26 Prozent Dinoflagellaten, in ägyptischen Lagunen von 51 Arten 63 Prozent Diatomeen und 12 Prozent Chlorophyceen, in französischen Lagunen von 73 Arten 67 Prozent Diatomeen und 21 Prozent Dinoflagellaten.

Die Hauptvertreter der im nördlichen Mittelmeer auftretenden Diatomeen sind *Chaetoceros, Cocconeis, Grammatophora, Leptocylindrus, Licmophora, Navicula, Nitzschia* und *Skeletonema.* Die am häufigsten bestimmten Dinoflagellaten sind *Prorocentrum* und *Scripsiella.* In den letzten Jahrzehnten haben im Rahmen der Gesundheitsüberwachung der Produkte aus den Muschelzuchten einige Toxine bildende Dinoflagellaten an Bedeutung gewonnen: *Dinophysis acuminata, Dinophysis sacculus, Prorocentrum minimum* und *Gymnodinium spirale.*

Diese Arten bilden regelmäßig Algenblüten, die jedoch meist nur von einer einzigen Art verursacht werden. In der Orbetello-Lagune (Italien) traten zwischen Juli 1986 und August 1989 neun Algenblüten auf, bei denen 95 Prozent der Zellen einer einzigen Art angehörten. Meist sind diese Massenvermehrungen von relativ geringer Dauer und überschreiten selten Konzentrationen von 200 000 Zellen pro Liter. Sie können aber auch länger andauern, wie eine im Winter und Frühjahr 1997/98 in der Lagune von Canet (Frankreich) beobachtete Algenblüte *(Prorocentrum minimum)* zeigte, die während nahezu fünf Monaten Konzentrationen von bis zu 200 Millionen Zellen pro Liter erreichte. Nach einer ökologischen Katastrophe mit dem kompletten Absterben von Zooplankton, Zoobenthos, Makrophytobenthos und Fischfauna wurde in einer kleinen italienischen

6.39 Lagune von Aygual de Saint-Cyprien in Südfrankreich. Sie ist Überrest einer großen Lagune, die durch natürliche und menschliche Einwirkungen weitgehend verlandet und inzwischen größtenteils zu einem Golfplatz umgestaltet worden ist.

Lagune sogar während acht Jahren ein stabiles Gleichgewicht zwischen einer Cyanobakterienblüte und H_2S-Produktion beobachtet, das keinerlei jahreszeitlichen Schwankungen unterlag. Die Phytoplankton-Biomasse betrug ständig bis zu 300 g/m^3. Während einer Algenblüte der Cyanobakterie *Nannochloris* (10^9 = 1 Milliarde Zellen/l) in der Lagune von Salses-Leucate wurde praktisch die gesamte Produktion der Aquakulturanlagen sowie ein Großteil von Zoobenthos und Seegras *(Zostera noltii)* vernichtet. Selbst ein Jahr später wurden noch Konzentrationen von 20 x 10^6 (20 Millionen) *Nannochloris*/l gemessen, und die Flora und Fauna war noch stark gestört.

Meistens beginnen Algenblüten im Frühjahr mit der Erwärmung des Wassers und der erhöhten Sonneneinstrahlung durch eine Massenvermehrung von Diatomeen, weil diese die im Wasser vorhandenen Nährstoffe schnell nutzen können. Da sie jedoch zu ihrem Zellaufbau Silicium benötigen, das oft zum limitierenden Faktor wird, werden sie bald durch die langsamer wachsenden Dinoflagellaten ersetzt. Während dieser Phase sind häufig pH-Werte bis zu 10 und – in der Mittagszeit – Sauerstoffsättigungswerte bis zu 300 Prozent zu beobachten. Durch den Verbrauch der Nährstoffe, die gegenseitige Hemmung und das Auftreten von Prädatoren *(grazing)* kommt es anschließend zum Absterben und Absinken der Zellen, was eine Vermehrung von abbauenden Bakterien zur Folge hat. Deren Aktivität verursacht ein Absinken des pH-Wertes bis auf etwa 6,5 und des Sauerstoffgehalts bis hin zur Anaerobie. Dieser Sauerstoffmangel, die hohe Wassertrübung sowie die Bildung von Toxinen haben regelmäßig Fisch- und Invertebratensterben und manchmal auch das Absterben der Blütenpflanzen (Spermatophyta) zur Folge. Starke Phytoplanktonblüten sind trotz der begünstigenden Umstände in den Mittelmeerlagunen eher selten, und zwar aus zwei Gründen: Zum einen überfordert die starke Variabilität der abiotischen Faktoren mit häufigen extremen Schwankungen in kurzer Zeit die Anpassungsfähigkeit der einzelnen Arten; zum anderen führen die häufigen starken Winde und die geringen Wassertiefen zum Aufwirbeln des Oberflächensediments und einer extrem hohen Wassertrübung (bis zu 460 FTU Trübung und Sichttiefen unter 5 cm Secchi); die Lichtenergie wird zum limitierenden Faktor für die Photosynthese.

Algen (Phycophytal)

In manchen Lagunen, etwa in Thau, kommen fast 150 Algenarten gleichzeitig vor. Den größten Anteil davon bilden meist die Grünalgen (Chlorophyta), deren Erscheinungsformen sehr vielfältig sein können und die vom einfachen, unverzweigten fadenförmigen bis zum großen röhren-, band-, blatt- oder lappenförmigen Thallus reichen. Die häufigsten Arten sind der Meersalat *(Ulva lactuca* und *U. rigida)*, leicht erkennbar an seinen blattartigen, dünnen Lappen von bis zu zwei Meter Länge, und der dünne, schlauchartige Darmtang *(Enteromorpha intestinalis)*. Ebenfalls weit verbreitet sind das Uferborstenhaar *(Chaetomorpha aerea)* und verschiedene Arten der Zwergfadenalge *(Cladophora sp.)*. Weitere vorkommende Schlauchtangarten, wenngleich deutlich seltener, sind *E. flexuosa, E. ramulosa, E. prolifera, E. linza, E. clathrata, E. ralfsii*. Verschiedene Lagunen können von der marinen Grünalge *Caulerpa prolifera* dominiert sein (Biserta, Tunesien), die eingeschleppte Art *C. taxifolia* wurde bisher nicht in den Lagunen beobachtet (Exkurs, S. 520 ff.).

Alle diese Arten kommen in den Mittelmeerlagunen in der Regel frei treibend vor. In relativ flachen Gewässern mit sandigem Untergrund finden sich darüber hinaus die ca. 4–8 cm großen, festverwurzelten Schirmalgen *Acetabularia mediterranea*. Die Lesseps'sche Art *A. calyculus* kommt nur in wenigen Lagunen wie Menor, Ebrodelta in Spanien und Bardawil in Ägypten vor. Eine morphologische Besonderheit kann an der Seetraube *(Valonia utricularis)* beobachtet werden. Die im Meer an Gestein verhaftete und länglich-blasenförmige, 2–4 cm große Auswüchse bildende Alge formt in verschiedenen Mittelmeerlagunen unverhaftete Kugeln von ca. 6 cm Durchmesser mit ca. 1 cm großen länglichen Auswüchsen am äußeren Rand. In der Lagune von Salses-Leucate bildet sie mehrere hundert Quadratmeter große Teppiche, die sich frei rollend über den Boden bewegen und dabei andere Algen und Seegräser ersticken.

Die Braunalgen (Phaeophyta) bevorzugen in der Regel kältere, gemäßigtere Zonen und sind daher in den Mittelmeerlagunen relativ selten. Hier kommen insbesondere *Cystoseira barbata, Desmarestia viridis, Dictyota dichotoma, Dyctyopteris polypodioides, Ectocarpus confervoides, Scytosiphon lomentaria* und *S. adriaticus* vor, wobei meist *E. confervoides* dominiert (Phaeosporeae). In den letzten Jahrzehnten haben sich *Undaria pinnatifida* und *Sargassum multicum*, die aus Japan in die nördlichen Mittelmeerlagunen eingeführt wurden, deutlich ausgebreitet. Da jedoch beide Arten hier keine idealen Bedingungen für ihre Vermehrung zu finden scheinen, führen sie eher ein Randdasein.

Ungefähr 20 Rotalgenarten (Rodophyta) können regelmäßig in den Lagunen des nördlichen Mittelmeeres gefunden werden. Die häufigsten Arten sind *Gracilaria verrucosa* und andere Gracilarien sowie *Ceramium diaphanum, Chondria tenissima, Holopitys incurvus, Lophosiphonia subadunca, Polysiphonia opaca, Radicilingua thysanorhizans, Rytiphloea tinctoria* und *Solieria chordalis*. In den meisten Lagunen des Mittelmeeres wird eine Abnahme der Rotalgen beobachtet, doch können sie in einzelnen Lebensräumen, etwa in Thau, fast die Hälfte der algalen Biomasse ausmachen.

Durch das Fehlen der ungeschlechtlichen Fortpflanzung und den komplizierten Aufbau der Sexualorgane mit Oogonien und Antheridien ist die systematische Stellung der Armleuchteralgen (Charophytae) umstritten. Während sie früher als eigene Abteilung des Pflanzenreichs behandelt wurden, werden sie gegenwärtig als eigenes Taxon den Grünalgen (Chlorophyta) und den Thalluspflanzen (Thallophyta) zugeordnet. Die Armleuchteralgen umfassen nur die Familie der Characeae. In den lagunären Lebensräumen des Mittelmeeres finden sich vor allem *Lamprothamnium papulosum, Chara canescens* und *C. gallioides*, wobei *L. papulosum* meist dominiert und Biomassen von ca. 600 g/m² (Feuchtgewicht) erreichen kann. Auf Sandböden stellen Armleuchteralgen häufig die einzige Vegetation dar und spielen somit eine wichtige Rolle als Versteck für Fischlarven und Jungfische.

Blütenpflanzen (Spermatophyta)

Die Hauptvertreter der Blütenpflanzen der Mittelmeerlagunen sind *Cymodocea nodosa, Potamogeton pectinatus, Ruppia maritima* (Abb. 6.40), *R. spiralis, Zanichellia palustris, Zostera marina* und *Z. noltii*. Von den beiden im Mittelmeer vorkommenden Seegrasarten *Posidonia oceanica* und *Halophila stipulacea* kommt nur *P. oceanica* in seltenen Fällen in stark marinisierten Lagunen oder meerseitig in den Verbindungskanälen mit dem Meer vor (Nador in Marokko, Farwa in Libyen). Beide Arten vertragen kein Süßwasser und bevorzugen wenig bewegliche Böden mit hohem Sandanteil, wie sie in den Lagunen kaum anzutreffen sind. Zusätzlich zu den genannten Arten haben sich in den letzten 20 Jahren im gesamten Mittelmeerraum an Kanälen und Süßwasserlagunen zwei aus Amerika eingeschleppte Heusenkräuter stark vermehrt: *Ludwigia grandiflora* und *L. peploïdes*.

Das Kammlaichkraut *Potamogeton pectinatus* und der Teichfaden *Zanichellia palustris* sind Süßwasserpflanzen, die auch geringe Salinitäten (< 10 psu) verkraften. Sie finden sich daher entweder in süßwassergeprägten Lagunen oder in Süßwasserbereichen von lang gestreckten Lagunen, die einen deutlichen Salinitätsgradienten aufweisen. In diesen Bereichen stehen sie in direkter Konkurrenz mit den eingeschleppten Heusenkräutern *(Ludwigia grandiflora, L. peploïdes)* und wurden von diesen bereits aus einer großen Zahl von Lebensräumen verdrängt; Grund dafür ist das schnellere Wachstum und die Bildung extrem dichter oberflächennaher Pflanzenteppiche. Wegen ihrer ansprechenden gelben Blüten bereits gegen 1830 als Zierpflanze in Südfrankreich eingeführt, konnten sich die Heusenkräuter erst mit den in den letzten Jahrzehnten geänderten Be- und Entwässerungstechniken in den natürlichen Lebensräumen ausbreiten. Das früher übliche Austrocknen der Kanäle und ihre ehemals geringe Vernetzung waren natürliche Hemmschwellen; heute bilden ständig durchflossene Kanalsysteme ideale Ausbreitungsbedingungen. Verschiedene Techniken zur Eindämmung der Heusenkräuter (sommerliches Trockenlegen, Einsatz von Filtern an den Kanälen, manuelles Ausreißen, Verändern der Ufermorphologie, Einsatz von Herbiziden) werden augenblicklich an den französischen Mittelmeerlagunen getestet.

Die Saldengewächse (Ruppiaceae) sind strikt lagunäre Arten, die hohe Schwankungen von Temperatur und Salinität vertragen. Sie können sowohl in Süßwasserlagunen als auch in hyperhalinen Lagunen mit Salinitäten von 100 psu vor-

6.40 Ruppia maritima kommt in Lagunen unterschiedlicher Salinität vor. Aus bisher unbekannten Gründen kommt die Art zwar in Lagunen mit der Salinität von Meerwasser vor, jedoch kaum im Meer selbst. Allerdings wurde Ruppia auch schon direkt im Meer beobachtet, z. B. auf der Insel Krk in der Nordadria. In 10 m Tiefe hat sich dort auf dem Hartboden ein richtiger Bestand entwickelt.

kommen (Doul, Frankreich), wo sie meist die einzige Art von Blütenpflanzen sind. Insgesamt wurden vier Arten beschrieben *(Ruppia maritima, R. cirrhosa, R. rostellata, R. spiralis)*, doch herrscht keine Einigkeit, ob es sich bei den drei letzteren nicht um Unterarten von *R. maritima* handelt. Während der Blütezeit kann der Pollen der Saldengewächse in einer dünnen Schicht die gesamte Lagune bedecken; die gelblichen Ablagerungen an den Ufern werden dann oft für Schwefelablagerungen gehalten.

Als Pflanzen, die ausgedehnte Kälteperioden benötigen, kommen die beiden marinen Seegrasarten *Zostera marina und Z. noltii* heute fast ausschließlich in den kalten Meeren vor. In den Lagunen des Mittelmeeres konnten sie sich aufgrund von Wassertemperaturen halten, die hier im Winter deutlich unter denen des Meeres liegen. Während das Gemeine Seegras *(Z. marina)* geringe Toleranzen gegenüber der Salinität hat und daher nur in marinisierten Lagunen vorkommt, wird die Verbreitung des Zwergseegrases *(Z. noltii)* aufgrund seiner deutlich kürzeren Wurzeln durch die Qualität des Oberflächensediments (aerobes Sediment, positive Redoxpotenziale) limitiert. Durch seine geringe Länge ist es meist auf Wassertiefen unter einem Meter beschränkt, während *Z. marina* noch in Tiefen bis zu 10 m vorkommen kann. Das Tanggras *(Cymodocea nodosa)* wird in denselben Lebensräumen wie *Z. marina* gefunden, wodurch die beiden Arten öfter verwechselt werden.

In relativ intakten Lebensräumen wird ungefähr ein Viertel der Biomasse von Blütenpflanzen und drei Viertel von Algen produziert. Da jedoch ein genereller Rückgang der Blütenpflanzen in den Mittelmeerlagunen beobachtet wird und diese mehr und mehr von den schnell wachsenden nitrophilen Grünalgen ersetzt werden, können die Blütenpflanzen aus manchen Lagunen praktisch verschwinden. Untersuchungen der Veränderlichkeit des Anteils der einzelnen Algenarten an der pflanzlichen Gesamtproduktion in einer Lagune des nördlichen Mittelmeeres (Prévost, Frankreich) zeigten, dass es während des gesamten Untersuchungszeitraumes keinerlei Blütenpflanzen in der Lagune gab. In den Sommermonaten fehlten aufgrund der zu hohen Wassertemperaturen auch die mehrzelligen Algen.

Die Primärproduktion schwankt in den Mittelmeerlagunen zwischen 0,1 und 4 g organischen Kohlenstoffs pro m^2 täglich. Dies entspricht durchschnittlichen pflanzlichen Biomassen zwischen 0,5 und 2 kg Feuchtgewicht (FG) pro m^2, die jedoch lokal, etwa bei Venedig, bis zu 20 kg FG/m^2 erreichen können. In der Lagune von Tunis wurden für *Ulva* Verdoppelungszeiten der Biomasse von 5,65 Tagen ermittelt.

Zooplankton

Das Zooplankton der Mittelmeerlagunen unterliegt starken jahreszeitlichen Schwankungen und kann zu manchen Zeiten gänzlich fehlen. Die höchste Diversität wird in der Regel im Frühjahr erreicht, wo in der Thau-Lagune 109 Taxa bestimmt wurden. Von diesen hatten jedoch nur 28 Arten Individuenzahlen, die mehr als 0,1 Prozent der Gesamtzahl ausmachten. Diese Arten stellten damit 98,7 Prozent der bis zu 5000 Individuen pro m^3. Die dominierenden Arten gehören in der Regel zu den Ruderfüßern (beispielsweise *Diaptomus salinus, D. wierzejskii, Eurytemora velox*); manchmal sind sie auch die einzige Art im Zooplankton einer Lagune, wie dies beispielsweise an der Citis-Lagune (Frankreich) beobachtet wurde. Hier wurde ausschließlich der Ruderfüßer *Calanipeda aquae dulcis* bestimmt, der drei Generationen pro Jahr bildete, wodurch alle Entwicklungsstufen fast ständig präsent waren. Zusätzlich zu den genannten Arten und einigen anderen typischen Zooplanktern verbringt ein Teil der in den Lagunen vorkommenden größeren Tiere ihr Larvenstadium als Plankton. Die vom Zooplankton gebildete Biomasse beträgt in der Regel bis zu 2500 mg Trockengewicht pro m^3.

Wirbellose

In einer Untersuchung von 1987 wurden durch Clanzig in der Lagune von Salses-Leucate insgesamt 650 Arten von Wirbellosen bestimmt. Hiervon kam jedoch der größte Teil nur im Bereich der Verbindungskanäle zum Meer vor, in einem Habitat, das durch seine räumliche und physikalisch-chemische Nähe zum Meer auch von wenig mobilen Arten leicht zu besiedeln ist. Unsere Beschreibung der Wirbellosenfauna der Mittelmeerlagunen muss sich auf Weichtiere und Gliederfüßer beschränken, die zum Teil eine besondere Stellung innerhalb des Nahrungsnetzes einnehmen, relativ leicht in den Lagunen gesichtet werden können oder aber eine besondere Bedeutung für Fischerei und Aquakultur haben. Von den anderen wichtigen Taxa wurden in den Mittelmeerlagunen insbesondere folgende Arten beschrieben: Schwämme *(Cliona celata, Haliclona mediterranea, Leucosolenia variabilis, Suberites carnosus, S. domuncula, Sycon raphanus)*, Nesseltiere (Hydroiden: *Claonema radiatum, Dipurena halterata, Podocryne carnea, Rathkea octopunctata, Sarsia gemmifera, Tabularia mesembryanthemum, Zanclea sessilis;* Quallen: *Aurelia aurita, Chelophyes appendiculata, Chrysaora hysocella, Cotylorhiza tuberculata, Muggiaea kochi, Nausithoe punctata, Pelagia noctiluca, Rhizostoma cuvieri;* Seeanemonen: *Actinia equina, Aiptasia lacerata, Anemonia sulcata, Paractis striata*), Ringelwürmer *(Ficopomatus enigmaticus, Hediste diversicolor, H. hircinicola, H. pelagica, Hirudo medicinalis, Polycirrus aurantiacus)*, Stachelhäuter *(Asterina gibbosa, Astropecten sp., Paracentrotus lividus)*, Manteltiere *(Ascidia conchylega, Ascidia virginea, Botryllus leachi, B. schlosseri, Ciona intestinalis, Clavellina lepadiformis, Diazona violacea, Didemnum maculosum, Diplosoma listerianum, Phallusia mammilata)*.

Wegen seiner starken Beeinflussung des Ökosystems kommt dem durch den Suezkanal eingewanderten Ringelwurm *Ficopomatus enigmaticus* besondere Bedeutung zu. Dieser Kalkröhren bildende Wurm hat sich in verschiedenen Mittelmeerlagunen (Tunis/Tunesien, Berre, Or, Campignol/Frankreich) so stark vermehrt, dass bis zu einem Drittel der gesamten Oberfläche von den riffähnlichen, teilweise mehrere Meter dicken Strukturen bedeckt ist. Diese bilden eine wichtige Besiedlungsfläche für verschiedene Tiere und Makroalgen, aber auch ein großes Hindernis für Wasserfahrzeuge. Durch ihr schnelles Wachstum können sie den Durchmesser der Kanäle deutlich verkleinern und damit den Wasseraustausch verringern

Weichtiere (Mollusca)

Die Hauptvertreter der in den Lagunen vorkommenden Weichtiere gehören zu den Schnecken (Gastropoda) und den Muscheln (Bivalvia). Die weiteren Klassen kommen nur selten und nur in stark marinisierten, relativ tiefen Mittelmeerlagunen vor. Nur fünf Arten von Käferschnecken (Placophora), eine Art von Grabfüßern (Scaphopoda) und eine Art von Kopffüßern (Cephalopoda) wurden in den Mittelmeerlagunen gesichtet; im Schwarzen Meer sind von diesen sieben Arten nur zwei bekannt geworden.

Ungefähr 75 Schnecken- und 55 Muschelarten werden regelmäßig aus den Lagunen des Mittelmeeres und des Schwarzen Meeres gemeldet. Die häufigsten Vertreter der Gastropoda sind *Hydrobia acuta, Rissoa grossa* und *Cyclope neritea*. Zusätzlich zu diesen heimischen Arten hat die aus Neuseeland eingeschleppte Art *Potamogyrus jenkinsi* weite Verbreitung gefunden. Die an der Oberfläche von Grünalgen lebenden Schnauzenschnecken (Hydrobiidae) können sich in verschiedenen Jahren massenhaft vermehren. Nach ihrem Absterben treiben die nur wenige Millimeter großen leeren Gehäuse an der Wasseroberfläche und werden schließlich an den Ufern abgelagert; dort bilden sie regelrechte Mikrodünen, die von weitem oft für Sandablagerungen gehalten werden. Die häufigsten Vertreter der Bivalvia sind: *Abra ovata, Cerastoderma edule, Mytilus marioni* und *Loripes lacteus*.

6.41 *Muscheln und Schnecken am ausgetrockneten Ufer einer Lagune in der Nordadria. Diese beiden Weichtierklassen stellen in lagunären Lebensräumen einen großen Teil der Wirbellosenfauna. Eigene Untersuchungen an der Lagune von La Palme (Frankreich) haben Dichten von über 1500 Individuen von Abra und Loripes (Bivalvia) pro Quadratmeter ergeben.*

Die weite Verbreitung der genannten Arten in sehr unterschiedlichen lagunären Lebensräumen des Mittelmeeres und des Schwarzen Meeres ist auf ihre hohe Toleranz gegenüber schwankender Temperatur und Salinität zurückzuführen. Nach dem von Mars (1966) entwickelten Ordnungssystem gehören sie zu den Arten mit der höchsten Euryhalinität (Gruppe 7, Salinität 30+/−22, und Gruppe 8, Salinität 32+/−28). Eine besondere Bedeutung für die Muschelfauna der Mittelmeerlagunen kommt den in Aquakulturen gezüchteten Arten zu, von denen ein Teil eingeführt wurde und sich mittlerweile auch außerhalb der Zuchtanlagen angesiedelt hat. Es werden insbesondere Miesmuscheln *(Mytilus edulis, M. galloprovincialis)*, Austern *(Ostrea edulis, Gryphaea angulata, G. gigas)*, Venusmuscheln *(Venus gallina)* und Teppichmuscheln *(Venerupis decussata, V. demidecussata, Tapes pullastra)* gezüchtet.

Gliederfüßer (Arthropoda)

Vier Arten von Zehnfußkrebsen (Decapoda) finden sich häufig in den Lagunen der Mittelmeerküste: *Palaemon xiphias, Palaemon serratus* und *Crangon crangon* (Garnelen, Natantia) sowie *Carcinus mediterraneus* (Krabben, Brachyura, Abb. 6.51).

Seit etwa 1960 hat sich die aus Asien eingeführte Wollhandkrabbe *Eriocheir sinensis* und in jüngerer Zeit eine nordamerikanische Flusskrebsart *Procambarus clarkii* entlang des Canal du Midi und des Rhône-Sète-Kanals in verschiedenen französischen Lagunen verbreitet. Die weite Verbreitung von *P. clarkii* erklärt sich durch eine hohe Reproduktionsrate, eine hohe Resistenz gegenüber Austrocknung des Lebensraumes und Sauerstoffmangel sowie einen ausgeprägten Nahrungsopportunismus. Das Graben von bis zu zwei Meter tiefen Tunnels gefährdet stellenweise bereits die Stabilität von Ufern und Dämmen. 1999 wurden im Kanal der Lagune von Estagnol, Frankreich, auf weniger als 200 m² 650 Tiere einer mittleren Länge von 9 cm gefangen.

In den lagunären Lebensräumen finden sich auch zahlreiche Asselarten (Isopoda): *Idothea basteri, I. tricuspidata, I. viridis, I. granulosa, Sphaeroma serratum* und *S. hookeri*. Von den genannten Arten können auf einem Quadratmeter mehrere hundert Individuen vorkommen, eigene Untersuchungen haben an Zonen mit dichtem Bewuchs von *Ruppia* und *Chaetomorpha* bis zu 1000 Individuen/m² gefunden, was einem Feuchtgewicht von fast 50 Gramm entspricht. Sie stellen damit gemeinsam mit den Flohkrebsen (Amphipoda) eine wichtige Nahrungsquelle für andere Lagunenbewohner dar. Verschiedene Arten von *Gammarus (G. griseus, G. locusta, G. pinksii)* sowie die Arten *Corophium volutator, Caprella acantifera* und *Microdentopus gryllotalpa* gehören zu den häufigsten Vertretern der Amphipoda. Ihre Dichte kann in den Mittelmeerlagunen bis zu 10 000 Individuen je Quadratmeter betragen.

Wirbeltiere (Craniota)

Die wichtigsten Wirbeltiere in den Mittelmeerlagunen sind die Knochenfische (Osteichthyes). In den relativ marinisierten Lagunen wird keine einzige Art von Rundmäulern (Cyclostomata) und – auch das selten – nur eine Art von Knorpelfischen (Chondrichthyes) gesichtet, nämlich der Große Katzenhai *(Scyliorhinus stellaris)*. Neben den Fischen können hier lediglich einige Arten von Lurchen, Kriechtieren, Vögeln und Säugetieren erwähnt werden.

Es gibt keine Fischart, die ausschließlich in den Mittelmeerlagunen vorkommt. Abgesehen von einigen wenigen Arten, die ganzjährig in diesem Biotop leben und sich hier auch reproduzieren können, wandert der größte Teil der Arten aus dem Meer ein; ein kleiner Teil kommt auch aus den oberhalb gelegenen Süßgewässern, wenn es die Salinität der Lagune erlaubt. Diese Arten sind gezwungen, zum Ablaichen den Lebensraum zu verlassen, weil ihre Toleranz gegenüber starken Schwankungen der abiotischen Bedingungen während der Laichzeit nachlässt. Die Zusammensetzung der Arten in den Lagunen kann sich deutlich unterscheiden, die Zahlen können zwischen zehn und fast 100 Arten variieren. Insgesamt wurden in den französischen Mittelmeerlagunen 136 Fischarten gefunden.

6.42 Der Europäische Aal (Anguilla anguilla), ein katadromer Wanderfisch, ist regelmäßig in Lagunen anzutreffen.

Zu den Süßwasserarten, die regelmäßig in Lagunen mit relativ geringer Salinität vorkommen, zählen insbesondere der Karpfen *(Cyprinus carpio)* und der Dreistachlige Stichling *(Gasterosteus aculeatus)*. Flusswelse *(Silurus glanis)* und Zander *(Sander sander)* wandern von Zeit zu Zeit in die deltaischen Lagunen ein.

In den letzten fünfzig Jahren haben zwei Arten aus der Familie der Lebendgebärenden Zahnkärpflinge (Poeciliidae) vor allem in den Lagunen des nördlichen Mittelmeeres eine weite Verbreitung gefunden. Die den Aquarianern wohl bekannten, nur wenige Zentimeter langen Guppys *(Poecilia reticulata)* und Koboldkärpflinge *(Gambusia affinis)* sind nicht aus Aquarien entkommen, sondern in der Vergangenheit zum Bekämpfen von Mückenlarven eingesetzt worden. An manchen Stellen haben sie sich sehr stark vermehrt, und da sie sich nicht nur von Mückenlarven, sondern auch von Fischbrut ernähren, gefährden sie zunehmend die einheimischen Arten. Durch Anpassung haben sich sowohl Männchen als auch Weibchen komplett entfärbt; beide Arten können selbst bei Wassertemperaturen knapp über dem Gefrierpunkt überwintern. Eine im Mittelmeer heimische Art, *Aphanius fasciatus*, ist auf S. 350 f beschrieben.

Zu den wenigen Meerwasserarten, die ganzjährig in den Mittelmeerlagunen vorkommen und sich hier auch reproduzieren, gehören verschiedene Grundelarten *(Gobius niger, G. microps, G. minutus)*, Seenadelarten *(Syngnathus abaster, S. typhle)* sowie der Kleine Ährenfisch *(Atherina boyeri)*. Der größte Teil der Meerwasserarten verbringt nur einen Teil der Entwicklung in den Lagunen und muss zu bestimmten Jahreszeiten oder zur Reproduktion ins Meer zurückwandern (vgl. Exkurs S. 342 f.). Die häufigsten Arten, die zur Reproduktion zurückwandern müssen, sind Seebarsch *(Morone labrax)*, Goldbrasse *(Sparus aurata)*, Flunder

***6.43** Süßwasserfische, die in Lagunen mit relativ geringer Salinität vorkommen können: a), b) und c) Dreistachliger Stichling (Gasterosteus aculeatus). Diese Art tritt in einer stationären, isolierten Süßwasserform und einer marinen Wanderform auf, die im Frühjahr von den Meeresküsten in Lagunen und Süßwasser zieht. Die Wanderform ist außerhalb der Laichzeit meist stark silbrig glänzend (a). Abbildung c) zeigt ein Männchen im Laichkleid mit der typisch roten Kehle. d) Der Flusswels (Silurus glanis) ist an sich ein Süßwasserfisch. e) Ein Karpfen (Cyprinus carpio), der wirtschaftlich wichtigste Süßwasserfisch.*

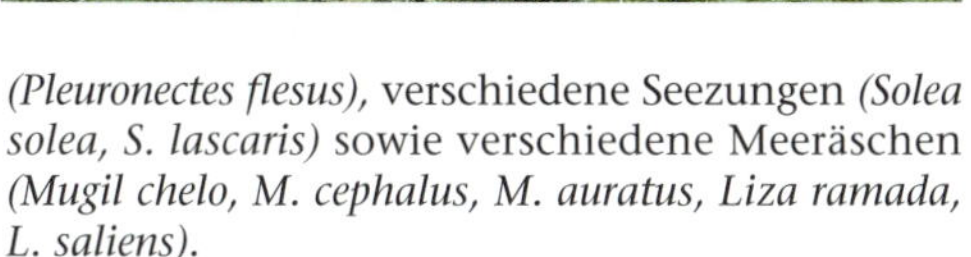

(Pleuronectes flesus), verschiedene Seezungen *(Solea solea, S. lascaris)* sowie verschiedene Meeräschen *(Mugil chelo, M. cephalus, M. auratus, Liza ramada, L. saliens)*.

Neben den genannten Arten können viele weitere vorübergehend in den Lagunen gefunden werden. Generell steigt die Artenzahl mit zunehmender Öffnung zum Meer und der Marinisierung des Lebensraumes. Die Attraktivität des lagunären Lebensraumes zeigt sich indirekt in den hohen Wachstumsraten der gefundenen Individuen. In tunesischen Lagunen wurden beispielsweise im ersten Jahr Längenzunahmen von 25 cm für *Liza ramada* und von 42 cm für *Mugil cephalus* sowie eine sexuelle Frühreife von Aalen beobachtet. Diese Frühreife wurde ebenfalls für *Gobius niger* beobachtet, die zusätzlich längere Reproduktionsperioden, höhere Befruchtungsraten und eine höhere Zahl von Eiablagen aufwiesen als im Atlantik. Dies wird auf die relativ hohen winterlichen Wassertemperaturen und die ganzjährig gute Verfügbarkeit von Nahrung zurückgeführt, die das Anlegen von Winterreserven unnötig machen. Diese Vorteile des Lebensraumes werden jedoch ausgeglichen durch regelmäßige Krisen und die fallweise hohen Mortalitätsraten. Bei anderen Fischarten wurde in den Lagunen ein geringeres Wachstum als im offenen Meer beobachtet; ob dies generell oder nur für besondere, Extrembedingungen aufweisende Lagunen zutrifft, weiß man nicht.

Über die Verbreitung von Lurchen (Amphibia) an den Mittelmeerlagunen ist relativ wenig bekannt. Ungefähr 10 Arten kommen regelmäßig vor, doch sind diese meist auf die Randbereiche, die Süßwasserzonen und die Ausflussbecken der Karstquellen beschränkt. Es handelt sich um den Feuersalamander *(Salamandra salamandra)*, den Fadenmolch *(Triturus helveticus)* und den Marmormolch *(T. marmoratus)*, den Westlichen Schlammtaucher *(Pelodytes punctatus)*, die Erdkröte *(Bufo bufo)*, die Kreuzkröte *(Bufo calamita)* und die Wechselkröte (*Bufo viridis*, Abb. 6.45 d) sowie um die auf den Mittelmeerraum beschränkten Arten des

Fischwanderungen zwischen lagunärem Lebensraum und Meer

Michael Wilke

Gonodrome Wanderungen von Fischen stehen im Dienst der Fortpflanzung, agamodrome Wanderungen haben andere Ursachen – so etwa das Aufsuchen günstiger Nahrungsplätze. Arten, die zwischen marinen und limnischen Lebensräumen wechseln, werden Amphibionten genannt. Dabei unterscheidet man in Bezug auf die Reproduktion anadrome (vom Meer in die Flüsse aufsteigende, z. B. Lachse) und katadrome (von den Flüssen ins Meer ziehende, z. B. Flussaale) Arten. Auch eine große Anzahl von marinen Fischarten aus dem Mittelmeer nutzt die lagunären Lebensräume während eines Teils ihrer Entwicklung. Nur wenige Arten können sich jedoch in diesem extremen Ökosystem mit seinen ständig schwankenden abiotischen und biotischen Bedingungen vermehren. Zu ihnen gehören Grundeln wie *Gobius niger, G. microps* und *G. minutus* (Gobiidae), die Seenadeln *Syngnathus abaster* und *S. typhle* (Syngnathidae) sowie der Ährenfisch *Atherina boyeri* (Atherinidae). Der überwiegende Teil der Arten nutzt den produktiven Lebensraum Lagune hingegen nur zur Nahrungsaufnahme und wandert zur Reproduktion, die bei den meisten Arten besondere abiotische Voraussetzungen erfordert, wieder zurück ins Meer.

Jede Art hat bestimmte Toleranzgrenzen und Nahrungspräferenzen und wandert dementsprechend zu unterschiedlichen Zeiten zwischen Meer und Lagune. Die Wanderungen der regelmäßig in die Lagunen ziehenden Arten erfolgen nach einem artspezifischen Zeitplan. Zu dieser Gruppe zählen auch einige Arten, bei denen sich der größte Teil der Population zu einem bestimmten Zeitpunkt in der Lagune aufhält. Für sie haben Unterbrechungen des Verbindungskanals durch künstliche oder natürliche Hindernisse sowie Abfischen bedeutende Konsequenzen für den Fortbestand der Gesamtpopulation. Bei den meisten wandernden Arten zieht aber nur ein Teil der Population in die Lagunen, und der überwiegende Anteil der Individuen verbleibt im Meer. Fast alle wandernden Arten haben also zusätzlich zu den in die Lagunen einwandernden Individuen auch eine Meerespopulation. Die Rückwanderung ins Meer ist für die Fische in Lagunen eine physiologische Notwendigkeit, da die eingewanderten Individuen sonst entweder nicht ablaichen könnten oder zu bestimmten Zeiten mit den extremen abiotischen Bedingungen (zu hohe Wassertemperatur, schwankende Salinität bzw. zu hoher Salzgehalt, Sauerstoffdefizit und anderes) in den Lagunen nicht fertig werden könnten.

Immer wieder sind in den Lagunen eher zufällige Besucher anzutreffen, die nur kurze Zeit darin verbringen. Ob zwischen den Individuen einer Art, die einen Teil ihres Lebenszyklus in den Lagunen verbringen, und denjenigen, die dauerhaft im Meer bleiben, ein genetischer Unterschied besteht, ist nicht bekannt. Auch weiß man nicht, ob in verschiedenen Jahren immer wieder dieselben Individuen in die Lagune einwandern. Der Europäische Aal (*Anguilla anguilla*) wandert im Larvenstadium in die Lagunen ein und bleibt anschließend entweder in diesem Lebensraum oder wandert flussaufwärts weiter. Erst die geschlechtsreifen Tiere wandern nach neun (Männchen) bis 15 Jahren (Weibchen) ins Meer zurück (katadrome Fische), um zum Ablaichen wieder in die Sargassosee zu schwimmen (zahlreiche Fragen zur Reproduktion der Aale sind jedoch nach wie vor ungeklärt, etwa eine mögliche Reproduktion im Mittelmeer). Anders ist die Biologie der jungen Seezungen *Solea solea* und *S. lascaris* (Soleidae). Sie haben zwar eine Meerespopulation, doch scheint ein überwiegender Anteil der Gesamtpopulation im Frühjahr als nicht geschlechtsreife Jungtiere in die Lagunen einzuwandern. Bei ihrer Rückwanderung ins Meer nach etwa sechs Monaten haben die Individuen eine Größe von etwa 15 cm und ein Gewicht von etwa 100 g erreicht.

Durch effektive Fischereitechniken, die den Abfang eines hohen Prozentsatzes der in den Lagunen lebenden Fische ermöglichen, und durch die künstliche Unterbrechung des Wanderweges (Schleusen, Barrieren, Netze, Bourdigues, Vallikultur-Anlagen und anderes) wird das Überleben der Gesamtpopulation gefährdet. Bei den genannten Arten wurde in den letzten Jahrzehnten eine deutliche Abnahme der Populationen beobachtet. In einer verhältnismäßig kleinen Lagune wie dem Étang de Canet (Frankreich) werden beispielsweise jährlich ungefähr 10 Tonnen Seezungen gefangen, was mehr als 100 000 Individuen entspricht. Auch ein großer Anteil der Aale wird in den Lagunen als Jungtiere mit einem Gewicht von weniger als 50 g gefangen.

Die Hauptvertreter der anderen, opportunistisch wandernden Arten zeigen eine große Variabilität in ihren Wanderbewegungen. Die Jungtiere der Meeräschen (Mugilidae, *Mugil chelo, M. cephalus, M. auratus, Liza ramada, L. saliens*) wandern sowohl im Frühjahr (Dezember bis Juni, Maximum im März) als auch im Herbst (September bis Dezember, Maximum im Oktober) in die Lagunen ein. Die im Frühjahr eingewanderten Individuen verlassen die Lagune im Herbst desselben Jahres, während die im Herbst eingewanderten Individuen erst im Herbst des darauf folgenden Jahres zurückwandern. Während der herbstlichen Wanderbewegung zurück ins Meer können daher Individuen zweier Altersgruppen gefunden werden. Ihr Größenunterschied ist jedoch relativ gering, da die Winterpopulationen in den Lagunen keine idealen Wachstumsbedingungen vorfinden. Die adulten Tiere verbleiben im Meer.

Die Goldbrassen oder „Doraden" *(Sparus aurata,* Sparidae), einer der schmackhaftesten Fische im Mittelmeer, wandern während ihrer ersten vier Lebensjahre im Frühjahr in die Lagunen und im Herbst zurück ins Meer. In den ersten drei Lebensjahren sind alle Individuen männlichen Geschlechts (protoandrische Zwitter). In ihrem vierten Lebensjahr pflanzen sie sich im Meer mit älteren Weibchen fort, wechseln ihr Geschlecht und beenden ihre Wanderbewegungen zwischen Meer und Lagune. In den lagunären Lebensräumen kommen daher ausschließlich junge Männchen vor. Die Rückwanderung der Goldbrassen im September wird an den Kanälen (z. B. im Etang de Thau bei Sète) von unzähligen Anglern genützt (Abb. 6.44). Bei anderen Arten wie dem Wolfsbarsch, *Dicentrarchus (= Morone) labrax* (Moronidae), wandern beide Geschlechter während ihres gesamten Lebens zwischen Lagune und Meer.

Bauliche Maßnahmen zur Kontrolle des Wasseraustauschs zwischen Lagune und Meer oder das winterliche Schließen des Verbindungskanals durch Fischer behindert die Wanderungsbewegungen stark. Es kommt regelmäßig vor, dass sich Individuen bestimmter Arten zu einem Zeitpunkt in der Lagune befinden, an dem abiotische Bedingungen herrschen, die nicht mehr toleriert werden können (wie bereits aufgelistet). Große Fischsterben können die Folge sein. Auch andere Maßnahmen können die Wanderungsbewegungen der Fische indirekt beeinflussen. Die wachsende landwirtschaftliche Nutzung und das Anlegen von Entwässerungskanälen oberhalb der Lagune von Karavasta (Albanien) hat beispielsweise dazu geführt, dass kaum noch Süßwasser in die Lagune einfließt. Der Wasserspiegel ist stark gesunken, durch das Wasserdefizit in der Lagune fließt ständig Wasser aus dem Meer ein. Da viele Fischlarven jedoch auf eine Wanderung gegen die Strömung eingestellt sind, können sie nicht mehr in die Lagune einwandern. Es scheint, als würden die Wanderungen mehr von dynamischen Faktoren (Richtung und Geschwindigkeit der Strömungen, Turbulenzen und anderes) als von physikalisch-chemischen Faktoren ausgelöst werden, doch fehlen bisher genauere Untersuchungen. Einige Voraussetzungen müssen jedoch erfüllt sein bzw. wieder hergestellt werden, damit Fischwanderungen auch in Zukunft ungehindert stattfinden können:

- Die Verbindung zwischen Meer und Lagune muss offen und passierbar sein.
- Das Wasser im Verbindungskanal muss gegen die Wanderrichtung strömen.
- Die Strömungsgeschwindigkeit darf nicht zu hoch sein (weniger als ca. 40 cm/s).
- Die Wassertemperatur von Lagune und Meer sollte annähernd gleich sein.

Zusätzlich zu den genannten Bedingungen müssen auch Unterschiede zwischen den abiotischen Faktoren beider Lebensräume bestehen – doch sind weder die auslösenden, von den Fischen wahrgenommenen Hauptfaktoren bekannt noch die Größe der Differenz dieser (unbekannten) Faktoren. Sind die genannten Bedingungen für eine bestimmte Art nicht zum richtigen Zeitpunkt erfüllt, kommt die entsprechende Art während dieses Jahres in der Lagune nicht vor. Liegen die notwendigen Bedingungen vor, können die entsprechenden Arten ihre Wanderbewegung in kurzer Zeit mit extrem hoher Individuenzahl aufnehmen. Da es sich bei der Wanderung aus dem Meer in die Lagune in der Regel um Fischlarven und Jungfische handelt, bleiben selbst hohe Dichten (regelmäßig mehr als 10 000 Individuen pro Stunde) relativ unbemerkt.

6.44 *Die Rückwanderung der in der Lagune stark gewachsenen Tiere ins Meer bietet ein spektakuläres Schauspiel, da sie Mengen von Berufsfischern, Freizeitanglern und Wasservögeln anzieht.*

Literatur: • Bruslé J, Longuemard JPO (1978) Étude des échanges migratoires de poissons entre les étangs et la mer au niveau des sites des Salses-Leucate-Barcarès et de Canet – Saint-Nazaire. Bericht der Universität Perpignan, Institut für Meeresbiologie • Cambrony M (1984) Identification et périodicité du recrutement des juvéniles de Mugilidae dans les étangs littoraux du Languedoc-Roussillon. *Vie et Milieu* 34/4: 221–227 • Lecomte-Fininger R, Bruslé J (1984) L'anguille *Anguilla anguilla* des lagunes du Languedoc-Roussillon: Intérêt biologique et valeur halieutique. *Vie et Milieu* 34/4: 185–194 • Skinner J, Zalewski S (1995) Functions and values of Mediterranean wetlands. Publikation MedWet Nr. 2, Arles • Yanez-Arancibia A, Dominguez ALL, Pauly D (1994) Coastal lagoons as fish habitats. In: Kjerfve B (Hrsg.) Coastal lagoon processes. Elsevier Oceanography series 60, London. 363–376.

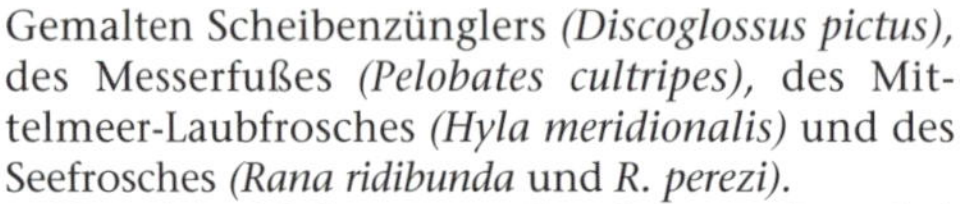

Gemalten Scheibenzünglers *(Discoglossus pictus)*, des Messerfußes *(Pelobates cultripes)*, des Mittelmeer-Laubfrosches *(Hyla meridionalis)* und des Seefrosches *(Rana ridibunda* und *R. perezi)*.

Ungefähr 20 Arten von Kriechtieren (Reptilia) werden regelmäßig in den Randbereichen der lagunären Lebensräume gesichtet, doch handelt es sich bei den wenigsten um Wassertiere, wie die Kielrückennattern *(Natrix natrix, N. maura, N. tessellata)*, verschiedene Schildkrötenarten *(Emys orbicularis, Clemmys caspica)* sowie die in den letzten Jahrzehnten ausgesetzten Schmuckschildkröten (beispielsweise *Trachemys scripta*). Die meisten Reptilien werden jedoch nur zeitweise am Rand dieser Lebensräume gesichtet, wie beispielsweise die Sandläufer *(Psammodromus algirus, P. hispanicus)*, die Eidechsennatter *(Malpholon monspessulanus)*, verschiedene Kletternattern (etwa *Elaphe longissima, E. scalaris*), Geckos *(Tarentola mauritanica, Hemidactylus turcicus, Phyllodactylus europaeus)* sowie verschiedene Arten von Halsbandeidechsen *(Lacerta lepida, L. viridis, Podarcis muralis, P. hispanica)*. Generell wird ein Rückgang der Reptilien an den lagunären Lebensräumen beobachtet, wodurch dem Schutz von verschiedenen Arten wie der Europäischen Sumpfschildkröte *(Emys orbicularis)* besondere Bedeutung zukommt.

Vögel (Aves)

Die lagunären Lebensräume des Mittelmeeres sind Rückzugsgebiet, Zwischenstation auf den Zügen und Überwinterungsgebiet für eine große Zahl von Arten. Insgesamt wurden an einzelnen Lagunen mehr als 250 Arten gezählt. Die unterschiedlichen Habitate bieten ungefähr 80 – 100 Arten an

__6.45__ a) und b) Salzmarsch auf Zypern mit Wechselkröten-Kaulquappen. c) Kaulquappen der Wechselkröte (Bufo viridis). Sie ist eine der wenigen Amphibienarten, die im Brackwasser laichen können. Die ökologisch äußerst tolerante Steppenart wird mit sommerlicher Hitze und Trockenheit ebenso gut fertig wie mit einem erhöhten Salzgehalt des Laichgewässers. Sie dringt selbst in größere Städte vor. d) Wechselkrötenpaar im Amplexus in der Nähe der Salzmarschen. Große Weibchen in gutem Ernährungszustand können bis zu 15 000 Eier legen.*

Nistmöglichkeiten. Die charakteristischsten Arten der mit Queller *(Salicornia)* und niedrigem Gestrüpp bewachsenen Ufergebiete sind Lerchen *(Alauda arvensis, Galerida cristata)*, Stelzen *(Motacilla sp.)* und verschiedene Grasmücken (*Sylvia* sp.). Die Röhrichtzonen beherbergen nahezu alle Reiherarten *(Botaurus stellaris, Ixobrychus minutus, Nycticorax nycticorax, Ardeola ralloides, Bubulcus ibis, Egretta garzetta, Casmeriodius albus, Ardea cinerea, A. purpurea)*, im südlichen Mittelmeerraum Ibisse *(Plegadis falcinellus, Platalea leurocordia)* und eine große Anzahl von Entenvögeln (Anatidae) und Rallen (Rallidae), die ebenfalls auf den offenen Wasserflächen vorkommen. An den flachen Randzonen finden sich Stelzenläufer (Recurvirostridae), verschiedene Regenpfeifer (Charadriidae) und Schnepfenvögel (Scolopacidae), in den tieferen Gebieten neben den Entenvögeln auch Möwen (Laridae) und Seeschwalben (Sternidae). Auf den Bäumen am Uferrand (häufig *Tamarix*) nisten Racken *(Coracias garrulus)*, Wiedehopfe *(Upupa epops)*, Stieglitze *(Caruelis chloris)* sowie verschiedene Sänger- (Muscicapidae) und Meisen-

6.46 Lagunen des Mittelmeeres als äußerst wichtige Lebensräume und Überwinterungsgebiete für die Vogelwelt Europas mit bis über 250 Arten. a) Kolbenenten-Männchen (Netta rufina). Neben flachen, abgetrennten Meeresbuchten bevorzugt diese Entenart Lagunen, Salinen und Flussdeltas. b) Tafelenten (Aythya ferina) brüten an vegetationsreichen Seen mit freien Wasserflächen. c) und d) Flamingos (Phoenicopterus ruber) leben in flachen Salzseen und Lagunen Südfrankreichs, Spaniens und Kleinasiens. Abbildung c) zeigt ein Tier im Jugendkleid.

arten (Paridae). Während der Zugzeit werden bis zu 200 000 Individuen monatlich an verschiedenen Lagunen des nördlichen Mittelmeeres gezählt, davon bis zu 17 000 Greifvögel aus 24 Arten mit einem Tagesmaximum von 3 000 Individuen.

Säugetiere (Mammalia)

Verschiedene Säugetiere kommen meist zur Nahrungssuche aus den angrenzenden Gebieten in die lagunären Lebensräume. So wurden im Naturschutzgebiet der Estagnol-Lagune (Frankreich) beispielsweise folgende Arten beobachtet: *Apodemus sylvaticus, Arvicola sapidus, Crocidura russula, C. suaveolens, Erinaceus europeus, Micromys minutus, Mus musculus, Mustela nivalis, Oryctolagus cuniculus, Pitymis duodecimcostatus, Rattus norvegicus, Rhinolophe ferrumequinum, Sciurus vulgaris, Sus scrofa, Talpa europeae, Vulpes vulpes.* Von den Arten, die an den aquatischen Lebensraum gebunden sind, kommen in den deltaischen Lagunen vereinzelt Biber *(Castor fiber)* und Fischotter *(Lutra lutra)* vor. Eine weite Verbreitung hat die wegen ihres Fells aus Amerika eingeführte und aus Farmen entkommene Bisamratte *(Myocastor coypus)* gefunden. Ihre weitläufigen Tunnelsysteme, deren Eingänge sich zum Teil unter Wasser befinden, verursachen große hydraulische Probleme an vielen Mittelmeerlagunen.

Nutzung, Gefährdung und Schutzmaßnahmen

Die Steigerung der Bevölkerungszahlen in den küstennahen Gebieten des Mittelmeeres hat sich in den letzten Jahrzenten deutlich beschleunigt. Ursachen sind die hohen Wachstumsraten in den Ländern Nordafrikas und des Nahen Ostens (ungefähr 3 Prozent jährlich) mit einer Verdoppelung der Bevölkerungszahlen ungefähr alle 20 Jahre, Wanderungsbewegungen der Bevölkerung aus dem Landesinneren an die Küstenzonen sowie jährlich steigende Zahlen von Touristen. Schätzungen sprechen von einer Steigerung der Bevölkerungszahlen von 360 Millionen Einwohnern 1985 auf etwa 520 Millionen 2020 sowie einer Steigerung der Touristenzahlen von 170 Millionen 1985 auf 350 Millionen 2025. Dies würde bedeuten, dass in weniger als 30 Jahren während der Touristensaison ungefähr eine Milliarde Menschen die küstennahen Gebiete bevölkern werden. Zusätzlich zu dieser demographischen Entwicklung wurde in den letzten Jahrzehnten eine Industrialisierung der küstennahen Gebiete des Mittelmeeres beobachtet.

Die lagunären Lebensräume des Mittelmeeres dienen der Ressourcennutzung (Fischerei, Jagd, Aquakultur), der räumlichen Nutzung mit Nutzung der natürlichen Dynamik (Salzgewinnung, Aquakultur, Reisanbau, Beweidung, nautische

Aktivitäten) oder ohne Nutzung der natürlichen Dynamik (Besiedlung, Infrastruktur, Tourismuszentren, Industrie), schließlich der vom Lebensraum unabhängigen Nutzung mit indirekten Auswirkungen auf die Lagunen (Transport von Sediment und verschiedenen Wasserinhaltsstoffen aus zum Teil weit entfernten Quellen).

Fischerei, Jagd und Aquakultur sind traditionelle Arten der Ausbeutung des lagunären Lebensraumes, die stark ins Gewicht fallen können. So werden durch die Berufsfischerei ungefähr 54 000 Tonnen Fisch jährlich in den Lagunen des Mittelmeeres gefangen. Beispielsweise arbeiten um die 3 000 Fischer in der Bardawil-Lagune (Ägypten), 1 000 Fischer in den vier Lagunen des Ebrodeltas (Spanien), 810 in den Lagunen des Languedoc-Roussillon (Frankreich). Die mittlere jährliche Ertragsrate von Mittelmeerlagunen liegt bei 56 kg/ha, kann aber mit mittleren Werten für die nordafrikanischen Lagunen von 145 kg/ha auch deutlich größer sein. Ungefähr vier Millionen Jagdscheine werden jährlich in den Mittelmeerländern ausgestellt, und in verschiedenen küstennahen Feuchtgebieten, insbesondere Lagunen, gibt es einen hohen Jagddruck auf Wasservögel. Entlang der französischen Mittelmeerküste werden jährlich ein bis zwei Millionen Enten geschossen.

Aquakultur ist in den Lagunen des Mittelmeeres weit verbreitet (siehe Exkurs S. 530 ff.). Ein Teil dieser Kulturen nutzt die Ressourcen innerhalb des natürlichen Lebensraumes, ein anderer Teil ist relativ unabhängig von den natürlichen Ressourcen, da zur Nahrung zugefüttert wird oder diese komplett durch künstliche Futtergaben gedeckt wird. Die Bedeutung der lagunären Aquakultur lässt sich an der Höhe der Produktion beispielsweise der Thau-Lagune (Frankreich) ermessen. Hier werden jährlich 17 000 Tonnen Muscheln produziert – fast achtmal so viel Biomasse, wie durch Fischerei entnommen wird. Für andere räumliche Nutzungen, denen die lagunäre Dynamik zugute kommt, wird meist ein Teil der Lagune abgetrennt, etwa für die Salzgewinnung (siehe Exkurs S. 348 ff.) oder den Reisanbau. So ist der Reisanbau der ökonomische Motor im Ebrodelta, wo von 32 000 ha Feuchtgebiet 69 Prozent dafür genutzt werden. In Südfrankreich existieren 140 Betriebe zur Zucht von Stieren (14 000 Tiere) für den Stierkampf und zum Teil von Camargue-Pferden. Auch wird ein Teil der angrenzenden Feuchtgebiete beweidet. Allein in der Camargue sind es rund 15 000 ha; auf den 1 300 ha Feuchtgebiet um die Lagune von Ichkeul (Tunesien) weiden ungefähr 9 000 Schafe, Rinder und Gänse.

Andere Aktivitäten nutzen den lagunären Lebensraum nur als „Rahmen" – so der Massentourismus, der meist auf der Sandbarriere zwischen Lagune und Meer stattfindet, unabhängig vom lagunären Lebensraum, seinen Ressourcen und seiner Dynamik. Für die allgemeine Besiedlung, Industrie, Landwirtschaft und andere Nutzungen bilden die Lagunen eher Hindernisse.

Viele Aktivitäten sind gänzlich unabhängig vom lagunären Lebensraum, da sie relativ weit weg stattfinden können, haben jedoch durch die Einleitung von Stoffen aus häuslichem oder industriellem Abwasser und Abflüssen von landwirtschaftlich genutzten Flächen sowie durch die Veränderung der natürlichen Abflussdynamik (Anlegen von Staudämmen, Eindeichen, Vernichten von Überschwemmungsgebieten usw.) Auswirkungen auf den Lebensraum.

Insgesamt sind folgende Wirkungen zu beobachten: Verschwinden und Verkleinern des natürlichen Lebensraumes, allgemeine Veränderungen in der natürlichen Dynamik des Ökosystems, die zu Stress führen, Wasserverschmutzung, Eutrophierung, Artenverarmung und Veränderung der natürlichen Artenzusammensetzung.

Die Auswirkungen menschlicher Aktivitäten auf die Mittelmeerlagunen sind so vielfältig und weit verbreitet, dass hier nur einige besonders frappierende Beispiele genannt werden können, etwa die Eutrophierung der Lagunen im Podelta, in die ungenügend behandeltes Abwasser von 16 Millionen Menschen und dem bedeutendsten landwirtschaftlichen Nutzungsgebiet Italiens eintritt, oder das Abwasser von Mailand, das für seine 1,5 Millionen Einwohner noch immer keine Kläranlage besitzt; ferner gelangen die Abwässer aus landwirtschaftlichen Betrieben mit 6 Millionen Schweinen und Rindern in den 652 km langen Fluss. Die Massenvermehrung von Grünalgen in den Deltalagunen ist eine Folge der im Übermaß eingeleiteten Nährstoffe. Die südlichste Lagune des Podeltas, Sacca di Goro, hat seit etwa 1980 jährlich Krisen mit anoxischen Bedingungen, die praktisch die gesamte Fauna vernichten. Mittlerweile hat sich die Eutrophierung auch auf die anliegenden Meeresgebiete ausgeweitet.

Auch andere Lagunen erhalten jährlich große Mengen Abwassers, so die Manzalah-Lagune in Ägypten, in die das ungereinigte Abwasser der 10-Millionen-Stadt Kairo eintritt. In der Lagune von Maryut in Ägypten sind in den vergangenen 20 Jahren 85 Prozent der Fischarten durch Verschmutzung und anoxische Bedingungen verschwunden. Für die an Flamingos in der Camargue festgestellten erhöhten Quecksilberwerte wurden die im Reisanbau eingesetzten Fungizide verantwortlich gemacht.

Seit ungefähr 1980 wird eine deutliche Abnahme von Enten und Gänsen in ganz Europa beobachtet, was zum Teil auf die Jagd zurückzuführen ist. Mit 93 Prozent Abnahme seit 1970 ist die Moorente *(Aythya nyroca)* am stärksten betroffen. Zusätzlich zu diesem direkten Einfluss werden die Wasservögel durch Lärm gestresst und durch die hohe Menge an Blei in ihrer Umwelt vergiftet – in stark bejagten Gebieten der Camargue-Lagunen

6.47 Salzsee auf Zypern mit Kolonie von Rosaflamingos (Phoenicopterus ruber).

werden bis zu zwei Millionen Schrotkugeln pro Hektar gezählt.

Insbesondere drei Initiativen können dazu beitragen, in Zukunft die Gefährdung der lagunären Lebensräume des Mittelmeeres zu verringern. So hat die europäische Union die Lagunen in der Flora-Fauna-Habitat-Richtlinie (92/43/CEE, 21/05/92) in die Liste der mit Priorität schützenswerten Ökosysteme aufgenommen. Die Mitgliedsstaaten sind somit verpflichtet, ihre nachhaltige Entwicklung zu sichern sowie Entwicklungspläne aufzustellen. Die MedWet-Initiative ist 1991 in Grado, Italien, gegründet worden aus Sorge um den Erhalt der Feuchtgebiete des Mittelmeerraumes. Sie wird von einem Komitee (MedCom) geleitet, dem 25 Regierungen der Region, die Europäische Kommission, die Unterzeichner der Konventionen von Bern und Barcelona sowie verschiedene Umweltverbände angehören, und steht unter der Schirmherrschaft der RAMSAR-Kommission. Ihre Aufgabe ist die Umsetzung von Forschungsprojekten und Maßnahmen zum Erhalt der Feuchtgebiete des Mittelmeerraumes. Von den 108 RAMSAR-Zonen des Mittelmeerraumes sind etwa 66 lagunäre Lebensräume, der größte Teil davon in Italien. Die größten sind die Camargue (85 000 ha) in Frankreich, Lake Bardawil (59 500 ha) und Lake Burullus (46 200 ha) in Ägypten sowie Albufera di Valencia (21 000 ha) in Spanien.

Ausblick

Im Gegensatz zu Lagunen am Rand von offenen Meeren, deren Hauptmotor – die Tiden – vorhersagbar ist und meistens lokale Besonderheiten überlagert, werden Mittelmeerlagunen in erster Linie von meteorologischen Phänomenen bestimmt. Diese können entweder eine statische (Luftdruck) oder eine dynamische (Wind) Wirkung entfalten. In beiden Fällen handelt es sich jedoch um Phänomene, die nicht vorhersagbar sind und deren Wirkung von einer Vielzahl topographischer Gegebenheiten abhängt. Da diese Bedingungen von Lagune zu Lagune verschieden sind, sind auch Reaktionen und Konsequenzen auf die abiotischen Faktoren dieses Lebensraumes verschieden. Da sich jedoch, abhängig von diesen abiotischen Faktoren, gleichzeitig Tier- und Pflanzenarten ansiedeln, die zudem häufig Wanderbewegungen zwischen der Lagune und den Nachbarlebensräumen ausführen und daher von offenen Verbindungswegen abhängen, können die Biozönosen von Lagune zu Lagune extrem unterschiedlich sein. Selbst benachbarte Lagunen zeigen häufig völlig unterschiedliche Aspekte. Diese Vielfältigkeit ist der Grund, warum es bis heute kein gültiges System zum Verständnis der natürlichen Dynamik dieser Lebensräume gibt. In letzter Konsequenz müsste ein solches Modell für jede Lagune gesondert entwickelt und getestet und anschließend für andere Lagunen angepasst werden.

Da jedoch das Verständnis der natürlichen Dynamik Voraussetzung ist, um die Konsequenzen menschlicher Eingriffe abschätzen zu können, gibt es nach wie vor keine umweltverträgliche Planung menschlicher Eingriffe. Da zudem an den meisten Mittelmeerlagunen eine regelmäßige Umweltüberwachung mittels anerkannter Indikatoren fehlt, können die Veränderungen durch den Menschen nicht sinnvoll begleitet und ihre Auswirkungen nicht untersucht werden. Durch Unkenntnis wird so nach wie vor die natürliche Dynamik dieser Lebensräume gestört oder gänzlich verändert. Stress, Eutrophierung, Artenverarmung sind die Folge.

Salzgewinnungsanlagen als Lebensräume

Michael Wilke

Im Mittelmeerraum wird seit dem 5. Jahrtausend v. Chr. durch Verdunstung und Aufkonzentrieren von Meerwasser in flachen, küstennahen Becken Salz gewonnen. Die ersten Anlagen wurden in Ägypten errichtet, später wurde die Technik von den Phöniziern über den gesamten Mittelmeerraum verbreitet. Im Römischen Reich wurde der Salzhandel in der Hauptstadt des Imperiums zentralisiert – von dort wurde das Salz über das gesamte Einflussgebiet vertrieben. Mit dem Untergang des Römischen Reiches und dem Verfall der Transportwege verloren Salzgewinnung und Salzhandel für Jahrhunderte an Bedeutung.

Erst ab dem 11. Jahrhundert n. Chr. lebte die Nachfrage nach Salz wieder auf, der Handel wurde intensiviert, monopolisiert und entwickelte sich zu einem entscheidenden Machtfaktor in der Region. Der Reichtum Venedigs und Genuas, aber auch verschiedener Klöster und Abteien beruhte nicht zuletzt auf dem Salzhandel. Zu dieser Zeit gab es drei Hauptzentren der Salzgewinnung: Venedig, das Languedoc und die Provence, sowie mehrere kleinere Gewinnungsanlagen, vor allem auf mediterranen Inseln (Zypern, Kreta, Sardinien, Ibiza und andere). Im 16. Jahrhundert bezog Venedig sein Salz aus Zypern, Alexandria, Libyen, Djerba und Ibiza und wurde zum größten Salzhandelsort Europas mit Lieferungen bis an die Ostsee. Erst im 19. Jahrhundert verlor der Salzhandel seine enorme wirtschaftliche Bedeutung und damit auch politische Komponente. Viele der heute noch angewandten Techniken haben sich aber seit Beginn der Salzgewinnung in der Antike kaum geändert.

In 18 Ländern des Mittelmeerraumes gibt es etwa 170 Salzgewinnungsanlagen, von denen 90 bis heute produzieren. Die Jahresproduktion beläuft sich auf ungefähr 7 Millionen Tonnen; mehr als 20 Prozent davon werden in Frankreich erzeugt. Die meisten Salzgewinnungsanlagen finden sich in Spanien, Frankreich, Italien (vor allem auf Sardinien und Sizilien) und in Griechenland; im südlichen Mittelmeerraum hingegen ist nur eine größere Anlage in Tunesien zu erwähnen. Die größten in Betrieb befindlichen Anlagen überhaupt liegen im Deltabereich der Rhône. Es sind die Salins von Giraud (12 000 ha) mit einer Jahresproduktion von 900 000 Tonnen und die Salins von Aigues-Mortes (11 000 ha) mit einer Jahresproduktion von 500 000 Tonnen. Während die Salins von Aigues-Mortes bereits seit der Antike bestehen und im 19. Jahrhundert aus dem Zusammenschluss von 17 kleineren Anlagen hervorgegangen sind, wurden die Salins von Giraud erst zu diesem Zeitpunkt erschlossen.

Lagunen als Industrieareale

Bevor das Salz „geerntet" werden kann, müssen ungefähr 90 Prozent des Meerwassers in den Konzentrationsbecken verdunsten. Um funktionsfähig und rentabel zu sein, werden dafür große Flächen benötig, wie sie vor allem in der Nähe von Lagunen, an flachen, sandigen Küstenabschnitten zur Verfügung stehen. Da diese Lebensräume relativ ungenutzt waren, als Brutstätten von Krankheiten galten und durch ihre Morphologie in den Sommermonaten bereits auf natürliche Weise hohe Salzkonzentrationen erreichten, wurde hier die Einrichtung von Salzgewinnungsanlagen vorangetrieben. Ein Teil der lagunären Lebensräume wurde eingedämmt, unterteilt und mit Kanälen umschlossen. Große Bereiche der ursprünglichen Lebensräume zwischen Meer und Land gingen auf diese Weise verloren. Noch zwischen 1950 und 1960 wurden in der Camargue fast 8 000 ha Feuchtgebiete und Lagunen zu Salzgewinnungsanlagen umgewandelt. Innerhalb der verbliebenen Lagunenabschnitte wurde die natürliche Strömungsdynamik oft stark verändert. Ein hydraulisch ausgeklügeltes Gefällesystem ermöglicht die Versorgung der Becken innerhalb der Anlagen mit Seewasser. Die Strecke, die das Meerwasser von der Pumpstation bis zu den Abbauflächen zurücklegt, kann bis zu 50 km betragen. Ein gleichmäßiges Durchströmen der Becken wird häufig ohne Einsatz von Pumpen erreicht; ein Ringkanal schützt die Anlage vor unkontrolliertem Wassereintritt. Nach dem Durchströmen von mehreren Konzentrationsbecken gelangt das aufkonzentrierte Wasser in Kristallisationsbecken, wo es ab einem Salzgehalt von ca. 300 g/l zu kristallisieren beginnt. Das aus dem Meer in die Anlage hineingepumpte „Prozesswasser" verdunstet schließlich vollständig. Zwischen Wassereintritt in die Anlage im März und Salzabbau im September – noch vor dem Herbstregen – vergehen ungefähr 140 Tage. Den Rest des Jahres bleiben die Becken ungenutzt und trocknen häufig aus (Abb. 6.53b).

__6.48__ Salinen bei Piran (Slowenien) aus der Luft gesehen (linke Seite) und die Gewinnung von Kochsalz aus dem Meerwasser in so genannten Salzgärten (oben). Dafür bietet das mediterrane Klima mit seinen heißen, trockenen Sommern ideale Voraussetzungen. Ähnliche Salzgewinnungsanlagen gibt es auch in Binnenländern, an Salzseen oder salzhaltigen Quellen. Obwohl im Meerwasser alle bekannten natürlichen Elemente enthalten sind, können sie wirtschaftlich bis heute nicht genutzt werden, da ihre Konzentration zu gering ist. Die beiden wichtigsten Ionen des Meerwassers hingegen, Na^+ (30,61 Prozent des gesamten Salzgehalts) und Cl^- (55,04 Prozent), werden seit mindestens 7 000 Jahren gewonnen. Sie kristallisieren in den Salzgärten zu Kochsalz (NaCl) aus.

__6.49__ Unten: In Salinen häufig: die Fliege Ephydra macellaria.

Industrieareale als Lebensräume

Paradoxerweise bilden die Salzgewinnungsanlagen natürliche Lebensräume mit hoher biologischer Produktivität. Zwar können sich nur wenige Arten den Extrembedingungen wie hohem Salzgehalt (euryhaline Arten) und ausgedehnten Trockenphasen anpassen, doch treten diese mit hohen Individuenzahlen und großer Biomasse auf. Die gute Verfügbarkeit der Nahrung bietet zusammen mit verschiedenen anderen Faktoren, wie der relativen Ungestörtheit, den stabilen hydraulischen Bedingungen sowie dem Wechsel von großen Wasserflächen mit dicht mit halophilen Pflanzen *(Salicornia, Arthrocnemum, Salsola, Suaeda, Limonium)* bewachsenen Beckenrändern verschiedenen Tierarten, insbesondere Vögeln, ideale Nahrungs- und Nistbedingungen.

Während mehrzellige Algen *(Chaetomorpha, Cladophora, Enteromorpha)*, Blütenpflanzen *(Ruppia maritima*, ein Seegras, das im Grenzbereich von Süß- und Meerwasser vorkommt, im Mittelmeer aber auch schon in reinem Seewasser beobachtet wurde), Zehnfußkrebse (*Crangon crangon, Carcinus aestuarii*, Abb. 6.51) und

6.50 *Oben: a) Artemia salina (Salinenkrebschen, Artemiidae, Anostraca, Branchiopoda, Crustacea), einer der typischsten Salinenbewohner, kann einen Salzgehalt von 40 bis 200 ‰ ertragen. Aquarianern sind diese Krebschen, deren getrocknete Eier im Handel erhältlich sind (und in einem Glas leicht zu erwachsenen Krebsen gezüchtet werden können), als Fischfutter bekannt. Die frühere Annahme, wonach A. salina kosmopolitisch verbreitet sei, ist nicht zutreffend; vermutlich gibt es in diesem Artenkomplex mehr als sechs unterschiedliche Arten. b) Artemia salina-Eier färben das Wasser eines Salzsees auf Zypern rötlich.*

6.51 *Oben rechts: Carcinus aestuarii (= mediterraneus, Brachyura, Decapoda), die Strandkrabbe, ist eine im Mittelmeer und im Schwarzen Meer endemische Art, die oft in Lagunen vorkommt. Die Reproduktionszeit dauert von November bis Mai, mit einem Maximum im Februar. Die Krabben wandern zwischen den Lagunen und dem Meer. Carcinus-Krabben sind oft vom parasitischen Krebs Sacculina carcini (Rhizocephala) befallen.*

Fische (*Atherina, Mugil, Aphanius*, Abb. 6.52) in diesen Anlagen nur eine geringe Rolle spielen, können bedeutende Dichten von Bakterien erreicht werden: *Chromatium, Thiocapsa, Desulfovibrio, Halobacterium*, ferner Cyanobakterien *(Aphanothece sp., Phormidium sp., Lyngbya estuarii, Microcoleus chtonoplastes)*, Kleinkrebse *(Gammarus inaequicaudata, Artemia tunisiana, A. parthenogenetica, Cyprideis littoralis, Cletocamptus retrogressus, Eurytemora velox)*, Insektenlarven *(Berosus spinosus, Potamonectes cerisyi, Chironomus salinarius, Halocladius varians, Ephydra bivittata, Thinophilus achilleus)* und Mollusken *(Cardium glaucum, Hydrobia acuta, Abra ovata)*. Die Ursache für die rötliche Färbung der Becken sind autotrophe Bakterien *(Halobacterium)* und die einzellige Alge *Dunaliela salina* (Abb. 6.38).

Bemerkenswerte Salinen-Lebensräume findet man auch in der Nordadria. Manche von ihnen sind längst aufgelassen (z. B. bei Rovinj) und unterliegen einer ökologischen Sukzession – aus ihnen entwickeln sich zwar anthropogen angelegte, aber dennoch wichtige Biotope –, andere werden noch teilweise genutzt, wenn auch nur als Attraktion für Besucher oder als kulturhistorisches Freilichtmuseum. Bei Piran sind entlang der nur 46 km langen slowenischen Adriaküste zwei größere Salinen erhalten (Abb. 6.48): die Secoveljske soline und die Strunjanske soline. Von den hier vorkommenden Arten kann nur eine kleine Auswahl angeführt werden; unter den salztoleranten Pflanzen (Halophyten) sind es *Arthrocnemum fruticosum, Suaeda maritima, Salsola soda, Crithmum maritimum, Halimione portulacoides, Inula crithmoides, Limonium angustifolium, Puccinellia palustris, Atriplex tatarica, Aster tripolium, Phragmites communis* und *Arundo donax*. Zu den markantesten häufig vorkommenden Tierarten zählen *Artemia salina* (Salinenkrebschen, Abb. 6.50), *Carcinus aestuarii bzw. maenas* (Strandkrabbe, Abb. 6.51), *Cerastoderma edule* (Essbare Herzmuschel, Cardiidae, Heterodonta, Bivalvia; kann auf der Flucht vor Seesternen mit ihrem Fuß „springen"), *Abra alba* (Bivalvia), *Aphanius fasciatus* (Zebrakärpfling, Abb. 6.52), *Ephydra macellaria* (Ephydridae, Diptera; fällt durch ihre roten Beine auf, die in Salinen lebenden Larven ernähren sich von Diatomeen, vgl. Abb. 6.49), *Lacerta sicula, Phalacrocorax carbo* (Kormoran), *Anas querquedula* (Knäkente), mehrere Arten der Gattung *Tringa* (Wasserläufer), *Charadrius alexandrinus* (Seeregenpfeifer), *Motacilla flava* (Schafstelze), *Larus argentatus* (Silbermöwe), *Acrocephalus palustris* (Sumpfrohrsänger) und *Falco tinnunculus* (Turmfalke).

Bemerkenswerte Vertreter der Fischfauna sind die Orientkärpflinge der Gattung *Aphanius*. Im Mittelmeerraum kommen mehrere Arten und Unterarten vor; manche leben nur im Süßwasser (z. B. der in der Türkei endemische *A. anatoliae*), andere im Süß- und Brackwasser. Manche Arten sind extrem euryhalin und können im Süß- und Brackwasser, im Meer und in stark hypersalinen Lagunen leben (z. B. *Aphanius dispar* in Ägypten und Israel). *A. dispar* liefert durch sein Vorkommen in heute vom Meer abgetrennten, salzhaltigen Gewässern (tunesische Schotts bzw. Salzsümpfe, Siwa-Oase in Ägypten und andere) einen Hinweis auf starke Veränderungen der Küstenlinien und eiszeitlich bedingte Trans- und Regressionen des Meeres. *Aphanius iberus* kommt in kleineren Gewässern – auch Lagunen (mit einer Salinität von bis zu 60 ‰) – in Spanien und Algerien vor und ist, wie andere Eierlegende Zahnkärpflinge auch, durch eingeschleppte Arten bedroht (z. B. *Gambusia affinis*).

In den Salzgewinnungsanlagen des Mittelmeerraumes wurden bisher etwa 100 Vogelarten aus 18 Familien festgestellt; 31 Arten nisten in diesem Lebensraum, 14 Arten sind auf das östliche Mittelmeer und das Schwarze Meer beschränkt. Für verschiedene Arten wie den Flamingo *(Phoenicopterus ruber)* oder die im Mittelmeer endemische Korallenmöwe *(Larus audoinii)* bilden diese Lebensräume das Hauptbrutgebiet. So befinden sich beispielsweise von der Korallenmöwe 40 Prozent der Brutpaare des gesamten Mittelmeers in den Salinen des Ebrodeltas und 12 000 Paare Flamingos brüten in den Salinen der Camargue.

In den letzten Jahrzehnten hat die traditionsreiche Art der Salzgewinnung in Salzgärten an Bedeutung verloren; (wirtschaftliche) Konzentrationsprozesse haben zur Aufgabe von kleinen Anlagen geführt. Ein Teil der verbliebenen Anlagen wurde für den Ökotourismus durch den Ausbau von Museen und Vogelbeobachtungshäuschen geöffnet. Verschiedene Naturschutzprojekte wie das Anlegen von Nistinseln für Flamingos und die seltene Lachseeschwalbe *(Gelochelidon nilotica)* sowie die Anpassung der hydraulischen Bedingungen an die Nistbedingungen wurden beispielsweise in der Camargue umgesetzt. Aufgegebene Anlagen (Salins de Frontignan, Étang du Bagnas, Salins de Peyriac) wurden in Südfrankreich vom staatlichen Conservatoire du Littoral aufgekauft, um so naturnahe „Inseln" inmitten einer stark zersiedelten und vom Tourismus geprägten Landschaft zu erhalten.

Literatur: • Anonymus (1998) Le sel et l'homme en pays narbonnais. Broschüre Projet de Parc Naturel Régional du Pays Narbonnais und Salin de l'île Saint-Martin, Narbonne • Bergier JF (1982) Une histoire du sel. Presses Universitaires de France, Paris • Britton RH, Johnson AR (1987) An ecological account of a mediterranean salina: the Salin de Giraud, Camargue. S. France, *Biological Conservation* 42: 185–230 • Johnson AR (1982) Construction of breeding islands for flamingos in the Camargue. *Journal of Environmental Management* 34: 285–295 • Sadoul N, Walmsley J, Charpentier B (1998) Les salins – entre terre et mer. Publikation MedWet, Conservation des zones humides méditerranéennes 9, Arles.

6.52 Der Zebrakärpfling Aphanius fasciatus aus den Salinen bei Piran (oben Weibchen, unten Männchen). Er gehört zu der äußerst artenreichen und auf allen Kontinenten mit Ausnahme Australiens verbreiteten Familie der Eierlegenden Zahnkärpflinge (Cyprinodontidae) und Gattung der Orientkärpflinge (Aphanius), einer vermutlich aus dem Meer sekundär ins Süßwasser eingewanderten Gruppe.

6.53 a) Salzgärten in der Camargue. b) Ausgetrockneter Salinenboden nach der Salzernte. c) Dichte Bestände von Arthrocnemum glaucum (oder fruticosum, Graue Gliedermelde) in Strunjan bei Piran. Obligate Halophyten (Salzpflanzen) kommen ausschließlich auf Salzböden vor und bilden dort oft konkurrenzlose Pflanzengesellschaften.

Das Phytal

Robert Hofrichter

Abgesehen von chemoautotrophen Mikroorganismen (Bakterien), die an der Basis kleiner Ökosysteme im aphotischen Bereich des Meeres stehen können, für die globale Produktivität der Ozeane aber kaum ins Gewicht fallen, wird die Primärproduktion von Pflanzen und autotrophen Einzellern sichergestellt. Jene Zone des Benthals, in der ausreichend Licht für die pflanzliche Primärproduktion zur Verfügung steht, bezeichnet man als Phytal. Der Begriff wurde 1933 von Remane eingeführt, hat sich aber vorerst nur im deutschen und französischen Sprachgebrauch eingebürgert. Allerdings wird der Begriff Phytal durch verschiedene Autoren nicht ganz einheitlich definiert.

- Nach Schaefer und Tischler (1983) ist darunter der von Pflanzen gebildete Lebensbereich zu verstehen, der anderen Organismen als Wohn- und Aufenthaltsbereich dient (z. B. Seegraswiesen). Die Betonung liegt dabei auf dem Wort Lebensbereich: das Phytal schließt demnach nicht nur bestimmte Pflanzenbestände wie *Posidonia*- oder *Cystoseira*-Wiesen (Abb. 6.54 und 6.56), sondern einen ganzen vertikalen Bereich des Meeresgrundes ein.
- Lüning (1985) versteht das Phytal ähnlich als den von Pflanzen besiedelten Bereich des Benthals. Er unterstreicht, dass der Begriff nichts anderes als den euphotischen Tiefenbereich des Benthals bedeutet, der in vielen Fällen mit dem Schelf bzw. Litoral (obwohl er diesen Begriff für unscharf hält) gleichzusetzen ist. Alle drei Begriffe, nämlich Phytal, Litoral und Schelf, bezeichnen demnach den gleichen Bodenbereich des Meeres. Lüning zählt den gesamten Bereich zwischen dem Supralitoral (Spritzwasserzone) und der unteren Vorkommensgrenze der Algen (etwa 0,05 Prozent des Oberflächenlichts, in den Tropen bis 0,001 Prozent) zum Phytal. Dem Phytal setzt Lüning das Aphytal, die lichtlose Zone, entgegen.
- Auch nach Pérès (1982) wird dem Phytal das Aphytal (= keine Pflanzen) entgegengesetzt, das der aphotischen, absolut lichtlosen Tiefenzone des Meeres entspricht, in der auf Dauer nur noch heterotrophe Organismen leben können. In der oberen Zone des Phytals *(„étage infralittoral“)* leben lichtliebende, photophile Algen; in der tieferen Zone *(„étage circalittoral“)* kommen die schattenliebenden, sciaphilen Arten vor.

6.54 *Dichtes Phytal in etwa 12 m Tiefe in Gewässern bei der Insel Malta. Im Vordergrund ist ein Cystoseira-Bestand zu sehen (Phaeophyceae), im Hintergrund eine Posidonia-Wiese. Das Bild verdeutlicht, dass die Unterscheidung von „Phytal von Sedimentböden“ und „Phytal von Hartböden“ nicht immer eine strenge räumliche Trennung bedeutet. Die Lippfische (Labridae) in der Bildmitte sind kleinere Exemplare von Pfauenlippfischen (Symphodus tinca), die in Seegraswiesen und deren Nähe häufig in kleineren Gruppen zu beobachten sind.*

6.55 Phytalformen des Hartbodens. a) Die unverwechselbare Grünalge Halimeda tuna kommt bis in größere Tiefen von über 100 m vor. Im seichten Wasser ist sie eher schattenliebend. Ihre Thalli sind stark verkalkt. b) Wenig ausgeprägtes Hartbodenphytal in 8 m Tiefe (Zypern). c) Seehasen (Aplysia sp., Gastropoda) sind typische Bewohner des Algenphytals. d) Durch ein einzelnes Exemplar des Seeigels Sphaerechinus granularis kahl gefressener Algenbestand (Giglio, 15 m, algenbewachsener Hartboden).

- Tardent (1993) verwendet den Ausdruck Phytal nicht und spricht von Makrophyten, den makroskopischen Komponenten des Phytobenthos.
- Ott (1988) definiert das Phytal als seichtes Sublitoral (= Infralitoral) der Starklichtzone, das durch Pflanzenbestände, insbesondere Algen, gekennzeichnet ist. Wie weiter unten dargestellt, unterscheidet er das Phytal des Felslitorals (überwiegend Algenbestände) und das Phytal der Sedimentböden (überwiegend Seegrasbestände).
- Götting et al. (1988) halten es für gerechtfertigt, das Phytal, das von ihnen mit Pflanzenbeständen gleichgesetzt wird, als eigenen Lebensraum vom Benthal abzugrenzen. Auch Bereiche, die durch abgerissene oder umhertreibende Pflanzenbüschel und -teile geprägt sind, werden nach diesen Autoren zum Phytal gerechnet. Pflanzenbestände zeichnen sich – ähnlich wie der durch tierischen Aufwuchs dominierte Bereich – häufig durch eine artenreiche, typische Fauna aus, die Phyton genannt wird.

Obwohl sich die Definitionen geringfügig unterscheiden, könnte das Phytal wie folgt beschrieben werden: Es ist der durch Makrophyten – das sind Seegräser und Makroalgen – geprägte, in unterschiedlichem Ausmaß geschlossene Lebensraum in der lichtdurchfluteten (euphotischen) Zone des Infralitorals (= Sublitorals). Der allgemeinere Begriff Phytobenthos schließt nach den meisten Definitionen auch mikroskopische Komponenten ein, vor allem kleine benthische Algen (z. B. Kieselalgen), die für einen beträchtlichen Anteil der Primärproduktion sorgen. Diese Mikroalgen überziehen gemeinsam mit niederen Pilzen, Bakterien und weiteren Mikroorganismen der neritischen Zone fast jede Fläche, die noch von einem gewissen Lichtanteil erreicht wird. Ausgenommen sind nur (wenige) Organismen, die sich durch effektive, meist chemische Abwehrmethoden gegen die Besiedelung ihrer Oberflächen zu schützen vermögen. In der aphotischen Zone fehlen die photosynthetisch aktiven Algen.

Die Übergänge zwischen den einzelnen Fazies des Phytals sind oft fließend (Abb. 6.54). Auf primären Hartböden (anstehendes Gestein) wachsen bei ausreichendem Lichtangebot dichte Algenbestände (Abb. 6.55, 6.56); überwiegend auf Sedimentböden gedeihen die Seegräser. Sedimentböden können sich durch das Wachstum von Rotalgen verfestigen, die in ihre Thalli Kalk einbauen; in weiterer Folge können sie durch Aufwuchsorganismen besiedelt werden und sich zu einem so genannten sekundären Hartboden entwickeln, auf dem gleiche Pflanzen- und Tierarten wie auf anstehendem Fels gedeihen können (S. 366 ff.).

Das im Felslitoral allgemein stark, auf Sedimentböden wenig gegliederte Benthal erhält durch die Pflanzen eine komplexe Topographie, was weitreichende ökologische Folgen nach sich

zieht. Zahlreiche neue Habitate und Mikrohabitate mit veränderten ökologischen Bedingungen und markanten Gradienten ökologischer Faktoren wie Licht, Strömung und Sedimentation in den einzelnen Strata (Schichten, „Stockwerken") des Pflanzenbestandes werden so gebildet. Auf den sonst eher eintönigen Sedimentgründen kann sich durch das Phytal eine Biozönose von hoher Diversität entfalten. Das ist aber nur eine der wichtigen Funktionen des Phytals. Makrophytenbestände sorgen für einen Teil der Primärproduktion in der küstennahen (neritischen) Zone. Obwohl die Produktivität des Phytals sehr hoch sein kann, entfällt auf sie im globalen Maßstab nur ein geringerer Teil der gesamten Produktion; der Großteil wird vom Phytoplankton geleistet. Der Raum, der dem Phytoplankton dabei zur Verfügung steht, ist auch unvergleichlich viel größer als jene räumlich beschränkte Zone, in der Makrophyten dichtere Bestände bilden können.

Die untere Vorkommensgrenze mariner Makrophyten ist durch das Lichtangebot limitiert. Für die meisten Arten liegt sie je nach Transparenz des Wassers zwischen 30 und 60 m, wodurch die Untergrenze des Infralitorals und der Übergang zum Circalitoral markiert wird. Nur wenige Arten, vor allem Rotalgen, die mit der Quantität und Qualität (spektrale Zusammensetzung) des Lichtes in solchen Tiefen zurechtkommen, sind in Tiefen bis 200 m anzutreffen. Dem Phytobenthos steht somit im Mittelmeer ein relativ schmaler Küstenstreifen als Lebensraum zur Verfügung, der nur 4–5 Prozent der Gesamtfläche des Meeresgrundes ausmacht – die gesamte neritische Zone des Weltmeeres über dem Kontinentalschelf nimmt im Vergleich dazu etwa 10 Prozent der gesamten Meeresfläche ein. Nur etwa 0,1–0,2 Prozent der Fläche des Mittelmeeres ist als *Posidonia*-Lebensraum geeignet. So schmal dieser Streifen auch ist und so gering seine Produktion im Vergleich mit dem Phytoplankton sein mag – seine Bedeutung für küstennahe Lebensräume ist dennoch enorm.

Die Bedeutung der Makrophyten-Produktion beschränkt sich nicht nur auf die küstennahe Zone: Ein großer Teil des produzierten organischen Materials wird als Debris und Detritus sowie als gelöste organische Substanz (DOM) in benachbarte Lebensräume exportiert (vgl. Abb. 6.94).

Einer der entscheidenden Unterschiede zwischen Algen und Seegräsern ist das Vorhandensein von Wurzeln bei Seegräsern. Sie ermöglichen ein Besiedeln der Sedimentböden – vor allem sandiger, aber auch schlammiger Böden (daher Phytal von Sedimentböden). Für dieses mobile Substrat brauchen die pflanzlichen Besiedler ein effektives Verankerungsorgan, nicht anders als die Landpflanzen. Algen hingegen haben keine Wurzeln, sondern wurzelähnliche Rhizoide oder Haftscheiben, die vor allem auf harten Substraten eine effektive Verankerung ermöglichen (daher Phytal des Felslitorals). Die meisten Großalgen wachsen aus diesem Grund auf Hartböden, wo sie selbst der extremen Dynamik des Wassers bei Brandung und starken Strömungen widerstehen können. Unter den autochthonen mediterranen Arten bildet auf Sandgründen nur die Grünalge *Caulerpa prolifera* (Chlorophyta) ausgedehntere Bestände. Die aggressive tropische *Caulerpa taxifolia* hingegen, die sich seit 1984 in rasantem Tempo im Mittelmeer ausbreitet, überzieht verschiedene Böden – Sandgründe mit eingeschlossen. Sie kann zu einem ernsthaften ökologischen Problem werden und autochthone Phytalbestände verdrängen (vgl. Exkurs S. 520 ff.), denn das Phytal, ganz besonders *Posidonia*-Wiesen, spielt für die Gesamtökologie des Mittelmeeres und seiner Bewohner eine äußerst wichtige Rolle.

Weltweit sind mehr als 10 000 Algen- und 42 Seegrasarten bekannt, davon kommen im Mittelmeer über 1 000 Algen- und 6 Seegrasarten vor (Tab. 6.44). Diese Zahlen erhöhen sich durch eingewanderte und eingeschleppte Arten. Die systematische Übersicht mediterraner Algen und Seegräser einschließlich der Einwanderer ist in Band II/1 dieses Werkes dargestellt.

6.56 Rechte und diese Seite: Verschiedene Phytalformen. a) Cystoseira-Bestand in 8 m Tiefe an der Ostküste von Zypern. b) Der seichte Bereich des felsigen Infralitorals ist der artenreichste Lebensraum des Mittelmeeres. Hier kommen mehr als 1 000 Arten von Makrophyten sowie unzählige vagile und sessile Tierarten vor. c) Der kleine Seestern Asterina gibbosa im dichten Bestand der Braunalge Dictyota dichotoma. d) Schwimmender Knurrhahn (Trigla sp.) über niedrigem Algenbestand in der Nordadria. e) Dichter Acetabularia-Bestand (Chlorophyceae). f) Codium effusum (links im Bild, polsterförmige Wuchsform) und Codium bursa (kugelig) mit der Seegurke Holothuria polii (Giglio, 18 m, Hartboden). g) Codium fragile subsp. tomentosoides vor einer Kleinhöhle (Giglio, 10 m, Hartboden). h) Besondere Wuchsform von Codium bursa. i) Codium coralloides kommt bis 40–50 m Tiefe vor.

Infralitorale Hartböden

Stephan Pfannschmidt

Das Infralitoral schließt sich nach unten an das Mediolitoral, die Zone des Wellenschlages und der Gezeiten an. Im Unterschied zum Letzteren bleiben aber die Landschaften des Infralitorals immer von Wasser bedeckt. Ein Trockenfallen findet nur extrem selten bei katastrophalen Ereignissen statt. Die Räume des Infralitorals werden vom Tageslicht durchflutet, ein entscheidendes Charakteristikum dieser Zone. Der feste Untergrund der Felsen und die gute Lichtversorgung bei einer permanenten Wasserbedeckung sind die Faktoren, die eine oft strotzende Makroalgenvegetation zum Hauptcharakteristikum der infralitoralen Hartböden machen (Abb. 6.54–6.56).

Das Licht, das den größeren Pflanzen (Makrophyten) erlaubt, für ihr Wachstum ausreichend Photosynthese zu betreiben, ist auch der Faktor, der den Übergang des Infralitorals zum tiefer liegenden Circalitoral bestimmt. Es hat sich im Mittelmeer eingebürgert, die Untergrenze des Infralitorals mit der unteren Verbreitungsgrenze der Seegraswiese *Posidonia oceanica* gleich zu setzen. Auch viele Makroalgen, wie die Trichteralge *Padina pavonica* haben hier wegen Lichtmangels ihr Tiefenlimit. Da das Wasser in verschiedenen Regionen des Mittelmeeres unterschiedlich stark getrübt ist, liegt die Grenze zwischen Infra- und Circalitoral an den verschiedenen Küsten unterschiedlich tief. So kann sie an der Costa Brava und der französischen Riviera bereits bei 15 bis 20 m liegen, während sie sich an den Küsten des östlichen Beckens mit seinen klaren Gewässern bei 50 m und tiefer befindet. Im Infralitoral gibt es freilich auch Arten aus tieferen Bereichen. Insbesondere unter Überhängen, Felsblöcken und Steinen, in Höhlen, Spalten und Löchern mit ihrem reduzierten Lichtangebot kommen eingestreute Schattengemeinschaften vor, circalitorale Enklaven in der Felsenlandschaft.

Durch die Wellenbewegung des Wassers an der Oberfläche sind die Organismen in den flacheren Bereichen häufig einer starken mechanischen Belastung ausgesetzt. Die Wasserbewegung sorgt dafür, dass immer wieder Nahrungspartikel aufgewirbelt und in Suspension gehalten werden, was eine gute Ernährungssituation für die sessilen filtrierenden Invertebraten bedeutet. Damit sind die Grundlagen für eine reiche, vielfältige Artengemeinschaft gegeben – das Algenphytal, der wichtigsten Biozönose des Infralitorals.

Das Algenphytal

Die Biozönose der photophilen (lichtliebenden) Algen (AP, frz. *Algues photophiles*), das Algenphytal, ist von den ersten Zentimetern unter der Wasseroberfläche bis zur Grenze zum Circalitoral (15 bis

6.57 *Typische Situation des Algenphytals. Im Licht durchfluteten Bereich (außen) dominieren verschiedene Algen, während der beschattete Bereich (Bildmitte) von Tieren, überwiegend Schwämmen, geprägt ist.*

Art	Gruppe	Wuchsform
hohe Strauchschicht *(arborescent stratum)*		
Codium vermilara	Chlorophyceae	bäumchenförmig
Cystoseira spp.	Phaeophyceae	strauchig hoch
Asparagopsis armata	Rhodophyceae, Bonnemaisoniaceae	strauchig hoch
Sphaerococcus coronopifolius	Rhodophyceae, Sphaerococcaceae	strauchig hoch
niedere Strauchschicht		
Dictyota dichotoma	Phaeophyceae	schmale, dünne verzweigte Folien
Ulva sp.	Chlorophyceae	dünne breite Folien
Corallina elongata	Rhodophyceae, Corallinaceae	kalkig bürstenartig
Jania rubens	Rhodophyceae, Corallinaceae	flaschenbürstenartig, Rasen und Epiphyt
Padina pavonica	Phaeophyceae	foliös
Stypocaulon scoparium	(syn. Halopteris scoparia) Phaeophyceae	krautig
Plocamium cartilagineum	Rhodophyceae	krautig, buschig
Pterocladiella capillacea	Rhodophyceae	bäumchenförmig
Rasenschicht *(turfy stratum)*		
Bryopsis spp.	Chlorophyceae	rasenförmig
Gelidium spp.	Rhodophyceae	rasenförmig
Colpomenia sinuosa	Phaeophyceae	rasenförmig
Codium coralloides	Chlorophyceae	blasig
Valonia utricularis	Chlorophyceae	blasig
Krusten- und Polsterschicht		
Lithophyllum spp.	Rhodophyceae, Corallinaceae	Kalkkruste
Lithophyllum incrustans	Rhodophyceae, Corallinaceae	Kalkkruste
Mesophyllum lichenoides	Rhodophyceae, Corallinaceae	flechtenartige Kalkkruste
Cutleria adspersa, unverkalktes Stadium	(syn. *Aglaozonia melanoides*) Phaeophyceae	unverkalkt
Ralfsia verrucosa	Phaeophyceae	unverkalkt

Tabelle 6.3 *Übersicht über die Schichten des Algenphytals.*

6.58 *Schichtenbau des Algenphytals. Cy: Cystoseira; Jr: Jania rubens; Ps: Peyssonnelia squamaria; Ht: Halimeda tuna; Di: Digenea simplex; Dm: Dictyopteris membranacea; Up: Udothea petiolata; Vu: Valonia utricularia. Nach Riedl, 1966.*

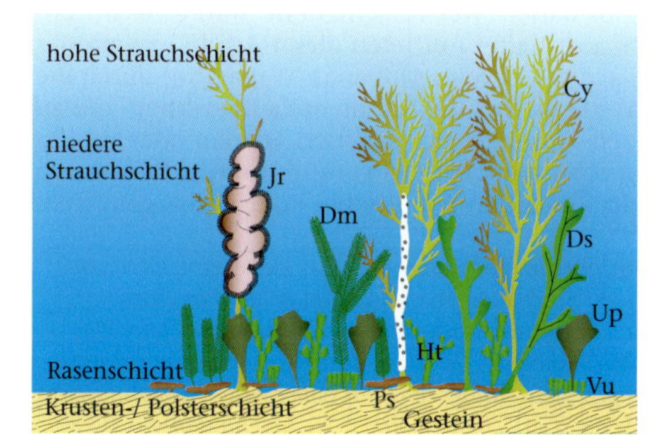

50 m) auf den Lichtseiten der Felsen ausgeprägt (Abb. 6.57). Sie ist, vergleichbar einer Strauchvegetation an Land, prinzipiell aus vier Schichten aufgebaut, so wie es in Abbildung 6.58 beispielhaft für einen *Cystoseira*-Bestand auf Kalkgestein dargestellt ist: Eine hohe Strauchschicht wird typischerweise von Braunalgen (z. B. *Cystoseira*) gebildet; die niedere Strauchschicht besteht aus kürzeren fleischigen Algen, in den sich häufig verschiedene Rotalgenarten mischen. In den Strauchschichten kriechen kleine Schnecken, Gliederwürmer und Krebstiere herum, die Anpassungen gegen die Scherkräfte der starken Wasserbewegung entwickelt haben. Die Rasenschicht aus kleinwüchsigen Arten kann Sediment halten. Die Rotalge *Jania rubens* mit ihrer flaschenbürstenförmigen Wuchsform wächst sowohl in der Rasenschicht, als auch als Ephiphyt auf den Braunalgen der hohen Strauchschicht. Noch dichter am Untergrund bilden die Thalli (Algenkörper) der niedrig wachsenden Corallinaceae zusammen mit den verkalkten Röhren von Polychaeten und der Wurmschnecke

Vermetus triquetrus eine teilweise viele Zentimeter dicke Kalkauflage, die Krusten- und Polsterschicht. Ähnlich, wie bei der Krustenschicht des Coralligène (Abschnitt „Circalitorale Hartböden“, S. 366 ff.), ist somit ein sekundäres (biogenes) Hartsubstrat auf dem primären Felssubstrat ausgebildet. Die hauptsächlich beteiligte krustenbildende Kalkrotalge ist *Lithophyllum incrustans*.

Bewohner des Algenphytals

Sämtliche aufrecht wachsende Algen sind von einer Vielzahl von Epiphyten sowohl pflanzlicher als auch tierischer Herkunft besiedelt. Im wogenden Gestrüpp schwimmen eine Reihe von Arten, viele andere halten sich aber mit Haft- oder Klammerorganen an den Strukturen der buschig wachsenden Algen fest. Es sind dies vor allem 1 – 20 mm große Tiere, zum Beispiel die mit den Spinnen verwandten Pantopoda, verschiedene Vertreter der Ranzenkrebse (Peracarida) wie die Gespensterkrebse (Caprellidae), andere Flohkrebse (Gammaridae) und Asseln (Isopoda), kleine vagile Schlickröhrenwürmer (Polychaeta, Sabellidae) sowie kleinere Gastropoda. Die folgenden Tabellen nennen nur einige wichtige faunistische Komponenten und geben einen flüchtigen Einblick in die Artenvielfalt der Lebensgemeinschaften im mediterranen Algenphytal.

Aspekte des Algenphytals

Je nach Ausprägung der Umweltbedingungen treten bestimmte Aspekte des Algenphytals in den Vordergrund. Eine oder mehrere Schichten können weniger deutlich ausgebildet sein oder ganz wegfallen. Jene Arten, die an die jeweilige Situation am Besten angepaßt sind, dominieren bestandsbildend als Charakterarten. Sie geben der Fazies bzw. der Gemeinschaft den Namen. Alle untersuchten Fazies und Gemeinschaften sind aber in ihrer basalen Artenzusammensetzung so wenig spezifisch, dass man sie als „verarmte“ Stadien einer einzigen „reifen“ Algenphytal-Biozönose sehen kann.

Im Folgenden werden kurz die wichtigsten Teilbereiche (Fazies oder Gesellschaften) des Infralitorals mit den bestimmenden Faktoren und einer tabellarischen Aufstellung ihrer wichtigsten Arten abgehandelt. Die jeweils Namen gebenden Charakterarten einer Fazies oder Gesellschaft sind in den Tabellen fett hervorgehoben.

- Lichtexponierte *Cystoseira*-Bestände in geringer Wassertiefe (max. 10 m) bei starker Wasserbewegung. Diese *Cystoseira*-Fazies auf lichtdurchfluteten Felsen, die von klarem Wasser überspült werden (Abb. 6.57), bilden eine ca. 30 Zentimeter hohe Schicht mit einer reichhaltigen Fauna und Flora in den beschatteten Unterschichten. Das Gestein ist oft zerklüftet und dicht besiedelt. Zusammen mit der porösen Kalkkrustenschicht der darunter wachsenden Corallinaceen, ergibt sich ein reich strukturierter hochdiverser Lebensraum. Cystoseiren sind mit breiten Haftkrallen am Substrat angewachsen.
- Lichtexponierte *Cystoseira*-Bestände in geschützter oder mäßig exponierter Lage (Abb. 6.59). Wegen der etwas geringeren Exposition kommt es in diesen Beständen zu höherer Sedimentation. In der Krustenschicht können daher einige Sedimentbewohner auftreten. *Cystoseira crinita* wird in manchen Gebieten vikariant (gleiche ökologische Nische) durch *Cystoseira elegans* ersetzt. Hat sich eine gewisse Menge Sedimentes angesammelt, kann es zu einer Besiedlung durch das kleine Seegras *Cymodocea* kommen, das seinerseits Ausgangspunkt für eine Sukzession sein kann, an deren Ende die Seegraswiese *Posidonia oceanica* steht.
- Exponierte Lage ohne *Cystoseira*-Arten. Aus anderen gemäßigten Meeren mit hohen Gezeitenamplituden sind Miesmuschelbänke in der unteren Gezeitenzone (Mediolitoral) verbreitet. Da der Tidenhub im Mittelmeer bis auf wenige Gebiete meist nur wenige Zentimeter beträgt, ist diese Fazies hier Bestandteil des oberen Infralitorals. Als innere Strudler sind die Miesmuscheln auf einen ausreichenden Gehalt an verwertbaren organischen Schwebpartikeln im Wasser angewiesen. Es gibt daher zwei verschiedene Standorte für ein massenhaftes Auftreten dieser Art: In exponierter Lage bei klarem, sauberem Wasser, wo durch die Wellenbewegung Sedimente aufgewirbelt und zu den Muscheln transportiert werden oder aber in geschützter Lage bei verunreinigtem Wasser, wo der Gehalt an organischer Fracht groß genug ist.

6.59 und Tabelle 6.4 *Links: Der Kleine Drachenkopf Scorpaena porcus (Scorpaenidae) in einer dichten Cystoseira-Wiese; Malta, 12 m Tiefe. Das Mittelmeer ist für diese Braunalgengattung ein wichtiges Entstehungszentrum neuer Arten. Tabelle rechte Seite: Tierische Bewohner des Algenphytals.*

Art	Gruppe	Lebensweise
Epiphyten und Weidegänger		
Hydrozoa	Cnidaria	Epiphyten, planktivor
Bryozoa	Tentaculata	Epiphyten, äußere Strudler
Didemnidae	Synascidien	Epiphyten, innere Strudler
Rissoidae	Gastropoda, Prosobranchia	vagil, Weidegänger und Mikrophagen
Tricolia pulla (syn. *Phasianella pulla*)	Gastropoda, Prosobranchia	vagil, Weidegänger und Mikrophagen
schwimmende und temporär verweilende Tiere		
kleinere Syllidae	Polychaeta	vagil, carnivor
Jungstadien Syllidae	Polychaeta	vagil, carnivor
Jungstadien Nereidae	Polychaeta	vagil, carnivor
	Nematoda	vagil, carnivor
Munna sp.	Crustacea, Isopoda	vagil, Weidegänger
Synisoma capito	Crustacea, Isopoda	vagil, Weidegänger
Paranthura costana	Crustacea, Isopoda	vagil, Weidegänger
Elasmopus rapax	Crustacea, Amphipoda, Gammaridea	Partikelfresser
Ampithoe ramondi (syn. *Ampithoe vaillanti*)	Crustacea, Amphipoda, Gammaridea	Partikelfresser
Niederschichten (Rasenschicht, Krusten- und Polsterschicht), teils Epiphyten, teils Spaltenbewohner		
Turbicellepora magnicostata (syn. *Schismopora armata*)	Bryozoa	z. T. epiphytisch, sessile koloniale Suspensionsfresser
Reptadeonella violacea	Bryozoa	sessile koloniale Suspensionsfresser, schwarze Krusten
Pomatoceros triqueter	Polychaeta, Serpulidae	z. T. epiphytisch, sessile koloniale Suspensionsfresser
Dynamene bifida	Crustacea, Isopoda	vagiler Weidegänger
Asterina gibbosa	Echinodermata, Asteroidea	vagiler Mikroräuber
Porcellana platycheles	Crustacea, Decapoda, Anomura	vagiler Räuber am Boden
Pisidia bluteli	Crustacea, Decapoda, Anomura	vagiler Räuber am Boden
Lepadogaster lepadogaster	Osteichthyes, Gobiesocidae	festgesaugt, vielseitiger Räuber
Siriella saltensis	Crustacea, Mysidacea	schwimmend in Schwärmen, Spaltenbewohner
größere Arten auf dem Substrat selbst		
Acanthonyx lunulatus	Decapoda, Brachyura	carnivor
Clibanarius erythropus	Decapoda, Anomura	carnivor
Patella caerulea	Gastropoda, Patellidae	ortstreu, Weidegänger
Cerithium rupestre (syn. *Gourmya rupestris*)	Gastropoda	Weidegänger
Gibbula adansonii	Gastropoda, Trochidae	Weidegänger
Stramonita haemastoma (syn. *Thais haemastoma*)	Gastropoda, Muricidae	Räuber
Cardita calyculata	Bivalvia, Carditidae	hemisessil, Suspensionsfresser
Paracentrotus lividus	Echinodermata, Echinoida	vagil, Weidegänger
Blennius spp.	Osteichthyes, Blenniidae	carnivor, Spaltenbewohner
Gobius spp.	Osteichthyes, Gobiidae	carnivor
Bewohner der Strauchschichten		
Pseudoprotella phasma	Crustacea, Amphipoda, Caprellidae (Gespensterkrebse)	klammernd, selten schwimmend
Caprella sp.	Crustacea, Amphipoda, Caprellidae (Gespensterkrebse)	klammernd, saugend an Hydrozoa u. a.
Achelia echinata	Pantopoda	klammernd, saugend an Hydrozoa u. a.

hohe Strauchschicht	niedere Schichten und Epiphyten	Tiere
Phaeophyceae	Rhodophyceae	
exponierte Lagen: ***Cystoseira amantacea*** var. ***stricta*** ***Cystoseira mediterranea;*** diese beiden Arten sind Vikarianten (ökologische Stellvertreter) in verschiedenen Gebieten des Westmediterrans.	*Boergeseniella deludens* (syn. *Polysiphonia deludens*) *Ceramium rubrum* *Jania rubens* (Epiphyt u. niedr. Str.) *Feldmannia lebelii* (syn. *Feldmannia caespitula*) *Lithophyllum incrustans* *Schottera nicaeënsis* *Acrosorium venulosum* *Lithothamnion lenormandi*	*Miniacina miniacea* (Foraminifera) *Coryne sp.* (Hydrozoa) *Sertularella ellisii* f. *lagenoides* (Hydrozoa) *Turbicellepora magnicostata* (syn. *Schismopora armata*; Bryozoa) *Vermetus triquetrus* (Gastropoda) *Mytilus galloprovincialis* (Bivalvia) *Balanus perforatus* (Crustacea) Krustenschicht: *Lepidonotus clava* (Polychaeta) *Chrysopetalum debile* (Polychaeta) *Eunice harassii* (Polychaeta) *Lysidice ninetta* (Polychaeta) *Pilumnus hirtellus* (Decapoda) *Gnathia maxillaris* (Isopoda) *Dynamene bidendatus* (Isopoda) in *Cystoseira*-Haftkrallen: *Limnoria spp.* (Isopoda)
geschützte oder mäßig exponierte Lagen:		
Cystoseira crinita ***Cystoseira compressa*** ***Cystoseira brachycarpa*** var. ***balearica*** *Cystoseira ercegovicii* (f. *tenuiramosa*) *Cystoseira elegans*	*Padina pavonica* *Sargassum vulgare* *Stypocaulon scoparium* (syn. *Halopteris scoparia*) * saisonale Variabilität *	reiche Fauna mit vielen Sediment- und Detritusfressern in der Sedimentschicht: *Polyophthalmus pictus* (Polychaeta)

hohe Strauchschicht	niedere Schichten und Epiphyten	Tiere
reduziert bis fehlend	Rhodophyceae *Asparagopsis armata* *Corallina elongata* *Laurencia obtusa* *Jania rubens* *Lithophyllum incrustans*	Fazies (weniger Algen): ***Mytilus galloprovincialis*** begleitet von: *Lepidonotus clava* (Polychaeta) *Tanais cavolinii* (Tanaidacea) *Ischyromene lacazei* (Isopoda) *Pilumnus hirtellus* (Decapoda) andere Mytilidae ***Anemonia sulcata*** (Actiniaria) mit assoziierten Decapodenarten: *Inachus dorsettensis, Macropodia longirostris, Scyllarus arctus* **Hydrozoa**: *Eudendrium capillare* *Eudendrium racemosum* *Bougainvillia muscus* (syn. *Bougainvillia ramosa*) *Sertularella ellisii* (Hydrozoa) *Halecium spp.*, begleitet von: *Clavularia ochraea* (Octocorallia, Stolonifera) *Clavellina lepadiformis* (Tunicata) *Hymeniacidon sanguinea* (Porifera)

hohe Strauchschicht	niedere Schichten und Epiphyten	Tiere
Phaeophyceae *Padina pavonica* ***Cladostephus spongiosus*** (syn. *Cladostephus hirsutus*) ***Stypocaulon scoparium* (syn. *Halopteris scoparia*)** *Dictyota fasciola* (syn. *Dilophus fasciola*) *Saccorhiza polyschides*	Chlorophyceae *Acetabularia acetabulum* *Dasycladus vermicularis* Rhodophyceae *Amphiroa rigida* *Lithophyllum incrustans*	viele Sedimentfresser, Mollusca, Polychaeta, Crustacea, Echinodermata

Tabellen 6.5, 6.6 und 6.7 *Oben: Charakterarten lichtexponierter Cystoseira-Bestände in geringer Tiefe bei starker Wasserbewegung. Mitte: Exponierte Lage ohne Cystoseira. Unten: Stillwasser-Gemeinschaften ohne Cystoseira.*

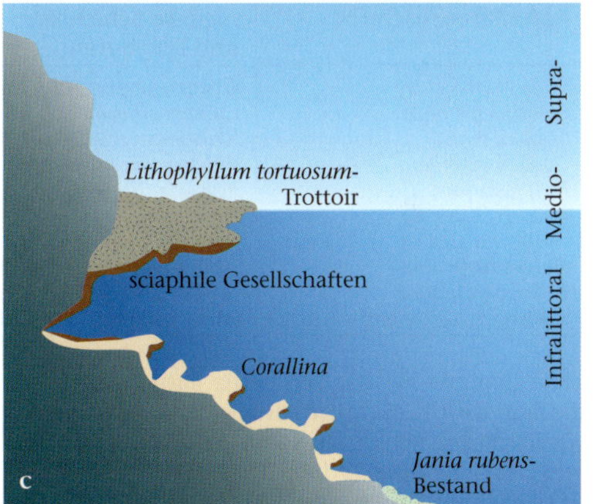

6.60 a) Massenhaftes Auftreten der Wachsrose Anemonia sulcata (Anemonia sulcata-Fazies) mit rasenförmiger Wuchsform. Ob es sich hierbei um einen „Ökotyp I" oder eine gesonderte Art der in tieferen Lagen vereinzelt und größer gewachsenen Aktinie (solitäre Form) handelt, ist umstritten. b) Sciaphile (schattenliebende) Algengemeinschaft mit Corallina elongata (Bildmitte), verschiedenen Braun- und Rotalgen, sowie der grünen Meerkette Halimeda tuna. c) Schattengesellschaften unter dem mediolitoralen Lithophyllum tortuosum-Trottoir mit Corallina und Jania. Nach Pérès, 1967.

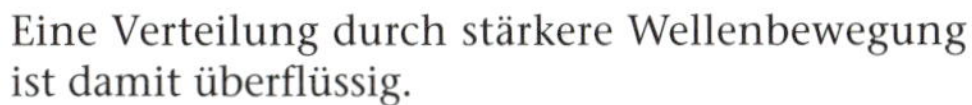
Eine Verteilung durch stärkere Wellenbewegung ist damit überflüssig.

In seichten Geröll- und Blockfeldern mäßig exponierter Lagen kann die Wachsrose *Anemonia sulcata* in ihrer kleinen, massenhaft auftretenden Erscheinungsform (Ökotyp 1) die Steine bewachsen, so dass sich ein regelrechter Tentakelrasen bildet (Abb. 6.60 a).

Vor allem an steilen Felskanten und -wänden kann es zur Ausbildung buschartiger Hydrozoenbestände kommen, die vom ungeübten Betrachter häufig für Algenbestände gehalten werden.

- Stillwasser-Gemeinschaften ohne *Cystoseira*-Arten. Die Braunalgen *Stypocaulon* und *Cladostephus* findet man fast ausschließlich in tieferen Gezeitentümpeln mit einer relativ offenen Verbindung zum Meer. Atlantische Kaltwassertange, wie die mehrere Meter groß werdende *Saccorhiza polyschides* kommen nur in kleineren, regionalen Beständen dort vor, wo das Oberflächenwasser aufgrund von Meeresströmungen auch in den Sommermonaten kühler bleibt. Dies ist zum Beispiel in der Strasse von Messina, an der Schwelle zwischen dem Tyrrhenischen und dem Ionischen Meer der Fall. Auf beweglicherem Substrat wie Geröll stehen in manchen Gebieten Rasen der Schirmchenalge *Acetabularia* (Abb. 6.56 e).
- Exponierte Schattengesellschaften unter den Überhängen des *Lithophyllum tortuosum*-Trottoirs (Abb. 6.60 c). Unter den Überhängen der mediolitoralen, biogenen *Lithophyllum tortuosum*-Trottoirs, wo Wellen mit voller Kraft wirken, aber auch in vielen beschatteten Felsspalten, treten Gesellschaften unter Dominanz der Rotalge *Schottera nicaeënsis* auf. Diese sciaphile (schattenliebende) lappig foliöse Rotalge hält einige Wucht der Brandung aus und dominiert daher häufig exponiertere Schattengesellschaften.
- Schattengesellschaften im tieferen ruhigeren Wasser – Übergang zu den Lebensgemeinschaften des Circalitorals. Algen, die Licht mittleren Stärke bevorzugen und eine Gemeinschaft sessiler Wirbelloser, vor allem aus verschiedenen Schwammarten, deuten in ruhiger Lage im tieferen Bereich des Infralitorals den Übergang zum Circalitoral an. Wenn die Meerkette *Halimeda tuna* und die schwammige Rotalge *Peyssonnelia squamaria* dominieren und ein entsprechender Unterbau aus Krustenkalkrotalgen besteht, spricht man schon vom Précoralligène, der Übergangsgemeinschaft zwischen Infra- und Circalitoral.
- Kahle Felsflächen – *„barren habitats"*. Verschiedene Faktoren können dafür verantwortlich sein,

hohe Strauchschicht	niedere Schichten und Epiphyten	Tiere
Chlorophyceae *Cladophora pellucida* **Rhodophyceae** ***Schottera nicaeënsis*** ***Pterocladiella capillacea***	**Chlorophyceae** *Valonia utricularia* **Rhodophyceae** *Pterocladiella melanoidea* *Gymnothamnion elegans* zusätzlich Kaltwasserarten (NW) **Rhodophyceae** *Lomentaria articulata* *Plocamium cartilagineum* *Callithamnion tetragonum* zusätzlich Warmwasserarten (Tyrrhenisches Meer): **Chlorophyceae** *Acetabularia parvula* (syn. *Polyphysa parvula)* **Rhodophyceae** *Botryocladia botryoides*	*Actinia equina* (Actiniaria) *Coryne sp.* (Hydrozoa) *Halichondria panicea* (Porifera)

hohe Strauchschicht	niedere Schichten und Epiphyten	Tiere
Chlorophyceae *Flabellia petiolata* *Codium bursa* *Codium vermilara* *Halimeda tuna* **Phaeophyceae** *Cystoseira spinosa* *Halopteris filicina* **Rhodophyceae** *Sphaerococcus coronopifolius*	**Chlorophyceae** *Codium effusum* **Rhodophyceae** *Rhodymenia ardissonei* *Peyssonnelia rubra* *Peyssonnelia squamaria* *Aglaothamnion tripinnatum* (syn. *Callithamnion tripinnatum)* *Acrosorium venulosum* (syn. *Acrosorium uncinatum)*	Fazies (weniger Algen): ***Alcyonium** acaule* (Alcyonaria) **Porifera:** *Ircinia fasciculata* *Hymeniacidon sanguinea* *Petrosia ficiformis* *Hamigera hamigera*

Tabelle 6.8 und 6.9 *Oben: Charakterarten exponierter Schattengesellschaften unter den Überhängen des Lithophyllum tortuosum-Trottoirs. Unten: Charakterarten von Schattengesellschaften im tieferen, ruhigeren Wasser (Übergang zu circalitoralen Lebensgemeinschaften).*

dass manche Felsflächen völlig kahl erscheinen. Dieser Eindruck kann auch dann entstehen, wenn dünne Schichten sehr resistenter Kalkrotalgen, meist *Lithophyllum incrustans,* und einige hartnäckige Wirbellose als Aufwuchs bestehen bleiben. Manchmal sind es abiotische Faktoren: Felsen oder Felsblöcke, die in der Nähe von Sandflächen liegen, werden bei schwerem Seegang von „Unterwasser-Sandstürmen" heimgesucht. Dem Sandabrieb können nur die krustenförmigen Kalkrotalgen und jene sessilen Invertebraten, die extrem fest auf den Felsen zementiert sind, widerstehen.

Häufig sind jedoch biotische Faktoren für kahle Felsen verantwortlich. In manchen Gebieten treten große Populationen des Steinseeigels *Paracentrotus lividus* und des Schwarzen Seeigels *Arbacia lixula* auf, die mit ihrer Weidetätigkeit die fraßempfindlicheren fleischigen Raumkonkurrenten der Kalkrotalgen kurz halten (Abb. 6.61). Fadenförmige Algen werden dazu noch auf bestehenden Lichtungen von Napfschnecken entfernt. Etwas tiefer beteiligen sich Meerbrassen an der Beweidung. Über die Verteilung der beiden Seeigelarten und die jeweilige Nahrungspräferenz wird aktuell diskutiert. Aus Untersuchungen der Mageninhalte weiß man, dass der Steinseeigel ausschließlich fleischige Algen frißt, während der Schwarze Seeigel auch *Lithophyllum* verzehrt. Der Steinseeigel kann in geeignetes Gestein Löcher bohren, was

6.61 *Der Schwarze Seeigel (Arbacia lixula) auf kahlgefressenem Felsen. Die Ränder des „barren habitat" sind deutlich zu sehen. Neben dem nackten Felsen bleiben Reste weißer Krusten übrig, die von Kalkrotalgen wie z. B. Lithophyllum incrustans herrühren.*

hohe Strauchschicht	niedere Schichten und Epiphyten	Tiere
fehlend	Rhodophyceae ***Lithophyllum incrustans***	***Arbacia lixula*** ***Paracentrotus lividus*** (Echinoidea) *Anemonia sulcata* (Actiniaria) *Patella caerulea* (Gastropoda) fest am Substrat fixiert: *Vermetus triquetrus* (Gastropoda) *Pseudochama gryphina* (Bivalvia) *Balanus perforatus* (Crustacea) *Balanophyllia europaea* (Madreporaria)

hohe Strauchschicht	niedere Schichten und Epiphyten	Tiere
fehlend	Chlorophyceae ***Ulva*** *rigida* ***Enteromorpha*** *spp.* Rhodophyceae *Lithophyllum incrustans* *Gelidium pusillum* *Corallina elongata* ***Corallina officinalis***	Polychaeta *Syllis prolifera* *Platynereis dumerilii* Plathelminthes *Leptoplana tremellaris* Amphipoda *Ampithoe ramondi* (syn. *Ampithoe vaillanti)* div. Gammaridae

Tabelle 6.10 und 6.11 *Oben: Charakterarten kahler Felsflächen („barren habitats"). Auf Flächen, die von Seeigeln (im oberen Infralitoral vor allem Paracentrotus lividus und Arbacia lixula) kahlgefressen werden, verbleiben oft nur noch Litophyllum incrustans und andere Krustenkalkalgen. Unten: Charakterarten vom Abwasser verschmutzter Felsküste.*

ihm auch auch in exponierter Lage erlaubt, sich gegen die reißende Wasserbewegung einzukeilen. Wo ihm dies möglich ist, dominiert er auf flachem exponiertem Fels und läßt dort die *Lithophyllum*-Kruste stehen. In anderen Regionen leben die Steinseeigelpopulationen eher am Fuße und

6.62 *Arbacia lixula auf einem Algenbestand, der nicht so stark kahlgefressen ist. Deutlich sieht man den Unterschied im Bewuchs zwischen Licht- und Schattenseite des vorstehenden Felsens: Oben dominieren Algen, unten rote Schwämme.*

in den Spalten der Felsformationen. Der Schwarze Seeigel hingegen ist besser in der Lage, sich auf glatten steileren Flächen zu halten, ohne sich jedoch Löcher bohren zu können. Er frißt auch die Krusten der Kalkrotalgen nieder und hinterläßt oft den blanken Fels. Entgegen einer weit verbreiteten Ansicht gibt es keine Beweise dafür, dass das massenhafte Auftreten dieser Seeigel an kahlgefressenen Felsflächen ein Anzeiger für Wasserverschmutzung ist.

- Von Abwasser verschmutzte Felsküste. Die euryhalinen Grünalgen (Chlorophyceae; viele von ihnen tolerieren große Schwankungen im Salzgehalt; etwa 90 % aller Grünalgenarten leben im Süßwasser) *Ulva* und *Enteromorpha* sind an ausgesüßten Abwassereinleitungen oft allein bestandsbildend, und bedecken mit ihren großen, lappigen, leuchtend grünen Thalli den Untergrund. Allerdings ist ein saisonaler Verlauf der Populationen zu verzeichnen. Die Grünalgen dominieren im Winter und Frühjahr im Kernbereich der Einleitungen und treten im Sommer zurück. Die Rotalgen der Gattung *Corallina* sind das ganze Jahr über an der Oberfläche und weiter entfernt vom Kern der Einleitung, bei stabileren Salinitätsverhältnissen, bestandsbildend und treten dementsprechend im Sommer und Herbst eher in den Vordergrund.
- Invertebraten-Gesellschaften im stark verschmutzten Wasser. In verschmutzten, wenig bewegten Häfen und Industrieanlagen bildet sich auf allen Hartsubstraten wie Fels, Beton, Metallen und Holz eine *„fouling"*-Biozönose aus sessilen Wirbellosen, die sich von den reichlich vorhandenen organischen Schwebteilchen im Wasser ernähren. Als extrem „verarmte" Gesellschaft kann man sie im weiteren Sinn dennoch als einen Aspekt des Algenphytals betrachten.

Strauch -schicht	niedere Schichten und Epiphyten	Tiere
fehlend	fakultativ: kleinere Chlorophyceae div. Ceramiaceae (Rhodophyceae) *Ulva* sp. (Chlorophyceae)	**Hydrozoa** *Ectopleura crocea* (syn. *Tubularia mesembryanthemum)* *Kirchenpaueria pinnata* (syn. *Kirchenpaueria echinata)* *Kirchenpaueria halecioides* (syn. *Ventromma halecioides)* **Polychaeta** *Hydroides norvegica* **Bryozoa** *Bugula neritina* *Zoobothryon verticillatum* (syn. *Zoobothryon pellucidum)* **Ascidiacea** *Ciona intestinalis* *Styela plicata*

Strauchschicht	niedere Schichten und Epiphyten	Tiere
fehlend	mediolitoraler Krusten-Aufwuchs: *Neogoniolithon sp.* (Corallinaceae) *Lithophyllum tortuosum* (Corallinaceae) bei „Vermetiden-Trottoir" im Trog: *Laurencia sp.* (Rhodophyceae, Rhodomenaceae)	***Vermetus*** *triquetrus* (Gastropoda) **Serpulidae** (Polychaeta): *Serpula sp.* *Pomatostegus sp.* *Protula sp.* *Bewohner der Fazies:* *Calcinus tubularis* (Decapoda) *Arbacia lixula* (Echinoidea) *Myoforceps aristatus* (Bivalvia) als Kalkbohrer

Tabelle 6.12 und 6.13 *Oben: Charakterarten in Invertebratengesellschaften in stark verschmutzten Gewässern. Unten: Charakerarten der Vermetus-Fazies in warmen Küstengebieten.*

• Tierische Kalkröhrenbänke, *Vermetus*-Fazies in warmen Küstengebieten. In Gebieten ohne nennenswerte Abkühlung in den Wintermonaten kann es nahe der Wasseroberfläche zu ausgedehnten Kalkkrustenbildungen durch sessile Invertebraten kommen (Abb. 6.63 und 6.64). Wenngleich von Wirbellosen charakterisiert, kann man diese Fazies wiederum als eine „verarmte" Biozönose des Algenphytals unter extremen klimatischen Bedingungen sehen. In erster Linie sind Wurmschnecken der Gattung *Vermetus* (Gastropoda) sowie Kalkröhrenwürmer (Polychaeta, Serpulidae) beteiligt. Die Kalkröhren, von den Tieren auf das Substrat zementiert, werden übereinander geschichtet, so dass ein krustiges Geflecht mit einem ausgeprägten dreidimensionalen Gefüge entsteht. Mancherorts werden diese von einer mediolitoralen Kalkrotalgenschicht aus *Lithophyllum tortuosum* und *Neogoniolithon* spp., bewachsen. Wegen der starken Sonneneinstrahlung und den hohen Temperaturen ist die ansonsten begleitende Algengesellschaft wenig ausgeprägt oder fehlend.

Einige eher tropische Tierarten, wie der Einsiedler *Calcinus tubularis* und der kleine Seeigel *Arbaciella elegans*, leben in den verlassenen Röhren. Andere bohren im Kalksubstrat der Bänke, wie die Meerdattel-Verwandte *Myoforceps aristatus*. Je nach Gesteinsuntergrund und Exposition ergeben sich die verschiedensten Ausformungen dieser Kalkröhrenbänke. In Korsika und Spanien gibt es an Steilwänden dicht unter der Wasseroberfläche vorstehende Schwellen, die ein regelrechtes „*Vermetus*-Trottoir" darstellen (Abb. 6.63 a). Eine spezielle *Vermetus*-Plattform bildet sich an einigen Küsten Nordafrikas und Siziliens auf weichem Kalkgestein aus. Die Küste ist in der Brandungszone einer starken chemisch-physikalischen Erosion ausgesetzt (Abb. 6.63 d). Dadurch bildet sich einige Dezimeter unter der Wasseroberfläche eine etwa 6 Meter breite Terrasse, über die sich Schichten der Wurmschneckenröhren legen. Diese wiederum schützen das empfindliche Substrat vor weiterer Erosion. Wegen der offenen Verbindung zum freien Wasser und der daraus folgenden besseren Ernährungssituation wachsen die Wurmschnecken an der Außenkante besser, so dass sich hier eine Schwelle bildet.

Der so gebildete Trog wird bei rauher See überspült. Bei ruhiger See oder Niedrigwasser wird das Ablaufen des Wassers verhindert, so dass er immer unter Wasser ist, also eine infralitorale Gemeinschaft beherbergt. Hier wachsen zum Beispiel kleinere krautige Algen der Gattung *Laurencia*. Die Schnecken der überwachsenen Röhren und zum Teil diejenigen aus dem Trog sind abgestorben. Ihre Röhren werden sekundär besiedelt oder durchlöchert und stellen ein biogenes Hartsubstrat dar. Die so gebildete Plattform ist also nicht einfach eine eigene Konstruktion der Tiere, sondern eine biogene Schicht, die nur bei gegebener Küstenmorphologie unter bestimmten geologischen, meteorologischen und ozeanographischen Bedingungen entstehen kann. Von manchen Autoren

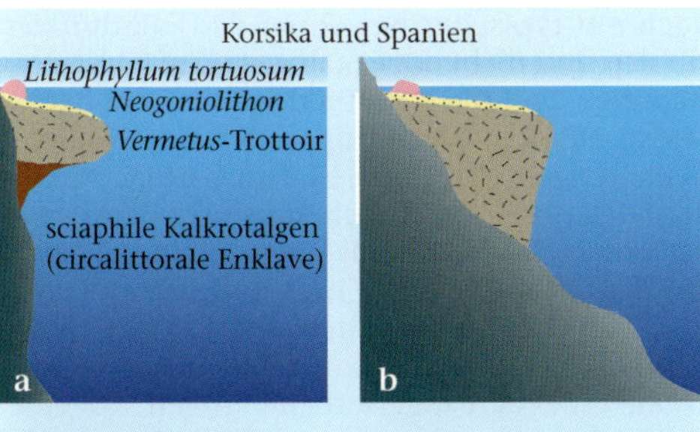

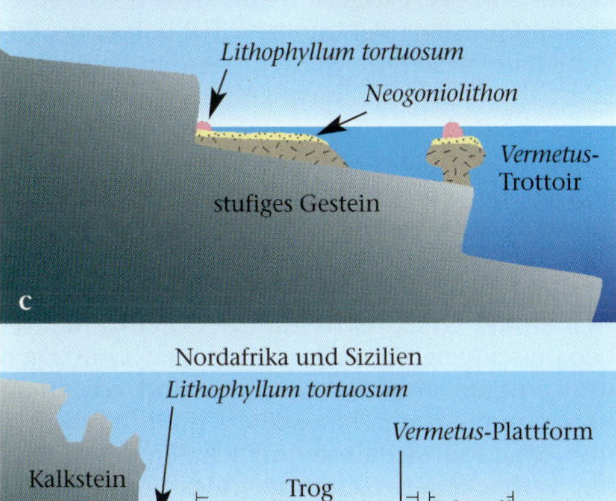

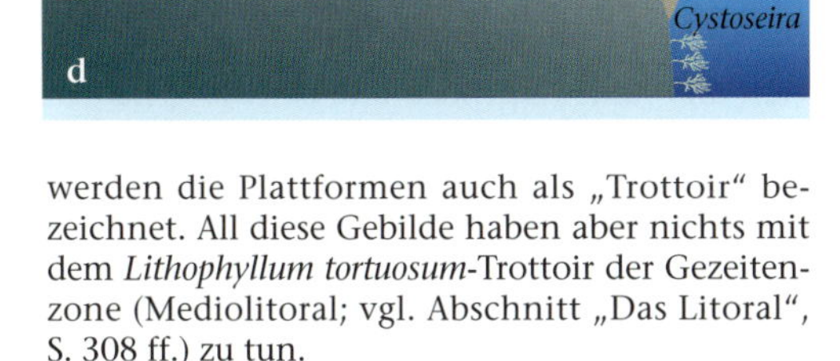

6.63 und 6.64 *Links: Verschiedene Formen der Vermetiden-Fazies. Nach Pérès, 1967. Oben: Aus den Röhren abgestorbener Wurmschnecken gebildete Vermetus-Bank.*

werden die Plattformen auch als „Trottoir" bezeichnet. All diese Gebilde haben aber nichts mit dem *Lithophyllum tortuosum*-Trottoir der Gezeitenzone (Mediolitoral; vgl. Abschnitt „Das Litoral", S. 308 ff.) zu tun.

Geröllhalden

In zahlreichen Buchten und Nebenbuchten der Felsküsten befinden sich im seichten Wasser, teilweise bis auf den Strand, steinige Geröllhalden. Je nach mittlerer Liegezeit der Steine, abhängig von ihrer Größe und Form sowie von der Exposition der Halde, überwiegt der Hartboden- oder der Sedimentbodenaspekt. Nach längerer Ruhezeit hat sich auf den Steinen ein dünner Film aus Diatomeen gebildet. Einige Flohkrebsarten ernähren sich von organischen Partikeln und werden von der Charakterart dieses Lebensraums, dem Schildfisch *Gouania wildenowi* (Abb. 6.3) gefressen. Schildfische (Gobiesocidae, vor allem *Lepadogaster lepadogaster*) sind in Geröllhalden des oberen Infralitorals die häufigste Fischgruppe. Bei der Untersuchung lohnt es sich, Steine umzudrehen (danach wieder in die ursprüngliche Lage zurück legen!). Dann treten Plattwürmer, Schnurwürmer, kleinere Stachelhäuter und einige typische Krabben zu Tage, die zum Teil recht behende in das schützende tiefere Lückensystem verschwinden.

Es gibt eine Unzahl verschiedener Ausprägungen von Geröll- und Blockhalden, mit fließenden Übergängen zu Höhlen- und Spaltenaspekten circalitoraler Prägung auf der einen Seite und zu Sedimentböden auf der anderen Seite. Überwiegt der circalitorale Aspekt, kann es dazu kommen, dass verschiedene Schwammarten wie Fugenkitt zwischen den Steinen wachsen und diese zu einer mehr oder weniger geschlossenen Masse verkleben (Abschnitt „Circalitorale Hartböden", S. 366 ff.; Artenzusammensetzung ebenda). Die Schwämme werden dort oft von Pistolenkrebsen (Alpheidae, Decapoda) bewohnt, welche mit einer speziell geformten „Knallschere" auf Beute, Feinde und Rivalen knackende Wasserschüsse abgeben. Das unter Wasser manchmal deutlich hörbare beständige Knistern in der Nähe solcher Lebensräume stammt von der Aktivität unzähliger Pistolenkrebse in den Innenräumen der Geröllhalden oder des Coralligène.

Tabelle 6.14 *Charakterarten infralitoraler Geröllhalden. Gouania wildenowi kommt bis 1 m Tiefe vor.*

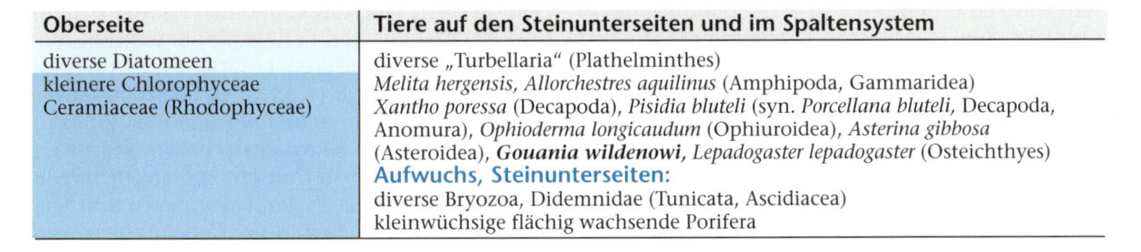

Oberseite	Tiere auf den Steinunterseiten und im Spaltensystem
diverse Diatomeen	diverse „Turbellaria" (Plathelminthes)
kleinere Chlorophyceae	*Melita hergensis, Allorchestres aquilinus* (Amphipoda, Gammaridea)
Ceramiaceae (Rhodophyceae)	*Xantho poressa* (Decapoda), *Pisidia bluteli* (syn. *Porcellana bluteli*, Decapoda, Anomura), *Ophioderma longicaudum* (Ophiuroidea), *Asterina gibbosa* (Asteroidea), ***Gouania wildenowi***, *Lepadogaster lepadogaster* (Osteichthyes)
	Aufwuchs, Steinunterseiten:
	diverse Bryozoa, Didemnidae (Tunicata, Ascidiacea)
	kleinwüchsige flächig wachsende Porifera

Circalitorale Hartböden

Stephan Pfannschmidt

Diese Zone beginnt dort, wo die photophilen Makrophyten (Algen und Seegräser) nicht mehr ausreichend Licht bekommen. Taucht man in diesen Tiefen, so sieht man die Umgebung in ein dunkelblaues Schummerlicht gehüllt und erst Taucherlampe und Blitzlicht lassen die kräftig bunten Farben der circalitoralen Tierwelt leuchten. Es herrscht eine gleichmäßige, küstenparallele wenn auch manchmal starke Wasserströmung. Der Übergang von der Schwingungszone zur Strömungszone (Abb. 6.10: 2. Kritische Tiefe der Wasserbewegung) ist im Circalitoral unterschritten. Da die Zone unterhalb der in den Sommermonaten ausgeprägten Temperatur- und Salinitätssprungschicht liegt, bleibt das Wasser konstant kalt.

Das Circalitoral wird durch die Zunahme der Tiere in Artenzahl und Populationsdichte – vor allem der auf Hartsubstrat fest sitzenden Arten – geprägt. Der Artenreichtum dieser Lebensgemeinschaften ist so groß, dass hier nur eine Auswahl aufgeführt werden kann (Tab. 6.15 – 6.17). Die Pflanzen bilden nicht mehr die meiste Biomasse, obwohl sie beim Aufbau der ciralitoralen Lebensgemeinschaften eine wichtige Rolle spielen.

Auf den Hartböden des Circalitorals lassen sich drei übergeordnete Lebensräume unterscheiden: Der überwiegend aus hart wachsenden Kalkrotalgen gebildete sekundäre, biogene Hartboden, das Coralligène, unterschiedlich ausgeprägte Höhlen, sowie tiefer, zwischen den Schlickmassen der Schelfebene und des Kontinentalabhangs eingestreute so genannte *offshore*-Felsengemeinschaften. Dabei ist es durchaus so, dass die Aspekte der halbdunklen Höhlen in den unterschiedlichsten Spalten, Löchern und Überhängen der Umgebung auftreten, und in die umliegenden circalitoralen und zum Teil sogar infralitoralen Lebensgemeinschaften eingreifen. Höhlen, die in völliger Dunkelheit liegen, stellen Aspekte bzw. Enklaven der tieferen Zone, des Bathyal, dar.

Der Begriff Coralligène ist auf ein Mißverständnis zurückzuführen, wie es für die Zeit der Meeresbiologie vor der Einführung des Gerätetauchens (SCUBA) als Methode, sich untermeerische Lebensräume zu erschließen, typisch war. Man war auf schiffsgestützte Probennahmetechniken wie Schleppnetz, Dredge oder Bodengreifer angewiesen, was keinen Einblick in die genaue Topographie auf dem Meeresgrund ermöglichte. Insbesondere Höhlen, Spalten und Überhänge waren unzugänglich. Da man in den Bodenproben aus circalitoralen Tiefen, die v. a. Kalkrotalgenbruch enthielten, immer wieder auch die Edelkoralle *Corallium rubrum* fand, gab man diesem biogenen Substrat den Namen „Korallenerzeuger" (frz. *Coralligène*, engl. *coralligenous*). Die Edelkoralle ist jedoch ein typischer Bewohner der halbdunklen Höhlen und nicht des Coralligène. Zufälligerweise stammen aber die Hauptbildner der Coralligène-Masse aus der Algengruppe der Corallinaceae (Kalkrotalgen). Ihr Name ist dem Gattungsnamen der Edelkoralle so ähnlich, dass man den Begriff beibehielt. Die Zellwände der Corallinaceen sind durch Kalkeinlagerung hart und brüchig. Ihre Thalli sind unterschiedlich gestaltet. Sie bieten harte Oberflächen, die sowohl bei den lebenden als auch bei den abgestorbenen Algen von einer Vielzahl festsitzender und zum Teil bohrender Organismen besiedelt werden. Ist der Thallus so stark überwachsen, dass keine Photosynthese mehr möglich ist, stirbt die Alge ab, die verkalkte Struktur bleibt aber erhalten und stellt damit ein eigenes, biogenes, Hartsubstrat dar, das bei einem Zuwachs der Gesamtstruktur immer weiter in die Tiefe rückt.

Nicht ausschließlich Corallinaceen beteiligen sich an der Gesamtstruktur des Coralligène. Neben fleischigen, ebenfalls kalkhaltigen, Grünalgen und einigen anderen Rotalgen sind vor allem Kalkröhrenwürmer, Moostierchen und Krebstiere mit ihren Kalkskeletten und Schalen am Aufbau des verbackenen Gesamtgebildes beteiligt. Zugleich bietet die Masse des Kalks für bohrende Tiere, wie Meerdatteln *(Lithophaga lithophaga)* und Bohrschwämmen der Gattung *Cliona* ein willkommenes Substrat. So ergibt sich ein stark zerklüftetes kleinräumiges Biotop, das sich in ständigem Auf- und Abbau befindet, und einer ungeheuren Menge von Arten Raum bietet.

Das Coralligène und seine Formen

Es gibt zwei Grundformen des Coralligène: Das Coralligène auf Felsen und das Plattformcoralligène auf detritischen Küstensedimenten (Abb. 6.65).

Auf dem anstehenden Gestein in den dunklen Tiefen aber auch an beschatteten Steilwänden, Überhängen und Spalten in flacheren Bereichen des Circalitorals, teilweise sogar des Infralitorals, liegt eine wenige Zentimeter bis mehrere Dezimeter mächtige Schicht (zum Teil bis über 2 m breite Terrassen, vgl. Exkurs S. 369) . Wir nennen sie Coralligène auf Felsen. Es lassen sich bei diesem Felsaufwuchs vier bzw. fünf Schichten unterscheiden (Abb. 6.66). Sie sind bei den verschiedenen Fazies, wie sie im Folgenden dargestellt werden, spezifisch zusammengesetzt. Bei „verarmten" Fazies fehlen eine oder mehrere der Schichten ganz. Die hohe Schicht wird aus Gorgonien (Hornkorallen) und hochwüchsigen Schwämmen gebildet, die von epizoischen Tieren besetzt sind. Auf verschlicktem Untergrund bleibt sie allein bestehen. Die Mittelschicht besteht aus großen baumpilzartig gewachsenen Kalkrotalgen, hohen Moostierkolonien und mittelhohen, polsterförmigen Schwämmen, sowie einigen Polychaeten und Seescheiden. Die Oberseiten der Kalkrotalgen sind

6.65 Verschiedene Formen und Organismen des Plattformcoralligène. a) Gut beströmter Coralligène-Grund mit Haarstern in Fressstellung (sehr dichter Besatz mit Haarsternen in der „Haarsternbucht" auf Giglio, etwa 55 m Tiefe). b) Lockeres Coralligène in 65 m Tiefe (Giglio). In der Bildmitte ist eine Gorgonie (Paramuricea) und ein Kalkröhrenwurm (Protula) zu sehen. c) Coralligène in 55 m Tiefe (Giglio) mit Moostierchenkolonien. d) Phymantus pulcher, eine relativ seltene und für Coralligène-Böden typische Anemone (verschlicktes Coralligène mit Weichsedimentanteil, Giglio, 50 m Tiefe). e) und f) Moostierchenkolonien auf größeren, schwammbewachsenen Coralligène-Blöcken (Giglio, 50 m Tiefe). g) Abgestorbener Cladocora-Block mit solitärer Clavelina-Form, die auf Giglio vorherrscht, in anderen Gebieten können koloniale Formen dominieren. h) „Riffartiges" Coralligène hoher Artendiversität in 55 m Tiefe (Giglio).

***6.66** Schichtung des Coralligène am Beispiel einer Gorgonien-Fazies. Die Meerdattel Lithophaga lithophaga (Li) und andere Kalkbohrer zerlöchern die Krustenschichten des biogenen Substrates, können aber in das anstehende Gestein nur dann bohren, wenn es sich um Kalkstein handelt. Die Krustenschichten sind häufig wesentlich mächtiger als in der Zeichnung dargestellt. Adi: Alcyonium digitatum (Alcyonaria); Cre: Chondrosia reniformis (Porifera); Lst: Lithophyllum strictaeformae (Corallinaceae); Msu: Microcosmus sulcatus (Ascidiacea); Pcl: Paramuricea clavata (Gorgonaria); Pco: Parerythropodium coralloides (Alcyonaria); Pfa: Pentapora fascialis (Bryozoa); Sin: Salmacina incrustans (Polychaeta). 1: tote Kruste; 2: lebende Kruste; 3: mittlere Schicht; 4: hohe Schicht. Nach True, 1970.*

hier nicht vollständig von Epiphyten bedeckt, während diese auf den Unterseiten in hoher Dichte auftreten können. Die dritte Schicht, die „lebende" Krustenschicht wird neben den Kalkrotalgen von einer Reihe kleiner Tierarten gebildet, die im Dämmerlicht leben. Schließlich gibt es in der „toten" Krustenschicht, die von den abgestorbenen Kalkrotalgen gebildet wird, eine Gemeinschaft aus bohrenden Tieren und anderen Endobionten, die sich in der Kalkmasse des Coralligène und – bei Kalkgestein – im durchlöcherten Felsen verstecken.

Völlig anders entstehen die tieferen Coralligène-Bänke oder das Plattformcoralligène. Das biogene, wiederum überwiegend aus Kalkrotalgen (Corallinaceae) aufgebaute Hartsubstrat hat sich hier auf verhältnismäßig flachem, ursprünglich mobilem Untergrund ausgebildet. Er rührt von den detritischen Küstensedimenten her (vgl. Abschnitt „Die Sedimentböden", S. 384 ff.) und besteht aus Kies, Schill, Skelett- und Schalenfragmenten, welche im Verlauf einer Sukzession von Corallinaceen umwachsen und zu einer zerklüfteten Kalkmasse verbacken werden.

Zunächst werden kleinere Substratteile von einer kalkigen Algenschicht umwachsen und dauerhaft eingeschlossen. Diese Thalli (Algenkörper) wachsen zusammen und können dann Plaques ausbilden, die lose auf dem Boden liegen. Im weiteren Verlauf der Sukzession entwickelt sich eine blattartige oder konzentrische Strukturform, es bilden sich brettförmige Konsolen auf dem Boden und pilzartige Strukturen erwachsen in die dritte Dimension, so dass eine zerklüftete gesteinsartige Landschaft mit großen und kleinen Blöcken, Gräben und Höhlen entsteht. Ein weiteres Stadium der Sukzession ist die fortschreitende Bioerosion durch bohrende Tiere, die zusammen mit stärkerer Sedimentation dazu führen kann, dass die Plattform zu einem Zustand grober bröseliger Blockfragmente zurückkehrt und schließlich von Sediment bedeckt wird. Die meisten Plattformcoralligènes befinden sich aber in einem Zustand des Gleichgewichtes zwischen Auf- und Abbau (Abb. 6.67). Wie bei einer chemischen Gleichung führen Veränderungen der Umweltbedingungen zu einer Verschiebung des Gleichgewichts in die eine oder andere Richtung. Wird die Sukzession nach dem Umwachsen der kleinen Substratteilchen unterbrochen, so können bestimmte Formen des detritischen Küstensedimentes (Rhodolithen, Nulliporen- und Pralinen-Fazies) entstehen. Entlang der Mittelmeerküsten ändern sich die Umweltbedingungen, welche die Bildung und volle Entwicklung des Coralligène ermöglichen. So bestehen Coralligène-Plattformen an der nordspanischen Küste, wo die Trübung aufgrund hohen Nährstoffgehaltes höher ist, im Bereich zwischen 18 und 40 m, während die gleiche Struktur in der Region bei Marseilles auf 30 bis 50 m und in den außergewöhnlich klaren Gewässern um Korsika und Mallorca zwischen 60 bis 80 m zu finden ist. Dort, und erst recht im östlichen Beck-

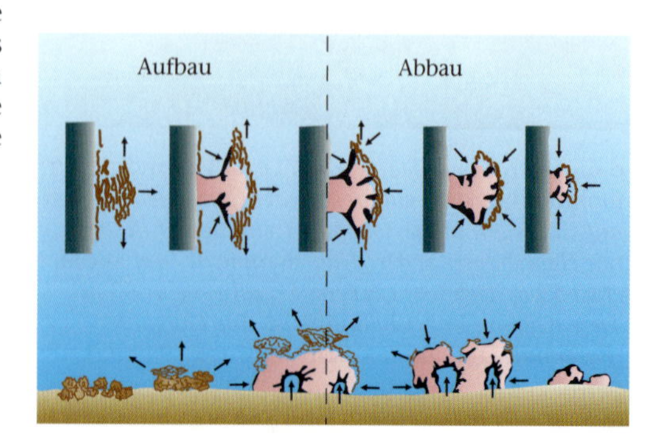

***6.67** Aufbau- und Abbaumuster zweier Coralligènestrukturen, des Coralligène auf Hartböden (oben) sowie des Plattformcoralligène (unten) auf Sedimentsubstrat. Wachstumszonen dünne braune Striche; Abbauprozesse durch bohrende Organismen schwarz; Zementschicht pink; Pfeile symbolisieren die Intensität der Wachstums- bzw. Abbauprozesse. Nach Laborel, 1961 in Margalef, 1985.*

Coralligène – Terrassen, Altersdatierung und Wachstum

Der Hauptbildner von coralligenen Krusten im flacheren Wasser ist *Mesophyllum lichenoides* (z. B. im Précoralligène, s. u.). An verschiedenen Küsten, zum Beispiel vor der französischen Riviera, vor Korsika und im Tyrrhenischen Meer, gibt es in verschiedenen Tiefen bis zu 2 m mächtige Coralligène-Terrassen, die vor allem an Steilwänden aufgewachsen sind (Abb. 6.68). Bei deren Untersuchung fand man Folgendes heraus. Der Hauptbildner im Kern der Terrassen aus Tiefen zwischen 40 und 60 Metern war ebenfalls die Flachwasserart *M. lichenoides*, während die „tiefen" Arten, vor allem *Lithophyllum* sp., rezent die äußeren Schichten bilden. Bei der Altersdatierung stellte man fest, dass die Kerne der tiefen Terrassen zwischen 8 000 und 10 000 Jahre alt sind. Das stimmt mit einem im Vergleich zu heute niedrigeren Meeresspiegel zur Zeit der posttyrrhenischen Regression (eustatischer Meeresspiegelrückgang zur Würm-Kaltzeit) überein. Als weiteres Ergebnis der Altersdatierungen in unterschiedlichen Abständen von der jeweiligen Spitze der Terrasse konnte man die Wachstumsgeschwindigkeiten errechnen. Man bestimmte eine mittlere Wachstumsrate von 0,5 bis 0,8 Millimeter pro Jahr bei den flacheren und nahezu Wachstumsstillstand bei den tiefen Terrassen. Dabei ist zu bedenken, dass „Wachstum" hier einen ständigen Auf- und Abbau bedeutet (Abb. 6.67).

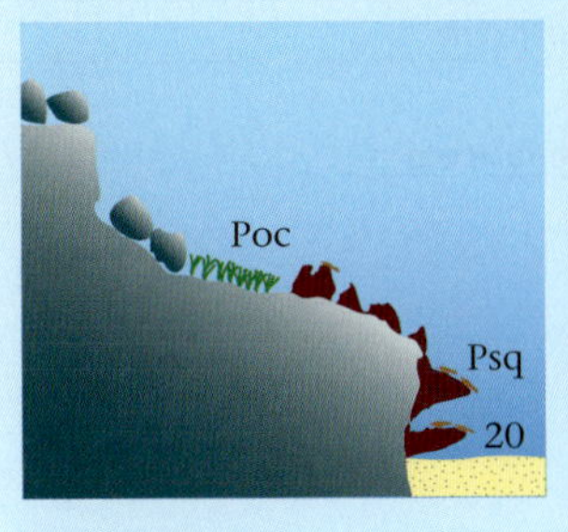

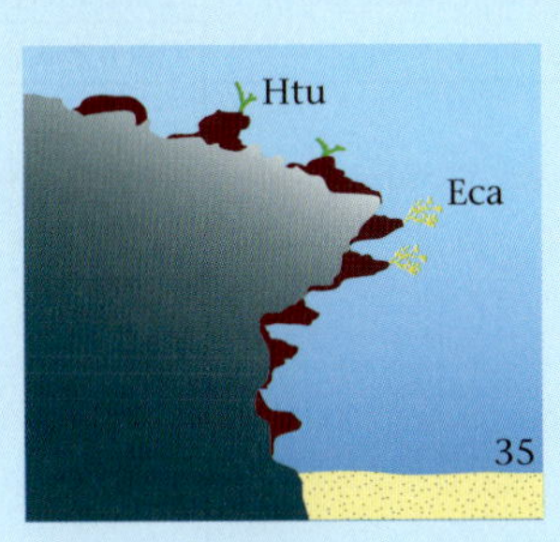

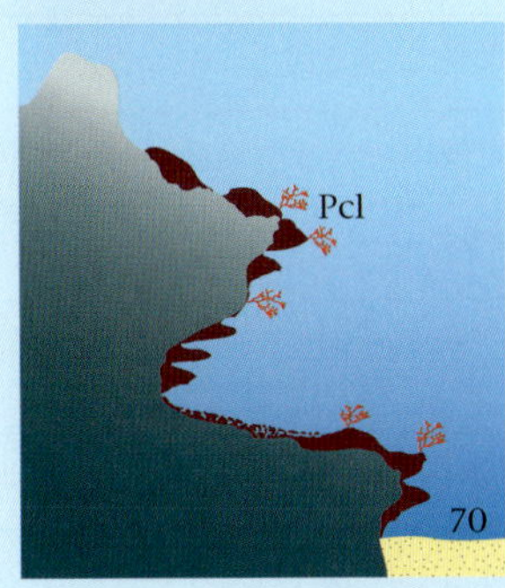

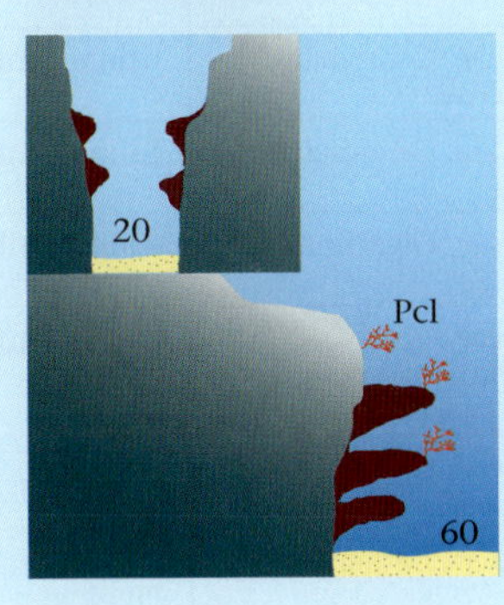

6.68 Coralligène-Terrassen in verschiedenen Tiefen. Eca: Eunicella cavolinii (Gorgonaria); Htu: Halimeda tuna (Chlorophyceae); Pcl: Paramuricea clavata (Gorgonaria); Poc: Posidonia oceanica (Spermatophyta); Psq: Peyssonnelia squamaria. Zahlen: Tiefen des Sedimentgrundes in m. Nach Saroretto et al., 1996.

en, besteht daher eine breite Kluft zwischen Coralligène auf Felsen und Plattformcoralligène, während diese an der spanischen und französischen Festlandküste fast überlappen. Der Schichtenbau des Plattformcoralligène ist dem des Coralligène auf Felsen analog, mit einer starken Übergewichtung der Krustenschichten.

Tiere des Coralligène

In der lebenden Krustenschicht wachsen viele flache und polsterförmige Schwammarten. In der tieferen Schicht sind verschiedene Schwämme mit den Kalkrotalgen verwachsen (siehe „Interstitialfauna"). Bohrschwämme sind an den Abbauprozessen beteiligt.

Nesseltiere (Cnidaria) sind reichhaltig mit krustenförmigen, erekten und stolonialen Formen vertreten. Einige sind typisch für die jeweilige Lebensgemeinschaft, andere werden als eigene Fazies betrachtet. Die kriechenden Formen (Wachstum und ungeschlechtliche Vermehrung durch Ausläufer auf dem Substrat) stehen mit Algen, Schwämmen und Bryozoen in Raumkonkurrenz und bilden zusammen die schönen bunten Oberflächen des Coralligène.

Eine ganze Reihe größerer frei lebender Plattwürmer (Plathelminthes, „Turbellaria"), die ihren Namen verdient haben, leben als Mikroräuber in Spalten und Ritzen. Ebenso etliche Schnurwürmer (Nemertini), die sich von anderen kleinen Würmern und Krebstieren ernähren. Einige Arten der Spritzwürmer (Sipunculida) leben im Lückensystem, unter Schwämmen oder Ballalgen. Sie tragen zum Teil selbst zu den bohrenden Abbauprozessen in der toten Krustenschicht bei. Eine bizarre Tiergruppe, die durch die Art *Bonellia viridis* und einige andere im Mittelmeer vertreten ist, sind die Igelwürmer (Echiurida). *Bonellia* legt ihren langen rinnenförmigen Rüssel mit der charakteristisch gegabelten Spitze bis zu 1 m lang auf dem Boden aus und flimmert sedimentierte Schwebpartikel, die darauf gelandet sind, zur Mundöffnung. Dabei

Art **Pflanzen des Coralligène**	Gruppe	Wuchs, Schicht
Neogoniolithon mamillosum	Rhodophyceae, Corallinaceae	krustig-warzig / Krustenschicht; lichttolerant auch Rhodolithen
Neogoniolithon brassica-florida		auch Rhodolithen
Lithophyllum strictaeformae (syn. *Pseudolithophyllum expansum; Lithophyllum expansum; Lithophyllum frondosum*)		krustig-baumpilzartig Krustenschicht; Schattenform
Mesophyllum lichenoides	Rhodophyceae, Corallinaceae	auch Précoralligène
Mesophyllum alternans		auch Précoralligène
Lithophyllum incrustans		
Lithophyllum racemus	Rhodophyceae, Corallinaceae	mobile Corallinaceen
Spongites fruticulosus		vgl. S. 394
Lithothamnion corallioides		
Lithothamnion minervae		
Lithothamnion philippii		
Lithothamnion crispatum		
Phymatolithon calcareum		
Rodriguezella strafforelli	Rhodophyceae, Ceramiales, Rhodomelaceae	bäumchenförmig
Gulsonia nodulosa (syn. *Crouaniopsis annulata*)	Rhodophyceae, Ceramiales, Ceramiaceae	bäumchenförmig
Dudresnaya verticillata (syn. *Ulva coccinea*)	Rhodophyceae, Gigartinales, Dumontiaceae	bäumchenförmig
Bonnemaisonia asparagoides	Rhodophyceae, Bonnemaisoniales, Bonnemaisoniaceae	bäumchenförmig
Kallymenia reniformis	Rhodophyceae, Gigartinales, Kallymeniaceae	foliös
Halimeda tuna	Chlorophyceae, Caulerpales, Udoteaceae	Meerkette, Pfennigalge, kalkhaltige dicke Phylloide; auch Précoralligène
Flabellia petiolata (syn. *Udotea petiolata*)	Chlorophyceae, Bryopsidales, Codiaceae	foliös; auch Précoralligène

Tabelle 6.15 *Pflanzen des Coralligène. Neben der dominierenden Gruppe der Corallinaceen treten regelmäßg einige weitere Rotalgen und nur wenige Grünalgen auf.*

lebt der Wurm selbst stets so sicher in einer Substratspalte zurückgezogen, dass er nie gesehen wird. Bei Störung zieht sich der Rüssel rasch ein. Aufgrund ihres eigenartigen Sexualdimorphismus hat diese Art einige Berühmtheit erlangt.

Die Weichtiere (Mollusca) haben wie überall auf der Erde nahezu alle Teilaspekte auch dieses Lebensraumes erobert. Viele Muscheln bewohnen Spalten, Löcher und sogar Schwämme des Coralligène. Einige bohrende Muscheln tragen erheblich zur räumlichen Komplexität des Lebensraumes bei und beschleunigen die Abbauprozesse. Es gibt viele Gehäuseschnecken und eine ganze Reihe bizarrer Nacktschnecken, welche sich in der Nahrungsaufnahme auf Schwämme, Hydrozoen und Bryozoen spezialisiert haben.

Vielborster (Polychaeta) aus der Gruppe der Gliederwürmer (Annelida) besetzen die Lücken und Spalten. Die sessilen Formen fallen dem Taucher sofort auf, während eine große Zahl vagiler (beweglicher) Arten auf und in dem Substrat kriecht, wo sie nur bei genauerer Musterung oder erst nach einer Probennahme entdeckt werden. Verschiedene Kalkröhrenwürmer sind am Aufbau der Krusten beteiligt. Die Gattung *Polydora* ist bei den bohrenden Bioerosionsprozessen beteiligt.

Auch die Krebstiere (Crustacea) tragen Vertreter verschiedenster Lebensweisen und Größenklassen zum Gesamtbild des Coralligène bei. Am Aufbau der Kalkkrusten sind Seepocken der Gattung *Balanus* beteiligt, kleine benthische Harpacticoida (Ruderfußkrebse) und Amphipoda (Flohkrebse) finden in den niedrigen krautigen Schichten und im

6.69 Coralligène-Block mit mehreren Kalkröhrenwürmern (Protula). Die starke eindimensionale Wasserbewegung (Strömung) ist an den Tentakelkronen der Polychaeten deutlich zu erkennen (38 m Tiefe).

6.70 Gut beströmter Coralligène-Grund in 55 m Tiefe unterhalb der 3. Kitischen Tiefe mit Hydrozoenstöcken (Giglio). Die Anordnung der Seitenäste ist bei dieser Art nahezu radiär (vgl. Abb. 6.10).

Zwischenraumsystem der Krustenschicht hervorragende Versteckmöglichkeiten. In Spalten, Löchern und Höhlungen schließlich ist das ganze Spektrum der Zehnfußkrebse (Decapoda) von Garnelen über kleinere Krabbenarten, Einsiedler- und Furchenkrebsen, bis hin zu Languste und Hummer vertreten.

Moostierkolonien (Bryozoa) sind ein wichtiger Bestandteil des Coralligène (Abb. 6.65 e, f). Lebend bedecken sie einen Großteil der Oberfläche, während abgestorbene Kolonien am Aufbau der Kalkmasse beteiligt sind.

Während kleinere Stachelhäuter (Echinodermata) vor allem Spalten und Löcher (*Ophiotrix, Amphiphola, Ophioderma*) bewohnen, sind die größeren Seeigel, Seesterne und Seegurken häufige Bestandteile der vagilen (beweglichen) Fauna. Hemisessile (halbfestsitzende) Formen wie das Gorgonenhaupt *Astrospartus mediterraneus* oder der Haarstern *Antedon mediterranea* sind typische Gorgonienbewohner, die dort als passive Filtrierer in exponierter Position Nahrungspartikel aus der Wasserströmung aufnehmen. *Astrospartus mediterraneus*, der als sehr selten gilt, kommt wohl viel häufiger vor, als man bisher angenommen hatte – in einem völlig anderen Lebensraum, nämlich auf Weichböden in etwa 500 Meter Tiefe.

Eine Reihe von Seescheidenarten wie die Rote Seescheide *Halocynthia papillosa* und Vertreter der Gattung *Microcosmus* stellen einen Teil der sessilen Makrofauna der mittleren Schicht, während andere Arten im Inneren der Kalkkrusten leben.

Drachenköpfe liegen als Bodenfische gemächlich und gut getarnt auf dem Substrat und lassen sich erst verscheuchen, wenn sie fast berührt werden. Das Herausspitzen eines Meeraal- oder Muränenkopfes aus einer unscheinbaren Felsspalte oder das scheinbar spurlose Verschwinden eines riesigen Zackenbarsches, der gerade noch vor dem staunenden Taucher schwebte, macht die verblüffende Ausdehnung der inneren Hohlraumsysteme dieses Lebensraumes deutlich. Unter Überhängen und vor Höhleneingängen stehen häufig kleinere Schwärme des kräftig rötlich gefärbten Meerbarbenkönigs *Apogon imberbis*.

Im Einzelnen werden die spezifischen Faunen der jeweiligen Coralligène-Gesellschaften unter bestimmten Bedingungen weiter unten aufgeführt.

Interstitialfauna der Krustenschicht

Die Krustenschichten des Coralligène sind durchlöchert wie ein Schweizer Käse. Da die ineinander verwachsenden Kalkrotalgen, Kalkröhrenwürmer und anderer Coralligènebildner mannigfaltig geformt sind, aber auch durch die Aktivitäten der verschiedenen Bohrorganismen ist die Masse der Krustenschichten mit unzähligen Löchern, Spalten und Ritzen in allen möglichen Größen, einem Interstitium, durchsetzt. Bei den Bohrprozessen sind eine Reihe so genannter Mikrobohrer aus den Gruppen der Grünalgen, Cyanobakterien, Pilzen und Polychaeten als Pioniere aktiv, größere Bohrer wie Muscheln und Bohrschwämme folgen. Die verlassenen Löcher abgestorbener Bohrorganismen werden sekundär von kleinen Weichtieren, Würmern, Krebstieren und anderen besiedelt, die einen Großteil der ungeheuren Artenvielfalt (Biodiversität) dieses Lebensraums ausmachen. Einige Arten sind temporär oder permanent mit einem Körperteil an der Oberfläche, andere leben völlig „endolithisch“ im Innern der Krustenschicht. Die Mikrofauna ähnelt in mancher Hinsicht der Sandlückenfauna der Sedimentböden,

Art	Gruppe	Ernährungsweise
Makrofauna		
Lima hians	Bivalvia	aktive Suspensionsfresser, innere Strudler
Chama gryphoides	Bivalvia	
Athanas nitescens	Crustacea, Decapoda, Alpheidae	Pistolenkrebse, lauernde Räuber
Onychocella marioni	Bryozoa	aktive Suspensionsfresser, äußere Strudler
Megathyris detruncata	Brachiopoda	
Physcosoma granulatum	Sipunculida	teilweise bohrend
Cucumaria saxicola	Echinodermata, Holothuroidea	Substratfresser
Mikrofauna		
Plakosyllis brevipes	Polychaeta	Räuber kleine Borstenwürmer
Paratyposyllis peresi		
Chrysopetalum caecum		
diverse Harpacticoidea	Crustacea, Copepoda	benthische Ruderfußkrebse

***Tabelle 6.16** Häufige Arten der Interstitialfauna der Coralligène - Krustenschicht. Diese Tabelle stellt nur eine winzige Auswahl dieser artenreichen Gemeinschaft dar.*

dem Mesopsammon. Nennenswert ist eine Reihe von Schwammarten, die sich mit den Kalkbildnern vermischen, und ähnlich wie Montageschaum, der bei Installationen in Hohlräume gespritzt wird. Das führt zu einem „Verkleben" fragmentierter Kalkkrusten oder zum Ausfüllen größerer und kleinerer Zwischenräume. An der Oberfläche der Krustenschicht sieht man dann nur die Ausstromöffnungen des Schwammkörpers.

Fazies, Assoziationen (Gemeinschaften) oder Aspekte des Coralligène

Ähnlich wie schon bei den infralitoralen Gemeinschaften des Algenphytals besprochen, könnte man auch die verschiedenen Teilaspekte des Coralligène auf Felsen als unterschiedliche „Pionierstadien" einer allgemeinen, reifen Coralligène-Biozönose betrachten. Abhängig von den Umweltbedingungen, wie Lichteinstrahlung, Strömung, Sedimentation und Untergrundbeschaffenheit, treten dann bestimmte Arten, die an die jeweilige Situation am besten angepasst sind, hervor, während andere nicht vorkommen. Charakterarten, die das Bild der jeweiligen Lebensgemeinschaft bestimmen, geben einer Fazies, also der von ihr in ihrer Erscheinung geprägten Gemeinschaft, den Namen.

- Précoralligène oder *Halimeda tuna*-Fazies (Abb. 6.71). Ein Teillebensraum (Fazies) des Coralligène ist das so genannte Précoralligène. Diese Fazies stellt aber zugleich den Übergang vom infralitoralen Algenphytal zu den circalitoralen Lebensgemeinschaften des Coralligène dar. In den flacheren und helleren Bereichen der nordspanischen und französischen Mittelmeerküsten wurde sie erstmals als bathymetrisch (in der Tiefenfolge) flacher Vorläufer des eigentlichen Coralligène beschrieben. In ihren relativ trüben Gewässern rücken die tieferen Fazies des Coralligène weit nach oben und überlappen zum Teil mit dem Précoralligène, während es in den klaren Gewässern Korsikas und der südwestlichen Mittelmeerküsten eine klare Trennung beider Fazies gibt.

***6.71** Bruch eines Précoralligène-Brockens mit der grünen Meerkette Halimeda tuna und der fleischigen Rotalge Peyssonnelia sp. als mittlere Schicht. An der mittleren Schicht ist neben den Algen der Schwamm Acanthella acuta (orange, polsterförmig), in der Krustenschicht Spirastrella cunctatrix (rot, flächig) beteiligt (beide rechts im Bild). In der Bildmitte ist im Bruch die stark zerklüftete Struktur der toten Krustenschicht zu sehen.*

Dieses Muster der variablen Tiefengrenzen in Abhängigkeit von der Trübung des Wassers treffen wir bei der Betrachtung der Lebensraumaspekte immer wieder an. Man kann den Aspekt des Précoralligène auf einem unbewachsenen Substrat auch als Pionierstadium auffassen, das in einer Sukzession dem eigentlichen Coralligène den Weg bereitet.

Die Kalkrotalgen der Krustenschicht, vor allem *Mesophyllum lichenoides*, treten beim Précoralligène zugunsten weicherer „antisciaphiler" (licht toleranter) Grün- und Rotalgen der mittleren

Art	Gruppe	Wuchsform, Lebensweise
Pflanzen - und Tierarten der Précoralligène-Fazies		
Mesophyllum lichenoides	Rhodophyceae, Corallinaceae	krustig
Flabellia petiolata (syn. *Udotea petiolata)*	Chlorophyceae, Bryopsidales, Codiaceae	foliös
Halimeda tuna	Chlorophyceae, Caulerpales, Udoteaceae	foliös, kalkhaltig
Phyllophora crispa (syn. *Phyllophora nervosa)*	Rhodophyceae, Gigartinales, Phyllophoraceae	bäumchenförmig (arborescent), hohe Schicht
Cystoseira zosteroides (syn. *Cystoseira opuntioides)*	Phaeophyceae, Fucales, Cystoseiraceae	
Cystoseira spinosa (syn. *Cystoseira adriatica)*	Phaeophyceae, Fucales, Cystoseiraceae	
Sargassum hornschuchii	Phaeophyceae, Fucales, Sargassaceae	
Phyllariopsis brevipes	Phaeophyceae, Laminariales, Phyllariaceae	
Spatoglossum solieri	Phaeophyceae, Dictyotaceae	
Laminaria rodriguezii	Phaeophyceae, Laminariaceae	größere Tange
Osmundaria volubilis (syn. *Vidalia volubilis Dictyomenia volubilis Volubilaria mediterranea)*	Rhodophyceae, Ceramiales, Rhodomelaceae	spiralig aufgewickelt
Peyssonnelia rubra	Rhodophyceae, Gigartinales, Peyssonneliaceae	foliös
Peyssonnelia squamaria	Rhodophyceae, Gigartinales, Peyssonneliaceae	
Flabellia petiolata (syn. *Udotea petiolata)*	Chlorophyceae, Bryopsidales, Codiaceae	
Sphaerococcus coronopifolius (syn. *Haematocelis fissurata)*	Rhodophyceae, Sphaerococcales, Sphaerococcaceae	buschig-krautig

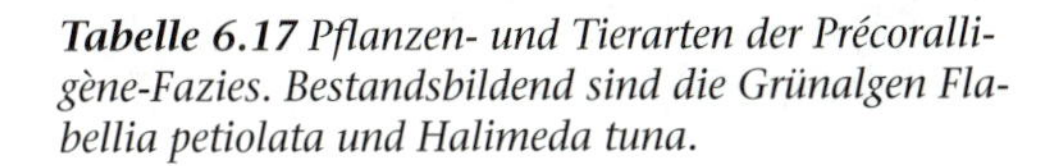

Tabelle 6.17 *Pflanzen- und Tierarten der Précoralligène-Fazies. Bestandsbildend sind die Grünalgen Flabellia petiolata und Halimeda tuna.*

Schicht eher zurück, wenngleich sich unter deren Beschattung eine echte Coralligène-Krustenschicht entwickeln kann. Vor allem die Meerkette *Halimeda tuna* und die lederige Rotalge *Peyssonnelia squamaria* bestimmen das Bild. In manchen Fällen kann sich ein saisonaler Zyklus entwickeln, bei dem der Aspekt des Précoralligène im Spätsommer und Herbst die Oberhand gewinnt, während im Winter und im Frühjahr der pure Coralligène-Aspekt vorherrscht.

In manchen Fällen ist eine hohe Schicht mit Weißen oder Gelben Gorgonien ausgebildet (Überlappung Précoralligène- mit *Eunicella*-Fazies, Abb. 6.72).

- *Cystoseira zosteroides*-Assoziation. Eine Gemeinschaft mit hochwüchsigen Braunalgen der Gattung *Cystoseira* findet man auf gut beleuchtetem, eher horizontalem Untergrund, der von Wasserströmungen geprägt ist, in Tiefen zwischen 30 und 50 m. Hierbei handelt es sich um eine sehr artenreiche Biozönose. Auf den Braunalgen wie auch in der abgedunkelten Krustenschicht wächst eine reichhaltige sessile Epifauna mit vielen Bryozoen, Schwämmen, Seescheiden und anderen Invertebraten. Man könnte sie als das circalitorale Pendant der photophilen Algengesellschaften des Infralitorals sehen.
- *Parazoanthus axinellae*-Fazies (Abb. 6.73). An stark beströmten Steilwänden und Überhängen und in flacheren Gebieten mit einer mäßigen Lichtexposition sieht man die schönen „Gelben Wände", die einer Margeritenwiese gleich von der Gelben Krustenanemone *Parazoanthus axinellae* überzogen sind. Die Wasserströmung bringt Nahrung mit sich, was dazu führt, dass die Krustenanemonen an Tagen stärkerer Strömung ihre Tentakeln ganz ausfahren, während sie bei Flaute – aber auch, wenn sie beispielsweise durch Taucher gestört werden – ganz zusammengezogen sind. Die Sandkörner, die als Fremdpartikel in den Mauerblättern der Krustenanemonen eingelagert sind, stammen aus bioerosiven Prozessen der Krustenschicht.
- *Astroides calycularis*-Fazies in Nordwestafrika und Südwestitalien. Diese leuchtend orangen Steinkorallen aus einer subtropischen Verwandtschaftsgruppe bilden buschähnliche Polsterkolo-

nien von 5–10 cm Durchmesser und bedecken in wärmeren Gebieten, an der nordafrikanischen Küste bis Kap Bon und an der Westküste Italiens bis Neapel beschattete Steilwände und Überhänge in verschiedenen Tiefen, zum Teil auch im Infralitoral. Häufig ist hier auch der Seestern *Ophidiaster ophidianus* anzutreffen.

- Die Gorgonien (Hornkorallen)-Fazies (Abb. 6.72). Die Gelbe Gorgonie *Eunicella cavolinii* und die Rote Gorgonie *Paramuricea clavata* mit ihren Polypenkolonien auf den biegsamen baum- und fächerförmigen Hornskelettachsen stehen bei guter Beströmung in waldartigen Beständen an Steilwänden und in Canyons. Das Nahrungsspektrum dieser Suspensionsfresser reicht von Nano-Eukaryoten über Phytoplankton und Ciliaten bis hin zu größeren Ruderfußkrebsen (Copepoda).

Mit ihren hoch gewachsenen Stöcken zeigen die Gorgonien eine Anpassung an die Ernährungssituation des Circalitorals: Anders als im wellenbewegten Infralitoral ist die Strömungsrate und damit der Durchsatz mit Nahrung im Bodenbereich der circalitoralen Strömungszone kritisch gering. Um genügend Nahrungspartikel zu bekommen, wachsen die Kolonien durch Sprossung auf einem stabilen, biegsamen Achsenskelett in die Höhe. Die exponierten Polypen versorgen mittels eines internen Kanalsystems im Coenchym ihre weniger exponierten Klone an der Basis des Stockes mit. Die exponierte Position der Gorgonienfächer ist aber auch für andere Suspensionsfresser attraktiv. So findet man eine Reihe von filtrierenden Epizoen, wie Haarsterne, filtrierende Schlangensterne, aber auch Schwämme, Polychaetenkolonien und andere.

Die Roten Gorgonien stehen in größeren Tiefen, während die Gelben Gorgonien in infralitorale Zonen hinein reichen können. Die Bestände der Weißen Gorgonie *Eunicella singularis* hingegen stehen auf eher horizontalen, stärker lichtexponierten Felsflächen in verschiedenen Tiefen (bereits ab 7–8 m Tiefe). Die Gelbe Gorgonie findet man an verarmten Felswänden mit einer dünnen

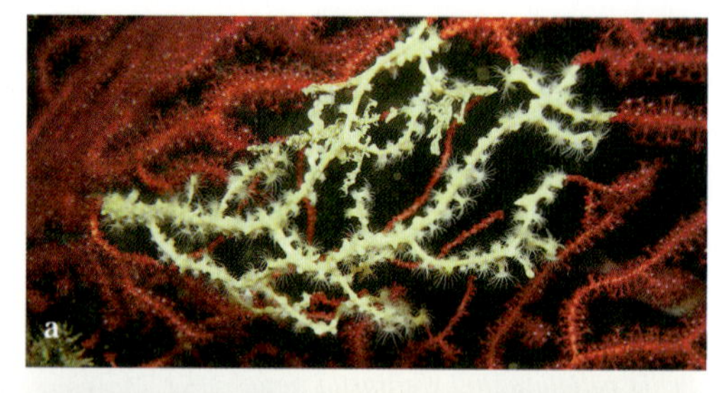

***6.72** Hornkorallen (Gorgonien) des Circa- und Infralitorals: a) Gerardia savaglia wächst epizoisch auf Paramuricea clavata (Toskanische Inseln, 45 m). b) Eunicella singularis. Der Algenbestand der Trichteralge Padina pavonica deutet auf die infralitorale Zone hin, in der diese Gorgonienart bevorzugt lebt. Eunicella singularis-Bestände gibt es aber sowohl im Infra- als auch im Circalitoral. c) Eunicella cavolinii-Fazies an einer Steilwand. Die vertikale Stellung der Gorgonienfächer weist auf eine gerichtete Küstenparallele Strömung hin. d) Paramuricea clavata-Fazies. Man Beachte die ausgeprägte Fauna der Mittelschicht mit hochwüchsigen Moostierkolonien (Bryozoa), Schwämmen (Porifera) usw. Der charakteristische Schwarmfisch dieser Zone im Freiwasser ist der Fahnenbarsch Anthias anthias. e) Lophogorgia ceratophyta, umgeben von kleineren Fächern von E. singularis und E. cavolinii. Diese Gorgonienart hat eher dünne, filigrane Äste und wächst meistens einzeln.*

Krustenschicht, oder auch auf Précoralligène. Dagegen zeichnet sich die *Paramuricea*-Fazies durch extrem reichhaltige Mittelschichten mit einer großen Vielfalt an Bryozoen, Polychaeten und anderen Sessilen aus und auch die Krustenschicht ist mächtig und artenreich. Das Erscheinungsbild dieser Fazies wird durch Schwärme des Fahnenbarsches *Anthias anthias* abgerundet.

In manchen Gebieten lassen sich die Litoralzonen einfach an Vorkommen und Stellung der Gorgonien ablesen. So eignet sich insbesondere die Gelbe Gorgonie mit der Stellung ihrer fest gewachsenen Fächerkolonien an Steilwänden als Indikator für den Übergang von der Schwingungszone zur Strömungszone: Um als Kolonie möglichst effizient einen großen Querschnitt der Nahrungswasserströmung abdecken zu können, wachsen die Flächen der Kolonien immer senkrecht zur Hauptströmungsrichtung des Wassers. So stehen sie in der Schwingungszone horizontal, während sie in der Strömungszone mit der gleichmäßigen küstenparallelen Strömung vertikal stehen (Kritische Tiefen der Wasserbewegung, Abb. 6.10 und Abb. 6.72 c, *Eunicella cavolinii*-Fazies).

- Übergangsfazies zu detritischen Sedimentböden. Ist die Sedimentationsrate in einem Gebiet sehr hoch, werden die Niederschichten des Coralligène zugedeckt und in ihrer Entfaltung behindert, während eine einmal etablierte Hochschicht sich halten kann – dies ist die Übergangsfazies zu detritischen Sedimentböden, die von Gorgonien, hochwüchsigen Schwämmen der Gattung *Axinella* und von großen Stachelhäutern geprägt ist.
- Fazies des Plattformcoralligène. Auf Plattformcoralligène treten vor allem die tieferen, von Dunkelheit geprägten Fazies auf, wie sie oben beschrieben wurden (vgl. Abb. 6.65).

Regionale Besonderheiten

Im Östlichen Mittelmeerbecken zeigen sich im Coralligène einige Besonderheiten, v.a. in den zentralen und südlichen Gebieten: *Hacelia attenuata*, *Centrostephanus longispinus* sowie die Ascidie

6.73 *Äußerst farben- und formprächtige Parazoanthus axinellae-Fazies an einer überhängenden Coralligène-Wand in 35 m Tiefe im Toskanischen Archipel. In der Bildmitte der Schwamm Oscarella lobularis mit schlotartig verlängerten Ausstromöffnungen, darunter Haliclona cratera (oranger polsterförmiger Schwamm) und links Haliclona mediterranea (rosa mit großen Ausstromöffnungen).*

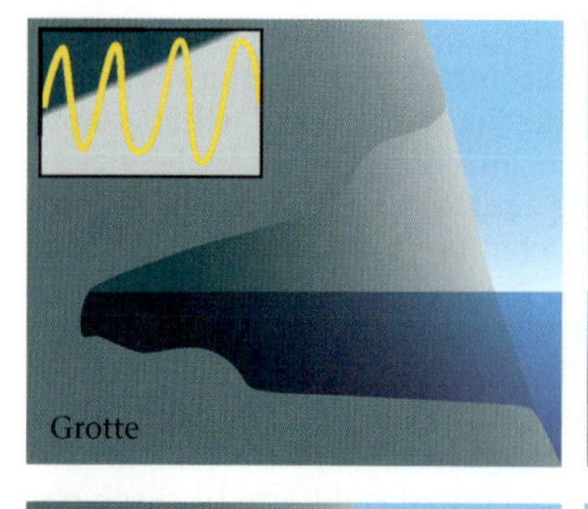

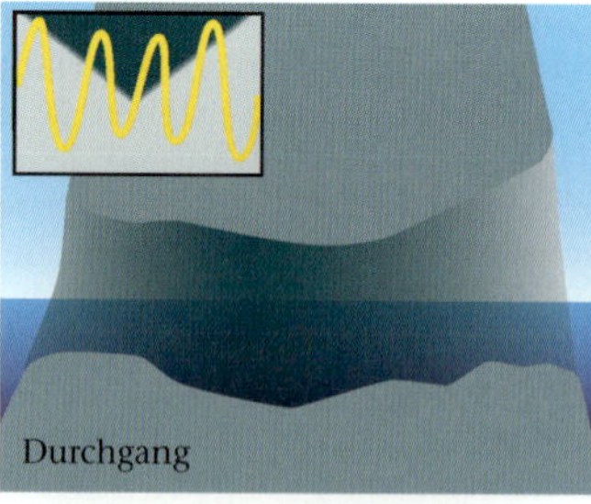

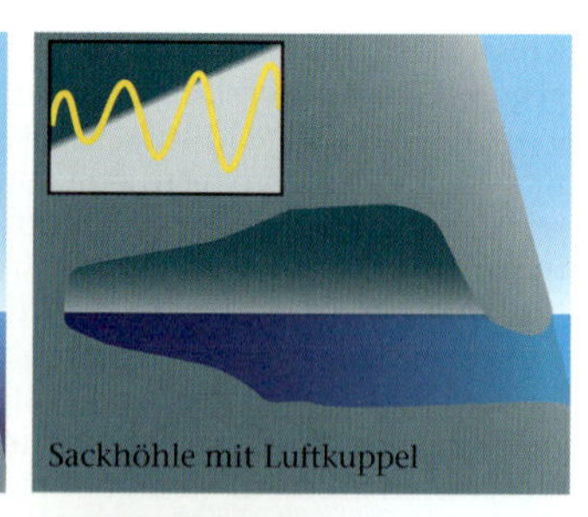

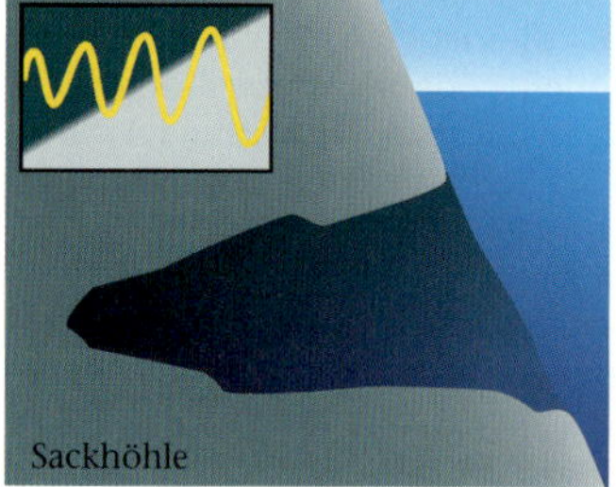

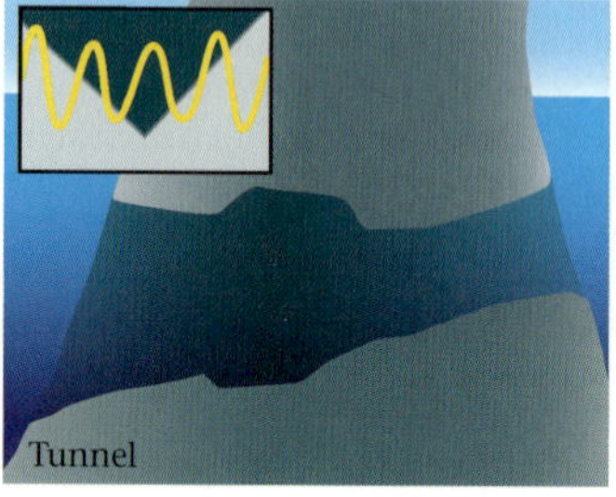

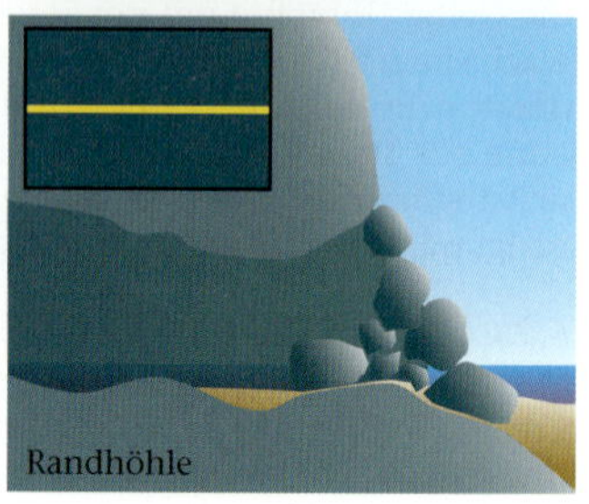

6.74 Haupttypen der Meereshöhlen (Grotte, Durchgang, Sackhöhle mit Luftkuppel, Sackhöhle, Tunnel und Randhöhle. In den Inserts sind die für den jeweiligen Höhlentyp charakteristischen Gradienten von Licht und Wasserbewegung dargestellt. Nach Ott, 1996.

Rhodosoma verecundum – alle eher subtropische Arten – sind hier viel häufiger als im Westbecken, während aufrecht wachsende Bryozoa sehr selten sind und die Weich- und Lederkorallen (Alcyonaria) völlig zu fehlen scheinen. Diese faunistischen Unterschiede rühren möglicherweise von Temperaturdifferenzen her. In Regionen der Ägäis verhindert die Strömung aus dem Marmarameer ein stärkeres Erwärmen des Oberflächenwassers, wodurch wieder Coralligène-Biotope mit Alcyonarien erscheinen und Gorgonien häufiger als im übrigen Ostbecken werden.

Höhlen

Über diesen faszinierenden Aspekt der mediterranen Meeresbiologie ist bereits viel geschrieben worden. Dabei geht die magische Anziehungskraft auf Taucher einher mit einem wissenschaftlichen Interesse an diesen speziellen Lebensgemeinschaften, die Tiefenformen auch in flacheren Bereichen enthalten.

Leider werden die Begriffe, welche verschiedene Arten von Höhlen bezeichnen, in der Literatur nicht einheitlich verwendet. Abbildung 6.74 zeigt die wichtigsten Höhlen- und Grottentypen mit ihren jeweiligen Gradienten von Licht und Wasserbewegung.

Halbdunkle Höhlen

Höhlen öffnen sich an unzähligen Stellen der Unterwasserlandschaften des Felslitorals in allen nur erdenklichen Formen und Größen. Sie stellen eine eigenständige, circalitoral geprägte Biozönose dar, die von starken physikalischen Gradienten – Veränderungen vom Eingang zum Inneren – geprägt sind. Je nach Form, Größe und Verhältnis der Eingangsgröße zur Tiefe der Höhle nimmt die

6.75 Schematische Darstellung des Herausrückens der Fauna aus der Höhle am Beispiel einer exponierten und geschützten Sackhöhle. Dieses Herausrücken erfolgt wie in der linken Hälfte der Grafik dargestellt mit der Tiefe (von oben nach unten: 1, 5, 10 und 15 m), oder aber in Abhängigkeit von der Exposition. Dunkelrot: Höhlenfauna, gelb: Sediment, grün: Phytal (die Grenzen der einzlenen Schichten sind durch Linien angedeutet). Am Ende von Sackhöhlen ist ein nahezu unbesiedeltes „leeres Viertel" zu finden (LV), das sich mit zunehmender Tiefe ebenfalls immer weiter zum Höhleneingang verschiebt. Nach Riedl, 1966.

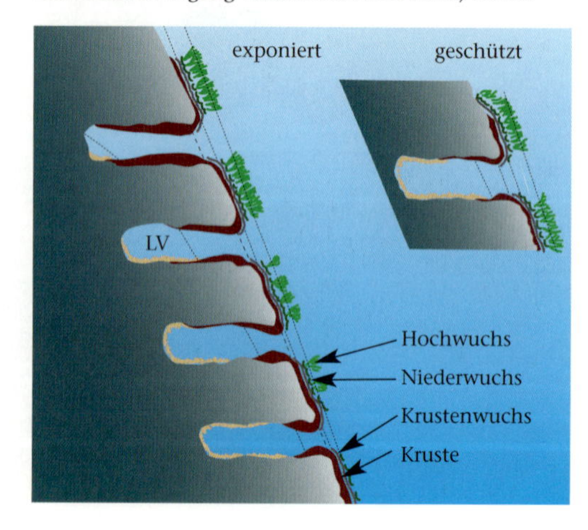

Art	Gruppe	Lebensweise, Standort, Trivialname
Porifera		
Agelas oroides	Demospongiae, Hadromerida	polsterförmig mit erhobenen Oscula
Spongionella pulchella	Demospongiae, Dictyoceratida	polsterförmig
Ircinia dendroides		
Ircinia spinulosa		
Chondrosia reniformis	Demospongiae, Chondrosida	polsterförmig, Nierenschwamm
Suberites carnosus	Demospongiae, Hadromerida	kugelförmig
Acanthella acuta	Ceractinomorpha, Halichondrida	Kakteenchwamm
Aplysilla sulfurea	Demospongiae, Dendroceratida	gelb, dünnschichtig mit Conuli (spitze Erhebungen)
Phorbas fictitius		dünnschichtig
Spongia virgultosa	Demospongiae, Dictyoceratida	polsterförmig
Cnidaria		
Corallium rubrum	Anthozoa, Gorgonaria	Edelkoralle
Rolandia rosea	Anthozoa, Stolonifera	stolonial wachsende Polypenkolonien
Leptopsammia pruvoti	Anthozoa, Madreporaria	Gelbe Nelkenkoralle, solitär
Caryophyllia inornata		Nelkenkoralle, solitär
Hoplangia durothrix		kolonial, stolonial, niedrige Polster
Parazoanthus axinellae	Anthozoa, Zoantharia	Gelbe Krustenanemone
Eudendrium racemosum	Hydrozoa, Anthoathecata	strauchförmig
Campanularia bicuspidata	Hydrozoa, Leptothecata	stolonial
Halecium beani	Hydrozoa, Leptothecata	strauchförmig
Mollusca		
Lithophaga lithophaga	Bivalvia	Bohrmuschel, Meerdattel
Barbatia barbata		Bartmuschel
Rocellaria dubia		Kalkröhren im Substrat (terminal charakteristische „8“-Öffnung)
Aequipecten opercularis	Bivalvia	Schale am Substrat fest
Calliostoma zizyphium	Gastropoda, Prosobranchia	
Luria lurida	Gastropoda, Prosobranchia	vagile Räuber
Peltodoris atromaculata	Gastropoda, Opisthobranchia	Nahrungsspezialisten für Schwämme und Nesseltiere
Hypselodoris elegans		
Hypselodoris fontandraui		
Phyllidia pulitzeri		

Tabelle 6.18 *Arten der halbdunklen Höhlen (Teil 1).*

Lichtstärke nach innen unterschiedlich stark ab. So sind auch Höhlen im Infralitoral von circalitoraler und teilweise sogar bathyaler Prägung. Das heißt, dass man in Höhlen auch in geringerer Meerestiefe Arten findet, die auf freiem Gelände erst in viel größeren Tiefen vorkommen. Eine wichtige „Anfangs“- Komponente der Höhlenfauna sind die Arten des circalitoralen Coralligène, denen es gelungen ist, die strengen ökologischen Kriterien der Höhlen zu erfüllen (sie würden sich bei der Neuentstehung einer Höhle als Erste ansiedeln). Da es keine Primärproduzenten (Pflanzen, die mittels Photosynthese Biomasse erzeugen) gibt, fehlen reine Herbivore und es gibt nur eine begrenzte Anzahl von Räubern. Für die Abfolge weiterer trophischer Stufen gibt es nicht ausreichend Nahrung oder sie ist zu unregelmäßig verteilt. Wenn ausreichend Plankton und Detritus durch die Wasserströmung eingebracht werden, stellt sich eine reiche Detritivorenfauna (Filtrierer) ein. Die Fauna der beweglicheren Fische und Krebstiere spiegelt diese Verhältnisse häufig nicht wider, da sie Höhlen eher als Versteckmöglichkeit nutzen, um von dort aus Streifzüge in die freie Umgebung zu unternehmen. Der Bewuchs der Höhlenwände mit sessilen Formen lässt sich von außen nach innen in Regionen unterteilen (Abb. 6.75): Die Region des Phytals entspricht im Infralitoral dem Algenphytal mit seiner im Abschnitt „Infralitorale Hartböden“ beschriebenen Schichtung. Sie kommt ausschließlich vor den Höhleneingängen vor und nimmt mit zunehmender

Taxon, Art	Gruppe	Lebensweise, Standort, Trivialname
Polychaeta		
Serpula vermicularis	Serpulidae	Kalkröhren, unter und zwischen Schwämmen
Pomatoceros triqueter		
Spirobranchus polytrema		
Ceratonereis costae	„Errantia"	vagile Detritivore und Carnivore
Glycera tessellata		
Lumbrinereis coccinea		
Lysidice ninetta		
Crustacea		
Homola barbata	Decapoda, Brachyura	kleinere Krabbenart
Scyllarus arctus	Decapoda, Palinura	Kleiner Bärenkrebs
Maja verrucosa	Decapoda, Brachyura	Kleine Seespinne
Dromia vulgaris	Decapoda, Brachyura	Wollkrabbe
Galathea strigosa	Decapoda, Anomura	Furchenkrebs, Spaltenbewohner
einige Paguridae	Decapoda, Anomura	Einsiedlerkrebse
Elasmopus pocillimanus	Amphipoda, Gammaridea	kleinere Arten zwischen Schwämmen und anderem Höhlenaufwuchs
Lembos websteri		
Ampithoe vaillanti		
Dexamine spiniventris		
Bryozoa		
Sertella septendrionalis	Cheilostomata, Ascophora	filigrane Kolonien, Neptunschleier
Crassimarginatella maderensis	Cheilostomata, Anasca	Moostierkolonien, Aufwuchs auf anderen Sessilen und auf Substrat
Cribrilaria radiata		
Prenantia inerma	Cheilostomata, Ascophora	
Adeonella calveti		
Smittoidea marmorea		
Echinodermata		
Marthasterias glacialis	Asteroidea	Räuber und Aasfresser
Coscinasterias tenuispina		
Ophiocomina nigra	Ophiuroidea	Räuber
Ophioderma longicauda		
Holothuria tubulosa	Holothuroidea	Sedimentfresser
Tunicata		
Pyura vittata	Ascidiacea	solitär
Cystodites dellechiajei	Ascidiacea	polsterförmige Schicht, Synascidien
Didemnum spp.	Ascidiacea	dünne Schicht, Synascidien
Botryllus spp.	Ascidiacea	dünne Schicht, Synascidien
Fische, Osteichthyes		
Conger conger	Anguilliformes, Congridae	Räuber die sich in Höhlen temporär verstecken
große Serranidae	Perciformes	
Anthias anthias	Perciformes, Serranidae	permanente Bewohner im Eingangsbereich
Apogon imberbis	Perciformes, Apogonidae	permanente Bewohner im Eingangsbereich
Scorpaena porcus	Scorpaeniformes, Scorpaenidae	sedentär auf dem Boden oder auf Vorsprüngen
Scorpaena notata		
Gobius niger	Perciformes, Gobiidae	

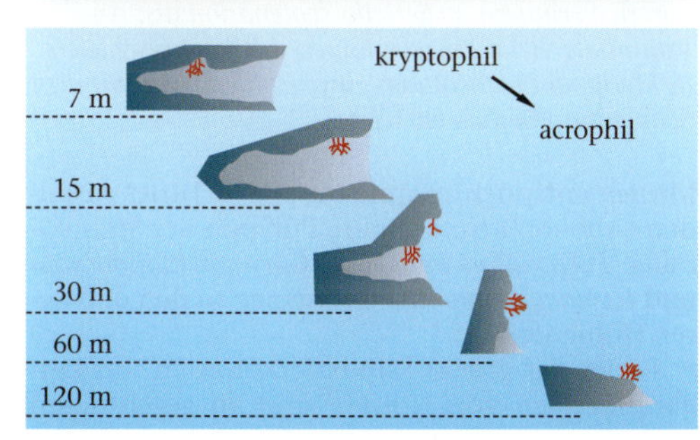

6.76 und 6.77 Lebensgemeinschaften in halbdunklen Höhlen. a) Parazoanthus axinellae-Fazies an einem Höhleneingang (blaue Unterschicht: der Schwamm Phorbas tenacior). b) Corallium rubrum-Fazies an der Unterseite einer Corraligène-Terasse in 35 m Tiefe. Verschiedene Schwammarten sind zu sehen: rechts oben Oscarella lobularis, rechts unten Aplysina aerophoba. Grafik darunter: Standortpräferenzen der Edelkoralle Corallium rubrum in verschiedenen Wassertiefen; kryptophil, höhlenliebend: in flacheren Bereichen; acrophil, erhöhte Standorte liebend: in größerer Tiefe. Nach Riedl, 1966.

***Tabelle 6.19** Linke Seite: Arten der halbdunklen Höhlen (Teil 2).*

Meerestiefe ab. In der Phytal-Schattenregion sind nur noch Vertreter der krustigen Niederschichten des Algenphytals übrig.

Die dritte Region mit ihrem reinen Schattenbestand ist die eigentliche Höhlenfauna mit den unten beschriebenen Fazies. Auch hier ist ein Gradient in der Artenzusammensetzung der sessilen Invertebratenfauna nachzuvollziehen: Mit zunehmender Entfernung vom Eingang nimmt beispielsweise die Anzahl der Schwammarten zu, während die der Nesseltiere abnimmt. Dies deutet auf eine immer kleiner werdende Partikelgröße der verwertbaren suspendierten Nahrung hin. Im weiteren Verlauf nach innen tritt schließlich das leere Viertel auf. Hier reicht das Licht kaum noch für eine dünne Schicht extrem sciaphiler (schattenliebender) Kalkrotalgen, die auch ganz fehlen kann. Für Suspensionsfresser reicht die Versorgung mit Nahrung aus dem Wasser nicht mehr aus. Dies führt zu tiefen, isolierten Streifen, die regelrecht jeglichen eukaryotischen Lebens beraubt sind.

Wie Abbildung 6.75 zeigt, rücken die verschiedenen Regionen mit zunehmender Tiefe immer weiter aus dem Höhleninneren nach außen, während das leere Viertel immer größer wird.

Anders ist die Situation bei Höhlen mit mehreren Öffnungen (Abb. 6.74). Hier bringt die Strömung eine gleichmäßige Versorgung mit Nahrung in Form von Detritus und Plankton mit sich. Lediglich der Lichtgradient (im Falle von Tunnels beidseitig mit einem Minimum in der Mitte) bleibt als gestaltender Faktor spezifisch.

Die meisten Höhlen werden in karstigem, durchlöchertem Kalkstein geformt, mit einer ständigen, teilweise sehr unregelmäßigen Süßwasserversorgung von oben. Durch unterirdische Flüsse kommt es beispielsweise in der östlichen Adria an einigen Stellen nach starken Regenfällen nahe der Küste zu erstaunlich großen und heftigen Strudeln aufquellenden Süßwassers aus dem Untergrund. Entsprechend ausgeprägt ist der Brackwassercharakter solcher Regionen.

Fazies der halbdunklen Höhlen

- Hydrozoen–Fazies. Als „verarmte" Fazies gelten die Ansammlungen größerer Hydrozoenkolonien der Gattungen *Sertularella, Eudendrium* und anderer. An Standorten extremer Strömung, wie es an manchen Höhleneingängen durch einen Beschleunigungseffekt der Strömung bei verengten Durchgängen der Fall sein kann, treten rasenartig kleinere gefiederte Kolonien der Gattung *Sertularella* auf.
- *Parazoanthus axinellae*-Fazies. Bei guter Beströmung findet sich diese Fazies, die wir bereits von Steilwänden und Überhängen aus dem Coralligène kennen, im Höhleneingangsbereich, wo sie die gesamte Fläche besiedeln kann (Abb. 6.73 und 6.76 a).

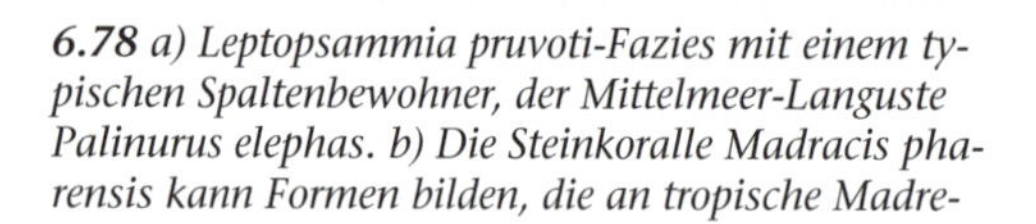

***6.78** a) Leptopsammia pruvoti-Fazies mit einem typischen Spaltenbewohner, der Mittelmeer-Languste Palinurus elephas. b) Die Steinkoralle Madracis pharensis kann Formen bilden, die an tropische Madreporarien erinnern. c) Sertella septendrionalis: Ansammlung vieler Einzelkolonien des Neptunschleiers. d) Myriapora truncata an einer Höhlendecke mit dem Schwamm Phorbas tenacior.*

- *Corallium rubrum*-Fazies (Abb. 6.76b). Die Edelkoralle *Corallium rubrum* wächst an Überhängen und Steilwänden in größeren Tiefen und ist ein typischer Besiedler der Höhlendecken auch in flacheren Gebieten. Abbildung 6.77 zeigt die natürliche Tiefenverbreitung dieser Art. Die Bestände rücken mit zunehmender Wassertiefe weiter nach außen. Im Flachwasser gibt es Bestände nur tief im Höhleninnern (kryptophil: Verstecke bzw. Spalten liebend), in größeren Tiefen auf Plattformcoralligène oder bathyalen Hartbodengemeinschaften dagegen kommen auch frei stehende Bestände vor (acrophil: erhöhte Standorte liebend).
- Steinkorallen-Fazies. Die gelbe Nelkenkoralle *Leptopsammia pruvoti* überwächst Steilwände in dunkleren und tieferen Spalten und bildet ähnliche Bestände wie die Gelbe Krustenanemone *Parazoanthus axinellae* weiter im Höhleninneren. Dazu können noch weitere Steinkorallenarten auftreten. *Madracis pharensis* mit ihren etwa 1 cm großen blasenförmigen Teilkolonien, deren Bau dem der riffbildenden Korallen in den tropischen Meeren entspricht, kann eine eigene Fazies ausbilden (Abb. 6.78b). Kleinere Polypen der Steinkorallen *Polycyathus muellerae, Caryophyllia inornata* und *Hoplangia durothrix* erscheinen in den dunkleren Höhlenteilen.
- Fazies der großen Moostierkolonien. Im Eingangsbereich von Höhlen und an geschützten Steilwänden sowie unter Überhängen können die bizarren Gebilde des Neptunschleiers *Sertella septentrionalis* große Ausmaße erreichen (Abb. 6.78c). Die Trugkoralle *Myriapora truncata* – manchmal wird sie mit *Corallium* verwechselt – ist häufig unter Überhängen und in mittelgroßen Felsspalten anzutreffen (Abb. 6.78d).

Höhlen in völliger Dunkelheit

Die Gemeinschaft in den völlig dunklen Höhlen ist ärmer und bedeckt weniger als 50–60 % des Bodens und der Wände. Die Mehrzahl der Arten sind der Gemeinschaft der halbdunklen Höhlen

***Tabelle 6.20** Rechte Seite: Arten der Höhlen in völliger Dunkelheit.*

Taxon, Art	Gruppe	Lebensweise, Standort
Porifera		
Penares helleri	Tetractinomorpha	meist unpigmentiert; laminare oder bizarre, erekte und extrem fragile Gebilde
Rhabderemia minutula	Poecilosclerida	
Verongia cavernicola (Aplysina cavernicola?)	Poecilosclerida	
Haliclona valliculata (syn. *Reniera valliculata)*	Haplosclerida	
Haliclona sarai (syn. *Reniera sarai)*	Haplosclerida	
Diplastrella bistellata	Hadromerida	
Petrosia ficiformis	Haplosclerida	
Chondrosia reniformis	Chondrosida	
Phorbas tenacior	Poecilosclerida, Myxillina	
Discodermia polydiscus	Lithistida	seltene Höhlenart (Bathyal)
Petrobiona massiliana	Calcispongiae	seltene Höhlenart
Cnidaria		
Guynia annulata	Madreporaria	kleine Polypen (Nahrungsmangel)
Ceratotrochus magnaghii		
Polycyathus muellerae		
Madracis pharensis		
Mollusca		
Alvania reticulata	Prosobranchia, Rissoidae	vagile Räuber und Weidegänger
Homalopoma sanguineum (syn. *Leptothyra sanguinea)*	Prosobranchia, Turbinidae	
Berthella aurantiaca (syn. *Bouvieria aurantiaca)*	Opisthobranichia, Notaspidea	
Susania testudinaria	Opisthobranichia, Notaspidea	
Peltodoris atromaculata	Opisthobranichia, Doriddoidea	
Discodoris cavernae	Opisthobranichia, Doriddoidea	
Polychaeta		
Omphalopoma aculeata	Serpulidae	fragile Formen, zum Teil Fazies
Vermiliopsis monodiscus		
Vermiliopsis infundibulum		
div. Serpulidae		
Brachiopoda		
Megathyris decollata		aktive Suspensionsfresser, innerer Strudler
Crustacea		
Aristias tumidus	Amphipoda, Lysianassidae	Flohkrebse
Herbstia condyliata	Decapoda, Majidae	Seespinnenartige
Stenopus spinosus	Stenopodidae	Geißelgarnelen
Palaemon serratus	Decapoda, Palaemonidae	Garnelen
Plesionika narval (Bild!)	Decapoda, Pandalidae	
div. Mysidaceae	Peracarida	Bildner höhlenspezifischer Planktongemeinschaften
Bryozoa		
Celleporina lucida	Cheilostomata, Ascophora	kleine Formen (Nahrungsmangel), aktive Suspensionsfresser
Crassimarginatella crassimarginata	Cheilostomata, Anasca	
Setosella cavernicola	Cheilostomata, Anasca	
Coronellina fagei	Cheilostomata, Anasca	
Echinodermata		
Ophiopsila aranea	Ophiurida	Schlangensterne
Genocidaris maculata	Echinoidea	Seeigel
Fische, Osteichtyes		
Grammonus ater	Actinopterygii	blind

Taxon, Art	Gruppe	Lebensweise, Wuchsform
Porifera		
Poecillastra compressa	Tetractinomorpha	großwüchsige Formen dominieren die *offshore*-Felsgemeinschaften
Rhizaxinella pyrifera	Hadromerida	
Phakellia ventilabrum	Ceractinomorhpa	
Axinella spp.	Ceractinomorhpa	
Petrosia ficiformis	Haplosclerida	
Cnidaria		
Dendrophyllia cornigera	Madreporaria	gelb, solitär
Anthipathes fragilis	Anthipatharia	koloniebildend
Paralcyonium elegans	Alcyonaria	
Corallium rubrum	Gorgonaria	
Mollusca		
Spondylus gussoni	Bivalvia	aktive Suspensionsfresser
Polychaeta		
Serpula vermicularis var. *echinata*	Serpulidae	aktive Suspensionsfresser
Placostegus tridentatus		
Omphalopomopsis fimbriata		
Brachiopoda		
Gryphus vitreus		aktive Suspensionsfresser
Crustacea, Decapoda		
Palinurus mauritanicus	Palinura	Räuber
Paromola cuvieri	Brachyura	
Munida sp.	Anomura	
Bryozoa		
Hornera frondiculata	Cyclostomata (Stenolaemata)	aktive Suspensionsfresser
Sertella sp.	Cheilostomata, Ascophora	
Smittina cervicornis (syn. *Porella cervicornis*)		
Echinodermata		
Ophiacantha setosa	Ophiuridea	oft in den Oscula großer Schwämme
Cidaris cidaris	Echinoidea	Opportunist, Weidegänger

Tabelle 6.21 *Arten circalitoraler offshore-Felsboden-gemeinschaften.*

ähnlich, aber ihre relativen Populationsdichten ändern sich und eine Reihe von sehr seltenen Reliktformen treten auf.

Gemeinschaften küstenferner, circalitoraler *offshore*-Felsböden

Aus den weiten Ebenen des Schelfs und dem sanft abfallenden Kontinentalabhang stehen vereinzelt freie Felsen aus dem umgebenden Sedimentboden heraus. Beobachtungen aus Jacques Cousteau's „tauchender Untertasse" Ende der fünfziger Jahre in Tiefen zwischen dem Coralligène und den (tieferen) Gemeinschaften der Weißen Korallen (Abb. 6. 103c, d) haben eine recht spezifische Gemeinschaft im oberen Bereich des Kontinentalabhangs gezeigt. Sie enthält einige verkümmert entwickelte Kalkrotalgen. Die Felssubstrate sind oft mit einer feinen schlickigen Sedimentschicht überzogen. Die Stiele oder Stützen der sessilen Arten reichen durch das Sediment zum Fels, an dem sie fest haften. Einige extrem dunkeltolerante Diatomeen (Kieselalgen) können dort erstaunlicherweise auf Fels und biogenem Substrat wachsen. In einer Tiefe von 250 bis 300 Metern dünnt diese Gesellschaft aus. Sie wird von großen Schwämmen dominiert.

Bathyal-Gemeinschaften von Tiefseekorallen

Auf den Hartböden der bathyalen Zone gibt es vereinzelte Ansammlungen Weißer Korallen *Lophelia obtusa* und *Madrepora oculata* (vgl. Abb. 6.79c, d). Diese großen Steinkorallen (Madreporaria) mit ihren verzweigten Ästen sind „ahermatypisch", das heißt sie enthalten keine endobiontischen Zoo-

Art	Gruppe	Lebensweise, Wuchsform
Cnidaria		
Isidiella elongata	Gorgonaria	koloniebildend
Primnoa sp.		
Muricea sp.		
Anthipathes fragilis	Anthipatharia	
Caryophyllia armata,	Madreporaria	solitär
Desmophyllum cristagalli		
Mollusca		
Hanleya hanleyi	Polyplacophora	Weidegänger, Omnivor
Arca nodulosa	Bivalvia	Suspensionsfresser
Arca obliqua		
Spondylus gussoni		
Chlamys bruei		
Crustacea		
Veruca sp.	Cirripedia	Suspensionsfresser
Pandalina profunda	Decapoda, Caridea	Räuber kleinerer Tiere oder Depositfresser
Paromola cuvieri	Decapoda, Brachyura	Räuber
Echinodermata		
Cidaris cidaris	Echinoidea	Opportunist, Weidegänger

Tabelle 6.22 *Artenzusammensetzung bathyaler Tiefseekorallen-Gemeinschaften.*

xanthellen, und sind Konsumenten organischen Materials. Im Vergleich mit ähnlichen Gemeinschaften des atlantischen Kontinentalabhangs sind sie im Mittelmeer eher artenarm.

Diese Riffe scheinen nur unterhalb von 300, vorwiegend zwischen 800 und 1 000 Metern zu existieren, wenn der Kontinentalabhang steil genug ist und einige Felsen freigelegt bleiben. Sie sind der Gesteinstopographie entsprechend auf dem Boden verstreut und durch Sedimentsenken voneinander getrennt.

Die einzig lebenden Teile der Gesamtkolonien der Weißen Korallen sind die Spitzen kleiner Verzweigungen auf den Enden größerer, bis 50 cm hoher Kronen. Der Rest der Korallen ist komplett im Schlick begraben. Die Oberfläche der Kronen und begrabenen Kolonien ist mit einer schwarzen Kruste aus Mangan, Brauneisenstein (Limonit) und anderen Eisenoxiden überzogen. Vor der Küste Italiens bei Portofino in einer Tiefe von 450 bis 750 m enthalten die „subfossilen" Teile im Schlick reiche Gemeinschaften, die vielleicht bis auf das Tyrrhen zurückgehen. Zwischen den Korallen fand man die Röhren großer *Eunice*-Arten und viele Serpuliden (*Protula* und *Apomatus*), zusammen mit Resten von *Spondylus gussoni* und *Cidaris cidaris,* die in individuenreichen Populationen vorhanden waren.

Der tiefste Teil der Weißen Korallen-Klumpen ist mit einem grauen interstitiellen Zement aus mikrokristallinem Kalkstein und mineralischem sowie organischem Material ausgefüllt. Diese Masse enthält eine Thanatozönose (Totengemeinschaft), die von der großen Schnecke *Strombus bubonius* zusammen mit einigen „senegalesischen" Mollusken (*Conus testudinarius, Thais haemastoma, Spondylus gaederopus* und *Cardita senegalensis*) geprägt ist. Hier sind auch weitere heute aus dem Mittelmeer verschwundene Scheckenarten wie *Ranella gigantea* f. *atlantica* und *Pleuromurex lamellosus* zu finden. Deren Rückzug fand wahrscheinlich während der Regression (Meeresspiegelsenkung) auf dem Höhepunkt der Würm-Eiszeit statt (vgl. Tab. 7.3).

6.79 Bathyale Hartboden-Lebensgemeinschaft mit Madrepora oculata; Kontinentalhang vor Südfrankreich in 260 m Tiefe (IFREMER).

Die Sedimentböden

Martin Heß

Der größte Teil des Meeresbodens ist von Sedimenten bedeckt, die von der Wasserlinie bis in die größten Tiefen von Organismen besiedelt sind und von diesen zum Teil wesentlich mitgestaltet werden. Sedimentböden sind im Mittelmeer wie auch im Weltmeer die am weitesten ausgedehnten benthischen Lebensräume. Sie beherbergen eine große Zahl spezialisierter Arten und eine immense Biomasse.

87,7 Prozent des Mittelmeerbodens (knapp 2,4 Millionen Quadratkilometer) liegen unterhalb der 200 m-Linie, 12 Prozent im Bereich der Schelfebenen. Die artenreichen Küstensedimente bis 20 m Tiefe nehmen nur ca. 0,3 Prozent der Bodenfläche ein, allerdings verteilt auf eine enorm lange Küstenlinie, die – kleinste Inseln mit eingeschlossen – über 65 000 km misst.

Herkunft und Natur der Sedimente

Sedimentböden sind geschichtete Hartsubstrate aus festen Teilchen, vor allem Quarz, Ton, Kalk, und partikulärem organischen Material (POM), mit Partikelgrößen von unter einem Mikrometer bis hin zu einigen Zentimetern. Das Vorherrschen der Quarzfraktion – Quarzsand bleibt als Verwitterungsprodukt von Granit als dessen härtester Bestandteil erhalten – ist durch die besondere chemische und mechanische Beständigkeit des Materials zu erklären. Vom anstehenden Fels oder stabilen Geröll unterscheiden sich die Sedimentböden besonders durch ihre Mobilität bzw. Verschiebbarkeit bei entsprechender Krafteinwirkung. Der Überschneidungsbereich zum Geröll- oder Blockgrund ist bei wechselnd starker Wasserbewegung und entsprechend wechselnder Umwälzhäufigkeit der Partikel jedoch fließend.

Je nach ihrer Herkunft unterscheidet man allochthone (terrigene) Partikel, die über Flüsse, Bäche und in geringerem Maße auch durch die Luft eingetragen werden, von autochthonen Partikeln, die im Meer selbst entstanden sind. Diese wiederum können entweder bei der Erosion von Küstengesteinen entstehen (lithogene Sedimente) oder aber von Organismen aufgebaut werden (biogene Sedimente). Zu den biogenen Partikeln gehören sedimentierte Planktonorganismen bzw. deren Skelette oder Exuvien*, die abgesunkenen Leichen des Nektons, die Überreste toter Benthosorganismen, ferner zerriebenes Algen- und Seegrasmaterial, verfrachtete Skelettelemente der Felsbodenfauna und auch im Pelagial freigegebene Fäzes. Während das partikuläre organische Material meist rasch abgebaut wird, haben Hartteile wie Kalkschalen und Kieselsklerite länger Bestand. Manche Organismen beschleunigen sowohl die Korrosion des anstehenden Gesteins als auch jenes von Felsbrocken, so etwa die in primärem und sekundärem Kalkgestein bohrenden Schwämme der Gattung *Cliona* oder die Bohrmuschel *Lithophaga lithophaga*; andere wiederum binden Partikel und verfestigen den Sedimentkörper, so z. B. Kieselalgen.

6.80 *Einmalige Massenansammlung des Röhrenwurmes Sabella pavonina (Polychaeta) in der Bucht von Campese auf Giglio (Sedimentgrund, 38 m). Die Aufnahme stammt aus dem Jahr 1984. Der Bestand ist im Laufe der Zeit kontinuierlich kleiner geworden und schließlich verschwunden.*

Die wichtigsten abiotischen Merkmale für die Charakterisierung einer Sedimentprobe sind die chemische Zusammensetzung, die Größe (Tab. 6.23) und Gestalt der Partikel (Abweichung von der Kugelgestalt, Rauheit der Oberfläche), die Häufigkeitsverteilung der Korngrößen des Partikelgemisches sowie der Sortierungsgrad und die Symmetrie dieser Verteilung. Für die Besiedelung durch Organismen sind ferner die Schichtung des Sediments, die Packungsgeometrie benachbarter Teilchen, der Volumenanteil des Porenraumes zwischen den Sedimentpartikeln und der Gehalt an organischem Material von erheblicher Bedeutung, weil davon unter anderem die Verfügbarkeit von Sauerstoff sowie die Stabilität des Sediments gegenüber Wasser- und Wühlbewegungen abhängen.

Zonierung des Sedimentkörpers und formende Kräfte

Das räumlich und zeitlich wechselhafte Zusammenspiel aus Partikelaufnahme durch den Wasserkörper (Import, Erosion, Biomasseproduktion, Resuspension) sowie aus Transport und Deposition bedingt die Zusammensetzung sowie die Stabilität des Sediments an einem gegebenen Ort bzw. die großräumige Verteilung und Zonierung unterschiedlicher Sedimente. In diesem Geschehen spielt neben den Partikeleigenschaften die Intensität und Richtung der Wasserbewegung eine zentrale Rolle. Ob ein Teilchen an der Sedimentoberfläche deponiert oder resuspendiert wird, hängt von der Korngröße und von der Wasserbewegungsgeschwindigkeit in Bodennähe ab (Abb. 6.81), aber auch von der Form und Dichte des Partikels sowie von der Bindigkeit des Sediments. Grobe Teilchen sinken schnell und kom-

6.81 *Das Hjulström-Diagramm veranschaulicht den Zusammenhang zwischen der Bewegungsgeschwindigkeit des Wassers (y-Achse) und der Sedimentstabilität. Je größer die Partikel (x-Achse), desto höher muss die zum Transport nötige Wassergeschwindigkeit sein. Die zur Erosion erforderliche Wasserbewegungsgeschwindigkeit hat ein Minimum im Mittelsandbereich. Die Linien zwischen hell- und dunkelblau zeigen die Grenzen zwischen Ton, Silt, Sand, Kies und Steinen. Nach Ott, 1988.*

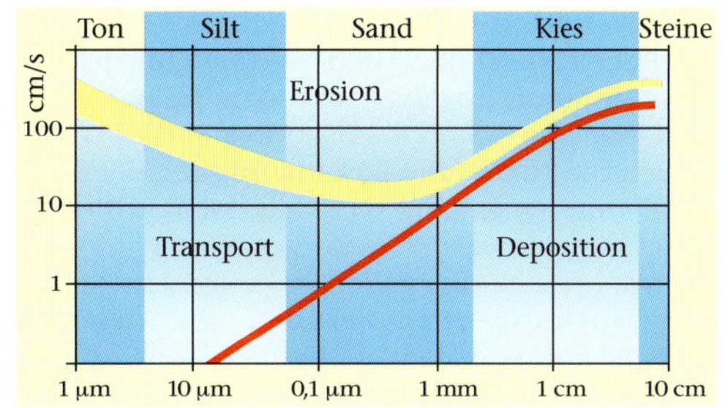

Tabelle 6.23 *Klassifikation der Sedimentkorngrößen nach Attenberg (links, ζ) und Wentworth (rechts, φ). Nach einer einfachen Klassifikation von Korngrößen (Steine: > 63 mm, Kies: 2 – 63 mm, Sand: 63 µm bis 2 mm, Silt: 2 µm bis 63 µm, Ton: < 2 µm) können innerhalb ihres Korngrößenbereichs jeweils noch einmal eine Grob-, Mittel und Feinfraktion unterschieden werden. Sedimente mit tonigen Anteilen von mehr als 50 Prozent werden per Definition als Schlamm oder Schlick bezeichnet. Weitere Informationen bietet das Hjulström-Diagramm (rechts). Nach Ott, 1988.*

	Steine	mm	ζ
		63	– 6
Grob-			
		20	
Mittel-	Kies		– 4
		6,3	
Fein-			
		2,0	0
Grob-			
		0,63	
Mittel-	Sand		
		0,20	1
Fein-			
		0,063	
Grob-			
		0,020	2
Mittel-	Silt		
		0,006	
Fein-			
		0,002	
	Ton		

φ	mm	Steine	
	64		
– 1			
	16	Kies	
– 2	4		
		Körner	
			sehr grober
0	1		
			grober
		Sand	mittlerer
2	0,25		
			feiner
			sehr feiner
4	0,064		
			grober
		Silt	mittlerer
6	0,016		
			feiner
			sehr feiner
8	0,004		
		Ton	

6.82 Microcosmus claudicans, eine mit Sandkörnern beklebte sandbewohnende Ascidie (Giglio, 10 m, Aquarienaufnahme).

men schon in relativ bewegtem Wasser zur Ruhe, feine Partikel werden dagegen in der Regel am weitesten transportiert und können sich nur in Stillwasserbereichen, das heißt im tiefen Wasser oder in geschützten Buchten absetzen. Dies gilt allerdings oft auch für Körner zwischen 0,1 und 0,2 mm, die als „Zigeuner unter den Sedimentpartikeln" (Ott, 1988) am leichtesten resuspendiert werden.

Sedimente werden in der Regel schichtweise aufgebaut, wenn durch periodisch wechselnde Wasserbewegungsgeschwindigkeit bzw. Sedimentfrachten auch die Sedimentationsrate und die Qualität des sedimentierten Materials schwankt (Maxima z. B. zur Zeit von Kieselalgenblüten oder wenn große Mengen von Posidoniablättern anfallen). Mit den Partikeln werden Informationen über das Sedimentationsgeschehen in zeitlicher Reihenfolge abgelegt und sind anhand eines Stechkerns nachvollziehbar – das Sediment schreibt also in einer besonderen Bedeutung des Wortes Geschichte. Je nach Sinkdauer können organische Partikel noch in der Wassersäule partiell bis vollständig abgebaut und dem mikrobiellen Metabolismus (Stoffwechsel) des Pelagials einverleibt werden. Eine Beschleunigung der Sinkgeschwindigkeit kann das Material durch spontane Aggregationen, im so genannten Meeresschnee – das ist eine gallertige organische Matrix mit Planktonskeletten, Bakterien und Bakterivoren – oder in Kotballen erfahren.

Die Sedimentböden und die entsprechenden Lebensräume werden in erster Linie nach der Wassertiefe gegliedert, weil die Änderung der habitatdefinierenden Umweltfaktoren Licht und Wasserbewegung in vertikaler Richtung schärfer ausgeprägt ist als in horizontaler. Beide Parameter ändern sich mit der Tiefe rasch und erlauben die Definition von Tiefenzonen als Abfolge uferparalleler Streifen mit jeweils charakteristischem Sedimentaufbau. Zwar ändern sich die Standortbedingungen mit der Tiefe kontinuierlich, eine Grobgliederung nach Zonen halbwegs homogener Bedingungen zwischen den so genannten „Kritischen Tiefen" (Abb. 6.10) erweist sich jedoch für biologische Betrachtungen als hilfreich und zutreffend; sie ist deshalb auch der Einteilung der mediterranen Lebensräume dieses Kapitels zugrunde gelegt.

- Die Zone des „platzenden Wasserkörpers" (siehe unten) zwischen der Wasseroberfläche und der 1. Kritischen Tiefe (ca. 1,3-fache Wellenhöhe) wird auch im Bereich mediterraner Sedimente durch ungerichtete Wasserbewegung und relativ starke mechanische Belastung charakterisiert – hier nagt das Meer an der Küste. Sie liegt im Mittelmeer meist oberhalb der 2 m-Linie über groben, bewegten Sedimenten.
- Die Zone des oszillierenden Wasserkörpers definiert die „untere Brandungsplattform" und reicht bis zur Tiefe der halben Wellenlänge von Oberflächenwellen (2. Kritische Tiefe, „Wellenbasis"). Abhängig vom aktuellen Wellengang ist diese Zone naturgemäß sehr dynamisch und liegt im Mittelmeer meist oberhalb der 10 m-Linie. Beständige, vorwiegend küstennormale Schwingungen in Bodennähe führen zu Rippelbildung und zusammen mit dem tiefenabhängigen Gradienten der Wasserbewegungsgeschwindigkeiten zu einer effektiven Sortierung infralitoraler Feinsande nach der Tiefe (vgl. Abb. 6.26).
- Die Zone der streichenden Wasserbewegung reicht bis zur Kante zwischen küstennahem Abhang und Schelf (3. Kritische Tiefe), der Wasserkörper bewegt sich küstenparallel. An der Sedimentoberfläche werden die Wellenrippel abgelöst von Bioturbationsstrukturen (Hügel, Trichter, Löcher etc.), und der Sortierungsgrad des Sediments nimmt ab. Gegebenenfalls treten Strömungsrippel auf.

Unterhalb der 3. Kritischen Tiefe, das heißt über dem Kontinentalschelf in der Schwachlicht- bis Restlichtzone, befindet sich der zweidimensional strömende Wasserkörper. Bei geringen Strömungsgeschwindigkeiten kommen während eines Gezeitenzyklus rotierend alle Strömungsrichtungen vor; das Sediment besteht vorwiegend aus siltigen Feinsanden, küstenfern und an Flussmündungen auch aus terrigenen Silten und Tonen.

Erst die Kombination dieser Tiefenzonierung mit der Beschreibung horizontaler Muster ergibt ein vollständiges, wenn auch komplexes Bild der marinen Sedimentverteilung. Unterschiedliche Küstenöffnungs- und Küstenneigungswinkel sowie die vorherrschende Richtung und Stärke von Wind, Wellen und Meeresströmungen bedingen auch in horizontaler Richtung Gradienten der Wasserbewegung und damit – über ein sortiertes Absetzen von Sedimenten – eine horizontale Gliederung der Ablagerungsräume. So kann es im Flachwasser an exponierten Stellen zu starker mechanischer Erosion kommen (Hochenergiebereiche mit groben Sedimenten), in geschützten

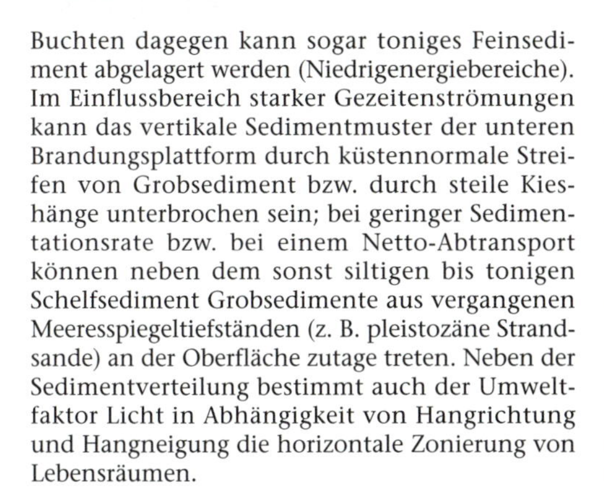

Buchten dagegen kann sogar toniges Feinsediment abgelagert werden (Niedrigenergiebereiche). Im Einflussbereich starker Gezeitenströmungen kann das vertikale Sedimentmuster der unteren Brandungsplattform durch küstennormale Streifen von Grobsediment bzw. durch steile Kieshänge unterbrochen sein; bei geringer Sedimentationsrate bzw. bei einem Netto-Abtransport können neben dem sonst siltigen bis tonigen Schelfsediment Grobsedimente aus vergangenen Meeresspiegeltiefständen (z. B. pleistozäne Strandsande) an der Oberfläche zutage treten. Neben der Sedimentverteilung bestimmt auch der Umweltfaktor Licht in Abhängigkeit von Hangrichtung und Hangneigung die horizontale Zonierung von Lebensräumen.

__6.83__ Sedimentböden. a) Condylactis aurantiaca mit frisch aufgebrochener Schale von Sphaerechinus granularis. Bei Massenansammlungen von Violetten Seeigeln gibt es oft derart zertrümmerte Individuen. Möglicherweise gehen sie auf Meeraale (Conger conger) zurück, die den Weichboden auf der Suche nach Irregularia durchwühlen, ist doch die Schnauze von Conger oft zerkratzt (Giglio, 45 m). b) Astropecten aranciacus, typische Art des Endopsammons (Giglio, um 20–25 m). c) Symphodus rostratus (Labridae), ein Phytalbewohner, baut ein Nest aus kleinen Steinchen und Schill (Giglio, 10 m). d) Untere Verbreitungsgrenze einer Caulerpa prolifera-Wiese in der Bucht von Campese (Giglio, 35 m). Der Bestand wird mit zunehmender Tiefe dünner. Der Sandgrund weist einen größeren Anteil von Feinsedimenten auf. Zwischen den Algen siedelt eine Seescheide (Phallusia mammillata).

Auseinandersetzung der Lebewesen mit dem Substrat

Die klassische Einteilung der Sedimentbewohner erfolgt nach ihrem Aufenthaltsort. Es gibt Organismen, die sich vorwiegend an der Sedimentoberfläche aufhalten (Epipsammon, Abb. 6.82, 6.83 a, Epipelos) oder aber eingegraben im Sediment leben (Endopsammon, Endopelos), und solche, die sich, ohne wesentliche Verdrängungsarbeit leisten zu müssen, im Lückenraum zwischen den Sedimentpartikeln bewegen (Mesopsammon = Meiofauna). Zum Epipsammon zählen vorwiegend vagile Arten aus den Gruppen der Fische, Krebse, Weichtiere und Stachelhäuter, aber auch an sekundären Hartstrukturen festgewachsene Tiere wie Schwämme, Hydropolypen (Hydrozoa), Seescheiden und Moostierchen. Endopsammonformen werden überwiegend von den Krebsen, Weichtieren, Nesseltieren, Ringelwürmern und Stachelhäutern gestellt. Die Meiofauna ist im Exkurs auf S. 401 ff. besprochen.

Dieses Schema ist zu ergänzen um den bakteriellen Aufwuchs der Sedimentpartikel, die benthischen Kieselalgen und Lebensformen, die nicht direkt im oder auf dem Sediment leben, aber eine eindeutige Assoziation zu diesem Lebensraum zeigen, z. B. sandbrütende Lippfische *(Crenilabrus quinquemaculatus)* und Streifenbrassen *(Cantharus cantharus)* oder der nur auf „sauberen" Sandböden anzutreffende Schermesserfisch *Xyrichthys novacula*. Sehr häufig legt der grüne Igelwurm *Bonellia viridis* seinen Rüssel auf Sedimentflächen ab, der

Vertikalschichtung der Sedimente und die RPDL-Schicht

Marine Sedimente sind extrem reich an Bakterien und Pilzen. In Feinsedimenten mit einem hohen Anteil an organischem Material übersteigt die Bakteriendichte im Sediment die des freien Wassers um zwei bis fünf Zehnerpotenzen (im Schlick bis zu 10^{11} Zellen ml^{-1}). Durch ihre intensive Stoffwechseltätigkeit bewerkstelligen die Mikroorganismen einerseits die Remineralisierung des organischen Materials – Pilze spielen die Hauptrolle beim Verrotten pflanzlicher Polymere wie Zellulose und Lignin –, andererseits bilden die Überzüge aus Zellen und Polysacchariden auf den Sedimentpartikeln einen wesentlichen Anteil der Nahrung von Sedimentfressern. Besonders nährstoffreich sind vielerorts auch frisch sedimentierte Schichten aus POM-haltigen Flocken oder Pellets – meist nur wenige Millimeter dick und relativ unbeständig.

Der aerobe Abbau organischen Materials im Oberflächensediment bedingt besonders bei eingeschränkter Beweglichkeit des Porenwassers die rasche Aufzehrung des Sauerstoffs und damit eine Redox-Sprungschicht (*redox potential discontinuity layer,* RPDL) in wenigen Millimetern bis Zentimetern Tiefe. Die RPDL ist auch als Grenze zwischen dem oxidierten und dem reduzierten Sedimentkörper mit den jeweiligen Bewohnern anzusehen. Die Ausbildung von steilen chemischen Gradienten (O_2, NO^{3-}, Fe^{2+}/Fe^{3+}, verschiedene Oxidationsstufen des Mangans, H_2S) bzw. von lokalen Fließgleichgewichten und das enge räumliche Nebeneinander vielfältiger Stoffwechselwege bedingen einander und führen zu einer charakteristischen vertikalen Einnischung verschiedener Mikrobengruppen im Sedimentkörper. Hier dürften sich wesentliche Etappen der Evolution von Mikroorganismen und ihrer Stoffwechselwege abgespielt haben.

Das Lückensystem des oberflächennahen, oxidierten Sedimentkörpers ist von Organismen der so genannten Meiofauna bewohnt, sofern die Lücken nicht wesentlich kleiner als 100 µm sind. Die zahlenmäßig dominanten Formen werden vor allem von Copepoden und Nematoden gestellt (Exkurs „Sandlückenfauna“, S. 401 ff.). Hinzu gesellen sich auf und knapp unter der Sedimentoberfläche bis an den Rand der euphotischen Zone benthische Kieselalgen, die entweder sessil leben oder sich auf einem Schleimband gleitend fortbewegen können und bei Bedarf kurze vertikale Wanderungen im Sediment absolvieren. Die Arten zeigen eine Tiefenzonierung und eine ähnliche Saisonalität wie Phytoplankton (Frühjahrs- und gegebenenfalls Herbstblüte). Die makroskopischen Formen des Oxidsystems leben epibenthisch oder grabend, z. B. die Ranzenkrebse (Cumacea), die des Nachts kurze Exkursionen in den freien Wasserkörper unternehmen. Die Wühl- und Ventilationstätigkeit grabender Organismen (im Mittelmeer z. B. Maulwurfskrebse der Gattung *Callianassa,* Polychaeta wie *Arenicola* oder der Eichelwurm *Balanoglossus*) führen zu lokalen Störungen der Sedimentschichtung und durch den „Import“ ventilierter Horizonte zu einer teilweise erheblichen Expansion des oxidierten Sedimentvolumens. Im Bereich der Wände der Grabbauten leben denn auch typische Vertreter des Oxidsystems, in den Gängen wiederum nicht selbst grabende Gäste.

Im anoxischen Sediment beherrschen neben gärenden Organismen die Sulfatatmer (z. B. *Desulfovibrio desulfuricans*) das Stoffwechselgeschehen und damit den Chemismus des Porenwassers, indem sie das im Meerwasser reichlich vorhandene Sulfat zu H_2S umsetzen. Die anoxische Zone ist durch Eisen-II-Sulfid schwarz gefärbt, während die oxische Zone darüber oft die gelbbraune Farbe des Eisen-III-Hydroxids annimmt. Zum Sulfidsystem oder „Thiobios“ gehören neben den Bakterien erstaunlich viele Ciliaten, Nematoden (z. B. die Stilbonematinae mit ektosymbiontischen Bakterien), Turbellarien, die meisten Gnathostomulida und einige Gastrotricha.

Im Bereich der RPDL, erkennbar an der grauen Farbe, fällt das Redoxpotenzial von ca. +350 mV auf ca. –200 mV. In dieser Grenzschicht zwischen Oxid- und Sulfidsystem und dabei auch in einer besonderen Stoffumsatzzone leben bei geringen Sauerstoff- und Schwefelwasserstoffkonzentrationen die chemolithoautotrophen Nitrifikanten *(Nitrosomonas, Nitrobakter)*, die farblosen Schwefelbakterien *(Beggiatoa, Thiotrix, Thiospira, Thiovolum, Thiobacillus)*, die H_2S zu Sulfat oder elementarem Schwefel oxidieren, Eisen-, Mangan- und Knallgasbakterien sowie die heterotrophen *Nitratatmer*. Auch diese Zone profitiert von den ventilierten Grabbauten des Endobenthos.

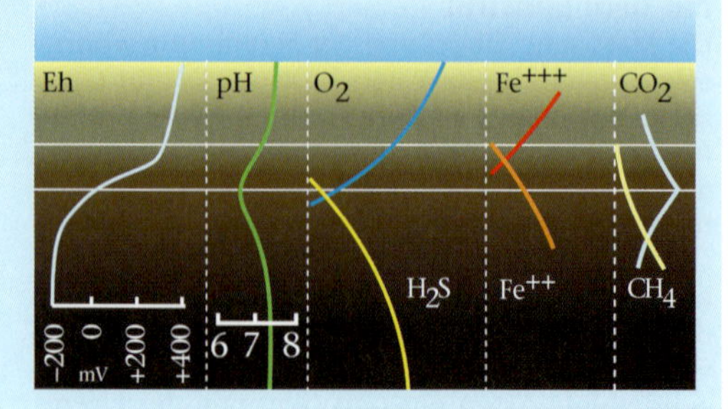

***6.84** Chemische und elektrochemische Gradienten mit den entsprechenden Farben im oberflächennahen Sediment. Nach Ott, 1988.*

6.85 Ruhende Schule von Meerbarben (Mullus surmuletus, Mullidae) auf Feinsand in 35 m Tiefe.

Körper des Tieres dagegen hat seinen festen Platz im Hartboden zwischen Steinen oder in Felsspalten bzw. in verlassenen *Lithophaga*-Höhlen. Ähnliches kann bei Ringelwürmern aus der Familie der Terebellidae beobachtet werden. Bei der Betrachtung von Organismen, die zwischen endo- und epibenthischer Lebensweise wechseln (z. B. nachtaktive Formen, die tagsüber vorwiegend eingegraben leben, etwa Kammsterne, Nabelschnecken, Sepiolen oder Balearenconger), ist das Schema zu relativieren.

Dass viele sedimentbewohnende Arten einen bestimmten Sedimenttyp bevorzugen oder sogar nur dort leben können, ist ein deutlicher Hinweis auf die Auseinandersetzung der Lebensformen mit den biologisch relevanten Eigenschaften des Substrats bei der Anpassung der Baupläne und Verhaltensweisen sowie bei der ökologischen Einnischung. Wie immer gilt es auch hier, Atmung und Ernährung sowie den Schutz des Individuums vor Feinden und Parasiten bzw. vor abiotisch bedingten Schädigungen und die Fortpflanzung sicherzustellen. Zu den biologisch relevanten Standortfaktoren, den „Rahmenbedingungen" für das Leben, zählen im Bereich der Sedimentböden nach Qualität und Beständigkeit hauptsächlich die Stabilität des Sediments und die Sedimentationsrate, die Wasserbewegung und das Licht, die Verfügbarkeit von Sauerstoff und Nahrung sowie Konkurrenz und Feinddruck. Diese Faktoren bedingen einander naturgemäß in verschiedenen Kombinationen.

Das Anpassungsgeschehen hat auf die besonderen Bedingungen auf oder im Sediment zahlreiche strukturelle, physiologische und ethologische Antworten gefunden. Verschiedene Tarnungsmechanismen optisch orientierter Arten und/oder das Bestreben, sich oberflächlich im Sediment zu vergraben, sind als Folgen der Deckungslosigkeit an der Sedimentoberfläche zu werten. Eine variable, dem aktuellen Untergrund ähnliche „Sandfärbung" mittels verschiedenfarbiger kontraktiler Chromophoren ist konvergent bei den Sandgarnelen *(Crangon)*, den Cephalopoden *(Sepia, Sepiola, Octopus)* und bei den Plattfischen (Pleuronectiformes) realisiert; auch andere Fische sind über Sandgründen heller gefärbt als andernorts, so etwa *Chromis, Crenilabrus* und *Diplodus*. Die epibenthischen Schlangensterne der Gattung *Ophiura* zeigen eine permanente Sandfärbung; weitgehende Transparenz schützt dagegen die *Halcampoides*-Polypen. Flache, dem Sediment aufliegende Körper finden sich bei Rochen, Plattfischen und beim Seeteufel *(Lophius piscatorius)*. Sie zeigen eine besonders weit gehende Adaptation der Architektur an das Substrat; das Gleiche gilt für die mit der Lebensweise korrelierte, nach dorsal verschobene Mund- und Augenstellung (ebenfalls beim Himmelsgucker, *Uranoscopus*). Für Beobachter mit relativ geringer Sehschärfe erreicht *Lophius* zudem durch seine randlichen Hautfransen eine wirkungsvolle Auflösung seines Umrisses (Abb. 6.89).

Rasches Eingraben gelingt in nicht allzu kompakten Sedimenten, das heißt vorwiegend in detritusarmen, leicht verschieblichen Sanden, entweder durch Rüttel- (z. B. *Uranoscopus, Trachinus*) oder Schaufelbewegungen (z. B. *Sepiola, Portunus, Astropecten*), durch die Peristaltik muskulöser Graborgane (z. B. *Donax, Naticarius*) oder die kurzzeitige „Verflüssigung" des Sandes durch kräftigen Wasserausstoß *(Sepia)*. Die Augen sind in der Regel nicht vom Sediment bedeckt. Besonders elegant ist das rückwärtsschlängelnde Ins-Sediment-Gleiten des Balearencongers *(Ariosoma balearicum)* mit seinem spatelförmigen Schwanz oder das blitzartige Kopfwärts-Abtauchen des Schermesserfisches *(Xyrichthys novacula)*. Eine *in puncto* optischer Tarnung sehr konsequente Lösung ist das permanente und vollständige Eingraben tagsüber – viele Sedimentbewohner sind nachtaktiv. Das Eingraben stellt allerdings keinen vollständigen Schutz dar, nicht einmal bei den harten Schalen der wenig beweglichen, sandlebenden Bivalvia: Regelmäßig werden sie Opfer von Kammsternen *(Astropecten)*, wühlenden Fischen (*Mullus*, Abb. 6.85, *Mugil*) oder bohrenden Schnecken *(Murex, Truncularioppsis, Naticarius)*. Besondere Anpassungen der Fortbewegungsweise auf dem Sediment finden sich z. B. in den vorderen Brustflossenstrahlen der Knurrhähne *(Trigla)*, die diesen Fischen das Laufen ermöglichen, oder in den saugnapflosen Ambulacralfüßchen der Kammsterne – ein besonderes Bewegungsprogramm dient hier dem Ein- und Ausgraben. Auch das Fluchtverhalten der Feilenmuschel Lima und der Jakobsmuschel *Pecten* (Rückstoßschwimmer) sowie *Aporrhais* und *Cyclope* sind mittelbar mit dem ebenen Substrat in Verbindung zu bringen. Eine Herausforderung vor allem für voluminöse Formen stellt der Konflikt zwischen tarnungsbedingtem Bedecken des Körpers mit Sediment und dem Freihalten der respiratori-

schen Oberflächen dar. Lösungen sind hier die Paxillen der Sandsterne, die Elythren der Aphroditidae (Polychaeta) oder die Filterapparate von *Aporrhais* und *Turritella*.

Die folgenden Kurzbeschreibungen und die Tabellen 6.24 bis 6.43 geben eine Auswahl häufiger Bewohner des jeweils besprochenen Lebensraumes und die Charakterarten der einzelnen Fazies im Sinne der strengeren Definition nach Pérès und Picard 1964 bzw. Pérès 1982.

Die Lebensgemeinschaften infralitoraler Grobsande

Sinkt die Wassertiefe über den typischerweise nur schwach geneigten Sedimentböden in unmittelbarer Küstennähe unter das 1,3-fache der Wellenhöhe, so brechen die Wellen und erzeugen den so genannten „platzenden Wasserkörper" mit hohen Bewegungsgeschwindigkeiten und chaotischen Richtungsvektoren, unter anderem auch mit vertikalen Komponenten. In dieser Hochenergiesituation geht ein Teil der dissipierten (= zerstreuten) Wellenenergie in die Mobilisierung des Sediments ein, das oberflächliche Sediment kommt nicht zur Ruhe, und die Sedimenthangneigung ist gering. Die „Wellenmühle" zerreibt anorganische Sedimentpartikel und POM – darunter angetriebene Quallen und verendende Fische –, verhindert das Absetzen feiner Partikel und sorgt für eine vollständige Sauerstoffsättigung des Sediments meist bis in mehrere Dezimeter Tiefe. Das grobkörnige Material (Kies bis Mittelsand) ist sehr durchlässig für das Porenwasser. Es besteht vorwiegend aus dem stabilen Quarz und enthält kaum organisches Material. Das Strandprofil kann sich bei zeitlich wechselnder Wellenexposition stark verändern, regelmäßig bildet sich jedoch ein uferparalleler Brandungstrog aus, gefolgt von einem leicht erhöhten Sandriff. Die lokale Ausprägung bzw. Ausdehnung der infralitoralen Grob- und Feinsande (siehe unten) ist in starkem Maße abhängig von der Küstengeometrie (Neigungs- und Öffnungswinkel) sowie dem Ausmaß und der Richtungsverteilung von Wind und Wellen.

Zur artenarmen Makrofauna dieses extremen Lebensraumes gehören die vagilen Schwimmkrabben (Portunidae) und Schwebgarnelen (*Gastrosaccus,* Mysidacea) und bei nicht allzu bewegtem Wasser auch Fische wie Meeräschen (Mugilidae) und Brassen (Sparidae). Unter Kies und Geröll verstecken sich Nemertini *(Lineus geniculatus),* errante Polychaeten (z. B. *Phyllodoce paretti*), Krebse *(Porcellana, Xantho),* Saugfische *(Gouania, Lepadogaster, Diplecogaster).* Im Bereich des Brandungstroges leben Polychaeten der Gattung *Diopatra* und *Onuphis,* ab dem Sandriff sind Maulwurfskrebse *(Callianassa)* häufig anzutreffen. Die Mesofauna ist reich entwickelt, ebenso ihre wichtigste Nahrungsgrundlage, die Bakterien; Sedimentfresser sind wegen der großen Körner und des geringen Anteils an POM nur begrenzt bzw. gar nicht vorhanden. Insgesamt sind die infralitoralen Grobsande als ein Importgebiet für organisches Material mit geringer Biomassedichte (meist < 10 g/m^2) und als ein Filter- und Remineralisierungssystem aufzufassen.

Crustacea, Amphipoda	*Melitta hergensis, Allorchestes aquilinus*
Crustacea, Decapoda	*Xantho poressa, Porcellana bluteli*
Teleostei	*Gouania wildenowi, Lepadogaster lepadogaster*
	verschiedene Turbellarien und Nemertinen

Tabelle 6.24 *Charakterarten in grobem Kies mit wechselnder Umwälzhäufigkeit (6 – 25 cm).*

Polychaeta	*Saccocirrus papillocerus*
Nemertini	*Lineus lacteus*

Tabelle 6.25 *Charakterarten in stark bewegtem Grobsand bzw. Feinkies (1 – 4 mm).*

Bivalvia	*Kellia corbuloides, Loripes lacteus, Divaricella divaricata*
Crustacea, Decapoda	*Callianassa tyrrhena*

Tabelle 6.26 *Charakterarten in Grobsanden bis 2 mm, geschützt vor brechenden Wellen.*

Die Lebensgemeinschaften infralitoraler Feinsande

Die infralitoralen Feinsande liegen im Bereich des oszillierenden Wasserkörpers. Beträgt die Wassertiefe weniger als ca. die Hälfte der Wellenlänge der Oberflächenwellen, so „fühlt" der Boden den Seegang. Die im Freiwasser zirkulären Orbitalbahnen der Wasserteilchen verformen sich zu Ellipsen mit bodenparallelen Längsachsen, die gleichzeitig normal zur Küste ausgerichtet sind. Die bodennahen Oszillationen des Wasserkörpers führen zur Ausbildung von küstenparallelen bis schräg zur Küste verlaufenden, in ihrem Profil symmetrischen Wellenrippeln. Diese Bodengeometrie ist bei relativ stillem Wasser stabil, wird aber durch starken Wind und Wellen immer wieder gestört; der Wasserkörper ist dann kurzzeitig erheblich getrübt, das Sediment erhält einen geschichteten Aufbau. Aufgrund des zeitlich oft stark schwankenden Wellenaufkommens ist die Wellenbasis selten lange an einem festen Ort, den Grenzbereich zu den tiefer liegenden Küstensedimenten markiert daher die über einen längeren Zeitraum gemittelte Wellenbasis.

Die ständige Wasserbewegung und die mit der Tiefe abnehmende Wasserbewegungsgeschwindig-

keit führen zu einer guten Sortierung der Sedimente nach Korngrößen, die mit zunehmender Wassertiefe und größerem Abstand von der Küste abnehmen. Eine Ausnahme bildet die küstennahe Präzipitation oder „Flockulation" von Feinsediment beim Vermischen von Fluss- und Meerwasser in Ästuaren – das sind im Mittelmeer vor allem die Mündungsgebiete von Guadalquivir, Rhône, Po und Nil. Eine Überformung des sortierten Sedimentkörpers erfolgt lokal und abhängig von Exposition und Küstenform durch den Brandungsrückstrom und küstenparallele Strömungen. Auch auf der unteren Brandungsplattform überwiegt Quarz, der zum Teil lange Transportwege hinter sich hat; Kalk findet sich hauptsächlich in Form von Muschel- und Schneckenschalen.

Die Zone der infralitoralen Feinsande befindet sich durchweg in der Starklichtzone. Neben freien Sandflächen sind hier im Mittelmeer auch die *Caulerpa-*, *Cymodocea-*, *Zostera-* und die flacher gelegenen Anteile der *Posidonia*-Wiesen zu finden. Diese Phytalbestände bilden einen eigenen Lebensraum (S. 404 ff.). Der Überschneidungsbereich zwischen Phytal und freiem Sediment ist besonders in lockeren Beständen naturgemäß nicht scharf, die Lebensräume und Biozönosen durchdringen einander vielmehr, wenn auch das Sediment im Rhizombereich der Makrophyten eine ganz eigene Qualität hat. Der Export von Debris vor allem aus den *Posidonia*-Wiesen führt zeitweise zu dichten Ansammlungen des entsprechenden Materials über dem Sediment (vgl. Abb. 6.94).

Die infralitoralen Feinsande sind gut ventiliert, umso besser, je gröber das Korn und je stärker die vertikale Komponente der Wasserbewegung ist.

***6.86** a) Ariosoma balearicum (Congridae), typische Sandgrundfische, die tagsüber eingegraben sind und nachts bei Störungen schnell rückwärts in den Sand gleiten können. Mehrere Etagen von Stäbchen in der Retina machen ihre Augen besonders lichtempfindlich. b) Der ebenfalls nachtaktive Langkiefer-Schlangenaal (Ophisurus serpens, Ophichthidae) wird über zwei Meter lang. Selbst nachts steckt er meist nur den Kopf aus dem Sand. Auf dem Bild ist neben dem Aal eine Ansammlung von Schnecken (Cyclope) zu sehen, möglicherweise angelockt durch Nahrungsreste.*
c) Die abiotisch – von der Wellenbewegung – geformten Rippeln in wenigen Metern Wassertiefe sind von den Grabbauten des Maulwurfskrebses (Callianassa tyrrhena) durchsetzt. Dies ist ein schönes Beispiel für das Phänomen der so genannten Bioturbation.
d) Das Petermännchen (Trachinus sp., Trachinidae) ist ein mit giftigen Stacheln bewehrter Lauerjäger, der tagsüber meist im Sand eingegraben ist. Die Stiche durch seine Rückenflossenstrahlen führen im Flachwasser häufig zu schmerzhaften Verletzungen.

Die RPDL (Exkurs S. 388) rückt daher mit abnehmender Korngröße und zunehmender Wassertiefe, aber auch in geschützten Buchten immer näher an die Oberfläche. Andererseits erwirken Diffusion und Dünungseinfluss („sublitorale Pumpe") selbst in tiefer liegenden Schelfsedimenten weit unterhalb der Wellenbasis einen oberflächlichen, bis zu mehrere Millimeter dicken Oxidationshorizont. Neben den oben besprochenen Kieselalgen und Kleinstlebewesen des Mesopsammons finden sich auf den Sedimenten der unteren Brandungsplattform Foraminiferen, Ciliaten und Thecamöben in großer Zahl.

Mollusca, Gastropoda	*Naticarius hebraeus*, Rissoidea, *Cyclope*, *Truncularïopsis trunculus*, *Murex brandaris*
Mollusca, Cephalopoda	*Octopus macropus*, *O. vulgaris*, *Sepia officinalis*, *Sepiola rondeleti*, *Pecten jacobaeus*, *Clamys varia*
Crustacea	*Portunus*, *Inachus*, *Macropodia*, *Calappa granulata*, *Maja sp.*, *Parthenope angulifrons*, *Diogenes pugilator*, *Pagurus prideauxi*, *Dardanus calidus*, *Sicyonia carinata*, *Pleisionika narval*, Mysidacea (über dem Sediment, meist in der Nähe vertikaler Hartstrukturen)
Echinodermata	*Holothuria tubulosa*, *Astropecten aranciacus*, *A. spinulosus*
Pisces auf und im Sediment	*Bothus podas*, *B. maximus*, *Solea solea*, *Pleuronectes flesus*, *Monchirus hispidus*, *Ariosoma balearicum*, *Ophidium barbatum*, *Trachinus draco*, *T. radiatus*, *Xyrichthys novacula*, *Uranoscopus scaber*, *Trigloporus lastoviza*, *Dactylopterus volitans*, *Hippocampus sp.*, *Gobius sp.*, *Mullus surmuletus*, *M. barbatus*, *Scorpaena notata*, *Torpedo marmorata*, *Trygon pastinacea*, *Gymnura altavela*
Pisces über dem Sediment	*Oblada melanura*, *Mugil auratus*, *Atherina sp.*, *Spica smaris*, Lippfische, z. B. *Symphodus tinca*, *S. cinereus*, *Serranus hepatus*, *Diplodus sp.*, *Parablennius tentacularis*

Tabelle 6.27 *Häufige Arten der makroskopischen Epifauna mediterraner Feinsande.*

Cnidaria	*Halcampoides sp.*, *Condylactis aurantiaca* (im Sand), *Regactis pulcher* (in siltigem Sand), *Cerianthus membranaceus*, *C. lloydii*
Polychaeta	*Sabella (Spirographis) spallanzani*, *Myxicola infundibulum*
Bivalvia	*Glycymeris*, *Venus*, *Callista*, *Dosinia*, *Cerastoderma*, *Acanthocardia*, *Laevicardium*, Lucinidae, Tellinidae, Solenidae, *Solenocurtus*
Scaphopoda	*Dentalium*
Crustacea	*Callianassa*

Tabelle 6.28 *Häufige Arten der sessilen Endofauna mediterraner Feinsande.*

Phanerogamen	*Zostera noltii*, *Z. marina*, *Ruppia cirrhosa*, *R. maritima*
Algae	Charophyta, saisonal auch filamentöse Chlorophycea
Bivalvia	*Cardium lamarcki*, *Abra ovata*, *Scrobicularia plana*
Crustacea	*Sphaeroma hookeri*, *Idothea viridis*, *Gammarus locusta*, *Microdeutopus gryllotalpa*
Bryozoa	*Conopeum seurati*
Polychaeta	*Phicopomatus enigmaticus* (*Mercierella enigmatica*)

Tabelle 6.29 *Charakterarten im Brackwasser.*

Holothuroidea	*Holothuria polii*, *H. tubulosa*
Gastropoda	*Cerithium spp.*
Crustacea, Decapoda	*Carcinus mediterraneus*
Polychaeta	*Aricia foetida*, *Heteromastus filiformis*, *Paraonia lyra*
Bivalvia	*Loripes lacteus*, *Tapes decussatus*
Crustacea, Decapoda	*Upogebia pusilla*

Tabelle 6.30 *Charakterarten schlammiger Sande ab 20 µm bis ca. 1 mm in geschützten Zonen. An der Oberfläche der Sandgründe sind größere Organismen (Epipsammon) eher selten, die meisten Vertreter der Makrofauna gehören zum Endopsammon .*

Oberflächlich erscheinen die küstennahen Feinsande oft eintönig und nur spärlich besiedelt. Das liegt an der relativen Artenarmut dieses Lebensraumes, aber auch am „Versteckspiel" vieler Lebensformen. Teilweise sind sie in ihrer Färbung kaum vom Sediment zu unterscheiden (Sandgarnele, Sandgrundel, Plattfische), teilweise leben sie permanent oder zeitweilig vergraben im Substrat. Etliche Mitglieder der makroskopischen Epifauna „betreten die Bühne" der Sedimentoberfläche erst nachts (vor allem Mollusken, Krebse, Stachelhäuter, Fische) – einer der Gründe, warum nächtliche Tauch- oder Schnorchelexkursionen über dem Sand ein bezauberndes und garantiert erfolgversprechendes Erlebnis für jeden biologisch Interessierten sind. Häufige Arten der Epifauna mediterraner Feinsande sind in Tabelle 6.27 aufgeführt. Gäste über den infralitoralen Feinsanden sind tagsüber Fische wie die Brassen *Diplodus annularis* und *D. vulgaris*, Meeräschen der Gattung *Mugil* und viele andere, nachts z. B. der Kalmar *Loligo*.

Im Gegensatz zu den tiefer gelegenen Weichböden gibt es bei der Endofauna der sublitoralen Feinsande relativ wenig rein sessile Arten, es dominiert somit die vagile Endofauna. Ein Grund dafür ist die Unbeständigkeit des Substrats. Im Mittelmeer sind Cnidaria, sedentäre Polychaeten und vor allem die Muscheln anzuführen (Tab. 6.28). Reine Sande sind dabei artenärmer als siltige bis schlammige Sande, zeigen dafür aber oft eine markante Zonierung von Muschelarten, die

Cnidaria, Hydrozoa	*Hydractinia echinata*
Polychaeta	*Sigalion mathildae, Onuphis eremita, Exogone haebes, Diopatra neapolitana*
Bivalvia	*Cardium tuberculatum, Mactra corallina, Tellina fabuloides, T. nitida, T. pulchella, T. crassa*
Gastropoda	*Acteon tornatilis, Nassa mutabilis, N. pygmaea, Neverita josephinia*
Crustacea	*Idothea linearis, Eocuma ferox, Macropipus barbatus*
Echinodermata	*Astropecten spp.*
Teleostei	*Callionymus belenus, Gobius microps*

Tabelle 6.31 *Charakterarten der sortierten Feinsande zwischen ca. 3 und 20–30 m Tiefe.*

Rhodophyta	*Lithophyllum racemus*
Scaphopoda	*Dentalium vulgare*
Bivalvia	*Diplodonta apicalis, Venus casina, V. fasciata, Dosinia exoleta, Tapes rhomboides, Tellina pusilla, T. crassa*
Polychaeta	*Polygordius lacteus, Sigalion squamatum, Euthalenessa dendrolepis, Glycera lapidum, Armanda polyophthalma*
Crustacea	*Cirolana gallica, Thia polita, Macropipus pusillus, Anapagurus breviaculeatus*
Echinodermata	*Ophiopsila annulosa, Astropecten aranciacus, Echinocardium fenauxi, Sphaerechinus granularis*
Acrania	*Branchiostoma lanceolatum („Amphioxus")*
Teleostei	*Gymnammodytes cicerellus*

Tabelle 6.32 *Charakterarten stark beströmter Sandböden bis ca. 30 m mit Korngrößen von 1 – 4 mm („Amphioxus-Sand").*

Polychaeta	*Aphrodita aculeata, Pectinaria coreni*
Echinodermata	*Spatangus purpureus* (ab ca. 5 m in schlammführenden Sedimenten)

Tabelle 6.33 *Häufige Arten der vagilen Endofauna mediterraner Feinsande*

Bivalvia	*Donax trunculus, D. multistriatus, Macoma tenuis, Lentidium mediterraneum*
Gastropoda	*Cyclonassa donovani*
Polychaeta	*Nerinides cantabra*
Crustacea, Isopoda	*Iphinoe inermis, Idothea baltica*
Echinodermata	*Echinocardium mediterraneum*

Tabelle 6.34 *Charakterarten der Feinsande im Flachwasser anschließend an die Brandungszone.*

jeweils Standorte verschiedener Sedimentqualität bevorzugen. Hier findet sich z. B. auch bevorzugt die Zylinderrose *Cerianthus membranaceus* var. *fusca* und tiefer die endemische Seeanemone *Condylactis aurantiaca*. Vertreter der vagilen Endofauna sind in Tabelle 6.33 angegeben.

Die konkrete Artzusammensetzung eines Sedimentbezirks dürfte in der Regel eher statistischer Natur sein, als dass sie interdependente Lebensgemeinschaften widerspiegeln würde. Dafür sprechen auch unabhängige, langjährige Populationsfluktuationen. In verschmutzten Sedimenten finden sich viele Protozoa und die Polychaetenarten *Capitella capitata, Magelona papillicornis* und *Scolelepis ciliata*. In warmen, flachen Lagunen bildet der Sandröhren bauende Polychaet *Phicopomatus enigmaticus* riffartige Strukturen.

Die Lebensgemeinschaften der Küstensedimente

Die Sedimentböden des oberen Circalitorals beginnen an der unscharfen Grenze der mittleren Wellenbasis und reichen bei geringer Sedimentfracht des Wasserkörpers bis in eine Tiefe von maximal 90 m. Unterhalb des Welleneinflusses und damit unterhalb der Wellenrippel ist die Oberfläche der Sedimentabhänge entweder glatt oder es treten mehr oder weniger stabile Bioturbationsstrukturen der Epi- und Endofauna zutage (Hügel, Löcher, Pellets, Lokomotions-, Fress- und Ruhespuren). Charakteristisch für schlammige Feinsande ist eine Hügellandschaft, die nicht selten auf ein Massenauftreten von Maulwurfskrebsen der Gattungen *Callianassa* und *Upogebia* zurückgeht. Neben Feinsand und den gröberen Siltfraktionen bildet organogener Kalkgrus einen wesentlichen Bestandteil des Sediments. Der Sortierungsgrad der Partikel ist gering, die Bioturbation führt meist zu homogenen Schichten. Bei sehr hoher Feinsedimentfracht kann diese Zone auch „ausfallen“ und von schlammigen Weichböden eingenommen werden.

Oberflächlich sind die so genannten „Küstensedimente“ fast immer oxidiert und von Organismen der Meiofauna besiedelt. Der Lebensraum der Meiofauna wird durch die Ventilationsaktivität der meist überaus zahlreichen Endofauna erheblich vergrößert. Der mit der Tiefe steigende Siltgehalt macht dieser Biozönose durch Verlegung des Porenraumes allerdings zunehmend zu schaffen, so dass sich die Meiofauna spätestens am Übergang zu den schlammigen Weichböden verliert.

Die stabilen ökologischen Bedingungen im Bereich des streichenden Wasserkörpers und der mit der Tiefe steigende Anteil organischen Materials im Sediment werden als Gründe für den großen Artenreichtum dieser Tiefenstufe angeführt. Besonders die Schnecken und Crustaceen bevorzugen siltige bis schlammige Sedimente. Häufige bzw. charakteristische Arten sind in den Tabellen 6.35 bis 6.37 genannt. Bemerkenswert ist, dass mit zunehmender Festigkeit bzw. Zähigkeit des Sediments die vagile Endofauna hinter der sessilen zurücktritt. Wie jene des gleich tief gelegenen Hartbodens sind hier Algen und Tiere oft intensiv gefärbt, wobei gelbe, orange oder rote Töne überwiegen. Was das Lichtangebot anbelangt, wird in dieser Zone für viele Makroalgen die Kompensationstiefe der Photosynthese unterschritten; Rotalgen werden das beherrschende Florenelement.

Auf Hartsubstraten, die dauerhaft über das Sediment hinausragen, können Elemente der Hartbodenfauna wie Schwämme, Steinkorallen oder Seescheiden in unmittelbarer Nähe des Feinsandes angetroffen werden. Der Schwamm *Suberites domuncula* dagegen ist direkt auf dem Sediment zu finden, allerdings nur, weil er mittelbar mobil ist – auf der Schale des Einsiedlerkrebses *Paguristes eremita*. Ähnlich verhält es sich mit den Seeanemone-auf-Einsiedler-Symbiosen *Adamsia palliata* auf *Pagurus prideauxi* (vorwiegend auf Schillböden) und *Calliactis parasitica* auf *Dardanus calidus* oder anderen Einsiedlerkrebsen (Abb. 7.11).

Je nach Geländeform, Strömungsexposition und Zusammensetzung des Sediments treten auch die mediterranen Küstensedimente in verschiedenen Erscheinungsbildern auf; mit ihnen variiert die Artenkomposition. An gut beströmten, sandigen Stellen ist die tectibranche* Schnecke *Philine aperta* häufig anzutreffen, auf Böden mit gröberem Sediment gesellen sich dazu die Charakterarten *Echinocyamus pusillus*[n], *Echinocardium flavescens* (Seeigel), *Lambrus massena*[n] (decapode Krebse) sowie *Astarte fusca* und *Venus fasciata* (Muscheln).

Im gesamten Circalitoral sind immer wieder größere Kalkkonkretionen und Coralligenstrukturen und mit ihnen Faunenelemente des Hartbodens eingestreut, die den Lebensraum reicher gestalten. Mancherorts spricht man von Muschel-, Bryozoen-, Echinodermaten- oder Schwammgründen. Drei besonders verbreitete Fazies seien hier beschrieben:

- „Nulliporen“-Fazies: Rotalgensande an stark beströmten Stellen mit Grobsand, Kies und Schalen, Anreicherung mit organischem Material durch *Posidonia*-Detritus zwischen 25 und 40 m, in dauerhaft sehr klarem Wasser bis über 60 m. Die an anderen Standorten verzweigt wachsenden Kalkrotalgen *Lithothamnium calcareum* (rotviolett, dicker Thallus) und *L. coralloides* (hellviolett, dünner Thallus) umwachsen Sandpartikel und leben somit frei rollend, machmal verkittet durch Rotalgenfilze der Gattungen *Jania* und *Gelidium*. Häufige Arten dieser Fazies im Westmediterran sind im vorhergehenden Absatz und in Tabelle 6.37 mit [n] gekennzeichnet; dazu gesellen sich *Spatangus purpureus* und *Venus casina*.
- Die „Gebrannte Mandeln“- oder „Pralinen“-Fazies entwickelt sich bei starker Strömung, beispielsweise auf von ozeanischer Strömung ausgewaschenen Schelfbänken. Hier findet man feinen Kies, Kalkschalen und zentimetergroße, unregelmäßig geformte Klumpen vor. Letztere werden aus konzentrisch geschichteten Kalkrotalgen *(Melobesia)* aufgebaut und häufig umgewälzt bzw. herumgerollt. Zur Küstensedimentgemeinschaft gesellt sich hier noch die stömungsliebende Muschel *Venus casina* und die an Gesteinsbrocken verankerte und dabei auf dem Sediment aufliegende Braunalge *Laminaria rodriguezii* mit epibiontischen Hydroiden und Bryozoen.
- Die „Squamariaceen“-Fazies findet man an der Mündung offener Buchten, wo sich sturmgetriebene Wirbelströmungen mit Sedimentationsphasen bei ruhiger See abwechseln – diese Erscheinung ist zeitlich meist labil. Eine flüssige Schlammauflage auf dem Sediment trägt darauf aufschwimmende, mehr oder weniger sphärische Körper aus den Rotalgen *Peysonnelia rosa-marina (= P. polymorpha)* sowie seltener auch *P. bornetii (= P. harveyana)*. Die Körper besitzen ein ausgeprägtes Lückensystem, ihre unregelmäßige Form ist durch kleinsträumig unterschiedliche Beleuchtungsverhältnisse und die Bewegungen des tagsüber in den Thalluslücken lebenden Schlangensterns *Ophiopsila aranea* zu erklären. In den *Peysonnelia*-Thalli leben ferner kleine Muschelarten *(Kellya suborbicularis, Mysella bidentata);* auf den Thalli, wie auch auf anderen circalitoralen Kalkrotalgen, sind häufig die Moostierchenkolonien von *Mollia patellaria* und *Chorizopora brogniarti* zugegen. Auch in dieser Fazies findet man die Muschel *Venus casina* und den irregulären Seeigel *Spatangus purpureus*. In Abwesenheit der Squamariaceen-Fazies treten die typischen Küstensediment-Gemeinschaften in Erscheinung.

6.87 *Infralitoraler Sandgrund. Die Lebensgemeinschaft von Sandböden wird Psammon genannt. a), b) und c) Der Kammseestern Astropecten aranciacus auf Nahrungssuche in seinem Lebensraum, dem infralitoralen Feinsand. Durch seine Wühltätigkeit kommt die graue Redox-Sprungschicht des Sandes zum Vorschein (siehe Exkurs S. 388). Auf der dem Mundfeld gegenüberliegenden Körperseite (aboral) ist das Tier aufgewölbt, weil Muscheln, irreguläre Seeigel und andere Beutetiere aufgenommen werden. b) Die Detailaufnahme zeigt schirmartige Strukturen, so genannte Paxillen. Durch sie wird die empfindliche respiratorische Oberfläche (Papulae) vor direktem Sandkontakt geschützt (Giglio, 15 m). d) und e) Zwei ähnliche, manchmal verwechselte Fischarten der Sedimentgründe: Petermännchen (Trachinus draco, Trachinidae) und Eidechsenfisch (Synodus saurus, Synodontidae). f), g) und h) Typischer Sandgrundbewohner: Der Himmelsgucker (Uranoscopus scaber, Uranoscopidae) lauert im Sand vergraben auf Beute. Er setzt einen am Unterkiefer wachsenden fleischigen Lappen als Wurmattrappe ein (Abb. 6.11 h).*

Gastropoda	*Tethys fimbria*
Bivalvia	*Pecten, Chlamys, Cerithium, Nassa, Cyclope, Lunatia*
Echinodermata	*Centrostephanus longispinus, Sphaerechinus granularis, Holothuria, Antedon mediterranea* (auf erhöhten Standorten)
Crustacea	*Portunus, Inachus, Parthenope*
Fische (siehe auch Tab. 6.38)	*Cepola macrophthalma, Phycis phycis, Gobius, Mullus, Trigla, Callionymus, Trachinus* sowie Plattfische und Rochen

Tabelle 6.35 *Häufige Arten der Epifauna mediterraner Küstensedimente.*

Polychaeta	*Arenicola marina, Sabella pavonina, Hyalinoecia fauveli* sowie diverse grabende und sessile Arten der Familien Aphroditidae, Nephthyidae, Glyceridae, Eunicidae, Orbiniidae, Spionidae, Capitellidae, Oweniidae
Gastropoda	Bullomorpha
Bivalvia	*Pinna, Cardium, Venus, Scrobicularia, Tellina*
Scaphopoda	*Antalis inaequicostatum, Pseudantalis rubescens*
Crustacea	*Squilla mantis, Upogebia pusilla, Callianassa tyrrhena*
Echinodermata	*Astropecten, Ophiothrix* (hohe Dichten in schlammigem Sand), *Echinocardium, Spatangus*

Tabelle 6.36 *Häufige Arten der Endofauna mediterraner Küstensedimente.*

Rhodophyta (weich)	*Cryptonemia tunaeformis*
Rhodophyta (kalkig)	*Lithothamnium calcareum, L. coralloides, L. fruticulosum*
Porifera	*Suberites domuncula, Basiectycon pilosus*[n], *Bubaris vermiculata*
Bivalvia	*Modiolus faseolinus, Pecten jacobaeus*[n], *Lima loscombei*[n], *L. elliptica, Laevicardium oblongum, Tellina donacina*[n], *Psammobia faroense*[n] u. a.
Gastropoda	*Turritella triplicata*[n], *Eulima polita, Drillus maravignae*
Crustacea, Decapoda	*Paguristes oculatus, Anapagurus laevis, Ebalia tuberosa, E. edwardsi* u. a.
Echinodermata	*Astropecten irregularis, Aniseropoda placenta, Ophioconis forbesi, Ophiura grubei, Genocidaris maculata, Stereoderma kirchsbergii, Psammechinus microtuberculatus*
Ascidia	*Mogula oculata, Ctenicella appendiculata, Polycarpa pomaria, P. gracilis*

Tabelle 6.37 *Charakterarten der so genannten „Küstensedimente". [n] Arten der "Nulliporen"-Fazies, vgl. S. 394.*

Die Lebensgemeinschaften circalitoraler Schlammsedimente

Der Übergang von den von der Sandfraktion beherrschten Küstensedimenten zu den siltigen bis schlammigen Weichböden ist fließend. Etwas schärfer ist die biologische Definition der Weichböden im engeren Sinne – sie beginnen dort, wo der nun schon sehr enge Lückenraum die Lebensmöglichkeiten der Interstitialfauna begrenzt. Die circalitoralen Schlammsedimente bedecken große Teile des durchweg in der Schwachlichtzone gelegenen und nur schwach geneigten Schelfbodens. In der Regel gilt das für das obere Schelf, sie können aber auch unterhalb des mehr oder weniger breiten Streifens terrigener Schlammsedimente wieder auftreten. Je nach ihrer Konsistenz spricht man von schlammigem Sand, sandigem Schlamm oder festem Schlick. Kies, Steine und Schalenfragmente sind immer mit von der Partie.

Wenn gleich die Sedimentationsrate verhältnismäßig gering ist (im Mittel 0,3 mm pro Jahr), ist der Anteil organischen Materials besonders in Küstennähe hoch. Das Nahrungsnetz des Schelfbenthos stützt sich auf den Import von Detritus und Plankton, dessen organische Anteile auf einer Absinkstrecke von etwa 100 – 200 m nicht vollständig abgebaut werden. Im Mittelmeer leistet zudem der schubweise Eintrag beträchtlicher Mengen von Laub und Debris aus dem entfernten Posidoniagürtel einen gravierenden Beitrag. Die Produktivität des Schlammbenthos findet ihren Ausdruck in hohen Biomassewerten, z. B. bis zu 50 g m^{-2} bakterieller Trockenmasse und 5 bis 100 g m^{-2} Trockenmasse der Makrofauna. Es überwiegen große, langlebige Tiere eher unauffälliger Färbung wie Stachelhäuter, Schwämme und Ascidien („Speicher"-Typus kann Schwankungen im Nahrungsangebot erfolgreich ausgleichen).

Die Sedimentoberfläche ist stets oxidiert, die RPDL liegt in ungestörten Bereichen nur wenige Millimeter tiefer (siehe Abb. 6.84). Durch die Bioturbation der das Sediment durchpflügenden

Cnidaria, Pennatularia	*Pennatula phosphorea, Virgularia mirabilis, Veretillum cynomorium*
Cnidaria, Hydrozoa	*Corymorpha, Nemertesia* mit Solenogastres (Mollusca)
Bivalvia	*Pecten*
Gastropoda	Muricidae, *Tethys fimbria, Arminia maculata*
Crustacea	*Dardanus arrosor, Anapagurus laevis, Pagurus spp., Catapaguroides timidus*
Echinodermata	*Ophiura, Ophiothrix, Leptopentacta (Trachythyone), Oestergrenia*
Fische	Haie *(Scyllorhinus, Mustelus)* und Rochen, Gadidae, Sciaenidae, Scorpaenidae, Bothidae, Pleuronectidae, *Macrorhamphosus scolopax, Lophius piscatorius*, Gobiidae

Tabelle 6.38 *Häufige Epifauna-Arten circalitoraler Schlammsedimente im Mittelmeer.*

Cnidaria, Ceriantharia	*Cerianthus membranaceus var. violacea*
Scaphopoda	*Pulsellum, Entalina, Cadulus, Antalis spp.*
Bivalvia	*Tellina, Nucula, Corbula gibba*
Gastropoda	*Turritella, Aporrhais,* Bullomorpha
Polychaeta	Maldanidae, Sternaspidae, *Pectinaria coreni, Myxicola infundibulum*
Crustacea	Stomatopoda, *Nephrops norvegicus* (in U-Röhren)
Echinodermata	*Amphiura, Leptosynapta, Molpadia*

Tabelle 6.39 *Häufige Endofauna-Arten circalitoraler Schlammsedimente im Mittelmeer.*

Porifera	*Raspailia viminalis*
Cnidaria, Anthozoa	*Alcyonium palmatum, Anemonactis mazeli*
Polychaeta	*Aphrodite aculeata, Polydontes maxillosus, Euphanthalis kinbergi, Leiocapitella dollfusi, Clymene palermitana*
Sipunculida	*Golfingia elongata*
Bivalvia	*Tellina serrata*
Crustacea, Isopoda	*Cirolana neglecta*
Holothuroidea	*Pseudothyone raphanus*

Tabelle 6.40 *Charakterarten der circalitoralen Schlammsedimente des Mittelmeeres.*

Endofauna wird die Oxidationsschicht wirksam vergrößert, zugleich aber auch frisch sedimentiertes organisches Material in die Tiefe transportiert. Mehrere Zentimeter tief grabende Depositfresser, z. B. Ringelwürmer *(Maldanidae, Capitellidae)* und Seegurken *(Leptosynapta, Molpadia)* leben davon – bzw. vom in Bakterienmasse umgesetzten POM – und transportieren das unverdauliche Material wieder nach oben. Dadurch entsteht eine oberflächliche Detritus- und Pelletschicht, in der sich kleine robuste Wühler aufhalten (z. B. Ostracoda, Amphipoda, Cumacea), und eine relativ artenarme Meiofauna, vorwiegend aus Nematoden, Copepoden und Kinorhynchen. Diese Schicht ist leicht mobilisierbar und führt dann zu einer relativ beständigen, biogenen Bodentrübe. Dem kann mancherorts die sedimentverfestigende Wirkung fädiger Cyanobakterien und schleimbildender Kieselalgen, Polychaeten und/oder Amphipoden entgegenwirken.

Die Makrofauna der circalitoralen Schlamme ist derjenigen siltiger Sande ähnlich und dabei besonders reichhaltig (siehe Tab. 6.38 bis 6.40). Hier finden sich auch einige im Allgemeinen weniger bekannte Tiergruppen wie die Caudofoveata, Phoronida, Brachiopoda, Sipunculida, Priapulida, Echiurida und Enteropneusta. Schlangensterne der Gattung *Ophiothrix* bilden stellenweise dichte „Teppiche" auf der Sedimentoberfläche und damit einen wirksamen POM-Filter bzw. eine Senke für organisches Material. Schlangensterne der Gattung *Amphiura* dagegen liegen im Sediment vergraben und strecken ihre Armspitzen als Partikelfänger in die Wassersäule. Nicht selten anzutreffen sind auch die sehr schlammige Substrate bevorzugenden Polychaeten *Nephthys incisa* und *Pectinaria auricoma,* der Schlangenstern *Amphiura chiajei* oder die Seefeder *Pteroides griseum.*

Mindestens zwei Fazies der Schlammsediment-Gemeinschaften sind zu unterscheiden: die *Ophiothrix*-Fazies und die *Alcyonium*-Fazies.

- Die *Ophiothrix*-Fazies wird dominiert vom Schlangenstern *Ophiothrix quinquemaculata,* der dort auf dem Sediment, auf Schalenfragmenten oder auf großen Ascidien in hohen Dichten vorkommt und seine fünf (oder auch sechs) Arme in die bodennahe Wasserschicht emporstreckt, um feine organische Partikel aufzusammeln.
- An Stellen besonders geringer Sedimentationsrate kann sich die *Alcyonium*-Fazies entwickeln mit der sessilen Weichkoralle *Alcyonium palmatum* und weiteren sessilen Arten wie den Ascidien *Diazona violacea, Ascidia mentula, Phallusia mammil-*

Cnidaria, Pennatularia	*Virgularia mirabilis*
Polychaeta	*Lepidasthenia maculata, Phyllodoce lineata, Nereis longissima, Nephthys hystricis, Goniada maculata, Sternaspis scutata, Pectinaria belgica*
Crustacea, Decapoda	*Callianassa truncata, Goneplax rhomboides* (jew. in Gangsystemen)
Bivalvia	*Thyasira croulinensis, Mysella bidentata, Abra nitida, Thracia convexa*
Holothuroidea	*Oestergrenia digitata*
Teleostei	*Caecula imberbis, Gobius lesueurei*

Tabelle 6.41 *Charakterarten der terrigenen Schlammsedimente des Mittelmeeres.*

lata, Microcosmus spp., *Polycarpa pomaria* und *Styela partita* sowie verschiedenen Hydrozoen- und Bryozoenarten.

Die Lebensgemeinschaften terrigener Schlammsedimente

Die Sedimentation feinster Partikel ist nur bei geringer Strömung möglich, so z. B. nach längerem Transportweg im tieferen Circalitoral. Auf dem unteren, küstenfernen Schelf ist das vorherrschende Sediment ein sehr weicher, fluider Schlamm aus siltigen und tonigen Partikeln terrigener Herkunft. Geringe Sandbeimengungen sind selten (Ausnahme: gröbere Sandfraktionen aus Regressionszeiten), die harten Überreste benthischer Organismen (Schalen, Kalkschutt und -grus) werden bei hohen Sedimentationsraten schnell vollständig begraben. Vier Varianten terrigener Schlammsedimente sind auf dem tieferen Mittelmeerschelf anzutreffen und spiegeln weitgehend eine Sedimentabfolge mit zunehmendem Abstand von Ästuaren bzw. von der Küstenlinie wider.

- Nichtviskose Schlamme aus direktem fluvialen Eintrag bei extrem hoher Sedimentationsrate. Sessile Arten können nicht Fuß fassen, weil sie zu schnell unter dem Sediment begraben werden. Hier ist die Schneckenart *Turritella tricarinata f. communis* bestandsbildend und stellt bis zu 95 Prozent der vorhandenen Individuen. Die Schnecke lebt oberflächlich vergraben und zeigt eine für ihr Taxon ungewöhnliche Ernährungsweise als Strudler.
- In etwas weiterem Abstand von Ästuaren bzw. Flussdeltas werden die Schnecken auf sauerstoffarmen Sedimenten seltener und die Holothurie *Oestergrenia digitata* häufiger.
- In Gegenden geringerer Sedimentationsrate liegen zähe Sedimente grauer Farbe. Hier leben vor allem die Seefedern *Virgularia mirabilis* und *Pennatula phosphorea,* manchmal vergesellschaftet mit *Veretillum cynomorium,* und die Königsholothurie *Stichopus regalis.*
- Auf etwas festeren Böden ausreichend geringer Sedimentationsrate können auf verstreut liegenden Hartsubstraten *Alcyonium palmatum* (Cnidaria, Weichkorallen), *Pteria hirundo* (Bivalvia) und z. B. *Diazona violacea* (Synascidia) Fuß fassen. Die große „Königsholothurie" *Stichopus regalis* ist ebenfalls ein charakteristischer Bewohner dieser Fazies.

Weiterhin sind auch die in anderen schlammigen Habitaten vorkommenden Polychaeten *Lumbriconereis fragilis* und *Terebellides stroemi* häufig, zusammen mit dem Decapoden *Alpheus glaber* und dem Schlangenstern *Amphiura chiajei.*

Die Lebensgemeinschaften der Schelfkanten-Sedimente

Dieses Sediment besteht aus einem Gemisch verschiedenster Partikelgrößen von Kieseln bis Silt und aus einer Menge an harten Überresten benthischer Organismen in verschiedenen Zerfalls- bzw. Versteinerungsstadien. In der Regel herrscht hier eine starke Strömung parallel zu den Tiefenlinien. Ihrer Herkunft nach lassen sich folgende Gruppen unterscheiden:

- Lebensräume aus einer Tiefe von ca. 40 m ähnlich dem rezenten Coralligen, z. B. mit *Lithothamnium* (Rotalgen), *Hippodiplosia, Myriozoum, Sertella* (Bryozoa), *Cerithium vulgatum, Lucina borealis, Lima loscombei* und *Pecten jacobaeus* (Mollusca), jeweils durchsetzt vom Bohrschwamm *Cliona.* Die Organismen lebten dort zur Zeit der Würm-Regression (vgl. Kapitel „Geologie", S. 94 ff.), bevor der Meeresspiegel auf die heutige Ebene angestiegen ist.
- Überreste von Organismen aus Tiefen zwischen 50 m und 80 m, entsprechend den heutigen circalitoralen Weichböden mit *Cardita calyculata, Pitaria rudis, Venus ovata* (Bivalvia), *Turritella triplicata* und *Aporrhais pespelicani* (Gastropoda, Abb. 6.5 g).
- Schalen rezenter Schelfkantenformen wie *Dentalium panormum* (Scaphopoda) und *Astarte sulcata* (Bivalvia).

An der Schelfkante zwischen 90 m und ca. 150 m Tiefe nimmt das Vorkommen von Arten aus den Küstensediment- bzw. Schlammsediment-Gemeinschaften kontinuierlich ab. Die Charakterarten der Schelfkantensedimente sind in Tabelle 6.42 angeführt.

Besonders häufig an diesem stark beströmten Standort ist der Haarstern *Leptometra phalangium,* der in Dichten bis zu 15 Individuen pro Quadratmeter anzutreffen ist. Nicht standorttypisch, aber dennoch häufig sind auch *Chlamys clavata* (Bivalvia) und die strömungsliebenden Arten *Venus*

6.88 *a) Die tagsüber inaktive Seegurke Holothuria tubulosa (Holothuroidea) ist ein unselektiver Depositfresser, der Sediment mit organischem Material aufnimmt; ihre durch eine peritrophe* Membran umschlossenen Kotwürstchen können bei geringer Wasserbewegung mehrere Tage erhalten bleiben (Giglio, 35 m, Feinsediment). b) Charakteristischer Aspekt eines Weichbodens mit dichter Besiedelung durch Schlangensterne (Ophiura ophiura, Ophiuroidea; Banyuls-sur-Mer, 30 m). Während hier die Artenvielfalt in der Regel gering ist, kann die Individuendichte sehr hoch sein. c) und d) Der kommerziell wichtige Kaiserhummer oder Kaisergranat (Nephrops norvegicus, Nephropidae, Decapoda) hält sich tagsüber in einer selbstgegrabenen Höhle zurückgezogen auf (Weichboden, Banyuls-sur-Mer, um 35 m). e) Die Seefeder Pennatula phosphorea (Pennatularia, Octocorallia) ist mit ihrem Schwellfuß im Sediment tieferer Weichböden verankert. Als passive Suspensionsfresser richten sich die Kolonien jeweils quer zur Strömung aus. Diese Art ist im Dunkeln phosphoreszierend. f) Die Zylinderrose Cerianthus membranaceus (Ceriantharia, Hexacorallia) steckt in einer bis zu einem Meter langen, pergamentösen Röhre. Die äußeren, längeren Tentakel führen die Nahrungspartikel durch eine langsame Bewegung zu den kürzeren Tentakeln, die rund um das Mundfeld stehen. Bei Störungen zieht sich der Polyp ruckartig in seine Röhre zurück.*

casina (Bivalvia), *Spatangus purpureus* und *Echinus acutus* (Echinoidea).

Zwei Fazies der Schelfkanten-Lebensgemeinschaften werden unterschieden:

- Die Hydroiden-Fazies auf siltigen bzw. schlammigen Oberflächen mit den Charakterarten *Lytocarpia myriophyllum* und *Nemertesia antennina*. Das Netzwerk ihrer Rhizoide reicht über 2 cm in das oberflächliche Sediment und verfestigt es wirkungsvoll. Die Hydrozoenbestände beherbergen einen kleinen Mikrokosmos, z. B. mit den Gattungen *Lafoea* (Hydrozoa), *Gephyra* (Actinia) und *Scalpellum* (Cirripedia).
- Die *Neolampas*-Fazies an besonders stark beströmten Standorten ist sehr artenarm. Der Seeigel *Neolampas rostellata* allerdings bevorzugt diesen Standort und ist dort regelmäßig anzutreffen.

Unterhalb der Schelfkante beginnt der Kontinentalabhang (Abb. 6.9) und damit der Übergang zu den Lebensgemeinschaften der bathyalen Schlamme, das heißt der Tiefsee, die der zunächst disphotischen und anschließend permanent aphotischen Zone gleichkommt. In Richtung Tiefsee nimmt die Artenzahl ab, und die Landschaft wird insgesamt eintöniger. Eine Besonderheit des Mittelmeeres ist der warme Tiefenwasserkörper (vgl. Kapitel „Ozeanographie“).

Scaphopoda	*Dentalium panormum*
Bivalvia	*Astarte sulcata*
Crustacea	*Haploops dellavallei, Lophogaster typicus, Ebalia granulosa*
Ophiuroidea	*Dictenophiura (Ophiura) carnea*
Holothuroidea	*Thyone gadeana, Neocucumis marioni*
Crinoida	*Leptometra phalangium*

Tabelle 6.42 *Charakterarten der Schelfkantensedimente.*

6.89 *Der in seltenen Fällen bis zwei Meter große Seeteufel (Lophius piscatorius, Lophiidae) ist ein Lauerjäger, der vor allem auf schlammigen Gründen bis 500, manchmal bis 1 000 Meter Tiefe vorkommt. Mit seiner äußerst beweglichen „Angel“ – einem Flossenhautläppchen auf dem nach vorne verschobenen ersten Flossenstrahl der Rückenflosse – lockt er Beutefische vor sein außerordentlich breites Maul. Im Mittelmeer kommt eine zweite, sehr ähnliche Art vor (L. budegassa); beide sind im ganzen Mediterran verbreitet. Der Seeteufel hat ein wohlschmeckendes Fleisch und ist daher auch kommerziell bedeutend; weit über 5 000 Tonnen jährlich werden gefischt.*

Leben zwischen Sandkörnern: die Sandlückenfauna (Mesopsammon)

Das Sandlückensystem oder Intersitium ist ein äußerst artenreicher Lebensraum, eines der wichtigsten Zentren der Evolution und in besonderem Maße lehrreich für das Verständnis der Wechselbeziehungen zwischen Bauplan und Lebensweise. Vertreter aus zahlreichen Taxa der marinen Wirbellosen bilden die intersitielle Fauna, auch Meiofauna oder Mesopsammon genannt, die um 1923 von Adolf Remane in der Kieler Bucht entdeckt wurde. Der weltweit relativ uniforme Lebensraum beherbergt viele Kosmopoliten und setzt sich, wenn auch deutlich artenärmer, im Süßwasser fort (Übergangsformen z. B. *Monodella*, Thermosbaenacea). Die Kleinstlebewesen der Meiofauna zeigen verblüffende Anpassungen an die extremen Bedingungen des Sediment-Porenraumes wie räumliche Enge oder Unbeständigkeit der oberflächlichen Schichtung und demzufolge oft erhebliche mechanische Belastungen oder die relative Sauerstoffarmut bei gebremster Wasserzirkulation.

Evolutionsdruck bestand bzw. besteht folglich besonders in Richtung einer Reduktion der Körpergröße. Die größten Formen (darunter auch Einzeller) messen ca. 1–3 Millimeter, die kleinsten Vielzeller erreichen dagegen bei ca. 300 Mikrometern ein Limit: Kleine Zellen und eine verringerte Zellzahl gestatten gerade noch die Funktionstüchtigkeit der komplex gebauten Organismen. Besonders zahlreich sind Formen, deren ursprünglich geringe Körpergröße und schlanke Gestalt als Präadaptation für die Besiedelung des engen Sandlückenraumes gewertet werden können. Dazu gehören spezialisierte Turbellarien und Polychaeten (inklusive der „Archiannelida") genauso wie die auch in anderen Biotopen weit verbreiteten Ciliata und Nematoda. Exklusive Spezialisten des Mesopsammons sind die Ordnung der Macrodasyoidea unter den Gastrotrichen (Bauchhaarlinge), die Ordnung der Mystacocarida unter den Krebstieren und viele marine Tardigrada (Bärtierchen). Nicht im Mesopsammon vertreten

6.90 Schematische Darstellung des Sandlückensystems und seiner Bewohner (vgl. Abb. 6.91). Der enge Raum zwischen den Sedimentpartikeln ist erstaunlich reich besiedelt. Er begünstigt Zwergwuchs und schlanke Körperformen und beherbergt zahlreiche zoologische Kuriositäten.

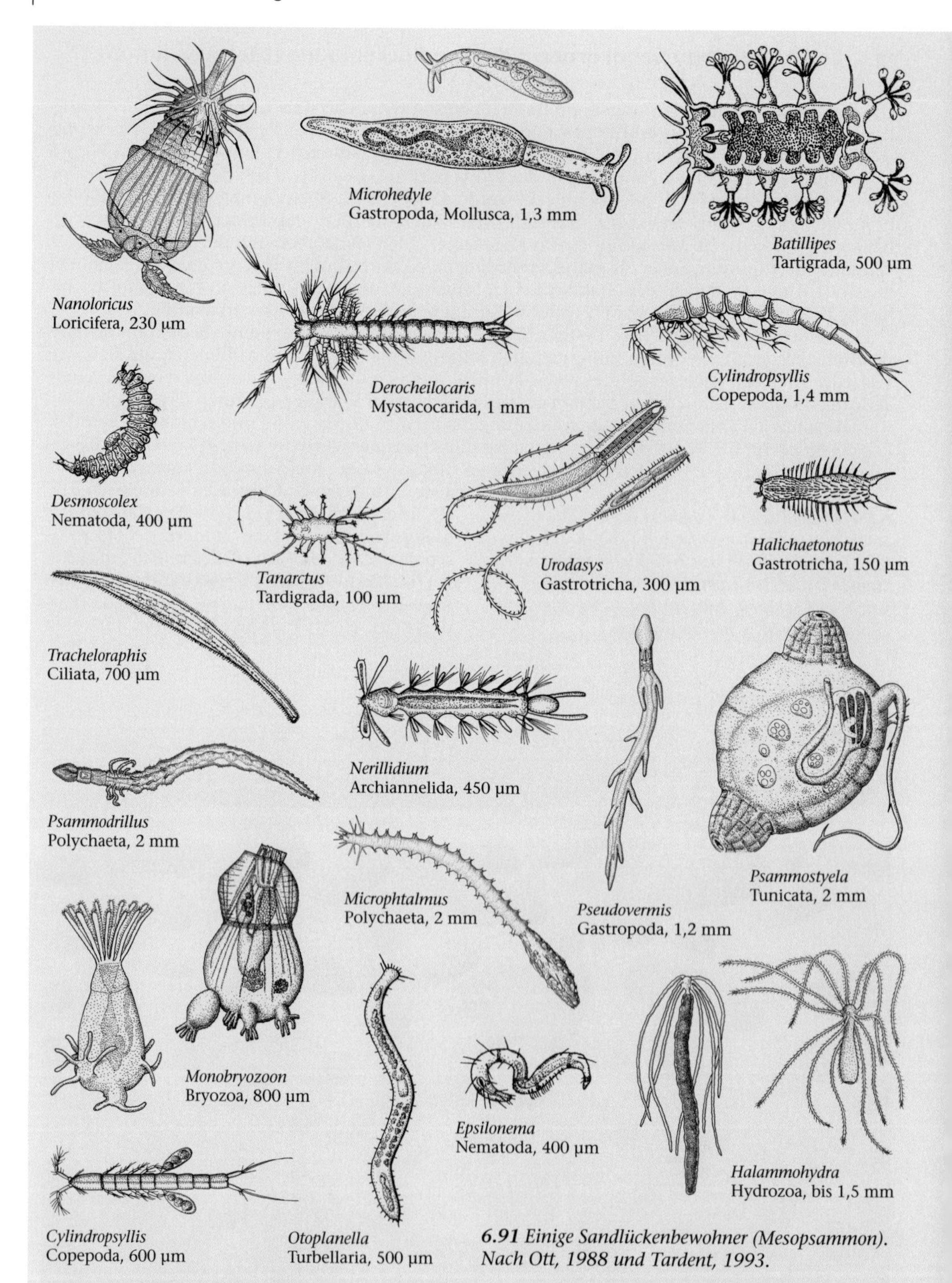

***6.91** Einige Sandlückenbewohner (Mesopsammon). Nach Ott, 1988 und Tardent, 1993.*

sind die Porifera, Ctenophora, Chaetognatha (*Spadella* lebt epibenthisch) und die monantennaten Arthropoda. Die Tendenz zu fadenförmig gestreckten Formen ist bei den eher schlanken Bauplänen der Kinorhyncha oder Gnathostomulida nicht verwunderlich - wohl aber bei den besonders aberranten

Ciliata	*Condylostoma arenarium, Euplotes* sp., *Frontonia marina, Mesodinium pulex, Pleuronema coronatum, Remanella multinucleata, Tracheloraphis sp.* u. v. a.
Cnidaria, Hydrozoa	*Armorhydra janoviczi, Halammohydra schulzei, H. octopoides, Otohydra vagans, Psammohydra nana, Siphonohydra adriatica*
Cnidaria, Scyphozoa	*Stylocooronella riedli*
Turbellaria	*Dolichomacrostomum mediterraneum, Nematoderma psammicola,* Otoplanidae
Nemertini	*Ototyphlonemertes duplex*
Nematoda	*Desmoscolex* sp., *Eubostrichus parasitiferus, Epsilonema cygnoides, Monhystera parva*
Gastrotricha	*Dendrodasys gracilis, Halichaetonotus aculifer, Macrodasys caudatus, Tetranchyroderma boadeni, Turbanella otti, Urodasys viviparus, Xenotrichula soikai,* Chaetonotoidea
Kinorhyncha	*Centroderes, Echinoderes, Pycnophyres*
Gnathostomulida	*Austrognathia riedli, Gnathostomula mediterranea, Haplognathia simplex*
Rotatoria	*Colurella adriatica, Keratella cruciformis*
Polychaeta	*Dinophilus gyrociliatus, Microphthalmus similis, Nerilla mediterranea, Hesionides* sp., *Paranerilla limicola, Protodrilus purpureus, Raphidrilus nemasoma,* Psammodrilidae
Crustacea	*Cytereis* sp., *Derocheilocaris remanei, Gnathia* sp., *Hexabathybella knoepffleri, Ingolfiella ischitana, Laphontodes bicornis, Microcerberus remanei, Munna petiti, Parategastes sphaericus, Stenhelia inopinata, Cylindropsyllis sp.*, diverse Copepoda
Tardigrada	*Halechiniscus remanei, Batillipes pennaki, B. annulatus, Echiniscoides sigismundi*
Acari	*Nematalycus nematoides*
Gastropoda, Prosobranchia	*Caecum glabrum*
Gastropoda, Opisthobranchia	*Abavopsis latosoleata, Hedylopsis spiculifera, H. suecica, Mancohedyle milaschewitchi, Microhedyle lactea, M. cryptophthalma, Philine catena* juv., *Philinoglossa helgolandica, P. praelongata, Platyhedyle denudata, Pseudovermis papillifer, P. schulzi, P. boadeni*
Gastropoda, Pulmonata	*Rhodope veranyi*
Bryozoa	*Monobryozoon ambulans*
Echinodermata	*Leptosynapta minuta*
Tunicata, Ascidia	*Heterostigma fagei, Psammostyela delamarei*

Tabelle 6.43 *Häufige Arten der mediterranen Meiofauna (Mesopsammon; vgl. Abb. 6.91).*

Formen, die z. B. von den Cnidaria oder von „höheren" Taxa wie den Mollusca, Bryozoa und Echinodermata gestellt werden.

Die Fortbewegung im Lückensystem erfolgt entweder über ciliäres Gleiten, Stemmschlängeln, Klettern oder peristaltische Bewegungen und ist dort auch Vertretern sonst sessiler Tiergruppen eigen (Hydropolypen, Bryozoen wie z. B. *Monobryozoon ambulans*). Besonders schnell bewegliche Turbellarien charakterisieren den Lückenraum der Brandungszone (*Otoplana*-Zone). Als Schutzeinrichtungen gegen Druck und Stoß sind dicke Cuticulae* (z. B. bei Copepoda, Ostracoda und Nematoda), Kalknadeln (Opisthobranchia, Turbellaria) oder elastische Turgorpolster* (Turbellaria, Polychaeta, Gastrotricha) anzuführen, aber auch die hohe Kontraktionsfähigkeit vieler Formen (z. B. Ciliata, Turbellaria, Rotatoria). Schutz vor dem Verdriften bieten Haft- und Klammerorgane unterschiedlicher Konstruktionsweise, Borsten und sogar epidermale Klebedrüsen mit Klebe- sowie Lösesekret. Hilfreich wirken in diesem Zusammenhang auch positive Geotaxis* und negative Phototaxis*.

Besonders interessant sind die Organismen der Meiofauna nicht zuletzt wegen ihrer vielseitigen Ernährungsweise und ihrer besonderen Fortpflanzungsbiologie. Nahrungsgrundlage sind Primärpoduzenten (Diatomeen und benthische Peridineen), sedimentierte Tierleichen, Detritus und Bakterien, aber auch die Meiofauna selbst. Neben Räubern, Sandweidern und äußeren Strudlern, wie sie auch im Epi- bzw. Endopsammon zu finden sind, gibt es hier außerdem Pump- und Stechsauger. Anpassungen, die bei einer allgemein geringen Gametenzahl den Fortbestand der winzigen Arten sichern helfen, sind z. B. die Ausbildung von Spermatophoren oder die innere Befruchtung durch Begattungsorgane (Polychaeta), Schleimhüllen oder Kokons zum Schutz der Eier vor mechanischer Beschädigung, lange Fortpflanzungsperioden, gelegentlich Brutpflege und Viviparie sowie eine Larvalentwicklung ohne pelagische Phase.

Phytal der Sedimentböden

Robert Hofrichter

Die einzigen im Meer vorkommenden Blütenpflanzen (Spermatophyta) sind die Seegräser. Sie haben Wurzeln, Blüten und Früchte („Meeroliven") und führen ihre Bestäubung unter Wasser durch, wobei der Pollen durch die Strömung verdriftet wird.

Algenbestände auf Sedimentböden

Nur verhältnismäßig wenige Algenarten kommen im Mittelmeer auf Sedimentböden vor bzw. können auf diesen flächendeckende Bestände bilden. Die wichtigste bestandsbildende Algenart mediterraner Sedimentgründe ist die Grünalge *Caulerpa prolifera* (Caulerpales, Schlauchalgen). Sie gedeiht an geschützten Stellen bereits in einem Meter Tiefe und kann auch bis in das tiefere Infralitoral vordringen. Die Bestände werden je nach Klarheit des Wassers meist in 30 – 40 m Tiefe dünner (Abb. 6.92); bei Kreta und Alexandria wurde die Art aber selbst in 150 m Tiefe gefunden. Wahrscheinlich handelte es sich dabei um durch Strömungen verdriftete Algenbüschel. Diese tropisch-mediterrane Art bevorzugt wärmeres Wasser und fehlt daher in den kälteren Bereichen des Mittelmeeres, z. B. in der Nordadria und Teilen der Nordägäis.

Wie das Tanggras *Cymodocea nodosa* präferiert auch *Caulerpa prolifera* sandig-schlickige Böden. Beide Arten bilden daher öfter gemischte Bestände. Gelegentlich gesellt sich die Grünalge *Cladophora prolifera* dazu. Eine weitere sandbewohnende Grünalge, ebenfalls aus der Ordnung Caulerpales, ist *Penicillus capitatus* (Neptuns Rasierpinsel). Bei dieser Art erheben sich aus einem im Sand verlaufenden Rhizoidgeflecht Stiele, die oben ein Büschel von dichotom verzweigten Schläuchen tragen. Auch manche Braunalgen wie *Arthrocladia villosa* und *Sporochnus pedunculatus* kommen gelegentlich auf Sandgründen vor, meist jedoch nur dann, wenn der Sand mit Kies versetzt ist. Beide Arten wachsen aber bis in größere Tiefen auch auf Hartsubstrat.

Neben der bekannten *Caulerpa taxifolia* (vgl. Exkurs S. 520 ff.) ist diese Gattung durch weitere tropische Immigranten vertreten: *C. ollivieri* wächst an der südfranzösischen Küste, *C. racemosa,* ein Lesseps'scher Migrant, vor allem im östlichen Mittelmeer. Diese Art ist seit 1940 – 1950 im Mittelmeer nachgewiesen, ab den 1990-er Jahren war sie bereits in weiten Bereichen der italienischen Küste im Tyrrhenischen Meer zu finden.

Auf Sedimentböden bildeten sich sowohl in Teilen des westlichen (z. B. Südfrankreich) als auch des östlichen (Kreta, Ägäis) Mittelmeeres so genannte Maerl-Biozönosen aus. Sie werden durch die Kalkrotalgen *Phymatolithon calcareum, Lithothamnium coralloides* und andere Kalkrotalgen gebildet und stellen eine Form des sekundären Hartbodens dar; sie sind auf S. 394 ff. dargestellt.

6.92 Eine der wenigen Algen auf mediterranen Sedimentböden: Caulerpa prolifera-Bestand in 30 m Tiefe (Giglio). Aus den bis zu 80 cm langen Stolonen entspringen die blattartigen, assimilatorischen Thalluspartien. Zu Sommerbeginn bilden sich neue Stolonen, die zuerst dem Licht entgegenwachsen und später mit der Spitze bogenförmig in den Sedimentgrund eindringen. Kein Teil der Pflanze wird älter als ein Jahr. In der Bildmitte ist eine Seenadel zu sehen.

Seegraswiesen

Seegräser sind einkeimblätrige Pflanzen (Monokotyledonae) und keine Gräser im botanisch-systematischen Sinn. Weltweit wurden etwa 40 Arten in 11 Gattungen beschrieben. Die Unterscheidung von nur zwei Familien (Potamogetonaceae, Laichkrautgewächse, und Hydrocharitaceae, Froschbissgewächse) ist veraltet; im Mittelmeer sind die Familien Posidoniaceae, Zosteraceae, Cymodoceaceae, Ruppiaceae und zusätzlich Hydrocharitaceae (siehe unten) vertreten. Die fünf im Mittelmeer natürlich vorkommenden Seegrasarten sind *Posidonia oceanica* (Neptungras), *Zostera marina* (Kleines oder Echtes Seegras), *Zostera noltii* (Zwerg-Seegras), *Cymodocea nodosa* (Tanggras) und *Ruppia maritima* (Geschnäbelte Salde, Abb. 6.40). Nur *P. oceanica* ist im Mittelmeer endemisch, die anderen drei Arten kommen ebenso im Atlantik, *Zostera* auch im Schwarzen Meer vor.

Eine weitere Art, *Halophila stipulacea* (Hydrocharitaceae), ist entweder durch den Suezkanal aus dem Roten Meer in das Mittelmeer eingewandert oder wurde unter menschlicher Mitwirkung eingeschleppt. Wie bei fast allen Lesseps'schen Migranten blieb das Vordringen dieser Spezies zunächst auf das östliche Mittelmeer beschränkt; später wurde die Art auch im westlichen Mittelmeer nachgewiesen. *H. stipulacea* wurde bis in 100 m Tiefe gefunden; wahrscheinlich handelte es sich bei diesen Funden um verdriftete Seegrasbüschel. Die euryhaline Art dringt auch in indigene mediterrane Phytalbestände vor.

Seegraswiesen sind im Mittelmeer – wie in den gemäßigten Breiten überhaupt – meist monotypisch, das heißt, sie werden von einer einzigen Art gebildet. In den Tropen wachsen bis zu drei Arten in gemischten Seegraswiesen. Allerdings gibt es auch im Mittelmeer Bereiche, wo z. B. *Cymodocea*-Bestände sehr eng an *Posidonia*-Wiesen angrenzen oder *Cymodocea* und *Zostera* gemischte Bestände bilden. Als Folge ökologischer Sukzession können sich auf Gründen, die durch die Pionierart *Cymodocea* (seltener *Zostera*) „vorbereitet" sind, *Posidonia*-Wiesen etablieren. Auf der anderen Seite kann sich durch umweltbedingte Regression (Rückgang) von *Posidonia*-Wiesen wieder *Cymodocea* oder in weiterer Folge *Zostera* ansiedeln.

Die meisten Seegrasarten sind in ihrer äußeren Morphologie ähnlich: Aus einer mehr oder weniger ausgeprägten Rhizomschicht wachsen Büschel von langen, dünnen Blättern. Besiedelt werden verschiedene Substrate, von Hartböden bis zu Sedimentböden unterschiedlicher Körnigkeit. Die im Mittelmeer vorkommenden Arten wachsen nahezu ausschließlich auf Sedimentböden. Allerdings können sich kleinere Posidoniamatten auf mit Sand gefüllten Vertiefungen im Gestein etablieren und in weiterer Folge durch seitliche Ausdehnung zum Teil auch Felsen überwachsen.

Die wichtigste, ausgedehnte Seegraswiesen bildende endemische Art des Mittelmeeres ist das Neptungras *Posidonia oceanica*. Die Gattung hat eine ungewöhnliche disjunkte Verbreitung: Sie ist in gemäßigten Regionen verbreitet; eine sehr ähnliche Art, *P. australis*, wächst in australischen Gewässern (vgl. Abb. 6.95). In geschützten Buchten kann *Posidonia* bereits ab der Niedrigwasserlinie vorkommen, an exponierteren Stellen ist ihre obere Ausbreitungsgrenze durch die Wasserbewegung begrenzt. Die untere Vorkommensgrenze liegt je nach Transparenz des Wassers und damit dem Lichtangebot etwa bei 40 m (bei besonders klarem Wasser selten bis 50 m). Selbst nicht tauchenden und nicht schnorchelnden Besuchern von Mittelmeerküsten kann die Existenz von *Posidonia* nicht verborgen bleiben: Nicht geräumte Strände und Buchten sind oft mit meterdicken Matten aus im Herbst und Winter abgerissenen *Posidonia*-Blättern bedeckt, dem so genannten Aufwurf. An Sandstränden werden durch die ständige Bewegung des Wassers kleine braune Bälle, „Meerbälle", geformt (Abb. 6.26).

Etablierte *Posidonia*-Wiesen sind unter konstanten Umweltbedingungen eher konservativ: Sie breiten sich horizontal kaum oder nur sehr langsam aus, werden aber unter natürlichen Bedingungen auch nicht kleiner. Ihre Grenzen sind also weniger dynamisch als bei manchen anderen Seegrasbeständen, die ausgeprägte erosive und progressive Ränder haben können. Dieser natürliche Zustand ist jedoch seit langem durch anthropogene Einflüsse gestört, denn *Posidonia* reagiert recht empfindlich auf Umweltveränderungen. Das können Änderungen der Strömungsverhältnisse und Sedimentation sein, hervorgerufen durch Bautätigkeit und Schiffsverkehr; Eintrübung des Wassers und damit geringeres Lichtangebot setzen Seegraswiesen ebenfalls schwer zu; bei starker Eutrophierung ersticken Seegraswiesen unter starkem Algenbewuchs (Abb. 6.100 b). Seit Jahrzehn-

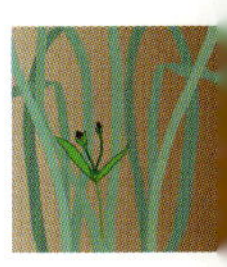

Tabelle 6.44 *Die fünf im Mittelmeer vorkommenden Seegrasarten, ihre Verbreitung und ökologischen Ansprüche. Ruppia maritima ist als hauptsächlich lagunäre Art hier nicht angegeben. Halophila stammt aus dem Indischen Ozean. Die endemische Posidonia oceanica bildet die typischen Seegraswiesen des Mittelmeeres. Je nach Transparenz des Wassers und dem damit zusammenhängenden Lichtangebot gedeiht Posidonia bis in mehr als 40 m Tiefe. AL – Atlantik, MM – Mittelmeer, SM – Schwarzes Meer, RM – Rotes Meer, g – Vorkommen im ganzen Mittelmeer.*

Familie, Art	Verbreitung	Untergrund	Tiefe (m)	Salinität
Posidoniaceae				
Posidonia oceanica	MM (end., g)	grober Sand[3]	30 – 40 (max. 50)	37 – 38 ‰
Zosteraceae				
Zostera marina	AL, MM[1], SM	sandiger, schlickiger, schlammiger Grund	seicht, bis 6 – 10	Brackwasser, Lagunen und vollmarin
Zostera noltii (= nana)	AL, MM, SM	schlammig-sandige Böden	seicht, bis 6 – 10	Lagunen, Étangs, Ästuare, Brackwasser
Cymodoceaceae				
Cymodocea nodosa	AL, MM (g)	Sand mit organischem Feinmaterial, Pionierart geschützte Standorte	seicht, bis 6 – 10	vollmarin, oft auch in Lagunen, in Buchten mit *Zostera*
Hydrocharitaceae				
Halophila stipulacea	RM, östliches MM	Sand mit schlammigem Anteil	bis ca. 10 – 15	euryhalin, vollmarin

[1] *Kommt an der afrikanischen Küste zwischen Tunesien und Ägypten und an nahöstlichen Küsten nicht vor.* [2] *Die Angabe von Pérès 1982, wonach die Art in 100 m Tiefe gefunden wurde, geht wohl auf verdriftete Exemplare zurück.* [3] *Auch Steine überwachsend.*

ten wird ein Rückgang der *Posidonia*-Bestände beobachtet. Die ökologische Bedeutung der Seegraswiesen wurde schon vor längerer Zeit erkannt. Vor allem *Posidonia* wird daher im Mittelmeerraum intensiv studiert. Dieses Ökosystem mit seiner hohen Biodiversität und seiner veränderlichen Struktur in Raum und Zeit ist äußerst komplex und dynamisch (vgl. Abb. 6.94).

Ursprung der Seegräser

Seegräser haben sich vermutlich in der Späten Kreide – sie ist vor 65 Mio. Jahren zu Ende gegangen – entwickelt, über ihre frühe Radiation ist jedoch wenig bekannt. *Posidonia* und *Cymodocea* sind seit dem Frühen Tertiär (etwa 55 Mio. Jahre) fossil nachweisbar. Eine fossil sehr gut erhaltene Seegrasgesellschaft mitsamt ihrer assoziierten Fauna ist aus dem Mittleren Eozän (etwa 45 Mio. Jahre) Floridas bekannt. Diese Seegrasgemeinschaft gleicht heute bekannten Seegras-Biozönosen: verschiedene auf den Seegräsern siedelnde Epibionten, typische Mollusken, Echinodermen und sogar Seekühe. Einige Fachleute machten aufgrund dieses Fundes auf die Möglichkeit einer Koevolution von Seegräsern und Seegras fressenden Seekühen aufmerksam.

Spätestens seit dem Mittleren Eozän waren also Seegraswiesen in der heutigen Form in der lichtdurchfluteten Litoralzone zu finden. Sie erreichten mit manchen Gattungen auch kältere Gewässer – zwei ursprüngliche Gattungen haben eine antitropische Verbreitung –, obwohl die Mehrzahl der Gattungen in tropischen und gemäßigten Meeren zu finden ist. Sieben Gattungen kommen im tropischen Indopazifik vor, nur vier davon im tropischen Westatlantik. Auch hier, wie bei vielen anderen Gruppen, ist der Indopazifik ein wichtiges evolutives Zentrum. Seegräser beeinflussten mit ihrem maßgeblichen Beitrag zur Primärproduktion die Ökologie des Meeres und besiedelten mit den Sedimentböden einen Lebensraum, der von den großen marinen Algen kaum genutzt wurde. In weiterer Folge konnte sich hier ein in Raum und Zeit reichlich strukturierter Lebensraum mit spezialisierten Arten entwickeln. Die Selektion führte in verschiedenen Teilen der Welt zu verblüffend ähnlichen Entwicklungen (vgl. Abb. 6.95).

Ökologische Bedeutung der Seegraswiesen

Die Bedeutung der Seegräser wird hier am Beispiel der endemischen *Posidonia oceanica* als der ökologisch bedeutendsten Art im Mittelmeer erläutert. In den einzelnen Parametern, quantitativen Angaben, ökologischen Ansprüchen, den Wachstumsstrategien, der Größe der Bestände und weiteren Aspekten unterscheiden sich zwar die anderen Seegrasarten von *Posidonia* zum Teil beträchtlich, dennoch gelten die angeführten Punkte im Wesentlichen für alle Seegräser.

- Festigung und Stabilisierung von Sedimentsubstraten: Den Seegräsern kommt eine entscheidende Funktion bei der Festigung der Sedimentböden (Sand, Schlick, Kies) und damit der Küstenlinie zu – ähnlich wie den Dünenpflanzen im terrestrischen Bereich, die oft in wenigen Metern Entfernung von Seegräsern an Sandküsten wachsen. Besonders ausgedehnte *Posidonia*-Wiesen konnten sich auf breiten, seichten Schelfen etablieren – so z. B. in der Kleinen Syrte (S. 158 f.) mit ihrem über 100 km breiten Schelf. An geschützten, wenig exponierten Stellen und in Buchten kann *Posidonia* dicht unter der Wasseroberfläche wachsen und richtige „Riffe" bilden.
- Sedimentfalle: Je nach Strömungsverhältnissen werden Feinsedimente mit wichtigen Nährstoffen, die sonst durch die Strömung fortgetragen würden, in der Seegraswiese festgehalten. Die Wasserbewegung wird durch die dichten Blattbestände gebremst, im unteren Bereich entstehen Stillwasserbereiche. Der Import und Export von Stoffen spielt in marinen Lebensräumen grundsätzlich eine wichtige Rolle. Die einzelnen Teilbereiche sind dadurch ökologisch miteinander verknüpft und voneinander abhängig. Die festgehaltenen Sedimente dienen den Seegräsern selbst, aber auch einer eigenen artenreichen Biozönose als Lebensgrundlage. Den auf den Seegräsern siedelnden Filtrierern wie Schwämmen, Hydrozoen, Moostierchen und Polychaeten steht ein reichliches Nahrungsangebot zur Verfügung, das auch von Substratfressern im Rhizombereich genutzt wird (z. B. Holothurien).
- Enorme Vergrößerung der Siedlungsfläche für sessile und hemisessile Organismen: Auf einem Quadratmeter Sedimentboden können unter idealen Bedingungen bis zu 1 000 *Posidonia*-Blätter wachsen, sie erreichen 60 – 80 cm, maximal bis 100 cm Länge. Der Blattflächenindex (LAI, *leaf area index:* m^2 Blattfläche pro m^2 Bodengrund) kann Werte über 20 erreichen. Das bedeutet, dass auf einem Quadratmeter Grund 20 Quadratmeter Siedlungsfläche für andere Organismen entstehen. Epibiontische Organismen müssen den eigenen Lebensrhythmus dem Wachstumsrhythmus der Seegräser und der begrenzten Lebensdauer der Blätter anpassen.
- Erhöhung der Raumstruktur – die Seegraswiese als Lebensraum: Nicht nur die enorme Vergrößerung der Siedlungsfläche ist von Bedeutung, sondern vor allem auch der durch die Seegräser geprägte dreidimensionale Raum als eigener Lebensraum mit völlig anderen ökologischen Bedingungen, als sie der Boden ohne Seegras hätte. Diese Bedeutung wird klar, wenn man die Seegraswiese mit dem sonst eher eintönigen, kaum strukturierten Sedimentboden vergleicht, auf dem sie gedeiht. Die geringe Raumstruktur hat hier im Bereich der Epifauna, zum Teil aber auch der Endofauna eine eher niedrige Artendiversität zur

Folge (der Sandlückenraum hingegen eine besonders hohe Diversität spezialisierter Arten). Durch das Seegras verändern sich wie bereits betont die Strömungsverhältnisse, durch das dichte Gewirr der Blätter und den Aufwuchs entsteht ein reich strukturierter Lebensraum, der zahlreichen Kleinorganismen und Juvenilstadien von Evertebraten und Fischen – auch wirtschaftlich wichtigen Arten – Schutz, Versteckmöglichkeit vor Prädatoren, Laichplätze und Nahrung bietet. Obwohl sich relativ wenige Organismen direkt von Seegräsern ernähren (z. B. *Chelonia mydas,* vgl. Tab. 6.45), nutzen sehr viele ihre Primärproduktion indirekt (siehe nächster Punkt).

- Schaffung von Biomasse, Primärproduktion: Das Mittelmeer ist relativ nährstoffarm, die Produktion durch das Phytoplankton eher gering. Seegräser spielen daher eine wichtige Rolle für die küstennahe neritische Provinz des Meeres. Dichte Seegraswiesen gehören zu den produktivsten marinen Lebensräumen. Sie bilden mehrere Kilogramm Biomasse (Trockengewicht) pro Quadratmeter und sind damit Primärproduzenten von entscheidender Bedeutung. Die Produktivität schwankt jedoch im Jahresverlauf. Die jährliche

***6.93** Seegräser im Mittelmeer. a) und c) Zostera marina mit Detailansicht der Blätter. b) und d) Cymodocea nodosa mit Blattdetail. e) und f) Zostera noltii mit Blattdetail. g) Ruppia maritima wächst in Lagunen und dringt auch ins Meer vor.*

Netto-Kohlenstofffixierung kann 3 000 g C m^{-2} a^{-1} (Gramm Kohlenstoff pro Quadratmeter und Jahr) betragen; bis zu einem Viertel der Produktion geht jedoch auf epiphytische Algen zurück, die auf der *Posidonia* wachsen. Ein großer Teil der durch *Posidonia* produzierten Biomasse bleibt dem Meer in zersetzter, remineralisierter Form für weitere Primärproduktion zur Verfügung. Abgestorbene und abgerissene Blätter sammeln sich in Vertiefungen und wenig beströmten, geschützten Bereichen auf dem Meeresgrund oder werden von der Wasserbewegung an Strände geworfen, wo sie charakteristische Spülsäume oder dicke Strandwälle (Aufwurf) bilden (Abb. 6.26). Produktion und Flussschema von *Posidonia* sind in Abb. 6.94 dargestellt.

- Sauerstoffproduktion: Ein Quadratmeter dichter *Posidonia*-Wiese (bis über 20 m^2 assimilierender Blattfläche) kann bei ausreichendem Licht bis zu 14 l Sauerstoff täglich produzieren.

Ökologische Strategien der Seegräser und der assoziierten Fauna

Das Wachstum der Seegräser erfolgt im Gegensatz zu den meisten anderen Pflanzen von der Basis her und entspricht dem so genannten „Förderband-Wachstum". Von einem basalen Meristem* aus wird ständig neue, photosynthetisch aktive Blattfläche produziert. Die stark bewachsenen Blattspitzen hingegen sterben und brechen ab.

Die einzelnen Seegrasarten haben unterschiedliche Wachstumsstrategien entwickelt. *Zostera* und *Cymodocea* haben ihre Hauptwachstumsperiode im Sommer, bei *Posidonia* fällt das stärkste Wachstum in den Herbst und Winter. Die im Frühjahr und Sommer angehäuften und in den Rhizomen gespeicherten Stärkereserven werden dabei verbraucht. Im Frühjahr werden relativ wenige neue Blätter gebildet – die starke Produktion durch steigende Temperatur und zunehmende Lichtmengen wird in Stärkereserven angelegt. Im Sommer erreicht das Epiphytenwachstum auf den *Posidonia*-Blättern den Höhepunkt, das Seegras bildet kaum noch neue Blattfläche. Der jahreszeitliche Verlauf von Licht und Temperatur spielt somit für den Wachstumszyklus eine wichtige Rolle. Wesentlich ist aber auch der Einfluss der Besiedelung der Blätter durch Epibionten.

Posidonia-Wiesen bzw. Seegraswiesen allgemein liefern ein bemerkenswertes Beispiel für koevolutive Entwicklungen, wobei Seegräser und ihre epibiontischen Besiedler gegenseitig ihre Lebenszyklen prägen. Die Besiedler müssen sich auf ein bewegliches, ständig wachsendes, veränderliches und vergängliches Substrat einstellen, das Seegras wiederum auf die Belastung und die Lebenszyklen der zahlreichen Epibionten, von denen seine Blätter überzogen sind.

Die Struktur und Diversität der Besiedelung durch Epibionten hängt von der Blattmorphologie, der Lebensspanne und Wachstumsrate der Blätter und von allgemeinen Charakteristika des Habitats wie Strömung, Lichtangebot und Sedimentation bzw. Nährstoffangebot ab. *Posidonia oceanica* weist dank der längeren Lebensspanne der Blätter eine höhere Diversität von Epibionten auf als *Cymodocea nodosa*. Das trifft sowohl auf die

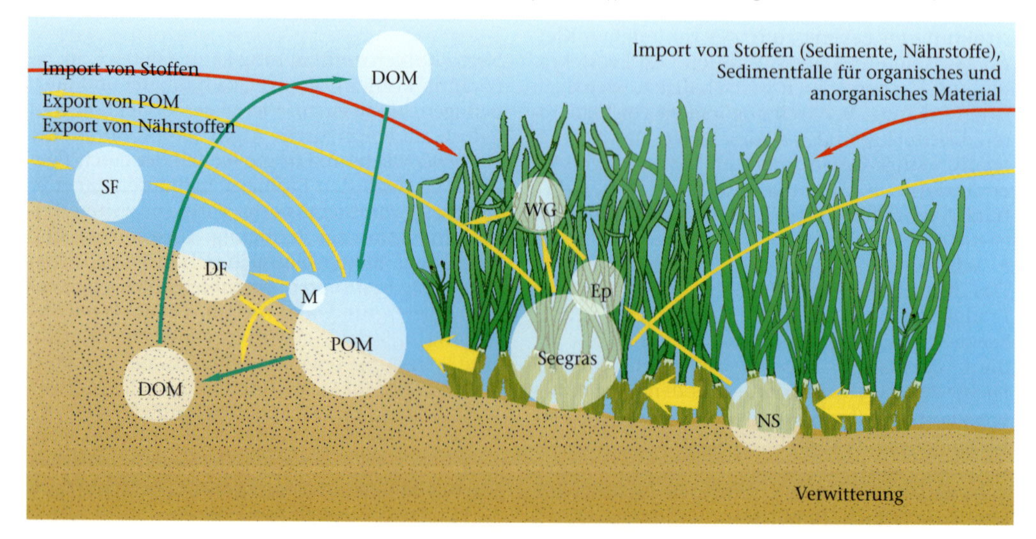

6.94 *Einige ökologische Zusammenhänge zwischen Seegraswiesen und benachbarten Lebensräumen mit eingezeichneten Stoffkreisläufen. Die Zusammenhänge sind komplex. Nur ein kleiner Teil – je nach Vorhandensein von Weidegängern etwa 3–8 Prozent – der durch Seegräser produzierten Biomasse wird direkt gefressen; Seegräser ertragen keine zu hohen Beweidungsraten. Mindestens die Hälfte der Biomasse (Nettoproduktion) gelangt in angrenzende Lebensräume. Das Phytal hat einen hohen Produktionsüberschuss, so dass Biomasse (etwa als POM, partikuläres organisches Material) exportiert werden kann. Ein Teil sammelt sich, durch die Wellen ans Ufer geworfen, in Form dicker Bänke. Eine spezifische Strandanwurffauna und entsprechende Mikroorganismen sorgen für Abbau und Rückführung von Debris und Detritus, aber auch von remineralisierten Stoffen in den Kreislauf. Ein anderer Teil der Biomasse wird durch das Wasser in Richtung Meer davongetragen. Seegraswiesen sind bedeutende Sedimentfallen, in denen sich terrestrische und marine Sedimente aus ganz anderen Lebensräumen sammeln; die Matten wachsen dadurch in die Höhe. Aus dem Rhizombereich, in dem ständig Zersetzungsprozesse des eingebrachten Materials ablaufen (Sauerstoffarmut kann auftreten), werden große Mengen DOM (gelöstes organisches Material) an das umgebende Wasser abgegeben. SF – Suspensionsfresser, DF – Depositfresser, WG – Weidegänger, Ep – Epiphyten, NS – Nährstoffe, M – Mikroorganismen. Nach Ott, 1988.*

6.95 Hochspezialisierte Seegrasfauna. a) bis d) Konvergente Evolution in zwei weit entfernten Regionen. a) und c) Der Schildfisch (Gobiesocidae) Posidonichthys hutchinsi in australischen Posidonia australis-Wiesen. b) und d) Opeatogenys gracilis aus dem Mittelmeer (hauptsächlich in Posidonia, seltener Cymodocea). Er gehört mit im Durchschnitt nur 2 cm Totallänge (TL) zu den kleinsten Fischen des Mittelmeeres. Beide Fischarten sind etwa gleich groß (< 3 cm TL), haben eine nahezu identische Körperform und Färbung und sind taxonomisch dennoch nicht unmittelbar verwandt. Die Selektion kann bei praktisch identischer Lebensweise in einem gleichartigen Lebensraum zu einer nahezu identischen Form und Größe führen. Aus anderen Meeren, z. B. der Karibik, sind ähnliche in Seegraswiesen lebende Schildfische bekannt. Ähnlichkeiten der seegras-assoziierten Fauna zwischen dem Mittelmeer und australischen Gewässern wurden auch in anderen Organismengruppen festgestellt, etwa bei Kieselalgen. Schildfische sind die einzige Fischfamilie, die sich – vergleichbar mit Wirbellosen wie Asseln (e) und Garnelen (h) – dem Leben auf Seegrasblättern angepasst haben, die Blattoberfläche also überwiegend „zweidimensional" als direkte Siedlungsfläche nutzen. Ein Kleinerwerden des Körpers ist die Voraussetzung dafür. Praktisch alle auf Hartböden lebenden Schildfische sind größer, im Mittelmeer bis 8 cm TL (Lepadogaster candollei). Seenadeln und Seepferdchen (Syngnathidae) nutzen im Gegensatz dazu den durch die Seegrasblätter bestimmten Raum dreidimensional. e) Idothea hectica (Isopoda) und der Schildfisch O. gracilis – ein wirbelloser Spezialist im Vergleich zur beschriebenen Fischart. Die Assel gehört zu den wenigen Posidoniabewohnern, die sich direkt von Seegrasblättern ernähren; sie hinterlässt charakteristische Fraßspuren (Abb. 6.100 c). f) Juvenile Schildfische ahmen in ihrer Färbung – wie auch die wirbellosen Mitbewohner der Blätter – vielfach den Rotalgen- und Moostierchen-Aufwuchs der Seegrasblätter nach. g) Juvenile Apletodon incognitus (Gobiesocidae) leben sympatrisch mit O. gracilis auf Seegrasblättern. Im Gegensatz zu O. gracilis ist aber A. incognitus, so wie viele andere Posidoniabewohner, kein Lebensraumspezialist und kommt in verschiedenen anderen benthischen Lebensräumen vor – wie erst seit 1994 bekannt, ebenfalls in Assoziation mit Seeigeln (Abb. 7.9 e). Die Schildfischgattungen Lepadogaster und Diplecogaster, die in der Literatur häufig als Seegrasbewohner angeführt werden, kommen in Seegraswiesen bzw. direkt auf Posidonia-Blättern nicht vor; sie sind Hartbodenbewohner. h) Die Garnele Hippolyte sp. ist wie mehrere andere Arten dieser Gattung ein häufiger Posidoniabewohner. Beeindruckend ist die Form- und Farbanpassung dieser Art an den Untergrund, die mimetische Nachahmung der rosaroten Kalkrotalgen (Fosliella), von denen ältere Posidonia-Blätter dicht überzogen sind.*

Artenzahlen als auch auf die morphologisch-funktionelle Vielfalt der Besiedler zu. Die tierischen, unter ihnen vor allem die vagilen Bewohner von Seegraswiesen zeigen im Jahresverlauf eine geringere Variabilität. Weder die Häufigkeit der einzelnen Bewohner noch die Diversität der assoziierten Fauna verändern sich in Abhängigkeit vom Blattflächenindex (LAI, *leaf area index*) signifikant.

Seegraswiesen – ein bedrohter Lebensraum

Seegraswiesen, vor allem *Posidonia*, gehören zu den ökologisch wichtigsten, gleichzeitig aber zu den am stärksten bedrohten Lebensräumen des Mediterrans. In den letzten Jahrzehnten wurde in vielen Regionen ein Rückgang der Seegraswiesen festgestellt; an manchen Stellen, etwa in Teilen der Nordadria, ist *Posidonia* ganz verschwunden. Nationale und internationale Studien, Projekte und Initiativen arbeitet daran weitere Erkenntnisse über Seegraswiesen und ihre Dynamik zu gewinnen und Strategien für langjähriges Monitoring und Management zu entwickeln. In der Nordadria beschäftigt sich beispielsweise das Projekt PRISMA 2 *(Dynamics of seagrass ecosystem in the Northern Adriatic Sea)* mit der Dynamik des Wachstums von *Posidonia oceanica, Cymodocea nodosa* und *Zostera marina.* Klimatische Änderungen und ein Ansteigen der Wassertemperatur könnten sich langfristig auf die Entwicklung von Seegraswiesen auswirken.

Die Gründe für den *Posidonia*-Rückgang sind, wie in solchen Fällen so oft, mannigfaltig und durch Wechselwirkungen miteinander verknüpft, so dass es schwer bis unmöglich ist, den prozentualen Anteil eines einzelnen Faktors am Umweltdesaster festzulegen. Als sicher gilt, dass sich Veränderungen der Strömungsverhältnisse, der traditionellen Wasserbewegung einer bestimmten Region durch Baumaßnahmen wie Hafenanlagen, Molen, Schutzdämme und die durch Schiffsschrauben verursachten Turbulenzen negativ auf Seegraswiesen auswirken. Strömungsverhältnisse können sich zwar längerfristig auch unter natürlichen Bedingungen ändern, selten jedoch so rasant wie bei menschlichen Eingriffen. *Posidonia*-Wiesen sind offensichtlich äußerst „konservativ", sie dehnen sich nicht wesentlich aus und gedeihen über lange Zeiträume an den gleichen Standorten. Das geht aus den enormen Stärken der Rhizom- und Sedimentschicht hervor – bis zu acht Meter starke Matten wurden bereits ermittelt.

Hinzu kommt direkte mechanische Schädigung durch Anker (Abb. 6.90 a) und diverse Fangwerkzeuge der Fischer wie etwa Bodenschleppnetze. So verursachte Wunden in *Posidonia*-Matten können vielfach nicht mehr heilen, da ihr Wachstum langsam ist, mit Akkumulationsraten bis zu einem Zentimeter pro Jahr). Übermäßiger Eintrag von Nährstoffen (Eutrophierung) kann die *Posidonia* auch direkt schädigen, indirekt führt sie zu einer Trübung des Wassers und einer Reduzierung des Lichtangebots. Seegräser sind lichthungrig, tiefergelegene Bestände verkümmern. Das erhöhte Nährstoffangebot führt zum Wuchern von Algen, die sich auf den Seegrasblättern festsetzen und diese ersticken (Abb. 6.90 b).

Ein in den letzten Jahren häufiger auftretendes Phänomen sind Blüten von Algen, die zu schleimigen Aggregationen führen und 1989–1990 in der Nordadria für ein entsprechendes Medienecho gesorgt haben (Abb. 9.2; S. 502 f.). Spätestens seit 1991 ist auch das Tyrrhenische Meer regelmäßig von schleimigen Aggregationen betroffen. Die Verursacher können zu systematisch völlig unterschiedlichen Gruppen von marinen Mikroalgen, benthischen Kieselalgen und filamentösen Cyanobakterien (Blaualgen) gehören (vgl. Exkurs S. 503). Anfangs handelte es sich auch um benthische Phänomene, im Oktober 2000 kam es aber beispielsweise in der Region des Toskanischen Archipels zu einer massiven pelagischen Algenblüte. Schleimige Aggregationen wurden durch die Strömung in das küstennahe Litoral verdriftet und bedeckten

6.96 *Lebensraum Posidonia-Wiese. Die pflanzlichen und tierischen Bewohner sind entweder Spezialisten, die sich an diesen Lebensraum angepasst haben (verhältnismäßig wenige Arten), oder aber wenig spezifische Generalisten. a) Der Schwamm Spirastrella cunctatrix überwächst einen Rhizomstümmel. b) Der Seeigel Sphaerechinus granularis kommt häufig in der Rhizomschicht von Posidonia vor. c) Juvenile, etwa 25 cm große Steckmuschel (Pinna nobilis). Große, bis 80 cm lange Steckmuscheln gehören zu den markantesten Seegrasbewohnern. d) Sciaphiler Aufwuchs in der beschatteten Rhizomschicht mit dem hellblauen Schwamm Anchinoe tenacior und Rotalgen. e) Vertikale, von oben nach unten abnehmende Gradienten von Licht und Strömung in einer Posidonia-Wiese. Das Foto zeigt einen spätsommerlichen Aspekt: Die Posidonia-Blätter sind bereits dicht mit Kalkrotalgen, Moostierchenkolonien und weiteren Aufwuchsorganismen bewachsen. Im Frühjahr sind die Blätter hingegen sattgrün und wenig bewachsen. In der Rhizomschicht lebt eine diverse, schattenliebende Artengemeinschaft. f) Der Neptunschleier (Sertella septentrionalis = Retepora beaniana) gehört zu den auffälligsten Bryozoen des Mittelmeeres. Er ist auf beschatteten Hartböden ebenso zu finden wie in der Rhizomschicht von Posidonia. g) Das Moostierchen Calpensia nobilis wächst trichterförmig an der Basis der Blätter. h) Dichter pflanzlicher und tierischer Aufwuchs aus Rotalgen, Schwämmen und weiteren Organismen in der beschatteten Rhizomschicht. i) An den freien Flächen zwischen Posidoniamatten sind in der Nacht häufig mit Anemonen bestückte Einsiedlerkrebse zu sehen (Dardanus arrosor mit Calliactis parasitica), ein klassisches Beispiel von Symbiose.*

a
b
c
d
e
f
g
h
i

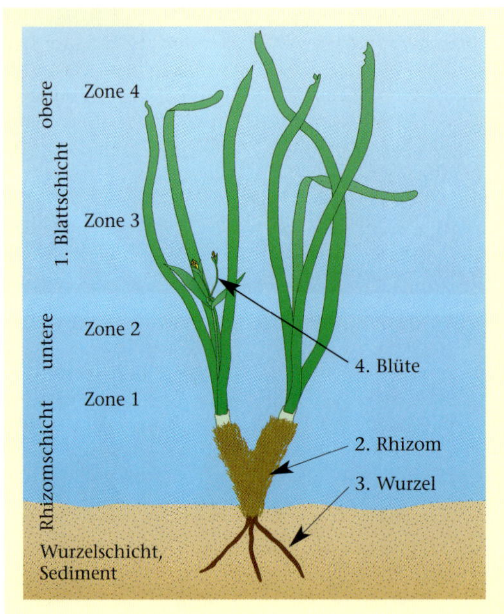

6.97 Schematische Darstellung einer Posidonia-Pflanze. Mit 3 000 Gramm gebundenem Kohlenstoff pro Quadratmeter und Jahr (g C m^{-2} a^{-1}) ist die Posidonia-Wiese ein hoch produktiver und damit besonders bedeutender Lebensraum. Im Vergleich dazu liegt die Produktivität der küstennahen neritischen Provinz durch das Phytoplankton im Durchschnitt nur bei 70–150 g C m^{-2} a^{-1}. Diese kann sich zwar regional stark unterscheiden, erreicht aber auch bei reichlichstem Nährstoffangebot mit bis zu 300 g C m^{-2} a^{-1} nur etwa ein Zehntel der Posidonia-Produktivität. Trotzdem ist der Anteil der Makrophyten an der Gesamtproduktivität des Meeres relativ niedrig, da ihr Lebensraum im Vergleich zur Weite des Meeres nach oben hin durch die Wasserbewegung, nach unten hin durch das limitierte Lichtangebot räumlich eingeengt ist.

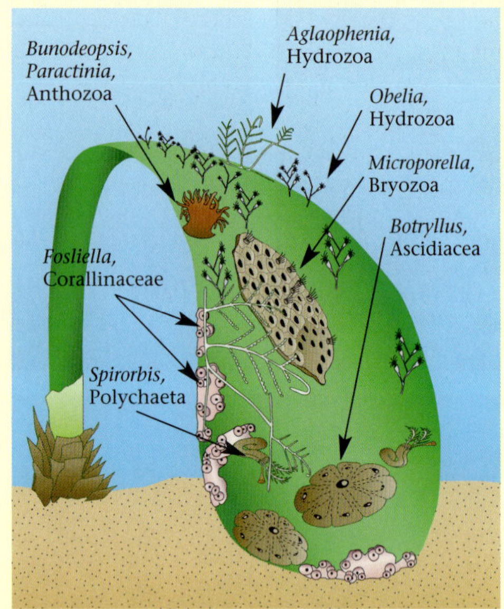

6.98 Schematische Darstellung typischer Besiedler von Posidonia-Blättern. Ergänzt nach Ros et al., 1985 und Tardent, 1993.

1. Blattschicht. Das Aussehen der *Posidonia*-Wiese verändert sich jahreszeitlich, unterscheidet sich aber auch in den oberen (Epiphytenschicht, stärker bewachsenen) und unteren (wenig bewachsenen) Zonen. Im Frühjahr sind die Blätter wenig bewachsen, die Seegraswiese wirkt insgesamt einheitlich frisch grün. Im Sommer erreicht das Wachstum der Epiphyten den Höhepunkt, bis zum Spätsommer werden die Blätter nehezu vollständig von den Aufwuchsorganismen überzogen. Die Seegraswiese wirkt dann dunkelgrün-bräunlich bis weißlich. Ältere *Posidonia*-Blätter fallen im Oktober ab; sie sind dunkler, braun, verkrustet, wirken aber durch den dichten Bewuchs durch Rotalgen *(Fosliella)* und Bryozoen *(Electra)* ingesamt weißlich. Junge *Posidonia*-Blätter wachsen vor allem ab August und September im Schatten der alten Blätter. Sie sind satt hellgrün und haben eine glatte, nicht bewachsene Oberfläche. Intensive Photosynthese findet in der unteren, basalen Blattschicht statt, da die Blätter von einem basalen Meristem aus von unten nachwachsen („Förderband-Wachstum") und hier noch kaum von Epibionten bedeckt sind.

Zonierung der Blätter. Zone 1: die basalen, jüngsten Blatteile sind hellgrün bis weißlich und noch nicht von makroskopischen Organismen besiedelt (wohl aber von Mikroorganismen). Sie zeigen keine Fraßspuren. Zone 2: etwas dunkler als Zone 1, aber immer noch ohne markanten Bewuchs und ohne Fraßspuren. Zone 3: Diese Zone gehört bereits zur Epiphytenschicht. Pflanzliche und tierische Organismen sind reichlich mit krusten-, rasen- und strauchförmigen Wuchsformen vertreten. Gelegentlich sind Fraßspuren zu finden. Zone 4: Die Blätter sterben von den Spitzen beginnend ab, sie sind bräunlich, dicht bewachsen und zeigen oft Fraßspuren. Die meisten Seegrasbewohner fressen aber nicht die Seegrasblätter direkt, sondern weiden den epiphytischen Aufwuchs ab. Die Zusammensetzung der Nahrung kann bei manchen Arten sogar die Geschlechtsdetermination* während ihrer Ontogenese beeinflussen. Ein Beispiel: Die im Seegras häufigen Garnelen *Hippolyte inermis,* die mit ihrer Nahrung die Kieselalge *Cocconeis neothumensis* var. *marina* aufnehmen, werden mit Eintreten der Geschlechtsreife weiblich.

2. Rhizomschicht. Die Rhizome bestehten aus abgestorbenen, faserigen Blattresten. Die Rhizomschicht wächst im Laufe der Zeit nach oben; sie kann mehrere Meter mächtig werden. Reichliche Besiedelung, zum Teil mit schattenliebenden Hartbodenbewohnern.

3. Wurzelhorizont aus Wurzeln, Rhizomteilen im Substrat, Rhizomresten und darin abgelagerten Sedimenten. Reichlich durch Meiofauna besiedelt. Die Wurzeln dienen der Verankerung und Nährstoffaufnahme, ein großer Teil der Nährstoffe wird aber aus dem Wasser direkt durch die Blätter aufgenommen.

4. Seegras-Blüte: Die Blüten sitzen in der Mitte der Blattbüschel. Zur Blüte kommt es nur unregelmäßig.

benthische Lebensräume wie gorgonienbewachsene Steilwände (Abb. 9.3 a), *Posidonia*-Wiesen und Sandgründe. Der Einfluss schleimproduzierender Algenblüten auf Seegraswiesen wird zurzeit untersucht (ICRAM: *Process of mucilage formation in the Adriatic and Tyrrhenian Sea*). Für *Posidonia* nachteilig sollen sich auch Tenside auswirken, grenzflächenaktive Stoffe, wie sie in Reinigungs- und Waschmitteln enthalten sind. Im Hinblick auf die Umwelt „harte" Tenside werden biologisch nur unzureichend abgebaut.

Ob mediterrane Seegräser durch eingeschleppte Pflanzenarten regional verdrängt werden können, wird die Zukunft zeigen. Der berühmteste pflanzliche Eindringling, die Grünalge *Caulerpa taxifolia,* wird wegen seiner enormen Bedeutung bzw. Aggressivität in einem eigenen Exkurs (S. 520 ff.) vorgestellt. Zur massiven Verdrängung von Seegraswiesen ist es bisher nicht gekommen. Die Grünalge *Caulerpa racemosa,* seit 1930 im Mittelmeer nachgewiesen, scheint sich auf die Ökologie sogar positiv auszuwirken. Vor allem auf ökologisch eintönigen Weichgründen führt ihr Wachstum zu einer wesentlichen Erhöhung der Raumstruktur, die nachweislich eine höhere Diversität der assoziierten Fauna – etwa Mollusken – und Flora nach sich zieht.

Posidonia-Wiesen sind nach den Richtlinien von UNEP besonders schützenswerte *priority habitats.* Sie gehören zu den ganz wenigen, bei denen nach fünf Kriterien *(vulnerability, heritage value, rarity, aesthetic, economic significance)* viermal die Note 1 vergeben wurde. Das einzige Kriterium, das mit Note 2 beurteilt wurde, ist die Seltenheit *(rarity)* – was die Tatsache wider spiegelt, dass *Posidonia* im mediterranen Infralitoral in den entsprechenden Lebensräumen und „unter natürlichen Umständen" nahezu überall vorkommt. Ihre Vorkommensgrenzen sind jedoch weder unveränderlich noch konstant. Aus einigen Regionen des Mittelmeeres – z. B. Bereiche vor Istrien oder an der Côte d'Azur – sind *Posidonia*-Wiesen bereits verschwunden.

Die Lebensgemeinschaft

Um ein Bild von der Zusammensetzung und den quantitativen Aspekten der Seegras-Biozönose zu bekommen, sind aufwendige Sammelmethoden erforderlich. Bei der auf Abbildung 6.99 a gezeigten Methode werden mit einem durch Pressluft angetriebenen Saugrohr Proben genommen. Auch mit einem derartigen Aufwand ist es aber kaum möglich, sämtliche hier vorkommenden Organismen – etwa jene, die in der Rhizom- oder Wurzelschicht bohren – einzusammeln. Dazu mösssen ganze Blöcke Posidoniamatten entnommen und für die Analyse an Land sofort in Behältern isoliert werden.

Ein Hektar dichter *Posidonia*-Wiese kann 15 Tonnen tierischer Biomasse aus praktisch allen Organismengruppen beherberhgen. Viele der hier häufig vorkommenden Organismen (sowohl die Sessil- als auch Vagilfauna) sind nicht auf diesen Lebensraum spezialisert und beschränk, so bei-

6.99 Oben: a) Probenahme im Seegras mithilfe eines mit Pressluft angetriebenen Saugrohres, eines oben und unten offenen Würfels mit definiertem Volumen (50 x 50 x 50 cm) und eines Betäubungsmittels (Quinaldin). Rechts: b) Posidonia verliert zwar ganzjährig Blätter, die Hauptmasse wird aber im Oktober abgeworfen. Kurz zuvor, ab August, beginnen die Blätter der neuen Blattgeneration auszutreiben. Ein Teil der abgeworfenen Blätter wird durch die Wellen ans Ufer gespült und kann dort meterhohe Wälle aufwerfen. Sie zeugen von der enormen Produktivität der Posidonia-Wiese, die 20 Tonnen Trockenmasse pro Hektar und Jahr betragen kann. An touristisch genutzten Stränden und Küsten werden diese aus der Sicht des Fremdenverkehrs wenig attraktiven Wälle weggeräumt. Ökologisch sind sie aber bedeutend: Blätter, die dem natürlichen Abbauprozess überlassen bleiben, werden von Destruenten zersetzt; die freigesetzten Nährstoffe fließen wieder in den ökologischen Kreislauf ein.

Taxon	charakteristische Arten, Gattungen, Familien
Algen Corallinaceae	zahlreiche Arten (auch aus anderen Lebensräumen) auf den Blättern und in der Rhizomschicht *Fosliella* (mehrere Arten), *Ceramium nodulosum (= C. rubrum)*
Bacillariophyceae [1]	z. B. *Cocconeis*; sehr hohe Dichte in allen Arten von Seegraswiesen
Ciliophora	z. B. *Folliculina;* hohe Dichte und Artenvielfalt
Porifera	große Viefalt v. a. im Rhizombereich; viele Arten, die auch auf Hartboden vorkommen, *Sycon*
Cnidaria, Hydrozoa [2]	*Aglaophenia harpago, Campanularia asymmetrica, Sertularia perpusilla, Obelia geniculata, Plumularia obliqua, Cordylophora pusilla, Clythia hemisphaerica*
Cnidaria, Anthozoa	*Bunodeopsis, Paractinia striata, Alicia mirabilis, Cerianthus*
„Turbellaria"	ökologisch sehr vielgestaltig, Kleinformen (Mikroturbellarien) in sehr hohen Dichten
Nemertini (Nemertea)	als Epi- und Endofauna in der Rhizomschicht und im Sediment (auch im Mesopsammon)
Nematoda	artenreich (weltweit zehntausende Arten), hohe Individuendichten, im Sediment
Kamptozoa	Kelchwürmer sind im Rhizombereich häufig, aber leicht zu übersehen, schwer zu bestimmen
Mollusca, Gastropoda	*Aplysia, Gibbula., Rissoa, Alvania lineata, Granulina, Jujubinus, Bittium,* Trochidae, Cerithiidae, Rissoidae, *Turbona, Tricolia*
Mollusca, Bivalvia	*Pinna nobilis* [3], *Lima lima,* Veneridae
Mollusca, Cephalopoda	*Sepia officinalis, Octopus vulgaris*
Polychaeta Euniciidae [4]	Terebellidae, Sabellidae, Serpulidae, Spirorbidae, Syllidae, *Spirographis spallanzani, Spirorbis, Grubeosyllis clavata, G. vietezi, Syllis prolifera, Platynereis dumerilii, Polyophtalmus pictus, Kefersteinia cirrata, Grubeosylis yraide, Eurisyllis tuberculata, Odontosyllis gibba, Sphaerosyllis hystrix, Sertularella perpusilla* *Lysidice collaris, L. ninetta, Nematonereis unicornis, Palola siciliensis, Marphysa fallax*
Crustacea, Isopoda Limnoriidae	[f] *Idothea* [5], *Cymodoce hanseni, Synisoma appendiculatum, Disconectes picardi, Jaeropsis dolfusi, Gnathia, Astacilla mediterranea,* *Limnoria sp.* [6]
Crustacea, Anispoda (Tanaidacea)	*Leptochelia savignyi, Parapseudes latifrons,* Apseudidae
Crustacea, Amphipoda [7]	*Podocerus, Apherusa chiereghinii, Amphitoe helleri, Dexamine spinosa, Hyale schmidti, Aora spinicornis, Phtisica marina, Liljeborgia dellavallei*
Crustacea Decapoda Hippolytidae [8]	*Pisa nodipes, P. muscosa, Macrpodia rostrata, Maja squinado* und weitere Majidae, *Achaeus cranchi, Cestopagurus timidus* (Reptantia), *Galathea intermedia, G. bolivari, Eurynome aspera, Thoralus cranchii, Alpheus, Pilumnus* *Hippolyte inermis, H. leptocerus, H. holthuisi*
Bryozoa	*Electra posidoniae, Margaretta, Microporella (Fenestrulina) johannae, Aetea truncata, Lichenopora*
Echinodermata	[f] *Paracentrotus lividus* [9], *Sphaerechinus granularis* [10], *Psammechinus microtuberculatus, Echinaster sepositus, Asterina gibbosa, Holothuria forskali, H. tubulosa, Cucumaria planci, Antedon mediterranea, Ophioderma longicaudum, Ophiothrix*
Chordata, Ascidiacea [11]	*Ascidiella aspersa, Botryllus, Didemnum;* Rhizom: *Halocynthia papillosa, Microcosmus sulcatus*
Osteichthyes Gobiesocidae Syngnathidae [13] Sparidae Labridae Scorpaenidae, Serranidae u. v. a. [16]	 *Opeatogenys gracilis* [12], *Apletodon incognitus, A. dentatus* *Syngnathus, Hippocampus* [f] *Sarpa salpa* [14] *Coris julis* [15], *Crenilabrus rostratus, Labrus merula, Labrus viridis, Ctenolabrus rupestris, Symphodus* u. a.
Reptilia	[f] *Chelone mydas*

Tabelle 6.45 *Übersicht charakteristischer Seegrasbewohner (Auswahl). Ein [f] vor dem Namen kenzeichnet Arten, die Seegrasblätter fressen – nur ein geringer prozentualer Anteil. Die Erfassung der Lebensgemeinschaften ist aufwendig; mit verschiedenen Methoden werden die einzelnen Taxa – je nach Lebensweise, Mikrohabitat und Größe der Organismen – unterschiedlich gut erfasst. Kleine Bewohner der Rhizomschicht sind etwa mit der häufig angewandten Absaugmethode (Abb. 6.99 a) kaum zu erfassen. Studien liefern oft nur Teile des komplexen Faunenspektrums zutage. Im Rhizombereich bohrende Polychaten und Isopoden wurden erst vor einiger Zeit genauer untersucht. Fußnoten siehe rechte Seite unten.*

spielsweise verschiedene Cephalopoden oder Fischarten wie der Schriftbarsch *Serranus scriba*. In der zu strömungsarmen bis strömungsfreien Rhizomschicht der Seegraswiese kommt eine wenig spezialisierte Fauna und Flora vor, wie sie auch in anderen Phytalformen, auf Hartböden und in weiteren Lebensräumen zu finden ist (Abb. 6.86): Nesseltiere, Schwämme, Bryozoen, Echinodermen und viele andere. Es gibt aber auch Spezialisten; zu ihnen gehören etliche auf bzw. zwischen den Blättern siedelnde Arten, die sich in Körperform, Färbung, Bewegungsweise, Lebenszyklus und weiteren Merkmalen perfekt ihrem Lebensraum angepasst haben (vgl. Abb. 6.85). Tabelle 6.44 fasst eine Auswahl typischer Seegrasbewohner zusammen.

__6.100__ Lebensraum Posidonia-Wiese. a) Schädigung von Seegraswiesen durch die Anker von Jachten, Ausflugsschiffe und Fischerboote. Blätter wachsen nach, Wunden in den Posidoniamatten heilen aber, wenn überhaupt, nur langsam. b) Niedergang einer Posidonia-Wiese durch massive Eutrophierung als Folge des Einleitens ungeklärter Abwässer. c) Fraßspuren auf Posidonia-Blättern: die runden Spuren stammen von Goldstriemen (Sarpa salpa), die unregelmäßigen von der Assel Idothea sp. und/oder dem Seeigel Paracentrotus lividus. d) Die Anemone Alicia mirabilis (tagsüber kontrahiert) siedelt regelmäßig in Posidonia-Wiesen. Im endständigen Bereich der Blattschicht, wo ausreichend Strömung vorherrscht, finden Filtrierer und Tentakelfänger günstige Lebensbedingungen.

[f] Nur wenige Arten fressen direkt Seegrasblätter, eine artenreiche Biozönose nutzt jedoch das von den Seegräsern produzierte Material auf indirekte Art, als Debris (von Ott, 1981 als nicht mehr photosynthetisch aktive, absterbende Pflanzenteile definiert), unabhängig davon, ob sie noch mit der Pflanze verbunden sind oder nicht), POM* oder DOM*. Viele Tiere (z. B. Schnecken) weiden den auf den *Posidonia*-Blättern siedelnden Aufwuchs ab oder sind Suspensionsfresser, die vom Seegras als Sedimentfalle profitieren (z. B. Seegurken). [1] Taxon der Kieselalgen; 0,35 % des gebundenen Kohlenstoffs einer winterlichen *Posidonia*-Wiese wird durch Kieselalgen gebildet; der Anteil der Makroalgen beträgt im Vergleich dazu 0,79 %. [2] Insgesamt sind aus *Posidonia*-Wiesen mindestens 65 Arten in 18 Familien bekannt. [3] Einer der typischten und auffälligsten Bewohner von *Posidonia*-Wiesen, dessen bis zu 80–90 cm großen Schalen einer reichhaltigen Epibionten-Gemeinschaft Siedlungsfläche bieten. Die Art ist bedroht und steht unter Schutz. [4] Alle 5 Arten bohren im Rhizombereich von *Posidonia oceanica*. Diese Bohrorganismen sind je nach Tiefe in 15–35 % der Rhizome zu finden (in größeren Tiefen häufiger), vor allem im Bereich der übrig gebliebenen Blattreste, wo man früher vor allem Mikroorganismen als Besiedler angenommen hat. Die Häufigkeiten dieser Arten (etwa 50 - 180 Ind./m^2) sind homogen, sie zeigen im Jahresverlauf nur geringe Schwankungen. Sie sind selbst in abgebrochenen bzw. abgestorbenen Rhizomstücken zu finden und verzehren auch lebende und abgestorbene Blätter bzw, den daraus entstehenden Detritus und den auf den Blättern wachsenden epiphytischen Aufwuchs. Insgesamt wurden in Seegraswiesen bei einzelnen Untersuchungen bis über 200 Polychaeten-Taxa gefunden (vor allem Terebellidae, Sabellidae, Serpulidae, Spirorbidae), viele von ihnen aber nur selten. [5] Hochradiger Spezialist (Färbung, Körperform), der direkt an Seegrasblättern weidet (Abb. 6.95 e). [6] Bohrasseln bohren wie die vorhin erwähnten Polychaeten in der Rhizomschicht; ihre Bohrgänge finden sich sonst auch in Holz, Schiffen und Hafenbauten. Die Häufugkeit ist jahreszeitlich unterschiedlich, im Sommer mit > 1000 Ind./m^2 am höchsten. [7] Bei einzelnen Untersuchungen wurden 80 Arten in 51 Gattungen und 25 Familien gefunden. [8] Hochradig spezialisert, sehr häufig, perfekte Farbanpassungen an verschiedene Bereiche der *Posidonia*-Blätter (saftig grün, dunkelgrün, bräunlich, rosarot, rötlich oder weißlich gescheckt (wie Kalkrotalgen, Abb. 6.95 h). Die Bucklige Seegrasgarnele *(H. holthuisi)* ist durch den stark abgeknickten Hinterleib von den anderen Arten leicht zu unterscheiden. [9] Eine Schlüsselart unter den Besiedlern, frisst *Posidonia*-Blätter und ist der wichtigste Weidegänger der Seegraswiesen. Junge Seeigel weiden nur den Epiphytenaufwuchss ab, später fressen sie aber auch die Blätter selbst und haben damit eine regulatorische Funktion. Tagsüber in der Rhizomschicht, nachts auf den Blättern. [10] Nur in der Rhizomschicht (da zu schwer). [11] Größere Ascidienarten von Hart- und Sedimentböden in der Rhizomschicht. [12] Gehört zu den am höchsten spezialisierten Bewohnern von Seegraswiesen (Abb. 6.95 a–f). [13] Charakteristische Familie in Seegraswiesen. [14] Typische Fischart von *Posidonia*-Wiesen, die in Schulen über Seegraswiesen zieht und als einzige Fischart im Mittelmeer direkt an den Seegrasblättern weidet. [15] Auch im Felslitoral; nicht ausschließlich in Seegraswiesen. [16] Congridae, Gadidae, Atherinidae, Zeidae, Triglidae, Mullidae, Centracanthidae, Pomacentridae, Blenniidae, Gobiidae – mindestens 50 verschiedene Fischfamilien wurden bei Erhebungen in Seegraswiesen gefunden, hinzu kommen zahlreiche weitere Familien der Knorpelfische.

Die Tiefsee

Michael Türkay

Die Tiefsee des Mittelmeeres unterscheidet sich aufgrund der in ihr herrschenden ozeanographischen Bedingungen grundsätzlich von der ozeanischen Tiefsee. Wie bereits im Kapitel „Ozeanographie und Wasserhaushalt" dargestellt (S. 258 ff.), ist das Mittelmeer ein Konzentrationsbecken mit negativer Wasserbilanz, das an der Oberfläche Einstrom aus dem benachbarten Atlantik und in der Tiefe Ausstrom aufweist. Das kalte ozeanische Tiefenwasser erreicht wegen der Schwelle von Gibraltar nicht die Tiefsee des Mittelmeeres, so dass sein Tiefseewasser in diesem selbst durch Absinken an verschiedenen Stellen gebildet wird. Es kann damit logischerweise nicht kälter sein als das Oberflächenwasser in der kältesten Jahreszeit in den Absinkregionen. Entsprechende Austauschprozesse finden auch zwischen dem noch arideren östlichen und westlichen Mittelmeerbecken über die Straße von Sizilien statt. Dies alles hat zur Konsequenz, dass ab etwa 200 m Wassertiefe bis zum Grund der tiefsten Becken stets Wassertemperaturen von über 13 °C herrschen. Der Salzgehalt ist hoch und beträgt im westlichen Becken um 38 ‰, im östlichen um 39 ‰.

Auch im Mittelmeer nimmt die „Tiefsee" (zur Definition siehe S. 289 ff.) den größten Teil des gesamten Lebensraumes ein. Das westliche Mittelmeer erreicht an seiner tiefsten Stelle zwischen Sizilien und Sardinien etwa 3 700 m. Das östliche Mittelmeer ist tiefer und weist eine Reihe von Gräben entlang des Hellenischen Bogens auf, die tiefer als 4 000 m sind und an einer Stelle im Matapan-Graben eine Maximaltiefe von 5 102 m erreichen. Etwa 83 Prozent des Mittelmeerbodens liegen unter Wassertiefen von mehr als 200 m.

Obwohl viele Anrainernationen ihre Tiefsee-Untersuchungen im Mittelmeer begannen, ist über die großen Tiefen verhältnismäßig wenig bekannt. Historische Informationen stammen besonders von den Expeditionen des Prinzen Albert I. von Monaco in den letzten beiden Jahrzehnten des 19. Jahrhunderts, aber auch von der französischen „Travailleur" 1881, der italienischen „Washington" 1881 und der österreichischen „Pola" 1890–1894. In neuerer Zeit sind besonders mehrere Tauchgänge des Bathyscaphs „Archimède" und der „Cyana" zu erwähnen, die uns eine unmittelbare Vorstellung von den Lebensräumen in großer Tiefe gegeben haben (siehe die Abbildungen in diesem Abschnitt). Neuere Expeditionen, die das immer noch lückenhafte Bild dieses Lebensraumes ergänzt und dabei auch die großen Tiefen bearbeitet haben, wurden von Frankreich (N/O „Calypso" 1955, 1964 und N/O „Jean Charcot" 1970, 1972), Italien (N/O „Bannock" 1980, 1989), Russland („Akademik Vavylov" 1959, „Vitjaz" 1979), Spanien (Instituto de Ciencias del Mar, Barcelona) und Deutschland (F. S. „Meteor" 1987, 1993, 1997/98; Abb. 6. 101) unternommen. Die deutschen Expeditionen befassten sich besonders mit dem wenig bekannten

***6.101** Mit dem Forschungsschiff „Meteor" wurden wichtige Beiträge zur Erforschung der Tiefseefauna, besonders des östlichen Mittelmeeres, geleistet.*

6.102 a) und b) Eine Seekatze (Chimaera monstrosa, Holocephala, Chondrichthyes) auf Nahrungssuche in 1 770 m Tiefe vor Nizza. Dieser ostatlantische Knorpelfisch ist nur aus dem westlichen und nördlichen zentralen Bereich des Mittelmeeres bekannt, selten wurde er in der Adria und Nordägäis gefunden. Der träge Bodenfisch geht in größeren Tiefen auf Nahrungssuche, er ernährt sich überwiegend von benthischen Wirbellosen. c) In mittleren Wassertiefen sind Lanzenseeigel, Cidaris cidaris, häufig. Kontinentalabhang von Malta, 499 m Wassertiefe. Aufnahmen des Tauchbootes „Cyana", 1986, 1980, IFREMER.

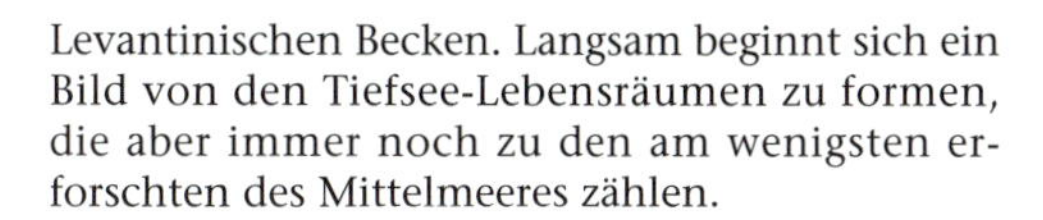

Levantinischen Becken. Langsam beginnt sich ein Bild von den Tiefsee-Lebensräumen zu formen, die aber immer noch zu den am wenigsten erforschten des Mittelmeeres zählen.

Die Lebensräume und ihre Tierwelt

Die Tiefsee des Mittelmeeres umfasst unterschiedliche Lebensräume: den Kontinentalhang (Bathyal) und die Tiefsee-Ebenen (abyssale Flächen, *abyssal plains*). Hinzu kommen die Tiefseegräben des östlichen Mittelmeeres, die von den Tiefsee-Ebenen aus relativ steil abfallen, aber flächenmäßig bzw. räumlich eng begrenzt sind (vgl. Abb. 2.9 und 6.4). Am Kontinentalhang ist wegen der Schelfnähe und des steilen Abfalls ein Abwärtstransport des von der Küste und vom Schelf kommenden organischen Materials sehr leicht möglich, so dass die Bodenfauna, das Benthos, bessere Lebensbedingungen vorfindet als auf den weiten küstenfernen Flächen des Abyssals.

Im Bathyal muss man zwischen Hart- und Weichgründen unterscheiden. Hartgründe sind in der Tiefsee wenig verbreitet (Abb. 6.103c, d), bilden aber dafür besonders interessante und artenreiche Biotope. Eine charakteristische Artengemeinschaft lebt auf den tiefen Riffen, die von weißen Korallen gebildet werden und in Tiefen von mindestens 200–500 m vorkommen, vielleicht auch bis 1 000 m. Bestandsbildend sind hier die Scleractinier *Lophelia pertusa* und *Madrepora oculata* (Abb. 6. 103c).

Solche tiefen Riffe kommen auch im angrenzenden Atlantik vor und sind dort üppiger entwickelt. Im Mittelmeer gibt es lebende Riffe nur in den Regionen regelmäßigen Atlantikwasser-Einstroms, wie etwa entlang der marokkanischen und der algerischen Küste. Je weiter man nach Osten kommt, um so mehr verkümmern die Riffe, pro Stock leben nur noch wenige Polypen; schließlich sterben sie ab. Die abgestorbenen Stöcke bilden ein ausgedehntes, biogenes Hartsubstrat. Tote Stöcke großer Ausdehnung kommen besonders häufig auch im Ionischen Meer vor. Sie stammen wahrscheinlich aus dem Tyrrhenium, also etwa 80 000 bis 100 000 Jahre vor unserer Zeit. Seither hat durch die Verringerung des Wasseraustausches mit dem Atlantik auch die Verbreitung lebender Riffe abgenommen. Als weiterer Grund für ihre Abnahme auch im westlichen Mittelmeer werden menschliche Einflüsse vermutet. Die Korallen sind sehr empfindlich gegen Überdeckung mit Sediment. Der Sedimenteinstrom durch die Flüsse hat aber durch Abholzen der Wälder und Bodenerosion seit Jahrhunderten konstant zugenommen.

Die tiefen Korallenriffe bieten – ob lebend oder tot – einer reichhaltigen festsitzenden Fauna Ansiedlungsmöglichkeiten. Dazu gehören solitäre Steinkorallen der Gattung *Caryophyllia* wie auch *Desmophyllum cristagalli*. Schwämme sind im Gegensatz zu entsprechenden Biotopen des Atlantiks selten und nur vereinzelt gefunden worden. Dagegen kommen einige Gorgonarien (vgl. Abb. 6. 103d) der Familien Primnoidae *(Callogorgia verticillata)* und Paramuriceidae *(Placogorgia massiliensis, Villogorgia bebrycoides, Bebryce mollis)* sowie Antipatharier (z. B. *Antipathes fragilis*) regelmäßig auf Riffen, aber auch auf anderen Hartgründen vor. Polychaeten bilden die relativ artenreichste Gemeinschaft. Am auffälligsten sind die

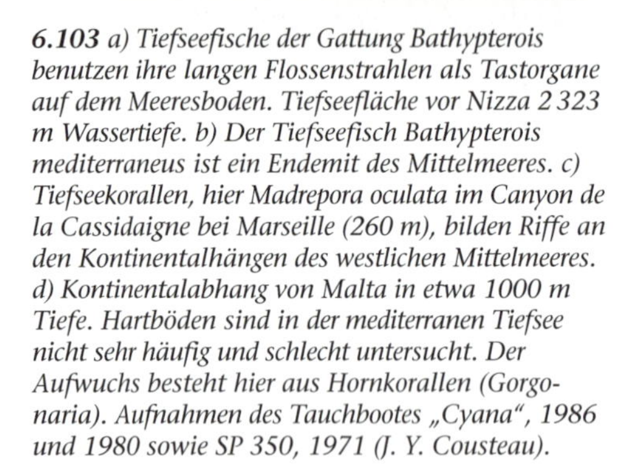

6.103 *a) Tiefseefische der Gattung Bathypterois benutzen ihre langen Flossenstrahlen als Tastorgane auf dem Meeresboden. Tiefseefläche vor Nizza 2 323 m Wassertiefe. b) Der Tiefseefisch Bathypterois mediterraneus ist ein Endemit des Mittelmeeres. c) Tiefseekorallen, hier Madrepora oculata im Canyon de la Cassidaigne bei Marseille (260 m), bilden Riffe an den Kontinentalhängen des westlichen Mittelmeeres. d) Kontinentalabhang von Malta in etwa 1000 m Tiefe. Hartböden sind in der mediterranen Tiefsee nicht sehr häufig und schlecht untersucht. Der Aufwuchs besteht hier aus Hornkorallen (Gorgonaria). Aufnahmen des Tauchbootes „Cyana", 1986 und 1980 sowie SP 350, 1971 (J. Y. Cousteau).*

widerstandsfähigen pergamentartigen Röhren von *Eunice floridana*, die auch nach dem Absterben der Tiere lange erhalten bleiben. Die vagile Fauna wird besonders von dekapoden Crustaceen gestellt, wobei die Garnele *Pandalina profunda* und die Krabbe *Paromola cuvieri* (Abb. 6.105) regelmäßig gefunden werden. Häufig ist auch der Lanzenseeigel *Cidaris cidaris* (Abb. 6.102 c).

Die Schlickgründe des Bathyals haben eine reichere Endofauna. In die oberen Bereiche strahlen Arten aus flacheren Zonen ein, die bei wenigen hundert Metern Tiefe ihre untere Verbreitungsgrenze erreichen. An festsitzenden Tieren gehören hierher Seefedern, in den obersten Bereichen die sublitorale *Pennatula phosphorea*, tiefer aber dann nur noch *Funiculina quadrangularis* und *Kophobelemnon leuckarti*. Schwämme kommen lokal häufiger vor, wenn genügend Geschwebe vorhanden ist. In Gebieten mit weichem, suppigem Schlick dominiert der irreguläre Seeigel *Brissopsis lyrifera*. Bei festem, kompaktem Schlick dagegen sind die Aktinie *Actinauge richardi*, die Schnecke *Calliostoma suturale* und der Seestern *Odontaster mediterraneus* charakteristisch.

In der anschließenden mittleren Tiefenzone, die bis ca. 800 m hinunterreicht, siedelt eine Lebensgemeinschaft, die durch die Gorgonarie *Isidella elongata* charakterisiert ist. Diese Zone ist die artenreichste der Tiefsee des Mittelmeeres. In ihr leben auch die kommerziell wichtigen Tiefseegarnelen *Aristeus antennatus* und *Aristeomorpha foliacea*, außerdem eine große Anzahl von Fischarten. Sowohl Garnelen als auch Fische unternehmen tagesperiodische oder aperiodische vertikale Wanderungen und sind daher in dieser Zone nicht stationär anzutreffen. Stabiler ist das Vorkommen der Seegurke *Mesothuria intestinalis*. Örtlich enger begrenzt ist das Vorkommen der Zylinderrose *Branchiocerianthus norvegicus* auf weichem Schlick.

Die untere Zone des Bathyals geht in die abyssalen Flächen über und unterscheidet sich nicht grundlegend von diesen. Solange der Hang noch etwas steiler ist, kann Nahrung vom Hang aus leichter eingetragen werden und die Fauna ist reicher. Die abyssalen Flächen hingegen werden immer arten- und individuenärmer, je mehr wir uns vom Hang entfernen. Partikelfresser sind in Hangnähe häufiger, während die abyssalen Flächen überwiegend von Sedimentfressern oder von Räubern und Aasfressern besiedelt werden. Erstere können naturgemäß nur dort vorkommen, wo das Sediment genügend Nahrung aufweist, letztere wandern über große Strecken zu Beuteobjekten hin. Die früher unterschätzte Zahl solcher Aasfresser konnte neuerdings durch Untersuchungen mit beköderten Fallen und Kameras auf ihre wahre Bedeutung hin analysiert werden. Aus diesen Untersuchungen wird deutlich, dass sowohl im unteren Bathyal als auch auf den abyssalen Flächen des Mittelmeeres eine Gemeinschaft großer Aasfresser existiert, die je nach Eintrag von großen organischen Partikeln – z. B. Tierleichen – zur Stelle sind und das Material verwerten. Im Gegensatz zum offenen Ozean fehlen im Mittelmeer große Amphipoden (Lysianassidae, z. B. *Eurythenes*), die Verwertung der Futterbrocken wird von Dekapoden und Fischen vorgenommen. Auch kleine Isopoden *(Cirolana)* und Leptostracen *(Nebalia sp.)* sind an der Verwertung beteiligt. Unter Dekapoden sind es vor allem Garnelen, z. B. *Acanthephyra* und *Nematocarcinus* sowie Tiefseekrabben aus der Familie Geryonidae (Abb. 6.107).

Im unteren Bathyal wie auch auf den weiten abyssalen Flächen lebt eine Fauna, die durch Arten charakterisiert ist, die im flacheren Wasser nicht oder nur selten vorkommen. Bei den dekapoden Crustaceen sind dies *Nematocarcinus exilis, Acanthephyra eximia, Polycheles typhlops, Steromastis sculpta, Chaceon mediterraneus* und *Zariquieyon inflatus*. Die Garnele *Nematocarcinus exilis* ist die aus den größten Tiefen des Mittelmeeres bekannte Dekapodenart und wurde im Ionischen Meer bis 4 765 m Tiefe nachgewiesen.

Auch bei den Fischen gibt es entsprechende Arten, die als charakteristisch für diese Tiefen gelten können: der Hai *Centroscymnus coelolepis* und die Knochenfische *Bathypterois dubius, Bathypterois mediterraneus* (Abb. 6.103; beide Chlorophthalmidae), *Haloporphyrus lepidion* (Moridae) und *Chalinura mediterranea* (Macrouridae). Letzterer hält mit 4 505 m den Tiefenrekord der Mittelmeerfische, obwohl bei Tauchgängen mit dem Bathyscaph „Archimède" im Matapan-Graben (September 1965) in 4 720 m auch Fische beobachtet wurden, vermutlich *Benthosaurus*.

Die Makrofauna der abyssalen Flächen ist auffallend kleinwüchsig und im Vergleich zum angrenzenden Atlantischen Ozean sowohl arten- als auch individuenärmer. Muscheln und Polychaeten sind die dominierenden Gruppen, bei denen auch einzelne Arten vorkommen, die auf diese Zone beschränkt sind, z. B. einige Spezies von *Macellicephala* und *Aricidea*. Von Gastropoden sind nur wenige Arten in extrem geringer Individuendichte bekannt. Dies hat zur Hypothese geführt, dass in der Tiefsee des Mittelmeeres keine geschlossenen Populationen leben, sondern Pseudopopulationen weniger Individuen, die sich gar nicht mehr fortpflanzen, sondern der Ergänzung durch pelagische Larven aus dem Atlantik bedürfen. Diese Hypothese kann sicher die geringen Individuendichten lebender Makrobenthonten erklären, sollte aber nur auf großwüchsige Arten Anwendung finden. Bei kleinwüchsigen tritt das Problem der relativen Seltenheit gar nicht auf. Die Individuendichte der Meiofauna z. B. liegt in derselben Größenordnung wie im offenen Ozean in vergleichbarer Tiefe.

Die Fauna der Tiefseegräben ist bisher wenig erforscht. Soweit bekannt, unterscheidet sie sich nicht grundsätzlich von der der abyssalen Flächen. Neuerdings konnte gezeigt werden, dass die steilen Hänge und die relative Landnähe zu einer Konzentration von organischem Material führen, das vom Land oder von landnahen sublitoralen und bathyalen Lebensräumen stammt. Die steilen Hänge erleichtern den vertikalen Transport, so dass es am Boden der Becken lokal zu einer Anreicherung kommt. Hier haben wir also eine Ausnahme von der Regel, dass der Eintrag von organischem Material mit der Tiefe abnimmt. Entsprechend dem Eintrag ist auch die Verbreitung der Fauna fleckenhaft. Polychaeten sind nun absolut dominant, vereinzelt treten noch Crustaceen auf (Isopoda, Amphipoda), andere Tiergruppen nur sporadisch. Alle Arten sind kleinwüchsig.

Nicht die gesamte Tiefsee des Mittelmeerbeckens und benachbarter Becken weist Tierleben auf. Das Schwarze Meer ist ab etwa 130 m azoisch. Der Grund hierfür ist, dass die positive Wasserbilanz des Schwarzen Meeres zu einem Ausstrom des stark ausgesüßten Oberflächenwassers (etwa 19 ‰) durch den Bosporus führt; der tiefe Einstrom durch diese Meeresstraße bringt dagegen viel salzhaltigeres Wasser mit. Die durch die starken Dichteunterschiede entstehende Schichtung ist so stabil, dass es zu keinem Austausch und Sauerstoffeintrag in das tiefe Wasser kommt. Die hohe Oberflächenproduktion, die durch Nährstoffe aus den großen Strömen Donau, Dnjepr, Dnjestr und Don sowie vielen kleineren Zuflüssen angetrieben wird, führt über die Nahrungskette zu

6.104 *Auf den mit Schlickböden bedeckten abyssalen Flächen sind Spuren von Igelwürmern (Echiurida) zu sehen, die als Endofauna im Sediment leben. Ionisches Meer östlich von Malta, 2 245 m Tiefe. Aufnahmen des Tauchbootes „Cyana", 1980, IFREMER.*

***6.105** Paromola cuvieri (Momolidae), eine Krabbe mit langen Beinen am Kontinentalhang vor Nizza in 949 m Tiefe. Diese Art wurde in Teilen des Westmediterrans, punktuell in der Ägäis und im angrenzenden Atlantik nachgewiesen. Aufnahme des Tauchbootes „Cyana" 1986, IFREMER.*

hohen Biomassen z. B. von planktonfressenden Fischen, etwa Sardellen und anderen. Diese Bioproduktion wird nur zum Teil in der Oberflächenschicht abgebaut; die Reste sinken als organischer Eintrag in das Tiefenwasser und führen zu starker Sauerstoffzehrung.

Das aus dem Bosporus einströmende Tiefenwasser hat ein so geringes Volumen, dass der damit zugeführte Sauerstoff bei weitem nicht ausreicht, die durch Abbau bedingte Sauerstoffzehrung zu kompensieren. Was unterhalb der Grenze zwischen brackigem Oberflächen- und salinem Tiefenwasser bleibt, ist ein sauerstofffreier und schwefelwasserstoffreicher Wasserkörper, in dem nur bakterielles Leben möglich ist. Am Boden sammelt sich schwarzer Faulschlamm.

So ähnlich muss man sich die Situation auch periodisch über das Pleistozän und Holozän hinweg vor wenigen tausend Jahren im östlichen Mittelmeerbecken vorstellen. Großflächige Faulschlammbildung in der Tiefsee setzte zuletzt vor etwa 8 000 Jahren ein, da der Süßwassereinstrom besonders über den Nil vor etwa 9 000 Jahren signifikant zugenommen hatte. Erst vor etwa 6 000 Jahren begann die Wasserschichtung wieder zu ihren heutigen Bedingungen zurückzukehren, und die Tiefsee wurde langsam für tierisches Leben wieder bewohnbar. Die gesamte Tiefseefauna des östlichen Mittelmeerbeckens ist also seit wenigen tausend Jahren zugewandert.

Heute kennt man sechs anoxische Becken entlang des Ostmediterranen Rückens: das Tyro-, Discovery-, Urania- Atalante-, Bannock- und Nadir-Becken, von denen besonders das Tyro-Becken südlich von Kreta und das Bannock-Becken nördlich der Großen Syrte biologisch untersucht wurden. Die Ursache der anoxischen Verhältnisse ist in diesen eng umgrenzten Becken, von denen in Zukunft sicher noch mehr entdeckt werden, ein hoher Salzgehalt des Wassers. Die Chloridkonzentration beträgt z. B. im Urania-Becken 120 g/l – das entspricht mindestens 222 ‰! – und ist damit über fünfmal höher als die des umgebenden Seewassers mit 22 g/l. Der hohe Salzgehalt in den Becken entsteht durch Lösungsvorgänge an Salzdomen (vgl. Kapitel 4), die durch Verwerfungen und Verschiebungen im Bereich solcher Becken an die Oberfläche gelangen. Durch die hohe Dichte des hochsalinen Wassers in diesen Becken kommt es nicht zu einem Austausch mit der Umgebung und damit nicht zu Sauerstoffzufuhr. Biologische Untersuchungen zeigten, dass in solchen über 3 000 m tiefen Becken kein tierisches Leben existiert. An der Übergangszone und Grenze zum normalen Tiefseewasser wurden Bakterienmatten festgestellt, die aber noch schlecht untersucht sind. Nicht bekannt ist bisher auch, ob sich in der Grenzregion eine besondere Tierwelt ansiedelt, die mit jener ozeanischer Schwefelwasserstoff-Lebensräume vergleichbar ist.

Zusammensetzung der Fauna, Zoogeographie

Zoogeographisch gesehen ist das Mittelmeer ein Nebenmeer des Atlantiks; seine Wiederbesiedelung nach der Messinischen Salinitätskrise geschah durch die Straße von Gibraltar. Auch die Tiefseefauna folgte diesem Weg; andere Einflüsse, z. B. aus dem Indopazifik, konnten bis heute nicht nachgewiesen werden. Damit bleibt die Lesseps'sche Einwanderung durch den Suezkanal bisher auf Flachwasserarten beschränkt, die bis maximal 100 m Tiefe vorkommen.

Die hohen Temperaturen des Tiefseewassers verhindern das Überleben vieler Tiefseearten des Atlantischen Ozeans im Mittelmeer. Nur wenige schaffen es offenbar, sich diesen Umweltbedingungen anzupassen. Ansonsten setzt sich die Mittelmeerfauna überwiegend aus Arten zusammen, die eurybath sind, also Flachwasserarten, die auch die Tiefsee besiedeln (Abb. 6.106). Bei einigen Arten ist das Phänomen der Submergenz zu beobachten, das heißt, dass Arten, die im Atlantik nur im flachen Wasser leben, im Mittelmeer wesentlich größere Tiefen erreichen. Als Beispiel sollen hier die dekapoden Crustaceen dienen. Von insgesamt 67 Arten, die in Tiefen von mehr als 500 m vorkommen, überschreiten nur 33 die 1 000-m-Linie und 12 die 2 000-m-Linie. Nur ganz wenige Spezies sind auf eine Tiefenstufe beschränkt, die sie zu echten Tiefseetieren macht.

Dies sind die Garnelen *Richardina fredericii* und *Nematocarcinus exilis*, der Tiefsee-Vielscherer *Stereomastis sculpta* sowie die Krabben *Chaceon mediterraneus* und *Zariquieyon inflatus*. Bei diesen tritt auch die stärkste Submergenz auf, obwohl diese Tendenz ebenso bei etwa einem Drittel der flacher lebenden Arten zu sehen ist. In anderen Tiergruppen lassen sich ähnliche Ergebnisse erzielen.

So muss die Tiefseefauna des Mittelmeeres als überwiegend aus eurybathen Arten zusammengesetzt charakterisiert werden, von denen einige eine deutliche Submergenz zeigen. Echte ozeanische Tiefseearten sind selten, ein Spiegel der Temperaturverhältnisse, die für die Verbreitung von Tieren im Ozean wesentlich sind. Die hohen Temperaturen erlauben stenothermen (an gleichmäßige – in diesem Fall tiefe – Temperatur angepassten) ozeanischen Kaltwasserarten nicht, die Tiefsee des Mittelmeeres zu besiedeln. Selbst wenn sie als Larven über die Straße von Gibraltar eindriften, gehen sie zugrunde, bevor sie sich ansiedeln können. Nur wenige Arten können offenbar mit dieser Temperaturbarriere fertig werden, die Nischen der vielen anderen werden durch eurybathe Arten besetzt.

Die zoogeographische Zuordnung der Tiefseefauna unterscheidet sich von jener der Flachwasserfauna. Während die Flachwasserfauna überwiegend warm-gemäßigte Faunenelemente, einige subtropische und wenige boreale enthält, wird die Tiefsee des Mittelmeeres überwiegend von borealen, also nördlichen Elementen besiedelt. Dies wirft ein Schlaglicht auf die Besiedelung dieses Lebensraumes seit dem Miozän. Die eindringen-

6.106 Tiefenverbreitung der Großkrebse (Crustacea Decapoda) des Mittelmeeres, die unterhalb von 500 m Wassertiefe nachgewiesen sind. Auffällig ist die sehr geringe Zahl der Arten, deren Vorkommen auf größere Tiefen beschränkt ist.

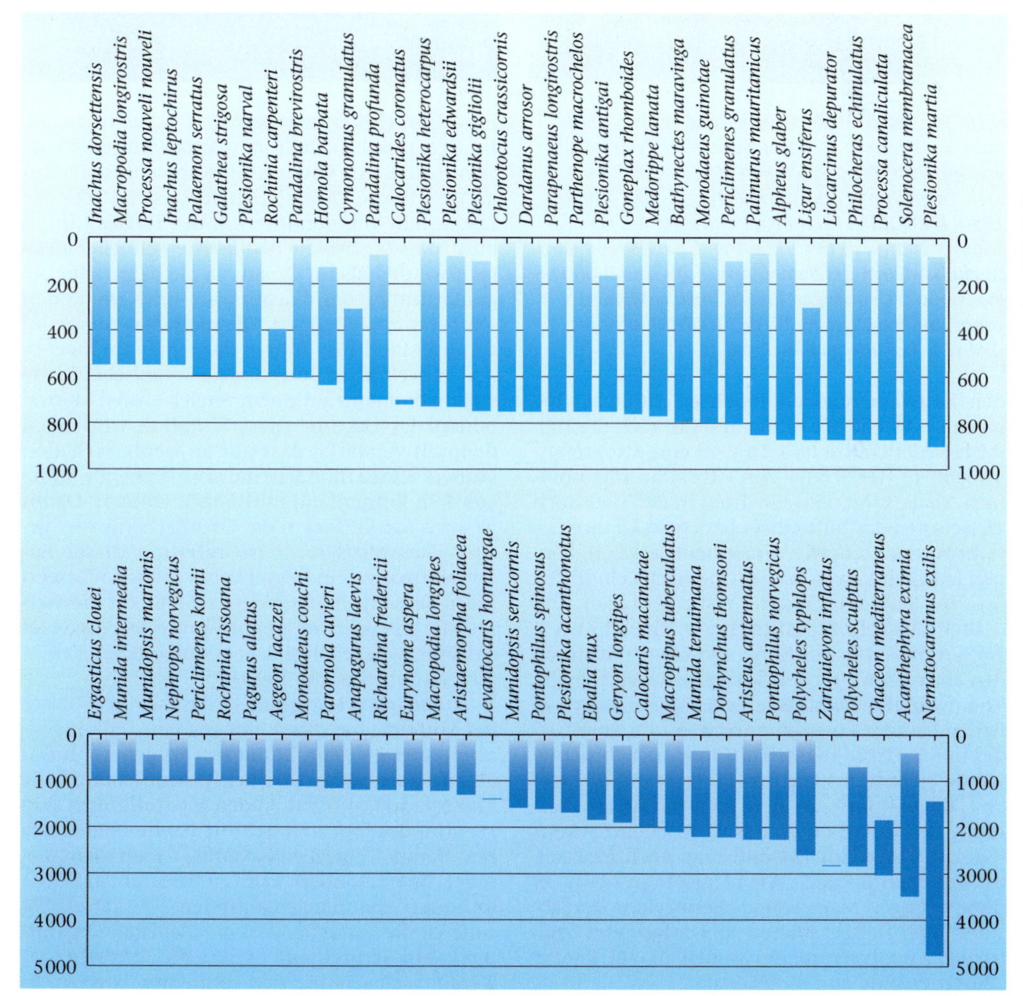

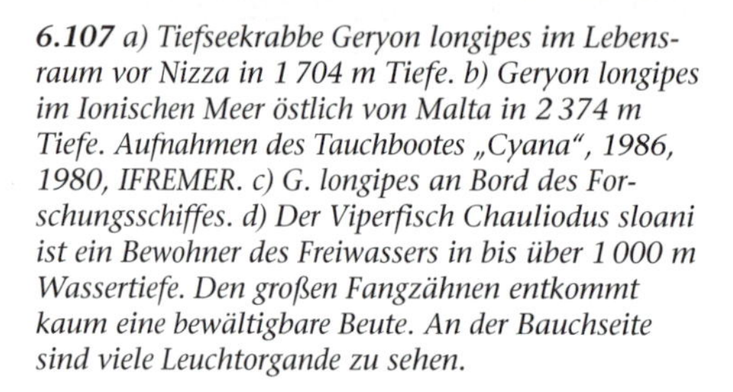

6.107 a) Tiefseekrabbe Geryon longipes im Lebensraum vor Nizza in 1 704 m Tiefe. b) Geryon longipes im Ionischen Meer östlich von Malta in 2 374 m Tiefe. Aufnahmen des Tauchbootes „Cyana", 1986, 1980, IFREMER. c) G. longipes an Bord des Forschungsschiffes. d) Der Viperfisch Chauliodus sloani ist ein Bewohner des Freiwassers in bis über 1 000 m Wassertiefe. Den großen Fangzähnen entkommt kaum eine bewältigbare Beute. An der Bauchseite sind viele Leuchtorgande zu sehen.

den Kaltwassermassen brachten zunächst die borealen Anteile der Fauna mit, die auch die Tiefsee besiedelten. Im Pliozän wird eine Strömungsumkehr in der Straße von Gibraltar angenommen, so dass mit dem Einstrom in der Tiefe auch Tiefseearten das Mittelmeer besiedeln konnten.

In Warmzeiten, wie wir sie heute erleben, können lediglich Larven an der Oberfläche eindriften und zur Besiedelung der Tiefsee beitragen. Das östliche Mittelmeer ist in dieser Hinsicht noch isolierter als das westliche und kann nur durch den Filter der westlichen Tiefsee besiedelt werden. Wenn schon die Besiedelung der Tiefsee des westlichen Beckens langsam erfolgte und immer wieder durch Strömungsänderungen unterbrochen wurde, so kam im östlichen Becken noch weniger an. Diese Situation führte zu einer Artenverarmung der Tiefseefauna des westlichen Beckens gegenüber dem Atlantik und einer noch stärkeren im östlichen Becken. Wir beobachten heute an diesem jungen Meer, wie die Besiedelung von abgetrennten Tiefseegebieten vonstatten geht. Insofern ist das Mittelmeer ein Modellfall (vgl. Kapitel „Biogeographie und Biodiversität").

Funktion des Ökosystems

Im Ozean sinken Nahrungspartikel unterhalb der Sprungschicht wie unter Kühlschrankbedingungen in die Tiefe ab. Nicht so im Mittelmeer. Die hohen Temperaturen in der Tiefsee führen dazu, dass organische Partikel viel schneller abgebaut werden als im Ozean, da die bakterielle Degradation in der Wassersäule und am Boden temperaturabhängig ist. Die speziellen Bedingungen im Mittelmeer führen dazu, dass am Meeresboden der Tiefsee dort weniger organisches Material ankommt als auf einem vergleichbaren Meeresboden des Ozeans. Diese Situation wird noch dadurch verstärkt, dass nur an wenigen Stellen größere Flüsse münden, die entsprechende Stoffe aus dem Binnenland mitbringen können. Damit ist auch der Eintrag in das Oberflächenwasser gering. Das Mittelmeer ist aufgrund dieser Zusammenhänge ein oligotrophes (nährstoffarmes) Meer. Dies gilt in besonderem Maße für die Tiefsee, die das weltweit oligotrophste Meeresgebiet darstellt. Wie erhält sich aber unter diesen Bedingungen Leben in der Tiefsee?

Zunächst ist festzuhalten, dass sich die Tiefsee des Mittelmeeres durch eine extreme Individuenarmut auszeichnet, besonders ausgeprägt unter 500 m Wassertiefe. Dies betrifft insbesondere die Makrofauna und hat zu den Vorstellungen von Pseudopopulationen geführt (siehe oben). Die Nanofauna – Einzeller, Bakterien – folgt nicht diesem Schema, sondern kann zu bestimmten Zeiten in hohen Abundanzen auftreten. Des Rätsels Lösung ist die Tatsache, dass die kleinsten Organismen sehr schnell auf punktuelle Einträge reagieren, wachsen und sich vermehren können. In

Zeiten der Nahrungsarmut bilden sie dormante Stadien, z. B. Cysten, reduzieren ihren Stoffwechsel und warten so auf den nächsten Eintrag.

Je größer und langlebiger die Tiere werden, um so weniger gut können sie auf lange Perioden des Nahrungsmangels reagieren; sie müssen sich daher „nach der Decke strecken", das heißt, sie können nur in den Individuendichten vorkommen, für die längerfristig auch genügend Nahrung zur Verfügung steht.

Der Nahrungseintrag in die Tiefsee ist ein „ereignisgetriebenes" Phänomen: Abhängig von größerer Oberflächenproduktion zu bestimmten Jahreszeiten, aber auch nach starken Regenfällen, die Nährstoffe von Land einschwemmen, erfolgt ein kurzzeitiger Eintrag in die Tiefsee. Das Wenige, das am Tiefseeboden ankommt, wird von den Organismen der kleinsten und kleinen Größenklassen schnell verbraucht und steht dem Makrobenthos nicht über längere Zeiträume zur Verfügung. Etwas anderes ist es mit dem Megabenthos, den großen und über weite Räume wandernden Tieren – Garnelen, Krabben und Fische –, die von großen Nahrungsbrocken, z. B. Tierleichen, angelockt werden, diese schnell verwerten und sich dann wieder in die Weiten der Tiefsee verteilen. Durch ihren Kot sorgen sie für eine weitere Verbreitung des organischen Materials.

Da der Einstrom von Nährstoffen im Wesentlichen von der Küste kommt, liegen auch die biologisch aktivsten Bereiche der Tiefsee in Küstennähe. Die Tiefe spielt hierbei eine untergeordnete Rolle. Kürzlich konnte gezeigt werden, dass die über 4 000 m tiefen Gräben des Ionischen Meeres und vor der Südägäis die höchste bakterielle Aktivität aufweisen und als Konzentrationsbecken für organisches Material angesehen werden müssen. Im Gegensatz dazu ist die Aktivität auf den mit durchschnittlich 2 500 m viel flacheren weiten Flächen des Levantinischen Beckens deutlich geringer. Aus diesen Zusammenhängen heraus lässt sich das Ökosystem am Boden des tiefen Mittelmeeres als ein opportunistisches System beschreiben. Die Organismen sind überwiegend kleinwüchsig und können daher schnell auf Einträge von organischem Material reagieren. Dies stimmt mit dem allgemeinen, seit längerer Zeit bekannten Zusammenhang überein, dass Oligotrophie und Körpergröße der Fauna umgekehrt proportional sind. Trotzdem gibt es eine reduzierte, aber doch signifikante Zahl von großen und sehr mobilen Organismen, die auf die gelegentlichen Einträge durch Zuwandern reagieren können. Die in der Größenklasse dazwischenliegende und wenig mobile Makrofauna spielt in der Tiefsee des Mittelmeeres hingegen keine wesentliche Rolle.

Gefährdung der Tiefsee

Wie aus den in diesem Kapitel und in „Ozeanographie und Wasserhaushalt" (S. 258 ff.) beschriebenen Zusammenhängen zu entnehmen ist, gelangt alles, was an der Oberfläche des Mittelmeeres eingeleitet oder eingebracht wird, früher oder später in die Tiefsee. Die Verweildauer neugebildeten Tiefseewassers kann etwa ein Jahrhundert betragen, also mehr als ein Menschenleben. Dieser geringe Austausch kann zu erhöhten Schadstoffkonzentrationen führen, die glücklicherweise im tiefen Wasser bisher weiträumig ausgeblieben sind. Ein großes Problem dagegen stellt die Müllbeseitigung auf See dar. Insbesondere auf den großen Schiffahrtsrouten – z. B. von Port Said in Richtung Sizilien und Gibraltar – wird noch heute trotz einschlägiger Verbote durch Meeresschutzkonventionen Schiffsmüll auf See beseitigt und unzerkleinert versenkt. Es handelt sich dabei neben weniger bedenklichen Essensresten um Plastiktüten, Flaschen, Dosen und Plastikteile aller Art. Bei Tiefsee-Untersuchungen gibt es kaum ein Trawl, das nicht solche Zivilisationsabfälle nach oben bringt – ein Zeichen dafür, welch große Mengen am Meeresboden liegen müssen (Abb. 6.108). Plastik wird nicht abgebaut, und die von solchem Material bedeckten Flächen sterben ab. Regelmäßig wurde unter solchen Flächen anoxischer Faulschlamm sichtbar. Noch gibt es keine großräumigen Untersuchungen über diese Gefährdung, es zeigt sich aber, dass der lange Arm des Menschen die Tiefsee längst erreicht hat. Die Konsequenzen werden wir erst langsam zu spüren bekommen, vielleicht zu langsam, um reagieren zu können.

6.89 Bierdose und Flasche (a) und verschiedenartiger menschlicher Abfall (b) in einem Tiefseefang aus etwa 2500 m Wassertiefe im Levantinischen Becken.

C. Dieter Zander

7. Ökologie

7.1 Sepia (Sepia officinalis) erbeutet einen Italienischen Taschenkrebs (Eriphia verrucosa). Die im felsigen Infralitoral (Sublitoral) häufig vorkommende Krabbe wird 10 cm groß und gehört damit zu den auffälligsten Crustaceen dieser Zone. „Es ist das natürliche Schicksal von über 90 Prozent aller Meerestiere, von anderen Lebewesen gefressen zu werden“ (Thorson, 1972).

In diesem Kapitel sollen besonders die biotischen Faktoren, die Beziehungen zwischen einzelnen Organismen sowie Lebensgemeinschaften im Mittelpunkt stehen. Die Wirkung abiotischer Faktoren, die Großgliederung mariner Lebensräume, die Lebensgemeinschaften und wichtige Begriffe der Meereskunde wurden bereits im Kapitel 6 behandelt, ökologisch relevante Fragen der Hydrologie im Kapitel „Ozeanographie und Wasserhaushalt“.

Grundbegriffe der Ökologie

Ökologie ist nach Ernst Haeckel (1869) die Lehre vom Haushalt der Natur („... die Lehre von der Oeconomie, von dem Haushalt der thierischen Organismen“) oder anders „die gesamte Wissenschaft von den Beziehungen des Organismus zur umgebenden Außenwelt“. Andere Formulierungen umschreiben die Ökologie als die Wissenschaft der Beziehungen der Organismen untereinander und mit ihrer Umwelt. Die Stufen der Ökologie sind Autökologie, Populationsökologie und Synökologie, bei denen die einzelnen Organismen, die Populationen einer Art bzw. die Gemeinschaften mehrerer Arten oder ganze Ökosysteme im Mittelpunkt stehen. In der Synökologie bedeutet die Lebensgemeinschaft oder Biozönose die belebte, der Lebensraum oder das Habitat die unbelebte Umwelt. Aus diesen beiden Komponenten kann ein Ökosystem entstehen, wenn

sich wechselseitige Beziehungen innerhalb und zwischen ihnen entwickeln, die sich weitgehend selbst zu regulieren vermögen. Nach Krebs (1994) sind die Biozönosen durch folgende Parameter zu beschreiben: Artenreichtum, relative Abundanzen, Dominanzen, Lebensformen und Stoff- und Energiefluss. Der „Haushalt der Natur", der von Haeckel in seiner Erklärung verwendet wurde, wird im Ökosystem besonders durch diesen Stoff- und Energiefluss bestimmt. Energielieferant ist dabei hauptsächlich das Sonnenlicht, das von den grünen Pflanzen zum Aufbau organischer Substanzen aus anorganischem Material benötigt wird. Dieser Vorgang setzt die Nahrungskette oder vielmehr das Nahrungsnetz in Gang, in der herbivore Tiere primär von Pflanzen, carnivore von den Herbivoren abhängig sind.

Entsprechend dem synökologischen Begriff Ökosystem bedeutet auf autökologischer Stufe die „ökologische Nische" das dynamische Wechselspiel der Organismen mit Biozönose und Habitat. Nach Pianka (1994) ist die ökologische Nische die optimale Ausnutzung der Natur durch einen Organismus. Das bedeutet eine Maximierung des Energie- (Nahrungs-)erwerbs bei gleichzeitiger Minimierung der dafür aufzuwendenden Energie. Eine solche Optimierung kann erst das Ende längerer Evolutionsprozesse sein.

Das Weltmeer bedeckt mit 70,8 Prozent den größten Teil der Erdoberfläche, dementsprechend groß ist seine ökologische Bedeutung als Lebensraum (Abb. 7.2). Im Meer sind alle Tierstämme vertreten; etliche kommen sogar ausschließlich in der marinen Biosphäre vor. Sie weisen eine große Artenvielfalt auf. Die Gliederung der Meere, der Lebensraum des freien Wassers (Pelagial) und des Bodens (Benthal) sind in Abb. 6.4 und 6.9 dargestellt.

7.2 *Schematische Darstellung einiger Unterschiede zwischen terrestrischen und marinen Ökosystemen.*

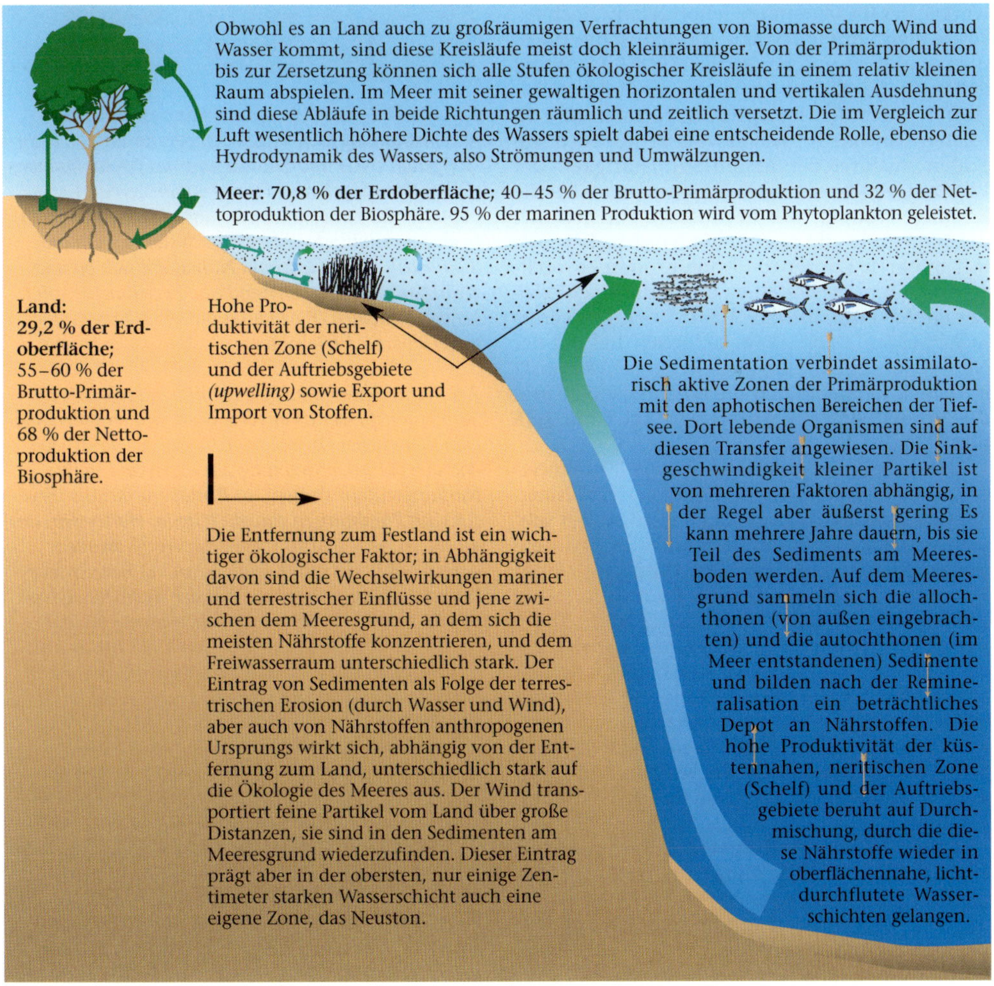

Unter den entscheidenden ökologischen Faktoren Licht, Temperatur und Nährstoffe (Abb. 7.3) bestimmt – besonders an der Oberfläche – vor allem die Temperatur den subtropischen Charakter der Mittelmeerfauna und -flora. Während die Temperatur am tiefen Boden, abweichend von jener der Weltmeere, um 13 °C beträgt, ist an der Oberfläche ein von Nord/West nach Süd/Ost ansteigendes Temperaturgefälle zu verzeichnen (Abb. 5.11). Die Werte erreichen im Sommer 20–29 °C, sinken im Winter aber auf 17–12 °C (Golfe du Lion, Nordadria) ab. Dadurch ist das Mittelmeer geteilt in ein kühleres Westbecken, das auch boreale Faunenelemente *(Marthasterias glacialis, Cyprina islandica, Ctenolabrus rupestris)* beherbergt, und ein wärmeres und artenärmeres östliches Becken ohne boreale, aber mit vielen tropischen Elementen *(Hermodice, Ophidiaster, Thalassoma pavo, Sparisoma cretensis)*.

Die Eindringtiefe des Lichts, unerlässlicher Faktor für das Wachstum der Flora, ist vom Einstrahlwinkel, der im Mittelmeer schon relativ hoch ist, sowie dem Vorhandensein anorganischer (Sedimente) und organischer Partikel (POM, Plankton) abhängig. Das Licht ist zusammen mit den Nährstoffen, besonders Phosphaten, Nitraten und Silikaten, sowohl im freien Wasser als auch am Boden Auslöser der Assimilationstätigkeit der Pflanzen, was bei unterschiedlicher Intensität die jeweilige Produktivität beeinflusst. Hinsichtlich der Nährstoffe gibt es eher ein Nord-Süd-Gefälle mit höheren Konzentrationen an den europäischen Küsten, die vor allem durch die Fracht großer Flüsse (Ebro, Rhône, Arno, Tiber, Po) verursacht werden, während im südlichen Teil nur der Nil wesentlichen Einfluss hat. Einen Schwerpunkt in diesem Kapitel bilden die Nahrungsnetze und die Produktivität im Mittelmeer (vgl. Abb. 7.35 und 7.36).

Zuerst aber soll die Einnischung der Mittelmeerorganismen im Kontext mit anderen Organismen der Gemeinschaft angesprochen werden. Der subtropische Charakter des Mittelmeeres bedingte eine schnellere Speziation (Artbildung) seiner Bewohner und eine schnellere Evolution seiner Gemeinschaften als in borealen Zonen. Diese Vorgänge sind allerdings langsamer vor sich gegangen als in tropischen Meeresgebieten, so dass aufgrund geringerer Konkurrenz die Artenzahl kleiner ist und sich weniger Spezialisierungen entwickeln konnten als z. B. im benachbarten Roten Meer. Zudem war durch die Austrocknung im Miozän – im Kapitel „Geologie und Entstehungsgeschichte" ausführlich beschrieben – ein erdgeschichtlich eingeschränkter Zeitrahmen von etwas mehr als fünf Millionen Jahren gegeben. Gerade diese relativ kurze Spanne zeigt aber, dass dennoch viele Prozesse mit besonderen Spezialisierungen ablaufen konnten, wie die vielen endemischen Arten im Mittelmeer beweisen.

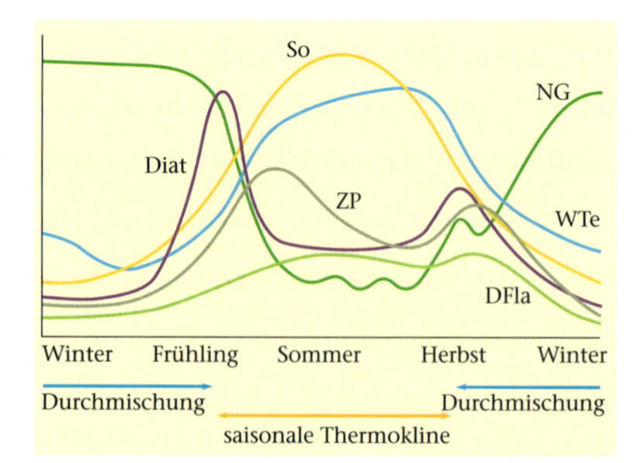

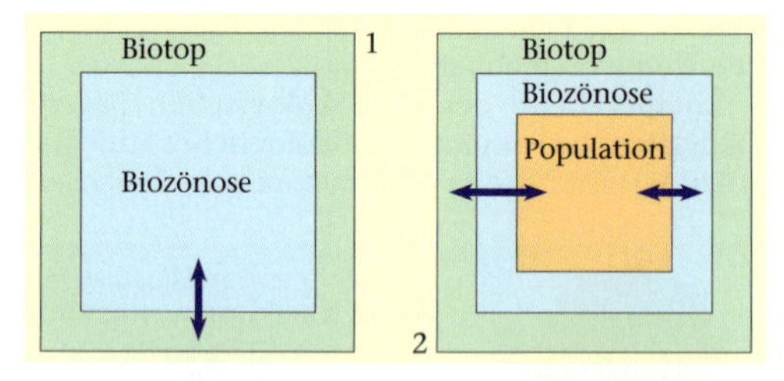

7.3 und 7.4 *Oben: Zusammenhang zwischen Sonneneinstrahlung (So), Wassertemperatur (WTe), Nährstoffgehalt (NG) und Entwicklung des Phytoplanktons (DFla: Dinoflagellaten, Diat: Diatomeen) und Zooplankton (ZP) in oberflächennahen Wasserschichten in einem gemäßigten Meer. Das System ist am produktivsten, wenn Licht und Nährstoffe sich optimal ergänzen. Darunter: Dynamische Beziehungen von lebenden Systemen (Biozönose) mit ihren Lebensräumen (Biotop). 1 Ökosysteme, 2 ökologische Nische.*

7.5 Rechte Seite: „Ökologie erhöhter Standorte". Für Suspensionsfresser ist es vorteilhaft, auf erhöhten Stellen und anderen Organismen zu siedeln, da sie sich dadurch stärkerer Strömung aussetzen und so ihre Nahrungszufuhr steigern. a) Pentapora facialis (Bryozoa) auf Paramuricea clavata (Giglio, Hartboden, um 40 m). b) Astrospartus mediterraneus (Gorgonenhaupt) auf P. clavata (Giglio, 60 m). c) Bewachsenes Hornskelett einer Gorgonie, mit der Hydrozoe Aglaophenia sp. (Giglio, 25 m). d) Microcosmus sp. mit Aufwuchs von Clavellina sp. (Ischia, 45 m). e) Antedon mediterranea auf einer Synascidie (Giglio, 35 m). f) Der basale Abschnitt von P. clavata ist stark mit Filograna implexa (oder Salmacina incrustans, Polychaeta) bewachsen. Unten im Bild ist eine Moostierchenkolonie (Smittina cervicornis) zu sehen (Giglio, 35 m). g) Imposante Hartboden-Lebensgemeinschaft auf der Untiefe La Catena, Ischia, in 25 m Tiefe: Eunicella cavolinii ist von Clavellina sp. besiedelt; der Haarstern Antedon sp. hält seine Arme in die Strömung. h) Hemimycale columella überwächst Eunicella cavolinii. i) Axinella sp. mit Parazoanthus axinellae. j) Gerardia savaglia überwächst Paramuricea und eine Katzenhai-Eikapsel (Giglio, um 50 m).

a
b
c
d
e
f
g
h
i
j

Autökologie

Biozönosen bestehen aus verschiedenartigen Organismen, die in einem bestimmten Verbreitungsgebiet miteinander in Beziehung treten. Solche Beziehungen können z. B. in Nahrungsnetzen bestehen, die mit der Primärproduktion durch die assimilierenden Pflanzen beginnen; dadurch wird jedes Tier zum Konsumenten und ist, mit Ausnahme der Gipfelräuber, zugleich auch Nahrung für Carnivore. Aber auch in anderen Bereichen nehmen verschiedenartige Organismen wechselseitigen Einfluss aufeinander, was einem oder beiden Partnern Vorteile oder auch Nachteile bringt. Je nach dem Ausmaß von Nutzen oder Schaden und der Enge der Partnerschaft werden diese mit charakteristischen Begriffen belegt. Leider ist die Verwendung dieser Begriffe – wie in anderen Fachbereichen auch – nicht einheitlich; sie unterscheidet sich vor allem zwischen dem deutschen und dem internationalen Sprachraum.

Nach Cheng (1967) umfasst Symbiose alle Assoziationen, bei denen zwischen zwei Partnern ein länger dauernder Kontakt besteht: Mutualismus als enge Partnerschaft, bei der Mutualist und Wirt metabolisch voneinander abhängig sind; Kommensalismus, bei der der Kommensale Schutz, eventuell auch Nahrung von seinem Wirt erhält; Phoresie, die eine lockere Partnerschaft ist, bei der ein Wirt dem Partner Schutz und Transport gewährt; und schließlich Parasitismus, bei dem der kleinere Partner metabolisch vom Wirt abhängig ist. Nicht eingeschlossen ist nach Cheng die Prädation (= Räubertum), weil es nicht zu einer länger dauernden Wechselbeziehung der Partner kommen kann, oder die zwischenartliche Konkurrenz. Remmert (1994) konnte allerdings deutlich machen, dass sich zwischen Prädation und Parasitismus nur die Größen von Räuber (Parasit) und Beute (Wirt) umkehren, dass es aber zwischen beiden Extremen durchaus Zwischenstufen gibt (Abb. 7.6).

Odum (1959) hat eine generelle Einteilung nach Nutzen (Symbol +), Neutralismus (0) und Schaden (–) eingeführt (Abb. 7.7). Er unterscheidet zunächst Symbiosen, die entsprechend Cheng klassifiziert werden, und Antibiosen. Letztere enthalten Parasitismus und Prädation. Kalusche (1989) ersetzte den Begriff Symbiose durch Bisystem, wollte aber die Symbiose auf die beiderseitigen positiven Partnerschaften einengen, entsprechend dem Mutualismus von Cheng. Verwirrung schafft noch der Begriff Karpose von Matthes (1978), der international dem Kommensalismus entspricht (Cheng 1967). Odum berücksichtigt eine weitere wichtige Wechselbeziehung, die zwischenartliche (interspezifische) Konkurrenz, die um die Ressourcen von Nahrung und Habitaten des betreffenden Ökosystems geführt wird und bei der beide Partner eingeschränkt werden. Die Konkurrenz bietet allerdings die Möglichkeit zur weiteren Entwicklung und Spezialisierung der betroffenen Arten und ist daher Motor für den Evolutionsvorgang der Einnischung. Nur in extremen, artenarmen Lebensräumen dominiert eher die innerartliche (intraspezifische) Konkurrenz. Die Beziehungen und Übergänge der verschiedenen Partnerschaften einschließlich der Symbiosen sind fließend, was treffend durch das Kreisschema von Odum beschrieben werden kann.

Kommensalismus (Karpose)

Beim Kommensalismus werden die beiden Partner als Wirte und Gäste bezeichnet. Die Gäste profitieren in jedem Fall von dieser Partnerschaft, die Wirte sollen weder einen erkennbaren Nutzen

7.6 Größenbeziehungen zwischen Räuber und Beute. Parasiten sind wesentlich kleiner, Filtrierer wesentlich größer als ihre Beute. a: Gipfelräuber, b: Sammler, c–f: Jäger. Nach Remmert, 1994.

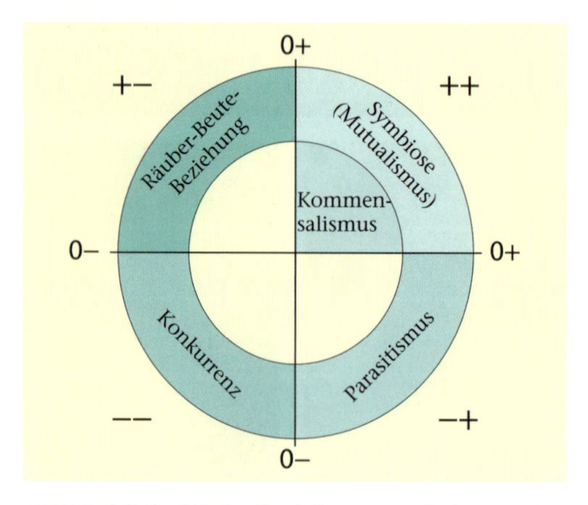

7.7 Modell der Wechselbeziehungen zwischen zwei Partnern nach Odum (1991). Er unterscheidet grundsätzlich zwischen Symbiosen und Antibiosen. Nutzen: +, neutral: 0, Schaden: –.

7.8 Beispiele für Fressgemeinschaften auf Sandböden. a) Meerbarbe (Mullus surmuletus) mit Meerjunker (Coris julis). b) Meerbarbe mit Zweibindenbrasse (Diplodus vulgaris). c) Selbst der Seestern Astropecten aranciacus (hier mit dem Plattfisch Botus podas) gilt als mäßiger Aufwirbler. Er wird beim Vorwärtskriechen immer wieder von Fischen verfolgt, die die aufgescheuchte Sandfauna als Nahrung aufnehmen. Fressgemeinschaften sind aber nicht auf Sedimentböden beschränkt, sie sind häufig auch im Felslitoral zu beobachten. An ihnen beteiligen sich oft fünf oder mehr Fischarten gleichzeitig.

noch Schaden erleiden. Mit den Begriffen Parökie (zufälliges Miteinander-Wohnen), Synökie (gezielter Aufenthalt bei Wirten), Entökie (Siedeln in Körperhöhlungen eines Partners) und anderen kann eine weitere Einteilung getroffen werden, die aber wegen der vielen fließenden Übergänge nicht sinnvoll erscheint.

Kommensalismus im Wortsinn bedeutet Tischgenossenschaft (lat. *con* = mit, *mensa* = Tisch); der Kommensale profitiert dann von der Nahrung, die sein Wirt erbeutet. Im Mittelmeer sind solche Wechselbeziehungen weit verbreitet. Fressgemeinschaften wurden im Mittelmeer zunächst auf Sandböden beobachtet, wo besonders die Meerbarben *Mullus barbatus* und *M. surmuletus* im Sediment nach Nahrung, kleinen Krebsen, Polychaeten und anderem wühlen und sie mit ihren langen Barteln am Unterkiefer ertasten. Bei der Wühltätigkeit werden sie von verschiedenen anderen Fischen, Meerbrassen, Meerjunker *(Coris julis)* und anderen Lippfischen, Sägebarschen, Petermännchen, Grundeln und sogar Plattfischen verfolgt, die somit die aus dem Sediment hochgewirbelten Kleinorganismen auf einfache Weise als eigene Nahrung aufnehmen können (Abb. 7.8). Die Meerjunker können sogar Berührungskontakt mit dem Wirt aufnehmen. Auch *Trygon pastinacea* und andere Rochenarten betätigen sich als Aufwirbler für die genannten Fische. Als mäßiger Aufwirbler gilt der Seestern *Astropecten aranciacus* (Abb. 7.8 c); dennoch wird er beim Vorwärtskriechen von Fischen verfolgt, die die aufgescheuchte Sandfauna als Nahrung aufnehmen. Selbst badende Menschen können den gleichen Effekt erzeugen. Auslöser ist damit eindeutig der aufgewirbelte Sand, der von den Gästen optisch wahrgenommen wird.

Im flachen Felslitoral ist eine eigenartige Fressgemeinschaft mit dem großen Pfauenlippfisch *Symphodus tinca* zu beobachten. Zur Nahrungsaufnahme werden festsitzende und wenig mobile Organismen mit den kegelförmigen Zähnen direkt vom Substrat abgelöst. Da dabei auch immer zugleich Sediment aufgenommen wird, sieht man beim Pfauenlippfisch zunächst kauende Bewegungen des Maules, bei denen gleichzeitig eine Staubwolke aus den Kiemenspalten tritt; dieses Verhalten wird durch Ausspucken größerer Teilchen aus dem Maul beendet. Der Auswurf besteht nicht nur aus gröberem Sediment, sondern auch aus Algenteilen, Polychaeten, Schnecken und anderen kleineren Organismen, auf die sich dahinter wartende Fische stürzen. Neben vielen Arten, die auch am Sandgrund den Meerbarben folgen, sind dies vor allem die Lippfische *Coris julis* und der Putzer *Symphodus melanocercus*. Besonders mit Letzterem sind sehr enge Körperkontakte zu beobachten, da sich der Putzerlippfisch häufig direkt hinter dem Kiemendeckel des Wirtes mitschwimmend aufhält. Auslöser dafür, dass andere Fische *S. tinca* nachfolgen, ist offensichtlich die Neigung des Pfauenlippfisches zum Substrat, wenn er beabsichtigt Nahrung aufzunehmen; des Weiteren wohl auch die Wolke feinen Sediments, die aus seinen Kiemenspalten austritt.

Die im Indopazifik so häufige Partnerschaft zwischen Fischen der Familie Gobiidae (Grundeln) und Krebsen ist möglicherweise im Mittelmeer erst in größeren Tiefen auf schlammigen Böden zu finden. Dort lebt die auch im Nordatlantik

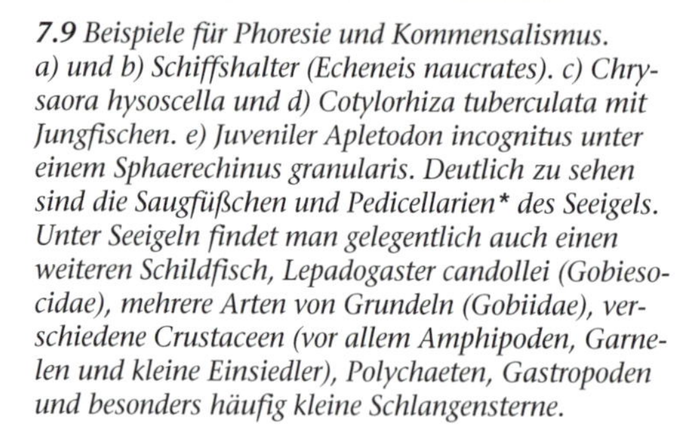

7.9 Beispiele für Phoresie und Kommensalismus. a) und b) Schiffshalter (Echeneis naucrates). c) Chrysaora hysoscella und d) Cotylorhiza tuberculata mit Jungfischen. e) Juveniler Apletodon incognitus unter einem Sphaerechinus granularis. Deutlich zu sehen sind die Saugfüßchen und Pedicellarien des Seeigels. Unter Seeigeln findet man gelegentlich auch einen weiteren Schildfisch, Lepadogaster candollei (Gobiesocidae), mehrere Arten von Grundeln (Gobiidae), verschiedene Crustaceen (vor allem Amphipoden, Garnelen und kleine Einsiedler), Polychaeten, Gastropoden und besonders häufig kleine Schlangensterne.*

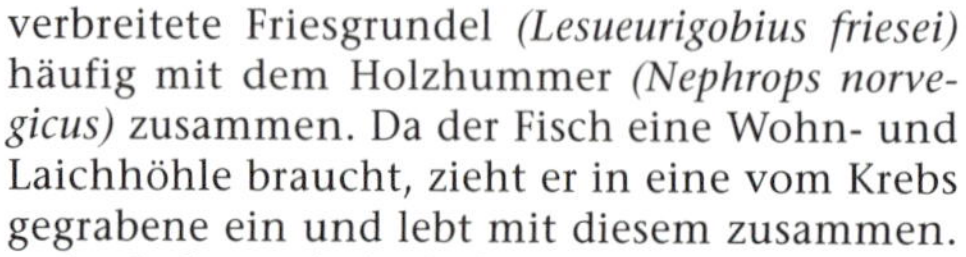

verbreitete Friesgrundel *(Lesueurigobius friesei)* häufig mit dem Holzhummer *(Nephrops norvegicus)* zusammen. Da der Fisch eine Wohn- und Laichhöhle braucht, zieht er in eine vom Krebs gegrabene ein und lebt mit diesem zusammen.

Auch der einfache Sichtschutz, bei der sich der Kommensale in „lebenden Höhlen“ verbirgt, ist im Mittelmeer verbreitet. Der Eingeweidefisch *Carapus acus* lebt in der Kloake von Seegurken *(Holothuria tubulosa, Stichopus regalis)*, aus denen er nachts zur Nahrungsaufnahme herauskommt. Die Jungfische ernähren sich von den Eingeweiden des Wirtes und sind daher Parasiten. Da die Seegurken ein hohes Regenerationsvermögen besitzen, ist der Schaden für diese Wirte zwar hoch, aber nicht lebensbedrohend. Die als Muschelwächter bekannte Krabbe *Pinnoteres pinnoteres* reift zwischen den Kiemenlamellen der Steckmuschel *Pinna* spp. zum Adultus heran und paart sich im Freien. Danach stirbt das Männchen, so dass allein das Weibchen in die Muschel zurückkehrt. Während es im Freien einen harten Panzer trägt, bildet es in der kommensalischen Phase in der Muschel nur einen weichen Panzer aus, was zur Energieersparnis beiträgt. Der Krebs ernährt sich zudem mit von der Nahrung, die die Muschel einstrudelt.

Bei anderen kommensalischen Partnerschaften geht es häufig um Gewährung von Schutz durch wehrhafte Wirte wie Nesseltiere und Seeigel (Abb. 7.9 e), aber auch durch weniger wehrhafte Organismen, die aus verschiedenen Gründen für die meisten Räuber keine attraktive Beute sind. Die Kommensalen leben dann zwischen, auf oder in den Wirten.

Verschiedene Quallen (Scyphozoa) wie *Chrysaora hysoscela* und *Cotylorhiza tuberculata* (Abb. 7.9 c und 7.9 d) werden mit Jungfischen von *Trachurus*, *Boops* oder *Seriola* angetroffen, die geschickt zwischen den Tentakeln des Wirtes schwimmen, ohne mit den Nesselzellen in Berührung zu kommen. Auch die Blumenkohlqualle *Rhizostoma pulmo* wird von den genannten Fischen aufgesucht. Die Wachsrose *Anemonia sulcata* gewährt regelmäßig

7.10 Anemonia sulcata und einige ihrer Besiedler. a) Mehrere Garnelenarten der Gattung Periclimenes, hier P. sagittifer, kommen zwischen den Tentakeln verschiedener Anemonenarten vor. b) Inachus phalangium (Maiidae). c) und d) Gobius bucchichi (Gobiidae), der einzige „Anemonenfisch" des Mittelmeeres. Anders als die Anemonenfische des Indopazifiks, die sich durch Scheuern an der Basis ihrer Aktinie immunisieren, damit die Nesselzellen des Wirtes beim Kontakt nicht explodieren, kann diese Grundelart den Abwehrstoff selbst erzeugen. e) Schwebgarnelen der Gattung Leptomysis.

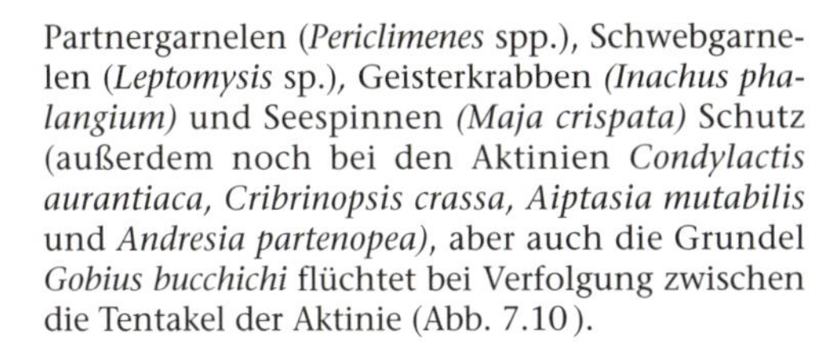

Partnergarnelen (*Periclimenes* spp.), Schwebgarnelen (*Leptomysis* sp.), Geisterkrabben *(Inachus phalangium)* und Seespinnen *(Maja crispata)* Schutz (außerdem noch bei den Aktinien *Condylactis aurantiaca, Cribrinopsis crassa, Aiptasia mutabilis* und *Andresia partenopea)*, aber auch die Grundel *Gobius bucchichi* flüchtet bei Verfolgung zwischen die Tentakel der Aktinie (Abb. 7.10).

Phoresie

Phoresie bedeutet, dass ein Partner vom anderen getragen wird (gr. *phorein* = tragen). Dabei gibt es Gäste, die entweder dauernd auf den Wirten siedeln, besonders wenn diese eine feste äußere Hülle aufweisen, oder sich jederzeit ablösen können. Auf den Panzern von Mollusken, Krebsen, Schildkröten, aber auch auf dem Mantel der Ascidien, der Haut von Fischen und Walen kann sich eigentlich alles anheften, was auch auf dem Hartboden siedelt. Vor der toskanischen Insel Giglio wurden mehrfach mit Schwamm bewachsene Drachenköpfe *(Scorpaena porcus)* gefunden.

Bekannt und auch im Mittelmeer verbreitet sind die Schiffshalter (Familie Echeneididae), Fische, die ihre vordere Rückenflosse zu einem Saugorgan umgestaltet haben. Damit heften sie sich an größere Wirte wie Fische, Schildkröten oder Wale und können so schnell weite Strecken überwinden. Zudem sind die Schiffshalter Putzer, die ihre Wirte von Ektoparasiten befreien. *Echeneis naucrates* ist sogar durch die „internationale Putzertracht", dunkelblauer Längsstreifen auf hellem Untergrund, gekennzeichnet (Abb. 7.9a und 7.9b). Lotsenfische, *Remora remora*, werden bei Haien und Rochen meist in Gruppen angetroffen. Sie können die räuberischen Haie, bei denen sie sich in der Mitte des Wirtskörpers aufhalten, genau von den Plankton fressenden Walhaien und Mantas unterscheiden, bei denen sie sich in der Nähe des Mauls befinden. Diese Symbiose ist eher eine Form des Mutualismus, da auch der Wirt Vorteile genießt. Deshalb kann darüber spekuliert werden, ob Phoresie nach Entwicklung einer Putzsymbiose entstanden ist oder umgekehrt. Es

7.11 Beispiele für verschiedene Partnerschaften. Oben: a) Dardanus arrosor mit Calliactis parasitica. b) Pagurus prideauxi mit Adamsia palliata. c) Dromia sp. mit einem Schwamm bewachsen. d) Reichlich mit Aufwuchsorganismen, vor allem Schwämmen, bewachsene Seespinne (Maiidae).

7.12 Rechte Seite: Symphodus melanocercus (Labridae) ist der einzige Fisch des Mittelmeeres, der auch adult als Putzerfisch agiert. a) Normalfärbung; b) Männchen; c) Männchen im Laichkleid (Frühjahr); d) Putzkunde: Goldstrieme (Sarpa salpa, Sparidae); e) Putzkunde: Brasse (Diplodus sargus, Sparidae); f) Putzkunde: adulter Meerjunker (Coris julis). g) und h) Zu den häufigsten Putzkunden von S. melanocercus gehört der Pfauenlippfisch Symphodus pavo. Unter Wasser fällt die besondere Körperhaltung (Aufforderungshaltung) der relativ großen Lippfische (schräg oder fast senkrecht mit dem Kopf nach oben und mit offenem Maul) beim Putzen schon auf größere Distanzen auf. Auf dem Bild g) beteiligt sich ein juveniler Meerjunker (Coris julis) am Putzen, eine jener Lippfischarten, die nur in der Juvenilphase putzen.

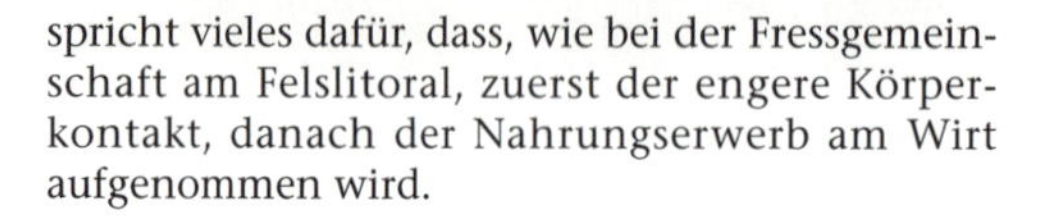

spricht vieles dafür, dass, wie bei der Fressgemeinschaft am Felslitoral, zuerst der engere Körperkontakt, danach der Nahrungserwerb am Wirt aufgenommen wird.

Mutualismus

Unter Mutualismus (lat. *mutuus* = wechselseitig) wird eine Beziehung verstanden, bei der beide Partner voneinander profitieren. Wenn Kommensalismus und Phoresie zusammentreffen, wobei der jeweils andere Partner Wirt bzw. Gast ist, führt das zu einer mutualistischen Beziehung. Bei der Anemonen-Einsiedlerkrebs-Beziehung (Abb. 7.11) ist der Krebs durch die Nesselzellen der Aktinie vor Fressfeinden – besonders Tintenfischen – geschützt, es ist daher eine typische Schutzsymbiose. Die Anemone ist Teilhaber an den Krebsmahlzeiten und vermag sich nunmehr viel schneller zu bewegen, als es ihr allein möglich wäre. Daher ist die Anemone ebenfalls Nutznießer dieser Partnerschaft, die damit als Mutualismus bezeichnet werden kann, obwohl die metabolische Abhängigkeit, wie sie von Cheng (1967) für den Mutualismus gefordert wurde, nicht gegeben ist. Bei der Beziehung zwischen *Dardanus arrosor* und *Calliactis parasitica* wechselt der Einsiedler nach Häutung und Wachsen die Schneckenschale und veranlasst die Aktinie durch Betrillern mit den Fühlern, auf das neue Gehäuse umzusteigen. Dagegen umwächst die Fußscheibe von *Adamsia palliata* die Gehäusemündung der Schneckenschale, die der Einsiedler *Pagurus prideauxi* einmal ausgesucht hat. Der Vorteil liegt hier darin, dass der Krebs nun kein neues Gehäuse mehr suchen muss, wenn er frisch gehäutet und gewachsen ist – ein Zeitraum, in dem er besonders empfindlich gegenüber Fressfeinden wie etwa Kraken ist.

Die Putzersymbiose ist im Mittelmeer weit verbreitet. Als Putzer betätigen sich verschiedene Fische und Garnelen, als Wirte kommen vor allem Fische in Frage. Selbst Fischarten des Freiwassers, etwa Barrakudas, werden gelegentlich geputzt. Hauptputzer ist der Putzerlippfisch *Symphodus melanocercus* (Abb. 7.12), der, anders als die Putzerlippfische des Indopazifiks oder die Putzergrundel der Karibik, eine eher unauffällige Tracht aufweist: Sie besteht aus einer bräunlichen, bei Männchen im Balzkleid auch bläulichen Körperfarbe; allerdings ist die schwarze Schwanzflosse eine auffällige Markierung, die sehr wahrschein-

a
b
c
d
e
f
g
h

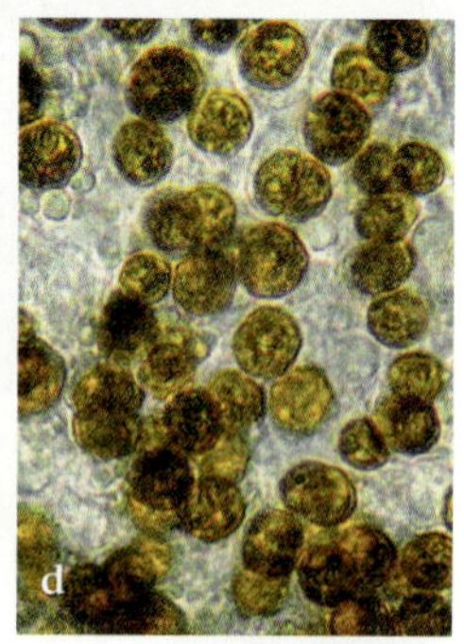

7.13 Beispiele für Endosymbionten. a) Dichter rasenförmiger Bestand der Wachsrose Anemonia sulcata in 3 m Tiefe (Nordadria). Die Tentakelspitzen leuchten in verschiedenen Farbtönen zwischen Rosarot und Violett. b) Auch das Seeohr Haliotis lamellosa (Gastropoda, Haliotidae) beherbergt Symbionten; sie sind auf Abb. c) zu sehen. d) Die Symbionten der Anemone, die Zooxanthellen, auf einer mikroskopischen Aufnahme. Die Zooxanthellen nehmen von den Aktinien das ausgeatmete Kohlendioxid und eiweißhaltige Stoffwechselprodukte auf; die Aktinien profitieren sowohl vom Sauerstoff als auch von den Kohlenhydraten, die durch die Algen erzeugt werden.

lich von den Wirten erkannt wird. Diese Art wird nur 10–12 cm lang; die geringe Größe ist eine wichtige Voraussetzung für die Putzertätigkeit. Daher übernehmen bei anderen Lippfischen, die sich bei Bedarf gelegentlich als Putzer betätigen, häufig die kleinen Jungfische diese Aufgabe: *Symphodus tinca, S. roissali, S. ocellatus, S. griseus, Coris julis, Ctenolabrus rupestris* und *Thalassoma pavo*. Die Jungfische von *Coris julis* haben die meiste Ähnlichkeit mit den tropischen Putzerfischen, da sie auf einer hellen Grundfarbe ein breites, dunkelbraunes Längsband zeigen. Gelegenheitsputzer können sogar größeren Erfolg bei ihren Wirten haben als *S. melanocercus;* das zeigt sich z. B. im Frühjahr, wenn viele Fische Reviere auf dem Substrat besetzen. Bemerkenswert ist, dass das Putzen weltweit eine Domäne der Lippfische ist; es gibt nur wenige andere Fischfamilien (z. B. Gobiesocidae), von denen manche Vertreter Putzerfische sind. Der bekannteste Putzerfisch tropischer Meere ist *Labroides dimidiatus,* ebenfalls ein Lippfisch.

Auch Garnelen der Gattung *Lysmata* sind Putzer, die im Mittelmeer vertreten sind. *L. seticaudata* scheint auf Muränen und Meeraale spezialisiert zu sein, in deren Höhlen sie leben (Abb. 7.14c). Die Krebse klettern unbehelligt ins Maul ihrer räuberischen Wirte, die sich andererseits nicht von Fischen putzen lassen. *L. grabhami* wurde im Atlantik, aber nicht im Mittelmeer beim Putzen diverser Fische beobachtet. Die Vorteile für beide Partner sind klar: Die Wirte werden von lästigen Ektoparasiten befreit, die Putzer nehmen diese als Nahrung auf. Senn (1979) fand in den Mägen des Putzerlippfisches die als Jugendformen parasitierenden Asseln *Gnathia* spp. Denkbar ist auch die Befreiung der Wirte von Copepoden und Monogenen*. Dagegen können die Putzer die großen parasitischen Asseln aus der Gruppe der Cymothoida (siehe unten) nicht mit ihrem Maul erfassen, vielleicht ist *Coris julis* eine Ausnahme.

Die Aktivitäten der Putzer sind hoch: Innerhalb von fünf Minuten können im Durchschnitt zehn, ja sogar 15 Wirte angeschwommen werden; in dieser Zeit wird im Durchschnitt 12-mal, maximal 34-mal am Wirt gepickt, was bedeutet, dass ebenso viele Parasiten abgesucht und als Nahrung aufgenommen werden. Die auslösenden Verhaltensweisen sind beim Putzer das Verfolgen von potenziellen Wirten, beim Wirt die starre Aufforderungsstellung, das Posieren, mit unterschiedlicher Neigung des Körpers (Abb. 7.12 f und g).

Doppelten Nutzen erfahren die weltweit verbreiteten Schiffshalter *Echeneis naucrates* (Abb. 7.9) und *Remora remora*, die die Putzerfunktion im Pelagial übernehmen, weil sie nicht nur die Parasiten von ihren Wirten als Nahrung erhalten, sondern sich auch von ihnen transportieren lassen. *E. naucrates* zeigt als einziger Putzerfisch im Mittelmeer die internationale Putzertracht, einen breiten, dunkelblauen Längsstreifen auf hellem Untergrund. Spezialisierung von Wirten auf bestimmte Putzer wurde außer bei den Muränen und Meeraalen auch bei den Höhlen bewohnenden Kardinalbarschen, *Apogon imberbis*, beobach-

7.14 *Endosymbiose und Putzsymbiose. a) und b) Die Anemone Cereus pedunculatus (Anthozoa, Actiniaria) kann durch ihre endosymbiontischen Zooxanthellen völlig unterschiedliche Färbungen und Farbmuster annehmen. c) Putzsymbiose mit Garnele: Muraena helena mit Lysmata seticaudata. Diese Garnele kommt in Geröll- und Blockfeldern oder in Höhlen vor, die sie häufig mit Muränen oder Meeraalen (Conger) und der Scherengarnele Stenopus spinosus teilt. Oft sind solche Höhlen von unzähligen Garnelen besiedelt. Die Garnelen können während des Putzens in die Mundhöhle der Raubfische vordringen, ohne gefressen zu werden.*

tet. Diese ließen sich nur von jungen Meerjunkern *Coris julis* putzen, während sie sich den Putzerlippfischen *Symphodus melanocercus* verweigerten. Diese Spezialisierung mag auf die euryöke* Habitatwahl des Meerjunkers zurückzuführen sein, der auch in Höhleneingängen vorkommt und dort auf den Kardinalbarsch trifft; so kam es, dass diese sich an den Meerjunker und nicht an andere Putzer gewöhnten. Während *S. melanocercus* versucht, von hinten an *A. imberbis* heranzukommen, schwimmt *C. julis* seinen Wirt von vorne an, der dann mit Posieren reagiert.

Mutualismen, bei denen jeder der Partner vom Stoffwechsel des anderen profitiert, kommen zwischen einigen Aktinien des Mittelmeeres und Algen vor (Abb. 7.13 und 7.14). Die Tentakel der Wachsrose *Anemonia sulcata* und der Siebrose *Aiptasia mutabilis* werden von kleinen Zooxanthellen (Dinoflagellaten) bewohnt, die in den Zellen der Gastrodermis verteilt sind. Es ist noch nicht ganz geklärt, ob es sich um eine obligate Eusymbiose handelt; dafür würde das Vorkommen der Aktinien im Flachwasserbereich und ihre tagaktive Lebensweise sprechen.

Parasitismus

Beim Parasitismus ist der kleinere Partner, der Parasit, vom größeren, dem Wirt, stoffwechselphysiologisch abhängig. Damit ist er Nutznießer, weil er einen einfachen Energietransfer vom Wirt herstellt, ohne einen bedeutenderen Energieverlust bei Nahrungssuche und -handhabung (siehe unten) zu erleiden. Die Parasiten werden in Ekto- und Endoparasiten unterschieden, je nachdem ob sich ihr Aufenthaltsort (Mikrohabitat) auf der Körperoberfläche oder im Verdauungstrakt, in der Leibeshöhle oder anderen inneren Organen des Wirtes befindet. Mikrohabitate von Ektoparasiten befinden sich auf der Haut, dem Panzer, den Flossen und anderen von außen zugänglichen Höhlungen, z. B. den Kiemenhöhlen von Fischen und Krebsen. Temporäre Ektoparasiten suchen ihre Wirte nur zur Nahrungsentnahme auf, stationäre Ektoparasiten bleiben während der gesamten parasitischen Phase auf ihnen. Gerade Vertreter der letzteren Gruppe machen oft eine Metamorphose durch, die ihre taxonomische Zugehörigkeit zunächst schwer oder gar nicht erkennen lässt. Diese Eigenschaft teilen sie mit den Endoparasiten. Nur die Nematoden gleichen in Gestalt und innerer Organisation durchaus den frei lebenden Formen.

Zwei parasitische Krebsgruppen, die Copepoden und die Isopoden (Abb. 7.15), zeigen sehr deutlich Phänomene von Übergängen. Unter den Cymothoida-Asseln gibt es eine Abfolge von Arten, die von saprovorer* über nekrovore* zur parasitischen Lebensweise führt. *Cirolana* und *Eurydice* haben normale Laufbeine und sind Aasfresser, die gelegentlich geschwächte Fische anfallen, etwa in Reusen. *Aega* und *Rocinela* haben stechende Mundwerkzeuge; sie klammern sich mit den umgestalteten vorderen drei Laufbeinen an Fische und saugen Blut, verlassen ihren Wirt aber

7.15 Parasiten. Fischasseln gehören zu den Isopoden, einer ökologisch sehr vielfältigen Crustaceengruppe. Wie die Copepoden und Cirripedier haben auch sie viele parasitische Formen hervorgebracht, darunter zahlreiche Fischparasiten. Fischassel auf: a) Gobius sp., b) Parablennius rouxi, c) Symphodus tinca. Die Assel Anilocra physodes befällt oft gemeinsam mit Nerocila bivittata vor allem Lippfische (Labridae). In manchen Populationen können etwa 20 Prozent der Fische von Asseln befallen sein. Oft sitzen sie auffällig hinter den Augen ihres Wirtes.

nach der Mahlzeit wieder. Stationäre Fischparasiten sind dagegen *Nerocila* und *Anilocra*, deren sieben Paar Laufbeine zu kräftigen Klammerorganen umgewandelt sind. Da sie einen hohen Nahrungsbedarf haben, sterben die Wirte schließlich.

Deutlich kleiner (7–8 mm) bleiben die *Gnathia*-Arten, die nur als Jugendstadien (Praniza-Larven) an Fischen sitzen und Blut saugen. In einer Rektalblase am Enddarm leben symbiontische Bakterien, die sich sehr wahrscheinlich am Verdauen der Blutmahlzeit beteiligen. *Gnathia* spp. sind beliebte Nahrung der Putzerlippfische, wodurch diese die Population der Asseln auf den Wirten auf einen weniger gefährlichen Stand zu begrenzen vermögen.

Bopyriden-Asseln parasitieren an verschiedenen Decapoden, zum Teil auch in der Kiemenhöhle, wo sie asymmetrisch wachsen können. Bei den Häutungen des Wirtes werden sie nicht abgestoßen. Andere parasitische Krebse weisen so starke Veränderungen im Körperbau auf, dass sie teilweise weder die Krebs- noch die Arthropodenorganisation mehr erkennen lassen. So befallen einige Cirripedier wie *Sacculina carcini* Einsiedler oder Krabben, durchziehen diese im Inneren mit einem Wurzelgeflecht und lassen nur einen sackförmigen Anhang mit den Gonaden nach außen durchbrechen. An diesem Sack können sich wiederum *Dunalia*-Asseln als Hyperparasiten ansiedeln, die ebenfalls ein sackförmiges Aussehen haben. Das Ergebnis dieser Dreierbeziehung ist, dass der Decapodenwirt durch den Parasiten, der Parasit durch den Hyperparasiten sterilisiert wird.

Unter den Amphipoden parasitieren die Cyamidae auf Schildkröten und Säugetieren. Sie sind Stellvertreter der Läuse bei Walen und Delfinen, die ohne diese Insekten zum Wasserleben übergegangen waren. Im Mittelmeer sind Finnwal, Pottwal, gemeiner Delfin und eventuell Buckelwal Wirte der Cyamidae. Sie leben auf der Haut in Verstecken wie zwischen den Wal-Seepocken *Coronula* und fressen Löcher in die Haut bis zur Speckschicht. Eine Übertragung kann nur bei engem Körperkontakt der Wirte – etwa beim Paaren oder Säugen – erfolgen.

Endlos lang ist die Liste der parasitischen Copepoden, die im Mittelmeer auf oder in verschiedenen Wirbellosen und Fischen leben. Vertreter der Caligidae sind kleine, aber häufig vorkommende Fischparasiten, die sich auf Haut und Flossen festsetzen. Größer, bis zu 32 cm, werden Vertreter der Lernaeoceridae, die einen Wirtswechsel vom Zwischen- auf den Endwirt durchlaufen, wobei häufig beide Fische sind. *Lernaeenicus sprattae* wird 25 mm lang und sitzt meistens am Auge, aber auch in der Haut der Sprotte *(Sprattus sprattus)*. Die größten Arten sind beim Mondfisch *Mola mola* (*Penellus filosa*, bis 20 cm) und verschiedenen Bartenwalen (*Penellus balaenoptera*, bis 32 cm) zu finden.

Unter den Polychaeten des Mittelmeeres ist *Ichthyotomus sanguinarius* als Ektoparasit bekannt, der oft auf Meeraalen *(Conger conger)* gefunden wurde. Mit den zu Stiletten umgebildeten Kiefern sticht er die Flossenhaut an und entnimmt seinem Wirt Blut; durch Spreizen der Kiefer verankert er sich fest auf dem Wirt.

Vor- und Nachteile von Wirtswechseln, wie sie z. B. bei den Lernaeoceridae (Copepoda) beschrieben wurden, werden bei den Endoparasiten be-

Klasse	Familie	Mollusken	Krebse/ andere Wirbellose	Fische	Säuger/ Vögel
Digenea	Echinostomatidae	1 – 2			F
	Microphallidae	1	2		F
	Opecoelidae, Deregonidae	1	2	F	
	Heterophyidae, Strigeidae	1		2	F
Cestoda	Ligulidae		1	2	F
	Bothriocephalidae		1	2 – F	
	Proteocephalidae		1	F	
	Hymenolepidae		1		F
Nematoda	Anisakidae		1	2	F
	Anisakidae		1 – (2)	(2) – F	
	Ascarophidae		1	F	
Acanthocephala	Echinorhynchidae		1	F	
	Polymorphidae		1	2	F

Tabelle 7.1 *Entwicklungszyklen von vier parasitischen Helminthengruppen in ihren Zwischenwirten (1–3) und dem Endwirt (F).*

sonders deutlich. Die Vorteile liegen in den verbesserten Ausbreitungsmöglichkeiten, die gegebenenfalls durch hochmobile Zwischen- und Endwirte gefördert werden. Dagegen stehen hohe Energiekosten bei der Fortpflanzung, da ein Bruchteil der Parasitenlarven ihre Wirte erreicht und ein weiterer Bruchteil sich dort etablieren kann. Verluste entstehen nicht nur durch Wegfraß, sondern auch durch die geringe Lebensdauer der freien Larven, die innerhalb kurzer Zeit einen neuen Wirt finden müssen. Zudem unterliegen sie wie andere Organismen schädlichen Einflüssen von Toxinen. So verhindern Ausscheidungen der berühmten „Killeralge" *Caulerpa taxifolia* den Befall von Fischen mit Digenea, wie Bartoli und Boudouresque (1997) bei Nizza feststellen konnten (vgl. Exkurs S. 520 ff.).

Die Endoparasiten gehören weitgehend den Gruppen Digenea, Cestoda, Acanthocephala und Nematoda an, nur selten werden auch Vertreter überwiegend ektoparasitischer Gruppen im Verdauungstrakt gefunden. Beispielsweise kommt der Copepode *Mytilicola intestinalis* im Magen von Miesmuscheln und Austern vor. Eine Besonderheit sind die schon erwähnten Jungfische von *Carapus acus*, die in der Kloake von Seegurken leben und sich von den Eingeweiden des Wirts ernähren.

Mikrohabitate von Endoparasiten sind Verdauungstrakt, Leibeshöhle sowie alle wichtigen Organe wie Niere, Leber, Gonaden, Kreislauforgane, Gehirn und Sinnesorgane. Tabelle 7.1 zeigt die Möglichkeiten der Wirtswechsel bei den vier oben genannten Wurmgruppen auf, von denen die Digenea den Wirtswechsel mit einem Wechsel von drei Generationen verbinden. Daher sind gerade die Digenea gute Indikatoren dafür, in welchen Lebensräumen bestimmte Wirte ihre Nahrung aufnehmen. Wie an Weißkopfmöwen *(Larus cachinnans)* von Korsika dokumentiert wurde, enthielten diese Vögel verschiedene Parasitenarten und Stadien, die von verschiedenen als Nahrung aufgenommenen Zwischenwirten stammen. Deren Herkunft konnte aufgrund der Kenntnisse über die Lebensweise der Parasiten klar nachverfolgt werden: Heterophyiden von Fischen der Hochsee, Strigeidae von Fischen der Küste, Microphallidae von Krebsen der Küste und des Brackwassers, aber auch Diplostomatidae des Süßwassers und Digenea von terrestrischen Zwischenwirten. Eine eigenartige Übertragung erfahren dabei die Metazerkarien des Echinostomatiden *Aporchis massiliensis*, die sich frei auf *Cystoseira*-Algen befinden. Diese Algen werden von den Möwen gezielt zur Deckung ihres Vitaminbedarfs gefressen, wodurch vor allem brütende Weibchen besonders stark befallen sind.

Die Schäden, die Endoparasiten ihrem Wirt zufügen, sind oft erheblich. Der Befall von Gonaden kann Kastration herbeiführen, der Befall von Muskulatur beschränkt die Beweglichkeit, der Befall von Leber bzw. Mitteldarmdrüse entzieht Reservestoffe, was eine Gonadenreife verhindern kann. Auch die Entgiftungsfunktion der Leber wird dann lebensbedrohend beeinträchtigt. Massenbefall von Darm, Niere und Blutgefäßen ist Ursache von Gefäßverengungen bis hin zum Verschluss. Nicht unerheblich sind auch die Änderungen des Verhaltens, besonders bei infizierten Zwischenwirten, die z. B. bei benthischen Krebsen dazu führen, dass sie von den Endwirten als Nahrung besser erreicht werden.

Konkurrenz und ökologische Nische

Das Konzept der ökologischen Nische ist im deutschen Sprachraum immer noch kontrovers. Es ist aber eng mit der interspezifischen Konkurrenz verbunden, die als wichtige partnerschaftliche Beziehung unumstritten ist. Sie bedeutet die Konkurrenz um die Ressourcen, z. B. Nahrung und Lebensraum, die den verschiedenartigen Organismen vom Ökosystem zur Verfügung gestellt werden. Je ähnlicher die Ansprüche an ihr Ökosystem sind, desto heftiger wird der Konkurrenzkampf um die nun identischen Ressourcen sein – mit dem Ergebnis, dass sich beide Konkurrenten in ihren Ansprüchen einschränken müssen oder ein Partner ganz ausgemerzt wird. Da die ökologische Nische die optimale Nutzung der Natur durch den Organismus bedeutet, ist sie vor allem ein durch die Dynamik der Konkurrenz geprägtes System, das eine weitere Anpassung und Evolution der Art ermöglicht: Einnischung.

Daher unterscheidet Odum (1959) eine „fundamentale Nische" ohne Konkurrenz, die nur selten realisiert werden kann, und eine durch Konkurrenten beeinflusste „real(isiert)e Nische", die in

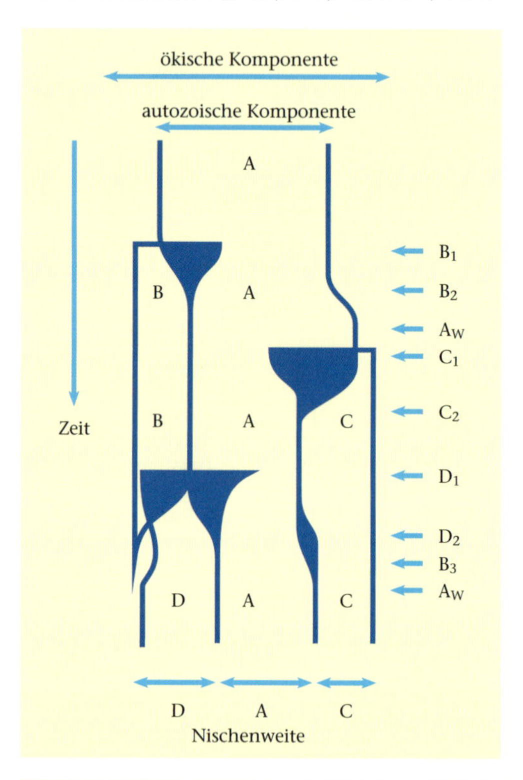

7.16, 7.17 und 7.18 Rechts: Modell der Einnischung mehrerer Arten im zeitlichen Verlauf. Die Arten A–D versuchen gemäß ihren Anpassungen (autozoische Komponente) die vom Ökosystem gegebenen Bedingungen (ökische Komponente) in Einklang zu bringen. Bei Konkurrenz (blaue Felder) kommt es jeweils zu einer Einengung der fundamentalen Nische. B_1 bis D_1: Kolonisation, B_2 bis D_2: Etablierung der Arten B–D, B_3: Aussterben von B, A_W: Nischenerweiterung von A. Unten: Verteilung von Lipophrys trigloides und Coryphoblennius galerita (Blenniidae, Teleostei) auf das felsige Eu- und Supralitoral zur Nachtzeit in Banyuls-sur-Mer, Frankreich, unter Berücksichtigung des Abstandes in dm. Unten rechts: Nahrungsspektra von zwei Blenniidae und zwei Trypterygiidae (Teleostei) in Höhlen bei Rovinj, Kroatien.

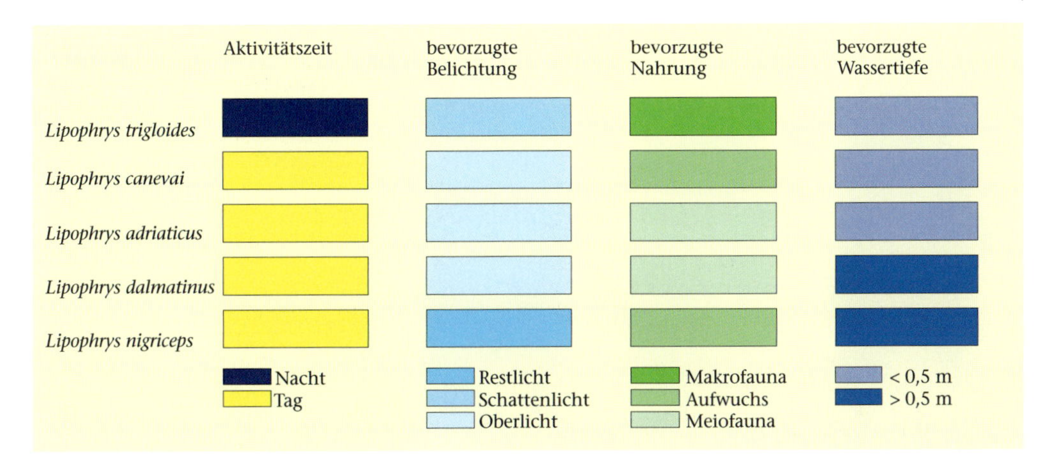

***7.19** Ökologische Sonderung von fünf Lipophrys-Arten (Blenniidae, Teleostei) anhand von vier unterschiedlichen Faktoren.*

jedem Fall enger als die fundamentale Nische ist (Abb. 7.16). Da die Nische so viele Dimensionen hat, wie Faktoren Einfluss nehmen, kann sie nur durch ein Hypervolumen* beschrieben werden, das nicht vorstellbar ist. Abhelfen kann aber eine Zusammenfassung unter den drei Hauptdimensionen Habitat, Nahrung und Zeit. Schon bei der groben Analyse eines Ökosystems kann bei Arten, die sich in ihren Ansprüchen ähneln, eine ökologische Sonderung festgestellt werden.

Bei der Habitatsdimension ist dies wohl am klarsten zu erkennen. Die Habitatssonderung kann durch Abweichen der Ansprüche in einem oder nur wenigen Faktoren erreicht werden. Die Schleimfische (Blenniidae) sind kleinere Fische und im Mittelmeer mit 20 Arten vertreten, davon können 13 Arten im oberen Felslitoral vorkommen. Aus der Gattung *Lipophrys* sind dort fünf Arten vertreten. *L. trigloides* ist mit 12 cm die größte, *L dalmatinus* mit 4 cm die kleinste Art, *L. nigriceps* und *L. adriaticus* werden kaum größer, *L. canevai* erreicht ca. 7 cm. *L. adriaticus* wurde nur in Adria, Ägäis und Schwarzem Meer gefunden, während die anderen Arten weiter verbreitet sind. Neben der Aktivitätszeit und der bevorzugten Nahrung wurden die Habitatsfaktoren Wassertiefe und Belichtung analysiert (Abb. 7.19). Dabei ergab sich bei keiner der fünf Arten eine vollständige Übereinstimmung bei den vier Faktoren. *L. adriaticus* unterschied sich von *L. dalmatinus* in der bevorzugten Wassertiefe, von *L. canevai* in der Nahrungswahl. *L. trigloides* teilt sich mit einer anderen Art, *Coryphoblennius galerita*, die nächtlichen Ausflüge ins Supralitoral, wobei Ersterer nachtaktiv ist, Letzterer aber inaktiv bleibt, um dadurch eventuellen Fressfeinden auszuweichen. *C. galerita* klettert sowohl am Tage als auch bei Nacht höher über die Wasserlinie hinaus (Abb. 7.17), weil diese Art mit besonderen Hautblutgefäßen bessere Anpassungen für die Atmung aufweist. Der Nahrungserwerb von *C. galerita* konzentriert sich auf Aufwuchs an der Wasserlinie; bekannt ist die Geschicklichkeit, mit der dieser Fisch Seepocken nach Öffnen ihres Deckels erbeutet, nachdem eine Welle über den Standort an der Wasserlinie geschwappt ist.

Einige Blenniidae kommen wie auch Vertreter der verwandten Fischfamilie Tripterygiidae in Höhlen vor, wo ein besonderer Konkurrenzkampf um knappe Nahrungsressourcen herrscht. *Parablennius zvonimiri* und *Tripterygion delaisi xanthosoma* suchen ihre Nahrung im Höhleneingangsgebiet und werden etwas größer (7 cm) als die in der Höhle lebenden *Lipophrys nigriceps* und *Tripterygion melanurus* (4–5 cm). Durch diese räumliche Trennung verhalten sich die Fische in der Nahrungswahl gemäß ihrer Verwandtschaft: Die Blenniiden fressen vorwiegend Aufwuchs, die Tripterygien vorwiegend Meiofauna (Abb. 7.18).

Die beiden Höhlenarten demonstrieren in verschiedenen Fundorten, wie dynamisch die Grenzen der ökologischen Nischen sein können. Wenn die jeweiligen direkten Konkurrenten fehlen, wird der Aufwuchsanteil bei *L. nigriceps* zugunsten der Meiofauna reduziert, bei *T. melanurus* erhöht sich dagegen der Anteil der Makrofauna, während jener der Meiofauna sinkt. Wenn, wie in der Südtürkei, *T. melanurus* die Höhlen zur Nahrungssuche verlässt, kann der Anteil der Makrofauna noch höher werden.

Der Vorgang der Einnischung ermöglicht es auch, dass Populationen der gleichen Art, wenn sie nach längerer Trennung wieder zusammentreffen, durchaus eine ökologische Sonderung und ökologische Speziation durchlaufen. Die mögliche Evolution der Spitzkopfschleimfische (Tripterygiidae), die im Mittelmeer mit drei Arten vertreten sind, zeigt die Wege auf (Abb. 7.20). Ausgangspunkt war die Art *Tripterygion delaisi* im Atlantik, die vermutlich nach Ende der Austrocknung im

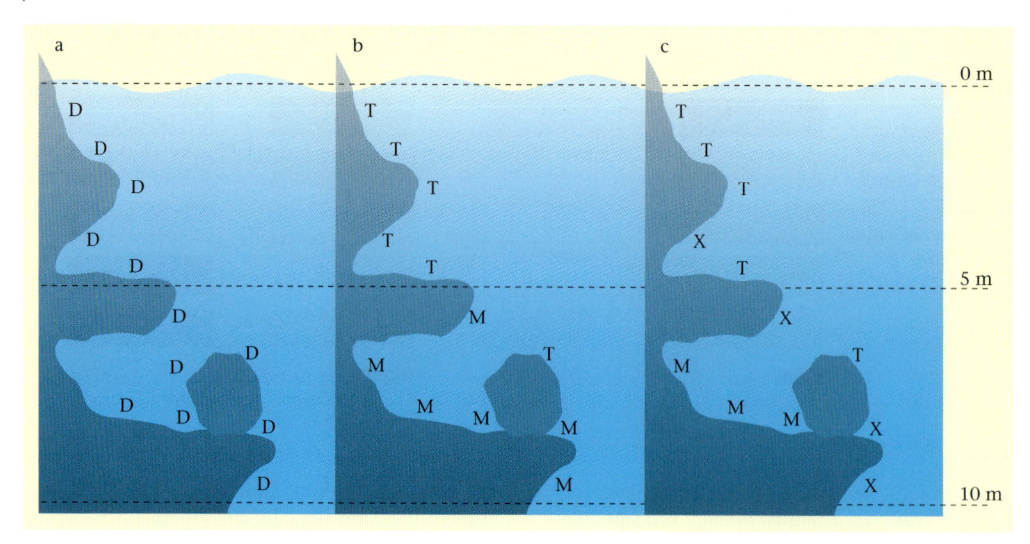

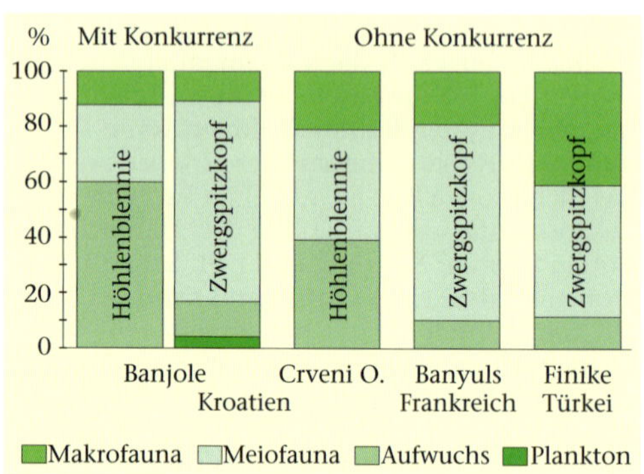

7.20 und 7.21 *Oben: Speziation der drei Tripterygion-Arten (Teleostei) im Mittelmeer. a) Ausgangssituation im Atlantik und kurz nach Einwanderung ins Mittelmeer. b) Differenzierung von zwei Arten als Folge der Wasserspiegelschwankungen und der Anpassung an unterschiedliche Lichtstärken. c) Heutige Situation im Mittelmeer nach einer zweiten Einwanderungswelle der atlantischen Populationen. Die drei Arten sind nun verschiedenen Lichtzonen zuzuordnen. D: Tripterygion delaisi delaisi, M: T. melanurus, T: T. tripteronotus, X: T. d. xanthosoma. Rechts: Die Wirkung der Konkurrenz auf die Art der Nahrung von Lipophrys nigriceps und Tripterygion melanurus aus verschiedenen Regionen des Mittelmeeres.*

Miozän ins Mittelmeer eingewandert ist. Als epibenthischer Bewohner ohne besondere Lichtansprüche besetzte sie dort alle Lebensräume des oberen Felslitorals. Im Laufe der Zeit kam es aber infolge von Meeresspiegelhebungen zu einer weiteren Differenzierung mit Bevorzugung der Oberlichtzone einerseits bzw. der Streu- und Restlichtzone andererseits; das führte zu getrennten Fortpflanzungsgemeinschaften und zur Aufspaltung in zwei Arten: *Tripterygion tripteronotus* und *T. melanurus*. Nach einer späteren Einwanderungswelle aus dem Atlantik konnten sich die Neuankömmlinge nur zwischen den beiden etablierten Arten in der Streulichtzone ansiedeln, wo sie unabhängig von der atlantischen Stammform ihre weitere Entwicklung fortsetzten. So entstand schließlich die Unterart *Tripterygion delaisi xanthosoma*.

Alle drei Formen des Mittelmeeres haben im Laufe der Zeit eine Einengung ihrer realen Nischen erfahren; besonders krass fällt dies bei *T. delaisi* im Vergleich mit den atlantischen Populationen aus, die auch heute noch die Ausgangslage präsentieren. Eine ähnliche, aber einfachere Entwicklung konnte bei dem Formenkomplex *Parablennius parvicornis* und *P. sanguinolentus* wahrscheinlich gemacht werden, wobei die Population der Azoren zwischen den atlantischen und mediterranen Formen vermitteln.

Episitismus (Prädation)

Das Räuber-Beute-Verhältnis sorgt wie der Parasitismus für den Energiefluss von einem Partner zum anderen, nur ist der Nutznießer meist der größere, der Geschädigte der kleinere Beteiligte. Wie einleitend erwähnt, kommt es, anders als beim Parasitismus, nicht zu einem längeren, sondern nur zu einem sehr kurzzeitigen Kontakt; dies führt daher zur Abtrennung des Episitismus von den Symbiosen.

Nach der *optimal foraging theory* von MacArthur und Pianka (1966) gibt es für die Räuber Strategien, die einen optimalen Energiegewinn garantieren:

$$\frac{\text{Energiegehalt der Beute}}{\text{Suchzeit x Handhabungszeit}} \rightarrow \text{Maximalwert}$$

Das bedeutet, je größer und damit energiehaltiger die Beute und je kleiner Such- und Hand-

Schwämme:
innere Strudler, aktive Suspensionsfresser; erzeugen einen Wasserstrom und filtern im Inneren Nahrungspartikel heraus

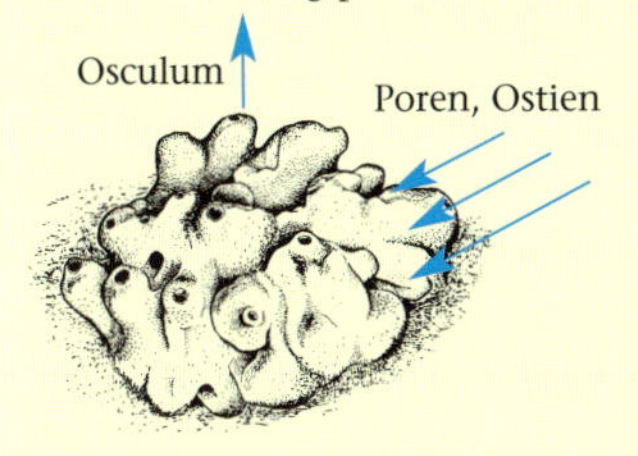

Nesseltiere, Hornkorallen:
äußere Filtrierer, passive Suspensionsfresser; halten ihren Siebapparat in die Wasserströmung, daher werden gut beströmte Standorte bevorzugt

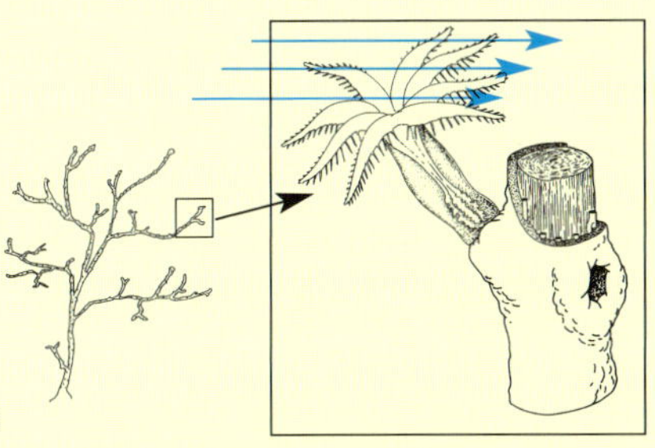

Nesseltiere, Anemonen:
festsitzende Räuber (Episiten), erbeuten Plankton und größere, bewegliche Beute

Rankenfüßer, Cirripedier:
können aktiv oder passiv Partikel aus dem Wasser herausfiltern (Suspensionsfresser); je nach Hydrodynamik greifen sie stereotyp mit ihren Cirren (Rankenfüßen) nach Nahrung oder halten diese passiv in die Strömung

Nesseltiere, Anemone:
Symbiose: durch das Siedeln auf dem Gehäuse des Einsiedlers *Dardanus* erlangt *Calliactis* Beweglichkeit und damit auch reichlicheres Nahrungsangebot

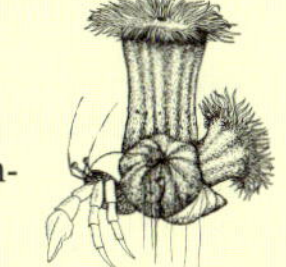

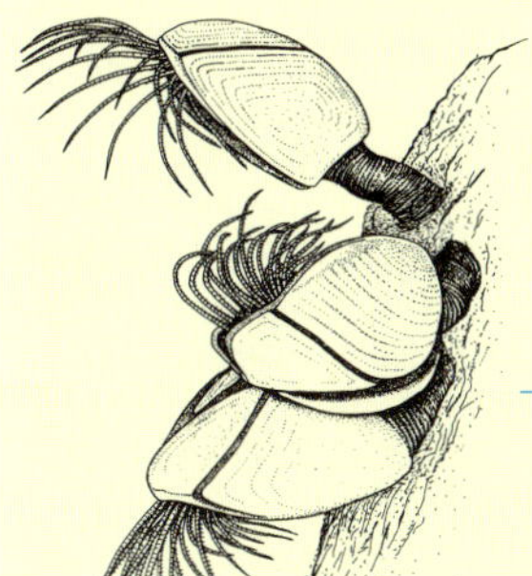

Moostierchen:
Strudler, ciliäre Suspensionsfresser; erzeugen durch Cilienschlag einen Wasserstrom und konzentrieren dadurch Partikel

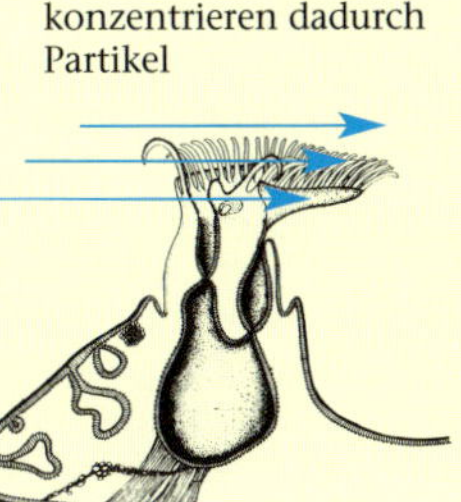

Ascidien, Seescheiden:
innere Strudler, aktive Suspensionsfresser; erzeugen einen Wasserstrom und filtern mithilfe des Kiemendarms Nahrungspartikel heraus

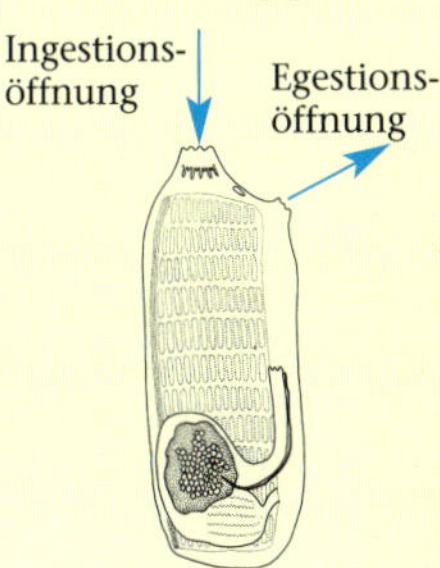

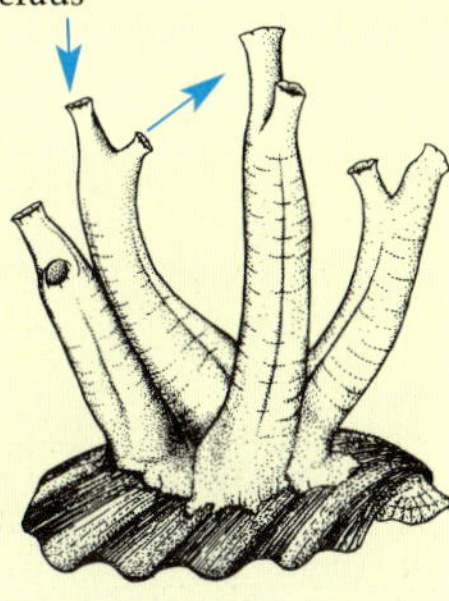

7.22 Einige Ernährungstypen festsitzender Tiere. Eine lückenlose Darstellung der Ernährungsweisen würde den Rahmen dieses Werkes sprengen. Die Begriffe Suspensionsfresser und Filtrierer werden oft, aber nicht immer konsequent bzw. einheitlich synonym verwendet. Leimrutenfänger wie manche Polychaeten und Mollusken verwenden klebrige Tentakel oder Schleimfäden, Strudler erzeugen durch Cilienbänder einen Wasserstrom. Die Separation der Nahrungspartikel vom Wasser kann im Körperinneren (innere Filtrierer) oder außerhalb des Körpers (äußere Filtrierer) erfolgen. Manche Autoren präferieren eine Grundeinteilung in Makrophage und Mikrophage.

habungszeit (Verfolgen, Überwältigen, Fressen) sind, desto günstiger ist die Energiebilanz. Ein jagender Räuber wie der Tunfisch benötigt für die relativ große Beute (Makrelen, Stöcker) viel Handhabungszeit, aber bei Beutetieren, die in Schwärmen auftreten, relativ wenig Suchzeit. Als schnelle Jäger weisen Tunfische, aber auch ihre kleineren Beutefische die optimale Körpergestalt der Spindel auf; diese kann turbulente Strömungen vermeiden, die um so mehr auftreten, je größer die Körper und die Geschwindigkeit sind.

Ein räuberischer Wegelagerer wie die *Scorpaena*-Arten (Drachenköpfe) oder *Lophius piscatorius* (Seeteufel) muss dagegen sehr viel Suchzeit verstreichen lassen, ehe ein Beuteobjekt in seine Nähe kommt; dafür ist die Handhabungszeit beim Maulöffnen mit Saugwirkung und Zuschnappen herabgesetzt. Diese Räuber sind durch ihre Färbung, die sie der Umgebung anpassen *(Scorpaena)*, oder durch Eingraben ins Sediment *(Lophius)* gut getarnt. Beim Seeteufel hilft noch die Angel, ein wurmförmig gestalteter vorderer Rückenflossenstrahl, die Beute anzulocken. Die Stoßräuber wie die Sägebarsche oder Barrakudas vermitteln zwischen Jäger und Wegelagerer, weil sie zwar auf die Beute lauern, aber dann die letzte Strecke zwischen Räuber und Beute durch blitzschnelles Zustoßen überwinden. Im Vergleich zu den Wegelagerern ist also eine geringere Handhabungszeit erforderlich.

Die Filtrierer oder Suspensionsfresser (Abb. 7.22) demonstrieren eine Spezialisierung beim Nahrungserwerb, bei der zwar die Beutegröße minimiert, die Such- und Handhabungszeit bei dem

Einmal Pflanze, einmal Tier: die mixotrophe Ernährung

Wolfgang Petz

Im Gegensatz zu Pflanzen, die sich ausschließlich autotroph durch Photosynthese ernähren, sind viele Protozoen heterotroph. Sie sind auf pflanzliche oder tierische Beute angewiesen, um ihren Energiebedarf zu decken.

Eine ganze Anzahl davon hat jedoch einen besonderen Trick entwickelt, um sich sowohl autotroph als auch heterotroph ernähren zu können; diese Kombination bezeichnet man als Mixotrophie. Unter anderem sind viele oligotrichen Ciliaten mit planktontischer Lebensweise (z. B. *Strombidium reticulatum, S. vestitum, Laboea strobila, Tontonia appendiculariformis*) mixotroph. Der Kniff, den diese Ciliaten anwenden, besteht darin, dass sie Chloroplasten oder Plastiden (Chlorophyll enthaltende Zellorganellen, in denen die Photosynthese abläuft) von ihrer Beute – meist Phytoflagellaten – kapern und in der eigenen Zelle einlagern. Chloroplasten als unbegrenzt funktionstüchtige Zellorganellen sind nur in mit Flagellen (Geißeln) ausgestatteten Einzellern – eben Flagellaten – zu finden. Die isolierten Chloroplasten, die „Kraftwerke" der Pflanzen, bleiben in den Ciliaten funktionsfähig und betreiben weiterhin Photosynthese. Die produzierten organischen Verbindungen werden von der „Wirtszelle" zur Ernährung genutzt; die restliche Flagellatenzelle wird verdaut. Die Chloroplasten sind in den Ciliaten unmittelbar unterhalb der Zellmembran aufgereiht, um möglichst viel Licht einzufangen. Von Zeit zu Zeit müssen sie erneuert werden, weil sie altern und die Arbeit einstellen.

Eine andere, weniger weit verbreitete Möglichkeit der Mixotrophie ist eine symbiontische Beziehung zwischen einem Ciliat *(Myrionecta rubra)* und einer endosymbiontischen Mikroalge. In diesem Fall vermehrt sich der Endosymbiont im Wirt sogar und wird bei der Zweiteilung des Ciliats an die entstehenden Tochterzellen weitergegeben. Im Mittelmeer sind über 40 Prozent der oligotrichen Ciliaten, die oft die dominierende Wimpertierchengruppe im Plankton sind, sowie einige Foraminiferen und Mollusken mixotroph. Auch einige Phytoflagellaten sind dazu fähig; sie fressen Bakterien. Die Mixotrophie spielt also eine bedeutende Rolle im Kohlenstoffkreislauf und für den Energiefluss in der Wassersäule. Diese Art des Lebensunterhalts hat höchstwahrscheinlich den Vorteil, einen Beutemangel oder Beuterückgang unbeschadet zu überstehen und auf autotrophen Nahrungserwerb umschalten zu können. Umgekehrt kann bei ungünstigen Lichtverhältnissen (z. B. im Winter) auf den heterotrophen Konsum ausgewichen werden.

7.23 Acanthochiasma fusiformis (Actinopoda) mit endosymbiontischen Zooxanthellen.

Literatur: • Jones RI (2000) Mixotrophy in planktonic protists: an overview. *Freshwater Biol* 45: 219–226 • Kirchman DL (2000) Microbial ecology of the oceans. Wiley, New York. 1–542 • Stoecker DK (1998) Conceptual models of mixotrophy in planktonic protists and some ecological and evolutionary implications. *Europ J Protistol* 34: 281–290.

meist reichlichen Planktonangebot jedoch herabgesetzt wird. Die speziellen Anpassungen, die in den verschiedenen Tierstämmen zum Planktonfang verwendet werden, sind sehr ähnlich und laufen auf eine Reduzierung der Handhabungszeit hinaus. Es gibt je nach Lage der Fangeinrichtungen äußere und innere Strudler; zu den Ersteren gehören Tentaculata, Serpulidae, Sabellidae und andere Polychaeta, Cirripedia, Crinoidea; innere Strudler sind Porifera, Bivalvia, Tunicata und Acrania. Die Suspensionsfresser zeichnen sich durch einige Gemeinsamkeiten aus: Sie sind meistens festsitzend, besitzen einen U-förmigen Darmtrakt und sind oft Zwitter.

In ähnlicher Weise agieren auch die Netzfänger und Tentakelfänger. Hier sind etliche peracaride* Krebse zu nennen, die mit Spinndrüsen ausgestattet sind. Die festsitzende Wurmschnecke *Vermetus* stößt bei Berührung durch Kleinkrebse bis zu 30 cm lange Schleimfäden aus, an denen die Beute hängen bleibt. Tiere mit Tentakeln sind ebenfalls weit verbreitet; die ganze Gruppe der Cnidaria besitzt mit Nesselzellen versehene Tentakel, die bei Berührung durch Beutetiere explodieren, diese verletzen und durch ein injiziertes Gift auch töten. Bei den Cnidaria kann allerdings die Beutegröße die der Planktonorganismen weit übersteigen, so dass dann bei längerer Suchzeit der Energiegehalt der Beute hoch ist. Tentakelfänger sind auch die Ctenophora, die statt der Nesselzellen Klebzellen besitzen, mit denen die Planktontiere geleimt werden. Die Seegurke *Cucumaria* verwendet ein an den Mundtentakeln austretendes Sekret, um kleine Krebse zu fangen. Auch Sedimentfresser, wie einige Polychaeten, viele Holothurien oder *Echinocardium* nehmen mit dem

7.24 Bemerkenswerte Mimikry zwischen zwei kleinen Litoralfischen: a) Lipophrys nigriceps (Blenniidae), b) Tripterygion melanurus (Tripterygiidae).

Substrat die darin enthaltenen kleinen Organismen und organischen Partikel auf. Ihre Suchzeit ist praktisch Null, die Handhabungszeit dagegen größer, weil sie ständig Sediment aufnehmen müssen, um den Energiebedarf zu decken. Als spezialisierte Substratfresser können die Formen gelten, die in Holz bohren und sich von Holz ernähren: die Muschel *Teredo*, der Isopode *Limnoria* und der Amphipode *Chelura*.

Den Weidegängern steht die Nahrung als geschlossene Schicht in größerer Ausdehnung zur Verfügung. Meistens handelt es sich um Pflanzen, die von Herbivoren genutzt werden. Als solche sind vor allem Seeigel der Gattungen *Arbacia* und *Paracentrotus* zu nennen, die sich von Makroalgen ernähren und diese in ihrer Existenz begrenzen können. Kleinere benthische Algen werden von Schnecken (*Patella, Gibbula* und anderen), Käferschnecken *(Chiton)*, verschiedenen Krebsen *(Idothea, Gammarus)* und Fischen (*Sarpa salpa* frisst fädige Algen, *Sparisoma cretensis* frisst Krustenalgen) abgeweidet. Dabei spielen die peracariden Krebse eine wichtige Rolle im Ökosystem, weil sie auch die Makroalgen und Seegräser putzen und somit deren Funktion zur Photosynthese erhalten. Aber auch tierischer Aufwuchs findet seine speziellen Weidegänger, besonders unter den Nudibranchiern, die sich auf Porifera (z. B. *Chromodoris, Hypselodoris, Peltodoris*), Bryozoen (z. B. *Janolus, Limacia*), Ascidiacea (z. B. *Goniodoris*) oder sogar Hydrozoen (z. B. *Coryphella, Embletonia, Facellina*) oder Actiniaria (z. B. *Aeolidiella, Spurilla*) spezialisiert haben; andere fressen ausschließlich Schnecken- oder Fischlaich.

Diese Spezialisierungen, wobei sich die Räuber an bestimmte Beutearten und deren Abwehrmechanismen anpassen, haben zur Nutzung einer Nahrung geführt, bei der kaum Konkurrenz besteht. Die Suchzeit ist, wenn einmal das richtige Nahrungstier bzw. die richtige Kolonie gefunden ist, gleich Null, die Handhabungszeit gering. Eine besondere Gruppe unter den Weidegängern mögen die Detritusfresser bilden, die meist von der Oberfläche der Weichböden organisches Material aufnehmen, wie viele Ophioridea *(Ophiura, Amphiura)* und Muscheln *(Scrobicularia)*. Ganz andere energetische Verhältnisse liegen bei den Sammlern vor, die eine sehr weit verbreitete Art des Nahrungserwerbs repräsentieren. Es handelt sich hier um die vielen Zooplanktonfresser im Pelagial, um die vielen Verzehrer von benthischen Kleinkrebsen wie auch um die Absammler von Mollusken, die sich fester an das Substrat anheften können (Labridae). Such- und Handhabungszeit sind gering, der Energiegewinn pro einzelnem Nahrungsorganismus allerdings ebenfalls.

Manche Beuteorganismen konnten sich im Laufe der Evolution so weit spezialisieren, dass sie für die Generalisten unter den Räubern nicht mehr erreichbar sind. Muscheln können sich durch Schließen der Schale den Verfolgern entziehen; es bedarf dann der Anpassung des Räubers, die Muschelschalen auseinanderziehen zu können, wie es Seesterne *(Marthasterias glacialis)* zeigen. Porifera sind durch die Skelettnadeln, Cnidaria durch die Nesselzellen vor den meisten Räubern geschützt. Allerdings konnten sich etliche Nacktschnecken an diese Nahrung anpassen. Die Hydrozoen und Aktinien fressenden Arten erzielen dabei sogar noch einen Vorteil zum eigenen Schutz, weil die Nesselkapseln beim Fressakt nicht explodieren, sondern als so genannte Kleptocniden aufbewahrt werden (Exkurs S. 444). Auch Einsiedler, *Pagurus*, sind durch Aufsuchen einer Schneckenschale vor den meisten Räubern geschützt; sie können nur von Tintenfischen mit ihren saugnapfbestückten Armen herausgeholt werden. Ein nächster Schritt zum Schutz auch vor diesem Feind ist die Symbiose mit wehrhaften Aktinien.

In der Evolution findet ständig eine Form der Aufrüstung statt. Bessere Schutzeinrichtungen der Beute werden von Räubern mit der Entwicklung verbesserter Nahrungserwerbsstrategien beantwortet: eine ökologische „Lohn-Preis-Spirale".

Partnerschaftskreise – Mimikry

Die Mimikry ist die gestaltliche oder farbliche Anpassung eines Organismus an einen anderen, aus der der Träger einen Vorteil erfährt. Oft haben

Kleptocniden: die gestohlenen Waffen

Rainer Martin

Die farbenprächtigen Nacktschnecken aus der Gruppe der Aeolidioidea (Nudibranchia, Opisthobranchia) sind Nahrungsspezialisten. Sie fressen in der Regel Polypenköpfchen der Hydrozoa, Tentakel von Hydromedusen und Siphonophoren oder Weichteile der Anthozoa. Differenzierungen der Haut und des Magenepithels sowie eine dicke Cuticula im Mundbereich, in den Radulataschen und in der Speiseröhre machen sie unempfindlich gegen die Nesselkapseln (Cniden) der Nahrungstiere. Diese Schutzeinrichtungen erlauben den hochspezialisierten Aeolidiern den Aufenthalt in und auf den Cnidariern und erschließen ihnen eine Nahrungsquelle, die von anderen Organismen gemieden wird.

Wenn eine *Cratena peregrina* (Aeolidacea) Polypenköpfe von *Eudendrium* (Hydrozoa, Cnidaria) frisst, schießt der Hydroidpolyp eine große Zahl von Nesselkapseln ab. Man findet die leeren Kapseln, die Stilette mit den Widerhaken und die langen Schläuche frei im Mageninhalt der Schnecke. Ein erheblicher Teil der Nesselkapseln aus der Nahrung, vermutlich die unreifen Cniden, bleiben jedoch unabgeschossen im Nahrungstrakt erhalten. Sie werden in die Verdauungsdrüse der Rückenkolben (Cerata) transportiert. Die Verdauungszellen nehmen die intakten Cniden auf und verdauen sie, ohne dass sie sich entladen. Darüber hinaus transportiert der Cilienschlag im Lumen der Verdauungsdrüse eine beträchtliche Zahl von intakten Nesselkapseln in die Spitzen der Cerata. Dort werden sie in die Cnidosäckchen aufgenommen und über längere Zeit gespeichert. Die weißen Cnidosäckchen in den Spitzen der Cerata sind besondere Organe (Abb. 7.27); sie sind von der Verdauungsdrüse im proximalen Teil der Cerata durch eine Verengung des Lumens und einen Sphinktermuskel abgehoben. Zellen im Innern des Cnidosacks, die Cnidophagen, nehmen die Nesselkapseln auf. Sie reifen hier zu abschussbereiten Cniden. Die Cnidosäckchen sind eingehüllt in Längs- und Ringmuskeln, die bei Reizung des Tieres

__7.25__ a) unten, b) und c) rechte Seite unten: Flabellina affinis, die Violette Fadenschnecke, ein besonders farbenprächtiger Nudibranchier. Wie Cratena kommt auch diese Art auf Eudendrium vor. d) 30 mm langer Aeolidier Cratena peregrina auf einem Polypenstock von Eudendrium racemosum. Die weißen Spitzen der Cerata (Rückenanhänge) enthalten Kleptocniden, die bei Reizung des Tieres abgestoßen werden. Die Rückenkolben der Nudibranchier sind als Verteidigungswaffen auffällig gefärbt.

kontrahieren und ganze Pakete von Cniden durch präformierte Poren an der Spitze abstoßen. Beim ersten Kontakt mit Meerwasser explodieren viele der Nesselkapseln (Abb. 7.26b und 7.27). Cnidenbatterien werden nur nach Reizung, nicht spontan oder kontinuierlich abgegeben. Berührung mit Aeolidiern verursacht beim Menschen Hautreizung; auf der Zunge wirken Aeolidier-Cerata wie ein scharfes Gewürz. Eine Meergrundel, die in die Cerata eines Aeolidiers gebissen hatte, schwamm noch geraume Zeit danach mit offenem Maul im Becken herum. Die Aeolidier setzen also Nesselkapseln ihrer Nahrungstiere für ihre eigene Verteidigung ein. Die „gestohlenen" Cniden wurden „Kleptocniden" genannt.

Einer der Gründe für den evolutiven Erfolg der Nesseltiere ist zweifellos der Besitz ihrer Nesselkapseln. Trotz ihrer einfachen Organisation haben sie relativ wenige natürliche Feinde – und das sind durchweg extreme Nahrungsspezialisten.

Literatur: • Edmunds M (1969) Unpalatable prey. *Animals* 3: 557 • Glaser OC (1910) The nematocysts of eolids. *J exp Zool* 9: 117–142 • Greenwood PG, Mariscal RN (1984) Immature nematocyst incorporation by the aeolid nudibranch *Spurilla neapolitana*. *Marine Biol* 80: 35–38 • Herdman WA (1890) Some experiments on feeding fishes with nudibranchs. *Nature* 42: 201–203 • Martin R (2001) Management of hydroid nematocysts in the alimentary canal of an eolid nudibranch. *Invertebrate Biol*, eingereicht • Schmekel L, Portmann A (1982) Opisthobranchia des Mittelmeeres. Springer, Berlin Heidelberg New York • Thompson TE, Bennett I (1969) *Physalia* nematocysts: Utilized by molluscs for defense. *Science* 166: 1532–1533.

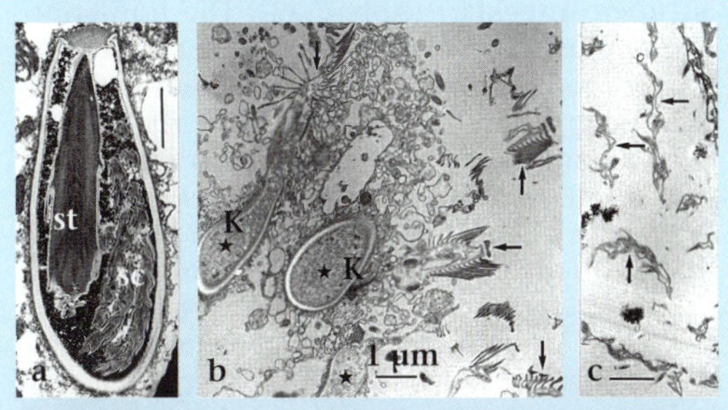

7.26 links: Elektronenmikroskopische Aufnahmen von Nesselkapseln in einem abgestoßenen Paket, frei im Meerwasser: a) in unabgeschossenem Zustand; st – Stilett, sc – Nesselschläuche; b) abgeschossene Stilette mit Widerhaken (Pfeile) und entleerte Kapseln (K); c) ausgestoßene Nesselschläuche (Pfeile). Die Entladung des Cnidoms erfolgt bei Hydrozoen auf die Reizung des Cnidocils; der Nesselschlauch wird mit einer Beschleunigung von 40 000 g wie ein Strumpf ausgestülpt. Maßstab = 1 µm.

7.27 unten: Aufbau eines Cnidosäckchens in der Spitze eines Rückenanhangs von Cratena. Die Nesselkapseln sind schwarz dargestellt. In der freien Batterie von Cniden, oben in der Abbildung, haben die randständigen Cniden ihre Stilette und Nesselfäden ausgestoßen. Die Entladung von Cniden ist ein komplexer, nicht völlig aufgeklärter Vorgang.

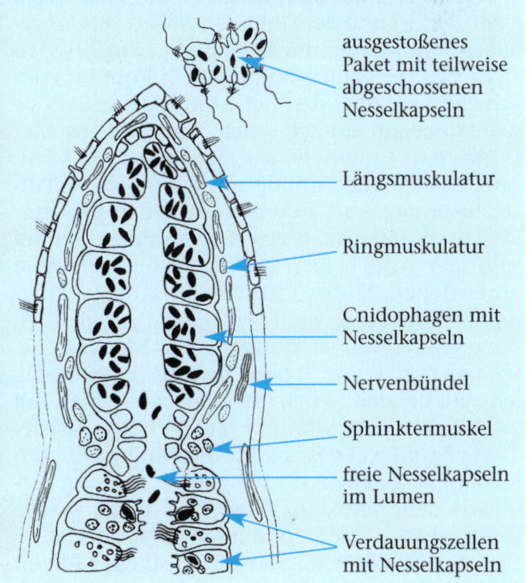

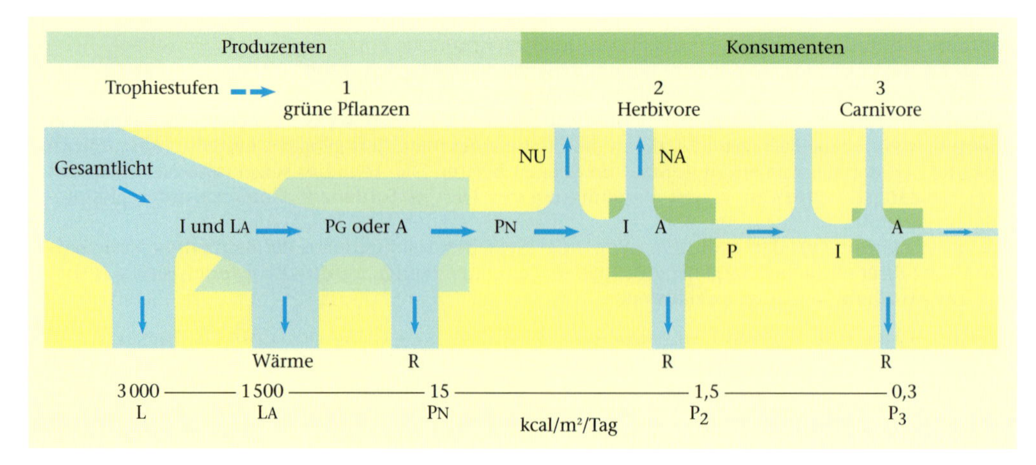

***7.28** Modell des Energieflusses mit drei Trophiestufen in einer linearen Nahrungskette. Unten ist der Energieverlust von Stufe zu Stufe aufgezeigt. A: Assimilation, I: Energiezufuhr, L: von Pflanzendecke absorbierte Lichtenergie, NA: nicht assimilierte Energie, NU: nicht verbrauchte Energie, P: Sekundärproduktion, PG: Bruttoprimärproduktion, PN: Nettoprimärproduktion, R: Atmung. Nach Odum, 1959.*

die Vorbilder Trachten zur Warnung und Abschreckung, falls sie ungenießbar oder giftig sind und daher als Beute nicht in Frage kommen; oder sie haben Trachten wie z. B. die Putzerfische, die anderen Organismen signalisieren, dass diese nunmehr einen Vorteil erlangen können. Damit das System funktioniert, müssen die Vorbilder eine höhere Populationsdichte aufweisen als der oder die Nachahmer.

Lange wurde über die Bedeutung der auffälligen Färbung des Blenniiden *Parablennius rouxi* (Abb. 7.15 b) und des Gobiiden *Gobius vittatus* gerätselt: Ein breiter, dunkelbrauner Längsstreifen zieht sich bei beiden Fischen vom Kopf bis zum Schwanzstiel über den hellen Körper, so dass sie sich täuschend ähnlich sehen. Erst als beobachtet wurde, dass Jungfische des Lippfisches *Coris julis* genau die gleiche Färbung aufweisen, sich als Putzer betätigen und außerdem noch in größerer Dichte vertreten sind, war das vermutete Vorbild gefunden – die beiden Bodenfische werden von potenziellen Räubern für Putzerfische gehalten und bleiben daher wohl weitgehend unbehelligt. Dazu gibt es Beobachtungen, dass Sägebarsche, *Serranus cabrilla*, vor *P. rouxi* als Putzkunden posieren; also handelt es sich um einen klassischen Fall von Müllerscher Mimikry. Ein weiterer Partner dieses Mimikrykreises sind die Jungfische von *S. cabrilla*, die ebenfalls die gleiche Färbung aufweisen, diese aber dazu verwenden, näher an ihre Beute heranzukommen, um mit größerem Erfolg zustoßen zu können – das wäre also ein Fall von aggressiver Mimikry.

Ein anderer Fall von offensichtlicher Mimikry ist noch ungeklärt (Abb. 7.24). Die höhlenbewohnenden *Lipophrys nigriceps* (Blenniidae) und *Tripterygion melanurus* (Tripterygiidae) gleichen sich nicht nur in ihrer roten Körperfärbung, sondern auch in dem schwarz marmorierten Kopf sowie im Fehlen oder Auftreten eines schwarzen Schwanzstielflecks, das geographisch bedingt ist. Im nördlichen Mittelmeer leben Populationen beider Arten ohne *(L. n. nigriceps, T. m. minor)*, im südlichen Verbreitungsgebiet solche mit Fleck *(L. n. portmahonis, T. m. melanurus)*. Übergangspopulationen wurden bei *T. melanurus* in Sizilien und der Westtürkei gefunden.

Synökologie

In der Synökologie werden die dynamischen Beziehungen zwischen Biotop und Biozönose beschrieben, die zusammen ein Ökosystem bilden können, wenn bestimmte Voraussetzungen wie Selbstregulation gegeben sind. Eine wichtige Komponente der Biozönose und somit des Ökosystems ist der Stoff- und Energiefluss. Beim Stofffluss werden die wichtigen chemischen Elemente, die zum Aufbau der organischen Substanzen in den Organismen dienen, wie C, N, O, P, S, Si und andere, verfolgt. Die funktionellen Komponenten der Biozönose sind:

- die Produzenten, die assimilierenden Pflanzen, die aus anorganischen Stoffen wie CO_2, Nitrat, Phosphat und Sulfat die wichtigen organischen Stoffe aufzubauen vermögen (Abb. 7.29 a);
- die Konsumenten, die Tiere, können das nicht und sind daher zur Deckung ihres Energiebedarfs von den Pflanzen abhängig (Abb. 7.29 b, c, d);
- die Destruenten, Bakterien und Pilze, mineralisieren das organische Material wieder zurück.

Im Energiefluss wird die Energie des Sonnenlichts im Verlauf der Nahrungskette von Stufe zu Stufe aufgebraucht, wobei die Komponente der

Das marine Nahrungsnetz

Wolfgang Petz

Von der traditionellen Vorstellung einer linearen Nahrungskette im Meer hat man sich zunehmend verabschiedet. Die Stoff- und Energieflüsse zwischen den verschiedenen trophischen Niveaus und den beteiligten Organismengruppen sind so vielfältig und komplex, dass sie eher einem Spinnennetz gleichen. Daher spricht man nun von einem Nahrungsnetz.

An der Basis des Nahrungsnetzes stehen die grünen Pflanzen. Sie synthetisieren mithilfe von Sonnenenergie aus anorganischen Mineralstoffen organische Substanzen (Kohlenstoffverbindungen) und sind daher Primärproduzenten. Daneben können auch Bakterien (z. B. Cyanobakterien, Blaualgen) Produzenten sein. Entweder verwenden sie wie die Pflanzen Sonnenlicht als Energiequelle und sind daher photoautotroph, oder sie oxidieren anorganische Substanzen und sind chemoautolithotroph. Ebenso betätigen sich mixotrophe Organismen (z. B. manche Ciliaten) zeitweilig als Produzenten, indem sie Chloroplasten aus Beutezellen sammeln und für sich arbeiten lassen (siehe Exkurs S. 442).

Im marinen Bereich sind vorwiegend die einzelligen Mikroalgen des Phytoplanktons für die Primärproduktion verantwortlich. Sie leben in der obersten lichtdurchfluteten (euphotischen) Zone und produzieren in den Weltmeeren jährlich eine Biomasse von etwa 50 Gigatonnen (wissenschaftlich ausgedrückt: 5×10^{10} t) Kohlenstoff. Davon könnten nach neuesten Berechnungen 30–50 Prozent von autotrophen Bakterien gebildet werden. In einem oligotrophen System wie dem Mittelmeer ist jedoch der Großteil der Produktion eine Regeneration auf mikrobieller Ebene; nur etwa 20 Prozent sind Neuproduktion.

Die von den Produzenten aufgebaute Biomasse kann nun von heterotrophen Organismen, den Konsumenten, aufgenommen und verwertet werden. Auf der untersten Stufe wird das Phytoplankton in erster Linie von Kleintieren des Zooplanktons, hauptsächlich Protozoen und Copepoden, abgeweidet. Sie sind daher Primärkonsumenten. In der Folge fressen immer größere Konsumenten (Sekundär-, Tertiärkonsumenten etc.) jene der vorhergehenden Ebene (*grazing food chain,* Lebendfresser-Nahrungskette). Am Ende stehen die Top-Prädatoren. Bei diesem Energietransfer von Stufe zu Stufe können in jeder Ebene nur etwa 10–20 Prozent der Biomasse der nächstniedrigeren Stufe für den Aufbau organischer Materie verwendet werden; der Rest geht als „Abwärme" verloren. Im Meer liegt jedoch der größte Teil der organischen Substanzen in gelöster Form (DOM, *dissolved organic matter;* weltweit ca. 3×10^{11} = 300 000 000 000 Tonnen Kohlenstoff) oder als tote Partikel (POM, *particulate organic matter;* etwa 6×10^{10} = 60 000 000 000 Tonnen Kohlenstoff) vor. Dieses Material wird von Destruenten, vorwiegend heterotrophen Bakterien, abgebaut und in mineralische Bestandteile zerlegt, die wieder für Produzenten verfügbar sind. Damit schließt sich der Kreislauf. Ein Teil der Produktion sowie der gelösten und partikulären organischen Substanzen geht jedoch durch Sedimentation verloren und ist damit für die Organismen in der Wassersäule nicht mehr verfügbar. Man schätzt, dass auf diese Weise ca. 10 Prozent der Nettoprimärproduktion die euphotische Zone in 200 m Tiefe verlassen, 2 Prozent der Primärproduktion die Tiefsee in 4 000 m Tiefe erreichen und etwa 0,2 Prozent dort im Sediment begraben werden. Vielen Organismen des Benthos dient dieser „Regen" aus organischer Materie als Nahrung.

7.29 a) Primärproduzent: Coscinodiscus sp. (Diatomeae). Konsumenten: b) Microsetella sp. (Copepoda), c) Pleurobrachia sp. (Ctenophora), d) Sarsia gemmifera (Hydrozoa).

Literatur: Kirchman DL (2000) Microbial ecology of the oceans. Wiley, New York.

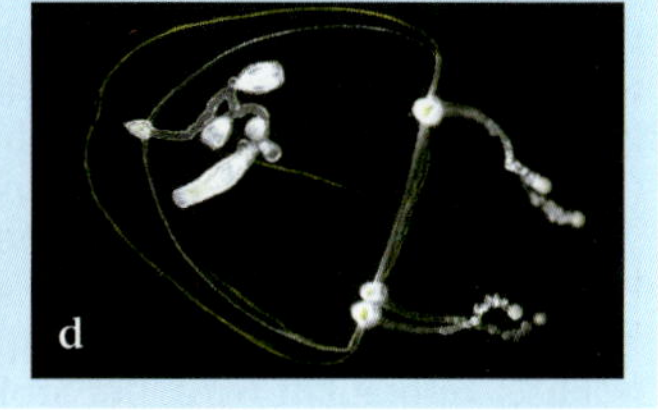

Wie verfrachtet man Berge ins Meer: die biologische Kohlenstoffpumpe

Wolfgang Petz

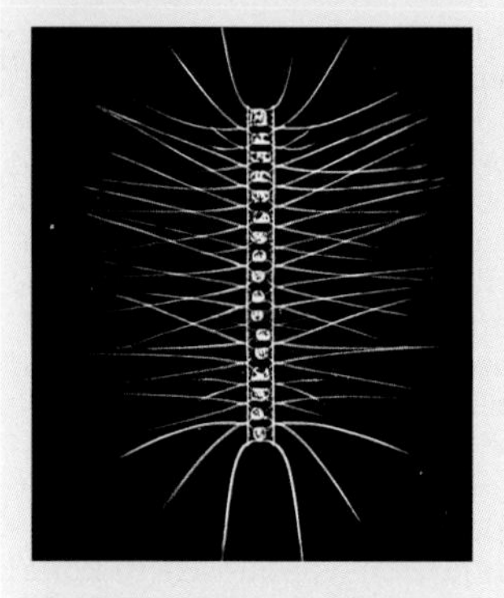

***7.30** Die Diatomee Chaetoceros sp. ist ein häufiger Phytoplankton-Organismus.*

In den letzten Jahrzehnten ist die globale Erwärmung von einer Hypothese zu einem Faktum geworden. So ist in den vergangenen vier Jahrzehnten unter anderem die Temperatur des Tiefenwassers im Mittelmeer geringfügig, aber doch signifikant gestiegen. Gegen den Treibhauseffekt haben die Weltmeere allerdings ein As im Ärmel, nämlich die biologische Kohlenstoffpumpe.

Hauptverantwortlich für den weltweiten Treibhauseffekt ist das gasförmige Kohlendioxid (CO_2), wobei dessen Konzentration in der Atmosphäre vor allem durch die Verbrennung fossiler Energieträger (Kohle, Erdöl, Erdgas) und die Zerstörung ausgedehnter Waldgebiete seit Beginn der Industrialisierung deutlich zugenommen hat. Durch starken Wind und die damit einhergehenden Wellenbrecher wird eine große Menge dieses Gases aus der Luft in das Meerwasser transportiert und dort gelöst. Hier ist es für das Phytoplankton verfügbar, das das Kohlendioxid in der Photosynthese mithilfe von Sonnenlicht in Kohlenstoff (C) und Sauerstoff (O_2) spaltet. Der Kohlenstoff wird als organische Substanz in den Zellen eingebaut, während der Sauerstoff an die Atmosphäre abgegeben wird. Auf diese Weise werden unvorstellbare Mengen an Kohlendioxid unschädlich gemacht und als Kohlenstoff ins Meer verfrachtet. Im Gegenzug wird jedoch ein Großteil des Kohlendioxids durch die Zellatmung von Organismen, die sich von den Planktonalgen ernähren (Zooplankton) oder ihre toten Reste abbauen (Bakterien), wieder in die Lufthülle entlassen. Ein Großteil, aber eben nicht alles. Denn in den küstenfernen Bereichen, dort, wo das Meer sehr tief ist, sinkt das abgestorbene Phytoplankton ebenso wie seine toten Fressfeinde als Detritus (organische Abfallstoffe) in die Tiefe. Diese Überreste werden nach sehr langen Zeiträumen (einige 1 000 Jahre) abgebaut – oder sie werden gar nicht mehr abgebaut und im Sediment dauerhaft abgelagert (CO_2-Falle). Nach einigen Millionen Jahren entsteht daraus wieder Erdöl.

Insgesamt nehmen die Weltmeere etwa 107 Milliarden Tonnen (107×10^9) Kohlenstoff pro Jahr auf und geben davon 105 Milliarden Tonnen wieder ab. Die Differenz, ca. 2 Milliarden Tonnen Kohlenstoff, verschwindet jährlich in die Tiefsee. Diese Menge entspricht etwa 30 Prozent der anthropogen bedingten Kohlendioxid-Freisetzung. Allerdings versteckt sich in dieser Bilanz noch mindestens ein bislang unbekannter Kohlenstoffabfluss, da es deutliche Diskrepanzen zwischen den ausgestoßenen Mengen und der CO_2-Konzentration in der Atmosphäre gibt. Auch das Mittelmeer trägt zu diesem CO_2-Nettotransport in die Tiefsee bei und bremst so die globale Erwärmung etwas, allerdings in einem eher bescheidenen Ausmaß, da die Fläche im Vergleich zu anderen Meeren gering und die Nährstoffkonzentrationen sehr niedrig sind. Daher ist auch die biologische Aktivität, von lokalen Ausnahmen in flachen Meeresbereichen abgesehen (z. B. im Mündungsgebiet des Po), relativ eingeschränkt. Die Aktivität planktontischer Bakterien dürfte die Effizienz der Kohlenstoffpumpe deutlich erhöhen, da durch ihre Stoffwechselprozesse Pflanzennährstoffe regeneriert und freigesetzt werden, was das Wachstum des Phytoplanktons fördert. Dadurch wird wiederum die CO_2-Fixierung im Meer gesteigert (siehe Exkurs S. 451).

Literatur: • Bathmann U (1992) Die biologische Kohlenstoff-Pumpe. *Bild der Wissenschaft* 3/92: 94–97 • Thingstad TF, Rassoulzadegan F (1995) Nutrient limitations, microbial food webs and „biological C pumps“: suggested interactions in a P-limited Mediterranean Sea. *Mar Ecol Prog Ser* 117: 299–306.

Kosumenten mehrere Glieder in dieser Kette bilden können: Herbivore, Carnivore, Übercarnivore usw. Was an Energie verbleibt, ist die jeweilige (Netto-)Produktion (Biomasse pro Zeit). Nach dem allgemeinen Energieflussschema-Modell von Odum (1959) nimmt die Produktion in jeder Stufe um 90 Prozent ab, beim ersten Übergang von den Pflanzen zu den Pflanzenfressern sogar um 99 Prozent (Abb. 7.28), weil viel Energie für den Stoffwechsel verbraucht wird, der Stoff nicht verwertbar (unverdaulich) ist oder nicht verwertet wird – die Leichen werden entweder direkt den Reduzenten zugeführt oder von speziellen Detritovoren konsumiert. Das hat folgende Konsequenzen:

- Von der Energiebilanz her gesehen sind möglichst kurze Nahrungsketten günstiger; an Land sind es zwei (beispielsweise Gras → Huftier), im Meer drei Glieder, Phytoplankton → Zooplankton → Zooplanktonfresser, wie es auch die Bartenwale und großen Knorpelfische sind.

• Gipfelräuber (Top-Prädatoren) der vierten oder fünften Stufe müssen schon spezielle Anpassungen aufweisen, um ihren notwendigen Energiebedarf decken zu können.

Der Energiegewinn (= Produktion), den der einzelne Organismus aus seiner Nahrung erzielt, hängt von mehreren Parametern ab, die in den folgenden Gleichungen vorgestellt sind:

$$P = C - FU - R$$

$$C - FU = A,$$

(wobei P = Produktion, C = konsumierter Teil der Nahrung, A = assimilierter Teil der Nahrung, R = veratmeter Teil der Nahrung, FU = Fäzes und Exkrete sind). Ökologische Effizienzen, die sich aus dem Verhältnis P/C rechnen, sind bei wechselwarmen Tieren höher (10–35 Prozent) als bei gleichwarmen (bis 2 Prozent), weil diese sehr viel Energie für die Thermoregulation verbrauchen. Dieser Bedarf wird nur teilweise durch eine gegenüber den Wechselwarmen verbesserte Verdauungseffizienz (A/C) kompensiert.

Produktion

Das Europäische Mittelmeer gilt im Vergleich zu anderen Seegebieten als relativ unproduktiv, da es außer in Gebieten von Flussmündungen nährstoffarm ist und wegen der Schwelle von Gibraltar an dem ostatlantischen Auftrieb von Nährstoffen nicht teilhaben kann. In der Adria konnten an der Mündung des Po noch 20 000 Zellen von Diatomeen pro Kubikmeter gezählt werden, in der zentralen Adria nur noch ein Zehntel davon. Der Bau des Assuan-Hochdammes hatte eine starke Reduktion der früheren Wasserspende des Nils und damit des Nährstoffeintrags ins Mittelmeer zur Folge, entsprechend sanken die Erträge der Fischerei. Wie bereits erwähnt, ist das nördliche Mittelmeer produktiver als das südliche; weitere Differenzen betreffen mit ansteigender Produktivität die offenen Gewässerteile, die Küstengewässer und die Embayments, besonders urbanen Einflüssen ausgesetzte Küstengebiete. Im Durchschnitt wird eine Primärproduktion von 200 g C/m^2/Jahr angenommen.

Trotz vieler intensiver Untersuchungen ist es noch immer nicht gelungen, eine angenäherte Energiebilanz, wie in der Nordsee oder Ostsee, für das Mittelmeer aufzustellen. Im freien Wasser lässt sich zwar die Primärproduktion des Phytoplanktons berechnen – mit breiten Fehlerdifferenzen, die durch Jahreszeit, Tiefe und Nährstoffzufuhr bedingt sind; aber schon beim herbivoren Zooplankton gibt es so gut wie keine Produktionszahlen mehr. Im Golfe du Lion wurde während einer Winter-Konvektion eine Produktion von ca. 15–30 mg C/m^2/Tag an der Oberfläche und etwa 5 mg C/m^2/Tag in 50 m Tiefe festgestellt, wobei die Werte an den Rändern und im Zentralgebiet noch geringer waren.

Für das Zooplankton stehen nur einige Biomasse-Werte für Vergleiche zur Verfügung. Sie schwanken in der Ligurischen See zwischen 0,63 im März und 9,14 mg C/m^2 im April. Bei Barcelona wurde in den küstennahen oberen 50 m ein Durchschnitt

Protisten als Wolkenmacher

Wolfgang Petz

Bestimmte Algengruppen des Phytoplanktons, insbesondere winzige Diatomeen (Kieselalgen) und Dinoflagellaten, produzieren zur Osmoregulation oder als Frostschutz eine schwefelhaltige Substanz, das Dimethylsulfoniopropionat, kurz DMSP genannt. Diese Substanz wird beim Zelltod freigesetzt, der hauptsächlich durch Virenbefall und durch Beweidung von Protisten oder Zooplankton herbeigeführt wird. Durch Bakterien wird das DMSP in Dimethylsulfid (DMS) und Acrylsäure zerlegt. DMS ist leicht flüchtig, entweicht in die Atmosphäre und verleiht dem Meer seinen typischen Geruch. Auf diesem Weg verlassen jedes Jahr etwa 40 Millionen Tonnen Schwefel die Weltmeere. In der Lufthülle über dem Wasser wird das DMS zu Sulfat oxidiert. Sulfat-Aerosole sind jedoch bevorzugte Kondensationskeime für die Wolkenbildung, so dass eine erhöhte DMSP-Produktion zu einer verstärkten Bewölkung über den Meeren beitragen könnte. Neben Auswirkungen auf das lokale Wetter würde das ein Abkühlen der globalen Atmosphäre nach sich ziehen. Das Ausmaß dieser Temperaturverminderung hängt von der Phytoplanktonproduktion ab, die ihrerseits durch einen vermehrten Kohlendioxidausstoß aufgrund der Verbrennung von fossilen Energieträgern stimuliert wird. Daher ist dieser Prozess ein wichtiger negativer Rückkoppelungsmechanismus, der die weltweite Klimaerwärmung (Treibhauseffekt) etwas einbremsen könnte.

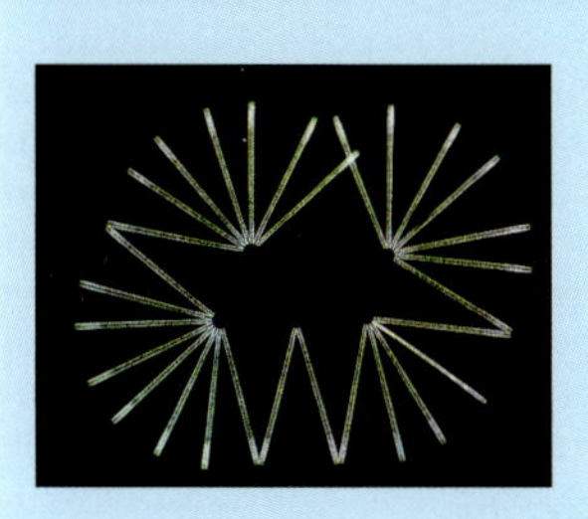

***7.31** Planktontische Kieselalgen wie Thalassiothrix sp. können zur Wolkenbildung beitragen.*

Literatur: • Belviso S, Christaki U, Vidussi F, Marty J-C, Vila M, Delgado M (2000) Diel variations of the DMSP-to-chlorophyll a ratio in northwestern Mediterranean surface waters. *J Mar Syst* 25: 119–128 • Ott J (1996) Meereskunde. Ulmer, Stuttgart.

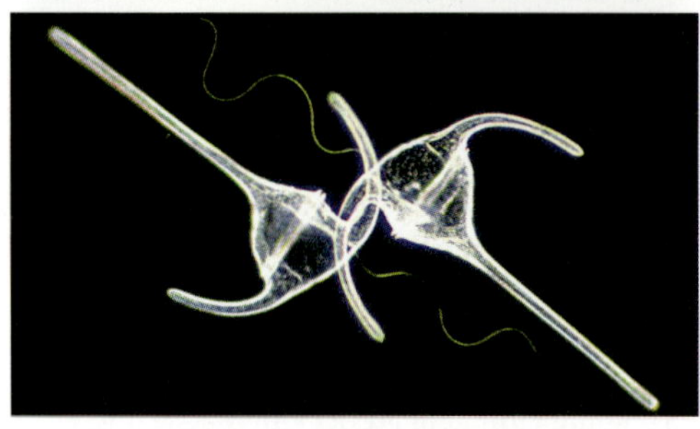

litorale Zone	Produktion (g C/m²/Jahr)	Biomasse (g C/m²)
Supralitoral	2	–
litoraler Saum	5	–
Eulitoral	300	250
oberes Sublitoral	900	1 000
unteres Sublitoral	200–700	100–800
Coralligen	20–80	–
Posidonia-Wiese	600	300–800

7.32, 7.33 und Tabelle 7.2 *Links oben: Die benthische Primärproduktion beruht im Litoralbereich größtenteils auf Makroalgen (hier Cystoseira sp.) und Seegräsern. Den Makrophyten steht aber im Vergleich zu den einzelligen Primärproduzenten des Pelagials nur ein beschränkter Raum zur Verfügung. Links unten: Der Dinoflagellat Ceratium tripos als Beispiel für einzellige Produzenten des Pelagials. Tabelle oben: Vergleich der Produktion und Biomassen in einigen Habitaten des Benthals im westlichen Mittelmeer. Nach Ros et al. 1984.*

von 8,53 mg C/m², bis in 200 m von 4,85 mg C/m² festgestellt, in Küstenferne aber nur noch von 2,80 mg C/m². Die Werte liegen um eine Zehnerpotenz niedriger als im Atlantik; nur östlich der Straße von Gibraltar, in der Alboransee, sind sie höher als im westlich angrenzenden Atlantikgebiet.

Etwa 92 Prozent des Zooplanktons bestehen aus Copepoda, am häufigsten sind *Oncaea*-Arten. Die Fischereierträge im westlichen Mittelmeer, die als ein Maß für die Produktivität gelten können, schwankten in den Jahren 1974 bis 1980 zwischen 314 000 und 351 000 Tonnen, waren demnach bemerkenswert konstant. Mit etwa einem Drittel waren die Clupeiden vertreten, etwa ein Sechstel steuerte *Engraulis* bei. Zum Vergleich: Die Erträge der Nordseefischerei machen etwa das Zehnfache aus.

Im Benthos beruht die Primärproduktion auf Makroalgen (Abb. 7.32), Seegräsern und Mikroalgen. Während die Seegräser Bestände auf Sandböden bilden, wachsen die Algen auf Hartböden, die Mikroalgen auch auf festsitzenden Organismen oder Sand (besonders Diatomeen). Wie schon das Phytoplankton ist das Phytobenthos von der Lichtstärke und damit der Tiefenlage des Substrats, der Nährstoffkonzentration und damit von den Strömungsverhältnissen, aber auch von der Temperatur abhängig. Die Primärproduktion im westlichen Mittelmeer ist in den einzelnen Zonen des Litorals recht unterschiedlich (Tab. 7.2). Damit sind das obere Sublitoral und der Posidoniagürtel die produktivsten Zonen des Benthals. Allerdings liegt nur ein Prozent des Mittelmeerbodens in der euphotischen Zone. Zwar würde somit ein 1 500 m breiter Küstenstreifen des Benthals durchaus die gleiche Primärproduktion wie das Pelagial erbringen, insgesamt fällt sie aber gegenüber dem Phytoplankton infolge ihrer Tiefenlage über die weiten Flächen der offenen See deutlich zurück.

Die Sekundärproduktion des Benthos übertrifft die benthale Primärproduktion; das bedeutet aber, dass sie von der Produktion des freien Wassers abhängig ist. Daher gibt es dort neben einigen Weidegängern auch die vielen Suspensionsfresser, die Phyto- und/oder Zooplankter als Nahrung aufnehmen. Allerdings fehlt für diese Lebensräume ebenfalls eine allgemeine Energiebilanzierung. Für kleine Ausschnitte an flachen Fels- und Sandböden gibt es Untersuchungen der Biomasse im Saisonverlauf und daraus Berechnungen für eine Produktion und Konsumation zwischen den Stufen der Herbi- (bzw. Detrito-) und Carnivoren. Am Felsboden von Banyuls-sur-Mer war die Produktion der mobilen Fauna 6,7 g TG/m³, die zu 15 Prozent von benthischen Fischen, Blennioiden und Gobiiden, konsumiert wurde. Bezogen auf das Gesamtbenthos beträgt sie allerdings nur ein Prozent. Am Sandboden wurde eine Produktion von 4,3 g TG/m³ errechnet; die Ausnutzung durch benthische Gobiiden, die zum Teil eine hohe Dichte erreichen, betrug etwa 10 Prozent. Dabei wurde offensichtlich, dass zusätzlich auch Organismen aus dem freien Wasser wie calanoide Copepoden und Mysidaceen als Nahrung dienten.

Verbindung der Teilsysteme – Nahrungsketten und Entwicklungszyklen

Nahrungsketten sind in der Lage, den Stoff- und Energiefluss in den einzelnen Stufen zu verfolgen.

Die mikrobielle Schleife *(microbial loop)*

Wolfgang Petz

Einzellige Phytoplanktonalgen sind die wichtigsten marinen Primärproduzenten. Während diese winzigen Produzenten arbeiten, verlieren sie bis zu 70 Prozent ihrer Photosyntheseprodukte durch Diffusion an die Umgebung. Des Weiteren trägt das herbivore (pflanzenfressende) Zooplankton durch Exkretion und die Autolyse (Zerfall) von Mikroben zum Vorrat an gelöster organischer Substanz (DOM, *dissolved organic matter*) im Wasser bei. Diese Verbindungen, zu denen unter anderem Kohlenhydrate (Mono-, Oligo-, Polysaccharide), Amino-, Nuclein- und Huminsäuren, Proteine, Peptide, Lipide, Vitamine und andere Stoffwechselprodukte gehören, sind eine willkommene Nahrungsquelle für heterotrophe Bakterien und werden von diesen in Biomasse umgesetzt. Im westlichen Mittelmeer werden so 55 Prozent der gesamten marinen Primärproduktion über die Bakterien in die mikrobielle Schleife kanalisiert; im östlichen, sehr nährstoffarmen (oligotrophen) Teil sind es sogar 85 Prozent der Phytoplanktonproduktion. Allerdings ist nicht die gesamte gelöste Materie leicht abbaubar; ein wesentlicher Teil bleibt als ungenützter Kohlenstoffvorrat im Wasser.

Von diesen Bakterien ernähren sich bevorzugt heterotrophe Flagellaten (Geißeltierchen), die ihrerseits von Ciliaten (Wimpertierchen) erbeutet werden. Außerdem wird ein Teil des Phytoplanktons von Flagellaten und Ciliaten direkt verzehrt. Durch den Stoffwechsel der Bakterien und heterotrophen Protisten werden dabei anorganische Nährstoffe (vor allem Ammonium, Phosphat) regeneriert und dem Phytoplankton wieder zur Verfügung gestellt. In einer Art Abkürzung wird auf diese Weise ein wesentlicher Teil der Nährstoffe rasch zu den Produzenten zurückgeleitet (Abb. 7.34). Neben einer wichtigen Quelle für regenerierte Nährstoffe fungiert die mikrobielle Schleife auch als Senke für organisches Material, das in den Organismen dieser Ebene verbleibt.

In dieser Kreislaufwirtschaft gibt es noch zusätzliche Parameter, die einen eminenten Einfluss ausüben. Einer davon sind Viren. Nach neuesten Untersuchungen dürfte ein beträchtlicher Teil der planktontischen Bakterien von Viren infiziert sein, die schätzungsweise zwischen 5 und 40 Prozent der Population abtöten. Sobald diese Zellen lysieren (zerfallen), werden energiereiche organische Verbindungen freigesetzt, die für die anderen Bakterien im Plankton ein willkommenes Substrat darstellen und deren Wachstum ankurbeln. Auf diese Weise verbleibt mehr organische Masse in der Wassersäule, und der Verlust durch Sedimentation wird vermindert. Die Bakterienproduktion steigt jedoch auf einen Wert, der ohne Virenbefall nicht möglich gewesen wäre. Gleichzeitig wird noch mehr organische Substanz auf niedrigem Niveau gebunden und den höheren trophischen Ebenen (z. B. Copepoden des Zooplanktons) vorenthalten. In letzter Konsequenz hat dies fundamentale Auswirkungen auf die Fischproduktion, die im östlichen Mittelmeer durch die dominante mikrobielle Schleife signifikant verringert wird. Damit ist der *microbial loop* ein bedeutsamer, wenn auch lange unterschätzter biologischer Faktor im Meer. Auch die Aufnahme von heterotrophen Bakterien durch mixotrophe Phytoflagellaten spielt für die mikrobielle Schleife eine zwar wenig erforschte, aber doch ebenso bedeutende Rolle wie der direkte Konsum von gelöster organischer Substanz durch bakterienfressende Protisten.

Literatur: Azam F (1998) Microbial control of oceanic carbon flux: the plot thickens. *Science* 280: 694–696.

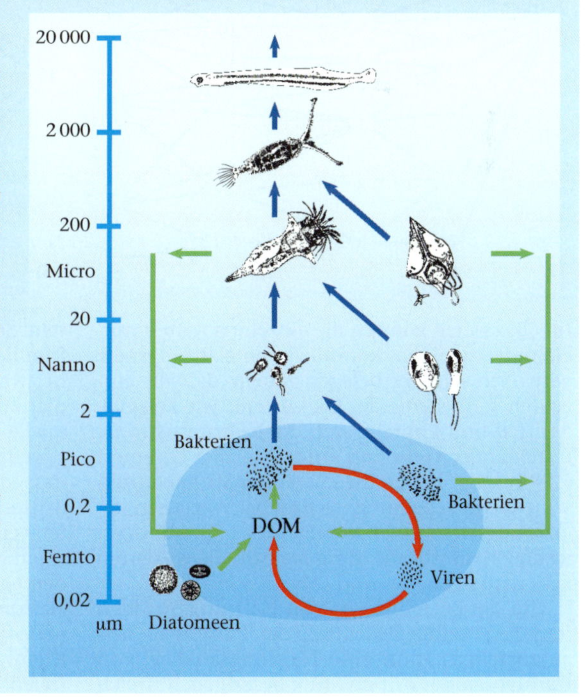

7.34 Schematische Darstellung der mikrobiellen Schleife. Diatomeen sind die wichtigsten DOM-Produzenten. Nach Pedros-Alio.

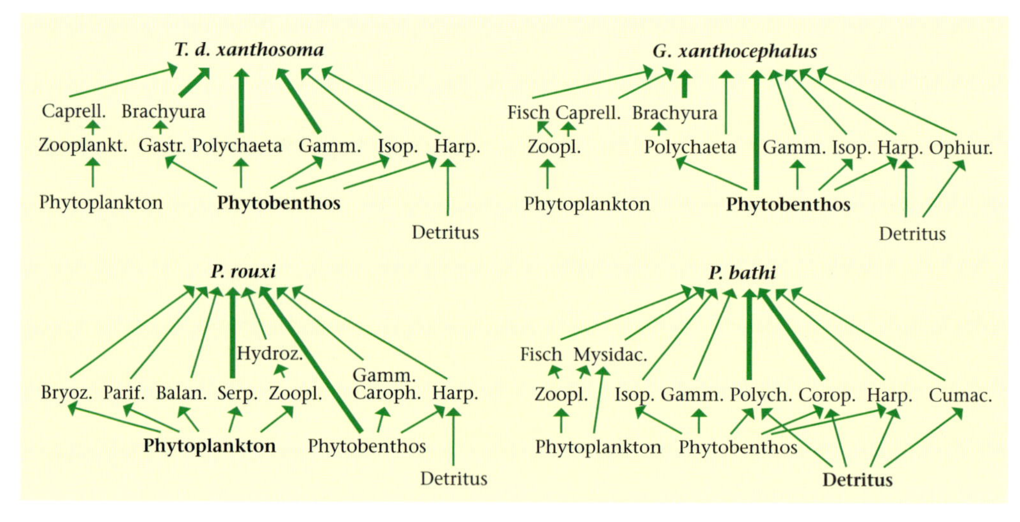

7.35 Oben: Stellung von vier epibenthischen Kleinfischen des Felslitorals in Banyuls-sur-Mer, Frankreich, im Nahrungsnetz. Die Dicke der Pfeile zeigt die Bedeutung der jeweiligen Nahrungskomponenten an.

7.36 Unten: Hypothetisches Nahrungsnetz. a) Vernetzte Strömungen. b) Das gleiche Netz, aber alle Ströme, die weniger als 1 ‰ ausmachen, ausgelassen. PP: Primärproduzenten. Aus Remmert, 1994.

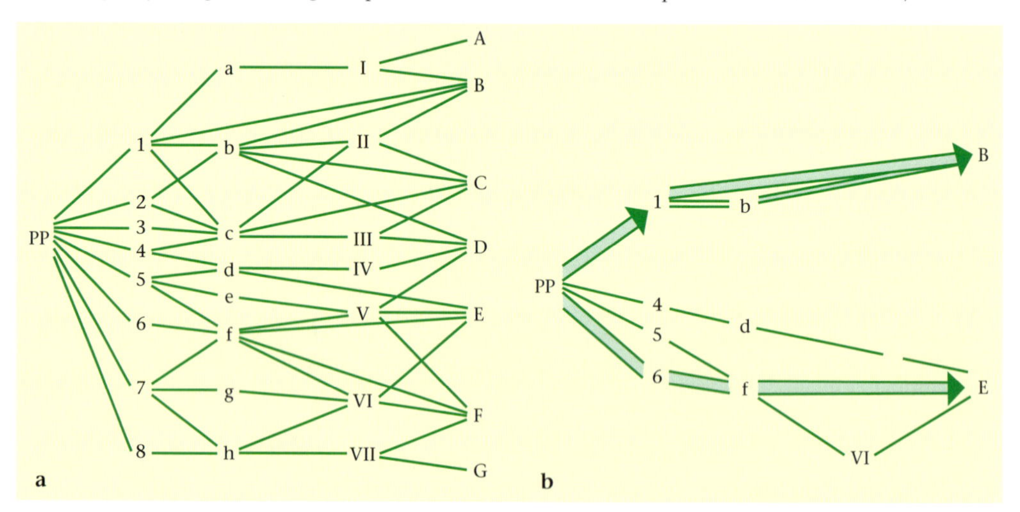

Im Ökosystem können die einzelnen Ketten miteinander zu einem komplizierten Nahrungsnetz verwoben sein. Sie belegen zudem, dass die einzelnen Teilsysteme des Ökosystems wie Pelagial, Benthal und Phytal durch die Nahrungsströme miteinander verknüpft sind. Wie aber Remmert (1994) zeigt, haben die einzelnen Ströme unterschiedliche Bedeutung, so dass bei Weglassen der Nahrungsströme von weniger als 1 ‰ nur noch wenige Hauptströme übrig bleiben, die wiederum kettenartig gestaltet sind (Abb. 7.36).

Um die Beziehungen von Nahrungsströmen und die jeweilige Bedeutung der Teilsysteme herauszustellen, kann eine Nahrungsanalyse von Carnivoren der dritten Stufe besonders hilfreich sein. So war bei vier benthischen Kleinfischen der Familien Gobiidae, Blenniidae und Tripterygiidae in zwei Fällen Phytobenthos, je einmal Phytoplankton und Detritus die wichtigste Ausgangsquelle (Abb. 7.35). Die anderen Ressourcen hatten jeweils nur ergänzende Bedeutung. Wichtig ist, dass die Kleinfische im Allgemeinen auf der dritten Stufe standen, wenngleich sich *P. rouxi* teilweise durch die direkte Aufnahme von Makroalgen der zweiten Stufe annäherten oder die beiden Grundeln teilweise der vierten. Wenn diese Nahrungsbeziehungen auf noch höheren Stufen verfolgt werden, zeigt sich, dass damit selbst Kleinräuber des Epibenthos Beziehungen zum freien Wasser haben. Sie werden ihrerseits even-

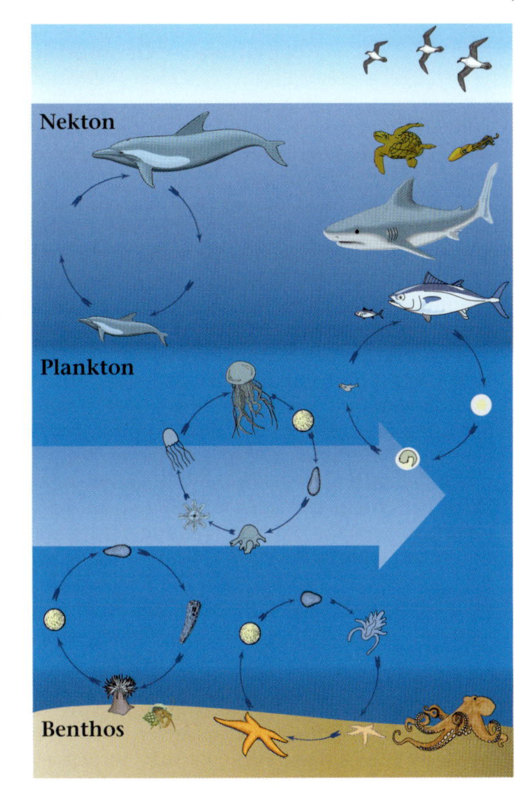

7.37 Nekton, Plankton, Benthos und der Wechsel zwischen diesen Lebensgemeinschaften im Laufe der Lebenszyklen der Organismen: holo- und meroplanktische sowie holo- und merobenthische Organismen. Eine Unterscheidung des Nektons nach diesem Muster ist nicht eingebürgert, obwohl es zwischen manchen Nektonorganismen analoge Unterschiede gibt: Der gesamte Lebenszyklus der Meeressäuger spielt sich etwa im Nekton ab, jener der Tunfische und der meisten anderen pelagischen Fische ist mit den Entwicklungsstadien Ei und Larve auch planktisch. Zum Nekton gehören im Mittelmeer im Wesentlichen Cephalopoden, Knorpel- und Knochenfische, Meeresschildkröten und Meeressäuger. Im Benthos findet man nahezu alle höheren Taxa von Pflanzen und Tieren, selbst solcher Stämme, die als typisch holopelagische Organismen gelten, z. B. Rippenquallen (Ctenophora) und Pfeilwürmer (Chaetognatha). Die benthische Lebensgemeinschaft hat eine höhere Diversität als die pelagische. Der Pfeil deutet Strömungen und die durch sie bewirkte weiträumige Verdriftung des Planktons im marinen Raum an. Auch die Entwicklungsstadien der Benthosbewohner werden weit abgedriftet. Hier stellt sich die Frage nach dem Populationsbegriff benthischer Organismen im Sinne von Fortpflanzungsgemeinschaften. Zwischen der Eltern- und der Nachkommengeneration muss keine direkte räumliche Kontinuität bestehen, Eier und Larven können sich weit von der elterlichen Generation wiederfinden. Nach Tardent, 1993.

tuell von benthischen (Plattfische, *Scorpaena*), suprabenthischen (Serranidae, *Dentex*) oder pelagischen Fischen (Carangidae) gefressen. Durch diese Transfervorgänge innerhalb der Nahrungsketten stehen die verschiedenen und in ihrer Struktur sehr unterschiedlichen Teilbereiche des Ökosystems in dauernder Verbindung.

Diese Verbindungen werden auch durch die verschiedenen im Laufe der Ontogenese auftretenden Stadien vieler Organismen hergestellt. Einerseits ändern sich Art und Größe der Nahrung mit zunehmendem Körperwachstum, andererseits gehören Larven- und Jugendstadien im Lauf der Entwicklungszyklen ganz anderen Lebensgemeinschaften an als die Adulten (Abb. 7.37). Von Bedeutung sind die vielen Organismen, die als Larven im Plankton, als geschlechtsreife Adulte aber im Benthos leben. Dazu gehören die meisten Vertreter der großen Tierstämme und -gruppen im Meer wie Mollusca, Polychaeta, Crustacea, Tentaculata, Echinodermata, Tunicata ebenso wie die kleineren Gruppen Nemertini, Echiura, Sipuncula, Enteropneusta. Die Larven stellen damit die Verbreitungsform dieser Organismen dar, die im Plankton von Strömungen verdriftet werden können. Erst wenn diese Tiere metamorphosieren, gehen sie – auch als Folge der Ausbildung von schwereren Skelettelementen – zum Bodenleben über. Eine entgegengesetzte Entwicklung durchlaufen die meisten Cnidaria, bei denen die Jugendmorphe, die Polypen, epibenthisch leben, meist sogar festsitzend sind, während die beweglichen Medusen der Gemeinschaft des Planktons angehören. Sie entstehen aus den Polypen durch ungeschlechtliche Vermehrung und wachsen zur Geschlechtsreife heran.

Bei den Fischen sind Eier und Larven meistens im Plankton zu finden, bevor sie dann als Jungfisch und geschlechtsreife Stadien entweder im Pelagial verbleiben und dann dem Nekton angehören oder aber zum Bodenleben übergehen. Die Jugendstadien der Wale und Delfine sind dagegen schon von Geburt an so beweglich, dass sie als Mitglieder der Nekton-Biozönose gelten.

Noch ausgedehnter und komplexer werden die Beziehungen, wenn Organismen das Meer zeitweise verlassen, um Funktionen des Lebenszyklus an Land zu erfüllen. Diesen Wechsel verschiedener Biosphären vollziehen Meeresschildkröten und Robben zur Fortpflanzung; umgekehrt entnehmen Seevögel – im Mittelmeer besonders Laridae, Procellariidae und Phallocrocaridae – dem Meer Nahrung in Form von Fischen und Wirbellosen, deren Anteil nicht unwichtig ist. Da gerade die Vögel, aber auch die Wale und Delfine hochmobile Organismen sind, sind es diese Gruppen, die die Ökosysteme des Mittelmeeres mit großen Teilen der Erde zu verknüpfen vermögen.

Lebensweise, Ökomorphologie und Verbreitung der Haie

Robert Hofrichter und Alfred Goldschmid

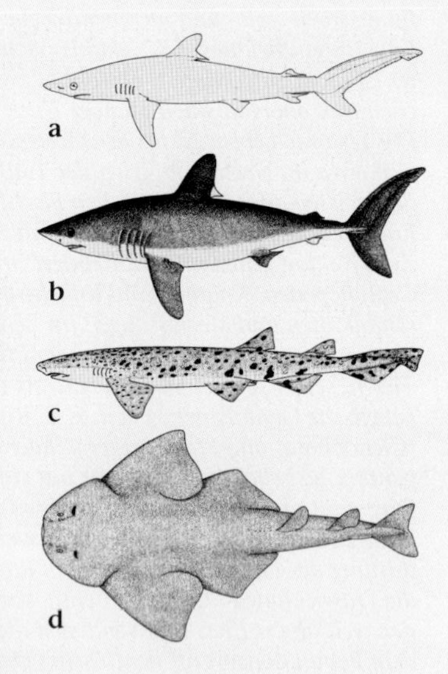

Zwischen dem Aussehen (Größe, Körperform), der Lebensweise und der Verbreitung eines Haies gibt es in der Regel einen offenkundigen Zusammenhang.

a) Carcharhinidae: aktive, auf schnelle Jagd ausgerichtete Schwimmer, mehr ruheloses Umherschwimmen als länger andauerndes Kreuzen (2–5 km/h, mit schnellen „Sprints"; *P. glauca* erreicht bei Vorstößen 30–50 km/h), schlank, stromlinienförmig, längliche Schnauze. Die kräftige vordere Rückenflosse dient zusammen mit den wenig bewegten Brustflossen zur Stabilisierung beim Schwimmen. Schnauze und Vorderkörper sind abgeflacht (Reduktion des Wasserwiderstands bei schnellen Wendungen und den regelmäßigen Seitwärtsbewegungen beim Schwimmen und dem Auftrieb). Typisch für diese Haie ist die asymmetrische Schwanzflosse (epizerk), deren oberer Lappen – durch die nach oben gebogene Wirbelsäule gestützt – viel größer ist als der untere. Die Schwanzflosse ist das eigentliche Antriebsorgan, auf sie wird die Kraftwirkung der ineinander verschachtelten und mehrfach zickzackförmig verlaufenden Segmente der Rumpfmuskulatur übertragen. Die Körperdichte ist geringer als bei Bodenhaien, wobei die Leber mit ihrem Ölgehalt das wichtigste Auftriebsorgan darstellt. *P. glauca* „wiegt" im Wasser 2,5 Prozent dessen, was er auf dem Trockenen wiegt. Die Leber macht nicht weniger als 20 Prozent des Körpergewichts aus. Der Anteil der roten Muskulatur, der als dünne Schicht direkt unter der Haut liegt, ist bei den Carcharhiniden geringer als bei Langstrecken- und Dauerschwimmern (bei *P. glauca* 11 Prozent).

b) Makrelenhaie (Lamnidae): massige, torpedoförmige, konisch-zylindrische Körperform mit vollendeter Hydrodynamik (konvergente Entwicklung zeigen die Tunfische unter den Knochenfischen). Die Schnauze ist spitz-kegelförmig, die halbmondförmige Schwanzflosse sehr groß und nahezu symmetrisch, das Verhältnis von Höhe zu Länge der Schwanzflosse ist ideal zum Erreichen von maximalem Schub bei minimalem Krafteinsatz. Der enge Schwanzstiel trägt seitliche Stabilisierungskanten. Die vordere Rückenflosse ist größer als bei den Carcharhiniden und liegt annähernd auf der gleichen Höhe wie die ebenfalls großen Brustflossen, wodurch ein stabiles Schwimmen erreicht wird. Die Muskelkraft wird nicht mehr durch Schlängeln des ganzen Rumpfes auf die Schwanzflosse übertragen, sondern durch gebündelte Sehnenzüge der Muskulatur. Beste Anpassung an die pelagische Lebensweise findet man wahrscheinlich beim Makohai (*Isurus oxyrinchus*); er kann – wie auch der Weiße Hai – voll aus dem Wasser springen, wozu er eine Startgeschwindigkeit von 35 km/h erreichen muss. Die Körpertemperatur liegt 5–11 °C über der Wassertemperatur (wie auch bei den Alopiidae), was effektive Muskelarbeit ermöglicht; hoher Anteil an roter Muskulatur, die anders als bei den anderen Haifamilien tiefer in das Körperinnere in die Nähe der Wirbelsäule verlagert ist und durch ein dichtes Kapillarnetz versorgt wird (Wärmeregulation und Konstanthalten der Körpertemperatur). Die Körperdichte (bei *Lamna nasus* 3,2 Prozent) ist höher als bei den Carcharhiniden. Kiemenoberfläche, Herz und Blutdruck sind größer bzw. höher als bei anderen Haien. Der Anteil der roten Blutkörperchen am Gesamtblutvolumen beträgt 33–39 Prozent, der Gehalt an Hämoglobin 14 g/100 ml Blut. Beide Werte sind wesentlich höher als bei anderen Haien und sind mit jenen der Tunfische, Vögel und Säugetiere vergleichbar.

c) Katzenhaie (Scyliorhinidae): gemächliche Lebensweise auf dem Grund oder in Grundnähe; langer, spindelförmiger, ventral etwas abgeflachter Körper, langer Kopf. Die Schwanzflosse ist deutlich kleiner als bei den vorherigen Familien. Die zwei kleinen Rückenflossen annähernd gleicher Größe liegen in der hinteren Körperhälfte, die erste beginnt erst auf Höhe des Hinterrandes der Beckenflosse. Die Analflosse ist fast gleich groß wie die darüber liegende zweite Rückenflosse. Die Schwimmweise ist schlängelnd, aalartig; die vordere Körperhälfte schlägt stark aus. Ausdauerndes Schwimmen ist bei dieser Lebensweise nicht erforderlich, daher ist der Anteil an roter Muskulatur gering: 8 Prozent bei *Scyliorhinus caniculus* bei einer Körperdichte-Kennziffer von 4,7.

d) Engelhaie (Squatinidae): erinnern an Rochen, unter Haien extremste Spezialisierung an eine benthische Lebensweise. Sehr hohe Körperdichte (bei *Squatina squatina* 5,5 Prozent). Brust- und Beckenflossen grenzen aneinander und stehen seitwärts flächig ab. Schwimmweise: langsame, seitlich ausschlagende Schwimmbewegung. Das Maul ist endständig. Am Rücken oft große dornartige Placoidschuppen.

Extreme Körperformen bei Haien

a) Drescherhaie (Alopiidae): extrem verlängerte Schwanzflosse, die 50 Prozent der Körperlänge erreicht. Drescherhaie sind sonst ähnlich gebaut wie Makrelenhaie, mit denen sie einiges gemeinsam haben: sie sind ausdauernde pelagische Schwimmer, effektive Prädatoren, die (wie Makrelenhaie) aus dem Wasser zu springen vermögen; sie haben ebenso eine erhöhte Körpertemperatur, den höheren Anteil an roter Muskulatur, die in das Körperinnere verlagert ist, mit einem entsprechenden Wärmeaustausch-Kapillarsystem. Die Funktion des extrem verlängerten oberen Schwanzflossenlappens ist nicht genau bekannt; möglicherweise dient er durch seitliches Schwenken zur Betäubung der Beute (Cephalopoden und Fische) – ähnlich wie die „Schwerter" der Schwertfische.
b) Extreme Vergrößerung der Kiemenspalten beim Riesenhai (Abb. 7.38 und 7.39) als Anpassung an die planktonfiltrierende Ernährungsweise.
c) Hammerhaie (Sphyrnidae): extreme Kopfform mit weit auseinander liegenden Augen, die auf die äußeren Ränder des „Hammers" verlagert sind. Eine eindeutige Erklärung für die markante Entwicklung gibt es nicht; diskutiert werden zahlreiche Möglichkeiten, z. B. eine Funktion analog den Tragflächen der Tragflügelboote als hydrodynamischer „Flügel", um am Vorderende des Körpers Auftrieb zu erzielen. Der „Hammer" soll durch die Abflachung von oben und unten einen geringeren Wasserwiderstand bewirken, die Manövrierfähigkeit beim schnellen Ausscheren verbessern, abrupte Richtungsänderungen beim Schwimmen, schnelle Aufstiege und schnelles Schwimmen in Schräglage bei der Jagd erleichtern. Schnelle Schwimmer wie Kalmare können dadurch leichter erbeutet werden. Die an den Rändern des Hammers liegenden Augen verbessern das räumliche Sehen.

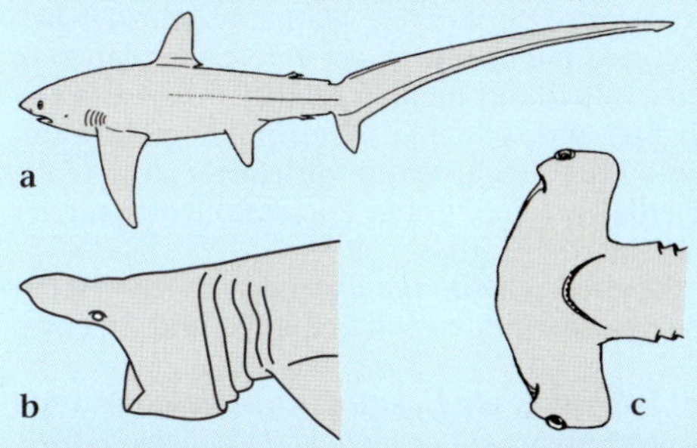

7.38 und 7.39 Oben: Plankton filtrierender Riesenhai (Cetorhinus maximus) in küstennahen Gewässern vor Piran, Istrien. Links: Istrischen Fischern ins Netz gegangenes Jungtier. Der extreme Kiemenapparat mit den weiten Kiemenspalten, einem typischen Merkmal dieser Art, ist gut zu sehen.

Verbreitung der Haie

Von den äußeren ökologischen Faktoren spielen für die Verbreitungsmuster der Haie die Wassertemperatur und die Wassertiefe eine entscheidende Rolle. Der Temperaturpräferenz nach unterscheidet man Haie tropischer (> 21 °C), gemäßigter (10–21 °C) und kalter Gewässer (< 10 °C). Manche Arten halten sich überwiegend in den oberen Wasserschichten auf, andere ausschließlich in größeren Tiefen. Hinzu kommt die Beziehung der jeweiligen Art zum Substrat bzw. ihr Schwimmverhalten, nach dem man aktive Haie des offenen Wassers (Dauerschwimmer, die nahezu ununterbrochen in Bewegung sind und dabei täglich erhebliche Distanzen zurücklegen) und bodenbewohnende (benthische) Haie unterscheidet. Es ist naheliegend, dass aktive Schwimmer in der Regel größere Verbreitungsareale haben als Bodenhaie. Kosmopolitische Arten sind fast immer groß (> 3 m), in dieser Größenkategorie gibt es auch kaum Endemismus (Abb. 7.40 a und 7.40 e). Bei Arten unter einem Meter beschränkt sich die Verbreitung vielfach auf einzelne Inselgruppen oder Meeresgebiete. Bei kleineren Bodenhaien mit geringem Aktionsradius (Squalidae, Scyliorhinidae) ist Endemismus häufig.

Alle im Mittelmeer vorkommenden, aktiven, größeren Haiarten haben eine weite, vielfach kosmopo-

litische Verbreitung, was aus folgende Zahlen deutlich hervorgeht: 2 von weltweit insgesamt 3 Arten der Alopiidae, 3 von insgesamt 4 Arten der Hexanchidae, 4 von insgesamt 5 Arten der Lamnidae und 2 von insgesamt 4 Arten der Odontaspididae kommen im Mittelmeer vor. Der Trend zeigt sich auch deutlich bei den Carcharhinidae, Cetorhinidae und Sphyrnidae. Arten, die viel kleiner als 3 m sind, haben in der Regel auch zum Teil wesentlich kleinere Verbreitungsareale. Von den weltweit 73 Arten der Familie Dornhaie (Squalidae) kommen im Mittelmeer nur 6 Arten vor, bei den Katzenhaien sind es von den weltweit über 100 Arten nur 4. Die geringe Größe, die Unfähigkeit, weite Strecken zu schwimmen, und die so eingeschränkte Reichweite werden damit zu limitierenden Faktoren der Verbreitung.

Wie erwähnt, ist die Wassertemperatur ein entscheidender Faktor der Verbreitungsgrenzen. Von den 49 Arten der Carcharhinidae kommen im Mittelmeer nur 7 Arten vor, diese Familie ist überwiegend tropisch (typisches Verbreitungsmuster *Carcharhinus longimanus*, Abb. 7.40 a), und obwohl Menschenhaie zu den aktivsten Schwimmern zählen, limitieren die niedrigen winterlichen Temperaturen ihr Vordringen ins Mittelmeer (*C. melanopterus* ist dennoch aus dem Roten Meer eingewandert). Tropische Haiarten unternehmen jahreszeitlich bedingte Wanderungen, wobei sie sich nach der Wassertemperatur richten: im Winter näher am Äquator, im Sommer weiter im Norden oder Süden. Von den Squatiniden, kleinen tropischen Grundhaien, treten von 13 Arten nur drei im Mittelmeer auf.

Die meisten mediterranen Arten zählen zu den Haien gemäßigter Breiten. Man unterscheidet zwischen aktiven Schwimmern mit weiter und Bodenbewohnern mit eher geringer Verbreitung. Auch in dieser Kategorie leben Arten über 3 m Länge oft weltweit; allerdings meiden sie meist tropische Gewässer, wodurch es getrennte Populationen der nördlichen und südlichen Hemisphäre geben kann (*Carcharodon carcharias*, Abb. 7.40 b; *Cetorhinus maximus*, Abb. 7.40 c). Der im Mittelmeer auftretende Nordatlantische Dornhai *(Squalus acanthias)* kommt ebenfalls in getrennten Populationenen auf der nördlichen und südlichen Hemisphäre vor (Abb. 7.40 d).

Der Blauhai (*Prionace glauca*, Abb. 7.40 e) – einer der aktivsten Schwimmer unter den Haien – ist ein typischer Kosmopolit. Er unternimmt transozeanische Wanderungen zwischen Europa und Amerika. Der Blauhai zeigt in Hinblick auf sein Tiefenvorkommen und die bevorzugte Wassertemperatur ein für Haie typisches Verhalten: In gemäßigten Breiten schwimmt er häufig in Oberflächennähe, in tropischen Regionen mit einer Wassertemperatur von 27 °C an der Oberfläche bevorzugt er Tiefen bis 60 m mit einer Wassertemperatur von 15 °C. Zahlreiche Haiarten machen es ähnlich und weichen allzu warmen Wasserschichten in die Tiefe aus. Die aktiven Haie des

7.40 *Verbreitung von Haiarten unterschiedlicher Größe und Lebensweise: a) Carcharhinus longimanus (Weißpitzen-Hochseehai, Carcharhinidae), b) Carcharodon carcharias (Weißer Hai, Lamnidae), c) Cetorhinus maximus (Riesenhai, Cetorhinidae), d) Squalus acanthias (Dornhai, Squalidae), e) Prionace glauca (Blauhai, Carcharhinidae), f) Hexanchus griseus (Grauhai, Hexanchidae), g) Centrophorus granulosus (Squalidae), h) Oxynotus centrina (Meersauhai, Oxynotidae).*

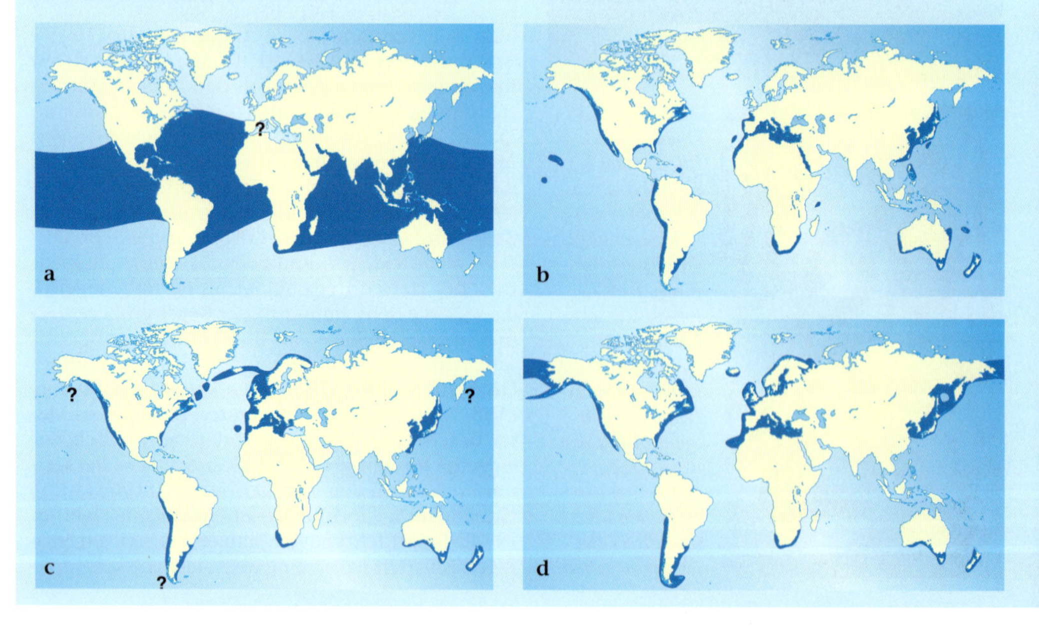

kalten Wassers, zu denen Grauhaie (*Hexanchus griseus,* Abb. 7.40f) zählen, leben entweder weit im Norden (oder Süden auf der südlichen Hemisphäre) oder in tieferen, kälteren Wasserschichten der gemäßigten, manchmal selbst der tropischen Breiten. Unsere Vorstellungen von der Verbreitung der Kaltwasserhaie wurden in den letzten Jahrzehnten mit dem wachsenden Wissen über die Tiefsee revidiert. Früher nahm man bei ihnen eher begrenzte Verbreitungsareale an; möglicherweise aber haben sie eine weltweite Verbreitung, die sich jedoch in gemäßigten und tropischen Regionen auf die kalten Tiefenzonen des Meeres beschränkt. Die größeren Arten kommen im Hohen Norden auch ins Flachwasser, kleinere Kaltwasserhaie leben ständig in Tiefen von mindestens 300 m und darunter. Man nimmt an, dass solche Arten zur Nahrungssuche ausgedehnte Wanderungen unternehmen, da das Nahrungsangebot in ihrem Lebensraum begrenzt ist. Zu solchen kleineren Haiarten des Kaltwassers gehören die Dornhaie (Stachelhaie, Squalidae). Der auch im Mittelmeer vertretene *Centrophorus granulosus* beispielsweise lebt in Tiefen zwischen 300 und 1 500 m und hat wahrscheinlich eine weltweite Verbreitung (Abb. 7.40 g).

Im Gegensatz dazu haben bodenbewohnende Kaltwasserhaie in der Regel kleine Verbreitungsgebiete; bei den Tiefwasser-Katzenhaien der Gattung *Apristurus,* die aus dem Mittelmeer nicht bekannt sind, sind es vielleicht nur einige tausend Quadratkilometer. Größer ist das Verbreitunsgebiet des ebenfalls zu den bodenbewohnenden Kaltwasserhaien zählenden Meersauhais (*Oxynotus centrina*, Abb. 7.40 h).

Besonderheiten der Haie und Rochen

Die „Hautzähnchen" der Haie (Placoidschuppen) unterscheiden sich je nach Lebensweise in Größe, Form und Anordnung am Körper. Eine knöcherne Basisplatte ist fest im Bindegewebe der Körperdecke verankert und mit einer stielartigen Bildung mit dem über die Oberfläche hinausragenden Schuppenteil verbunden. Dieser ist blattartig und besitzt bei vielen Haien zwei seitliche und eine etwas längere, nach hinten gerichtete Spitze. Die „Zähnchen" grenzen eng aneinander und bilden einen geschlossenen knöchernenen Panzer. Streicht man über einen Hai von vorne nach hinten, fühlt er sich glatt und hart an, hingegen spürt man beim Streichen in die umgekehrte Richtung die harten, scharfen Spitzen. Die Form der Schuppen ist vielfältig: Bei benthischen Formen etwa ist der Außenteil dornartig und hat eine Schutzfunktion. Pelagische Arten haben flächige Schuppenaußenteile mit einem mikroskopischen Rinnen- und Leistensystem, das in seiner Gesamtheit einen positiven hydrodynamischen Effekt ergibt.

Ein schwer verständliches Sinnessystem auf dem Kopf der Haie und Rochen sind in Gruppen und Linien angeordnete Elektrorezeptoren, am häufigsten die Lorenzinischen Ampullen, mit denen schwächste elektrische Felder registriert werden können, die durch die Muskeltätigkeit der Beutetiere entstehen. Besonders ausgeprägt sind diese Sinnensorgane bei benthischen Formen, die damit sogar im Sediment verborgene Beute orten können.

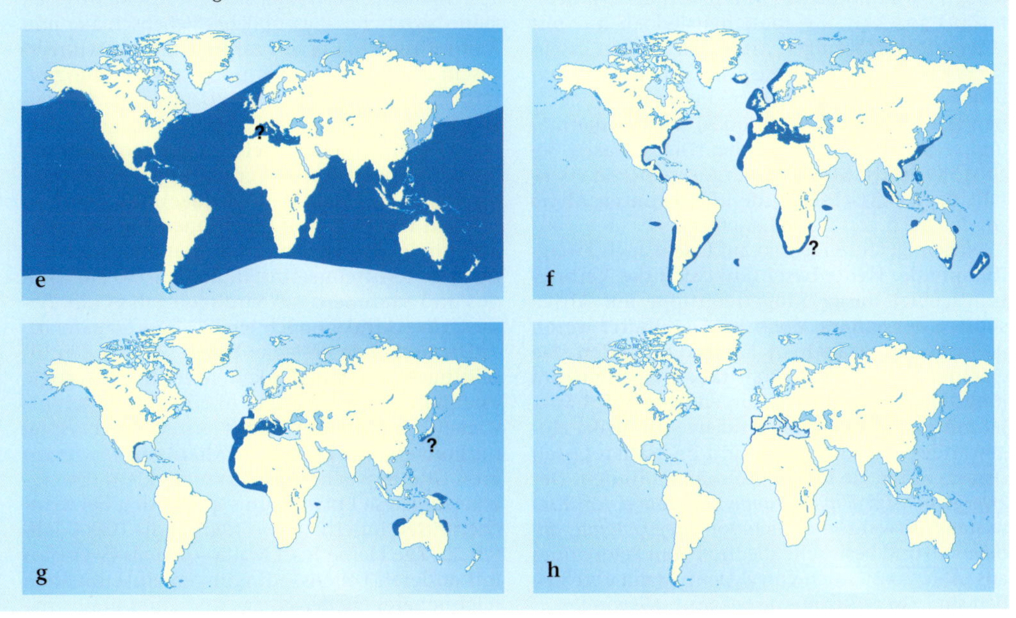

Ein Blick zurück: Riesen- und Zwergfauna auf Mittelmeerinseln

Robert Hofrichter und Alfred Goldschmid

„Biodiversität“ ist in den letzten beiden Jahrzehnten zu einem häufig verwendeten Schlagwort geworden – man spricht viel von der gegenwärtigen Biodiversitätskrise und einem nie dagewesenen Ausmaß des Verschwindens von Arten. Im Mittelmeerraum hat ein massiver Rückgang der Biodiversität, vor allem unter größeren Säugetieren, allerdings bereits vor Jahrtausenden eingesetzt. Besonderes Interesse verdienen in diesem Zusammenhang die Zwergelefanten vieler mediterraner Inseln.

Inseln waren nicht nur im Mittelmeerraum immer schon eine wahre Fundgrube für bemerkenswerte zoologische Entdeckungen. In der Isolation kleiner Inseln konnten Artbildungsprozesse überraschend schnell ablaufen. Inselfaunen weisen im Vergleich zu Kontinenten meist eine niedrigere Diversität, dafür aber viele Endemiten auf (Inselbiogeographie- bzw. Inselökologie-Theorie von MacArthur und Wilson, 1967). Charles Darwin und Alfred Russel Wallace fanden auf Inseln entscheidendes Material für ihre Überlegungen zu Evolution.

Von Elefanten (und Flusspferden, wie *Phanourios minutus* auf Zypern) auf Mittelmeerinseln zu hören, ist für die meisten Menschen dennoch überraschend. Vor nicht allzu langer Zeit lebten sie auf zahlreichen mediterranen Inseln wie Malta, Sizilien, Sardinien, Kreta, Zypern sowie an der Südspitze des italienischen Stiefels. Soweit heute bekannt, hat es endemische Riesen- und Zwergfaunen auf mindestens zwölf Inseln des Ostmediterrans gegeben, auf manchen jedoch nur mit einer oder mit wenigen Arten. Die großen Inseln Kreta und Zypern (mit *Elephas cypriotes*) wurden bereits erwähnt, fünf kleinere Inseln der Dodekanen (Kasos, Karpathos, Rhodos, Tilos, Armathia) und sechs Inseln der Kykladen (Delos, Naxos, Sérifos, Kythnos, Melos, Amorgos) gehören ebenfalls dazu. Rüsseltierfunde unbekannten Alters werden auch von Ikaria berichtet.

Neben Elefanten lebten auf Inseln auch Zwergflusspferde. Heute beschränkt sich das Verbreitungsgebiet dieser Säugetiergruppe auf Afrika südlich der Sahara, doch im Eiszeitalter waren mehrere Arten auch in Europa zu finden. Sie erschienen in Südeuropa (Italien, Spanien) im jüngsten Miozän (Messinian, endete vor 5,3 Mio. Jahren); wahrscheinlich sind sie von Afrika eingewandert. In Kleinasien und im Nahen Osten (Israel) waren sie bis ins Holozän zu finden. Der zwergwüchsige *Hippopotamus creutzburgi* von Kreta stammte wahrscheinlich von *Hippopotamus antiquus* ab und besiedelte die Insel vom Peloponnes aus (Abb. 7.42). Auch von Zypern, Malta und Sizilien sind Zwergflusspferde bekannt (*Hippopotamus minor, Phanourios sp.).* Die Inselformen hatten Beine und Gelenke, die an die Fortbewegung an Land adaptiert waren – auf Inseln, wo richtige Flüsse sicher rar waren oder ganz fehlten, eine verständliche Anpassung.

Zwerghirsche gehörten zur Inselfauna Korsikas, Sardiniens, Maltas, Kytheras und Kretas. Der Zwerghirsch *Megaloceros cretensis* von Kreta (Abb. 7.42) gehörte zur Gattung der Riesenhirsche; die größte auch in Europa verbreitete Art *Megaloceros giganteus* starb erst im Holozän aus, nach dem Ende der letzten Eiszeit also.

Myotragus, eine Zwergantilope und Vertreter der Gemsenartigen (Rupicaprinae), war ein weiterer bemerkenswerter Inselbewohner. Diese hochspezialisierte kurzbeinige Inselform von Mallorca war möglicherweise sogar ein Höhlenbewohner. Ihre Augen waren im Gegensatz zu anderen Antilopen nicht auf den Seiten des Kopfes gelegen (besseres Erkennen von Predatoren), sondern in Richtung Kopfvorderseite verschoben. *Myotragus* ist ziemlich sicher durch den Menschen ausgerottet worden (Spuren auf Knochen), der die Insel etwa um das Jahr 4 000 v. Chr. erreicht hat. Spätestens um das Jahr 2 000 v. Chr. ist *Myotragus* ausgestorben. *Naemorhedus* aus der gleichen Verwandtschaftsgruppe wurde im Pleistozän Sardiniens nachgewiesen.

Zahlreiche kleinere Tiere haben auf mediterranen Inseln die entgegengesetzte Entwicklung zum Riesenwuchs durchgemacht, so die Riesensiebenschläfer von Malta *(Leithia melitensis)* mit der Größe von Katzen und die Riesenkammfinger von Sizilien (*Pellegrinia sp.*, Ctenodactylidae). Große Nagetiere (*Kritimys, Apodemus,* Muridae), riesige Spitzmäuse (Insectivora; sie sind Insektenfresser, keine Nagetiere), Riesenbilche, Siebenschläfer und Kammfinger hat es auf zahlreichen Mittelmeerinseln gegeben. Viel älter noch, aus dem Jungtertiär, ist der Riesenrattenigel *(Deinogalerix koenigswaldi)* von der Halbinsel Gargano in Italien, die zu jener Zeit noch eine Insel war. Tiergeographisch bemerkenswert ist die Verbreitung der Gattung *Myominus* (ein Schläfer, Gliridae), die heute in offenen Landschaften Osteuropas und in Innerasien heimisch ist, im Jungtertiär aber auch auf manchen Mittelmeerinseln vorkam, so auf Rhodos und Sardinien. Auf Sardinien gab es mit *Tyrrhenoglis* (Gliridae) noch eine weitere Schläferart.

Die tierischen Besiedler haben sich auf den Inseln nach Gesetzmäßigkeiten der Inselökologie unabhängig voneinander in eine Richtung entwickelt und liefern damit ein Paradebeispiel für konvergente Evolution: Mikrosäuger wurden groß (Riesenwuchs), Makrosäuger klein (Zwergwuchs). Diese Entwicklung spielte sich bei manchen Arten innerhalb von weniger als 10 000 Jahren ab. Die kleine Insel Malta – damals zweifellos mit anderen Lebensbedingungen einschließlich reichlicherer Niederschläge und einer üppigeren

7.41 Größenvergleich zwischen rezenten und ausgestorbenen Rüsseltieren (Proboscidea) mit einigen mediterranen Zwergelefantenarten: 1) Südelefant (Archidiskodon meridionalis), Schulterhöhe bis 5 m, auch in Europa, ausgestorben vor etwa einer Million Jahren. 2) Waldelefant (Elephas antiquus), Schulterhöhe bis 4,5 m, auch in Europa, ausgestorben vor etwa 100 000 Jahren oder später. 3) Afrikanischer Elefant (Loxodonta africana), Schulterhöhe bis 4 m, Gewicht bis 4 Tonnen, damit größtes rezentes Landsäugetier. 4) Indischer Elefant (Elephas maximus), Schulterhöhe 2,5–3 m. 5) Maltesischer Zwergelefant (Elephas mnaidariensis), Schulterhöhe 1,9 m, nur auf Malta, ausgestorben vor etwa 50 000 Jahren. 6) Sizilianischer Zwergelefant (Elephas falconeri), Schulterhöhe bis 90 cm, ausgestorben vor etwa 30 000 Jahren oder später. Angaben ergänzt nach Engesser et al., 1996.

Vegetation – hat sogar mehrere Elefantenarten hervorgebracht; *Elephas mnaidariensis* hatte eine Schulterhöhe von 1,9 m und war damit etwa so groß wie ein ausgewachsener Mann. Die letzte heute noch lebende Art der Gattung *Elephas* ist der Indische Elefant. Die kleinste aller bisher entdeckten Elefantenarten, der Sizilianische Zwergelefant *(Elephas falconeri)*, war etwa so groß wie eine Dogge (Abb. 7.41). Die Art dürfte recht häufig gewesen sein, denn in der Spinagallo-Höhle bei Siracusa auf Sizilien (Abb. 7.42) fand man ein Knochenlager mit Tausenden Knochen dieser bemerkenswerten Rüsseltiere. Nicht nur Elefantenknochen sind hier zu finden, Überreste riesenwüchsiger Kleintiere wie Siebenschläfer *(Leithia sp.)* und eines überdimensionalen Greifvogels – zu dessen Beute möglicherweise auch juvenile Zwergelefanten gehört haben – vervollständigen unser Bild der damaligen sizilianischen Inselfauna. Die Knochenlager in verschiedenen Höhlen der Mittelmeerregion wurden – zusammen mit Geröll und Sedimenten – durch Wasser in Spalten und Hohlräumen verkarsteten Kalkgesteins angespült und abgelagert. In der Ghar-Dalam-Höhle auf Malta wurden beispielsweise Knochen von Zwergelefanten, Zwergflusspferde, Riesen-Haselmäuse, Schildkröten und Vögel gefunden.

Zwerg- und Riesenwuchs ist bei Inselfaunen ein weltweit bekanntes und gut untersuchtes Phänomen. Die Zwergelefanten im Mittelmeer waren nicht die einzigen; es gab sie auch auf manchen japanischen und indonesischen Inseln und auf der Santa Rosa-Insel, einer pazifischen Insel vor Kalifornien. Selbst arktische Breiten liefern ein Beispiel: Auf der Wrangelinsel im Nördlichen Eismeer, 200 km vom sibirischen Festland entfernt (Abb. 7.43), gab es noch vor etwa 3 500 Jahren zwergwüchsige Mammuts mit 1,8 m Schulterhöhe.

Bei großen Tieren auf kleinen Inseln führt das geringere Nahrungsangebot, die Begrenztheit des Raumes und der Ressourcen sowie das Fehlen von Raubtieren zum Kleinerwerden. Größe kann Schutz vor Predatoren bedeuten, beim Wegfall der Predatoren lässt der zum Größerwerden führende Selektionsdruck nach. Bei Vögeln führte das vielfach zum Verlust der Flugfähigkeit. Kleinere Tiere brauchen außerdem weniger Nahrung als große. Auf kleinen Inseln ist es auch nicht möglich, in günstigere Gebiete abzuwandern – und genau das haben Waldelefanten während der Klimawechsel des Eiszeitalters in Europa getan.

Bei kleinen Tieren wie Nagern und Insektenfressern führt die Selektion in die entgegengesetzte Richtung: Ein Verstecken vor Predatoren – als kleineres Tier kann man das in Löchern und Spalten besser als ein großes – ist nicht notwendig, größere Individuen können sich in der intraspezifischen (innerartlichen) Konkurrenz besser behaupten. Da ökologische Wechselwirkungen auf kleinen Inseln auf engstem Raum ablaufen und es jeweils um kleinere, isolierte Populationen ohne Möglichkeit für genetischen Austausch geht, wächst die Intensität des Selektionsdrucks und die Geschwindigkeit der Evolution. So entwickelten sich die erwähnten Zwergmammuts der Wrangelinsel möglicherweise innerhalb von nur 5 000 Jahren (Engesser et al., 1996).

Interessant ist die Frage nach der Ursprungsart der Zwergelefanten. Die wahrscheinliche Antwort darauf ist verblüffend: Aufgrund anatomischer Merkmale, etwa der Form der Backenzähne, vermutet man ihre Vorfahren im Waldelefanten *(Elephas antiquus)*, der mit 4,5 m Schulterhöhe zu den

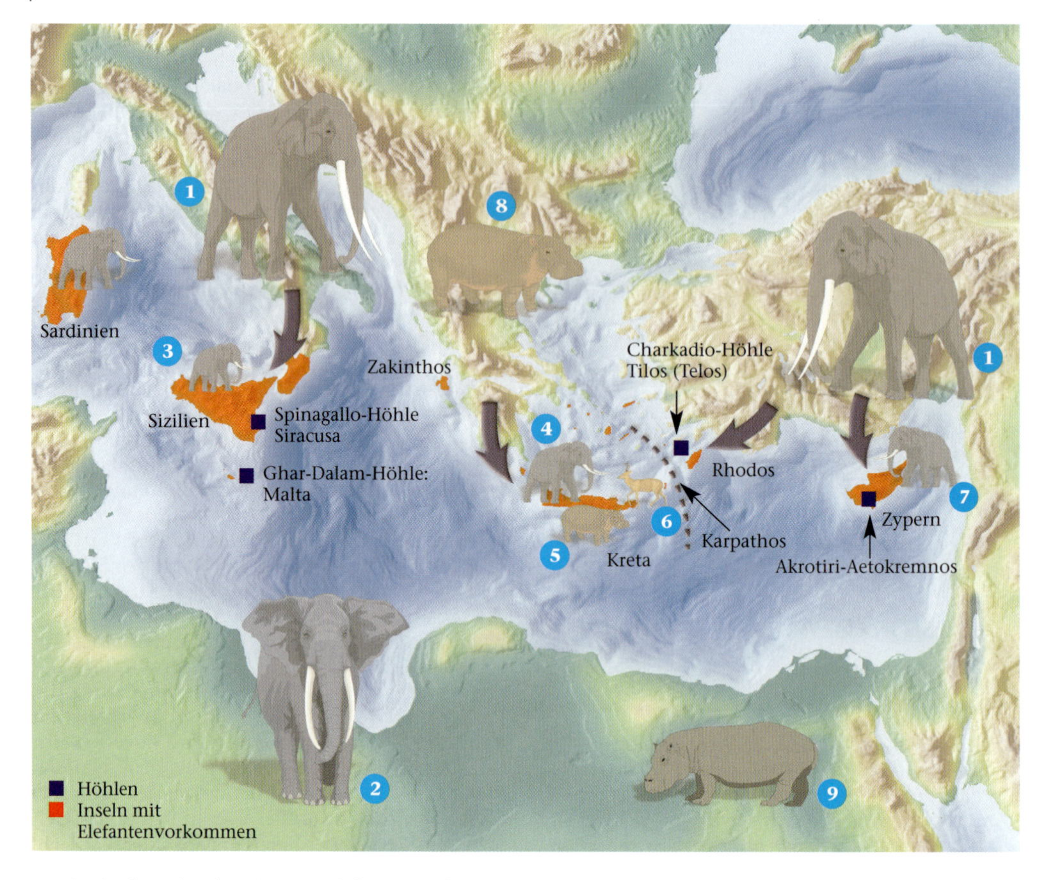

7.42 Mittelmeerinseln mit Zwergelefanten und weiterer Zwergfauna und vermutete Wege ihrer Besiedlung: 1) Waldelefant (Elephas antiquus); 2) Afrikanischer Elefant (Loxodonta africana); 3) Sizilianischer Zwergelefant (Elephas falconeri); 4) Kretischer Zwergelefant (Elephas creticus); 5) Hippopotamus creutzburgi; 6) Megaloceros cretensis; 7) Zyprischer Zwergelefant (Elephas cypriotes); 8) Hippopotamus antiquus; 9) Hippopotamus amphibius. Die Abbildung verdeutlicht nur die relative Größe – 2) und 9) als relativer Größenvergleich mit rezenten Arten – und lässt anatomische Unterschiede der einzelnen Arten mit zum Teil stark abweichenden Körperformen und -proportionen unberücksichtigt. – Die Höhle von Spinagallo bei Siracusa auf Sizilien gehört zu den bedeutendsten Fundstätten pleistozäner Fauna, wie auch die Ghar-Dalam-Höhle auf Malta und die Charkadio-Höhle auf Tilos (Dodekanen, Ägäische Inseln, Überreste etwa 1,5 m großer Zwergelefanten, die möglicherweise noch vor 10 000 Jahren hier gelebt haben, wichtige Fundstücke im Paläontologischen Museum in Athen). Sehr bedeutend sind die Fundstellen von Akrotiri-Aetokremnos auf Zypern mit etwa 250 000 Knochen und Knochenfragmenten. 95 Prozent davon gehören zu Phanorious minutus, dem Zypern-Zwergflusspferd. Nach Thenius, 1980.

größten je existierenden Elefantenarten zählte. Bullen konnten drei Meter lange Stoßzähne haben. Waldelefanten besiedelten Europa vor ungefähr 900 000 Jahren von Afrika aus und sind vor etwa 100 000 Jahren, nach der letzten Zwischeneiszeit (Warmzeit; Tab. 7.3) und mit Beginn der letzten Kaltzeit (Würm) wahrscheinlich ausgestorben. Wesentlich länger haben ihre Nachkommen, die Zwergelefanten, auf den mediterranen Inseln überlebt.

Wie und wann Elefanten die Inseln des Mittelmeeres erreicht haben, ist unklar. Einige Autoren haben einen Zeitpunkt während der Messinischen Salinitätskrise (S. 86 ff.) in Erwägung gezogen – oder sogar die Existenz der Inselelefanten als „Beweis" für die Austrocknungstheorie angesehen –, einen Zeitpunkt also, der mehr als 5,3 Mio. Jahre zurückliegt. Damals bestand zu manchen weiter vom Festland entfernten Inseln zum letzten Mal Landverbindung. Man kann nicht ausschließen, dass einzelne Faunenelemente mediterraner Inseln auf eine Besiedelung in dieser Zeit zurückgehen; nach Meinung der meisten Fachleute ist diese Erklärung aber zumindest für die Elefanten und viele andere Säuger unrealistisch, da viel zu früh angesetzt. Zur Besiedelung der Inseln durch

Elephas ist es wahrscheinlich erst viel später, im Eiszeitalter (Pleistozän) gekommen.

Während der Kaltzeiten zog sich der eher wärmeliebende Waldelefant in Europa wiederholt weit nach Süden und damit in den Mittelmeerraum zurück. Der Meeresspiegel lag über längere Zeiträume mehr als 150 m tiefer als heute (Abb. 2.43) und zwischen einzelnen Inseln und dem Festland oder zu benachbarten Inseln konnten sich Landbrücken bilden. In anderen Fällen reduzierte sich die Distanz zum Festland oder benachbarten Inseln, so dass Waldelefanten manche der Inseln möglicherweise schwimmend erreichen konnten; gesicherte Erkenntnisse dazu gibt es aber nicht.

Die Veränderungen der Küstenverläufe und Inselumrisse waren im späten Pleistozän bzw. zu Beginn des Holozäns (ca. 15 000–9 000 Jahre vor unserer Zeitrechnung) zum Teil beträchtlich, vor allem in der Zeit des stärksten Ansteigens des Meeresspiegels, bei dem viele kurzlebige Landbrücken (z. B. zu Euböa, Thasos, Halonissos, Kyria Panagia) wieder unterbrochen wurden. Spätestens um 9 000 v. Chr. erlangten die meisten Inseln mehr oder weniger ihre heutige Form; bei vielen Inseln ist man sich über die Existenz von poten-

7.43: Der Mittelmeerraum und Eurasien während der letzten Eiszeit (Würm) vor etwa 20 000 Jahren. Die Karte zeigt die bis zum Mittelmeer reichende Vergletscherung der Alpen, die weite Ausdehnung der so genannten Mammutsteppe, die sich von Spanien bis Alaska erstreckte, und Fundorte von Wollhaar-Mammuts, die über die trockengefallene Beringstraße nach Nordamerika weiterziehen konnten und erst um 1500 v. Chr. endgültig ausgestorben sind. Die Mammutsteppe war von verschiedenen Gräsern, Kräutern und Zwergsträuchern bewachsen und nicht so lebensfeindlich, wie sie auf älteren Illustrationen gern dargestellt wird. Manche Arten konnten aufgrund von erhaltenen Mageninhalten der Mammuts bestimmt werden. Zu ihnen zählt die Silberwurz (Dryas sp.), nach der der letzte Abschnitt der Würm-Eiszeit benannt ist, die Dryaszeit. Aufgrund der eustatischen Absenkung des Meeresspiegels um 90–130 Meter konnte sich die Mammutsteppe über weite, heute vom Meer bedeckte Gebiete ausbreiten. Zu den Pflanzenfressern dieses Lebensraumes gehörten Wollnashörner, Steppenbisons, Moschusochsen, Rentiere, Riesenhirsche, Wildpferde und viele kleinere Tiere. Auf der rot eingekreisten Wrangelinsel (benannt nach ihrem Entdecker Ferdinand Petrowitsch Wrangel) lebten Zwergmammuts. Nach Engesser et al., 1996.

ziellen Landbrücken jedoch unsicher. Zahlreiche Fragen über die Besiedelung von Inseln durch Großsäuger bleiben daher unbeantwortet. Bei Kleinsäugern ist eine Besiedelung auf Treibholz möglich; so glaubt man, dass die Felsenmaus *Apodemus mystacinus* Kreta von Kleinasien aus über Rhodos und nicht vom Peloponnes oder den Kykladen aus erreicht hat. Bei Elefanten, Flusspferden, Riesenhirschen und anderen großen Säugern ist diese Möglichkeit jedoch unwahrscheinlich, und man kann davon ausgehen, dass manche Meeresstraßen von den Landsäugern schwimmend überwunden wurden. Das wird auch für das Zwergflusspferd von Zypern *(Phanourios minutus)* angenommen, das nur die Größe eines Schweins hatte. Da Zypern aus aktueller Sicht nie mit dem Festland verbunden war, muss es die Insel vor ungefähr 100 000 Jahren schwimmend von der heutigen Türkei aus erreicht haben (Abb. 7.42).

Die Vorfahren der Zwergelefanten und andere Großsäuger sind wahrscheinlich zu unterschiedlichen Zeiten, die vielleicht mehrere zehntausend Jahre oder mehr auseinander liegen, auf die Inseln gelangt. Alle Zwergelefantenarten stammten vermutlich vom Waldelefanten ab. Sie waren also eng miteinander verwandt, befanden sich aber durch die unterschiedlich lange Isolation auf den Inseln in unterschiedlichen Stadien des Kleinerwerdens. Der Waldelefant hat im Mittelmeerraum noch dichte Wälder vorgefunden – viele paläobotanische, archäologische und historische Hinweise sprechen dafür – und damit Bedingungen, die seinen ökologischen Ansprüchen gerecht wurden. Vor etwa 8 000 Jahren setzte dann die erste massive Phase von Waldrodungen ein. Zu einer – meist kurzfristigen – Erholung des Waldes kam es jeweils nach dem Niedergang von Kulturen.

Zwergelefanten waren nicht nur einfach (proportional) verkleinerte Ausgaben des Waldelefanten, sondern wiesen, analog den Flusspferden, zahlreiche anatomische Veränderungen auf: *Elephas falconeri* hatte vergleichsweise kürzere, dafür aber robustere Beine (wie die anderen Arten auch), einen stärker gebogenen Rücken, einen kleineren und stärker gerundeten Schädel mit relativ größerem Gehirn als große Formen, kleinere Stoßzähne und als Folge der damit verbundenen Gewichtsreduktion einen leichter gebauten Schädel. Viele Anpassungen dienten der besseren Fortbewegung unter den besonderen Bedingungen felsiger und gebirgiger mediterraner Inseln.

Von den meisten Mittelmeerinseln ist keine frühe, dauerhafte menschliche Besiedelung bekannt, was nicht ausschließt, dass sie gelegentlich oder auch über längere Zeiträume von Jägern aufgesucht wurden. Kleinwüchsige Makrosäuger waren für frühe Jäger leicht zu fangen und stellten eine äußerst ergiebige Beute dar.

Die Ursache des Aussterbens der Zwergfauna wie auch der riesenwüchsigen Kleinfauna könnte in vielen Fällen der Mensch gewesen sein; allerdings lässt sich diese These nur in relativ wenigen Fällen als „bewiesen" ansehen, beispielsweise für Zypern. Die Mechanismen der Evolution funktionierten zuverlässig, solange keine größeren Veränderungen der ökologischen Faktoren eintraten oder – und das dürfte der schwerwiegendste Faktor sein – die Insel nicht vom Menschen besiedelt wurde. Durch sein Walten änderte sich das sensible Ökosystem von Inseln unweigerlich. Spuren menschlicher Besiedelung sind im Mittelmeerraum Zehntausende (z. B. die etwa 30 000 Jahre alten Höhlenmalereien von Chauvet in der Region Ardèche in Südfrankreich) bis Hunderttausende Jahre alt (Tautavel in Südfrankreich, 450 000 Jahre, vgl. S. 4.3). Seit etwa 50 000 Jahren sind massivere menschliche Eingriffe in das Ökosystem festzustellen, obwohl der Mensch den Umgang mit dem Feuer schon vor 300 000 Jahren oder früher erlernt hat.

Inseln wurden von Menschen vielfach fast genauso schnell besiedelt wie das benachbarte Festland. Für die frühen Besiedler der Mittelmeerküsten hörte das Meer bald auf, eine Barriere zu sein. Seit mindestens 20 000 Jahren gibt es menschliche Siedlungen auf Sardinien; Zypern wurde um 10 500 v. Chr. besiedelt, kurz nach dem Ende der letzten Eiszeit. In der Franchthi-Höhle auf der Insel Melos (westliche Kykladen) wurden Spuren von Obsidianabbau gefunden, die auf 13 000 Jahre v. Chr. datiert werden, während Hinweise auf eine dauerhafte Besiedelung der Insel fehlen. Zu jener Zeit musste der Mensch in der Lage sein, mehr oder weniger ausgedehnte Seereisen zu unternehmen und mit Schiffen Material zum Festland zu transportieren. Auf Inseln wie Malta, Zypern (Eagle Cliff mit Spuren von über 200 verschiedenen Tierarten) und Kreta (kretisch-minoische Kultur) entwickelten sich bedeutende Kulturen, die zu den frühesten der Mittelmeerregion und damit der ganzen Alten Welt gehören.

Vor etwa 10 000 Jahren hat eine schnelle Entwicklung der hier lebenden Menschen eingesetzt – mit massiven Folgen für den Naturraum. Das Sesshaftwerden, das Kultivieren von Pflanzen und das Domestizieren von Tieren, aber auch der Nomadismus und Seminomadismus mit größeren Herden (vgl. „Transhumanz", S. 238–239) waren wichtige Schritte dieser Entwicklung. Mehr als 300 Generationen von Menschen haben im Mittelmeerraum ihre Spuren hinterlassen. Zu den auffälligsten Opfern dieser Entwicklung zählen die großen Säugetiere.

Viele auf dem europäischen Festland gefundenen Knochen von Waldelefanten zeigen schon viel früher deutliche Spuren menschlicher Jäger; sie gehörten Tieren, die erlegt und deren Knochen zertrümmert und gekocht wurden. Der Mensch hat große Teile der einst wesentlich artenreicheren Säugetierfauna durch intensive Bejagung ausgerottet. In der Zeit zwischen 15 000 und 10 000 v. Chr. sind 7 von 24 Gattungen von Großsäugern (Gewicht > 40 kg bei Adulttieren) ausgestorben – das sind fast 30 Prozent. Die dadurch frei gewordenen Nischen wurden nicht mehr durch andere Arten besetzt.

Für das massive Artensterben am Ende des Pleistozäns und an der Grenze zum Holozän gibt es neben dem Faktor Mensch nur eine ernstzunehmende Alternativ-Hypothese: ein massiver Klimawechsel. Klimatische Änderungen sind für diese Zeit zwar nicht von der Hand zu weisen – es war die Phase, in der die letzte Eiszeit zu Ende ging –, doch etwas spricht dagegen: Warum hat es während der früheren Klimawechsel zwischen Glazial und Interglazial (vgl. Tab. 7.3) nicht ähnlich massive Aussterbewellen gegeben?

Selbst in der griechisch-römischen Zeit bot der Mediterran noch Lebensraum für viele große Säuger, die aus dieser Region längst verschwunden und zum Teil ausgestorben sind. Ein nicht unwesentlicher Teil der Tierpopulationen landete in den Arenen der verschiedenen Teile des Imperium Romanum. Bei einem einzigen blutigen Spektakel wurden oft Hunderte Tiere niedergemetzelt. Wie Livius berichtet, kämpften bei Zirkusspielen um 69 n. Chr. 63 afrikanische Tiere, 40 Bären und mehrere Elefanten; ein andermal waren 400 Löwen und 40 Elefanten eingesetzt. Während der Kaiserzeit wurden die Elefanten mehr zur Schaustellung verwendet.

Hannibal setzte 218 n. Chr. bei seinem Marsch von Karthago nach Rom mit Überquerung der Pyrenäen und Alpen 37 Elefanten als Transporttiere ein – angekommen ist er mit einem einzigen von ihnen. Schon zuvor hatten sowohl indische als auch afrikanische Elefanten zu Kriegszwecken gedient. Eine völlige Domestizierung der Rüsseltiere, deren Besitz oft ausschließliches Vorrecht des Herrschers war, gelang aber im Mittelmeerraum nie; sie ist nur in Südostasien mit dem Indischen Elefanten *(Elephas maximus)* verwirklicht worden und bis heute erhalten. Der größere Afrikanische Elefanten *(Loxodonta africana)* ist mit dem Indischen Elefanten nicht unmittelbar verwandt und wurde nie wirklich domestiziert. Vor allem ihr Elfenbein wurde und wird sehr geschätzt, auch galt der Rüssel als besondere Delikatesse.

Während Elefanten im 4. Jahrhundert in mediterranen Küstenregionen noch häufig zu finden waren, wurden sie durch die vielen Verfolgungen zu dieser Zeit in Nordafrika bereits seltener. Bereits der Rhetor Themistios klagt über das Verschwinden der Elefanten aus Libyen; im 7. Jahrhundert gab es laut Isidorus von Sevilla in Nordafrika überhaupt keine Elefanten mehr, sondern nur noch in Indien. Dennoch sind viele Tierarten von Mittelmeerinseln mit Riesen- und Zwegwuchs noch vor der Ankunft des Menschen verschwunden – aufgrund natürlicher Faktoren. Geringfügige Änderungen der Temperatur und der Niederschlagsmengen mit Auswirkungen auf die pflanzlichen Artengemeinschaften, Dürreperioden, Feuer und andere Faktoren hätten die Nahrungsressourcen der Pflanzenfresser innerhalb kurzer Zeit dramatisch verändern und im Besonderen auch verringern können. Als schlechte Nahrungsverwerter brauchen Elefanten enorme Mengen an Futter: 50 Prozent der Nahrung passiert den 27 Meter langen Darmtrakt eines ausgewachsenen Afrikanischen Elefanten unverdaut. Sie fressen den größten Teil des Tages, und erwachsene Tiere vertilgen dabei mehrere hundert Kilo Pflanzenteile. Sowohl Inselarten als auch Inselpopulationen konnten auch aus diesem Grund nur eine begrenzte Größe erreichen. Als Folge des Kleinerwerdens der Tiere vermochten die Inseln dennoch eine relativ größere Anzahl von Individuen zu ernähren, als dies bei großen Tieren möglich gewesen wäre.

Den Ursprung der griechischen Kyklopensagen rund um Polyphemos vermuten Zoologen schon lange in Zwergelefanten-Schädeln. Ihr Aussehen hat vielleicht einst die Phantasie eines Küsten- oder Inselbewohners angeregt, der zufällig – in einer Höhle etwa – auf solche Schädel gestoßen ist.

Glazial, Interglazial	Jahre vor heute
Holozän	10 000 – Gegenwart
Würm-Eiszeit	75 000 – 10 000
Riss-Würm-Interglazial/ Eem-Warmzeit	125 000 – 75 000
Riss-Eiszeit	250 000 – 125 000
Holstein-/Günz-Mindel-Warmzeit	385 000 – 250 000
Mindel-Eiszeit	480 000 – 385 000
Cromer-Warmzeit	800 000 – 480 000
Günz-Eiszeit	900 000 – 800 000
Donau-Eiszeiten	1 600 000 – 900 000
Biber-Eiszeiten	2 300 000 – 1 600 000

Tabelle 7.3 *Die bekanntesten pleistozänen Glaziale und Interglaziale (Kalt- und Warmzeiten) Mitteleuropas. Die wichtigste Erkenntnis aus dieser Übersicht: Das Eiszeitalter ist keine homogene Kälteperiode, in der ganze Lebensgemeinschaften ständig äußerst ungünstigen Bedingungen ausgesetzt waren und hungern mussten, sondern ein Zeitalter großer Klimaschwankungen. Das Pleistozän war nicht die einzige Periode mit Eiszeiten; solche hat es schon im Präkambrium und in späteren Zeitaltern gegeben. Eine einzelne Ursache für die Entstehung der meisten Eiszeiten lässt sich kaum angeben. Vielleicht entstanden sie durch das Zusammenspiel mehrerer Faktoren. Aus Engesser et al., 1996.*

Iris Schmidt, Matthias Glaubrecht und Daniel Golani

8. Biogeographie und Biodiversität

8.1 Der Soldatenfisch Sargocentron rubrum ist aus dem Roten Meer ins Mittelmeer eingewandert. Die Familie, zu der er gehört (Holocentridae, Soldatenfische), ist im Indopazifik verbreitet und war vor der Eröffnung des Suezkanals im Mittelmeer nicht vertreten. Soldatenfische sind – wie an ihren großen Augen zu erkennen – überwiegend nachtaktiv.

Das Mittelmeer ist das größte von Landmassen völlig umschlossene (Neben-)Meer – allerdings nicht das größte Mittelmeer (vgl. Abb. 1.3 und Tab. 1.2). In seiner heutigen Form und mit seiner heutigen Biozönose ist es erst vor etwas mehr als fünf Millionen Jahren entstanden. Mit einer Fläche von knapp 3 000 000 Quadratkilometern stellt es – zusammen mit dem Schwarzen Meer – einen Miniaturozean dar, der gut für biogeographische Betrachtungen geeignet ist. In geologischer wie biologischer Hinsicht ist das Mittelmeerbecken mit seiner Tier- und Pflanzenwelt jedoch eine der komplexesten Regionen der Erde.

In vielerlei Hinsicht mag das Mittelmeer zu Recht als eines der am besten erforschten Gewässer der Erde gelten, da bereits seit der Antike Strömungen, Wetterbedingungen, Untiefen, aber auch Tier- und Pflanzenarten mehr oder weniger systematisch erfasst wurden. Dennoch hält es immer wieder Überraschungen bereit. Auch für Biogeographen ist der Mediterran vielfach Neuland, denn längst nicht alle Arten oder deren genaue Verbreitung sind bekannt. Oft haben biogeographische Arbeiten noch nicht einmal das Stadium rein chorologischer* Bestandsaufnahmen erreicht, von der unzureichenden Kenntnis des Arteninventars und der systematischen Erforschung im Zusammenhang mit Taxa benachbarter Regionen ganz zu schweigen. Mithin spiegeln Verbreitungskarten – sofern überhaupt verfügbar – weniger das tatsächliche Vorkommen einzelner Taxa wider als vielmehr die Orte biologischer Stationen

(wie auf S. 54 und 55 dargestellt) und/oder von Probenahmestellen. Hinzu kommt, dass sich die Verbreitung vieler Faunen- und Florenelemente anthropogen bedingt zum Teil dramatisch verändert hat.

Die Verbreitungsmuster von Tieren und Pflanzen sind nicht allein durch heute wirksame physikalische oder biotische Faktoren verursacht; vielmehr sind sie als das Ergebnis von Vorgängen anzusehen, die in der erdgeschichtlichen Vergangenheit liegen. Das Unterscheiden und Beurteilen von einerseits historischen und andererseits ökologischen Faktoren ist daher von großer Bedeutung.

Die Arbeit der Biogeographen wird unter anderem auch durch das unvollständige Wissen über die wirklichen Verbreitungsareale von Arten, die Auswirkungen der Eiszeiten und damit zusammenhängender eustatischer* Schwankungen des Meeresspiegels und nicht mehr existierender Landbrücken oder Meeresstraßen (vgl. Abb. 2.18 bis 2.23) erschwert. Besonders bei den Invertebraten tragen eine unklare Taxonomie, zahlreiche Fehlbestimmungen und fehlende oder lückenhafte Verbreitungsangaben dazu bei, dass Biodiversität und Biogeographie mariner Organismen nur ungenügend erfasst werden können. Und vor allem hat der Mensch seit seinem Auftreten im Mittelmeerraum die Organismenwelt zunächst vor allem im terrestrischen, später aber auch im marinen Bereich in dramatischer Weise beeinflusst. Durch die anthropogene Einwirkung wurden fremde Arten eingeschleppt und andere ausgemerzt.

Vor mehr als 130 Jahren wurde mit dem Bau des Suezkanals die alte Verbindung zum Indopazifik wieder geöffnet und damit ein bemerkenswertes biogeographisches und ökologisches Experiment gestartet. Aber auch auf anderen Wegen sind Arten verschleppt worden – beispielsweise mit der Schifffahrt, etwa im Ballastwasser, an Schiffsrümpfen und Ankern –, so dass Biologen in manchen Fällen nicht mehr sagen können, ob bestimmte Arten „von Natur aus“, also bevor der anthropogene Einfluss eingesetzt hat, im Mittelmeer vorgekommen sind (also hier autochthon sind) oder nicht. Trotz dieser Einschränkungen ist es in vielen Fällen möglich, ein erstes Bild der marinen Biogeographie des Mittelmeeres zu zeichnen.

Ziele der Biogeographie

Lange galt die Biogeographie zu Unrecht als Nebenprodukt und bloßer Anhang hauptsächlich taxonomisch ausgerichteter Arbeiten. Das Vorkommen einzelner Arten an bestimmten Orten oder Artenlisten bestimmter Regionen wurde zwar angegeben, eine eingehende Analyse der daraus resultierenden Muster hat aber oft gefehlt. Die moderne Biogeographie versucht einzelne historische und ökologische Faktoren hinsichtlich ihres unterschiedlichen Einflusses auf Vorkommen und Verbreitung von Organismen getrennt zu untersuchen. Durch neue methodologische Ansätze wandelt sich die Biogeographie derzeit von einer weitgehend deskriptiven Wissenschaft zu einer analytischen Teildisziplin der Biologie.

Was den Mittelmeerraum anbelangt, standen im Hinblick auf die Biogeographie vor allem terrestrische Systeme im Mittelpunkt des Interesses, weitaus weniger die Verbreitungsmuster der marinen Organismenwelt. Eine umfassende und vergleichende Analyse der zahlreichen bislang verstreuten Einzelbefunde zur Verbreitung mediterraner Lebewesen im Rahmen einer historischen Biogeographie steht noch aus, was angesichts der guten Erforschung mediterraner Faunen- und Florenelemente doch auffallend ist.

Man unterscheidet zwischen ökologischer und historischer Biogeographie. Die ökologische sucht nach Erklärungen der heutigen Verbreitungsmuster, die auf der Interaktion zwischen den jeweiligen Lebewesen und ihrer physikalischen wie biotischen Umwelt basieren. Die historische Biogeographie versucht den Ursprung und die Veränderungen von Organismen oder ganzen Faunen und Floren durch systematische Verwandtschaftsanalyse und Paläogeographie zu rekonstruieren. Diese Beobachtungen werden mit der stammesgeschichtlichen Verwandtschaft von Lebewesen und mit geologischen Befunden verknüpft. Die Ziele der modernen historischen Biogeographie unterscheiden sich von der traditionellen Biogeographie. Diese hat seit ihren An-

8.2 Strandanwurf bzw. Spülsaum an der Südküste Zyperns. Der biogeographisch interessierte Strandwanderer findet darin Hinweise auf die marine Fauna und Flora der jeweiligen Region. In der Bildmitte ist ein Soldatenfisch – ein Lesseps'scher Migrant – zu sehen, links im Bild das Gehäuse einer großen Tonnenschnecke (Tonna galea). Diese Art ist nur regional häufig, so etwa im Süden der Türkei und in benachbarten Regionen.

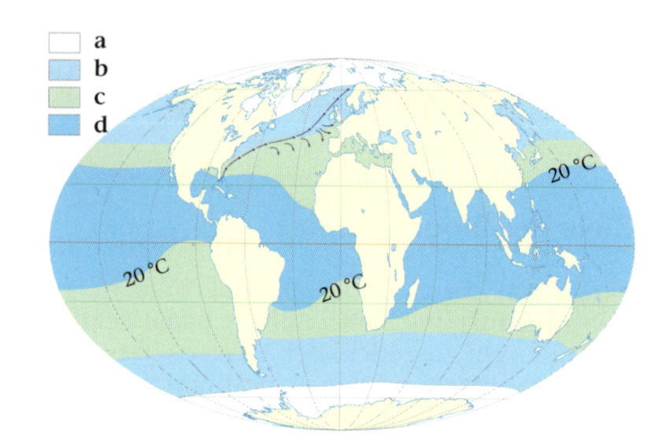

8.3 Die vier großen Temperaturzonen des Weltmeeres nach Briggs (1995): a) Polarzone, b) kalt-temperierte Zone, c) warm-temperierte Zone, d) tropische Zone. Das Europäische Mittelmeer gehört zur warm-temperierten Zone. Die 20 °C-Isotherme für den kältesten Monat markiert die Grenze zur tropischen Zone, ihr genauer Verlauf wird durch die großen nord- und südäquatorialen Strömungen beeinflusst; dadurch ist die tropische Zone im Osten des Pazifiks und Atlantiks, an der amerikanischen und afrikanischen Westküste also schmaler als auf der jeweils anderen Seite der Ozeane. Das warm-temperierte ozeanische Einzugsgebiet des Mittelmeeres im Ostatlantik ist infolgedessen sehr breit. Wegen seiner entscheidenden Bedeutung für das europäische Klima und selbst für die Biogeographie europäischer Meere ist der Golfstrom eingezeichnet.

fängen im 19. Jahrhundert weitgehend die Tradition ihrer Gründerväter wie Alfred Russel Wallace und Charles Darwin fortgeführt und sich mit der aktiven oder passiven Ausbreitung von Lebewesen aus so genannten Entstehungszentren heraus beschäftigt. Diese Ausbreitung *(dispersal*)* als Folge zufälligen Verdriftens oder durch Wanderung wurde allzu lange als alleinige Ursache biogeographischer Muster angenommen. In der Biogeographie dominierte daher über ein Jahrhundert hinweg die Frage nach einstmals oder noch immer bestehenden Landbrücken bzw. Meeresstraßen.

Zu Beginn des 20. Jahrhunderts konzentrierten sich die Biogeographen mit Blick auf die ökologischen Gegebenheiten vor allem auf die Lebensweise der Organismen. Sie hatten dadurch lange Zeit fast ausschließlich die Physiologie der Lebewesen und die physikalischen Faktoren der Umwelt im Blick, um die Verbreitung von Tieren und Pflanzen zu beurteilen. Erdgeschichtliche Phänomene, allen voran die Vorgänge im Zusammenhang mit der Kontinentalverschiebung, wurden weitgehend ignoriert, da erst im Verlauf des 20. Jahrhunderts geologische Befunde zur Formulierung der Theorie der Plattentektonik führten. Diese Erkenntnisse erweiterten den Blick der Biogeographen ganz erheblich – und das gilt auch für das Mittelmeer. Neben zufälliger Dispersion und aktiver Ausbreitung über terrestrische und marine Korridore wurden nun auch so genannte Vikarianz*-Ereignisse als Erklärung herangezogen. Darunter versteht man die Zerteilung und Trennung einstmals zusammenhängender Verbreitungsareale von Organismen infolge plattentektonischer oder anderer geologischer Vorgänge.

Beinahe zeitgleich mit der phylogenetischen Systematik (Kladistik*) etablierte sich mit der computergestützten Auswertung in der biologischen Verwandtschaftsforschung ein neues und überaus effektives methodisches Instrumentarium. So lassen sich heute biogeographische Verbreitungsmuster nicht nur beschreiben, sondern auch auf vielfältige Weise im Rahmen phylogenetischer Hypothesen und vor dem Hintergrund geologischer Befunde analysieren. Allerdings führte dies in jüngster Zeit – insbesondere infolge computergestützter biogeographischer Analysemethoden, die Dispersal *a priori* ausschließen – zu einer Überbetonung der Vikarianz. Viele Verbreitungsmuster können aber sehr wohl durch Dispersal erklärt werden.

Geographische und biogeographische Grenzen des Mittelmeeres

Die geographisch-topographischen Grundlagen, die Entstehungsgeschichte, die Gliederung des Mittelmeeres in Teilbecken und seine Ozeanographie sind in den entsprechenden Kapiteln („Geologie und Entstehungsgeschichte“, „Geographie und Klima“ und „Ozeanographie und Wasserhaushalt“) ausführlich beschrieben. Wegen ihrer biogeographischen Bedeutung sollen hier einige physikalische Grundlagen kurz wiederholt werden.

- Die Schwelle von Gibraltar ist in vielfacher, auch biogeographischer Hinsicht ein wichtiger Punkt. Sie ist aber für viele Arten – vor allem jene der euphotischen Zone – dennoch keine scharfe Verbreitungsgrenze.
- Die Schwelle zwischen Tunesien und Sizilien (vgl. Abb. 3.51) beeinflusst den Wasseraustausch innerhalb des Mittelmeeres und markiert eine auffällige biogeographische Zweiteilung in eine westliche und eine östliche Region. Erstere ist gegenüber dem Levantinischen Becken leicht nördlich versetzt. Biogeographen unterscheiden meist eine westliche, atlantisch-mediterrane Teilregion von einer östlichen, ponto-mediterranen Teilregion und innerhalb dieser – manchmal mehr oder weniger willkürlich – weitere Teilbereiche. Sie werden in diesem Kapitel diskutiert.
- Durch die Dardanellen, das Marmarameer und den Bosporus besteht eine sowohl hydrographisch als auch biogeographisch wichtige Verbindung zum Schwarzen Meer (S. 259 und 284 ff.).

Große ökologische und biogeographische Bedeutung haben hydrographische Aspekte, zum

Wichtige Begriffe der Biogeographie

allopatrisch: nicht im selben Gebiet vorkommend; Arten, deren Verbreitungsareale sich nicht überschneiden (Gegensatz: → sympatrisch, siehe auch → parapatrisch).
autochthon (in der engl. Literatur manchmal *indigenous*): einheimisch, in einem Gebiet natürlich vorkommend (unabhängig von der Häufigkeit; Gegensatz: allochthon). Autochthon ist nicht gleichbedeutend mit endemisch; eine Art kann z. B. in der Adria autochthon sein, aber auch in anderen Meeresgebieten oder Meeren vorkommen und damit in der Adria nicht endemisch sein. Der Weiße Hai *(Carcharodon carcharias)* ist in der Adria z. B. autochthon – er kommt hier natürlich vor; die Grünalge *Caulerpa taxifolia* hingegen ist für die Adria nicht autochthon, sondern allochthon. Sie wurde durch Menschen eingeschleppt.
boreal: nördlich, kalt gemäßigt; in kalten oder gemäßigten Meeresgebieten der Nordhalbkugel vorkommend.
Chorologie: Teilgebiet der Biogeographie, das sich mit Arealkunde beschäftigt: der Verbreitung, also den Arealen von Arten und/oder Sippen und der Aufklärung der Zusammenhänge zwischen Verbreitung und Evolution.
circum-, auch **zirkum-**: um herum, rings um; Vorsilbe in vielen biogeographischen Begriffen, die sich vor allem auf eine zonale Verbreitung beziehen; circumtropisch: rund um den Globus in der tropischen Zone, circumpolar, circumboreal.
dispersal: nicht immer klar definierter englischer Ausdruck, der häufig in der deutschsprachigen Literatur verwendet wird: Vorgang, bei dem Organismen oder Sippen aktiv oder passiv an einen anderen Ort gelangen bzw. sich vom Ursprungsort entfernen; Ausbreitung, manchmal auch Wanderungen einschließend.
endemisch (Endemit): nur in einem bestimmten Gebiet – Region, Insel, Teilbecken, Meer – vorkommend. Die Zahl der Endemiten ist im Mittelmeer relativ hoch.
ephemer: vorübergehend, nur kurze Zeit bestehend oder verfügbar, kurzlebig.
eury-: in Zusammensetzungen verwendete Vorsilbe, die sich auf die ökologische Anpassungsfähigkeit bzw. Toleranz von Organismen gegenüber unterschiedlichsten Faktoren beziehen (ökologische Potenz). Allgemein sind euryöke (seltener euryözische) Arten tolerant, werden also mit einer größeren Bandbreite eines ökologischen Faktors oder der Kombination von mehreren Faktoren fertig (z. B. in Gewässern mit stark schwankender Wassertemperatur und Salinität wie in Lagunen). *Stenöke* Arten haben hingegen eine geringere ökologische Potenz und ertragen ökologische Faktoren nur in einem engeren Bereich bzw. Spektrum (z. B. können viele auf 4 °C adaptierte Arten der echten atlantischen Tiefseefauna nicht mit der hohen Temperatur von 13 °C in der mediterranen Tiefsee fertig werden). Die wichtigsten Begriffe, bezogen auf den jeweiligen ökologischen Faktor: Temperatur (-therm: eurytherm und stenotherm), Salzgehalt, Salinität (-halin: euryhalin bzw. stenohalin), Licht (-phot: euryphot bzw. stenophot), hydrostatischer Druck, Tiefe (-bath: eurybath bzw. stenobath), Substrat, Standort, Biotop (-top: eurytop bzw. stenotop, → syntop), Weite der Verbreitung (-chor: eurychor bzw. stenochor), Breite des Nahrungsspektrums (-phag: euryphag bzw. stenophag), Sauerstoffangebot bzw. -gehalt (-oxybiont: euryoxybiont bzw. stenooxybiont), Eutrophierungsgrad des Standortes bzw. Nahrungsangebot (-traphent: eurytraphent bzw. stenotraphent).
kosmopolitisch (Kosmopolit): Arten mit weltweiter Verbreitung. Zu ihnen zählen im Mittelmeer z. B. viele große pelagische Fische und Säuger, aber auch planktontische und benthische Organismen.
neo-, Neo-: gr. *neos* = jung, neu, z. B. Neoendemit = in erdgeschichtlichen Maßstäben jung entstandene endemische Art (vgl. → paläo-).
paläo-, Paläo-: gr. *palaios* = alt, bejahrt, ehemalig, früher, z. B. Paläoendemit (vgl. → neo-).
parapatrisch: in angrenzenden Gebieten lebend; Arten oder Sippen, deren Verbreitungsareale sich berühren, aber nicht überschneiden.
Paratethys: siehe S. 80 ff. und Abb. 3.61
-phil: Nachsilbe, einen bestimmten Faktor bevorzugend (liebend), z. B. halophil = salzliebend, thermophil = höhere Temperaturen bevorzugend.
rezent: in der geologischen Gegenwart existierende Art oder ablaufender Vorgang (Gegensatz: fossil).
steno-: → eury-.
sympatrisch: im gleichen Gebiet lebend (Gegensatz: → allopatrisch, siehe auch → parapatrisch).
syntop: am gleichen Ort lebend.
Tethys: siehe Seite 80 ff. und Abb. 3.61.
Zahlreiche weitere in diesem Kapitel verwendete Begriffe der Meereskunde sind auf Seite 294 f., auf den Abbildungen 6.4, 6.9 und 6.12 und im Glossar am Ende des Buches erklärt.

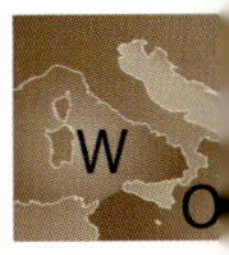

Beispiel unterschiedliche Wassermassen und Strömungen, wie im Kapitel 4 beschrieben. Das Mittelmeer ist als Resultat starker Verdunstung bei gleichzeitig geringem Süßwassereinstrom vergleichsweise salzreich. Die Salinität beträgt im Durchschnitt 36,3 bis 39,1 ‰, wobei der Oberflächensalzgehalt von West nach Ost, von Gibraltar zur Küste Kleinasiens ansteigt. Die Nebenmeere des Mediterrans, zu denen aufgrund ihrer gemeinsamen paläogeographischen Herkunft aus der Paratethys (Abb. 3.61) neben dem Schwarzen Meer und dem Asowschen Meer in biogeographischer Hinsicht oft auch das Kaspische Meer und der Aralsee gerechnet werden (Abb. 8.4), haben ein kälteres, kontinental geprägtes Klima. Alle vier genannten Gewässer haben eine deutlich niedrigere Salinität als das Mittelmeer, so dass man hier, vor allem im Randbereich, Brack- und Süßwasserbiozönosen vorfindet.

Neben Salinität, Sauerstoff- und Nährstoffgehalt spielt die Temperatur des Meerwassers für die Verbreitung und Diversität mariner Organismen eine entscheidende Rolle. Die gängige globale Zonierung der Weltmeere geht auf die Temperatur zurück (Abb. 8.3). Im Mittelmeer ist die relativ niedrige Wassertemperatur im Winter, mit der viele Organismen nicht fertig werden, der entscheidende limitierende Faktor für die Ausbreitung tropischer Elemente. Dies wird aus der Abb. 5.11 deutlich, die die sommerlichen und winterlichen Temperaturen des Mittelmeeres zeigt. Während im Sommer zum benachbarten tropischen Roten Meer kein großer Temperaturunterschied besteht – im August sind es 20–25 °C im westlichen und 25–27 °C im südöstlichen Mittelmeer –, ist die Differenz im Winter markant. Die Wassertemperatur fällt im Roten Meer nicht unter 20 °C, in der Levante sinkt sie hingegen auf 16–17 °C ab, im Westbecken sogar auf 12–13,5 °C, in manchen Randbereichen noch tiefer.

Der Fischreichtum wird durch die relative Nährstoffarmut des Mittelmeeres begrenzt. Die produktivsten, nährstoffreichsten Regionen der Ozeane sind oft die Flachmeerbereiche des Kontinentalschelfs, wobei das von Pflanzen durch Photosynthese produzierte kohlenstoffhaltige organische Material als Maß der Primärproduktivität genommen wird. Der südöstliche Teil des Mediterrans weist dabei mit 0,15–0,25 g Kohlenstoff/m^3/Tag geringere Werte auf als die nordwestlichen Meeresgebiete und Randbereiche, wo mehr als 0,25 g Kohlenstoff/m^3/Tag produziert werden.

Unterschiedliche Grenzziehungen

Die grundlegendste biogeographische Beobachtung ist jene, dass einzelne Organismen, Faunen und Floren jeweils in bestimmten Regionen vorkommen, die unterschiedlich groß sein können. Biogeographen versuchen, historisch wie ökologisch bedingte Grenzen zwischen benachbarten Gebieten zu finden, die einem Austausch einzelner Tier- und Pflanzenarten entgegenstehen. In ihrer klassisch-deskriptiven Phase hat sich die Biogeographie vor allem damit beschäftigt, eine regionale Hierarchie solcher Regionen, Subregionen und Provinzen zu entwickeln.

Die biologischen Grenzen des Mediterrans zu bestimmen und diesen entsprechend den ökologischen Gegebenheiten zu untergliedern, ist schon lange ein vorrangiges Ziel. In biologischer Hinsicht ist eine Grenzziehung jedoch ungleich schwieriger als in rein geographischer. Bestehen allein für den terrestrischen Raum kaum strikte Grenzen zwischen dem Mediterran und den umliegenden Regionen (vgl. Kapitel 4), so ist die regionale Einteilung des Mittelmeeres in Untereinheiten vielfach willkürlich und mithin Gegenstand der Diskussion. Da die Straße von Gibraltar (Tiefseeorganismen ausgenommen) keine scharfe biogeographische Grenze darstellt und das Mittelmeer somit keine wirklich eigenständige Fauna und Flora hat, wird es allgemein der Atlantisch-Mediterranen Region zugeordnet.

Der Zoogeograph Sven Ekman schlug 1953 innerhalb des großen biogeographischen Gebiets im östlichen Atlantik eine Untergliederung in drei Regionen vor: die Lusitanische Region vom Ärmelkanal bis Gibraltar, die Mauretanische Region von Gibraltar bis zum Capo Blanco in Mauretanien und die Mediterrane Region von Gibraltar bis zur Levanteküste. Letztere schließt dabei die Sarmatische Subregion des Pontischen Beckens mit dem Schwarzen Meer ein. Die Untergliederung in eine westliche und eine östliche Subregion wurde bereits erwähnt.

Andere Biogeographen haben in der Folgezeit etwas veränderte regionale Einteilungen vorgeschlagen. Dabei wurde etwa die Lusitanische und die Mediterrane Region zur Iberisch-Marokkanischen Region zusammengefasst, an die nördlich die Biskaya-Region und südlich die Sahara-Region anschließt. Da die Straße von Gibraltar ungefähr an der Grenze zwischen der subtropischen und der temperierten Zone des östlichen Atlantiks liegt, weist das Mittelmeer Beziehungen zu beiden Provinzen auf.

Wieder andere Fachleute (z. B. J. C. Briggs) unterscheiden innerhalb der großen warm-temperierten marinen Faunenregion eine Lusitanische Provinz (auch als Lusitanisch-Mediterrane Region bezeichnet), die nördlich der Kapverdischen Inseln beginnt, bis zu den Britischen Inseln reicht und Madeira sowie die Azoren einschließt. Nach Osten erstreckt sich diese Provinz über das Mittelmeer hinaus und schließt das Schwarze und Kaspische Meer sowie den Aralsee ein (Abb. 8.4). Unter „lusitanisch" wird aber teilweise ganz Verschiedenes verstanden, wodurch das Problem der traditionellen Biogeographie mit ihrer recht statischen Einteilung von Meeren und deren Bewoh-

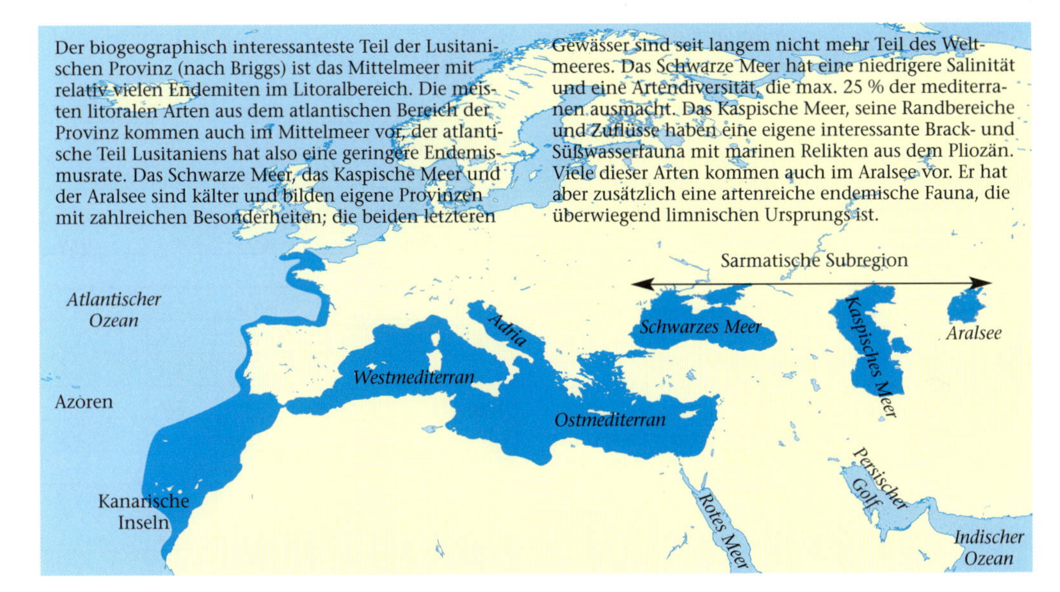

8.4 Die Lusitanische Provinz nach Briggs (1995) – eine der warm-temperierten Regionen der nördlichen Hemisphäre (dunkelblau). Der Begriff Lusitanien und lusitanisch werden allerdings recht unterschiedlich verstanden. Während in der Pflanzengeographie damit streng genommen Vorkommen im westlichen Teil der Iberischen Halbinsel gemeint sind, verstehen Tiergeographen darunter im Kern solche Arten, die in den Gewässern vor den Küsten Portugals vorkommen.

nern in Provinzen, Regionen und Subregionen unterstrichen wird. Je nach betrachteter Organismengruppe – seien dies nun sessile Schwämme, benthische Mollusken, Stachelhäuter, Fische oder pelagisches Zooplankton – differieren naturgemäß die Grenzen der einzelnen Zonen.

Überdies sollten regionale Gliederungen der Meere die Geschichte der jeweiligen Faunen- und Florenelemente widerspiegeln. Der biologische Aussagewert klassischer Einteilungen ist damit in einem dynamischen System, wie es Meere nun einmal sind, erheblich infrage gestellt. M. L. Furnestin beispielsweise fand 1979 die ältere Einteilung in Teilregionen innerhalb des Mittelmeeres für pelagische Planktontiere aufgrund ihrer naturgemäß sehr weiten Verbreitung nicht bestätigt.

Eine im Mittelmeer kaum geeignete Möglichkeit, biogeographische Regionen festzulegen, sind „Verbreitungsindikatoren". Das Auftreten entsprechender Arten könnte zwar auf ökologisch-physikalisch einheitliche biogeographische Räume hinweisen, doch fehlen im Mittelmeer geeignete Kandidaten. Diese müssten einzig dort heimisch bzw. für Teilregionen charakteristisch sein. Viele Arten sind weiter verbreitet als ursprünglich angenommen und kommen auch außerhalb des Mittelmeerbeckens vor.

Die Verbreitungsareale von Organismen des Litorals, des Benthals und des Pelagials decken sich nicht immer, für sie müssten unterschiedliche Regionen in Betracht gezogen werden. Sinnvoll wäre eine Abgrenzung mediterraner Provinzen durch das Vorkommen jeweils typischer Artengemeinschaften. Dies verlangt eine taxonübergreifende Analyse der Verbreitungsmuster. Die unterschiedliche Naturgeschichte eines jeden Taxons spielt auch eine entscheidende Rolle, denn die heutigen Faunen- und Florenelemente des Mediterrans sind eine komplizierte Mischung aus Formen, die sich hier entwickelt haben und anderen, die aus benachbarten Regionen stammen und das Mittelmeerbecken zu ganz unterschiedlichen Zeiten besiedelt haben.

Die Geburt des Mittelmeeres aus biogeographischer Sicht

Die Messinische Salinitätskrise im späten Miozän zwischen 5,6 und 5,3 Millionen Jahren vor unserer Zeit war nicht nur für die mediterrane Region eines der spektakulärsten geologischen Ereignisse. Ihr ist die Bildung einer Landbrücke zwischen Afrika und Europa bei Gibraltar vorausgegangen, die den Zustrom von Atlantikwasser unterband. Während dieser geologisch kurzen, dafür umso kritischeren Periode war das „erste Mittelmeer" weitgehend ausgetrocknet, wie dicke Evaporitlager am Meeresgrund belegen (vgl. S. 86 ff.). Zurück blieben entweder durch Süßwassereinbruch aus der Paratethys und den Flüssen gespeiste und somit brackige Becken oder stark salzhaltige Restgewässer, die mit den Sebchas* zu vergleichen sind. In jüngster Zeit wurden westlich von Griechenland auf dem Grund tiefer Täler im Meeresboden fünf derartige ehemalige „Salzseen" entdeckt.

Tabelle 8.1 *Anzahl der marinen mediterranen Arten (MM) gegenüber der Anzahl mariner Arten weltweit (ww) sowie die prozentuale Relation beider Zahlen. Für manche Taxa ist dieser prozentuale Anteil besonders hoch (z. B. Tunicata), für andere sehr niedrig (z. B. Echinodermata). Zusammenfassung der Daten der MEDIFAUNE-Datenbank, Universität Nizza, Stand 20. Dezember 1999, mit jenen von Bianchi und Morri, 2000.*

Taxa	ww	MM	MM/ww %
Rhodophyceae	~ 5 250	867	16,5
Phaeophyceae	~ 1 500	265	17,7
Chlorophyceae	~ 1 200	214	17,8
Monocotyledonae	~50	5	10,0
Summe Flora	**~ 8 000**	**1 351**	**16,9**
Porifera	~ 5 500	593	10,8
Cnidaria	~ 11 000	420	3,8
Ectoprocta	~ 5 000	491	9,8
Annelida	~ 8 000	776	9,7
Mollusca	~ 32 000	1 376	4,3
Arthropoda	~ 33 600	1 935	5,8
Echinodermata	~ 6 500	143	2,2
Tunicata	~ 1 350	244	18,1
weitere Evertebrata	~ 13 550	605	4,5
Summe Evertebrata	**~ 116 500**	**6 483**	**5,6**
Chondrichthyes	~ 850	81	9,5
Osteichthyes	~ 11 500	532	4,1
Reptilia	58	5	8,6
Mammalia	114	21	18,4
Summe Vertebrata	**~ 12 522**	**639**	**5,1**
Gesamt	**~ 137 000**	**8 473**	**6,2**

Während dieser „Lago-Mare-Phase" des Mittelmeeres ist ein Großteil der ursprünglichen Tethysfauna zugrunde gegangen. Die Salinitätskrise schließt jedoch nicht aus, dass einzelne marine Arten, insbesondere extrem euryhaline Meeresbewohner, überlebt haben könnten. Vor 5,3 Millionen Jahren kam es zum Gibraltar-Wasserfall: Manche Schätzungen gehen davon aus, dass rund 65 km³ Meerwasser pro Tag (23 725 km³ pro Jahr) einströmten; andere rechnen gar mit 40 000 km³ pro Jahr. In jedem Fall war der Zufluss ausreichend, um das gesamte Becken in erdgeschichtlich kurzer Zeit wieder aufzufüllen. Dank der wärmeren klimatischen Bedingungen während des anschließenden Pliozäns kam es zu einer Einwanderung tropischer Faunenelemente aus dem Atlantik. Den nachfolgenden pleistozänen Kaltzeiten dürften viele Abkömmlinge einer einstigen tropischen Tethysfauna zum Opfer gefallen sein.

Im Schwarzen Meer kam es im Bereich des Bosporus vor rund 7 500 Jahren – im Zuge eines ähnlichen „Wasserfalls" wie lange zuvor bei Gibraltar – zum schlagartigen Einströmen von Mittelmeerwasser in das Pontische Becken. Dabei könnten über eine 150 m hohe Schwelle durch einen engen Meereskanal pro Tag etwa 50 km³ Meerwasser – das entspricht der Kapazität von 200 Niagarafällen – eingeströmt sein und zu einem täglichen Anstieg des Wasserspiegels im Schwarzen Meer von 15 cm geführt haben. Dieses Ereignis wird in den letzten Jahren als mögliche Wurzel von Sintflutlegenden diskutiert. Sie sind neben dem bekannten biblischen Bericht in zahlreichen weiteren Formen und bei vielen Völkern (nicht nur dieser Region) überliefert.

Zuvor, bis zum Ende der letzten Eiszeit vor 10 000 Jahren, war das Schwarze Meer aufgrund seines weit niedrigeren Meeresspiegels vom Marmarameer und damit vom Mittelmeer abgeschnitten (Abb. 2.34). Als ein etwa 500 m unter dem Niveau des heutigen Meeresspiegels gelegener See war es durch den starken Süßwassereinstrom (von der Donau bis zum Kuban) weitgehend ausgesüßt. Erst mit dem ansteigenden Niveau des Mittelmeeres haben sich im Schwarzmeerbecken Brackwasserbedingungen eingestellt. Radiokarbondatierungen der ersten salzwassertoleranten Mollusken belegen deren plötzliches und massenhaftes Vordringen aus dem Mittelmeer vor 7 550 (+/– 100) Jahren.

Biogeographie der heutigen Fauna und Flora

Die Biodiversität des Mittelmeeres kann aus mannigfachen Gründen als bemerkenswert bezeichnet werden. Die mediterranen Arten stellen 6,2 Prozent der weltweiten marinen Biota, obwohl das Mittelmeer inklusive Schwarzem Meer nur 0,82 Prozent der gesamten weltweiten Ozeanoberfläche einnimmt und nur 0,32 Prozent des Gesamtvolumens ausmacht (Tab. 1.1). Diese Artenvielfalt wie auch die hohe Anzahl an Endemiten hängen mit der turbulenten geologischen Geschichte des Mittelmeeres zusammen. Es gab eine Reihe von drastischen klimatischen und hydrologischen Veränderungen sowie verschiedene Verbindungen zu angrenzenden Meeren und Ozeanen. Entscheidend ist auch die heutige Vielfalt an Lebensräumen, in denen Organismen unterschiedlichster Herkunft leben. Die hohe Artenzahl geht allerdings mit einer weitgehend niedrigen Produktivität und einer zumeist niedrigen Populationsdichte einher. Biodiversität, Endemismus, Populationsdichte und Produktivität lassen Gradienten erkennen, die von Nordwest nach

Südost verlaufen. Was seine biotischen Eigenschaften anbelangt, kann das Mittelmeer daher durch folgende Punkte charakterisiert werden: bemerkenswerte Biodiversität, hoher Endemismusgrad, niedrige Produktivität und niedrige Populationsdichten sowie deren Gradienten.

Die räumliche Verteilung der Organismen hängt auch wesentlich von abiotischen Faktoren ab. In seiner Gesamtheit zeigt das Mittelmeer folgende Eigenschaften: hohe Wasseroberflächentemperatur, konstante, relativ hohe Temperatur in der Tiefe, hohe Salinität, Nährstoffabnahme und Gradienten dieser Faktoren. Beispielsweise nimmt die Wassertemperatur und Salinität nach Osten hin zu und der Nährstoffgehalt ab.

Klimatische Faktoren ermöglichen eine geographische Gliederung der Meeresgebiete in Regionen und Provinzen. Diese Gliederung muss mit der horizontalen und vertikalen Unterteilung des dreidimensionalen Wasserkörpers in Lebensräume in Einklang gebracht werden, Lebensräume, die durch die dort vorkommenden Organismen definiert sind. Das Mittelmeer ist maximal 5 120 m tief. Die herkömmlichen Definitionen von Tiefenzonen wie Bathyal, Abyssal und Hadal können daher nur bedingt oder gar nicht verwendet werden. Hinzu kommt, dass die Temperatur in der Tiefe nirgends 10 °C, geschweige denn 4 °C erreicht, die üblicherweise in der Tiefsee der Ozeane vorherrscht. Die Begrenzungen der einzelnen Tiefenstufen für die lichtlose Zone fällt vielfach unscharf aus (vgl. „Tiefsee“ im Kapitel „Lebensräume“).

Biogeographie des Benthals

Die an Schelfmeere gebundenen Biota sind in ihrer Verbreitung abhängig von der Wassertemperatur, der Wassertrübung, dem Verlauf kalter und warmer Strömungen sowie – mehr als andere – vom Separationsgrad einzelner Meeresgebiete. Das ist vielleicht der Grund, weshalb die heutigen marinen Provinzen immer noch jene sind, die vor über einem Jahrhundert, 1866, von S. P. Woodward vorgeschlagen wurden und sich auf die Verbreitung von litoralen Mollusken gründen.

Die Wassertemperatur, ein Schlüsselfaktor, hat auf Makrophyten einen besonders großen Einfluss. Die Verteilungsmuster der Meeresflora reflektieren nicht nur die niedrigste Jahrestemperatur des Meeres, sondern auch jahreszeitlich bedingte Temperaturschwankungen. Die Differenz zwischen der höchsten und der niedrigsten lokalen Wassertemperatur kann in einem gemäßigten Gewässer wie dem Mittelmeer beträchtlich sein: In Banyuls beträgt dieser Unterschied 12 °C, in Alexandria 8 °C. Die Verbreitungsgrenzen der Arten können statt der Durchschnittswerte oft zusätzlich von unregelmäßig auftretenden Temperaturextremen beeinflusst werden, die im Abstand einiger Jahre immer wieder gemessen werden.

Die Wassertrübung verringert sich von Norden nach Süden. Infralitorale Organismen dringen daher in den südlicheren Bereichen des Mittelmeeres weiter in die Tiefe vor als im Norden. Hydrologische Faktoren können einen starken Einfluss auf die Verbreitungsmuster haben und dazu führen, dass eurytope Arten, die an sich keine engen Standortansprüche haben, nur begrenzt vorkommen, also stenotop werden. Unter den Decapoda, Echinodermata und Ascidiacea ist eine beachtliche Artenverarmung nach Osten hin zu erkennen. Von den sieben Arten von Molgulidae (Ascidien) im Westmediterran waren nach einer Untersuchung aus dem Jahre 1985 beispielsweise im Gebiet Sizilien – Tunesien nur noch vier, in der Ägäis nur noch eine zu finden.

Der Ursprung des litoralen Benthos ist außerordentlich vielfältig. Eine enge Beziehung besteht zwischen dem Benthos des Mittelmeeres und jenem des Atlantiks, wie aus einer Untersuchung von Fredj (1974) hervorgeht: Von 1 244 analysierten Zoobenthosarten aus dem Mittelmeer waren 75 Prozent atlantischen Ursprungs. Die vorwiegend atlantische Abstammung des litoralen Benthos ist relativ leicht zu erklären, denn die Gibraltarschwelle liegt in 320 m Tiefe. Weniger einleuchtend ist die atlantische Abstammung des Tiefseebenthos. Aufschlussreich ist diesbezüglich die bathymetrische Verteilung des mediterranen Zoobenthos, wie sie in Tabelle 8.2 dargestellt wird.

Von der „azoischen Theorie“ (vgl. Exkurs S. 45) bis zum heutigen Wissensstand über die Tiefsee war es ein langer Weg. Fast jede Expedition brachte viele neue Arten ans Licht. Bis 1954, dem Jahr der Tauchfahrt der FNRS III, beruhte unser Wissen über das mediterrane Tiefseebenthos auf totem Material; seit den 1980-er Jahren hingegen werden sogar Experimente *in situ* durchgeführt. Dennoch ist das Benthos der Tiefsee bisher naturgemäß am wenigsten erforscht.

Gleichförmige Bedingungen von totaler Dunkelheit, konstanter Temperatur um 13 °C, hohem Druck und meist eintönigen Sedimentgründen ähnlicher Beschaffenheit führen bei der an diese Bedingungen angepassten Fauna zu einer ziemlich gleichmäßigen Verteilung. Trotzdem gibt es auch in diesem Lebensraum eine Differenzierung. Der bedeutendste historische wie aktuelle Isolationsfaktor für das mediterrane Tiefseebenthos ist die Unterseeschwelle, die in der Meerenge von Gibraltar bis 320 m unter dem Meeresspiegel aufragt. Dadurch ergeben sich einige Besonderheiten: kein Einströmen von Tiefenwasser aus dem Atlantik mit einer Temperatur um 4 °C; zwischen der Sprungschicht und dem Meeresgrund ist die Temperatur mit etwa 13 °C ziemlich hoch; herkömmliche Tiefengrenzen sind nur bedingt anwendbar.

Basierend auf faunistischen Änderungen und markanten Veränderungen der Umweltfaktoren können für die Abgrenzungen zwischen Bathyal und Abyssal kaum definierte Tiefengrenzen angegeben werden. Im mediterranen Schelfbereich erlauben Faktorengradienten zwar noch klare Abgrenzungen, unterhalb von 200 m im westlichen und von 400 m im östlichen Becken sind aber solche Differenzen nicht mehr signifikant. Das ermöglicht unter anderem eurybathen litoralen Arten wie z. B. *Janirella bonnieri* (Janirellidae, Isopoda) oder *Desmosoma chelatum* (Desmosomatidae, Isopoda) eine größere Verbreitung in die Tiefe. Andererseits liegt die Karbonat-Kompensationsgrenze* dadurch höher; z. B. kommen Pteropoden („Flügelschnecken"; heute unterteilt in die Thecosomata und die Gymnosomata) häufig oberhalb von 1 000 m Tiefe vor, um dann weniger zu werden und unterhalb von 2 500 m schließlich ganz zu verschwinden.

Durch Untersuchungen von quantitativen und qualitativen Veränderungen des Benthos innerhalb größerer Tiefenintervalle konnten objektive bathymetrische Grenzen festgestellt werden. Die in Tabelle 8.2 präsentierten Daten basieren auf der Untersuchung von 3 000 Makrobenthos-Arten und führen zu folgenden Schlussfolgerungen: Mit der Tiefe nehmen Artenvielfalt und Biomasse ab; bathymetrische Veränderungen haben eher quantitative als qualitative Auswirkungen auf die Zusammensetzung der mediterranen Tiefseefauna, da diese aus eurybathen und eurythermen Arten besteht; diese Fauna setzt sich vor allem aus weit verbreiteten atlantischen Arten zusammen (zu 70 Prozent atlantisch-boreal), die im Atlantik meist in geringeren Tiefen zu finden sind, z. B. *Leptometra celtica* (Crinoida), *Echinocucumis typica* (Holothuroida), *Plutonaster bifrons* (Asteroida), *Amphilepis norvegica* (Ophiurida), *Macellicephala mirabilis* (Polychaeta), *Nephthys ciliata* (Phyllodocida, Annelida), *Dentalium agile* (Scaphopoda), *Malletia cuneata* (Malletiidae, Bivalvia), *Anamathia rissoana* (Majidae, Brachyura) und *Calocaris macandreae* (Axiidae, Macrura Reptantia).

Aus diesen Untersuchungen wurden folgende Schlüsse gezogen: Gegenüber dem Atlantik ist die Biodiversität geringer; kalt-stenotherme Arten und viele typische Tiefseetaxa fehlen. Die meisten Arten gehören innerhalb der analysierten Taxa (Crinoida, Aphroditidae, Prosobranchia, Polychelidae) zu den archaischen Gruppen, während nur eine kleine Anzahl von Arten sehr spezialisiert ist, z. B. *Anamathia*, *Geryon* und *Munidopsis*. Die strikt auf die Tiefsee begrenzte Fauna des Mittelmeeres erscheint sehr reduziert: Während 8,6 Prozent der untersuchten Arten auch unterhalb von 1 000 m gefunden wurden, kamen nur 0,7 Prozent ausschließlich unterhalb der 1 000 m-Grenze vor. Unterhalb von 2 000 m fand sich nur eine kleine Gruppe von Polychelidae (Decapoda), die im Atlantik nur abyssal vorkommt. Zu dieser Familie der Decapoda gehören auch die einzigen „lebenden Fossilien" der mediterranen Tiefsee, z. B. *Polycheles typhlops* (Abb. 8.5).

Allgemein ist die mediterrane Tiefseefauna entwicklungsgeschichtlich jung. Endemische Tiefseearten gibt es unter den Polychaeta, Amphipoda, Tanaidacea und Isopoda, allesamt Neoendemiten, die mit einer entsprechenden atlantischen Art in Zusammenhang gebracht werden können. Endemische Gattungen oder Familien gibt es in der Tiefsee des Mittelmeeres nicht. Das Vorkommen von Endemiten vermindert sich mit der Tiefe viel stärker als das von Nichtendemiten. Die geringere Biodiversität ist nicht durch höhere Populationsdichten kompensiert. Gewisse Meeresbereiche

Tabelle 8.2 *Bathymetrische Verteilung von 3 000 Zoobenthosarten im Mittelmeer (in Prozent). Die Arten in der linken Tabellenhäfte sind eurybath, kommen also in unterschiedlichen Tiefen vor; die Arten der rechten Tabellenhälfte sind stenobath und bewohnen engere Tiefenbereiche. Die Anzahl der endemischen Arten nimmt mit der Tiefe wesentlich schneller ab als jene der nichtendemischen. Nach Fredj und Laubier, 1985.*

gefunden auch unterhalb (m)	endem.	boreal	nicht endem.	gesamt	gefunden nur unterhalb (m)	endem.	boreal	nicht endem.	gesamt
0	100	100	100	100	0	100	100	100	100
50	46,0	74,2	67,3	63,5	50	25,1	24,1	22,9	23,3
100	25,1	55,0	48,4	44,3	100	11,8	15,6	15,2	14,6
150	20,8	46,0	40,1	36,7	150	8,5	11,9	10,7	10,3
200	15,2	42,2	34,9	31,4	200	6,6	10,1	9,0	8,6
300	10,9	34,6	28,0	25,0	300	4,7	7,2	6,4	6,1
500	6,2	24,4	20,0	17,5	500	2,8	2,8	2,4	2,5
1 000	4,3	12,6	9,6	8,6	1 000	0,9	0,7	0,6	0,7
2 000	0,9	4,2	3,1	2,7	2 000	0,9	0,3	0,2	0,3

***8.5** Der decapode Krebs Polycheles typhlops (Polychelidae) kommt im Mittelmeer bis 2 700 m Tiefe vor.*

sind in hohem Maß oligotroph, andere weniger. Diese relative Heterogenität hat Auswirkungen auf die benthischen Gemeinschaften, deren Nahrungszufuhr begrenzt ist. So haben mediterrane Vertreter einer Art eine geringere Größe als jene in ähnlichen atlantischen Biotopen, jedoch die gleiche Größe wie die in größeren atlantischen Tiefen bei gleichen prekären trophischen Bedingungen. Die Artenvielfalt des Tiefseebenthos nimmt nach Osten hin stärker ab als jene des Benthos allgemein: 97 Prozent der „Tiefseearten" sind aus dem Westmediterran bekannt, 33 Prozent aus der Südadria und nur 20 Prozent aus dem Ostmediterran.

Das abyssale Benthos zeigt somit im Mittelmeer weder die große Biodiversität noch die Originalität, die für sein litorales Benthos so bezeichnend sind. Es ist ein globales Phänomen der Tiefsee, dass sich Biodiversität und Populationsdichten mit der Tiefe verringern und überwiegend archaische Vertreter der einzelnen Phyla vorkommen. Auf das Mittelmeer trifft das jedoch nicht zu. Der Endemismusgrad sinkt hier mit der Tiefe und ursprüngliche Relikte, wie sie für andere seit dem Mesozoikum oder dem Paläozoikum relativ gleich gebliebenen abyssalen Zonen typisch sind, fehlen.

Die Messinische Salinitätskrise führte zu einer totalen Ausrottung des Tiefseebenthos des „Urmittelmeeres". Die heutige benthische Tiefseefauna des Mittelmeeres stammt von atlantischen Migranten ab, die vor rund fünf Millionen Jahren ins Mittelmeer einzuwandern begannen. Der atlantische Ursprung der mediterranen Tiefseefauna zeigt sich durch das Vorherrschen von nordeuropäischen oder weit verbreiteten eurybathen Arten, von denen die meisten außerhalb des Mittelmeeres in weniger tiefen Gewässern leben. Der Anteil dieser Arten nimmt allmählich mit der Tiefe zu. Im Allgemeinen gilt: Je tiefer sie im Mittelmeer vorkommen, desto weiter ist ihre außermediterrane Verbreitung. Allerdings stellt die gleich bleibend hohe Temperatur in der Tiefe sowie der relativ hohe Durchschnittssalzgehalt des Mittelmeeres für viele atlantische Organismen ein großes Hemmnis dar, weshalb im Vergleich zum Atlantik eine relative Artenarmut herrscht.

Der früher häufig verwendete Diversitätsindex nach Shannon-Weaver (Claude Elwood Shannon, ein Informatiker, und W. Weaver, ein Kommunikationsforscher, führten diesen Index ursprünglich für humansoziologische Studien ein), mit dem Biodiversität quantifiziert wurde, betrug nach einer Studie nur 0,27 für das mediterrane Tiefseebenthos in Tiefen zwischen 1 800 und 3 000 m gegenüber 3,61 für den Ostatlantik. Allerdings ist die Interpretation des Shannon-Weaver-Index schwieriger, als es auf den ersten Blick erscheint, da der errechnete Wert stark von der erfassten Artenzahl und der Verteilung der Arten in einem Lebensraum abhängt.

Auch wenn im Mittelmeer immer wieder neue Arten gefunden werden, fehlen doch die Repräsentanten vieler großer, typisch abyssaler Taxa, etwa Hexactinellida (Porifera), Elasipodida (Holothuroida) und gestielte Crinoidea (Echinodermata). Auffällig ist das Fehlen kalt-stenothermer Arten. Das Vorkommen von Polychelidae (Decapoda, Abb. 8.5) und weiterer strikter Tiefseeformen zeigt allerdings, dass die Meerenge von Gibraltar nicht immer eine unüberwindliche Barriere dargestellt haben kann. Die warm-stenothermen und eurythermen Arten aus dem Atlantik sind im Mittelmeer auf jeden Fall begünstigt.

Das fast komplette Fehlen von endemischen Gattungen und Familien deutet auf eine relative „Jugend" hin, also ein entwicklungsgeschichtlich geringes Alter der mediterranen Tiefseefauna, eine „Jugend", die mit der Tiefe wächst. Bei den Tiefsee-Endemiten handelt es sich tatsächlich nur um Neoendemiten atlantischen Ursprungs. Das geringe Alter der Biota und der Mangel an Endemismen erklären sich aus der postmessinischen Geschichte und den besonderen hydrographischen Bedingungen im Mittelmeer. Wenn die Unterseeschwelle bei Gibraltar seit dem Ende der Messinischen Salinitätskrise vorhanden war, sollte der Grad an Endemismen dem des Flachwasserbenthos ähneln. Allerdings könnte die Schwelle im Pliozän nach Ansicht mancher Autoren auch tiefer gelegen haben. Die Klimaschwankungen des Pleistozäns führten zu einer wiederholten Strömungsumkehr in der Meerenge (vgl. Abb. 2.33), was Auswirkungen auf die Ausbreitung von Arten hatte. Diese Klimaschwankungen bewirkten auch die starke Artenverarmung nach Osten hin. Veränderungen der Strömungsverhältnisse und der Schichtung der Wassermassen in der Tiefe führten periodisch zu anoxischen Bedingungen, wie sapropelische* Ablagerungen im Levantinischen Becken beweisen. Die Überwindung der Schwelle von Gibraltar ist am einfachsten für das Merobenthos möglich – das sind benthische Organismen mit planktontischen Larven (vgl. Abb. 8.6). Diese Larven, die ein langes pelagisches Dasein führen, können ausgiebige vertikale Wanderungen unternehmen und könnten also zu Zeiten

der pleistozänen Strömungsumkehr in die zum Mittelmeer gerichtete Tiefenströmung gelangt sein. Schwierig hingegen ist die Klärung der atlantischen Herkunft des Tiefsee-Holobenthos, von Organismen also, deren ganzer Lebenszyklus benthisch ist. Di Geronimo (1990) zieht in Erwägung, dass deren Larven vielleicht ausgeprägtere eurybathe Eigenschaften haben als die Adulten, sich also in unterschiedlichen Tiefen aufhalten können.

Die Gibraltarschwelle an sich ist für atlantische Migranten ein geringeres potenzielles Hindernis als die hydrologischen Eigenschaften der mediterranen Tiefsee. Darauf beruht auch die Hypothese von Bouchet und Taviani (1992), wonach die Kolonisierung auch heutzutage durch planktontische Larven stattfindet, die über die Oberflächenströmung in den Mediterran gelangen. Beim Absinken in tiefere Gewässer mit höherer Temperatur und höherem Salzgehalt als im Atlantik seien sie allerdings teilweise in ihrer Metamorphose und vor allem später als Adultorganismen in der Reproduktion gehindert; deshalb sollen im Mittelmeer nur „pseudoatlantische" Tiefseepopulationen zu finden sein, die Generation für Generation von Neuankömmlingen aus dem Atlantik ersetzt werden. Diese Hypothese geht davon aus, dass der Großteil des mediterranen Tiefseebenthos, so wie wir es heute kennen, noch rezenteren Ursprungs ist als bislang angenommen; und zwar soll es aus dem Postglazial stammen. Diese Annahme soll das Fehlen von kalt-stenothermen Arten und das West-Ost-Gefälle der Artenvielfalt und Populationsdichte erklären, da innerhalb einer Generation keine allzu große Strecke bewältigt werden kann.

Die geringe Populationsdichte des mediterranen Tiefsee-Meiobenthos wird durch folgenden Vergleich für Tiefen unter 2000 m deutlich: 33000–195000 Individuen pro m² im Mittelmeer gegenüber 438000–720000 in der Biskaya.

Biogeographie des Pelagials

Der Groß(lebens)raum Pelagial zeichnet sich durch seine enorme Ausdehnung in alle Richtungen aus. Er ist ein Kontinuum mit nur wenigen geographischen Grenzen. Gegenüber der Stabilität und Zweidimensionalität des Benthals erscheint es schwierig, in der beweglichen Dreidimensionalität des Pelagials klare geographische Verteilungen festzustellen. Dennoch ist das Pelagial kein einheitlicher Lebensraum. Die Möglichkeiten pelagischer Organismen, sich frei im Meer zu bewegen, können durch Umweltfaktoren wie Temperatur, Salzgehalt und Meeresströmungen begrenzt sein. Dies trifft vor allem für das Plankton zu, das sich nur durch passiven Transport über größere Strecken fortbewegen kann. Aber auch Arten des Nektons, die zu aktiven Ortsveränderungen fähig sind, können davon betroffen sein. Zusätzlich kann die Verbreitung indirekt über biotische Faktoren und die Beziehungen der Arten untereinander beeinflusst werden. In Bezug auf die Individuenzahlen sind die Unterschiede zwischen verschiedenen Regionen teilweise beachtlich.

In Anbetracht der Dreidimensionalität dieses Großlebensraumes ist es notwendig, Unterteilungen auf horizontaler und vertikaler Ebene vorzunehmen, wie sie in Abb. 6.4, 6.9 und 6.13 dargestellt sind. Die Trennung zwischen Bathy- und Abyssopelagial ist im Mittelmeer mit ähnlichen Einschränkungen behaftet, wie sie schon für Bathy- und Abyssobenthal angedeutet wurden.

Das Phyto- und Zooplankton

Die Unterscheidung zwischen Phytoplankton, den photoautotrophen Planktern, und Zooplankton, den heterotrophen Organismen, hat nur bis zu einem gewissen Punkt biogeographischen Sinn, auch wenn beide Gruppen durch ihre unterschiedliche Ernährungsweise divergierende Verbreitungsmuster erkennen lassen. Das Phytoplankton ist vorwiegend an die neritische Provinz gebunden, die sich durch ihren vergleichsweise höheren Nährstoffgehalt auszeichnet. Seine Hauptvermehrungszeit hat das Phytoplankton in der Regel im Frühjahr (Abb. 7.3); dies steht mit dem Nährstoffangebot als Folge der saisonalen Umwälzung der Wassermassen sowie der zunehmenden Dauer und Intensität des Tageslichtes und der steigenden Temperatur in Zusammenhang. Das Phytoplankton nimmt von der Küste zum offenen Meer und von kälteren zu wärmeren Meeresgebieten ab. Innerhalb der ozeanischen Provinz ist es im Wesentlichen auf die lichtdurchflutete Zone begrenzt.

Tabelle 8.3 *Anzahl und Prozentanteil (in Klammer) der Arten in den drei wichtigsten Phytoplanktongruppen, die ausschließlich in einem Teil des Mediterrans vorkommen. Nach Marino, 1990. Insgesamt gibt Marino für das Mittelmeer 874 Arten Diatomeen, 660 Arten Dinoflagellaten und 204 Arten Coccolithophoriden an. Auffällig ist die wesentlich höhere Artenzahl im westlichen Becken.*

	Diat.	Dinofl.	Cocc.
Alboransee und Balearenbecken	12 (1,4)	41 (6,2)	3 (1,5)
Westmediterran	417 (47,4)	316 (47,9)	112 (55)
Adria	56 (6,4)	23 (3,5)	11 (5,3)
Levantisches Becken	61 (6,9)	37 (5,6)	16 (7,8)
restl. Ost-mediterran	119 (13,6)	80 (12,1)	53 (25)
im ganzen Mediterran	60 (6,9)	16 (2,4)	3 (1,4)

8.6 Beispiele meroplanktischer Larvenstadien.
a) Tornaria eines Eichelwurmes. b) Metazoea einer Garnele. c) und d) Nauplius eines Cirripediers. e) Geschlechtsreife Schwärmform (Heterosyllis) eines Polychaeten. f) Juvenilform eines Polychaeten, noch im Plankton. g) Echinopluteus-Larve eines Seeigels. h) Trochophora-Larve von Polygordius (Annelida).

In allen Bereichen des Mediterrans macht nach Marino (1990) nur eine geringe Anzahl von Arten den Kern der Phytoplanktongemeinschaft aus. Viele davon sind kosmopolitische euryöke Arten, die im gesamten Mittelmeer vorkommen. Dazu gehören 60 Arten Diatomeen, 16 Arten Dinoflagellaten und einige Coccolithophoriden, etwa *Emiliana huxleyi*. In den meisten Fällen ist es schwer zu sagen, ob es sich ausschließlich um atlantische Arten handelt oder ob auch Tethysrelikte darunter sind. Interessantere Informationen über die Biogeographie des Phytoplanktons erhält man durch die Analyse der nichtdominanten Arten, die eine sehr uneinheitliche Verbreitung im Mittelmeer aufweisen.

Die Verteilung des Zooplanktons folgt jener des Phytoplanktons; allerdings weichen die Verteilungsmuster des Zooplanktons zeitlich – durch versetzte jahreszeitliche Vermehrungskurven (zum Sommer hin verschoben, vgl. Abb. 7.3) – wie räumlich – durch größere dreidimensionale Ausbreitung – leicht von jenen des Phytoplanktons ab. Ähnliche Unterschiede bestehen zwischen dem herbivoren und dem carnivoren Zooplankton. Nach Gaudy (1985) und Ghirardelli (1990) lassen sich die verschiedenen Zooplanktongruppen folgendermaßen charakterisieren:

- Das neritische Zooplankton zeigt gegenüber den Gemeinschaften des Ostatlantiks keine Anzeichen einer Verarmung. Die Artenzusammensetzung der Copepoda ist ein Übergang zwischen atlantisch-subtropischem und atlantisch-temperiertem Einfluss. Arten beiderlei Herkunft leben zusammen, manche nur im Alboranbecken unter direktem atlantischen Einfluss, andere sind im ganzen Westmediterran verbreitet. Innerhalb des Mittelmeeres ist das neritische Zooplankton ziemlich einheitlich, und zwar sowohl quantitativ – mit Ausnahme der tyrrhenischen Küste, die weniger produktiv erscheint – als auch von der Artenzusammensetzung. Nur eine geringe Anzahl von Arten stellt den Kern der neritischen Gemeinschaft dar. 85–95 Prozent des Mesoplanktons (Größe: 0,5–1 mm) setzt sich wie folgt zusammen: 55–95 Prozent Copepoden (Ruderfußkrebse), maximal 19 Prozent Cladoceren (Blattfußkrebse, „Wasserflöhe“), maximal 19 Prozent Appendicularien (Tunicata), maximal drei Prozent Chaetognathen (Pfeilwürmer) und maximal sechs Prozent Meroplankter (nur im Larvalstadium im Plankton; Abb. 8.6), zumeist Crustaceenlarven. Biogeographische Unterschiede sind gering; beispielsweise gibt es sie in der Alboransee, wo der Anteil an Cladoceren durch den starken atlantischen Einfluss und das weniger salzhaltige Wasser größer ist.

Ein besonderes Biotop sind Flussmündungen mit ihren starken Salinitätsgradienten. In diesem Bereich ist der Salzgehalt ein Hauptfaktor für Verteilung und Zusammensetzung von Biozönosen. Die Artenvielfalt ist gering, die Primärproduktion des Planktons wegen der Wassertrübung mäßig, die Populationsdichte des Zooplanktons jedoch beträchtlich. Das stark variable Biotop ist ein aktives Speziationszentrum. Die dominanten Arten weisen große Schwankungen in der Abundanz und der Artenzusammensetzung auf, am stärksten ausgeprägt in der nordöstlichen Region des Westmediterrans. Die einzelnen aufeinander folgenden Generationen sind jahreszeitlich bedingt nicht gleich individuenreich.

- Das epipelagische Zooplankton weist ähnliche Biomassezahlen auf wie in den temperierten Regionen des Atlantiks. Die Individuenzahl ist relativ niedrig und einige Arten findet man auch im neritischen Zooplankton. Von der neritischen zur ozeanischen Provinz nimmt der Anteil der Copepoden geringfügig ab, auch der Anteil von Cladoceren und Appendicularien wird mit der Entfernung von der Küste geringer. Je ozeanischer die Bedingungen sind, desto höher wird der Anteil der Heteropoda (marine pelagische Schnecken), Pteropoda (Flügelschnecken) und Ostracoda (Muschelkrebse). Jahreszeitlich bedingte Variationen sind im epipelagischen Plankton besonders auffällig. Größtenteils handelt es sich um atlantische Arten, wenn auch vermindert in der Anzahl. So fehlen im Mediterran beispielsweise manche Siphonophoren (Staatsquallen) wie *Abyla trigona* und *Diphyes dispar,* die im Atlantik auch unmittelbar vor Gibraltar vorkommen.
- Viele Arten des mesopelagischen Zooplanktons unternehmen tägliche Vertikalwanderungen (Tychoplankton); sie sind eurytherm und eurybath. Ein Unterschied zum Atlantik besteht darin, dass die Arten im Mittelmeer auf die ab 200–400 m herrschende Homothermie (gleichmäßige Temperatur) stoßen, wodurch eine weite vertikale wie horizontale Verbreitung möglich wird. Die meisten Arten können innerhalb ihrer tagesperiodischen vertikalen Wanderungen sowohl in geringer Tiefe als auch unterhalb von 2 000 m Tiefe gefunden werden. Eine Unterscheidung zwischen meso- und bathypelagischem Zooplankton ist daher selten scharf; nur wenige Arten kommen ausschließlich in tiefen Gewässern vor.
- Das Tiefseeplankton besteht somit hauptsächlich aus mesopelagischen Arten mit großer vertikaler Verbreitung. Das strikt bathypelagische Zooplankton ist gegenüber jenem des Atlantiks einheitlicher, jedoch arten- und individuenärmer. Während im Atlantik 350 bathypelagische Copepodenarten vorkommen, sind es im Mittelmeer nur 60; einige wenige Arten davon dominieren. Viele atlantische bathypelagische Arten können die Gibraltarschwelle und die in den Atlantik fließende Tiefenströmung nicht überwinden. Selbst jene, die in ihren vertikalen Wanderungen in die Oberflächenströmung Richtung Mittelmeer geraten, bekommen beim Wiederabsinken Probleme mit dem hohen Salzgehalt und vor allem mit der relativ hohen Wassertemperatur in der Tiefe. Diese Arten sind auf den Westmediterran begrenzt und halten sich dort, verglichen mit ihren Vertretern im Bathypelagial des Atlantiks, in epipelagischen Tiefen auf, wo die hydrologischen Bedingungen durch das einströmende Atlantikwasser „atlantischer" sind. Saisonale Veränderungen kommen im bathypelagischen Meroplankton kaum zum Tragen, da die Larven der benthischen Organismen das ganze Jahr über gebildet werden können.

Mehrere Faktoren führen dazu, dass es zwischen den Tiefenzonen Übergänge gibt und es häufig zu Interaktionen zwischen neritischem, epipelagischem und meso-/bathypelagischem Zooplankton kommt: die Homothermie, die hydrodynamischen Bewegungen in Divergenzzonen oder in Küstennähe *(upwelling)* und die täglichen wie auch saisonalen Wanderungen.

Das Mittelmeer wird im Hinblick auf Produktivität und Biomasse in der Regel als „arm" bezeichnet. Studien der letzten Jahrzehnte (Zusammenfassung siehe Gaudy, 1985), die vor allem die saisonbedingten qualitativen und quantitativen Veränderungen mit berücksichtigen, relativieren diese Ansicht jedoch zum Teil. Aus ihnen geht hervor, dass die Biomassen des neritischen und epipelagischen Phyto- wie auch Zooplanktons mit jenen der temperierten Regionen des Ostatlantiks vergleichbar sind. Dessen Produktion gilt als niedrig und kann sogar unter jener des West- und Ostmediterrans liegen. Das bathypelagische Plankton hingegen ist im Mittelmeer quantitativ deutlich ärmer als im Atlantik. Gegenüber dem Atlantik besticht das mediterrane Zooplankton nicht durch Originalität. Die meisten Arten, so 86 Prozent der Copepoden, sind atlantischen Ursprungs. Man findet sie auch an der borealen und vor allem an der subtropischen Ostatlantikküste. Der Hauptgrund für die Vermischung der beiden Elemente des neritischen und epipelagischen Planktons im Mittelmeer ist die Lage der Meerenge von Gibraltar, die ungefähr in Höhe jenes Breitengrades liegt, der den temperierten vom subtropischen Atlantik trennt.

Während des Pleistozäns gab es durch die Umkehr der Strömungsrichtungen in der Meerenge von Gibraltar neben der Einwanderung von senegalesischen Litoralarten auch die von borealen Tiefseearten. Die klimatischen Schwankungen im Pleistozän führten zu mehr oder weniger kompletten Erneuerungen der Biota. Einige eurytherme Arten scheinen aber in Refugien wie der Adria überlebt zu haben. Der adriatische *Pseudocalanus elongatus* scheint ein solches boreales Relikt zu sein, während die ozeanischen *Eucalanus subcrassus* und *Rhincalanus cornutus* tropische Relikte sein könnten. Die meisten heutigen Arten sind im Postglazial eingewandert und stammen aus warmtemperierten Gewässern.

Im Zooplankton gibt es nur wenige endemische Arten; der Artbildungsprozess scheint auf die

8.7 Beispiele für zwei unterschiedliche Verbreitungsmuster bei litoralen Fischen. a) Balistes carolinensis (Balistidae), der einzige Drückerfisch des Mittelmeeres, ist eine atlantisch-mediterrane Art und im gesamten Mittelmeer verbreitet. b) Der Feilenfisch Stephanolepis diaspros (Monacanthidae), ein indopazifisches Faunenelement, ist ein aus dem Roten Meer eingewanderter Lesseps'scher Migrant (Tab. 8.10). Feilenfische sind mit Drückerfischen nahe verwandt.

neritische Provinz begrenzt zu sein. Unter den Copepoden stammen die meisten Endemiten aus der Adria, vor allem Arten der Gattung *Acartia*. In der ozeanischen Provinz, die sich von der des Atlantiks durch höhere Wassertemperaturen und größere Wassertransparenz auszeichnet, findet man bei vielen Makroplanktern in erster Linie morphologische Variationen, so in der Augengröße bei Crustaceen und in der Biometrie* von Pteropoden („Flügelschnecken", vgl. S. 472).

Bei Vergleichen der Individuen- und Artenzahlen des Zooplanktons zwischen dem West- und Ostmediterran gehen die Ansichten der Autoren zum Teil weit auseinander: Furnestin (1979) findet kaum Unterschiede; er räumt aber ein West-Ost-Gefälle in der Artenzusammensetzung ein. Er stellt große Ähnlichkeiten zwischen den nördlichen Bereichen des Ost- und Westmediterrans fest; neben West-Ost-Gradienten gibt es auch deutliche Nord-Süd-Gradienten; manche Taxa zeigen dennoch eine relative Homogenität im gesamten Mediterran (z. B. Euphausiacea und pelagische Decapoda); faunistische Unterschiede zwischen dem West- und Ostbecken sind nicht größer als jene zwischen den Nord- und Südsektoren der Ibero-Marokkanischen Region im äußersten Westen, die als biogeographische Einheit gesehen wird.

Gaudy (1985) bestätigt für das Zooplankton das Fehlen eines quantitativen West-Ost-Gefälles; in Hinblick auf die Artenzusammensetzung ist dieser Autor der Ansicht, dass jene wenigen Arten, die in extremer Überzahl vorkommen und somit die dominante Gruppe ausmachen, im Westen wie im Osten die gleichen zu sein scheinen. Sarà (1985) hingegen nennt eindeutige Zahlen für eine Verarmung der atlantischen Arten nach Osten hin. Planktontische Hyperiidea (Amphipoda) sind demnach im Atlantik durch 118 Arten, im Westmediterran durch 46 Arten und im Ostmediterran nur noch durch 10 Arten vertreten; nicht eine der acht Pteropodenarten des Westmediterrans erreicht seinen Angaben nach den Ostmediterran. Zu einer West-Ost-Differenzierung anderer Art tragen die Lesseps'schen Migranten bei. Durch ihre steigende Anzahl verändert sich die Zusammensetzung der ostmediterranen Fauna.

Nekton

Die Mobilität des Nektons, das sich aktiv frei im Wasser bewegt, führt häufig zu einer weiträumigen Verbreitung ihrer Repräsentanten. Dennoch gibt es im Kontinuum der Wassermassen physikalisch-ökologische Barrieren, die etwa die Reproduktion einer Art nicht zulassen. Solche Barrieren können sich mit den Jahreszeiten verschieben. Der Verbreitungsbereich von thermophilen Arten, die subtropische Zonen wie das zentrale Mittelmeer östlich von Tunesien und das Levantinische Becken bevorzugen, wandert (im Gegensatz zum Benthos) beispielsweise im Sommer nördlicher – gemeinsam mit den sich nach Norden verschiebenden Isothermen.

Endemismen sind im Nekton viel seltener als im Benthos. Dennoch gibt es sie auch im pelagischen Raum. Unter den endemischen Fischarten *sensu stricto* nennt Tortonese (1985) die epipelagische *Syngnathus phlegon*, eine Seenadel. Sie ist eine absolute Ausnahme unter den Syngnathiden des Mittelmeeres (die Vertreter dieser Familie sind für Seegraswiesen charakteristisch), denn diese Art kommt auch im Freiwasser der Hochsee vor und wird im Mageninhalt von Mondfischen, *Mola mola*, gefunden. Weitere Endemiten sind der im gesamten Mittelmeer vorkommende Speerfisch *Tetrapturus belone* (Istiophoridae) und die meso- und bathypelagischen *Bathypterois mediterraneus, Paralepis speciosa, Lepidion lepidion, Rhynchogadus hepaticus, Eretmophorus kleinenbergi* und *Paraliparis leptochirus*. Von den 18 Arten der Cephalopodenfamilie Sepiolidae in der atlantisch-mediterranen Region sind immerhin 10 Arten auf das Mittelmeer beschränkt.

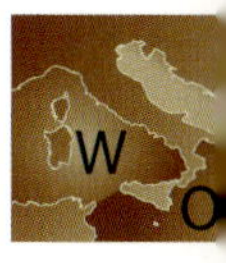

Wenngleich quantitativ etwas reduziert, so ist doch das epipelagische Nekton des Mittelmeeres

8.8 Die Papageifische (Scaridae), eine vor allem in tropischen Meeren verbreitete Fischfamilie, sind im Mittelmeer nur durch Sparisoma (= Euscarus) cretense vertreten. Ihre Verbreitung beschränkt sich hier aber auf die wärmeren Meeresregionen; sie fehlen in der Adria und in den größten Teilen des nördlichen Westmediterrans. Papageifische sind wie die mit ihnen verwandten Lippfische Zwitter, sie machen eine Geschlechtsumwandlung durch, an deren Ende ein so genanntes Supermännchen steht. a) Initialphase („Weibchen"); b) Terminalphase („Supermännchen").

dem des warm-temperierten Atlantiks sehr ähnlich. Repräsentanten der drei grundlegenden Verteilungsgruppen eurytherm-tropisch, eurytherm-gemäßigt und gemäßigt-warm sind in den gleichen Proportionen vorhanden.

Dass auf beiden Seiten der Meerenge von Gibraltar annähernd die gleichen Arten vorkommen, geht sicher auf Migration zurück. Das gilt vor allem für epipelagische Organismen. Für mesopelagische Organismen ist die Situation schon schwieriger, da die Gibraltarschwelle, die Tiefenströmung Richtung Atlantik und die Temperatur- und Salinitätsunterschiede überwunden werden müssen.

Unter den Fischen überwiegen Arten mit atlantisch-temperierter Affinität, gefolgt von Neoendemiten und zu geringeren Anteilen atlantisch-subtropischen und atlantisch-borealen Elementen, die alle aus dem Pliozän stammen. Viele atlantische Arten haben sich im Mittelmeer durch ihre genetische Plastizität morphologisch und biometrisch differenziert. Dieses Phänomen hat zahlreiche Autoren veranlasst, gewisse Formen als Unterarten zu behandeln und somit einen Trinomen* zu verwenden, etwa bei *Sardina pilchardus sardina (Clupeidae)* und *Merluccius merluccius mediterraneus* (Merlucciidae). Gegen Osten macht sich eine Verarmung atlantischer Fischarten bemerkbar; es gibt aber einige Arten, für die ein umgekehrter Gradient gilt (nicht nur für die Einwanderer aus dem Roten Meer). Eine Abnahme in der Biomasse nach Osten hin wird auch durch die von der FAO veröffentlichten Fischfangmengen angedeutet.

Historischer Ursprung der heutigen mediterranen Biota

Seit der ersten biogeographischen Gliederung in marine Provinzen durch Woodward (1866) wurden ökologische Faktoren für eine Erklärung der geographischen Verbreitung der Organismen als unzureichend befunden. Edward Forbes (vgl. S. 45, 46) hatte 1843 als Erster den Einfluss geologischer Phänomene auf die Verbreitung erkannt. Die geographische Verbreitung heutiger Arten ist demnach nicht allein das Resultat ökologischer Bedingungen, sondern geht auch auf historische Ereignisse zurück bzw. ist eine Kombination von genetischen Mechanismen mit der geologischen Geschichte, einer Geschichte, die an Turbulenz ihresgleichen sucht.

Seine heutigen Bewohner stammen aus unterschiedlichen Regionen und sind zu unterschiedlichen Zeiten ins Mittelmeer gelangt. Diese Zusammenhänge zu klären ist Gegenstand der Chorologie. Sie untersucht den Ursprung und die Verbreitung der Arten in Verbindung mit der Phylogenie und der Paläogeologie. Die einfachste chorologische Klassifikation gründet sich auf die Kombination von klimatischen Gürteln (Abb. 8.3) mit den wichtigsten ozeanischen Provinzen der Welt, in denen die verschiedenen Arten verbreitet sind oder von denen aus sie sich verbreitet haben. Demnach kann man im Mittelmeer folgende Gruppen unterscheiden: kosmopolitische, circumtropische (Tethysrelikte), indopazifisch-tropische, die entweder Tethysrelikte oder Lesseps'sche Migranten sind, atlantische, die atlantisch-subtropisch oder atlantisch-boreal sein können, und schließlich endemische Elemente, unter denen man paläoendemische Arten indopazifischen Ursprungs von neoendemischen Arten atlantischen Ursprungs unterscheiden kann.

Kosmopolitische Elemente

Kosmopolitische Arten sind im Mittelmeer relativ selten; sie sind aber nicht, wie man wohl erwarten würde, auf das Pelagial begrenzt. So sind etwa 10 Prozent der mediterranen Demospongiae und

8.9 Viele große, pelagische Nektonorganismen wie Meeressäuger und größere Fische sind weltweit verbreitet. a) Der Große Tümmler (Tursiops truncatus) hat sowohl relativ ortstreue Küstenpopulationen als auch wandernde Hochseepopulationen. Er kommt auch in weitgehend abgeschlossenen Meeresregionen wie dem Mittelmeer und Schwarzen Meer vor.
b) Der Schwertfisch (Xiphias gladius) – hier in einem Treibnetz im Mittelmeer verfangen – ist ein Kosmopolit. Der bis zu 4,5 m lange Einzelgänger kommt von der Oberfläche bis in 650 m Tiefe vor.

10,6 Prozent der mediterranen Ascidien benthische Kosmopoliten. Kosmopoliten sind eurytherm und euryhalin. Zumeist können sie zwei Gruppen zugeordnet werden: Warmwasserkosmopoliten und bipolare Kosmopoliten. Eher wenige Arten aber eine relativ hohe Zahl von Gattungen gehören zu den Warmwasserkosmopoliten. Bipolare Kosmopoliten bevorzugen kalte und gemäßigte Temperaturen, meiden jedoch tropische und subtropische Regionen (einige Beispiele für Verbreitungsmuster von Haien auf S. 454 ff. verdeutlichen das). Ein typisch mediterranes Beispiel für die bipolare Verbreitung ist die Braunalge *Scytosyphon lomentaria,* die auf der nördlichen Hemisphäre außer im Mittelmeer auch im Nordatlantik und im Nordpazifik verbreitet ist und auf der südlichen Hemisphäre entlang der Küsten Südamerikas, der Kerguelen, Tasmaniens und Neuseelands vorkommt.

Circumtropische Elemente (Tethysrelikte)

Nur wenige Arten aus dem Mittelmeer sind circumtropisch (pantropisch). Die meisten von ihnen sind in tropischen und subtropischen Regionen weit verbreitet und profitieren im Mittelmeer von der subtropischen Oberflächentemperatur während des Sommers. Nach Cinelli (1985) stellt die ganze tropische und subtropische Küstenflora des Ostatlantiks, der Karibik, des Mittelmeeres, des Indischen und des Pazifischen Ozeans ein Relikt der tertiären Tethys dar. Vor allem während der Kaltzeiten (Glazial) wurden die meisten circumtropischen Arten des Mittelmeeres durch die niedrige Temperatur verdrängt, wodurch ihre Verbreitung heute beschränkter ist als ursprünglich. Innerhalb der Grünalgengattung *Halimeda* ist die Art *H. tuna* ein typischer Vertreter der circumtropischen Flora, wie auch *Hypnea musciformis, Centroceras clavulatum, Digenea simplex* und *Valonia*

macrophysa. Einige Arten sind heute auf den südöstlichen Bereich des Mittelmeeres begrenzt, wo die Wassertemperaturen das ganze Jahr über relativ hoch bleiben, so *Caulerpa racemosa* oder *C. scalpelliformis*. Es gibt auch viele pantropische Algengattungen, z. B. *Acetabularia, Udotea, Caulerpa, Zonaria, Pockochiella, Sargassum, Liagora, Galaxaura, Wrangelia* und *Amphiroa*. Circumtropische Elemente unter den Polychaeten sind beispielsweise *Cirriformia semicincta, Branchiosyllis uncinigera* und *Spirobranchus giganteus*.

Indopazifisch-tropische Elemente

Trotz gewisser Ähnlichkeiten zwischen dem östlichen Mittelmeerbecken, dem Roten Meer und dem Indischen Ozean haben diese Regionen nur wenige gemeinsame Arten. Die wenigen indopazifisch-tropischen Elemente sind entweder ursprünglichste Mittelmeerbewohner, so genannte Tethysrelikte, oder sie gehören zu den allerjüngsten, den Lesseps'schen Migranten, deren Anteil seit Jahrzehnten steigt.

- Als sicher gilt, dass das Mittelmeer während der Messinischen Salinitätskrise die meisten seiner ursprünglichen Bewohner verloren hat: alle stenohalinen Bewohner, alle Tiefseebewohner, das Plankton sowie im Allgemeinen den größten Teil seiner tropischen Bewohner. Dennoch scheint es Relikte zu geben, die vorwiegend zu den heutigen mediterranen Paläoendemiten gehören. Folgende Arten werden diskutiert (zum Teil recht kontrovers, da viele dieser Angaben nicht frei von Widersprüchen sind; Zusammenfassung bei Por und Dimentman, 1985): die Algen *Charylodes longicornis, Sarconema filiforme* und *Solieria dura,* das marine Seegras *Halophila stipulacea,* die Foraminifere *Ammonia beccarii,* die Wurzelmundqualle *Cassiopea andromeda* und der „Flügelschnecke" *Cavolinia gibbosa,* die beide im Ostmediterran vorkommen, der Opisthobranchier *Caloplocamus ramosus,* die Oligochaetengattung *Paranais,* die Krabbe *Actaea rufopunctata,* der im westlichen Mediterran häufige Chaetognath *Sagitta enflata,* die Ascidien *Metrocarpa nigra* (tunesische Küste), *Ecteinascidia moorei* und *Botryllus magnicoecus,* die im Ostmediterran vorkommenden Fische *Carcharhinus brevipinna* (Carcharhinidae), *Aphanius fasciatus* (Cyprinodontiformes, einschließlich der Nordadria, Abb. 6.52), *Sparisoma (Euscarus) cretense* (Scaridae; Abb. 8.7), *Parexocoetus mento* (Exocoetidae) und *Leiognathus klunzingeri* (Leiognathidae).
- Lesseps'sche Migranten: Fredj et al. gaben 1992 für das Mittelmeer 4,4 Prozent der Arten als Lesseps'sche Migranten an. Heute sind es wieder um etliche Arten mehr; immer noch gilt für sie aber ein markantes Ost-West-Gefälle. Im östlichen Becken kommen lediglich 43,1 Prozent der gesamten Mittelmeerarten vor, dort stellen daher die Lesseps'schen Migranten ein Zehntel aller Arten (vgl. S. 494 ff.).

Atlantische Elemente

66,9 Prozent der Mittelmeerfauna sind beiderseits der Meerenge von Gibraltar zu finden, was zeigt, dass diese Schwelle keine unüberwindliche biogeographische Grenze darstellt. Die meisten heutigen Bewohner des Mittelmeeres haben ihren Ursprung im Atlantik; umgekehrt haben auch einige mediterrane Arten den Weg in den Atlantik gefunden. Spätestens mit Beginn des Pliozäns wurde der Mediterran in biogeographischer Hinsicht „atlantisiert". Während die Tethysrelikte tropischen Ursprungs waren, erwiesen sich die ersten atlantischen Migranten als subtropischer Natur. Eine Langzeitabkühlung während des Pliozäns hatte eine weitere Verschiebung zum gemäßigten Klima zur Folge und führte zu einem Austausch subtropischer Elemente durch temperierte. Infolge wiederholter Klima- und Meeresspiegelschwankungen im Pleistozän wichen stenotherme Arten in den Atlantik aus, während die eurythermen im Mittelmeer zurückblieben. Die folgenden atlantischen Einwanderer waren abwechselnd borealer, temperierter oder subtropischer Natur.

Für viele der atlantisch-subtropischen Migranten handelte es sich bei der Besiedelung des Mittelmeeres eher um eine Rückkehr. Der Atlantik war im Miozän ein Refugium für viele Tethysbewohner. Beim Tiefseebenthos ging es hingegen ausnahmslos um Neukolonisierung. Die Messinische Salinitätskrise hat die totale Ausrottung der damaligen Tiefseefauna bewirkt, von der kaum paläontologischen Spuren erhalten sind. Die heutige benthische Tiefseefauna des Mittelmeeres stammt somit von atlantischen Migranten ab. Es ist daher naheliegend, dass es sich bei den mediterranen Tiefsee-Endemiten um Neoendemiten handelt. Auch das Plankton ist bis auf Migranten aus dem Schwarzen und dem Roten Meer ausschließlich atlantischer Herkunft, aber noch jünger als die Tiefseefauna. Das heutige Plankton stammt vorwiegend aus dem Postglazial, wenige Relikte höchstens aus dem Pliozän. Deren atlantischer Ursprung liegt überwiegend in subtropischen und manchmal in temperierten Regionen.

- Atlantisch-subtropische Elemente: Zu den atlantisch-subtropischen Einwanderern im Pliozän sowie im Pleistozän während der interglazialen Perioden gehören Arten, die dem Mittelmeer und dem Atlantik gemeinsam sind, etwa die Algen *Caulerpa prolifera, Dasycladus vermicularis, Halycistis parvula, Galaxaura adriatica, Crouania attenuata* und andere sowie die Krabben (Brachyura) *Monodaeus couchii* und *Pisa tetraodon*.
- Die atlantisch-borealen Elemente können zwei Gruppen zugeordnet werden. Die erste ist auf das Mittelmeer und die atlantischen Küsten Europas begrenzt, die zweite auf das westliche Mittelmeer, die atlantischen Küsten Europas und die nordamerikanischen Küsten. Die Algen *Sphaerococcus coronopifolius, Taonia atomaria* und *Halopytis incur-*

Porifera (Schwämme)	50,1 %
Arthropoda (Gliederfüßer)	32,0 %
Cnidaria (Nesseltiere)	28,1 %
Echinodermata (Stachelhäuter)	25,9 %
Ectoprocta (Moostierchen)	24,6 %
Annelida (Ringelwürmer)	23,7 %
Mollusca (Weichtiere)	20,2 %
Pisces (Fische)	10,9 %

***Tabelle 8.4** Anteil endemischer Arten sensu stricto (s. s.) in verschiedenen Taxa im Mittelmeer. Insgesamt sind 28,6 Prozent aller Mittelmeerarten Endemiten s. s. Auf dem Niveau von Gattungen verringert sich der Endemismusgrad s. s. stark: nur etwa 2 Prozent der Mittelmeergattungen sind endemisch. Dies sind oft monospezifische Gattungen, die anhand eines einzelnen Individuums beschrieben worden sind. Nach Fredj et al., 1992.*

vus sind Beispiele für die erste Gruppe; in der zweiten finden wir z. B. *Stilophora rhizodes, Cutleria multifida, Gymnogrongus norvegicus* und *Chondria dasyphylla.* Boreale Arten sind im Mittelmeer auf Regionen mit borealem Charakter sowie auf tiefere und damit kältere Gewässer begrenzt. So ist etwa die in der Nordsee im Mediolitoral lebende Nacktschnecke *Archidoris pseudoargus* im Mediterran häufig in 50–150 m Tiefe unterhalb der Thermokline (Sprungschicht) zu finden. Die Straße von Messina und die nördliche Adria zeigen ökologische Bedingungen wie der boreale Atlantik. Daher kommt hier eine große Anzahl von Arten vor, die auch im Nordatlantik zu finden ist. Beispiele dafür sind *Fucus virsoides* und *Catenella repens* im Adriatischen Meer und *Laminaria ochroleuca, Saccorhiza polyschides, Phyllaria reniformis, P. purpurascens* in der Straße von Messina.

Nach Giaccone (1972) und Giaccone und Rizzi-Longo (1976) waren die Straße von Messina und die Alboransee zunächst Refugien; jetzt sollen sie wieder Ausbreitungszentren atlantisch-borealer Elemente im Mittelmeer sein. Cinelli (1981) gibt an, dass 53,5 Prozent der gesamten Flora des Kanals von Sizilien aus atlantisch-borealen Elementen besteht. Arten wie *Taurulus bubalis* (Gemeiner Seebull) und *Anarhichas lupus* (Seewolf) sind heute, abgesehen von den Kaltwasserzonen des Nordatlantiks, nur im Norden des Mediterrans zu finden. Sie verdanken ihr dortiges Vorkommen höchstwahrscheinlich den niedrigeren Temperaturen während der pleistozänen Kaltzeiten. Strömungsumkehr in der Meerenge von Gibraltar während des Pleistozäns erleichterte es dem kalt-stenothermen Plankton, aus dem Atlantik ins Mittelmeer zu gelangen. Ein Großteil davon starb in den Interglazialzeiten bzw. im Postglazial wieder aus, einige boreale Relikte sind aber noch heute zu finden: *Ctenocalanus vanus, Pseudocalanus elongatus, Cyclopina elegans, C. longicornis* und *Ectinosoma neglectum* unter den Copepoden, *Sagitta setosa* unter den Chaetognathen und *Gastrosaccus sanctus* unter den Mysidacea.

Endemische Elemente

Die hohe Anzahl endemischer Arten ist eines der hervorstechendsten Charakteristika des Mittelmeeres (Tab. 8.4). Endemismen haben eine große Bedeutung als Ausdruck entwicklungsgeschichtlicher Isolation und sind besonders geeignet, die Abgrenzung biogeographischer Bereiche festzustellen. Allerdings muss man zwischen Endemismen *sensu stricto* (*s. s.* = im engeren Sinn, also nur im Mittelmeer) und *sensu lato* (*s. l.* = im weiteren Sinn, also auch im Atlantik und/oder im Schwarzen Meer) unterscheiden. Neue Untersuchungen reduzieren in der Regel die Anzahl der Endemismen *sensu stricto* zugunsten derer *sensu lato.* Der größte Teil der Endemiten lebt benthisch im Phytal – ein Hinweis auf die allgemeine Tendenz, dass die meisten Endemiten im Mittelmeer in flacheren Gewässern zu finden sind und ihre Anzahl mit der Tiefe abnimmt. Nur eine kleine Gruppe von strikt abyssalen endemischen Arten ist bekannt. Einige dieser Arten werden wegen ihrer begrenzten geographischen Ausdehnung auch als biogeographische Indikatoren betrachtet. *Rissoella verruculosa* beispielsweise kommt ausschließlich im westlichen, *Beckerella mediterranea* hingegen nur im östlichen Mittelmeer vor (beides Rhodophyceae). Jedoch ist auch bei beweglichen Organismen der Anteil der Endemiten beachtlich.

- Paläoendemisch (indopazifischer Ursprung): Paläoendemiten sind „alte" Endemiten indopazifischen Ursprungs (Tethysrelikte). Es handelt sich um alte, stabile Arten, die kaum Entwicklungspotenzial haben (lebende Fossilien). Beispiele unter den Fischen sind die rezenten Arten der ausgeprägt euryhalinen Gattung *Aphanius* (Cyprino-

***Tabelle 8.5** Endemische Arten sensu lato in verschiedenen Taxa im Mittelmeer. Nach Tortonese, 1985.*

Pisces	4,4 % gemeinsam mit dem Atlantik 1,6 % gemeinsam mit dem Schwarzen Meer 2,2 % vom Atlantik bis zum Schwarzen Meer 1,1 % im Schwarzen Meer, aber auch in der Ägäis und/oder Adria zu finden
Echinodermata	9 % gemeinsam mit dem Atlantik.
Pinnipedia	*Monachus monachus,* einzige im Mittelmeer vorkommende Art, ist auch entlang der ostatlantischen Küsten nahe Gibraltar zu finden.

	kosmop.	circumtr.	indopaz.	atl.-bor.	atl.-temp.	atl.-subtr.	end.
Demospongia (Pansini, 1992)	10,0	2,5 [3]	2,7	20,5	12,5	6,0	45,7
Ascidiacea (Ramos Espla et al., 1992)	10,6	7,6		18,2 [5]	46,9	3,0	13,6
Nudibranchia (Cattaneo-Vietti, 1992) [1]	1,7	2,1	3,0	23,0	24,0 [6]	5,0	25,0
Brackwassermollusken (Bedulli und Sabelli, 1990) [2]	34,8		9,3 [4]	13,0	11,2	10,6	19,3

[1] Auf die fehlenden 16,2 Prozent geht die Studie nicht ein. [2] Weitere 1,9 Prozent sind ponto-kaspischer Affinität und gehören zum Schwarzen Meer. [3] Davon 5 Lesseps'sche Migranten, der Rest sind potenzielle Tethysrelikte. [4] In erster Linie Lesseps'sche Migranten. [5] Unterteilt in 15,1 Prozent gemäßigt-warm stenotherm, 15,1 Prozent gemäßigt-warm eurytherm, 16,7 Prozent ursprünglich aus dem Mittelmeer. [6] Atlantisch-mediterran.

Tabelle 8.6 *Chorologisches Spektrum der im Mittelmeer vorkommenden Arten in Prozent unter den Demospongia (Schwämme), Ascidiacea (Seescheiden), Nudibranchia (Nacktschnecken) und Brackwassermollusken (Weichtiere) nach verschiedenen Autoren. Abkürzungen von links nach rechts: kosmopolitisch, circumtropisch, indopazifisch, atlantisch-boreal, atlantisch-temperiert, atlantisch-subtropisch, endemisch.*

dontidae, Abb. 6.52) und der Leierfisch *Callionymus pusillus* (Callionymidae). Als Beispiel unter den Brachyura nennt Forest (1972) *Paragalene longicrura.* Bedulli und Sabelli (1990) erwähnen unter den Mollusken *Thiara tuberculata* aus dem Ostmediterran. Einer der bekanntesten Paläoendemiten ist sicherlich das Seegras *Posidonia oceanica;* eine zweite Art der Gattung, *P. australis,* kommt in australischen Gewässern vor (Abb. 6.93). Cinelli (1985) nennt einige Algenarten, die sich wahrscheinlich schon während des Mesozoikums im westlichen Teil der Tethys entwickelt haben: *Rissoella verruculosa, Beckerella mediterranea, Rodriguezella strafforelli* unter den Rotalgen sowie *Laminaria rodriguezii* und *Mesospora mediterranea* unter den Braunalgen. Giaccone (1990) stellt die Frage, ob ihr Refugium in mediterranen Randbereichen oder im senegalesischen Atlantik liegt. Besonders viele Paläoendemiten findet man heute in der Südägäis und im Ionischen Meer.

• Neoendemisch: Neoendemiten sind atlantischen Ursprungs, stammen also von Migranten ab, die seit dem Beginn des Pliozäns das Mittelmeer neu besiedelt haben. Ein interessantes Beispiel unter den Fischen bietet die bereits erwähnte Familie Istiophoridae (Speerfische, Marlins), zu der viele panozeanische Arten zählen. Vier Arten der Gattung *Tetrapturus* kommen im Mittelmeer vor: *T. belone* ist im Mittelmeer *sensu stricto*-endemisch; *T. georgei, T. albicans* und *T. albidus,* die im Wesentlichen nur in südwestlichen Teilen des Mittelmeeres auftreten, sind vorwiegend atlantisch bzw. atlantisch-mediterran. Die Gattung könnte eine jener rein marinen Gruppen sein, die während der Messinischen Salinitätskrise verschwunden sind, um das Mittelmeer ab dem Pliozän aus niedrigeren Breiten des Atlantiks wieder zu bevölkern.

Die große Anzahl relativ junger Neoendemiten lässt auf ein hohes Entwicklungspotenzial und einen sehr schnellen Artenbildungsprozess schließen. Ein besonderes Beispiel liefert die Braunalgengattung *Cystoseira* (Abb. 6.54, 6.56), deren Arten laut Giaccone (1972) zu 80 Prozent neoendemisch sind. Diese Gattung weist zwei aktive Speziationszentren auf. Das für Arten des oberen Infralitorals liegt im Westmediterran, während jenes für Arten des mittleren und unteren Infralitorals im Ostmediterran liegt.

Die Anzahl der Neoendemiten nimmt gegenüber den Paläoendemiten mit der Tiefe zu, so dass Tiefsee-Endemiten durchweg Neoendemiten sind. Im Einzelfall kann es allerdings recht problematisch sein zu entscheiden, ob es sich tatsächlich um einstige Tethys- oder Borealrelikte handelt, um prä-Lesseps'sche oder Lesseps'sche Rotmeer-Immigranten oder lediglich um eingeschleppte oder circumtropische Arten, die durch die Straße von Gibraltar eingewandert sind.

Zusammenfassend kann festgehalten werden, dass der Ursprung der meisten Organismen atlantisch ist – oder es sind Endemiten. Ein Beispiel für Demospongia (Porifera), Ascidiacea (Tunicata), Nudibranchia (Gastropoda, Mollusca) und Brackwassermollusken gibt Tabelle 8.6. Jedes Taxon bietet hinsichtlich der Artenzusammensetzung im Mittelmeer ein anderes Bild. Beispielsweise zeigen Porifera, Brachiopoda (Tentaculata) und Opisthobranchia (Gastropoda, Mollusca) eine besonders starke „kalte" (atlantisch-boreale) Affinität, während Serpulidae und Hydrozoa eine vorwiegende „warme" (circumtropische, indopazifische) haben. Verschiedene Taxa zeigen im Mittelmeer einen unterschiedlichen Grad an Endemismen *sensu stricto*, am stärksten ist er unter den Taxa mit „kalter" Affinität.

Das chorologische Spektrum der Meeresflora Siziliens, die zwei Drittel der mediterranen Flora umfasst, ist in Tabelle 8.7 dargestellt. Die chorologischen Kategorien der marinen Flora Siziliens,

	kosmop.	circumtr.	indopaz.	atlantisch, indoatlant., atlantopaz.	circbor.	end.
Cyanophyceae	88	–	17	56	–	19
Rhodophyceae	60	10	7	241	12	147
Phaeophyceae	27	4	–	75	5	52
Xanthophyceae	–	–		2	–	–
Chlorophyceae	11	7	4	76	3	27
Angiospermae	1	–	1	2	–	1
Gesamt	187	21	29	452	20	246
Werte in %	19,6	2,2	3,0	47,3	2,1	25,7

Tabelle 8.7 *Chorologisches Spektrum der marinen Flora Siziliens mit insgesamt 955 erfassten Arten. Abkürzungen von links nach rechts: kosmopolitisch, circumtropisch, indopazifisch, atlantisch, indoatlantisch, atlantopazifisch, circumboreal, endemisch. Nach Giaccone et al., 1985.*

die für das gesamte Mittelmeer gelten, wurden von Cormaci et al. (1982) untersucht.

Leider existiert für die einzelnen chorologischen Kategorien bei verschiedenen Organismengruppen keine einheitliche Terminologie. Die in diesem Kapitel gewählte Einteilung – kosmopolitisch, circumtropisch, indopazifisch, atlantisch-subtropisch, atlantisch-boreal und endemisch – wird in dieser Form von verschiedenen Autoren benutzt und kann andererseits als Synthese der von anderen Autoren gewählten Kategorien gelten.

Zusammenwirken historischer und ökologischer Faktoren

Ökologische Faktoren beeinflussen durchaus die räumliche Verteilung der mediterranen Biota; aber auch historische Ereignisse spielen eine entscheidende Rolle, etwa Klima- und Wasserspiegelschwankungen, das Schließen und Öffnen geographischer Brücken bzw. globaler Verbindungen und daraus resultierend unterschiedliche Kolonisationsrichtungen.

Es ist nachvollziehbar, dass atlantisch-boreale Arten heute eher in den kälteren Bereichen des Mittelmeeres, also nördlich des 40. Breitengrades, in der Nordägäis und in der Nordadria vorkommen, während die tropischen (circumtropischen, indopazifischen und atlantisch-subtropischen) Elemente eher südlich des 40. Breitengrades anzutreffen sind. Durch die ungleiche Verteilung des Mittelmeeres um 40° Nord sind boreale und tropische Arten auch mit unterschiedlichen Anteilen im West- und im Ostbecken des Mittelmeeres zu finden. Atlantisch-temperierte Arten kommen im West- wie auch im Ostbecken vor, auch wenn sie manchmal signifikante quantitative Unterschiede erkennen lassen – man kann Arten mit kalter oder warmer Affinität ausmachen. Lesseps'sche Migranten bleiben im Wesentlichen auf den Ostmediterran begrenzt, Paratethysrelikte finden sich fast ausschließlich in der Ägäis, Tethysrelikte kommen vorwiegend im Ostmediterran, aber auch in der Adria vor. Über den größten Reichtum an endemischen Arten verfügen das zentrale Tyrrhenische Meer, das Meeresgebiet um die Balearen und die Adria. Leider fehlen zu diesen Verbreitungsmustern genauere Angaben. Es wäre etwa interessant zu erfahren, wie Verbreitung und Gradienten für Endemiten *sensu lato* gegenüber denen für Endemiten *sensu stricto* ausfallen.

Die verschiedenen klimatischen Verhältnisse in den einzelnen Bereichen des Mittelmeeres bieten Organismen unterschiedlichster Herkunft passende oder zumindest tolerierbare ökologische Bedingungen, was eine hohe Biodiversität zur Folge hat. Betrachtet man Flora und Fauna oder Benthos und Pelagos zusammen, ist immer ein etwas verwirrendes Überlappen von Verbreitungsmustern zu erkennen. Ein etwas klareres Bild bietet die Verbreitung der Arten in den genannten Einheiten.

Für alle gemeinsam gilt: Die meisten Arten haben einen atlantischen Ursprung. Die Gibraltarschwelle oder besser: die ungleichen hydrologischen Bedingungen beiderseits dieser Schwelle bilden jedoch ein Hindernis, das für verschiedene Organismengruppen unterschiedlich schwer zu überwinden ist. Hinzu kommt, dass dieses Hindernis in verschiedenen Epochen unterschiedliche Ausmaße angenommen hat. Das hat zur Folge, dass innerhalb der einzelnen mediterranen Lebensräume keine einheitliche Beziehung zwischen Endemismusgrad und Isolation gegenüber dem Atlantik besteht.

Das Mittelmeer ist zusammen mit einem großen Bereich der atlantischen Ostküste Teil einer gemeinsamen Provinz, was sich durch stichhaltige Argumente begründen lässt. Man kann das Mittelmeer zwar als separate Subprovinz sehen, sollte aber nicht außer Acht lassen, dass es in historischer, hydrologischer wie biotischer Hinsicht weitgehend vom Atlantischen Ozean abhängig ist.

	Westmediterran	Adria	Ostmediterran
% aller Arten (Fredj et al., 1992)	87,0	48,9	43,1
% Fischarten (Fredj und Maurin, 1987)	83,5	60,0	73,5
% Phytoplankton (nach Marino, 1990)	85,9	19,3	53,0
% aller Nicht-Endemiten (Fredj et al., 1992)	91,5	54,9	51,8
% aller Endemiten (Fredj et al., 1992)	77,5	34,6	22,5
% Tiefseebenthos (Fredj und Laubier, 1985)	97,0	33,0	20,0

Tabelle 8.8 *Veränderungen von Biodiversitätswerten vom Westmediterran über die Adria zum Ostmediterran nach verschiedenen Autoren.*

Das Schwarze Meer wird von vielen Autoren als separate biogeographische Subprovinz geführt, Neben der geographischen Abgrenzung vom Mittelmeer bestehen hydrologische und klimatische Differenzen. Dennoch haben beide Meere einige gemeinsame Endemiten *sensu lato.* Neben mediterranen Bewohnern weist das Schwarze Meer jedoch auch sarmatische Elemente auf. Diese Mischung wird z. B. bei den Grundeln (Gobiidae) deutlich, die als signifikante Elemente der Ichthyofauna beide Meere verbinden. *Didogobius bentuviai* des Ostmediterrans ist mit Gattungen des Schwarzen Meeres verwandt. Der mediterrane Ursprung von *Amphiura stepanovi* (Ophiuroidea) im Südwesten des Schwarzen Meeres ist durch seine nahe Verwandtschaft zum mediterranen *A. chiajei* belegt. Im Allgemeinen macht sich im Schwarzen Meer eine zunehmende „Mediterranisierung" des Nekton, Plankton und Benthos bemerkbar.

Der Kanal zwischen Sizilien und Tunesien, mit einer Tiefe von weniger als 400 m, stellt – wie schon mehrmals dargestellt – eine markante geographische, hydrologische und klimatische Grenze dar. Sie teilt den Mediterran in ein westliches und ein östliches Becken und macht daraus ab einer Tiefe von 1500 m zwei getrennte hydrologische Einheiten. Seit dem Tyrrhen (ca. 10–6,5 Mio. Jahre), der letzten Phase eines intensiven Austausches, differenzieren sich die beiden Becken.

Die Adria schließlich nimmt eine nicht nur geographische, sondern auch klimatische, hydrologische, biogeographische und ökologische Sonderstellung zwischen dem Ost- und dem Westmediterran ein.

Tabelle 8.8 informiert über die Verminderung der Biodiversität in Richtung Osten. Das West-Ost-Gefälle fällt für Endemiten steiler aus als für Nichtendemiten. Am deutlichsten ist es beim Tiefseebenthos, was als Argument für die relativ späte Kolonisation (vorwiegend ab dem Pliozän) vom Atlantik aus in Richtung Osten aufgefasst werden kann.

Während der Kaltzeiten des Pleistozäns ist es zu Faunenverschiebungen und mehreren Phasen des Aussterbens gekommen. Die Abkühlung durch das Eis war im westlichen Becken immer stärker, weshalb die Kaltwasserarten des Pleistozäns im Ostmediterran fehlen. Subtropische Arten wanderten vom westlichen ins östliche Becken, während die atlantisch-borealen Arten im Westbecken überhandnahmen. Die heutigen ökologischen Bedingungen des Ostmediterrans, die von vielen westlichen Arten nicht mehr toleriert werden können, erscheinen dagegen ideal für die Lesseps'schen Migranten. Für diese ist die Kolonisationsrichtung entgegengesetzt, das heisst für sie verläuft das Gefälle von Ost nach West.

Für das Phytobenthos ist eine Verminderung der Populationsdichte nach Osten hin offenkundig, werden doch selbst typisch mediterrane Elemente wie *Posidonia oceanica* nach Osten hin weniger (beim Zoobenthos z. B. Gorgonien). Dagegen weisen Phytoplankton wie auch Zooplankton im West- und im Ostmediterran vergleichbare Biomassezahlen auf. Die durchschnittliche Effizienz der Phytoplankton-Produktion liegt nach Turley et. al. (2000) im Westmediterran bei 1,75 und im Ostmediterran bei 0,58 mg C/mg chl/h (Milligramm Kohlenstoff pro Milligramm Chlorophyll und Stunde), also nur bei etwa einem Drittel. Die Autoren führen diese Verminderung zum Teil auf die Abnahme an Nährstoffen zurück.

Die von der FAO veröffentlichten Fischfangmengen zeigen, dass 41 Prozent des Ausfangs aus dem den Westmediterran, 45 Prozent aus der Adria inklusive dem südwestlichen Bereich des Ostmediterrans und 14 Prozent aus dem restlichen Bereich des Ostmediterrans kommen. Dieses Gefälle ist jedoch nicht ausschließlich durch das Sinken der Produktivität begründet, sondern auch durch die unterschiedliche Ausdehnung und Abfischbarkeit des Kontinentalschelfs.

Die nach Osten hin zu verzeichnende Steigerung von Temperatur und Salzgehalt sowie die Abnahme von Sauerstoff- und Nährstoffgehalt geht mit einer Verminderung von Biodiversität, Endemismusgrad, Produktivität und Populationsdichte einher. Das gilt, wenn auch in unterschiedlichem Ausmaß, für alle Lebensräume. Auf die Verminderung von Biodiversität und Endemismusgrad hatten historische Faktoren großen Einfluss, bei der Verminderung von Produktivität und Populationsdichte überwiegt vielleicht der

	Plankton (Furnestin, 1979)	Fische (Bombace, 1990)	Bianchi und Morri (2000)	Garibaldi und Caddy (2000)
West-Mediterran	1. Alboranmeer	Alboranmeer	A	A
	2. Nordwest-Afrika bis Süd-Balearen	südlicher Bereich	B	
	3. Balerarisch-Provenzalisches Becken		C	A
	4. Katalonisches Meer	zentraler Bereich	C	
	5. Nord-Tyrrhenisches Meer			
	6. Süd-Tyrrhenisches Meer		C	
	7. Provenzalisch-Ligurisches Becken	nördlicher Bereich	D	
	8. Golfe du Lion			B
Adria	9. Nordadria	Nord- u. Mitteladria	E + F	F
	10. Südadria	Südadria	G	D
Ost-Mediterran	11. Becken zwischen Sizilien, Tunesien und Libyen	südlicher Bereich		D
			J	
	12. Ionisches Meer	nördlicher Bereich	I + J	D + G
	13. Nordägäis		H	G
	14. Südägäis		I	G
	15. Levantinisches Becken	südlicher Bereich	J	G + I

Tabelle 8.9 *Gegenüberstellung und Vergleich der Unterteilung des Mittelmeeres in sekundäre biogeographische Becken (Regionen) nach verschiedenen Autoren. Die Abkürzungen der Regionen sind in Abb. 8.10 für Bianchi und Morri (2000) und in Abb. 8.11 für Garibaldi und Caddy (2000) erklärt.*

Einfluss der aktuellen ökologischen Bedingungen. Eine Differenzierung zwischen Ost- und Westmediterran scheint also auch durch biotische Faktoren legitim, wobei die Adria, wie schon erwähnt, eine Sonderstellung einnimmt. Einige Organismengruppen zeigen in der Adria die höchste Endemismusrate. Durch die Eutrophierung (die nicht ausschließlich anthropogen verursacht sein muss) weist die Adria die größte Produktivität im Mittelmeer auf (Abb. 9.5 b).

Die Variation der Werte geht bei verschiedenen Faktoren nicht kontinuierlich vor sich. Abrupte Änderungen westlich und östlich der Sizilienschwelle, und zwar nicht nur für abiotische Faktoren wie Salinität und Temperatur, sondern auch für biotische Aspekte wie Biodiversität sind festgestellt worden. Innerhalb der beiden Becken können sekundäre Becken definiert werden, die sich topographisch, klimatisch, hydrologisch und schließlich biogeographisch abgrenzen. Obwohl es in vielen Fällen deutliche Unterschiede in Häufigkeit und Artenzahl gibt, gehen die Bewertungen der einzelnen Autoren auseinander:

Furnestin (1979) sieht die West-Ost-Unterteilung des Mediterrans für das Zooplankton nicht unbedingt als zweckdienlich an, definiert aber dennoch ganze 15 sekundäre Becken.

Giaccone (1990) konnte anhand chorologischer Daten für die mediterrane Flora vier Bereiche umschreiben: einen westlichen, einen zentralen, einen südlichen und einen östlichen. Die größten Affinitäten sieht er zwischen dem zentralen und dem westlichen Bereich, die wenigsten zwischen diesen und den anderen beiden Bereichen.

Einen Vergleich der Angaben über sekundäre Becken von Furnestin, Bombace, Bianchi und Morri sowie Garibaldi und Caddy bietet Tabelle 8.9. Die unterschiedlichen Unterteilungen liegen dabei weniger oder zumindest nicht ausschließlich an den verschiedenen Autoren und ihrer Betrachtungsweise, sondern vielmehr daran, dass die einzelnen Autoren unterschiedliche Organismengruppen behandelt haben.

Bedulli und Sabelli (1990) haben anhand zoogeographischer Affinitäten von 161 Arten der Brackwasser-Molluskenfauna (Tab. 8.6) fünf Bereiche umschreiben können: den Norden des Westmediterrans, das Zentrum des Westmediterrans, den Süden des Westmediterrans, die Nordadria und den Süden des Ostmediterrans.

Bombace (1990) unterteilt anhand der biogeographischen Verteilung von Fischen den Mediterran in neun sekundäre Provinzen (Tab. 8.9). Bianchi und Morri (2000) schlagen eine Unterteilung in zehn sekundäre Regionen vor (Tab. 8.9, Abb. 8.11), die ziemlich genau auf die Beschreibung der Bereiche von Bombace (1990) passt; allerdings teilt Bombace die nördliche Hälfte des Ostmediterrans in zwei Unterprovinzen, eine nördliche und eine zentrale.

Garibaldi und Caddy (2000) haben die geographischen Verbreitungstafeln (Species Identification Sheets) der FAO der für die Fischerei interessanten Crustacea, Cephalopoda, Chondrichthyes und Osteichthyes per GIS (Geographisches Informationssystem) nachbearbeitet. Das Vorkommen oder das Fehlen von insgesamt 536 Arten haben sie Punkt für Punkt – alle halben Längen- und Breitengrade – und unter Einbeziehung verschiedener Lebensräume erfasst. So konnten sie Angaben zur geographischen Veränderung der Artenvielfalt im Mittelmeer machen, die zunächst das West-Ost-Gefälle bestätigen. Sie definieren sechs sekundäre Regionen (Tab. 8.9, Abb. 8.10; beide ist machen die unterschiedlichen Bewertungen der Gegebenheiten deutlich) und unterscheiden zusätzlich je eine eigene Region für das Marmarameer, das Schwarze Meer und das Asowsche Meer.

Die Regionen des West- und Ostmediterrans
Nachfolgend ist die Beschreibung der einzelnen Teilbecken nach Furnestin dargestellt. Das westliche Becken ist stark durch den atlantischen Einfluss gekennzeichnet. Es lässt sich gemäß den ökologischen Faktoren in einen nördlichen (Spanien, Frankreich, Italien) und einen südlichen Unterbereich (nordafrikanische Küste) trennen.

In Kontinuität mit der Meerenge von Gibraltar ist das Alboranbecken eine Übergangszone zwischen dem Atlantik und dem Mediterran (Abb. 3.52). Mehr als alle andere Bereiche des Mittelmeeres ist es dem atlantischen Einfluss ausgesetzt; der Reichtum an atlantischen Arten ist außerordentlich. Allerdings zeigen sich auf beiden Seiten der Gibraltarschwelle Unterschiede in der relativen Häufigkeit verschiedener Arten; viele kommen nur auf einer der beiden Seiten vor. Das Planton des Alboranbeckens ist durch die hier vorherrschenden hydrologischen und topographischen Bedingungen besonders artenreich. Neritische und ozeanische Arten kommen gemeinsam vor, selbst in Küstennähe überwiegen ozeanische Arten. Nach Osten hin werden viele typische Arten des Alboranbeckens seltener.

Die Küstenregion Nordwestafrikas und gleichzeitig der südlichste Teil des Westmediterrans reicht von Marokko bis Cap Bon. Die Topographie der Küste und der Litoralregion ist ähnlich wie in der Alboransee. So hat die algerische Küste durch ihren schmalen Kontinentalschelf vorwiegend ozeanischen Charakter. Eine gewisse faunistische Affinität zur Alboransee und somit zum Atlantik ist noch deutlich zu erkennen; mediterrane und atlantische thermophile Elemente vermischen sich. Besonders die Bucht von Algier zeigt deutlichen atlantischen Einfluss, im Plankton kommen viele atlantisch-subtropische Arten vor.

Das Meer von Katalonien ist gemäßigt-kalt. Atlantische Arten sind vor allem in seinem östlicheren, allgemein artenreicheren Gebiet zu finden. Der Golfe du Lion gehört zu den kälteren Bereichen, da er dem Mistral ausgesetzt ist. Durch die Rhône und ein ausgedehntes Kontinentalschelf findet man hier eine reiche neritische Fauna bei relativ niedrigem Salzgehalt. Die ozeanische Provinz ist salzhaltiger und ärmer.

Die zentrale Region, zwischen den Balearen und Sardinien, das Baleraren- oder Algero-Provenzalische Becken, gehört zu den artenreichsten; hier kommen typisch mediterrane, atlantisch-mediterrane und auch subtropische Arten vor. Die Region hat ausgeprägten ozeanischen Charakter. Strömungen aus dem Atlantik und in Richtung Atlantik treffen hier aufeinander und führen zu starken vertikalen Wasserbewegungen. Epipelagische Plankter kommen aus diesem Grund auch in größeren Tiefen, meso- und bathypelagische Plankter hingegen an der Wasseroberfläche vor. Auf der Höhe des 40. nördlichen Breitengrades unterscheidet man eine nördliche, temperierte Zone unter Einfluss des nordwestlichen Bereiches und eine südliche, subtropische Zone mit Affinität zum südwestlichen Bereich.

Die nördliche liguro-provenzalische Region hat durch das schmale Kontinentalschelf ozeanischen Charakter. Sie gehört zu den kältesten Bereichen des Mittelmeeres, mit relativ kalten Wintern. Eine Ausnahme machen xerotherme Oasen wie das Vorgebirge von Portofino, wo sich durch das Zusammentreffen verschiedener Strömungen und die besondere Topographie wärmere Nischen bilden. Atlantisch-boreale und subtropische Arten leben daher in relativer Nähe.

Die Hydrologie des Tyrrhenischen Meeres wird in erster Linie durch östliche, salzhaltige, warme Tiefenwässer und in kleinerem Ausmaß von atlantischen, relativ salzarmen Oberflächenwässern geprägt. Diese hydrologische Dualität ist vor allem im nordtyrrhenischen Meer zu sehen, wo die atlantischen Wässer Ostkorsika, die östlichen Wässer hingegen das offene Becken beeinflussen. Dieser Bereich ist gemäßigt, und es gibt nur wenige atlantische Arten. Das südtyrrhenische Meer dagegen ist warm, und thermophile Arten überwiegen. Wegen des ausgedehnten Kontinentalschelfs und der atlantischen Strömung gedeiht das Zooplankton am besten vor der Küste Siziliens. In der Straße von Messina führen entgegengesetzte Strömungen zu vertikalen Wasserbewegungen, und meso- wie bathypelagisches Plankton kommt bis an die Wasseroberfläche.

Die Adria nimmt innerhalb der West-Ost-Aufteilung des Mediterrans eine Sonderstellung ein, und zwar durch die nördliche Lage, die lange schmale Form, die geringe Tiefe (ein Drittel ist nicht tiefer als 50 – 60 m), das kontinentale Klima, die ausgeprägteren Gezeiten im Norden sowie die höchste Produktivität im Mittelmeer. Biogeographisch zeichnet sich die Adria durch Originalität aus. Wegen der relativen geographischen Isolation konnten sich in der Adria besonders viele Endemiten entwickeln. Sowohl das Phyto- als auch das Zooplankton erreicht hier seinen höchsten Endemismusgrad. Das ist zu einem Teil auf die Vielfalt der ökologischen Bedingungen zurückzuführen – Süßwasser-, Brackwasser- und euryöke Salzwasserarten leben relativ eng beieinander –, zum anderen Teil auf das gemischte Erbgut. Aufgrund von Temperatur, Salzgehalt, Dichte, Herkunft, Dynamik der Gewässer und nicht zuletzt die recht unterschiedlichen Wassertiefen wird die Adria in einen nördlichen und einen südlichen Bereich unterteilt. Die Nordadria ist besonders flach, salzarm, reich an Detritus und im

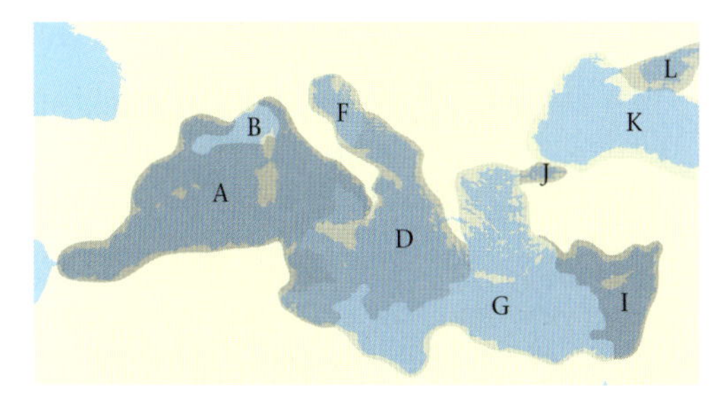

8.10 Neun biogeographische Provinzen im Mittelmeer und Schwarzen Meer. A – Balearisch-Provenzalisches Becken (diese Provinz umfasst fast das ganze Westbecken), B – Golfe du Lion, F – Nordadria, D – mittlere und südliche Adria, Ionisches Meer und südliche Teile des Tyrrhenischen Beckens, G – Ägäis, Ionisches Meer (Südteil), Westteil der Levante , I – östliche Levante, J – Marmarameer, K – Schwarzes Meer, L – Asowsches Meer. Nach Garibaldi und Caddy (2000).

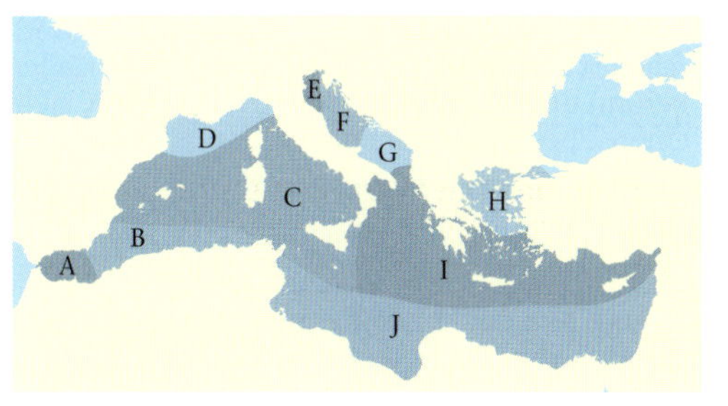

8.11 Bianchi und Morri (2000) schlagen eine Unterteilung des Mittelmeeres in zehn sekundäre biogeographische Regionen vor (vgl. Tab. 8.9). A – Alboransee, B – Algerien und Südspanien, C – Balearenbecken und Tyrrhenisches Meer, D – Golfe du Lion, E – Nordadria, F – mittlere Adria, G – Südadria, H – Nordägäis, I – Ionisches Meer (Nordteil), Südägäis und nördliche Levante, J – Ionisches Meer (Südteil) und südliche Levante, Golf von Gabès bis Israel.

Winter kalt. Atlantisch-boreale Elemente überwiegen; gut gedeihen hier beispielsweise die Braunalge *Fucus virsoides* – die einzige mediterrane Art dieser atlantischen Gattung – und das Seegras *Zostera marina*. Die Nordadria hat neritischen Charakter, erzeugt große Biomassen mit geringer Biodiversität von zumeist eurythermen und euryhalinen Formen, und man findet hier wenige Holoplankter zugunsten vieler Meroplankter. In der Nordadria finden sich Neoendemiten aus dem Pliozän oder dem Pleistozän und unter den gemäßigten Elementen pontischer Affinität auch Paratethysrelikte.

Die Südadria ist tief und gemäßigt warm, ohne große hydrologische und klimatische Schwankungen. Die Arten sind meist stenotherm und stenohalin, im Plankton überwiegen Holoplankter, meso- und bathypelagische Formen nehmen zu. Tethysrelikte mit levantinischer Affinität kommen in dieser Region regelmäßig vor.

Das Ionische Meer ist durch relativ hohe Temperaturen und höhere Salinität als die Nordadria gekennzeichnet. Der nordwestliche Teil erhält weniger salzhaltiges Wasser aus der Adria und birgt lokal entsprechend oligohaline Faunenelemente wie auch atlantische. Allgemein dominieren aber bereits östliche Arten. Thermophile Formen überwiegen, endemische (auch paläoendemische) Arten sind zahlreich. Das Zooplankton ist dem der angrenzenden Bereiche ähnlich.

Die Küsten Tunesiens und Libyens, die südlichsten des gesamten Mediterrans, zeigen topographische, bathymetrische und hydrologische Eigenheiten (Abb. 3.55). Die Salinität ist hier zwar ähnlich wie im Westmediterran, die Temperaturen aber sind subtropisch. Der Schelf variiert in seiner Ausdehnung; vor dem Golf von Gabès erstreckt es sich über 150 km. Der Tidenhub ist hier der höchste im gesamten Mittelmeer. Von der Oberfläche bis in eine Tiefe von 100 m ist der Schelf von atlantischen Wässern bedeckt, die tieferen Wassermassen hingegen sind typisch östlich. Die Meerestiefen überschreiten – außer weiter östlich von Malta – nicht 1 000 m. Innerhalb des Zooplanktons dominieren subtropische Arten.

Mit Ausnahme der Flussmündungen ist die Ägäis oligotroph: Biomassen sind vier Mal geringer als in der Adria; sie sind mehr jenen des Tyrrhenischen und des Libyschen Meeres ähnlich. Die Biodiversität ist geringer als die des Westmediterrans, aber höher als die der Nordadria. Das Zooplankton wird von Copepoden (75–95 Prozent) dominiert, die Nordägäis zeichnet sich durch größere Biodiversität und höhere Individuenzahlen aus als die Südägäis. Es gibt nur wenige dominierende Arten.

Topographisch ist die Ägäis auf der Höhe des 38. Breitengrades in eine nördliche und eine südliche Ägäis unterteilt. Beide Bereiche unterscheiden sich sowohl im Benthos als auch im Pelagos in hydrologischen und biogeographischen Aspekten. Durch die boreale Tendenz zeigt die Nordägäis Analogien mit den nördlichen Bereichen des Westmediterrans und mit der Adria. In der abgetrennten Nordägäis haben herrscht eine gewisse ökologischen Isolation vor, viele nordägäische Arten fehlen in der Südägäis. Die Nordägäis ist ein ökologisch isoliertes Becken und hat ein ausgedehntes Kontinentalschelf, was die Entwicklung neritischer und meroplanktontischer Formen begünstigt. Der Salzgehalt ist wegen der wenig salzhaltigen Oberflächenströmung aus dem Schwarzen Meer und der Süßwasserzufuhr aus den Flüssen im Norden mit 31 ‰ niedrig. Der Einfluss pontischen Süßwassers erklärt das Fehlen thermophiler Elemente, den Reichtum an atlantisch-borealen und ponto-kaspischen Elementen (Paratethysrelikte) sowie die geringe Ausdehnung der Tiefseefauna.

Die Südägäis hat hingegen ein schmales Kontinentalschelf (bis auf die Region um die Kykladen herum) und zeigt pelagischen Charakter. Sie stellt einen Übergang zwischen Nordägäis, Westmediterran und Ostmediterran dar. Die Südägäis ist offen gestaltet und hat mit ihrem subtropischen Charakter deutliche östliche Tendenzen. Hier findet man relativ viele Paläoendemiten.

Aufgrund der hohen Verdunstung und der eingeschränkten Regensaison ist der Ostmediterran sehr salzhaltig. Die Zuflüsse haben nur lokalen Einfluss auf den Salzgehalt. Die zumeist hohen Wassertemperaturen erklären den großen Anteil an thermophilen, subtropischen und tropischen Elementen, die verschiedenen Ursprungs sind. Nur wenige Teilbereiche haben borealen Charakter, erkennbar durch atlantisch-boreale Arten.

Das Levantinische Becken ist durch hohe Temperaturen, hohen Salzgehalt, niedrigen Sauerstoffgehalt und wenig Nährstoffe gekennzeichnet. Ein bemerkenswerter Ausdruck der Nährstoffarmut ist der so genannte „Levantinische Nanismus", der für verschiedene Taxa nachgewiesen worden ist, z. B. für die Sipunculida (Stephen, 1958), Porifera (Levi, 1957) und Fische (Tortonese, 1951). Da dieses Becken für viele atlantisch-mediterrane Organismen suboptimale bzw. pessimale (ungünstige) Bedingungen bietet, stellt es gleichsam eine Art „biogeographischer Sackgasse" dar. Die levantinische Fauna unterscheidet sich von der westmediterranen vor allem in dem überwiegenden Anteil an thermophiler Fauna. Ihre Artenarmut wird von Por (1975) durch Verarmung der atlanto-iberomarokkanischen Fauna erklärt; Bacescu (1985) erklärt sie eher mit der Reduzierung von Tethysrelikten durch die klimatischen Veränderungen der Vergangenheit und durch das winterliche Abkühlen des Wassers auf 16 – 17 °C. Die Verarmung borealer Taxa nach Osten hin hat demnach ebenso ökologische wie historische Ursachen.

Die levantinische Arten- und Populationsarmut ist wohl nicht nur durch mangelnde Nährstoffe zu erklären; nach Ansicht von Pérès (1967) handelt es sich vielmehr um ein ökologisches Ungleichgewicht, in dem nicht alle Ressourcen ausgeschöpft und nicht alle Nischen besetzt worden sind. Die rezenten tropischen Besiedler des Ostmediterrans, die Lesseps'schen Migranten, konnten möglicherweise aus diesem Grund reichlich Nischen besetzen. Sie erweisen sich als besonders erfolgreiche Kolonisten. Obwohl sie aber heimische Elemente zahlenmäßig übertreffen können, haben sie in den meisten Fällen autochthone Arten des Mittelmeeres nicht verdrängen können. Immerhin machen die Lesseps'schen Migranten heute schon 10 Prozent der gesamten östlichen Biota aus. Ein deutliches Ost-West-Gefälle ist unter den Lesseps'schen Migranten offensichtlich (Abb. 8.16). Nur im Ostmediterran konnten sie sich weiter ausbreiten, was die Unterscheidung der faunistischen Subregionen des westlichen und östlichen Beckens unterstreicht.

Das Zooplankton besteht aus thermophilen, östlichen Arten, aber auch aus einigen weiteren mit gesamtmediterraner Verbreitung. Nach dem Bau des Assuan-Hochdammes gab es überwiegend quantitative, die gesamte Nahrungskette betreffende Rückgänge: einerseits einen Rückgang der Produktivität (Rückgang des Fischfangs bis auf 30 Prozent), andererseits eine Minderung der saisonalen Zyklen – die Herbstblüte, die im Zusammenhang mit der Nilschwemme die größere der beiden Planktonblüten war, fehlt nun (vgl. Exkurs S. 124). Durch den verminderten Einstrom von Nilwasser hat sich die Salinität erhöht, was weiter dazu beiträgt, dass Lesseps'sche Migranten begünstigt werden.

Die Küste des Libanons hat nur einen schmalen Kontinentalschelf. Das Frühjahr bringt *upwelling* mit sich, gefolgt von Maxima des Phyto- und Zooplanktons, letzteres von Herbivoren dominiert. Die Biomasse ist dann hoch, die Biodiversität niedrig. Im Herbst sind die Biomassewerte niedrig.

Aufschlussreich sind Studien, die sich mit den Grenzbereichen zwischen biogeographischen Regionen befassen. Lardicci et al. (1990) haben entlang der toskanischen Küste, die einen Grenzbereich zwischen der liguro-provenzalischen Region und dem nordtyrrhenischen Meer darstellt, biogeographische Übergänge gefunden. Die Untersuchung von 163 Polychaetenarten des Infralitorals ergab folgendes chorologisches Spektrum: 32,1 Prozent circumtropische Arten, 18,9 Prozent atlantisch-boreale, 15,6 Prozent kosmopolitische, 11,1 Prozent endemische *sensu stricto*, 7,8 Prozent atlantisch-subtropische, 6,7 Prozent indopazifische, 5,6 Prozent endemische *sensu lato*, 2,2 Prozent von ungewisser Affinität. Die thermophile und somit tyrrhenische Affinität ist vor allem in flacheren Gewässern vorherrschend, während sich die Nähe zur liguro-provenzalischen Region in der Artenzusammensetzung vor allem auf die tieferen, kälteren Gewässer auswirkt.

Nach Woodward (1866) grenzt sich eine biogeographische Provinz von anderen ab, wenn mindestens die Hälfte ihrer Arten – Fauna wie Flora – ausschließlich in ihr vorkommen. Auch in den hier geschilderten Unterteilungen in sekundäre Provinzen innerhalb des Mediterrans wurden die biogeographischen Regionen letztlich durch die Verteilung einzelner Arten definiert. Arten haben aber nicht zufällige Verbreitungen. Sie sind in Biozönosen verankert. Die Grenzziehung biogeographischer Regionen ist eigentlich nicht durch die Verbreitung einzelner Arten definiert. Diese Grenzen können von euryöken Arten bestimmt werden, die aber nur die äußerste Vorhut eines komplexeren Systems bilden. Wenn z. B. ein signifikanter Klimawechsel stattfindet, ist es

8.12 *Die zwei größten Schneckenarten des Mittelmeeres. a) und b) Das Tritonshorn (Charonia tritonis) hat eine disjunktive Verbreitung: häufig ist es vor allem in der Levante, kommt aber auch rund um die Iberische Halbinsel vor. Typisch sind die Fühler mit den zwei schwarzen Binden. Im Mittelmeerraum nutzte man das Gehäuse als Horn. c) und d) Die Faßschnecke oder Tonnenschnecke (Tonna galea) ist eine mediterrane Art, die in den angrenzenden Atlantik vordringt . Sie lebt auf Hart- und Weichböden. Beide Arten sind Prädatoren und erbeuten große Stachelhäuter (vor allem Seesterne) und Muscheln.*

die gesamte Biozönose, die sich örtlich verändert, und nicht nur einzelne Arten. Das bedeutet auch, dass das Ausdehnungsareal einer Biozönose allgemein breiter ist als das der einzelnen Arten. Di Geronimo (1990) schlägt deswegen vor, dass in Zukunft die biogeographischen Studien eher aus einer synökologischen als aus einer autökologischen Perspektive geführt werden.

Entwicklungstendenzen

In der marinen Biogeographie haben wir es mit einem dynamischen System zu tun, in dem sich Zusammenhänge andauernd verändern. Die heutigen Organismen des Mittelmeeres haben größtenteils eine junge Geschichte. Ihre hohe Artenvielfalt ist durch die intensiven und relativ raschen Klimaschwankungen seit dem Beginn des Pliozäns zu erklären. Wiederholt bildeten Randgewässer des Mittelmeeres Refugialräume für verschiedene Arten aus den angrenzenden Meeren. Die gleichen Faktoren schufen die Bedingungen für ein hohes Artbildungsniveau. Der große Reichtum mediterraner Fauna mit vielen Endemismen im Vergleich zu den atlantischen Küsten mit wenigen Endemismen lässt Briggs (1974) folgern, dass das Mittelmeer eine Funktion primärer Entwicklung und Radiation der ostatlantischen warm-temperierten Fauna erfüllte. Danach müsste der größte Teil der atlantischen Küstenarten aus dem Mittelmeer stammen. Das Mittelmeer wird längst nicht nur von angrenzenden Gebieten kolonisiert, sondern stellt tatsächlich ein Evolutionszentrum dar, von dem aus angrenzende Gebiete bevölkert werden. Der Artenbildungsprozess ist weiterhin im Gange – so beispielsweise innerhalb der Braunalgengattung *Cystoseira* (Abb. 6.54 und 6.56).

Wichtige Vorgänge der erdgeschichtlich jüngsten Zeit sind die „Mediterranisierung“ des Schwarzen Meeres und die „Tropikalisierung“ des östlichen Mittelmeeres infolge der Lesseps'schen Migration.

Der Suezkanal

Der Suezkanal verbindet zwei Meere, das Mittelmeer und das Rote Meer, und er trennt zwei Kontinente, Afrika und Asien. Der 1869 eröffnete, schleusenlose Kanal war eines der größten Bauvorhaben des 19. Jahrhunderts. Was die Zahl der durchfahrenden Schiffe betrifft, ist der Suezkanal heute, nach dem Nord-Ostsee-Kanal und noch vor dem Panamakanal, die zweitwichtigste künstliche Wasserstraße der Welt.

Von Süden, vom Roten Meer aus gesehen, führt der Kanal von der im 15. Jahrhundert neu angelegten, heute von Bohrtürmen und Schloten geprägten Stadt Suez (arabisch: el-Suweis) am nördlichen Ende des Golfs von Suez durch die sandige Küstenregion, weiter durch die Lagunenlandschaft, die der Kleine und der Große Bittersee sowie der Timsah-See in Verlängerung des Golfs von Suez bilden, vorbei an der 1860 gegründeten Stadt Ismailia, durch die Salzsümpfe von El Ballah, durch die Lagunen von Mansalah und den nördlichsten Teil der Arabischen Wüste bis nach Port Said am Mittelmeer, 1859 von Said Pascha gegründet und heute nach Alexandria Ägyptens größte Hafenstadt. Westlich der Wasserstraße erstreckt sich das Nildelta, östlich die Halbinsel Sinai. Bei El Guisr (arabisch: „die Schwelle", Schifffahrtskilometer 72) erreicht die aus Sand- und Kieselwüsten (Sediment und Sedimentgestein aus einer Zeit, da die beiden Meere noch nicht voneinander getrennt waren) bestehende Barriere zwischen dem Mittelmeer und dem Golf von Suez die höchste „Höhe": 23 m über dem Meeresspiegel. Im Bittersee als dem größten und wichtigsten Wasserkörper im Verlauf des Suezkanals sind etwa 85 Prozent seines Wassers gespeichert. Die Oberflächentemperatur des Kanalwassers beträgt Mitte Oktober um die 26–27 °C, im Februar zwischen 15 und knapp 18 °C.

Der Mann, der Afrika „zur Insel machte"

Ferdinand Marie Vicomte de Lesseps (1805–1894) hatte als Sohn des französischen Generalkonsuls in Ägypten seine Kindheit zum Teil in Alexandria verbracht, wo er mit den Söhnen von Pascha Mohammed Ali verkehrte. 1832 zum Vizekonsul in Alexandrien ernannt, pflegte er weiterhin freundschaftlichen Umgang mit einem von ihnen, Mohammed Said. Als dieser 1854 zum Pascha von Ägypten wurde, unterbreitete ihm Lesseps die auf den österreichischen Ingenieur Alois Negrelli (1799–1858) zurückgehenden Pläne zum Bau des Kanals. Der europäischen Ideen gegenüber aufgeschlossene Machthaber war einverstanden. Die Arbeiten sollten sechs Jahre dauern, die Kosten wurden auf 200 Millionen Francs geschätzt.

Am 25. April 1859 begannen die Bauarbeiten, bei denen neuestes technisches Gerät ebenso eingesetzt wurde wie internationale Experten.

8.13 Ferdinand de Lesseps (1805–1894). Der Erbauer des 1869 eröffneten Suezkanals war eine der angesehensten Persönlichkeiten des 19. Jahrhunderts.

74 Millionen Kubikmeter „Erdreich" wurden bewegt, davon 17 Millionen zu Lande von 20 000 unter erbärmlichsten Bedingungen schuftenden, zwangsrekrutierten Fellachen, 57 Millionen von Baggern im Wasser. Im November 1862 verband der Kanal bereits das Mittelmeer mit dem Timsah-See, doch mussten die Arbeiten im Jahr 1863 bis 1866 aus politischen Gründen unterbrochen werden. Im Frühjahr 1869 begann die Auffüllung der nahezu ausgetrockneten Bitterseen vom Mediterran her, und am 15. August 1869 schließlich durchbrach Ali Pascha mit einem letzten Spatenstich den noch verbliebenen schmalen Damm zwischen den Bitterseen und dem Roten Meer. Endlich konnte das Wasser des Mittelmeeres bis nach Suez vordringen, Afrika war damit wieder „zur Insel gemacht" worden (Abb. 8.14).

Am 16. November 1869 eröffnete Frankreichs Kaiserin Eugénie, Gemahlin Napoleons III., den Suezkanal, am nächsten Tag passierte ihn der erste hochherrschaftliche Konvoi. Die Feierlichkeiten dauerten Wochen, die Spitzen der Politik und Aristokratie Europas versammelten sich im Nahen Osten. Ein grandioses Feuerwerk, ein Ball mit 6 000 Gästen in Port Said und die feierliche Eröffnung des Opernhauses in Kairo dienten zur Unterhaltung der Gäste. Die Nordeinfahrt des Kanals sollte eine von Frédéric Auguste Bartholdi geschaffene 46 m hohe Statue aus getriebenem Kupfer schmücken; die Ägypter verschmähten jedoch das Geschenk der Franzosen, und die Statue wurde schließlich 1886 auf einem 47 m hohen Sockel am Hudson River in New York aufgestellt.

Als Freiheitsstatue ist sie längst weltberühmt geworden. Kulinarisch dürfte die Eröffnung bestens verlaufen sein: Der europäischen High Society wurde unter anderem *poisson à la réunion des deux mers* gereicht...

Auch hundert Jahre nach Eröffnung des Kanals und ungeachtet seiner Verwicklung in den Bankrott der Panamakanal-Gesellschaft 1899 war Ferdinand de Lesseps in keiner Weise vergessen: Am 26. Juli 1956 benutzte Staatschef Gamal Abdel Nasser in einer Geschichte machenden Ansprache den Namen dieser Personifikation des europäischen Imperialismus, um den Beginn des militärischen Eingreifens Ägyptens und damit die Verstaatlichung des Suezkanals anzuzeigen. Schließlich wurde das 1896 anstelle von Miss Liberty aufgestellte Standbild Lesseps' in Port Said von aufgebrachten Nationalisten gestürzt, der Sockel blieb jedoch stehen, und die Statue selbst ruht heute in den Docks von Port Fuad. Ungeachtet dessen empfängt die ägyptische Regierung nach wie vor hohe Staatsgäste in der ehemaligen Villa des Kanalerbauers in Ismailia und hat dort auch ein kleines Museum eingerichtet, in dem Funde aus der Zeit der Bauarbeiten zu sehen sind. Die vorderhand jüngste Ehre wurde Ferdinand de Lesseps durch Francis Dov Por zuteil, der die Einwanderung aus dem Roten Meer „Lessepsian Migration" nannte.

Die Schiffe

Im Jahr nach der Eröffnung, 1870, passierten 468 Schiffe den Suezkanal. Zehn Jahre danach, 1879, waren es bereits 1600 Schiffe, die neben der Nutzlast auch 72 000 Passagiere beförderten. Die Zahl hat bis vor wenigen Jahren kontinuierlich zugenommen: 3 389 Schiffe im Jahr 1890, 12 168 im Jahr 1952; 21 250 waren es im Jahr 1966, eine Zahl, die aufgrund der Sperre von 1967 bis 1975 erst 1978 mit 21 999 Schiffen übertroffen werden konnte; 1993 waren es 17 317, im Jahr 2000 nur mehr 11 748 Schiffe. Die Anzahl der Tankschiffe,

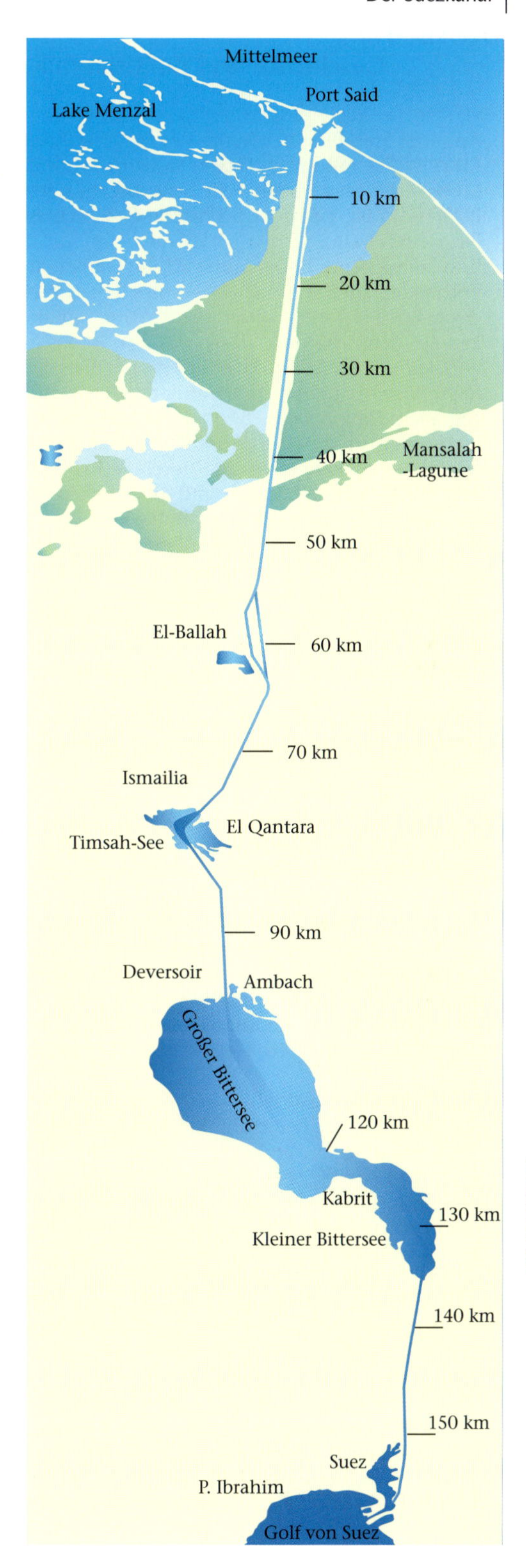

8.14 Der Suezkanal ist 161 km lang (einschließlich der Reede-Kanäle von Suez und Port Said 171 km), nach verschiedenen Erweiterungen an der Oberfläche durchschnittlich 160–190 m, streckenweise 365 m breit, an der Sohle 45–100 m, streckenweise 190 m breit. Bei seiner Eröffnung hatte er an der Oberfläche eine Breite von 60–100 m, an der Sohle von nur 22 m und eine Tiefe von nicht mehr als 8 m aufzuweisen. Heute kann er von Schiffen mit einem Tiefgang von 17,1 m befahren werden; an einem Ausbau für Schiffe mit einem Tiefgang bis 20 m und 270 000 Tonnen Nutzlast wird gearbeitet. Mit der Verwirklichung dieses vom seinerzeitigen ägyptischen Staatschef Gamal Abdel Nasser 1976 initiierten Projekts wird der Aushub insgesamt 365 Millionen Kubikmeter betragen; bis zur Eröffnung 1869 waren es 75 Millionen Kubikmeter.

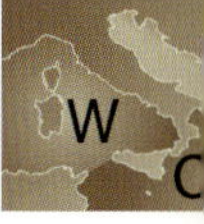

Geschichte und politisch-militärische Bedeutung des Suezkanals

Inge Domnig

An jener Stelle, an der heute der Ismailia-Kanal durch das Wadi Tumilat vom Nil zum Timsah-See führt, soll schon unter Pharao Sesostris I. um das Jahr 2000 v. Chr. ein Kanal den Nil mit dem Roten Meer verbunden haben. Mit Unterbrechungen soll er von 3200 bis 1300 v. Chr. bestanden haben. Interessant ist, was der griechische Geschichtsschreiber Herodot (485–425 v. Chr.) darüber zu erzählen weiß. Pharao Sesostris hatte aus den von ihm unterworfenen Ländern „viel Volk" mitgebracht, und „diese Leute hoben auch all die Gräben aus, die jetzt in Ägypten sind ..., Gräben, die in Menge vorhanden sind und nach allen möglichen Richtungen gehen. Der Grund aber, weswegen der König das Land zerschnitt, ist der: die Ägypter ... hatten Wassermangel und mussten brackiges Wasser trinken aus den Zisternen. Deswegen also ist Ägypten zerschnitten worden" (Herodot, *Historien* II/108).

Seien es viele kleine oder ein großer Kanal, der Pharaonenkanal ist jedenfalls verfallen; erst Ende des 7. vorchristlichen Jahrhunderts wurde er auf Befehl Nechos II. aus der Dynastie der Saiten neu gegraben. Davon weiß Herodot ebenfalls zu berichten: „Necho war es, der zuerst Hand an den Kanal legte, der ins Rote Meer führt, Dareios der Perser war dann der nächste und er vollendete den Durchstich. Dessen Länge beträgt vier Tage Fahrt, und so breit wurde er ausgehoben, dass zwei Trieren gleichzeitig fahren können, mit ausgelegten Rudern. Das Wasser wird vom Nil in ihn geleitet und es wird etwas oberhalb der Stadt Bubastis abgeleitet." Die Ruinen von Bubastis, 80 Kilometer von Kairo entfernt, sind übrigens heute noch zu besichtigen. Herodot fährt fort: „Als sie den Kanal unter König Necho gruben, gingen von den Ägyptern zwölf mal zehntausend Leute zugrunde. Und Necho hörte mitten im Graben auf, denn ihm kam ein Spruch dazwischen, der lautete, er leiste Vorarbeit für den Barbaren" (Herodot, *Historien* II/158). Tatsächlich wird der Kanal erst durch den „barbarischen" Perserkönig Darius I. im Jahr 518 v. Chr. eröffnet. Eine Stele am Westufer des Bittersees erinnert daran: „Ich, Persiens Großkönig, habe Ägypten genommen; jetzt habe ich befohlen, diesen Kanal zu graben von dem Fluss, der Nil genannt wird und der in Ägypten fließt, bis an das Meer, das nach Persien führt." Der persische Großkönig hatte nicht mehr und nicht weniger im Sinn, als Ägypten mit Indien zu verbinden. Spuren dieses Kanals sind im Wadi Tumilat heute noch zu sehen; den Funden nach dürfte er 45 m breit und 5 m tief gewesen sein.

Knapp drei Jahrhunderte später mussten Ptolemaios II. Philadelphos und dann der römische Kaiser Trajan die Schifffahrtsstraße erneut ausheben und verbreitern lassen. Ein weiteres Mal wurde sie unter dem Kalifen Omar I. im 7. Jahrhundert erneuert; sie diente dessen Feldherrn Amr Ibn el-As als Nachschubweg für sein Heer. Kalif El-Mansur soll jedoch im Jahr 767 befohlen haben, den Kanal zuzuschütten, um die Getreideversorgung Medinas und des revoltierenden Hedschas zu unterbinden. Nach dieser Schließung des Kanals gab es immer wieder Pläne zu einer Neueröffnung; sie wurden um das Jahr 1500 in Venedig ebenso erwogen wie im 17. Jahrhundert durch den deutschen Universalgelehrten Gottfried Wilhelm Leibniz. 1672 weilte er in diplomatischer Mission in Paris und versuchte dort, die Expansionsbestrebungen Ludwigs XIV. von Deutschland und den Niederlanden auf das Osmanische Reich umzulenken. In seinem *Consilium Aegyptiacum* schlug er auch einen Neubau des Kanals vor. Aufgeklärte Geister wie Goethe und der junge Napoleon spannen den Gedanken weiter.

Napoleon und Suez

Die Ägyptische Expedition, die Napoleon I. 1798 unternahm, wurde durch ein Werk vorbereitet, das den gelehrten Kreisen Europas Ende des 18. Jahrhunderts den Vorderen Orient zugänglich machte: die *Voyage en Syrie et en Egypte* des Comte de Volney. Napoleon und die Ingenieure der französischen Ägyptenarmee waren Feuer und Flamme: Welchen Gewinn an Zeit und Geld würde ein Durchbrechen der Landenge bedeuten, wenn die Schiffe auf dem Weg nach Asien auf eine Umsegelung Afrikas verzichten könnten! Warum sich gerade der Korse so sehr dafür begeisterte, ist verständlich: Marseille, Genua, Venedig und die anderen Häfen am Mittelmeer sollten wieder jene Bedeutung gewinnen, die sie vor der Entdeckung und Nutzung der Route um das Kap der Guten Hoffnung gehabt hatten.

Doch das Ufer des Roten Meeres ist denkbar ungeeignet, der Treibsand eine drohende Gefahr, der Mangel an Süßwasser ein ernsthaftes Hindernis und das Desinteresse der Ägypter nicht zu überwinden. Den größten Hinderungsgrund liefern sich jedoch die Franzosen selbst. Dem Architekten Jean-Baptiste Lepère, der Napoleon auf seiner Ägypten-Expedition begleitet, unterläuft bei Vermessungsarbeiten 1799 ein Berechnungsfehler: Bei Flut sollte zwischen dem Roten Meer und dem Mittelmeer ein Höhenunterschied von nicht weniger als zehn Metern entstehen, was zu riesigen Flutwellen oder gar zur Überschwemmung der tiefer gelegenen Teile des Nildeltas führen müsste. Die Meinung findet sich wohl bereits in Strabos Bericht über den Kanal der Pharaonen, ist aber stets angezweifelt worden. 1829 hat sie der Engländer Captain Francis Rawdon Chesney ebenso widerlegt wie 1847 der Franzose Paul Adrien Bourdaloue. Als 1833 einige frühsozialistische Saint-Simonisten nach Kairo kamen, waren auch sie alsbald von der technischen Machbarkeit des Projekts überzeugt. Ihre Studie landete auf dem Schreibtisch des französischen Vizekonsuls in Alexandria, der davon fasziniert war.

Finanzielle Aspekte

Terminiert auf den Abschluss der Bauarbeiten 1869, schloss Ägypten mit der Compagnie Universelle du Canal Maritime de Sues – der nach ägyptischem Recht, aber mit französischem Kapital gegründeten Suezkanal-Gesellschaft – einen auf 99 Jahre befristeten Konzessionsvertrag; die Kanalaktien waren zwischen Ägypten und Frankreich geteilt. 1875 gelang es Großbritannien, das dem Kanalbau stets Widerstand entgegengesetzt hatte, den ägyptischen Aktienanteil zu übernehmen. Am 26. Juli 1956 proklamierte Gamal Abdel Nasser den Suezkanal zum Nationaleigentum; die Aktionäre wurden durch die Zahlung von insgesamt 23 Millionen Ägyptischen Pfund entschädigt.

Ein ähnliches Auf und Ab zeigt der geschäftliche Erfolg des Kanals: Während die Kreditzinsen in den ersten Jahren nach der Eröffnung die Einnahmen überstiegen, sind die Gebühren heute für Ägypten trotz der ständig sinkenden Erträge nach wie vor ein beachtlicher Budgetfaktor: Die Einnahmen aus Kanalgebühren betrugen 1993 1,96 Milliarden US-Dollar, 1997 1,8 Milliarden, und von Januar bis Oktober 2000 sind 1,613 Milliarden US-Dollar an Devisen zusammengekommen. Die Konkurrenz durch den wachsenden Flugverkehr zwang die Kanalbehörden 1997 erstmals, die Durchfahrtsgebühren zu senken. Erdölraffinerien und Düngemittelfabriken bei Port Ibrahim am Golf von Suez, Industrie- und Freihandelszonen in Suez und Port Said sollen den Einnahmenverlust wettmachen.

Die politisch-militärische Bedeutung

1873 berät eine internationale Konferenz in Konstantinopel über den völkerrechtlichen Status des Suezkanals. Am 29. Oktober 1888 wird zwischen Großbritannien, Frankreich, Deutschland, Österreich-Ungarn, Italien, Russland, Spanien, der Türkei und den Niederlanden die Konvention von Konstantinopel unterzeichnet; garantiert wird die freie Durchfahrt für Kriegs- und Handelsschiffe in Kriegs- und Friedenszeiten, verboten wird jede Kriegshandlung gegen den Suezkanal und seine Nebenanlagen. 1936 wird zwischen Ägypten und Großbritannien ein Vertrag geschlossen; die 80 000 Mann britischer Besatzungstruppen, die seit 1882 im Land sind, werden auf die 160 Kilometer lange und 40 bis 60 Kilometer breite Suezkanalzone konzentriert. Der Vertrag wird durch das Suezkanal-Abkommen von 1954 außer Kraft gesetzt; daraufhin verlassen die letzten britischen Truppeneinheiten am 1. April 1956 das Land. Den drei Londoner Suezkonferenzen vom Juli, August und Oktober 1956 folgt ein israelischer Angriff auf die Sinai-Halbinsel und ein anglo-französischer Angriff im Suezgebiet; die Konvention von Konstantinopel wird jedoch durch Ägypten am 24. April 1957 erneut anerkannt. Manche der zahlreichen kriegerischen Auseinandersetzungen, die sich in der Region ereignen, sind groß genug, um einen eigenen Namen zu tragen: Im Juni 1967 bricht ein derartiger Krieg aus, und zwar zwischen Israel auf der einen Seite, Ägypten, Syrien und Jordanien auf der anderen; in diesem Sechstagekrieg erreichen israelische Truppen das Ostufer des Kanals, Ägypten verliert den Sinai, und am zerstörten Suezkanal, der Grenze zwischen ägyptischen und israelischen Truppen, kommt es drei Jahre lang zu kleineren Kämpfen. Als die ägyptischen Truppen am 6. Oktober 1973 die israelischen Stellungen angreifen, bricht der Jom-Kippur-Krieg aus; die Kämpfe finden an beiden Ufern des Kanals statt, und erst mit Unterzeichnung des Truppenentflechtungsabkommes vom 18. Januar 1974 sind die beiden Ufer des Suezkanals wieder in ägyptischer Hand.

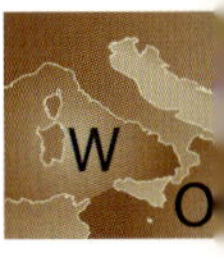

Aufgrund von Kriegshandlungen musste der Suezkanal einige Male für kürzere Zeit gesperrt werden, nach dem Sechstagekrieg 1967 und dem Jom-Kippur-Krieg 1973 waren es jedoch geschlagene acht Jahre: vom 5. Juni 1967 bis zum 5. Juni 1975. Zwei Jahre dauerte es allein, die größte Minensuchaktion nach dem Zweiten Weltkrieg durchzuführen und all die Schiffswracks und Trümmer zu beseitigen, die eine der wichtigsten Handelsstraßen der Welt blockierten.

8.15 Ein Jahr nach seiner Eröffnung passierten bereits 468 Schiffe den Suezkanal.

die 1984 noch 3 638 betrug, ist ebenfalls seit Jahren rückläufig: 1985 waren es 3425, im Jahr 2000 nur noch 2 137.

Ende der neunziger Jahre des 20. Jahrhunderts wurde der Suezkanal von durchschnittlich 40 Schiffen pro Tag befahren. Die Durchfahrt wird in Konvois von 15 bis 20 Schiffen unternommen, die in einem Abstand von 900 m von jeweils vier verschiedenen Lotsen durch die unterschiedlichen Abschnitte des Kanals geleitet werden. Dabei werden die schnellsten und neuesten Schiffe vorne eingereiht, während schwerfällige Öltanker, „Rostlauben" oder „Seelenverkäufer" das Schlusslicht des Konvois bilden. 13 Stunden dauert die gesamte, von den ägyptischen Behörden mit ungewöhnlicher Exaktheit organisierte Passage, auf der eine Geschwindigkeit von 13–14 km/h erreicht wird. Die Fahrrinne ist eng, Überholen gibt es auf dieser Einbahnstraße nicht, lediglich drei Ausweichstellen. Die von Norden und Süden auf die Minute genau geführten Konvois passieren einander in den parallelen Fahrrinnen südlich von Al Qantara und im Großen Bittersee. Bleibt ein Schiff liegen, ist der Kanal blockiert; und ein havarierter, brennender Öltanker ist ein Albtraum, vor dem selbst die Exxon-Valdez-Katastrophe 1989 in Alaska verblassen muss.

Der Suezkanal ist heute nicht nur eine der gefährlichsten, sondern auch eine der wichtigsten Wasserstraßen der Welt. Gegenüber der Strecke um das Kap der Guten Hoffnung verkürzt er den Seeweg von Europa nach Asien ganz beträchtlich: von Hamburg nach Bombay etwa um rund 4 500 Seemeilen, vom Persischen Golf nach Westeuropa und Nordamerika um ein Drittel. Geschätzte 14 Prozent des internationalen Handels gehen heute durch das Nadelöhr des Suezkanals (1967 waren es noch 20 Prozent): Tanker transportieren Rohöl aus dem Persischen Golf nach West- und Mitteleuropa; Kohle, Erze und Metalle werden ebenso befördert wie indische Textilien, koreanische Autos, japanische Fernseher, taiwanesische Computer und andere fernöstliche Hightechgeräte. In der Gegenrichtung, von Norden nach Süden, durchqueren leere Tanker, Schiffe mit Getreide, Kunstdünger, Zement und Fertigprodukten aus Metall den Kanal. Die modernen Supertanker hingegen müssen aufgrund ihrer nicht Suez-tauglichen Größe wieder die Südspitze Afrikas umrunden. Die beförderte Netto-Tonnage stieg von 437 000 Tonnen im Jahr 1870 auf 274 Millionen Tonnen 1966, erreichte 1978 248 Millionen, im Jahr 2000 schließlich 360 Millionen Tonnen. 1977 wurde als Alternative zum Suezkanal die zur Hälfte in ägyptischem Besitz befindliche Smed-Pipeline in Betrieb genommen; seit 1996 wird ihre Kapazität voll genutzt und jährlich 7 Millionen Barrel Rohöl von Suez nach Kairo gepumpt; eine zweite Pipeline könnte an Ägypten vorbei von den Golfstaaten ans Mittelmeer geführt werden.

Die Lesseps'sche Migration

Die Eröffnung des Suezkanals im Jahre 1869 hatte in zoogeographischer und ökologischer Hinsicht weitaus gravierendere Folgen, als dies jemals von den Erbauern bedacht worden war, die lediglich eine vorteilhafte Handelsroute zwischen Europa und Südostasien schaffen wollten.

Mit dem Roten Meer und dem Mittelmeer verbindet der Suezkanal zwei in hydrologischer wie faunistischer und floristischer Hinsicht grundverschiedene Gewässer, denn das Rote Meer, dessen Anteil an Endemiten bei rund 70 Prozent liegt, ist im Süden mit dem sehr viel artenreicheren tropischen Indischen Ozean verbunden. Die Wassertemperatur des Mittelmeeres und des Roten Meeres differiert beträchtlich. Im tropischen Roten Meer bleibt die winterliche Wassertemperatur mit mindestens 20 °C höher; auch in Tiefen bis 200 m kann sie noch 21–25 °C betragen. Selbst in den wärmsten, subtropischen Bereichen des östlichen Mittelmeeres zeigt die Wassertemperatur viel größere Schwankungen und sinkt bis auf 16 °C ab. Die Salinität ist im Ostmediterran mit 38 ‰ bis über 39 ‰ zwar erhöht, aber dennoch nicht so hoch wie im Roten Meer, das in seinem nördlichen Teil bis weit über 40 ‰ aufweist.

Durch die Öffnung des Suezkanals kam es zu einer unbalancierten und einseitigen, überwiegend vom Roten Meer zum Mediterran gerichteten Invasion von Meeresorganismen, die bei ihrer Migration die hypersalinen, sandig-schlammigen Bitterseen bzw. Kanalabschnitte passieren mussten. Nur zu einem sehr kleinen Teil wird auch die Wanderung in umgekehrte Richtung beobachtet, die so genannte „Anti-Lesseps'sche Migration", und zwar vor allem bei Polychaeten. Jüngst belegt ist auch der Fund des mediterranen Seesterns *Sphaerodiscus placenta* bei El Ghardaqa. Offenbar wirken insbesondere die Bitterseen als eine Art ökologischer Filter, der den nordwärts gerichteten Einstrom vor allem von Korallen, Echinodermen und beinahe sämtlichen planktontischen Arten behindert und die südwärtige Migration mediterraner Arten fast unmöglich macht. Viele der Lesseps'schen Migranten sind in ihrem ursprünglichen Lebensraum im Roten Meer Lebewesen des Litorals. Das östliche Mittelmeer war mit seiner erhöhten Salinität und Temperatur und der daraus resultierenden geringen Anzahl gemäßigttemperierter Tierarten eine geeignete Region für die Immigration indopazifischer Elemente. Das erklärt zum Teil die einseitig ins Mittelmeer gerichtete Migration.

Von der Lesseps'schen Faunenveränderung sind sämtliche Organismengruppen betroffen, wobei nur rein planktontische Arten oder der direkte Einstrom mittels planktontischer Larven von benthischen Taxa keine Rolle spielen. Insgesamt wurden über 200 indowestpazifische

Familie	Arten
Acropomatidae	*Synagrops japonicus*
Apogonidae	*Apogon nigripinnis*
Atherinidae	*Atherinomorus lacunosus*
Belonidae	*Tylosurus choram*
Blenniidae	*Petroscirtes ancylodon*
Callionymidae	*Callionymus filamentosus*
Carangidae	*Alepes djedaba*
Clupeidae	*Dussumieria elopsoides, Etrumeus teres, Herklotsichthys punctatus, Spratelloides delicatulus*
Congridae	*Rhynchoconger trewavasae*
Cynoglossidae	*Cynoglossus sinusarabici*
Dasyatidae	*Himantura uarnak*
Diodontidae	*Chilomycterus spilostylus*
Exocoetidae	*Parexocoetus mento*
Fistularidae	*Fistularia commersonii*
Gobiidae	*Coryogalops ochetica, Oxyurichthys petersi, Silhouetta aegyptia*
Haemulidae	*Pomadasys stridens*
Hemiramphidae	*Hemiramphus far, Hyporhamphus affinis*
Holocentridae	*Sargocentron rubrum*
Istiophoridae	*Makaira indica*
Labridae	*Pteragogus pelycus*
Leiognathidae	*Leiognathus klunzingeri*
Lutjanidae	*Lutjanus argentimaculatus*
Monacanthidae	*Stephanolepis diaspros*
Mugilidae	*Liza carinata, Mugil soiuy*
Mullidae	*Upeneus moluccensis, U. pori*
Muraenesocidae	*Muraenesox cinereus*
Ostraciidae	*Tetrosomus gibbosus*
Pempheridae	*Pempheris vanicolensis*
Platycephalidae	*Papilloculiceps longiceps, Platycephalus indicus, Sorsogona prionota*
Pomacentridae	*Abudefduf vaigiensis*
Rachycentridae	*Rachycentron canadum*
Scombridae	*Rastrelliger kanagurta, Scomberomorus commerson*
Scorpaenidae	*Pterois miles*
Serranidae	*Epinephelus coioides, E. malabaricus*
Siganidae	*Siganus luridus, S. rivulatus*
Sillaginidae	*Sillago sihama*
Sparidae	*Crenidens crenidens, Rhabdosargus haffara*
Sphyraenidae	*Sphyraena chrysotaenia, S. flavicauda*
Synodontidae	*Saurida undosquamis*
Teraponidae	*Pelates quadrilineatus, Terapon puta*
Tetraodontidae	*Lagocephalus spadiceus, L. suezensis, Torquigener flavimaculosus*

Arten als Einwanderer im Mittelmeer ermittelt, darunter vor allem Fische, decapode Krebse und Mollusken, aber auch Polychaeten, Ascidien und Schwämme. Die ersten indopazifischen Immigranten, die den Suezkanal Richtung Mittelmeer durchquerten, waren Litoralfische, portunide Schwimmkrabben (z. B. *Charybdis helleri, C. longicollis*), der Heuschreckenkrebs *Oratosquilla massawensi* und penaeide Garnelen. Diese Arten sind in der Regel strandnahe, benthische Flachwasserbewohner. Meist verfügen sie über ausgeprägte osmotische Regulationsfähigkeit und/oder gutes aktives Schwimmvermögen.

Nachdem die Einwanderung durch den Suezkanal zunächst kaum Beachtung fand, wurde seit Ende der 1960-er Jahre wiederholt ermittelt, welche Tierarten vom Roten Meer ins Mittelmeer eingedrungen sind und welche sich dort als erfolgreiche Neusiedler bewähren. Besonderes Interesse finden so genannte Tethysrelikte und prä-Lesseps'sche Rotmeerarten, die entweder bereits seit geologisch langer Zeit den Mediterran besiedeln oder möglicherweise während pleistozäner Meeresspiegelschwankungen ins östliche Mittelmeer gelangt sind. Als solche werden etwa die Flügelmuschel *Pinctada radiata* (syn. *Pteria occa*) und das Seegras *Halophila stipulacea* erwähnt, die bereits im 19. Jahrhundert für das Mittelmeer nachgewiesen wurden und für die eine frühere Kolonisation diskutiert wird. Auch in einigen anderen Fällen vermeintlicher Lesseps'scher Migranten könnte es sich um frühere pleistozäne Einwanderer oder um echte Tethysrelikte handeln. Bisher sind im Mittelmeer insgesamt 56 Lesseps'sche Fischarten aus 39 Familien nachgewiesen (Tab. 8.10), davon 14 Neunachweise im letzten Jahrzehnt. Sie stellen immerhin 13 Prozent der gesamten Ichthyofauna der Levanteküste dar und sind dort in qualitativer wie quantitativer Hinsicht inzwischen von großer Bedeutung. Mittlerweile sind im östlichen Mittelmeer mehr als die Hälfte dieser Fischarten weit verbreitet. Für die lokale Fischerei spielen wenigstens 18 Arten eine wichtige Rolle. Beinahe die Hälfte der Fänge

Tabelle 8.10 *In das Mittelmeer eingewanderte Fischarten. Alle oder annähernd alle angeführten Arten sind durch den Suezkanal eingewanderte Lesseps'sche Migranten, zu denen hier nur Arten gezählt werden, die vor 1920 im Mittelmeer nicht bekannt waren. Vor allem im östlichen Becken ist eine dramatische Veränderung der Biota in Gang. Die Übersicht führt sowohl etablierte Arten als auch solche an, von denen nur wenige oder sogar nur eine Beobachtung vorliegen. Neben Einwanderern aus dem Roten Meer bzw. Indopazifik werden im Mittelmeer zunehmend auch tropisch-atlantische Arten gefunden – eingewandert über Gibraltar oder eingeschleppt durch den Menschen. Angaben nach CIESM (Atlas of Exotic Species in the Mediterranean Sea).*

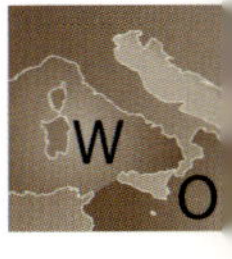

aus der Schleppnetzfischerei entlang der Mittelmeerküste Israels besteht heute aus solchen Lesseps'schen Einwanderern. Dabei fand sich kein Hinweis auf eine Korrelation zwischen erfolgreicher Ansiedlung im Mittelmeer und der Lebensgeschichte *(life-history strategy)*, der genetischen Variabilität oder des trophischen Spektrums der jeweiligen Art. Um im Mittelmeer Fuß fassen zu können, waren jene Arten gut präadaptiert, die im Roten Meer flache Sandküsten besiedeln.

In einigen Fällen wurden Ausgangspopulationen im Roten Meer mit Immigranten im Mittelmeer verglichen, um mögliche Veränderungen in Körperbau oder Lebensweise festzustellen. Die meisten der Lesseps'schen Migranten unter den Fischen verkürzen die Dauer ihrer Fortpflanzungssaison. Bei untersuchten Populationen von vier Fischarten *(Upeneus moluccensis, U. pori, Atherinomorus lacunosus* und *Siganus rivulatus)* fanden sich keine genetischen Unterschiede zwischen den Populationen aus beiden Meeren.

Unter den Mollusken (Tab. 8.11) waren bis zur Mitte des 20. Jahrhunderts im östlichen Mittelmeer lediglich 18 Arten mit indopazifischer Herkunft bekannt: acht Schnecken und zehn Muscheln. Zum Zeitpunkt einer ersten umfassenden Bestandsaufnahme Anfang der siebziger Jahre wurden dann bereits 45 Rotmeerarten (26 Gastropoden, 19 Bivalven) nachgewiesen. Somit waren zu diesem Zeitpunkt sieben Prozent der an der Levanteküste bekannten Mollusken indopazifischen Ursprungs. Zu den ersten Siedlern, die den Suezkanal durchquerten, gehörten unter den Gastropoden *Diodora rueppelli, Murex tribulus, Fusinus marmoratus,* unter den Muscheln *Gafrarium pectinatum, Mactra olorina* und *Malleus regula.*

Einige Weichtierarten kommen heute zwar im Bereich des Suezkanals vor, haben aber nicht – oder erst kürzlich – das Mittelmeer selbst erreicht: *Strombus tricornis, Murex (Chicoreus) anguliferus, Nerita sanguinolenta* (syn. *N. forskali), Clanculus pharaonis,* die opistobranche Schnecke *Berthella oblonga* oder die Bivalve *Mytilus variabilis.* In umgekehrter Richtung ist die hypersaline Herzmuschel *Cerastoderma glaucum* (syn. *Cardium edule)* aus dem Mittelmeer in den Suezkanal vorgedrungen. Unter den etwa 53 Cephalopodenarten des Mittelmeeres, von denen 30 auch im Ostmediterran bekannt sind, stammt dagegen keine einzige Art aus dem Roten Meer. Im letzten halben Jahrhundert hat sich die Zahl der via Suezkanal eingewanderten Weichtierarten verfünffacht. 1986 wurden 44 Arten indopazifischer Herkunft festgestellt; hinzu kommen weitere 47 Arten mit allerdings oft unklaren biogeographischen Beziehungen. Zusammenstellungen neueren Datums (CIESM, 2000) führen inzwischen 85 Molluskenarten (eine Polyplacophora, 51 Gastropoden, 33 Bivalvia) für das Mittelmeer auf, die auch im Roten Meer bzw. im Indischen Ozean leben. Während Erstere als Lesseps'sche Migranten aufgefasst werden, könnten knapp 12 dieser Molluskenarten – die nicht im Roten Meer, aber in weit vom Mittelmeer entfernten Regionen des Indiks leben – durch Schiffe oder Fische ins Mittelmeer eingeschleppt worden sein.

Unter den farbenprächtigen Nudibranchiern sind echte Lesseps'sche Arten beispielsweise *Chromodoris quadricolor, Hypselodoris infucata, Discodoris concinna und Melibe fimbriata.* Generell ist die Zahl der aus dem Roten Meer via Suezkanal eingewanderten Molluskenarten kontinuierlich angestiegen, doch ist ihr Vorkommen meist auf die Levanteküste beschränkt; keine dieser Arten hat bisher die sizilianisch-tunesische Schwelle überwunden. Interessant ist die weite Verbreitung der indopazifischen Fechterschnecke *Strombus decorus,* die zuvor als im südlichen Roten Meer seltene Art galt. Etwa die Hälfte aller als Lesseps'sche Migranten aufgeführten Molluskenarten ist nur durch eine einzige oder einige wenige Schalen nachgewiesen, während die übrigen lebend oder in großer Stückzahl gefunden wurden.

Die tatsächliche Immigration aus dem Roten Meer via Suezkanal ist schwer zu beurteilen, wie an einem Beispiel unter den Weichtieren illustriert werden soll: Die cerithioide Schnecke *Potamides conicus (= Pirenella conica),* die von Por auch als euryhaliner Besiedler des Suezkanals gemeldet wurde und vielerorts im östlichen Mittelmeer vorkommt, wird neuerdings aus der Liste der exotischen Arten gestrischen. Zum einen weist der Fossilbeleg sie (bzw. congenerische Formen) als im Mediterran ursprünglich heimisch aus, zum anderen wird vermutet, dass sie über das Rote Meer ins Mittelmeer transportiert worden sein könnte. Um den Fall zu komplizieren, ist aus dem Roten Meer und neuerdings auch aus dem Ostmediterran *Potamides cailliaudi* als eigenständige Art bekannt. Während diese von manchen Autoren als Lesseps'scher Migrant aufgefasst wird, sehen andere *P. cailliaudi* als conspezifisch, ihren Namen daher als synonym mit *P. conicus* an.

Das Beispiel der ungeklärten Identität einer für das Rote Meer nachgewiesenen *Planaxis cf. savignyi* (syn. *P. punctostriatus* und/oder mögliche Konspezifität mit der indopazifischen *P. sulcatus*) zeigt, auf welch unzureichendem taxonomischen Boden biogeographische Beurteilungen insbesondere bei marinen Invertebraten stehen. Für Mollusken gründet sich dies leider noch immer überwiegend auf conchologische, nicht aber eingehende anatomische oder gar biochemische Befunde. Unter den decapoden Krebsen des Mittelmeeres sind insgesamt 43 Arten aus 19 Familien Lesseps'sche Migranten (Tab. 8.12), darunter insbesondere Penaeidae mit acht Spezies, aber auch Alpheidae und Portunidae mit jeweils fünf indopazifischen Arten. Bei den Polychaeten werden insgesamt elf Arten (sechs Nereidae, fünf Serpulidae) gemeldet,

Familie	Arten
Bivalvia, Pteromorpha	
Arcidae	*Acar plicata, Anadara demiri, A. inaequivalvis, A. natalensis*
Glycymerididae	*Glycymeris arabicus*
Limopsidae	*Limopsis multistriata*
Malleidae	*Malleus regulus*
Mytilidae	*Brachidontes pharaonis, Musculista perfragilis, M. senhousia, Modiolus auriculatus, Xenostrobus securis*
Ostreidae	*Crassostrea gigas, Saccostrea cucullata*
Pteriidae	*Pinctada margaritifera, P. radiata*
Spondylidae	*Spondylus spinosus, S. groschi*
Bivalvia, Heterodonta	
Cardiidae	*Fulvia australis, F. fragilis*
Chamidae	*Chama pacifica, Pseudochama corbieri*
Gastrochaenidae	*Gastrochaena cymbium*
Lucinidae	*Divalinga arabica*
Mactridae	*Mactra olorina*
Mesodesmatidae	*Atactodea glabrata*
Myidae	*Sphenia rueppelli*
Psammobiidae	*Hiatula ruppelliana*
Tellinidae	*Psammotreta praerupta, Tellina valtonis*
Trapeziidae	*Trapezium oblongum*
Veneridae	*Antigona lamellaris, Circenita callipyga, Clementia papyracea, Dosinia erythraea, Gafrarium pectinatum, Paphia textile, Tapes philippinarum*
Bivalvia, Anomalodesmata	
Laternulidae	*Laternula anatina*
Gastropoda, Opisthobranchia	
Aeolidioidea	*Aeolidiella indica*
Aglajidae	*Chelidonura fulvipunctata*
Aplysiidae	*Bursatella leachi*
Bullidae	*Bulla ampulla*
Chromodorididae	*Chromodoris quadricolor, Hypselodoris infucata*
Cylichnidae	*Acteocina mucronata, Cylichnina girardi*
Dendrodorididae	*Dendrodoris fumata*
Flabellinidae	*Flabellina rubrolineata*
Glaucidae	*Caloria indica*
Pleurobranchidae	*Pleurobranchus forskali*
Polyceridae / Triophidae	*Plocamopherus ocellatus*
Retusidae	*Pyrunculus fourierii*
Tergipedidae	*Cuthona perca*
Tethyidae	*Melibe fimbriata*
Gastropoda, Prosobranchia	
Cerithiidae	*Cerithium nesioticum, C. nodulosum, C. scabridum, Clypeomorus bifasciatus, Rhinoclavis kochi*
Cerithiopsidae	*Cerithiopsis pulvis, C. tenthrenois*
Columbellidae	*Anachis savignyi, A. selasphora*
Conidae	*Conus fumigatus*
Costellariidae	*Pusia depexa*
Cypraeidae	*Erosaria turdus, Palmadusta lentiginosa lentiginosa, Purpuradusta gracilis notata*
Dialidae	*Diala varia*
Epitoniidae	*Cycloscala hyalina*
Eulimidae	*Sticteulima lentiginosa*
Fasciolariidae	*Fusinus marmoratus*
Fissurellidae	*Diodora ruppellii*
Haliotidae	*Haliotis pustulata cruenta*
Hipponicidae	*Sabia conica*
Litiopidae	*Alaba punctostriata*
Muricidae	*Ergalatax obscura, Murex forskoehlii, Rapana venosa, Rapana rapiformis, Thais lacerus*
Nacellidae	*Cellana rota*
Nassariidae	*Nassarius arcularius plicatus*
Naticidae	*Natica gualteriana*
Neritidae	*Nerita sanguinolenta, Smaragdia souverbiana*
Obtortionidae	*Clathrofenella ferruginea, Finella pupoides*
Planaxidae	*Angiola punctostriata, Planaxis savignyi*
Rissoidae	*Alvania dorbignyi, Rissoina bertholleti, R. spirata, Woorwindia tiberiana*
Strombidae	*Strombus persicus*
Triphoridae	*Metaxia bacillum*
Trochidae	*Trochus erythraeus, Pseudominolia nedyma*
Vasidae	*Vasum turbinellus*
Gastropoda, Heterobranchia	
Anisocyclidae	*Murchisonella columna*
Pyramidellidae	*Adelactaeon fulvus, A. amoenus, Chrysallida fischeri, C. maiae, C. pirintella, Cingulina isseli, Iolaea neofelixoides, Odostomia lorioli, Oscilla jocosa, Styloptygma beatrix, Syrnola fasciata, S. cinctella, Turbonilla edgarii*
Gastropoda, Divasibranchia	
Siphonariidae	*Siphonaria kurracheensis*
Polyplacophora	
Chitonidae	*Chiton hululensis*

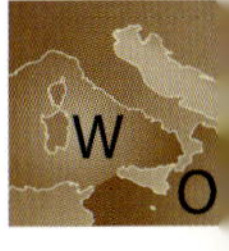

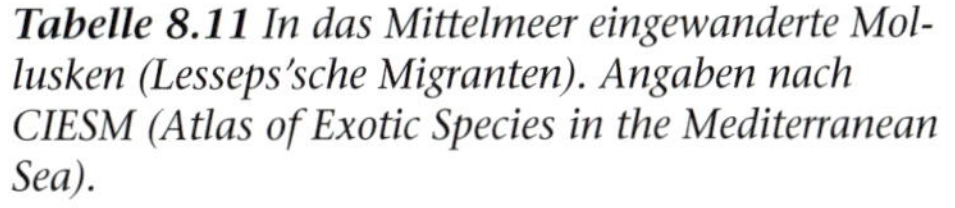

***Tabelle 8.11** In das Mittelmeer eingewanderte Mollusken (Lesseps'sche Migranten). Angaben nach CIESM (Atlas of Exotic Species in the Mediterranean Sea).*

Decapoda Macrura	
Alpheidae	*Alpheus edwardsii, A. lobidens, A. migrans, A. rapacida*
Luciferidae	*Lucifer hanseni*
Ogyrididae	*Ogyrides mjoebergi*
Palaemonidae	*Palaemonella rotumana, Periclimenes calmani*
Palinuridae	*Panulirus ornatus*
Pasiphaeidae	*Leptochela aculeocaudata, L. pugnax*
Penaeidae	*Marsupenaeus japonicus, Melicertus hathor, Metapenaeopsis aegyptia, M. mogiensis consobrina, Metapenaeus monoceros, M. stebbingi, Penaeus semisulcatus, Trachysalambria curvirostris*
Solenoceridae	*Solenocera crassicornis*
Decapoda Brachyura	
Calappidae	*Ashtoret lunaris*
Euryplacidae	*Eucrate crenata*
Grapsidae	*Plagusia tuberculata*
Leucosiidae	*Ixa monodi, Leucosia signata, Myra subgranulata*
Majidae	*Hyastenus hilgendorfi, Micippa thalia*
Ocypodidae	*Macrophthalmus graeffei*
Pilumnidae	*Halimeda tyche, Heteropanope laevis, Pilumnopeus vauquelini, Pilumnus hirsutus*
Portunidae	*Charybdis helleri, Ch. longicollis, Portunus pelagicus, Thalamita gloriensis, T. poissonii*
Raninidae	*Notopus dorsipes*
Xanthidae	*Atergatis roseus, Daira perlata, Sphaerozius nitidus*
Stomatopoda	
Squillidae	*Erugosquilla massavensis*

Tabelle 8.12 *In das Mittelmeer eingewanderte Crustaceen. Alle oder annähernd alle angeführte Arten sind durch den Suezkanal eingewanderte Lesseps'sche Migranten, zu denen hier nur Arten gezählt werden, die vor 1920 im Mittelmeer nicht bekannt waren. Angaben nach CIESM (Atlas of Exotic Species in the Mediterranean Sea).*

darunter etwa *Pseudonereis anomala*. Mit dem Fund von *Synaptula nigra* an der israelischen Küste liegt der dritte Nachweis für Echinodermen vor, mit *Cassiopea andromeda* – ein euryhaliner Weichbodenbewohner, der bereits aus den Bitterseen bekannt war – der erste sichere Nachweis bei Cnidariern. In ihrer Verbreitung zeigen diese Lesseps'schen Arten einen deutlichen, von Ost nach West gerichteten Gradienten. Während unter den Fischen beispielsweise 56 Arten an der Levanteküste vorkommen, nimmt ihre Zahl allmählich sowohl an der südlichen als auch der nördlichen Küste des östlichen Mittelmeeres bis nach Tunesien und Sizilien hin ab. An der Südküste der Türkei kommen 30 dieser Lesseps'schen Fischarten vor, 32 besiedeln die Küste Ägyptens, nur noch fünf dieser Fischarten wurden für die Südküste Italiens nachgewiesen, während lediglich eine Art, *Stephanolepis diasporos,* im Norden Siziliens vorkommt.

In mehreren Arbeiten hat der israelische Zoologe Francis Dov Por in den siebziger Jahren die bis dahin bekannten Fakten zusammengefasst und daraus geschlossen, dass sich der Einstrom von Arten aus dem Roten Meer asymptotisch verhalten würde. Diese Vermutung hat sich nicht bestätigt, denn noch immer nehmen die Neunachweise zu. Inzwischen sind wenigstens zehn Prozent der an der Levanteküste bekannten marinen Arten indopazifischen Ursprungs: Polychaeten neun Prozent, Mollusken 9,4 Prozent, Fische 13 Prozent, decapode Krebse 20 Prozent. Letztere haben an der türkischen Mittelmeerküste einen Anteil von zehn Prozent erreicht.

Überdies besteht ein Zusammenhang zwischen dem Jahr des Erstnachweises einzelner Lesseps'scher Arten und der heutigen Abundanz dieser Arten entlang der Küste Israels. Mit anderen Worten: Je früher eine Art eingewandert ist, desto häufiger kommt sie heute im östlichen Mittelmeer vor. Obwohl das Jahr des Erstnachweises nicht identisch sein muss mit der tatsächlichen Ankunft der Lesseps'schen Arten im Mediterran, wird doch die Wahrscheinlichkeit des Neunachweises mit der Bestandsgröße zunehmen. Denn je länger die Ankunft im Mittelmeer zurückliegt, desto wahrscheinlicher ist eine große und florierende Population. Auch dürften diese Erstsiedler zugleich die besten Kolonisationsfähigkeiten mitgebracht haben, um sich in der Konkurrenz mit mediterranen sowie weiteren Lesseps'schen Migranten zu etablieren. Daher lässt sich der Erstnachweis im Wesentlichen als Beginn der Besiedelung durch die fragliche Art ansehen. Es muss jedoch berücksichtigt werden, dass in den vergangenen Jahrzehnten auch die Zahl vor allem der ichthyologischen Studien zugenommen hat. Dadurch kam es zu Nachweisen für Arten, deren bislang erfolglose Kolonisationsversuche zuvor nicht festgestellt worden sind. Die erfolgreiche Besiedelung des östlichen Mittelmeeres durch Lesseps'sche Migranten unter den Fischen wurde oft mit der Exploration bisher ungenutzter ökologischer Nischen erklärt. So führte man die erfolgreiche Kolonisierung des Ostmediterrans durch die beiden herbivoren Arten *Siganus luridus* und *S. rivulatus* darauf zurück, dass es im gemäßigt temperierten Mittelmeer bis dahin nur wenige andere herbivore Fische gegeben hat. Ebenso sollte die erfolgreiche Einwanderung der drei nachtaktiven Lesseps'schen Migranten *Sargocentron rubrum* (Abb. 8.1, 8.2), *Apogon nigripinnis* und *Pempheris vanicolensis* im Fehlen entsprechender Mittelmeerarten begründet liegen.

Allgemein sollte die Einwanderung und vor allem erfolgreiche Besiedelung für jene Rotmeerarten wahrscheinlicher sein, von deren Familie bisher keine oder nur wenige andere Vertreter im Mittelmeer vorkommen; umgekehrt lässt sich erwarten, dass sich nur wenige indowestpazifische Arten aus Familien mit bereits zahlreichen mediterranen Vertretern erfolgreich im Mittelmeer etablieren. Tatsächlich stellte sich für Fische der Levante heraus, dass bei 13 Familien alle Arten Lesseps'sche Migranten waren; bei weiteren zwölf Familien waren es immerhin wenigstens die Hälfte oder mehr der Arten. Allerdings gibt es unter den erfolgreichen Einwanderern auch 13 Spezies, bei denen bereits viele Familienmitglieder natürlicherweise im Mittelmeer vorkommen.

Einige Arbeiten legen den Schluss nahe, dass aus dem Roten Meer eingewanderte Arten im Mittelmeer autochthone Spezies verdrängt haben, andere Studien sprechen dagegen. Für sichere Aussagen fehlen eindeutige Belege, weil aus der Zeit vor der Invasion meist keine Daten existieren. Einige vergleichende Untersuchungen gibt es dennoch, so für die Meerbarben (Mullidae). Bei diesen kommen heute zwei eingewanderte Arten, *Upeneus moluccensis* und *U. pori*, neben zwei autochthonen mediterranen Arten, *Mullus barbatus* und *M. surmuletus*, vor. Unter den Eidechsenfischen wurden der Einwanderer *Saurida undosquamis* und der mediterrane *Synodus saurus* verglichen. Die Ernährungsgewohnheiten der Neusiedler als auch der ursprünglich mediterranen Arten erwiesen sich als bemerkenswert ähnlich; offenbar kam es allein entlang der bathymetrischen Verteilung zu einer Nischenaufteilung. Unter den Mullidae besiedelten die Kolonisten aus dem Roten Meer flachere Zonen, während sich der umgekehrte Trend bei den Synodontidae fand. Es ist jedoch kaum zu entscheiden, ob erst die Kolonisten die mediterranen Arten aus dem jeweiligen Bereich verdrängt haben oder ob diese schon vor der Konkurrenzsituation ihre jetzigen Habitate besiedelten.

Wichtig ist die Feststellung, dass seit der Untersuchung zur Lesseps'schen Migration keine der autochthonen Arten des Mittelmeeres verschwunden ist, wenngleich manche Arten wohl zurückgedrängt wurden. Unter den Fischen war einst die heimische Art *Argyrosomus regius* eine der häufigsten kommerziell genutzten Arten in Israel. Seit den 1980-er Jahren ist sie aus dem örtlichen Fischfang beinahe vollständig verschwunden, während zugleich die Bestände der aus dem Roten Meer eingewanderten Makrele *Scomberomorus commerson* dramatisch zugenommen haben. Beide Arten sind piscivor (fischfressend) und könnten hinsichtlich ihrer Nahrung konkurrieren. Der Lesseps'sche Einwanderer *Callionymus filamentosus*, eine der häufigsten Beifangarten der örtlichen Fischerei, breitet sich massiv aus, während drei andere zuvor im Mediterran heimische Arten aus derselben Familie und mit ähnlichem Vorkommen im Flachwasser weitgehend verschwunden sind. Nur *Synchiropus phaeton* wird noch gefangen, doch besiedelt diese Art viel tiefere Zonen in 150 – 300 m.

***8.16** Die bereits gegenwärtig bestehende „Lesseps'sche Provinz" des Mittelmeeres mit den Migrationsrichtungen nach Norden (Lesseps'sche Migration; LM) und Süden (Anti-Lesseps'sche Migration; AL).*

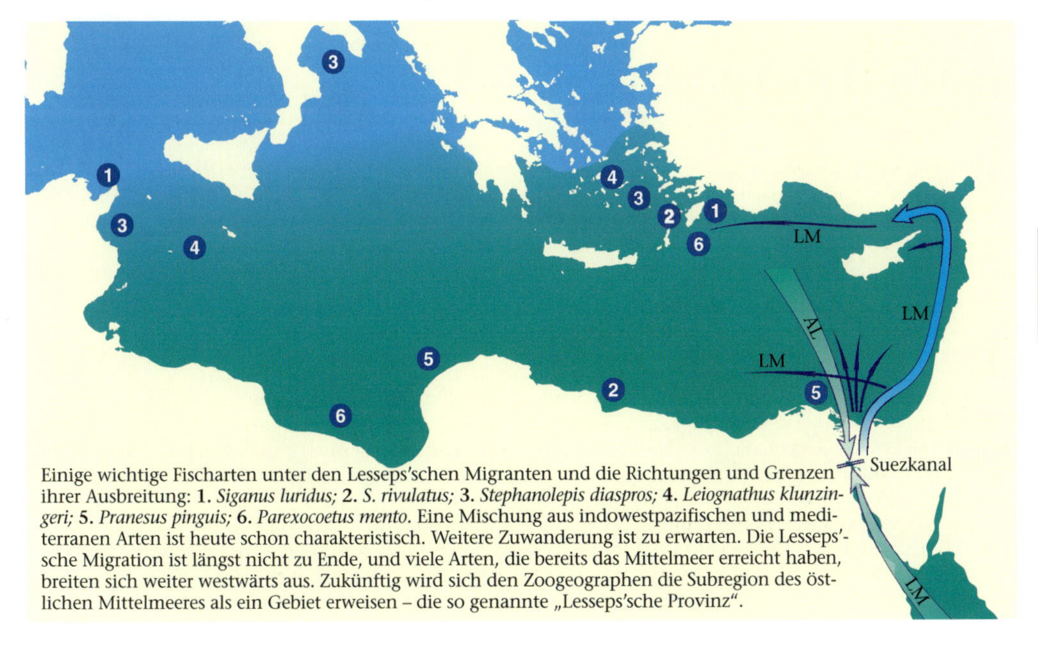

Einige wichtige Fischarten unter den Lesseps'schen Migranten und die Richtungen und Grenzen ihrer Ausbreitung: **1.** *Siganus luridus;* **2.** *S. rivulatus;* **3.** *Stephanolepis diaspros;* **4.** *Leiognathus klunzingeri;* **5.** *Pranesus pinguis;* **6.** *Parexocoetus mento.* Eine Mischung aus indowestpazifischen und mediterranen Arten ist heute schon charakteristisch. Weitere Zuwanderung ist zu erwarten. Die Lesseps'sche Migration ist längst nicht zu Ende, und viele Arten, die bereits das Mittelmeer erreicht haben, breiten sich weiter westwärts aus. Zukünftig wird sich den Zoogeographen die Subregion des östlichen Mittelmeeres als ein Gebiet erweisen – die so genannte „Lesseps'sche Provinz".

Thilo Maack und Verena Rademaker-Wolff

9. Umweltsituation: Gefährdung und Schutz

„Der Mensch von heute muss endlich aufhören, sich noch länger seinen romantischen Knabenträumen über das Meer hinzugeben. Auch sollten wir nicht mehr in die See hinein-‚geheimnissen', als in ihr ist. Wir haben es zwar mit Geheimnissen zu tun, aber auch mit Problemen, für die wir eine Lösung finden müssen und können" (Jacques-Yves Cousteau).

Kein anderes Meer ist so lange und so intensiv der menschlichen Nutzung, vor allem aber den Folgen übermäßiger Ausbeutung ausgesetzt gewesen wie das Mittelmeer. Sein Reichtum prägte die wirtschaftliche und kulturelle Entwicklung der Länder an seinen Küsten, diente es doch als Fischbecken und als Wasserstraße, als Handelsweg und als Entdeckerroute zu neuen Ufern. Seither hat seine Nutzung und damit die Ausbeutung seiner Ressourcen, verbunden mit einer immer bedrohlicher werdenden Verschmutzung, stark zugenommen (Abb. 9.1). Im Zuge der industriellen Revolution wurden Stoffe entwickelt, die in der Natur so nicht vorkommen bzw. der Natur völlig fremd sind, die aber heute fast wie selbstverständlich als täglicher Abfall das Meer belasten. Zusätzlich verändert der Tourismusboom seit einem Jahrhundert das Gesicht der Küstenzonen. Urbanisierung und Industrieanlagen verkleinern die naturbelassenen Zonen mehr und mehr und damit das Rückzugsgebiet für gefährdete Tiere und Pflanzen. Um so wichtiger scheint es, sich ein Bild über den heutigen Zustand der Küstenzonen und des Meeres zu machen.

9.1 *Am 14. März 1994 verliert der Tanker „Nassia" nach einer Kollision im Bosporus Öl. Das Ölproblem gehört – oft wortwörtlich – zu den „brennendsten" Problemen des Mittelmeeres. Zwischen 1977 und 1995 wurden von REMPEC 268 Ereignisse registriert, bei denen größere Ölmengen ins Meer gelangten.*

Ausgewählte Problemkreise

Bis heute hat der Mediterran nicht viel von seiner faszinierenden Wirkung auf den Besucher und nur wenig von seiner wirtschaftlichen Ertragfähigkeit eingebüßt. Allerdings ist das Mittelmeer eines der am stärksten belasteten und bedrohten Meere der Welt. Einige der dafür verantwortlichen Faktoren sind die bis auf zwei natürliche Meerengen völlig abgeschlossene Lage, die enorme Länge der Küstenlinie wie die starke Verzahnung mit dem zum Teil kräftig urbanisierten und agrarisch genutzten Land, der aride Charakter des Konzentrationsbeckens Mittelmeer, die Veränderungen der Küstenzonen und des Meerwassers selbst, die Ausbeutung der Energiereserven und des Fischbestands, die vielfältigen Probleme, die durch den Tourismus entstehen, die Schifffahrt und deren Risiken, die Einleitung industrieller wie kommunaler Abwässer und zahlreiche weitere.

Eine so große Region zeichnet sich durch örtliche Unterschiede sowohl in den natürlichen Bedingungen als auch in den Umweltproblemen aus. Probleme, die lokal oder regional katastrophale Ausmaße annehmen, erscheinen anderswo völlig unbedeutend. Eine länderübergreifende Bewertung zeigt in diesen Fällen immer nur ein theoretisches Bild, das für keinen Ort des Mittelmeeres die Situation richtig beschreibt. Der Einfluss des Menschen auf diese dicht besiedelte Region ist sehr vielgestaltig; die Störungen sind in komplexer Weise miteinander verknüpft.

Vier ausgewählte Themenbereiche – die Eutrophierung, die Ölbelastung, die Verunreinigung durch giftige chemische Verbindungen sowie der Verlust an Lebensraum durch den Tourismus – sollen diese Belastungen dokumentieren. Sie sind leider keinesfalls die einzigen; viele weitere wie etwa die Küstenerosion, Probleme des Wassermangels und der Wasserversorgung (vgl. Kapitel „Geographie und Klima"), Klimaänderungen durch den Treibhauseffekt und deren Auswirkungen (etwa globaler Anstieg des Meeresspiegels), Atommüll, Rückgang der Biodiversität, mikrobielle Kontaminierung von Fischen und Meeresfrüchten und viele andere können aus Platzgründen nicht näher erläutert werden. Die Problematik der ungeklärten Abwässer und der Eutrophierung von Küstengewässern wird auch wegen ihrer Auswirkungen auf den Tourismus kurz angeschnitten.

Seit 1975 verstärken die Anrainerstaaten des Mittelmeeres mit Unterstützung von EU und UNEP (United Nations Environmental Program) ihre Bemühungen, den marinen Lebensraum und die Küstenlandschaften zu schützen und für die Zukunft zu erhalten. Konkrete politische, rechtliche und technische Ziele wurden seitdem bei zahlreichen internationalen Treffen formuliert (z. B. Barcelona-Konvention: Barcelona 1976, Athen 1980, Genf 1982, Madrid 1994, Izmir 1996). Eine kaum noch zu überblickende Zahl an Programmen, Organisationen/Teilorganisationen und Nichtregierungsorganisationen (NGOs) sind heute in diese Bemühungen involviert: MAP (Mediterranean Action Plan), EEA (European Environment Agency), ETC/MCE (European Topic Centre on the Marine and Coastal Environment), MED-POL (Mediterranean Pollution Programme) sowie Programme und Teilorganisationen der FAO (Food and Agriculture Organisation) und NGOs wie Greenpeace, WWF (Worldwide Fund for Nature) und viele andere.

Insgesamt sind mehr als 200 Organisationen und Institutionen in das Blue Plan-Programm involviert. Das Ziel: die Wasser- und Luftbelastung besser zu verstehen, durch Monitoring zu erfassen und Konzepte zur dauerhaften ökologischen Sicherung des Mittelmeeres zu suchen. Zahlreiche kleinere NGOs nehmen sich bestimmter Tiergrup-

9.2 Die durch Medienberichte europaweit bekannt gewordene Algenblüte in der Nordadria im Sommer 1989 auf Satellitenaufnahmen. Als Flachmeer mit nur 40 – 60 m Tiefe kann die Nordadria die massive Belastung durch den Po, die umliegenden Städte und den ausufernden Tourismus in den warmen Sommermonaten nicht verkraften. Das System reagierte Ende der achtziger Jahre mit einer Massenentwicklung Schleim produzierender Algen. Millionen Touristen blieben aus, der wirtschaftliche Schaden für die Küstenregion war enorm.

***9.3** Eutrophierungsphänomene im westlichen Mittelmeer und in der Nordadria. a) Durch die Strömung herangetragene schleimige Algen-Aggregationen bedecken die Fächer der Roten Gorgonie (Paramuricea clavata; Giglio, 30 m). Zu massenhaften Algenentwicklungen dieser Art kommt es zunehmend nicht nur in Grund- und Küstennähe, sondern auch im freien Wasser. b) und c) Durch massenhaftes Wuchern von Fadenalgen erstickte benthische Lebensgemeinschaften. Ungeklärte Abwässer können kleinräumig zu solchen Entwicklungen führen.*

pen wie Haie, Meeresschildkröten und Meeressäuger an. Zum Themenkreis Umwelt wurden und werden unzählige Publikationen veröffentlicht (siehe Literaturverzeichnis), die größtenteils auch im Internet abrufbar sind.

Die EU fördert durch die Freigabe von Krediten (METAP I, II: Mediterranean Environmental Technical Assistance Program) auch Forschung und Projekte außerhalb der EU (Südosteuropa, Naher Osten, Nordafrika). Mit dem MEDA I- und SMAP-Programm (Short- and Medium-Term Priority Environmental Action Program) hat sich die EU auch eines der größten Probleme der Region – vor allem im östlichen und südlichen Teil –, des Wassermangels und der Abwasserentsorgung angenommen. Durch den Bau von Meerwasserentsalzungsanlagen soll der künftige Bedarf an Trink- und Brauchwasser gesichert werden.

Es ist kein Geheimnis, dass es einfacher ist, Beschlüsse zu fassen, als Beschlüsse, Vorhaben und Gesetze durchzusetzen. Trotz aller Bemühungen und erreichter Teilerfolge bleibt das Mittelmeer extrem starken Belastungen ausgesetzt. Einen ausgewogenen Mittelweg zu finden zwischen Nutzung und Schutz, ohne dass dem Ökosystem Meer und den hier lebenden Organismen irreparable Schäden zugefügt werden, wird die Aufgabe der internationalen Bemühungen sein. Lobenswerte regionale Initiativen können das Gesamtsystem nicht retten, denn auch die bestgemeinten Bemühungen an einem Ort können durch unverantwortliches oder kriminelles Handeln an einem anderen zunichte gemacht werden – der Transport durch Strömungen ist eine Grundeigenschaft des Meeres.

Wegen der Unterschiede in Interesse und Wissen bewerten die einzelnen Staaten die Umweltsituation unterschiedlich – vor allem ab wann Handlungsdarf besteht, um ökologische Katastrophen zu verhindern. Seit 1975 befasst sich die Europäische Union intensiver mit systematischen Untersuchungsprogrammen zum Belastungszustand der Meeresgebiete in den Anrainerstaaten. Doch die Beauftragten sehen sich immer wieder mit den unterschiedlichen politischen Positionen der einzelnen Länder konfrontiert und verlieren kostbare Zeit mit der Bewältigung administrativer Hürden. Dabei sind Maßnahmen zum Schutz des Mittelmeeres äußerst dringlich.

Die Anrainerstaaten nutzen das Meer nicht nur unterschiedlich, sie zeigen auch unterschiedlich starkes wissenschaftliches Interesse für den Zustand des Meeres vor ihrer Küste. Viele Untersuchungen, obwohl thematisch ganz ähnlich, können untereinander kaum verglichen werden, denn bis heute werden in vielen Ländern unterschiedliche Mess-, Untersuchungs- und Monitoringmethoden eingesetzt.

Toxische Algenblüten, eine Gefahr für Mensch und Meeresfauna

AdrianaqZingone

Unter dem Begriff *harmful algal blooms* (HAB) werden verschiedene Phänomene zusammengefasst, die durch marine Mikroalgen verursacht werden und schädliche Auswirkungen auf den Menschen haben. Einige dieser Ereignisse werden durch Massenentwicklungen von Phytoplanktonalgen ausgelöst (bis Hunderte Millionen Zellen pro Liter), die dem Wasser eine ungewöhnliche goldbraune bis smaragdgrüne oder intensiv rote Färbung verleihen. Deshalb tragen sie den bezeichnenden Namen „rote Tiden" *(red tides)*. Selbst weitaus niedrigere Algenkonzentrationen, bei denen keine auffälligen Veränderungen des Wassers zu bemerken sind, können zu einer Gefahr werden. Dies ist dann der Fall, wenn Mikroalgen Toxine produzieren, die von filtrierenden Organismen (z. B. Miesmuscheln, Austern) oder kleinen pelagischen Fischen akkumuliert werden. Verzehren Menschen oder Tiere diese kontaminierte Nahrung, kommt es je nach Art der verantwortlichen Organismen und Toxine zu unterschiedlichen Vergiftungserscheinungen, die fallweise sogar zum Tod führen können.

Wahrscheinlich produzieren weniger als 100 der schätzungsweise 3 000–4 000 Phytoplanktonarten der Ozeane für den Menschen toxische Substanzen. Zu den gefährlichsten davon gehören Saxitoxine und Gonyautoxine, die von einer Reihe mariner Dinoflagellaten (*Alexandrium*, *Gymnodinium*) synthetisiert werden und zu einer ernsthaften Erkrankung führen, der paralytischen Muschelvergiftung (Paralytic Shellfish Poisoning, PSP). Andere Dinoflagellaten, z. B. etliche *Dinophysis*-Arten und einige benthische *Prorocentrum*-Formen, produzieren Okadainsäure und Dinophysistoxin, die Diarrhoe hervorrufende Muschelvergiftung verursachen (Diarrhetic Shellfish Poisoning, DSP). Auch einige Diatomeenarten, besonders aus der Gattung *Pseudonitzschia*, bilden ein starkes Gift, die Domoinsäure, die eine Muschelvergiftung mit Amnesie zur Folge hat (Amnesic Shellfish Poisoning, ASP). Die Mikroalgen, die diese Syndrome verursachen, sind weltweit verbreitet und kommen auch im Mittelmeer vor. Dagegen sind Erscheinungen wie die neurotoxische Muschelvergiftung (Neurotoxic Shellfish Poisoning, NSP) und die Ciguatera geographisch begrenzt. Erstere ist nur im Golf von Mexiko und Letztere ausschließlich in den Tropen anzutreffen.

Eine andere Kategorie von Giften sind die Ichthyotoxine, die die Gesundheit von Muscheln und Fischen beeinträchtigen. Sie werden von Dinoflagellaten, Prymnesiophyten, Raphidophyten und Pelagophyten produziert. Potenziell toxische Arten sind im Mittelmeer recht häufig und werden vor allem dann gefährlich, wenn sie im Bereich von Muschelbänken oder Muschelfarmen Blüten entwickeln. Um die menschliche Gesundheit und die Aquakulturen zu schützen, wurden daher von vielen Mittelmeerländern Monitoringprogramme eingeführt, mit denen das Auftreten der Mikroalgen und ihrer Toxine überwacht wird. Toxische Algenblüten und deren offensichtliche Zunahme werden gewöhnlich mit der Eutrophierung der Küstengewässer in Zusammenhang gebracht, die eine Folge der intensiven menschlichen Aktivität ist. Wohl benötigen Blüten mit hohen Algenbiomassen enorme Nährstoffmengen, doch konnten bisher keine klaren Beziehungen zwischen toxischen Blüten und der Änderung des Nährstoffeintrags festgestellt werden.

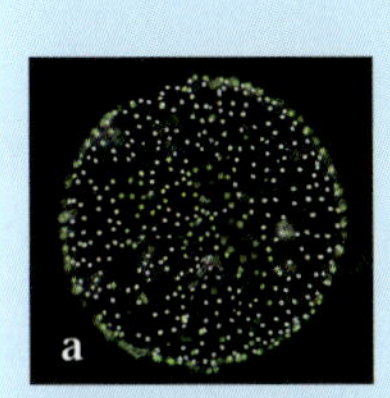

Literatur: Zingone A, Enevoldsen HO (2000) The diversity of harmful algal blooms: a challenge for science and management. *Ocean Coastal Manag* 43: 725–748.

***9.4** a) Die Massenentwicklung der kolonialen Haptomonade* Phaeocystis kann zu Schaumbildung auf dem Meer führen. b) Eine benthische Lebensgemeinschaft vor Piran ist durch zum Grund gesunkene Algenmassen und anschließende Anoxie abgestorben. c) Schleimige Algenaggregationen bedecken vor Istrien das Meer. Abgesehen von der Toxizität für Mensch und Meeresfauna können Massenentwicklungen vieler anderer Mikroalgen auch Auswirkungen auf die Tourismusindustrie haben – dann nämlich, wenn sie für Wassertrübung, atypische Meeresfärbung oder unangenehme Gerüche sorgen. Wahrscheinlich sind Mikroalgen außerdem für die Produktion jenes Mucopolysaccharid-Schleimes verantwortlich, der durch klein- und großräumige hydrographische Prozesse an manchen Küstenstreifen zu abnormen Teppichen angehäuft wird. Auch können durch die natürlichen Abbauprozesse, die dem Absterben der Algenmassen folgen, in Bodennähe anoxische Bedingungen entstehen, was dramatische Folgen für die benthischen Meeresbewohner besonders in Buchten haben kann.*

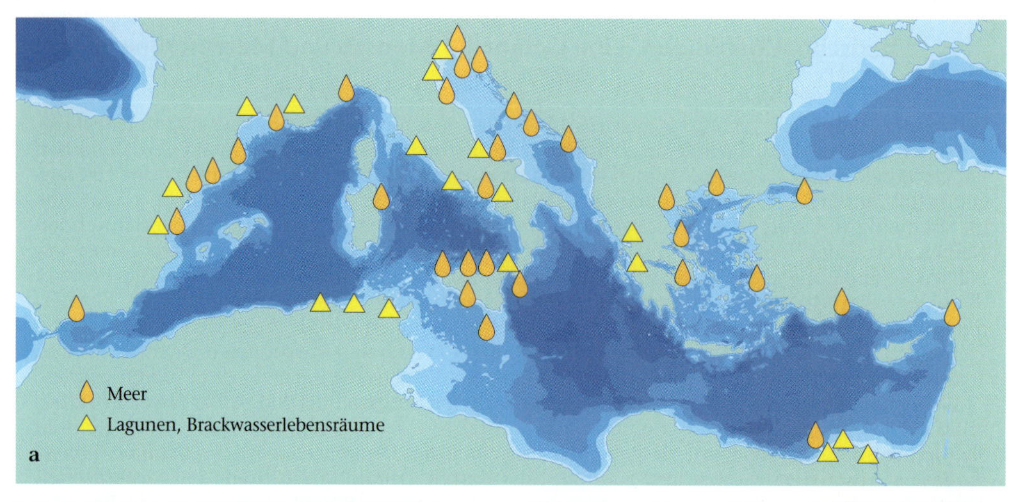

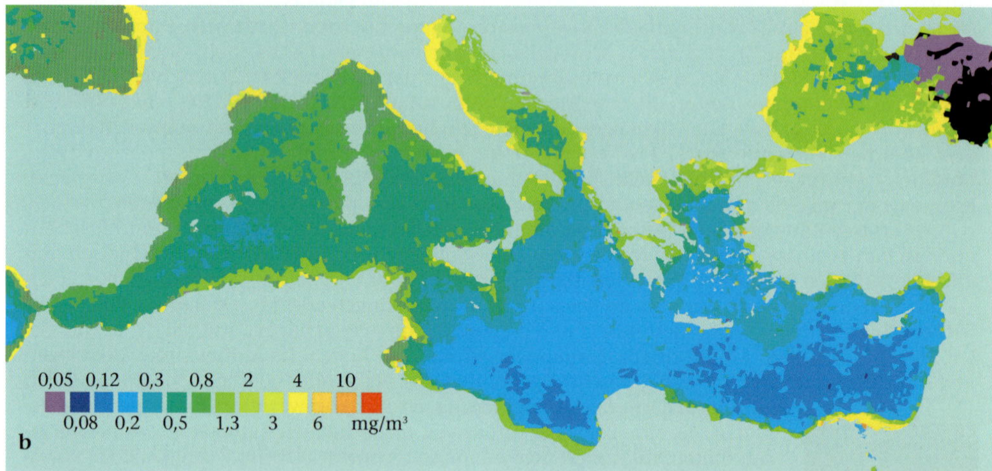

9.5 a) Eutrophierungsphänomene im Mittelmeer. b) Rekonstruktion des Chlorophyllgehalts des Meerwassers aufgrund von Satellitenmessungen zwischen 1979 und 1985. Für große Teile der nordafrikanischen Mittelmeerküste, die Ufer des Nahen Ostens und der Türkei lagen keine oder nur wenige Informationen vor. Die steigende Produktion in Aquakulturen und die dadurch eingebrachten Nährstoffe verstärken regional das Problem. An den regelmäßig auftretenden Algenblüten sind zahlreiche Arten von Diatomeen, Dinoflagellaten und anderen Flagellatengruppen sowie Coccolithophoren beteiligt. Nach Angaben der UNEP, FAO und WHO.

Leider wird auch von einem großen Teil der Touristen zu wenig Druck auf die Tourismuswirtschaft ausgeübt. Das Ausbleiben von Gästen, wie Ende der achtziger Jahre in Italien geschehen (Abb. 9.2), wäre wohl die stärkste und wirksamste Waffe, um Umweltmaßnahmen durchzusetzen. Die Verantwortung liegt somit nicht ausschließlich bei den Entscheidungsträgern in Politik, Wirtschaft und Verwaltung, sondern auch beim Konsumenten – eine Verantwortung, die bislang viel zu wenig und viel zu selten wahrgenommen wird. Es gibt beispielsweise bereits mehr als genug Hotels und Fremdenverkehrsanlagen; kein Erholungsuchender müsste ausgerechnet jene neu errichteten Anlagen durch seinen Aufenthalt unterstützen, denen die letzten Dünengebiete oder gar Schildkrötenstrände zum Opfer gefallen sind.

Problemkreis Eutrophierung

Unter Eutrophierung versteht man den Prozess der Anreicherung mit Nährstoffen, in erster Linie Phosphaten und Nitraten, der zur gesteigerten Primärproduktion führt. Große Mengen der produzierten Biomasse sinken zum Meeresgrund ab, wo der Abbau durch Mikroorganismen beginnt – durch das steigende Nahrungsangebot vermehren sich diese explosionsartig. Der vorhandene Sauerstoff wird reduziert oder völlig aufgebraucht (Anoxie); ganze benthische Lebensgemeinschaften können daraufhin an Sauerstoffmangel zugrunde gehen. Solche Ereignisse wurden in den letzten 20 Jahren z. B. immer häufiger im Golf von Triest beobachtet.

Das Mittelmeer ist grundsätzlich ein oligotrophes Meer. Das bedeutet, dass sein Wasser einen niedrigen Gehalt an Pflanzennährstoffen aufweist. In die Tiefe absinkende organische Substanz wird in beträchtlichem Ausmaß mit den in den Atlantik hinausströmenden Wassermassen aus dem Mittelmeer befördert (vgl. Kapitel „Ozeanographie"). Viele mediterrane Organismen haben sich in Jahrmillionen auf ein solches oligotrophes System eingestellt. Der Eintrag an Pflanzennährstoffen ist aber in den letzten Jahrzehnten stark gestiegen, was vor allem in seichten Küstenregionen zu Eutrophierungsphänomenen führt. Zu den markantesten und gefährlichsten Folgen der Eutrophierung gehören Algenblüten (vgl. Abb 9.2 und 9.3).

Wie Abbildung 9.5 a zeigt, sind alle Küstengewässer von Eutrophierung betroffen, allerdings in unterschiedlichem Ausmaß. Der Chlorophyllgehalt des Wassers kann als Indikator des Pflanzennährstoff-Angebots dienen – es geht um das in einzelligen Algen enthaltene Chlorophyll. Diese Algen sind die wichtigsten Primärproduzenten der Meere. Vor allem in seichten Küstenregionen (Schelfregionen) wie in der Nordadria, in der Kleinen Syrte vor Tunesien und in der Nähe von Flussmündungen (Ebro-, Rhône- und Nildelta) macht sich die Eutrophierung massiv bemerkbar. Große Teile der offenen See hingegen sind oligotroph, mit einigen Gebieten höherer Produktivität. Die Zukunftsperspektiven werden von den Experten unterschiedlich bewertet. Während manche die der offenen See durch Eutrophierung drohende Gefahr als gering einschätzen, kommen andere zum Schluss, dass es in tieferen Wasserschichten zu einer Anreicherung von Nährstoffen und Anoxien (Sauerstoffmangel) kommen kann.

Die Küstenregion wird immer intensiver urbanisiert und agrarisch wie touristisch genutzt – mit weitreichenden Folgen für das Meer. Das Wasser der Flüsse und die Abwässer sind nicht nur reich an Nährstoffen (vgl. Tab. 3.7), sondern auch an Pestiziden, Fungiziden und einer giftigen Mixtur verschiedenster Substanzen (siehe Problemkreis Chemie, S. 508 ff.). Hinzu kommt die pathogene Belastung durch Viren und Mikroorganismen (coliforme Bakterien, verschiedene Parasiten). Die städtische Bevölkerung der Küstenzone ist zwischen 1960 und 1980 auf das Doppelte angewachsen, zwischen 1980 und 2025 erwartet man eine weitere Verdoppelung von 80 auf 170 Millionen. Die Klärung der Abwässer muss daher ein Schwerpunkt der Umweltpolitik sein. Die Mitgliedsstaaten der EU sollten in dieser Hinsicht den wirtschaftlich schwächeren Mittelmeer-Anrainerländern mit gutem Beispiel vorangehen.

Problemkreis Öl

Als Folge des hohen Energiebedarfs in Europa gehört das Mittelmeer heute zu den am stärksten mit Öl belasteten Gewässern der Erde. Öl als Träger fossiler Energie ist die Basis der Industrie und des Verkehrs sowie der modernen Landwirtschaft. Es ist die wichtigste Energiequelle und damit auch die bedeutendste Ressource der modernen Zivilisation. Doch Öl ist für die meisten biologischen Systeme giftig und gilt als einer der größten Umweltschadstoffe.

Ölverschmutzungen sind auf natürliche Verluste aus Erdölfeldern, auf Immissionen oder Schiffskatastrophen zurückzuführen. Während Ölverschmutzungen an Land meist lokal begrenzt, relativ leicht zu bekämpfen und ihre Auswirkungen meist vorhersehbar sind, sind sie im Meer nur schwer einzudämmen und werden von Gezeiten, Strömungen, dem Wellengang und der Wetterlage unvorhersehbar beeinflusst.

Zum einen gelangen durch die Erdölgewinnung an Land belastete Abwässer über Böden und Flüsse ins Meer, zum anderen fließt bei der Förderung der auf See stationierten Anlagen Öl ins Meerwasser. Die größte Gefahr geht jedoch vom Transport des Öls und seiner Nebenprodukte per Schiff aus. Havarien von Supertankern sind Katastrophen, bei denen enorme Ölmengen große Meeres- und Küstenbereiche verunreinigen. In den letzten Jahren ist die Zahl der Raffinerieneubauten rund um das Mittelmeer stark angestiegen; dadurch erhöhte sich die Zahl der notwendigen Transporte und damit die Gefahr einer Havarie beträchtlich. Weniger spektakulär, aber von großer Bedeutung für das Mittelmeer sind kleinere Schiffsunglücke, Unfälle im Zusammenhang mit der Ölförderung sowie die chronische Verseuchung durch das willkürliche Ablassen von Ballast- und Spülwasser aus Schiffstanks und Lagerstätten an Land. Zwar sind die Betreiber der Raffinerien verpflichtet, Möglichkeiten zur Ballast- oder Spülwasserentsorgung anzubieten, doch die Entsorgung ist teuer, und so landet das Gemisch aus Rohölresten, Meerwasser und Schiffsmaschinenöl oft ungeklärt im Meer. Die Bereiche in der Nähe von Raffinerien und Häfen sind chronisch belastet, und auch an manchen Stränden Kretas liegen die Ölablagerungen bis zu einem halben Meter hoch.

Die griechischen Häfen sind Verkehrsknotenpunkte des internationalen Erdölhandels. Über 100 Millionen Tonnen werden jährlich durch die Ägäis transportiert. Neben den alten Schifffahrtsrouten durch den Bosporus bestehen Pläne, Pipe-

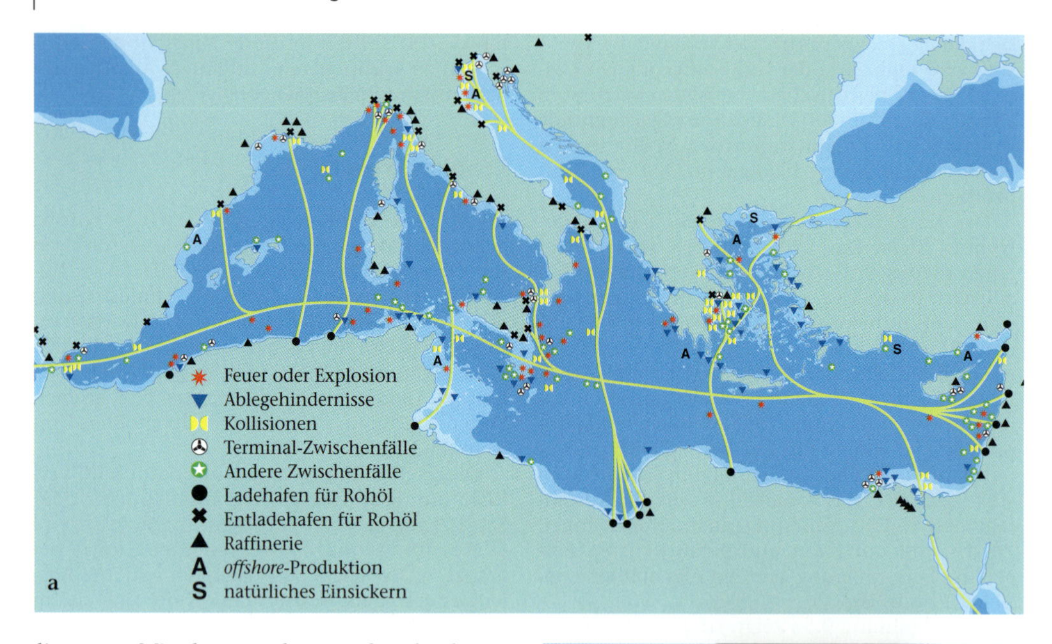

lines zum Mittelmeer zu bauen, über die das geförderte Öl aus dem Kaspischen Meer an die türkische und weiter an die griechische Küste gelangen soll. Von dort wird das Öl mit Tankschiffen ins restliche Europa transportiert.

Wo bleibt das „entlaufene" Öl?

Nach Schätzungen der UNEP (United Nations Environmental Program) gelangen jährlich 120 000 Tonnen Öl ins Mittelmeer; Greenpeace-Wissenschaftler halten sogar eine Menge von 635 000 Tonnen für realistisch.

Bis heute ist über den Verbleib des Öls in biologischen Abbauprozessen und bio-geochemischen Kreisläufen wenig bekannt. Nach einem Ölunfall verdampfen die Leichtölanteile oder werden durch marine Bakterien langsam abgebaut. Der Verbleib der Schwerölanteile ist fraglich. Tatsache ist, dass sich das Öl in den Sedimenten anreichert; das wird in der Massenbilanzierung des Öls in Abbildung 9.7 deutlich. Der hohe Ölanteil in der Atmosphäre ist gut zu erkennen. Ein Teil davon entsteht durch verdampfendes Leichtöl nach Ölunfällen, den größten Anteil steuern jedoch unvollständige Verbrennungsprozesse von organischem Material (Öl, Benzin oder Kohle) in Industrie, Haushalt und Verkehr bei. Dabei werden Polyzyklische Aromatische Kohlenwasserstoffe (PAKs; englisch PAH: *polycyclic aromatic hydrocarbons*) gebildet. Zur Gruppe der PAKs zählen krebserregende und das Erbgut verändernde Stoffe. Neben der bekannten Wirkung als Treibhausgas sind Kohlenwasserstoffe vor allem schädlich für die Entwicklung larvaler und juveniler Meeresorganismen.Sie sind stark hydrophob und werden vor allem als Aerosole transportiert; so

9.6 *a) Aktivitäten der Ölindustrie im Mittelmeerraum und Lokalitäten von 268 Ölunfällen und -zwischenfällen zwischen 1977 und 1995. Nach Angaben von RAC/REMPEC, 1996. b) Der im Golf von Genua brennende Öltanker „Haven" am 13. April 1991. c) Kampf gegen das Öl an der Riviera di Ponente, in Arenzano westlich von Genua, im April 1991.*

gelangen diese Schadstoffe auch in Regionen, die an und für sich kaum durch Abgase belastet sind.

Neben der Verarbeitung von Rohöl bildet die Produktion von Schmierölen einen großen Sektor der Erdölindustrie. Schmieröle werden überall eingesetzt: in der Industrie, im Handwerk, in jedem Kraftfahrzeug und im Haushalt. Mit zum Teil hochgiftigen Additiven vermischt, finden sie in unterschiedlichsten Bereichen Verwendung: als Schmierstoff in Maschinen und Motoren, als Kühlflüssigkeit in der Metallindustrie, in Transformatoren oder bei der Erzeugung von Gummi. Meist verbinden sich die Schmieröle mit Elementen wie Zink, Barium, Natrium und Phosphaten, bevor sie über die industriellen Abwässer ins Mittelmeer gelangen. Im Wasser sind sie optisch nicht von Erdöl zu unterscheiden. Über die eingeleiteten Mengen dieser Industriegifte ist bis heute wenig bekannt, eine entsprechende Forschung daher dringend notwendig.

Transport mit Risiko und soziale Aspekte der Ölförderung

Jährlich treten 360 Millionen Tonnen Rohöl und Ölprodukte den Weg über das Mittelmeer an – immerhin 20 Prozent des weltweiten Öltransports auf See. Jeden Tag befahren 250 Öltanker das Mittelmeer, doch sie sind nicht allein: Es gibt 2 000 Fährlinien, 1 500 Transportschiffe, 2 000 Handelsschiffe und unzählige Fischerboote in der Region. Alles in allem wird das Mittelmeer von 200 000 Schiffen befahren, die in 350 Häfen unterschiedlicher Größe „zu Hause“ sind. Als die für die Schifffahrt risikoreichsten Gewässer des Mittelmeeres gelten die Straße von Gibraltar, das Gebiet südlich von Sizilien, die Ägäis, der Bosporus, der Suezkanal sowie einige besonders schwer befahrbare Häfen. In den Jahren von 1990 bis 1995 wurden in der Mittelmeerregion 29 schwere Schiffsunfälle registriert (145 Unfälle insgesamt), an denen hauptsächlich Öltanker beteiligt waren. Angesichts der zahlreichen Schiffsbewegungen scheinen 29 Unfälle in fünf Jahren eine geringe Zahl zu sein. Doch schon wenige Unfälle können verheerende Wirkungen haben – in der Zeit von 1981 bis 1991 flossen bei nur drei Unfällen 55 000 Tonnen Öl ins Mittelmeer (vgl. Abb. 9.7 und 9.8).

Oberflächlich betrachtet bietet die Industrialisierung der infrastrukturell wenig ausgebauten Mittelmeerregion eine Menge Arbeitsplätze; allerdings ist die Entwicklung eher negativ, wie das Beispiel Italien zeigt. Von der Modernisierung des Nordens sollte auch der arme Süden des Landes profitieren. Deswegen legte die Regierung 1957 fest, daß alle staatlichen Unternehmen 40 Prozent ihrer Investitionen in den Süden lenken sollten. Es entstanden vor allem kapitalintensive großindustrielle Anlagen der Petrochemie. Doch die mit hohen Subventionen errichteten Anlagen sind heute teilweise stillgelegt. Die Zahl der neugeschaffenen Arbeitsplätze war gering, und die wenigen, nur durch Spezialisten zu besetzenden Arbeitsplätze konnten meist nicht an die schlecht ausgebildeten örtlichen Nachwuchskräfte vergeben werden. Der erhoffte regionale wirtschaftliche Aufschwung ist ausgeblieben, die Beschäftigungszahlen in den südlichen Mittelmeerstaaten haben sich nicht wesentlich verändert. Die Förderländer verarbeiten das Rohöl nun an Ort und Stelle zu petrochemischen Produkten und beliefern direkt den größer werdenden Markt. Dieser Trend wird sich in den nächsten Jahren fortsetzen, womit sich die per Schiff transportierte Menge petrochemischer Produkte weiter erhöht.

Auswirkungen des Öls

Die Verschmutzung durch Rohöl oder durch Erdölprodukte hat weitreichende Auswirkungen. Sie führt in den betroffenen Gebieten zum Tod vieler Tiere und Pflanzen und kann die lokale Fischerei damit zum Erliegen bringen. Aufgrund seiner chemischen Beschaffenheit heftet sich Öl an alle Stoffe mit geringem Wasseranteil. Beispielsweise werden die wasserabweisenden, fetthaltigen Federn von Seevögeln sofort vom Öl umhüllt, wenn ein Tier damit in Kontakt kommt. Der Tod ist dann nahezu unausweichlich. Die Tiere vergiften sich entweder beim Versuch, sich vom Öl zu befreien, oder sie verhungern oder ertrinken, weil sie ihre Schwimmfähigkeit verlieren. Fischschwärme bleiben aus, sessile Meeresorganismen ersticken unter dem Ölteppich und werden ungenießbar. Das Öl verklebt Fischernetze und Reusen und verschmutzt die Strände. Auch die Kleinstlebewesen im Meer – Bakterien, Phyto- und Zooplankton – werden durch das Gift beeinträchtigt. Diese Organismen besitzen Zellmembranen, die an den Austausch gelöster Stoffe angepasst sind. Das hydrophobe Öl löst sich in den Zellmembranen auf, und es kommt zum Stillstand beim Austausch von Metaboliten, Nährsalzen und Spurenelementen. In hohen Konzentrationen lösen hydrophobe Substanzen die Zellmembranen auf, die Zellen sterben ab.

Lösungsansätze

Seit mehr als sieben Jahrzehnten wird das Mittelmeer kontinuierlich durch Öl belastet. Aufgrund der weltweit ständig wachsenden CO_2-Mengen, Resultat der Nutzung fossiler Energieträger wie Öl, muss das vorrangige Ziel die Verminderung des Ölverbrauchs sein; der Einsatz erneuerbarer Energie ist ein Gebot der Stunde. Dabei stellt die Solarenergie besonders in der Mittelmeerregion eine vorzügliche Alternative zur herkömmlichen Energiegewinnung dar. Ein weiteres Ziel sollte es sein, zu verhindern, dass Öl überhaupt in die Umwelt gelangt. Dafür fordern Naturschützer schon seit langem, dass Supertanker sicherer und Raffinerien sauberer werden. Seit 1995 fördert die EU die um-

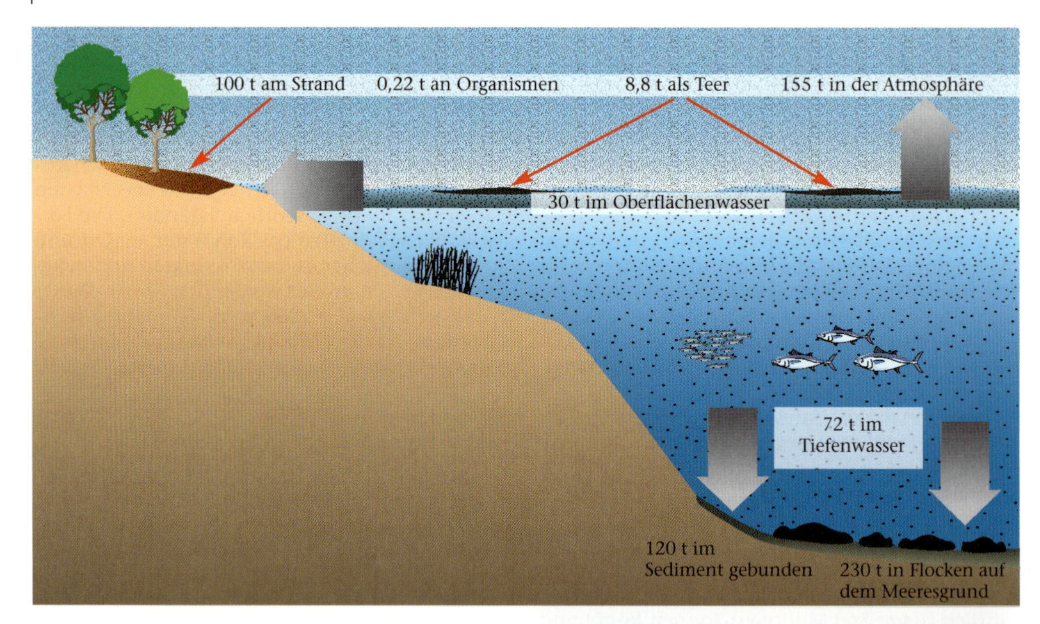

weltgerechte Reglementierung der Öltransporte auf dem Meer. Über das Mediterranean Environmental Technical Assistance Program (METAP) werden in Südeuropa und auch außerhalb der EU in allen Staaten des Mittelmeerraumes Kredite für Forschung und Durchführung von Projekten gewährt, die eine Verschmutzung des Meeres durch Öl und chemische Produkte verhindern sollen. Doch noch immer werden Ballasttanks auf dem Meer entleert und fahren Tanker mit „hauchdünnen" Wänden über das Mittelmeer.

Die Forschung hinsichtlich des Einsatzes von Meeresbakterien, die sich von Erdöl ernähren (hydrocarbonoclastische Bakterien: Meeresbakterien, die nur auf Öl wachsen), läuft auf Hochtouren. Die Eigenschaften solcher Bakterienarten werden derzeit eingehender untersucht, sollen sie doch bei der Reinigung der Tanks an Bord und in den Reinigungseinrichtungen an Land kostengünstig eingesetzt werden. Auch könnten die Bakterien bei einem Ölunfall den Schaden minimieren. In konzentrierter Form in das verseuchte Gebiet gebracht, sollen die Abbauraten wesentlich erhöht und damit die Verweildauer des Öls im marinen System verkürzt werden. Bislang beschäftigen sich die Forscher erst mit der Charakterisierung der Arten und der Analyse ihres Stoffwechsels, die Forschung steht also noch am Anfang.

9.7 und 9.8 Oben: Geschätzter Verbleib der ins Mittelmeer eingebrachten Ölmengen. Angaben in Tonnen. Darunter: Nach einer Schiffskollision im Bosporus ausgelaufenes Öl erreicht das Ufer.

Problemkreis Chemie

Die vielfältige Nutzung von Land und Wasser durch den Menschen hat seit jeher die Gewässer belastet. Lange Zeit wurden Flüsse, Seen und nicht zuletzt das Meer als unermesslich große Auffangbecken für Abfall und Unrat jeder Art angesehen. Noch bis vor wenigen Jahrzehnten lautete das Motto: „Das Wasser nimmt alles mit."

Mit der Industrialisierung haben sich nicht nur die Menge der Abwässer und des Mülls sowie die Luftverschmutzung stark erhöht, sondern es hat sich auch deren Zusammensetzung geändert. Waren es früher meist organische Abfälle, sind es heute komplexe, oft synthetische chemische Verbindungen kaum noch überschaubarer Vielfalt, die über Bäche und Flüsse ins Meer gelangen. Die moderne Landwirtschaft und Industrie steuern den größten Anteil bei, hinzu kommen Haushaltsabwässer. Als Folge der Erosion gelangen vergiftete Sedimente ins Meer. Die Verunreinigungen der Atmosphäre werden auf der Meeresoberfläche abgelagert.

Landwirtschaft

Um dem im Laufe der Zeit unentwegt steigenden Wettbewerb gewachsen zu sein, haben sich bäuerliche Betriebe zu energiehungrigen Unternehmen entwickelt. Es wird gedüngt und bewässert, Hochleistungsmast und Milchproduktion betrieben, kultiviert und beweidet. Jedes Jahr gelangen unglaubliche Mengen Phosphat und Stickstoff, Pestizide und Herbizide, Schwermetalle und Krankheitserreger sowie Salze und Spurenelemente ins Grundwasser, in die Feuchtgebiete, Flüsse, Seen und letzten Endes ins „Endlager" Meer.

In der Landwirtschaft zeigen sich in den einzelnen Regionen unterschiedliche Entwicklungen. Nimmt der bewirtschaftete Teil in den nördlichen Mittelmeerländern ab und bestimmen hier eher großflächige Monokulturen den Ackerbau, so ist der Anteil landwirtschaftlich genutzter Flächen in den südlichen und östlichen Ländern während der letzten Jahrzehnte gestiegen. Im Süden werden weit mehr Düngemittel eingesetzt als im Norden, und auch die Fläche der bewässerten Kulturen liegt über jener der Industrieländer.

Die Landwirtschaft belastet das Meer vor allem durch:

- Ackerbau: Sedimente, die später ins Meer verfrachtet werden, reichern sich mit Phosphaten und Pestiziden an.
- Viehzucht: Über das Düngen mit Gülle und Mist werden Krankheitserreger, Phosphat und Stickstoff freigesetzt.
- Bewässerung: Ehemals trockene Gebiete werden zu Gebieten hoher Bodenfeuchtigkeit; durch das Bewässern mit Grundwasser, in dessen Horizonte durch übermäßige Entnahme Meerwasser eindringt, kommt es zur Versalzung des Bodens.
- Düngemittel: Oberflächenwasser verfrachtet die Nährstoffe, in erster Linie Phosphat und Nitrat; in den Mündungsgebieten der Flüsse, in Lagunen und flachen Schelfregionen kann es zu Eutrophierungen kommen.
- Pestizide: Sie vergiften das Oberflächenwasser und den Boden. Mitsamt dem Staub trägt der Wind die Gifte auch in weniger belastete Gebiete.

Vor allem Meeresgebiete in der Nähe großer Flussdeltas sind von deren giftiger Fracht bedroht. Die beträchtlichste Menge gelangt durch die Rhône ins Mittelmeer, aber auch der Po verfrachtet große Mengen belasteter Sedimente und Düngemittel.

Oft sind es eine unzureichende Ausbildung und die Hoffnung auf schnelle Gewinne, die den Umgang mit „Hilfsstoffen" im Ackerbau so stark ansteigen lassen. Seit etwa zwanzig Jahren setzt man in der Landwirtschaft verstärkt Herbizide, Insektizide und Fungizide ein, da Monokulturen besonders anfällig für Krankheiten und Schädlingsbefall sind. Ackerflächen der nördlichen und westlichen Länder werden intensiv mit Pestiziden besprüht. Allein in Frankreich wurden im Jahr 1990 36 000 Tonnen Pestizide auf die Felder verteilt, in Italien waren es 1987 schon 33 000 Tonnen – Tendenz steigend. Zusätzlich gelangen die Abwässer der Chemiefabriken in die Flüsse. Neben den großen Flüssen der Mittelmeerregion, die die Hauptlast ins Meer transportieren (vgl. Tab. 3.7), werden die Pestizide auch mit den Luftströmungen über Land verteilt (vgl. S. 184 ff.). Sie belasten sowohl Grund- als auch Oberflächenwasser und letztlich das Ökosystem Mittelmeer. Ihre Giftigkeit zeigt sich manchmal erst nach jahrelanger Exposition. Folgen für den Menschen sind unter anderem Krebs und Schädigungen des neuronalen und reproduktiven Systems.

Industrie

Die petrochemische und chemische Industrie konzentriert sich vor allem auf die nördlichen Mittelmeer-Anrainerstaaten, in denen 87 Prozent aller Industriebetriebe der mediterranen Region liegen. Metallverarbeitende Betriebe, Papierfabriken, Gerbereien und Farbhersteller sind hier angesiedelt. Eines der offensichtlichsten Probleme für die Umwelt ist der enorme Flächenbedarf von Industriebetrieben. Ausgedehnte Bereiche für die Lagerung von Rohstoffen versiegeln den Boden; auch entstehen großflächige Deponien, wo die bei den Produktionsprozessen anfallenden Abfälle gelagert werden. In den heißen Sommermonaten machen sich die Auswirkungen der Industrie und des Verkehrs für die Menschen als Smog besonders bemerkbar.

Flüsse als Abwasserleitungen

Etwa 80 Flüsse tragen zur ständigen und massiven Verschmutzung des Mittelmeeres bei. Teilweise trocknen sie über die Sommermonate vollständig aus, tragen aber dafür in den Wintermonaten riesige Fluten und Sedimentfrachten ins Meer. Andere Flüsse sind ganzjährig wasserführend. Der je nach Saison wechselnde Wasserstand führt zu unterschiedlich starker Belastung einzelner Gebiete, was einen Vergleich schwierig macht. Nur wenige mediterrane Flüsse werden regelmäßig auf ihren Schadstoffgehalt untersucht. Ein Monitoring wird durch das Wasserregime (Jahresgang der Niederschläge, periodische oder episodische Wasserführung der Flüsse) und die in der Sedimentfracht gebundene Schadstoffmenge erschwert; giftige Schwermetalle sind nicht gelöst im Wasser nachweisbar, sondern als Teil des Sediments getarnt. Teilweise wurden die Sedimentfrachten durch Staumaßnahmen um 70 Prozent reduziert, was aber nicht bedeutet, dass die Schadstoffe letztlich nicht doch das Meer erreichen.

So kommt die UNEP/MAP in einer 1997 veröffentlichten Studie über die Belastung europäischer Flüsse zu dem Ergebnis, dass die Flüsse des westlichen Europa viermal höher mit Schwermetallen belastet seien als die der Mittelmeerregion. Doch weisen die Experten auch darauf hin, dass sich in den Sedimentfrachten mediterraner Flüsse 80–99 Prozent jener Schwermetalle finden, die zwar nicht im Wasser nachgewiesen werden können, aber dennoch das Meer vergiften.

Nur für die großen Flüsse der Mittelmeerregion liegen Daten vor. In Ebro, Rhône und Po wurden hochgiftige Polychlorierte Biphenyle (PCBs) und Polyzyklische Aromatische Kohlenwasserstoffe (PAKs) nachgewiesen. Mehrere Untersuchungen kleinerer Flüsse zeigten hohe Pestizidbelastungen (> 1 mg/l). In manchen südlichen Ländern wiesen die Flüsse enorme bakterielle Belastungen auf (Konzentrationen > 100 000 koliforme Bakterien/100 ml). Allein aus den Küstenstädten gelangen jedes Jahr 3 067,11 Millionen Kubikmeter ungereinigtes und 2 830,23 Millionen Kubikmeter mehr oder weniger geklärtes Abwasser direkt ins Mittelmeer. Viele Kläranlagen arbeiten nur mit zwei, manche sogar nur mit einer Reinigungsstufe. Durch die wachsende Wasserentnahme und Staumaßnahmen entlang der Flüsse verringerte sich die Wasserzufuhr zum Mittelmeer. So hat der Nil heute eine um ca. 90 Prozent verringerte Abflussrate; viele andere Flüsse, beispielsweise die Rhône, führen um 20–30 Prozent weniger Wasser. Die Konzentration toxischer Stoffe in den Flüssen steigt, die giftige Fracht wird konzentrierter ins Meer gespült. Selbst Bereiche um Zypern, in der Straße von Gibraltar und im südwestlichen Ägäischen Meer sind davon betroffen.

Die Vergiftung der Flüsse wird am Beispiel des seit 30 Jahren von Warnschildern und Industriebetrieben gesäumten Kishon in Israel auf besonders tragische Weise verdeutlicht. Das als Gesundheitsrisiko bekannte Fließgewässer transportiert neben den giftigen Abwässern der Raffinerien und Chemiewerke auch die Abwässer der gesamten Stadt in die Bucht von Haifa. Eliteeinheiten der israelischen Marine haben lange in den trüben Fluten geübt – mit fatalen Folgen: Von den rund 700 Kampftauchern sind 60 erkrankt; fast alle haben Krebs, zwölf Männer im Alter zwischen 35 und 50 sind bereits gestorben. Bisher hat keiner der erkrankten Marinetaucher vom Militär finanzielle Unterstützung für die teuren Therapien bekommen. Immerhin mussten sich die Befehlshaber einer öffentlichen Untersuchung stellen, kurz darauf untersagten sie das Training der Taucher im Kishon-Fluss.

Die israelische Regierung bekundete in der Vergangenheit eher geringes Interesse am Umweltschutz, was sich an einem Beispiel aus den letzten Jahren zeigt: Als einziges Land unterzeichnete Israel nicht die London Dumping Convention von 1992. Diese Vereinbarung verbietet weltweit das Verklappen von Giftmüll. Noch 1998 pumpte aber Haifa Chemicals – ein Betrieb, der vor allem Kunstdünger herstellt – täglich ein säurehaltiges, giftiges Gemisch aus Quecksilber, Blei, Cadmium, Arsen und Chrom 24 Seemeilen vor der Küste ins Mittelmeer. Jährlich 60 000 Tonnen der gefährlichen Mixtur wurden so mit der Strömung an die libanesische, syrische, zypriotische und türkische Küste verdriftet.

Auch heute noch zeigen Analysen des Wassers aus dem Kishon hohe Konzentrationen an Schwermetallen und anderen krebserregenden Stoffen wie Cadmium, Benzol und Toluol. Da erscheint der Lösungsvorschlag des israelischen Umweltministeriums irrwitzig: Es schlägt vor, eine viereinhalb Kilometer lange Abwasserpipeline zu bauen, über die die giftigen Abwässer der Industriebetriebe direkt ins Meer gepumpt werden können. Doch der Protest von Elitekämpfern und Umweltschützern zeitigt langsam Wirkung: Alle Industriebetriebe am Kishon sollen bald über betriebseigene Kläranlagen verfügen.

Schwermetalle

Große Mengen Schwermetalle aus Industrieabfällen und natürlichen Quellen fließen täglich ins Mittelmeer, gelangen so in die Nahrungskette und reichern sich in den Organismen an. Arsen und Blei, Cadmium, Chrom, Kobalt, Kupfer, Nickel, Quecksilber und Zink – all diese giftigen Metalle fallen bei der Produktion von Computern, Batterien, Verpackungen, Kühlmitteln, Pestiziden, Pharmazeutika und auch im Bergbau- und Hüttenwesen oder bei der Wärmegewinnung an und gelangen mit dem Abwasser von Mülldeponien ins Meer. Einmal aufgenommene Schwermetalle sind nicht abbaubar.

Gerade die Industriegebiete der Küstenzonen tragen wesentlich zur Belastung des Meeres durch Schwermetalle bei. Schon zu Beginn der siebziger Jahre wurden hohe Schwermetallkonzentrationen gemessen – im Tyrrhenischen Meer, an der toskanischen Küste, in der oberen Adria, in der Kastella-Bucht in der Nähe von Split und in weiten Teilen des östlichen Mittelmeeres ebenso wie in der Nähe von Haifa und Alexandria. Dabei fanden sich die höchsten Konzentrationen in Küstennähe; 20 Kilometer vor der Küste war die Konzentration selbst bei starker Belastung der Küstengewässer auf ein für Meerwasser natürliches Maß gefallen.

- Quecksilber: Meist wird Quecksilber als Methylquecksilber vom Organismus aufgenommen. Diese Form ist toxischer als das anorganische Quecksilber und wird zu 90 Prozent mit der Nahrung zugeführt. Typische Beispiele für Tiere, die das Metall im Körper deponieren, sind große Predatoren der Meere wie Tunfisch, Schwertfisch und Delfin, die an der Spitze der marinen Nahrungskette stehen. Beim Vergleich einer atlantischen Tunfisch-Population mit einer des Mittelmeeres fanden Wissenschaftler weitaus höhere Konzentrationen in den Fischen aus dem Mittelmeer (bis > 4 000 ng HgT g^{-1} für Tiere aus dem Mittelmeer,

9.9 Einleitung chemisch belasteter Abwässer ins Meer an der Küste von Israel. Giftige Stoffe gelangen in den ökologischen Kreislauf und damit in die Nahrungskette, an deren Ende die großen marinen Predatoren und der Mensch stehen.

< 1500 ng HgT g^{-1} für Tiere aus dem Atlantik). Sehr hohe Quecksilberkonzentrationen wurden auch in Haien und ihren Flossen festgestellt; sie betrugen in Flossenproben das 42-fache der für Menschen vertretbaren Höchstgrenze.

• Cadmium: Der Verbrauch von Cadmium zur Herstellung von Farbpigmenten, Stabilisatoren für Plastik oder Legierungen hat in den letzten Jahren stark zugenommen. Vor allem Weichtiere nehmen das Schwermetall auf. Bei verschiedenen Muschel- und Schneckenarten wurden Konzentrationen von 1 000 ng/g Frischgewicht gemessen; die erwähnten Populationen der Tunfische aus Atlantik und Mittelmeer wiesen hingegen kaum eine Belastung durch Cadmium auf. Cadmium lagert sich auch im Sediment ab. So fand die UNEP 1989 > 50 mg/kg Sediment in Gebieten mit hoher industrieller Nutzung. Die Mittelwerte aus Proben von Sedimenten ohne Belastung liegen hingegen bei 0,07 bis 0,62 mg/kg.

• Kupfer kommt in der Natur sehr häufig vor. Es wird unter anderem für elektronische und chemische Erzeugnisse benötigt. In der Mittelmeerregion wird es auch als Fungizid im Weinanbau sowie als Antifouling für Schiffsböden genutzt. Kupfer wirkt auf alle marinen Organismen stark toxisch. Seit der Einsatz von organozinnhaltigen Farben (Organozinnverbindungen sind eine Gruppe von Zinnverbindungen mit 1–4 organischen Resten, wirken hemmend auf das Immunsystem) eingeschränkt wurde, ist der Verbrauch kupferhaltiger Farben stark angestiegen.

• Blei wird seit dem Mittelalter genutzt. Es findet Verwendung in der Metall- und Baustofferzeugung, zur Herstellung von Farben und anderen chemischen Produkten sowie von Batterien. Blei wird in großen Mengen bei der Verbrennung von Öl und Benzin in Motoren freigesetzt und über die Atmosphäre in das Meer eingetragen. Erhöhte Konzentrationen finden sich vor allem in der Nähe von Industriegebieten. Blei kann bereits in geringer Konzentration (0,002–670 mg/l) akute oder chronische Affekte auslösen.

• Dauergifte sind heute zu einem weltweiten Problem geworden. Sie werden als Insektizide (Aldrin, Chlordan, DDT, Lindan, Dieldrin, Endrin, Heptachlor, Mirex, Toxaphen) eingesetzt, entstehen als Nebenprodukte der Chemieindustrie (Dioxine, Furane), kommen als Kühl- oder Isolierflüssigkeit zum Einsatz (Polychlorierte Biphenyle: PCBs) oder werden als Weichmacher (Hexachlorbenzol, Phthalate) und Schiffsanstriche eingesetzt (Tributylzinn: TBT). Sie sind extrem resistent gegen jede Art von photolytischem, biologischem oder chemischem Abbau. Diese Persistent Organic Pollutants (POPs) sind stark fettlöslich und reichern sich daher vor allem in fettreichen Geweben mariner Organismen an.

Seit den vierziger Jahren des 20. Jahrhunderts werden vor allem DDT (es spielte eine wichtige Rolle bei der Malariabekämpfung, siehe Exkurs S. 176 f.) und andere Hexachlorocyclane als Insektizide eingesetzt. Sie wurden bald die am weitesten verbreiteten Umweltgifte der Erde. Schon zehn Jahre nach der Einführung zeigten sie weltweit ihre verheerende Wirkung. In den fünfziger und sechziger Jahren reduzierten sich die Zahlen einiger Seevögelarten sowie die Populationen mancher mariner Säugetiere in alarmierender Weise. In daraufhin durchgeführten Versuchen zeigten Tiere, die mit DDT kontaminiert waren, Fruchtbarkeitsstörungen, verringerte Bruterfolge, Stoffwechselanomalien und selbst Verhaltensstörungen. Diese Effekte führten zu einem Verbot in den meisten Ländern der nördlichen Hemisphäre, doch erst 1985 berichtete die FAO, dass die Mittelmeerländer auf den Einsatz von DDT und weiteren ähnlichen Stoffen verzichtet haben. Eine Ausnahme ist bis heute das nicht weniger giftige Insektizid Lindan.

Die organische Zinnverbindung TBT (Tributylzinn) wird vorrangig für Unterwasser-Schiffsanstriche eingesetzt. Sie verhindert das Festsetzen von Algen, Seepocken und Muscheln an den Schiffsrümpfen. In den siebziger Jahren ersetzte TBT das Insektizid DDT ebenso wie stark giftige Farbgemische. Heute werden zwei Drittel aller Seeschiffe mit TBT-Farben gestrichen, denn glatte Schiffsrümpfe ersparen dem Reeder viel Geld für Treibstoff. Doch die Farbe wird ständig in das Wasser abgegeben und mit ihr das Biozid. Dadurch weisen die vielbefahrenen Schiffsrouten der Weltmeere, auch die des Mittelmeeres, hohe Konzentrationen an TBT im Wasser und in den Sedimenten auf; selbst Tiere der arktischen Regionen sind durch das Gift belastet.

Tributylzinn greift in das Hormonsystem der Organismen ein. Es blockiert die Produktion der weiblichen und erhöht die der männlichen Hormone bei Wasserschnecken, führt zu Missbildungen und schwächt das Immunsystem von Jungfischen. Damit belastete Miesmuscheln weisen Wachstumsstörungen auf. Das Immunsystem von Menschen wird bei Aufnahme von TBT nachhaltig gestört. Eine erhöhte Anfälligkeit für Krankheiten und geringere Abwehr gegen Tumorbildung ist nachgewiesen; darüber hinaus kann es auch beim Menschen zu hormonellen Störungen kommen. Davon betroffen sind vor allem in der Nähe von Hafenanlagen lebende und arbeitende Menschen. Im Trockendock wird der alte Schiffsanstrich entfernt; dabei gelangen große Mengen TBT-haltigen Staubes in die Luft, das Wasser der Flüsse und des Meeres. Beim Auftragen neuer Farbe gehen 20 Prozent des Anstrichs als so genannter *Overspray* verloren. Werftarbeiter haben somit ein erhöhtes Risiko, durch TBT vergiftet zu werden.

Keine guten Prognosen

Das Ökosystem Mittelmeer als ein von allen Seiten eingeschlossenes Meeresbecken wird durch große Mengen unterschiedlichster Abwässer belastet. Pestizide, landwirtschaftliche und kommunale Abfälle, Öl, Waschmittel und illegale Einleitungen bedrohen den Lebensraum von Mensch und Tier. Die Stoffe lagern sich über die Nahrungskette in Algen, Pflanzen und Tieren an und erreichen in Filtrierern wie Muscheln und in großen Räubern wie Tunfisch und Schwertfisch ihre höchsten Konzentrationen. Viele Muscheln akkumulieren die giftigen Stoffe in ihrem Fleisch auf Werte, die bis zu eintausendmal höher liegen können als die Werte des sie umgebenden Wassers. Diese Bioakkumulation von Quecksilber in Schalentieren und Tunfischen sowie von Cadmium und Arsen, giftiger Stoffe der Antifouling-Farben, PCBs und PAKs in Speisemuscheln spiegeln den Umgang mit dem Lebensraum Meer und den darin enthaltenen Ressourcen wider.

Die größte Schwierigkeit besteht auch heute noch im Erfassen der Verunreinigungen im Wasser. Zudem erschweren unterschiedliche Messmethoden den Vergleich einzelner Gebiete. Proben aus lebenden Tieren weisen je nach den auf sie einwirkenden biotischen und abiotischen Faktoren unterschiedliche Akkumulationsraten auf. Daher können so gewonnene Daten immer nur einen Teil der tatsächlich auf den Organismus einwirkenden Menge erfassen. Beim Menschen kommen die Unterschiede in den Ernährungsgewohnheiten der verschiedenen Bevölkerungsgruppen zum Tragen. So essen Mitglieder einer Fischerfamilie sehr viel mehr Fisch und Meeresfrüchte als Bewohner im Hinterland – und nehmen dabei eine Vielzahl an giftigen Stoffen auf.

Eine Möglichkeit der Aufnahme von gefährlichen und giftigen Substanzen besteht auch über kontaminierten Sand und durch die direkte Einwirkung des Meerwassers beim Schwimmen. Die Gefahr zu erkranken ist durch den langen Kontakt mit dem verunreinigten Medium im Mittelmeerraum weitaus höher als in den weniger wohlig temperierten Gewässern Nordeuropas. Doch die meisten Touristen wollen die Gefahr, der sie ausgesetzt sind, nicht erkennen, denn das an Trübstoffen arme Mittelmeer wirkt mit seiner azurblauen Farbe klar und sauber – eine natürliche Gegebenheit, die von der Tourismusindustrie gerne in der Werbung verwendet wird. Die im Sediment akkumulierten oder im Wasser gelösten giftigen Stoffe sind schließlich unsichtbar.

In etlichen Bereichen des Mittelmeeres sind Veränderungen in der Biodiversität zu erkennen. Wo einst mehrere Arten auf engem Raum vorgekommen sind, leben heute nur noch wenige resistente Spezies. Der langsame Tod ganzer Meeresgebiete vollzieht sich oft, ohne Aufsehen erregende Bilder zu hinterlassen.

Die Morbillivirus-Epidemie des Streifendelfins *(Stenella coeruleoalba)*

Monica Müller

Die Morbillivirus-Epidemie, der zwischen 1990 und 1992 Hunderte von Streifendelfinen *(Stenella coeruleoalba)* im Mittelmeer zum Opfer fielen, ist ein interessantes Beispiel für das komplexe und nach wie vor wenig verstandene Zusammenspiel von Umweltbedingungen, Populationsdynamik und Tierverhalten bei der Ausbreitung von Krankheitserregern in größeren Lebensräumen. Die Mittelmeer-Epidemie, bei der als einzige Art der Streifendelfin betroffen war, begann im Juli 1990 mit einer kontinuierlich steigenden Zahl toter und sterbender Delfine, die an der spanischen Mittelmeerküste strandeten; von dort breitete sich die Epidemie zentrifugal aus. Während die Massenstrandungen in den zuerst betroffenen Gebieten – Valencia, Katalonien, Balearen – im September ihr Maximum erreichten, wurden die Küsten von Murcia und Andalusien sowie die französischen Mittelmeerküsten weiter im Norden im Oktober betroffen. Im November 1990 strandeten vom Morbillivirus infizierte Tiere auch in der Alboransee, an der nordafrikanischen Küste, an der italienischen Riviera und an verschiedenen Küstenabschnitten Korsikas.

Im Januar 1991 überschritt die Epidemie die Meerenge von Gibraltar, erreichte jedoch nicht den Atlantischen Ozean. Als im Frühjahr 1991 nur noch einige wenige Tiere strandeten, hielten die Wissenschaftler die Epidemie für beendet; sie brach jedoch im Juni 1991 erneut aus, diesmal im Süden Italiens mit Strandungsmaxima im August und im Ionischen Meer im September. Während eines dritten Ausbruchs Anfang 1992 erreichte die Epidemie schließlich Griechenland und die türkische Küste. In den Meereszonen, die von der Epidemie betroffen waren, wiederholte sich regelmäßig das gleiche Szenarium: ein schnelles Ansteigen der Delfinstrandungen zu Beginn, gefolgt von einem Höhepunkt und einer kontinuierlichen Abnahme während eines Zeitraums von insgesamt drei bis vier Monaten.

Die exakte Zahl der Streifendelfine, die während der Epidemie verendeten, ist nicht bekannt; es sind jedoch aller Wahrscheinlichkeit nach mehrere tausend Individuen, nachdem rund 1 100 Tiere tot aufgefunden wurden. Neben den Delfinkadavern, die regelmäßig von den Meeresströmungen an die Mittelmeerküste

***9.10** Streifendelfine (Stenella coeruleoalba) sind in allen wärmeren Meeren der Welt verbreitet. Die einst häufige, heute deutlich reduzierte Art ist durch die unverkennbaren Längsstreifen leicht zu erkennen. Die äußerst aktiven Schwimmer springen bis zu sieben Meter hoch aus dem Wasser. Im Mittelmeer und Atlantik gehört diese Art zu den Bugwellenreitern. Blau-Weiße Delfine bevorzugen das offene Meer, in Küstennähe kommen sie vor allem dort vor, wo der Meeresgrund steil in die Tiefe abfällt. Sie können 200 Meter tief tauchen.*

getrieben wurden, strandeten während der Morbillivirus-Epidemie eine große Zahl von Streifendelfinen lebend. An den französischen Küsten wurden mehr als 25 Prozent der Tiere lebend angetroffen, im Gegensatz zu 5 Prozent im Jahresmittel außerhalb der Epidemie. Von den lebend gestrandeten Tieren war der größte Teil erschöpft; sie zitterten ständig und wiesen auch neurologische Störungen auf: Einige Delfine warfen sich mit derartiger Gewalt gegen Meeresfelsen oder Boote, dass sie sich die Schnauze brachen. Andere Individuen erschienen im Gegenteil dazu apathisch und konnten kaum noch schwimmen.

Nach dem letzten Epidemiehöhepunkt im Jahre 1992 sind Delfinstrandungen im Zusammenhang mit dem Morbillivirus im westlichen Mittelmeerraum seltener geworden. Allerdings haben regelmäßige Analysen ergeben, dass es zumindest an den französischen und spanischen Küsten weiterhin eine geringe Reststerblichkeit durch den Morbillivirus gibt, da jedes Jahr einige lebende oder tote infizierte Streifendelfine stranden.

Die enormen Ausmaße der Epidemie sowie die ins Auge fallenden Parallelen zu jener Epidemie, die 1988 die Seehunde *(Phoca vitulina)* an der Nordseeküste stark dezimiert hatte, führten dazu, dass 1990 sehr schnell eine virale Infektion als Auslöser vermutet wurde. In kürzester Zeit wurde ein Morbillivirus (Familie der Paramuxoviridae) als Krankheitserreger isoliert. Die Pathogenität dieses Virus kommt jedoch nur voll zum Tragen, wenn er für seine Entwicklung und Ausbreitung einen geeigneten Nährboden findet. Mehrere Faktoren, die eine Ausbreitung des Morbillivirus in großem Ausmaß fördern, waren bei der Epidemie im Mittelmeer gegeben. So haben vielfältige Analysen gezeigt, dass sich die Mehrzahl der gestrandeten Streifendelfine in sehr schlechtem körperlichen Zustand befanden. Das weist darauf hin, dass es einen Engpass in der Nahrungsversorgung gegeben hat, der auf ungünstige Klimabedingungen und geringe Primärproduktion in der Nahrungspyramide zurückgeführt werden kann. Auch wurde festgestellt, dass die gestrandeten Tiere in der Regel stark mit verschiedenen Umweltgiften kontaminiert waren, was auf die chronische Verschmutzung des Mittelmeeres hinweist. Sowohl Pestizide, PCBs als auch verschiedene Schwermetalle (Cadmium, Kupfer und Quecksilber) wurden bei den infizierten Delfinen in anormal hohen Werten gefunden. Diese Ergebnisse sind ein eindeutiger Hinweis darauf, dass das Immunsystem der gestrandeten Tiere stark geschwächt war. Ein Großteil der untersuchten Tiere waren auch von einer Vielzahl verschiedener Parasitenarten befallen, von denen einige zum ersten Mal bei Walen (Cetaceen) gefunden wurden.

Um zu verstehen, wie es zu einer Epidemie in dem beschriebenen Umfang kommen konnte, muss man insbesondere die Verhaltensparameter der betroffenen Meeressäuger berücksichtigen und Vergleiche mit anderen infizierten Arten in unterschiedlichen Infektionsgebieten anstellen. So weiß man heute, dass der größte Teil der Cetaceenarten im Atlantischen Ozean Träger des Morbillivirus sind. Die geselligen Arten, beispielsweise die Gewöhnlichen Grindwale *(Globicephala melaena)*, die Kleinen Schwertwale *(Pseudorca crassidens)* oder auch die atlantischen Großen Tümmler *(Tursiops truncatus)*, sind in ständigem Kontakt mit dem Virus, da er wahrscheinlich hauptsächlich über die Atemwege weitergegeben und zwischen den Gruppen ausgetauscht wird. Auch bei einer hohen Infektionsrate bleibt die Ausbreitung der Krankheit im Allgemeinen gering, da die Populationen auf natürliche Art gegen den Krankheitserreger immunisiert sind. Problematisch wird die Situation jedoch dann, wenn das Virus auf eine Population trifft, die noch nie oder selten mit dem pathogenen Erreger in Berührung gekommen ist. Normalerweise produziert die Morbillivirus-Infektion zu Beginn der Krankheit eine Anzahl spezifischer Antikörper; dieser Wert vermindert sich im Laufe der Jahre, so dass die Schutzmechanismen immer geringer werden, wenn die Tiere nicht wiederholten Kontakt mit dem Krankheitserreger haben.

Die Streifendelfine im Mittelmeer sind leider nicht so gut untersucht wie z. B. die Großen Tümmler des Atlantiks, und über die möglichen Verbreitungswege im Zusammenhang mit ihrem artspezifischen Sozialverhalten und eventuellen Austausch mit Artgenossen vom Atlantik ist nicht allzuviel bekannt. Was man weiß, ist: Weibliche und männliche Streifendelfine wurden gleichermaßen von dem Virus infiziert, das Geschlechter-

9.11 *Infolge der Morbillivirus-Epidemie verendeter Streifendelfin an der spanischen Mittelmeerküste.*

9.12 Ein vom Morbillivirus befallener Streifendelfin (Stenella coeruleoalba) wird während der Epidemie der Jahre 1990–1992 von Wissenschaftlern untersucht. Das Tier verendete kurz darauf. Die starke Kontaminierung der Tiere mit vielfältigen Umweltgiften schwächte das Immunsystem der Delfine, so dass der Virus einen durchschlagenden Effekt haben konnte. Kein einziger Delfin konnte erfolgreich veterinärmedizinisch behandelt werden; die maximale Überlebenszeit in menschlicher Obhut betrug 32 Stunden.

verhältnis betrug nahezu 1 : 1. Das Altersverhältnis zeigte hingegen eine überdimensionale Präsenz adulter, geschlechtsreifer Tiere im Alter zwischen 9 und 20 Jahren sowie von Neugeborenen, die durch die Virusinfektion entweder ihre Mutter verloren hatten oder selbst leicht infiziert wurden. Aufgrund der wenig bekannten sozialen Verhaltensparameter ist es hingegen schwierig zu erklären, warum subadulte Delfine deutlich unterdurchschnittlich repräsentiert waren. Studien an japanischen Streifendelfinen geben allerdings Hinweise darauf, dass subadulte Tiere in der Regel in Gruppen von Gleichaltrigen schwimmen, die wenig Kontakt mit anderen Gruppen haben und somit vielleicht auch weniger Kontakt mit dem Virus.

Die enormen Ausmaße der Epidemie von 1990–1992 lassen vermuten, dass die Streifendelfine des Mittelmeeres zuvor noch nie mit dem Morbillivirus in Kontakt gekommen waren. Es ist auch anzunehmen, dass die schwerwiegende Kontaminierung der Tiere mit vielfältigen Umweltgiften das Immunsystem der Delfine stark geschwächt hatte, so dass das Virus einen durchschlagenden „Erfolg" haben konnte. Um eine derart schnelle Verbreitung zu erleben, ist es allerdings erforderlich, dass die betroffenen Populationen sehr groß sind, was für die Streifendelfine im Mittelmeer vor der Epidemie zutraf. Wissenschaftler vermuten eine demographische Explosion der Art, die zur raschen und fast vollständigen Verdrängung des Gemeinen Delfins *(Delphinus delphis)* im nordwestlichen Mittelmeer geführt hat; noch zu Anfang des 20. Jahrhunderts war dies die am weitesten verbreitete Delfinart im Mittelmeer. Ein weiterer Faktor, der die schnelle Ausbreitung des Virus gegen Ende des Sommers 1990 gefördert haben kann, sind beobachtete Massenansammlungen von Streifendelfinen in nahrungsreichen Gebieten und Fortpflanzungszonen; so wurden Ende September jenes Jahres mehr als 500 Delfine um die Insel Hyères beobachtet.

Selbst eine Virusepidemie in großem Ausmaß sollte nicht direkt und systematisch als ökologische Katastrophe angesehen werden. Wenn ein Virus auf eine gesunde, genetisch vielfältige Population trifft, bleiben in der Regel genügend immunisierte Individuen übrig, um den Verlust an Tieren auszugleichen. Der Populationsbestand der Streifendelfine im Mittelmeer wurde nach der Morbillivirus-Epidemie auf 225 000 Tiere geschätzt, was darauf hinweist, dass es nicht zu einem Engpass *(bottleneck)* für die Art gekommen ist. Im Allgemeinen können Virus und Wirtstier auch über lange Zeit ohne Krankheitsausbruch zusammenleben. Ein Problem ergibt sich erst, wenn das Virus auf eine Art trifft, die – meist durch anthropogenen Einfluss – nur in sehr kleinen Populationen überlebt hat, die wenig genetische Variabilität aufweisen, wie es bei den bisher nicht vom Morbillivirus infizierten Populationen der seltenen Mönchsrobbe *(Monachus monachus)* im Mittelmeer der Fall ist. Problematisch ist es auch, wenn Individuen durch Umweltgifte und andere Faktoren in ihrem Immunsystem künstlich geschwächt wurden oder die natürliche Umwelt nicht mehr so viel Ressourcen aufweist, dass eine Population die durch eine Epidemie verursachten Verluste ausgleichen kann. In diesem Sinn ist auch die Streifendelfin-Epidemie im Mittelmeer von 1990–1992 ein Indikator für die enorme Umweltverschmutzung und Degradierung des natürlichen Milieus und kann als Alarmsignal für den bedenklichen Gesundheitszustand des Mittelmeeres angesehen werden.

Literatur: • Aguilar A, Raga JA (1993) The striped dolphin epizootic in the Mediterranean Sea. *Ambio* 22: 524–528 • Calzada N, Lockyer CH, Aguilar A (1994) Age and sex composition of the striped dolphin die-off in the Western Mediterranean. *Marine Mammal Science* 10/3: 299–310 • Dhermain F, Bompar JM, Chappuis G, Folacci M, Poitevin F (1994) Épizootie à Morbillivirus chez les Dauphins bleu et blanc *Stenella coeruleoalba* en Méditerranée. *Recueil de Médicine Vétérinaire* 170: 85–92 • Domingo M, Ferrer L, Pumarola M, Marco AJ, Plana J, Kennedy S, McAliskey M, Rima BK (1990) Morbillivirus in dolphins. *Nature* 336: 21 • Forcada J, Aguilar A, Hammond PH, Pastor X, Aguilar R (1994) Distribution and numbers of striped dolphins in the Western Mediterranean Sea after the 1990 epizootic. *Marine Mammal Science* 10: 137–149 • Kennedy S (1996) Infectious Diseases of Cetacean Populations. In: Simmonds MP, Hutchinson JD (Hrsg.) The Conservation of Whales and Dolphins. John Wiley & Sons, New York. 333–355.

9.13 Der Tourismus ist in fast allen Anrainerstaaten des Mittelmeeres eine wichtige Einnahmequelle. Die – zum Teil selbst produzierte – Meeresverschmutzung setzt diesem Wirtschaftszweig zu, aber auch massive Umweltprobleme und gesundheitlich bedenkliche Wasserqualität halten viele Menschen nicht vom zweifelhaften Strandvergnügen ab. a) Dichte Algenteppiche bedecken das Meer vor Piran (Istrien). Dieses markante Phänomen tritt seit Ende der 1980-er Jahre in der Nordadria regelmäßig auf. b) Einleitung vergifteten Abwassers an einem Badestrand in Südspanien.

Problemkreis Tourismus

Die Strände des Mittelmeeres sind die beliebtesten Reiseziele der Welt. Wenngleich die Individualreisebranche mit Reisen in ferne Länder ständig wächst, werden die Mittelmeerküsten auch in Zukunft die größten Touristenzentren bleiben. Oft drängen die Betreiber von Ferienanlagen in besonders artenreiche oder landschaftlich reizvolle Gebiete der Küsten, denn noch immer steht der Sonne-Strand-und-Meer-Urlaub an erster Stelle. Die dadurch hervorgerufenen ökologischen Schäden und sozialen Folgen sind gerade im Mittelmeerraum deutlich zu erkennen.

Obwohl es schon in der Antike Ansätze von Tourismus an den Mittelmeerküsten gab, waren es Anfang des 20. Jahrhunderts vor allem britische Touristen, die an der französischen Côte d'Azur, der italienischen Riviera und der spanischen Costa del Sol den Beginn des Massentourismus einläuteten. Von den fünfziger bis Mitte der siebziger Jahre wurden die Strände Italiens, Spaniens und Frankreichs zunehmend Ziel dieser Form des Reisens. Mit Fortschritten in der Luftfahrttechnik und Einrichtung des Linien- und Charterflugverkehrs verkürzten sich die Reisezeiten stetig. Diese Entwicklung war die Grundlage des Massentourismus und ermöglichte in den siebzigern bis in die neunziger Jahre hinein den Ausbau des Tourismus in der Türkei und auf den griechischen Inseln sowie den Ansturm auf die Strände um Hammamet und Djerba in Tunesien.

Die Gemeinden müssen sich bemühen, die Destinationen attraktiv zu erhalten, um neben der Konkurrenz bestehen zu können. Heute stehen die Länder und Reiseanbieter in einem starken Wettbewerb. Mit immer günstigeren Flug- und Aufenthaltspreisen versuchen sie ihre Freizeitanlagen attraktiver zu machen. Allein 1999 besuchten fast 220 Millionen internationale Touristen die Mittelmeerländer, gegenüber 1998 ein Anstieg von fast 5 Prozent; hinzu kommt eine ähnliche Zahl Inlandsreisender. Weltweit erwirtschaftete die Tourismusindustrie 1999 131,8 Milliarden US-Dollar.

Verbrauch von Wasser

Aufgrund des Tourismus steigt in vielen Feriengebieten die Anzahl der Menschen saisonal auf das Zwanzigfache an. Daraus resultiert zum Beispiel ein ungeheurer Wasserbedarf. Während ein spanischer Stadtbewohner etwa 250 Liter Wasser pro Tag benötigt, verbraucht ein Tourist 440 Liter; verbringt er seinen Urlaub in einer Anlage mit Golfplatz und Schwimmbad, so erhöht sich der Tagesbedarf auf 880 Liter.

Müll und Abwasser sowie der wachsende motorisierte Verkehr sind weitere Probleme. Gerade die Saisonalität des Tourismusgeschäfts bereitet Schwierigkeiten. Während die Infrastrukturen für das Abwasser oder den Müll im Winter noch ausreichen, müssen die Entsorgungsanlagen in der Hauptsaison eine weitaus größere Menge verkraf-

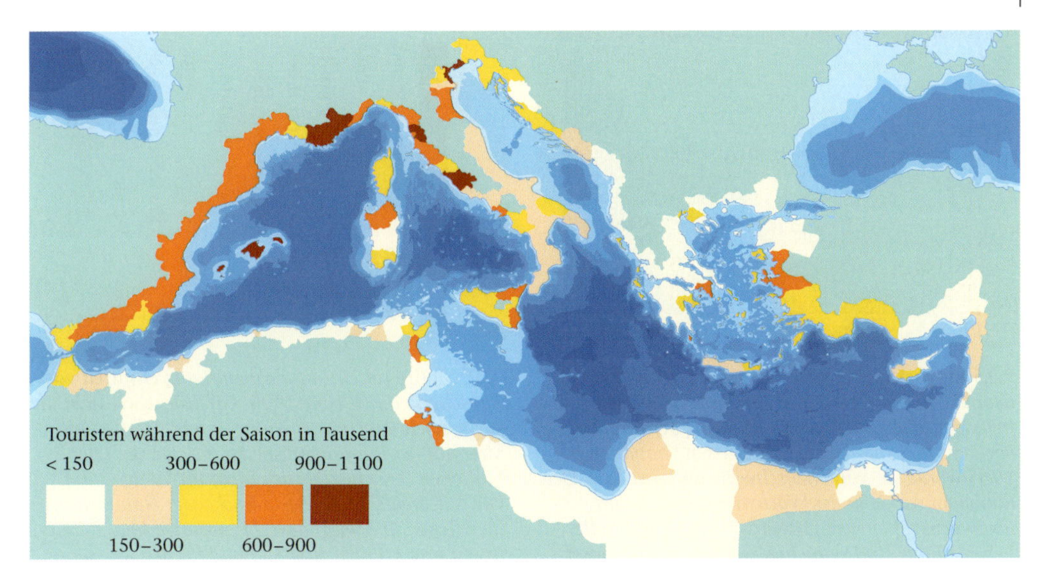

ten. Die Kapazitäten sind schnell erschöpft, und so gelangen jedes Jahr 10 Millionen Kubikmeter meist ungeklärten Haus- und Industrieabwassers ins Mittelmeer. Die Verschmutzung durch diesen Giftcocktail betrifft das Trinkwasser genauso wie das Meerwasser und die Strände. Hohe Risiken für die Gesundheit der lokalen Bevölkerung wie auch für die Reisenden sind die Folge.

Die meisten Reiseziele verzeichnen nur geringe Niederschlagsmengen mit starken jährlichen Schwankungen. Doch gerade diese trockenen Gebiete, wie die der afrikanischen Küste, werden durch den erhöhten Wasserverbrauch – beispielsweise für Golfplätze in präsaharischen Gebieten mit Niederschlagsmengen um die 100 Millimeter im Jahr – nachhaltig geschädigt. Nachdem die oberen Bereiche des Grundwassers verbraucht sind, hat dort der Zugriff auf fossile, tiefer gelegene Grundwasservorkommen begonnen. Sie aber werden unter den gegenwärtigen Klimabedingungen nie mehr aufgefüllt und gehen so unwiederbringlich verloren. In südlichen Regionen hat die immense Wasserentnahme für Hotelburgen und die moderne Landwirtschaft eine ständig zunehmende Versteppung bewirkt.

Die Beeinträchtigung der Wasserqualität durch Einleitungen wird vor allem in extremen Situationen sichtbar. Ende der achtziger Jahre traten an den Stränden der Adria unangenehm riechende Algenschleimmassen auf. Die Touristen blieben aus, das Geschäft ebenfalls. In den Gemeinden an der Küste sind inzwischen nahezu 100 Prozent der Gebäude an kommunale Kläranlagen angeschlossen, doch stellen die Schmutzfrachten aus dem Hinterland eine weitere Bedrohung dar. Nun sollen die reichen Gemeinden der Küstengebiete beim Ausbau der Abwasserentsorgung im Hinterland helfen. Oft bleiben ökologische Folgen zu-

9.14 *Vergleich der Zahl der einreisenden Touristen während der Hauptsaison in den einzelnen Küstenregionen. Am stärksten vom Tourismus beeinträchtigt sind große Teile des Westbeckens und die Nordadria. 1987 wurden im Mittelmeerraum noch 33 Prozent aller Einnahmen aus dem internationalen Tourismus erzielt. Dieser Anteil sank bis 1997 auf 27 Prozent, ohne dass ein bestimmtes Zielgebiet davon profitiert hätte. Der internationale Tourismus hat sich auf eine immere größere Anzahl von Zielgebieten weltweit verteilt. Nach Angaben von UNEP, 1999.*

nächst unbeachtet, wie bei der Anlage einer Mülldeponie in Tabarka in Nordwesttunesien. Sie befindet sich mitten im Dünengürtel, in einem Gebiet ohne Tonschichten als natürliche Barrieren zum Grundwasser.

Neben der chemischen Belastung des Wassers bedrohen auch der Unterwasserlärm und mechanische Störungen durch Strandurlauber die Meereswelt. Ob Wasserschifahrer oder Scooter, Hobbytaucher oder Surfer, Sportangler oder Wochenendkapitän, alle drängen in den sensiblen Küstenbereich. In einem wenige hundert Meter breiten Streifen vor der Küste suchen Meereslebewesen Schutz in Höhlen, im Sandboden oder in den Seegraswiesen. Gerade sie gelten als Kinderstube vieler Fischarten und bieten Schutz und Nahrung für andere marine Lebewesen.

In der Sommersaison machen sich täglich ungezählte Hobbysegler und Motorbootfahrer rund um das Mittelmeer auf, um in die entlegensten Buchten zu fahren. Sie ankern in den Seegraswiesen und reißen dadurch Löcher in die im Laufe der Zeit zu Matten aufgeschichteten Seegräser (Abb. 6.100 a). Stürme und starke Strömung vergrößern die Löcher und bieten Angriffsflächen für weitere Zerstörung. Seegrasmatten wachsen langsam:

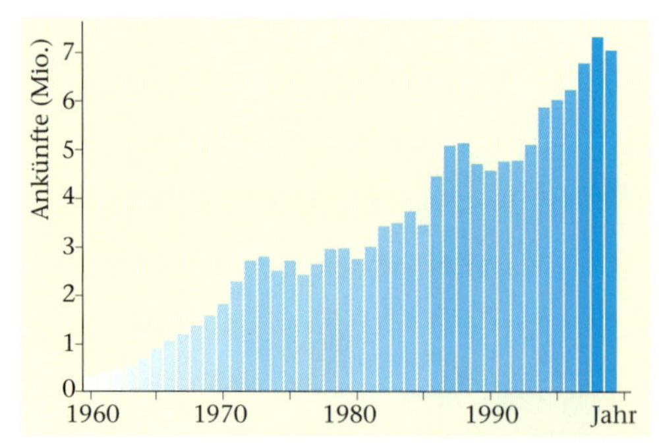

9.15 Entwicklung der Zahl der einreisenden Touristen auf Mallorca zwischen 1960 und 1999. Die fremdenverkehrsmäßige Erschließung der Insel begann 1903 mit dem Bau des ersten Grandhotels. 1965 wurde die Millionenschwelle überschritten. Der Bauboom wurde in der Wachstumsphase kaum überwacht (Stichwort „Balearisierung"), wertvolle Lebensräume sind vernichtet worden. Nach Conselleria de Turisme, 1999.

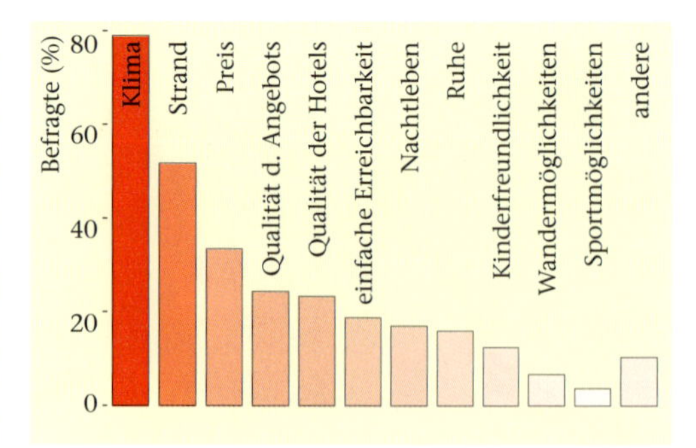

9.16 Motive für einen Balearenurlaub, ermittelt vom Conselleria de Turisme 1999. Offensichtlich steht die Suche nach unberührter Natur, Sonne, Strand und Meer auf der Prioritätenliste der meisten der über 7 Millionen Besucher jährlich nicht im Vordergrund. Die Balearen sind ein beeindruckender Naturraum, inzwischen überwiegt aber das negative Image dieser Inseln – sie wurden zum Sinnbild für den Massentourismus am Meer und exzessive Verbauung.

Schätzungen gehen von einem Meter Höhenwachstum pro Jahrhundert aus. Abgesehen von ihrer wichtigen Rolle im Küstenschutz nehmen die Pflanzen auch bei der Sauerstoffproduktion im warmen Wasser eine Sonderstellung ein: Ein Quadratmeter Seegras kann bei starker Sonneneinstrahlung bis zu 14 Liter Sauerstoff täglich freisetzen. Durch verstärkte Bodenerosion und erhöhten Eintrag von Süßwasser werden die Wiesen geschädigt. Zudem reagieren die Pflanzen sehr empfindlich auf Sedimentation und Trübung des Wassers.

Verbrauch von Ressourcen

Die Tourismusindustrie sägt an dem Ast, auf dem sie sitzt. Sie ist einerseits auf die Schönheit der Landschaft und die Verfügbarkeit von Trinkwasser angewiesen, andererseits ist sie verantwortlich für die Zerstörung und Übernutzung natürlicher Ressourcen. Der kurzzeitige wirtschaftliche Aufschwung einer Region verändert auch die soziale Struktur und die traditionelle Lebensweise. Die vormals nachhaltige Nutzung vorhandener Ressourcen wird durch Gewinn bringende, aber kurzlebige Übernutzung abgelöst. So entstehen z. B. Konflikte zwischen der lokalen Bevölkerung und der Tourismusindustrie um Wasser, Abfallbeseitigung, Energie und Landnutzung.

Es gibt erste Anzeichen für ein effizienteres Ressourcenmanagement. In Tabarka in Tunesien wurde zum Beispiel vor dem Baubeginn einer Hotelzone eine dreistufige Kläranlage errichtet. Daran sind heute alle Hotels und fast alle Haushalte der Siedlung angeschlossen. Damit haben sich die Einleitungen trotz des Fremdenverkehrs reduziert. Es ließen sich weitere positive Beispiele nennen. Doch noch überwiegen die gewinnorientierten Aspekte bei neuen Investitionen. Nach Schätzungen von Experten wird die Zahl der Touristen bis zum Jahr 2020 auf 330 Millionen ansteigen und die Tourismusindustrie von der entsprechenden Reisekasse profitieren. Vor allem spanische, griechische und türkische Unternehmen investieren zur Zeit hohe Summen in den Fremdenverkehr. Doch nicht der nachhaltige Umgang mit der Natur und der Kultur steht dabei im Vordergrund; in den meisten Fällen wird modernisiert, um das Freizeitangebot zu verbessern, neue Zielgebiete zu erschließen und die Wintersaison für die Reisenden attraktiver zu gestalten.

„Verbrauch" von Reisezielen

Je mehr Reisende ein Gebiet für sich entdecken, desto mehr kommt es zu großangelegten Neubauten. Ganze Felsbuchten verschwinden unter Ferienanlagen, so genannten Erlebniswelten und Fun Parks; Küstenstraßen werden ausgebaut, neue Flug- und Jachthäfen entstehen, und zunehmend werden Sandstrände dort aufgeschüttet, wo sie von Natur aus fehlen.

Eine äußerst bedenkliche Entwicklung ist das „Verbrauchen" von Zielgebieten und Erschließen immer neuer Küstenabschnitte. Viele immer kleiner werdende, bedrohte und schützenswerte Lebensräume wie Sandstrände, Dünengebiete und lagunäre Lebensräume wurden zerstört. Für die Reiseunternehmen ist es lukrativer, mit „unverbrauchten" Lebensräumen Kunden anzulocken.

So werden von den Touristen immer abgelegenere Strände aufgesucht, und die Höhlen der Mittelmeerküste sind beliebte Ziele für Tagestouren. Damit verschwinden auch die letzten Schutz- und Aufzuchtgebiete scheuer Tiere. In Griechenland wurden die Brutgebiete der Suppenschildkröten *(Chelone mydas)* und der Karettschildkröten

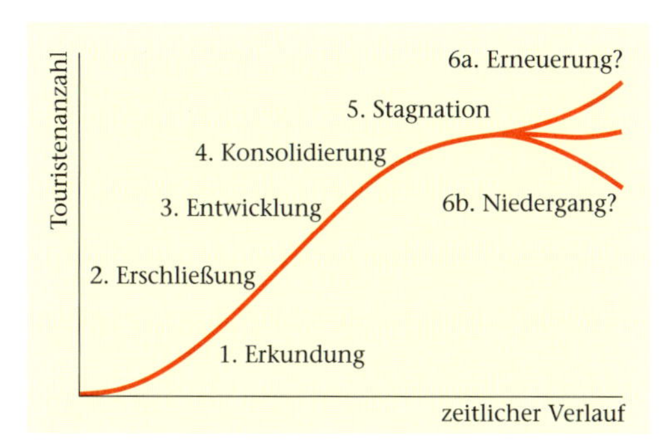

9.17 *Lebenszyklusmodell von Tourismusregionen nach Butler, 1980. Ausgangshypothese: Tourismusregionen unterliegen einem regelhaft verlaufenden Innovations-Reife-Niedergangs-Zyklus. Die Umweltsituation der Küstenregion spielt zwar am Stagnationspunkt für die weitere Entwicklung eine wichtige Rolle; allerdings lassen sich viele Menschen selbst durch eine ruinierte, verbaute Landschaft und ein stark belastetes Meer nicht vom Abenteuer Massentourismus abbringen. Recycling von verbrauchten Zielgebieten ist für die Tourismusindustrie uninteressant, solange unverbrauchte Regionen erschlossen werden können. Nach Kagermeier und Popp, 2000.*

(Caretta caretta) zerstört. Die einzige im Mittelmeer lebende Robbenart, die Mönchsrobbe *(Monachus monachus)*, wurde durch die Fischerei und durch den Tourismus auf eine Population von 500 Tieren reduziert. Drei Viertel aller Sanddünen entlang der Küste von Spanien bis Sizilien sind verschwunden. Zwischen Barcelona und Neapel sind 70 Prozent der Küste verbaut. Manche Bauten an der tunesischen Küste berauben sich ihres eigenen Strandes. Die Geoökologie der Küstenabschnitte von Sousse–El Kantaoui und Djerba–Zarzis wurde durch Baumaßnahmen verändert, so dass die Küstenerosion nach und nach hier die Strände abträgt. Zudem geht mit dem Bauboom eine Versiegelung des Bodens einher. Dadurch erhöht sich die Abflussgeschwindigkeit des Regenwassers ins Meer, und weniger Wasser gelangt in die Grundwasserreservoire. All diese Veränderungen stellen einen schmerzlichen Eingriff in das empfindliche Küstensystem dar. Eine bebaute Küste verliert für viele Reisende und damit auch für die Tourismuskonzerne an Attraktivität. Diese internationalen Unternehmen haben aber am Recycling verbrauchter Gebiete kein Interesse. Solange es noch neu zu erschließende Regionen rund um das Mittelmeer gibt, verlassen sie unrentabel gewordene Ferienzentren und wandern in neue, Gewinn versprechende Zielgebiete ab. Die verbauten Landstriche bleiben zurück. War der Anteil des Fremdenverkehrs am Bruttoinlandsprodukt sehr hoch, kommt es zu volkswirtschaftlichen Krisen.

Tabelle 9.1 *Rote Liste der gefährdeten Meer- und Süßwasserarten im Mittelmeer: Anhang II des Protokolls über die besonderen Schutzgebiete und die biologische Vielfalt im Mittelmeer, angenommen im Übereinkommen von Barcelona 1996, überarbeitet im Übereinkommen von Bern 1998.*

Seegräser	*Posidonia oceanica, Zostera marina, Zostera noltii*
Grünalgen	*Caulerpa ollivieri*
Braunalgen	*Cystoseira amentacea, C. mediterranea, C. sedoides, C. spinosa, C. zosteroides, Laminaria rodriguezii*
Rotalgen	*Goniolithon byssoides, Lithophyllum lichenoides, Ptilophora mediterranea, Schimmelmannia schoubsboei*
Schwämme	*Asbestopluma hypogea, Aplysina cavernicola, Axinella cannabina, A. polypoides, Geodia cydonium, Ircinia foetida, I. pipetta, Petrobiona massiliana, Tethya sp. plur.*
Nesseltiere	*Astroides calycularis, Errina aspera, Gerardia savaglia*
Stachelhäuter	*Asterina pancerii, Centrostephanus longispinus, Ophidiaster ophidianus*
Moostierchen	*Hornera lichenoides*
Krebse	*Ocypode cursor, Pachylasma giganteum*
Weichtiere	*Charonia lampas lampas, Ch. tritonis variegata, Dendropoma petraeum, Erosaria spurca, Gibbula nivosa, Lithophaga lithophaga, Luria lurida, Mitra zonata, Patella ferruginea, P. nigra, Pholas dactylus, Pinna nobilis, P. rudis, Ranella olearia, Schilderia achatidea, Tonna galea, Zonaria pyrum*
Fische	*Acipenser naccarii, A. sturio, Aphanius fasciatus, A. iberus, Carcharodon carcharias, Cetorhinus maximus, Hippocampus hippocampus, Hippocampus ramulosus, Huso huso, Lethenteron zanandreai, Mobula mobula, Pomatoschistus canestrinii, P. tortonesei, Valencia hispanica, V. letourneuxi*
Reptilien	*Caretta caretta, Chelonia mydas, Dermochelys coriacea, Eretmochelys imbricata, Lepidochelys kempii, Trionyx triunguis*
Säugetiere	*Balaenoptera acutorostrata, B. borealis, B. physalus, Delphinus delphis, Eubalaena glacialis, Globicephala melas, Grampus griseus, Kogia simus, Megaptera novaeangliae, Mesoplodon densirostris, Monachus monachus, Orcinus orca, Phocoena phocoena, Physeter macrocephalus, Pseudorca crassidens, Stenella coeruleoalba, Steno bredanensis, Tursiops truncatus, Ziphius cavirostris*

Caulerpa taxifolia: kleine Panne mit großen Folgen

Jeannine Dietz, Stephan Pfannschmidt und Andreas Vilcinskas

In their original milieu animals and plants occupy clearly determined ecological niches, where their populations are controlled by competition and predation. In a new biological association they may either disappear rapidly, being „smothered" by the environment, or else they may become pests. In the long run their explosive success becomes catastrophic for natural habitats, native plants and animals, and often for the human economy.

Jean Dorst in „Before Nature Dies"

Caulerpa taxifolia ist wohl das spektakulärste Beispiel von Einführungen einer neuen Art in das Mittelmeer. Als „Killeralge" hat die eibenblättrige Schlauchalge in der letzten Dekade große mediale Berühmtheit erlangt. Die unabsichtlich eingeschleppte Pflanze wächst schnell, breitet sich explosionsartig aus und verdrängt dabei das einheimische mediterrane Phytal. Die Konkurrenz mit heimischen Arten und Lebensgemeinschaften, Veränderungen – zumeist ein Rückgang – der Biodiversität mit Risiken für wirtschaftlich bedeutende Fischressourcen sowie Gefahren für die menschliche Gesundheit im Falle einer Transmission der Toxine im Nahrungsnetz sind die wichtigsten ökologischen Risiken für das Mittelmeer. Auch die ökologisch äußerst wichtigen *Posidonia*-Wiesen sind durch die um Lebensraum konkurrierende *C. taxifolia* bedroht.

Die tropische *Caulerpa taxifolia* gehört zu den siphonalen Schlauchalgen und ist eine von etwa 60 *Caulerpa*-Arten, die besonders in wärmeren Meeren verbreitet sind. Der Pflanzenkörper, der Thallus, ist durch das Fehlen von Querwänden gekennzeichnet. Er besteht lediglich aus einem Maschenwerk aus Stützbalken. Somit bestehen die einzelnen Pflanzen aus einer einzigen, vielkernigen Riesenzelle, deren Protoplast mit zahlreichen kleinen, scheibenförmigen Chloroplasten ausgestattet ist. Der Körper teilt sich in drei Bereiche, die unterschiedliche Funktionen ausüben: Die gefiederten blattähnlichen Phylloide sind die Hauptorte der Photosynthese; die stolonartigen Ausläufer, die Cauloide, wachsen über das Substrat, wo sich die Pflanze mit wurzelartig verzweigten Strukturen, den Rhizoiden, verankert. In ihrer Heimat verfolgt die Pflanze mehrere Fortpflanzungsstrategien: sexuell mit einer Vielzahl von Gameten, parthenogenetisch (Jungfernzeugung) und mit Apomeiose (Verringerung oder Ausbleiben der Reduktionsteilung, also der Meiose, im Reproduktionszyklus von Pflanzen); vegetativ durch Sprossung aber auch durch Fragmentation der Pflanzen, die insbesondere für die Neubesiedlung von Standorten eine wichtige Rolle spielt.

Verbreitet ist die Art in den tropischen Breiten des Atlantiks, der Karibik und an den östlichen tropischen Küsten Afrikas. Bestände gibt es auch im Indischen Ozean, und zwar an der afrikanischen Küste, an der Küste Pakistans und den Küsten Ceylons. Für den Pazifischen Ozean werden Vorkommen von *C. taxifolia* um die Philippinen und Indonesien, in Mikronesien und in Neukaledonien und Westaustralien aufgeführt.

Klone aus dem Museum

Als Ursprung für den Initialbesatz des Mittelmeeres mit *C. taxifolia* gilt das renommierte, an das Ozeanographische Institut angeschlossene Aquarium in Monaco, wo die Alge kultiviert wurde. In den Gewässern direkt vor dem Fürstentum sind die ersten Funde aus dem Jahr 1984 dokumentiert. Recherchen haben ergeben, dass die tropische Schlauchalge in den sechziger Jahren nach Europa gelangt war, wo sie zunächst im zoologisch-botanischen Garten Wilhelma in Stuttgart gehalten und weiter gezüchtet wurde. Über den Austausch verschiedener tropischer Arten zwischen deutschen und französischen Schauaquarien gelangte die Alge schließlich an das Meeresmuseum in Monaco.

Die ins Mittelmeer eingeschleppten Populationen ähneln morphologisch und biologisch den im Museum gehaltenen Exemplaren. Sie zeichnen sich im Vergleich zu den meisten tropischen Populationen durch wesentlich größere Phylloide, eine kräftige Färbung, hohe Bestandsdichten und ein aggressives Wachstumsverhalten aus. Unter extremen Konkurrenzbedingungen wurde bei der Mittelmeerform sogar schon über 80 cm Phylloidlänge gemessen, der Durchschnitt liegt hier zwischen 5 und 15 cm, während die tropischen Bestände Durchschnittslängen zwischen 2 und 10 cm, Maximallängen selten über 25 cm aufweisen. Von Tauchern beobachtete Korallenbruchstücke in der ersten *Caulerpa*-Wiesen vor Monaco galten als Indiz dafür, dass *C. taxifolia* mit Abwässern des Schauaquariums ins Mittelmeer gelangt sein muss. Spätestens seit 1998 ist den Beweis dieser Herkunft mittels genetischer Fingerprints erbracht. Die Untersuchungen haben außerdem gezeigt, dass es sich bei den heute im Mittelmeer lebenden Populationen um einen Klon handelt, dass sie also alle auf ein gemeinsames Individuum zurückgehen, welches sich seither nur noch vegetativ vermehrt hat. Dafür

9.19 *a) Von der im Mittelmeer autochthonen Caulerpa prolifera (c) unterscheidet sich C. taxifolia am auffälligsten durch die an Eibenzweige erinnernde Form der Thalli. Die grünen, länglich gestreckten, blattförmigen Thalluslappen wachsen entlang von vegetativ gebildeten Stolonen über den Grund. Die nadelartigen Verzweigungen sind lang und dünn. b) Caulerpa-Bestand vor der Insel Krk in der Nordadria. Der Stolon, eine kriechende, schlauchförmige, meist verzweigte Hauptachse, kann über zwei Meter Länge erreichen und weit mehr als 100 Rhizoide und 100 Phylloide tragen. Die sattgrünen Phylloide können bis zu 65 Zentimeter lang werden. C. taxifolia ist sehr produktiv: bis zu 613 Gramm Biomasse pro Quadratmeter und Monat. Das gezielte Abzupfen der Stolonen und das Aufsammeln der Alge durch Taucher zeigt nur bei kleinen Initialstandorten Wirkung. c) Die im Mittelmeer heimische Caulerpa: Dichte Caulerpa prolifera-Wiese in 15–20 Meter Tiefe mit dem Seeigel Sphaerechinus granularis (Campese, Giglio).*

spräche auch die Tatsache, dass bei der ab und zu im Mittelmeer beobachteten Abgabe von Gameten ausschließlich männliche Formen identifiziert wurden.

Im Mittelmeer kann die Alge nun in Wassertiefen zwischen einem und 35 m über weite Flächen in hoher Dichte den gesamten Meeresboden bedecken. In größeren Tiefen wächst sie spärlicher, wurde aber schon bis 100 m unter dem Meeresspiegel gefunden. Sie besiedelt alle Substrate wie Stein, Sand, Schlamm, Seegrasmatten und biogene Hartböden, mit Ausnahme hochmobiler Sandgründe oder stark exponierter Felsüberhänge, wo sie nur temporär Kolonien bilden kann. Die Alge bevorzugt Sedimentböden, während glatter Fels eher gemieden wird. Das Wachstum der Alge in ihrem neuen Verbreitungsgebiet ist pseudoperennierend: ab Mai kommt es zu einem Wachstumsschub und der Ausbildung sattgrüner Phylloide mit hoher Photosyntheserate, während die Bestände gegen Herbst stagnieren, die Phylloide ausbleichen und sogar zurückgebildet werden. Dennoch ist sie – wider Erwarten – resistent gegen die winterlichen Niedrigtemperaturen des Mittelmeeres um die 12 °C. So werden einheimische Algen „überrundet" und haben gegen die schnell wachsende *C. taxifolia* im Konkurrenzkampf um Licht und Untergrund kaum Chancen. Selbst mit der Seegraswiese *Posidonia oceanica* tritt *C. taxifolia* nachweislich in Konkurrenz und legt bei entsprechender Beschattung durch künstliche Seegrasblätter im Feldversuch mit vierfacher Phylloidlänge und doppelter Biomasse zu. Zum unerwarteten Erfolg der Alge trug auch das Fehlen nahezu jeglicher Fressfeinde in ihrer neuen Heimat bei. Die wenigen bekannten Arten, die überhaupt an ihr fressen, spielen bei einer effizienten Beweidung keine Rolle. Neue Standorte werden mit der unfreiwilligen Hilfe des Menschen befallen: Selbst kleinste Fragmente der Alge, die an Ankern hängen bleiben, können bis zu 10 Tage im feuchten, dunklen Milieu überdauern und werden beim erneuten Ankern am Zielort freigesetzt, wo sie fest wachsen und eine neue Kolonie gründen. Auch Fischernetze tragen so zur Verbreitung von *Caulerpa taxifolia* durch Fragmentation bei.

Inzwischen besiedelt der Neophyt praktisch die gesamte französische Mittelmeerküste mit den vorgelagerten Inseln. Derzeit sind über 150 Besiedlungsstandorte im Mittelmeer bekannt. Auf den Balearen trat die Alge erstmals 1992 in Erscheinung, auf Elba datieren erste Sichtungen aus dem Jahr 1993. Sizilien und Bereiche der Adria sind ebenso betroffen, wie neuerdings auch mit einer großen Population die tunesische Küste um Sousse. Die bis heute anhaltende Entwicklung bestätigt das sich abzeichnende Szenario einer flächendeckenden Besiedlung der Mittelmeerküsten durch *C. taxifolia.*

Im Verlauf der Jahre breitete sich die Alge entlang der Küste von sechs Anrainerstaaten mit raschem Wachstum aus. An der Côte d'Azur liest sich die Erfolgsgeschichte der vielseitigen Alge wie folgt: Monaco 1984 – 1 m^2, 1989 – 1 ha, 1990 – 3 ha; Frankreich (Jahr der Ankunft 1990) 1991 – 30 ha, 1992 – 427 ha, 1993 – 1 327 ha, Ende 1994 – 1 500 ha. 99 Prozent dieser Vorkommen befinden sich zwischen Toulon und Alassio, mit dem dichtesten Sektor von 10 km zu beiden Seiten Monacos, in Pointe Cabuel und an der italienischen Grenze. 1992 wurde die tropische Grünalge erstmals in Italien und Spanien, 1994/95 an der kroatischen Küste gesichtet. Bis Ende 1997 bedeckte sie im gesamten Mittelmeerraum eine Fläche von 4 600 ha, 1999 hatte die Alge 6 000 ha des marinen Lebensraumes im Mittelmeer besiedelt. In einem einzigen Fall konnte die natürliche Regression von *Caulerpa*-Beständen beobachtet werden: Das Verschwinden eines ein Quadratmeter großen Flecks in der Lagune von Brusc (Var, Frankreich), vermutlich als Folge eines kalten Winters mit Wassertemperaturen von 4,5 °C in einem

***9.18** Dichter Caulerpa-Bestand vor Cap Martin (Côte d'Azur). Die Côte d'Azur wurde Ende der 1990er Jahre massiv von Caulerpa taxifolia befallen. Die Alge überwächst hier einen Felsen und schiebt ihre Stolonen auf den Roten Sternschwamm Spirastrella cunctatrix. Ein massiver Rückgang der Biodiversität in den von C. taxifolia dominierten Bereichen ist die Folge. Im Gegensatz zur mediterranen Caulerpa-Art, die Sedimentböden bevorzugt, gedeiht die tropische Art auch auf Hartböden, den vielfältigsten Lebensräumen des Mittelmeeres.*

Gebiet von nur einem Meter Tiefe. Die Côte d'Azur gehört nicht zu den wärmsten Regionen des Mittelmeeres; es ist daher vorstellbar, dass sich die ursprünglich tropische Alge in den wärmeren Gebieten und damit praktisch im gesamten Mittelmeer ausbreitet. Neueste Meldungen aus den USA bestätigen die Warnungen einiger Autoren, die Alge könne sich zu einer weltweiten Plage an gemäßigten Meeresküsten entwickeln: An der kalifornischen Küste sind Ende 2000 zwei Kolonien von 3 500 m^2 und 2 ha gemeldet worden.

Die ökologischen Folgen: Fragen über Fragen

Die ökologischen Folgen der *Caulerpa*-Epidemie werden unterschiedlich bewertet. Während einige Wissenschaftler kaum auffällige Unterschiede zwischen der Fischfauna des natürlichen Phytals und den Neophytenkolonien bemerkt haben, berichten andere von einer um 25 Prozent geringeren Artendiversität bei Fischen und stellen fest, dass *Caulerpa*-Wiesen insgesamt von 30 Prozent weniger Fischen frequentiert werden. Fische, die in ausgedehnten *Caulerpa*-Wiesen gefangen wurden, sollen eine deutliche Reduktion der durchschnittlichen Körpermasse aufweisen. Für verschiedene andere Tiergruppen ist ein Rückgang der Diversität in *Caulerpa*-Wiesen nachgewiesen, bei den Makrophytenbeständen des Algenphytals ist er unbestritten. Abgesehen davon produziert die Alge toxische Sekundärmetabolite, Caulerpenyne. *C. taxifolia* verfügt somit über effiziente Fraßschutz- und Antifouling-Substanzen. Der Seeigel *Paracentrotus lividus* frißt in Laborversuchen die Alge nur im Winter und im Frühjahr, nicht aber im Sommer und im Herbst, den Zeiten der Toxid-Maxima. Dann verschmäht er diese Alge bis zum Hungertod. Dass sich mangels Fressfeinden die Gifte der Alge nicht in der Nahrungskette anreichern konnten, ist – insbesondere für die Fischereiwirtschaft – ein Glücksfall.

Im Zusammenhang mit *Caulerpa taxifolia* stellen sich Fragen über Fragen: nach den exakten Orten der Besiedlung, nach einem umfassenden Monitoring der am stärksten gefährdeten Gebiete (Häfen bzw. Hafenumgebung, Buchten, Ankerplätze), nach der Beobachtung der befallenen Flächen, nach der Analyse der Toxine (Natur, Konzentration, Wirkung), nach der Charakteristik der Entwicklung, nach den Konditionen an der Letalgrenze (Temperatur, Salinität, Nährstoffe, Resistenz, geographische Affinitäten) und nach den möglichen Bekämpfungstechniken (Strategien, Finanzierung). In den tropischen Meeren, in denen die Alge heimisch ist, zählen Arten der Schneckengruppe Saccoglossa zu den natürlichen Fressfeinden. Seit einigen Jahren arbeitet eine Gruppe um Alexandre Meinesz, der als erster vor den Gefahren der Invasion durch *C. taxifolia* warnte, an einer möglichen natürlichen Regulation durch das Einbringen eines natürlichen Fressfeindes. Experimente auf physikalisch-chemischer Basis sind bislang ohne Erfolg geblieben. An der Universität Nizza untersuchen die Wissenschaftler, ob man der Ausbreitung von *C. taxifolia* durch zwei Saccoglossa-Arten aus ihrer tropischen Heimat begegnen kann: *Oxynoe azuropunctata* und *Elysia subornata* tolerieren offensichtlich die Algentoxine und haben sich auf das Beweiden dieser Alge spezialisiert. Sie nutzen sogar die mit der Nahrung aufgenommenen Algentoxine, um sich selbst vor Fressfeinden zu schützen. In Nizza wurden nun Verfahren entwickelt und getestet, mit denen die Nacktschnecken unter Laborbedingungen vermehrt werden können. Tausende Individuen wurden bereits „erbrütet" und im Labor auf ihre Umweltansprüche und ihre Ernährung untersucht. Die Gesetze in Frankreich verbieten jedoch Freilandexperimente mit Nacktschnecken, und von der französischen Regierung wurde bisher auch noch keine Ausnahmegenehmigung erteilt. Ob das Einführen von Prädatoren überhaupt möglich ist und ob diese nur so lange im Mittelmeer etabliert werden können, bis von *C. taxifolia* keine Gefahr mehr ausgeht, bleibt abzuwarten.

Vielversprechende Bekämpfungsstrategien, die der explosionsartigen Ausbreitung entgegenwirken, sind bisher nicht in Sicht. Während somit die Ausbreitung der Schlauchalge weiter geht, gibt es zumindest lokale Bemühungen, die „Seuche" einzudämmen. Inzwischen wurde erprobt, inwieweit Kupferelektroden, die im Meerwasser elektrochemische Prozesse katalysieren, den Algenteppich quadratmeterweise abtöten können. Jeder Bootsführer im Mittelmeer sollte das seine tun, um die weitere Ausbreitung nicht noch zu beschleunigen, indem er Anker und Ankerketten akribisch auf Algenfragmente kontrolliert und diese vernichtet.

Nahezu zehn Jahre hat es gedauert, bis auch eine Regierungsstelle auf die dramatische Ausbreitung dieses Neophyten reagierte. Seit 1992 ist das Sammeln, der Transport, der An- und Verkauf und der Einlass ins Meer der tropischen Grünalge in Katalonien verboten; 1993 wurde die Vermarktung von *C. taxifolia* in Frankreich einer strengen Kontrolle unterworfen; in Amerika ist der Handel mit ihr seit 1999 verboten, doch zu einem Verbot der Vermarktung von *C. taxifolia* auf internationaler Ebene ist es bisher nicht gekommen. Nach Artikel 13 der Konvention der Mittelmeeranrainerstaaten ist nun geplant, die Ausbreitung von eingeführten Neophyten oder genetisch modifizierten Arten durch Inkraftsetzen eines Protokolls zu verhindern.

Thilo Maack und Verena Rademaker-Wolff

10. Fischerei und Aquakultur – ein Konfliktfeld

Das abschließende Kapitel des Allgemeinen Teiles widmet sich einem bedeutsamen wirtschaftlichen Aspekt der Mittelmeernutzung. Der Mediterran ist Schauplatz eines gravierenden Interessenkonflikts zwischen maximaler Ressourcenausschöpfung und nachhaltigem Umweltmanagement: der Fischerei sowie dem Versuch, die rückläufigen Fänge durch Zucht mariner Tiere in Aquakulturen wettzumachen.

Raubbau am Ökosystem Meer

Das Ökosystem Meer ist durch Überfischung bedroht. Die FAO, die Welternährungsorganisation der Vereinten Nationen, bezeichnet 70 Prozent der wirtschaftlich wichtigen Fischbestände als „komplett ausgebeutet", „überfischt" oder „erschöpft". Das Leben ungezählter anderer Geschöpfe ist durch die Fischerei bedroht: Wale, Haie, Meeresschildkröten und sonstige Meerestiere werden als „Beifang" getötet – das komplizierte ökologische Zusammenspiel der Arten im Meer wird damit geschwächt.

Noch vor einigen Jahrzehnten hielten manche Experten den Fischreichtum der Meere für unerschöpflich. 500 Millionen, ja sogar eine Milliarde Tonnen jährlich sollte das Meer auf Dauer hergeben. Im Rekordjahr 1996 brachten Fischer aber weltweit bloß 87,1 Millionen Tonnen an Land, und das nach einer 30-jährigen Periode zwischen 1950 und 1980 mit einem jährlichen

10.1 Das reichliche Angebot auf den Fischmärkten vieler Küstenregionen des Mittelmeeres könnte darüber hinwegtäuschen, dass dieses Meer bis an seine Grenzen überfischt ist. Manche Arten stehen vor dem Zusammenbruch der Populationen; aus einigen Meeresregionen, etwa der Nordadria, sind eine ganze Reihe von wirtschaftlich wichtigen Fischarten völlig verschwunden.

Zuwachs von sechs Prozent. Bereits 1997 ging es mit den Fangmengen um eine Million Tonnen nach unten. Dass die Nachfrage nach Fischen, Krebsen und Mollusken dennoch weiterhin befriedigt werden kann, liegt an den steigenden Erträgen der Aqua- bzw. Marikultur (weltweiter Ertrag gegen Ende der neunziger Jahre: etwa 10 Millionen Tonnen, Tendenz steigend). Die optimistische Meinung mancher Fisch- bzw. Fischereiexperten hat sich als Illusion entpuppt: Die zeitlich unbeschränkte, grenzenlose Ausbeutung mariner Ressourcen ist ein Trugbild.

Die Seefischerei macht ihr Hauptgeschäft mit einem engen Spektrum von Arten. Von den etwa 200 wirtschaftlich wichtigen Spezies machen nur sechs ein Viertel des Gesamtfangs aus. Dazu gehören in europäischen Gewässern der Atlantische Hering *(Clupea harengus)* und die Makrele *(Scomber scombrus)*. Tunfisch und Schwertfisch (Abb. 10.2) sind ebenfalls stark überfischt. Zwei Aspekte der industriellen Fischerei machen die Wurzeln des Übels besonders deutlich. Erstens: Die ausgebeuteten marinen Ressourcen dienen bei weitem nicht nur der Ernährung des Menschen. Noch bis 1994 landeten 30 Prozent der Fänge in Mühlen, um daraus Futter für Hühner, Schweine und in Aquakulturen gezüchtete Arten herzustellen – ein großer Teil der Fänge wurde also zu Fischmehl verarbeitet. Erst seit 1995 ist dieser Trend rückläufig. Zweitens: Der Einsatz zerstörerischer Fangmethoden geht nach wie vor weiter. Die gesamten Schelfgebiete bis zu den Kontinentalabhängen werden mit Grundschleppnetzen durchpflügt. Oft sind bis zu 80 – 90 Prozent dessen, was in diesen Netzen landet unerwünschte Masse aus verschiedensten Organismen, unbrauchbar und unverkäuflich – von den für Jahre ruinierten benthischen Lebensgemeinschaften des Schelfs ganz zu schweigen. Das Unerwünschte fällt unter das Stichwort Beifang: Geschätzte 20 Millionen Tonnen Meeresorganismen gehen jährlich tot oder sterbend über Bord zurück ins Meer.

Und auch die Ökonomie hat ein Wort mitzureden: Um die Fangquoten nicht mit weniger Gewinn zu nutzen, wandern ganze Tagesfänge zurück ins Meer, wenn Fischer per Funk über ungünstige Preisentwicklungen auf den Märkten informiert werden (Preis-Dumping) oder wenn sie die Fangmengen für eine Art ausgeschöpft haben.

Die Fischerei im Mittelmeer

Das Mittelmeer bildet bei all diesen unerfreulichen Überlegungen keine Ausnahme, im Gegenteil, gehört es doch zu den am stärksten ausgebeuteten Fischereigebieten der Welt. Nahezu alle wirtschaftlich nutzbaren Fischbestände sowie

10.2 *Kaum irgendwo im Mittelmeerraum werden so viele Schwertfische (Xiphias gladius) zum Kauf angeboten wie in der Umgebung der Straße von Messina (a, b). Der „pesce spada“, der als schnellster Schwimmer der Meere gilt, wird hier mit besonderen Booten, den Passerelle, gejagt (c).*

Haie und Artenschutz: Bedrohung Hai oder bedrohte Haie?

Robert Hofrichter

Haie werden seit Urzeiten gejagt. Allerdings hat – wie bei vielen anderen Tierarten auch – erst das letzte Jahrhundert, vor allem aber die letzten Jahrzehnte dramatische Rückgänge der Populationen mit sich gebracht. Eine der Ursachen liegt in der großen Nachfrage nach Haiflossen und anderen Haiprodukten, eine weitere – nicht nur im Fall des Weißen Hais – in der nach dem Film „Jaws" ausgebrochenen weltweiten Hai-Hysterie. Sinnloses Abschlachten selbst von harmlosen Haiarten in vielen Teilen der Welt war die Folge. Auch wächst der Markt für Haiprodukte immer noch stark und verspricht gute Gewinne.

In nur einer Dekade, zwischen 1980 und 1990, ist der Handel mit Haifischen auf das Zehnfache des ursprünglichen Volumens angestiegen. Eine bekannte asiatische Spezialität, die Haifischflossen-Suppe, ist nicht unwesentlich am Niedergang der Haipopulationen beteiligt: Eine einzige Flosse eines Wal- oder Riesenhais soll in China tausende US-Dollar Gewinn bringen (eine Portion Suppe wird um bis zu 100 US-Dollar serviert). Gehandelt werden verschiedene Teile von Haien, von der Haut über das Fleisch und die ölhaltige Leber bis zu den Kiefern und einzelnen Zähnen – auch Haikadaver und Haiknorpel. Knorpel wird für viel Geld als angebliches Mittel gegen Krebs verkauft, einen medizinischen Beweis für eine solche Wirkung gibt es aber nicht. Mit dem Slogan „Haie bekommen keinen Krebs" hat man das Geschäft mit Haiknorpel angekurbelt – vielen Millionen Haien jährlich kostete es das Leben (jährlich werden bis zu 100 Millionen Haie getötet). In den USA wurde im Juni 2000 per Gerichtsbeschluss die Werbung für Haiknorpelprodukte als Schutz oder Therapie gegen Krebs untersagt. Nach Ansicht von Krebsforschern sind sie „wahrscheinlich wirkungslos". Die Flossen werden den Haien auf tierquälerische Art meist bei lebendigem Leib abgetrennt; die noch lebenden Tiere werden über Bord geworfen, wo sie langsam zu Boden sinken und qualvoll verenden.

Für ein großes Gebiss des Weißen Hais sollen Sammler in den USA und Europa bis zu 50 000 US-Dollar zahlen. Die Dezimierung der Haie wird nach Ansicht von Organisationen wie Humane Society International, Australian Conservation Foundation und Species Survival Network die Preise weiter in die Höhe treiben. Obwohl die FAO eine Regulierung der Fänge anstrebt, fehlt ihr bislang eine rechtliche Grundlage für die Durchsetzung der Schutzbestrebungen. Eine solche Grundlage könnte ihr die CITES liefern (Convention of International Trade in Endangered Species of wild Fauna and Flora, Washingtoner Artenschutzabkommen aus dem Jahre 1973). Fachleute befürchten bei manchen Haiarten, dass ihre Bestände – ähnlich wie bei Walen – auf ein kritisches Niveau absinken könnten, das ein Überleben der Art nicht mehr sicherstellt.

In der Öffentlichkeit, in den Medien und im Bewusstsein der Menschen allgemein wird dem Schutz mariner Säugetiere wie Wale, Delfine oder Seekühe wesentlich mehr Aufmerksamkeit geschenkt als dem der Haie. Viele große Haiarten ähneln in ihrer Reproduktionsbiologie aber mehr solchen Säugetieren als anderen Fischen: Sie wachsen langsam, werden spät geschlechtsreif und produzieren verhältnismäßig wenige Nachkommen. Große Haiarten stehen als Top-Prädatoren an der Spitze mariner Nahrungspyramiden, ihre Populationsdichte ist vielfach von Natur aus gering. Einige Experten vermuten, dass in den Gewässern rund um die USA möglicherweise nur etwa 100 Exemplare des Weißen Hais *(Carcharodon carcharias)* gleichzeitig vorkommen.

Dieser mächtige Raubfisch gehört heute zu den bedrohten Arten. Sein mediengeschürtes irrationales Image führt bei gelegentlichen Sichtungen im Mittelmeer häufig zu hysterischen Reaktionen unter Fischern, bei Behörden und Touristen. Ein am 13. März 2000 in der Nordadria vor Porec (Istrien, Kroatien) von mehreren Berufsfischern gesichteter großer Hai (5 bis 6 Meter; vermutlich handelte es sich um einen Weißen Hai, obwohl diese vom Boot aus immer wieder mit den harmlosen Riesenhaien verwechselt werden) löste eine solche Hysterie aus. Nachdem sich die Nachricht schnell verbreitet hatte, machte sich unter der Bevölkerung und den Besuchern panische Angst breit. Die mobilisierten Polizeibehörden begaben sich mit Booten und Schiffen und selbstverständlich bewaffnet auf Haijagd mit dem Ziel, „das Tier mit Maschinengewehren zu töten". Das erwähnte Exemplar ist entkommen, den meisten Haien in ähnlichen Situationen ergeht es – weltweit – weniger gut.

Obwohl der Weiße Hai und viele weitere Haiarten ernsthaft bedroht sind, wurde bei der CITES-Konferenz 2000 in Nairobi, Kenya, der internationale Schutz von Haien abgelehnt. Die Empfehlung der EU und zahlreicher Staaten, drei der größten Haiarten unter Schutz zu stellen (Walhai, *Rhyncodon typus*, Weißer Hai, *Carcharodon carcharias* und Riesenhai *Cetorhinus maximus*; die beiden Letzteren kommen im Mittelmeer vor), und ein entsprechender Beschluss scheiterten an der Ablehnung von Staaten wie Norwegen, Island, Japan, China, Korea, Venezuela und anderen. In den Roten Listen der World Conservation Union werden der Weiße Hai und der Riesenhai als „bedroht"

10.3 Der Weiße Hai (Carcharodon carcharias) ist unter den rezenten Fischen das mächtigste Raubtier der Meere. Er kommt im Mittelmeer häufiger vor, als den meisten Touristen bekannt ist; dennoch ist eine Begegnung mit ihm ein äußerst unwahrscheinliches Ereignis.

eingestuft, was aber für wirkungsvolle Artenschutzbestrebungen an sich kaum einen ausreichenden Beitrag leisten kann. In manchen Ländern (Australien, USA, Südafrika) steht der Weiße Hai bereits unter Schutz, wirkungsvoll lässt sich eine solche weltweit vorkommende Art aber nur durch internationale Maßnahmen schützen. Australien hat 1999 als erstes Land den Vorstoß gewagt, diese Art in den Anhang I der CITES aufzunehmen (höchste Gefährdungskategorie, kein internationaler Handel erlaubt); allerdings wurde dieser Schutz wie gesagt abgelehnt. Als erstes europäisches Land hat Malta im Jahre 1999 zwei Haiarten und eine Rochenart unter Schutz gestellt *(C. carcharias, C. maximus* und den Mantarochen *Mobula mobulus).* Bei Malta hat es zahlreiche Sichtungen des Weißen Hais gegeben, darunter auch die eines der größten sicher vermessenen Exemplare (die Größenangaben in den Medien und Büchern sind oft weit übertrieben; die für diese Art in manchen Quellen angegebene maximale Länge von 12 Metern ist fast das Doppelte der tatsächlichen). Vor dieser Unterschutzstellung hat es in maltesischen Gewässern eine regelrechte Treibjagd auf einen großen Weißen Hai gegeben; mit Kanonenbooten hat die Marine den Hai zu erlegen versucht. Unter Druck von nationalen und internationalen Natur- und Artenschutzorganisationen erließ dann die maltesische Regierung die Schutzbestimmung. Zahlreiche Sichtungen Weißer Haie im Mittelmeer (z. B. Fänge durch Berufsfischer im August und September 1998 bei der Insel Mljet und bei Dubrovnik, mehrere dokumentierte Sichtungen zwischen Juli und September 1999 in der Adria) könnten die etwas überraschende Vermutung einiger Fachleute untermauern, dass das Europäische Mittelmeer ein wichtiges Rückzugsgebiet dieser Art ist.

Von den über 400 weltweit bekannten Haiarten geht nur von etwa zwei Dutzend potenzielle Gefahr für den Menschen aus, weniger als ein Dutzend war regelmäßig in Angriffe verwickelt; der Großteil der Haiarten ist jedoch völlig harmlos. Auch bei potenziell gefährlichen Arten gehört der Mensch nicht zu ihrem üblichen Beuteschema, so dass im Gegensatz zur weit verbreiteten Vorstellung vieler Menschen bei weitem nicht jede Begegnung mit einem großen Hai automatisch zu einem Angriff führt (ausführlichere Informationen in Band II/2). Die hysterische Einstellung zu Haien – häufig in sensationssüchtiger Art durch die Medien geschürt – sollte einer sachlichen Betrachtungsweise weichen. Haie sind seit erdgeschichtlichen Perioden (etwa seit 400 Millionen Jahren) substanzielle Bestandteile des marinen Ökosystems mit wichtiger regulierender Funktion; außerdem braucht der Artenschutz aus der Sicht der Ethik keine weitere logische Begründung. Viele Haiarten, so auch Wale und Delfine, gehören zu den stark bedrohten Tiergruppen der Meere und müssen international wirkungsvoll geschützt werden. Der Autor des Bestsellers „Jaws", Peter Benchley, ist dieser Erkenntnis und zeitgemäßen Einstellung selbst mit gutem Beispiel vorangegangen: Er hat sich von diesem literarischen Werk distanziert, nachdem er auf die weltweit verheerenden Folgen des realitätsfernen Films „Der Weiße Hai" für die Haie aufmerksam gemacht worden ist.

Literatur: • De Maddalena A (1999) Records of the great white shark in the Mediterranean Sea. Private Publikation des Autors Dr. Alessandro de Maddalena, Via V. Foppa 25, I-20144 Milano • Fergusson IK (1994) An annotated checklist of sharks frequenting the Mediterranean Sea. In: Earl RC, Fowler SL (Hrsg.) Proceedings of the 2nd European Shark & Ray Workshop, British Museum (Natural History) Joint Nature Conservancy Council (JNCC), Peterborough. 49–51 • Zahlreiche aktuelle und (meist) zuverlässige Informationen über Haie im Mediterran bieten Webseiten vieler Natur- und Artenschutz-Organisationen: z. B. International Union for Conservation of Nature and Natural Resources (IUCN) mit 6 Kommissionen, darunter Species Survival Commission (SSC) und innerhalb dieser die Shark Specialist Group (SSG) oder The Shark Trust • Umfangreiche Literaturlisten findet man unter http://www.flmnh.ufl.edu/fish/sharks/references/pelagic.htm

Meeresfrüchte werden bis zur Belastungsgrenze und darüber hinaus befischt. Diese Übernutzung, gepaart mit der Beeinträchtigung von Lebensräumen, bedroht zunehmend die marine Artengemeinschaft. Viele der wichtigsten Fischarten können dem Druck nicht weiter standhalten. Insbesondere gilt dies für Arten mit geringer Fortpflanzungsrate wie Haie und Rochen, die mittlerweile zu den vom Aussterben bedrohten Tieren gehören (Exkurs S. 526 f., Tab. 9.1).

Das Mittelmeer ist zwar artenreich, doch stellen die einzelnen Arten im Allgemeinen eher geringe Biomassen. Viele wirtschaftlich wichtige Spezies kommen in Küstennähe, in den oberen 50 Metern der Wassersäule vor. Solche Schelfregionen (siehe Abb. 2.14 und Karte S. 54/55) sind im Mittelmeer meist schmal, die Kante zu den tiefen Meeresbecken, der Kontinentalrand, liegt oft in Sichtweite der Küste. Auf diesem schmalen neritischen Meeresstreifen spielt sich ein Großteil der Fischerei ab.

Italien, Spanien, Frankreich und Griechenland stellen mit 89 Prozent aller Fischereischiffe im Mittelmeer die größten Fischereiflotten. Allein 1998 landeten sie 960 000 Tonnen Fisch und Meeresfrüchte an, mehr als die Hälfte der 1,7 Millionen Tonnen, die im Mittelmeer gefangen wurden. Zum Vergleich: 1960 lag der Ertrag der Mittelmeerflotte noch bei weniger als 800 000 Tonnen. In den dazwischenliegenden Jahren hat sich die Fischerei von kleinen, arbeitsintensiven Schiffen weg und zu großen, kapitalintensiven Schiffen hin entwickelt, wie große Trawler und flexibel einsetzbare Schiffe. Der technische Standard der industriellen EU-Flotten ist sehr hoch, so dass seit Beginn der industriellen Fischerei auch die erbeutete Fischmenge pro Schiff gestiegen ist. Zwar haben sich die Fischereimethoden selbst kaum geändert, doch durch immer effizientere Ortungsmethoden wie hochmoderne Sonare, den Einsatz von Hubschraubern zur Auffindung von Fischschwärmen, stärkere Motoren, verbesserte Kühltechnik an Bord und damit höhere Aufnahmekapazität der Schiffe ist die Fangmenge stets weiter angewachsen. Die Fischbestände sind dementsprechend geschrumpft.

Es werden nach wie vor zu viele Jungfische, die sich noch kein einziges Mal fortgepflanzt haben, gefangen, und die wenigen adulten Tiere können kaum den Bestand erhalten. Die von der EU festgesetzten Mindestgrößen für die befischten Arten sind nicht geeignet, das Problem zu lösen. Effektiver wäre es, die wenig selektiven Fangmethoden wie Schleppnetze zu beschränken.

Doch nicht nur die gezielt befischten Arten sind Opfer des hohen Fischereiaufwands. So genannte Nichtzielarten wie andere Fische, wirbellose Benthosbewohner, Meeressäuger, Haie, Seevögel und Schildkröten verenden als ungewollter Beifang zu Tausenden in den Netzen. Vor allem Schleppnetze, aber auch kilometerlange Treibnetze erbringen riesige Mengen dieser für die Fischer wirtschaftlich uninteressanten Fänge (bis zu 80, bei Grundschleppnetzen 90 Prozent eines Hols). Erhebliche Schäden entstehen auch durch das so genannte *ghost fishing:* Abgerissene oder gekappte Netze treiben im Meer und „fischen" ohne jeden Nutzen sinnlos weiter.

Offensichtlich ist die Beeinträchtigung geschützter Arten wie Wale, Delfine und Meeresschildkröten durch die Fischerei. Sie verenden als unbeabsichtigte Beifänge in den Fischernetzen und konkurrieren nach Ansicht der Fischer direkt mit der Fischerei um Nahrungsressourcen wie Anchovis und Kalmare. Die Hauptursache für die Mortalität von Meeresschildkröten sind Treibnetze, pelagische Langleinen, Plastik und anderer herumtreibender Müll, den die Schildkröten nicht als solchen identifizieren, sondern für Quallen halten, fressen und qualvoll daran sterben.

Die Fischerei beeinflusst die marine Biodiversität zum einen durch das lokale Verschwinden einiger Arten, zum anderen durch das Zerstören ganzer Habitate. Neben den sichtbaren direkten Auswirkungen der Fischerei kommt es zu schleichenden ökologischen Veränderungen. So ist beispielsweise der Lebensraum der Posidoniawiesen von dieser Fischerei besonders betroffen. Durch die Entnahme großer Mengen einzelner Arten wird das trophische Gefüge, die Nahrungsnetze, deutlich verändert.

Wie belastbar dieses System ist, ohne den Zusammenbruch des gesamten Ökosystems Mittelmeer zu riskieren, ist selbst für Experten kaum zu quantifizieren. Auch der Einfluss, den die Fischerei durch die Entnahme der jeweils größten Fische auf die genetische Variabilität der Population hat – eine für jede Art überlebenswichtige Größe –, ist weitestgehend unbekannt. Die artenreiche, komplexe Gemeinschaft auf den Hartböden des Mittelmeeres wird durch die Fischerei ebenso gefährdet wie die Weichsubstrate, Sand- und Schlickböden, die nur wenigen spezialisierten Arten Lebensraum bieten. Der Einsatz von Dredschen* und Grundschleppnetzen schädigt nachhaltig das Benthos. Durch die Grundfischerei wird die Endofauna gestört, die Sedimentstruktur und damit der Wasseraustausch verändert. Vor allem in Gebieten, deren Böden durch giftige Einleitungen und Ablagerungen kontaminiert wurden, hat der Einsatz von geschlepptem Fischereigerät fatale Folgen: Immer wieder werden die giftigen Schlämme aufgewirbelt und über größere Gebiete verteilt.

Aquakultur: kein Allheilmittel

Die Aquakulturindustrie des Mittelmeeres – sie ist auf den nachfolgenden Seiten dargestellt – erwirtschaftete im Jahr 1984 78 180 Tonnen Fisch und Meeresfrüchte; 1996 waren es bereits 248 460 Tonnen. Der Anteil mariner Fischarten stieg in diesen zwölf Jahren auf das 400-fache, der von

Brackwasserarten auf das Zehnfache an – ein Wirtschaftszweig mit explosivem Wachstum auf Kosten der Natur. Die „Nebenwirkungen“ der Mast im Meer sind groß: Die intensive Fischzucht produziert enorme Abfallmengen; in nächster Umgebung der Aquakulturen wird die Primär- und Sekundärproduktion entscheidend beeinflusst; durch die Anreicherung unverbrauchter Nahrungspartikel und die damit einhergehenden Veränderungen im Sauerstoffhaushalt des Benthals kommt es zu Eutrophierungsprozessen. Da die Tiere auf unnatürlich engem Raum leben, wo sich Krankheiten schnell entwickeln und ausbreiten können, ist eine Zucht ohne Einsatz von Medikamenten kaum möglich. Ein Großteil dieser Chemikalien gelangt aber in die Umgebung und

10.4 und 10.5 *Die „MV Greenpeace“ beschlagnahmt im Ionischen Meer ein über 2500 Meter langes Treibnetz (unten) und einen im Netz verfangenen Schwertfisch (Xiphias gladius). Treibnetze sind für die Ökologie des Meeres die katastrophalste Erfindung der letzten Jahrzehnte. In ihnen verfängt sich nicht nur der Fang, sondern auch ein beträchtlicher „Beifang“, unzählige bedrohte Meerestiere wie Säuger und Meeresschildkröten. 1996 schlug die Fischereikommissarin der EU Alarm und forderte eine Reduzierung der Fischfangmengen von 1997 bis 2002 um 50 Prozent. Ende 1997 sprach sich die Mehrheit der Fischereiminister für ein Treibnetzverbot aus. 1998, im Internationalen Jahr der Ozeane, hat die EU-Kommission den Einsatz von Treibnetzen verboten; das Gesetz tritt am 1. Januar 2002 in Kraft.*

Aquakultur im Mittelmeerraum

Michael Wilke

Die Nachfrage nach hochwertigen Speisefischen, Miesmuscheln, Austern, Garnelen, Langusten, Hummern und Krebsen ist in den Mittelmeerländern sehr groß. Sie kann von der Fischerei vor Ort weder qualitativ noch quantitativ gedeckt werden. Zudem entsprechen die Hauptfangperioden der traditionellen Fischerei (Oktober bis Februar) nicht den Monaten der Hauptnachfrage (Juli, August). Ein Teil des Defizits wird durch Produkte aus Aquakulturanlagen gedeckt, in denen wirtschaftlich wichtige Arten produziert werden.

Bereits im 5. Jahrhundert v. Chr. wurden im Römischen Reich durch die Zucht von Austern *(Ostrea edulis)* und die Haltung von Muränen *(Muraena helena)* und Aalen *(Anguilla anguilla)* erste Aquakulturanlagen betrieben. Seit dem 13. Jahrhundert gibt es Muschelzuchtanlagen in Frankreich *(Mytilus edulis)* und seit dem 14. Jahrhundert erste Vallikulturanlagen* in Italien. Doch erst seit Ende des 19./Beginn des 20. Jahrhunderts gewannen die Aquakulturanlagen ökonomische Bedeutung. Ungefähr seit 1970 wurde durch neue wissenschaftliche Erkenntnisse zur Biologie der gezüchteten Arten und durch den Einsatz von Biotechnologie und Gentechnik die gesamte Aquakultur revolutioniert und industrialisiert.

Wo züchtet wer wieviel?

Der Ursprung der Aquakultur des Mittelmeeres liegt in den Lagunen (vgl. S. 326 ff.); es sind geschützte, relativ leicht zugängliche und hochproduktive Lebensräume, in denen die meisten der gezüchteten Arten auch natürlich vorkommen. Traditionelle Techniken, wie die Vallikulturanlagen Italiens, nutzen die natürlichen Wanderungsbewegungen von Fischen zwischen Meer und Lagune. Davon bleibt der Lebensraum relativ unberührt, doch der Einsatz moderner und intensiver Techniken verändert den an die Erfordernisse der Aquakultur angepassten Lebensraum stark. Die biologischen und physikalisch-chemischen Prozesse in den Lagunen werden weitestgehend kontrolliert. Bei Vallikulturen werden Teile der Lagunen durch Barrieren abgetrennt. Sie sind so angelegt, dass es den Jungfischen möglich ist einzuwandern, die adulten Tiere jedoch nicht zurückwandern können. Wasser- und Sedimentbeschaffenheit entsprechen der angrenzenden Lagune. Viele Anlagen haben die Möglichkeit, kontrolliert Süßwasser zuzuführen, und können so einen gewissen Einfluss auf Salzgehalt und Strömungsverhältnisse nehmen. Zusätzlich zur natürlich vorkommenden Nahrung wird häufig zugefüttert. Die im Herbst gefangenen Fische werden entweder direkt verkauft oder aber in speziellen Becken während des Winters weiter gehalten. In der nordadriatischen Region Italiens gibt es heute noch ungefähr 100 *valli.* Ihre Nutzung geht jedoch zurück; sie werden von intensiveren Techniken abgelöst oder leiden unter der stark abnehmenden Wasserqualität der Lagunen. Mit dieser extensiven Aquakultur werden jährlich etwa 100 – 150 kg Fisch pro Hektar erzeugt. Die gezüchteten Fischarten sind autochthon, sie kommen in angrenzenden Lagunen und im Meer vor.

Im Gegensatz zur Vallikultur wird bei der Bourdigue der Verbindungskanal zum Meer nach den Frühjahrswanderungen in die Lagune unterbrochen. Bei der Rückwanderung ins Meer werden alle Fische in einem System von gemauerten Kammern und Kanälen gefangen. Während das ursprüngliche Konzept eine Auslese vorsah, wonach zu kleine Tiere in die Lagune zurückgesetzt und ein gewisser Prozentsatz der adulten Tiere zum Ablaichen durchgelassen werden sollte, hat sich in der Realität das Abfischen der gesamten abwandernden Individuen durchgesetzt. Häufig sind die ursprünglich eingerichteten Bauwerke verfallen, und in manchen Lagunen wird heute nur noch durch das Anbringen eines Metallrahmens mit Metallnetz die herbstliche Abwanderung ins Meer unterbunden. Die so zurückgehaltenen Individuen werden schließlich mit traditionellen Methoden innerhalb der Lagune gefangen. Das System der Bourdigue wird in Spanien, Frankreich, Italien, Albanien, Griechenland und der Türkei angewandt.

Andere extensive Aquakulturtechniken sind die Nutzung ehemaliger Salzgewinnungsanlagen zur Produktion von Salinenkrebsen (*Artemia salina,* Abb. 6. 50) als Nahrung für andere Aquakulturen oder für die Aquaristik. Auch werden, insbesondere in Ägypten, Reisanbauzonen zur Aufzucht von Süßwasserfischen genutzt, meist Karpfen (*Cyprinus carpio,* Abb. 6. 50), eine Technik, die zur Mitte des 19. Jahrhunderts in Italien eingeführt wurde, dort heute jedoch nicht mehr praktiziert wird. In verschiedenen Gebieten des Mittelmeerraumes werden die biologischen Klärteiche und Schönungsbekken der Kläranlagen zur Karpfenzucht verwendet.

Miesmuschel- und Austernzucht wird seit Beginn des 20. Jahrhunderts in größerem Maßstab in spanischen Häfen und in der Thau-Lagune (Frankreich) betrieben. 1930 war durch zu starkes Absammeln das natürliche Vorkommen der heimischen Auster *(Ostrea edulis)* praktisch zerstört. Bis zu einer

10.6 *Versuche mit der Zucht von a) Braunen Zackenbarschen (Epinephelus guaza, Serranidae) und b) Großen Bärenkrebsen (Scyllarides latus, Scyllaridae) im Istituto Sperimentale Talassografico in Messina (c).*

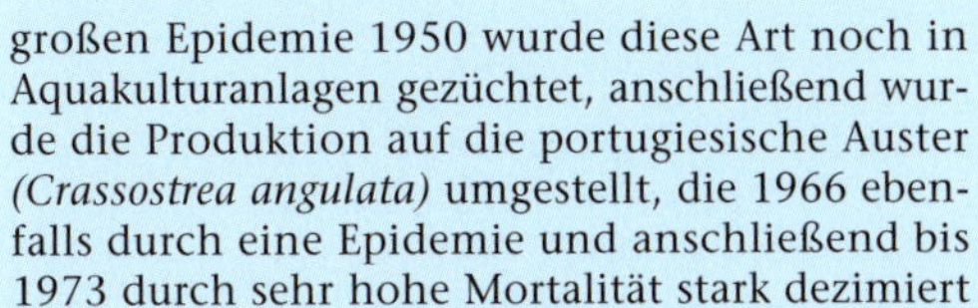

großen Epidemie 1950 wurde diese Art noch in Aquakulturanlagen gezüchtet, anschließend wurde die Produktion auf die portugiesische Auster *(Crassostrea angulata)* umgestellt, die 1966 ebenfalls durch eine Epidemie und anschließend bis 1973 durch sehr hohe Mortalität stark dezimiert wurde. Seit 1967 wird im gesamten Mittelmeerraum überwiegend die resistentere asiatische Auster *(Crassostrea gigas)* gezüchtet. Andere Bivalvenarten aus Aquakulturanlagen sind *Venerupis decussatus, V. semidecussatus, Tapes pallustra* und *Venus gallina*.

Im gesamten Mittelmeerraum wurden 1993 ungefähr 670 000 Tonnen Fische und „Meeresfrüchte" in Aquakulturanlagen produziert, davon ein großer Teil in den lagunären Lebensräumen. Der größte Teil der Produktion entfiel auf Austern und Miesmuscheln (65 Prozent); er wurde zu 94 Prozent von Spanien, Italien und Frankreich erzeugt. Die Hauptzentren der Aquakulturproduktion liegen in der Lagune des Mar Menor (Spanien), in den Lagunen Thau und Salses-Leucate (Frankreich), in den Lagunen des Podeltas in Italien, in der Tuzla-Lagune (Türkei), in der Manzalah-Lagune des Nildeltas (Ägypten), in der Biserta-Lagune (Tunesien), in der Mellah-Lagune (Algerien) und in der Nador-Lagune (Marokko). In den Ländern des südlichen und östlichen Mittelmeeres steckt die marine Aquakultur noch in den Anfängen, wird jedoch seit einigen Jahren deutlich erweitert.

Wie und was wird gezüchtet?

Verschiedene Bedingungen müssen erfüllt sein, um Mollusken erfolgreich zu züchten. Der ideale Salzgehalt liegt zwischen 25 und 35 ‰, die Wassertemperatur sollte nie unter 8 °C absinken, der Sauerstoffgehalt nahe den Sättigungswerten liegen. Die Wasseraustauschrate soll hoch sein; Nährsalze müssen ausreichend und gut verfügbar vorliegen, um eine hohe Primärproduktion und Phytoplanktondichte zu ermöglichen, ohne jedoch das Gewässer „umkippen" zu lassen. All diese Bedingungen sind in den lagunären Lebensräumen des Mittelmeeres nur relativ selten erfüllt; Miesmuschel- und Austernzuchten können daher nur in wenigen ausgewählten Lagunen betrieben werden.

Zur Kultur von Miesmuscheln werden Jungmuscheln von 20–30 mm Länge in lange Schläuche aus Nylonnetz gepackt und im Abstand von ca. 50 cm an Gerüste aus Rundholz oder Metallträgern gehängt. Nach einigen Tagen verkleben die Muscheln durch das Absondern von Byssus miteinander. Da die inneren Muscheln langsamer wachsen als die äußeren, werden sie nach maschinellem Sortieren mehrfach „umgepackt" und neu aufgehängt. Zur Beseitigung der sich entwickelnden Epibionten, die als Nahrungskonkurrenten unerwünscht sind und durch ihr hohes Gewicht die Konstruktionen zum Reißen bringen können, werden die Substrate regelmäßig aus dem Wasser gehoben und für 24 Stunden zum Trocknen aufgehängt. Hierbei vertrocknet die Epifauna und wird anschließend manuell entfernt.

Die Kultur von Austern wird mit Jungaustern betrieben, die entweder aus Japan oder von den Aufzuchtstellen am Atlantik eingeführt werden. Sie werden an ihrem Substrat aus Muschelschalen an Nylonseilen aufgehängt und ungefähr 8 Monate im Wasser gelassen. Wenn sie auf etwa 6 cm Größe angewachsen sind, werden sie mit Spezialzement an einer Schale auf Latten geklebt, an die Stützbalken der Gerüste gehängt und bis zu zwei Jahre im Wasser gelassen, bevor sie verkauft werden können.

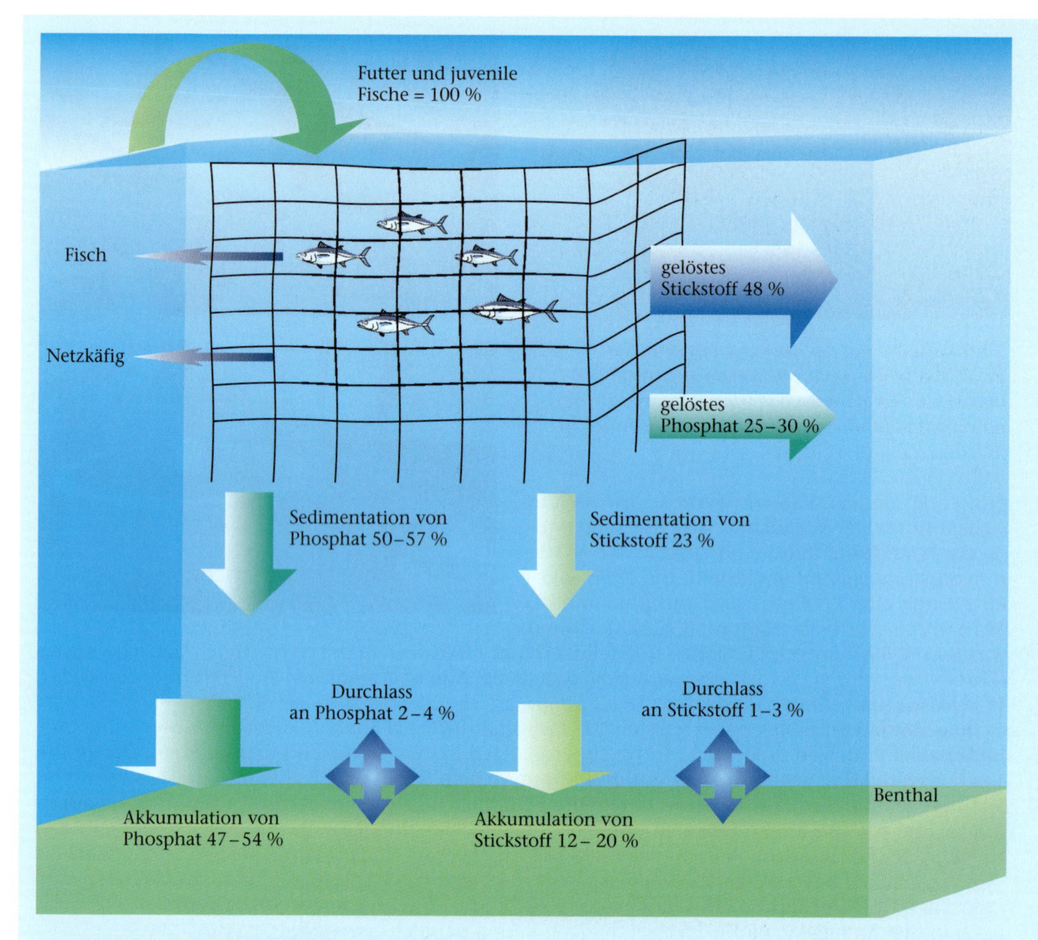

***10.7** Schema einer Aquakultur-Box. Wie bei terrestrischer Massentierzucht auch, bleiben die Negativfolgen der intensiven Aquakultur-Produktion nicht aus.*

Moderne industrielle Aquakultur wird etwa seit 1970 mit hochwertigen Speisefischen wie Wolfsbarsch *(Dicentrarchus labrax)* und Goldbrasse *(Sparus aurata)*, aber auch mit anderen, stark nachgefragten Arten betrieben *(Psetta maxima, Chelon labrosus, Liza ramada, L. aurata, L. saliens, Seriola dumeili, Platichthys flesus, Diplodus vulgaris, D. sargus)*. Darüber hinaus wird auch die Aquakultur von verschiedenen Garnelenarten betrieben *(Penaeus kerathurus, P. chinensis (= orientalis), P. monodon)*, wobei sich weitgehend eine aus Japan eingeführte Art *(Penaeus japonicus)* durchgesetzt hat. Diese industrielle Art der Aquakultur findet sich meist in gemauerten Becken am Rand der natürlichen Lebensräume. Die ausgewählten Tiere sind häufig genetisch verändert, steril oder ausschließlich gleichen Geschlechts. Auf diese Weise werden maximale Wachstumsraten erreicht. Die Larven der gezüchteten Tiere werden in der Regel nicht mehr aus dem natürlichen Milieu gewonnen, sondern kommen aus speziellen, dem neuesten Stand biotechnischer Forschung entsprechenden Aufzuchtstationen.

Was sind die Folgen?

Aquakulturanlagen haben in den meisten Fällen massive negative Auswirkungen auf die natürliche Umwelt: Anreicherung mit organischem Material, Interaktion mit dem natürlichen Nahrungsnetz, Sauerstoffzehrung, Störung von wildlebenden Arten, Habitatzerstörung, Interaktion zwischen entkommenen und natürlichen Individuen, Einbringen von bioaktiven Stoffen, die sich entweder in den Geweben oder in der natürlichen Umwelt anreichern oder Antibiotika-Resistenzen zur Folge haben, Einbringen von Hormonen in den Lebensraum usw. Die zunehmende Intensivierung und Industrialisierung von Aquakultur macht einen erhöhten Einsatz von Chemikalien erforderlich. Eine Untersuchung (GESAMP, 1997) listet Stoffgruppen auf, die in modernen Anlagen eingesetzt werden: 5 verschiedene Wasser- und Sedimentbehandlungsstoffe (z. B. EDTA, Kalziumsulfat), verschiedene Düngemittel (Stickstoff, Phosphor, Kalium), 6 Desinfektionsmittel, 8 prophylaktische antibakterielle Stoffe, 12 Antibiotika und andere Medikamente, 11 Pestizide, ein Herbizid/Algizid, 10 Futterzusätze, 6 Betäubungsmittel und 5 Hormone. Zwar ist ein Teil der gefährlichen Stoffe im Bereich der EU mittlerweile verboten, doch werden sie nach wie vor in den Anlagen außerhalb der EU benutzt (z. B. das Antibiotikum Chloramphenicol).

Auch die Depots von Nahrungsresten und Fäkalien unter den Anlagen haben negative Auswirkungen auf die Qualität von Wasser und Sediment. So hat beispielsweise die Anhäufung von 40 000 bis 50 000 Tonnen anoxischem Bioschlamm unter den Muschel- und Austernanlagen der Thau-Lagune regelmäßige Methanbildung und Sauerstoffdefizite zur Folge.

Aus Aquakulturanlagen entkommene Individuen eingeführter, also dem Lebensraum fremder Arten können weitreichende Entwicklungen in Gang setzen. Während bisher vor allem aus dem Bereich der Süßwasseraquakultur über Derartiges berichtet wurde, tauchten in den letzten Jahren die ersten Probleme mit Meerwasserarten auf. Die Einführung der japanischen Teppichmuschel *Venerupis semidecussata* scheint die heimische Art *Venerupis decussata* weitgehend aus den italienischen Lagunen verdrängt zu haben. Mit der Einführung der japanischen Auster wurden auch neun Arten exotischer Algen in die Thau-Lagune eingebracht. Ernste Probleme entstehen durch die Einführung von Parasiten. So wurden mit japanischen und neuseeländischen Aalen *(Anguilla japonica, A. australis)* verschiedene Parasiten eingeschleppt, die heute den heimischen Aal stark befallen. Die möglichen Folgen von Aussetzversuchen japanischer Garnelen in verschiedenen französischen Lagunen (um 1980, 2000, voraussichtlich 2001) zur Verbesserung des Einkommens der Fischer sind nicht untersucht worden, aber verschiedene mediterrane Arten dürften durch die Nahrungskonkurrenz verdrängt worden sein.

Neben den genannten Auswirkungen auf die Umwelt treten bei Aquakulturprodukten auch hygienische Probleme für den Menschen auf. Dies trifft vor allem für verschiedene Muschelarten zu, die als Filtrierer im Laufe ihres Lebens große Mengen an Schadstoffen, pathogenen Keimen und Toxinen konzentrieren können. Da Muscheln in der Regel roh verzehrt werden, sind mehrere Ausbrüche von Typhus, Hepatitis B, Cholera und Enterovirenerkrankungen auf kontaminierte Muscheln aus Aquakulturanlagen zurückzuführen. Die letzte große Choleraepidemie *(Vibrio cholerae)* gab es 1973 in Italien; sie ging von kontaminierten Muscheln aus den Lagunen von Venedig und der Umgebung von Neapel aus. Zusätzlich zu den genannten Bakterien- und Virenerkrankungen werden immer häufiger Fälle bekannt, die auf Vergiftung durch Toxine zurückgehen, die von einzelligen Algen produziert und in Muscheln konzentriert werden (siehe „Toxische Algenblüten", S. 503). Die bekanntesten Toxine PSP (Paralytic Shellfish Poisoning), DSP (Diarrhetic Shellfish Poisoning), ASP (Amnesic Shellfish Poisoning) und NSP (Neurotoxic Shellfish Poisoning) gehen vor allem auf verschiedene Dinoflagellaten zurück: *Alexandrium tamarense, Dinophysis acuminata, D. sacculus, Gymnodinium catenatum, Gyrodinium spirale* und *Prorocentrum minimum.*

In den letzten Jahrzehnten haben die Gesundheitsämter der verschiedenen Mittelmeer-Anrainerstaaten Überwachungsprogramme ins Leben gerufen, um die hygienische Unbedenklichkeit der Aquakulturprodukte zu sichern. So war beispielsweise der Verkauf von Miesmuscheln und Austern aus den Anlagen von Thau und Salses-Leucate (Frankreich) aufgrund toxischen Phytoplanktons 1989 für 22 Tage und 1993 für 88 Tage verboten. Verkaufsverbote und die Verpflichtung der Betreiber, die Produkte vor dem Verkauf in sauberem Meerwasser zu entkontaminieren, sind Zeugnis der Aktivität der Überwachungsinstitute. Ob sich jedoch Aquakulturanlagen überhaupt umweltverträglich in den natürlichen Lebensraum eingliedern lassen, welche Folgen die Einleitung der verwendeten chemischen Stoffe und die Einbringung von Fremdorganismen auf das Ökosystem haben und ob die genannten Probleme nicht integraler Bestandteil der Massentierhaltung sind (gleichgültig ob land- oder wassergestützt), wurde bisher noch ungenügend untersucht.

Literatur: • GESAMP (1991) Reducing environmental impacts of coastal aquaculture. Reports and Studies. IMO/FAO/UNESCO/WMO/WHO/IAEA/UN/UNEP Joint Group of Experts on the Scientific Aspects of Marine Pollution 47, Rom • UNEP (1987) Environmental aspects of aquaculture development in the Mediterranean region. MAP Technical Reports Series 15, Split • GESAMP (1997) Towards safe and effective use of chemicals in coastal aquaculture. Reports and Studies. IMO/FAO/UNESCO/WMO/WHO/IAEA/UN/UNEP Joint Group of Experts on the Scientific Aspects of Marine Pollution 65, Rom • Rosecchi E, Charpentier B (1995) L'aquaculture en milieux lagunaire et marin acôtier. Publikation MedWet 3, Arles • Gilbert F, Souchu P, Bianchi M, Bonin P (1997) Influence of shellfish farming activities on nitrification, nitrate reduction to ammonium and denitrification at the water-sediment interface of the Thau lagoon, France. *Mar Ecol Progr Ser* 151: 143–153 • Bacher C, Bioteau H, Chapelle A (1995) Modelling the impact of a cultivated oyster population on the nitrogen dynamics: the Thau lagoon case (France). *Ophelia* 42: 29–54.

reichert sich zusammen mit der überschüssigen Nahrung und dem Kot der Fische im Benthos an – idealer Nährboden für Bakterien, Algen und Pilze.

Ein Risiko für die mediterrane Fauna birgt die Zucht von exotischen oder genetisch veränderten Arten. Einzelne Tiere entweichen immer wieder aus den Zuchtanlagen, übertragen Krankheiten und können sich in der freien Natur so stark vermehren, dass heimische Arten verdrängt werden. Ein Beispiel ist die Zucht der asiatischen Teppichmuschel *Venerupis (= Tapes) semidecussatus* im Brackwasser der nördlichen Adria auf italienischem Gebiet. Die Larven wurden verdriftet, die heimische Teppichmuschelart *Venerupis (= Tapes) decussatus* weitgehend verdrängt, so dass sie heute auch in anderen Küstengebieten gefischt werden können.

Wege zu einer nachhaltigen Fischerei

Der Großteil der Fischerei im Mittelmeer wird von den Staaten betrieben, die zur Europäischen Union gehören. Bei der Ausbeutung kleiner pelagischer und bodennaher Fischpopulationen gibt es kaum Länderkonflikte, da diese Bestände meist nur von der lokalen Fischerei genutzt werden; die Fischerei auf große pelagische Fischarten hingegen ist international und führt oft zu heftigen Auseinandersetzungen zwischen den beteiligten Ländern. Ziel der gemeinsamen Fischereipolitik der EU für das Mittelmeer ist es, ein Gleichgewicht zwischen Fischereikapazität und verfügbaren Ressourcen für die EU-Mitgliedsstaaten herzustellen. Hintergrund dieses Bestrebens ist die Erkenntnis, dass ein Management der Ressourcen durch Fangquoten wie im Atlantik und in der Nordsee für die Mehrartenfischerei im Mittelmeer nicht geeignet ist. Aufgrund der geringen Größe des Mittelmeeres haben die Anrainerstaaten keinen Anspruch auf eine Wirtschaftszone von 200 Seemeilen (1 nautische Meile = 1 853,18 Meter) erhoben, sondern die territorialen Gewässer erstrecken sich bei fast allen Mittelmeeranrainerstaaten über 12 Seemeilen; lediglich die Türkei und Griechenland beanspruchen 6 Seemeilen, Syrien 35 Seemeilen. Daher versucht die EU in Zusammenarbeit mit dem General Fisheries Council for the Mediterranean (GFCM) einen Konsens mit Nicht-EU-Staaten bezüglich des Managements der Fischerei im Mittelmeer zu finden.

Die Folgen der Überfischung sind längst bekannt, doch erst jetzt werden zögerlich Maßnahmen ergriffen. So sind ab dem 1. Januar 2002 Treibnetze z. B. zum Fang von Tun- und Schwertfischen für die EU-Fischereinationen verboten. Bis zu diesem Zeitpunkt sollen die einzelnen europäischen Länder ihre Treibnetzflotte um 40 Prozent reduzieren – ein Schritt auf dem langen Weg zu einer nachhaltigen und damit umweltverträglichen Fischerei. Im Jahr 2000 stellte die Europäische Kommission fest, dass ihre gemeinsame Fischereipolitik das angestrebte Ziel einer nachhaltigen Fischerei nicht erreicht hat und gescheitert ist. Im Reformprozess bis Ende 2003 wird sich zeigen, inwieweit aus den Fehlern der Vergangenheit gelernt wurde. Die Integration der Umweltfragen in die Fischereipolitik ist von zentraler Bedeutung, eine Wende mehr als überfällig. Die Reduzierung der Fischerei ist eine wichtige Voraussetzung für den Wandel, damit sich die Fischbestände erholen können. Die Befischung sollte die Fähigkeit einer Art nicht gefährden, natürlichen oder vom Menschen verursachten Veränderungen der Umwelt zu widerstehen. Sie darf sich auch nicht negativ auf die Erholung bedrohter oder gefährdeter Arten auswirken. Eine zukunftsfähige Fischerei sollte auf Verschwendung verzichten. So ist langfristig jeglicher Beifang zu vermeiden. Die Dezimierung von Fressfeinden der Speisefische mit dem Ziel, die Bestände größer zu halten, ebenso wie das Düngen mariner Ökosysteme sind unsinnig und müssen abgeschafft werden. Das absichtliche Freisetzen oder unbeabsichtigte Verbreiten von Fremdarten oder genetisch veränderten Organismen ist zu verhindern.

Viele der hier angeführten Punkte – was getan und was vermieden werden sollte – klingen utopisch und sind in einer Zeit intensiver Globalisierungsdiskussionen zweifellos schwer umzusetzen. Kurzfristig bedeuten große Umstellungen einen enormen finanziellen Aufwand und wirtschaftliche Einbußen. Fragt sich jedoch, was die Alternative zu solchen Schritten wäre? Wenn sich nichts ändert, wird der Einbruch etwas später eintreten – mit umso dramatischeren Folgen. Generell soll die gesamte Fischproduktion umweltfreundlich gestaltet werden. Die zentrale Position nimmt hierbei der so genannte Vorsorgeansatz ein. Um sicherzustellen, dass menschliche Aktivitäten weder die Meere und Flussmündungen noch deren biologische Vielfalt schädigen, sollten Umweltverträglichkeitsprüfungen stattfinden. Der Vorsorgeansatz, der kontinuierlich auch bei reichem Fischvorkommen angewandt werden müsste, soll sicherstellen, dass die Fischerei die Meeresbewohner und marinen Ökosysteme nicht wesentlich oder gar irreparabel verändert. Mit sinkender Zuverlässigkeit der wissenschaftlichen Daten sollte die Vorsorge zunehmen, das heißt die Fischerei abnehmen. Vorsorge schließt auch ein, die Auswirkungen der Fischerei auf das Ökosystem als Ganzes zu untersuchen, nicht nur auf die Zielfischart. Bevor neue Fischereimethoden und Fanggeräte eingeführt werden, müssen sie auf ihre Umweltverträglichkeit geprüft werden. Die Meeresnutzer müssen beweisen, dass die Nutzung nicht das Meeresökosystem schädigt.

Die zerstörerische industrielle Fischerei mit ihren meist großflächigen und kapitalintensiven Methoden sollte zu einer kleinräumigen, arbeitsintensiven und auf kommunaler Basis funktio-

Der Raubbau an Steindatteln zerstört felsige Küstenabschnitte

Robert Hofrichter

Der Raubbau an Steindatteln *(Litophaga litophaga)* führte an vielen Küsten des Mittelmeerraumes zur Degradation ganzer Küstenabschnitte. Die Muscheln können nur durch das Zertrümmern der Felsen abgeerntet werden, eine der zerstörerischsten „Erntemethoden" von Meeresfrüchten überhaupt. Steindatteln (Familie Mytilidae) gehören zu den wichtigsten Arten des so genannten Endolithions, einer Lebensgemeinschaft im Kalkstein.

Litophaga besiedelt ausschließlich (vor allem oolithischen) Kalkstein von der Oberfläche bis in etwa 20 Meter Tiefe. Die höchste Dichte – bis 1 600 Individuen pro Quadratmeter Gesteinsoberfläche – erreichen sie zwischen einem und 5 Meter. Bis zu 20 cm unter der Gesteinsoberfläche können die Bohrmuscheln gefunden werden. Steindatteln gehören zur traditionellen Küche vieler mediterraner Regionen und erzielten immer schon sehr hohe Preise. Durch die rasante Entwicklung der Tauchtechnik in den letzten Jahrzehnten und die Nachfrage durch den nach wie vor wachsenden Tourismus, aber auch den heimischen Markt werden die Auswirkungen des Raubbaus immer dramatischer. Besonders wertvolle Habitate – etwa bebrandete Kliffs und Meereshöhlen – werden durch die technisch immer besser ausgerüsteten Taucher erreicht und demoliert. In manchen Regionen wie etwa im Golf von Neapel, der ganzen Sorrentinischen Halbinsel oder an den Küsten Apuliens sind bis über 30 Prozent der felsigen Bereiche des Medio- und Infralitorals bis in eine Tiefe von 10 Metern durch den Raubbau an Steindatteln beeinträchtigt oder zerstört. Oft werden ganze Gesteinsblöcke in die Boote gehievt, um das Abernten schneller und effektiver zu gestalten. Die zertrümmerten Gesteinsbrocken werden von den Seeigeln *Paracentrotus lividus* und *Arbacia lixula* abgeweidet, deren massenhaftes Auftreten ein Nachwachsen der Algen auf den Felsen unmöglich macht. Die ökologischen Wunden an völlig zerstörten Unterwasserlandschaften heilen auch nach Jahren kaum – es bleibt eine Kalksteinwüste zurück.

***10.8** Abgestorbene Steindattel (Litophaga litophaga) in einem durchlöcherten Kalksteinbrocken. Das Gestein wird chemisch angebohrt.*

Die Wiederbesiedelungs- und Wachstumsrate von Steindatteln ist gering. Steindatteln werden 80 Jahre alt und wachsen langsam. Die für die kommerzielle Nutzung notwendige Minimallänge von 5 cm erreichen sie nach 15 oder 20 Jahren. Auch im Idealfall würde es also mehrere Jahrzehnte dauern, bis sich in den zerstörten Lebensräumen wieder eine entsprechende endolithische Fauna entwickeln könnte und eine weitere Nutzung möglich wäre, denn *Litophaga*-Larven brauchen bestimmte Bedingungen, damit sie ein Gestein besiedeln können.

Die Gesetzeslage ist derzeit keinesfalls klar; klar ist jedoch, dass nur die Gesetzgebung und eine strenge Überwachung der Verbote weitere Zerstörungen verhindern können.

Literatur: • Fanelli G, Piraino S, Belmonte G, Geraci S, Boreo F (1994) Human predation along Apulian rocky coasts (SE Italy): desertification caused by *Lithophaga litophaga* (Mollusca) fisheries. *Mar Ecol Prog Ser* 110: 1–8 • Russo GF, Cicogna G (1991) The date mussel *(Lithophaga litophaga)*, a „case" in the Gulf of Naples. In: Boudouresque CF, Avon M, Gravez V (Hrsg.) Les Espèces Marines à Protéger en Méditerranée. GIS Posidonie publ Fr. 141–150.

***10.9** Die bedeutendsten Kalkformationen im Küstenbereich der Apenninhalbinsel. Da Steindatteln nur im Kalkstein vorkommen, konzentriert sich das Interesse von kommerziellen Nutzern ebenso wie von Privatpersonen auf diese Gebiete. Nach Boudouresque et al., 1991.*

10.10 *Fischmarkt in Siracusa (Sizilien). Der Große oder Rote Tun (Thunnus thynnus) gehört zu den begehrtesten Fischen des Mittelmeeres. Er wird über drei Meter lang und bis zu 560 Kilogramm schwer. Im Frühsommer ziehen große Schulen aus dem Atlantik in das wärmere Mittelmeer, um hier zu laichen.*

nierenden Praxis hin verändert werden. Die Bedürfnisse der Fischer in puncto Nahrungserwerb und Unterhalt sollten vorrangig berücksichtigt werden, insbesondere in solchen Gemeinden, die traditionell von lokalen Fischvorkommen abhängen. Fischereirechte sollen mit den kulturellen Praktiken und wirtschaftlichen Bedürfnissen von Gemeinden übereinstimmen, die von ihrer örtlichen Fischerei abhängig sind. Wissenschaftliche Erkenntnisse über marine Ökosysteme mit überlieferten, traditionellen Kenntnissen zu verknüpfen ist ein erstrebenswertes Ziel.

Der Tunfisch, ein Fallbeispiel

Jedes Jahr im Mai, Juni und Juli treffen sie sich nördlich und östlich der Balearen: die Gewöhnlichen, die Roten oder Großen Tunfische *(Thunnus thynnus)*. Sie gehören zu den größten und schwersten Knochenfischen der Welt, und sie wandern aus dem kühlen Atlantik in das warme Mittelmeer, um zu laichen. Die Reproduktionsrate der Tune ist hoch, die Wachstumsrate groß, die großen Schwärme sind leicht zu orten, und ihr Fleisch wird sehr geschätzt. Die bis zu 560 Kilogramm schweren und bis drei Meter langen Fische machen Jagd auf pelagische Schwarmfische; sie selbst werden wegen ihres delikaten Fleisches gejagt.

Der Fang eines Tunfischs war für jeden Fischer immer schon das reinste Glück. Heute zieht mit den Tunfischen jedes Jahr eine riesige Flotte von Fischereibooten in ihr Laichgebiet, um an dem gewinnträchtigen Geschäft teilzuhaben. Das wichtigste Abnehmerland für Tunfisch ist nach wie vor Japan, mit stetig steigendem Bedarf. Mehr als 40 000 US-Dollar wurden dort schon für einen einzigen Tunfisch gezahlt; mit 38 US-Dollar pro Kilo verspricht er für Fischer und Händler satten Gewinn. Das lohnende Geschäft mit dem Tun lockt Fangschiffe und Fischereipiraten aus vielen Gebieten in das Mittelmeer.

Die meisten Schiffe und Boote tragen die Flaggen der Staaten Belize, Honduras, Panama oder Sierra Leone und nicht etwa jene der Mittelmeerländer, ein Misstrauen erweckender Aspekt, denn viele dieser Nationen sind nicht Mitglieder der International Commission for the Conservation of the Atlantic Tunas (ICCAT). So machen sie weder Angaben über ihre Fangmenge, noch halten sie sich an Fangbegrenzungen, die die ICCAT zum Schutz und Management der großen Fische aufstellt. Die bis zu 65 Meter langen Fangschiffe setzen teilweise 100 Kilometer lange Leinen mit an die 2 000 Haken aus, obwohl es untersagt ist, mehr als 60 Kilometer Oberflächenlangleine mit an Bord zu führen. Hunderte von Fischerbooten der Mittelmeerstaaten mit Langleinen, kilometerlangen Treibnetzen, Ringwaden und Tunfischfallen kommen hinzu. Zu diesen kommerziellen Fischern gesellen sich unzählige Sportangler; ihr Beitrag zum Rückgang der Art ist aber gering.

Das Resultat: In den letzten zwanzig Jahren hat die Anzahl der ausgewachsenen Tunfische um 80 Prozent abgenommen. Wissenschaftliche Berater des ICCAT drängen seit 1974 darauf, dass die Fangmengen reduziert werden, was bisher jedoch ohne Folgen blieb: Lagen die Fänge 1974 noch bei 14 000 Tonnen, wurden zwanzig Jahre später 38 000 Tonnen gefangen. Erst 1995 schlug die ICCAT ein Fangverbot für Langleinenboote mit einer Größe von über 24 Metern im Juni und Juli vor; die übrigen Fischereiaktivitäten sollten um ein Viertel reduziert werden. Die Empfehlungen traten in Kraft, doch es wurde gefischt wie eh und je.

Das Jahr 1996 verlief ähnlich: Die ICCAT schlug eine Reduzierung der Fänge um 35 Prozent vor, empfahl, auf den Versand von Tunfisch per Luftfracht im Juni zu verzichten und die Ringwadenfischerei im August zu untersagen. Doch es wurde noch mehr gefischt als zuvor. Die Menge an gefischtem Tun stieg in diesen zwei Jahren um 2 000 auf offizielle 40 000 Tonnen jährlich – wobei die ICCAT annimmt, dass die tatsächlichen Erträge nochmals um 30 – 50 Prozent darüber liegen; eine Überwachung ist allerdings ebenso kostenintensiv wie schwer durchzuführen.

- **Der Tunfischkrieg**

1987 testeten die Franzosen mit zwei Schiffen die Treibnetzfischerei im Nordostatlantik. Schon 1990 regte sich, sogar unter Fischern, erster Widerstand – in Italien protestierten die Besatzungen 700 italienischer und 20 spanischer Fischkutter gegen den Einsatz von Treibnetzen. Das Greenpeace-Schiff „Rainbow Warrior" kreuzte gerade im südlichen Pazifik und demonstrierte dort gegen den Einsatz der Treibnetze. Als bekannt wurde, dass jährlich weltweit 20 000 Delfine als Beifang der Tunfischjagd verendeten, begannen die ersten massiven Kaufboykotte der Verbraucher gegenüber Tunfischkonserven. Eine Vielzahl unterschiedlicher Labels „aus delfinfreundlichen Fängen" entstand. Durch Demonstrationen in italienischen Touristenhäfen machten Umweltschützer auf das Problem der Treibnetzfischerei aufmerksam. Im Oktober 1990 reagierte der EU-Ministerrat auf die Protestaktionen mit einem Verbot für Treibnetze von über 2,5 Kilometer Länge. Doch die Netze wurden weiter eingesetzt. 1992 wurden riesige Treibnetze asiatischer Fischtrawler vor den Mittelmeerküsten ausgemacht.

Im April 1994 begann der so genannte Tunfischkrieg: Frankreich kündigte an, dass es sich nicht an das Verbot von Treibnetzen über 2,5 Kilometer Länge halten und weiterhin mit 5 Kilometer langen Netzen fischen werde. Daraufhin kaperten baskische Fischer zu Beginn der Tunfischsaison den französischen Tunfischkutter „La Gabrielle". Einen Tag später brachten französische Fischer einen spanischen Kutter auf. Daraufhin jagten Hunderte von spanischen Fischern französische Schiffe mit Leuchtraketen, Harpunen und Molotowcocktails. Zwei Tage später stoppten französische Fischer einen spanischen Kutter und brachten ihn in den Militärhafen von Lorient; sie behaupteten, an Bord des spanischen Kutters seien Tunfische, die nicht der EU-Norm entsprächen, gaben das Fangschiff jedoch am folgenden Tag wieder frei. Nach einer turbulenten Woche politischer Drohungen und Tunfischkrieg-Beilegungsbeschwörungen zwischen Frankreich und Spanien begannen Hunderte von spanischen Fischkuttern zahlreiche Atlantikhäfen zu blockieren. Hendaye wurde mit 70 Schiffen blockiert und ein riesiges Stahlnetz über die Flussmündung gespannt.

Im Juli 1994 sagte Frankreich zu, sich in Zukunft an das Verbot von Treibnetzen mit mehr als 2,5 Kilometer Länge halten zu wollen, doch der Kampf weitete sich nun auf andere Länder aus: Im Golf von Biskaya kaperten spanische Fischer mehrere Boote britischer und irischer Herkunft. Als die Greenpeace-Mannschaft der „Rainbow Warrior" einen französischen Tunfischkutter inspizieren wollte, wurde sie von einem französischen Patrouillenboot beschossen. Ende August beschossen fünf spanische Boote zwei französische Fischkutter, wobei ein Franzose schwer verletzt wurde. Erst 1996 forderte die zuständige Fischereikommissarin der EU, Emma Bonino, eine Reduzierung der Fischfangmengen von 1997 bis 2002 um 50 Prozent. Im Oktober 1996 entbrannte innerhalb der EU ein Streit um die Treibnetzfrage, und Ende 1997 sprach sich die Mehrheit der Fischereiminister für ein Treibnetzverbot aus. Am 8. Juni 1998, im Internationalen Jahr der Ozeane, verbot die EU-Kommission den Einsatz von Treibnetzen; das Gesetz tritt am 1. Januar 2002 in Kraft.

Die Geschichte des Treibnetzverbotes

10.11 In einem illegalen Treibnetz bei Isla Cabrera (Balerareninsel südlich von Mallorca) erstickter Pottwal (Physaster macrocephalus).

1987 – das Jahr, in dem das Treibnetz erfunden wurde – war ein dunkles Jahr für die marine Tierwelt. Als das erste dieser Netze von französischen Fischern im Nordatlantik eingesetzt wurde, gab es noch einen erheblich größeren Bestand an großen Raubfischen in den Meeren. Die neue Fischereitechnik versprach den Fischern einen hohen Ertrag ohne großen Aufwand. Der Gebrauch des Netzes verbreitete sich schnell, und so wurde und wird es bis heute vor allem für die Tun- und Schwertfischjagd eingesetzt. Treibnetze hängen bis zu 15 Meter tief im Wasser. Da sie nicht geschleppt werden müssen, können sie bis zu 100 Kilometer Länge erreichen. Sie werden vor allem nachts ausgelegt und sind für die Meeresbewohner unsichtbar. Diese „Wände des Todes" aus engmaschigen Netzen fangen nicht nur die delikaten Speisefische, sondern auch Seevögel, Meeresschildkröten, Haie, Delfine und sogar große Wale. Oft liegt der Anteil des Beifangs bei mehr als 80 Prozent in einem Hol. Da er wirtschaftlich uninteressant ist, werden die toten oder verletzten Tiere zum größten Teil ungenutzt über Bord geworfen.

Seit langer Zeit bekämpfen Umweltverbände diese Fangmethode. Schon 1983 veröffentlichten Vertreter der EU die allgemeinen Fischereirichtlinien (Common Fisheries Policy), die zum Schutz der Fischbestände besonders im Nordatlantik und im Mittelmeer erlassen wurden. Doch der weltweite Aufwärtstrend der Fischereierträge wurde dadurch nicht im geringsten verlangsamt. Allein durch den EU-Beitritt Spaniens und Portugals erhöhte sich 1986 die Fangkapazität der europäischen Fischereiflotte um 65 Prozent.

Ein Mittel für jeden Zweck: der Badeschwamm

Robert Hofrichter und Marzia Sidri

Schon vor Jahrtausenden wurden im Mittelmeerraum Schwämme – vor allem Arten der Gattungen *Spongia* und *Hippospongia* – „gefischt" und zu ganz verschiedenen Zwecken eingesetzt. Bereits die Phönizier sammelten die an Strände gespülten Schwammstücke; die traditionelle Schwammfischerei aber hat ihren Ursprung im alten Greichenland. An manchen Orten und zu manchen Zeiten holte man Schwämme aus seichten Küstengewässern und setzte dazu lange Stechgabeln *(kamaki)* ein; das Freitauchen gewann aber größere Bedeutung. Seit der kretisch-minoischen bis in die moderne Zeit waren vor allem griechische Schwammfischer für ihre Tauchleistungen bekannt. Mit Marmorplatten beschwert, tauchten sie bis zu drei Minuten lang und 30 Meter tief.

„Es gibt keinen schwereren Beruf", berichtet ein antiker Autor über die Arbeit der Schwammtaucher. „Durch strenge Diät vorbereitet, nach hilfreichen Gebeten gehen sie ans Werk. Erblicken sie irgendwo den Fisch *kalliktes,* so sind sie froh; denn kein feindliches Tier ist dann in der Nähe. Sie nehmen ein langes Seil um den Leib, in die linke Hand ein schweres Gewicht, in die rechte ein krummes Messer und in den Mund Öl; wo sie Schwämme vermuten, spucken sie dies aus, damit das Wasser sich glättet." Über die Identität des Fisches wurde viel gerätselt; man vermutete, dass es sich um Fahnenbrasche *(Anthias anthias)* handeln könnte, da außer Plutarch auch Aristoteles von den Schwammtauchern erzählt und den Fisch *anthias* nennt. Diese Art kommt erst ab 25–30 m Tiefe vor. Schwammfischer litten häufig an der so genannten Schwammfischer-Krankheit; sie wird allerdings nicht durch Schwämme, sondern durch die Seeanemone *Sagartia elegans* var. *rosea* hervorgerufen, die unter anderem an der Basis von Schwämmen wächst.

Schwammarten mit kommerziellen Wert sind bereits in geringen Tiefen und auch tiefer als 100 m sowohl auf Hartsubtsraten als auch auf Sandgründen im gesamten Mittelmeerraum verbreitet. Dennoch war und ist die Schwammfischerei nur auf verhältnismäig wenige Regionen vor allem im Südwesten und Osten des Mediterrans konzentriert. In Griechenland ist die wichtigste „Schwamminsel" Kalymnos in der Inselgruppe der Dodekanen – hier wird die alte Tradition, jedoch mit modernen Mitteln, bis heute weitergeführt. Das wichtigste Zentrum an der afrikanischen Küste ist Zarziz und Sfax in Tunesien. Während der ersten Hälfte des 19. Jahrhunderts konzentrierte sich der gesamte Welthandel mit Schwämmen auf die Mittelmeerländer. Durch einige griechische Schwammfischer, die in die Neue Welt ausgewandert sind (Florida, Karibik, Kuba, Bahamas) wurde die Schwammfischerei und der Schwammhandel auch in andere Teile der Welt exportiert. Die weltweite Produktion an Schwämmen bewegt sich heute zwischen 220 und 250 Tonnen jährlich. Die wichtigsten Produzenten sind Tunesien (48 %), Kuba (26 %), Griechenland (17 %) und andere Länder mit weniger bedeutender Schwammfischerei wie Philippinen und Mikronesien (9 %).

Überfischung und Massensterben (ein bisher nicht geklärtes Phänomen) sind für den Rückgang der Schwammdichten und das Kleinerwerden der Exemplare verantwortlich. Alte griechische Schwammfischer berichteten von Zypern und Kreta, aber auch Sardinien noch in der 30er Jahren des 20. Jahrhuderts von Dichten von 200 bis 300 Schwämmen pro Quadratmeter. Noch vor einigen Jahrzehnten haben griechische Schwammfischer jährlich etwa 100 000 Kilogramm Schwämme aus dem Meer geholt. Heute liegt ihre Dichte meist weit unter 50 Exemplaren pro Quadratmeter. Zwei kommerziell wichtige Arten, *Spongia agricina und S. officinalis* wurden *daher* nach Richtlinien der EU (92/43/CEE) in die Liste der gefährdeten Arten aufgenommen. Die Zucht in Aquakulturen wird als Alternative zur Nutzung dieser marinen Ressource diskutiert.

10.12 Zum Trocknen ausgelegte Schwämme im türkischen Kas, aufgenommen in den 1960er Jahren. Heute ist die Schwammfischerei und -zucht nur noch an wenigen Stellen in Griechenland, der Türkei und Tunesien von größerer wirtschaftlicher Bedeutung.

Obwohl es unzählige Arten von Kunststoffschwämmen gibt, erreichen diese in vielerlei Hinsicht nicht die Qualität von Badeschwämmen. Mehrere Grundeigenschaften der Badeschwämme sind für ihre Attraktivität als vielseitig einsetzbares Naturmaterial verantwortlich: Sie sind leicht, enthalten keine Nadeln (Spiculae), sondern nur ein weiches, biegsames, aber dennoch festes und äußerst dauerhaftes Skelett aus Sponginfasern. Sie haben eine enorme innere Oberfläche (bei einem Schwammskelett von 4 Gramm 25–34 Quadratmeter) und können dadurch das 20- bis 35-fache ihres Gewichts an Flüssigkeit aufsaugen. Im Leben sind Badeschwämme (Porifera, Demospongiae, Keratosa) dunkelbraun bis fast schwarz gefärbt und für Laien nicht als solche zu erkennen. Verwendet wird nur das tote Faserskelett. Die organischen Bestandteile müssen durch Trocknen, Bleichen oder durch Chemikalien entfernt werden; erst dann kommt die hellbraun-gelbliche Farbe der Badeschwämme zum Vorschein. Im Handel werden nach verschiedenen Kriterien mehr als hundert Sorten unterschieden. Sie alle gehören jedoch zu wenigen Arten und Unterarten der Gattungen *Spongia* und *Hippospongia*: Dalmatiner Schwamm *(Spongia officinalis)*, Feiner Levantiner *(Spongia officinalis mollisima)*, Elefantenohrschwamm *(Spongia officinalis lamella)*, Zimokkaschwamm *(Spongia zimocca)*, Saint- oder Velvetschwamm *(Hippospongia communis meandriformis)*, Pferdeschwamm *(Hippospongia communis equina)*, Gelbschwamm *(Spongia irregularis)*, Grasschwamm *(Hippospongia communis cerebriformis)* und Wollschwamm *(Hippospongia canaliculata)*.

Es gibt nur wenige andere Naturstoffe aus dem Meer mit einem derart breiten Anwendungsspektrum, wobei das eine oder andere Mal auch die Grenze des Kuriosen überschritten wurde. Die heute bekannteste Verwendung der Schwämme ist jene für hygienische Zwecke als Badeschwämme. Schon bei Homer gibt es einen entsprechenden Hinweis: Hephaistos säuberte sich mit einem Schwamm Hände, Gesicht, Hals und Brust. Allerdings war diese Verwendung zu keinem Zeitpunkt die einzige und lange Zeit auch nicht die wichtigste, denn in der Antike wurde der Schwamm recht selten zum Baden gebraucht, eher noch zum Abtrocknen. Aus dem deutschsprachigen Raum ist die Verwendung als Badeschwamm erst aus dem 15. Jahrhundert überliefert.

Im medizinischen Bereich waren Schwämme schon bei alexandrinischen Ärzten im Einsatz, doch erst Plinius berichtet ausführlich über ihre Verwendung. Mit Jod getränkt dienten sie zur Blutstillung, mit pflanzlichen Wirkstoffen vollgesaugt zum Betäuben und Beruhigen, doch führte der mit Opium-, Schierlings- oder Mandragoraextrakten vollgesogene „Schlafschwamm" nicht selten zum Tod des Patienten durch Vergiftung. Der Schwamm diente zu Räucherungen, seine Asche wurde wegen des hohen Jodgehalts (bis zu 14 Prozent der Trockenmasse) als Arznei eingesetzt und sollte auch gegen Sommersprossen wirken. Mit reinem Wein vollgesogene Schwämme wurden bei Herzleiden auf die linke Brust aufgelegt, mit Urin getränkt hingegen bei Bissen giftiger Tiere gebraucht. Plinius hat sie als Schutz gegen Sonnenstich empfohlen, und sie kamen bei Triefaugen, Wunden aller Art, Knochenbrüchen, Wassersucht, Magenbeschwerden, Infektionskrankheiten, Blutverlust, Hodengeschwülsten und vielen anderen Leiden sowie in der Tierheilkunde zum Einsatz.

Schwämme dienten und dienen zum Abwischen von Gegenständen, zum Polieren, Reinigen, Aufwischen, Schleifen, zum Filtern – auch als „Gasmaske" und Seuchenschutz –, in der Küche zur Zubereitung von Speisen, zur Rolle geformt zum Anstreichen von Wänden, und sie erfüllten auch in der Kunst ihren Zweck: Maler und Schriftsteller bedienten sich ihrer, um Verfehltes abzuwischen. Antike Schuhputzer verwendeten keine Lappen, sondern Schwämme; Ritter und Soldaten benutzten sie als Unterlage für Helme und Beinschienen, um die Wucht des feindlichen Stoßes abzuschwächen; antike Taucher banden sich Schwämme vor die Ohren, um den Druck des Meerwassers auf das Trommelfell abzuschwächen. Selbst Diebe nutzten die Vorteile des Naturstoffes: Sie banden sich bei Einbrüchen und Raubzügen Schwämme unter die Füße, damit man ihre Schritte nicht hörte. Schließlich übernahmen Schwämme auch die Aufgabe des heutigen Toilettenpapiers; an einem Holz befestigt, wurden sie im Abort aufgehängt. Selbst die Verwendung als Mord- und Selbstmordinstrument ist überliefert: Caligula ließ die Todesstrafe unter anderem durch das Ersticken mit Schwämmen vollstrecken, und von einem Germanen ist überliefert, dass er der Knechtschaft durch Selbstmord mithilfe eines Schwammes entging. Im Mittelalter kam eine Nutzung im kirchlichen Bereich hinzu: Der liturgische Schwamm war das einzig zulässige Mittel zum Aufwischen von Hostienkrümeln. Der Grund dafür lag vielleicht in den Evangelien. Christus am Kreuz wird nach Markus 15,36 und Johannes 19,29 ein mit Essig getränkter Schwamm gereicht. Nicht zuletzt hat die Fähigkeit des Schwammes, alles zu verwischen und aufzusaugen, in bildhaften Vergleichen, Metaphern und Fabeln ihren Niederschlag gefunden.

Literatur: • Pronzato R., Cerrano C., Cubeddu G., Magnino G., Manconi R., Pastore S., Sarà A., M. Sidri (2000) The millennial history of commercial sponges: from harvesting to farming and integrated aquaculture. *Biologia Marina Mediterranea* 7(2): 1–12 • Josupeit H. (1991) Sponge world production and trade. *Infofish International* 91(2): 21–26.

Glossar

Dieses Glossar führt vor allem jene Begriffe auf, die im Text mit einem Sternchen gekennzeichnet sind. Weitere Fachtermini lassen sich über das Register erschließen. In mehreren Kapiteln des vorliegenden Buches sind einzelthemenbezogene Glossare integriert, deren Begriffserläuterungen in der Regel hier nicht wiederholt werden; statt dessen ist auf die entsprechende Seitenzahl verwiesen:

- Begriffe der Küstengeomorphologie: S. **136f.**
- Begriffe der Ozeanographie: S. **260f.**
- Begriffe der Meereskunde: S. **294f.**
- Begriffe der Biogeographie: S. **467**

Abioseston: unbelebter Anteil aller im Wasser schwebenden Partikel
abiotisch: unbelebt, ohne Leben, leblos bzw. nicht durch Leben oder biologische Systeme bedingt
Abrasion: Abtragung durch Wellen; → S. 136f.
Abysso-: → S. 294f.
adaptive Radiation: Prozesss der Aufspaltung eines Grundbauplanes in zahlreiche ökologische Lebensformen; Entfaltung einer Sippe in Anpassung (Adaptation) an die ökologischen Gegebenheiten, z. B. bei der Erschliessung neuer Gebiete mit zahlreichen unbesetzten Nischen oder wenn in der Evolution ein neues Niveau erreicht wurde
ADCP: → S. 260f.
adiabatische Effekte: Erwärmung durch Kompression bei Tiefenänderungen; → S. 260f.
Advektion, advektieren: → S. 260f.
ADW: *Adriatic Deep Water* bzw. Adriatisches Tiefenwasser; → S. 260f.
agamodrom: → S. 294f.
akinetisch: unbeweglich; → S. 294f.
Akronym: Initialwort oder Kurzwort, das aus zusammengerückten Anfangsbuchstaben gebildet ist (z. B. UNEP – United Nations Environmental Programm)
allochthon: fremdbürtig, nicht im betreffenden Gebiet entstanden oder dazugehörig
allopatrisch: → S. 467
Amphibionten: → S. 294f.
amphitroph: → S. 294f.
Amplexus: Umklammerung bei Lurchen während der Laichzeit bzw. Wanderung zum Laichplatz
anadrom: flussaufwärts ziehend; Wanderfische, die zum Laichen vom Salzwasser ins Süßwasser ziehen; → S. 294f.
Anhydrit: wasserfreier Gips, kristallwasserfreies Calciumsulfat, $CaSO_4$; farblose bis weiße, säulige Kristalle in Salzlagerstätten; geht durch Wasseraufnahme in Gips über
anoxisch: Sauerstoffmangel bis völliges Fehlen von Sauerstoff
antiklinal: (in der Geologie) sattelförmig
antizyklonal: im Uhrzeigersinn drehend; → S. 260f.
äolisch: durch Wind geprägt; → S. 136f.
Arealkunde: → S. 467
astronomische Tide: → S. 260f.
Auftauchküsten: → S. 136f.
Ausgleichsküsten: → S. 136f.
autochthon: vor Ort entstanden, diesem Bereich zugehörig
Autökologie: Teilgebiet der Ökologie, das sich mit dem Verhalten einer einzelnen Art zu ihrer Umwelt beschäftigt
autotroph: sich selbst ernährend, organische Substanz aufbauend; Ernährungsweise bei Pflanzen und Einzellern (durch Photosynthese bzw. Photolithotrophie) und Mikroorganismen (durch Chemosynthese bzw. Chemolithotrophie), bei der nur anorganische Stoffe zum Wachstum bzw. Leben benötigt werden; → S. 294f.
bacterio-, bakterio-: → S. 294f.
Bacterioneuston: → S. 294f.
Bacterioplankton: → S. 294f.
baroklin: meteorologische Bezeichnung für jede Schichtung der Atmosphäre, in der die Flächen gleichen Drucks gegen die gleicher Dichte geneigt sind; → S. 260f.
barotrop: → S. 260f.
Basalt: lat. *basaltes*, gr. *básanos* = Probierstein; Gruppe dunkler, junger Ergussgesteine: Hauptbestandteile Plagioklas, Augit und Olivin; häufig säulenförmige Absonderung, senkrecht zur Abkühlungsfläche
Bathy-: → S. 294ff.
Benthal: Lebensraum, Reich des Meeresgrundes → S. 294f.
benthisch: zum Benthos gehörig, bodenlebend; Organismen die in, auf oder dicht über dem Bodengrund von Gewässern leben; → S. 294f.
Benthos: Lebensgemeinschaft des Benthals; → S. 294f.
Bifurkation: → S. 260f.
Bioabrasion: Gesteinsabbau durch Organismen, die Gesteinsoberflächen abweiden
Biodiversität: (im engeren Sinne) Artenvielfalt, Artenreichtum
Bioerosion, Biokorrosion: durch gesteinszersetzende und bohrende Organismen verursachte Erosion oder Abtragung; Gesteinsabbau durch Organismen

Biofazies: → S. 136f.
biogen: biologischen, organischen Ursprungs, durch Organismen geschaffen oder aufgebaut
Biokorrosion: → Bioerosion
Biometrie: Lehre von der Zählung und Körpermessung an Lebewesen
biotisch: auf lebende Organismen bzw. Lebensvorgänge bezogen
Biozönologie: → S. 136f.
Biozönose: Lebensgemeinschaft; Vergesellschaftung von Lebewesen, die einen einheitlichen Abschnitt des Lebensraumes bewohnen und deren Mitglieder in einem Zustand korrelativer Bedingtheit leben
boreal: → S. 467
Canaliküste: → S. 136f.
carnivor: fleischfressend; → S. 294f.
Chaeto-: lange Fortsätze, Körperform mit langen Fortsätzen; → S. 294ff.
chemoautotroph: → S. 294f.
Chorda dorsalis: Achsenstab; bei niederen Chordaten (Tunicata, Acrania, Agnatha) das bleibende Achsenskelett; bei Vertebraten embryonal vorhanden und in der Entwicklung bis auf ein Ligamentum und Anteile in den Zwischenwirbelscheiben durch die Wirbelsäule verdrängt
Chorologie: chorologische Bestandsaufnahme = Bestandsaufnahme der Verbreitungsgebiete von Pflanzensippen; arealkundliche Bestandsaufnahme; → S. 467
circum-, **zirkum-**: → S. 467
Clacton-Industrie: nach dem Fundort Clacton-on-Sea bezeichnete Kulturstufe bzw. Steinwerkzeugkultur der Altsteinzeit
cladistisch, **Cladistik**: siehe klad-
Cubichnia: → S. 294ff.
Cuticula: Außenskelett; ist nicht zellulär und besteht unter anderem aus Chitin
Debris: → S. 294ff.
demers: → S. 294ff.
Depositfresser: → S. 294ff.
detritivor: → S. 294f.
Detritus: → S. 294ff.
Diffusion: → S. 260f.
Disco-: scheibenförmig; → S. 294ff.
dispersal: Ausbreitung, Verbreitung; → S. 467
DOM: *dissolved organic matter*, im Wasser gelöste organische Materie; → S. 294ff.
Domichnia: → S. 294ff.
Doppeldiffusion: → S. 260f.
Dredge, **Dredsche**: in der Meeresbiologie benutztes Spezialnetz zum Fang der Fauna und Flora der obersten Schichten von Gewässerböden
Dünung: → S. 260f.
eddies: → S. 260f.
endemisch, **Endemit**: → S. 467
Endo-, **Endobiose**: → S. 294ff.
ephemer: → S. 467
Epi-: → S. 294ff.
Epibionten: Organismen, die auf anderen Organismen siedeln oder leben
Epibiose: → S. 294ff.
Epifauna: Tiere, die im Allgemeinen auf dem Meeresboden leben, darunter sessile, bedingtvagile und vagile; → S. 294ff.
Epiflora: → S. 294ff.
Epilimnion: die durchlichtete freie Wasseroberflächenschicht in Süßwasserseen
Epizentrum: Erdbebenherd
errant: beweglich; → S. 294f.
Étang: Lagune (Südfrankreich); → S. 136f.
eury-: → S. 467
euryök: nicht an spezifische Lebensbedingungen gebunden, Organismen mit breiter ökologischer Toleranz; → S. 467
eustatisch, eustatische Schwankungen des Meeresspiegels: weltweite Hebungen und Senkungen des Meeresspiegels als Folge von Eiszeiten (Vereisung, Vergletscherung); → S. 136f.
Eutrophierung: Nährstoffeintrag in ein Gewässer, Nährstoffanreicherung vor allem durch Phosphate und Nitrate; führt zu einer Veränderung des Trophiezustands (also des für ein Gewässer charakteristischen Nährstoffangebots)
Evaporite, **Evaporitablagerungen**: Gips, Steinsalz, Carbonate, in flachen, heißen Verdunstungsbecken entstehende Salze
Extinktionskoeffizient: Absorptionskoeffizient; Zahl, die das Ausmaß der Lichtabsorption ausdrückt
Exuvie: leere Hülle; die bei Wachstumshäutungen abgestoßene Körperhülle bei Arthropoda
Fazies: die unterschiedliche (petrographische und/oder paläontologische) Ausbildung gleichzeitig entstandener Gesteine; → S. 136f.
FCKWs: Fluorchlorkohlenwasserstoffe; → S. 260f.
Filament, **filamentös**: Faden, von fadenförmiger Struktur; in der Botanik die Staubfäden der Blüte
fixosessil: festgewachsen, Organismen, die ihren Standort nicht verändern können; → S. 294f.
Fluorchlorkohlenwasserstoffe: FCKWs; → S. 260 f.
fluvial, **fluviatil**: im Fluss lebend, durch Flüsse geschaffen; → S. 136f.
Fodichnia: → S. 294ff.
Foraminifera, **Foraminiferen**: „Lochträger"; wichtige Gruppe der Protista
fossil: Gegensatz zu rezent; ausgestorben, versteinert, nicht mehr lebend → S. 467
Gabbro: dunkles, grobkörniges, metamorphes Tiefengestein, Hauptbestandteile: Plagioklas und Pyroxen
Gameten: Geschlechts- oder Keimzellen
Gentrifikation: die soziale und bauliche Aufwertung von Wohnungen, Häusern, Stadtvierteln usw. als Folge der Zuwanderung von finanzstärkeren Bevölkerungsgruppen, aber auch die Verdrängung der bisher dort lebenden finanzschwächeren Gruppen
Geoökotop: → S. 136f.
Geophyten: Pflanzen, die aus unterirdischen Speicherorganen neu austreiben
Georelief: Relief → S. 136f.
geostrophisch: → S. 260f.
Geosynklinale: weiträumiges, über lange Zeiträume hinweg aktives Senkungsgebiet der Erdkruste, in dem sich größere Mengen von Sedimentgesteinen ansammeln
Geotaxis: durch die Erdschwerkraft bestimmte Orientierungsbewegung von Pflanzen und Tieren. Bei positiver Geotaxis Bewegung in Richtung zum Erdinneren
Geschlechtsdetermination: Geschlechtsbestimmung
gonodrom: Wanderung im Dienst der Fortpflanzung; → S. 294f.

GPS-Messungen: exakte Positionsbestimmungen mittels Satelliten (Global Positioning System)
Gradienten: Maß für die räumliche Veränderlichkeit von Temperatur, Salzgehalt und Druck; → S. 260f.
grazer: (engl.) Weidegänger; → S. 294ff.
großskalig: → S. 260f.
Gyren: → S. 260f.
Hadal: Bereich, Lebensraum der Tiefseegräben → S. 294f.
Haff, Haffküste: → S. 136f.
Haken: (Küstengeomorphologie) → S. 136f.
Hali-: → S. 294f.
Halokline: → S. 260f.
halophil: salzliebend; → S. 467
Halophyten: Salzpflanzen, salztolerante Pflanzen, die im Wirkungsbereich des Meeres (Spritz- und Sprühwasser) wachsen können und salzhaltigen Boden tolerieren
Haptomonade, koloniale: z. B. *Phaeocystis*; Vertreter einer marinen Gruppe begeißelter Einzeller (Flagellata), die Kolonien bilden
Hebungsküsten: → S. 136f.
hemi-: halb → S. 294ff.
hemisessil: halbsesshaft → S. 294f.
herbivor: Pflanzen fressend → S. 294f.
heterocerk: Formbezeichnung für die Schwanzflosse bestimmter Fische, z. B. Störartige (Acipenseriformes); dabei ist der dorsale Teil gegenüber dem ventralen Teil stark verlängert
heterotroph: sich nicht autark ernährend, organische Stoffe aufnehmend und abbauend → S. 294f.
holo-: gänzlich, zeitlebens → S. 294ff.
Holobiont: → S. 294f.
Hypervolumen: in der Ökologie allgemein akzeptierte Definition der ökologischen Nische einer Art; innerhalb des artspezifischen, von zahlreichen abiotischen und biotischen Umweltfaktoren bestimmten (n-dimensionalen) Hypervolumens kann die betreffende Art lebensfähige Populationen erhalten
hypo-, Hypobiose: → S. 294ff.
Hypolimnion: der unterhalb der Sprungschicht gelegene, den Oberflächenwirkungen entzogene Tiefenwasserbereich eines stehenden Gewässers/Sees
Ichthyoplankton: zum Plankton gehörende Reproduktions- und Entwicklungsstadien von Fischen (Eier, Larven, kleine Jungfische) → S. 294f.
indigenous: (engl.) autochthon; → S. 467
Interdependenz: gegenseitige Abhängigkeit
interne Gezeiten: → S. 260f.
Interzeption: Verdunstungsverlust bei Niederschlägen durch Abgabe von Feuchtigkeit an die Außenluft
Intrusionen: → S. 260f.
Isodichteflächen: → S. 260f.
Isohaline: → S. 260f.
Isopyknen: → S. 260f.
Isotherme: → S. 260f.
Kap: → S. 136f.
Karbonat-Kompensationsgrenze: die Tiefe, bei der die Zufuhr und die Wiederauflösung von Kalziumkarbonat im Gleichgewicht sind. Dabei gilt: je größer der Druck, desto mehr Kalzium wird gelöst. Kalziumkarbonat wird in der Oberflächenschicht von Organismen (z. B. Muscheln) gebildet. Die Karbonat-Kompensationsgrenze liegt durchschnittlich bei 4000 m Tiefe, ist aber für die verschiedenen Ozeane unterschiedlich
katadrom: flussabwärts ziehend; zum Ablaichen vom Süßwasser ins Meer ziehende Wanderfische; → S. 294f.
kinetisch: beweglich (z. B. Plankton); → S. 294ff.
Kladistik, kladistisch: von gr. *clados* = Zweig, auch phylogenetische Systematik, Hennigsche Systematik. Die (vermuteten) Verwandtschaftsverhältnisse werden in Stammbäumen (= Kladogrammen) dargestellt. Ursprüngliche Merkmale, so genannte Plesiomorphien, werden von abgeleiteten Merkmalen (Apomorphien) unterschieden. Die Festlegung systematischer Taxa, die monophyletisch sein müssen, gründet sich nur auf Übereinstimmungen in abgeleiteten Merkmalen (Synapomorphien)
kleinskalig: → S. 260f.
Kliff: → S. 136f.
Klimaxvegetation: die an einem Standort nach Sukzessionen zuletzt etablierte Pflanzengemeinschaft. Sie entspricht dem vielfach zonalen Großklima und kennzeichnet die zonale Vegetation der Großlandschaften
Kohlensäureverwitterung: Vereinfachung der Lösungsverwitterung an normalerweise schwer löslichem Gestein durch Einwirkung von H_2CO_3; Überführung von unlöslichen Karbonaten in lösbare Bikarbonate durch Kohlensäureeinwirkung
Konvektion: allgemein die Strömungsbewegung in Gasen und Flüssigkeiten; Bewegung von Wassermassen im Meer; → S. 260f.
kosmopolitisch, Kosmopolit: weltweit verbreitet; → S. 467
Kreuzsee: → S. 260
Küstenversetzung, Küstenversatz: Verlagerung von Sedimentmaterial längs einer Küste, verursacht durch schräg auflaufende Brandung und deren senkrechtes Zurückfluten; → S. 136f.
lagunär: zu Lagunen gehörig, in Lagunen entstanden; → S. 136f.
Lagune, Lagunenküste: → S. 136f.
lakustrin, lakustrisch: sich in Seen bildend oder vorkommend; Seen oder andere stehende Gewässer betreffend
Lido: *barrier island*; → S. 136f.
Liman, Limanküste: → S. 136f.
limnisch: zum Süßwasser gehörend; → S. 136f.
Limno-: Süßwasser-; → S. 294f.
Lithion: Stein; → S. 294f.
lithogen: Sedimente, die durch Gesteinserosion entstanden sind
makrophag: größere Nahrungspartikel verzehrend; → S. 294ff.
Makrophyten: „Großpflanzen", benthische Makroalgen und Seegräser der Litoralzone, Phytal, makroskopische Komponente des Phytobenthos
marin: das Meer betreffend: → S. 136f.
marine snow: → S. 294f.
Marrobbio: auch „Marobbio", „Marubbio" oder „Carobbio"; ozeanographisches Phänomen; → S. 260
Marsch: → S. 136f.

meio-, Meio-: → S. 294 ff.
Meristem: Bildungsgewebe, zum Wachstum durch Zellteilung befähigtes pflanzliches Gewebe, besonders an der Sprossspitze, bei Seegräsern jedoch an der Blattbasis
mero-: vorübergehend, teilweise; → S. 294 ff.
meso-, Meso-: → S. 294 ff.
mesoskalig: → S. 260 f.
Messinian: Zeitalter im späten Miozän zwischen 7,1 und 5,3 Mio. Jahren (Beginn des Pliozäns)
meteorologische Tiden: → S. 260 f.
mikrophag: sich von kleineren Nahrungspartikeln ernährend; → S. 294 ff.
mikrophyll: kleinblättrig
mixotroph: → S. 294 f.
Monogenen, Monogenea: Ordnung der Trematoda (Saugwürmer); die Jugendformen der Monogenen besitzen grundsätzlich die Organisation der Adulttiere
Nanno-, Nano-: klein, winzig
Nannoplankton: Zwergplankton; Organismen mit einer Größe zwischen 5 und 60 µm
Nehrung, Nehrungsinseln, Nehrungsküste: → S. 136 f.
Nekrovore, Nekrophage: Tiere, die sich von tierischen Leichen ernähren; Aasfresser
Nekton: bewegliche (gegen die Strömung anschwimmende) Organismengemeinschaft des Pelagials; → S. 294 f.
neo-, Neo-: → S. 467
neogen: neu entstanden, neu erzeugt
neritisch, neritische Provinz: küstennahes Pelagial, über dem Schelf liegend; → S. 294 f.
Netto-Primärproduktion: Nettozuwachs an phototropher Biomasse
Neuston: → S. 294 ff.
ökologische Potenz: → S. 467
Ökoton: → S. 136 f.
oligotroph: nährstoffarm, Gewässer mit geringem Gehalt an Nährstoffen, vor allem an Phosphaten und Nitraten
omnivor: Organismen mit breitem Nahrungsspektrum, „alles fressend"; → S. 294 f.
Ophiolithe: Gruppenbezeichnung für submarine magmatische Gesteine in den Geosynklinalen
orogenetisch, orogen, Orogenese: sich auf die Gebirgsbildung beziehend; Gebirgsbildung
orthogonal: rechtwinklig zueinander, senkrecht aufeinander
overflow: → S. 260 f.
ozeanisch, ozeanische Provinz: → S. 294 f.
paläo-, Paläo-: → S. 467
parapatrisch: → S. 467
Partialtiden: → S. 260 f.
Pedicellarien: kleine Greifzangen auf der Haut vieler Echinoidea
pedologisch: bodenkundlich, die Bodenkunde betreffend
Pelagial: Lebensraum, Reich des freien Wasserkörpers; → S. 294 f.
pelagisch: in der Wassersäule, dem freien Wasserkörper lebend; → S. 294 f.
Pelagos: Lebensgemeinschaft des Pelagials; → S. 294 f.
Pelos: Schlamm; → S. 294 f.
Peracarida: Ranzenkrebse; Gruppe der Malacostraca (Crustacea)
perennierende Gewässer: mehrjährige, ausdauernde Gewässer, die nicht dauerhaft austrocknen
Peressip: → S. 136 f.
peritrophe Membran: Schutzmembran des Darmepithels vor mechanischer Verletzung durch Futter (bei Invertebrata)
Petrofazies: → S. 136 f.
phonolithisch: aus Phonolith (Klingstein) bestehend; grünlich graues Ergussgestein
photoautotroph: sich durch Photosynthese ernährend; → S. 294 f.
Phototaxis: Richtungsorientierung mithilfe des Lichtsinnes; durch Lichtreize induzierte Taxis
phykologisch, Phykologie: algenkundlich, die Algenkunde betreffend; Algenkunde
physo-: blasenförmig; → S. 294 ff.
phyto-: pflanzlich; → S. 294 f.
Phytobenthos: pflanzliche Benthosorganismen (können Makrophyten sein oder mikroskopisch klein, wie etwa Kieselalgen)
piscivor: sich von Fischen ernährend; → S. 294 ff.
planktivor: sich von Plankton ernährend; → S. 294 f.
Plankton, planktontisch: im Pelagial mit der Strömung treibende Organismen; → S. 294 f.
Pleuston: Bewohner der Wasseroberfläche; → S. 294 ff.
POM: *particulate organic matter,* partikuläre organische Materie; → S. 294 ff.
Potamobionten: in Flüssen lebende Organismen; → S. 294 f.
potenzielle Dichte: → S. 260 f.
potenzielle Temperatur: → S. 260 f.
Priel: → S. 136 f.
Promille (‰): Maßeinheit → psu; → S. 260 f.
protogyn (proterogyn): Zwitter, der zuerst weibliche und später männliche Gonaden (Geschlechtsdrüsen) bzw. Gameten (Geschlechtsprodukte) produziert, sich also von Weibchen in Männchen umwandelt
Protozoa: nicht mehr ganz aktuelle Bezeichnung für Einzeller = Protisten
Psammon: Sand; → S. 294 f.
psu: *practical salinity units,* Einheit der Salinität, numerisch mit Promille (‰) übereinstimmend; → S. 260 f.
Pyknokline: → S. 260
Radiation: Ausstrahlung, Entfaltung; → adaptive Radiation
Regression des Meeres: Zurückweichen des Meeres infolge eustatischer Schwankungen des Meeresspiegels (Gegensatz: Transgression)
Regressionsküste: durch Regression des Meeres entstandene Küstenabschnitte; → S. 136 f.
Relief: Georelief; → S. 136 f.
Repichnia: Lokomotionsspuren; → S. 294 ff.
rezent: gegenwärtig lebend, existierend; Gegensatz zu fossil; → S. 467
Rhabdo-: stabförmig; → S. 294 ff.
Riasküste: → S. 136 f.
saisonale Variabilität: unterschiedliche Erscheinungsform in jahreszeitlicher Abfolge
Salzmarsch: → S. 136 f.
Sandhaken: → S. 136 f.
sapropelisch, Sapropel, sapropelische Ablagerungen: Faulschlamm; Ablagerungen, die aus verfestigtem Faulschlamm entstanden sind
Saprovore, Saprophage: Tiere, die sich von toter

organischer Substanz tierischen oder pflanzlichen Ursprungs ernähren
Schärenküste: → S. 136f.
Schwall: → S. 136f.
sciaphil: schattenliebend
seafloor-spreading: Meeresbodenspreizung; Vorgang, bei dem durch aufsteigendes Magma aneinandergrenzende tektonische Platten auseinandergedrückt werden. Auf diese Weise entsteht neuer Meeresboden (einige cm/Jahr)
Sebcha: geomorphologische Form, flache Salzpfanne in heißen, trockenen Klimabedingungen, in der sich Evaporite bilden können
sedentär: sesshaft; → S. 294 f.
Seegang: → S. 260f.
Seiches: hydrographisches Phänomen; → S. 260f.
Seneszenz: das Altern und die damit einhergehenden physiologischen Prozesse
Senkungsküsten: → S. 136f.
sessil: sesshaft; → S. 294f.
Seston: partikuläres Material im Meerwasser; → S. 294ff.
simultaner Zwitter: synchroner Hermaphrodit, gleichzeitig männliche und weibliche Gameten (Spermien und Eier) bildend
Sog: → S. 136f.
Sporen: einzellige, meist derbwandige, ca. 30 bis 80 µm große Ausbreitungseinheiten von Pflanzen und Bakterien
Springtiden: → S. 260f.
Sprungschicht: Metalimnion; geringmächtige Schicht im Wasser tieferer Seen mit einem steilen Temperaturgradienten, die im Sommer das erwärmte Epilimnion vom kühlen Hypolimnion trennt; → S. 260f.
steno-: → S. 467
Strandsee: → S. 136f.
Strandversetzung, Strandversatz: → S. 136f.
Strandwall: → S. 136f.
Stromatolithen: matten-, knollen- oder kuppelförmige Gesteinskörper; verdanken ihre Entstehung Blaualgen- oder Bakterienverbänden, die in Gewässern feines Sediment, bevorzugt Kalk, binden und so allmählich zu den aus einzelnen Sedimentlagen aufgebauten Stromatolithen wachsen
Subduktion: Abtauchen, Unterschiebung (von tektonischen Platten)
Suspensionsfresser: → S. 294ff.
Sverdrup: → S. 260f.
sympatrisch: gemeinsam vorkommend; Bezeichnung für Arten, die in einem gemeinsamen oder sich überlappenden Verbreitungsgebiet vorkommen; → S. 467
synchroner Hermaphrodit: simultaner Zwitter, gleichzeitig männliche und weibliche Gameten (Spermien und Eier) bildend
syntop: → S. 467
T/S-Diagramm: → S. 260f.
Taxa (Sg.: Taxon): Kategoriestufe der Systematik, etwa Art, Gattung, Familie oder Klasse; dazwischen weitere Gliederung in Unter- und Überkategorien möglich (z. B. Unterordnung, Überordnung)
tectibranche Schnecken, Tectibranchia: veraltete Bezeichnung für primitive schalentragende Formen der Opisthobranchia
Teilgezeiten: → S. 260f.
Thalassobiont: → S. 294f.
thermohaline Konvektion: lat. *convectere* = zusammenbringen; Austausch bzw. Umwälzung von Wassermassen; Konvektionsbewegungen auf Grund der Temperatur und des Salzgehalts von Meerwasser (diese zwei Hauptfaktoren bestimmen die Dichte von Wassermassen); → S. 260 f.
Thermokline: → S. 260f.
thermophil: wärmeliebend; → S. 467
Tiden, Tidenhub: → S. 260f.
Tief: → S. 136f.
Tomboli: → S. 136f.
Top: → S. 136f.
torrentieller Starkregen: wolkenbruch- oder sintflutartiger Regen
Tracer: → S. 260f.
Transgression des Meeres: Vordringen des Meeres auf das Festland (Gegensatz: Regression)
Transgressionsküste: → S. 136f.
transient: vergänglich, nicht andauernd
Transiente: → S. 260f.
transpressiv: Bezeichnung für einen geologischen Prozess, bei dem zwei Gesteinsschollen zusammengepresst und gleichzeitig seitlich aneinander vorbei bewegt werden
Trinomen: dreiteilige Bezeichnung für eine Subspezies (Unterart); die eigentliche Subspezieskennzeichnung wird dem Artnamen angefügt
Tritium: → S. 260f.
Turgor: Flüssigkeitsdruck in Geweben
Turgorpolster: mechanische Schutzeinrichtung, die durch den Turgor aufrechterhalten wird
tycho-: → S. 294ff.
UNEP: United Nations Environment Programme
Untertauchküste: → S. 136f.
upwelling: Auftriebsgebiete in den Meeren, in der Regel mit hoher Produktivität durch die in die euphotische Zone verfrachteten Nährstoffe
vagil: beweglich; → S. 294f.
Vallikultur: sehr flächenextensive, vor allem in Italien ausgeübte Form der Aquakultur, bei der die Zuchtfische durch ein Dammsystem in flachen Küstenlagunen zurückgehalten werden
Watt, Wattküste: durch Gezeiten geprägte Flachküste, in der Regel durch Feinsedimente gekennzeichnet; → S. 136f.
Weidegänger: *grazer;* → S. 294ff.
Windsee: → S. 260f.
Wirbel: → S. 260f.
Xeromorphose: gestaltliche, morphologische oder anatomische Anpassung an trockene Standortsbedingungen
zirkum, circum: rund um; → S. 467
zoo-: tierisch; → S. 294f.
Zoobenthos: tierisches Benthos, Lebensgemeinschaft des Meeresgrundes, tierische Grundbewohner, können beweglich (vagil), halbbeweglich (hemisessil) oder sesshaft (sessil, fixosessil) sein
Zwitter: Hermaphroditen; Arten, die eine Geschlechtsumwandlung durchmachen. Sie können entweder simultan sowohl männliche als auch weibliche Gonaden haben bzw. männliche als auch weibliche Gameten bilden oder sich von einem Männchen in ein Weibchen (protandrische, proterandrische Zwitter) oder umgekehrt (protogyne, proterogyne Zwitter)

umwandeln. Hermaphroditismus ist z. B. in zahlreichen im Mediterran vertretenen Fischfamilien zu finden

zyklonal: gegen den Uhrzeigersinn drehend; → S. 260f.

Literatur

1. Einführung

Attenborough D (1988) Das erste Eden ... oder das verschenkte Paradies. Der Mittelmeerraum und der Mensch. Interbook, Hamburg
Blondel J, Aronson J (1999) Biology and wildlife of the Mediterranean region. Oxford University Press, New York
Bradford E (1989) Reisen mit Homer. Auf den wiederentdeckten Fährten des Odysseus zu den schönsten Inseln, Küsten und Stätten des Mittelmeeres. Scherz, Bern München Wien
Braudel F (1998) Das Mittelmeer und die mediterrane Welt in der Epoche Philipps II. 3 Bde Frankfurt/Main
Braudel F, Duby G, Aymard M (1987) Die Welt des Mittelmeeres. Zur Geschichte und Geographie kultureller Lebensformen. S Fischer, Frankfurt/Main
Daguzan JF, Girardet (Eds.) La Méditerranée. Nouveaux defis, nouveaux risques. Paris: 255 S.
Fink H (1974) Zornige Träume. Report über die Mittelmeer-Länder. Kremayr & Scheriau, Wien
Fischer Th (1908) Mittelmeerbilder. Gesammelte Abhandlung zur Kunde der Mittelmeerländer. NF Leipzig, Berlin: 423 S.
Galini E (1996) Die drei Jahreszeiten. Brauchtum und Natur in Griechenland unter besonderer Berücksichtigung Kretas. Weishaupt, Gnas
Grant M, Hazel J (2001) Lexikon der antiken Mythen und Gestalten. 16. Aufl. dtv, München: 464 S.
Grenon M, Batisse M (1989) Futures for the Mediterranean Basin, The Blue Plan. Oxford University Press, New York: 442 S.
Gust G (1999) Meeresforschungstechnik. Innovative Lösungen zur Erforschung des Blauen Kontinents. Spektrum (Das Magazin der TU Hamburg-Harburg) 5: 6–7
Hamilton-Paterson J (1995) Seestücke: Das Meer und seine Ufer. Klett-Cotta, Stuttgart
Hass H (1971) In unberührte Tiefen. Fritz Molden, Wien München Zürich
Herodot (1983/1991) Historien I–V, VI–IX. Artemis, Zürich München
Houston JM (1971) The Western Mediterranean World. London: 800 S.
Intemann G, Snoussi-Zehner A, Venhoff M, Wiktorin D (1999) Diercke Länderlexikon. Westermann, Braunschweig
Jourdin du MM (1993) Europa und das Meer. Büchergilde Gutenberg, Frankfurt/Main Wien / CH Beck'sche Verlagsbuchhandlung, München
King R, Proudfoot L, Smith B (1997) The Mediterranean, Environment and society. Arnold, London New York Sydney Auckland
Kornemann E (1948) Weltgeschichte des Mittelmeerraumes. 2 Bde. München: S. 508, S. 562
Leser H (Hrsg.; 1997) Diercke-Wörterbuch Allgemeine Geographie. Überarbeitete Neuausgabe. dtv, München / Westermann, Braunschweig
Lesky A (1947) Thalatta. Der Weg der Griechen zum Meere. Rudolf M Rohrer, Wien
Ludlow P (Ed.; 1994) Europe and the Mediterranean. London
Maier FG (1993) Die Verwandlung der Mittelmeerwelt. Bd. 9. Fischer Weltgeschichte, Frankfurt/M: 384 S.
Matvejevic P (1986) Der Mediterran, Raum und Zeit. Amman, Zürich
Osterkamp E (Hrsg.; 1993) Sizilien, Reisebilder aus drei Jahrhunderten. Winkler, München
Ott J (1996) Meereskunde, Einführung in die Geographie und Biologie der Ozeane. 2. Aufl. Ulmer, Stuttgart: 386 S.
Pemsel H (2000) Weltgeschichte der Seefahrt. Bd. I: Geschichte der zivilen Schifffahrt. Von den Anfängen der Seefahrt bis zum Ende des Mittelalters. Verlag Österreich, Wien
Phillippson A (1974) Das Mittelmeergebiet, Seine geographische und kulturelle Eigenart. 3. Aufl. Hildesheim: 266 S.
Pirî Reis (1988) Kitab-I Bahriye. 2 Bde. Ministry of Culture and Tourism of the Turkish Republic Ankara, The Historical Research Foundation, Istanbul Research Center, Istanbul
Racionero L (1986) Die Barbaren des Nordens. Die Zerstörung des mediterranen Lebensgefühls. Econ, Düsseldorf Wien
Riedl R (Hrsg.; 1983) Fauna und Flora des Mittelmeeres. 3. Aufl. Paul Parey, Hamburg
Robinson H (1973) The Mediterranean Lands. London: 467 S.
Rother K (1984) Die mediterranen Subtropen, Mittelmeerraum, Kalifornien, Mittelchile, Kapland, Südwest- und Südaustralien. Geogr Seminar Zonal, Braunschweig: 207 S.
Rother K (1991) Die mediterranen Subtropen, Einheit oder Vielfalt. Geogr Rundschau 43: 402–408
Rother K (1993) Der Mittelmeerraum. Teubner Studb d Geogr, Stuttgart: 212 S.
Rother K (2000) Italien, Geographie - Geschichte - Politik - Wirtschaft. Wiss Buchges Darmstadt: 377 S.
Rother K, Struck E (Hrsg.; 1993) Was heißt eigentlich mediterran? Aktuelle Strukturen und Entwicklungen im Mittelmeerraum. Passauer Kontaktstudium Erdkunde 3: 9–13
Sauermost R (2000) Lexikon der Naturwissenschaftler. Spektrum Akademischer Verlag, Heidelberg, Berlin
Schefbeck G (1991) Die österreichisch-ungarischen Tiefsee-Expeditionen. Weishaupt Verlag ,Graz: 292 S.
Seibold E (1991) Das Gedächtnis des Meeres, Boden – Wasser – Leben – Klima. Piper, München, Zürich
Tardent P (1993) Meeresbiologie. 2. Aufl. Thieme, Stuttgart, New York: 305 S.
Wagner HG (2001) Der Mittelmeerraum. Wiss Buchges, Darmstadt

Wagner HG (1988) Das Mittelmeergebiet als subtropischer Lebensraum. Geoökodynamik 9: 103–133
Wissowa P, Wissowa G (Hrsg.; 1894) Real-Encyclopädie der classischen Altertumswissenschaft. Bd. 1. Metzler, Stuttgart

2. Geologie und Entstehungsgeschichte

Bahlburg H, Breitkreuz, C (1998) Grundlagen der Geologie. Spektrum Akademischer Verlag, Heidelberg
Cherry J (1992) Palaeolithic Sardinians, Some questions of evidence and method. In: Tykot RH, Andrews TK (Hrsg.) Sardinia in the Mediterranean a footprint in the sea. Sheffield Academic Press, Sheffield: 43–56
Cherry JF (1979) Four problems in Cycladic prehistory. In: Davis JL, Cherry JF (Hrsg.) Papers in Cycladic Prehistory. UCLA Institute of Archaeology, Monograph 14: 22–47, Los Angeles
Cherry JF (1981) Pattern and process in the earliest colonisation of the Mediterranean islands. Proceedings of the Prehistoric Society 47: 41–68
Cherry JF (1985) Islands out of the stream, isolation and interaction in early east Mediterranean insular prehistory. In: Knapp A B, Stech T (Hrsg.) Prehistoric Production and Exchange. Institute of Archaeology, Monograph 35: 12–29, University of California, Los Angeles
Cherry JF (1990) The first colonization of the Mediterranean islands: review of recent research. Journal of Mediterranean Archaeology 3: 145–221
Davaras C (1996) In: Papathanassopoulos G (Hrsg.) Neolithic culture in Greece. NP Goulandris Foundation: 92–93, Athen
Dermitzakis MD, Sondaar PY (1979) The importance of fossil mammals in reconstructing paleogeography with special reference to the Pleistocene Aegean Archipelago. Annales Geologiques des pays Helleniques 48: 808–840, Athen
Durand B, Jolivet L, Horváth F, Séranne M (Hrsg.; 1999) The Mediterranean Basins: Tertiary Extension within the Alpine Orogen. Geological Society Special Publication 156. The Geological Society, London
Gallis K (1996) The Neolithic world. In: Papathanassopoulos G (Hrsg.) Neolithic culture in Greece. NP Goulandris Foundation: 23–37, Athen.
Gomez B, Pease PP (1992) Early Holocene Cypriot coastal palaeogeography. Report of the Department of Antiquities: 1–8, Cyprus.
Guilaine J (1994) La Mer Partagée. La Méditerranée Avant l'Écriture (7000–2000 avant Jesus-Christ). Hachette, Paris
Günther RTh (1903) Earth Movements in the Bay of Naples. Geographical Journal
Hahn FG (1879) Untersuchungen über das Aufsteigen und Sinken der Küsten. Mittelmeerbilder NF 1908, Leipzig, Berlin
Harland BW, Armstrong RL, Cox AV, Craig LE, Smith A G, Smith DG (1989) A geologic time scale. Cambridge University Press, Cambridge, New York, Port Chester, Melbourne, Sydney
Hsü KJ (1977) Tectonic evolution of the Mediterranean basins. In: Nairna EM, Kanes WH, Stehli FG (Hrsg.) The Ocean Basins and Margins, 4 A, The Eastern Mediterranean. Plenum, New York: 29–75
Hsü KJ, Cita MB, Ryan WBF (1973) The origin of the Mediterranean evaporites. Initial Reports of Deep sea Drilling Projekt 13 I: 1203–1232
Hsü KJ (1984) Das Mittelmeer war eine Wüste. Auf Forschungsreisen mit der Glomar Challenger. Harnack, München
Lexikon der Geowissenschaften. (1999-2001) 5 Bde. Spektrum Akademischer Verlag, Heidelberg
Mart Y (1994) Ptolemais basin, The tectonic origin of a Senonian marine basin underneath the southeastern Mediterranean Sea. (Y 449) Collect Repr Israel Oceanogr Res 20: 490–502
Maull O (1921) Beiträge zur Morphologie des Peleponnes und des südlichen Mittelgriechenlands. Pencks Geographische Abhandlungen 10: Leipzig, Berlin.
Nairna EM, Kanes WH, Stehli FG (Hrsg.; 1977) The Ocean Basins and Margins, 4 A/B, The Eastern/Western Mediterranean. Plenum, New York: 503 S.
Orliac M (1997) L'homme marin. In: Vigne JD (Hrsg.) Îles. Vivre entre ciel et mer. Éditions Nathan et Muséum national d'Histoire naturelle: 39–53, Paris
Panza GF, Calcagnile G, Scandone P, Mueller S (1984) Die geologische Tiefenstruktur des Mittelmeerraumes. In: Spektrum der Wissenschaft, Verständliche Forschung, Ozeane und Kontinente. 2. Aufl.: 132–142 Spektrum der Wissenschaft, Heidelberg
Papp A (1953) Die paläogeologische Entstehung der Ägäis nach dem derzeitigen Stand unserer Erkentnisse. Wettstein O (Hrsg.) Herpetologia Aegea: 815–818, Wien
Pennacchioni M (1996) Correnti marine di superficie e navigazione durante il Neolitico. Abstracts of the sections of the XIII International Congress of Prehistoric and Protohistoric Sciences. Abaco, Forlì: 257–258
Perlès C (1979) Des navigateurs méditerranéens il y a 10 000 ans. La Recherche 10: 82–83
Perlès C (1987) Les industries lithiques taillées de Franchthi (Argolide, Grèce). Tome I: Présentation générale et industries paléolithiques (Excavations at Franchthi Cave, Greece, Fasc. 3). Indiana University Press, Bloomington Indianapolis
Perlès C (1990) Les industries lithiques taillées de Franchthi (Argolide, Grèce). Tome II: Les industries du Mesolithique et du Néolithique (Excavations at Franchthi Cave, Greece, Fasc. 3. Indiana University Press, Bloomington Indianapolis
Press F, Siever R (1995) Allgemeine Geologie. Eine Einführung. Spektrum Akademischer Verlag, Heidelberg
Sengör AMC (1998) Die Tethys. Vor hundert Jahren und heute. Mitt Österr Geol Ges 89: 5–178, Wien
Sonnenfeld P (Hrsg.; 1981) Tethys. The Ancestral Mediterranean. Benchmark Papers in Geology 53. Hutchinson Ross Publishing Company, Stroudsburg/Pennsylvania
Stanley SM (2001) Historische Geologie. Eine Einführung in die Geschichte der Erde und des Lebens. 2. Aufl. Spektrum Akademischer Verlag, Heidelberg
Sueß E, Fischer T (1878) Küstenveränderungen im Mittelmeer. Zeitschrift der Gesellschaft für Erdkunde, Berlin. Mittelmeerbilder NF 1908, Leipzig, Berlin
Woldstedt P (1958) Das Eiszeitalter. Grundlinien einer Geologie des Quartärs. Europa, Vorderasien und Nordafrika im Eiszeitalter. 2. Aufl. Ferdinand Enke, Stuttgart

3. Geographie und Klima

Baratta M von (2000) Der Fischer Weltalmanach 2001, Zahlen, Daten, Fakten. Fischer, Frankfurt.
Brigand L (1992) Les îles en Méditerranée. Enjeux et perspectives. Economica, Plan Bleu, Paris: 98 S.
CE Eurostat, Blue Plan, (1996) Programme de coopéra-

tion euro-méditerranéenne pour le développement des statistiques de l'environnement. Rapport de synthèse sur l'état et les besoins: 13 S.
Gezeitentafeln, Europäische Gewässer. Bundesamt für Seeschifffahrt und Hydrographie, Hamburg/Rostock
Finke L, Klink HJ, Lauer W (1999) Basisbibliothek Physische Geographie, Landschaftsökologie – Vegetationsgeographie – Klimatologie – Geomorphologie. Westermann, Braunschweig
Hendl M, Liedtke H (Hrsg.) Lehrbuch der allgemeinen physischen Geographie. 3. Aufl. Klett-Perthes, Stuttgart
Intemann G, Snoussi-Zehner A, Venhoff M, Wiktorin D (1999) Diercke Länderlexikon. Westermann, Braunschweig
Kaufeld L, Dittmer K, Doberitz K (1994) Mittelmeerwetter. Delius, Klasing, Bielefeld
Kelletat, D (1999) Physische Geographie der Meere und Küsten. Eine Einführung. 2. Aufl. Teubner, Stuttgart
Klima und Wetter im Mittelmeer (1996) Sonderdruck aus dem Mittelmeer-Handbuch. Bundesamt für Seeschifffahrt und Hydrographie, Hamburg/Rostock
Leser H (Hrsg.; 1997) Diercke-Wörterbuch Allgemeine Geographie. Überarbeitete Neuausgabe. dtv, München / Westermann, Braunschweig
Lexikon der Geographie. (2001–2002) 4 Bde. Spektrum Akademischer Verlag, Heidelberg
Lexikon der Geowissenschaften. (1999–2001) 5 Bde. Spektrum Akademischer Verlag, Heidelberg
Malberg H (1997) Meteorologie und Klimatologie. Eine Einführung. 3. Aufl. Springer, Berlin, Heidelberg
Marcinek J, Rosenkranz E (1996) Das Wasser der Erde. Eine geographische Meereskunde und Gewässerkunde. 2. Aufl. Klett-Perthes, Stuttgart
Mittelmeer-Handbuch (1991) II. Teil Italien mit Sardinien und Sizilien. Bundesamt für Seeschifffahrt und Hydrographie, Hamburg/Rostock
Mittelmeer-Handbuch (1993) IV. Teil: O-liche Adria und W-liche Ägäis. Bundesamt für Seeschifffahrt und Hydrographie, Hamburg/Rostock
Mittelmeer-Handbuch (1994) I. Teil O-Küste Spaniens und Balearen, S-Küste Frankreichs und Korsika. Bundesamt für Seeschifffahrt und Hydrographie, Hamburg/Rostock
Mittelmeer-Handbuch (1995) V. Teil: Die Levante, Schwarzes Meer und Asowsches Meer. Bundesamt für Seeschifffahrt und Hydrographie, Hamburg/Rostock
Mittelmeer-Handbuch (1996) III. Teil: Die N-Küste von Afrika. Bundesamt für Seeschifffahrt und Hydrographie, Hamburg/Rostock
Plan Bleu (1993) Data bank on the Mediterranean Basin Séminaire CEE - Corine Land Cover, Observatoire. Sophia Antipolis, Plan Bleu 28–30: 74 S.Plan Bleu, ICALPE (1994) Inventaire de s politiques nationales de développement et évaluation des impacts de la PAC dans les zones montagneuses méditerranéennes. Phase de transition. Rapport final 3/3: 72 S ICALPE, Plan Bleu, Corte
Plan Bleu, ICALPE (1995) Elaboration d'images prospectives tendancielles des régions montagneuses méditerranéennes européennes à l'horizon 2025. 2ème Phase. Rapport final 3/3: 63–20 ICALPE, Plan Bleu, Corte
Rother K (1984) Die mediterranen Subtropen, Mittelmeerraum, Kalifornien, Mittelchile, Kapland, Südwest- und Südaustralien. Geogr Seminar Zonal, Braunschweig: 207 S.
Rother K (1991) Die mediterranen Subtropen, Einheit oder Vielfalt. Geogr Rundschau 43: 402–408
Rother K (1993) Der Mittelmeerraum. Teubner Studb d Geogr, Stuttgart: 212 S.
Rother K (2000) Italien, Geographie - Geschichte - Politik - Wirtschaft. Wiss Buchges Darmstadt: 377 S.
Schönwiese C-D (1994) Klimatologie. Ulmer, Stuttgart
Schultz J (1995) Die Ökozonen der Erde, Die ökologische Gliederung der Geosphäre. 2. Aufl. Ulmer, Stuttgart
Schultz J (2000) Handbuch der Ökozonen. Ulmer, Stuttgart
Seefahrtstandardvokabular (1997) Bundesamt für Seeschifffahrt und Hydrographie, Hamburg/Rostock
Spiegel Almanach 2001. Alle Länder der Welt (2001) Spiegel-Verlag, Hamburg
Strahler AH, Strahler AN (1999) Physische Geographie. Ulmer, Stuttgart
Wagner HG (2001) Der Mittelmeerraum. Wiss Buchges, Darmstadt

4. Vegetationslandschaften und Flora des Mittelmeerraumes

Adamovi L (1929) Die Pflanzenwelt der Adrialänder. Jena
Barbero MP, Quezel P, Rivas-Martinez S (1981) Contribution a l' étude des groupements forestières et préforestières du Maroc. Phytocoenologia 9
Barbero MP, Loisel R, Quezel P (1974) Problèmes posés par l' interprétation phytosociologique des Quercetea ilicis et des quercetea pubescentis. Flora mediterranea
Barceló FB (1977–1980) Flora de Mallorca. 4 Bde. Moll ed
Bärtels A (1997) Farbatlas Mediterrane Pflanzen. Ulmer, Stuttgart
Beese G (1994) Mallorca-Reiseführer Natur. BLV
Blondel J, Aronson J (1999) Biology and wildlife of the Mediterranean region. Oxford University Press, New York
Braun-Blanquet J, Roussine N, Negre (1951) Les groupement végétaux de la France Méditerranéenne. Serv Carte group veg
Brullo S, Guglielmo A (2001) Considérations phytogéographiques sur la Cyrénaique septentrionale. Bocconea 13 – Palermo
Davis, PH (1965–1988) Flora of Turkey and the eastaegaean islands. 10 Bde. Edinburgh Univ Press
Eberle G (1965) Pflanzen am Mittelmeer. Kramer Verlag, Frankfurt
Freitag H (1971) Die natürliche Vegetation des südostspanischen Trockengebietes. Bot Jb 91
Gamisans J (1999) La Végétation de la Corse. Édisud, Aix en Provence
Gams H (1935) Zur Geschichte, klimatischen Begrenzung und Gliederung der immergrünen Mittelmeerstufe. Veröff Geobot Inst 12, Rübel
Giacomini V, Fenaroli L (1958) La vegetatione. Conosci l' Italia. 2,Touring Club Italiano
Greuter W (1975) Die Insel Kreta - eine geobotanische Skizze. Zur Vegetation und Flora von Griechenland. Veröff Geobot Inst 55, ETH Zürich
Grove AT, Rackham O (2001) The Nature of Mediterranean European Ecological History. Yale Univ Press
Hager J (1985) Pflanzenökologische Untersuchungen in den subalpinen Dornpolsterfluren Kretas. Diss Bot 89
Horvat I, Glavac V, Ellenberg H (1974) Die Vegetation Südosteuropas. Gustav Fischer Verlag, Jena
Jahn R, Schönfelder P (1995) Exkursionsflora für Kreta. Ulmer, Stuttgart
Kautzky J (1993) Griechenland - Festland und Küste. Reiseführer Natur, BLV

Kindel KH (1995) Kiefern in Europa. Gustav Fischer Verlag, Jena
Kürschner H, Raus T, Venter J (1995) Pflanzen der Türkei. Quelle und Meyer
Laurentiades GI (1969) Studies on the Flora and vegetation of the ormos archangelou in Rhodos island. Vegetatio 19
Marchand H (1990) Les forêts méditerranéennes. Enjeux et perspectives. Economica, Plan Bleu Paris: 108 S.
Martini E (1997) La vegetazione termomediterranea sul bordo delle Alpi Liguri e Marittime e il limite settentrionale di suoi elementi. Suppl Rev Valdotaine d' Hist Nat 51
Mayer H (1984) Wälder Europas. G. Fischer Verlag, Jena
Meikle RD (1977, 1985) Flora of Cyprus, 2 Bde.
Oberdorfer E (1947) Gliederung und Umgrenzung der Mittelmeervegetation auf der Balkanhalbinsel. Ber Geobot Inst Rübel
Oberdorfer E (1954) Nordägaeische Kraut- und Zwergstrauchfluren im Vergleich mit den entsprechenden Vegetationseinheiten des westlichen Mittelmeergebietes. Vegetatio 5/6
Ozenda P (1966) Perspectives nouvelles pour l' étude phytogéographique des Alpes du Sud. Doc Carte Vég Alpes IV
Ozenda P (1975) Sur les étages de végétation dans les montagnes du Bassin méditerranéen. Doc cart écol XVI
Ozenda P (1994) Végétation du Continent Européen. Delachaux et Niestlé, Lausanne
Pignatti S (1982) Flora d'Italia. Edagricole, Bologna
Plan Bleu (1997) Vers des indicateurs de suivi des espaces boisés en Méditerranée. Sophia Antipolis, Plan Bleu: 57 S.
Poli E (1991) Piante e Fiori dell' Etna. Sellerio Ed, Palermo
Polunin O (1980) Flora of Greece and the Balkans - A field guide. Oxford Univ Press
Polunin O, Smythies BE (1973) Flores of Southwest Europe. Oxford Univ Press
Quezel P (1964) Végétation des hautes montagnes de la Grèce meridionale. Vegetatio 12.
Quezel P (1967) La végétation des hauts sommets du Pinde et de l' Olympe de Thessalie. Vegetatio 14
Quezel P (1983) Flore et végétation actuelles de l' Afrique du Nord. Bothalia 14
Quezel P, Barbero M (1985) Carte de la végétation potentielle de la région méditerranéenne. 1 Méditerranée orientale. Edit CNRS, Paris
Rauh W (1941) Morphologie der Nutzpflanzen. Quelle und Meyer
Rauh W (1949) Klimatologie und Vegetationsverhältnisse der Athos-Halbinsel und der ostägäischen Inseln Lemnos, Mytilene und Chios. Sitzber Heidelb Akad Wiss 12
Rechinger E (1943) Flora aegaea. Springer, Wien
Reisigl H, Danesch EO (1980) Mittelmeerflora. Hallwag Taschenbuch 112
Rikli M (1943) Das Pflanzenkleid der Mittelmeerländer. Huber, Bern
Salleo S, Nardini A (2000) Sclerophylly, evolutionary advantage or mere epiphenomenon. Plant Biosystems 134
Schmid E (1970) Die Abgrenzung der Vegetationsgürtel im Mittelmeergebiet. Feddes Rep Bd. 81
Schmid E (1975) Die Vegetationsgürtel Griechenlands. Zur Vegetation und Flora von Griechenland. Veröff Geobot Inst der ETH Zürich
Schönfelder I, Schönfelder P (1984) Die Kosmos - Mittelmeerflora. Kosmos, Stuttgart
Schönfelder I, Schönfelder P (1994) Kosmos – Atlas Mittelmeer- und Kanarenflora. Kosmos
Sidhoum H (2000) Données de base sur les espaces boisés méditerranéens. Draft Sophia Antipolis, Plan Bleu
Strid A (1980) Wild flowers of Mount Olympus. Goulandris Mus, Athen.
Strid A (Hrsg.; 1997) Flora hellenica Bd. 1
Trinajsti I (1970) Höhengürtel der Vegetation und die Vegetationsprofile im Velebitgebirge. Mitt Ostalpin-din Ges Vegkde 11
Turland NJ, Chilton L, Press JR (1993) Flora of the Cretean Area. The Nat hist Mus London
Valdés B, Talavera S, Fernández-Galiano E (1987) Flora vascular de Andalucía Occidental. Ketres ed, Barcelona
Viney DE (1994) An illustrated Flora of North Cyprus. Koeltz, Königstein
Walter H (1955) Die Klimadiagramme als Mittel zur Beurteilung der Klimaverhältnisse für ökologische, vegetationskundliche und landwirtschaftliche Zwecke. Ber Deutsch Bot Ges 68
Walter H, Breckle SW (1991) Ökologie der Erde. Bd.4 Gemäßigte und arktische Zonen außerhalb Euro-Nordasiens. Gustav Fischer Verlag, Jena
Zohary M (1966–1984) Flora palaestina. 4 Bde. Acad Sc Jerusalem
Zohary M (1982) Vegetation of Israel and adjacent areas. Beitr Tüb Atlas Vord Orient 7
Zohary M, Orschan G (1966) An outline of the geobotany of Crete. Isr J Bot 14

5. Ozeanographie und Wasserhaushalt

Artegiani A, Bregant D, Paschini E, Pinardi N, Raicich F, Russo A (1997) The Adriatic Sea general circulation, 1: Air-sea interactions and water mass structure. J Phys Oceanogr 27: 1492–1514
Artegiani A, Bregant D, Paschini E, Pinardi N, Raicich F, Russo A (1997) The Adriatic Sea general circulation, 2: Baroclinic circulation structure. J Phys Oceanogr 27: 1515–1552
Astraldi M, Balopulos S, Candela J, Font J, Gacic M, Gasparini GP, Manca B, Theocharis A, Tintoré J (1999) The role of straits and channels in understanding the characteristics of Mediterranean ciruclation. Progress in Oceanogr 44: 65–108
Astraldi M, Gasparini GP (1992): The seasonal characteristics of the circulation in the north Mediterranean Basin and their relationship with the atmospheric-climatic conditions. J Geophys Res 97: 9531–9540
Astraldi M, Gasparini GP (1994) The seasonal characteristics of the circulation in the Tyrrhenian Sea, In: La-Violette PE (Hrsg.) Seasonal and interannual variability of the Western Mediterranean Sea. Coastal and Estuarine Studies 46: 115–134
Astraldi M, Gasparini GP, Sarnocchia S, Moretti M, Sansone E (1996) The characteristics of the water masses and the water transport in the Strait of Siciliy at long time scales. Bulletin de l'Institut Océanographique 17: 95–115, Monaco.
Astraldi M, Gasparini GP, Vetrano A, Vignudelli S (2001) Hydrographic characteristics and interannual variability of water masses in the Central Mediterranean Region, a sensitivity test for long-term changes in the Mediterranean. Eingereicht an Deep-Sea Res
Balopoulos ET, Theocharis A, Kontoyiannis H, Varnavas

S, Voutsinou-Taliaadouri F, Iona A, Souvermezoglou S, Ignatiades L, Gotsis-Skretas O, Pavlidou A (1999) Major adavances in the oceanography of the Southern Aegean Sea-Cretan Straits system, Eastern Mediterranean. Progr in Oceanogr 44: 109–130

Benzohra M, Millot C (1995) Characteristics and circulation of the surface and intermediate water masses off Algeria. Deep-Sea Res 4: 1803–1830

Bethoux JP, Gentili B 1994 The Mediterranean Sea, a test area for marine and climatic interactions. In: Malanotte-Rizzoli P, Robinson AR (Hrsg.) Ocean processes in Climate Dynamics, Global and Mediterranean Examples. Kluver Academic Publishers, Netherlands: 239–254,

Bethoux JP, Prieur L, Nyffeler F (1992) The water circulation in the Northwestern Mediterranean Sea, its relations with wind and atmospheric pressure. In: Nihoul JCJ (Hrsg.) Hydrodynamics of semi-enclosed seas. Elsevier: 129–148

Bondar C (1989) Trends in the evolution of the mean Black Sea Level. Meterol Hydrol (Rumänien) 19: 23–28

Bormans M, Garrett C, Thompson KT (1986) Seasonal variability of the inflow through the Strait of Gibraltar. J Phys Oceanogr 19: 1543–1557

Bourassa MA (1998) Interaction between atmospheric stability and mean wave characteristics. 9. Conf 11-16 January 1998, Phoenix, Arizona. In: (Y 2328) Conf Interaction Sea Atmos: 24–27

Bouzinac C, Font J, Millot C (1999) Hydrology and currents observed in the Channel of Sardinia during the PRIMO-1 experiment from November 1993 to October 1994. J Mar Systems 20: 333–355

Brenner S (1994) Response of the eastern Mediterranean mixed layer and heat storage to variations in surface heat fluxes. (Y 449) Collect Repr Israel Oceanogr Res 20: 77–81

Bryden HL, Brady EC, Pillsbury RD (1989) Flow through the Strait of Gibraltar. In: Seminario Sobre la Oceanografico Fisica del Estrecho de Gibraltar: 166–194, Madrid, Spanien, SECEG

Bryden HL, Candela J, Kinder TH (1994) Exchange through the Strait of Gibraltar. Progr Oceanogr 33: 201–248

Bryden HL, Kinder TH (1991) Steady two-layer exchange through the Strait of Gibraltar. Deep-Sea Res 38: 445–463

Candela J, Winant CD, Bryden HL (1989) Meteorologically forced subinertial flows through the Strait of Gibraltar. J Geophy Res 94: 12667–12679

Della Vedova B, Pellis G, Camerlenghi A, Foucher JP, Harmegnies F (1997) The thermal history of deep sea sediments as a record of recent change in the deep circulation of the Eastern Mediterranean. J Geophys Res: in revision

Filippov DM (1965) The cold intermediate layer in the Black Sea. Oceanology 5: 47–52

Font J, ALGERS Gruppe (1998) Interdiscipliniary study of the Algerian basin mesoscale instabilities, ALGERS cruise, October 1996. Rapport des Reunions Commission International de la Mer Mediterranéenne 35: 140–141

Georgopoulos D (2000) Water masses and circulation in the North Aegean. Doktorarbeit, Universität von Patras, Griechenland

Golnaraghi M, Robinson AR (1994) Dynamical studies of the Eastern Mediterranean Circulation. In: Malanotte-Rizzoli P, Robinson AR (Hrsg.) Ocean processes in Climate Dynamics, Global and Mediterranean Examples: S. 395–406, Kluver Academic Publishers, Netherlands

Güngor H (1994) Multivariate Objective Analysis of ADCP and CTD Measurements Applied to the Circulation of the Levantine and Black Sea. M Sc Thesis, Inst Mar Sci, METU, Erdemli

Heburn G, LaViolette P (1990) Variations in the structure of the anticyclonic gyres found in the Alboran Sea. J Geophys Res 95: 1599–1613

Hopkins (1988) Recent observations on the intermediate and deep water circulation in the Southern Tyrrhenian Sea. Oceanol Acta 9: 41–50

Hurrell JW (1995) Decadal trends in the North Atlantic Ocillation, Regional Temperatures and Precipitation. Science 269: 676–679

Hutchinson IR, von Hersen P, Louden KE, Sclater JG, Jemsek J (1985) Heat flow in the Balearic and Tyrrhenian Basins, Western Mediterranean. J Geophys Res 90 (B1): 685–701

Kinder T, Parilla G (1997) Yes, some of the Mediterranean outflow does come from great depths. J Geophys Res 92: 2901–2906

Klein B, Roether W, Manca BB, Bregant D, Beitzel V, Kovacevic V, Luchetta A (1999) The large deep water transient in the Eastern Mediterranean. Deep-Sea Res I 46: 371–414

Kovacevic V, Gacic M, Poulain PM (1999) Eulerian current measurements in the Strait of Otranto and in the Southern Adriatic. J Mar Systems 20: 255–275

Krahmann G (1997) Saisonale und zwischenjährliche Variabilität im westlichen Mittelmeer – Analyse historischer Daten. Dissertation, Universität Kiel: 168 S.

Krahmann G, Schott F (1998) Long-term increase in Mediterranean salinities and temperatures: mixed anthropogenic and climatic sources. Geophys Res Letters 25: 4209–4212

Lascaratos A, Roether W, Nittis K, Klein B (1999) Recent changes in deep water formation and spreading in the Mediterranean Sea. A review. Progr Oceanogr 44 (1–3): 5–36

Lascaratos A, Williams RG, Tragou E (1993) A mixed-layer study of the formation of Levantine Intermediate Water. J Geophys Res 98: 14739–14749

Leaman KD, Schott F (1991) Hydrographic structure of the convection regime in the Gulf of Lions: Winter 1987. J Phys Oceanogr 21: 573–596

Malanotte-Rizzoli P, Manca BB, Ribera d'Alcala M, Theocharis A, Bergamasco A, Bregant A, BoudillonG, Civitarese G, Georgopoulos D, Korres G, Lascaratos A, Michelato A, Sansone E, Scarazzato P, Souvermezoglou E (1997) A synthesis of the Ionian Sea Hydrography, circulation and water mass pathways during POEM Phase 1. Progr Oceanogr 39: 153–204

Malanotte-Rizzoli P, Manca BB, Ribera d'Acala MM, Theocharis A, Brenner S, Budillon G, Ozsoy E (1998) The Eastern Mediterranean in the 80s and in the 90s: The transition in the intermediate and deep circulation. Dyn Atmos Oceans 29: 365–395

Marshall J, Schott P (1999): Open-ocean convection: Observations, theory and models. Rev Geophys 37: 1-64

Marullo S, Santoleri R, Bignami F (1994) The surface characteristics of the Tyrrhenian Sea: Historical satellite data analysis. In: LaViolette PE (Hrsg.) Seasonal and interannual variability of the Western Mediterranean Sea. Coastal and Estuarine Studies 46: 135–154

MEDOC Group (1970) Observations of formation of deep water in the Mediterranean Sea. Nature 227: 1037–1040

Miller AR (1963) Physical Oceanography of the Mediterranean Sea, A discourse. Rapp Com Inter Mer Médit 20: 617–618

Millero J (1991) The oxidation of H_2S in Black Sea Waters. Deep-Sea Res 38: 1139–1150
Millot C (1987) Circulation in the Western Mediterranean. Oceanol Acta 10: 143–149
Millot C (1991) Mesoscale und seasonal variabilities of the circulation of the Western Mediterranean Sea. Dyn Atmos Oceans 15: 179–214
Millot C (1999) Circulation in the Western Mediterranean Sea. J Mar Sys 20: 423–442
Millot C, Benzohra M, Taupier-Letage I (1997) Circulation in the Algerian Basin inferred from the MEDIPROD-5 current meter data. Deep-Sea Res 44: 1467–1495
Millot C, Taupier-Letage I, Benzohra M (1990) The Algerian Eddies. Earth-Sci Rev 27: 203–219
Morel A, Andre JM (1991) Pigment distribution and primary production in the western Mediterranean as derived and modeled from Coastal Zone Color Scanner Observations. J Geophys Res 96: 12685–12698
Moreti ME, Sansone G, Demaio A (1993) Results of investigations in the Sicily Channel (1986–1990). Deep Sea-Res II Special issue 40: 1181–1192
Murray JW, Top Z, Özsoy E (1991) Hydrographic properties and ventilation of the Black Sea. Deep-Sea Res 38 (Suppl.): 663–689
Nielsen JN (1912) Hydrography of the Mediterranean and adjacent waters. Rep Dan Oceanogr Exped 1908–1910, Kopenhagen
Oguz T, Besiktepe S (1999) Observations on the Rim Current structure, CIW formation and transport in the western Black Sea. Deep-Sea Res 46: 1733–1753
Oguz T, Ducklow HW, Malanotte-Rizzoli M, Murray JW, Shushkina EA, Verdernikov VI, Ünluata Ü (1999) A physical-biochemical model of plankton productivity and nitrogen cycling in the Black Sea. Deep-Sea Res 46: 597–636
Oguz T, Latif MA, Sur HI, Özsoy E , Ünluata Ü (1991) On the dynamics of the southern Black Sea. In: Izdar E, Murray JM (Hrsg.) The Black Sea Oceanography. NATO/ASI Series 351: 43–64
Oguz T, Latun VS, Latif MA, Vladimirov VV, Sur HI, Markov AA, Özsoy E, Kotovshchikov BB, Eremeev MM, Ünlüata Ü (1993) Circulation in the surface and intermediate layers of the Black Sea. Deep-Sea Res 40: 1597–1612
Oguz T, LaViolette PE, Ünluata Ü (1992) The upper layer circulation of the Black Sea: its variability inferred from hydrographic and satellite observations. J Geophys Res 97: 12569–12584
Oguz T, Murra JW, Callahan AE (2001) Modeling redox cycling across the suboxic-anoxic interface zone in the Black Sea. Deep-Sea Res 48: 761–787
Özoy E, Hecht A, Ünlüata Ü, Brenner S, Sur HI, Bishop J, Latif MA, Rosentraub Z, Ogur T (1993) A synthesis of the Levantine Basin circulation and hydrography, 1985–1990. Deep Sea-Res, Part II, Special issue 40: 1075–1120
Özoy E, Top Z, White G, Murra JW (1991) Double diffusive intrusions, mixing and deep convective processes in the Black Sea. In: Izdar E, Murra JW (Hrsg.) The Black Sea Oceanography. NATO/ASI Series 351: 17–42, Kluver, Dordrecht
Özoy E, Ünlüata Ü (1997) Oceanography of the Black Sea: a review of some results. Earth-Science Rev 42: 231–272
Parilla G, Kinder TH, Preller RH (1987) Deep and Intermediate Mediterranean Waters in the western Alboran Sea. Deep-Sea Res 33: 55–88
Perkins H, Pistek P (1990) Circulation in the Algerian Basin during June 1986. J Geophys Res 95: 1577–1585
Prieur L, Sournia A (1994) Almofront-1, April-May 1991, an interdisciplinary study of the Almeria-Oran geostrophic front, SW Mediterrannean Sea. J Mar Systems 5: 187–203
Quadrelli R, Pavan V, Molteni F (2001) Wintertime variability of the Mediterranean precipitation and its links with large scale circulation anomalies. Climate Dynamics 18: 457–466
Raicich F (1994) Note on the flow rates of Adriatic Rivers. Technical Report RF 02/94, CNR, Istituto Sperimentale Talssografico, Trieste: 8 S.
Rhein M (1995) Deep water formation in the Western Mediterranean, J Geophys Res 100: 6943–6959
Rhein M, Send U, Klein B, Krahmann G (1999) Interbasin deep water exchange in the western Mediterranean. J Geophys Res 104: 23495–23508
Robinson AR, Golnaraghi M (1993) Circulation and Dynamics of the Eastern Mediterranean Sea; Quasi-synoptic data-driven simulations. Deep-Sea Res 40: 1207–1246
Robinson AR, Golnaraghi M, Leslie WG, Artegiani A, Hecht A, Lazzoni E, Michelato A, Sansone E, Theocharis A, Ünlüata Ü (1990) Structure and Variability of the Eastern Mediterranean General Circulation. Dynamics of Atmosphere and Oceans 15: 215–240
Roether W, Beitzel V, Sültenfuß J, Putzka A (1999) The Eastern Mediterranean tritium distribution in 1987. J Mar Systems 20: 49–61
Roether W, Klein B, Beitzel V, Manca BB (1998) Property distributions and transient-tracer ages in Levantine Intermediate Water in the Eastern Mediterranean. J Mar Systems 18: 71–87
Roether W, Manca BB, Klein B, Bregant D, Georgopoulos D, Beitzel V, Kovacevic V, Luchetta A (1996) Recent changes in the Eastern Mediterranean Deep Waters. Science 271: 333–335
Roether W, Roussenov V, Well R (1994) A tracer study of the thermohaline circulation of the Eastern Mediterranea. In Ocean processes In: Robinson AR, Malanotte-Rizzoli P (Hrsg.; 1994) Climate Dynamics, Global and Mediterranean Examples. Kluver Academic Publishers, Netherlands: S. 371–394
Roether W, Schlitzer R (1991) Eastern Mediterranean deep water renewal on the basis of chlorofluoromethane and tritium data. Dyn Atm Oceans 15: 333–354
Roether W, Well R (2001) Oxygen consumption in the Eastern Mediterranean. Deep-Sea Res 48: 1535–1551
Rohling E, Bryden HL (1992) Man-induced salinity and temperature increase in the Western Mediterranean Deep Water. J Geophys Res 97: 11191–11198
Said M (1993) Evaporation from the Mediterranean shelf waters off the Egyptian coast. In: (X 204) Mahasagar 26 (1993) 1: S. 1–7
Sammari C, Millot C, Prieur L (1995) Some aspects of the seasonal and mescoscale variabilities of the Northern Current inferred from the PROLIG-2 und PROS-6 experiments. Deep-Sea Res 42: 893–917
Sammari C, Millot C, Taupier-Letage I, Stefani A, Brahim M (1999) Hydrological characteristics in the Tunesia-Sicily-Sardinia area during spring 1995. Deep-Sea Res 46: 1671–1701
Samuel S, Haines K, Josey S, Myers PG (1999) Response of the Mediterranean Sea thermohaline circulation to observed changes in the winter wind stress field in the period 1980-1993. J Geophys Res 104 (C4): 7771–7784
Schlitzer R, Roether W, Hausmann M, Junghans HG,

Oster H, Johannsen H, Michelato A (1991) Chlorofluormethane and oxygen in the Eastern Mediterranean Sea. Deep-Sea Res 38: 1531–1551

Schott F, Visbeck M, Send U (1994) Open ocean deep convection, Mediterranean and Greenland Seas. In: Malanotte-Rizzoli P, Robinson AR (Hrsg.; 1994) Ocean processes in Climate Dynamics, Global and Mediterranean Examples. Kluver Academic Publishers, Netherlands: S. 203–225

Send U, Font J, Krahmann G, Millot C, Rhein M, Tintoré J (1999) Recent advances in observing the physical oceanography of the western Mediterranean Sea, Progr in Oceanogr 44: 37–64

Send U, Marshall J (1995) Integral effects of deep convection. J Phys Oceanogr 25: 855–872

Sipka V (1999) Morphology and hydrodynamics of a macrotidal ridge and runnel beach under modal low wave conditions. In: Sipka V, Edward JA (Y 657) J Rech Oceanogr 24/1: 25–31

Sparnocchi S, Picco P, Manzella GMR, Ribotti A, Copello S, Brasey P (1996) Intermediate water formation in the Ligurian Sea. Oceanol Acta 19: 1451–162

Sparnocchia S, Gasparini GP, Astraldi M, Borghini M, Pistek P (1999) Dynamics and mixing of the eastern Mediterranean outflow in the Tyrrhenian Basin. J Mar Systems 20: 301–317

Sur HI, Özsoy E, Ünlüata Ü (1994) Boundary current instabilities, upwelling, shelf mixing and eutrophication processes in the Black Sea. Progr In Oceanogr 33: 249–302

Theocharis A, Balopoulos E, Kioroglou S, Kontoyiannis H, Iona A (1999) A synthesis of the circulation and hydrography of the South Aegean Sea and the Straits in the Cretan Arc (March 1994-January, 1995). Progr in Oceanogr 44: 469–509

Theocharis A, Georgopoulos D, Lascaratos A, Nittis K (1993) Water masses and circulation in the central region of the Eastern Mediterranean, Eastern Ionian, South Aegean und Northwest Levantine, 1986–1987. Deep Sea-Res, Part II, Special issue 40: 1121–1142

Theocharis A, Nittis K, Kontoyiannis H, Papageorgiou E, Balopoulos E (1999) Climatic changes in the Aegean Sea influence the Eastern Mediterranean thermohaline circulation (1986-1997). Geophys Res Lett 26/11: 1617–1620

Tintoré J, LaViolette P, Blade I, Cruzado A (1988) A study of an intense density front in the eastern Alboran Sea, The Almeria-Oran front. J Phys Oceanogr 18: 1284–1397

Tintoré J, Viudez A, Gomis A, Alonso S, Wener F (1994) Mesoscale variability and Q vector vertical motions in the Alboran Sea. In: LaViolette PE (Hrsg.; 1994) Seasonal and interannual variability of the Western Mediterranean Sea. Coastal and Estuarine Studies 46: 47–71

Tolmazin D (1985) Changing coastal oceanography of the Black Sea. I Northwestern Shelf. Progr in Oceanogr 15: 217–276

Tselepidaki I, Zarifis B, Asimakopoulos DN (1992) Low precipitation over Greece during 1989–1990. Theor Appl Climatology 46: 115–121

Tsimplis MN, Velegrakis AF, Theocharis A, Collins MB (1997) Low-frequency current variability at the Straits of Crete, eastern Mediterranean. J Geophys Res 102 (C11): 25005–25020

Tugrul S, Bastürk Ö, Saydam C, Yilmaz A (1992) Changes in the hydrochemistry of the Black Sea inferred from water density profiles. Nature 339: 137–129

Ünlüata Ü, Oguz T, Latif MA, Özsöy E (1990) On the physical oceanography of the Turkish Straits. In: Pratt LJ (Hrsg.; 1990) The Physical Oceanography of Sea Straits. NATO/ASI Series: 25–60, Kluver, Dordrecht

Weikert H (1995) Strong variablility of bathypelagic zooplankton at a site in the Levantine Sea - a signal of seasonality in a low-latitude sea. Rapp Comm Inter Mer Médit 34: 218 S.

Weikert H (1996) Changes in Levantine Deep-Sea Zooplankton. Int POEM-BC/MTP Symp Molitg les Bains 1-2 July 1996

Wüst G (1960) Die Tiefenzirkulation des Mittelländischen Meeres in den Kernschichten des Zwischen- und Tiefenwassers. Deutsche Hydrographische Zeitung 13/3: S. 105–131

Zervakis V, Drakopoulos PG, Georgopoulos D (2000) The role of the North Aegean triggering the recent Eastern Mediterranean climatic changes. J Geophys Res 105: 26103–26116

6. Lebensräume und Lebensgemeinschaften

Fischer W, Bauchot ML, Schneider M (eds.; 1987) Fiches FAO d'identification des espèces pour les besoins de la pêche, Méditerranée et Mer Noire. Zone de pêche 37/1: Végétaux et invertébrés. FAO, Rome, 760 S.

Fischer W, Bauchot ML, Schneider M (eds.; 1987) Fiches FAO d'identification des espèces pour les besoins de la pêche. Méditerranée et Mer Noire. Zone de pêche 37/2: Vertébrés. FAO, Rome, 869 S.

Götting KJ, Kilian EF, Schnetter R (1982) Einführung in die Meeresbiologie. 1: Marine Organismen – Marine Biogeographie. Viehweg Studium 44, Braunschweig

Lüning K (1985) Meeresbotanik, Verbreitung, Ökophysiologie und Nutzung der marinen Makroalgen. Thieme, Stuttgart, 375 S.

Luther W, Fiedler K (1961) Die Unterwasserfauna der Mittelmeerküsten. Paul Parey, Hamburg

Margaleff R (ed.; 1984) Western Mediterranean, Pergamon Press Oxford

Pérès (1982) Major benthic assemblages. In: Kinne O (ed.) Marine ecology V81. John Wiley, Chichester, London: S. 373–522

Pérès (1982) Specific benthic assemblages. In: Kinne O (ed.) Marine ecology. John Wiley, Chichester, London: S. 523–582

Pérès JM (1967) The Mediterranean benthos. Oceanogr Mar Biol Ann Rev 5: 449–533

Pérès JM, Picard J (1958) Manuel de bionomie benthique de la mer Méditerranée. Rec Trac Stat mar Endoume 14/22: 7–122

Pérès JM, Picard J (1964) Nouveau manuel de bionomie benthique de la Mer Méditerranée. Rec Trav Stat mar Endoume 31: 5–137

Riedl R (1966) Biologie der Meereshöhlen. Paul Parey, Hamburg, Berlin

Ros JD, Romero J, Ballesteros E, Gili JM (1985) Diving in Blue Water. The Benthos. In: Margalef R (Hrsg.) Western Mediterranean. Pergamon Press, Oxford: S. 233–295

UNEP (1998) Revised Classification ot Benthic Marine Habitat Types for the Mediterranean Region & Revised criteria for the evaluation of the conservation interest of Mediterranean Marine Habitat Types and proposed rating.

Valentin C (1986) Faszinierende Unterwasserwelt des Mittelmeeres. Einblicke in die Meeresbiologie küstennaher Lebensräume. Paul Parey, Hamburg, 199 S.

Das Litoral

Adam P (1990) Saltmarsh ecology. Cambridge University Press, Cambridge, 461 S.
Bascom W (1964) Waves and beaches, the dynamics of the ocean surface. Doubleday, New York
Benedetti CL (2000) Predicting direct and indirect ineractions during succession in a mid-littoral rocky shore assemblage. Ecol Monogr 70: 45–72
Borgioli C, Marchetti GM, Scapini F (1999) Variation in the zonal recovery in four Talitrus saltator populations from different coastlines. A comparison of orientation in the field and in an experimental arena. Behav Ecol Sociobiol 45: 79–85
Boudouresque CF, Fresi E (1976) Modelli di zonazione del benthos fitale in Mediterraneo. Bool Pesca idrobiol 31: 129–143
Branch GM (1981) The biology of limpets, physical factors, energy flow, and ecological interactions. In: Oceanogr Mar Biol Ann Rev 19: 235–380
Cannicci S, Paula J, Vannini M (1999) Activity pattern and spatial strategy in Pachygrapsus marmoratus (Decapoda, Grapsidae) from Mediterranean and Atlantic shores. Mar Biol 133: 429–435
Castro P, Huber ME (1997) Marine Biology. WC Brown, Dubuque
Chelazzi G, Terranova G, Della Santina P (1990) A field technique for recording the activity of limpets. In: J Moll Stud 56: 595–600
Connell JH (1961) The influence of interspecific competition and other factors on the distribution of the barnacle *Chthamalus stellatus*. In: Ecology 42/4
Connell JH (1972) Community interactions on marine rocky intertidal shores. Ann Rev Ecol Syst 3: 169–192
Coppejans E (1980) Phytosociological studies on Mediterranean algal vegetation, rocky surfaces in the photophilic infralitoral zone. In: Price JH, Irvine DE G, Farnham WF (eds) The shore environments. Academic Press, London: S. 371–393
Dayton PK (1971) Competition, disturbance, and community organization, the provision and subsequent utilization of space in a rocky intertidal community. Ecol Monogr 41: 351–389
Denny MW (1988) Biology and the mechanics of the wave-swept environment. Princeton University Press, Princeton, New York, 329 S.
Dexter DM (1990) The sandy beach fauna of Egypt. Estuarine Coastal and Shelf Science 29: 261–272
Fenchel T, Riedl R (1970) The sulfide system, a new biotic community underneath the oxydized layer of marine sand bottoms. Mar Biol 7: 255–268
Fiala-Medioni A (1970) Les peuplements sessiles des fonds rocheux de la région de Banyuls-Sur-Mer. Vie et Millieu 21: 591–656
Fletcher A (1980) Marine and maritime lichens of rocky shores, their ecology, physiology and biological interactions. In: : Price JH, Irvine DEG, Farnham WF (eds) The shore environments. Academic Press, London: S. 789–842
Gamulin-Brida H (1974) Biocoenoses benthiques de la mer adriatique. Acta Adriat 15: 1–103
Gehu JM, Costa M, Uslu T (1990) Phytosociological analysis of litoral vegetation on the coasts of the turkish parts of cyprus. Documents Phytosociologiques 12: 203–234
Ghirardelli LA (1998) An endolithic cyanophyte in the cell wall of calcareous algae. Botanica Marina 41: 367–373.
Gili JM, Ros JD (1982) Bionomia de los fondos de sustrato duro de las islas medes (Girona) Oecologia aquatica 6: 199–226
Guerra MT, Gaudencio MJ (1986) Aspects of the ecology of *Patella* spp. on the Portuguese coast. In: Hydrobiologia 142: 57–69
Ledoyer M (1968) Écologie de la faune vagile des biotopes Méditerranéens accessibles en scaphandre autonome IV. Synthèse de l'étude écologique. Rec Trav Sta Mar Endoume 44: 125–296
Lewis JR (1964) The ecology of rocky shores. English University Press, London, 323 S.
Lipkin Y, Beer S, Eshel A (1993) The ability of *Porphyra linearis* (Rhodophyta) to tolerate prolonged periods of desiccation. Botanica Marina 36: 517–523
Little C, Kitching JA (1996) The biology of rocky shores. Oxford University Press, Oxford
Long SP, Mason CF (1983) Saltmarsh ecology. Blackie, Glasgow, London 160 S.
Lubchenko J, Menge B (1978) Community development and persistence in a low rocky intertidal zone. Ecol Monogr 59: 67–94
Mc Lachlan A, Erasmus T (eds) (1983) Sandy beaches as ecosystems. Junk, The Hague.
Mc Lachlan A, Turner I (1994) The interstitial environment of sandy beaches. PSZN I. Marine Ecology 15: 177–211
Monteiro FA, Sole Cava AM, Thorpe JP (1997) Extensive genetic difference between populations of the common intertidal sea anemone *Actinia equina* from Britain, the Mediterranean and the Cap Verde islands. Mar Biol 129: 425–433.
Moore PG, Seed R (eds.;1985) The ecology of rocky coasts. Hodder and Stoughton, Sevenoaks.
Munda IM (1974) Changes and succession in the benthic algal associations of slightly polluted habitats. Rev Intern Oceanogr Med 34: 37–52
Newell RC (1970) Biology of intertidal animals. Logos Press. London: 555 S.
Ros JD, Romero J, Ballesteros E, Gili JM (1984) Diving in blue water: The benthos, 233–295, in: Margaleff R (ed.) Western Mediterranean, Pergamon Press Oxford: 363 S.
Schuster R (1962) Das marine Litoral als Lebensraum terrestrischer Kleinarthropoden. Int Rev Ges Hydrobiol 47: 359–412
Sella G, Robotti CA, Biglione V (1993) Genetic divergence among three sympatric species of Mediterranean *Patella* (Archaeogastropoda). Marine Biology 115: 401–405
Vatova A (1935) Ricerche preliminari sulle biocenosi del Golfo di Rovingno. Thalassia 2: 1–30
Zavodnik D (1967) The community of *Fucus virsoides* (Don.) on a rocky shore near Rovinj (Northern Adriatic) Thalassia, Jugosl 3: 105–111
Zavodnik D (1971) Contribution to the dynamics of benthic communities in the region of Rovinj (Northern Adriatic) Thalassia, Jugosl 7: 447–514
Ziebis W, Forster MHS (1996) Impact of biogenic sediment topography on oxygen fluxes in permeable seabeds. Marine Ecol Progress Ser 140: 227–237

Lagunäre Lebensräume

Anonymus, (1991) Efficacité de la réduction de la masse des nutriments dans la prévention des Malaïgues – Application aux étangs palavasiens. Universität Montpellier: 28 S.
Ax P, 1956: Les Turbellariés des étangs côtiers du littoral méditerranéen de la France méridionale. Editions Hermann & Cie, Paris: 215 S.

Baudin JP (1980) Contribution à l'étude écologique des milieux saumâtres méditerranéens – II. Le peuplement de l'étang de Citis (B.-D.-R.).- Vie et Milieu, 30/ 3–4: 303–308

Bellan-Santini D, Lacaze JC, Poizat C, (1994) Les biocénoses marines et littorales de Méditerranée. Synthèse, Menaces et Perspectives. Collection Patrimoines Naturels 19, Muséum National d'Histoire Naturelle, Paris: 246 S.

Rejeb-Jenhani B, Kartas A, Kartas F, (1990) Structure des peuplements phytoplanctoniques du Lac Ichkeul (Tunisie). Rapp Comm int Mer Médit 31/1: 71 S.

Benessaiah N (Hrsg.; 1998) Aspects socio-économiques des zones humides méditerranéennes. RAMSAR/MEDWET/LIFE, Tunis: 167 S.

Bodiou JY, Amouroux JM, Centelles J, Tito de Morais L (1989) Biologie et croissance des juvéniles de Soleidae dans l'étang de Canet – Saint-Nazaire. Bericht der Universität Paris VI, Laboratoire Arago

Bourquard C, Quignard JP (1984) Le complexe de pêche de Salses-Leucate, bordigue et barrages de poissons. La pêche maritime: 151–159

Boutière H (1974) L'étang de Bages-Sigean modèle de lagune méditerranéenne. Vie et Milieu 24 (1B): 23–58

Boutière H (1974) Milieux hyperhalins du complexe lagunaire de Bages-Sigean-l'Etang du Doul. Vie et Milieu 24/2 B: 355–378

Boutière H (1980) Introduction à la connaissance des milieux lagunaires. Océanis 5: 823–832

Boutière H, de Bovée F, Delille D, Fiala M, Gros C, Jacques G, Knoepffler M, Labat JP, Panouse M, Soyer J (1982) Effet d'une crise dystrophique dans l'Etang de Salses-Leucate. Oceanologica Acta: 231–242

Britton RH, Johnson AR (1987) An ecological account of a mediterranean salina, the salin de Giraud, Camargue (S.France). Biological Conservation 42: 185–230

Bruslé J, Cambrony M (1992) Les lagunes méditerranéennes, des nurseries favorables aux juvéniles de poissons euryhalins et/ou des pièges redoutables pour eux. Vie et Milieux 42/2: 193–205

Carbognin L, Dallaporta G, Forti A, Feoli E, (1992) The Venice Lagoon ecosystem, a peculiar case study. Proceedings BORDOMER 30/09-30/10/92, IOC/UNESCO, Paris: 139–143

Cataliotti-Valdina D (1982) Evolution de la turbidité des eaux du complexe lagunaire de Bages-Sigean-Port-la-Nouvelle (France). Oceanologica Acta 5/4: 411–420

Cazin F, Loste C, Le Bec C (1995) Qualité des eaux littorales en Languedoc-Roussillon: Bilan des réseaux de surveillance. Cepralmar & Ifremer, Montpellier: 151 S.

Clanzig S, (1987) Inventaire des invertébrés d'une lagune méditerranéenne des côtes de France, biocénoses et confinement, l'étang de Salses-Leucate (Roussillon). Doktorarbeit, EPHE Universität Perpignan: 415 S.

Cosson R, Amiard JC, Amiard C (1988) Trace elements in little egrets and flamingos of Camargue, France. Ecotoxicology and environmental safety 15: 107–116

De Casabianca ML, Posada F (1998) Effect of environmental parameters on the growth of *Ulva rigida* (Thau Lagoon, France). Botanica Marina 41: 157–165

Guelorget O, Perthuisot JP (1992) Paralic ecosystems. Vie et Milieu 42/2: 215–251

Harant H, Jarry D (1991) Guide du naturaliste dans le midi de la France. Délachaux et Niestlé, Paris: 326 S

Hecker N, Vivès PT (1995) The status of wetland inventories in the Mediterranean region. Publikation des International Waterflow and Wetland Research Bureau Nr. 38, Portugal: 146 S

Hénard D (1978) Production primaire d'une lagune méditerranéenne, Étang de Thau (Hérault) – Année 1976. Doktorarbeit, Universität Montpellier: 85 S.

Hichem-Kara M, Chaoui L (1998) Niveau de production et rendement d'une lagune méditerranéenne, Le Lac Mellah (Algérie). Rapp Comm int Mer Médit 35: 548–549

Jarry V, Frisoni GF, Legendre P (1991) Organisation et modélisation écologique d'un peuplement phytoplanctonique de lagune (Etang de Thau, France). Oceanologica Acta 14/5: 473–488

Jouffre D, Amanieu M (1991) Ecothau – Programme de recherches intégrées sur l'étang de Thau. Universität Montpellier: 287 S.

Joyeux JC, Boucherau JL, Tomasini JA (1991) La reproduction de *Gobius niger* (Pisces, Gobiidae) dans la lagune de Mauguio, France. Vie et Milieu 41(2/3): 97–106

Kelly M, Naguib M (1984) Eutrophication in coastal marine areas and lagoons, a case study of „Lac de Tunis". Unesco reports in marine science 29, Paris: 54 S.

Kerambrun P (1986) Coastal lagoons along the southern mediterranean coast (Algeria, Egypt, Libya, Marocca, Tunisia), Description and bibliography. Unesco reports in marine science 34, Paris: 184 S.

Kjerfve B (Hrsg.; 1994) Coastal Lagoon Processes. Elsevier Oceanography Series 60, London: 576 S.

Lam Hoai T, Amanieu M (1989) Structures spatiales et évolution saisonnière du zooplancton superficiel dans deux écosystèmes lagunaires nord-méditerranéens. Oceanologica Acta 12/1: 65–77

Lenzi M (1992) Experiences for the management of Orbetello Lagoon, eutrophication and fishing. Science of the Total Environment. Elsevier, supplement 1992, Amsterdam: 1189–1198

Mars P (1966) Recherches sur quelques étangs du littoral méditerranéen français et sur leurs faunes malacologiques. Masson & Cie, Paris: 359 S.

Mercier A (1973) Etude écologique de la végétation du complexe lagunaire de Bages-Sigean. Doktorarbeit, Universität Paris: 105 S.

Minas M (1974) Eutrophisation et apparition de conditions anoxiques dans un étang saumâtre méditerranéen (Etang de Berre), en relation avec un déversement massif d'eau douce (dérivation des eaux de la Durance). Rapp Comm int Mer Médit 22/6: 45–46

Papathanassiou E, Pancucci-Papadopoulou MA (1990) Biological investigations on zooplankton composition in three lagoons from Western Greece. Rapp Comm int Mer Médit 31/1: 73 S.

Pearce F, Crivelli AJ (1994) Characteristics of Mediterranean Wetlands. Publikation MedWet, Arles: 88 S.

Perthuisot JP, Guelorget O (1992) Morphologie, organisation hydrologique, hydrochimie et sédimentologie des bassins paraliques. Vie et Milieu 42/2: 93–109

Raoul S (1990) Le phosphore dans les sédiments des étangs palavasiens. Studienarbeit, Universität Perpignan: 27 S.

Ravera O (2000) The Lagoon of Venice: the result of both natural and human influence. J Limnol 59/1: 19–30

Rigollet V, Laugier T, De Casabianca ML, Sfriso A, Marcomini A (1998) Seasonal biomass and nutrient dynamics of *Zostera marina* L. in two mediterranean lagoons, Thau (France) and Venice (Italy). Botanica Marina 41: 167–179.

Riouall R (1976) Etude quantitative des algues macrophytes de substrat meuble de l'étang du Prévost (Herault). Naturalia monspeliensia 26: 73–94

Roux MR, Sentenac F, Weydert P, Degiovanni C (1993) Impacts des actions anthropiques sur l'évolution à long terme des fonds de l'étang de Berre (Sud-Est de la France). Vie et Milieu 43/4: 205–216

Savouré B (1978) Etude hydrobiologique des lagunes du nord de la Tunisie. Hydrobiologia 57/1: 3–10

Schmid P, Baumeister W, Köhler K (1985) Exkursionsberichte Mittelmeer – Golfe du Lion. Verlag Naglschmid, Stuttgart: 177 S.

Sfriso A (1995) Temporal and spatial responses of growth of *Ulva rigida* C AG to environmental and tissue concentrations of nutrients in the Lagoon of Venice. Botanica marina 38: 557–573

Skinner J, Zalewski S (1995) Functions and values of Mediterranean Wetlands. Publikation MedWet, Arles: 80 S.

SMNLR (1992) Le comblement des étangs. Préfécture de Région und Service Maritime et de Navigation, Montpellier: 65 S.

Tolomio C, Lenzi M (1996) "Eaux colorées" dans les lagunes d'Orbetello et de Burano (Mer Tyrrhénienne du Nord) de 1986 à 1989. Vie et Milieu 46/1: 23–37

UNEP, IUCN, GIS Posidonie (1990) Livre rouge „Gérard Vuignier" des végétaux, peuplements et paysages marins menacés de Méditerranée. MAP technical Report Series 43, Athen: 250 S.

Ustaoglou MR, Balik S (1990) Zooplankton of Lake Gebekirse. Rapp Comm int Mer Médit 31/1: 74 S.

Verlaque M (2001) Checklist of the macroalgae of Thau Lagoon (Hérault, France), a hot spot of marine species introduction in Europe. Oceanologica Acta 24/1: 29–49

Vicente E, Miracle MR, Soria JM, (1990) Global model for nutrient flux and biomass production in the Albufera of Valencia, Spain. Rapp Comm int Mer Médit 31/1: 69 S.

Wilke M (1998) Variabilité des facteurs abiotiques dans les eaux d'une lagune méditerranéenne, l'étang de Canet (P.-O., France). Vie et Milieu 48/3: 157–169

Wilke M (1999) Spatio-temporal dynamics of physicochemical and chemical factors in the water of a heavily transformed mediterranean coastal lagoon, the Etang de Salses-Leucate (France). Vie et Milieu, 49 (2/3): 177–191

Wilke M, Boutière H (2000) Hydrobiological, physical and chemical charcteristics and spatio-temporal dynamics of an oligotrophic lagoon, the Etang de La Palme (France). Vie et Milieu 50/2: 101–115

Zaouali J (1977) Communautés caractéristiques de la Mer de Bou Grara (Sud Tunisien). Rapp Comm int Mer Médit 24/6: 85–86

Zaouali J (1977) Contribution à l'étude écologique du Lac Kelbia (Tunisie Centrale). Rapp Comm int Mer Médit 24/6: 103–104

Zaouali J (1977) Données écologiques sur les Mugilidae, Anguillidae et Cyprinidae du Lac Kelbia. Rapp Comm int Mer Médit 24/6: 103–104

Infralitorale und circalitorale Hartböden

Benedetti-Cecchi L, Bulleri F, Cinelli F (1998) Density dependent foraging of sea urchins in shallow subtidal reefs on the west coast of Italy (western Mediterranean). Marine Ecology Progress Series 163: 203–211

Bressan G, Babbini L, Ghirardelli L, Basso D (2001) Biocostruzione e bio-distruzione di Corallinales nel mar Mediterraneo. Biologia Marina Mediterranea: unveröffentlicht

Bulleri F, Benedetti-Cecchi L, Cinelli F (1999) Grazing by the sea urchins *Arbacia lixula* L. and *Paracentrotus lividus* Lam. in the Northwest Mediterranean. Journal of Experimental Marine Biology and Ecology 241: 81–95

European Register of Marine Species (2001) http://erms.biol.soton.ac.uk

Guiry MD, Dhonncha EN (2001) AlgaeBase. World Wide Web electronic publication. www.algaebase.org

Laborel J (1961) Contribution à l'étude directe des peuplements benthiques sciaphiles sur substrat rocheux en Méditerranée. Extrait du Recueil des Traveaux de la Station Marine d'Endoume 33: 117–173

Laubier L (1966) Le coralligène des Albères, monographie biocénothique. Annales de l'Institut Océanographique 18: 137–316

Ott JA (1996). Meereskunde. 2. Aufl. UTB, Stuttgart

Pérès JM (1967) The Mediterranean Benthos. Oceanography and Marine Biology 5: 449–533

Pérès JM, Picard J (1964) Nouveau manuel de bionomie benthique de la Mer Méditerranée. Extrait du Recueil des Traveaux de la Station Marine d'Endoume 31: 5–137

Perez T, Garrabou J, Sartoretto S, Harmelin JGG, Francour P, Vacelet J (2000) Mass mortality of marine invertebrates: an unprecedented event in the Northwestern Mediterranean. Comptes Rendus de l'Academie des Sciences Serie II Fascicule a-Sciences de la Terre et des Planetes 323: 853–865

Rinelli P (2000) Distribution and Habitat of *Astrospartus mediterraneus* (Echinodermata: Ophiuroidea) in the Southern Tyrrhenian Sea. Biologia Marina Mediterranea 7: 728–730

Sartoretto S (1998) Bioerosion of Mediterranean 'coralligene' concretions by boring organisms; assay of quantification of processes. Comptes Rendus de l'Academie des Sciences Serie II Fascicule a-Sciences de la Terre et des Planetes 327: 839–844

Sartoretto S, Verlaque M, Laborel J (1996) Age of settlement and accumulation rate of submarine „coralligène" (-10 to -60 m) of the northwestern Mediterranean Sea; relation to Holocene rise in sea level. Marine Geology 130: 317–331

True MA (1970) Étude quantitative de quatre peuplements sciaphiles sur substrat rocheux dans la région marseillaise. Bulletin de l'Institut océanographique 69: 1–48

UNEP (1998) Revised Classification ot Benthic Marine Habitat Types for the Mediterranean region & Revised criteria for the evaluation of the conservation interest of Mediterranean Marine Habitat Types and proposed rating

Zabala M (1986) Fauna dels Briozous dels països Catalans. Borsa d'estudi „Institució Catalana d'Història Natural", 1978, Barcelona

Lebensräume Tiefsee

Albertelli G, Arnaud PM, Della Croce N, Drago N, Eleftheriou A (1992) The deep Mediterranean macrofauna caught by traps and its trophic significance. CR Acad Sci, Paris (3) 315: 139–144

Ben-Eliahu MN, Fiege D (2001) Serpulid tube-worms (Annelida: Polychaeta) of the Central and Eastern Mediterranean with particular attention to the Levant Basin. Senckenbergiana marit.

Boetius A, Scheibe S, Tselepides A, Thiel H (1996) Microbial biomass and activities in deepsea sediments of the Eastern Mediterranean: trenches are benthic hotspots. Deep-Sea Res

Bouchet P, Taviani M (1992) The Mediterranean deep-sea fauna: pseudopopulations of Atlantic species? Deep-Sea Res 39 (2): 169–184

Carpine C (1970) Ecologie de l'étage bathyal dans la Mé-

diterranée occidentale. Mém Inst Océanogr, Monaco. 2: 1–146
Cartes JE, Sardà F, Company JB, Lleonart J (1993) Day-night migrations by deep-sea decapod crustaceans in experimental samplings in the western Mediterranean Sea. J exp mar Biol Ecol 171: 63–73
Chardy P, Laubier L, Reyss D, Sibuet M (1973) Données préliminaires sur les résultats biologiques de la campagne Polymède. I. Dragages profonds. Rapp Comm intern explor Mer Médit 21/9: 621–625
Chardy P, Laubier L, Reyss D, Sibuet M (1973) Dragages profonds en mer Ionienne – données préliminaires. Rapp Comm intern explor Mer Médit 22/4: 103–105
Cita MB, McKenzie JA (Hrsg.; 2000) Mediterranean sapropels: observations, interpretations and models. Palaeogeography, palaeoclimatology, palaeoecology 158 (3/4): 149–402
Dinet A, Laubier L, Soyer J, Vitiello P (1973) Données préliminaires sur les résultats biologiques de la campagne Polymède. II. Le méiobenthos abyssal. Rapp Comm intern explor Mer Médit 21/9: 701–704
Fredj G, Laubier L (1985) The deep Mediterranean benthos. In: Moraitou-Apostolopoulou M, Kiortsis V (Hrsg.) Mediterranean Marine Ecosystems. Plenum Press, New York London: 109–145
Galil BS, Golik A, Türkay M (1995) Litter at the bottom of the sea, A sea bed survey in the eastern Mediterranean. Mar Poll Bull 30/1: 22–24
Pérès JM (1987) History of the Mediterranean biota and the colonization of the depths. In: Margalef R (Hrsg.) Western Mediterranean. Pergamon Press, Oxford. 198–232
Schrader H (1999) The eastern Mediterranean lake area. Past and present productivity in the eastern mediterraneran pelagic realm. http://hjs.geol.uib.no/professional/projects/Eastern_Mediterranean.html-ssi
Thiel H (1975) The size structure of deep-sea benthos. Intern Rev ges Hydrobiol 60: 575–606
Thiel H (1983) Meiobenthos and nanobenthos of the deep-sea. In: Rowe G (Hrsg.) Deep-Sea Biology. Wiley Interscience, New York: 167–230
Tselepides A, Eleftheriou A (1991) South Aegean (Eastern Mediterranean) continental slope benthos, macroinfaunal environmental relationships. In: Rowe GT, Pariente V (Hrsg.) Deep Sea food Chains. Their relation to the global carbon cycle. NATO ARW Series, Kluwer Acad Publ, Dordrecht: 139–156
Tselepides A, Papadopoulou KN, Podaras D, Plaiti W, Koutsoubas D (2000) Macobenthic community structure over the continental margin of Crete (South Aegean Sea, NE Mediterranean). Progr Oceanogr 46: 401–429
Vinogradova NG, Zezina ON, Levenstein RY, Pasternak FA, Sokolova MN (1982) Studies of deep-water Benthos of Mediterranean Sea. Trudy Inst Okean PP Shirshova 117: 135–146
Weikert H (1988) New information on the productivity of the deep eastern Mediterranean and Red Seas. Rapp Comm intern expl Mer Médit 31 (2): 305

7. Ökologie

Abel EF (1962) Freiwasserbeobachtungen an Fischen im Golf von Neapel als Beitrag zur Kenntnis ihrer Ökologie und ihres Verhaltens. Int Revue ges Hydrobiol 47: S. 219–290
Bartoli P (1989) Digenetic trematodes as bio-indicators for yellow-legged gulls in Corsica (western Mediterranean). Status and conservation of seabirds. Calvia: S. 251–260
Bartoli P, Boudouresque CF (1997) Transmission failure of parasites (Digenea) in sites colonized by the recently introduced invasive alga *Caulerpa taxifolia*. Marine Ecol Progr Ser 154: S. 253–260
Cheng TC (1967) Marine molluscs as host for symbioses with a review of known parasites of commercially important species. Adv Mar Biol 5: S. 1–424
Eibl-Eibesfeldt (1972) Grundriss der vergleichenden Verhaltensforschung. Ethologie. 3. Aufl. Piper, München
Estrada M, Vives F, Alcaraz M (1984) Life and the productivity of the open sea. Western Mediterranean. Oxford, Pergamon: 148–197
Gerlach SA (1994) Spezielle Ökologie – Marine Systeme. Springer, Heidelberg
Haeckel E (1869) Über Entwicklungsgang und Aufgabe der Zoologie. In: Gemeinverständliche Werke 5. Kröner, Leipzig: S. 33–56
Keller J (Hrsg., 1987) Haie. Jahr, Hamburg
Krebs CJ (1994) Ecology. Harper Collins, New York
Last PR, Stevens JD (1994) Sharks and rays of Australia. CSIRO, Australia
MacArthur RH, Pianka ER (1966) On optimal use of patchy environment. Amer Natur 100: S. 603–609
Matthes D (1978) Tiersymbiosen und ähnliche Formen der Vergesellschaftung. Gustav Fischer, Stuttgart
Moosleitner H (1982) Freßgemeinschaften auf Sandböden im Mittelmeer. Zool Anz 209: S. 269–282
Odum EP (1959) Fundamentals of ecology. Saunders, Philadelphia
Odum EP (1991) Prinzipien der Ökologie. Spektrum, Heidelberg
Pianka ER (1994) Evolutionary ecology. 5. Aufl. Harper Collins, New York
Remane A (1933) Verteilung und Organisation der benthonischen Mikrofauna der Kieler Bucht. Wiss Meeresunters Kiel 21: S. 161–221
Remmert H (1994) Ökologie. 5. Aufl. Springer, Heidelberg
Ros J, Romero J, Ballesteros E, Gili JM (1984) Diving in blue water. The benthos. Western Mediterranean. Pergamon, Oxford: S. 148–197
Tardent P (1993) Meeresbiologie. 2. Aufl. Thieme, Stuttgart
Tassell JL van, Brito A, Bortone SA (1994) Cleaning behaviour among marine fishes and invertebrates in the Canary Islands. Cybium 18: 117–127
Valentin C (1986) Faszinierende Unterwasserwelt des Mittelmeers. Parey, Hamburg
Zander CD (1979) Morphologische und ökologische Untersuchung der Schleimfische *Parablennius sanguinolentus* (Pallas, 1811) und *P. parvicornis* (Valenciennes, 1836) (Perciformes, Blenniidae). Mitt hamb zool Mus Inst 76: 469–474
Zander CD (1982) Morphological and ecological investigations on sympatric *Lipophrys*-species (Blenniidae, Pisces). Helgoländer Meeresunters 34: 91–110
Zander CD (1983) Terrestrial sojourns of two Mediterranean blennioid fish (Pisces, Blennioidei, Blenniidae). Senckenbergiana marit 15: 19–26
Zander CD (1986) The role of small littoral fish in the Mediterranean food web. Rapp Comm int Mer Médit 30: 255
Zander CD (1990) Benthic fishes of sea caves as components of the mesolithion in the Mediterranean Sea. Mem Biospeleol 17: 57–64
Zander CD (1997) Parasit-Wirt-Beziehungen. Springer, Heidelberg

Zander CD, Heymer A (1970) *Tripterygion tripteronotus* (Risso, 1810) und *Tripterygion xanthosoma n.* sp. – eine ökologische Speziation (Pisces, Teleostei). Vie et Milieu A 21: 363–394

Zander CD, Heymer A (1976) Morphologische und ökologische Untersuchungen an den speleophilen Schleimfischen *Tripterygion melanurus* Guichenot, 1850 und *T. minor* Kolombatovic 1892 (Perciformes, Blennioidei, Tripterygiidae). Z zool Syst Evolut Forsch 14: 41–59

Zander CD, Meyer U, Schmidt A (1998) Cleaner fish symbiosis in European and Macaronesian waters. Behaviour and conservation of littoral fish, Lissabon (ISPA): 397–422

Zander CD, Nieder J (1997) Interspecific associations in Mediterranean fishes, feeding communities, cleaning symbioses and cleaner mimics. Vie et Milieu 47: 203–212

Zander CD, Sötje I (2001) Seasonal and geographical differences of cleaner fish activities in the Mediterranean Sea. Helgoland Mar Re 55: in Druck

Terrestrische Fauna, Inselfaunen, Zwergelefanten

Accordi FS, Palombo MR (1971) Morfologia endocranica degli elefanti nani pleistocenici di Spinagallo (Siracusa) e comparazione con l'endocranio di Elephas antiquus. Accademia Nazionale dei Lincei, Rendiconti della classe di scienze fisiche, matematiche e naturali l/1-2, VIII: LI

Ambrosetti P (1968) The Pleistocene Dwarf Elephants of Spinagallo (Siracusa, South-Eastern Sicily). Geologia Romana VII: 277–398

Anastasakis, GC, Dermitzakis M (1990) Post-Middle-Miocene paleogeography evolution of the Central Aegean Sea and detailed Quaternary reconstruction of the region. Its possible influence on the distribution of the Quaternary mammals of the Cyclades islands. Neues Jahrbuch für Geologie und Paläontologie - Monatshefte 22: 1–16

Azzaroli A (1971) Il significato delle faune insulari quaternarie. Le Scienze 30: 84–93

Azzaroli A (1977) Considerazioni sui mammiferi fossili delle isole mediterranee. Boll Zool 44: 201–211

Bachmayer F, Symeonidis N, Zapfe H (1984) Die Ausgrabungen in der Zwergelefantenhöhle der Insel Tilos (Dodekanes, Griechenland) im Jahr 1983. Sitzungs Österr Akad Wissenschaften. Mathem-naturw Kl: 321–328

Binder D (1989) Aspects de la néolithisation dans les aires padane, provençale et ligure. In: Aurenche O, Cauvin J (Hrsg.) Néolithisation. British Archaeological Reports International Series 516, Oxford: 199–226

Blondel J, Vigne JD (1993) Space, time, and man as determinants of diversity of birds and mammals in the Mediterranean basin. In: Ricklefs RE, Schluter D (Hrsg.) Species diversity in ecological communities. Chicago University Press: S. 135–146

Boekshoten GJ, Sondaar PY (1966) The Pleistocene of Katharo Basin (Crete) and its Hippopotamus. Bijdragen de Dierkunde, Aflevering 36/8: 17–44

Boekshoten GJ, Sondaar PY (1972) On the fossil Mammalia of Cyprus. I-II. Proc Kon Ned Akad Wetenschapen B 75: 306–338

Caloi L, Kotsakis T, Palombo MR, Petronio C (1996) The Pleistocene dwarf elephants of Mediterranean islands. In: Shoshani J, Tassy P (Hrsg.) The Proboscidea. Evolution and Palaeoecology of Elephants and Their Relatives. Oxford University Press, New York: S. 234–239

Davis SJM (1984) Khirokitia and its mammal remains. A Neolithic Noah's ark. Le Brun A (Hrsg.) Fouilles récentes à Khirokitia (Chypre) 1977-1981. ADPF, Editions Recherche sur les Civilisations, Paris: 189–162

Dermitzakis MD, Sondaar PY (1978) The importance of fossil mammals in reconstructing paleogeography with special reference to the Pleistocene Aegean Archipelago. Ann Géol Pays Hellén 29: 808–840

Efstratiou N (1985) Ayios Petros, a Neolithic site in the northern Sporades. British Archaeological Reports International Series 241, Oxford

Engesser B, Fejfar O, Major P (1996) Das Mammut und seine ausgestorbenen Verwandten. Naturhistorisches Museum, Basel

Fedele F (1988) Malta, origini e sviluppo del popolamento preistorico. In: Fradkin, Anati A, Anati E (Hrsg.) Missione a Malta. Jaca Book, Milano: S. 51–90

Guilaine J, Briois F, Coularou J, Vigne JD, Carrère (1996) Shillourokambos et les debuts du Neolithique à Chypre. Espacia, Tiempo y Forma, Serie I, Prehistoria y Arquelogia 9: 159–171

Hadjisterkotis E, Masala B (1995) Vertebrate extinction in Mediterranean islets, an example from Cyprus. Biogeographia 18: 691–699

Honea K (1975) Prehistoric remains on the island of Kythnos. American Journal of Archaeology 79/3: 277–279

Jarman MR (1996) Human influence in the development of the Cretan mammalian fauna. In: Reese DS (Hrsg.) Pleistocene and Holocene fauna of Crete and its first settlers. Prehistory Press, Madison/Wisconsin: 211–229

Kotsakis K (1996) The coastal settlements of Thessaly. In: Papathanassopoulos G (Hrsg.) Neolithic culture in Greece. NP Goulandris Foundation, Athen: 49–57

Kotsakis T (1990) Insular and non insular vertebrate fossil faunas in the Eastern Mediterranean islands. Atti Conv Lincei 85: 289–334

Kurtén B (1965) The carnivora of the Palestine caves. Acta Zool Fennica 107: 1–74

Kuss SE (1973) Die pleistozänen Säugetierfaunen der ostmediterranen Inseln, ihr Alter, ihre Herkunft. Ber Naturf Ges, Freiburg/Br 36: 49–71

Kuss SE (1975) Die pleistozänen Hirsche der ostmediterranen Inseln Kreta, Kasos, Karpathos und Rhodos (Griechenland). Ber Naturf Ges, Freiburg i Br 65: 25–79

MacArthur RH, Wilson EO (1967) The Theory of Island Biogeography. Princeton University Press, Princeton, New York

Marinos G, Symeonidis NK (1973) Island populations of dwarf mammals of the Aegean Archipelago during Quaternary. Ann Géol Pays Hellén 28: 352–367 (Greek with English summary)

Masseti M, Mazza P (1996) Is there any paleontological „treatment" for the „insular syndrome". Vie et Milieu 46 (3/4): 355–363

Mitzopoulos MK (1961) Über einen pleistozänen Zwergelefanten von der Insel Naxos (Kykladen). Prakt Akad Athinon 36: 332–340

Orliac M (1997) L'homme marin. In: Vigne JD (Hrsg.) Îles. Vivre entre ciel et mer. Éditions Nathan et Muséum national d'Histoire naturelle, Paris: 39–53

Papp A (1953) Die paläogeologische Entstehung der Ägäis nach dem derzeitigen Stand unserer Erkentnisse. In: Wettstein O (Hrsg.) Herpetologia Aegea, Wien: 815–818

Patton M (1996) Islands in time. Routledge, London

Pieper H (1984) Eine neue *Mesocricetus*-Art (Mammalia: Cricetidae) von der griechischen Insel Armathia. Beitr Naturk, Stuttgart sB 107: 1–9

Rackham O, Moody J (1996) The making of the Cretan landscape. Manchester University Press, Manchester

Reese DS, Belluomini G, Ikeya M (1996) Absolute dates for the Pleistocene fauna of Crete. In: Reese DS (Hrsg.) Pleistocene and Holocene fauna of Crete and its first settlers. Prehistory Press, Madison/Wisconsin: 47–51

Rizopoulou-Egoumedinou F (1996). Cyprus. In: Papathanassopoulos G (Hrsg.) Neolithic culture in Greece. NP Goulandris Foundation, Athen: S. 183–190

Sondaar PY, Boekschoten GJ (1967) Quaternary Mammals in the South Aegean Island Arc, with notes on other fossil mammals from the coastal regions of the Mediterranean. I. Koninkl Nederl Akad Wetenschapen, Amsterdam, Proceedings, Series B, 70/5

Thenius E (1980) Grundzüge der Faunen- und Verbreitungsgeschichte der Säugetiere. VEB Gustav Fischer Verlag, Jena

8. Biodiversität und Biogeographie

Almaça C (1985) Evolutionary and Zoogeographical Remarks on the Mediterranean Fauna of Brachyuran Crabs. In: Moraitou-Apostolopoulou M, Kiortsis V (Hrsg.) Mediterranean Marine Ecosystems. Plenum Press, New York London: 347–366

Bacescu M (1985) The Effects of the geological and physio-chemical Factors on the distribution of Marine Plants and Animals in the Mediterranean. In: Moraitou-Apostolopoulou M, Kiortsis V (Hrsg.) Mediterranean Marine Ecosystems. Plenum Press, New York London: 195–212

Barash AD, Danin Z (1972) The Indo-Pacific species of Mollusca in the Mediterranean, with notes on a collection from the Suez Canal. Israel Journal of Zoology 21: 301–374

Barash AD, Danin Z (1986) Further additions to the knowledge of Indo-Pacific Mollusca in the Mediterranean Sea. Spixiana 9/2: 117–141

Bedulli D, Sabelli R (1990) È possibile una zoogeografia delle Lagune mediterranee attraverso la distribuzione die Molluschi. Oebalia 16 Suppl 1: 133–141

Bellan-Santini D (1992) Spéciation et biogéographie en mer Méditerranée. Bulletin Institut Océanographique Monaco. Numéro spécial 9: 1–145

Bianchi CN, Boero F, Cattaneo-Vietti R, Morri C, Pansini M, Sarà M (1990) Contributo di alcuni gruppi dello zoobenthos alla conoscenza della biogeografia del Mediterraneo. Oebalia 16 Suppl 1: 143

Bianchi CN, Morri C (2000) Marine Biodiversity of the Mediterranean Sea. Situation, Problems and Prospects for Future Research. Mar Poll Bull 40/5: 367–376

Blondel J, Aronson J (1999) Biology and Wildlife of the Mediterranean Region. Oxford University Press, Oxford

Bombace G (1990) Distribuzione dell'ittiofauna e fisionomia di pesce del Mediterraneo. Oebalia 16 Suppl 1: 169–184

Bouchet P, Taviani M (1992) The Mediterranean deep-sea fauna, pseudopopulations of Atlantic species. Deep-sea Res 39/2: 169–184

Briggs JC (1974) Marine Zoogeography. McGraw Hill, New York

Briggs JC (1995) Global Biogeography. Elsevier Science, Amsterdam, Lausanne, New York, Oxford, Shannon, Tokyo

Brown JH, Lomolino MV (1998) Biogeography. 2. Aufl. Sinauer Ass Publ, Sunderland/Mass

Cattaneo-Vietti R, Chemello R, Giannuzzi-Savelli R (1990) Atlas of Mediterranean Nudibranchs. Editrice La Conchiglia, Rom

CIESM (2000) http://ciesm.org/atlas

Cinelli F (1985) On the Biogeography of the benthic Algae of the Mediterranean. In: Moraitou-Apostolopoulou M, Kiortsis V (Hrsg.) Mediterranean Marine Ecosystems. Plenum Press, New York London: 49–56

Cinelli F, Levring T (Hrsg.; 1981) Biogeography and ecology in the Siciliy Channel. I: The Algae of the Banks. 'XTH Intern Seewead Symp

Cormaci M, Duro A, Furnari G (1982) Considerazioni sugli elementi fitogeografici della flora algale della Sicilia. Naturalista sicil, Palermo S IV, VI Suppl 1: 7–14

Cottreau J (1914) Les Echinides néogènes du bassin méditerranéen. Annales de l'Istitut Océanographique, Paris 6/3: 15

De Lattin G (1967) Grundriß der Zoogeographie. Gustav Fischer, Jena

Di Geronimo I (1990) Biogeografia dello Zoobenthos del Mediterraneo: origine e problematiche. Oebalia 16 Suppl 1: 31–49

Dinet A, Laubier L, Soyer J, Vitiello P (1973) Résultats biologiques de la campagne Polyméde. II. Le méiobenthos abyssal. Rapports de la Commission Internationale pour l'Exploration Scientifique de la Mer Méditerranée 21: 701–704

Dinet A, Vivier MH (1977) Le méiobenthos abyssal du Golfe de Gascogne. I. Considérations sur les données quantitatives. Cahiers de Biologie marine 18: 85–97

Dobson M (1998) Mammal distribution in the western Mediterranean, the role of human intervention. Mammal Rev 28: 77–88

Ekman S (1953) Zoogeography of the sea. Sidgwick & Jackson, London

Forbes E (1843) Report on the Mollusca and Radiata of the Aegean Sea and on their distribution considered as dearing on geology. Report of the British association for the advancement of science 178

Forest J (1972) 1er Colloque de carcinologie méditerranéenne, remarques finales. Thalassia Jugoslavica 8: 143

Fredj G (1974) Stockage et exploitation des données en écologie marine. A: Un fichier sur ordinateur des Invertebrés macrobenthiques. Mem Inst Océanogr Monaco 4: 61

Fredj G, Bellan-Santini D, Meinardi M (1992) Etat des connaissances sur la faune marine méditerranéenne. In: Bellan D (Hrsg.) Spéciation et biogéographie en mer Méditerranée. Bulletin de l'Institut Océanographique, Monaco. Spezialausgabe 9: 133–145

Fredj G, Laubier L (1985) The deep Mediterranean Benthos. In: Moraitou-Apostolopoulou M, Kiortsis V (Hrsg.) Mediterranean Marine Ecosystems. Plenum Press, New York London. 109–145

Fredj G, Maurin C (1987) Les poissons dans le banque de donnees MEDIFAUNE. Cybium 11/3: 219–341

Furnestin ML (1979) Aspects of the zoogeography of the Mediterranean plankton. In: Van der Spoel S, Pierrot-Bults AC (Hrsg.) Zoogeography and diversity in plankton. Bunge Scientific Publ, Utrecht

Garibaldi L, Caddy JF (1998) Biogeographic characterization of Mediterranean and Black Seas faunal provinces using GIS procedures. Ocean & Coastal Management 39: 211–227

Gaudy R (1985) Features and peculiarities of zooplankton

communities from the Western Mediterranean. In: Moraitou-Apostolopoulou M, Kiortsis V (Hrsg.) Mediterranean Marine Ecosystems. Plenum Press, New York, London: 279–302

Ghirardelli E (1990) Alcune considerazioni sulla distribuzione dello zooplancton del Mediterraneo. Oebalia 16 Suppl 1: 73–91

Giaccone G (1972) Struttura, ecologia e corologia dei popolamenti a Laminaria nello stretto di Messina e del Mare di Alboran. Mem Biol Mar Ocean 2: 3

Giaccone G (1990) Biogeografia delle alghe del Mediterraneo. Oebalia 16 Suppl 1: 51–59

Giaccone G, Colonna P, Graziano C, Mannino AM, Tornatore E, Cormaci M, Furnari G, Scamacca B (1985) Revisione della Flora marina di Sicilia e isole minori. Boll Acc Gioenia Sci Nat, Catania 18/326: 537–782

Giaccone G, Rizzi-Longo L (1976) Revisione della Flora dello Stretto di Messina (note storiche, bionomiche e corologiche). Mem Biol Mar Ocean 6: 69

Glaubrecht M (2000) A look back in time: Toward an historical biogeography as synthesis of systematic and geologic patterns outlined with limnic gastropods. Zoology, Analysis of Complex Systems 102: 127–147

Golani D (1993) The sandy shore of the Red Sea - launching pad for Lessepsian (Suez Canal) migrant fish colonizers of the eastern Mediterranean. Journal of Biogeography 20: 579–585

Greuter W, McNeill J, Barrie FR, Burdet HM, Demoulin V, Filgueiras TS, Nicolson DH, Silva PC, Skog JE, Trehane P, Turland NJ, Hawksworth DL (2000) International code of botanical nomenclature (Saint Louis Code). Regnum Vegetabile 138

Hausmann K, Hülsmann N (1996) Protozoology. Thieme, Stuttgart

Hsü KJ, Cita MB, Ryan WBF (1973) The Origin of the Mediterranean evaporites. In: Ryan WBF et al. (Hrsg.) Initial Report of the Deep Sea Drilling Project. 13: 1203–1231

International Commission on Zoological Nomenclature (ICZN) (1999) International code of zoological nomenclature. 4. Aufl. International Trust for Zoological Nomenclature, London

Kosswig C (1967) Tethys and its relation to the peri-Mediterranean faunas of fresh-water fishes. In: Adams C G, Ager DV (Hrsg.) Aspects of Tethyan Biogeography. The Systematics Association 7: S. 313–324

Lardicci C, Morri C, Bianchi CN, Castelli A (1990) Considerazioni biogeografiche sui Policheti delle coste toscane: nota preliminare. Oebalia 16 Suppl 1: 123–131

Levi C (1957) Spongiaires des côtes d'Israel. Bull Res Coun Israel 6B: 201

Marino D (1990) Biogeografia del fitoplancton mediterraneo. Oebalia 16 Suppl 1: 61–71

Mayr E (1975) Grundlagen der zoologischen Systematik. Theoretische und praktische Voraussetzungen für Arbeiten auf systematischem Gebiet. Parey, Hamburg

MEDIFAUNE (1999) www.unice.fr

Moraitou-Apostolopoulou M, Kiorstis V (Hrsg.; 1985) Mediterranean Marine Ecosystems. Plenum Press, New York

Oosterbroek P, Arntzen JW (1992) Area-cladograms of Circum-Mediterranean taxa in relation to Mediterranean paleogeography. J Biogeography 19: 3–20

Pansini M (1992) Considérations biogéographiques et systématiques pour une mise à jour des données sur le peuplement de spongiaires méditerranéens. Bellan D (Hrsg.) Spéciation et biogéographie en mer Méditerranée. Bulletin de l'Institut Océanographique, Monaco. Spezialausgabe 9: 43–51

Pérès JM (1987) History of the Mediterranean Biota and the colonisation of the depths. In: Margalef R (Hrsg.) Western Mediterranean. Pergamon Press, Oxford. 198–232

Plan Bleu, PEM-METAP (1992) Parc National d'Al-Hoceima. Plan Directeur d'Aménagement et de Gestion. 2: 174 + 152 S.

Plan Bleu, PEM-METAP (1993) Conservation management plan for the Akamas Peninsula, Cyprus, Phase I: Guidelines: 230 S.

Plan Bleu, UICN, PEM-METAP (1993) Instruments pour la conservation de la biodiversité dans le bassin méditerranéen: 109 S.

Por FD (1971) One hundred years of Suez Canal - a century of Lessepsian Migration, retrospect and viewpoints. Syst Zool 20: 138–159

Por FD (1975) An outline of the zoogeography of the Levant. Zool Scripta 4: 5–20

Por FD (1975a) Pleistocene pulsation and preadaptation of biotas in Mediterranean Sea, consequences for Lessepsian Migration. Syst Zool 24: 72–78

Por FD (1975b) An outline of the zoogeography of the Levant. Zool Scripta 4: 5–20

Por F D (1978) Lessepsian migration, The influx of Red Sea Biota into the Mediterranean by way of the Suez Canal. Ecological Studies 23. Springer Verlag, Berlin

Por FD (1990) Lessepsian migration. An appraisal and new data. Bulletin Institut Océanographique, Monaco. Special Issue 7: 1–10

Por FD, Dimentman C (1985) Continuity of Messinian Biota in the Mediterranean Basin. In: Stanley DJ, Wezel FC (Hrsg.) Geological Evolution of the Mediterranean Basin. Springer, New York. S. 545–557

Prentice IC, Crammer W, Harrison SP et al. (1992) A global biome model based on plant physiology and dominance, soil propereties and climate. J Biogeography 19: ll–134

Ramade F (1997) Conservation des écosystèmes méditerranéens. Enjeux et prospective. Plan Bleu, Economica, Paris: 144 S.

Ramos Espla AA, Buencuerpo V, Vazques E, Lafargue F (1992) Some biogeographical remarks about the Ascidian littoral fauna of the straits of Gibraltar (Iberian sector). In: Bellan D (Hrsg.) Spéciation et biogéographie en mer Méditerranée. Bulletin de l'Institut Océanographique, Monaco. Spezialausgabe 9: S. 125–132

Ruggeri G (1967) The Miocene and later evolution of the Mediterranean Sea. In: Adams CG, Ages DV (Hrsg.) Aspects of Thethian biogeography. Syst Ass Publ, London

Sarà M (1967) La zoogeografia marina e litorale pugliese. Arch Bot Biogeogr It 43: 327

Sarà M (1985) Ecological factors and their biogeographic consequences in the Mediterranean Ecosystems. In: Moraitou-Apostolopoulou M, Kiortsis V (Hrsg.) Mediterranean Marine Ecosystems. Plenum Press, New York London. S. 1–18

Schäfer A (1997) Biogeographie der Binnengewässer. Teubner, Stuttgart

Schultz J (1995) Die Ökozonen der Erde. 2. Aufl. Ulmer, Stuttgart

Sewell RBS (1948) The free swimming planctonic Copepoda, Geographical distribution. Res John Murray Exped 8/3: 592

Sibuet M (1979) Distribution and diversity of Asteroids in Atlantic abyssal basins. Sarsia 64: 85–91

Sneath PHA (1992) International code of nomenclature of bacteria 1980 Revision. Washington
Soyer J, De Bovee F, Guidi L (1987) Répartition quantitative du méiobenthos dans le bassin occidental méditerranéen. Conseil International pour l'Exploration Scientifique de la Méditerranée, Colloque International d'Océanologie 67,
Stephen AC (1985) The sipunculids of Haifa Bay and neighbourhood. Bull Res Coun Israel 7B: 129
Tortonese E (1951) I caratteri biologici del Mediterraneo orientale e i problemi relativi. Arch Zool Ital Suppl 7: 205
Tortonese E (1985) Distribution and Ecology of Endemic Elements in the Mediterranean Fauna (Fishes and Echinoderms). In: Moraitou-Apostolopoulou M, Kiortsis V (Hrsg.) Mediterranean Marine Ecosystems. Plenum Press, New York London: S. 57–84
Turley CM, Bianchi M, Christaki U, Conan P, Harris JR, Psarra S, Ruddy G, Stutt ED, Tselepides A, Van Wambeke F (2000) Relationship between primary producers and bacteria in an oligotrophic sea – The Mediterranena and biogeochemical implications. Mar Ecol Prog Ser 193: 11–18
Woodward SP (1866) A manual of the Mollusca, A treatise on recent fossil shell. Virtue Brothers, London

9. Umweltsituation: Gefährdung und Schutz

Bernhard M (1988) Mercury in the Mediterranean. Regional Seas Reports and Studies 98, UNEP
Brettar C (2001) Umweltschutz durch weniger Schwermetalle in Industrieabwässern. METASEP, EU-Projekt, Univ d Saarlandes
Bryan GW (1976) Heavy metals contamination in the sea. Marine Pollution Ed R Johnson Academic Press, London: 729 S
European Environment Agency (1999) State and pressure of the marine and coastal Mediterranean environment, Environmental issues series 5, Kopenhagen
GESAMP (1987) Arsenic, mercury and selenium in the marine environment. GESAMP Rep Stud 28
Gießner K (1998) Wasserhaushalt in Tunesien. Geographische Rundschau 50: 416
Giri J (1991) Industrie et environnement en Méditerranée, Evolution et perspectives. Plan Bleu, Economica: 115 S.
Greenpeace Magazin: 4/98
Herut B (1994) Mercury, lead, copper, zinc and iron in shallow sediments of Haifa Bay, Israel. / Barak Herut; Hava Hornung; Nurit Kress. (Y 449) Collect Repr Israel Oceanogr Res 20: 319–323
Hoogstraten RJ, Nolting RF (1991) Trace and major elements in sediments and in particulates from the North Western basin of the Mediterranean sea. NIOZ REPORT 1991/10
Krautter M, Maack T (2000) Dauergift TBT (Tributylzinn), Hormone im Meer. Greenpeace, Hamburg,
Kulinat K (1991) Fremdenverkehr in den Mittelmeerländern. Konkurrenten mit gemeinsamen Umweltproblemen. Geographische Rundschau 52/H.2: 34–40
Meybeck M, Ragu A (1997) River discharges to the oceans: an assessment of suspended solids, major ions and nutrients. UNEP, Environment Information and Assessment
Moore JW, Ramamoorthy S (1984) Heavy Metals in Natural Waters, Applied Monitoring and Impact Assessment. Springer-Verlag, Berlin: 268 S.
PNUE, PAM, Plan Bleu (2000) Policy and institutional assessment of solid waste management in five countries, Cyprus, Egypt, Lebanon, Syria, Tunisia. CEDARE, Life Sophia Antipolis (FRA), Plan Bleu
Provini A (1991) Pesticide contamination in some tributaries of the Tyrrenian Sea. Toxicol Environ Chem: 31–32
REMPEC (1992) Report on Major Accidents in the Mediterranean. REMPEC/WG.5/Inf.21 Meeting of Focal Points in the Regional Marine Pollution Emergency Centre for the Mediterranean Sea, Malta: 22–26
REMPEC (1994a). An Overview of maritime transport in the Mediterranean. REMPEC/WG 10/Inf 25 Meeting of Focal Points in the Regional Marine Pollution Emergency Centre for the Mediterranean Sea, Malta, 4–8 October 1994 (21S.), http://www.rempec.org
REMPEC, Regional Marine Pollution Emergency Response Centre for the Mediterranean Sea (2000) Oil maritime traffic, http://www.rempec.org
Timmis KN, Yakimov MM, Golyshin PN (1998) Hydrocarbonoclastische Bakterien, neue Meeresbakterien, die nur auf Öl wachsen. Ergebnisbericht der Gesellschaft für Biotechnologische Forschung mgH, Bamberg
UNEP (1996) The state of the marine and coastal environment in the Mediterranean region, MAP technical report series 100, Athens
UNEP/IOC (1988) Assessment of the state of pollution of the Mediterranean Sea by petroleum hydrocarbons. MAP Technical Reports Series 19: 103 S. UNEP, Athens
UNEP/MAP (1997) Transboundary Diagnostic Analysis for the Mediterranean (TDA MED). UNEP (OCA) MED IG11/7: 125–137,Tunis
WHO/FAO/UNEP, (1989) Mediterranean health-related environmental quality criteria. Report of joint WHO/FAO/UNEP meeting (Bled., 12.–16. September 1988). EUR/ICP/CEH 59 World Health Organisation Regional Office for Europe, Copenhagen: 37 S.

10. Fischerei und Aquakultur – ein Konfliktfeld

Charbonnier D (1990) Pêche & aquaculture en Méditerranée. Etat actuel et perspectives. Les Fascicules du Plan Bleu 1, Economica, Paris: 94 S.
European Environment Agency (1999) State and pressure of the marine and coastal Mediterranean environment, Environmental issues series 5, Kopenhagen
FAOSTAT (2001) Nominal catches and landings. http://www.fao.org
Fisheries and Aquacultur in Europe: Situation and Outlook in 1996, FAO Fisheries Circular 911 FIPP/C911 http://www.fao.org/fi/publ/circular/c911/c911-2.asp
Haywood M (1991) Trade in natural sponges, Student placement report. Wildlife Trade Monitoring Unit World, Conservation Monitoring Centre, Cambridge: 59 S.
IFREMER Institut Francais de recherche pour l'exploitation de la mer, http://www.ifremer.fr/francais
Pronzato R (1999) Sponge fishing, disease and farming in the Mediterranea Sea. Aquatic Conservation, Marine and Freshwater Ecosystems 9: 485–493

Allgemeine Literatur

Das weite Spektrum an Bestimmungs- und Reiseführern für den Mittelmeerraum ist in dieser Auswahl neuerer deutschsprachiger Lehr-, Fach- und Sachbücher nicht erfasst; einige eher kulturgeschichtlich orientierte Publikationen sind dagegen aufgeführt.

Bahadir M, Parlar H, Spiteller M (Hrsg.; 2000) Springer Umweltlexikon. 2. Aufl. Springer, Berlin, Heidelberg

Bahlburg H, Breitkreuz, C (1998) Grundlagen der Geologie. Spektrum Akademischer Verlag, Heidelberg

Begon ME, Townsend CR, Harper JL (1998) Ökologie. Spektrum Akademischer Verlag, Heidelberg

Bick H (1998) Grundzüge der Ökologie. 3. Aufl. Spektrum Akademischer Verlag, Heidelberg

Blumenstein O, Schachtzabel H, Barsch H et al (2000) Grundlagen der Geoökologie: Erscheinungen und Prozesse in unserer Umwelt. Springer, Berlin, Heidelberg

Braudel F (2001) Das Mittelmeer und die mediterrane Welt in der Epoche Philipps II. 3 Bde. Suhrkamp, Frankfurt/Main

Braudel F, Duby G, Aymard M (1990) Die Welt des Mittelmeeres. Zur Geschichte und Geographie kultureller Lebensformen. Gustav Fischer, Stuttgart

Calais M (1998) Oliven und Öl, Das mediterrane Gold. Droemer Knaur, München

Dietrich G, Kalle K, Krauss W (1992) Allgemeine Meereskunde. Eine Einführung in die Ozeanographie. 3. Aufl. Bornträger, Berlin, Stuttgart

Gerlach SA (1994) Spezielle Ökologie – Marine Systeme. Springer, Berlin, Heidelberg

Held, K (2001) Treffpunkt Platon. Philosophischer Reiseführer durch die Länder des Mittelmeers. Reclam, Ditzingen

Hobohm C (2000) Biodiversität. Quelle & Meyer, Heidelberg

Intemann G, Snoussi-Zehner A, Venhoff M, Wiktorin D (1999) Diercke Länderlexikon. Westermann, Braunschweig

Kratochwil A, Schwabe A (2001) Ökologie der Lebensgemeinschaften. Biozönologie. Ulmer, Stuttgart

Leser H (Hrsg.; 1997) Diercke-Wörterbuch Allgemeine Geographie. dtv, München / Westermann, Braunschweig

Lexikon der Geographie. (2001–2002) 4 Bde. Spektrum Akademischer Verlag, Heidelberg

Lexikon der Geowissenschaften. (1999-2001) 5 Bde. Spektrum Akademischer Verlag, Heidelberg

Malberg H (1997) Meteorologie und Klimatologie. Eine Einführung. 3. Aufl. Springer, Berlin, Heidelberg

Marcinek J, Rosenkranz E (1996) Das Wasser der Erde. Eine geographische Meereskunde und Gewässerkunde. 2. Aufl. Klett-Perthes, Stuttgart

Mare – Die Zeitschrift der Meere (2001) 25: Mittelmeer. Europäische Verlagsanstalt, Hamburg

Murawski H, Meyer W (1998) Geologisches Wörterbuch. 10. Aufl. Spektrum Akademischer Verlag, Heidelberg / dtv, München

Odum EP (1998) Ökologie. Grundlagen – Standorte – Anwendungen. Thieme, Stuttgart

Pletsch A (1997) Frankreich. Geographie – Geschichte – Wirtschaft – Politik. Wissenschaftliche Buchgesellschaft, Darmstadt.

Press F, Siever R (1995) Allgemeine Geologie. Eine Einführung. Spektrum Akademischer Verlag, Heidelberg

Remmert H (1994) Ökologie. Ein Lehrbuch. 5. Aufl. Springer, Berlin, Heidelberg

Rother K (1993) Der Mittelmeerraum. Ein geographischer Überblick. Teubner, Stuttgart

Rother K, Tichy F (2000) Italien. Geographie – Geschichte – Politik – Wirtschaft. Wissenschaftliche Buchgesellschaft, Darmstadt

Schönwiese C-D (1994) Klimatologie. Ulmer, Stuttgart

Schultz J (1995) Die Ökozonen der Erde, Die ökologische Gliederung der Geosphäre. 2. Aufl. Ulmer, Stuttgart

Schultz J (2000) Handbuch der Ökozonen. Ulmer, Stuttgart

Sommer U (1998) Biologische Meereskunde. Springer, Berlin, Heidelberg

Spiegel Almanach 2001. Alle Länder der Welt (2001) Spiegel-Verlag, Hamburg

Stanley SM (2001) Historische Geologie. Eine Einführung in die Geschichte der Erde und des Lebens. 2. Aufl. Spektrum Akademischer Verlag, Heidelberg

Strahler AH, Strahler AN (1999) Physische Geographie. Ulmer, Stuttgart

Walter H, Breckle S-W (1999) Vegetation und Klimazonen. Grundriß der globalen Ökologie. 7. Aufl. Ulmer, Stuttgart.

Walter H, Breckle, S-W (1994) Ökologie der Erde. Bd. 3: Spezielle Ökologie der Gemäßigten und Arktischen Zonen Euro-Nordasiens. 2.Aufl. Spektrum Akademischer Verlag, Heidelberg

Bildnachweise

Antoniolli, Fabrizio 365
Blaky, Ronald C. (Northern Arizona University, Flagstaff, Arizona), 76 ,77, 78, 79 (alle)
Bompar, Jean-Michel 41 (oben), 513
Dhermain, Frank 514
Fiege, Dieter 41 (Mitte), 416, 423 (a)
Frei, Herbert 163 (2), 297 (rechte Spalte, 2. Bild von oben), 340, 341 (5), 424, 432 (d)
GEOSPACE (Dr. Lothar Beckel, Salzburg) 70, 82, 84, 102, 113 (2), 115, 121 (links), 124, 128, 153, 154, 168, 171, 285, 286, 501
GREENPEACE Culley 479, Ferraris 506 (c), Hullu 500, 508, Kafri 511, Vaccari 506 (b), 516 (b), Mortimer 529 (a), Kabouris (529 (b), Obiol 537
Gregus, Martin 258, 311
Hecker, Frank 196, 212 (2), 218 (2), 234 (2), 239 (oben)
Hein, Alois 121, 125 (2), 126 (2), 129 (links), 134 (unten links)
Herzer, Kathrin 444
Heß, Martin 391 (b)
Hofrichter, Robert 1, 3, 4, 6, 8, 10, 12, 13, 15 (2), 16, 17, 20–22, 24, 39 (2), 41 (3), 43, 50 (2), 52, 53, 56, 68 (3), 69, 83 (4), 103 (2), 107 (2), 112, 114 (2), 115, 117 (2), 133 (2), 134, 135, 138 (2), 139, 143, 161, 165 (2), 193, 194, 198 (3), 202 (oben), 215 (4), 218, 221 (2, linke Spalte), 223, 231 (2, rechte Spalte unten), 240 (2), 254 (2), 287, 288, 289 (2), 292 (a, c, f), 297 (8), 301 (8), 307 (2), 308, 311 (3), 312 (4), 313 (3), 315 (9), 317 (d), 344 (4), 345 (3), 347, 350 (b), 351 (a), 352, 353 (b), 354, 355 (b, c, d, e), 358, 363, 391 (c, d), 395, 409 (6), 411 (i), 413 (2), 415 (a, b), 427 (h), 430 (e), 431 (5), 445 (3), 450, 465, 524, 525 (3), 531 (3), 535, 536
Hutchins, Barry 409 (a, c)
IFREMER (Institut français de recherche pour l'exploitation de la mer) 417 (3), 418 (3), 419, 420, 422 (2)
Martin, Rainer 445 (3, oben)
Melzer, Roland 311 (a, b), 312 (a), 315 (j, k), 317 (3), 320 (3), 321 (5), 325 (2)
Moosleitner, Horst 120, 129 (rechts), 179, 190, 257 (oben), 538
Patzner, Robert 301 (d), 391, 429 (3), 433 (8), 435 (c), 436 (3), 443 (2)
Reisigl, Herbert 119, 183, 197 (5), 202 (2), 206, 209 (5), 210 (6), 211 (9), 215 (unten), 216 (4), 219 (2), 220, 221 (rechts), 222 (3), 223 (unten), 224 (6), 225 (5), 226, 227 (2), 231 (4), 235, 236 (10), 237 (3), 239 (2), 240, 241 (2), 242 (2), 243 (7), 245 (3), 246 (4), 247 (2), 248 (2), 251 (4), 252 (5), 256 (2), 257
Richter, Marjan 134, 135 (5), 306 (2), 335 (2), 338, 339, 348, 349 (2), 350 (2), 351 (4), 407 (7), 430 (c, d), 432 (b, c), 434 (4), 435 (2), 447 (4), 448, 449, 450, 455 (2), 475 (8), 503 (3), 516 (a), 521 (b)
SAVE-Bild 527
Spohr, Andreas (Hydra, Elba) 356, 361 (b)
Stazione Zoologica „Anton Dohrn" 48, 49
Tichy, Gottfried 90, 91
Thiede, J. 87 (3)
Türkay, Michael 418 (b), 422 (c, d), 423 (b), 473
Unger, Boris (Hydra, Elba) 297 (c), 361 (a), 372, 374 (5x), 375, 379 (b), 380 (4x), 502 (b, c), 521 (a), 522
Valentin, Claus (IfmB, Giglio) 292 (b, d, e, g), 293 (2), 302 (2), 353 (3), 355 (f, g, h, i), 362, 367 (8), 371 (2), 379 (a), 384, 386, 387 (4), 389, 395 (2), 399 (6), 400, 404, 411 (8), 415 (c, d), 427 (9), 502 (a), 521 (c)
Velling, Kai 301 (h), 430 (a, b), 432 (a), 464, 477 (2), 478 (2), 479 (a), 489 (4)
Wilke, Michael 326, 329, 330 (2), 332, 336, 343, 345 (b), 515

Strichzeichnungen S. 45 aus: Food and Agriculture Organisation of the United Nations (FAO) – Fischer W, Schneider M, Bauchot M-L (1987) Fiches FAO d'identification des espèces pour les besoins de la pêche (Révision 1). Méditerranée et mer Noire. Zone de pêche 37. Volume II.

Die Grafiken mit der Quellenangabe „Seehandbücher des BSH, Hamburg/Rostock" wurden auf der Grundlage der „Mittelmeer-Handbücher", Teil I–V, erstellt (Bundesamt für Seeschifffahrt und Hydrographie, Bernhard-Nocht-Str. 78, D-20359 Hamburg/Rostock).

Register

***Fett** hervorgehobene Seitenzahlen verweisen auf Fotos und Illustrationen. Arten und Gattungen sind unter ihren lateinischen Bezeichnungen (naturgemäß) vollständiger und eindeutiger zu finden, da deutsche Trivialnamen teils gar nicht existieren, teils unscharf oder überlappend benutzt werden oder im vorliegenden Buch nicht verwendet sind.*

A

B

D

F

G

H

I

K

L

M

N

P

Q

T

U

V

W

X

Y

Z